唯美

中文版Illustrator 2020 从入门到精通（微课视频 全彩版）

208集视频讲解+**手机扫码**看视频+**在线交流**

☑ 配色宝典 ☑ 构图宝典 ☑ 创意宝典 ☑ 商业设计宝典 ☑ Photoshop基础
☑ CorelDRAW基础 ☑ PPT课件 ☑ 素材资源库 ☑ 工具速查 ☑ 色谱表

唯美世界 瞿颖健 编著

中国水利水电出版社
www.waterpub.com.cn
· 北京 ·

内 容 提 要

《中文版Illustrator 2020从入门到精通（微课视频 全彩版）》以基础知识和实例操作的形式系统讲解了Adobe Illustrator（简称Illustrator、AI）软件入门必备知识和操作方法，以及AI在广告设计、标志设计、VI设计、手绘插画、书籍画册设计、服装设计、UI设计等方面的实例应用，是读者自学AI软件的实用教程，也是一本视频教程。全书共13章，包括Illustrator入门、绘制简单的图形、图形填色与描边、绘制复杂的图形、对象变换、文字、对象管理、对象的高级操作、不透明度与混合模式的设置、不透明蒙版、效果、图表、切片与网页输出，最后一章以综合实战的形式讲解了AI软件在不同设计领域的10个设计案例，帮助读者提高综合应用与实战技能。

《中文版Illustrator 2020从入门到精通（微课视频 全彩版）》的各类学习资源有：

① 208集同步微视频讲解+素材和源文件+手机扫码看视频+在线交流学习。

② 赠送《配色宝典》《构图宝典》《创意宝典》《商业设计宝典》《行业色彩应用宝典》《CorelDRAW基础》《43个高手设计师常用网站》《Photoshop效果速查手册》《解读色彩情感密码》等设计师必备知识的电子书。

③ 赠送《Photoshop基础视频教程》《CorelDRAW基础视频教程》，掌握PS和CorelDRAW的核心功能，让设计无忧。

④ 赠送PPT课件、素材资源库、Illustrator工具速查表、色谱表等教学或设计素材。

《中文版Illustrator 2020从入门到精通（微课视频 全彩版）》使用目前的新版、功能强大的Illustrator 2020版本编写，适合Illustrator初学者学习使用，同时对具有一定Illustrator使用经验的读者也有很好的参考价值，本书还可以作为学校、培训机构的教学用书，以及各类读者自学Illustrator的参考用书。Illustrator CC 2019、Illustrator CC 2017、Illustrator CS6等版本的读者也可以学习使用本书。

图书在版编目（CIP）数据

中文版 Illustrator 2020 从入门到精通：微课视频：全彩版 / 唯美世界，瞿颖健编著．-- 北京：中国水利水电出版社，2021.4 (2023.8重印)

ISBN 978-7-5170-9065-6

Ⅰ．①中…　Ⅱ．①唯…　②瞿…　Ⅲ．①图形软件　Ⅳ．①TP391.412

中国版本图书馆 CIP 数据核字 (2021) 第 039342 号

丛 书 名	唯美
书　　名	中文版Illustrator 2020从入门到精通（微课视频 全彩版） ZHONGWENBAN Illustrator 2020 CONG RUMEN DAO JINGTONG
作　　者	唯美世界　瞿颖健　编著
出版发行	中国水利水电出版社 （北京市海淀区玉渊潭南路1号D座 100038） 网址：www.waterpub.com.cn E-mail：zhiboshangshu@163.com 电话：（010）62572966-2205/2266/2201（营销中心）
经　　售	北京科水图书销售有限公司 电话：（010）68545874、63202643 全国各地新华书店和相关出版物销售网点
排　　版	北京智博尚书文化传媒有限公司
印　　刷	北京富博印刷有限公司
规　　格	203mm×260mm　16开本　26印张　948千字　4插页
版　　次	2021年4月第1版　2023年8月第4次印刷
印　　数	17001—21000册
定　　价	108.00元

PASSION

SMILE

to feel the flame of dreaming and to feel the moment of dancing,when all the romance is far away,the eternity is always there

It may be that I had not sufficient patience and perseverance,but the principal cause of failure I found to be this: the Bumblepuppist, like Artemus Ward's bear, "can be taught many interesting things but is unreliable;" he only admires his own eccentricities, and if a person of respectable antecedents gets up a little pyrotechnic display of false cards for his own private delectation, the Bumblepuppist utterly misses the point of the joke, he fails even to see that

that what is sauce for the goose is sauce for the gander. It may be that I had not sufficient patience and perseverance,but the principal cause of failure I found to be this: the Bumblepuppist, like Artemus Ward's bear, "can be taught many interesting things but is unreliable;" he only admires his own eccentricities, and if a person of respectable antecedents gets up a little pyrotechnic display of false cards for his own private delectation, the Bumblepuppist utterly misses the point of the joke, he fails even to see that it is clever: if such a comparison may be[3] drawn without offence, he doesn't consider that what is sauce for the goose is sauce for the gander. it is clever: if such a comparison may be[3] drawn without offence, he doesn't consider that what is sauce for the goose is sauce for the gander.

▲ 举一反三：使用文字绕排制作杂志版式

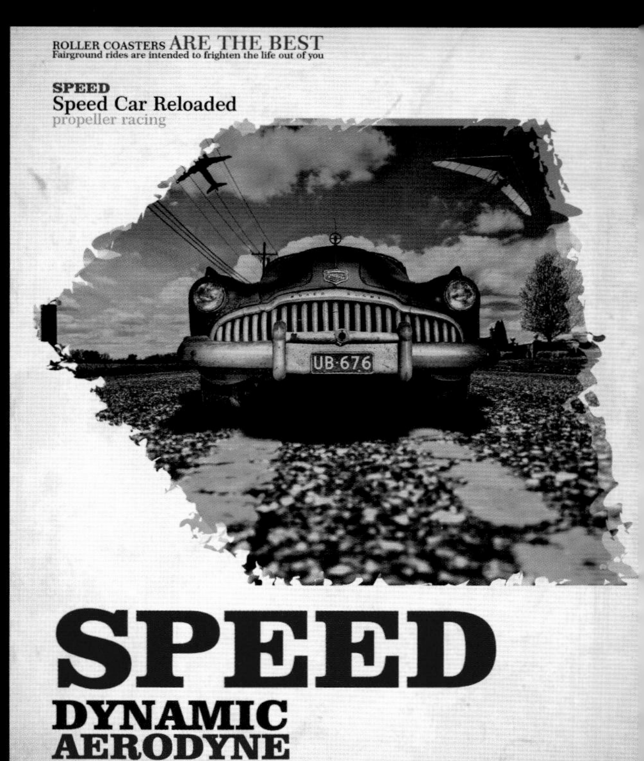

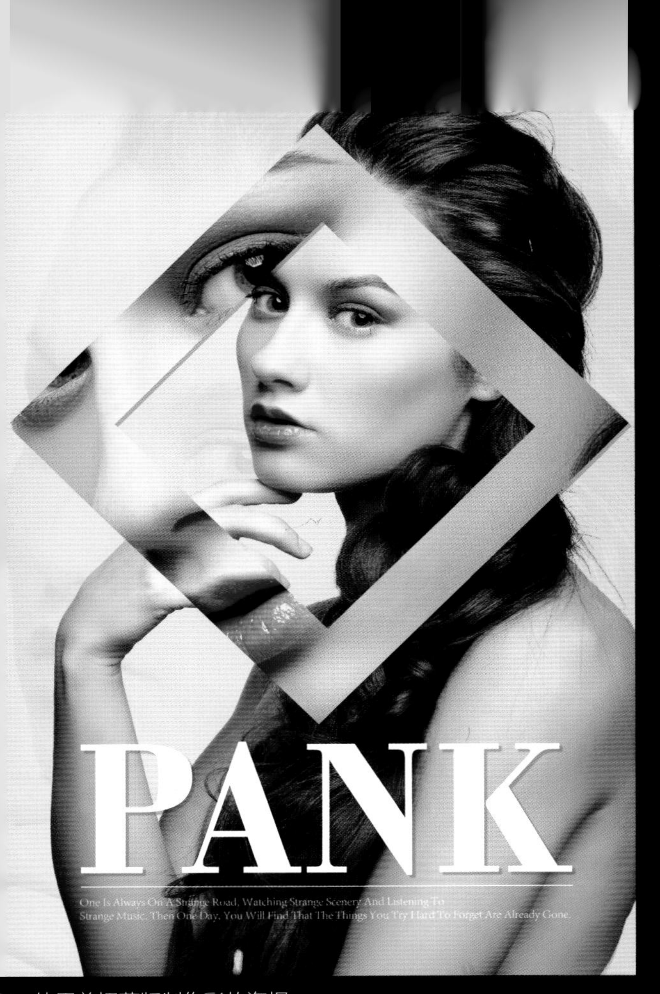

▲ 使用剪切蒙版制作彩妆海报

▲ 使用效果制作欧美风格海报

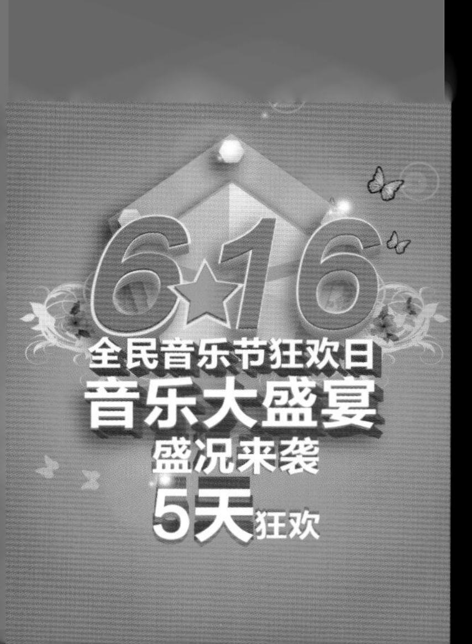

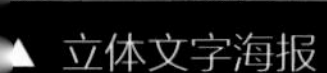
▲ 立体文字海报

▲ 商场宣传活动 DM 单设计

▲ 使用美工刀制作切分感背景海报

▲ 影视杂志内页设计

▲ 使用铅笔工具制作文艺海报

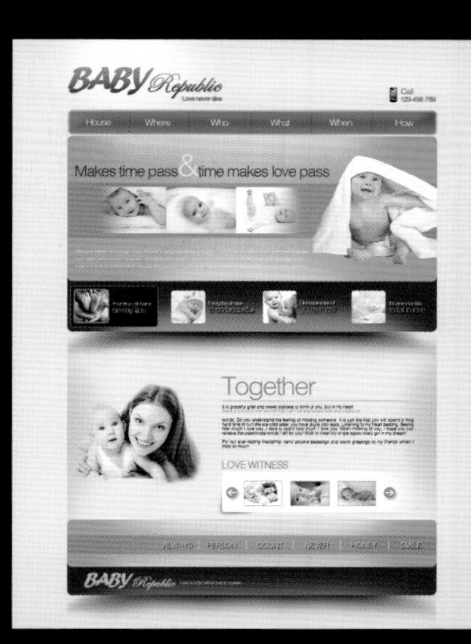

▲ 综合实例：使用切片工具进行网页切片

▲ 举一反三:对齐、分布制作网页导航

▲ 利用分布功能制作画册内页

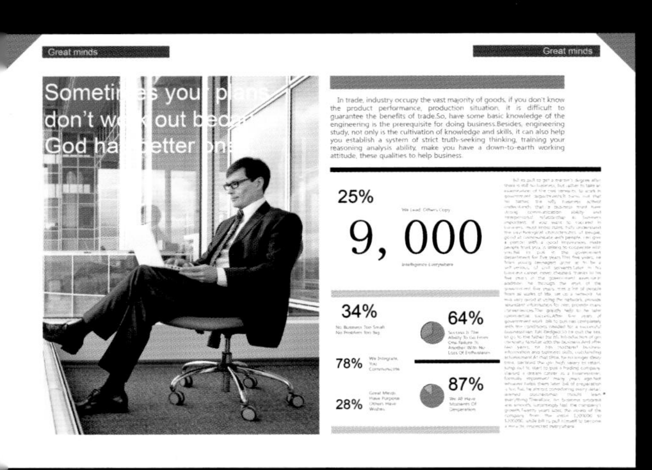

▲ 带有图表的商务画册内页

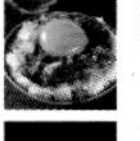
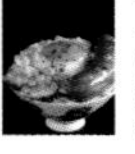

▲ 举一反三:对齐、分布制作整齐版面

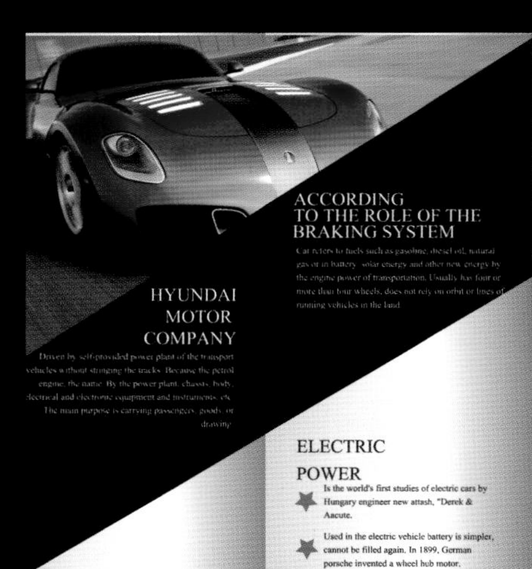

▲ 举一反三：创建带有透明部分的渐变

▲ 举一反三：制作标志整体的描边

▲ 举一反三：制作同心圆 LOGO

▲ 举一反三：多边形制作线条感玫瑰花

▲ 举一反三：快速制作星形背景

▲ 使用图案填充制作斑点背景

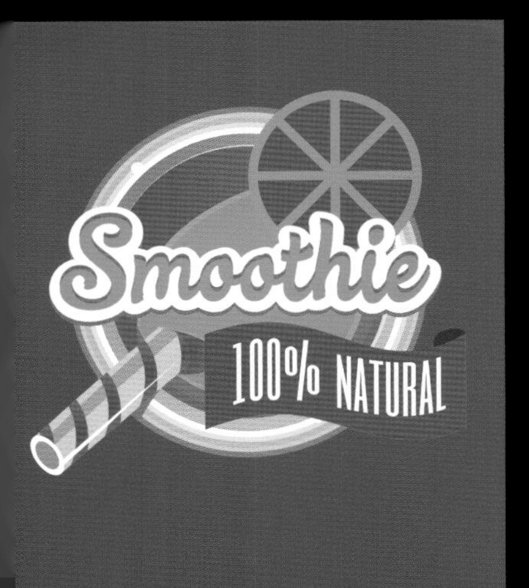

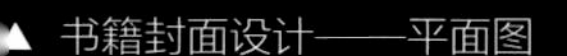

▲ 书籍封面设计——平面图

▲ 书籍封面设计——立体封展示效果

▲ 盒装牛奶包装设计——平面图

▲ 盒装牛奶包装设计——展示效果

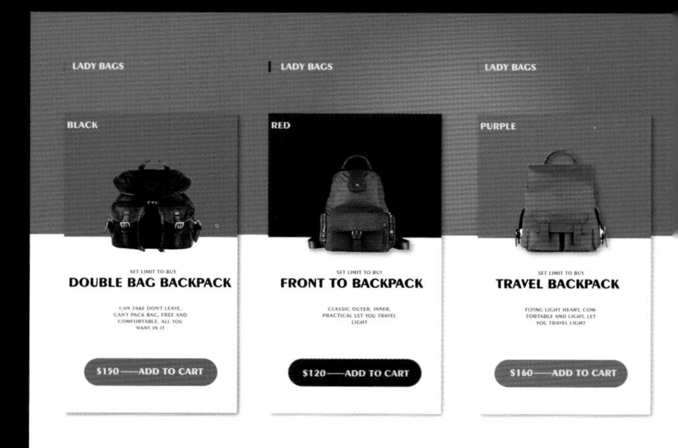

Illustrator 是 Adobe 公司推出的矢量图形制作软件，广泛应用于平面设计、印刷出版、海报书籍排版、移动设备的徽标、图标设计、VI 设计、专业插画、包装设计、产品设计、多媒体图像处理和互联网页面的制作等。作为著名的矢量图形软件，Illustrator 以其强大的功能和体贴的用户界面成为设计师的必备软件之一。

本书显著特色

1. 配套视频讲解，手把手教您学习

本书配备了大量的同步教学视频，涵盖全书几乎所有实例，如同老师在身边手把手教学，学习更轻松、更高效！

2. 二维码扫一扫，随时随地看视频

本书在章首页、重点、难点等多处设置了二维码，使用手机扫一扫，可以随时随地看视频（若个别手机不能播放，可下载后在计算机上观看）。

3. 内容极为全面，注重学习规律

本书几乎涵盖了 Illustrator 2020 所有工具、命令常用的相关功能，是市场上内容最为全面的图书之一，同时本书采用“知识点 + 理论实践 + 练习实例 + 综合实例 + 技巧提示”的模式编写，也符合轻松易学、循序渐进的学习规律。

4. 实例极为丰富，强化动手能力

“动手练”便于读者动手操作，在模仿中学习。“举一反三”可以巩固知识，在练习某个功能时能触类旁通。“练习实例”用来加深印象，熟悉实战流程。“课后练习”“模拟考试”用于在学习完某部分知识后，检测学习成果。大型商业实例则是为将来的设计工作奠定基础。

5. 实例效果精美，注重审美熏陶

Illustrator 只是工具，设计好的作品一定要有美的意识。本书实例效果精美，目的是加强读者对美感的熏陶和培养。

6. 配套资源完善，便于深度、广度拓展

本书除了提供配套视频和素材源文件外，还根据设计师必学的内容赠送了大量教学与练习资源。

赠送《配色宝典》《构图宝典》《创意宝典》《商业设计宝典》《行业色彩应用宝典》《CorelDRAW基础》《43个高手设计师常用网站》《Photoshop效果速查手册》《解读色彩情感密码》《Illustrator 2020工具速查》《Illustrator 2020面板速查》《常用颜色色谱表》等设计师必备知识的电子书。

赠送《Photoshop基础视频教程》《CorelDRAW基础视频教程》，掌握PS和CorelDRAW的核心功能，让设计无忧。

赠送Illustrator基础教学PPT课件、素材资源库等教学或设计素材。

7. 专业作者心血之作，经验技巧尽在其中

作者系艺术专业高校教师、中国软件行业协会专家委员、Adobe® 创意大学专家委员会委

员、Corel中国专家委员会成员，设计、教学经验丰富。作者将其大量的经验技巧融在书中，可以使读者提高学习效率，少走弯路。

8. 提供在线服务，随时随地可交流

提供公众号、QQ 群等多渠道互动、答疑、下载服务。

本书服务

1. Illustrator 2020 软件获取方式

本书提供的下载文件包括教学视频和素材等，教学视频可以演示观看。要学习本书，需先安装 Illustrator 2020 软件，您可以通过如下方式获取 Illustrator 2020 简体中文版。

（1）登录 Adobe 官方网站 http://www.adobe.com/cn/ 咨询。

（2）到当地电脑城的软件专卖店咨询。

（3）到网上咨询、搜索购买方式。

2. 关于本书资源下载方式及服务

（1）扫描下面的微信公众号，关注后输入“AL9065”并发送到公众号后台，可获取本书资源下载链接。

（2）加入本书学习 QQ 群 479783703（请注意加群时的提示，并根据提示加群），可在线交流学习。

关于作者

本书由瞿颖健和曹茂鹏担任主要编写工作，其他参与编写的人员还有瞿玉珍、董辅川、王萍、杨力、瞿学严、杨宗香、曹元钢、张玉华、李芳、孙晓军、张吉太、唐玉明、朱于凤等。本书部分插图素材购买于摄图网，在此一并表示感谢。

编 者

208集大型高清视频讲解

Day
Hug Day
Valentine's

第9章 不透明度、混合模式、不透明蒙版…280

第10章 效果……298

第11章 图表 344

第12章 切片与网页输出 357

Chapter 1

第1章

Illustrator入门

本章内容简介：

本章主要讲解Illustrator的一些基础知识，包括认识Illustrator的工作界面；学习在Illustrator中如何新建、打开、置入、存储、打印等文件基本操作；学习在Illustrator中查看文档细节的方法；学习操作的撤销与还原方法；了解部分常用辅助工具的使用方法。

重点知识掌握：

- 熟悉Illustrator的工作界面
- 掌握“新建”“打开”“置入”“存储”“导出”命令的使用方法
- 掌握缩放工具、抓手工具的使用方法
- 熟练掌握操作的还原与重做

通过本章的学习，我能做什么？

通过对本章所讲基础知识的学习，读者应了解并熟练掌握新建、打开、置入、存储、导出等基本功能，并能通过这些功能将多个图像元素添加到一个文档中，制作出简单的版面。

1.1 Illustrator 第一课

正式开始学习Illustrator功能之前，你肯定有好多问题想问，如：Illustrator是什么？我能用Illustrator做什么？Illustrator难学吗？怎么学？这些问题将在本节中得到解决。

1.1.1 Illustrator 是什么

Adobe Illustrator，即大家口中所说的AI，是一款由Adobe Systems公司开发和发行的矢量绘图软件。首先来认识一下什么是"矢量"。矢量图形是由一条条的直线和曲线构成的，在填充颜色时，系统将按照用户指定的颜色沿曲线的轮廓线边缘进行着色处理。矢量图形的颜色与分辨率无关，图形被缩放时，对象能够维持原有的清晰度以及弯曲度，颜色和外形也都不会发生偏差和变形。所以，矢量图经常被用于户外大型喷绘或巨幅海报等印刷尺寸较大的项目中，如图1-1和图1-2所示。

图1-1　　图1-2

目前，Illustrator的多个版本都拥有数量众多的用户群，每个版本的升级都会有性能的提升和功能上的改进，但是在日常工作中并不一定要使用最新版本。这是因为新版本虽然会有功能上的更新，但是对设备的要求也会更高，在软件的运行过程中就可能会消耗更多的资源。所以，在用新版本时可能会感觉运行起来特别"卡"，操作反应非常慢，非常影响工作效率。这时就要考虑一下是否因为计算机配置较低，无法更好地满足Illustrator的运行要求。可以尝试使用低版本Illustrator，如Illustrator CC。如果"卡""顿"的问题得以缓解，那么就安心地使用这个版本吧。虽然是较早期的版本，但功能也是非常强大的，与最新版本相比并没有特别大的差别，几乎不会影响到日常工作。如图1-3和图1-4所示为Illustrator 2020以及Illustrator CS6的操作界面，不仔细观察很难发现两个版本的差别。因此，即使学习的是Illustrator 2020版本的教程，使用低版本去练习完全可以，除去一些小功能上的差别，几乎不影响使用。

图 1-3　　图 1-4

1.1.2 Illustrator 能做什么

设计作品呈现在受众面前之前，设计师往往要绘制大量的草稿、设计稿、效果图等。在没有计算机的年代里，这些操作都需要在纸张上进行。如图1-5所示为早期徒手绘制的海报作品。而在计算机技术蓬勃发展的今天，无纸化办公、数字化图像处理早已融入设计师甚至是我们每个人的日常生活中。数字技术给人们带来了太多的便利，Illustrator既是画笔，又是纸张，可以在Illustrator中随意地绘画，随意地插入漂亮的照片、图片、文字等。掌握了Illustrator，不仅可以为制图节省很多时间，更能够实现精准制图。如图1-6所示为在Illustrator中制作海报。

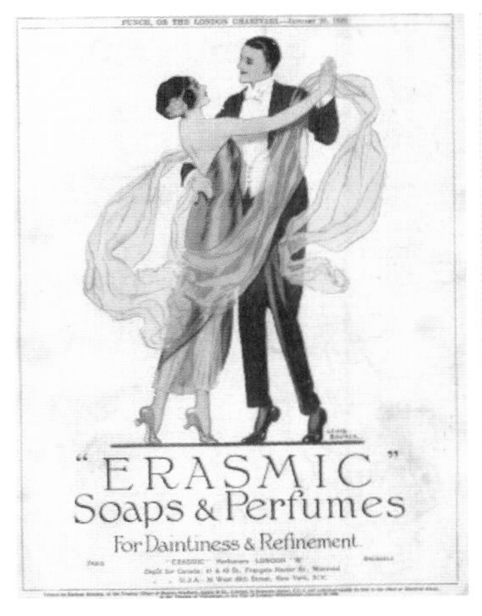

图 1-5

图 1-6

当前设计行业有很多分支，而每一分支可能还会进一步细分，如图1-6所示的海报设计更接近平面设计师的工作。除了海报设计之外，标志设计、书籍装帧设计、广告设计、包装设计、卡片设计、DM设计等同属平面设计的范畴。虽然不同设计作品的制作内容不同，但相同的是这些工作中几乎都可以见到Illustrator的身影，如图1-7~图1-10所示。

图1-7

图1-8

图1-9

图1-10

随着互联网技术的发展，网站页面美化工作的需求量逐年攀升，尤其是网店美工设计更是火爆。对于网页设计师而言，Illustrator也是一个非常方便的网页版面设计的工具，如图1-11~图1-14所示。

图1-11

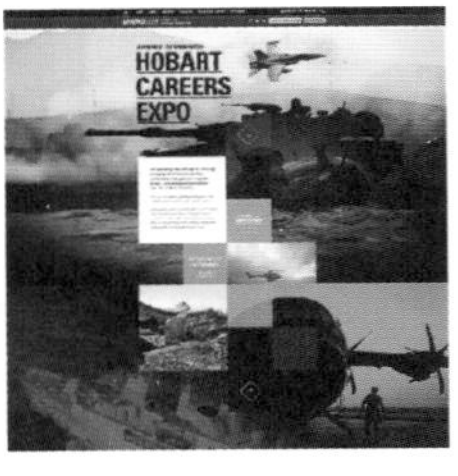

图1-12

图1-13

图1-14

近年来，UI设计发展迅猛。随着IT行业日新月异的发展，智能手机、移动设备、智能设备的普及，企业越来越重视网站和产品的交互设计，所以对相关的专业人才需求也越来越大，如图1-15~图1-18所示。

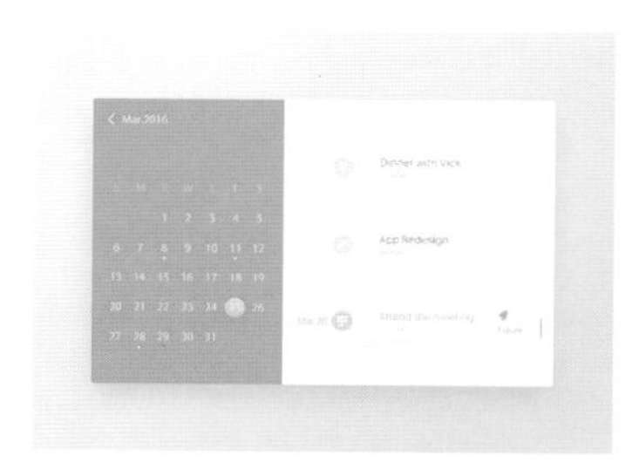
图1-15

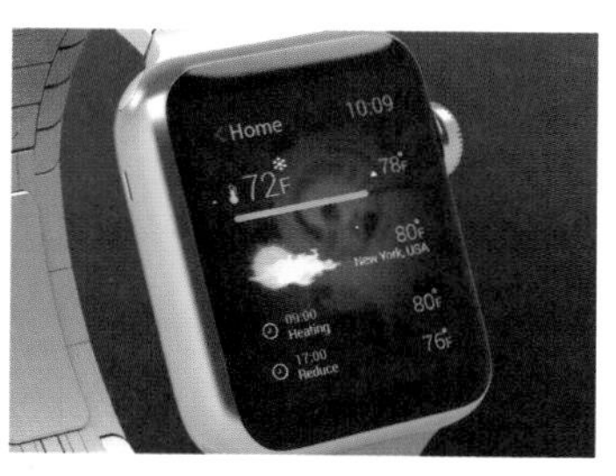

图1-16

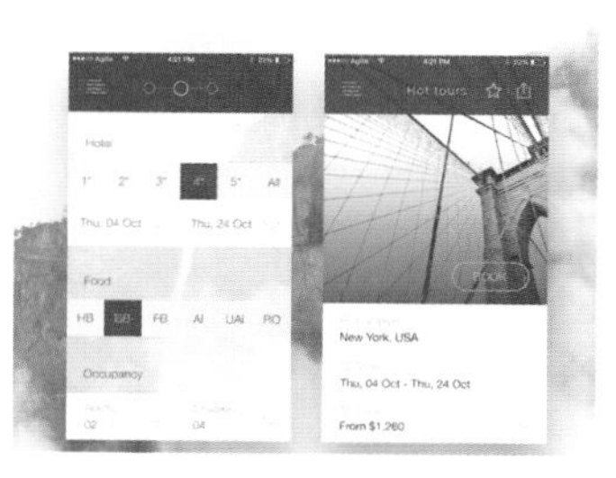
图1-17

图1-18

对于服装设计师而言，在Illustrator中不仅可以进行服装款式图和服装效果图的绘制，还可以进行服装产品宣传画册的设计制作，如图1-19~图1-22所示。

图1-19

图1-20

图1-21

图1-22

插画设计并不算是一个新的行业，但是随着数字技术的普及，插画绘制更多地从纸上转移到计算机上。计算机数字绘图可以在多种绘画模式之间进行切换，还可以轻松地消除绘画过程中的“失误”，更能够创造出前所未有的视觉效果，同时也可以使插画能够更方便地为印刷行业服务。Illustrator是数字插画师常用的绘画软件，此外，Painter、Photoshop也是插画师常用的工具。如图1-23~图1-26所示为优秀的插画作品。

图1-23

图1-24

图1-25

图1-26

1.1.3 如何轻松学好Illustrator

前面铺垫了很多，相信大家对Illustrator已经有了一定的认识，下面介绍如何有效地学习Illustrator。

Step 1 短教程，快入门

如果非常急切地想要在最短的时间内能够简单使用Illustrator，建议观看本书配套的视频教程《新手必看——Illustrator基础视频教程》。这套视频教程选取了Illustrator中最常用的功能，每个视频讲解一个或者几个小工具，时间都非常短，短到在你感到枯燥之前讲解就结束了。视频虽短，但是建议一定要打开Illustrator，跟着视频一起尝试使用。

由于“入门级”的视频教程时长较短，所以部分参数无法完全在视频中讲解到。在练习的过程中如果遇到了相关问题，马上翻开书找到相应的小节，阅读这部分内容即可。

当然，一分努力一分收获，学习没有捷径。2个小时的学习效果与200小时的学习成果肯定是不一样的。只学习了简单视频内容是无法参透Illustrator的全部功能的，但是应该能够进行一些简单的制作了，如做个名片、标志、简单广告等，如图1-27~图1-29所示。

图1-27

图1-28

图1-29

Step 2　翻开教材+打开Illustrator=系统学习

经过基础视频教程的学习后，我们“看上去”好像已经学会了Illustrator。但是短视频的学习只是让我们接触到了Illustrator的皮毛而已，很多功能只是做到了“能够使用”，而不一定能够做到“了解并熟练应用”的程度。接下来，还需要我们系统地学习Illustrator。本书主要以操作为主，在学习的同时，应打开Illustrator，边看书边练习。因为Illustrator是一门应用型技术，单纯的理论学习很难使我们熟记功能操作，而且Illustrator的操作是“动态”的，每次鼠标的移动或点击都可能会触发指令，所以在动手练习的过程中能够更直观有效地理解软件功能。

Step 3　勇于尝试，一试就懂

在软件的学习过程中，一定要勇于尝试。在使用Illustrator中的工具或者命令时，我们总能看到很多参数或者选项设置，面对这些参数，看书的确可以了解参数的作用，但是更好的办法是动手去尝试。例如随意勾选一个选项，把数值调到最大、最小、中档分别观察效果，移动滑块的位置观察图形变化的效果，如图1-30和图1-31所示。

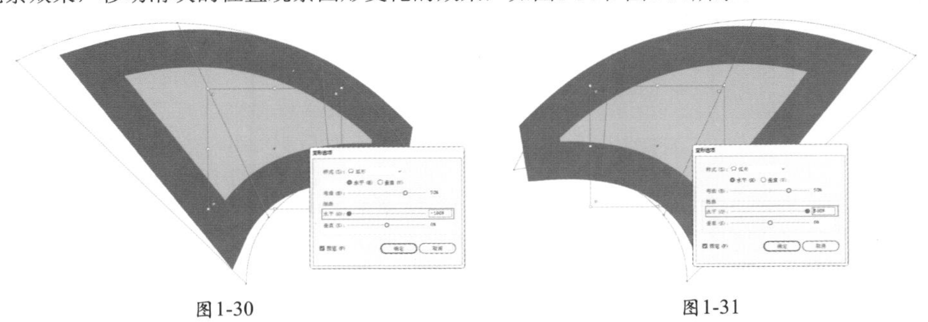

图1-30　　图1-31

Step 4　别背参数，没用

另外，在学习Illustrator的过程中，切记不要死记硬背书中的参数，因为同样的参数在不同的情况下得到的效果各不相同。比如同样的描边大小，在较大尺寸的文档中绘制出的笔触会显得很小，而在较小尺寸的文档中则可能显得很大，如图1-32和图1-33所示。因此在学习过程中我们需要理解参数为什么这么设置，而不是记住特定的参数。

其实Illustrator的参数设置并不复杂，在独立制图的过程中，涉及参数设置时可以多次尝试各种不同的参数，肯定能够得到看起来很舒服的“合适”的参数。

图 1-32

图 1-33

Step 5　抓住重点快速学

为了更有效地快速学习，针对本书目录中被标注为重点的部分内容，需要优先学习。在时间比较充裕的情况下，可以将非重点的知识一并学习。

书中的实例非常多，针对性很强，典型、实用。通过练习实例不仅可以巩固本章节所讲内容，还能够复习之前学习过的知识。在此基础上还能够尝试使用其他章节的功能，为后面章节的学习做铺垫。

Step 6　在临摹中进步

经历上述几个阶段的学习后，相信我们已经熟练地掌握了Illustrator的常用功能，接下来就需要通过大量的制图练习提升我们的技术。如果此时恰好你有需要完成的设计工作或者课程作业，那么这将是非常好的练习机会。如果没有这样的机会，那么建议你在各大设计网站欣赏优秀的设计作品，并选择适合自己水平的作品进行临摹。仔细观察临摹作品的构图、配色、元素的应用以及细节的表现，尽可能一模一样地制作出来。在这个过程中并不是教大家去抄袭优秀作品的创意，而是通过对画面内容无限接近地临摹，尝试在没有教程的情况下，实现我们独立思考、独立解决制图过程中遇到的技术问题的目标，以此来提升我们的“Illustrator功力”。如图1-34和图1-35所示为难度不同的作品临摹。

图1-34

图1-35

Step 7　网上一搜，自学成才

在独立作图的时候，肯定会遇到各种各样的问题。例如，临摹的作品中出现了一个金属文字效果，这个效果可能是我们之前没有接触过的，此时“百度一下”（网络搜索）就是最便捷的方式了。网络上有非常多的教学资源，善于利用网络自主学习是非常有效的自我提升过程，如图1-36和图1-37所示。

图1-36

图1-37

Step 8　永不止步地学习

至此Illustrator软件技术对于我们来说已经不是问题了，接下来可以尝试进行独立设计。有了好的创意和灵感，通过Illustrator在画面中准确、有效地表达才是我们的终极目标。在设计的道路上，软件技术学习的结束并不意味着设计学习的结束。对国内外优秀作品的学习、新鲜设计理念的吸纳以及设计理论的研究都应该是永不止步的。

想要成为一名优秀的设计师，自学能力是非常重要的，很多时候网络和书籍更能够帮助我们。

提示：背不背快捷键？

很多新手朋友会执着于背快捷键，熟练掌握快捷键的确很方便，但是快捷键速查表中列出了很多快捷键，要想背下所有快捷键可能会花费很长时间。况且并不是所有的快捷键都适合我们使用，有的工具命令在实际操作中可能几乎用不到。所以建议大家先不用急着背快捷键，逐渐尝试使用Illustrator，在使用的过程中体会哪些操作是会经常使用的，然后再查看该操作是否有快捷键。

其实快捷键大多是很有规律的，很多命令的快捷键都与命令的英文名称相关。例如，“打开”命令的英文是open，而快捷键就选取了首字母O并配合Ctrl键使用；“新建”命令则是Ctrl+N（new：“新”的首字母）。这样记忆就容易多了。

1.2　安装与启动Illustrator

了解了什么是Illustrator，接下来我们就要开始美妙的Illustrator之旅了。首先了解如何安装Illustrator，不同版本的安装方式略有不同，本书讲解的是Illustrator 2020的使用方法，所以在这里介绍的也是Illustrator 2020的安装方式。想要安装其他版本的Illustrator，可以在网络上搜索安装方式，非常简单。在安装了Illustrator之后熟悉一下Illustrator的操作界面，为后面的学习做准备。

1.2.1 安装 Illustrator

（1）想要使用Illustrator，就需要安装Illustrator。打开Adobe的官方网站www.adobe.com/cn/，单击右上角的“支持”按钮，找到“下载和安装”并单击，如图1-38所示。继续在打开的网页里向下滚动，找到“Creative Cloud”并单击，如图1-39所示（不同时期Adobe官网可能有所不同）。

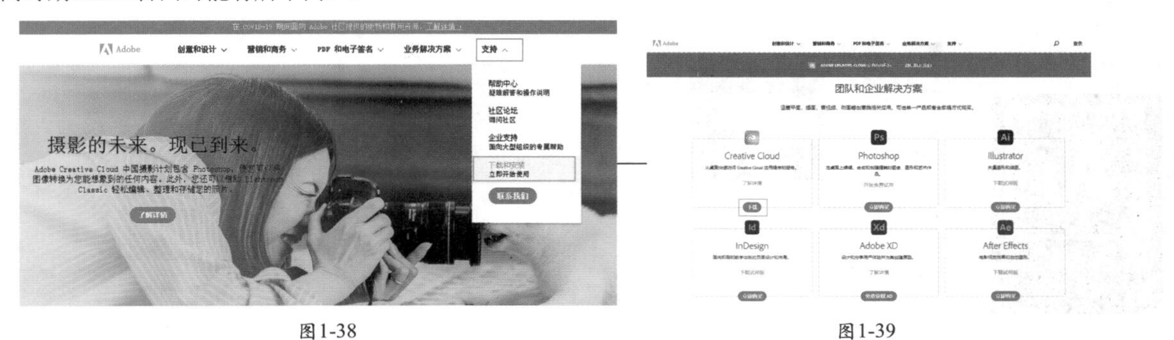

图1-38　　　　图1-39

（2）在弹出的下载Creative Cloud的窗口中按照提示下载即可，如图1-40所示。接着Creative Cloud的安装程序将会被下载到计算机上，如图1-41所示。双击安装程序进行安装，如图1-42所示。

图1-40　　　　图1-41　　　　图1-42

（3）启动Adobe Creative Cloud，系统提示需要进行登录，如果没有Adobe ID，可以单击顶部的“创建账户”按钮，按照提示创建一个新的账户并进行登录，如图1-43所示。稍后即可打开Adobe Creative Cloud窗口，在其中找到需要安装的软件，并单击“试用”按钮，如图1-44所示。稍后软件会被自动安装到当前计算机中。

图1-43　　　　图1-44

提示：试用与购买。

在没有付费购买 Illustrator 软件之前，可以免费使用一小段时间，如果长期使用则需要购买。

重点 1.2.2　认识 Illustrator

扫一扫，看视频

成功安装Illustrator之后，在“程序”菜单中找到并单击Adobe Illustrator选项，或者双击桌面上的Adobe Illustrator快捷方式，如图1-45所示，即可启动Illustrator。其欢迎界面如图1-46所示。在Illustrator中进行过一些文档的操作后，其欢迎界面中会显示之前操作过的文档，如图1-47所示。

图1-45

图1-46

图1-47

虽然打开了Illustrator，但是此时我们看到的却不是Illustrator的工作界面，因为当前软件中并没有能够操作的文档，所以很多功能都未被显示。单击“打开”按钮，在弹出的窗口中选择一个文档，并单击“打开”按钮，如图1-48所示。接着文档被打开，Illustrator的工作界面才得以呈现，如图1-49所示。Illustrator的工作界面主要由菜单栏、控制栏、工具箱、属性栏、文档窗口以及多个面板等组成。

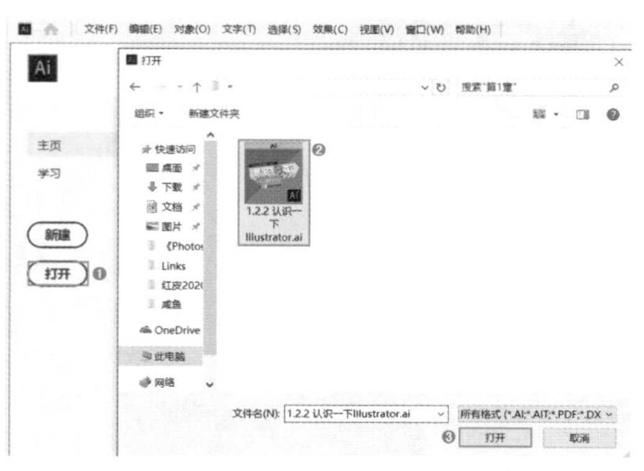

图1-48

图1-49

1. 菜单栏

Illustrator的菜单栏中包含多个菜单项，单击某一菜单项，即可打开相应的下拉菜单。每个菜单都包含多个命令，其中有的命令后面带有▸符号，表示该命令还包含多个子命令；有的命令后面带有一连串的“字母”，这些字母就是该命令的快捷键，例如“文件”菜单中的“关闭”命令后面显示着Ctrl+W，那么同时按下键盘上的Ctrl键和W键即可快速使用该命令，如图1-50所示。

本书中执行菜单命令的写作方式通常为“执行‘文件>新建’命令”，那么我们就要首先单击菜单栏中的“文件”菜单项，接着将光标向下移动到“新建”命令单击即可，如图1-51所示。

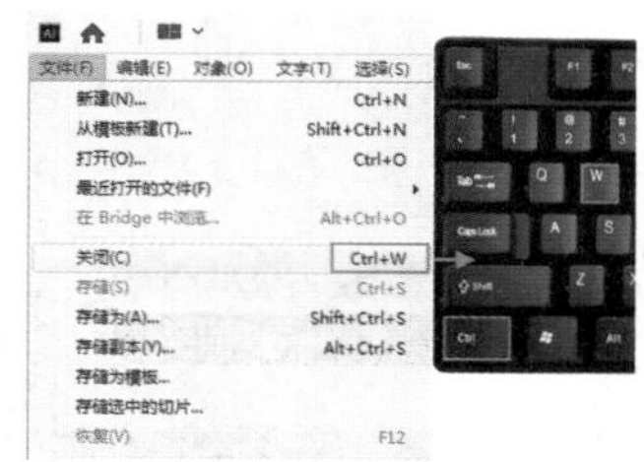

图1-50

图1-51

2. 文档窗口

执行“文件>打开”命令，在弹出的“打开”窗口中随意选择一张图片，单击“打开”按钮，如图1-52所示。随即所选文件就会在Illustrator中被打开，在文档窗口的左上角位置可以看到这个文档的相关信息（名称、格式、窗口缩放比例以及颜色模式等），如图1-53所示。

图1-52　　图1-53

3. 工具箱与控制栏

工具箱位于Illustrator工作界面的左侧，其中含有多个小图标，每个小图标都代表一种工具。有的图标右下角显示着◢，表示这是个工具组，其中包含多个工具。右击工具组按钮，即可看到该工具组中的其他工具，将光标移动到某个工具上单击，即可选择该工具，如图1-54所示（如果工具显示不全，可以执行“窗口>工具栏>高级”命令）。

控制栏显示着一些常用的图形参数选项，例如填色、描边等参数。同时在使用不同工具时，控制栏中的参数选项也会发生变化，如图1-55所示。如果控制栏默认情况下没有显示，可以执行“窗口>控制”命令，显示出“控制栏”。

(a) 文字工具控制栏

(b) 钢笔工具控制栏

图1-54　　图1-55

4. 面板

面板主要用来配合绘图、颜色设置、对操作进行控制以及设置参数等。默认情况下，面板堆栈位于工作界面的右侧，如图1-56所示。面板可以堆栈在一起，单击面板名即可切换到对应的面板。将光标移动至面板名称上方，按住鼠标左键拖曳即可将面板与窗口分离，如图1-57所示。如果要将面板堆栈在一起，可以将该面板拖曳到界面上方，当出现蓝色边框后松开鼠标，即可完成堆栈操作，如图1-58所示。

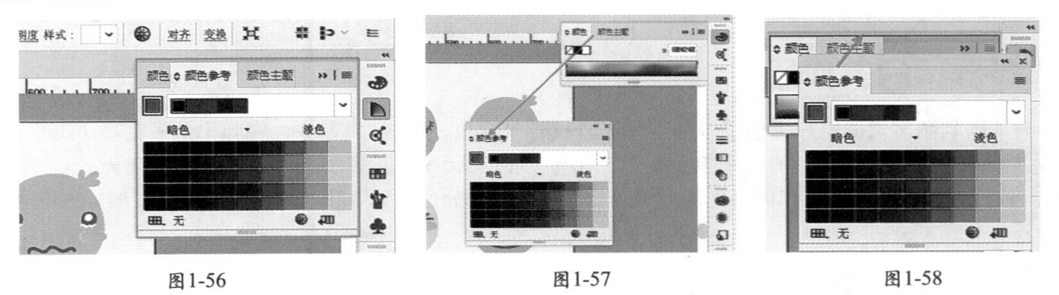

图1-56　　图1-57　　图1-58

单击面板中的 ◂◂ 按钮，可以将面板折叠为标签；反之，单击 ▸▸ 按钮，可以打开面板，如图1-59所示。每个面板的右上角都有“面板菜单”按钮 ≡，单击该按钮可以打开该面板的设置菜单，如图1-60所示。

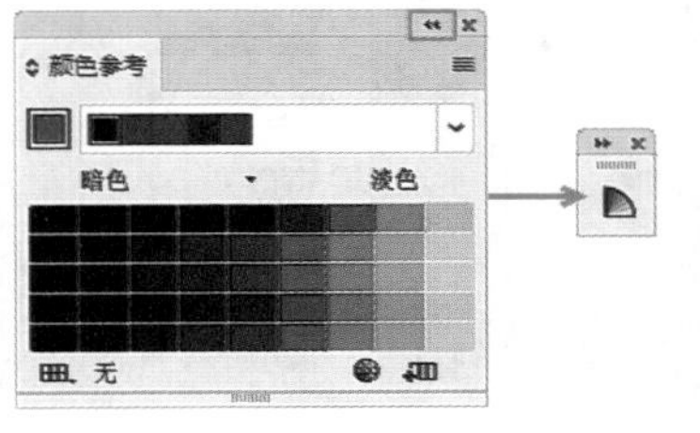

图1-59

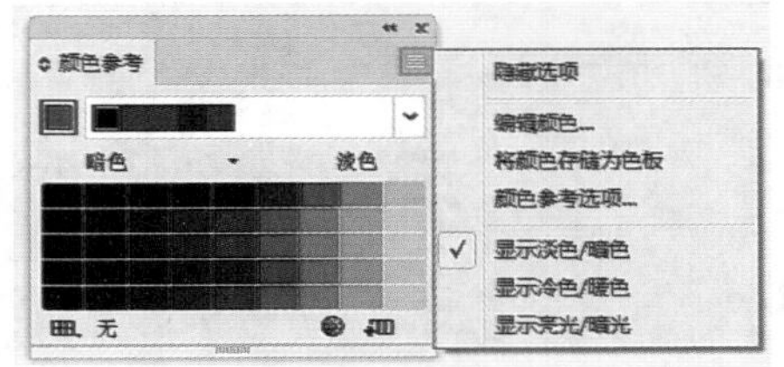

图1-60

Illustrator中有很多面板，通过执行“窗口”菜单中的相应命令可以打开或关闭所需面板，如图1-61所示。例如，执行“窗口>信息”命令，即可打开“信息”面板，如图1-62所示。如果在命令前方带有✓标志，则说明这个面板已经打开了，再次执行该命令则会将其关闭。

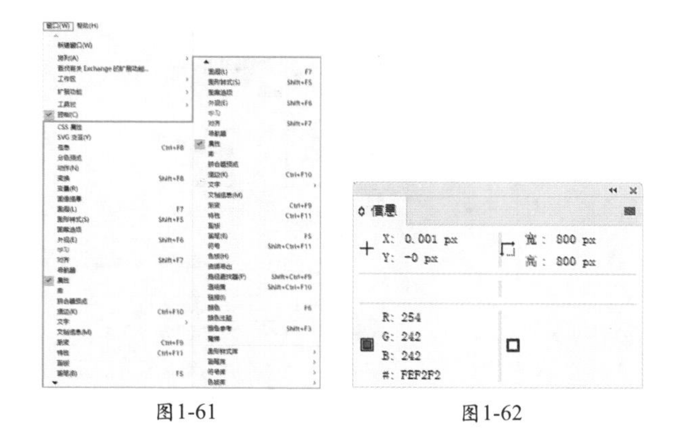

图1-61　　图1-62

提示：如何让界面变为默认状态？

学习完这一节后，Illustrator 中难免会打开一些不需要的面板，或者一些面板并没有“规规矩矩”地摆放在原来的位置。如果一个一个地将其重新拖曳调整，费时又费力。这时可以执行“窗口 > 工作区 > 重置基本功能”命令，就可以把凌乱的界面恢复到默认状态。

重点 1.2.3　退出 Illustrator

当不需要使用Illustrator时，就可以把软件关闭了。单击工作界面右上角的“关闭”按钮 × ，即可关闭Illustrator。此外也可以执行“文件>退出”命令（快捷键：Ctrl+Q）退出Illustrator。如图1-63所示（关闭软件之前，可能涉及文件的“存储”问题，可以到“存储”章节进行学习）。

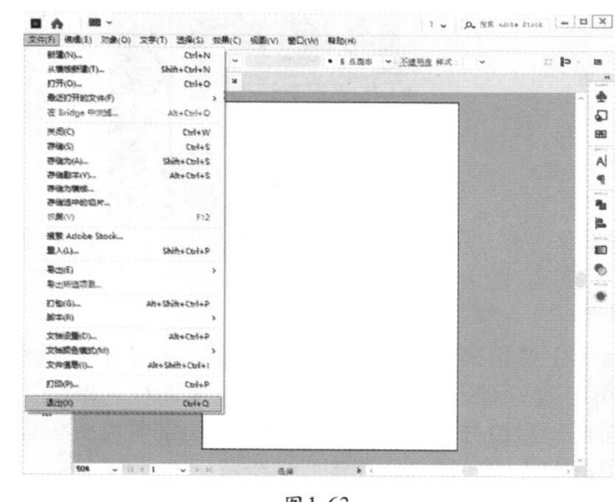

图1-63

1.2.4　选择合适的工作区

Illustrator为不同制图需求的用户提供了多种工作区。执行“窗口>工作区”命令，在弹出的子菜单中可以切换工作区类型，如图1-64所示。不同“工作区”的差别主要在于“面板”的显示不同。例如，“上色”工作区会显示“颜色”面板和“画笔”面板，而“打印和校样”工作区则更侧重于显示“色板”“分色预览”和“颜色”面板，如图1-65和图1-66所示。

图1-64　　图1-65　　图1-66

在实际操作中，我们可能会发现有的面板比较常用，而有的面板则几乎不会用到。此时可以在“窗口”菜单中关闭多余的面板，只保留必要的面板，如图1-67所示。执行“窗口>工作区>新建工作区”命令，可以将当前界面状态存储为可以随时使用的“工作区”。在弹出的“新建工作区”对话框中为工作区设置一个名称，然后单击“确定”按钮，即可存储当前工作区，如图1-68所示。执行“窗口>工作区”命令，在弹出的子菜单中可以选择前面自定义的工作区，如图1-69所示。

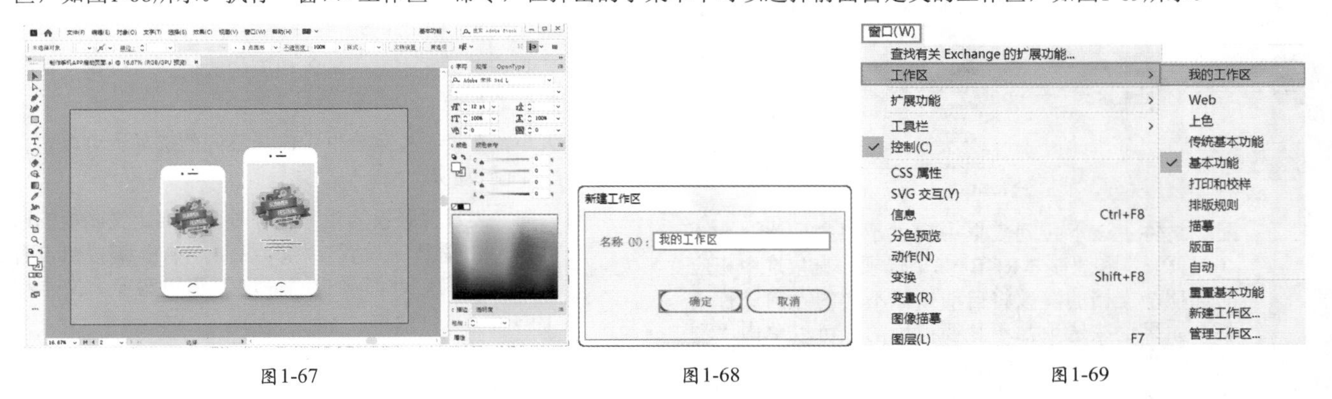

图1-67　　图1-68　　图1-69

1.3 文档操作

熟悉了Illustrator的操作界面后，下面就可以正式接触Illustrator的功能了。打开Illustrator之后，我们会发现很多功能都无法使用，这是因为当前的Illustrator中没有可以操作的文件。此时就需要新建文件，或者打开已有的图像文件。在对文件进行编辑的过程中还经常会用到“置入”操作，文件制作完成后需要对文件进行“存储”，而存储文件时就涉及存储文件格式的选择。下面就来学习这些知识。

重点 1.3.1　动手练：在 Illustrator 中新建文件

扫一扫，看视频

通过“新建”命令可以新建一个空白文档，这也是进行制图的第一步。执行“文件>新建”命令（快捷键：Ctrl+N），或者单击“新建”按钮，如图1-70所示。弹出“新建文档”窗口，如图1-71所示。在该窗口中可以自定义文件的尺寸，也可以选择预设的尺寸。

1. 从预设中选择尺寸

A4是排版、打印常用的尺寸，该尺寸就在预设控制栏中。在“新建文档”窗口中选择“打印”选项卡，“空白文档预设”列表框中会显示常用的打印尺寸；单击A4选项，即可在右侧“预设详细信息”选项组中查看相应的尺寸参数设置；最后单击“创建”按钮，完成新建操作，如图1-72和图1-73所示。

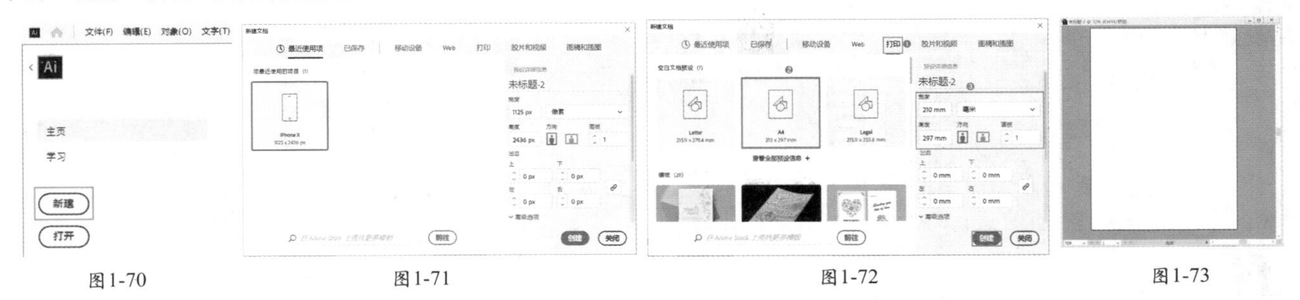

图1-70　　图1-71　　图1-72　　图1-73

2. 自定义尺寸

在“新建文档”窗口中可以设置“文档名称”“高度”“宽度”等基本选项。如果单击“高级选项”按钮，则可以设置颜色模式、光栅效果等参数；如果单击“更多设置”按钮，在弹出的“更多设置”窗口中可以对更多的参数选项进行设置，如图1-74所示。

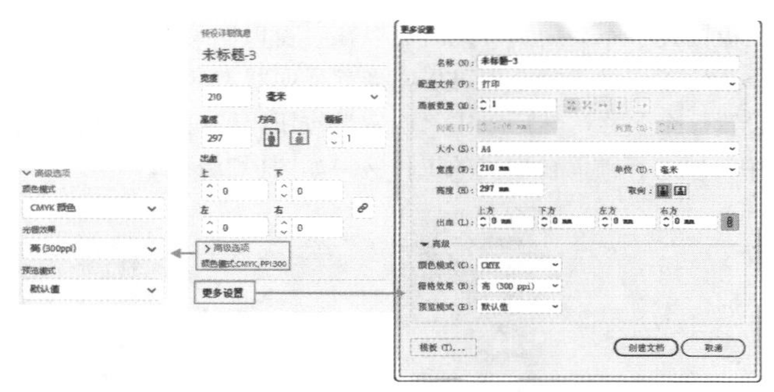

图1-74

- 配置文件：该下拉列表框中提供了“打印”“Web（网页）”和“基本RGB”3个选项。直接选中相应的选项，文档的参数将自动按照不同的方向进行调整。如果这些选项都不是要使用的，可以单击“浏览”按钮，在弹出的对话框中进行选取。
- 画板数量：指定文档的画板数，以及它们在屏幕上的排列顺序。单击“按行设置网格”按钮，可以在指定数目的行中排列多个画板。从“行”菜单中选择行数。如果采用默认值，则会使用指定数目的画板创建尽可能方正的外观。单击“按列设置网格”按钮，可以在指定数目的列中排列多个画板。从“列”菜单中选择列数。如果采用默认值，则会使用指定数目的画板创建尽可能方正的外观。单击“按行排列”按钮，可以将画板排列成一个直行。单击“按列排列”按钮，可以将画板排列成一个直列。单击“更改为从右到左布局”按钮，可以按指定的行或列格式排列多个画板并按从右到左的顺序显示它们。
- 间距：指定画板之间的默认间距。此设置同时应用于水平间距和垂直间距。
- 列数：在该文本框中输入相应的数值，可以定义排列画板的列数。
- 大小：在该下拉列表框中选择不同的选项，可以定义一个画板的尺寸。
- 取向：当设置画板为矩形状态时，需要定义画板的取向。单击按钮设置文档为纵向，单击按钮设置文档为横向。此时画板“高度”和“宽度”文本框中的数值进行交换。
- 出血：图稿落在印刷边框、打印定界框或位于裁切标记和裁切标记外的部分。在此需要指定画板每一侧的出血位置，要对不同的侧面使用不同的值。单击“锁定”按钮，将保持4个尺寸相同。
- 颜色模式：指定新文档的颜色模式。例如，用于打印的文档需要设置为CMYK，用于数字化浏览的则通常采用RGB模式。
- 栅格效果：为文档中的栅格效果设置分辨率。准备以较高分辨率输出到高端打印机时，将此选项设置为“高”尤为重要。
- 预览模式：为文档设置默认预览模式。

重点 1.3.2 动手练：在 Illustrator 中打开已有的文件

要在Illustrator 中对已经存在的文档进行修改和处理，就需要进行“打开”操作。执行“文件>打开”命令（快捷键：Ctrl+O），在弹出的“打开”窗口中找到文件所在的位置，单击选择需要打开的文件，然后单击“打开”按钮，如图1-75所示。即可在Illustrator 中打开该文件，如图1-76所示。

扫一扫，看视频

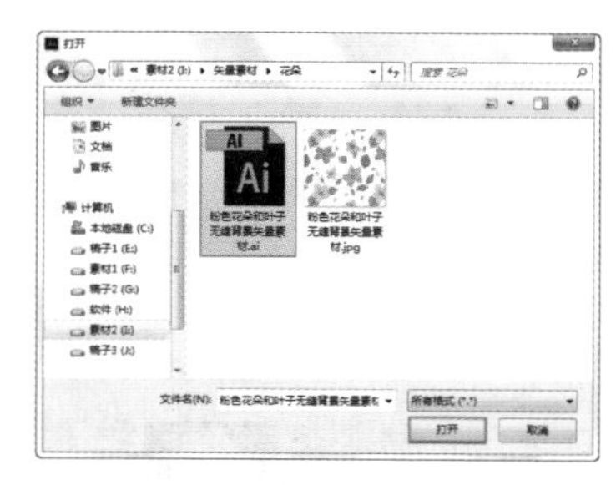

图1-75

图1-76

提示：Illustrator 能够打开哪些格式的文件？

Illustrator 既可以打开使用 Illustrator 创建的矢量文件，也可以打开其他应用程序中创建的兼容文件，如使用 AutoCAD 制作的“.dwg”格式文件、使用 Photoshop 创建的“.psd”格式文件等。

1.3.3 动手练：打开多个文档

1. 打开多个文档

扫一扫，看视频

在“打开”窗口中可以一次性地加选多个文档进行打开。按住Ctrl键单击多个文档，然后单击“打开”按钮，如图1-77所示，被选中的多个文档就都被打开了，但默认情况下只能显示其中一个文档，如图1-78所示。

图1-77

图1-78

2. 多个文档间的切换

虽然一次性打开了多个文档，但是窗口中只显示了一个文档，此时单击文档名称，即可切换到相对应的文档窗口，如图1-79所示。

图1-79

3. 切换文档浮动模式

默认情况下打开多个文档时，多个文档均合并到文档窗口中。除此之外，文档窗口还可以脱离界面呈现“浮动”的状态。将光标移动至文档名称上方，按住鼠标左键向界面外拖曳，如图1-80所示。

图1-80

松开鼠标后文档就会变为浮动的状态，如图1-81所示。

图1-81

若要恢复文档为堆栈的状态，可以将浮动的窗口拖曳到文档窗口上方，当出现蓝色边框后松开鼠标，即可完成堆栈，如图1-82所示。

图 1-82

4. 多文档同时显示

要一次性查看多个文档，除了让窗口浮动之外，还有一个办法。执行“窗口>排列”命令，弹出的子菜单中提供了几种排列方式，如图1-83所示。如图1-84所示为执行“平铺”命令后的显示效果。

图1-83　　图1-84

1.3.4 打开最近使用过的文件

打开Illustrator后，主窗口界面中会显示最近打开过的文档的缩览图，单击缩览图即可打开相应的文档，如图1-85所示。

图1-85

若已经在Illustrator中打开了文档，那么这个方法便行不通了。此时可以执行“最近打开的文件”命令打开使用过的文件。执行“文件>最近打开的文件”命令，在子菜单中单击文件名即可将其在Illustrator中打开，如图1-86所示。

文件(F) 编辑(E) 对象(O) 文字(T) 选择(S) 效果(C) 视图(V) 窗口(W) 帮助(H)
新建(N)... Ctrl+N
从模板新建(T)... Shift+Ctrl+N
打开(O)... Ctrl+O
最近打开的文件(F)
在 Bridge 中浏览... Alt+Ctrl+O
关闭(C) Ctrl+W
存储(S) Ctrl+S
存储为(A)... Shift+Ctrl+S
存储副本(Y)... Alt+Ctrl+S
存储为模板...
存储选中的切片...
恢复(V) F12
1 1.2.2 认识一下Illustrator.ai
2 1.2.2 认识一下Illustrator.ai
3 1.2.2 认识一下Illustrator.ai
4 使用极坐标网格工具制作同心圆.ai
5 使用基本绘图工具绘制图标.ai
6 使用多边形制作立体感网格.ai
7 使用多边形工具制作简约名片.ai
8 制作人像海报.ai
9 使用新建、置入、存储命令制作饮品广告.ai
10 使用置入命令制作风景拼贴画.ai

图1-86

【重点】1.3.5 置入——向文档中添加其他内容

扫一扫，看视频

Illustrator虽是一款矢量软件，在文档内也是可以添加图像素材的。通过执行“置入”命令，将图片添加到文档内。置入后的图片有链接和嵌入两种形式。

1. 置入链接的文件

以“链接”形式置入是指置入的内容本身不在AI文件中，仅仅是通过链接在AI中显示。

优点：链接的优势在于再多图片也不会使文件体积增大很多，并且不会给软件运行增加过多负担；此外，链接的图片经过修改后在AI中会自动提示更新。

缺点：链接的文件移动时要注意链接的素材图像也需要一起移动，不然丢失链接图会使图片的质量大打折扣。可以使用“链接”面板来识别、选择、监控和更新链接的文件。

（1）新建一个任意大小的空白文件，然后执行“文件>置入”命令，在弹出的“置入”窗口中单击需要置入的文件，勾选“链接”复选框，单击“置入”按钮，如图1-87所示。此时光标变为状，如图1-88所示。

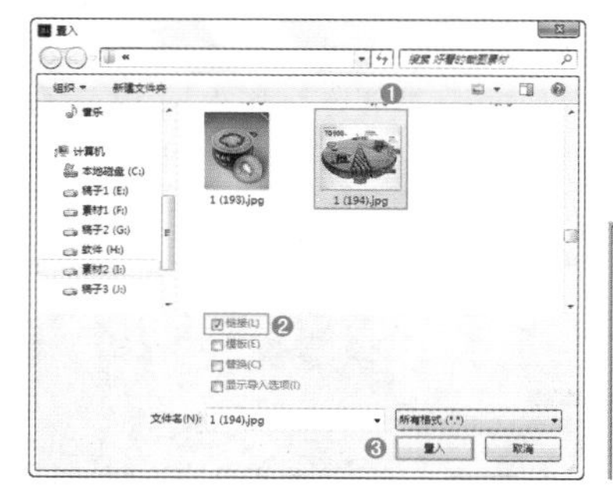

图1-87

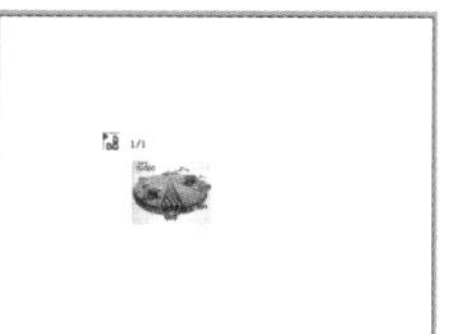

图1-88

（2）在画板中单击即可将文件置入，也可以按住鼠标左键拖曳控制置入对象的大小，松开鼠标完成置入。置入对象此时带有一个显示为“×”的定界框，如图1-89所示。执行“窗口>控制”命令，使该对象处于选中状态，显示出“控制栏”，此时图片处于“链接”状态，单击控制栏中的“嵌入”按钮，即可将链接的对象嵌入文档内，如图1-90所示。

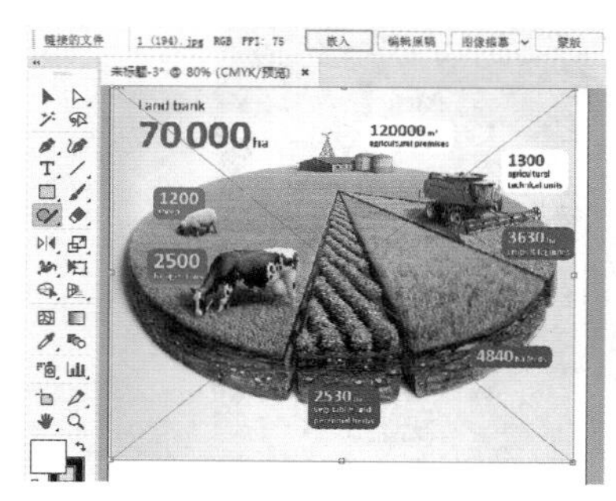

图1-89

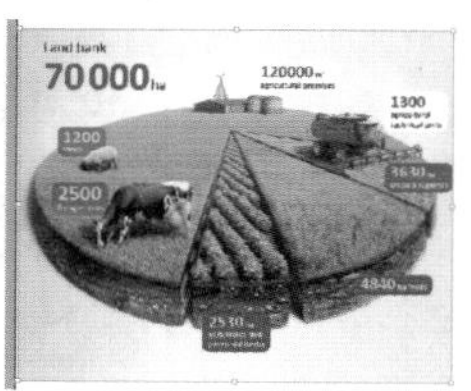

图1-90

2. 置入嵌入的文件

“嵌入”是将图片包含在大文件中，将图片和该文件中的全部内容存储在一起，形成一个完整的文件。

优点：当文件存储位置改变时，不用担心素材图像没有一起移动而造成链接素材缺失。

缺点：当置入的图片比较多时，文件大小会增加，并且会给计算机运行增加压力。另外，原素材图像在其他软件中进行修改后，嵌入的图片不会提示更新变化。

（1）新建一个任意大小的空白文件，然后执行“文件>置入”命令，在弹出的“置入”窗口中单击需要置入的文件，取消勾选“链接”复选框，单击“置入”按钮，如图1-91所示。接着在画板中单击，即可完成素材置入操作，如图1-92所示。

图1-91

图1-92

（2）若要将“嵌入”的对象更改为“链接”，可以先单击选择“嵌入”的对象，然后单击控制栏中的 取消嵌入 按钮，如图1-93所示；接着在弹出的“取消嵌入”窗口中选择一个合适的存储位置以及文件保存类型，嵌入的素材就会重新变为“链接”状态，如图1-94所示。

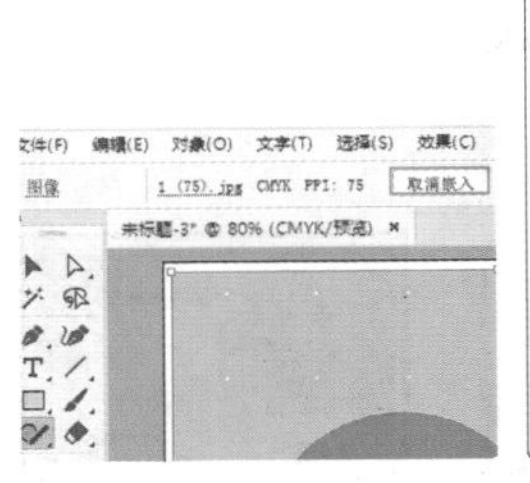

图1-93

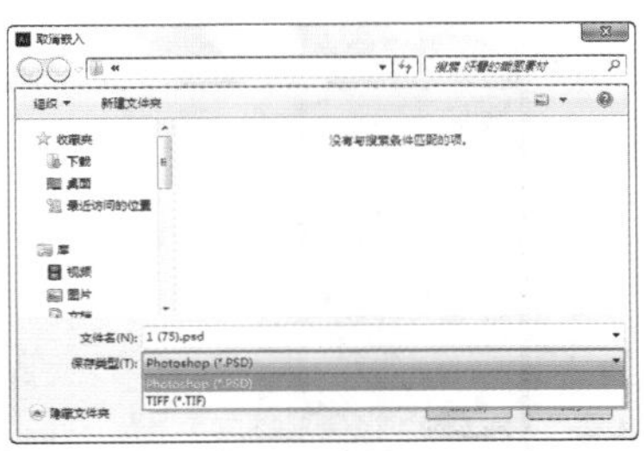

图1-94

3. 管理置入的文件

“链接”面板可以查看和管理所有的链接或嵌入的对象。该面板中显示了当前文档中置入的所有对象，从中可以对这些对象进行定位、重新链接、编辑原稿等操作。

首先置入两张图片，一个嵌入、一个链接，如图1-95所示。执行“窗口>链接”命令，打开“链接”面板，如图1-96所示。

图1-95

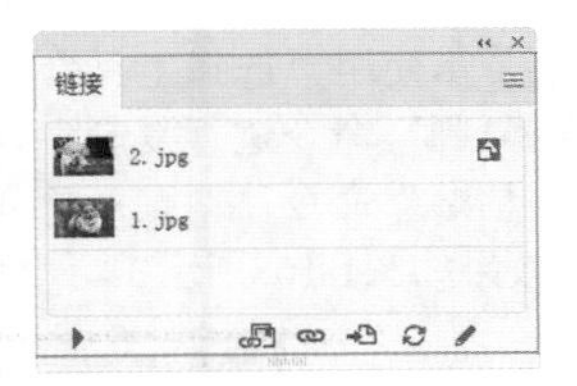

图1-96

- 显示链接信息：显示链接的名称、格式、缩放大小、路径等信息。选择一个对象，单击该按钮，就会显示相关的信息，如图1-97所示。

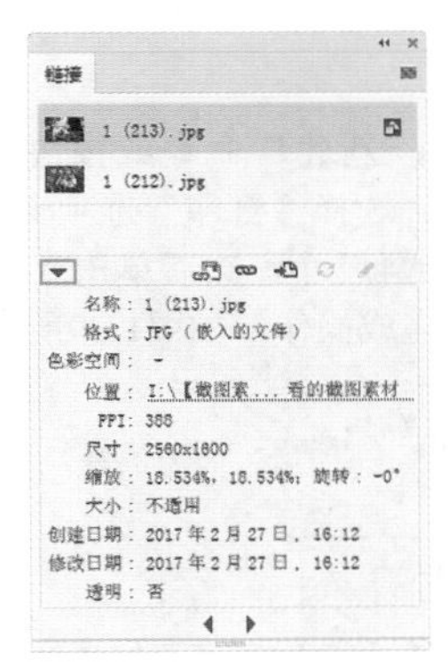

图1-97

- 从信息库重新链接：单击该按钮，可以在打开的“库”面板中重新进行链接。
- 重新链接：在“链接”面板中选中一个对象，单击该按钮，在弹出的窗口中选择素材，以替换当前链接的内容。
- 转至链接：在“链接”面板中选中一个对象，单击该按钮，即可快速在画板中定位该对象。
- 更新链接：当链接文档发生变动时可以在当前文档中同步所发生的变动。
- 编辑原稿：对于链接的对象，单击此按钮可以在图像编辑器中打开该对象，并进行编辑。
- 嵌入的文件：表示对象的置入方式为嵌入。

练习实例：使用“置入”命令制作风景拼贴画

扫一扫，看视频

文件路径	资源包\第1章\练习实例：使用“置入”命令制作风景拼贴画
难易指数	★★★★★
技术掌握	新建、置入、打开

实例效果

本实例演示效果如图1-98所示。

图1-98

操作步骤

步骤 01 执行“文件>新建”命令或按快捷键Ctrl+N，打开“新建文档”窗口。选择“打印”选项卡，在“空白文档预设”列表框中选择A4尺寸，然后单击“横向”按钮，再单击“创建”按钮完成操作，如图1-99所示。

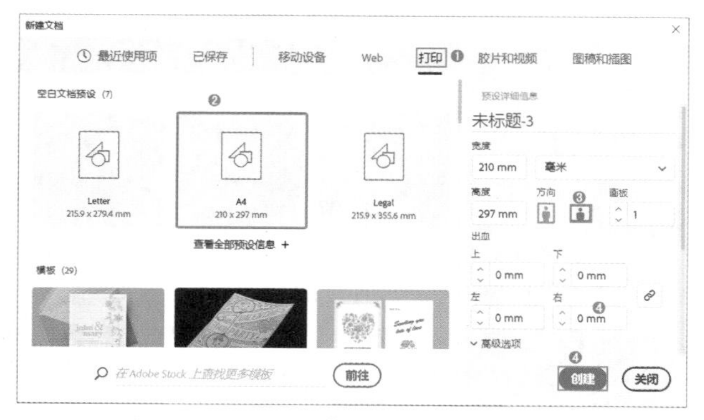

图1-99

步骤 02 执行“窗口＞控制”命令，使该选项处于选中状态，显示出“控制栏”。单击工具箱中的“矩形工具”按钮，在控制栏中设置填充颜色为白色，描边颜色为黑色，“描边”粗细为16pt。接着在画板中按住鼠标左键拖曳，绘制出一个与画板等大的矩形，如图 1-100 所示。

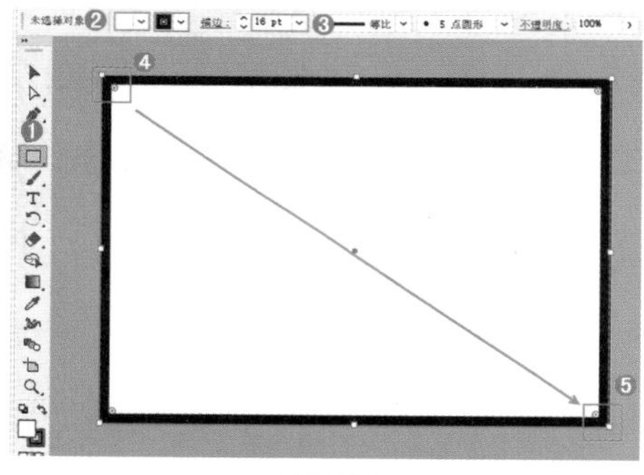

图1-100

提示：设置填充与描边颜色。

设置填充和描边颜色的方法有很多，在此以设置填充颜色为例进行说明。单击控制栏中填充颜色右侧的按钮，在弹出的下拉面板中选择一种颜色即可，如图 1-101 所示。后面的章节将对此进行详细讲解。

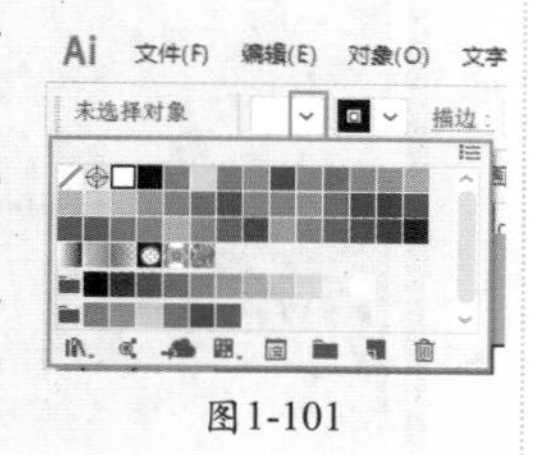

图1-101

步骤 03 执行“文件>置入”命令，在弹出的“置入”窗口中选择需要置入的素材文件1.png，取消勾选“链接”复选框，单击“置入”按钮完成操作，如图1-102所示。接着在画板中单击，将素材图片置入文档内，如图1-103所示。

图1-102

图1-103

步骤 04 调整图片的位置。单击工具箱中的“选择工具”按钮，单击图片将其选中，再按住鼠标左键拖曳，将其移动到画面的左侧，如图1-104所示。接下来使用上述方法依次置入其他素材，如图1-105所示。

图1-104

图1-105

步骤 05 执行“文件>打开”命令，在弹出的“打开”窗口中选择需要打开的素材文件5.ai，单击“打开”按钮，如图1-106所示。随即该文件在Illustrator中被打开，如图1-107所示。

图1-106

图1-107

步骤 06 使用“选择工具”框选其中的素材，然后执行“编辑>复制”命令进行复制，返回刚才工作的文档。执行“编辑>粘贴”命令，粘贴对象并移动到画板中的相应位置。最终效果如图1-108所示。

图1-108

重点 1.3.6 存储

扫一扫，看视频

对一个文档进行编辑后，可以通过执行“文件>存储”命令（快捷键：Ctrl+S）将当前操作保存到文档中。如果存储文档时没有弹出任何窗口，则会以原始位置进行存储。存储时将保留当前所做的更改，并且会替换掉上一次保存的文件。

如果是第一次对文档进行存储，会弹出“存储为”窗口，在这里可以选择文件的存储位置，并设置文件存储格式以及文件名称。

如果文档之前曾经存储过，想更换位置、名称或者格式后再次存储，可以执行“文件>存储为”命令（快捷键：Shift+Ctrl+S），弹出“存储为”窗口，从中进行存储位置、文件名、保存类型的设置，然后单击“保存”按钮，如图1-109所示。随即会弹出“Illustrator 选项”对话框，在其中可以对文件存储的版本、选项、透明度等参数进行设置。单击“确定”按钮，即可完成文件存储操作，如图1-110所示。

- 版本：指定希望文件兼容的Illustrator版本。需要注意的是，旧版格式不支持当前版本 Illustrator 中的所有功能。
- 创建PDF兼容文件：在Illustrator文件中存储文档的PDF演示。
- 使用压缩：在Illustrator文件中压缩PDF数据。
- 透明度：确定当选择早于9.0版本的Illustrator格式时，如何处理透明对象。

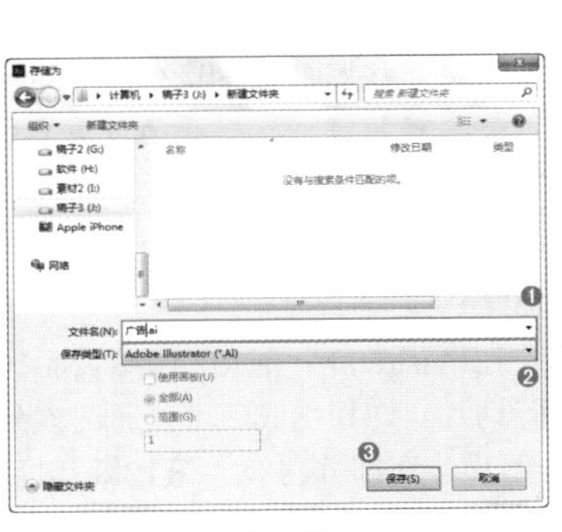

图1-109

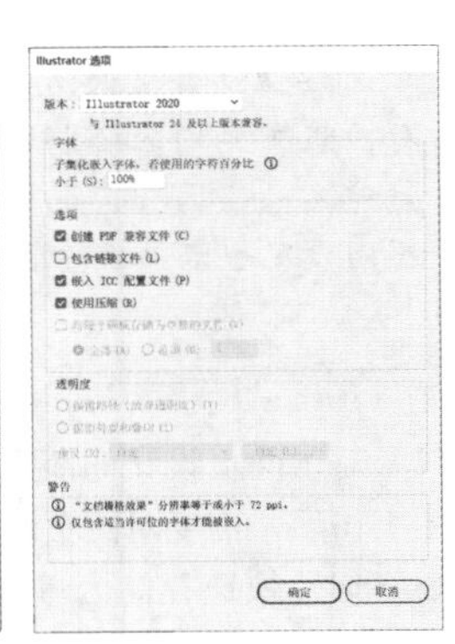

图1-110

提示：“保存类型”下拉列表框中的5种格式。

“保存类型”下拉列表框中有5种基本文件格式，分别是AI、PDF、EPS、FXG和SVG。这些格式称为本机格式，因为它们可保留所有 Illustrator 数据，包括多个画板中的内容。

重点 1.3.7 导出

扫一扫，看视频

“存储”命令可以将文档存储为Illustrator特有的矢量文件格式，而“导出”命令可以将文档存储为其他的方便预览、传输的文件格式，如PNG、JPG等。

在Illustrator中，导出有三种方式，分别是导出为多种屏幕所用格式、导出为和存储为Web所用格式（旧版）。

1. 导出为多种屏幕所用格式

众所周知手机有iOS与Android两大常用系统，而且不同厂商生产的手机屏幕分辨率也不同，所以手机APP的界面设计尺寸也不同。使用“导出为多种屏幕所用格式”命令可以一步生成不同大小和文件格式的图片，以适应不同的屏幕尺寸。Illustrator 作为一款矢量软件，在UI设计中使用频率非常高，这个功能对于UI设计师而言既简单又快捷。

例如，某文档中有3个按钮，如图1-111所示。执行“文件>导出>导出为多种屏幕所用格式”命令，打开“导出为多种屏幕所用格式”窗口，如图1-112所示。

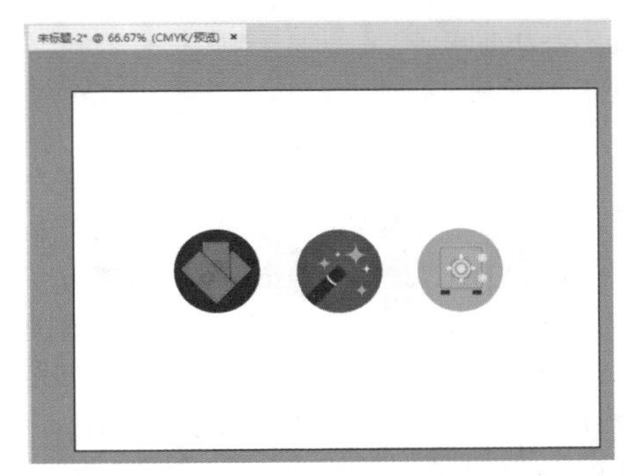
图1-111

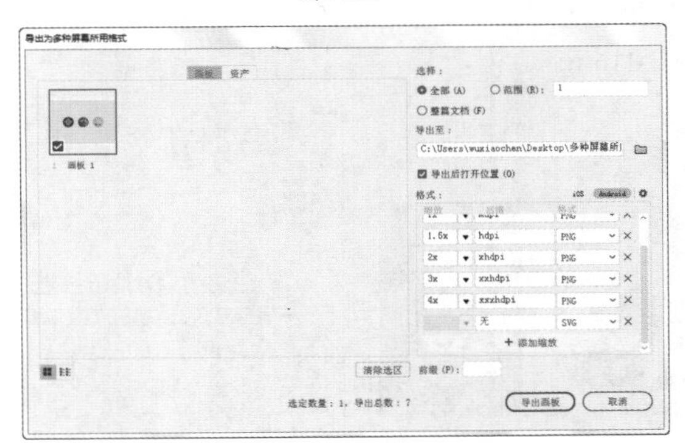

图1-112

- 选择：用来选择导出对象的范围。选中“全部”单选按钮，则可导出文档内的所有画板；选中“范围”单选按钮可以导出特定画板或指定范围内的画板；选中“整篇文档”单选按钮会将整个文档导出为一个文件。

- **导出至：** 单击🗀按钮，在弹出的“选取位置”窗口中选择一个导出位置，单击“选择文件夹”按钮结束操作。
- **导出后打开位置：** 勾选该复选框，导出操作完成后会打开相应的文件夹。
- **格式：** 用来选择iOS与Android系统。单击iOS按钮，会显示相应的缩放尺寸，如图1-113所示；单击Android按钮会显示相应的缩放尺寸，如图1-114所示。

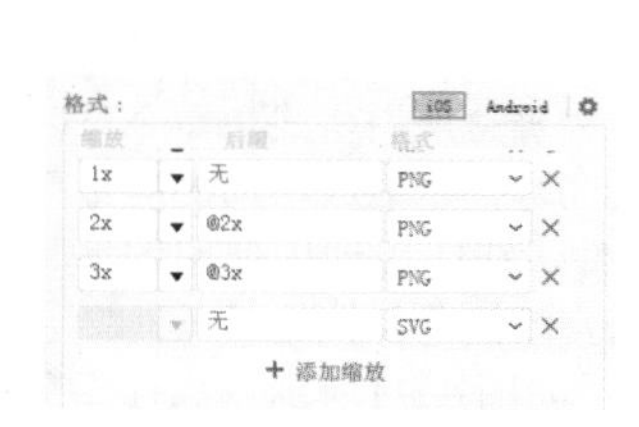

图1-113

缩放	后缀	格式
0.75x	ldpi	PNG
1x	mdpi	PNG
1.5x	hdpi	PNG
2x	xhdpi	PNG
3x	xxhdpi	PNG
4x	xxxhdpi	PNG

图1-114

- **前缀：** 在文件名称前添加的文本，如果不填该选项即为不添加前缀。

2. 导出为

除了“存储为”窗口中提供的5种文件格式，如果要保存为其他格式，该如何操作呢？使用“导出为”命令，可以将文件导出为如PNG、JPG、Flash等常用的格式。

（1）准备一个文件，在画板内有图形，在画板外也有图形，如图1-115所示。接下来就将其导出为JPG格式。执行“文件>导出>导出为”命令，弹出“导出”窗口，在该窗口中设置保存的位置和名称，在“保存类型”下拉列表框中选择“JPEG(*.JPG)”选项，取消勾选“使用画板”复选框，如图1-116所示。

图1-115

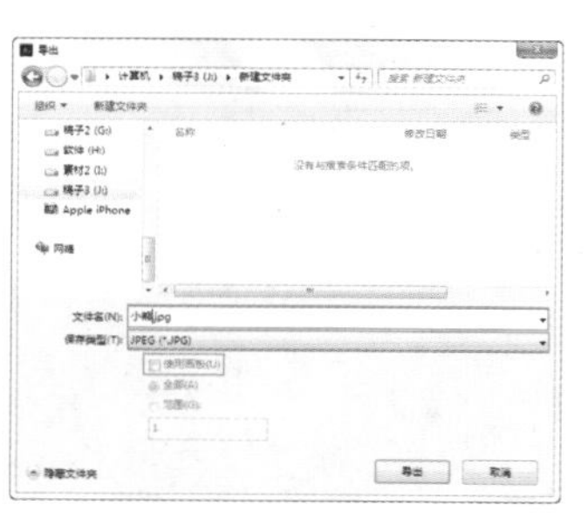

图1-116

（2）单击“确定”按钮，弹出“JPEG选项”窗口，在该窗口中可以设置“颜色模型”“品质”等选项。为了让画质清晰，设置“品质”为“最高”，“分辨率”为“高(300ppi)”，然后单击“确定”按钮，如图1-117所示。接着打开导出的图片，可以看到文档内的所有图形都被导出到一张图片内，如图1-118所示。

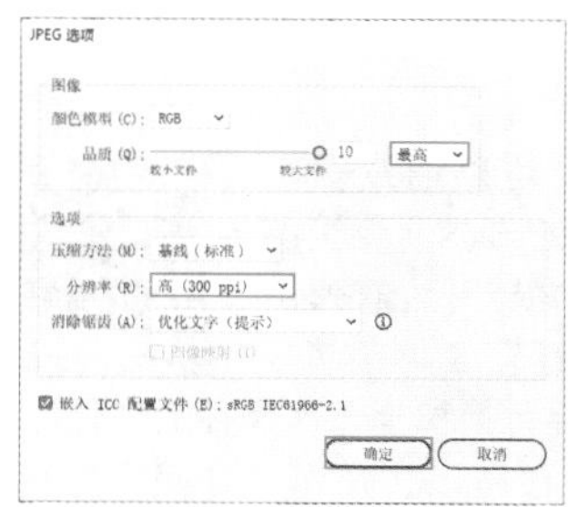

图1-117

图1-118

（3）如果在“导出”窗口中勾选“使用画板”复选框。如图1-119所示，则导出的图片中只有画板内的图形，如图1-120所示。

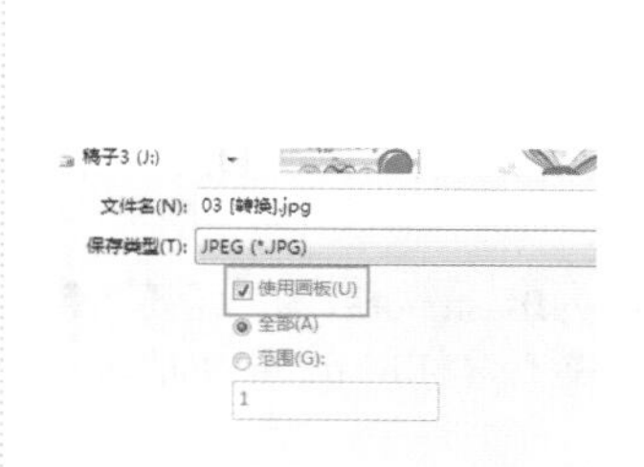

图1-119

图1-120

提示：“全部”与“范围”单选按钮。

当勾选“使用画板”复选框后，“全部”与“范围”单选按钮就会被激活。当选中“全部”单选按钮时，所有画板中的内容都将被导出，并按照-01、-02的序号进行命名；当选中“范围”单选按钮时，可以在下方数值框内设定导出画板的范围。

3. 存储为Web所用格式（旧版）

对于网页设计师而言，在Illustrator中完成了网站页面制图工作后，需要对网页进行切片。切片完成后可以通过该命令将切片快速存储为单个图片。这部分将在“第12章 切片与网页输出”中讲解。

1.3.8 打包：收集字体和链接素材

“打包”命令可以收集当前文档中使用过的以“链接”形式置入的素材图像和字体。这些图像文件以及字体文件将被收集在一个文件夹中，便于用户存储和传输文件。当文档中包含“链接”的素材图像和使用了特殊字体时，最好在文档制作完成后使用“打包”命令，将分布在计算机各个位置中的素材整理出来，避免素材的丢失。

（1）需要将文档进行存储，执行“文件>打包”命令，在弹出的“打包”窗口中单击 ■ 按钮；打开“选择文件夹位置”窗口，从中选择一个合适的位置，然后单击“选择文件夹”按钮，如图1-121所示。因为打包的文件需要整理在一个文件夹中，所以需要在“文件夹名称”文本框中设置该文件夹的名称，如图1-122所示。

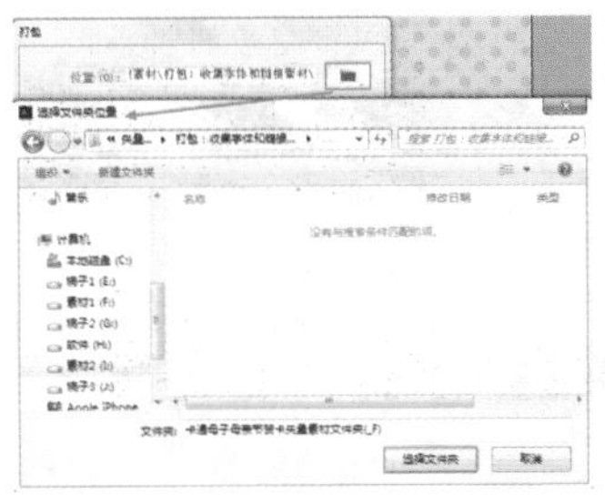

图1-121

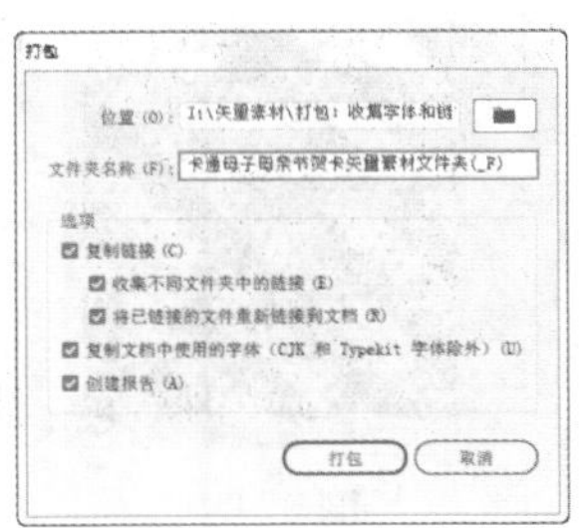

图1-122

（2）在“选项”选项组中勾选需要打包的选项，然后单击“打包”按钮，如图1-123所示。在弹出的提示对话框中单击“确定”按钮，如图1-124所示。

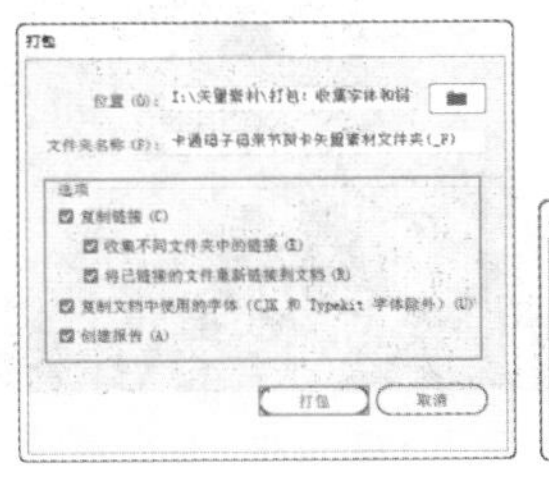

图1-123

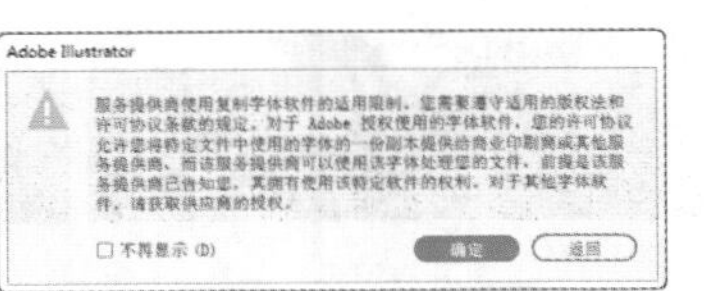

图1-124

（3）系统开始进行打包的操作。打包完成后会弹出一个对话框，提示文件包已成功创建，如图1-125所示。如果需要查看文件包，单击“显示文件包”按钮，即可打开相应的文件夹进行查看，如图1-126所示。如果不需要查看文件包，单击“确定”按钮即可关闭该对话框。

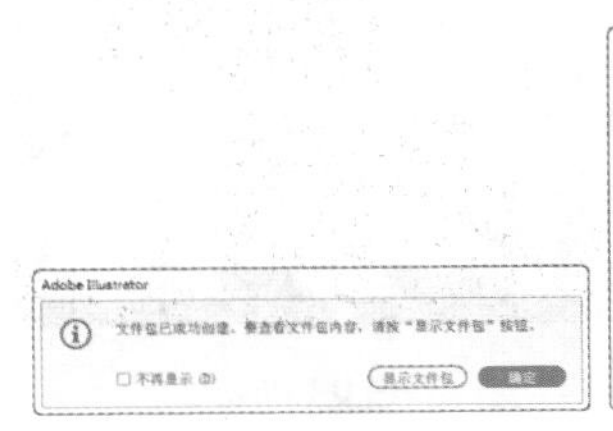

图1-125

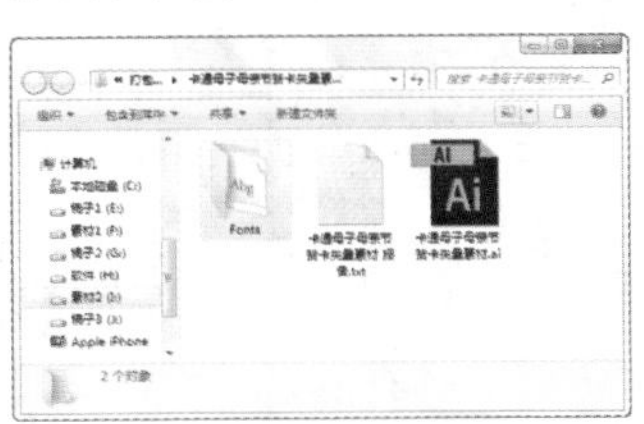

图1-126

1.3.9 恢复：将文件还原到上次存储的版本

对一个文件进行了一些操作后，执行“文件>恢复”命令（快捷键：F12），可以直接将文件恢复到最后一次保存时的状态；如果一直没有进行过存储操作，则可以返回到刚打开文件时的状态。

1.3.10 关闭文件

执行“文件>关闭”命令（快捷键：Ctrl+W），可以关闭当前所选的文件。单击文档窗口右上角的“关闭”按钮☒，也可关闭所选文件，如图1-127所示。执行“文件>关闭全部”命令或按Alt+Ctrl+W组合键可以关闭所有打开的文件。

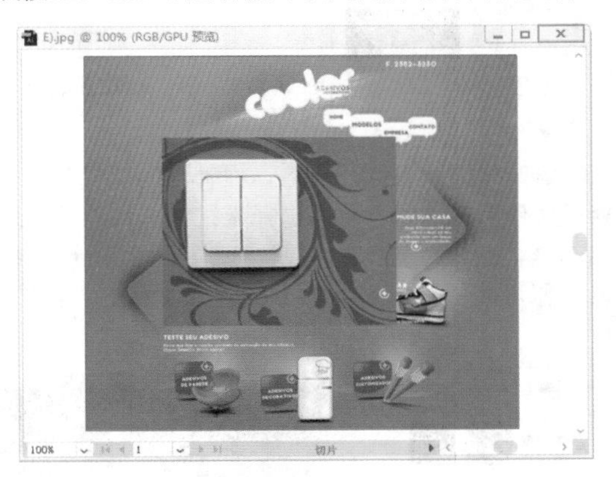

图1-127

练习实例：置入并调整位图素材制作工业感卡片

文件路径	资源包\第1章\练习实例：置入并调整位图素材制作工业感卡片
难易指数	★★★★★
技术掌握	“新建”命令、“置入”命令、位图的缩放

扫一扫，看视频

实例效果

本实例演示效果如图1-128所示。

图1-128

操作步骤

步骤 01 执行“文件>新建”命令或按快捷键Ctrl+N，打开“新建文档”窗口。选择“打印”选项卡，在“空白文档预设”列表框中选择A4尺寸，然后单击“横向”按钮，再单击“创建”按钮完成操作，如图1-129所示。

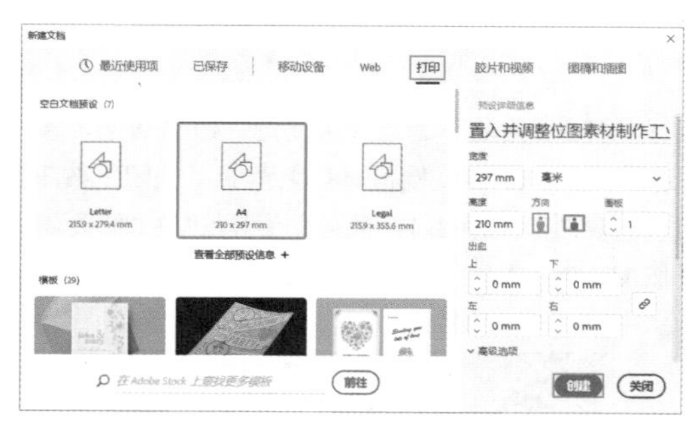

图1-129

步骤02 执行“文件>置入”命令，在弹出的“置入”窗口中找到素材文件所在位置，单击选择素材1.jpg，取消勾选“链接”复选框，单击“置入”按钮，如图1-130所示。在文档中单击，即可将图片以嵌入的方式置入文档内，如图1-131所示。

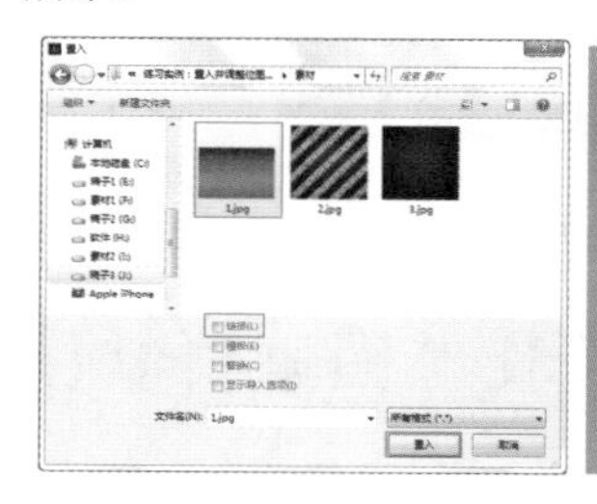

图1-130

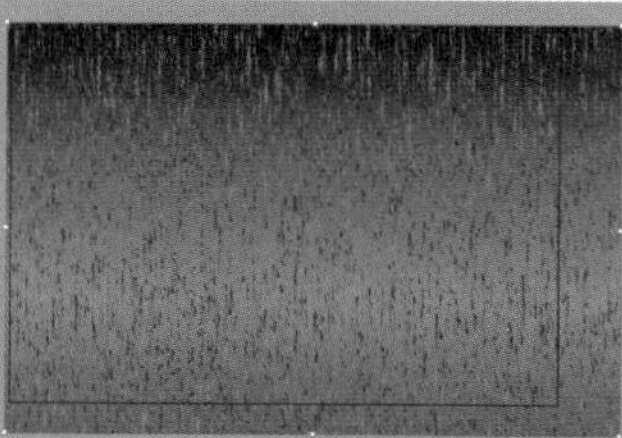

图1-131

步骤03 此时文档的尺寸稍大于画板，所以需要进行调整。单击工具箱中的“选择工具”按钮，然后在置入的素材上单击将其选中（选中后的对象会显示蓝色的定界框），将光标移动至图像下方的控制点处，按住鼠标左键向上拖动，即可将图片进行缩放，如图1-132所示。使用同样的方法拖曳右侧的控制点进行缩放，将图像调整到与画板等大，如图1-133所示。

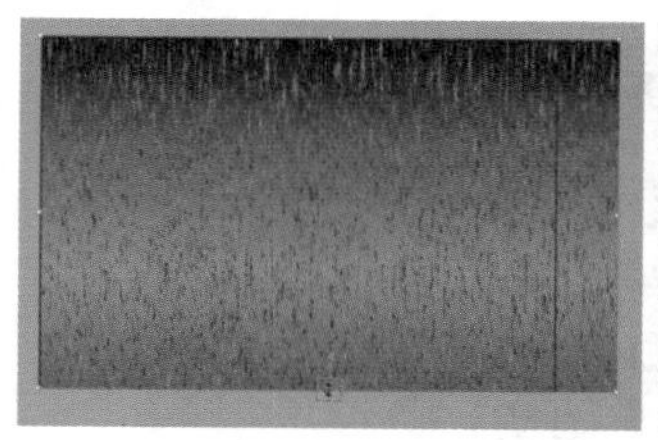

图1-132

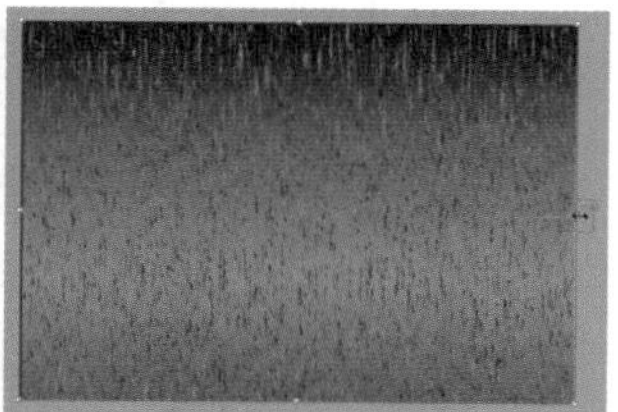

图1-133

步骤04 以“嵌入”的方式置入素材2.jpg，如图1-134所示。将光标移动到素材底部的中心控制点上，按住鼠标左键向上拖动，释放鼠标完成修改，如图1-135所示。使用同样方法拖动素材的另外一边控制点，调整素材比例，如图1-136所示。

图1-134

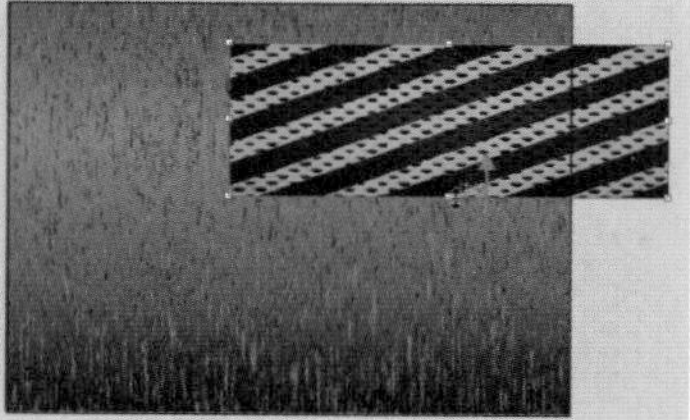

图1-135

步骤05 按照上述方法制作另外一个卡片背景，如图1-137所示。执行“窗口>控制”命令，使该选项处于选中状态，显示出“控制栏”。

图1-136

图1-137

步骤06 打开文字素材4.ai，选中需要复制的文字，执行“编辑>复制”命令进行复制，如图1-138所示。然后到当前文档中执行“编辑>粘贴”命令粘贴文字，并将文字移动到合适位置上。最终效果如图1-139所示。

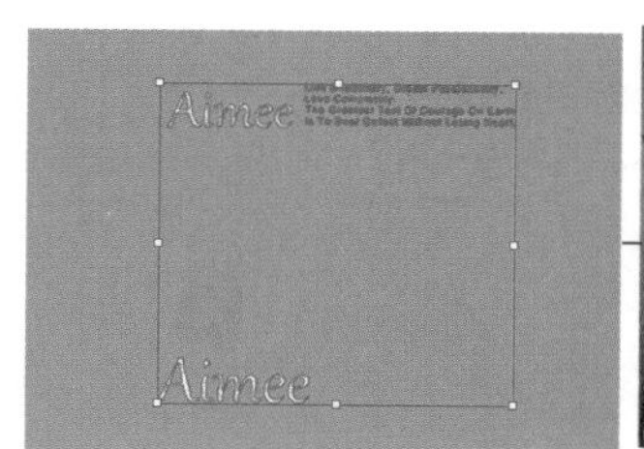

图1-138

图1-139

1.4 图像文档的查看

在使用Illustrator进行制图的过程中，有时需要观看画面整体或者放大显示画面的某个局部，可以使用工具箱中的“缩放工具”以及“抓手工具”。除此之外，使用“导航器”面板中的相关工具也可以定位到画面某个部分。

扫一扫，看视频

重点 1.4.1 缩放工具：放大、缩小、看细节

（1）进行图像编辑时，经常需要对图像的细节进行操作，这就需要将图像的显示比例进行放大，可以使用工具箱中的“缩放工具”来实现。单击工具箱中的“缩放工具”按钮，将光标移动到画面中，如图1-140所示。

单击即可放大图像显示比例；如需放大多倍可以多次单击，如图1-141所示。也可以直接按Ctrl+“+”组合键放大图像显示比例。

（2）“缩放工具”既可以放大显示比例，也可以缩小显示比例。按住Alt键，光标会变为中心带有减号的放大镜形状，单击要缩小的区域的中心，每单击一次，视图便缩小到上一个预设百分比，如图1-142所示。也可以直接按Ctrl+“-”组合键缩小图像显示比例。

图1-140

图1-141

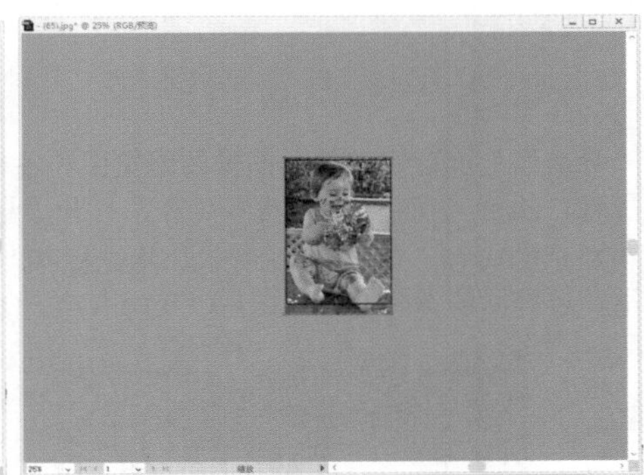

图1-142

提示：“缩放工具”不改变图像本身大小。

使用“缩放工具”放大或缩小的只是图像在屏幕上显示的比例，图像的真实大小是不会跟着发生改变的。

（3）选择“缩放工具”，在画板中按住鼠标左键拖曳，拖曳的区域即为放大的区域，如图1-143所示。松开鼠标，即可看到窗口中只显示了刚刚拖曳的区域，如图1-144所示。图像文件窗口的左下角有一个“缩放”文本框，在该文本框内输入相应的缩放倍数，按Enter键，即可直接调整图像到相应的缩放倍数，如图1-145所示。

图1-143

图1-144

图1-145

重点 1.4.2 抓手工具：平移画面

扫一扫，看视频

当画面显示比例比较大的时候，有些局部可能就无法显示，这时可以选择工具箱中的“抓手工具”，在画板中按住鼠标左键并拖动，如图1-146所示。界面中显示的图像区域产生了变化，如图1-147所示。

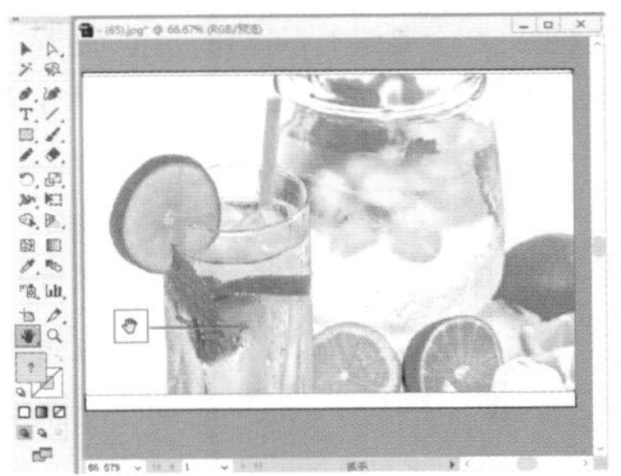

图1-146

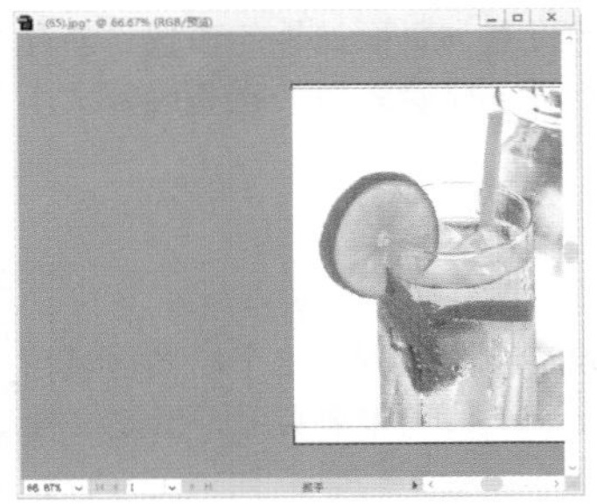

图1-147

提示：快速切换到“抓手工具”。

在使用其他工具时，按住Space键（即空格键）即可快速切换到“抓手工具”状态，此时在图像中按住鼠标左键并拖动即可平移图像；松开Space键，会自动切换回之前使用的工具。

1.4.3 使用导航器查看图像

“导航器”面板中包含了图像的缩览图和各种窗口缩放工具，用于缩放图像的显示比例，以及查看图像特定区域。打开一幅图像，执行“窗口>导航器”命令，打开“导航器”面板，在“导航器”面板中可以看到整幅图像，红框内则是在文档窗口中显示的内容，如图1-148所示。将光标移动至“导航器”面板中缩览图上方，当其变为抓手形状时，按住鼠标左键并拖动即可移动图像画面，如图1-149所示。

图 1-148

图 1-149

- 缩放数值输入框 50% ：在该输入框中可以输入缩放数值，然后按Enter键确认操作。如图1-150和图1-151所示为不同缩放数值的图像对比效果。

图1-150

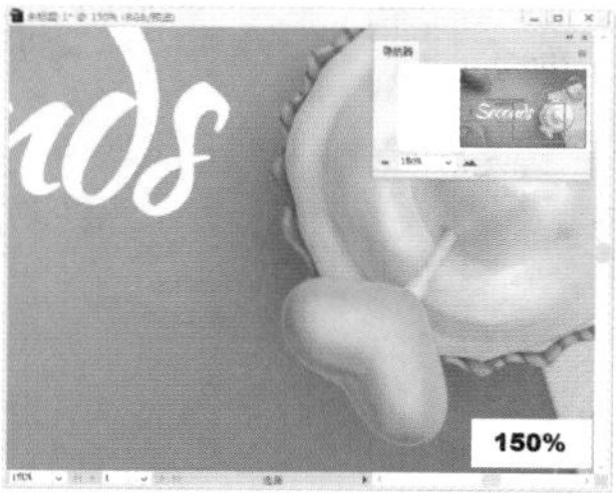

图1-151

- “缩小”按钮/“放大”按钮：单击“缩小”按钮可以缩小图像的显示比例，如图1-152所示；单击“放大”按钮可以放大图像的显示比例，如图1-153所示。

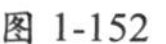

图 1-152

图 1-153

1.5 文档设置

文档设置包括画板大小的设置与页面属性的设置。新建文档后，若要进行文档的重新设置并不是一件难事。使用“画板工具”结合控制栏可以新建画板、删除画板、调整画板大小等，而通过“文档设置”命令可以调整文档的颜色模式、单位、出血等。

1.5.1 画板的创建与编辑

画板在Illustrator中用于限定绘图区域，这个绘图区域可以进行大小或位置的更改，而且可以在一个文档中创建出多个画板。该功能在制作多页面的设计作品时非常实用。新建文档后，界面中的白色区域就是画板。通过“画板工具”可以对原有画板进行大小、位置的修改。

1. “画板工具”的基本操作

（1）单击工具箱中的“画板工具”按钮（快捷键：Shift+O），会在画板的边缘显示定界框，如图1-154所示。拖曳定界框上的控制点可以自由调整画板的大小，如图1-155所示。

（2）若要改变画板的位置，可以将光标移动至画板的内部，按住鼠标左键并拖动即可移动画板，如图1-156所示。在文档窗口内按住鼠标左键并拖动，即可绘制一个新的画板，如图1-157所示。如果要删除不需要的画板，可以单击控制栏中的“删除画板”按钮，也可以单击画板右上角的⊠按钮进行删除，如图1-158所示（如果当前未显示控制栏，可以执行“窗口>控制”命令将其显示）。

图1-154

图1-155

图1-156

图1-157

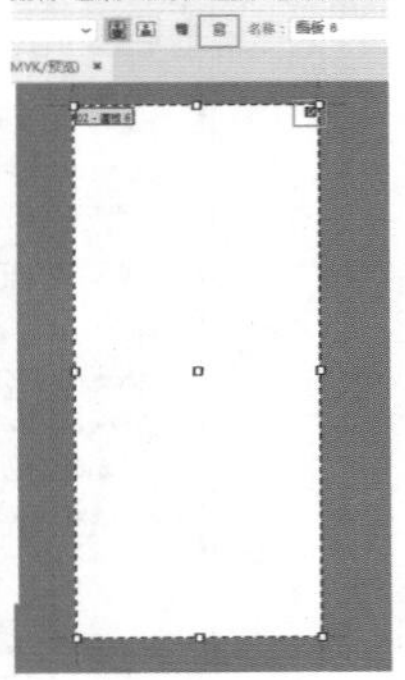

图1-158

2. “画板工具”的控制栏

单击工具箱中的“画板工具”按钮，在其控制栏中可以精确地设置画板的“宽度/高度”数值，还可以设置画板的方向，以及进行删除画板或新建画板等操作，如图1-159所示。

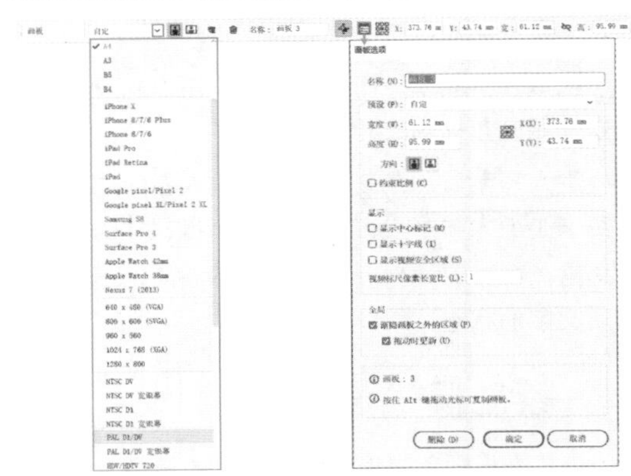

图1-159

- 预设：选择需要修改的画板，在“预设”下拉列表框中可以选择一种常见的预设尺寸。
- 纵向/横向：选择画板，单击“纵向”按钮或“横向”按钮，可以调整画板的方向。
- 新建画板：使用该功能能够新建一个与当前所选画板等大的画板。选择一个已有画板，然后单击“新建画板”按钮，即可得到相同大小的画板，如图1-160所示。

图1-160

- 删除画板：用来删除选中的画板。
- 名称：用来为画板重新命名。
- 移动/复制带画板的图稿：在移动并复制画板时，若激活该功能，则画板中的内容同时被复制并移动。
- 画板选项：单击该按钮，在弹出的“画板选项”窗口中可以对画板的相关参数选项进行设置（其中各项与控制栏中相应参数选项的功能无异）。
- X/Y：用来设置画板在工作区域的位置。
- 宽度/高度：用来设置画板的大小，当需要精确设置画板的大小时可以通过这两项进行调整。

1.5.2 页面设置

完成文档新建后，若要对文档属性重新进行设置，可以执行“文件>文档设置”命令，在弹出的“文档设置”窗口中进行相关参数选项的设置。

1. “常规”选项卡

在“常规”选项卡中可以重新对“出血”“网格大小”等选项进行设置，如图1-161所示。

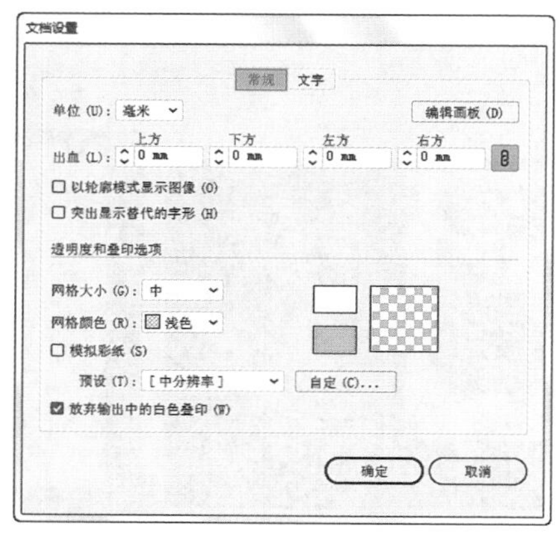

图1-161

- 单位：在该下拉列表框中选择不同的选项，定义调整文档时使用的单位。
- 出血：在该选项组的4个文本框中，分别输入“上方”“下方”“左方”和“右方”数值，重新调整“出血线”的位置。单击“链接”按钮，可以统一所有方向的“出血线”的位置。
- 编辑画板：单击“编辑画板”按钮，可以对文档中的画板进行重新调整，具体的调整方法会在相应的章节中进行讲述。
- 以轮廓模式显示图像：当勾选该复选框时，将只显示图像的轮廓线，从而节省计算的时间。
- 突出显示替代的字形：当勾选该复选框时，将突出显示文档中被替代的字形。
- 网格大小：在该下拉列表框中选择不同的选项，定义网格大小。
- 网格颜色：在该下拉列表框中选择不同的选项，定义透明网格的颜色。如果列表中的颜色无法满足需要的，可以通过右侧的两个色块重新自定义网格颜色。
- 模拟彩纸：如果勾选该复选框，则在设置的彩纸上打印文档。
- 预设：在该下拉列表框中选择不同的选项，定义导出文档的分辨率。
- 放弃输出中的白色叠印：如果启用了白色叠印，那么文档中白色的部分则不会被打印出来。在彩色纸张上进行打印时，如果不小心启用了白色叠印，将会使白色内容无法被印刷出来。勾选此复选框则可以避免印刷时出现白色叠印的情况。

2. “文字”选项卡

选择“文字”选项卡，在其中可以对“语言”“双引号”等选项进行设置，如图1-162所示。

- 使用弯引号：当勾选该复选框时，文档将采用中文引号效果，而不使用英文直引号；反之，则效果相反。

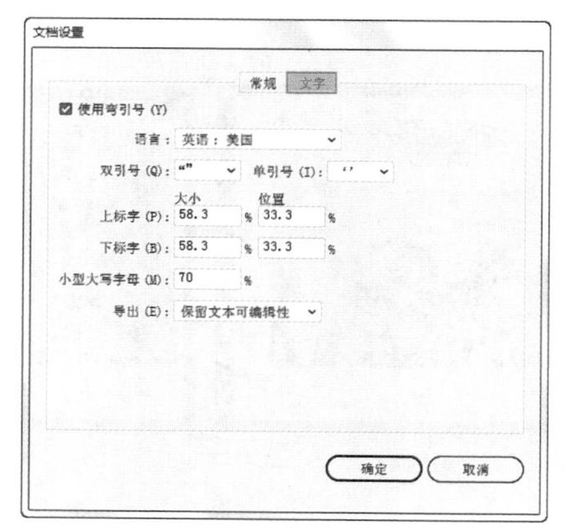

图1-162

- 语言：在该下拉列表框中选择不同的选项，定义文档在进行文字检查时所用的语言规则。
- 双引号、单引号：在该下拉列表框中选择不同的选项，定义相应引号的样式。
- 上标字、下标字：通过调整“大小”和“位置”数值定义相应角标的尺寸和位置。
- 小型大写字母：在该文本框中输入相应的数值，可以定义小型大写字母占原始大写字母尺寸的百分比。
- 导出：在该下拉列表框中选择不同的选项，定义导出后文字的状态。

1.5.3 颜色模式设置

颜色模式是指颜色表现为数字形式的模型。简单来说，可以将图像的颜色模式理解为记录颜色的方式。可以在创建文档的时候进行颜色模式的设置，对已有的文档也可以进行更改。如果这样理解仍然觉得很抽象，那么就只要记得“CMYK颜色模式”用来打印，而“RGB颜色模式”常用来制作在电子设备中显示的文档就可以了。

新建文档之初，可以在“新建文档”窗口中选择颜色模式，如图1-163所示。若要更改已创建的文档的颜色模式，可以执行“文件>文档颜色模式”命令，在弹出的子菜单中选择需要的颜色模式，如图1-164所示。

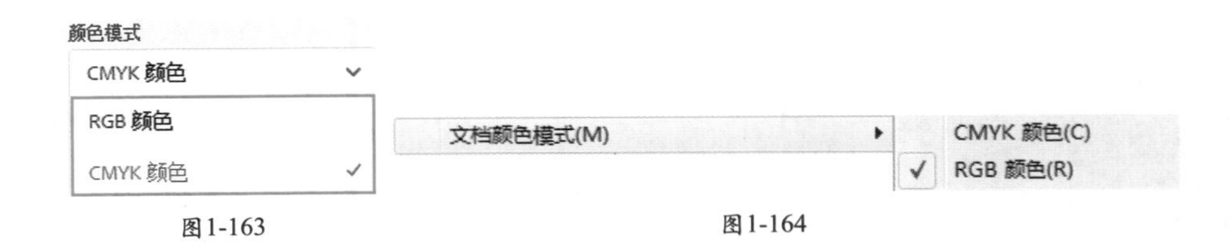

图1-163　　　　图1-164

1.6 操作的还原与重做

当我们使用真正的画笔、颜料和画布绘画时，一旦画错了就需要很费力地擦掉或者盖住，有的失误还可能带来无法挽回的损失。与此相比，使用Illustrator等数字制图软件最大的便利之处就在于能够随时“重来”。操作出现错误，没关系！简单一个命令，就可以轻轻松松地“回到从前”。

在图像的绘制过程中出现错误需要更正时，可以使用“还原”和“重做”命令对图像进行还原或重做。在出现操作失误的情况时，执行“编辑>还原”命令（快捷键：Ctrl+Z）能够修正错误；还原之后，还可以执行“编辑>重做”命令（快捷键：Shift +Ctrl +Z）撤销还原，恢复到还原操作之前的状态，如图1-165所示。

图1-165

1.7 打印设置

画册、海报、宣传单等平面设计作品制作完成后，需要通过印刷制成“实物”。在进行成品的印刷之前，经常需要打印一份“样品”，以便于预览作品效果或呈现给客户。

（1）在Illustrator中打印某个文档时，可以执行“文件>打印”命令，弹出“打印”窗口。在该窗口中可以预览打印作业的效果，并且可以对打印机、打印份数、输出选项和颜色管理等进行设置。在“常规”选项卡中选择需要使用的打印机；设置需要打印的“份数”；如果文档包含多个画板，则需要在“画板”选项组中选择要打印的画板页面；在“介质大小”下拉列表框中可以选择用于打印的纸张的尺寸；在“打印图层”下拉列表框中可以选择需要打印的图层选项；如果想要对打印图像的比例进行缩放，则可以在“缩放”下拉列表框中进行设置，如图1-166所示。

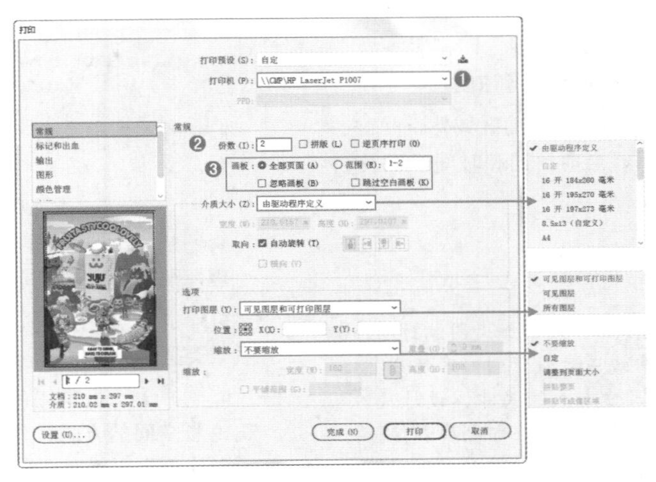

图1-166

（2）选择“标记和出血”选项卡，在“标记”选项组中可以勾选需要打印的标记内容；在“出血”选项组中勾选“使用文档出血设置”复选框，则以文档的出血数值为准（在下面4个文本框中可以重新设置新的出血数值），如图1-167所示。如图1-168所示为各种印刷标记。

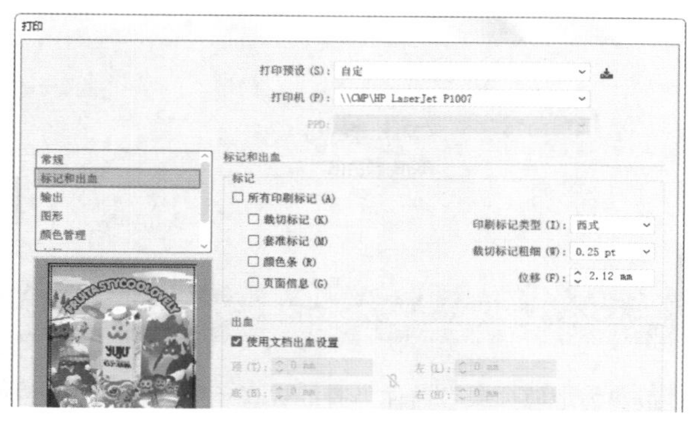

图1-167

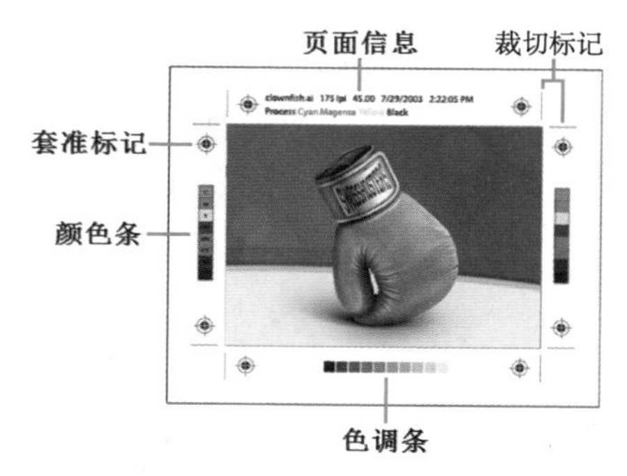

图1-168

- 所有印刷标记：勾选此复选框，启用全部的印刷标记。
- 裁切标记：在要裁切页面的位置打印裁切标记。
- 套准标记：在图像上打印套准标记（包括靶心和星形靶）。这些标记主要用于对齐PostScript 打印机上的分色。
- 颜色条：为每个灰度或印刷色添加小颜色方块。转换到印刷色的专色会使用印刷色来表现。印刷服务提供商会根据这些标记在印刷时调整油墨浓度。
- 页面信息：页面信息放置在页面的裁剪区域外。页面信息包含文件名称、页码、当前日期和时间，以及色板名称等。

提示：什么是“出血”？

“出血”是一个常用的印刷术语，是指加大图像打印的范围，避免裁切后成品露出白边或者裁剪到内容部分。在图像制作过程中要分为设计尺寸与成品尺寸，设计尺寸要比成品尺寸稍大些，大出来的边需要在印刷后裁掉。这个印出来并裁掉的部分就被称为“出血”。

（3）选择“输出”选项卡，在“输出”选项组中可以设置图稿的输出方式、打印机分辨率、油墨属性等参数，如图1-169所示。

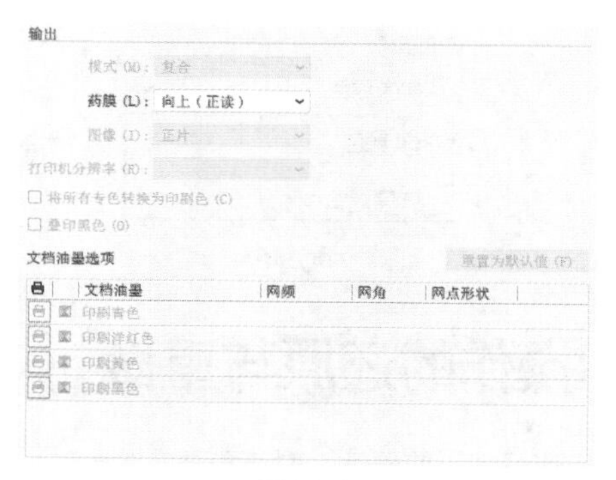

图1-169

（4）选择“图形”选项卡，在“图形”选项组中可以设置路径打印的平滑度、文字字体以及渐变网格打印的兼容性等选项，如图1-170所示。

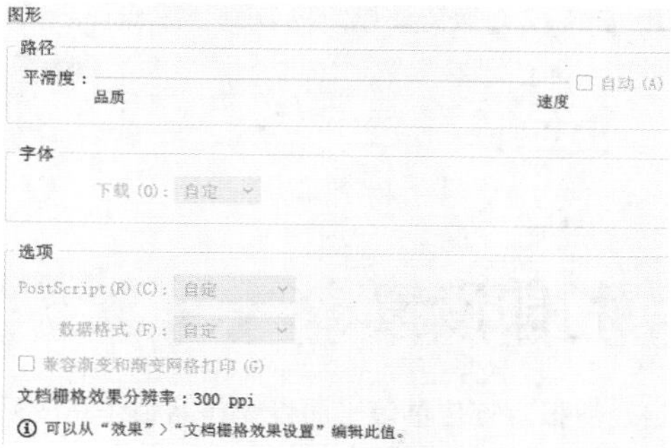

图1-170

（5）选择“颜色管理”选项卡，在“颜色管理”选项组中可以进行打印方法的设置，如图1-171所示。

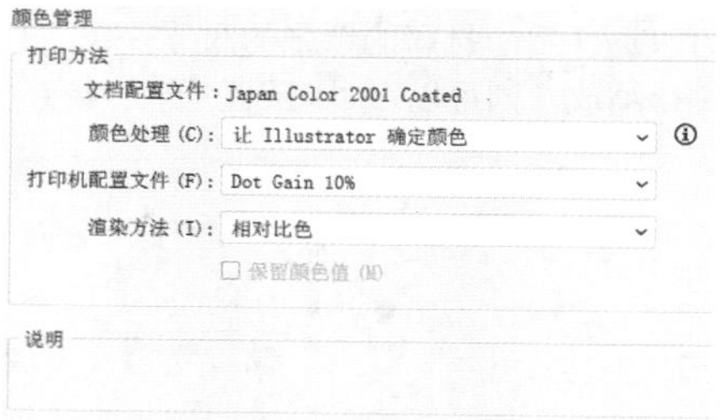

图1-171

- 颜色处理：设置是否使用色彩管理。如果使用色彩管理，则需要确定将其应用到程序中还是打印设备中。
- 打印机配置文件：选择适用于打印机和将要使用的纸张类型的配置文件。
- 渲染方法：指定颜色从图像色彩空间转换到打印机色彩空间的方式，包括“可感知”“饱和度”“相对比色”“绝对比色”4种。可感知渲染将尝试保留颜色之间的视觉关系，色域外颜色转变为可重现颜色时，色域内的颜色可能会发生变化。因此，如果图像的色域外颜色较多，可感知渲染是最理想的选择。相对比色渲染可以保留较多的原始颜色，是色域外颜色较少时的最理想选择。

（6）选择“高级”选项卡，在“高级”选项组中可以针对是否将图像“打印成位图”、是否设置“叠印”，以及“预设”等进行相应的设置，如图1-172所示。

（7）选择“小结”选项卡，从中可以查看完成设置后相关的文件打印信息和打印图像中包括的警告信息，如图1-173所示。

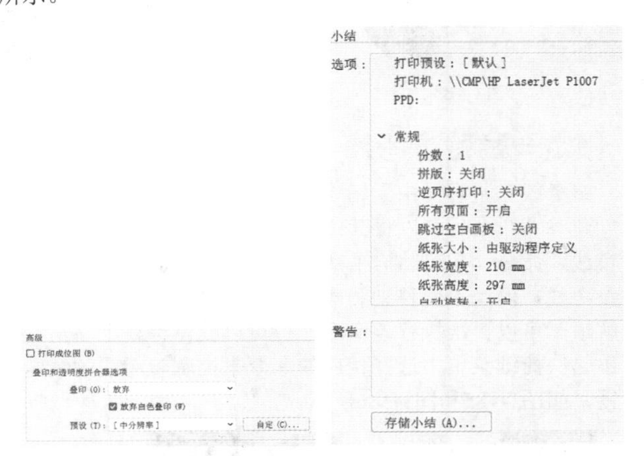

图 1-172　　图 1-173

（8）全部参数设置完成后，单击“打印”按钮即可打印。单击左下角的“设置”按钮，在弹出的“打印”窗口中可以对打印机和页面范围进行设置，如图1-174所示。

图1-174

1.8 辅助工具

Illustrator提供了多种非常方便的辅助工具：标尺、参考线、智能参考线、网格等，通过使用这些工具可以轻松制作出尺度精准的对象和排列整齐的版面。

重点 1.8.1　标尺

“标尺”用于度量和定位插图窗口或画板中的对象，借助标尺可以让图稿的绘制更加精准。

1. 开启标尺

新建一个空白文档，执行“视图>标尺”命令（快捷键：Ctrl+R），在文档窗口顶部和左侧会出现标尺，如图1-175所示。

图1-175

2. 调整标尺原点

虽然标尺只能位于文档窗口的左侧和上方，但是可以更改标尺原点（也就是零刻度线）的位置，以满足使用需要。默认情况下，标尺的原点位于窗口的左上方。将光标放置在原点上，然后按住鼠标左键拖动，画面中会显示出十字线，释放鼠标左键后，释放处便成了原点的新位置，其刻度值也会发生变化，如图1-176和图1-177所示。想要使标尺原点恢复到默认状态，在左上角两条标尺交界处双击即可。

图1-176　　图1-177

3. 设置标尺单位

在标尺上方右击，在弹出的快捷菜单中选择相应的单位，即可设置标尺的单位，如图1-178所示。

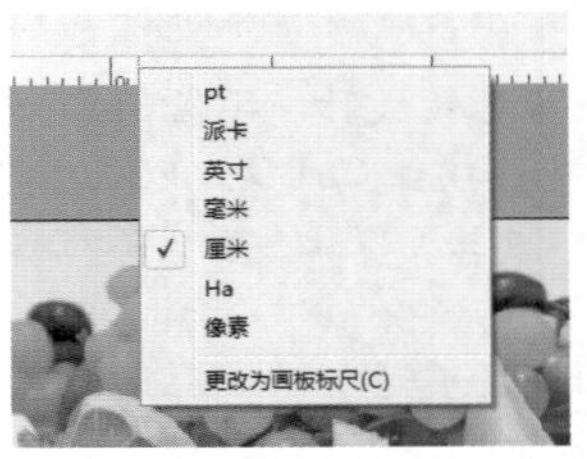

图1-178

重点 1.8.2　参考线

“参考线”是一种很常用的辅助工具，在平面设计中尤为适用。当想要制作对齐的元素时，徒手移动很难保证元素整齐排列，而有了“参考线”，移动对象时对象会被自动“吸附”到参考线上，从而使版面排列整齐，如图1-179所示。除此之外，制作一个完整的版面时，也可以先使用“参考线”将版面进行分割，之后再进行元素的添加，如图1-180所示。

图1-179

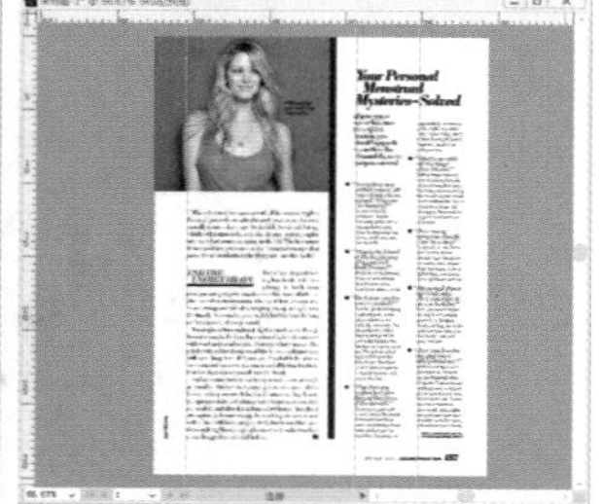
图1-180

“参考线”是一种显示在图像上方的虚拟对象（打印和输出时不会显示），用于辅助移动、变换过程中的精确定位。执行“视图>显示>参考线”命令，可以切换参考线的显示和隐藏。

1. 创建参考线

首先按快捷键Ctrl+R，打开标尺。将光标放置在水平标尺上，然后按住鼠标左键向下拖动，即可拖出水平参考线，如图1-181所示。将光标放置在左侧的垂直标尺上，然后按住鼠标左键向右拖动，即可拖出垂直参考线，如图1-182所示。

图1-181

图1-182

提示：创建参考线的小技巧。

创建、移动参考线时，按住Shift键可以使参考线与标尺刻度对齐；按住Ctrl键可以将参考线放置在画板中的任意位置，并且可以让参考线不与标尺刻度对齐。

2. 移动和删除参考线

如果要移动参考线，单击工具箱中的“移动工具”按钮，然后将光标放置在参考线上单击，当光标变为状后按住鼠标左键拖动，即可移动参考线，如图1-183所示。使用“移动工具”在参考线上单击，当参考线变为淡蓝色后按Delete键，即可将其删除，如图1-184所示。如果需要删除画板中的所有参考线，可以执行“视图>参考线>清除参考线”命令。

图1-183

图1-184

3. 锁定与隐藏参考线

参考线非常容易由于错误操作而导致位置发生变化，所以创建参考线之后可以将其锁定。执行“视图>参考线>锁定参考线”命令，即可将当前的参考线锁定。此时可以创建新的参考线，但是不能移动和删除锁定的参考线。若要将参考线解锁，可以再次执行该命令。也可以在参考线上右击，在弹出的快捷键菜单中选择相应的命令来控制参考线的锁定与解锁，如图1-185和图1-186所示。

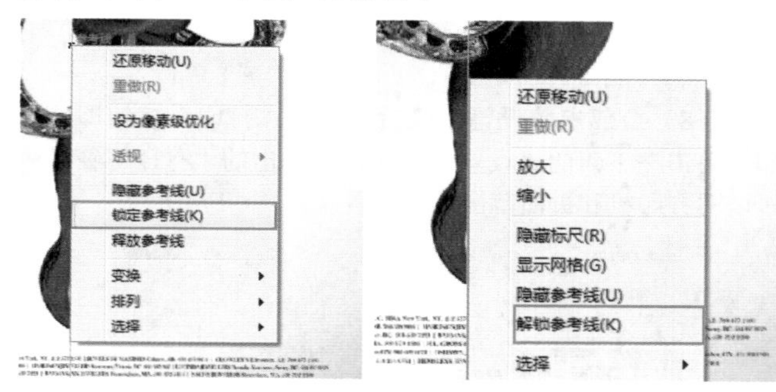

图1-185　　图1-186

当参考线影响预览效果，但是又不能将其清除时，可以将参考线进行隐藏。执行“视图>参考线>隐藏参考线”命令，可以将参考线暂时隐藏。再次执行该命令，可以将参考线重新显示出来。

提示：通过图形创建参考线。

Illustrator中的参考线不仅可以是垂直或水平的，也可以将矢量图形转换为参考线对象。可以先绘制一个图形，如图1-187所示。选中这个图形，然后按快捷键Ctrl+5，即可将这个图形转换为参考线，如图1-188所示。

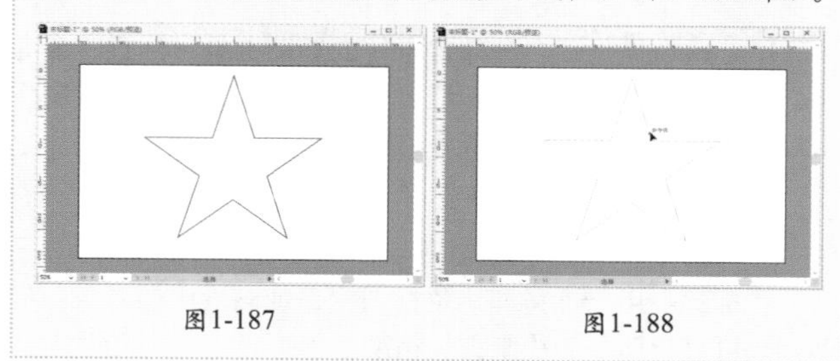
图1-187　　图1-188

1.8.3 智能参考线

“智能参考线”是一种会在绘制、移动、变换等情况下自动出现的参考线，可以帮助我们对齐特定对象。执行“视图>智能参考线”命令或按快捷键Ctrl+U，可以打开或关闭智能参考线。例如，使用“移动工具”移动某个对象，如图1-189所示。移动过程中与其他对象对齐时就会显示出洋红色的智能参考线，如图1-190所示。

图1-189

图1-190

同样，缩放对象到某个对象一半尺寸时也会出现智能参考线，如图1-191所示。绘制图形时也会出现，如图1-192所示。

图1-191

图1-192

1.8.4 网格

“网格”主要用来对齐对象。借助网格可以更精准地确定绘制对象的位置，尤其是在制作标志、绘制像素画时，网格更是必不可少的辅助工具。网格在默认情况下显示为无法在打印输出中显示出来的线条。

打开一个文档，如图1-193所示。执行“视图>显示网格”命令（快捷键：Ctrl +’），就可以在画板中显示出网格，如图1-194所示。如果要隐藏网格，执行“视图>隐藏网格”命令（快捷键：Ctrl +’）即可。显示网格后，执行“视图>对齐网格”命令，移动对象时对象会自动对齐网格。

图1-193

图1-194

综合实例：使用新建、置入、存储命令制作饮品广告

文件路径	资源包\第1章\综合实例：使用新建、置入、存储命令制作饮品广告
难易指数	★★★★★
技术掌握	新建、置入、存储、导出

实例效果

扫一扫，看视频

本实例演示效果如图1-195所示。

图1-195

操作步骤

步骤 01 执行“文件>新建”命令或按快捷键Ctrl+N，弹出“新建文档”窗口。选择“打印”选项卡，在“空白文档预设”的列表框中选择A4尺寸，然后单击“横向”按钮，再单击“创建”按钮完成操作，如图1-196所示。

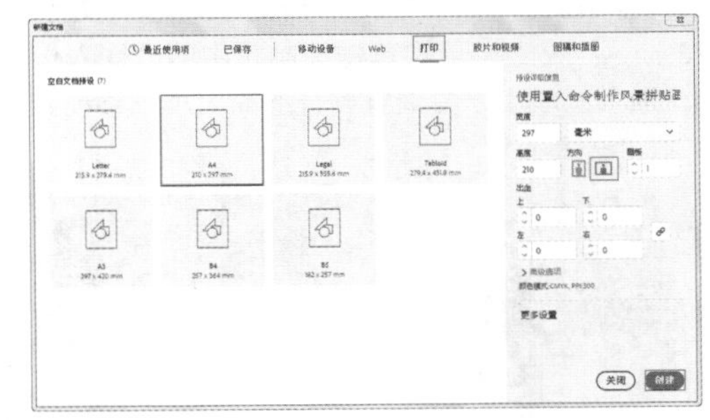

图1-196

步骤 02 添加素材。执行“文件>置入”命令，在弹出的“置入”窗口中选择素材1.jpg，单击“置入”按钮，如图1-197所示。然后在画板的一处单击，置入位图，如图1-198所示。执行“窗口>控制”命令，使该选项处于选中状态，显示出“控制栏”。单击控制栏中的“嵌入”按钮，将素材图片嵌入到画板中，如图1-199所示。

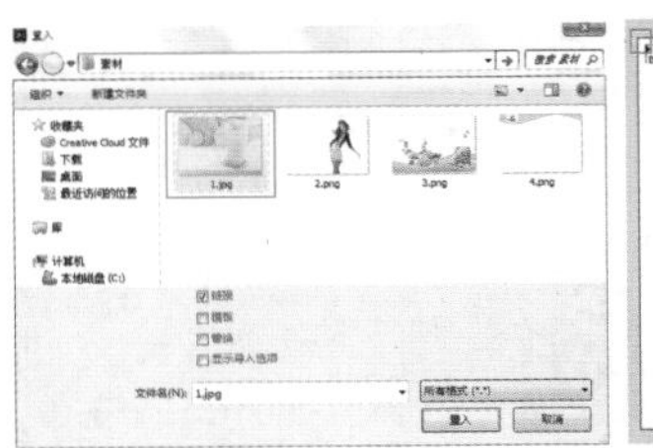

图1-197

图1-198

图1-199

步骤 03 选择置入的对象，将光标移动至右下角的控制点上，当其变为↖↘形状时按住鼠标左键拖动至画板的右下角，如图1-200所示。释放鼠标，完成置入素材大小的调整，如图1-201所示。

图1-200

图1-201

步骤 04 执行“文件>置入”命令，置入素材2.png；单击控制栏中的“嵌入”按钮，将其嵌入画板中，如图1-202所示。选择素材右上角的控制点，当光标变为↖↘形状时按住鼠标左键向上拖动，调整到一定大小后，如图1-202所示。释放鼠标完成修改，如图1-203所示。使用上述方法继续添加素材3.png、4.png，依次单击控制栏中的“嵌入”按钮，将各素材嵌入画板中，并调整到合适的大小，移动到相应位置，如图1-204所示。

图1-202

图1-203

步骤 05 存储文档。执行“文件>存储”命令，在弹出的“存储为”窗口中选择一个合适的存储位置，设置合适的“文件名”，将“文件类型”设置为Adobe Illustrator (*.AI)，然后单击“保存”按钮，如图1-205所示。

图1-204

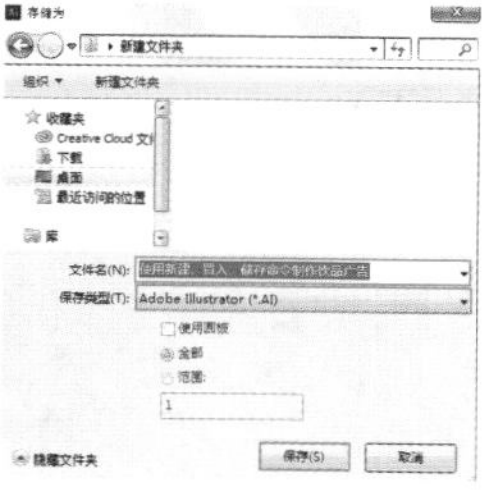

图1-205

步骤 06 弹出“Illustrator选项”窗口，在“版本”下拉列表框中选择Illustrator 2020，分别勾选“创建PDF兼容文件(C)”“嵌入ICC配置文件(P)”“使用压缩(R)”复选框，单击“确定”按钮，如图1-206所示。弹出“进度”对话框，待进度条加载完成后消失，保存就完成了，如图1-207所示。

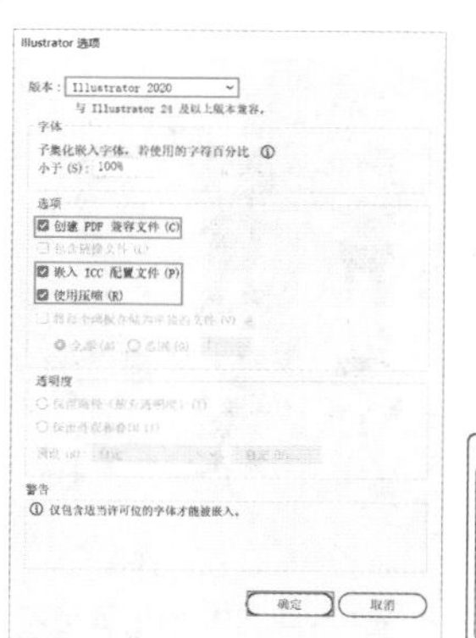

图1-206

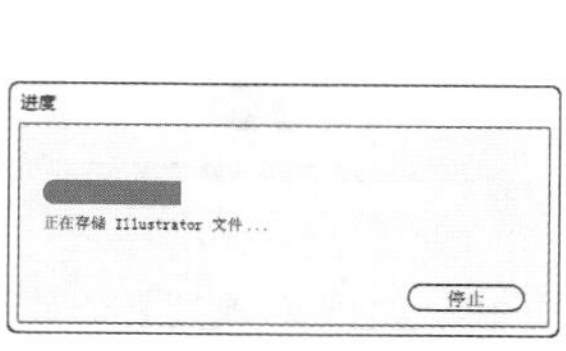

图1-207

步骤 07 导出JPEG格式的预览图片。执行“文件>导出>导出为”命令，在弹出的“导出”对话框中选择一个合适的存储位置，设置合适的“文件名”，将文件类型设置为JPEG (*.JPG)，单击“导出”按钮，如图1-208所示。在弹出的“JPEG选项”对话框中设置“颜色模型”为CMYK，“品质”为“最高”，数值为10，“压缩方法”为“基线标准”，“分辨率”为“高(300ppi)”，“消除锯齿”为“优化文字（提示）”，勾选“嵌入ICC配置文件”复选框，单击“确定”按钮完成导出，如图1-209所示。

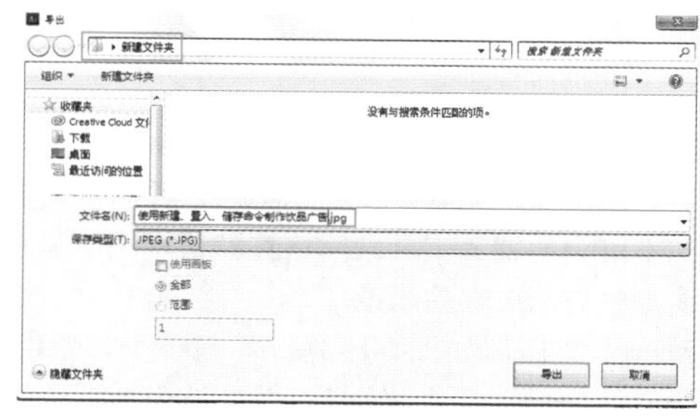

图1-208

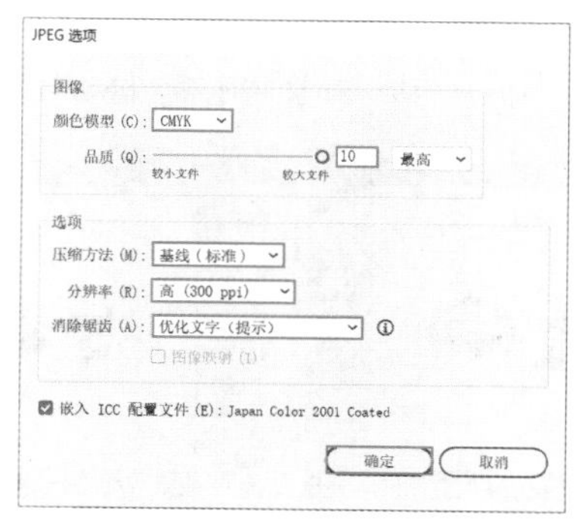

图1-209

1.9 课后练习：制作人像海报

文件路径	资源包\第1章\课后练习：制作人像海报
难易指数	★★★★★
技术掌握	新建、置入、存储、导出

实例效果

本实例效果如图1-210所示。

扫一扫，看视频

图1-210

1.10 模拟考试

主题：在Illustrator中将多张照片排版到一个页面中。

要求：

（1）排版在A4版面中。

（2）图片素材可以使用自己的生活照或写真照。

（3）版面使用照片不少于3幅。

（4）制作完成后保存为ai格式文件并导出jpg格式图像。

（5）可参考杂志或画册内页版式进行制作。

考查知识点：新建文件、置入图片、移动图片、保存文件、导出文件等。

绘制简单的图形

本章内容简介：

从本章开始我们就要开始学习使用Illustrator绘图的方法了。本章主要介绍几种最基本的绘图工具，如“直线段工具”“弧形工具”“螺旋线工具”“矩形网格工具”“极坐标网格工具”“矩形工具”“圆角矩形工具”“椭圆工具”“多边形工具”“星形工具”和“光晕工具”等。这些工具使用起来非常简单，学习之前，可以在图像中按住鼠标左键拖动进行随意绘制，感受一下这些工具的使用方法。

重点知识掌握：

- 熟练掌握“直线段工具”的使用方法
- 熟练掌握“矩形工具”“圆角矩形工具”“椭圆工具”“多边形工具”的使用方法
- 能够绘制精确尺寸的线段、弧线、矩形、圆、多边形等常见图形

通过本章的学习，我能做什么？

通过本章的学习，我们能够轻松掌握绘制直线、弧线、螺旋线、方形、圆形、多边形、星形的方法。通过绘制这些简单的基本几何体，并置入一些位图元素，可以尝试制作一些包含简单几何形体的版面。如果想要为绘制的图形设置不同的颜色，或者想要为图形添加文字元素，则可以看一下后面几个小节的内容。

2.1 使用绘图工具

Illustrator 具有非常强大的矢量绘图功能，这些绘图功能可以轻松满足日常设计工作的需要。那么制作出一幅完整的设计作品包含哪些元素呢？以图 2-1 所示的海报设计作品为例：从海报整体来看，主要包括图形（矢量图形）、位图（照片、图片素材）和文字（也属于矢量对象）等对象。其中的“矢量图形”占较大比例，也是我们要学习制作的重点。矢量图形由两个部分构成：矢量路径和颜色。矢量路径可以理解为限制图形的边界，而颜色则是通过“填充”和“描边”的形式使矢量图形具有各种颜色，如图 2-2 所示。

扫一扫，看视频

图2-1　　图2-2

从图 2-1 所示的海报作品中可以看到，矢量图形有很多种，如较为规则的矩形、直线段、圆形以及不规则的图形标志等。那些看起来比较“规则”的图形可以通过 Illustrator 内置的工具轻松绘制，这些绘图工具位于工具箱的两个工具组中。

重点 2.1.1 认识两组绘图工具

右击工具箱中的线条工具组按钮，在弹出的工具组中可以选择“直线段工具”“弧形工具”“螺旋线工具”“矩形网格工具”或“极坐标网格工具”；右击形状工具组按钮，在弹出的工具组中可以选择“矩形工具”“圆角矩形工具”“椭圆工具”“多边形工具”“星形工具”以及“光晕工具”，如图 2-3 所示。如图 2-4 所示为使用这些工具绘制的图形。

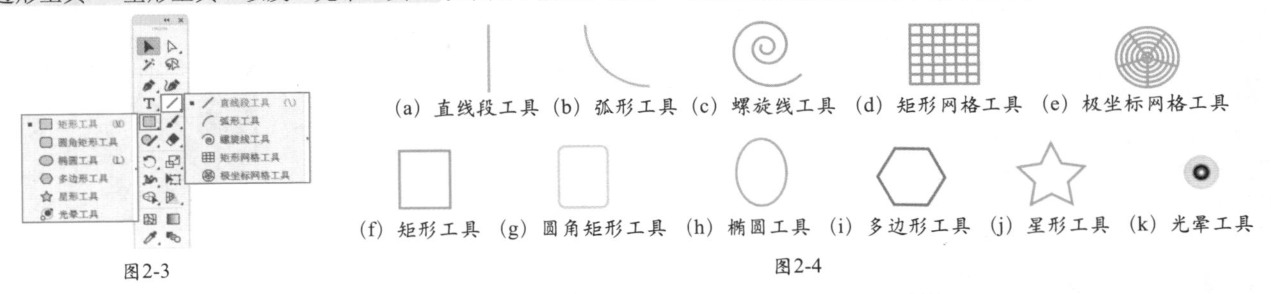

图2-3　　图2-4

重点 2.1.2 使用绘图工具绘制简单图形

这些绘图工具虽然能够绘制出不同类型的图形，但是它们的使用方法是比较接近的。以“圆角矩形工具”为例，右击工具箱中的形状工具组按钮，在弹出的工具组中单击“圆角矩形工具”按钮，在画板中按住鼠标左键拖动，可以看到绘制出了一个圆角矩形，如图 2-5 所示。松开鼠标后可以看到画板中出现了一个白色带有黑边的圆角矩形。在绘制完的图形上如果看到◎，可以按住它并拖动，如图 2-6 所示。此时可以看到当前图形的圆角大小发生了变化（注意，并不是所有图形绘制工具都带有◎），如图 2-7 所示。

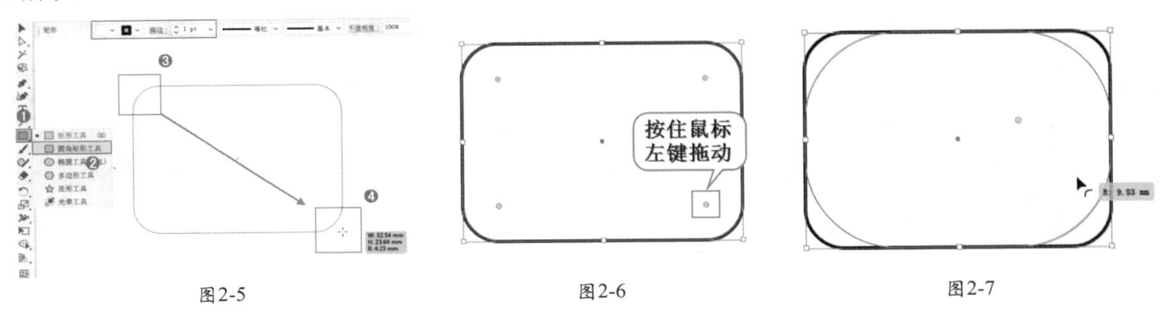

图2-5　　图2-6　　图2-7

提示：为什么绘制出的图形是这种颜色呢？

在默认的情况下，图形的填充颜色被设置为白色，描边颜色设置为白色。在绘制之前可以在控制栏中进行颜色的设置，如图 2-8 所示。具体设置方法将在后面的章节讲解。如果界面中没有显示控制栏，可以执行“窗口 > 控制”命令将其显示。

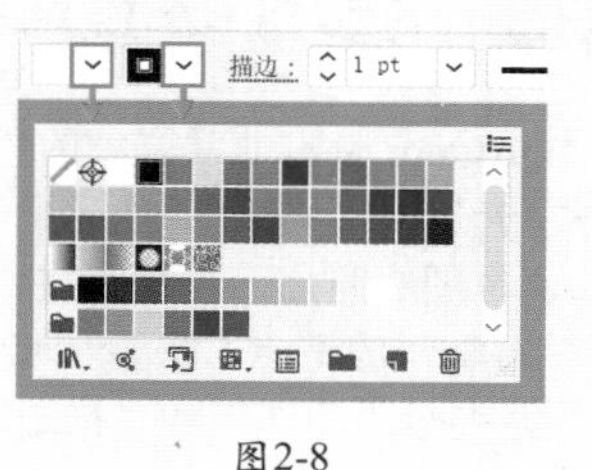

图2-8

重点 2.1.3 绘制精确尺寸的图形

前面学习的绘制方法比较“随意”，不够精确。如果想要得到精确尺寸的图形，可以使用图形绘制工具在画面中单击，在弹出的窗口中进行详细的参数设置，如图 2-9 所示。单击“确定”按钮，即可得到一个精确尺寸的图形，如图 2-10 所示。

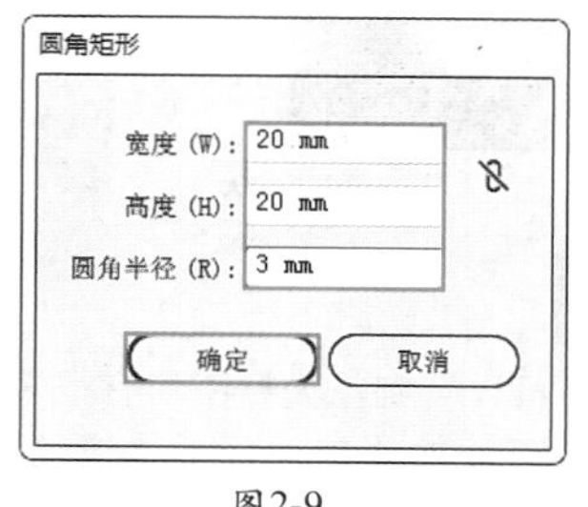

图2-9

图2-10

重点 2.1.4 动手练：使用“选择工具”

“选择工具”可以用来选择整个对象。使用该工具不仅可以选择矢量图形，位图、文字等对象也同样适用。只有被选中的对象才可以执行移动、复制、缩放、旋转、镜像、倾斜等操作。

1. 选择一个对象

对一个对象的整体进行选取时，单击工具箱中的“选择工具”按钮（快捷键：V），在要选择的对象上单击，即可选中相应的对象，如图 2-11 所示。此时该对象的路径部分将按照所在图层的不同，呈现出不同的颜色标记，如图 2-12 所示。

图2-11 图2-12

2. 加选多个对象

首先选中一个对象，如图 2-13 所示。按住 Shift 键的同时单击其他的对象，可以将两个对象同时选中，如图 2-14 所示。继续按住 Shift 键再次单击其他对象，仍然可以进行同时选取。在被选中的对象上按住 Shift 键再次单击，可以取消选中。

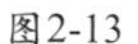

图2-13

图2-14

3. 框选多个对象

框选能够快速选择多个相邻对象。首先选择“选择工具”，按住鼠标左键拖动，此时会显示一个“虚线框”，如图 2-15 所示。松开鼠标左键后，“虚线框”内的对象将会被选中，如图 2-16 所示。

图2-15

图2-16

重点 2.1.5 移动图形的位置

绘制好一个图形后，想要改变图形的位置，可以单击工具箱中的“选择工具”按钮▶，然后在对象上单击，即可选中该对象，如图2-17所示。按住鼠标左键拖动，可以移动对象所处的位置，如图2-18所示。“选择工具”的具体操作将在后面章节进行详细的讲解。

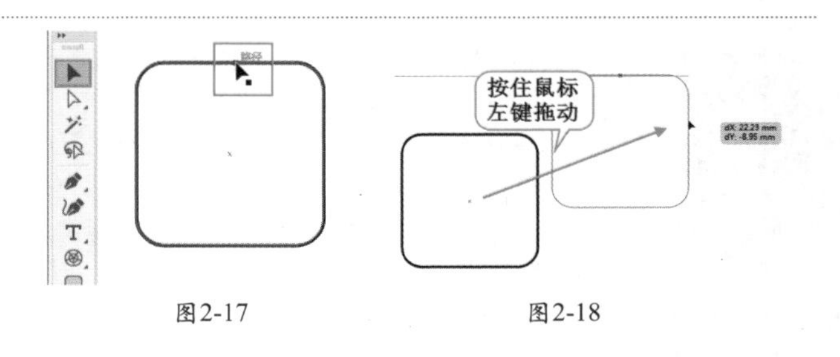

图2-17　　图2-18

重点 2.1.6 删除多余的图形

想要删除多余的图形，可以使用“选择工具”▶单击选中图形，然后按Delete键即可删除，如图2-19和图2-20所示。

图2-19

图2-20

2.1.7 快速绘制大量图形

在使用线条工具组和形状工具组中的绘图工具（或称为线形绘图工具和形状绘图工具）时，在绘制的过程中按住键盘左上角的“~”键，同时按住鼠标左键拖动，可以快速得到大量依次增大的相同图形，如图2-21所示。尝试利用这个功能配合其他绘图工具的使用，可以得到很多有趣的效果，如图2-22所示。

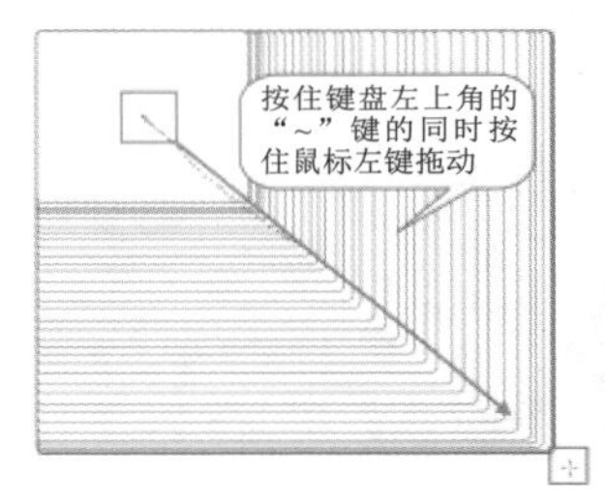

图2-21

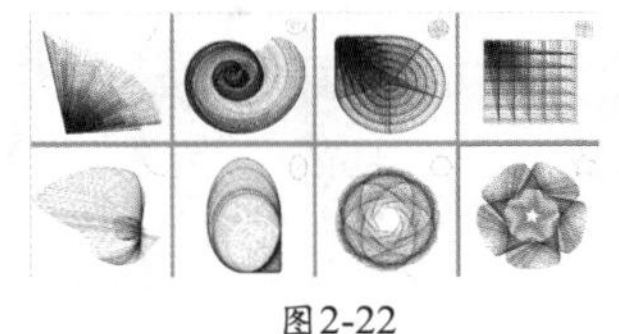
图2-22

提示：显示出“隐藏”的工具组。

单击隐藏工具组右侧的▸按钮，可以使隐藏工具以浮动窗口的模式显示，如图2-23和图2-24所示。

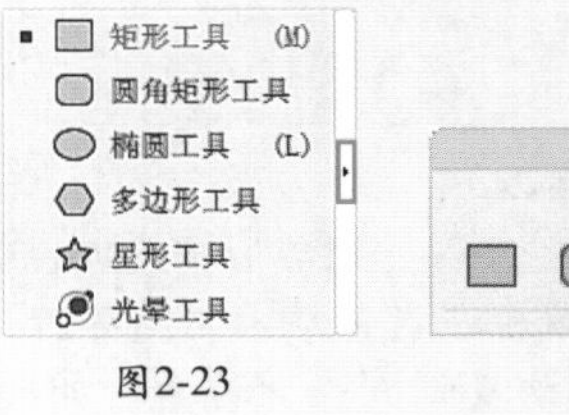

图2-23

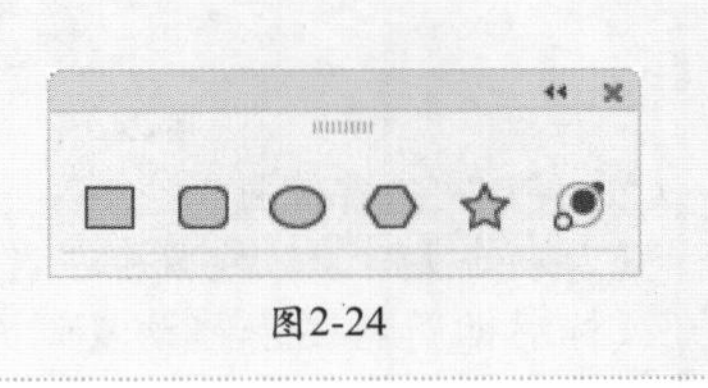
图2-24

本节介绍的这几种简单的绘图工具的使用方法基本相同，可以按照上面介绍的基本思路尝试使用。需要注意的是，不同的工具其参数略有不同，如矩形包括长度和宽度属性，而星形的属性则有尖角数量。

提示：学习过Photoshop软件必看提示。

Photoshop与Illustrator虽然同属于一家公司，但两个软件的应用方向有所不同，其操作的思路也有很大的不同。在Photoshop中绘制图形前需要新建图层，而在Illustrator中绘制图形之前无须新建图层，因为在这个软件中图形是相互独立的个体，使用“选择工具”单击即可选中。当然，在Illustrator中也有“图层”面板，当文件中有很多图形并且“编组”以后也无法满足管理时，可以新建图层。“图层”的相关知识在后面章节中将会讲解。

2.1.8 复制、剪切、粘贴

扫一扫，看视频

“复制”又称为“拷贝”，通常与“粘贴”配合使用。选择一个对象后进行“复制”操作，此时画面中并没有什么变化，因为复制的对象已被存入计算机的“剪贴板”中；当进行“粘贴”操作后，才能看到被复制的对象“多了一份”。这两个功能常用于制作具有相同对象的作品。

（1）通过“复制”命令可以快捷地制作出多个相同的对象。选中一个对象，执行“编辑 > 复制”命令（快捷键：Ctrl+C）进行复制，如图 2-25 所示。执行“编辑 > 粘贴”命令（快捷键：Ctrl+V），可以将刚刚复制的对象粘贴到当前文档中，如图 2-26 所示。

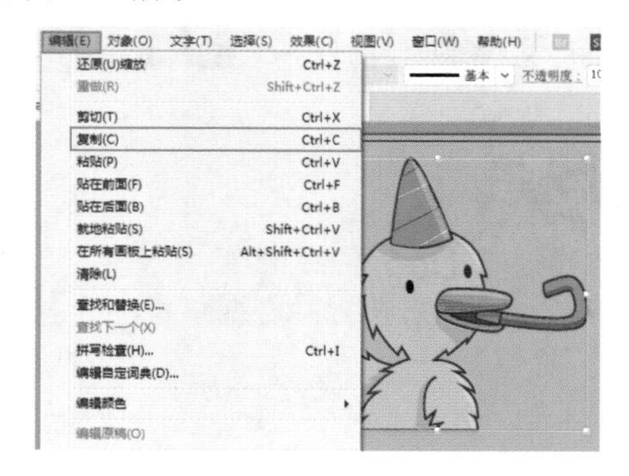

图 2-25

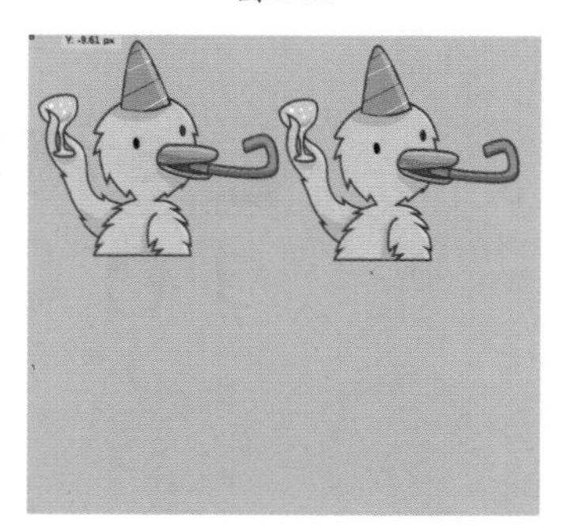

图 2-26

（2）使用“选择工具”选中某一对象后按住 Alt 键，当光标变为双箭头时，按住鼠标左键拖动，如图 2-27 所示。松开鼠标后即可将图形移动复制到当前位置，如图 2-28 所示。

图2-27

图2-28

（3）“剪切”命令可以把选中的对象从当前位置清除，并移入 Windows 的剪贴板中；然后可以通过“粘贴”命令调用剪贴板中的该对象，使之重新出现在画面中。“剪切”命令与“粘贴”命令经常配合使用，可以在同一文件中或者不同文件间进行剪切和粘贴。选择一个对象，如图 2-29 所示。执行“编辑 > 剪切”命令（快捷键：Ctrl+X），将所选对象剪切到剪贴板中，被剪切的对象从画面中消失，如图 2-30 所示。

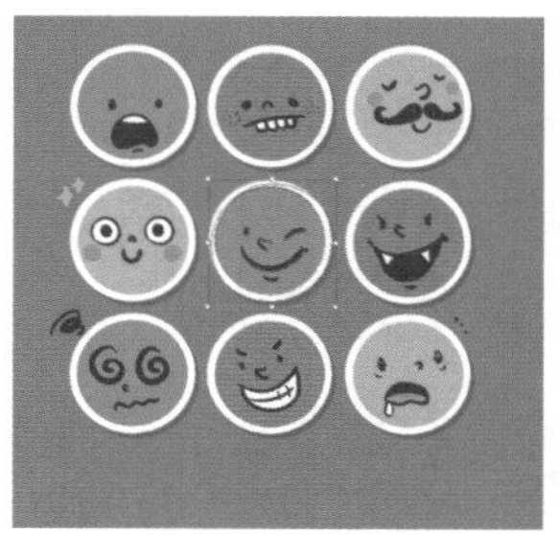

图2-29

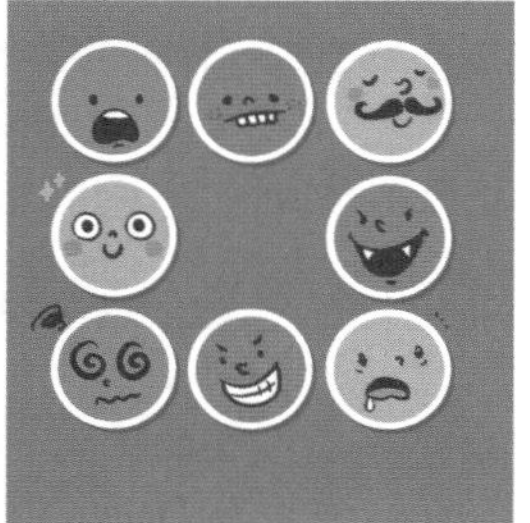

图2-30

（4）执行“编辑 > 粘贴”命令或按快捷键 Ctrl+V，可以将剪切的对象重新粘贴到文档中，如图 2-31 所示。

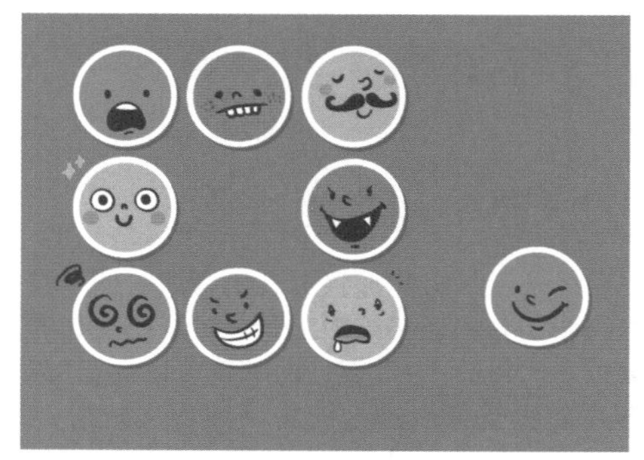

图2-31

除了“粘贴”命令，在 Illustrator 中还包含其他多种粘贴命令，下面分别介绍。

1. 贴在前面

选中对象并复制或剪切之后，执行“编辑 > 贴在前面”命令（快捷键：Ctrl+F），剪贴板中的内容将被粘贴到文档中原始对象所在的位置，并将其置于当前图层上对象堆叠的顶层。但是，如果在执行此功能前就选择了一个对象，则剪贴板中的内容将堆放到该对象的最前面。

2. 贴在后面

执行“编辑 > 贴在后面”命令或按快捷键 Ctrl+B，剪贴板中内容被将粘贴到对象堆叠的底层或紧跟在选定对象之后。

3. 就地粘贴

执行“编辑 > 就地粘贴”命令或按快捷键 Ctrl+Shift+V，可以将图稿粘贴到当前所用画板中。

4. 在所有画板上粘贴

执行“编辑 > 在所有画板上粘贴”命令（快捷键：Alt+Ctrl+Shift+V），会将所选的图稿粘贴到所有画板上。

2.2 直线段工具

"直线段工具" 位于工具箱的上半部分。使用该工具可以轻松绘制任意角度的线段，也可以配合快捷键准确地绘制水平线、垂直线以及斜 45° 的线条等。配合描边宽度以及描边虚线的设置，常用于绘制分割线、连接线、虚线等线条对象。如图 2-32~ 图 2-35 所示为使用"直线段工具"制作的作品。

图2-32

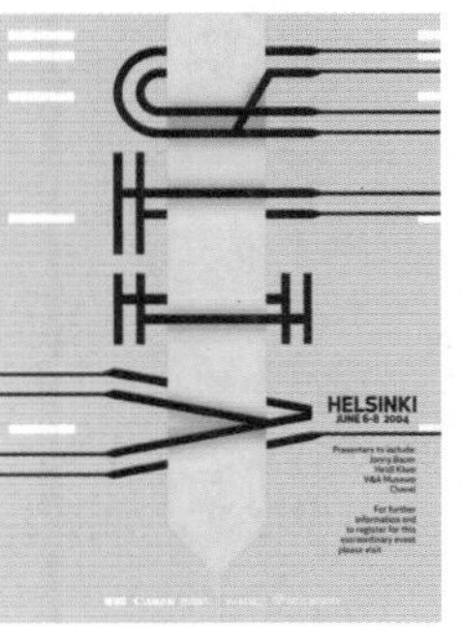

图2-33

图2-34

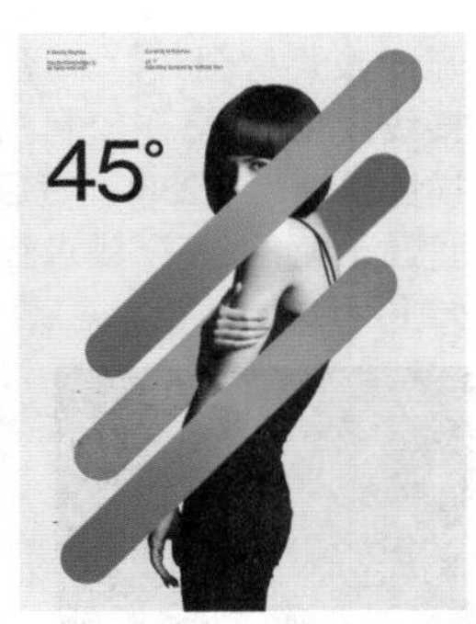

图2-35

【重点】2.2.1 动手练：绘制直线对象

单击工具箱中的"直线段工具"按钮（快捷键：/），在画板中线段开始的位置按下鼠标左键，确定路径的起点，然后按住鼠标左键拖动到线段另一个端点处，如图 2-36 所示。释放光标即可完成路径的绘制，如图 2-37 所示。

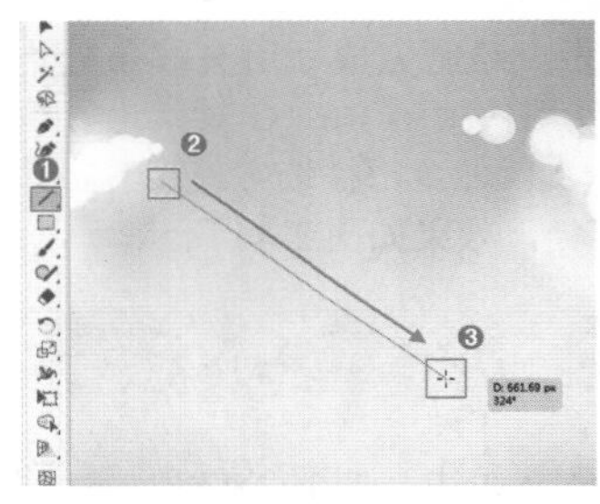

图2-36

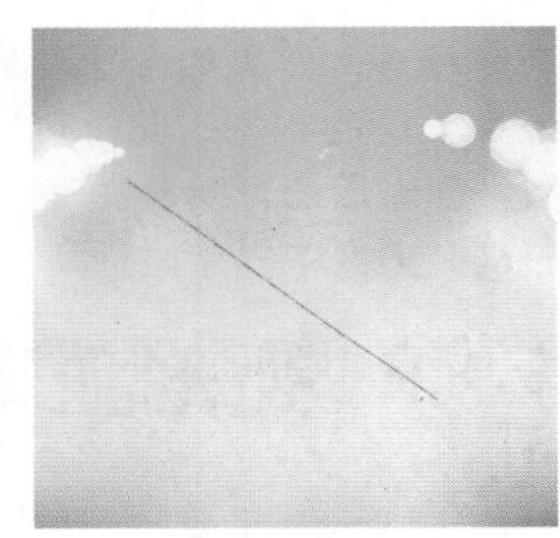

图2-37

【重点】2.2.2 动手练：绘制水平线、垂直线、斜 45° 线

单击工具箱中的"直线段工具"按钮，在画板中按住鼠标左键的同时，按住 Shift 键，在画面中拖动鼠标，可以绘制出水平、垂直以及 45°倍增（即 45°、90°、135° 等角度）的斜线，如图 2-38 所示。

图2-38

【重点】2.2.3 动手练：绘制精确方向和长度的直线

想要绘制精确长度和角度的直线，可以使用"直线段工具"在画板中单击（单击的位置将被作为直线段的一个端点），弹出"直线段工具选项"对话框。在该对话框中可以设置线段的长度和角度，如图 2-39 所示。完成设置后，单击"确定"按钮，即可创建精确的直线，如图 2-40 所示。如果勾选"线段填色"复选框，将以当前的填充颜色对线段填色。

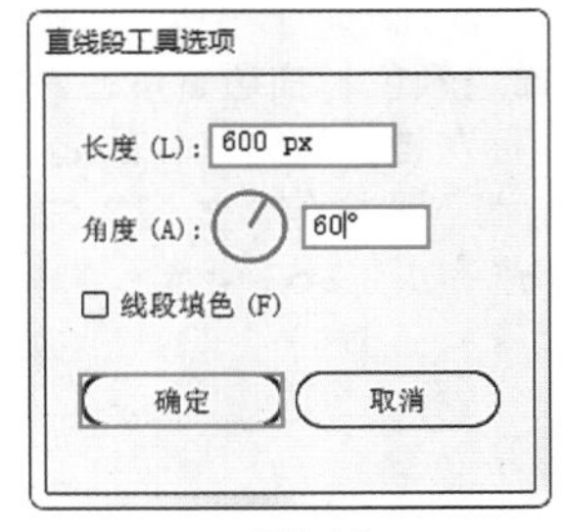

图2-39

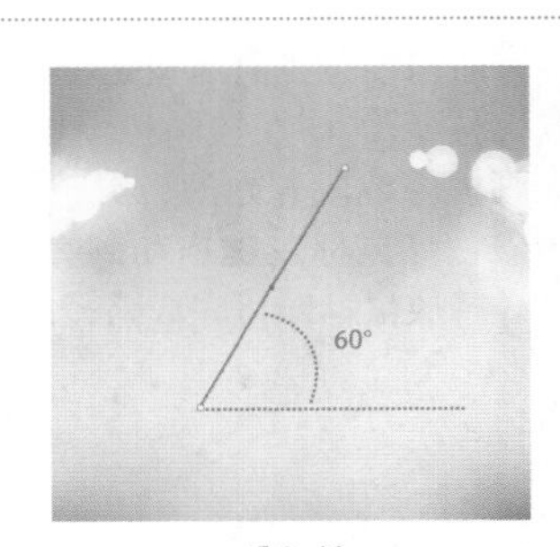

图2-40

举一反三：快速制作放射状背景线

扫一扫，看视频

放射状背景能够让视线集中到背景的中心点位置，使视线集中，主体物突出。如果使用“直线段工具”逐条绘制放射状背景非常麻烦。下面介绍一种快速绘制大量放射状线条的方法。

（1）打开一张素材图片，如图2-41所示。首先选择工具箱中的“直线段工具”，在控制栏中设置填充为无，描边为淡青色，描边粗细为0.25pt。然后在空白位置按住鼠标左键并按住键盘左上角的“~”键进行拖动，可以得到大量直线，如图2-42所示。

图2-41

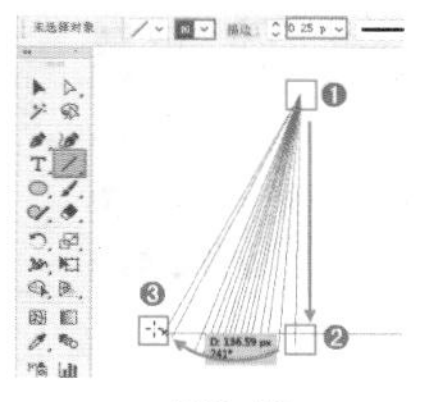
图2-42

（2）在绘制过程中鼠标移动慢一些，尽量使绘制的线条密度相近，效果如图2-43所示。绘制完成后所有线条处于一种全选的状态，此时可以使用快捷键Ctrl+G对其进行编组，编组后的直线只需单击一次就能全部被选中。接着将其移动到图像中，并调整到背景处，效果如图2-44所示。

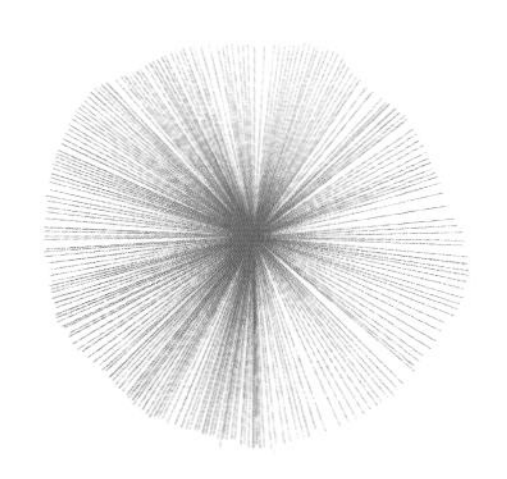
图2-43

图2-44

（3）按照上述方法尝试使用其他线形绘图工具（即线条工具组中的工具）绘图。例如使用“矩形网格工具”绘制网格对背景进行装饰，这样既可以丰富图像的内容，又可以增加视觉层次，如图2-45和图2-46所示。

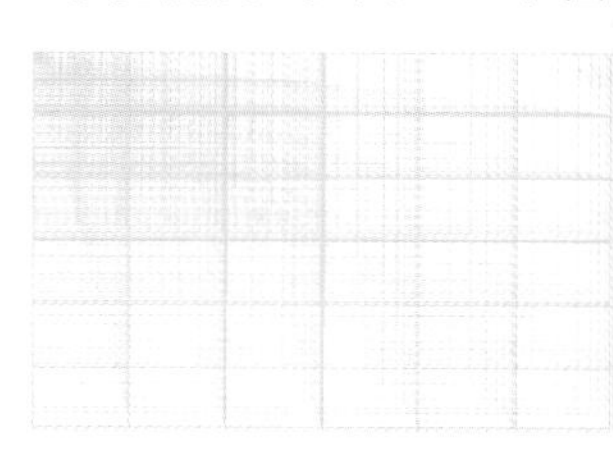
图2-45

图2-46

2.3 弧形工具

“弧形工具”位于线条工具组中，如图2-47所示。使用该工具可以绘制任意弧度的弧线，也可以绘制特定尺寸与弧度的弧线。“弧形工具”常用于绘制彩虹、雨伞、波浪线、抛物线图表或其他包含弧形线条的图形。如图2-48~图2-51所示为使用“弧形工具”制作的作品。

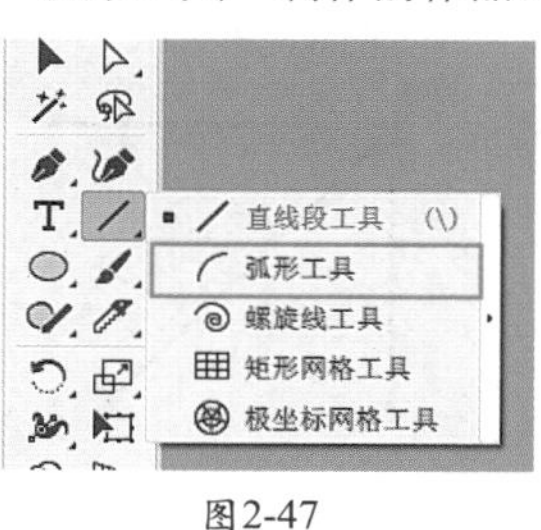

图2-47

图2-48

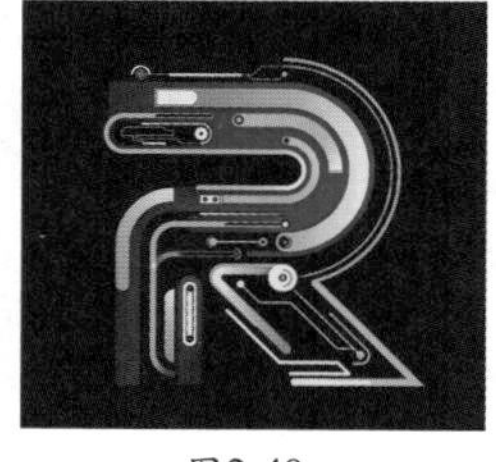
图2-49

图2-50

图2-51

重点 2.3.1 动手练：绘制弧形对象

右击线条工具组按钮，在弹出的工具组中单击“弧形工具”按钮，在控制栏中设置描边颜色与描边宽度；然后在画板中线段开始的位置按下鼠标左键，确定路径的起点；接着按住鼠标左键拖动到另一个端点位置处，如图2-52所示。释放鼠标即可完成路径的绘制，如图2-53所示。

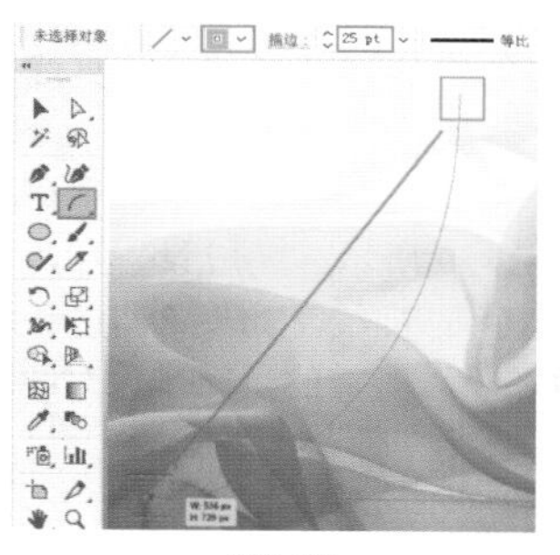
图2-52

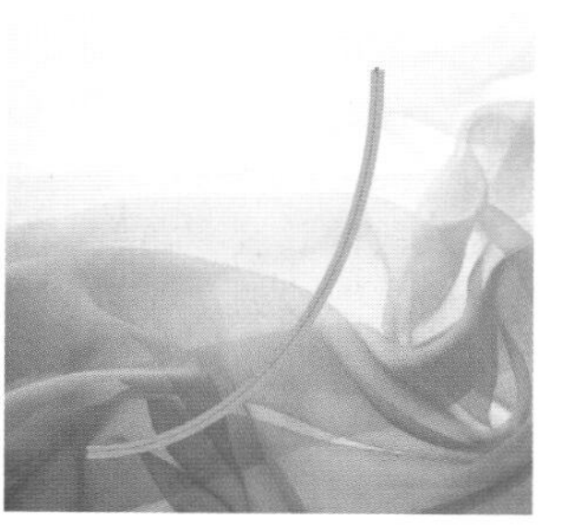
图2-53

如果在绘制过程中不释放鼠标，可以通过按上、下方向键调整弧线的弧度，达到要求后再释放鼠标，如图 2-54 和图 2-55 所示。

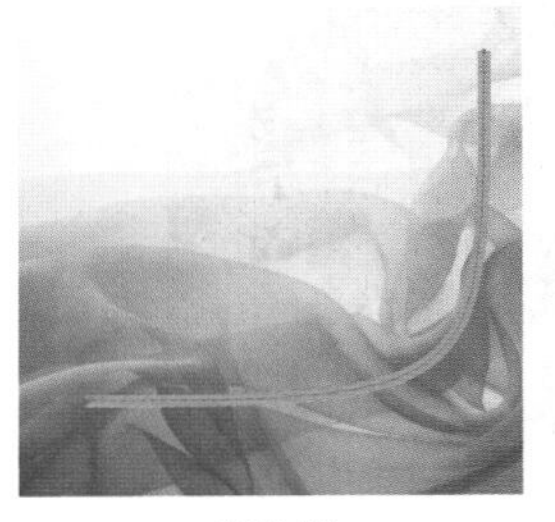
图2-54

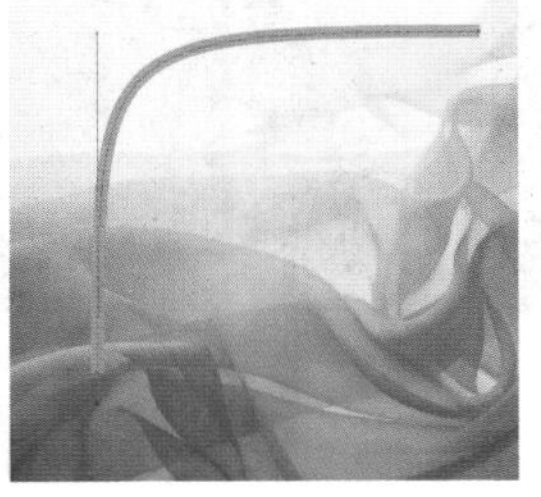
图2-55

绘制图形之前，在控制栏中单击填充按钮，在弹出的“色板”面板中可以选择一种颜色作为对象的填充颜色；单击“描边”按钮，同样会弹出“色板”面板，从中也可以选择一种颜色作为描边色；设置“描边”后面的数值，可以控制对象描边的粗细，如图 2-56 所示。除了在绘制对象之前进行参数设置外，选择已有的对象也可以直接在控制栏中更改填充、描边的颜色。

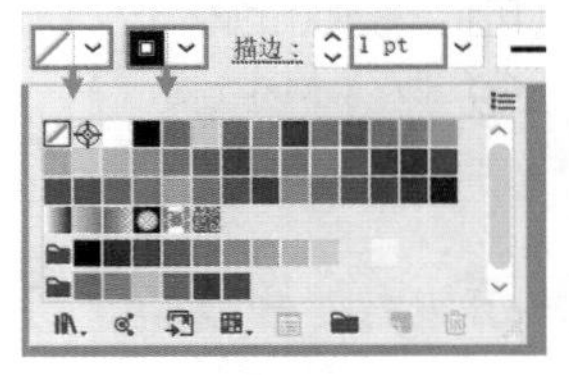

图2-56

2.3.2 绘制精确的弧线

想要绘制精确斜率的弧线，可以单击工具箱中的“弧形工具”按钮，然后在需要绘制图形的地方单击，在弹出的“弧线段工具选项”窗口中对弧线 X/Y 轴的长度以及斜率等进行相应的设置，单击“确定”按钮完成设置，如图 2-57 所示。即可得到精确尺寸的弧线，如图 2-58 所示。

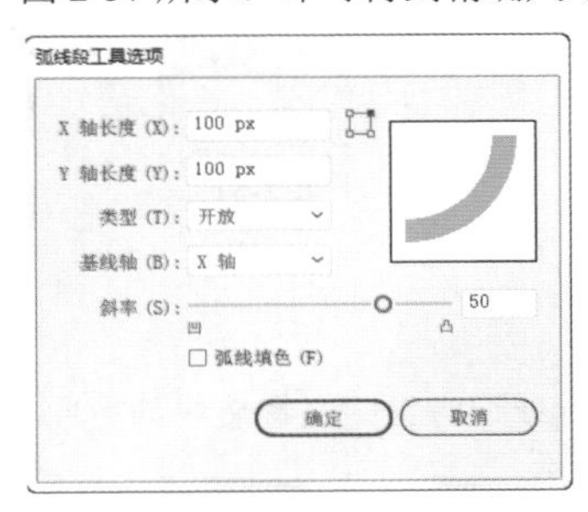

图2-57

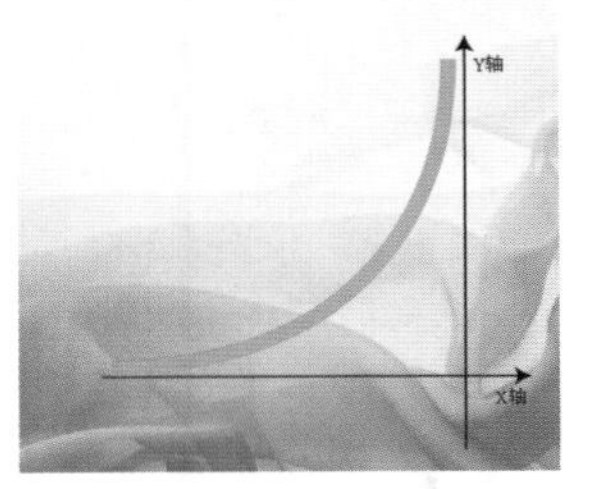

图2-58

- X 轴长度：在该文本框内输入数值，定义另一个端点在 X 轴方向的距离。
- Y 轴长度：在该文本框内输入数值，定义另一个端点在 Y 轴方向的距离。
- 定位器：在定位器中单击不同的按钮，可以设置弧线端点的位置。
- 类型：用于定义绘制的弧线对象是“开放”还是“闭合”的，默认为开放。
- 基线轴：用于定义绘制的弧线对象基线轴为 X 轴还是 Y 轴。
- 斜率：通过拖动滑块或在右侧文本框中输入数值，定义绘制的弧线对象的弧度，绝对值越大弧度越大，正值凸起、负值凹陷，如图 2-59 和图 2-60 所示。

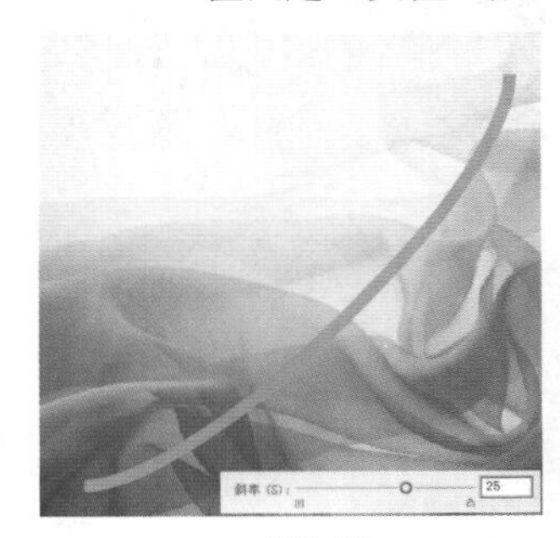

图2-59

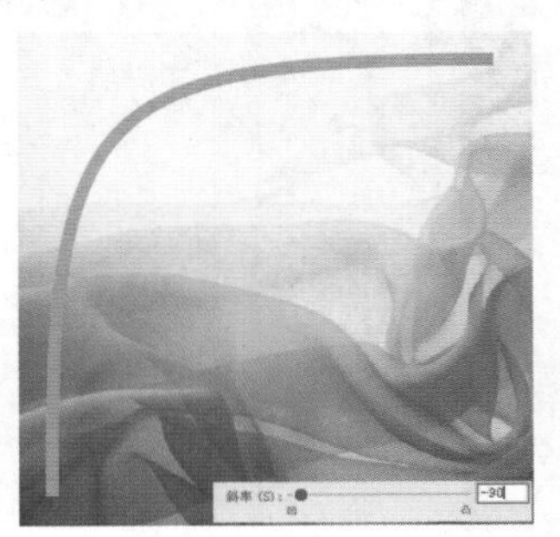

图2-60

- 弧线填色：当勾选该复选框时，将使用当前的填充颜色填充绘制的弧形。

提示：绘制弧线的小技巧。

- 拖曳鼠标绘制的同时，按住 Shift 键，可得到 X 轴和 Y 轴长度相等的弧线。
- 拖曳鼠标绘制的同时，按 C 键可改变弧线类型，即在开放路径和闭合路径之间切换；按 F 键可以改变弧线的方向，按 X 键可以使弧线在“凹”和“凸”曲线之间切换。
- 拖曳鼠标绘制的同时，按上、下方向键可增加或减少弧线的曲率半径。
- 拖曳鼠标绘制的同时，按住空格键，可以随着鼠标移动弧线的位置。

2.4 螺旋线工具

“螺旋线工具”位于线条工具组中，如图 2-61 所示。使用“螺旋线工具”可以绘制出半径不同、段数不同、样式不同的螺旋线。如图 2-62 和图 2-63 所示为使用该工具制作的作品。

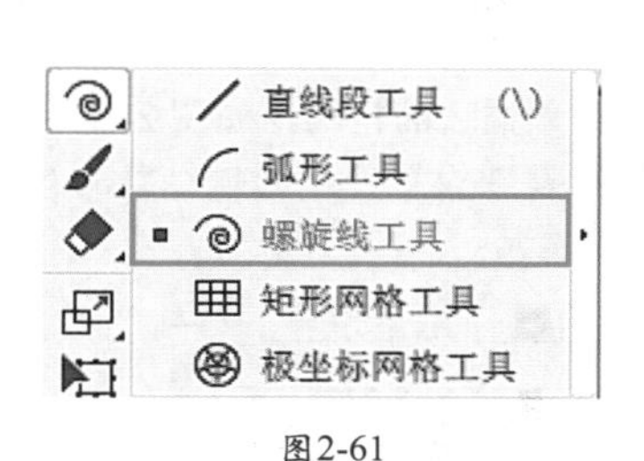

图2-61

图2-62

图2-63

2.4.1 动手练：绘制螺旋线对象

右击线条工具组按钮，在弹出的工具组中单击“螺旋线工具”按钮，在螺旋线的中心按住鼠标左键向外拖动，松开鼠标后即可得到螺旋线，如图 2-64 和图 2-65 所示。

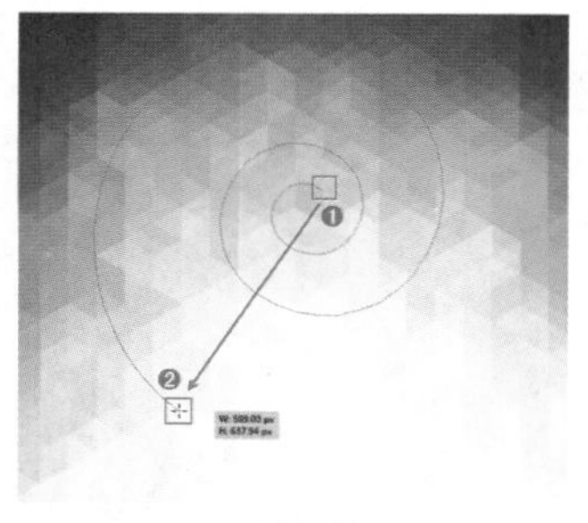
图2-64

图2-65

单击工具箱中的“选择工具”按钮，在螺旋线上单击将其选中；然后在控制栏中更改填充颜色或描边颜色，如图 2-66 所示。使用“选择工具”在对象上按住鼠标左键拖动，即可移动该对象，如图 2-67 所示。

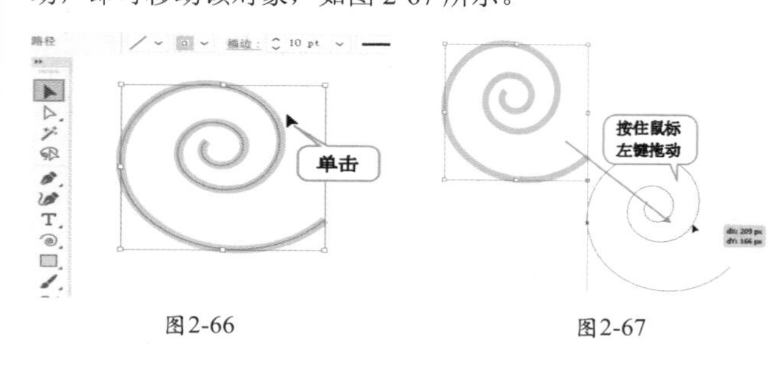

图2-66　　图2-67

2.4.2 绘制精确的螺旋线

想要绘制特定参数的螺旋线，可以单击工具箱中的“螺旋线工具”按钮，在需要绘制螺旋线的位置单击，在弹出的“螺旋线”窗口中进行相应的设置，如图2-68所示。单击“确定”按钮，即可得到精确尺寸的图形，如图 2-69所示。

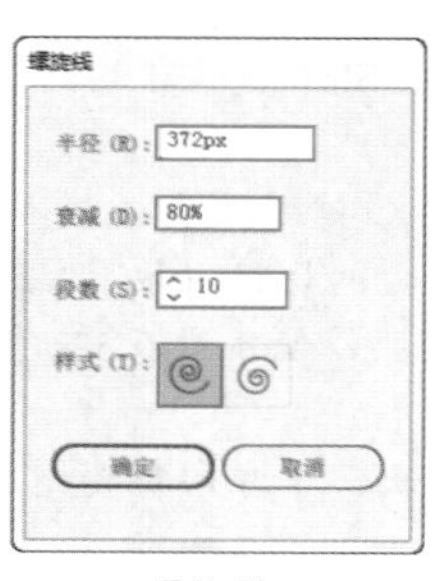

图2-68

图2-69

- 半径：在该文本框中输入相应的数值，定义螺旋线的半径尺寸。
- 衰减：用来控制螺旋线之间相差的比例，百分比越小，螺旋线之间的差距就越小。
- 段数：用于定义螺旋线对象的段数，数值越大螺旋线越长，数值越小螺旋线越短。
- 样式：可以选择顺时针或逆时针定义螺旋线的方向，如图 2-70 和图 2-71 所示。

图2-70

图2-71

提示：绘制螺旋线的小技巧。

- 按住鼠标左键拖动时按住空格键，螺旋线可随鼠标的拖曳移动位置。
- 按住鼠标左键拖动时按住 Shift 键，可锁定螺旋线的角度为 45°的倍值；按住 Ctrl 键可保持涡形的衰减比例。
- 按住鼠标左键拖动时按上、下方向键，可增加或减少涡形路径片段的数量。

2.5 矩形网格工具

“矩形网格工具”▦位于线条工具组中，如图 2-72 所示。“矩形网格工具”可以用来制作表格或者网格状的背景。如图 2-73 和图 2-74 所示为使用“矩形网格工具”制作的设计作品。

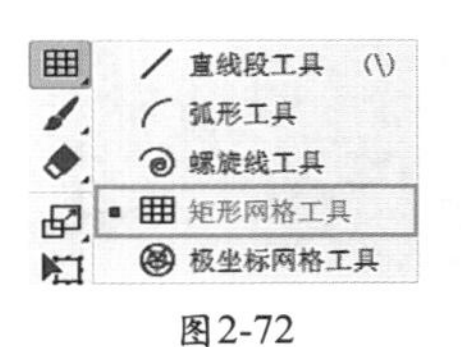

图2-72

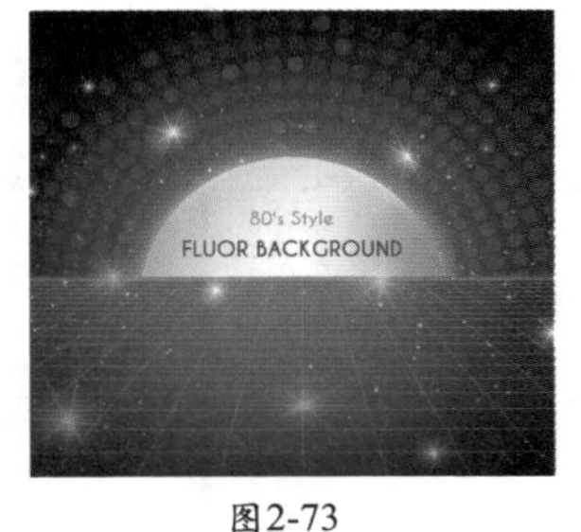

图2-73

	Advance $24/month	Plus $24/month	Basic $12/month	Free (Free)
Bandwidth	1000 GB	1000 GB	1000 GB	1000 GB
Storage	100 GB	100 GB	100 GB	100 GB
24 hour support	✓	✓	✓	✓
Set up fee	$ 9.99	$ 9.99	$ 9.99	$ 9.99
99.9% Uptime	✓	✓	✓	✓
	Sign Up	Sign Up	Sign Up	Sign Up

图2-74

2.5.1 动手练：绘制矩形网格

（1）右击线条工具组按钮，在弹出的工具组中单击“矩形网格工具”按钮▦，在画板中按住鼠标左键拖动，松开鼠标后即可得到一个矩形网格对象，如图2-75和图2-76所示。

（2）使用“选择工具”选中某个对象，将光标移动到对象一角处，按住鼠标左键拖动，如图 2-77 所示。更改对象的大小，如图 2-78 所示。

（3）将光标定位到对象四角以外的位置，待其变为带有弧线的双箭头形状时，按住鼠标左键拖动，如图 2-79 所示。改变对象的角度，如图 2-80 所示。

图2-75

图2-76

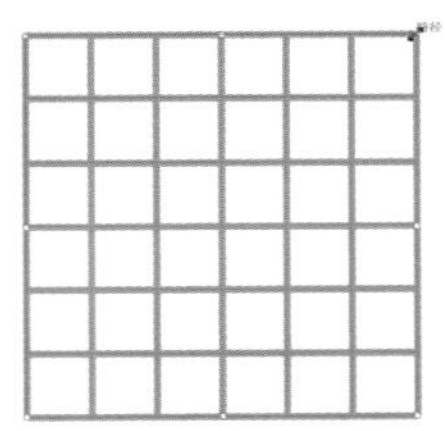
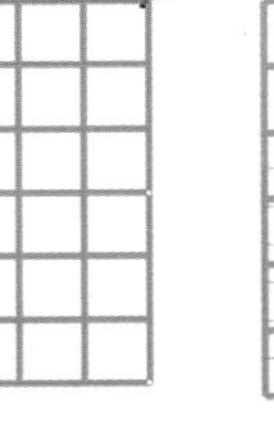
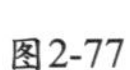

图2-77

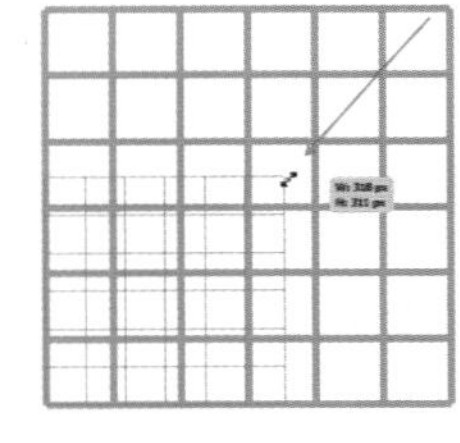

图2-78

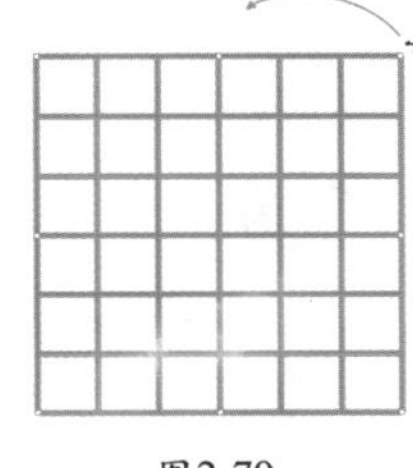

图2-79

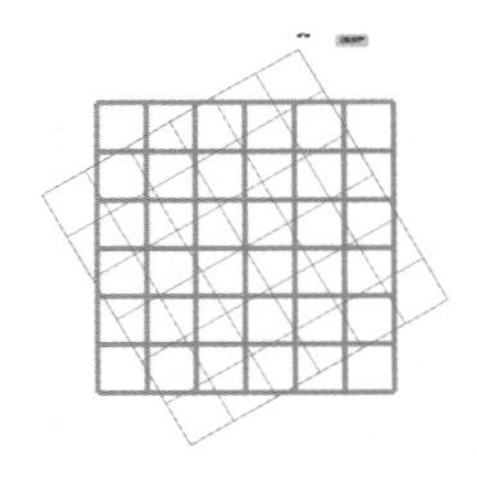

图2-80

2.5.2 绘制精确的矩形网格

想要绘制特定参数的矩形网格，可以使用“矩形网格工具”▦在要绘制矩形网格的位置单击，在弹出的如图 2-81 所示的“矩形网格工具选项”窗口中进行相应的参数设置，然后单击“确定”按钮，即可得到精确尺寸的图形，如图 2-82 所示。

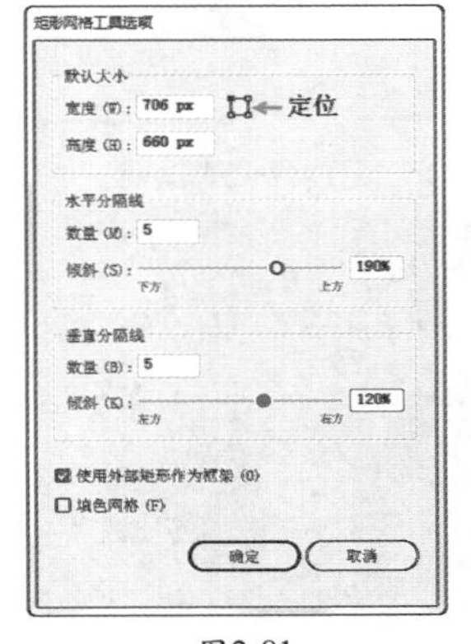

图2-81

图2-82

- 宽度：用于定义矩形网格的宽度。
- 高度：用于定义矩形网格的高度。
- 定位器：在“宽度”选项右侧的定位器中单击 按钮，可以在矩形网格中首先设置角点位置。
- 水平分隔线：“数量”表示矩形网格内横线的数量，即行数。“倾斜”表示行的位置，数值为0%时，线与线之间的距离是均等的；数值大于0%时，网格向上的行间距逐渐变窄；数值小于0%时，网格向下的行间距逐渐变窄。
- 垂直分隔线：“数量”表示矩形网格内竖线的数量，即列数。“倾斜”表示列的位置，数值为0%时，线与线之间的距离是均等的；数值大于0%时，网格向右的列间距逐渐变窄；数值小于0%时，网格向左的列间距逐渐变窄。
- 使用外部矩形作为框架：默认情况下，该复选框被选中，表示将采用一个矩形对象作为外框；反之，将没有外边缘的矩形框架。
- 填色网格：勾选该复选框时，将使用当前的填充颜色填充所绘网格，如图2-83所示。

图2-83

提示：绘制矩形网格的小技巧。

- 按住鼠标左键拖动过程中按住Shift键，可以定义绘制的矩形网格为正方形网格。
- 按住鼠标左键拖动过程中按住C键，竖向的网格间距逐渐向右变窄。
- 按住鼠标左键拖动过程中按住V键，横向的网格间距逐渐向上变窄。
- 按住鼠标左键拖动过程中按住X键，竖向的网格间距逐渐向左变窄。
- 按住鼠标左键拖动过程中按住F键，横向的网格间距逐渐向下变窄。
- 按住鼠标左键拖动过程中按“↑”或“→”键可增加竖向和横向的网格线。
- 按住鼠标左键拖动过程中按“↓”或“←”键可减少竖向和横向的网格线。

注意以上快捷键需要在英文输入法状态下使用。

举一反三：使用“矩形网格工具”制作笔记本上的表格

扫一扫，看视频

（1）执行“窗口 > 控制”命令，使该选项处于选中状态，显示出“控制栏”。在工具箱中选择“矩形网格工具”，在控制栏中设置填充为无，描边为浅灰色，描边粗细为1pt，如图2-84所示。双击工具箱中的“矩形网格工具”按钮，弹出“矩形网格工具选项”窗口。因为不需要考虑网格的大小，所以“宽度”与“高度”数值随意；因为笔记本中的表格行高是相等的，所以设置“数量”为20，“倾斜”为0%；因为笔记本只需设置水平分隔线，所以“垂直分隔线”的参数均设置为0，如图2-85所示。设置完成后在画板的空白位置按住鼠标左键拖曳，绘制出网格，如图2-86所示。

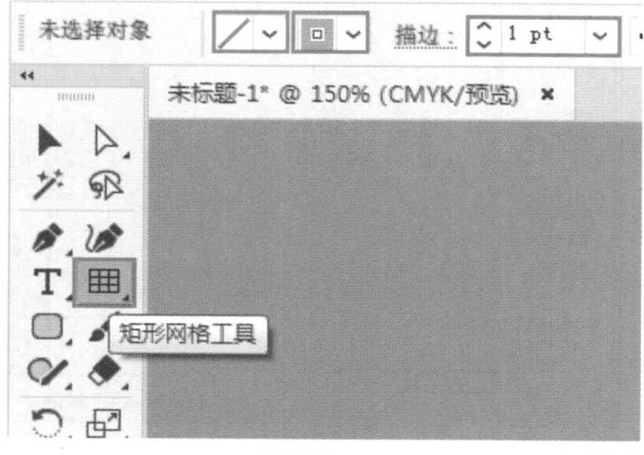

图2-84

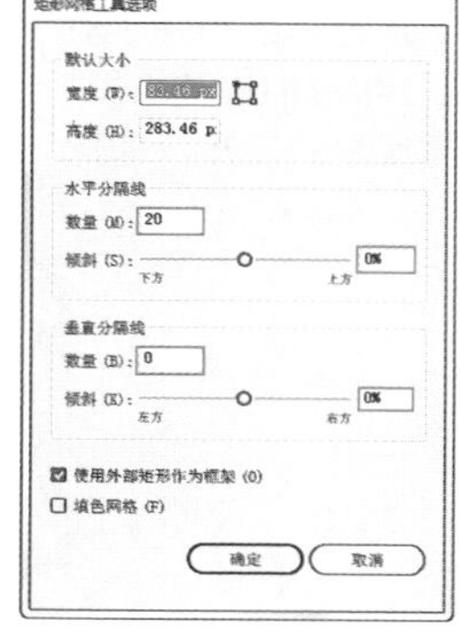

图2-85

图2-86

（2）删除网格四周的边框。单击工具箱中的“直接选择工具”按钮▷，在边框位置上单击选中网格外围边框，如图 2-87 所示。按 Delete 键即可将其删除，如图 2-88 所示。

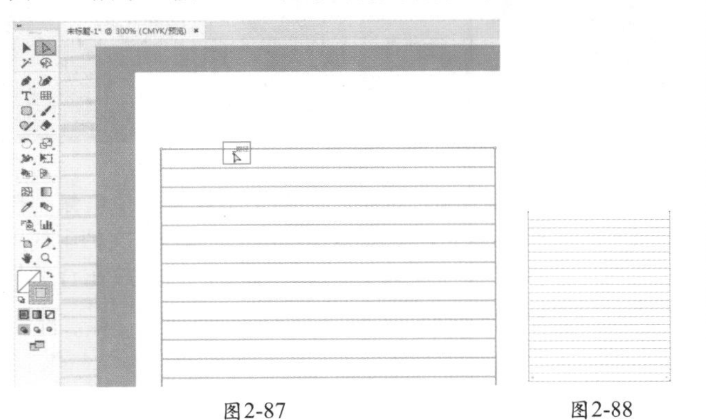

图2-87　　图2-88

（3）继续按 Delete 键删除剩余的边框，效果如图 2-89 所示。选择工具箱中的“选择工具”按钮▶，单击选择表格，然后按快捷键 Ctrl+C 进行复制，将光标移动到右侧页面中，按快捷键 Ctrl+V 进行粘贴，完成效果如图 2-90 所示。

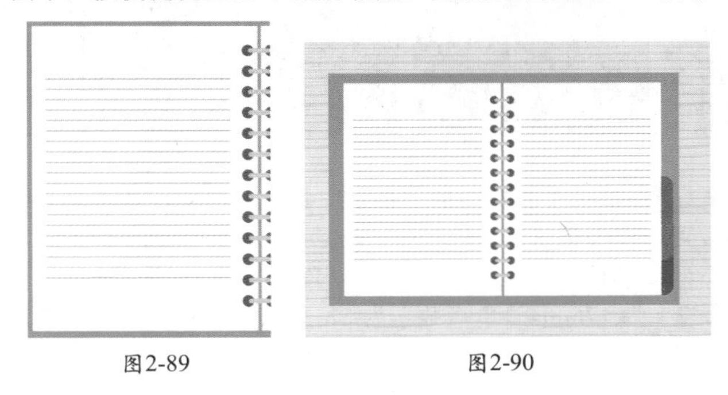

图2-89　　图2-90

练习实例：使用“矩形网格工具”制作网格背景

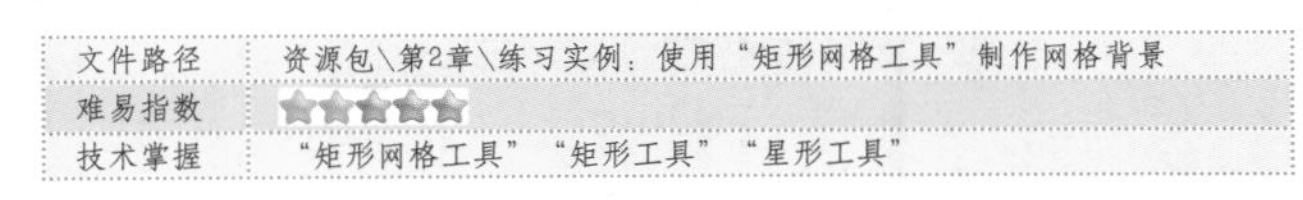

文件路径	资源包\第2章\练习实例：使用“矩形网格工具”制作网格背景
难易指数	★★★★★
技术掌握	“矩形网格工具”“矩形工具”“星形工具”

实例效果

扫一扫，看视频

本实例演示效果如图 2-91 所示。

图2-91

操作步骤

步骤 01 新建一个横向 A4 大小的文档。执行“窗口 > 控制”命令，使该选项处于选中状态，显示出“控制栏”。单击工具箱中的“矩形网格工具”按钮▦，在控制栏中设置填充为蓝色，描边为浅蓝色，描边粗细为 1pt，如图 2-92 所示。

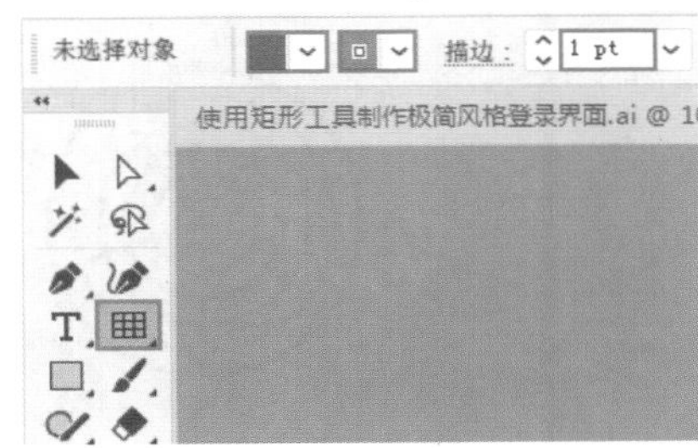

图2-92

步骤 02 双击“矩形网格工具”按钮，在弹出的“矩形网格工具选项”窗口中设置“水平分隔线”的“数量”为 30，“垂直分隔线”的“数量”为 40，勾选“使用外部矩形作为框架”和“填色网格”复选框，单击“确定”按钮完成设置，如图 2-93 所示。

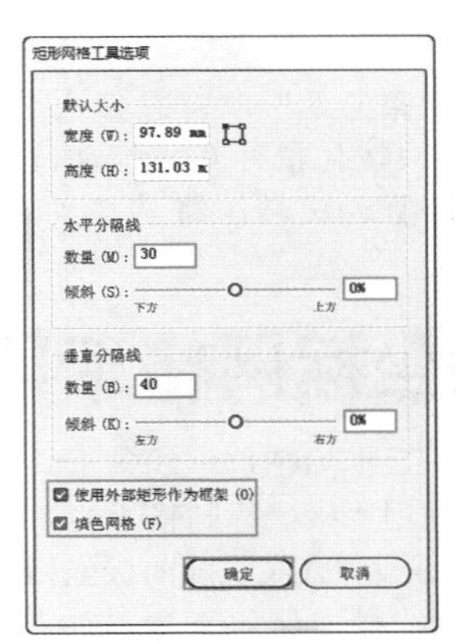

图 2-93

步骤 03 参照画板的大小按住鼠标左键拖曳绘制网格，如图 2-94 所示。松开鼠标，网格效果如图 2-95 所示。

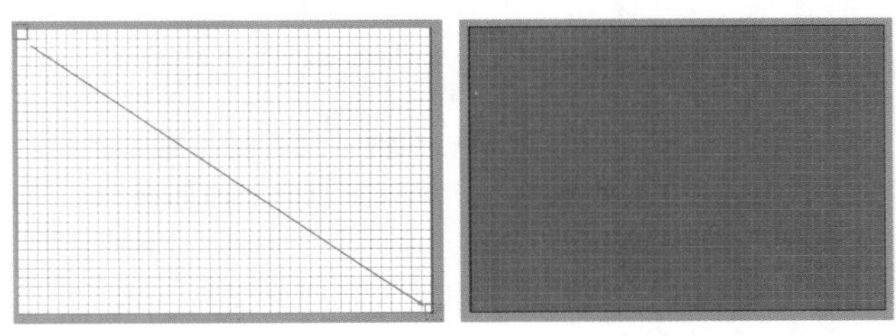

图2-94　　图2-95

步骤 04 单击工具箱中的“矩形工具”按钮□，在控制栏中设置填充为绿色，描边为无，在画板上按住鼠标左键拖曳绘制出一个矩形，如图 2-96 所示。使用同样方法绘制其他矩形对象，并设置合适的填充颜色，如图 2-97 所示。

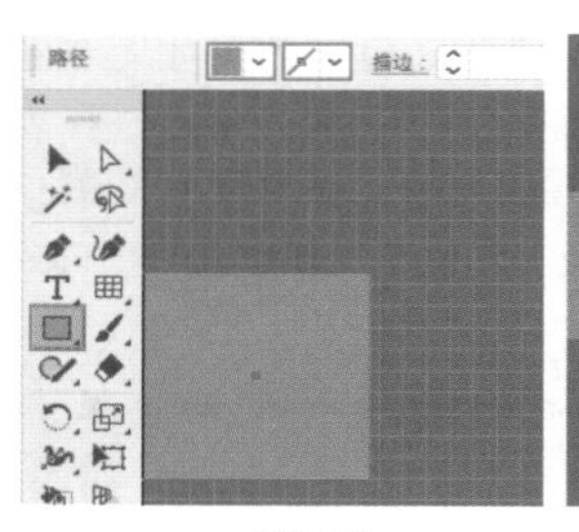
图2-96

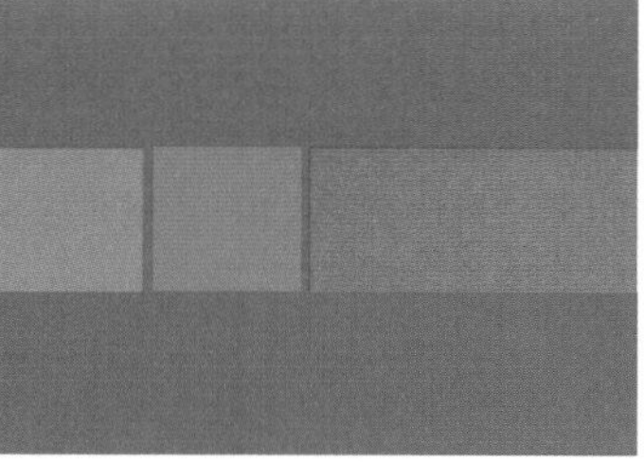
图2-97

步骤 05 单击工具箱中的“星形工具”按钮☆，在控制栏中设置填充为白色，描边为无，然后在中间的浅蓝色矩形上单击，在弹出的“星形”窗口中设置“半径 1”为 8mm，“半径 2”为 17mm，“角点数”为 5，单击“确定”按钮，如图 2-98 所示。效果如图 2-99 所示。

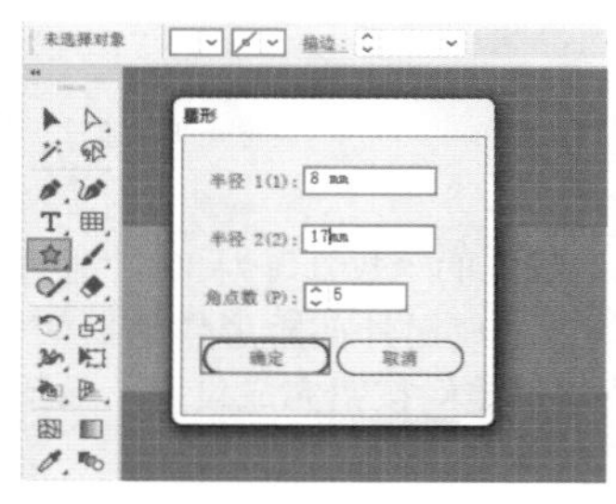

图2-98

图2-99

步骤 06 使用“选择工具”单击选择这个星形，然后将光标定位到一角处，按住鼠标左键拖动，如图 2-100 所示。所选星形对象将随之旋转，将其移动到合适位置即可，如图 2-101 所示。

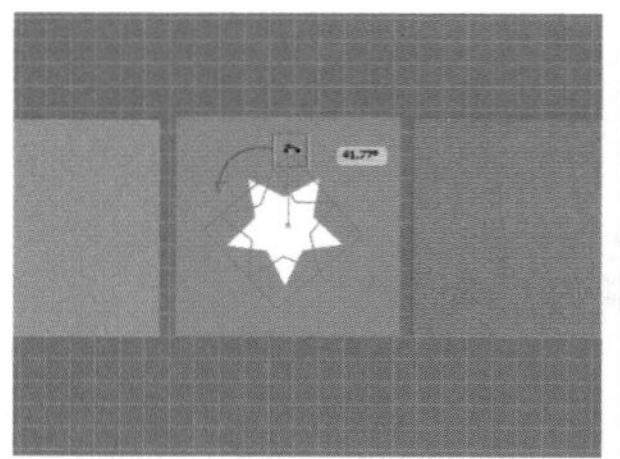
图2-100

图2-101

步骤 07 打开素材 1.ai，选中其中的文字对象，使用复制快捷键 Ctrl+C 将其复制，如图 2-102 所示。到当前文档中使用快捷键 Ctrl+V 将文字粘贴到图形对象中，并摆放在合适位置上，效果如图 2-103 所示。

图2-102

图2-103

2.6 极坐标网格工具

“极坐标网格工具”◎位于线条工具组中，如图 2-104 所示。使用“极坐标网格工具”可以快速绘制出由多个同心圆和直线组成的极坐标网格，适合制作如同心圆、射击靶等对象。如图 2-105 和图 2-106 所示为使用“极坐标网格工具”制作的作品。

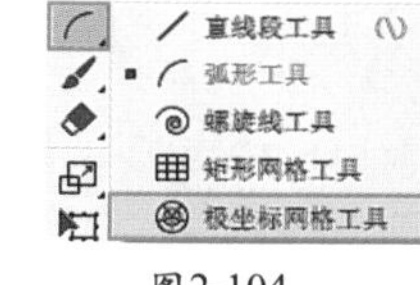

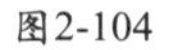

图2-104

图2-105

图2-106

2.6.1 动手练：绘制极坐标网格

单击工具箱中的“极坐标网格工具”按钮◎，在画板中按住鼠标左键拖曳，松开鼠标即可得到极坐标网格，如图 2-107 和图 2-108 所示。

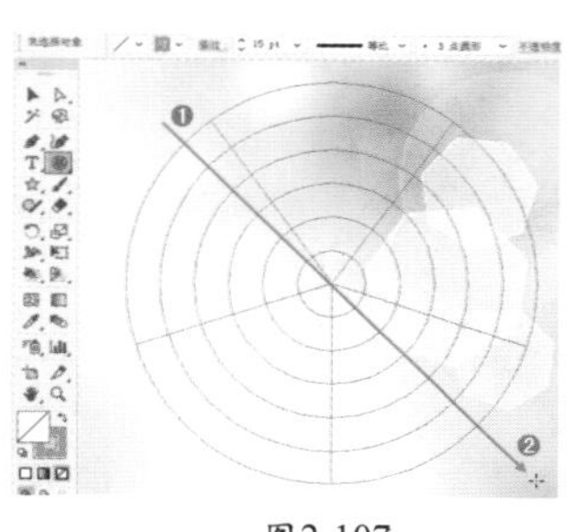

图2-107

图2-108

2.6.2 绘制精确的极坐标网格

想要绘制特定参数的极坐标网格，可以单击工具箱中的“极坐标网格工具”按钮，在想要绘制图形的位置单击，在弹出的如图 2-109 所示的“极坐标网格工具选项”窗口中进行相应的设置，单击“确定”按钮，即可得到精确尺寸的图形，如图 2-110 所示。

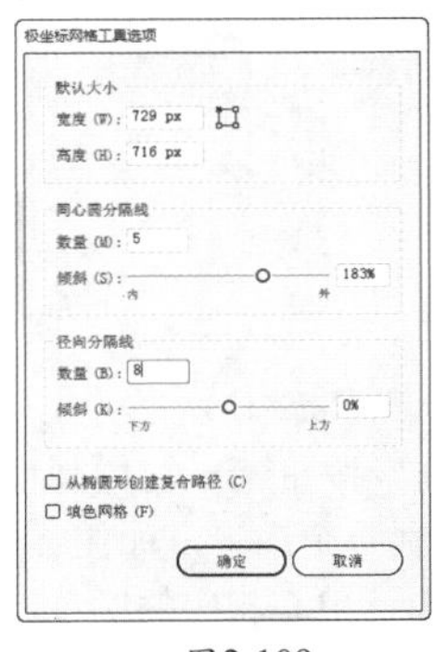

图2-109

图2-110

- 宽度：用于定义极坐标网格的宽度。
- 高度：用于定义极坐标网格的高度。
- 定位器：在定位器中单击不同的按钮，可以定义极坐标网格中起始角点的位置。
- 同心圆分隔线：“数量”指定网格中的圆形同心圆分隔线数量；“倾斜”值决定同心圆分隔线倾向于网格内侧还是外侧。如图 2-111 和图 2-112 所示为不同参数的对比效果。

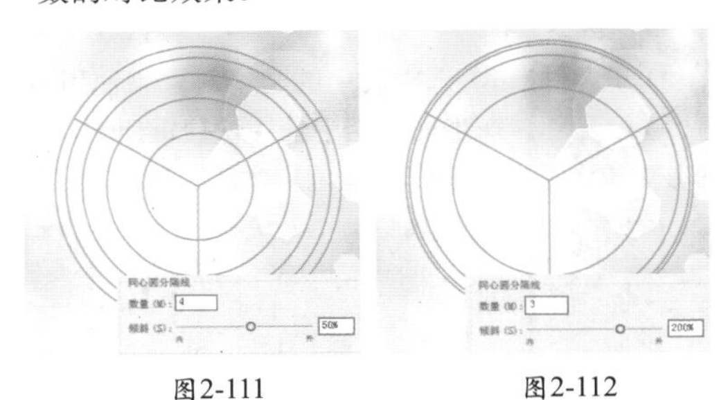

图2-111　　图2-112

- 径向分隔线：“数量”指定网格中心和外围之间出现的径向分隔线数量；“倾斜”值决定径向分隔线倾向于网格逆时针还是顺时针方向。如图 2-113 和图 2-114 所示为不同参数的对比效果。

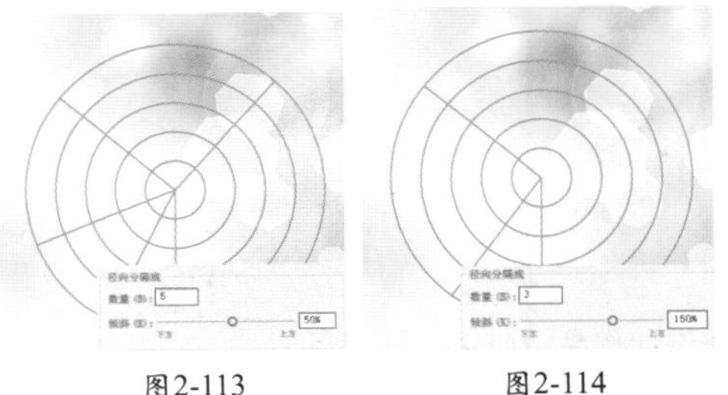

图2-113　　图2-114

- 从椭圆形创建复合路径：将同心圆转换为独立复合路径并每隔一个圆填色。
- 填色网格：当勾选该复选框时，将使用当前的填充颜色填充所绘极坐标网格。

举一反三：绘制橙子切面

扫一扫，看视频

（1）在工具箱中选择“极坐标网格工具”，在控制栏中设置填充为橘红色，描边为橘黄色（描边粗细可以先不考虑，可在绘制完图形后根据实际情况进行调整），如图 2-115 所示。双击“极坐标网格工具”按钮，弹出“极坐标网格工具选项”窗口。因为橙子不需要制作同心圆效果，所以设置“同心圆分隔线”的“数量”为 0，“倾斜”为 0%；设置“径向分隔线”的“数量”为 8，“倾斜”为 0%；勾选“从椭圆形创建复合路径”和“填色网格”复选框，然后单击“确定”按钮，如图 2-116 所示。

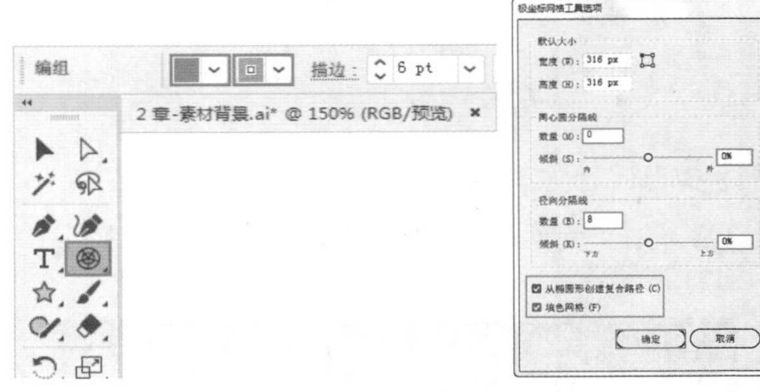

图2-115　　图2-116

（2）在画板中按住 Shift 键绘制正圆形的极坐标网格，橙子切面就绘制完成了，如图 2-117 所示。接下来，可以将其放置在卡通的杯子中，如图 2-118 所示；也可以放在标志中，如图 2-119 所示。

图2-117

图2-118

图2-119

练习实例：使用“极坐标网格工具”制作同心圆

扫一扫，看视频

文件路径	资源包\第2章\练习实例：使用“极坐标网格工具”制作同心圆
难易指数	★★★★★
技术掌握	“极坐标网格工具”“矩形工具”

实例效果

本实例演示效果如图 2-120 所示。

图2-120

操作步骤

步骤 01 执行“文件 > 打开”命令，打开背景素材 1.ai，如图 2-121 所示。

图2-121

步骤 02 执行“窗口 > 控制”命令，使该选项处于选中状态，显示出“控制栏”。单击工具箱中的“极坐标网格工具”按钮，在控制栏中设置填充为无，描边为灰色，描边粗细为 1pt。双击“极坐标网格工具”按钮，在弹出的“极坐标网格工具选项”窗口中设置“宽度”为 100mm，“高度”为 100mm，“同心圆分隔线”的“数量”为 23，“径向分隔线”的“数量”为 0，单击“确定”按钮，如图 2-122 所示。在画板中心位置按住 Shift+Alt 组合键进行绘制，如图 2-123 所示。

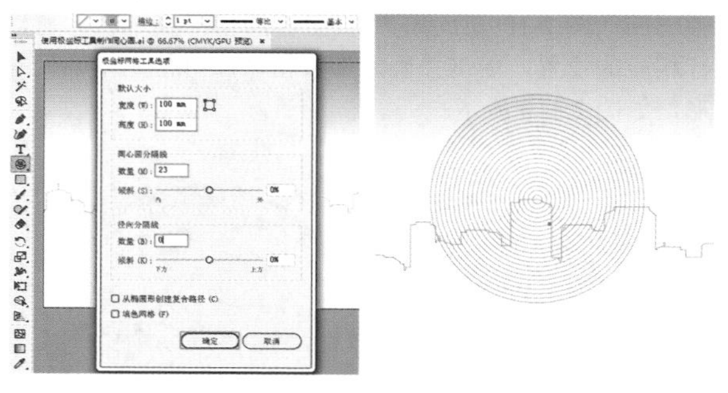

图2-122　　图2-123

步骤 03 单击工具箱中的“钢笔工具”按钮，在控制栏中设置填充为淡青色，描边为无，绘制一个扇形，如图 2-124 所示。使用同样的方法绘制多个扇形，填充相应的颜色，如图 2-125 所示。

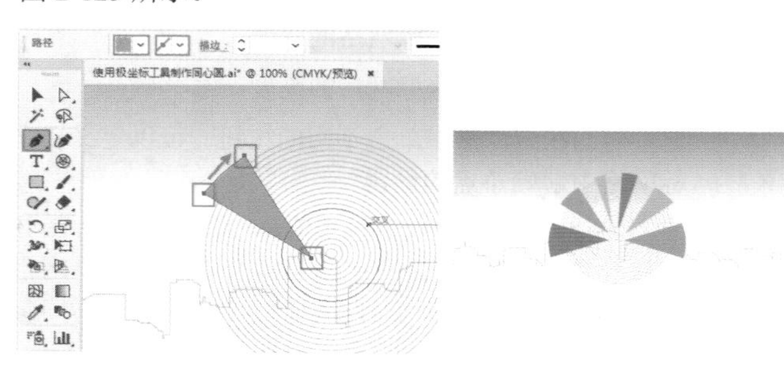

图 2-124　　图 2-125

步骤 04 打开素材2.ai，选中其中的文字对象，使用复制快捷键Ctrl+C进行复制。在当前文档中使用快捷键Ctrl+V将文字粘贴到图形对象上，并摆放在合适位置，效果如图2-126所示。

图2-126

2.7 矩形工具

“矩形工具”主要用于绘制长方形对象和正方形对象，矩形元素在设计作品中应用非常广泛。

重点 2.7.1 动手练：绘制矩形对象

单击工具箱中的“矩形工具”按钮（快捷键：M），在画板中按住鼠标左键拖曳，释放鼠标后即可绘制出一个矩形，如图 2-127 和图 2-128 所示。

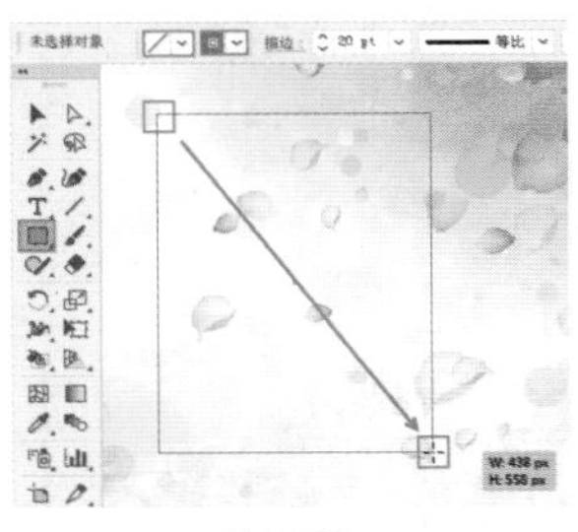
图2-127

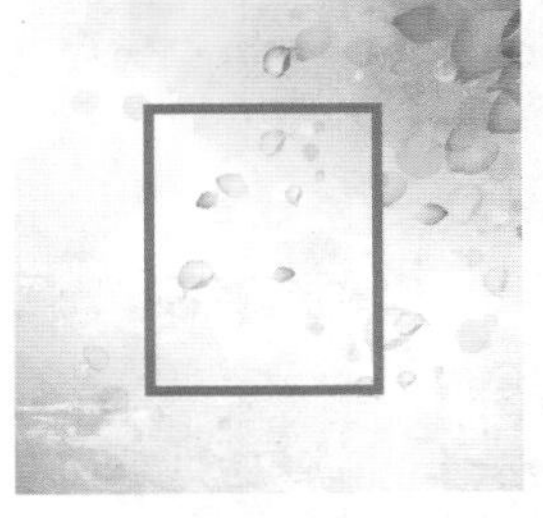
图2-128

提示：将矩形变为圆角矩形。

创建出的矩形四角内部都有一个控制点⊙，按住并拖动这个控制点即可调整矩形四角的圆度，如图 2-129 和图 2-130 所示。

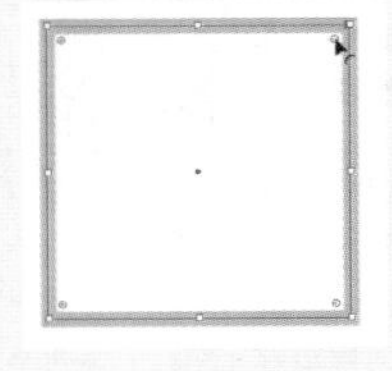
图2-129

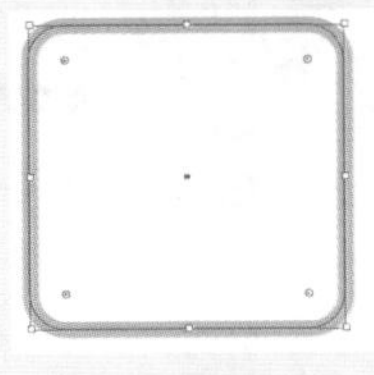
图2-130

重点 2.7.2 动手练：绘制正方形

在绘制矩形的过程中，按住 Shift 键的同时拖曳鼠标，可以绘制正方形，如图 2-131 所示。按住 Alt 键拖曳鼠标，可以绘制以鼠标落点为中心向四周延伸的矩形，如图 2-132 所示。同时按住 Shift 键和 Alt 键拖曳鼠标，可以绘制以鼠标落点为中心的正方形，如图 2-133 所示。

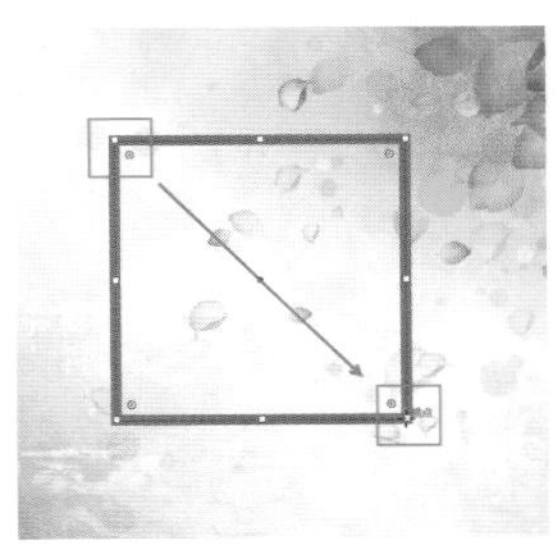
图2-131

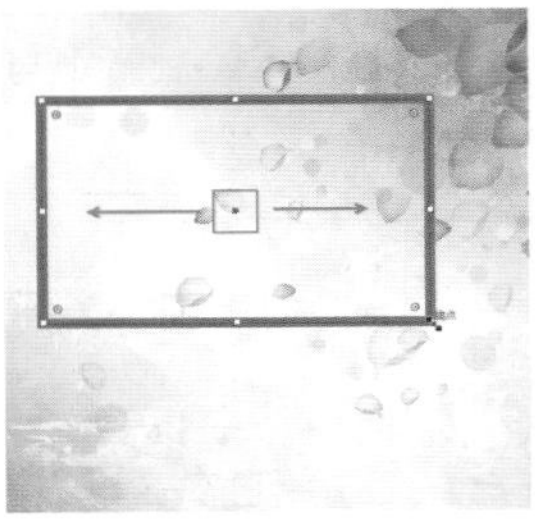

图2-132

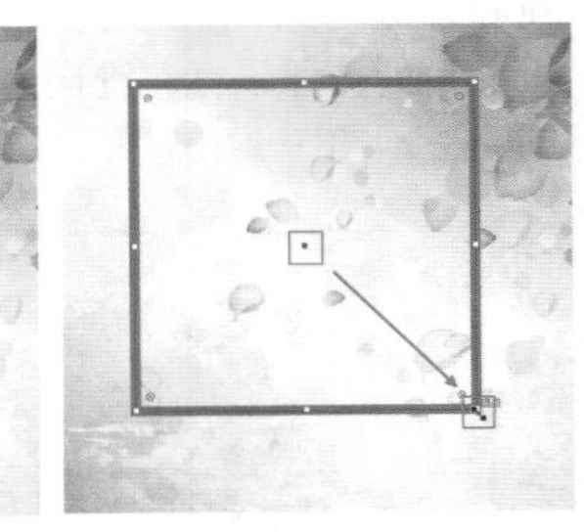
图2-133

提示：绘制“正”图形的方法是通用的。

绘制正方形的方法，对于该工具组中的“椭圆工具”“圆角矩形工具”同样适用。也就是说，想要绘制正圆、正圆角矩形，都可以配合 Shift 键来绘制。

重点 2.7.3 动手练：绘制精确的矩形

想要绘制特定参数的矩形，可以单击工具箱中的“矩形工具”按钮，在要绘制矩形对象的一个角点位置单击，在弹出的“矩形”窗口中进行相应的设置，然后单击“确定”按钮，即可创建精确尺寸的矩形对象，如图 2-134 和图 2-135 所示。

- 宽度：定义矩形的宽度。
- 高度：定义矩形的高度。
- 约束宽度和高度比例：用来设置宽度和高度的比例。

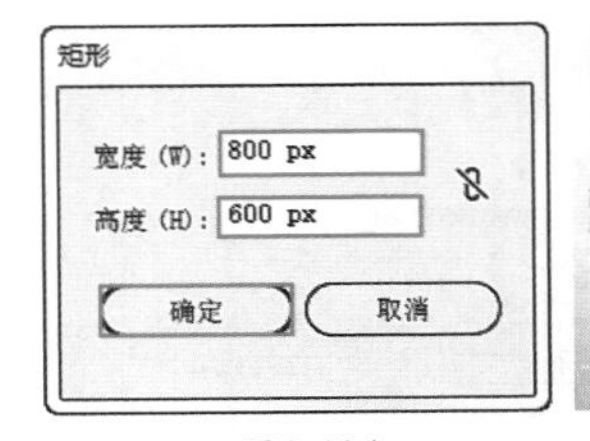

图2-134

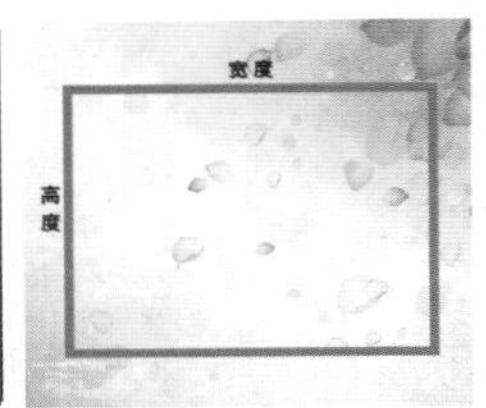

图2-135

练习实例：使用“矩形工具”制作极简风格登录界面

文件路径	资源包\第2章\练习实例：使用“矩形工具”制作极简风格登录界面
难易指数	★★★★★
技术掌握	“矩形工具”

实例效果

本实例演示效果如图 2-136 所示。

扫一扫，看视频

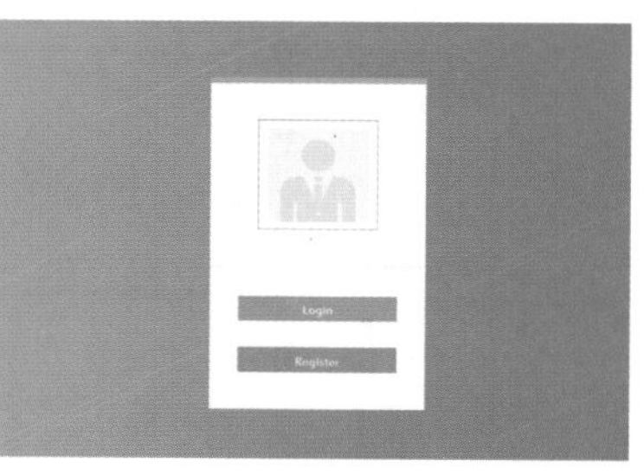

图2-136

操作步骤

步骤 01 新建一个横版 A4 大小的空白文档。执行“窗口 > 控制”命令，使该选项处于选中状态，显示出“控制栏”。单击工具箱中的“矩形工具”按钮▢，在控制栏中设置填充与描边为无（因为下一步需要为矩形填充渐变色），在画板一角处按住鼠标左键向右下方拖动，绘制一个与画板等大的矩形，如图 2-137 所示。

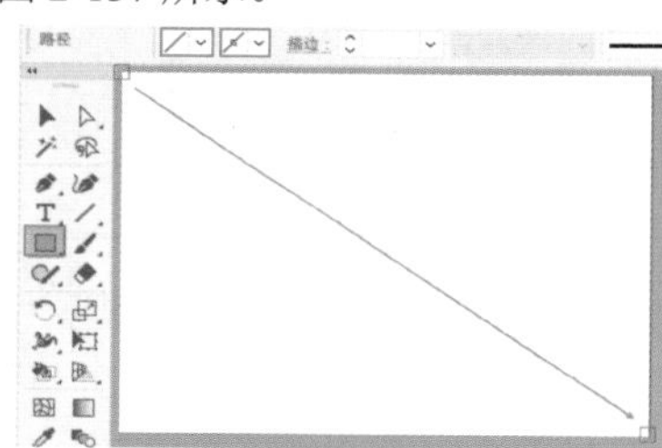
图2-137

步骤 02 选择矩形，然后执行“窗口 > 渐变”命令，打开“渐变”面板。在“渐变”面板中设置“类型”为“线性”，单击渐变颜色条为矩形填充默认渐变色。双击左侧的“色标”◉，在弹出的下拉面板中单击右上角的≡按钮，将颜色模式改为 CMYK(C)，调整滑块设置其颜色为蓝色，如图 2-138 所示。

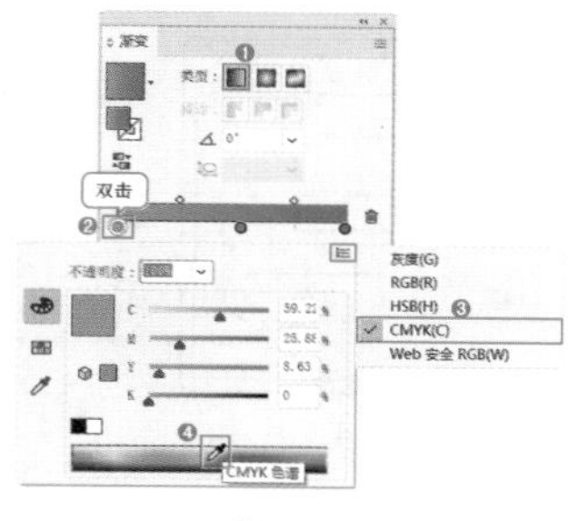

图2-138

步骤 03 使用同样的方法设置另外的色标颜色，如图 2-139 所示。此时矩形效果如图 2-140 所示。

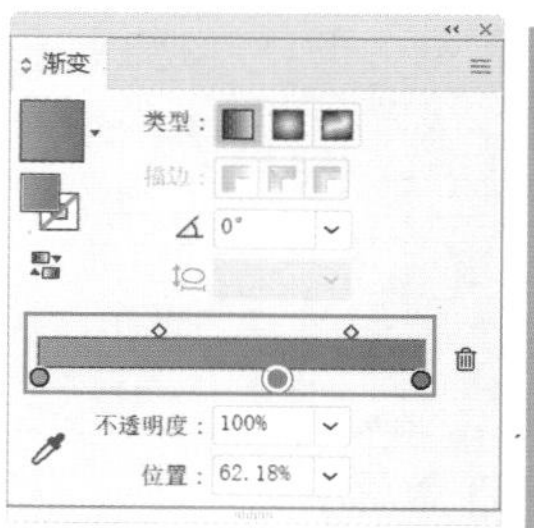

图2-139

图2-140

步骤 04 在工具箱中选择“矩形工具”，在控制栏中设置填充为白色，描边为无。然后按住鼠标左键在矩形上拖曳，绘制一个细长的矩形，如图 2-141 所示。

图2-141

步骤 05 选择该矩形，在控制栏中设置“不透明度”为 10%，然后旋转矩形调整位置，如图 2-142 所示。

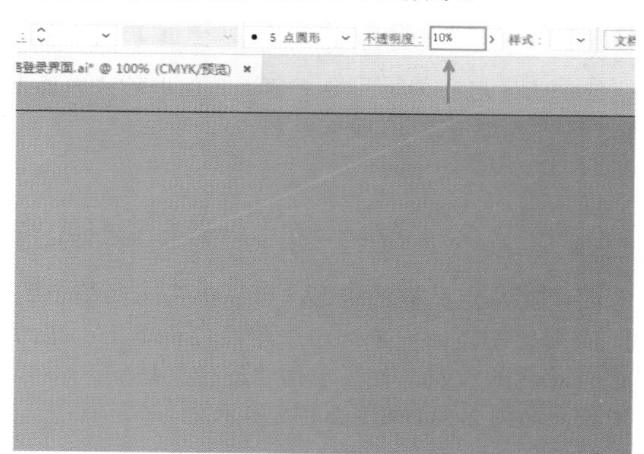

图2-142

步骤 06 选择白色矩形，按快捷键 Ctrl+C 复制，再按快捷键 Ctrl+V 粘贴，调整复制出的矩形的位置，如图 2-143 所示。继续进行复制，并调整到合适位置，如图 2-144 所示。

图2-143

图2-144

步骤 07 单击工具箱中的“矩形工具”按钮，在控制栏中设置填充为白色，描边为浅灰色，描边粗细为0.25pt。在画板中单击，在弹出的“矩形”窗口中设置“宽度”为100mm，“高度”为90mm，单击“确定”按钮，如图2-145所示。矩形效果如图2-146所示。

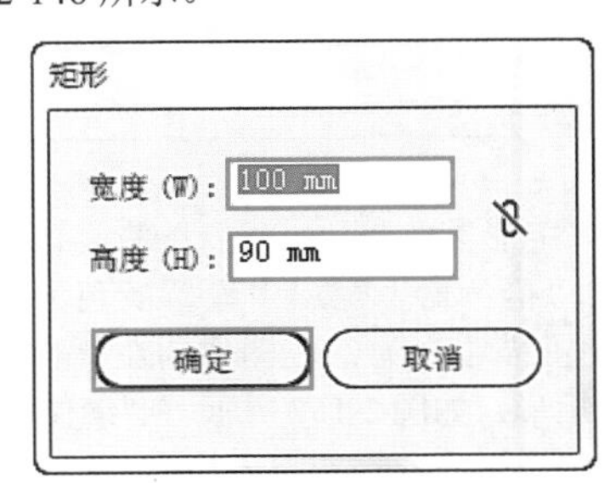

图2-145

图2-146

步骤 08 使用“矩形工具”，参照白色的矩形的宽度，在其下方按住鼠标左键拖曳，绘制一个白色矩形，如图2-147所示。继续使用“矩形工具”绘制其他矩形，如图2-148所示。

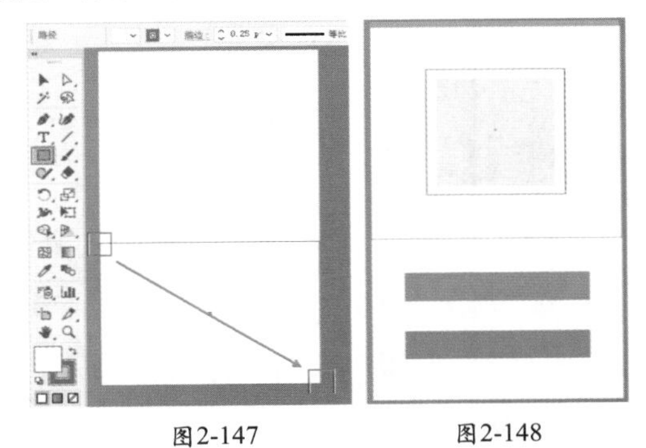

图2-147　　图2-148

步骤 09 执行“文件 > 打开”命令，打开素材1.ai。然后选中需要使用的素材，按快捷键Ctrl+C进行复制，如图2-149所示。然后回到刚才工作的文档，按快捷键Ctrl+V粘贴素材。将素材调整到合适位置，效果如图2-150所示。

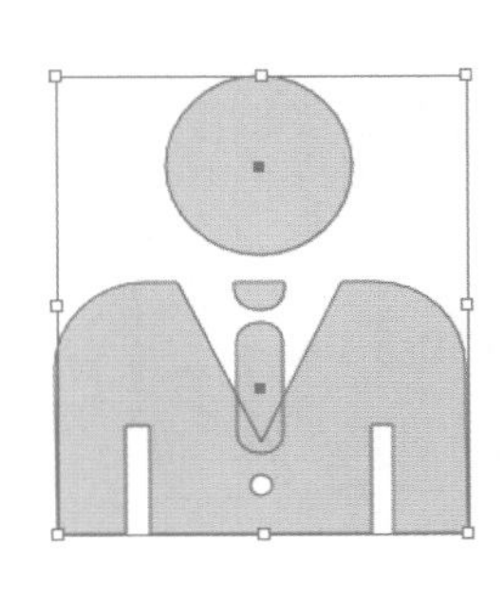

图2-149

图2-150

步骤 10 打开素材2.ai，选中其中的文字对象，按快捷键Ctrl+C进行复制。到当前文档中使用快捷键Ctrl+V粘贴素材到当前文档中，并摆放在合适位置上。效果如图2-151所示。

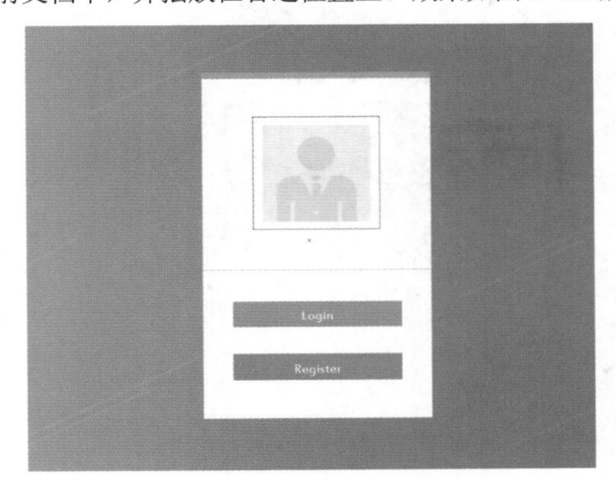

图2-151

提示：将矩形对齐。

所有矩形绘制完成后，如果摆放得参差不齐，可以使用工具箱中的“选择工具”，按住Shift键单击加选矩形，然后单击控制栏中的“水平居中对齐”按钮进行对齐，如图2-152所示。

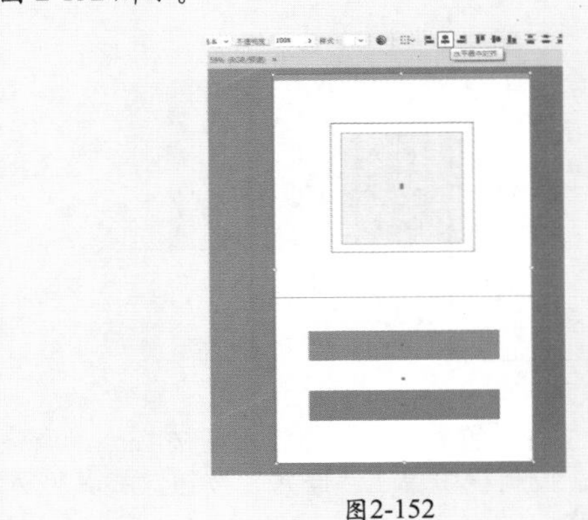

图2-152

练习实例：使用“矩形工具”制作简约版面

扫一扫，看视频

文件路径	资源包\第2章\练习实例：使用“矩形工具”制作简约版面
难易指数	★★★★★
技术掌握	“矩形工具”

实例效果

本实例演示效果如图 2-153 所示。

图2-153

操作步骤

步骤 01 新建一个纵向 A4 大小的空白文档。执行“窗口 > 控制”命令，使该选项处于选中状态，显示出“控制栏”。单击工具箱中的“矩形工具”按钮，在控制栏中设置填充为浅灰色，描边为无，在画板上按住鼠标左键拖曳，绘制出一个矩形，如图 2-154 所示。接着在控制栏中设置填充为绿色，描边为无，按住 Shift 键拖曳鼠标绘制一个正方形，并将它放置在画板的左上角，如图 2-155 所示。

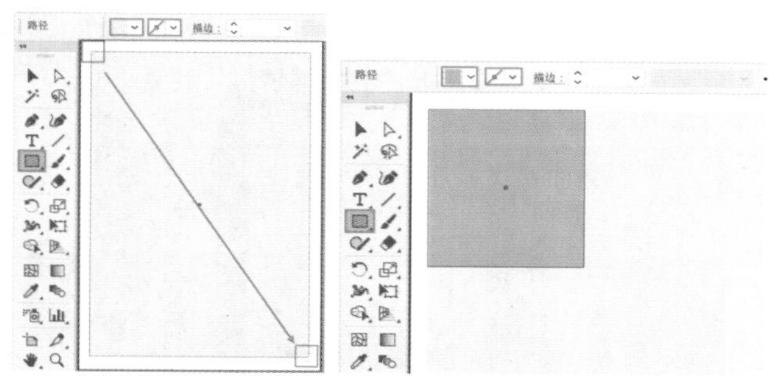

图2-154　　图2-155

步骤 02 执行“文件 > 置入”命令，置入素材 1.jpg，调整到合适的大小，在控制栏中单击“嵌入”按钮，将其嵌入画板中，如图 2-156 所示。

图2-156

步骤 03 选择“矩形工具”，双击工具箱底部的“填充”按钮，在弹出的“拾色器”窗口中设置颜色为青绿色，然后在控制栏中设置描边为无。在图像的左侧按住鼠标左键拖曳，绘制一个矩形，如图2-157 所示。继续使用“矩形工具”绘制其他颜色的矩形。效果如图 2-158 所示。

图2-157

图2-158

步骤 04 执行“文件>打开”命令，打开素材2.ai。选中素材对象，按快捷键Ctrl+C进行复制，如图2-159所示。然后回到刚才工作的文档，按快捷键Ctrl+V进行粘贴。将粘贴出的对象移动到相应位置，如图2-160所示。

图2-159

图2-160

练习实例：使用“矩形工具”“椭圆工具”制作电子杂志版面

文件路径	资源包\第2章\练习实例：使用“矩形工具”“椭圆工具”制作电子杂志版面
难易指数	★★★★★
技术掌握	“矩形工具”“椭圆工具”“钢笔工具”

扫一扫，看视频

实例效果

本实例演示效果如图 2-161 所示。

图2-161

操作步骤

步骤 01 新建一个横向 A4 大小的空白文档。如果界面中没有显示控制栏，可以执行“窗口 > 控制”命令将其显示。单击工具箱中的“矩形工具”按钮，执行“窗口 > 色板库 > 色标簿 >HKS Z Process”命令。打开 HKS Z Process 面板，单击选择深蓝色，然后设置描边为无，如图 2-162 所示。在画板中按住鼠标左键拖曳，绘制一个与画板等大的矩形，如图 2-163 所示。

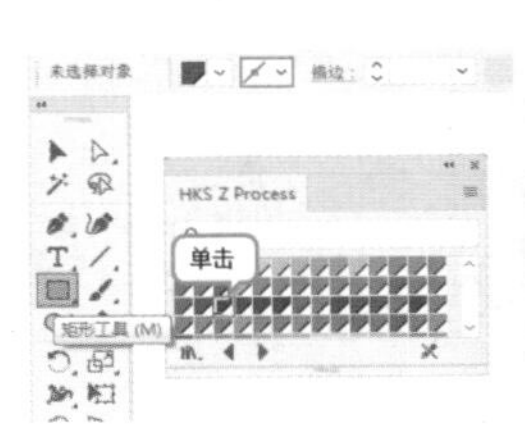

图2-162　　图2-163

步骤 02 使用同样的方法绘制其他矩形，并在色板库中选择合适的颜色，如图 2-164 所示。执行“文件 > 置入”命令，置入素材 1.jpg。调整至合适的大小，移动到相应的位置，然后单击控制栏中的“嵌入”按钮，将其嵌入画板中，如图 2-165 所示。

图2-164

图2-165

步骤 03 单击工具箱中的“椭圆工具”按钮，在控制栏中设置填充为白色，描边为无，在画板上按住鼠标左键的同时按住 Shift 键拖曳，释放鼠标后绘制出一个正圆形，如图 2-166 所示。使用同样的方法绘制其他圆形，并设置相应的填充和描边。效果如图 2-167 所示。

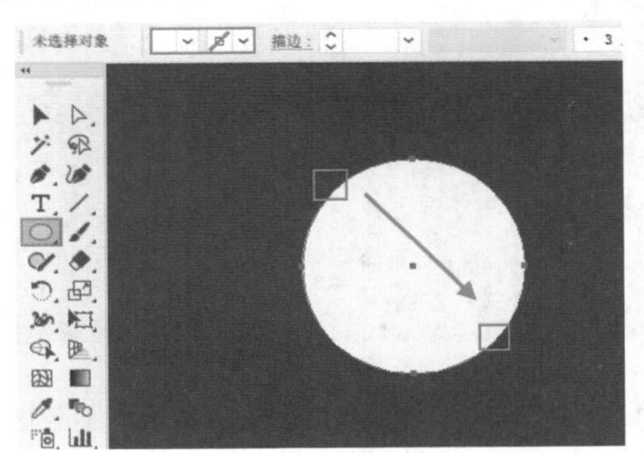

图2-166

图2-167

步骤 04 单击工具箱中的“直线段工具”按钮，在控制栏中设置填充为无，描边为灰色，单击“描边”按钮，在弹出的下拉面板中设置“粗细”为 1pt，勾选“虚线”复选框，数值设置为 8pt，然后在图像下方的矩形上按住鼠标左键拖曳绘制一段虚线，如图 2-168 所示。选择虚线，在控制栏中设置“不透明度”为20%。效果如图2-169所示。

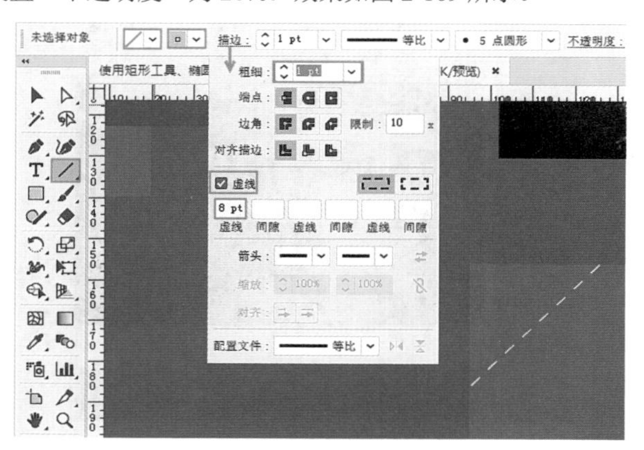

图2-168

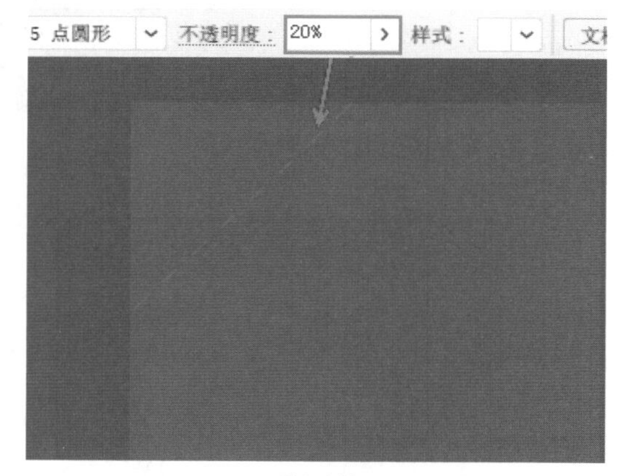

图2-169

步骤05 使用“直线工具”在这个矩形中绘制多条虚线，效果如图2-170所示。按住Shift键单击虚线进行加选，然后按快捷键Ctrl+G对虚线进行编组。接着按住Shift+Alt组合键向右拖曳鼠标进行平移并复制，如图2-171所示。

图2-170

步骤06 使用同样的方法平移并复制一组虚线到最右侧的矩形上方，效果如图2-172所示。

图2-171

图2-172

步骤07 执行“文件>打开”命令，打开素材2.ai。选中素材对象，按快捷键Ctrl+C进行复制，如图2-173所示。

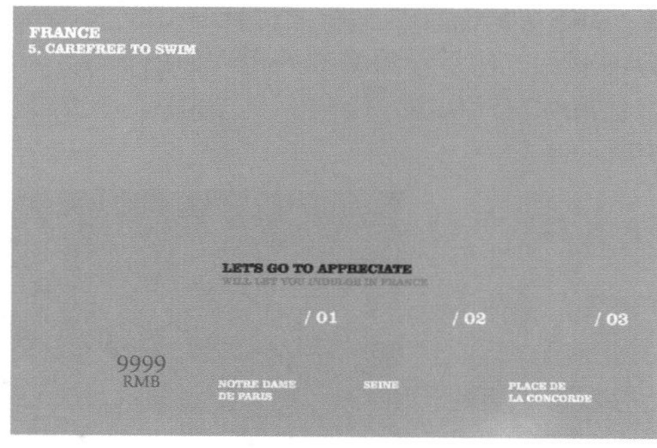

图2-173

步骤08 返回到刚才工作的文档，按快捷键Ctrl+V粘贴素材，并将其移动到相应位置，如图2-174所示。

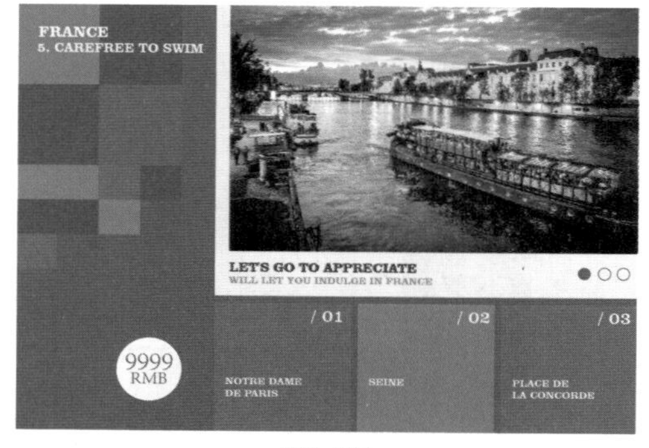

图2-174

2.8 圆角矩形工具

右击形状工具组按钮，在弹出的工具组中选择“圆角矩形工具”▢，如图2-175所示。圆角矩形在设计中应用非常广泛，它不似矩形那样锐利、棱角分明，而是给人一种圆润、柔和的感觉，更具亲和力。使用“圆角矩形工具”可以绘制出标准的圆角矩形对象和圆角正方形对象。如图2-176和图2-177所示为使用该工具制作的作品。

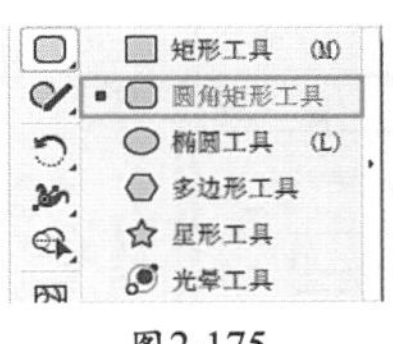

图2-175

图2-176

图2-177

重点 2.8.1 动手练：绘制圆角矩形

单击工具箱中的“圆角矩形工具”按钮▢，在画板中按住鼠标左键拖曳，拖曳到理想大小后释放鼠标，即可绘制一个圆角矩形，如图2-178和图2-179所示。

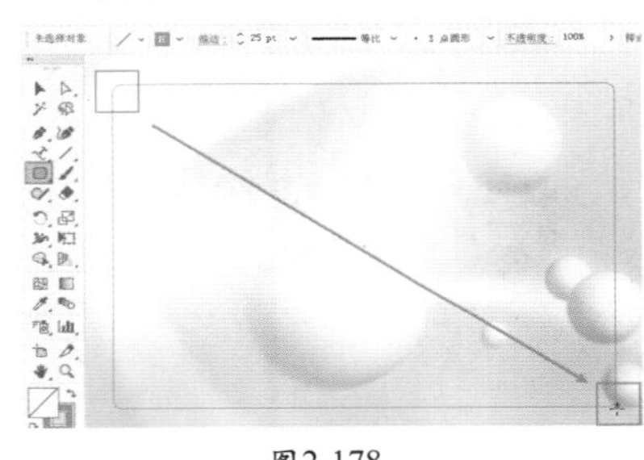

图2-178

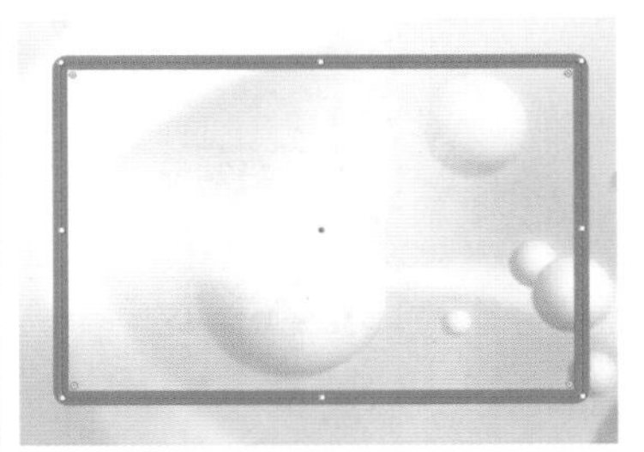

图2-179

提示：绘制圆角矩形的小技巧。

- 拖曳鼠标的同时按“←”和“→”键，可以设置是否绘制圆角矩形。
- 按住Shift键拖曳鼠标，可以绘制正圆角矩形。
- 按住Alt键拖曳鼠标，可以绘制以鼠标落点为中心点向四周延伸的圆角矩形。
- 同时按住Shift+Alt组合键拖曳鼠标，可以绘制以鼠标落点为中心的圆角正方形。

重点 2.8.2 绘制精确尺寸的圆角矩形

想要绘制特定参数的圆角矩形，可以使用“圆角矩形工具”▢在要绘制圆角矩形对象的一个角点位置单击，在弹出的“圆角矩形”窗口中进行相应的设置，如图2-180所示。然后单击“确定”按钮，即可创建精确的圆角矩形对象，如图2-181所示。

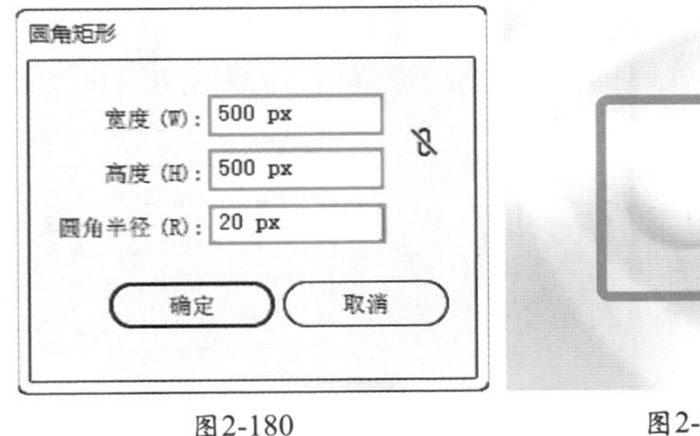

图2-180

图2-181

- 宽度：在该文本框中输入相应的数值，可以定义圆角矩形的宽度。
- 高度：在该文本框中输入相应的数值，可以定义圆角矩形的高度。
- 圆角半径：输入的半径数值越大，得到的圆角矩形弧度越大；反之，输入的半径数值越小，得到的圆角矩形弧度越小；输入的数值为0时，得到的是矩形，如图2-182所示。

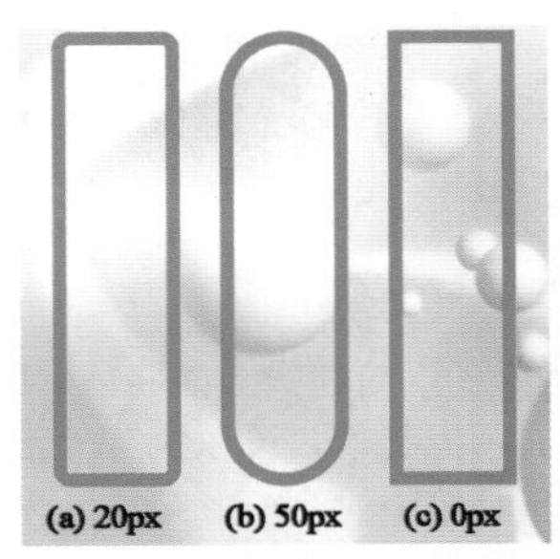

图2-182

举一反三：制作按钮的底色

扫一扫，看视频

因为UI设计都是有严格的尺寸要求的，所以需要在“圆角矩形”窗口对参数进行精确的设置。

（1）选择工具箱中的“圆角矩形工具”，在控制栏中设置合适的填充颜色，然后在画板中单击，在弹出的“圆角矩形”窗口中设置“宽度”和“高度”为100mm，“圆角半径”为16mm，单击“确定”按钮，如图2-183所示。圆角矩形效果如图2-184所示。如果界面中没有显示控制栏，可以执行“窗口 > 控制”命令将其显示。

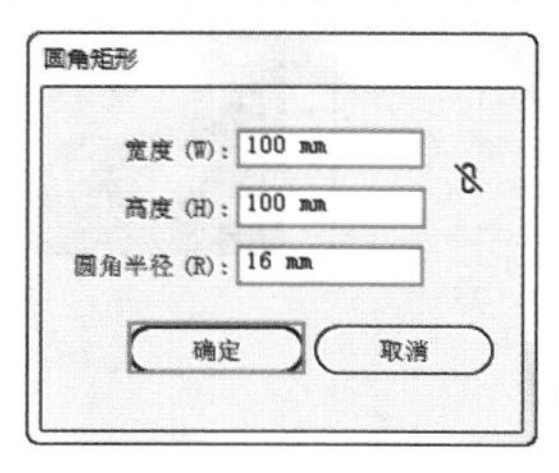

图2-183

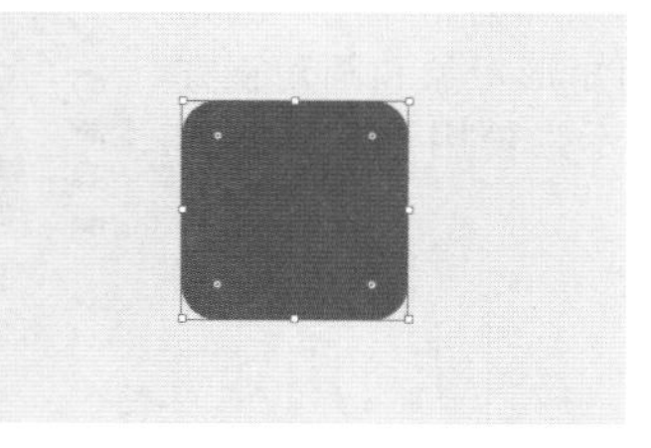

图2-184

（2）按钮的底色绘制完成后，就可添加图形进行装饰了，如图2-185所示。如果需要相同大小的按钮，可以将底色图形进行复制，然后绘制出其他图案即可，如图2-186所示。

图2-185

图2-186

练习实例：使用“圆角矩形工具”与“多边形工具”制作名片

文件路径	资源包\第2章\练习实例：使用“圆角矩形工具”与“多边形工具”制作名片
难易指数	★★★★★
技术掌握	“圆角矩形工具”“多边形工具”

实例效果

本实例演示效果如图2-187所示。

扫一扫，看视频

图2-187

操作步骤

步骤01 新建一个横向A4大小的空白文档。如果界面中没有显示控制栏，可以执行“窗口 > 控制”命令将其显示。单击工具箱中的“矩形工具”按钮，在控制栏中设置填充为灰色，然后参照画板大小按住鼠标左键拖曳，绘制一个灰色的矩形，如图2-188所示。选中灰色矩形，按快捷键Ctrl+2将其锁定。

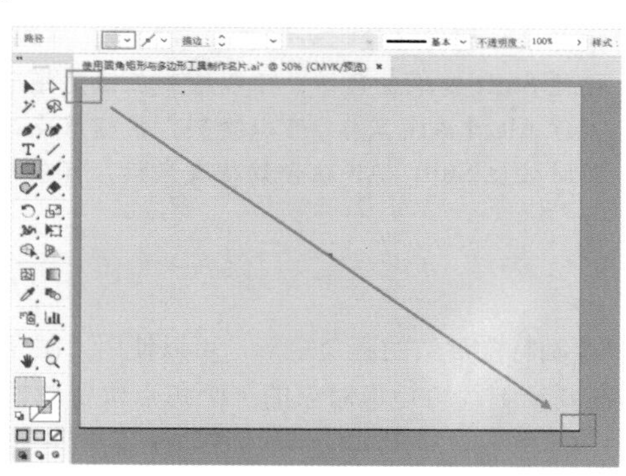

图2-188

步骤02 绘制白色圆角矩形名片。单击工具箱中的“圆角矩形工具”按钮，在要绘制圆角矩形对象的一个角点位置单击，在弹出的“圆角矩形”窗口中设置“宽度”为290mm，“高度”为190mm，“圆角半径”为10mm，单击“确定”按钮，如图2-189所示。接下来，在控制栏中设置填充为白色，描边为无，得到一个圆角矩形，如图2-190所示。

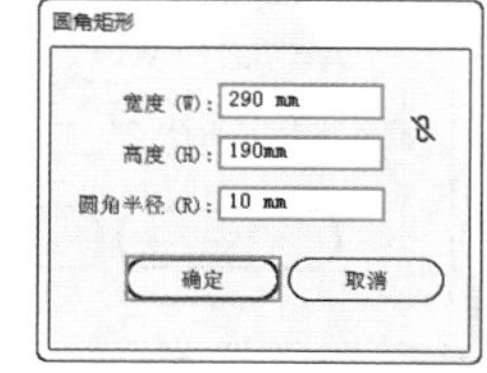

图2-189

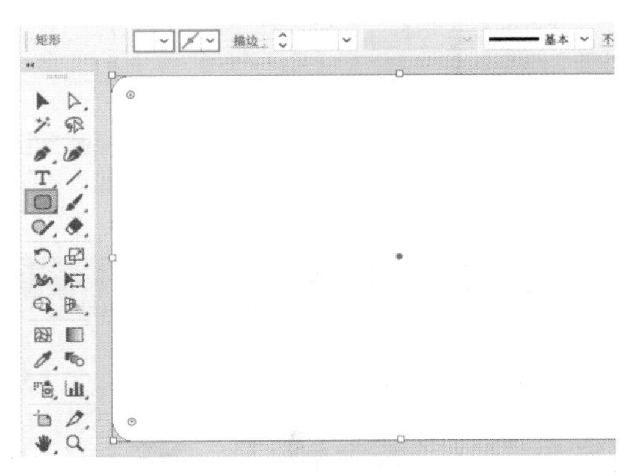

图 2-190

步骤 03 绘制名片上的多边形图案。单击工具箱中的“多边形工具”按钮，在要绘制多边形对象的中心位置单击，在弹出的“多边形”窗口中设置“半径”为 30mm，“边数”为6，单击“确定”按钮，即可创建一个精确尺寸的六边形，如图 2-191 所示。选中多边形，在控制栏中设置填充为蓝色，描边为无，如图 2-192 所示。

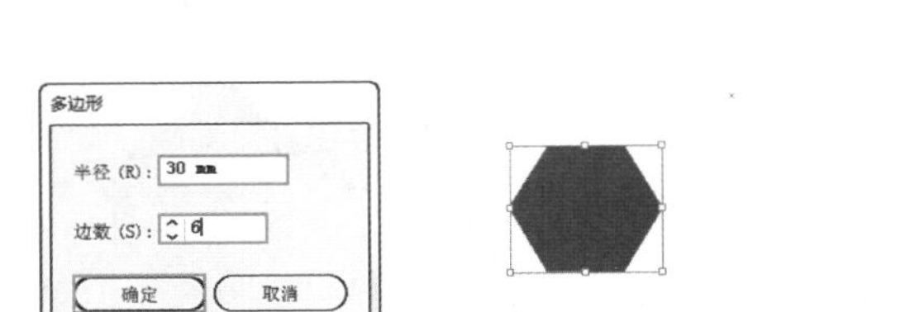

图2-191　　图2-192

步骤 04 制作六边形的阴影（阴影能够让效果更加真实、丰富，制作阴影的原理是在原图形的下方添加一个与原图形一样的图形，只露出边缘，调整颜色和透明度即可）。使用“选择工具”选中六边形，按住 Alt 键向左上方拖曳鼠标，松开鼠标后完成六边形的移动复制，如图 2-193 所示。选择复制的六边形，在控制栏中设置填充为深灰色，如图 2-194 所示。

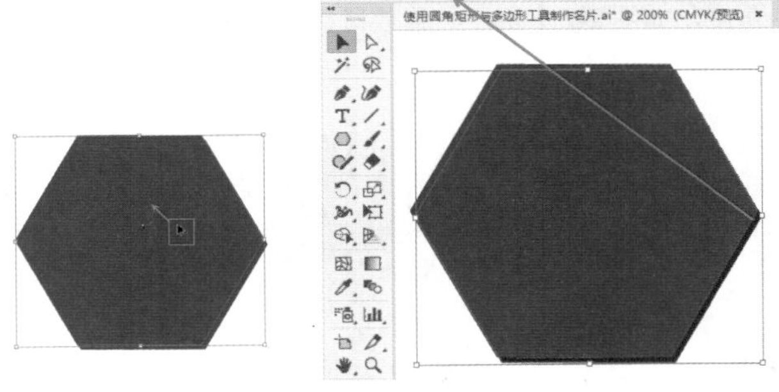

图2-193　　图2-194

步骤 05 为了让阴影效果更加自然，选择灰色多边形，在控制栏中设置“不透明度”为 20%，如图 2-195 所示。图形效果如图 2-196 所示。为了便于管理，可以选中两个多边形，按快捷键 Ctrl+G 将其编组。

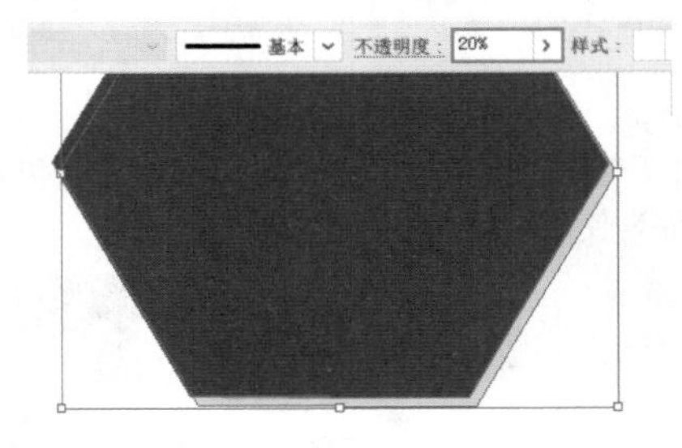

图2-195　　图2-196

步骤 06 使用上述方法绘制其他六边形及其阴影，按效果修改其颜色、大小，如图2-197所示。打开素材1.ai，选中需要使用的文字元素，使用快捷键Ctrl+C进行复制，回到当前文档中使用快捷键Ctrl+V进行粘贴，并摆放在合适位置上，如图2-198所示。

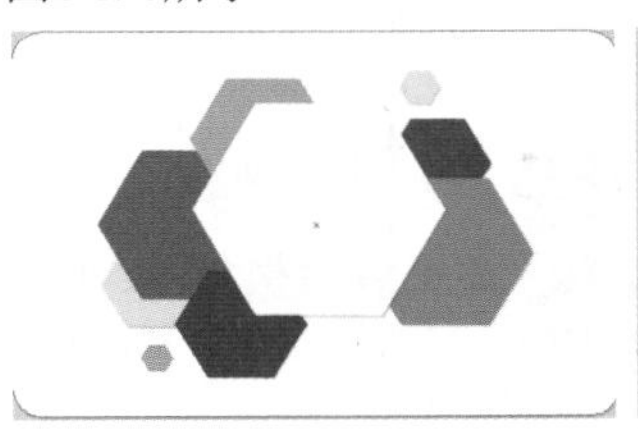

图2-197　　图2-198

步骤 07 旋转名片。在工具箱中单击“选择工具”按钮，框选名片的所有图形，如图 2-199 所示。右击，在弹出的快捷菜单中执行“编组”命令。接着将光标移动到一角控制点处，按住鼠标左键进行适当的旋转，如图 2-200 所示。

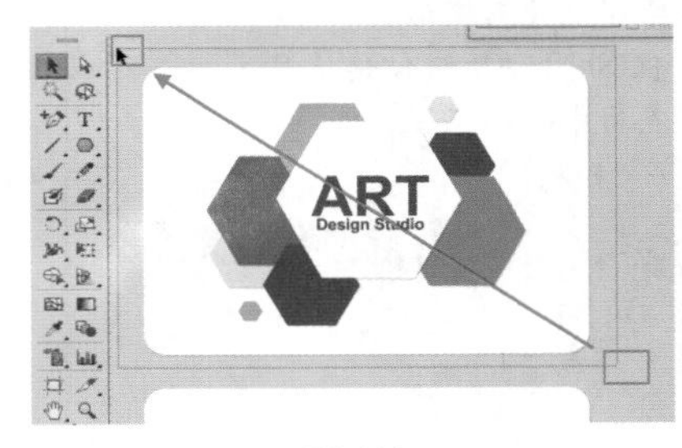

图2-199　　图2-200

步骤 08 使用同样的方法制作另外一张名片，如图 2-201 所示。将名片移动到指定位置，多次执行“排列 > 后移一层”命令，调节图形前后顺序。最终效果如图 2-202 所示。

图2-201　　图2-202

2.9 椭圆工具

右击形状工具组按钮，在弹出的工具组中选择“椭圆工具” ，如图 2-203 所示。使用“椭圆工具”可以绘制椭圆形和正圆形。在设计作品中，圆形既可以作为一个“点”，也可以作为一个“面”，不同圆形的排列与组合给人的感觉也不同。如图 2-204~ 图 2-206 所示为使用该工具制作的作品。

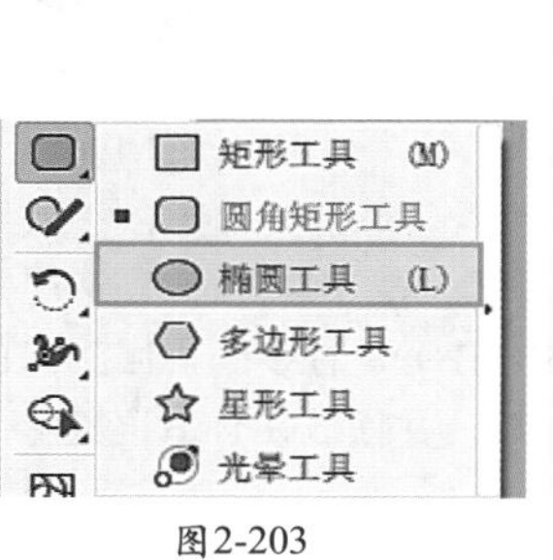

图2-203

图2-204

图2-205

图2-206

重点 2.9.1 动手练：绘制椭圆

单击工具箱中的“椭圆工具”按钮 （快捷键：L），在画板中按住鼠标左键拖曳，如图 2-207 所示。释放鼠标后，即可绘制一个椭圆，如图 2-208 所示。

提示：绘制“圆形”的小技巧。

- 绘制时按住 Shift 键拖曳鼠标，可以绘制正圆。
- 绘制时按住 Alt 键拖曳鼠标，可以绘制以鼠标落点为中心点向四周延伸的圆形。
- 绘制时同时按住 Shift+Alt 组合键拖曳鼠标，可以绘制以鼠标落点为中心的正圆。

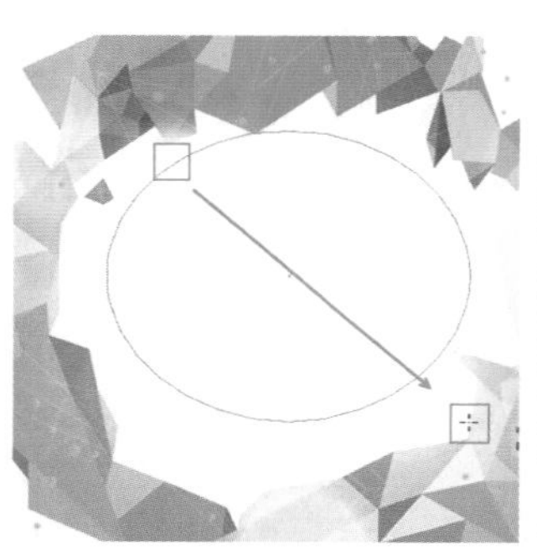
图2-207

图2-208

2.9.2 绘制精确尺寸的椭圆

想要绘制特定参数的椭圆，可以单击工具箱中的“椭圆工具”按钮 ，在要绘制椭圆对象的位置单击，在弹出的“椭圆”窗口中进行相应的设置，单击“确定”按钮，即可创建精确的椭圆形对象，如图 2-209 和图 2-210 所示。

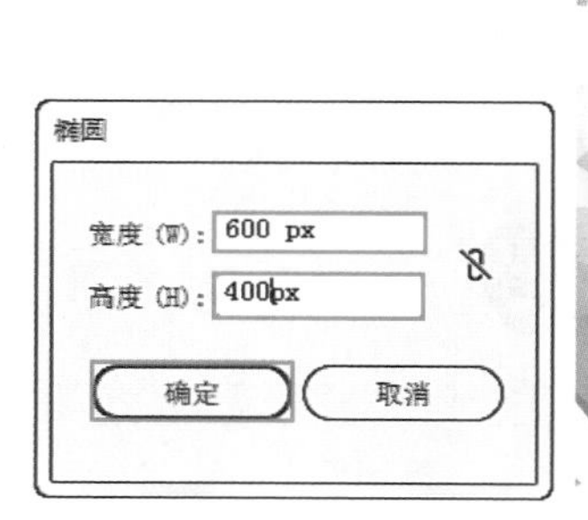

图2-209

图2-210

2.9.3 绘制饼图

选择已经绘制的圆形，将光标移动至圆形控制点 处，待其变为 形状后按住鼠标左键拖曳，可以调整饼图的角度，如图 2-211 所示。释放鼠标完成饼图的绘制，如图 2-212 所示。

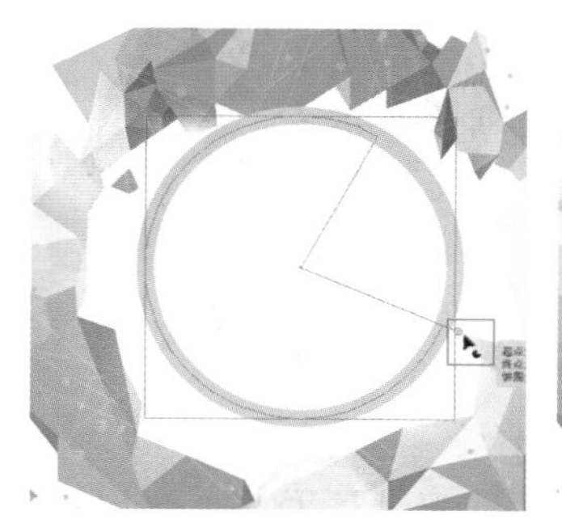
图2-211

图2-212

练习实例：使用“椭圆工具”制作数据图

文件路径	资源包\第2章\练习实例：使用“椭圆工具”制作数据图
难易指数	★★★★★
技术掌握	“椭圆工具”“矩形工具”

扫一扫，看视频

实例效果

本实例演示效果如图 2-213 所示。

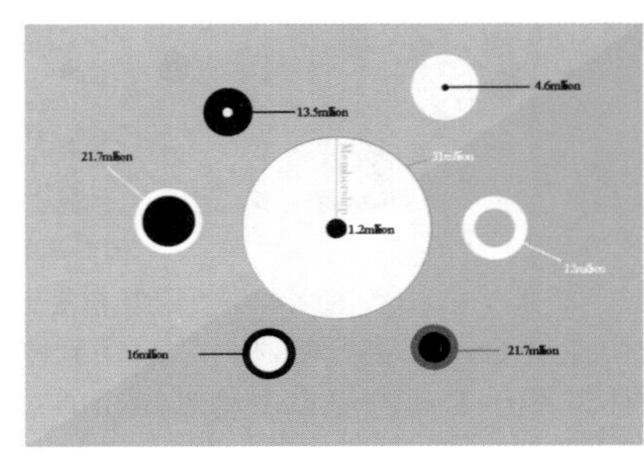

图2-213

操作步骤

步骤 01 新建一个横向 A4 大小的空白文档。单击工具箱中的“矩形工具”按钮，然后双击工具箱底部的“填充”按钮，在弹出的“拾色器”窗口中设置颜色为黄色，如图 2-214 所示。 在控制栏中设置描边为无。参照画板的大小绘制一个黄色的矩形作为背景，如图 2-215 所示（如果界面中没有显示控制栏，可以执行“窗口 > 控制”命令将其显示）。

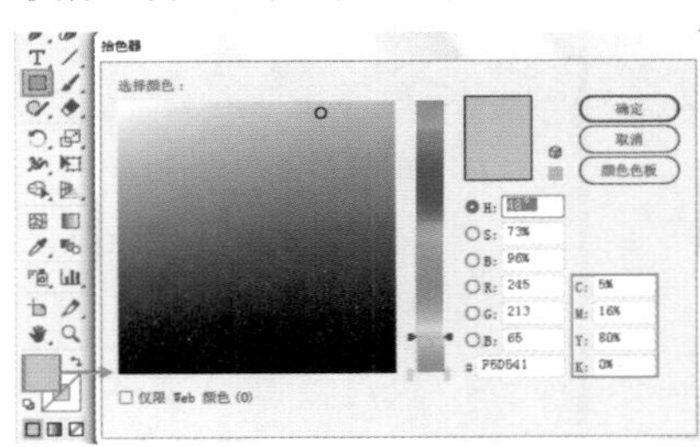

图2-214

图2-215

步骤 02 绘制背景右侧的三角形。选择黄色的矩形，按快捷键 Ctrl+C 进行复制，然后按快捷键 Ctrl+F 将黄色的矩形粘贴到前面。接着选择前面的矩形，设置填充颜色为稍深一些的黄色，如图 2-216 所示。选择工具箱中的“直接选择工具”，在矩形左上角单击选中锚点，如图 2-217 所示。

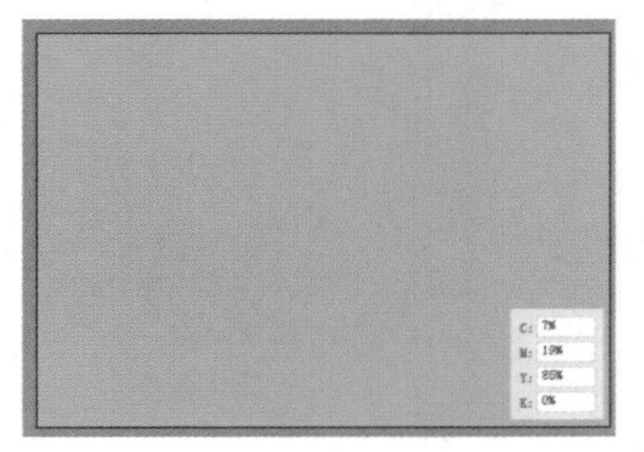

图2-216

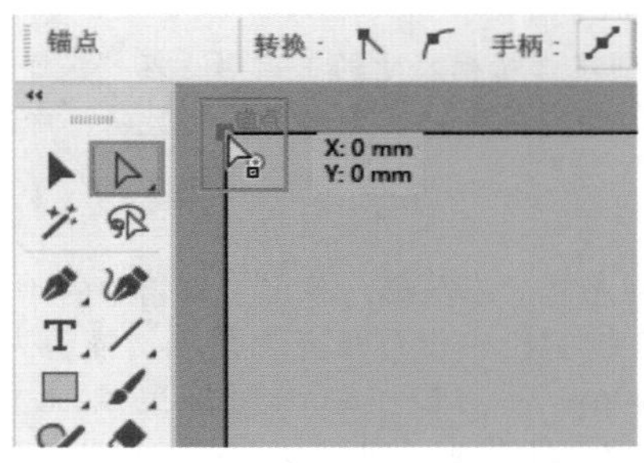

图2-217

步骤 03 按住鼠标左键向右下角拖曳（这是一种可以将矩形变为直角三角形的操作）至中心点位置时，松开鼠标即可得到直角三角形，如图 2-218 所示。

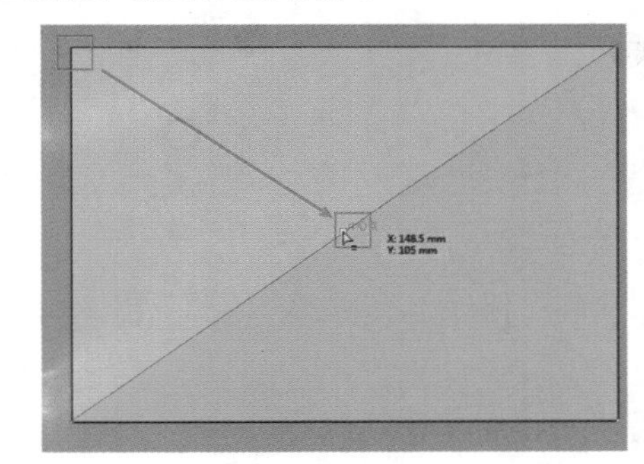

图2-218

步骤 04 绘制精确尺寸的中心大圆。单击工具箱中的“椭圆工具”按钮，在画板中单击，在弹出的“椭圆”窗口中设置“宽度”与“高度”均为 90mm，单击“确定”按钮，如图 2-219 所示。选中刚刚绘制的正圆，在控制栏中设置填充为白色，描边为淡黄色，描边粗细为 2pt；然后单击工具箱中的“选择工具”按钮，将该正圆移动到画面中心，如图 2-220 所示。

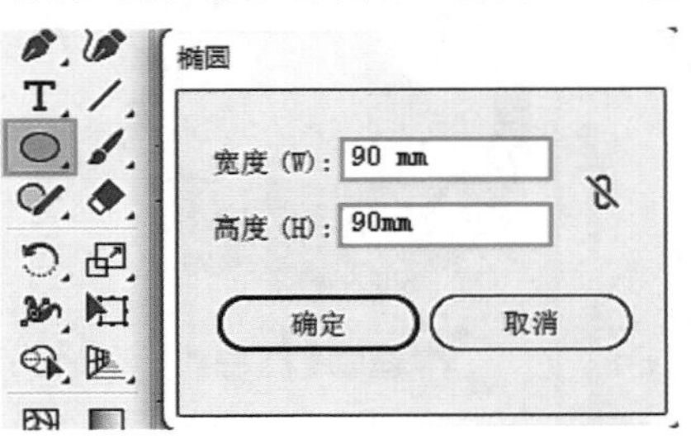

图2- 219

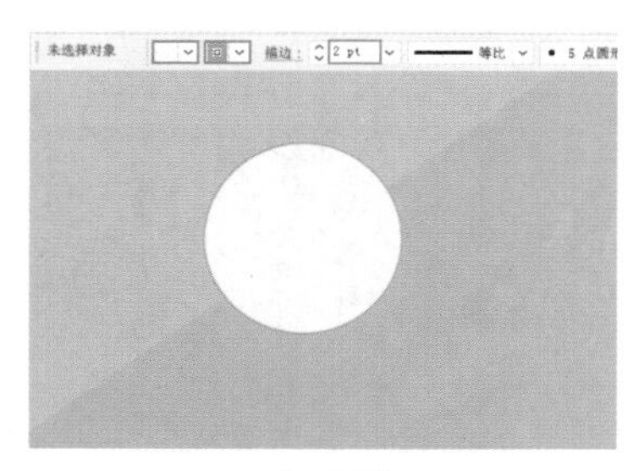

图2-220

提示：绘制精确尺寸的正圆。

想要创建出精确尺寸的正圆形，在“椭圆”窗口中将“宽度”和“高度”设置为一致的数值，即可得到正圆形。

步骤 05 绘制左侧的正圆形。单击工具箱中的“椭圆工具”按钮，在控制栏中设置填充为黑色，描边为白色，描边粗细为10pt；然后按住Shift键拖曳鼠标，绘制一个正圆，如图2-221所示。继续绘制其他圆形，如图2-222所示。

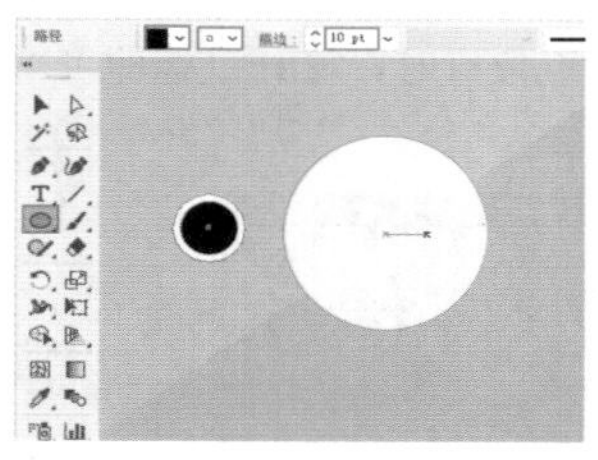

图2-221

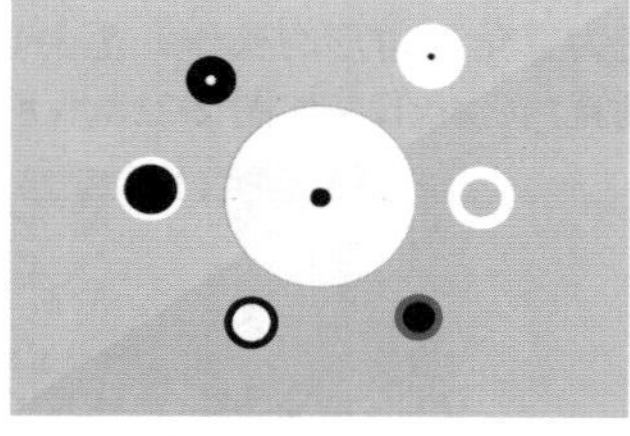

图2-222

步骤 06 绘制直线。单击工具箱中的“直线段工具”按钮，在控制栏中设置填充为无，描边为土黄色，描边粗细为1pt；然后按住鼠标左键拖曳，绘制一段直线，如图2-223所示。使用同样的方法绘制其他直线，效果如图2-224所示。

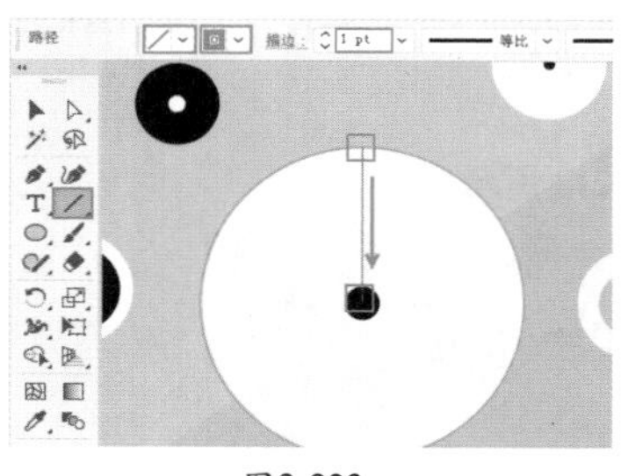

图2-223

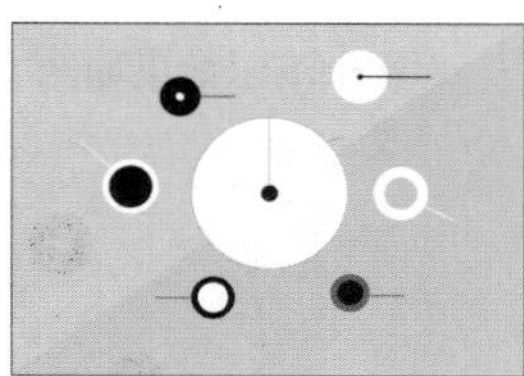

图2-224

步骤 07 执行“文件 > 打开”命令，打开素材2.ai。选中素材对象，按快捷键Ctrl+C进行复制。然后回到刚才工作的文档，按快捷键Ctrl+V进行粘贴。将粘贴出的对象移动到相应位置，如图2-225所示。

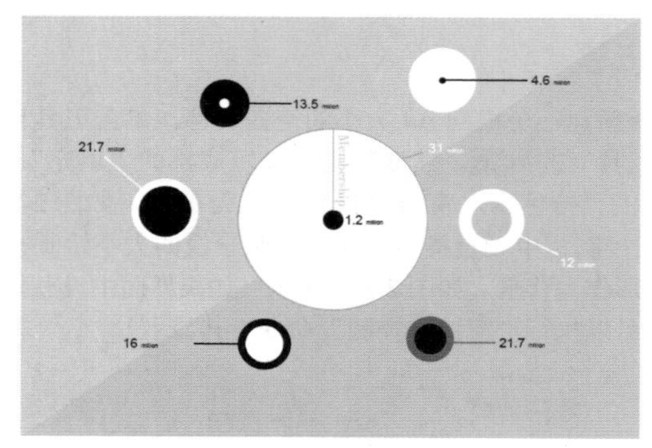

图2-225

练习实例：使用基本绘图工具绘制图标

文件路径	资源包\第2章\练习实例：使用基本绘图工具绘制图标
难易指数	★★★★★
技术掌握	“圆角矩形工具”“椭圆工具”“矩形工具”

实例效果

本实例演示效果如图2-226所示。

扫一扫，看视频

图2-226

操作步骤

步骤 01 新建一个空白文档。单击工具箱中的“圆角矩形工具”按钮，在控制栏中设置填充为蓝色，描边为无。然后在画板中单击，在弹出的“圆角矩形”窗口中设置“宽度”为90mm，“高度”为90mm，“圆角半径”为36mm，如图2-227所示。单击“确定”按钮，绘制出一个圆角矩形，如图2-228所示。如果界面中没有显示控制栏，可以执行“窗口 > 控制”命令将其显示。

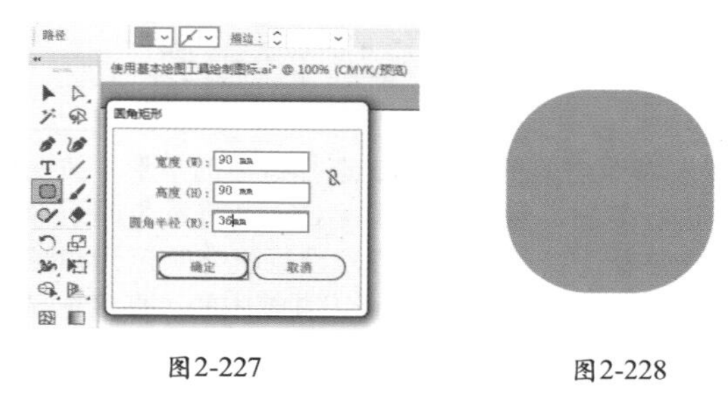

图2-227　　图2-228

步骤 02 绘制太阳图案。单击工具箱中的“椭圆工具”按钮，在控制栏中设置填充为土黄色，描边为无，然后在画板中按住鼠标左键的同时按住 Shift 键拖曳绘制一个正圆，如图 2-229 所示。继续绘制两个稍小的正圆，如图 2-230 所示。

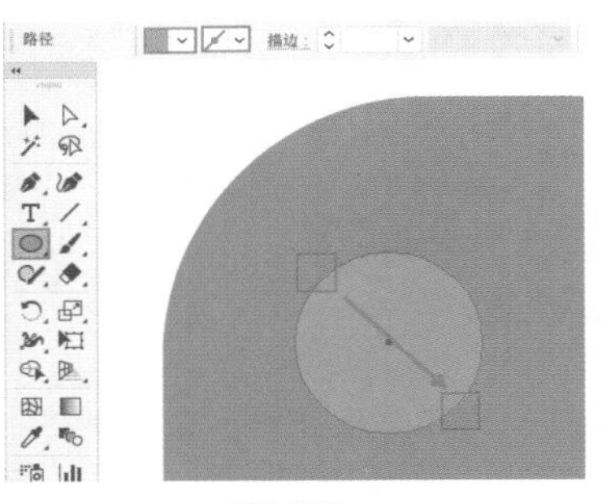

图2-229

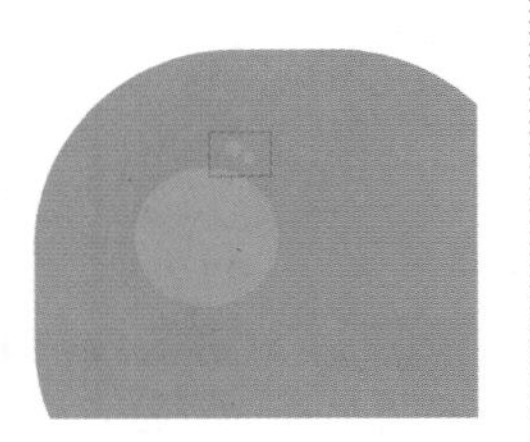

图2-230

步骤 03 单击工具箱中的“矩形工具”按钮，在控制栏中设置填充为白色，描边为无，然后在画板中按住鼠标左键拖曳绘制一个白色的矩形，如图 2-231 所示。在工具箱中选择“椭圆工具”，在白色矩形上绘制一个正圆，如图 2-232 所示。

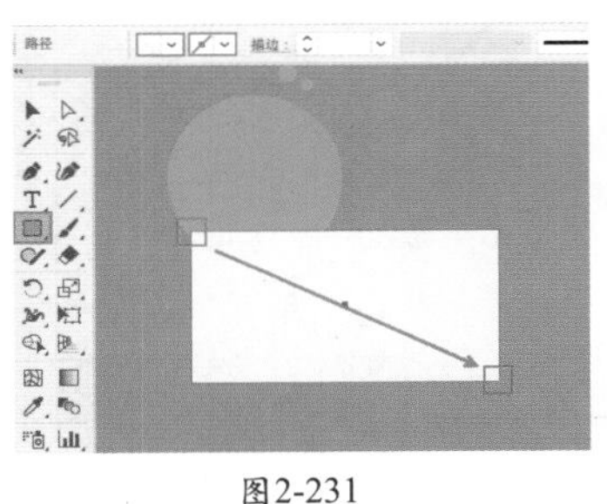

图2-231

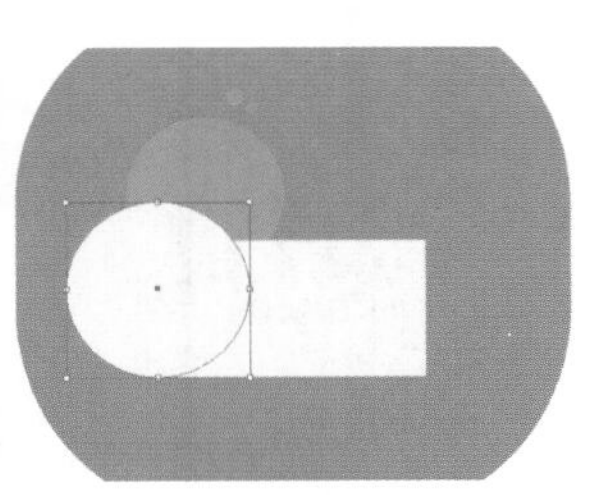

图2-232

步骤 04 选择白色正圆，按住 Alt 键向右上方拖曳鼠标进行移动复制，如图 2-233 所示。以同样的方式再次移动复制出另一个正圆，组合成云的形状，如图 2-234 所示。

图2-233

图2-234

步骤 05 执行“文件>打开”命令，打开素材1.ai。选中素材对象，按快捷键Ctrl+C进行复制。然后回到刚才工作的文档，按快捷键Ctrl+V进行粘贴。将粘贴出的对象移动到相应位置，如图2-235所示。

图2-235

练习实例：使用“椭圆工具”与“矩形工具”制作计算器界面

文件路径	资源包\第2章\练习实例：使用“椭圆工具”与“矩形工具”制作计算器界面
难易指数	★★★★★
技术掌握	“椭圆工具”“矩形工具”

实例效果

本实例演示效果如图 2-236 所示。

扫一扫，看视频

图2-236

操作步骤

步骤 01 新建一个宽度为190mm、高度为290mm的空白文档。单击工具箱中的“矩形工具”按钮，在控制栏中设置填充为浅灰色，描边为无，然后在画板上按住鼠标左键拖曳，绘制出一个矩形，如图2-237所示。单击工具箱中的“钢笔工具”按钮，在控制栏中设置填充为稍深一些的灰色，描边为无，在画板上部绘制一条路径，如图2-238所示。如果界面中没有显示控制栏，可以执行“窗口>控制”命令将其显示。

步骤 02 选择箭头图形，执行“对象>变换>镜像”命令，在弹出的“镜像”窗口中选中“垂直”单选按钮，单击“复制”按钮，如图2-239所示。随即得到一个箭头形状，然后向右移动，如图2-240所示。

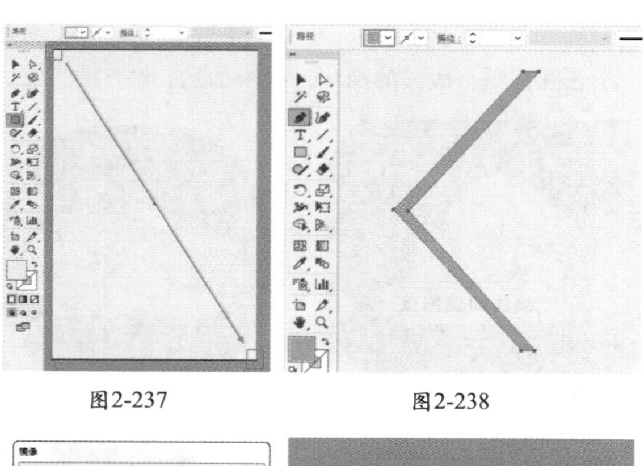

图2-237　　图2-238

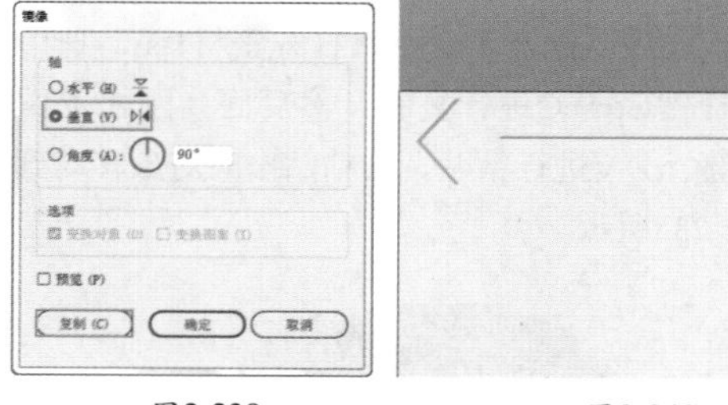

图2-239　　图2-240

步骤 03 单击工具箱中的“椭圆工具”按钮，在控制栏中设置填充为无，描边为淡青色，描边粗细为3pt，然后在画板上按住鼠标左键的同时按住Shift键拖曳绘制出一个正圆形，如图2-241所示。保持圆形对象的选中状态，按住鼠标左键的同时按住Alt键向右平移并复制一个图形，如图2-242所示。

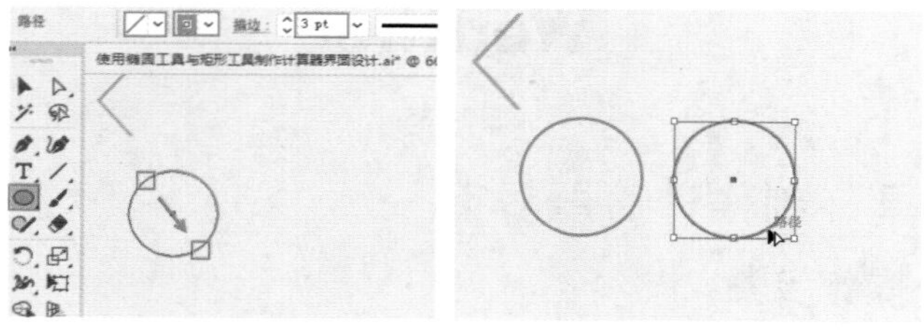

图2-241　　图2-242

步骤 04 保持圆形的选中状态，按快捷键Ctrl+D再复制一个圆形，如图2-243所示。按住Shift键加选3个圆形，按住鼠标左键的同时按住Alt键向下拖曳进行复制，如图2-244所示。

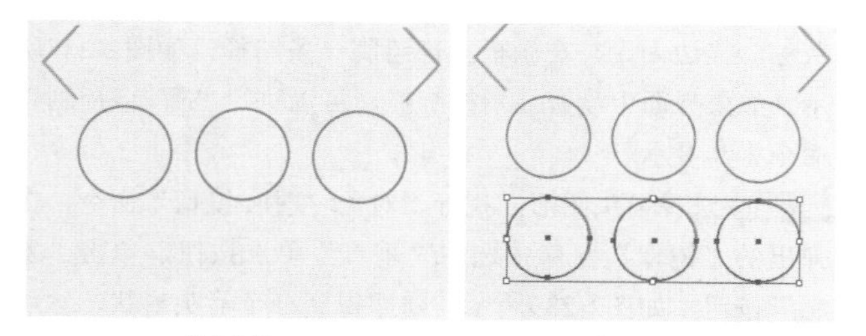

图2-243　　图2-244

步骤 05 保持复制出的这排圆形的选中状态，按两次快捷键Ctrl+D，复制另外两排圆形，如图2-245所示。选中最后一个圆形，在控制栏中设置填充为灰色，描边为稍深一些的灰色，效果如图2-246所示。

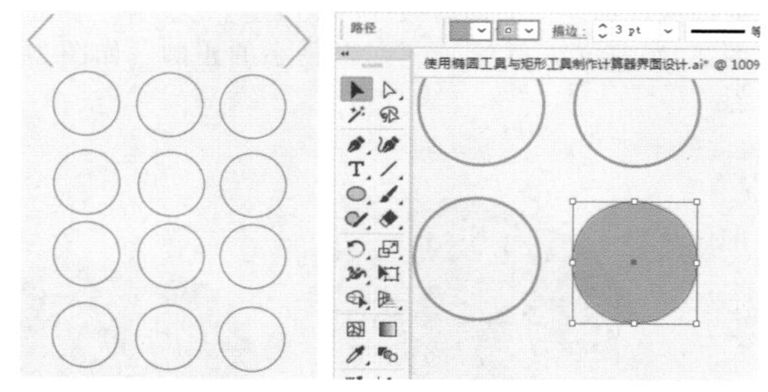

图2-245　　图2-246

步骤 06 单击工具箱中的“矩形工具”按钮，在控制栏中设置填充为蓝色，描边为白色，描边粗细为3pt，然后在画板左下角按住鼠标左键拖曳绘制一个矩形，如图2-247所示。使用同样的方法绘制其他矩形，并填充相应的颜色，如图2-248所示。

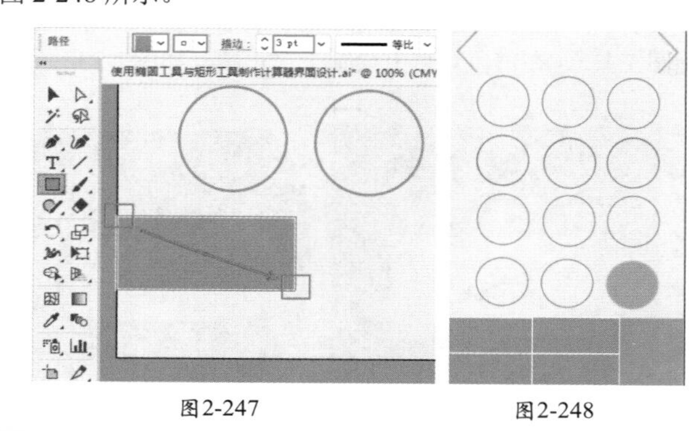

图2-247　　图2-248

步骤 07 执行“文件>打开”命令，打开素材2.ai。选中素材对象，按快捷键Ctrl+C进行复制。然后回到刚才工作的文档，按快捷键Ctrl+V进行粘贴。将粘贴出的对象移动到相应位置，如图2-249所示。

图2-249

2.10 多边形工具

右击形状工具组按钮，在弹出的工作组中选择“多边形工具”，如图 2-250 所示。多边形可以应用在很多方面，如标志设计、海报设计等。

图2-250

重点 2.10.1 动手练：绘制多边形

单击工具箱中的“多边形工具”按钮，在画板中按住鼠标左键拖动，松开鼠标后即可得到一个多边形，如图 2-251 和图 2-252 所示。

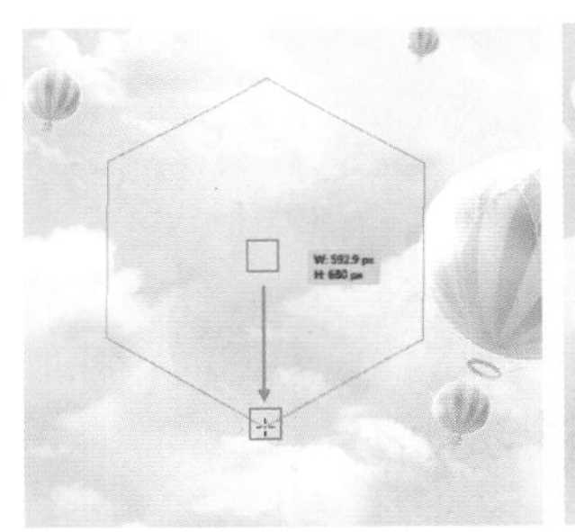

图2-251

图2-252

对于绘制出的多边形，也可以按住并拖动多边形上的控制点⊙（如图 2-253 所示），使之产生圆角的效果，如图 2-254 所示。

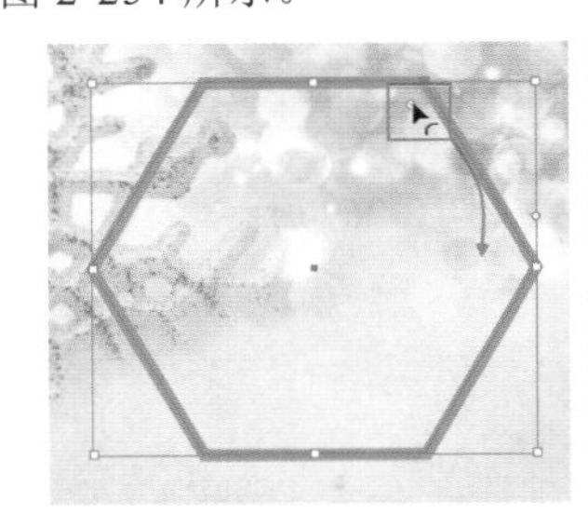

图2-253

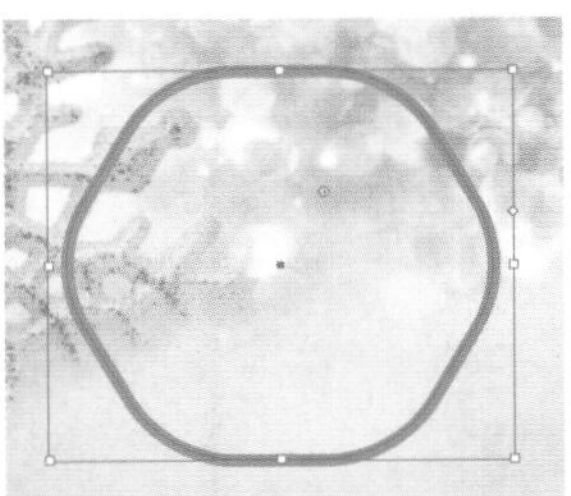

图2-254

重点 2.10.2 动手练：绘制不同边数的多边形

想要绘制特定参数的多边形，可以单击工具箱中的“多边形工具”按钮，在要绘制多边形对象的中心位置单击，在弹出的“多边形”窗口中进行相应的设置（其中“边数”不能小于 3），然后单击“确定”按钮，完成多边形的绘制，如图 2-255 和图 2-256 所示。

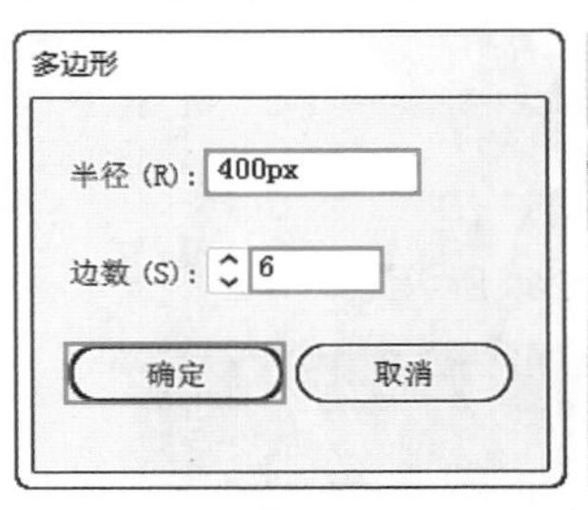

图2-255

图2-256

- 半径：定义多边形的半径。
- 边数：设置多边形的边数。边数越多，生成的多边形越接近圆形。

举一反三：使用“多边形工具”制作线条感玫瑰花

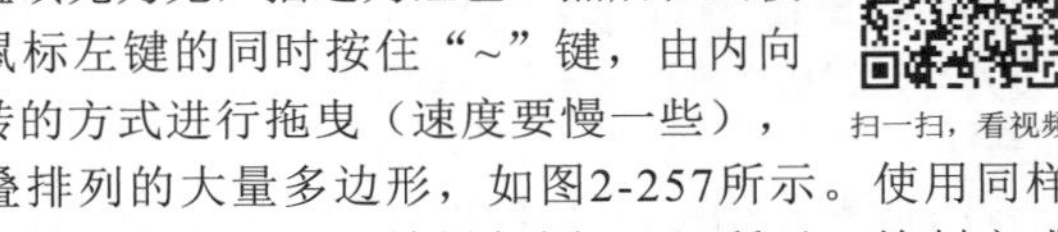

选择工具箱中的“多边形工具”，在控制栏中设置填充为无，描边为红色。然后在画板中按住鼠标左键的同时按住“~”键，由内向外以旋转的方式进行拖曳（速度要慢一些），得到重叠排列的大量多边形，如图2-257所示。使用同样的方法绘制浅色的花心，效果如图2-258所示。绘制完成后可以将玫瑰进行复制，丰富画面中的内容。效果如图2-259所示。

扫一扫，看视频

图2-257 图2-258

图2-259

练习实例：使用“多边形工具”制作简约名片

扫一扫，看视频

文件路径	资源包\第2章\练习实例：使用“多边形工具”制作简约名片
难易指数	★★★★★
技术掌握	“多边形工具”“矩形工具”

实例效果

本实例演示效果如图 2-260 所示。

图2-260

操作步骤

步骤 01 新建一个 A4 大小的横向空白文档。单击工具箱中的“矩形工具”按钮，在控制栏中设置填充为灰色，描边为无，然后在画板上按住鼠标左键拖曳绘制一个与画板等大的矩形，如图 2-261 所示。使用上述方法再绘制一个填充为白色的竖版矩形，作为名片底色，如图 2-262 所示。如果界面中没有显示控制栏，可以执行“窗口 > 控制”命令将其显示。

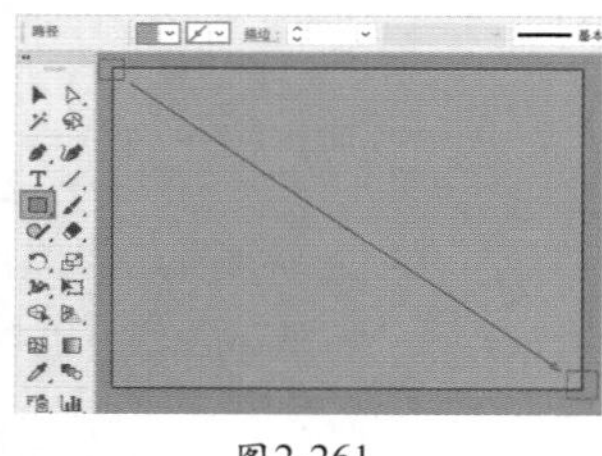

图2-261

图2-262

步骤 02 单击工具箱中的“多边形工具”按钮，在控制栏中设置填充为淡粉色，描边为无。接着在画板上单击，在弹出的“多边形”窗口中设置“半径”为 20mm，“边数”为 10，单击“确定”按钮，绘制一个多边形，如图 2-263 所示。保持多边形的选中状态，选择一个控制点，当光标变为旋转形状时，按住鼠标左键拖曳进行旋转，如图 2-264 所示。

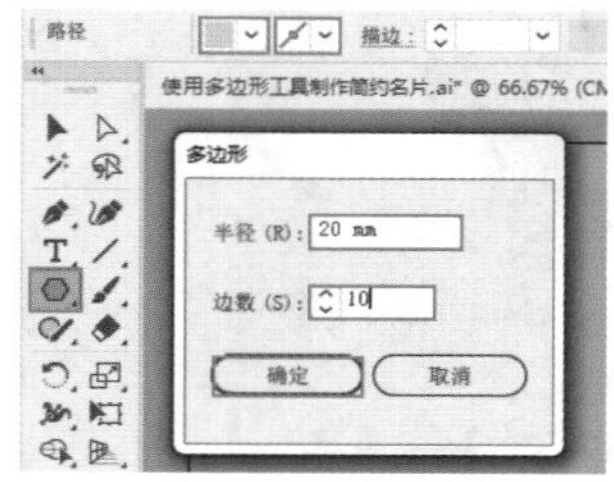

图2-263

图2-264

步骤 03 选择多边形，按住 Alt 键向左下方拖曳进行移动复制，如图 2-265 所示。选择前方的多边形，将其填充设置为稍深的粉色，效果如图 2-266 所示。

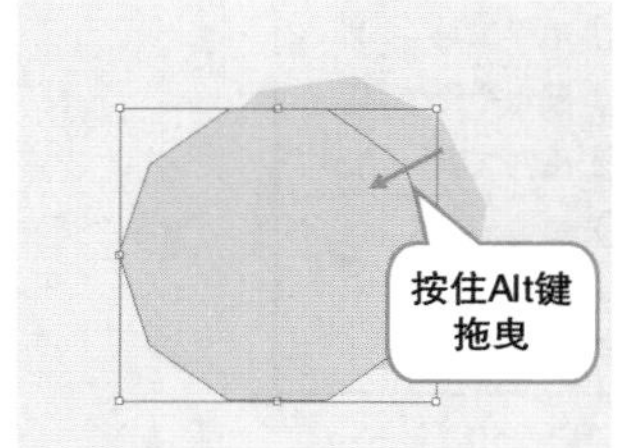

图2-265

图2-266

步骤 04 执行“文件>打开”命令，打开素材1.ai。选中素材对象，按快捷键Ctrl+C进行复制。然后回到刚才工作的文档，按快捷键Ctrl+V进行粘贴。将粘贴出的对象移动到相应位置，如图2-267所示。

图2-267

步骤 05 保持名片组对象的选中状态，按住 Alt 键的同时按住鼠标左键拖曳，将卡片复制一份，如图 2-268 所示。接着选择后方的卡片进行旋转，效果如图 2-269 所示。

图2-268 图2-269

步骤 06 加选两张卡片，执行“效果 > 风格化 > 投影”命令，在弹出的“投影”窗口中设置“模式”为“正片叠底”，“不透明度”为 75%，“X 位移”为 –2mm，“Y 位移”为 2mm，“模糊”为 1.76 mm，“颜色”为黑色，单击“确定”按钮，如图 2-270 所示。最终效果如图 2-271 所示。

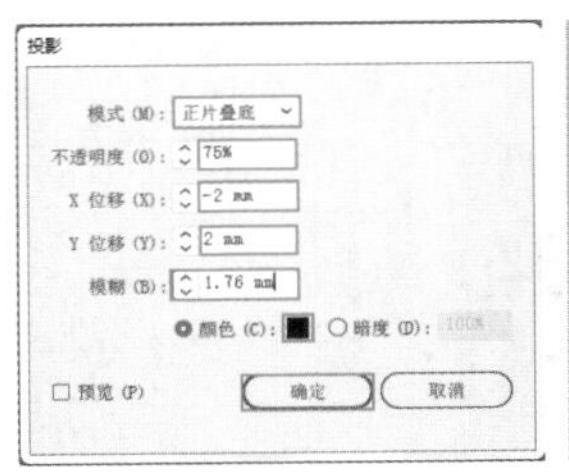

图2-270

图2-271

练习实例：使用“多边形工具”制作信息图

文件路径	资源包\第2章\练习实例：使用“多边形工具”制作信息图
难易指数	★★★★★
技术掌握	“多边形工具”“钢笔工具”

扫一扫，看视频

实例效果

本实例演示效果如果 2-272 所示。

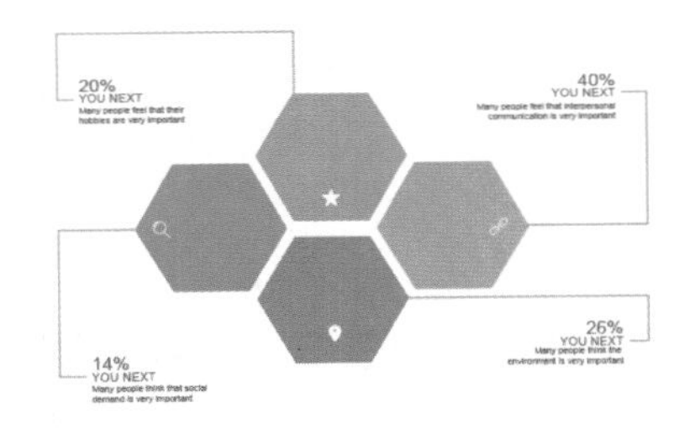

图2-272

操作步骤

步骤 01 新建一个横向 A4 大小的空白文档。单击工具箱中的“多边形工具”按钮，在控制栏中设置填充为蓝色，描边为无，然后在画板上单击，在弹出的“多边形”窗口中设置“半径”为 30mm，“边数”为 6，如图 2-273 所示。单击“确定”按钮，绘制出一个六边形，如图 2-274 所示。如果界面中没有显示控制栏，可以执行“窗口 > 控制”命令将其显示。

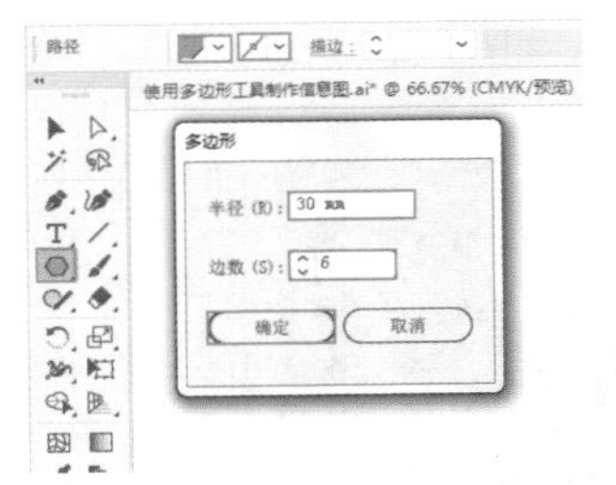

图2-273

图2-274

步骤 02 使用上述方法绘制其他六边形，并更改合适的填充颜色，如图 2-275 所示。

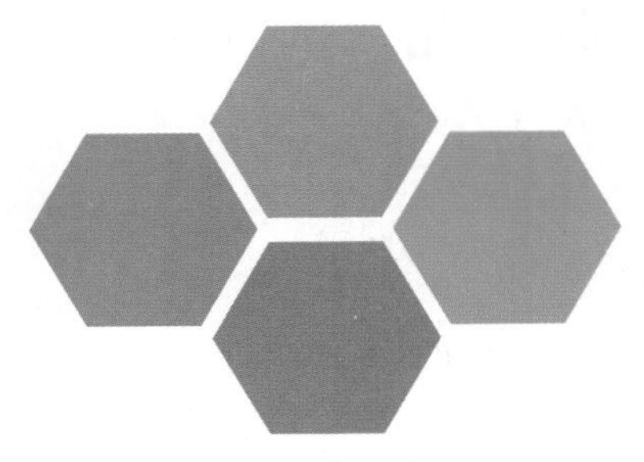

图2-275

步骤 03 单击工具箱中的“钢笔工具”按钮，在控制栏中设置填充为无，描边为灰色，描边粗细为 2pt。在画板中按住鼠标左键拖动绘制一段开放的路径，同时按住 Shift 键可以保证路径为水平或垂直，如图 2-276 所示。

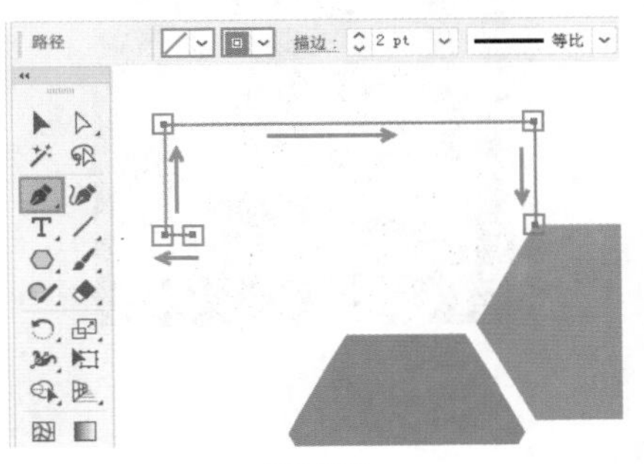

图2-276

步骤 04 使用同样的方法绘制其他 3 条路径，如图 2-277 所示。

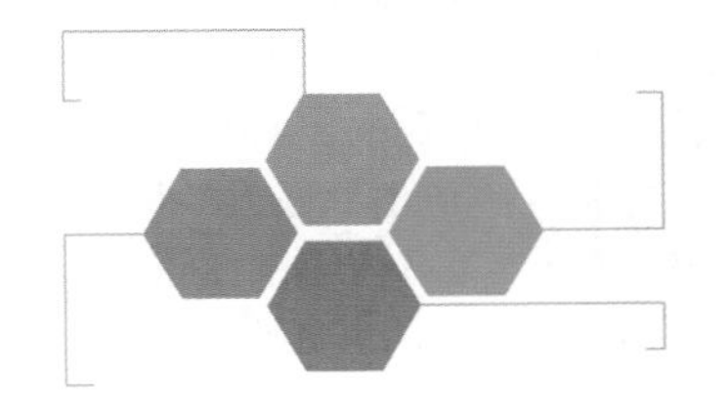

图2-277

步骤 05 执行“文件>打开”命令，打开素材1.ai。单击工具箱中的“选择工具”按钮，选中所有素材对象，然后执行“编辑>复制”命令，复制选中的素材对象，回到刚才工作的文档，执行“编辑>粘贴”命令，粘贴所有对象并将它们移动到合适的位置，如图2-278所示。

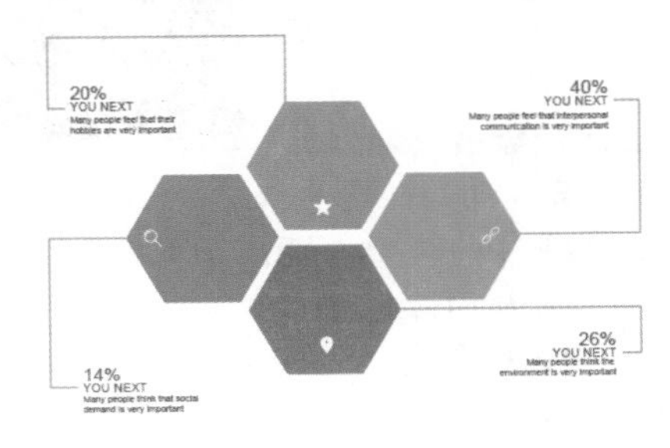

图2-278

练习实例：使用“多边形工具”制作立体感网格

文件路径	资源包\第2章\练习实例：使用“多边形工具”制作立体感网格
难易指数	★★★★★
技术掌握	“多边形工具”

实例效果

本实例演示效果如图 2-279 所示。

扫一扫，看视频

图2-279

操作步骤

步骤 01 新建一个纵向 A4 大小的空白文档。单击工具箱中的“矩形工具”按钮，在画板上按住鼠标左键拖曳，绘制一个和画板等大的矩形，如图 2-280 所示。执行“文件 > 置入”命令，置入素材 1.ipg。将素材图片调整到合适的大小，然后在控制栏中单击“嵌入”按钮，将其嵌入画板中，如图 2-281 所示。如果界面中没有显示控制栏，可以执行“窗口 > 控制”命令将其显示。

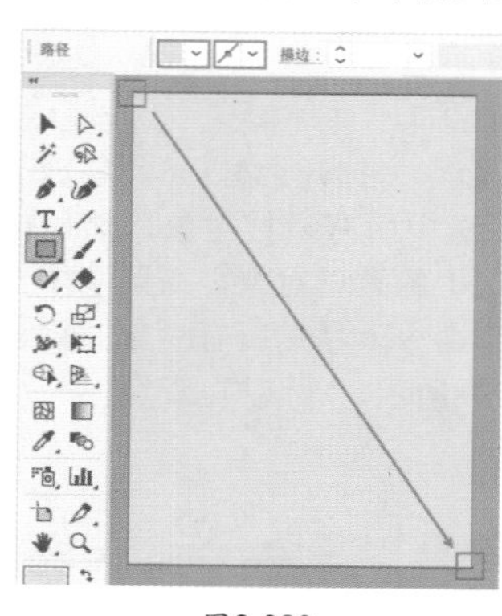
图2-280

图2-281

步骤 02 绘制背景中的网格。单击工具箱中的“多边形工具”按钮，在控制栏中设置填充为无，描边为浅灰色，描边粗细为 2pt。在画板上单击，在弹出的“多边形”窗口中设置“半径”为 20mm，“边数”为 6，如图 2-282 所示。单击“确定”按钮完成绘制，效果如图 2-283 所示。

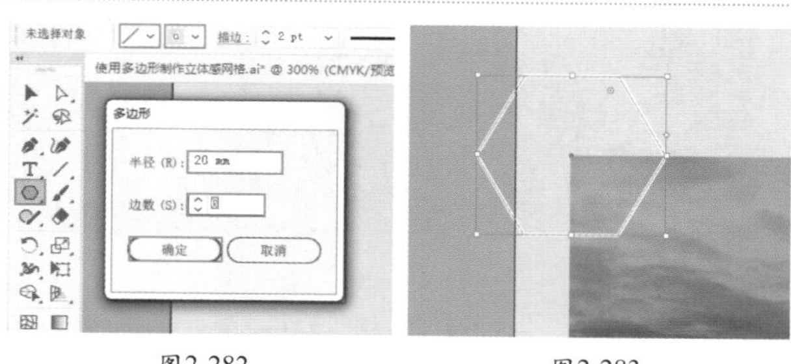

图2-282　图2-283

步骤 03 保持六边形的选中状态，按住鼠标左键的同时按住Alt键向右拖动，在拖动过程中可以按住Shfit键保持水平移动，释放鼠标完成复制，如图2-284所示。按快捷键Ctrl+D可以按照之前的规律复制出一排图形，如图2-285所示。

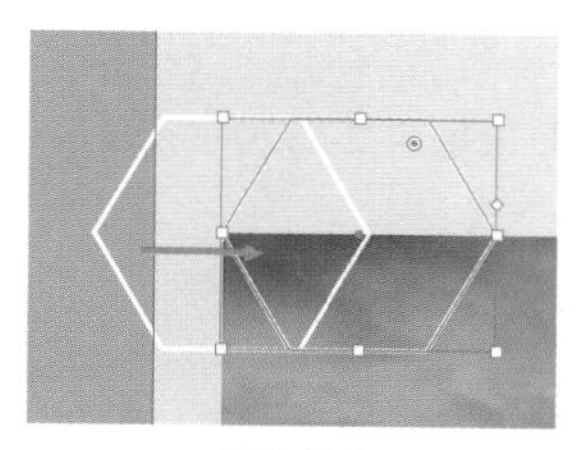
图2-284

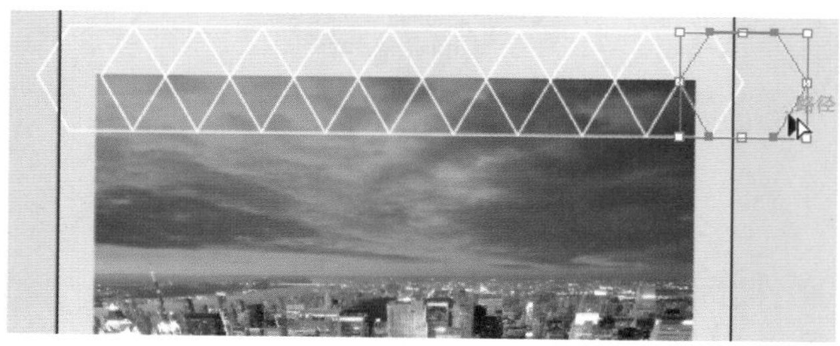
图2-285

步骤 04 单击工具箱中的“选择工具”按钮，按住 Shift 键依次单击这一排六边形，将其选中。然后右击，在弹出的快捷菜单中执行“编组”命令。接下来，按住鼠标左键的同时按住 Alt 键向下复制一排多边形（为了更直观地显示复制后的图形，更改其填充颜色为粉色），如图 2-286 所示。按同样的方法再向下复制一排六边形（为了更直观地显示复制后的图形，更改其填充颜色为蓝色），如图 2-287 所示。

图2-286

图2-287

步骤 05 单击工具箱中的“选择工具”按钮，框选刚才绘制出的 3 排六边形，然后按住鼠标左键的同时按住快捷键 Shift+Alt 完成垂直复制移动，如图 2-288 所示。接着按快捷键 Ctrl+D 再复制 2 组，如图 2-289 所示。

图2-288

图2-289

步骤 06 加选所有六边形，按快捷键 Ctrl+G 将其进行编组。在控制栏中设置描边为白色，如图 2-290 所示。保持六边形组的选定状态，单击工具箱中的“实时上色工具”按钮，在控制栏中设置填充为蓝色。然后将光标移动到任意一个三角形上方，当三角形高亮显示后单击即可为其填充颜色，如图 2-291 所示。出现了一个独立的蓝色三角形。使用同样的方法创建出其他三角形，如图 2-292 所示。

图2-290

图2-291

图2-292

步骤 07 单击工具箱中的“矩形工具”按钮，绘制一个与背景图片等大的矩形，如图 2-293 所示。加选该矩形和后侧的六边形组，右击，在弹出的快捷菜单中执行“建立剪切蒙版”命令。效果如图 2-294 所示。

图2-293

图2-294

步骤 08 单击工具箱中的“钢笔工具”按钮，在控制栏中设置填充为浅紫色，描边为无，然后将光标移至画板中深紫色三角形上，绘制一个三角形，如图 2-295 所示。使用同样的方法添加其他三角形，并填充合适的颜色，如图 2-296 所示。

图2-295

图2-296

步骤 09 置入文字素材2.ai，最终效果如图2-297所示。

图2-297

2.11 星形工具

右击形状工具组按钮，在弹出的工具组中选择“星形工具”☆，如图 2-298 所示。使用“星形工具”绘制星形是按照半径的方式进行的，并且可以随时调整相应的角数。星形是常见的图形之一，很多旗帜上都有星形的身影。不仅如此，很多徽标都是由星形演变而成的。如图 2-299~ 图 2-301 所示为使用该工具制作的作品。

图2-298

图2-299

图2-300

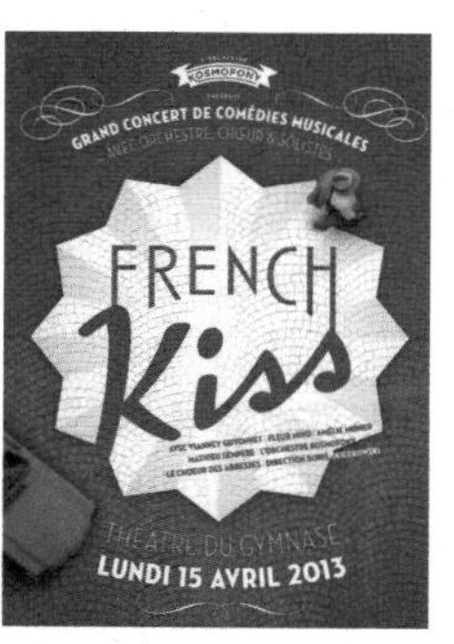

图2-301

重点 2.11.1 动手练：绘制星形

选择工具箱中的“星形工具”☆，在要绘制星形的中心位置按住鼠标左键拖曳，释放鼠标即可得到一个星形，如图 2-302 和图 2-303 所示。

提示：绘制星形的小技巧。

在绘制过程中，拖动鼠标调整星形大小时，按“↑”或“↓”键可以向星形中添加或减去角点；按住 Shift 键可控制旋转角度为 45°的倍数；按住 Ctrl 键可保持星形的内部半径；按住空格键可随鼠标移动直线位置。

图2-302

图2-303

2.11.2 绘制精确尺寸和角点数的星形

想要绘制特定参数的星形，可以选择工具箱中的“星形工具”☆，在要绘制星形对象的中心位置单击，在弹出的如图 2-304 所示的“星形”窗口中进行相应的设置，然后单击“确定”按钮，即可创建精确的星形对象，如图 2-305 所示。

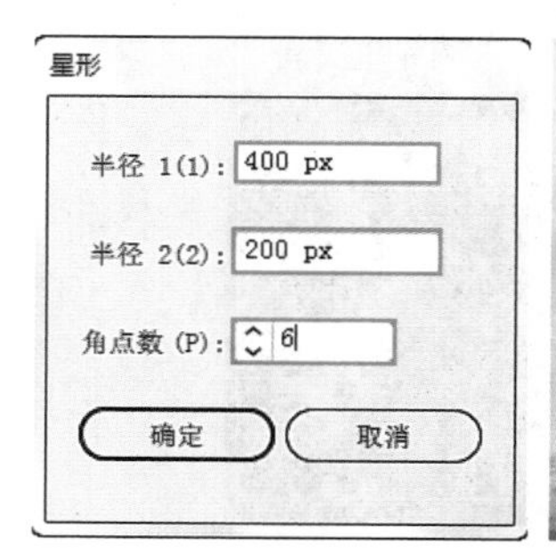

图2-304

图2-305

- 半径 1 / 半径 2：从中心点到星形角点的距离为半径。“半径 1”与“半径 2”之间数值差越大，星形的角越尖。如图 2-306 和图 2-307 所示为不同参数的对比效果。

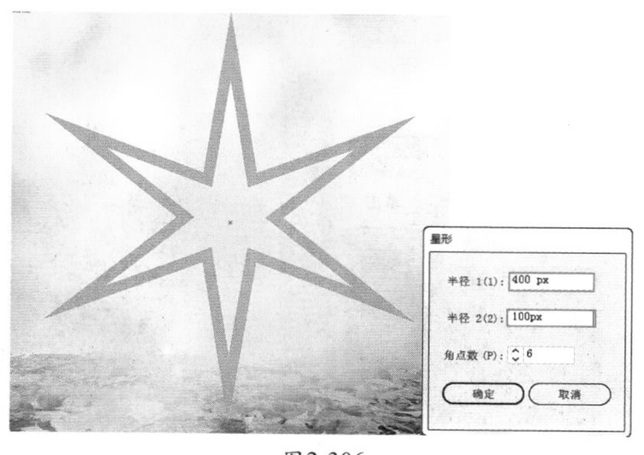

图2-306

图2-307

- 角点数：用于定义星形的角点数。

提示：绘制星形时的参数。

如果在“星形”窗口中设定参数后绘制了星形，那么下一次按住鼠标左键拖曳绘制星形时，会按照上一次的角点数和“半径1/半径2”的比例进行绘制。

举一反三：快速制作星形背景

扫一扫，看视频

（1）选择工具箱中的“星形工具”，按住Shift+“~”组合键拖曳鼠标，可以迅速绘制多个星形，如图2-308所示。接着选择工具箱中的“选择工具”，依次选择并调整这些星形的位置和大小，如图2-309所示。

图2-308

图2-309

（2）调整星形描边的粗细和颜色，星形图案背景就制作出来了，如图2-310所示。最后置入相关素材并摆放在合适的位置，效果如图2-311所示。

图2-310

图2-311

举一反三：制作吊牌

扫一扫，看视频

（1）选择工具箱中的“星形工具”，在画板中单击，在弹出的“星形”窗口中设置“半径1”为70mm，“半径2”为80mm，“角点数”为20，单击“确定”按钮，如图2-312所示。然后在控制栏中设置填充为白色，描边为无，星形效果如图2-313所示。如果界面中没有显示控制栏，可以执行“窗口>控制”命令将其显示。

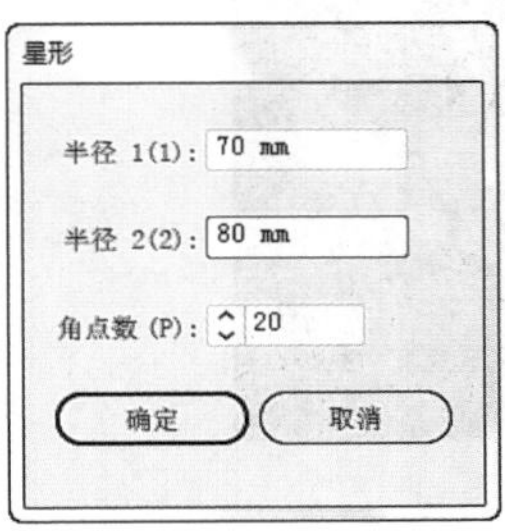

图2-312

图2-313

（2）选择工具箱中的“直接选择工具”，在星形上单击显示控制点，然后拖曳任意一个控制点对星形进行变形，效果如图2-314所示。

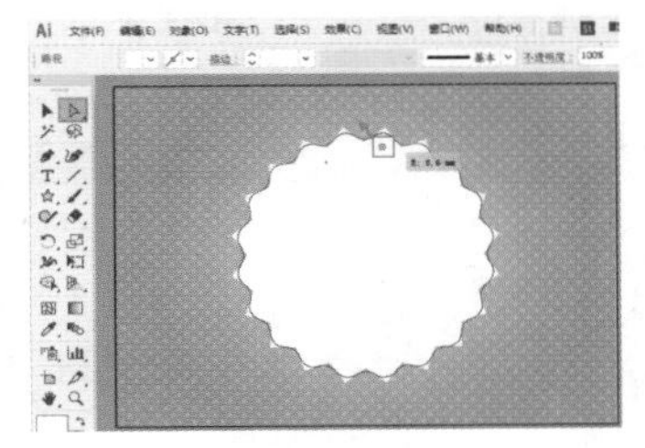

图2-314

（3）选择多边形进行复制、粘贴、缩放、更改颜色等操作，丰富吊牌的层次，如图2-315所示。最后添加文字、吊绳等内容，完成效果如图2-316所示。

图2-315

图2-316

练习实例：使用“星形工具”制作游戏标志

文件路径	资源包\第2章\练习实例：使用“星形工具”制作游戏标志
难易指数	★★★★★
技术掌握	“星形工具”“椭圆工具”

实例效果

本实例演示效果如图2-317所示。

扫一扫，看视频

图2-317

操作步骤

步骤 01 新建一个A4大小的空白文档。单击工具箱中的“矩形工具”按钮，在控制栏中设置填充为无，描边为无，然后按住鼠标左键拖曳，绘制一个和画板等大的矩形，如图2-318所示。

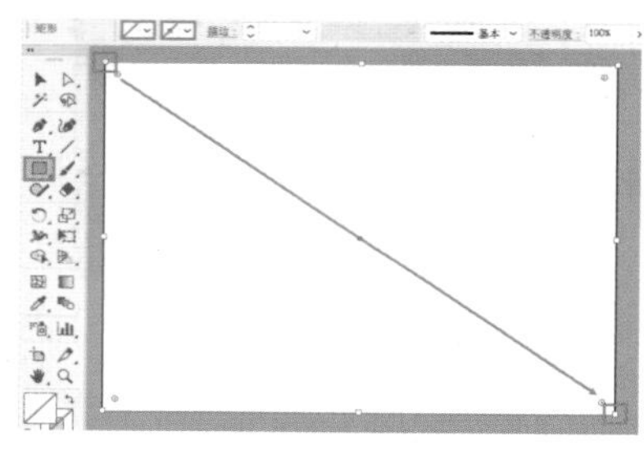
图2-318

步骤 02 选择矩形，执行“窗口 > 渐变”命令，打开“渐变”面板。在该面板中设置渐变“类型”为“径向”，“长宽比”为100%，双击第一个色标，在弹出的下拉面板中单击右上角的按钮，在弹出的菜单中选择颜色模式为CMYK(C)，然后设置颜色为蓝色，如图2-319所示。如果界面中没有显示控制栏，可以执行“窗口 > 控制”命令将其显示。

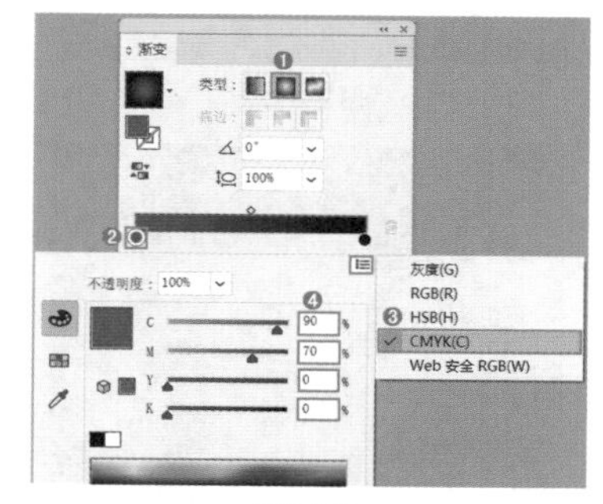

图2-319

步骤 03 使用同样的方法设置另外的色标，如图2-320所示。矩形效果如图2-321所示。

图2-320

图2-321

步骤 04 绘制星星背景。单击工具箱中的“星形工具”按钮，在控制栏中设置填充为无，描边为无，然后在画板上单击，在弹出的“星形”窗口中设置“半径1”为80mm，“半径2”为70mm，“角点数”为18，单击“确定”按钮完成多边形绘制，如图2-322和图2-323所示。

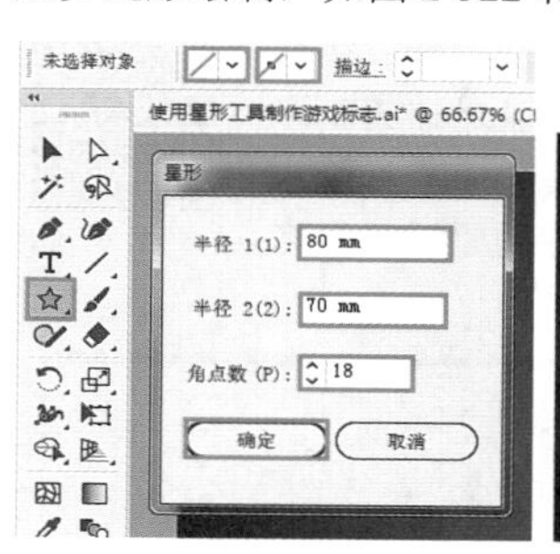

图2-322

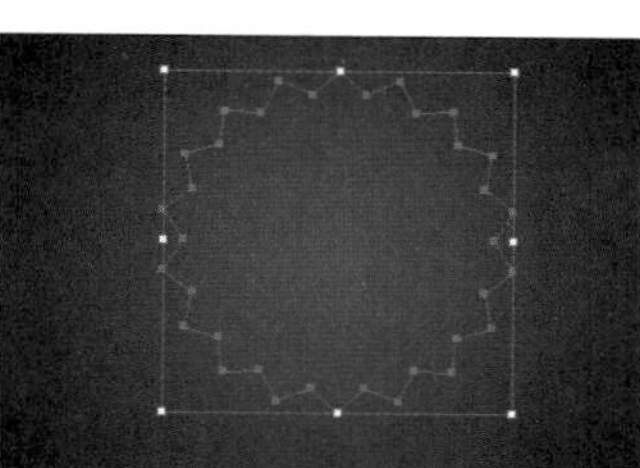
图2-323

步骤 05 保持星形的选中状态。单击工具箱中的“直接选择工具”按钮，在星形上单击，显示出控制点。拖曳控制点将星形的尖角转换为圆角，如图2-324所示。

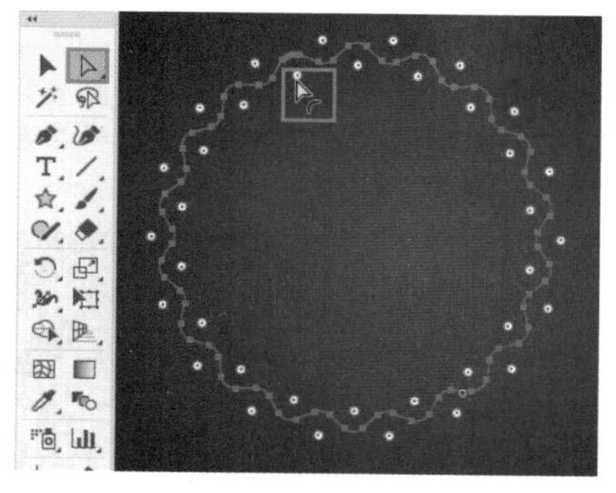
图2-324

步骤 06 选择该图形，执行“窗口 > 渐变”命令，打开“渐变”面板，为该图形填充一种由灰色到黑色的渐变色，如图2-325和图2-326所示。

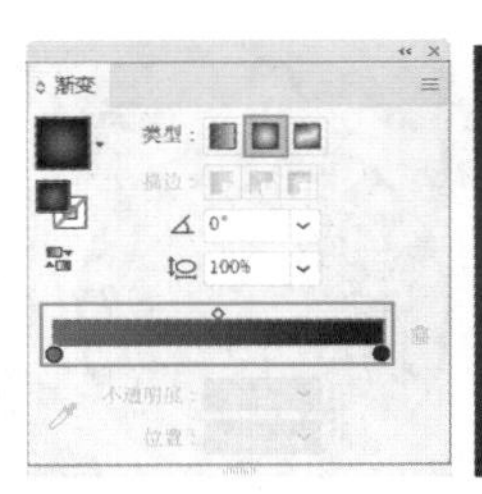

图2-325

图2-326

步骤 07 选择该图形，在“渐变”面板中单击描边按钮使其位于前方，这样可以设置描边的渐变颜色，接着设置渐变“类型”为“线性”，编辑一个金色系的渐变颜色，如图2-327所示。设置描边粗细为5pt，图形效果如图2-328所示。

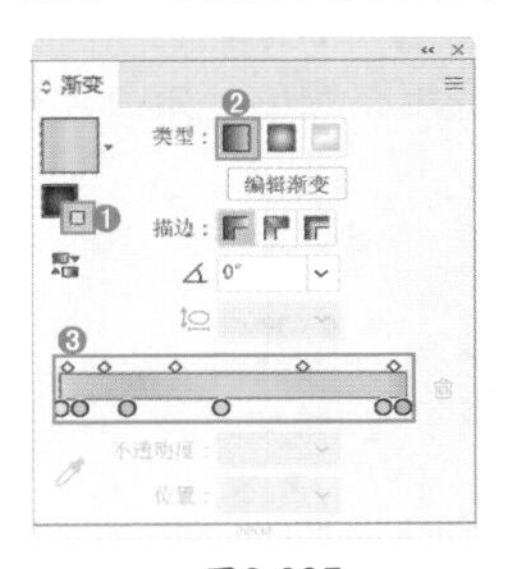

图2-327

图2-328

步骤 08 选择该图形，按快捷键 Ctrl+C 进行复制，再按快捷键 Ctrl+F 将复制的对象贴在前面，然后按住鼠标左键的同时按住 Shift+Alt 组合键进行等比例缩放，效果如图 2-329 所示。

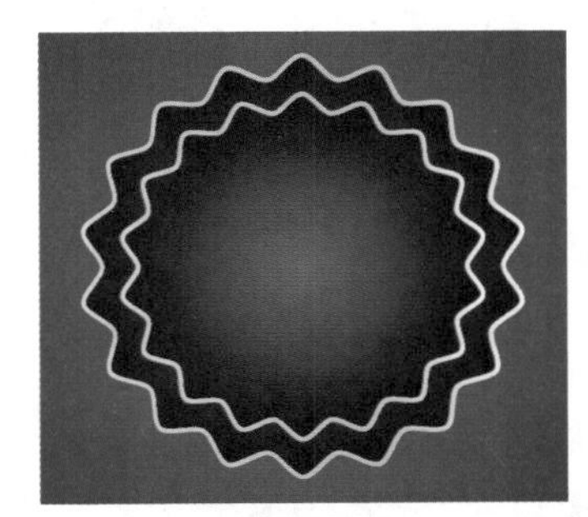

图2-329

步骤 09 为复制多边形填充黄色系的渐变，描边颜色不变，并在控制栏中设置描边粗细为 1pt，如图 2-330 所示。

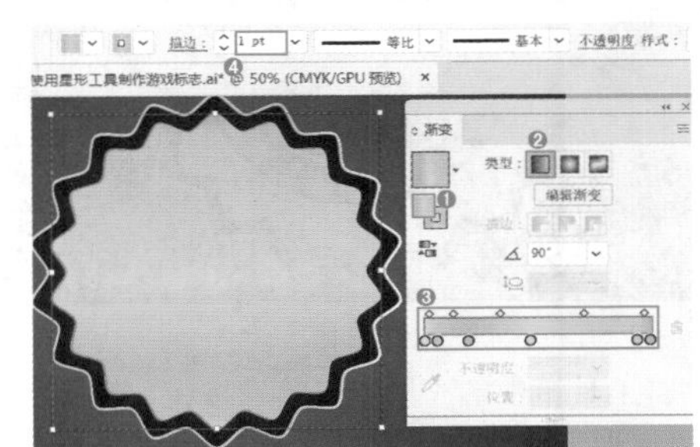

图2-330

步骤 10 单击工具箱中的“椭圆工具”按钮，在控制栏中设置填充和描边均为无，然后在画板中按住鼠标左键的同时按住 Shift 键拖曳绘制一个正圆形，如图 2-331 所示。

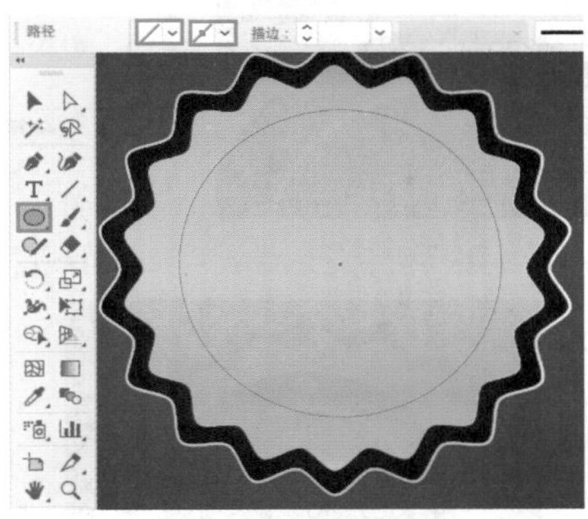

图2-331

步骤 11 选择该正圆，单击工具箱中的“吸管工具”按钮，在后方黑色渐变的星形上单击，随即选中的正圆被赋予了与黑色图形同样的属性，如图 2-332 所示。

图2-332

步骤 12 使用同样的方法绘制另外一个圆形对象，如图 2-333 所示。

图2-333

步骤 13 绘制齿轮图案。单击工具箱中的“钢笔工具”按钮，在画板上单击，即可得到一个锚点；松开鼠标，移动到下一个位置单击并拖动，即可得到一个平滑的点；继续添加一个平滑点，然后单击起始点，完成绘制，如图2-334所示。保持路径的选中状态，打开“渐变”面板，编辑一种灰色系的渐变，如图2-335所示。效果如图2-336所示。

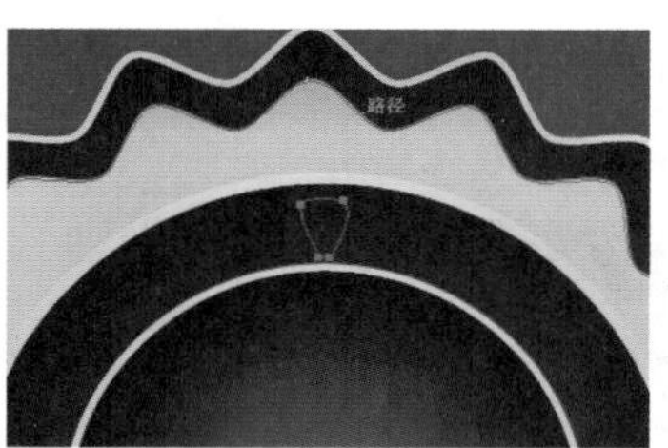

图2-334

图2-335

图2-336

步骤 14 选择刚刚绘制的齿轮图形，双击工具箱中的“镜像工具”按钮，在弹出的“镜像”窗口中选中“水平”单选按钮，单击“复制”按钮，完成复制，如图 2-337 所示。将复制的图形按住 Shift 键向下移动，如图 2-338 所示。加选两个图形，按快捷键 Ctrl+G 进行编组。

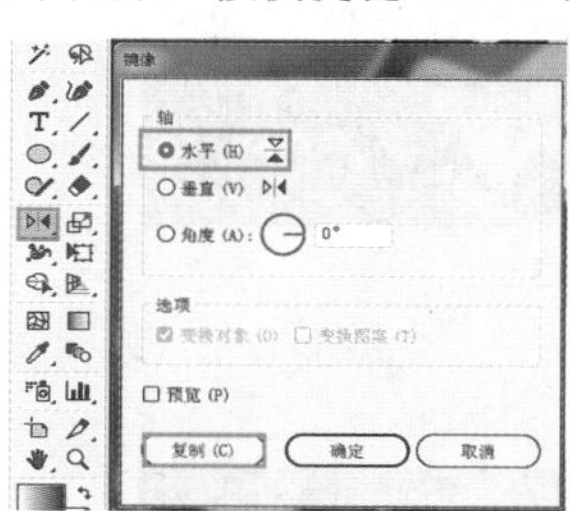

图2-337

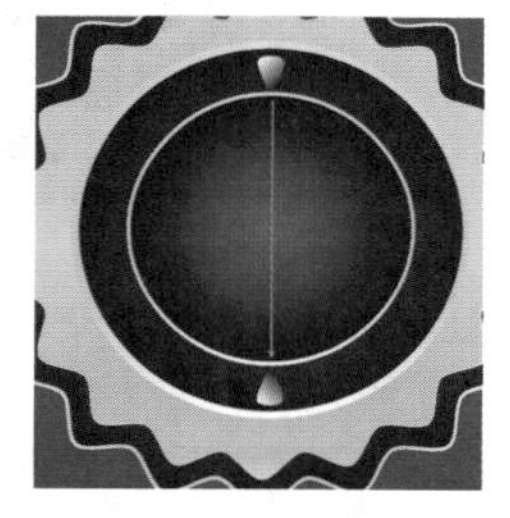

图2-338

步骤 15 在齿轮选中的状态下，双击工具箱中的“旋转”按钮，在弹出的“旋转”窗口中设置“角度”为 15°，单击“复制”按钮，如图 2-339 所示。

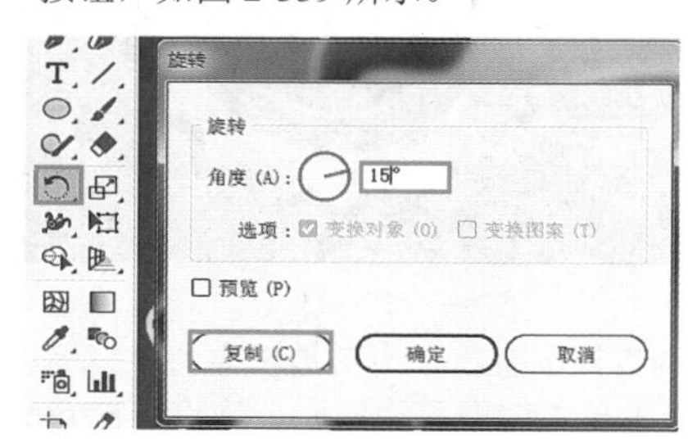

图2-339

步骤 16 在齿轮选中的状态下，如图 2-340 所示。多次按快捷键 Ctrl+D 进行旋转并复制，得到排列一圈的图形，效果如图 2-341 所示。

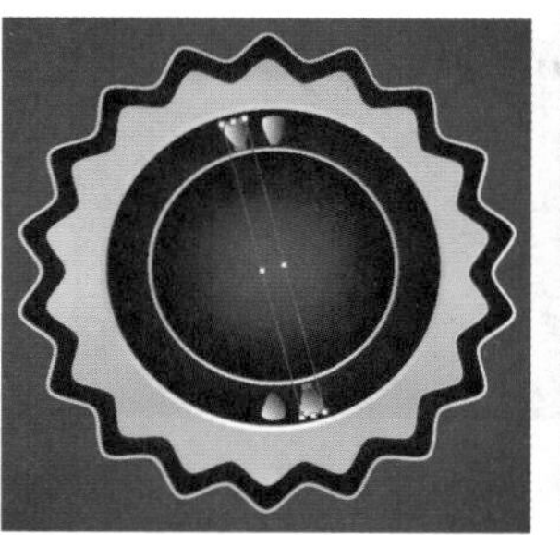

图2-340

图2-341

步骤 17 绘制缎带图形。单击工具箱中的“钢笔工具”按钮，在控制栏中设置填充与描边均为无，然后绘制一个多边形，如图 2-342 所示。保持路径的选中状态，打开“渐变”面板，为其设置一种蓝色系的渐变填充颜色，如图 2-343 和图 2-344 所示。

图2-342

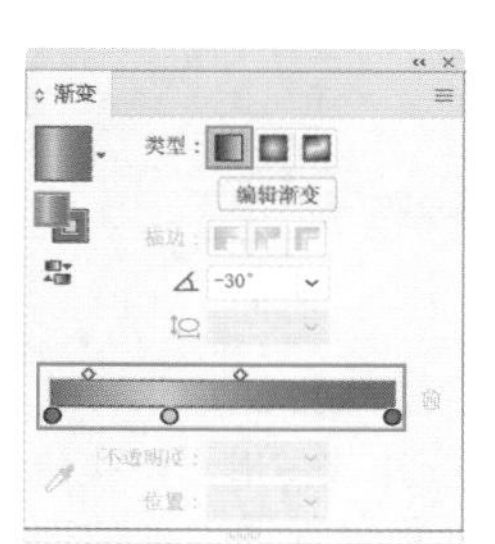

图2-343

图2-344

步骤 18 使用同样的方法绘制其他图形，如图 2-345 所示。

图2-345

步骤 19 单击工具箱中的“星形工具”按钮，在画板上单击，在弹出的“星形”窗口中设置“半径 1”为 12mm，“半径 2”为 6mm，“角点数”为 6，单击“确定”按钮完成绘制，如图 2-346 所示。

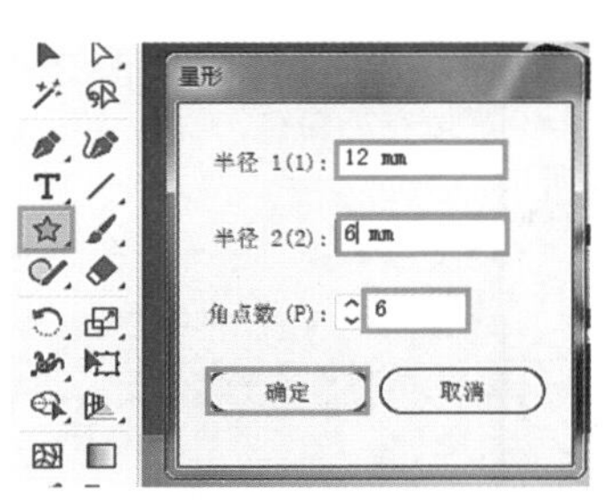

图2-346

步骤 20 为星形填充黄色系的渐变颜色，描边设置为无，如图2-347 所示。选中星形，按住 Alt 键向下拖曳鼠标进行星形的平移并复制，如图 2-348 所示。

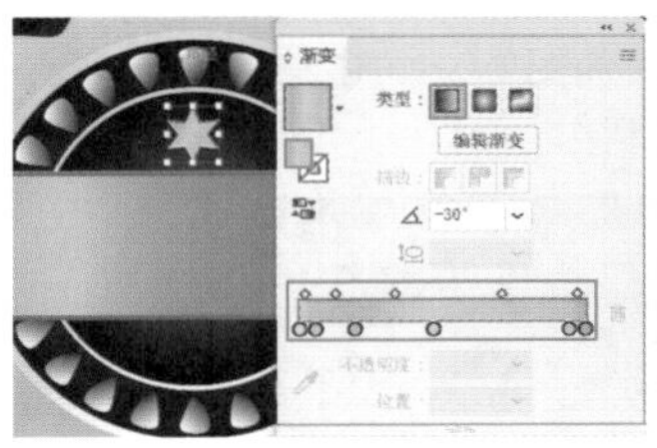

图2-347　　图2-348

步骤 21 执行“文件 > 打开”命令，打开素材 1.ai。单击工具箱中的“选择工具”按钮，选中所有素材对象，执行“编辑>复制”命令，回到刚才工作的文档，执行“编辑>粘贴”命令，粘贴素材对象并将其移动到合适的位置，最终效果如图 2-349 所示。

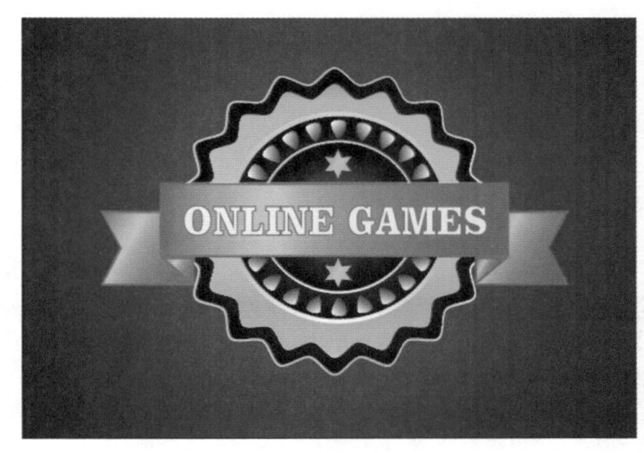

图2-349

2.12 光晕工具

右击形状工具组按钮，在弹出的工具组中选择“光晕工具”，如图2-350所示。“光晕工具”可以通过在图像中添加矢量对象来模拟发光的光斑效果。单击工具箱中的“光晕工具”按钮，按住鼠标左键拖曳绘制主光圈，在下一个位置单击，完成绘制，如图2-351所示（因为光晕分为主光圈和副光圈，主光圈的大小决定了副光圈的大小，所以在绘制光晕时先绘制主光圈）。光晕效果如图2-352所示。

图2-350

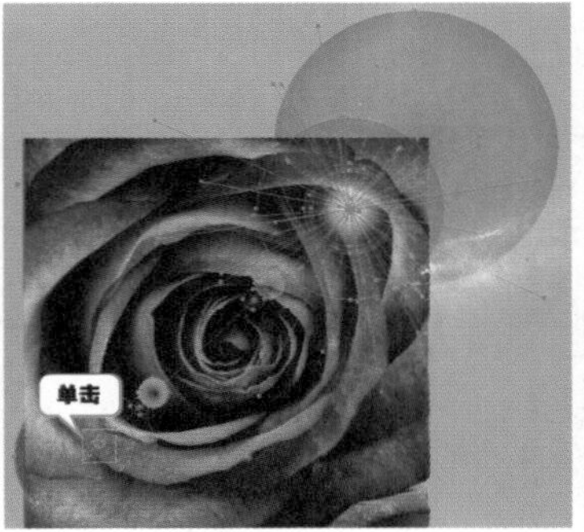

图2-351

图2-352

综合实例：使用多种绘图工具制作卡通感广告

文件路径	资源包\第2章\综合实例：使用多种绘图工具制作卡通感广告
难易指数	★★★★★
技术掌握	“矩形工具”“钢笔工具”“星形工具”“椭圆工具”“复制”“粘贴”

实例效果

本实例演示效果如图 2-353 所示。

扫一扫，看视频

图2-353

操作步骤

步骤 01 新建一个横向 A4 大小的空白文档。单击工具箱中的“矩形工具”按钮，在控制栏中设置填充与描边均为无，然后在画板中按住鼠标左键拖曳绘制一个矩形，如图 2-354 所示。

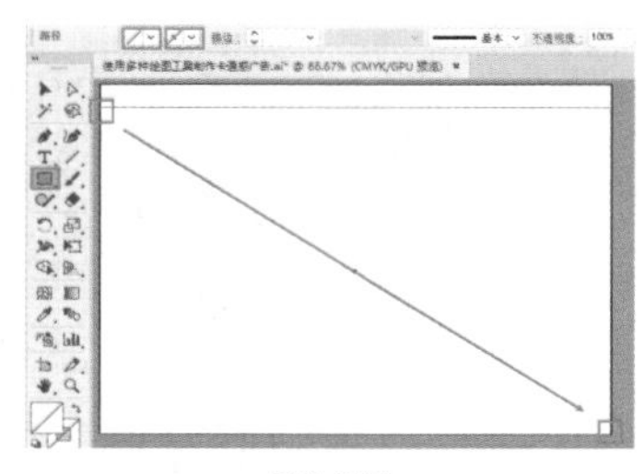

图2-354

步骤 02 选择该矩形，执行“窗口 > 渐变”命令，打开“渐变”面板。在渐变颜色条上单击，即可为矩形赋予渐变色；然后双击“色标”，设置一个色标的颜色为白色，另外一个色标的颜色为粉色，如图 2-355 所示。如果界面中没有显示控制栏，可以执行“窗口 > 控制”命令将其显示。

图2-355

步骤 03 此时矩形效果如图 2-356 所示。使用“矩形工具”在画板的上方绘制一个狭长的矩形并填充为深粉色，如图 2-357 所示。

图2-356

图2-357

步骤 04 绘制背景图案。单击工具箱中的“钢笔工具”按钮，在控制栏中设置填充为粉色，描边为无，绘制一个四边形，如图 2-358 所示。

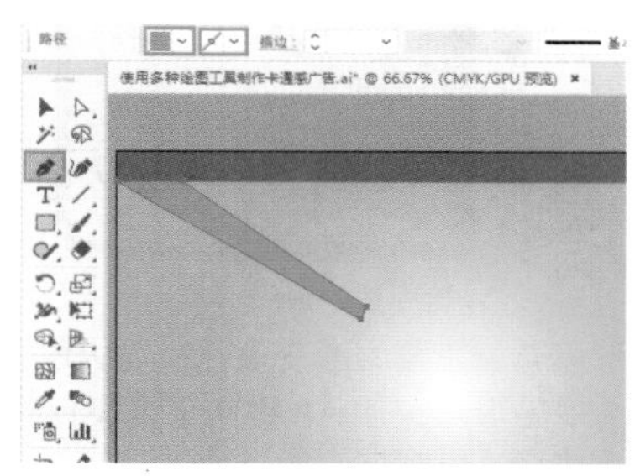

图2-358

步骤 05 使用同样的方法绘制其他图形，如图 2-359 所示（右侧的图形可以通过镜像的方法制作）。

图2-359

步骤 06 单击工具箱中的“钢笔工具”按钮，在控制栏中设置填充为白色，描边为深粉色，描边粗细为 10pt，绘制一条飘带，如图 2-360 所示。

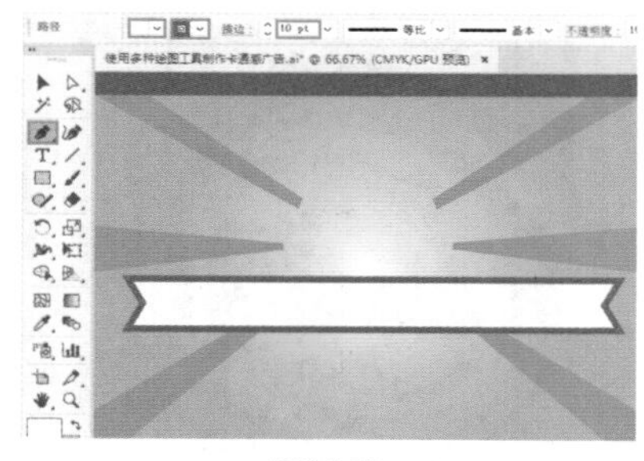

图2-360

步骤 07 单击工具箱中的“椭圆工具”按钮，在控制栏中设置填充为粉色，描边为深粉色，在画板上按住鼠标左键的同时按住 Shift 键拖曳，绘制一个正圆形，如图 2-361 所示。

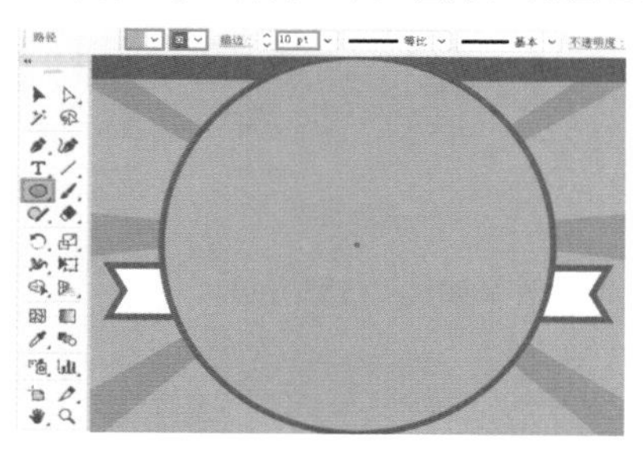

图2-361

步骤 08 单击工具箱中的“选择工具”按钮，选中第一个绘制的深粉色矩形，右击，在弹出的快捷菜单中执行“排序 > 置于顶层”命令，如图 2-362 所示。

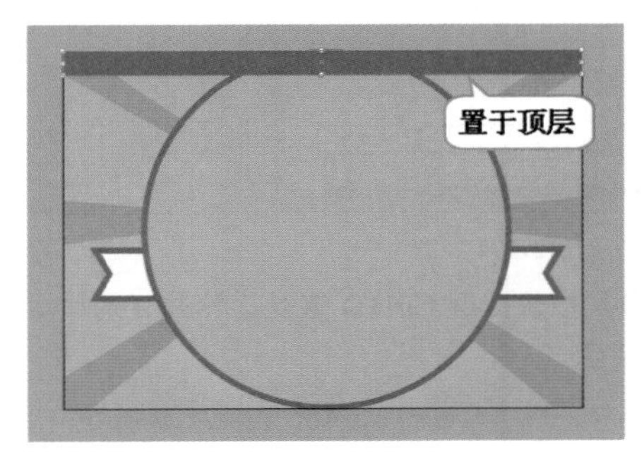

图2-362

步骤 09 使用上述方法绘制其他圆形，并设置合适的填充和描边颜色，如图 2-363 所示。

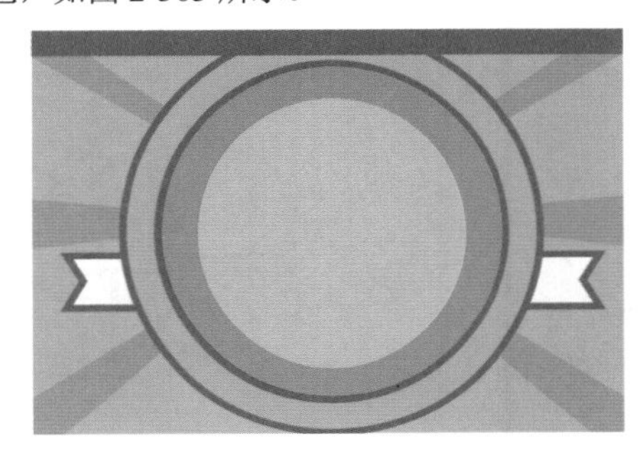

图2-363

步骤 10 单击工具箱中的“钢笔工具”按钮，在控制栏中设置填充为深黄色，描边为无，在画板上绘制一个扇形，如图 2-364 所示。

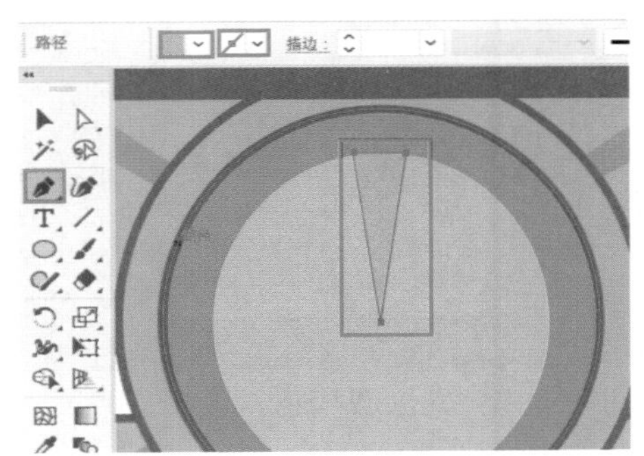

图2-364

提示：圆形绘制完成后需要进行对齐。

按住 Shift 键单击加选正圆，在启用“选择工具”的状态下单击控制栏中的“水平居中对齐”按钮和“垂直居中对齐”按钮，如图 2-365 所示。

图2-365

步骤 11 保持扇形对象的选中状态，双击工具箱中的“镜像工具”按钮，在弹出的“镜像”窗口中选中“水平”单选按钮，单击“复制”按钮，完成复制，如图 2-366 所示。然后将复制的扇形移动到相应位置，如图 2-367 所示。

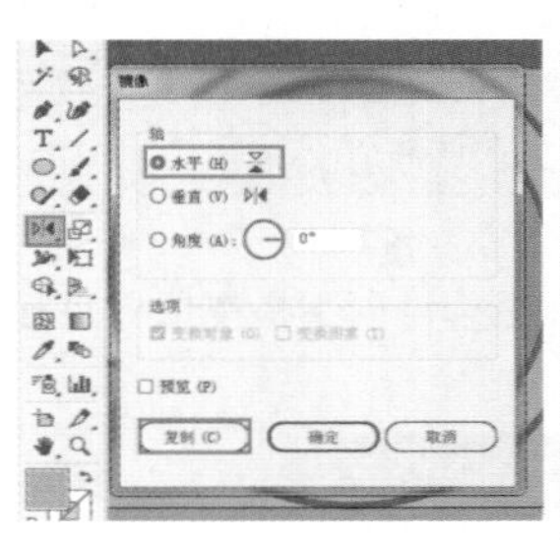

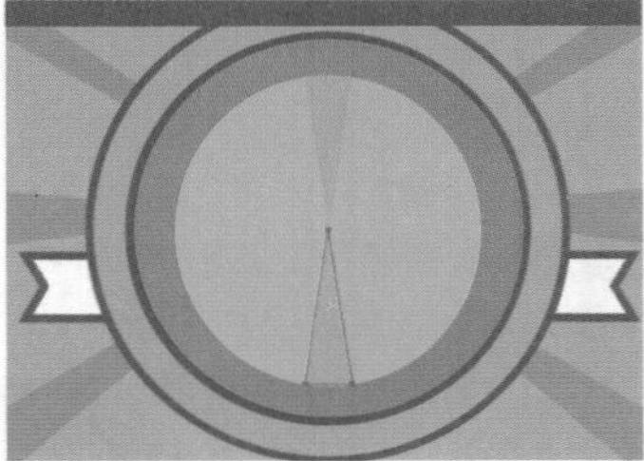

图2-366　　图2-367

步骤 12 单击工具箱中的“选择工具”按钮，按住 Shift 键单击加选两个扇形对象，按快捷键 Ctrl+G 对其进行编组。然后双击工具箱中的“旋转工具”按钮，在弹出的“旋转”窗口中设置“角度”为 45，单击“复制”按钮，如图 2-368 所示。完成旋转复制，如图 2-369 所示。

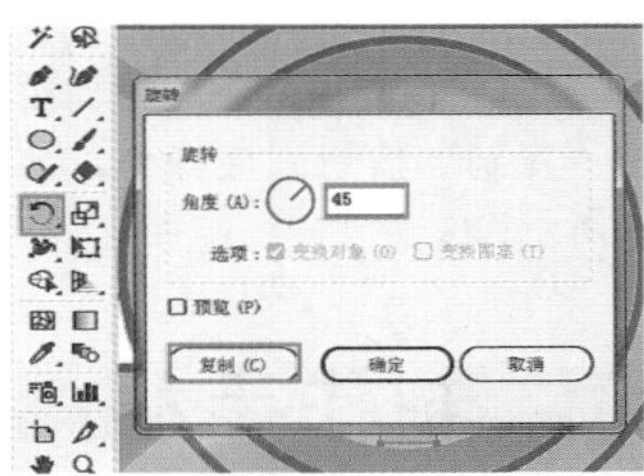

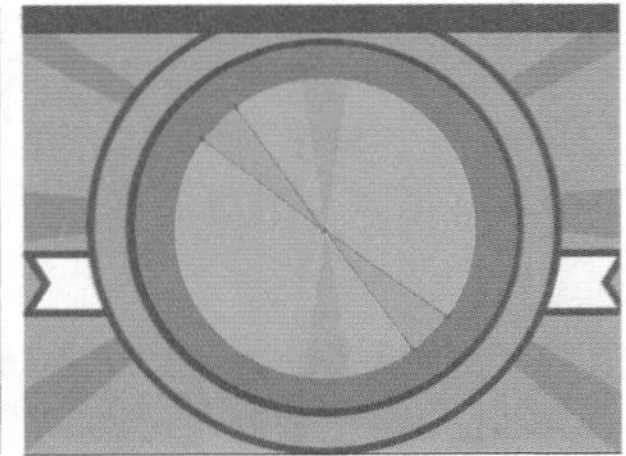

图2-368　　图2-369

步骤 13 按快捷键 Ctrl+D 重复上一步操作，继续将图形复制两份，效果如图 2-370 所示。

图2-370

步骤 14 绘制星形图案。单击工具箱中的“星形工具”按钮，在控制栏中设置填充为黄色，描边为无，在画板上单击，在弹出的“星形”窗口中设置“半径 1”为 4mm，“半径 2”为 8mm，“角点数”为 5，单击“确定”按钮，如图 2-371 所示。将星形移动到蓝色圆形上部，如图 2-372 所示。

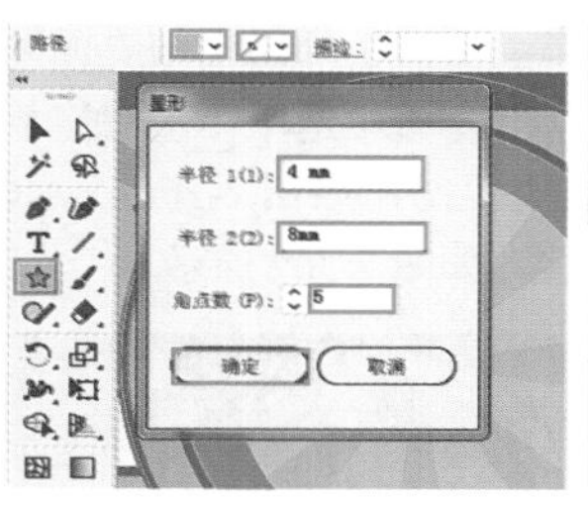

图2-371

图2-372

步骤 15 选择星形，按住 Shift+Alt 组合键向下拖曳鼠标进行平移并复制，如图 2-373 所示。

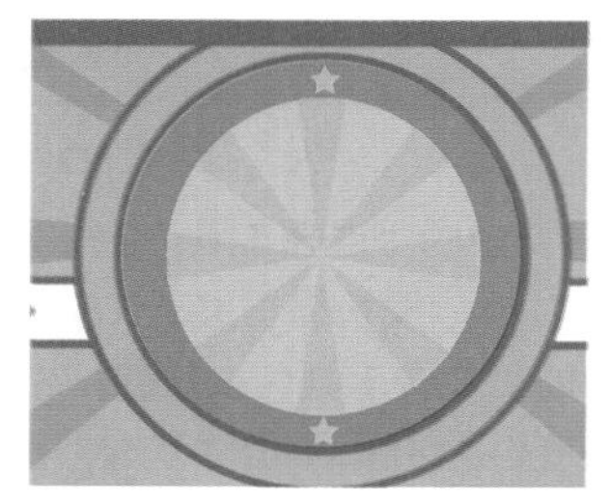

图2-373

步骤 16 加选两个星形，按快捷键 Ctrl+G 对其进行编组。然后双击工具箱中的“旋转工具”按钮，在弹出的“旋转”窗口中设置“角度”为 25，单击“复制”按钮完成操作，如图 2-374 所示。效果如图 2-375 所示。

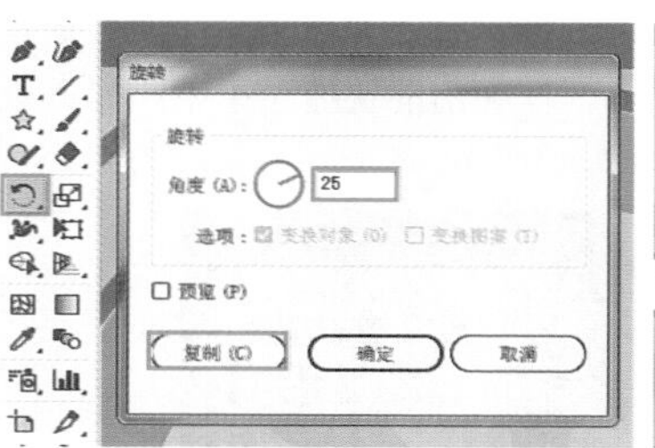

图2-374

图2-375

步骤 17 多次按快捷键 Ctrl+D 重复旋转并复制星形，效果如图 2-376 所示。

步骤 18 执行“文件>打开”命令，打开素材1.ai。选中需要使用的素材对象，执行“编辑>复制”命令进行复制；回到刚才工作的文档，执行“编辑>粘贴”命令粘贴对象，并将其移动到相应位置。效果如图2-377所示。

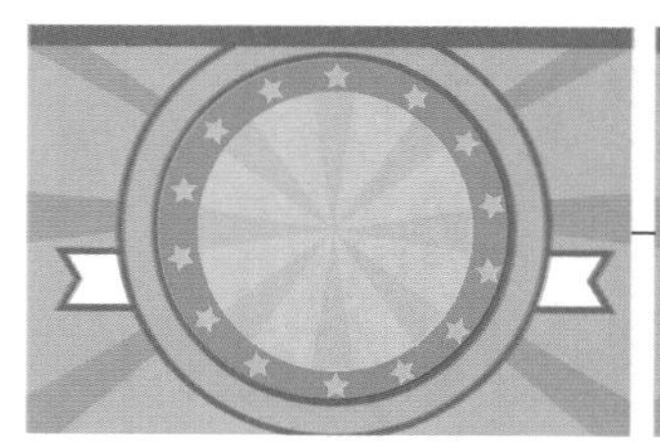

图2-376

图2-377

2.13 课后练习：制作手机APP启动页面

文件路径	资源包\第2章\课后练习：制作手机APP启动页面
难易指数	★★★★★
技术掌握	“圆角矩形工具”“透明度”“椭圆工具”“复制”“粘贴”

实例效果

本实例演示效果如图2-378所示。

扫一扫，看视频

图2-378

2.14 模拟考试

主题：制作矢量风格大学社团招新海报。

要求：

（1）海报尺寸为A4，横版、竖版均可。

（2）应用素材可在网络上收集。

（3）画面中的图形元素需要为矢量图。

（4）作品需要包含多种常见图形。

（5）可在网络上搜索“招贴设计”“纳新 招贴”相关作品作为参考。

（6）涉及创建文字的部分可参考本书第6章。

考查知识点：绘制常见图形、文字工具。

Chapter 3

第 3 章

图形填色与描边

本章内容简介：

颜色是设计作品中非常重要的组成部分，有了适合的颜色，作者的创作意图才能更好地展现。本章将要介绍描边与填充颜色的设置方法，以及描边属性的编辑方法等。除了常见的纯色、渐变色图案可供设置，本章还讲解了为一个图形设置复杂多色填充的功能——网格工具。

重点知识掌握：

- 熟练使用“标准颜色控件”设置填充与描边
- 熟练掌握“渐变”面板与“渐变工具”的使用方法
- 熟练掌握描边的设置方法
- 掌握设置多个描边与填充的方法

通过本章的学习，我能做什么？

通过本章的学习，我们能够掌握多种填充以及描边的设置方法。有了“色彩”，设计作品才能够更生动。结合第2章学习的基本绘图知识和本章的颜色设置知识，我们可以制作出色彩丰富的设计作品。

3.1 什么是填充与描边

Illustrator 是一款典型的矢量绘图软件，矢量图形是由路径和附着在路径之上和路径内部的颜色构成的。路径本身是个只能在 Illustrator 等矢量绘图软件中看到（如图 3-1 所示），而无法输出为实体图形的对象（如图 3-2 所示为导出为 JPG 后的图像效果），因此路径必须被赋予填充和描边才能显现，如图 3-3 所示。

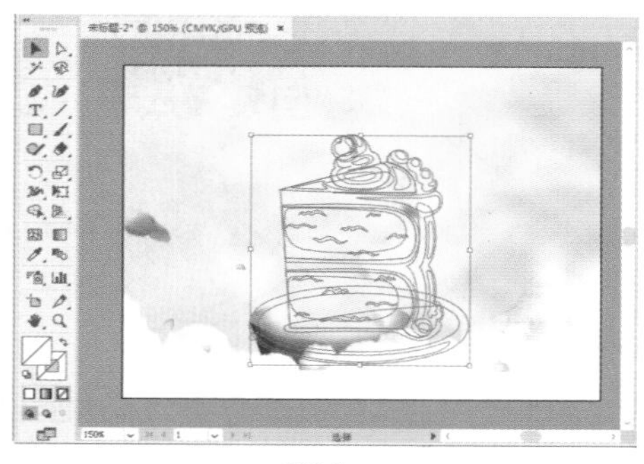

图3-1

图3-2

图3-3

那么对象的"填充"和"描边"都是指哪个部分呢？"填充"指的是形状内部的颜色，不仅可以是单一的颜色，还可以是渐变或者图案，如图 3-4 所示。"描边"针对的是路径的边缘，在 Illustrator 中可以为路径边缘设置一定的宽度，并赋予纯色、渐变或者图案等，还可以通过参数的设置得到虚线的描边，如图 3-5 所示。

图3-4

图3-5

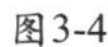

3.2 动手练：快速设置填充与描边颜色

扫一扫，看视频

可以在控制栏中快速设置填充以及描边的颜色，这也是最常用的填充、描边设置方式。可以在绘制图形之前进行设置，也可以在选中了已有的图形后在控制栏中进行设置。控制栏中包括"填充"和"描边"两个色块，如图 3-6 所示。如果界面中没有显示控制栏，可以执行"窗口 > 控制"命令将其显示。

单击"填充"色块或"描边"色块，在弹出的色板中单击某个色块，即可快速将其设置为当前的填充或描边颜色，如图 3-7 和图 3-8 所示。

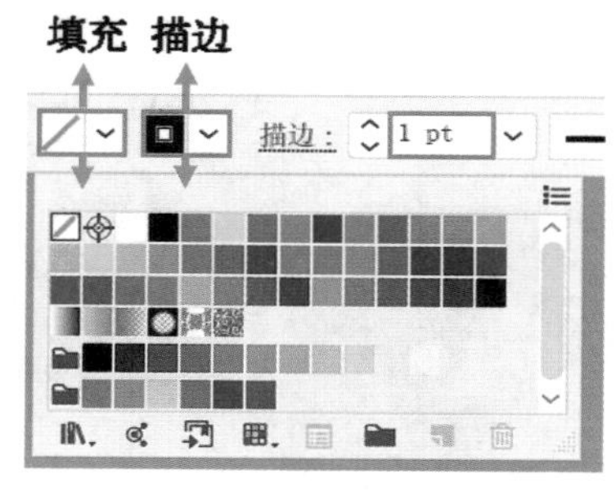

图3-6

图3-7

图3-8

练习实例：设置合适的填充颜色制作趣味标志

文件路径	资源包\第3章\练习实例：设置合适的填充颜色制作趣味标志
难易指数	★★★★★
技术掌握	填充设置、描边设置

扫一扫，看视频

实例效果

本实例演示效果如图 3-9 所示。

图3-9

操作步骤

步骤 01 执行“文件 > 新建”命令或按快捷键 Ctrl+N，创建新文档。在工具箱中选择“椭圆工具”，在画板中按住鼠标左键的同时按住 Shift 键拖动，释放鼠标后绘制出一个正圆形，如图 3-10 所示。使用这种方法绘制出其他圆形，如图 3-11 所示。如果界面中没有显示控制栏，可以执行“窗口 > 控制”命令将其显示。

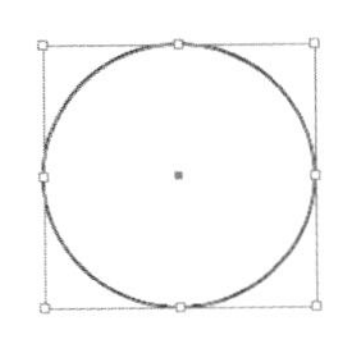

图3-10

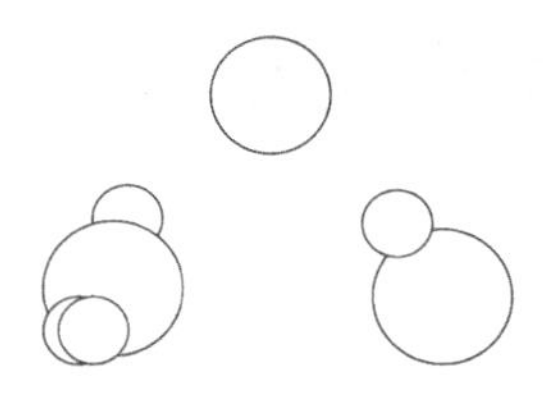

图3-11

步骤 02 在工具箱中选择“选择工具”，框选所有圆形，单击控制栏中的“填充”色块，在弹出的色板中选择浅灰色，然后在控制栏中设置描边为无。效果如图 3-12 所示。

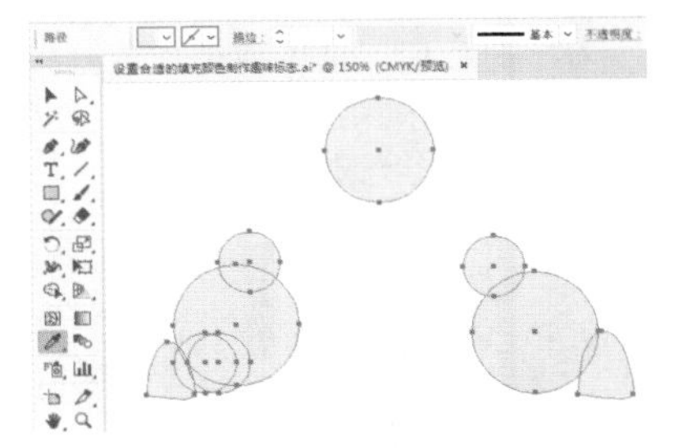

图3-12

步骤 03 单击工具箱中的“圆角矩形工具”按钮，在要绘制圆角矩形的一个角点位置单击，弹出“圆角矩形”窗口。在该窗口中设置“宽度”为 30mm，“高度”为 30mm，“圆角半径”为 5mm，单击“确定”按钮，如图 3-13 所示。效果如图 3-14 所示。

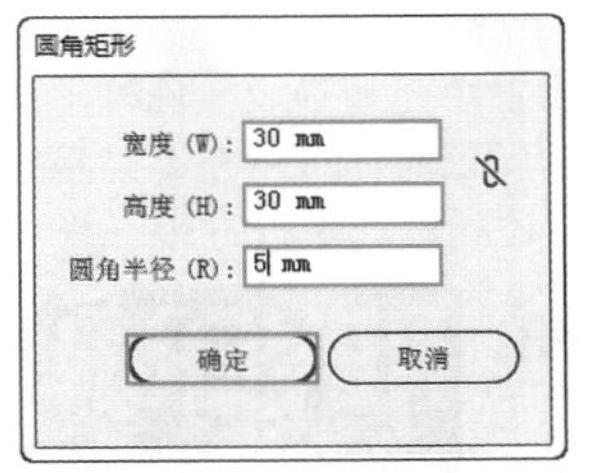

图3-13

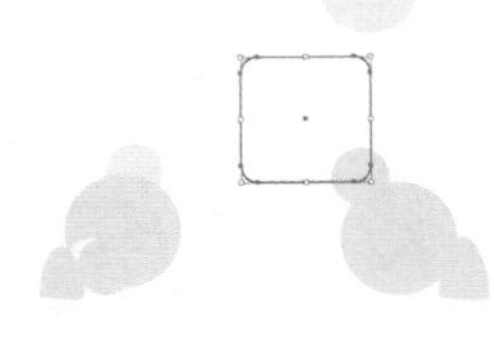

图3-14

步骤 04 双击工具箱左下角的“填色”按钮，在弹出的“拾色器”中拖动颜色滑块选择紫色，在色域中单击选中一种浅紫色，然后单击“确定”按钮，如图 3-15 所示。在控制栏中设置描边为无，即可得到一个浅紫色的圆角矩形，如图 3-16 所示。

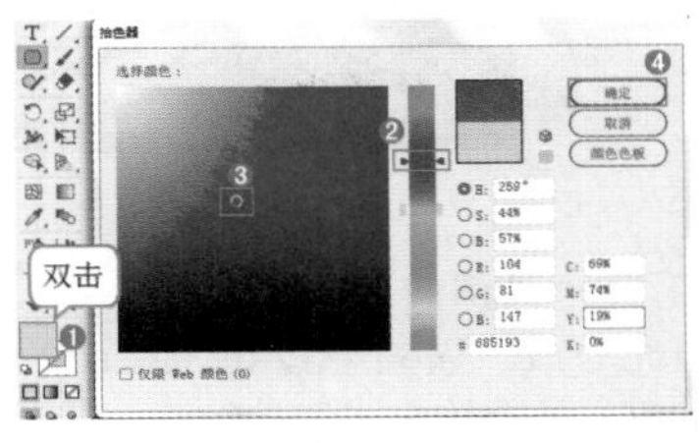

图3-15

图3-16

步骤 05 使用上述方法绘制其他图形，并修改其大小和颜色，如图 3-17 所示。在工具箱中选择“钢笔工具”，绘制出一条曲线，在控制栏中设置填充为无，描边为黄色，描边粗细为 2pt，如图 3-18 所示。

图3-17

图3-18

步骤 06 执行“文件>打开”命令，打开素材1.ai。选中素材对象，按快捷键Ctrl+C进行复制。然后回到刚才工作的文档，按快捷键Ctrl+V进行粘贴。将粘贴出的对象移动到相应位置，如图3-19所示。

图3-19

3.3 标准颜色控件：选择更多的颜色

扫一扫，看视频

在控制栏中设置填充和描边颜色时主要是通过色板来完成，但是色板中的颜色种类很少，有时无法满足要求。当需要更多的颜色时，可以在工具箱中的“标准颜色控件”中进行设置。使用标准颜色控件可以快捷地为图形设置填充或描边颜色。如图 3-20 ～图 3-23 所示为使用标准颜色控件制作的作品。

图3-20

图3-21

图3-22

图3-23

（1）选中图形，单击工具箱底部的“标准颜色控件”，如图 3-24 所示。双击“填充”或“描边”按钮，在弹出的“拾色器”窗口中可以设置具体的填充或描边颜色，如图 3-25 所示。

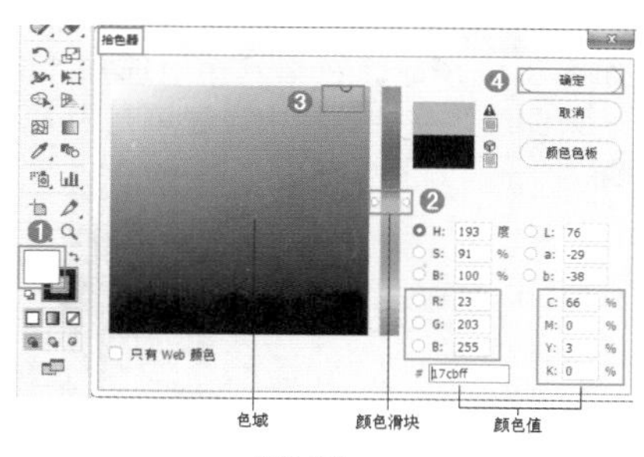

图3-24

图3-25

（2）以设置填充颜色为例，首先单击工具箱底部的“填充”按钮，在弹出的“拾色器(前景色)”窗口中拖动颜色滑块到相应的色相范围内，然后将光标放在左侧的色域中，单击即可选择颜色，设置完毕单击“确定”按钮完成操作，如图 3-26 所示。

图3-26

（3）如果想要设定精确数值的颜色，也可以在“颜色值”处输入数值，如图 3-27 所示。设置完毕，填充色发生了变化，效果如图 3-28 所示。

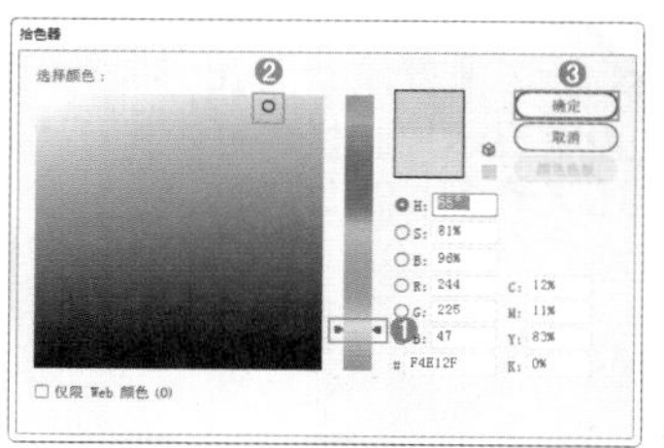

图3-27

图3-28

重点 3.3.1 详解“标准颜色控件”

在工具箱底部可以看到“标准颜色控件”，如图 3-24 所示。通过这些控件可以对填充或描边颜色进行设置，还可以指定其填充方式（即单一颜色、渐变色）或者去除填充 / 描边等。

- 填充：双击此按钮，可以使用拾色器来选择填充颜色，如图 3-29 所示。

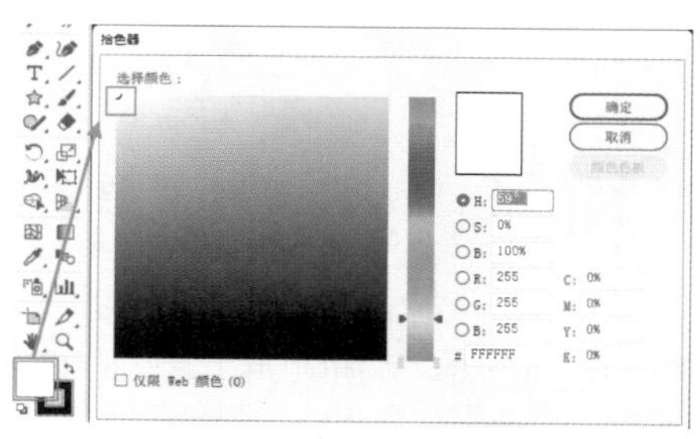

图3-29

- 描边：双击此按钮，可以使用拾色器来选择描边颜色，如图 3-30 所示。

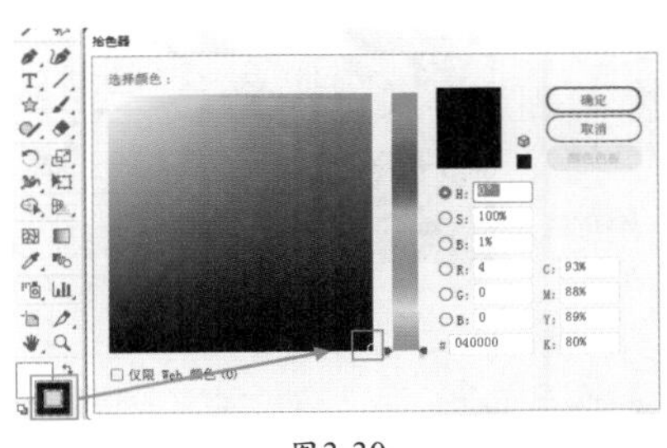

图3-30

- 互换填充和描边：单击↰按钮，可以在填充和描边之间互换颜色，如图 3-31 所示。

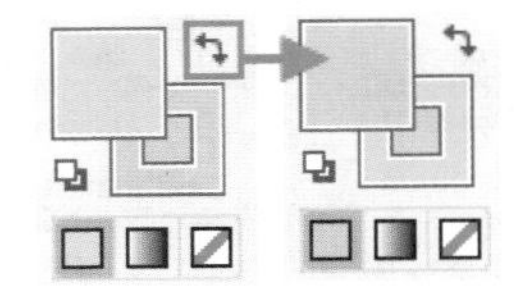

图3-31

- 默认填充和描边：单击◳按钮，可以恢复默认颜色设置（白色填充和黑色描边），如图 3-32 所示。

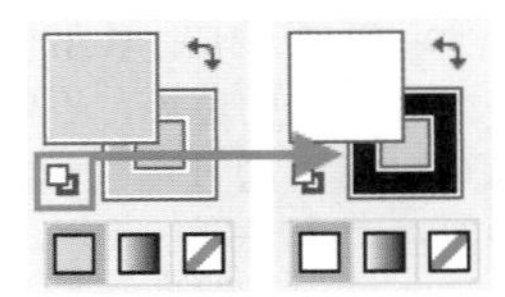

图3-32

- 颜色：单击□按钮，可以将上次选择的纯色应用于具有渐变填充或者没有描边或填充的对象，如图 3-33 所示。
- 渐变：单击■按钮，可以将当前选择的填充更改为上次选择的渐变，如图 3-34 所示。
- 无：单击◪按钮，可以删除选定对象的填充或描边，如图 3-35 所示。

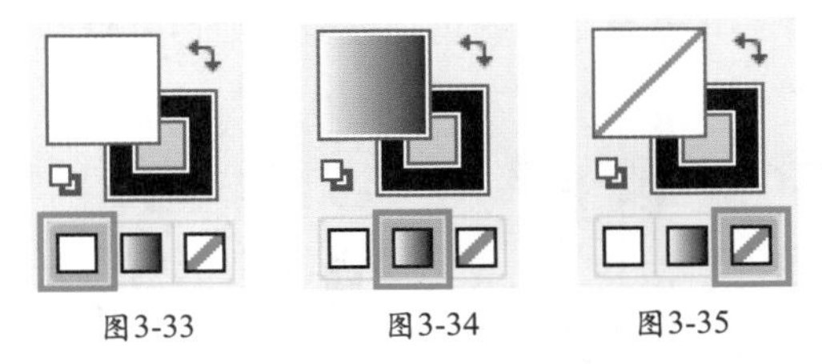

图3-33　图3-34　图3-35

重点 3.3.2　使用“拾色器”选择颜色

“拾色器”不仅在“标准颜色控件”中会用到，在很多需要进行颜色设置的区域都会遇到。例如，双击工具箱底部的“标准颜色控件”中的“填充”或“描边”按钮，即可打开“拾色器”窗口。在该窗口的左侧提供了颜色的选择区域，可以直接使用鼠标进行选择。如果要选择不同的颜色模式，可以选中 HSB 颜色模式中的 H、S、B 三个选项之一。当选中不同的选项时，颜色选择区域中的颜色条将发生变化，如图 3-36 ～图 3-38 所示。

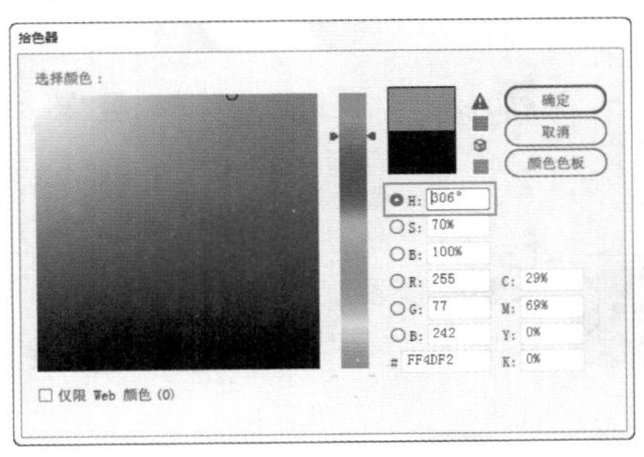

图 3-36

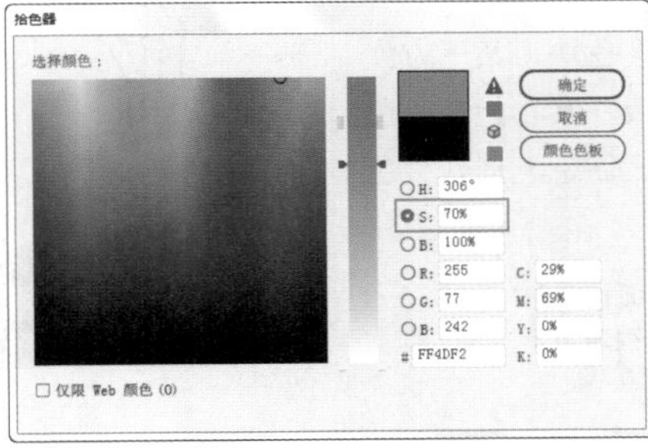

图 3-37

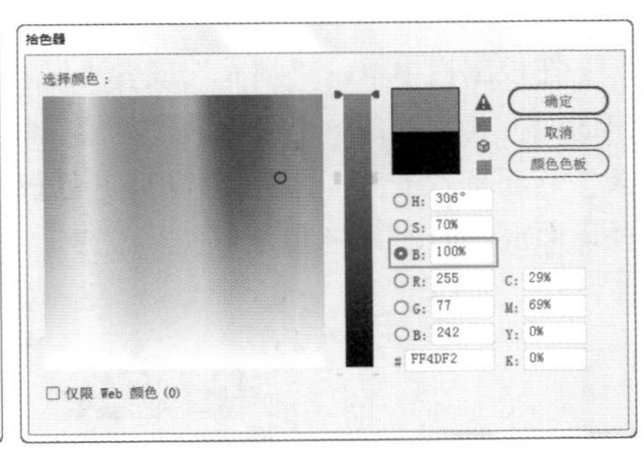

图 3-38

当备选颜色右侧出现了“超出 RGB 颜色模式色域”标记▲时，表示选中的颜色超出了 CMYK 颜色模式的色域，不能使用 CMYK 颜色进行表示，并且无法应用到印刷中。可以单击标记下面的颜色框，选择和该颜色最相近的CMYK 颜色，如图 3-39 所示。

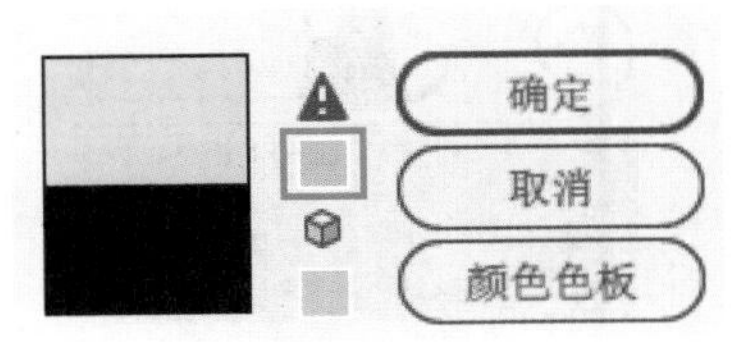

图3-39

勾选“仅限 Web 颜色”复选框时，则“拾色器”窗口中只显示 Web 安全颜色，其他的颜色将被隐藏，如图 3-40 所示。

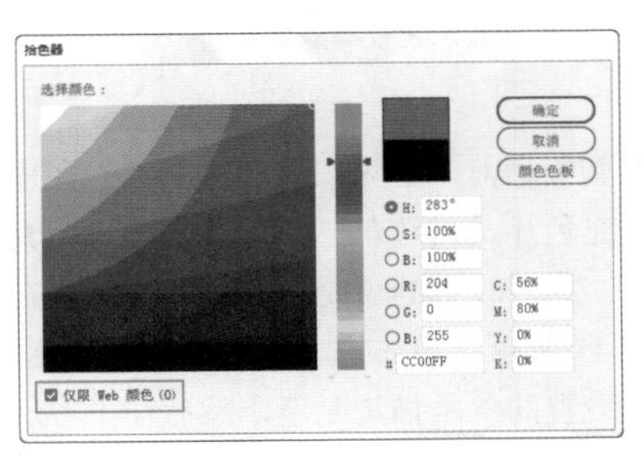

图3-40

当备选颜色右侧出现了“超出 Web 颜色模式色域”标记 时，表示选中的颜色超出了 Web 颜色模式的色域，不能使用 Web 颜色进行表示，并且无法应用到 HTML 语言中。可以通过单击标记下面的颜色框，选择和该颜色最相近的 Web 颜色，如图 3-41 所示。

图3-41

3.4 常用的颜色选择面板

单一颜色是设计作品中最常见的填充方式，Illustrator 中有很多种方式可以对图形进行单一颜色的填充和描边的设置。例如，通过“色板”面板以及“颜色”面板进行颜色设置。此外“色板”面板以及“颜色”面板还可以用于其他命令中颜色的设置，如图 3-42 和图 3-43 所示。

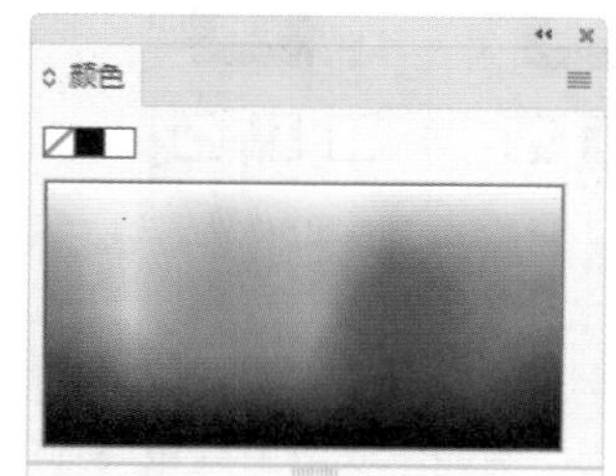

图3-42

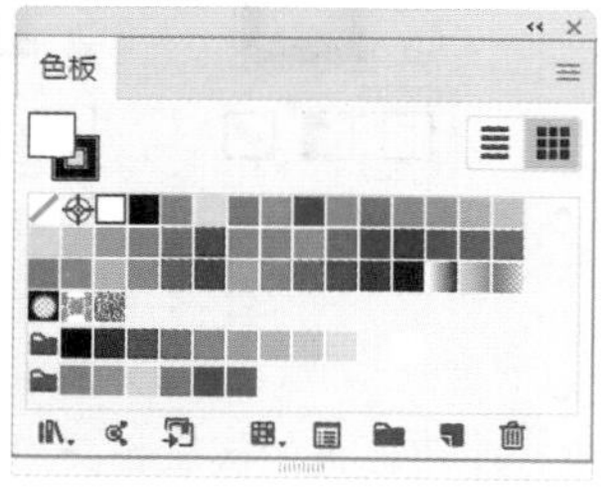

图3-43

3.4.1 使用“色板”面板设置颜色

在控制栏中单击“填充”或者“描边”色块，其下方弹出的面板其实就是一个简化的“色板”面板，其功能与“色板”几乎完全一样。执行“窗口 > 色板”命令，打开“色板”面板，如图 3-44 所示。

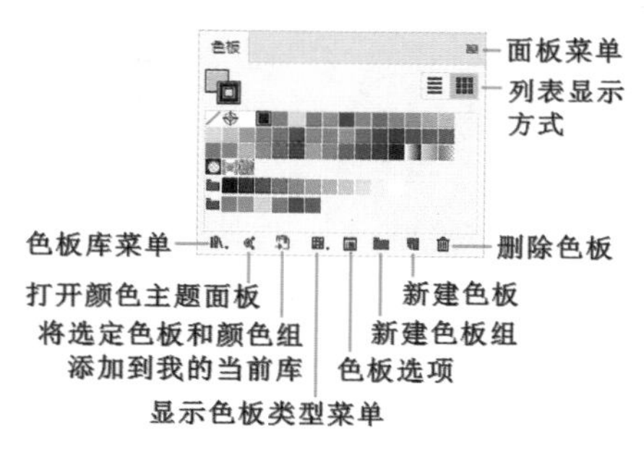

图3-44

在设置颜色之前，首先需要在“色板”面板中选择需要设置的是填充色还是描边色。单击左上角“填充”按钮，使其处于前方，此时设置的就是填充颜色，然后在下方选择色块，如图 3-45 所示。单击左上角“描边”按钮，使其处于前方，此时设置的就是描边颜色，然后在下方选择色块，如图 3-46 所示。

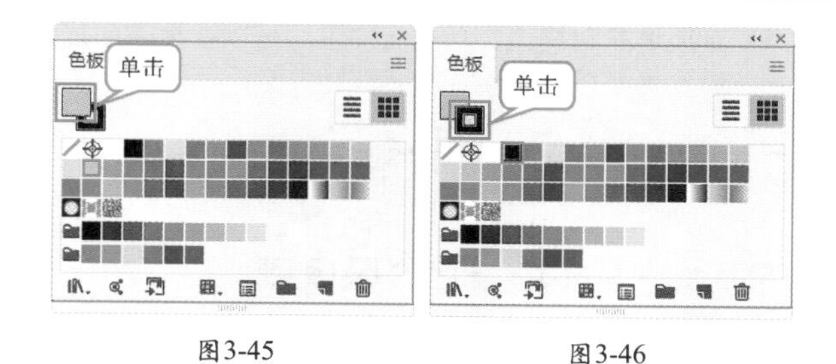

图3-45　　图3-46

1. “色板”面板

“色板”面板的使用方法非常简单，以设置“填充”颜色为例进行说明。首先选中一个图形，如图 3-47 所示。在“色板”面板中单击“填充”按钮，然后单击下方的色块，如图 3-48 所示。为该图形设置合适的填充颜色，如图 3-49 所示。

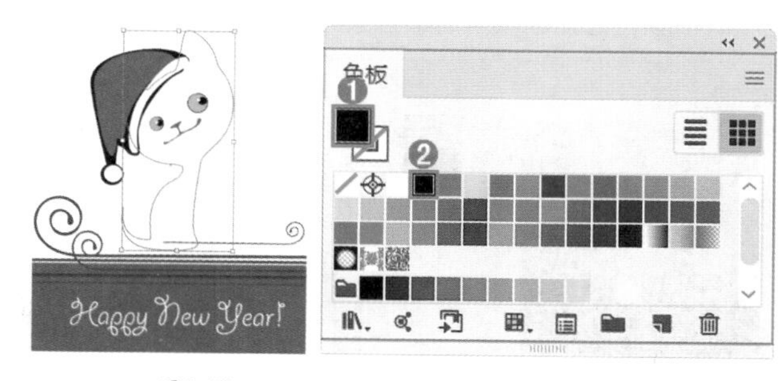

图3-47　　图3-48

图3-49

2. 新建色板

新建色板前需要设置合适的填充颜色，然后单击“新建色板”按钮，或者单击面板菜单按钮≡，在弹出的菜单中执行“新建色板”命令，如图 3-50 所示。在弹出的“新建色板”窗口中，可以设置色板的名称、颜色类型，还可以重新定义颜色。设置完成后单击“确定”按钮，完成新建色板的操作，如图 3-51 所示。

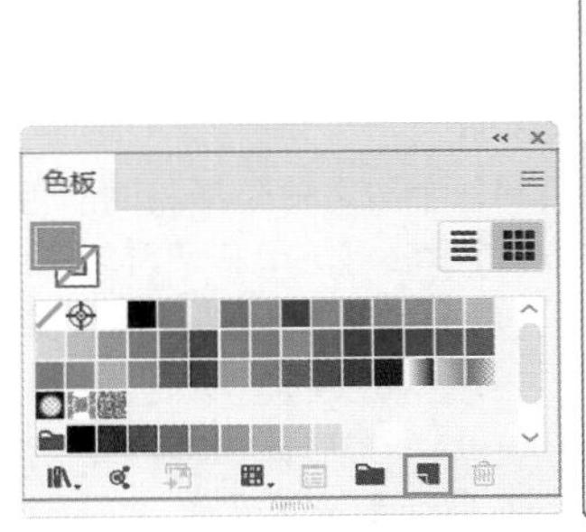

图3-50

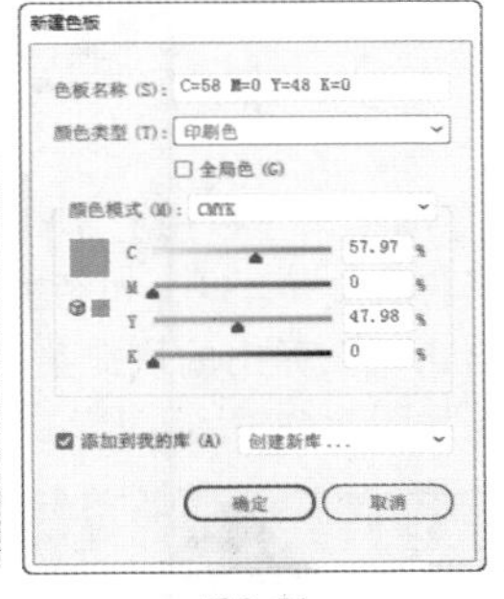

图3-51

3. 使用色板库

Illustrator 中提供了很多颜色，并且以“库”的方式集合在一起。执行“窗口 > 色板库”命令，在弹出的子菜单中可以看到色板库列表，选择一个色板库即可打开相应的色板库面板，如图 3-52 所示。也可以在“色板”面板中单击“色板库菜单”按钮，在弹出的菜单中选择某一库即可打开相应色板库，如图 3-53 所示。

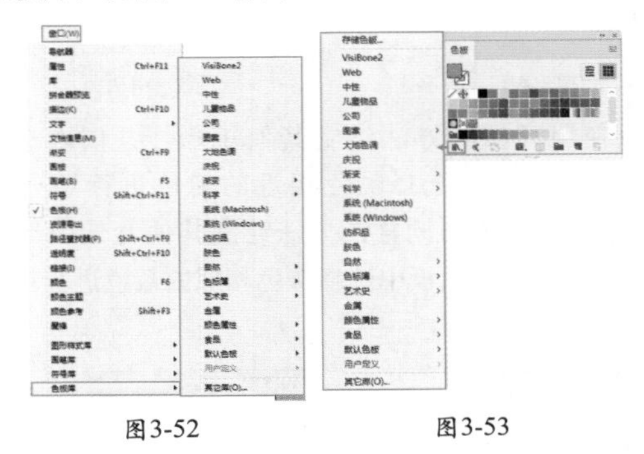

图3-52　　图3-53

练习实例：使用合适的色板库进行填充

文件路径	资源包\第3章\练习实例：使用合适的色板库进行填充
难易指数	★★★★★
技术掌握	“色板库”“矩形工具”“钢笔工具”

实例效果

扫一扫，看视频

本实例演示效果如图 3-54 所示。

图3-54

操作步骤

步骤 01 执行“文件 > 新建”命令或按快捷键 Ctrl+N，创建新文档。单击工具箱中的“钢笔工具”按钮，去除描边和填充，在画板左上角绘制一个三角形，如图 3-55 所示。单击工具箱中的“选择工具”按钮，选中新绘制的三角形，然后单击工具箱底部的“填充”按钮，如图 3-56 所示。

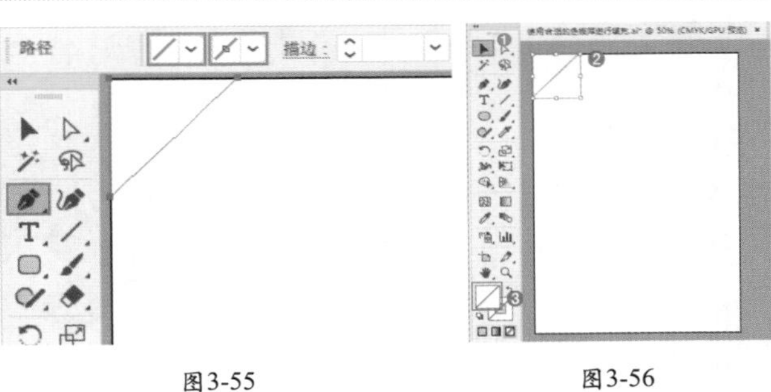

图3-55　　图3-56

步骤 02 执行“窗口 > 色板库 > 色标簿 >TOYO Color Finder”命令，在弹出的 TOYO Color Finder 面板中单击选择一种粉色，如图 3-57 所示。此时该图形的填充颜色发生改变，如图 3-58 所示。使用同样的方法绘制其他三角形，并在色板库中选择合适的颜色，如图 3-59 所示。

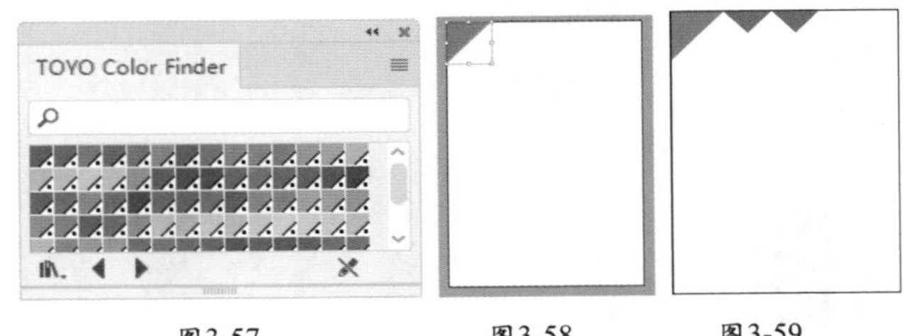

图3-57　　图3-58　　图3-59

步骤 03 单击工具箱中的“矩形工具”按钮，去除描边和填充，在画板中按住 Shift 键绘制一个正方形，然后按住 Shift 键旋转 45°，如图 3-60 所示。在 TOYO Color Finder 面板中选择一种粉色，如图 3-61 所示。

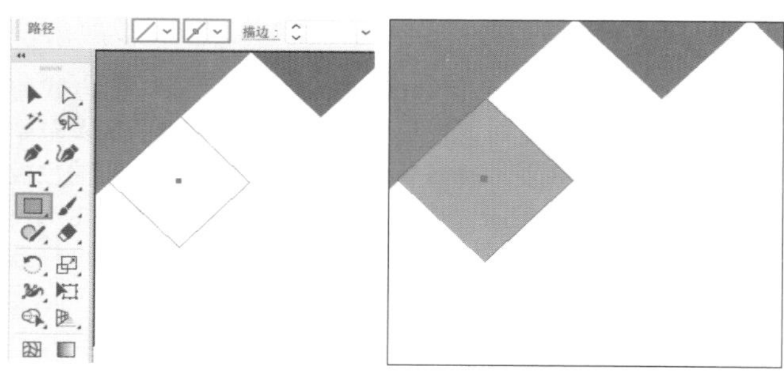

图3-60　　图3-61

步骤 04 使用同样的方法绘制其他矩形，并依次在 TOYO Color Finder 面板中选择颜色相近的粉色进行填充，如图 3-62 所示。然后使用同样的方法绘制其他背景图形，并在 TOYO Color Finder 面板中选择颜色相似的蓝色进行填充，如图 3-63 所示。

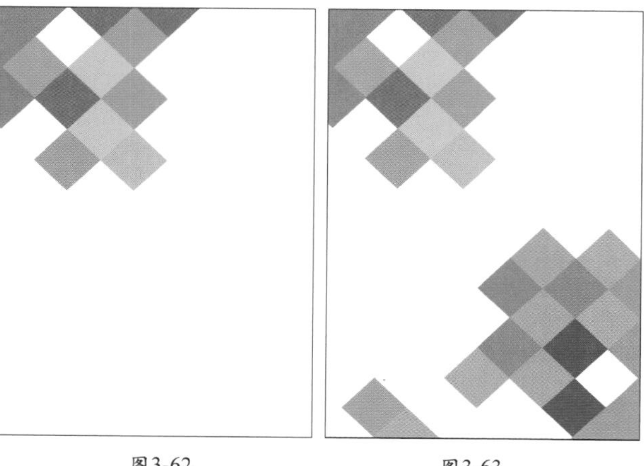

图3-62　　图3-63

步骤 05 单击工具箱中的“钢笔工具”按钮，去除描边和填充，在画板上部右侧空白处绘制一段路径，然后在控制栏中设置填充为无，描边为粉色，描边粗细为 4pt，如图 3-64 所示。使用同样的方法绘制另外一段路径，设置描边颜色为蓝色，如图 3-65 所示。如果界面中没有显示控制栏，可以执行“窗口 > 控制”命令将其显示。

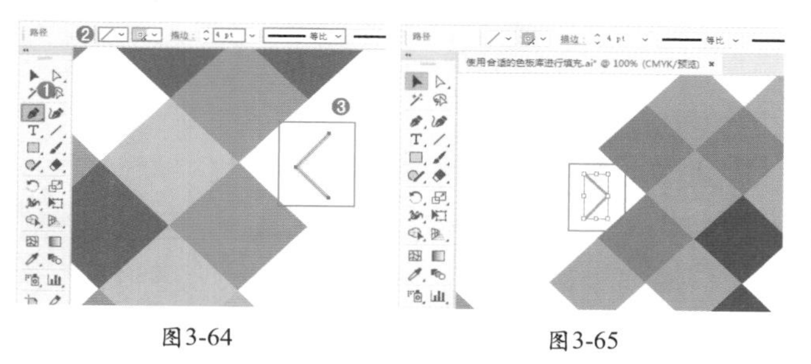

图3-64　　图3-65

步骤 06 执行“文件 > 置入”命令，置入素材 1.jpg。调整素材到合适的大小，移动到相应位置，然后单击“嵌入”按钮将其嵌入文档内，如图 3-66 所示。

图3-66

步骤 07 使用“矩形工具”绘制一个与之前矩形相同的矩形，然后将其旋转 45°，如图 3-67 所示。将矩形和素材加选，然后右击，在弹出的快捷菜单中执行“建立剪切蒙版”命令。效果如图 3-68 所示。

图3-67　　图3-68

步骤 08 使用同样的方法添加素材 2.jpg、3.jpg，并移动到相应位置，然后依次绘制矩形，并进行“建立剪切蒙版”操作。效果如图 3-69 所示。单击工具箱中的“椭圆工具”按钮，在控制栏中设置填充为无，描边为粉色，描边粗细为 2pt，在相应位置按住 Shift 键绘制一个正圆，如图 3-70 所示。

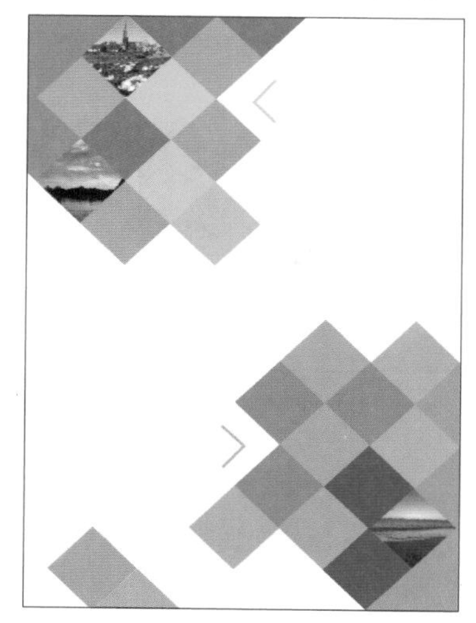

图3-69

步骤 09 使用同样的方法在另外一个三角形的左侧添加另一个圆形，设置描边为蓝色，如图 3-71 所示。

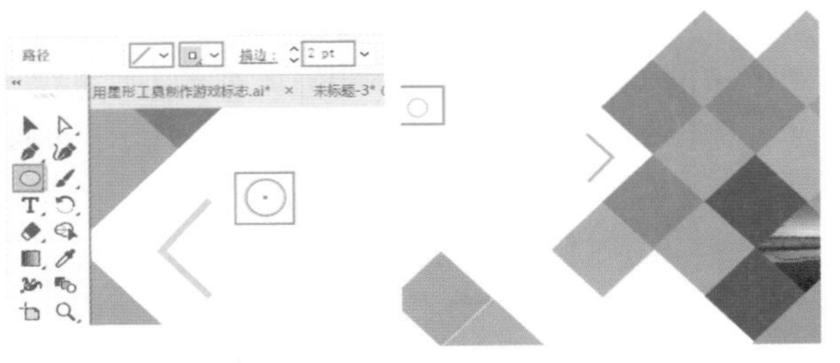

图3-70　　图3-71

步骤 10 执行“文件>打开”命令，打开素材4.ai。选中素材对象，按快捷键Ctrl+C进行复制。然后回到刚才工作的文档，按快捷键Ctrl+V进行粘贴。将粘贴出的对象移动到相应位置，如图3-72所示。

图3-72

3.4.2　使用“颜色”面板设置颜色

“颜色”面板也可以为填充或描边设置纯色。执行“窗口>颜色”命令（快捷键：F6），打开“颜色”面板。默认情况下，“颜色”面板显示为精简模式，如图 3-73 所示。将光标移动到该面板底部，按住鼠标左键向下拖动，可以将面板上的色域变大一些，在色域中可以通过单击选择合适的颜色，如图 3-74 所示。

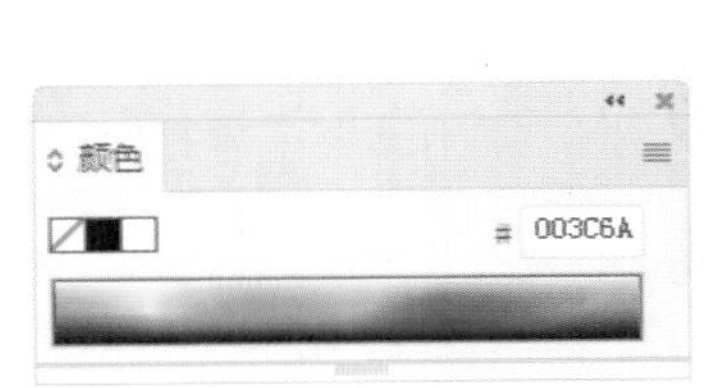

图3-73 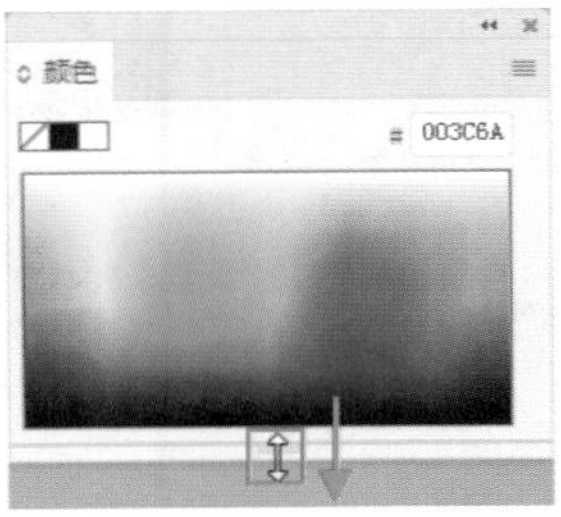　　图3-74

在“颜色”面板中可以进行精确数值颜色的设置。单击面板菜单按钮，在弹出的菜单中执行“显示选项”命令，如图3-75所示。此时面板将出现颜色数值的滑块，如图3-76所示。

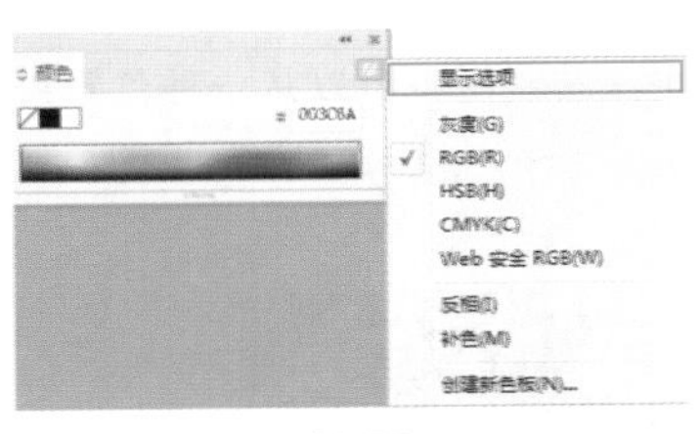

图3-75

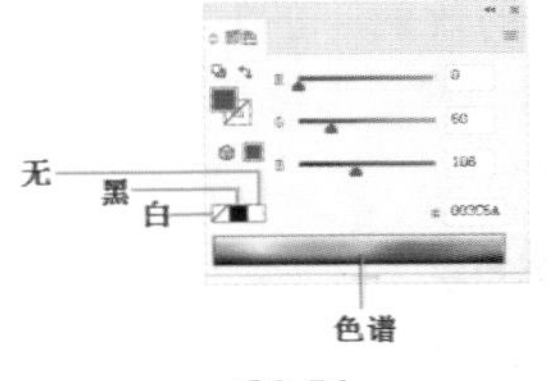

图3-76

1. “颜色”面板

在精简模式下，首先需要在“标准颜色控件”中单击“填充”或者“描边”按钮，接着将光标移动到色域上，单击即可为当前图形设置填充或者描边，如图 3-77 所示。在显示选项的状态下，首先需要在“颜色”面板中单击“填充”或者“描边”按钮，然后通过拖动滑块进行颜色的具体调整，也可以直接在滑块右侧的文本框内输入数值得到精确的色彩，如图 3-78 所示。

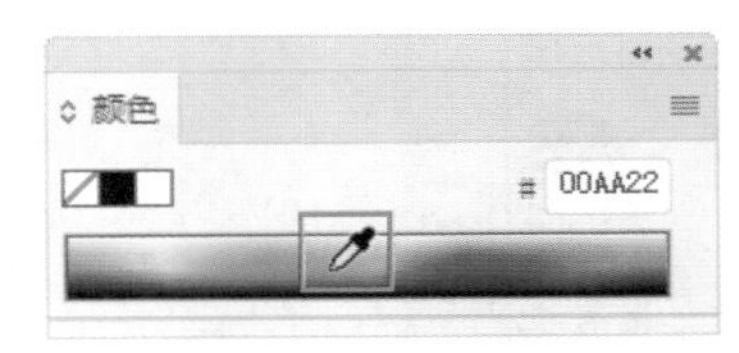

图3-77

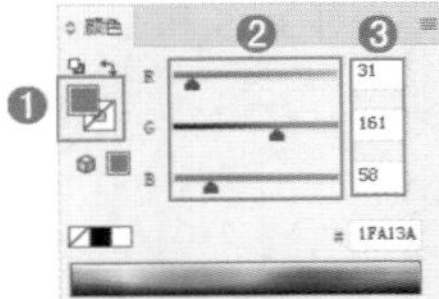

图3-78

2. 快速设置为无色、白色或黑色

若要去除填充色或描边色，可以单击“颜色”面板上方的“无”按钮，如图 3-79 所示。若要设置为白色，单击上方的“白色”按钮，如图3-80 所示。若要设置为黑色，单击上方的“黑色”按钮，如图 3-81 所示。

图3-79

图3-80

图3-81

3. 使用不同颜色模式设置颜色

想要以不同的颜色模式设置颜色，可以在面板菜单中执行“灰度”、RGB、HSB、CMYK或“Web 安全 RGB”命令，定义不同的颜色状态（注意此时选择的模式仅影响“颜色”面板的显示，并不更改文档的颜色模式），如图3-82所示。不同的颜色模式显示的颜色滑块也不相同。如图3-83所示为灰度模式。

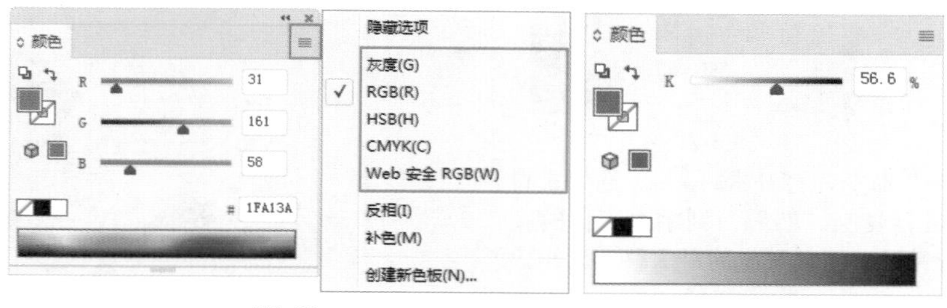

图3-82　　图3-83

4. 快速设置反相颜色

选择一个图形，单击“颜色”面板菜单按钮，如图3-84所示。在弹出的菜单中执行“反相”命令，可以得到反相的颜色，如图3-85和图3-86所示。

图3-84　　图3-85　　图3-86

5. 快速设置补色

选择一个图形，单击“颜色”面板菜单按钮，在弹出的菜单中执行“补色”命令，可以得到当前颜色的补色。

3.5 为填充与描边设置渐变

扫一扫，看视频

“渐变色”是指由一种颜色过渡到另一种颜色的效果。可以从明到暗、由深转浅，也可以从一种色彩过渡到另一种色彩。渐变色充满变幻无穷的神秘浪漫气息，无论是在设计中还是在生活中都是非常常见的。如图3-87~和图3-90所示为包含渐变效果的设计作品。

图3-87　　图3-88　　图3-89　　图3-90

重点 3.5.1 动手练：使用渐变的基本方法

（1）选择一个图形，在“标准颜色控件”中单击“填充”按钮，使其至于前方；然后单击下方的“渐变”按钮，如图3-91所示。随即会弹出“渐变”面板，默认情况下渐变颜色为黑白色系的渐变。此时选中的图形会被默认的渐变颜色填充，如图3-92所示。

图3-91

图3-92

（2）除上述方法外，也可以选择一个图形，执行“窗口>渐变”命令（快捷键：Ctrl+F9），打开“渐变”面板。单击面板上方的“渐变”按钮或者渐变颜色条，如图3-93所示。随即选中的图形就会被填充渐变色，如图3-94所示。

图3-93

图3-94

重点 3.5.2 详解“渐变”面板

执行“窗口 > 渐变”命令或按快捷键 Ctrl+F9 打开“渐变”面板，从中可以对渐变类型、颜色、角度、长宽比、透明度等参数进行设置。不仅如此，描边的渐变颜色也是通过“渐变”面板进行编辑的，如图 3-95 所示。

图3-95

（1）选择一个图形，如图 3-96 所示。单击“渐变”面板中的“渐变”按钮即可为选中的图形填充渐变颜色，如图 3-97 和图 3-98 所示。

图3-96

图3-97

图3-98

（2）单击“预设渐变”按钮可以显示预设的渐变。单击列表底部的“添加到色板”按钮，可将当前渐变设置存储为色板，如图3-99所示。

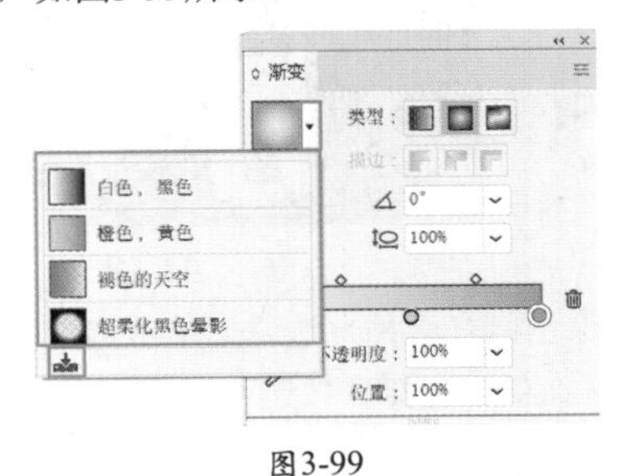

图3-99

（3）在“渐变”面板中，可以看到其中包括“线性”“径向”和“任意形状渐变”三种类型，如图3-100所示。当单击“线性”选项时，渐变色将按照从一端到另一端的方式进行变化，如图3-101所示。当单击“径向”按钮时，渐变色将按照从中心到边缘的方式进行变化，如图3-102所示。

图3-100

图3-101

图3-102

（4）默认的渐变色是从黑色渐变到白色，想要更改色标颜色，双击色标即可设置颜色。如果当前可设置的颜色只有黑、白、灰，可以单击☰按钮，在弹出的菜单中选择RGB或其他颜色模式，如图3-103所示，即可进行彩色的设置。效果如图3-104所示。

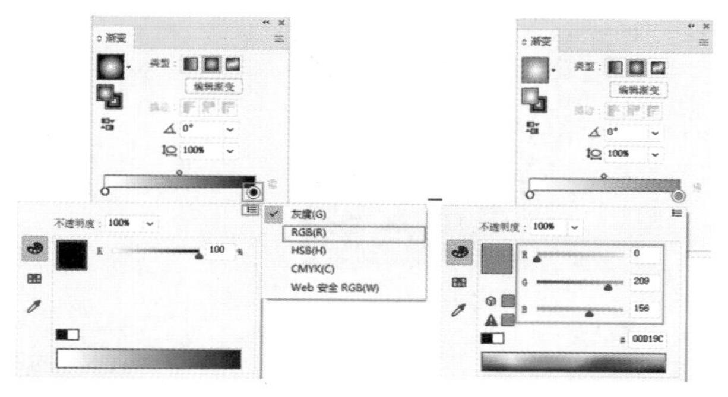

图3-103　　图3-104

（5）若要在“线性”或“径向”模式下设置多种颜色的渐变效果，则需要添加色标。将光标移动至渐变颜色条下方，当其变为▷+形状时单击即可添加色标，如图3-105所示。接下来，就可以更改色标的颜色，如图3-106所示。

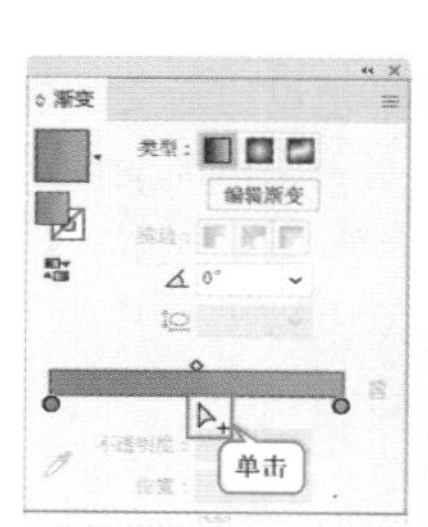

图3-105

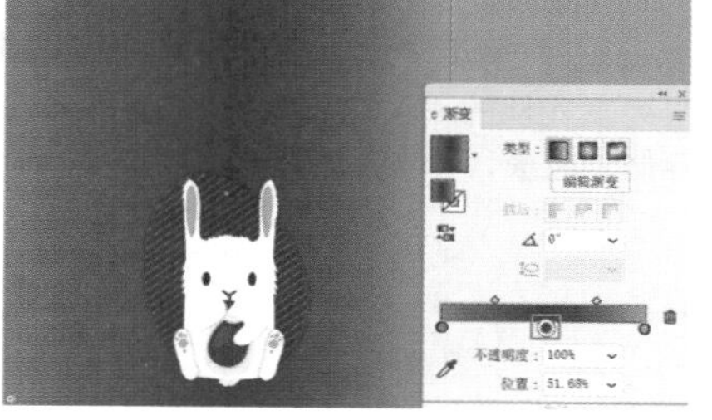

图3-106

（6）删除色标有两种方法。先单击选中需要删除的色标，然后单击“删除色标”按钮🗑，即可删除色标，如图3-107所示。也可以在要删除的色标上方按住鼠标左键将其向渐变颜色条外侧拖曳，即可删除色标，如图3-108所示。

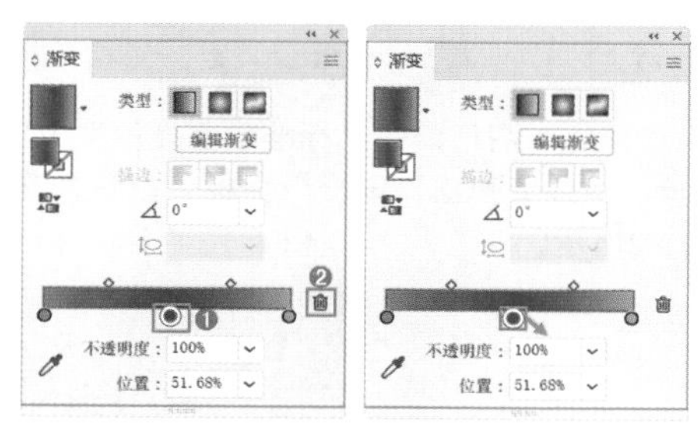

图3-107　　图3-108

（7）拖曳滑块可以更改渐变颜色的变化，如图3-109所示。单击“颜色中点”◆将其选中，然后拖曳或者在“位置”文本框中输入介于0～100的值，即可更改两种颜色的过渡效果，如图3-110所示。

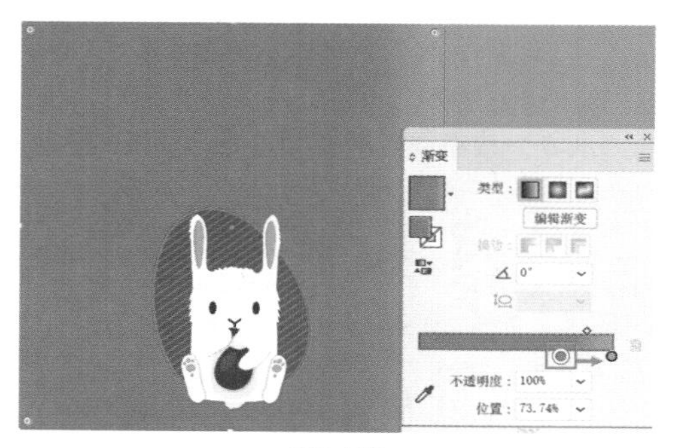

图3-109

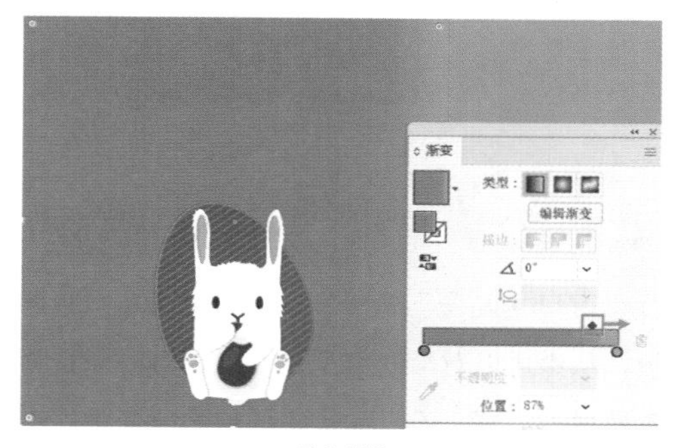

图3-110

（8）若要更改渐变颜色的不透明度，单击“渐变”面板中的色标，然后在“不透明度”数值框中指定一个数值。如果渐变色标的“不透明度”值小于100%，则色标将显示为▣，并且颜色在渐变滑块中显示为小方格，如图3-111所示。

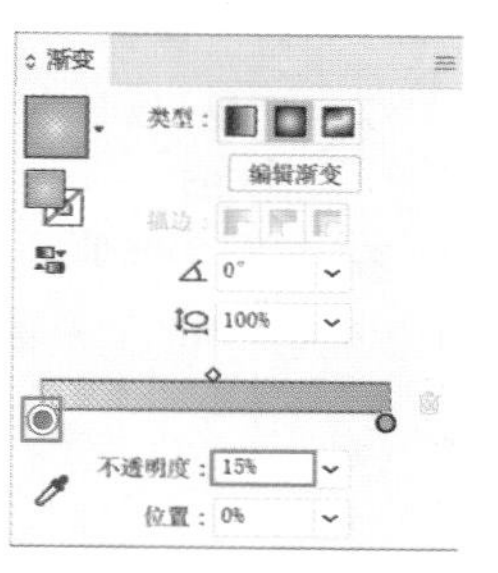

图3-111

（9）当渐变类型为“线性”或“径向”时，单击“反相渐变”按钮，可以使当前渐变颜色方向翻转，对比效果如图3-112和图3-113所示。

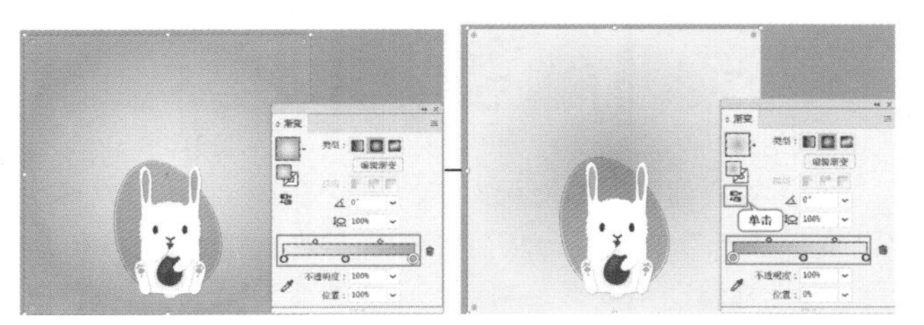

图3-112　　图3-113

（10）当渐变类型为“线性”或“径向”时，调整角度数值可以使渐变进行旋转，如图3-114所示。当渐变类型为“径向”时，可以通过“长宽比”选项更改椭圆渐变的角度并使其倾斜，如图3-115所示。

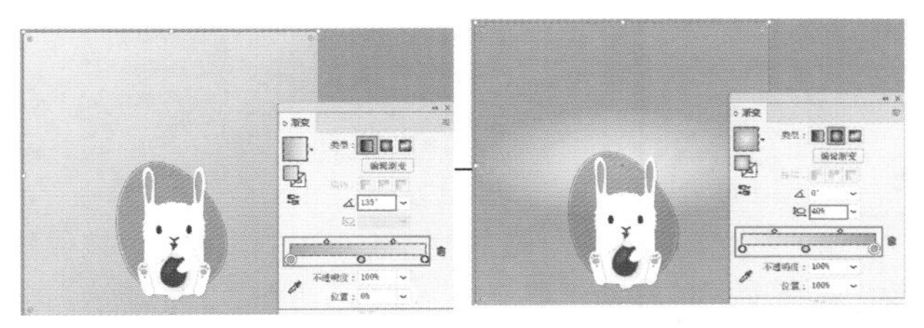

图3-114　　图3-115

（11）单击“任意形状渐变”按钮，可以使渐变转换为多点的任意形状渐变效果。此时图形的四角都出现了可调整颜色和位置的色标。双击色标即可更改颜色，按住并拖动色标即可调整色标的位置，如图3-116所示。若要在图像中添加色标，当光标变为形状时，单击即可添加控制点，如图3-117所示。若要删除色标，可以选中色标，并单击面板中的按钮即可。

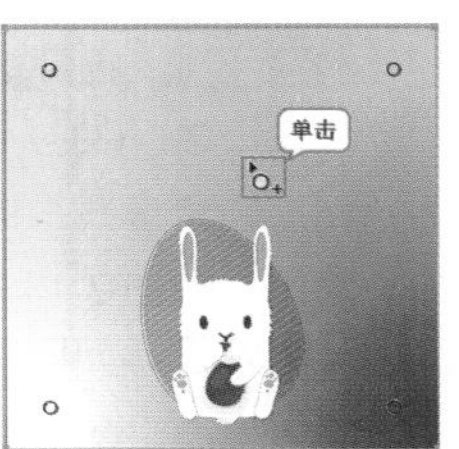

图3-116　　图3-117

（12）如果在“渐变”面板中选中“线”单选按钮，可通过多次单击创建一条带有多个色标点的曲线，双击色标即可进行颜色设置，如图3-118所示。绘制过程中按下Esc键即可结束绘制。

（13）如果要为描边添加渐变颜色，可以选择图形，在“标准颜色控件”中单击“描边”按钮，将其置于前方。然后单击“渐变”按钮，在弹出的“渐变”面板中编辑一种渐变颜色，如图3-119所示。关于如何调整“描边”的渐变效果，其方法与调整“填充”的渐变效果基本相同，唯一不同的是可以设置描边的渐变样式，如图3-120所示。

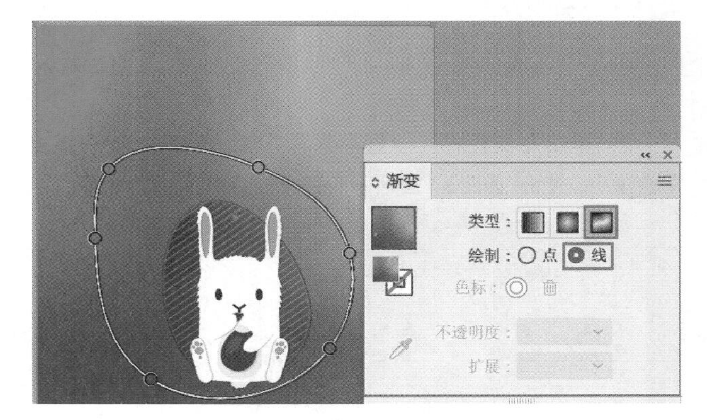

图3-118

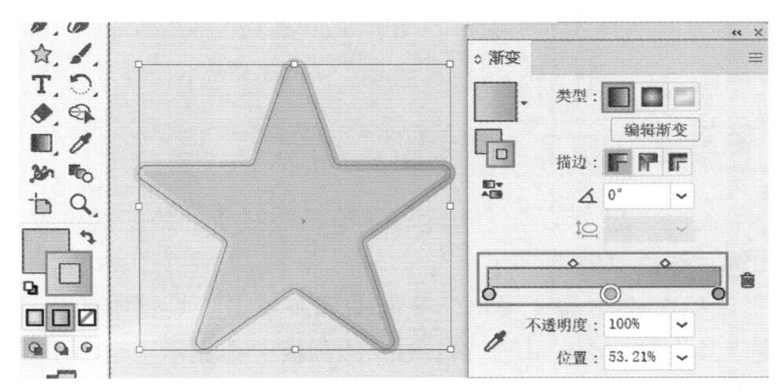

图3-119

(a) 在描边中应用渐变　(b) 沿描边应用渐变　(c) 跨描边应用渐变

图 3-120

举一反三：创建带有透明部分的渐变

扫一扫，看视频

在本例的矢量插画中，需要在前景中添加由黄绿色到透明的渐变，以丰富画面中的颜色变化。

（1）绘制一个与画板等大的矩形，如图3-121所示。选中矩形，执行“窗口 > 渐变”命令，在弹出的“渐变”面板中单击渐变颜色条为其填充渐变颜色，然后编辑一个由白色到黄绿色的“径向”渐变。效果如图3-122所示。

图3-121

图3-122

（2）单击左侧色标，设置“不透明度”为0%，向右拖曳“颜色中点”，如图3-123所示。完成效果如图3-124所示。

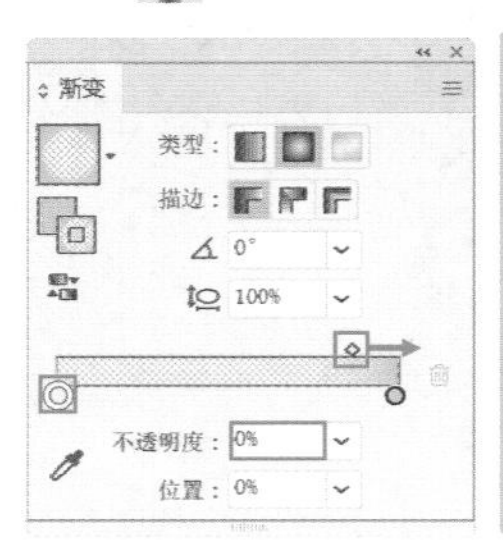

图3-123

图3-124

重点 3.5.3 使用“渐变工具”

使用“渐变工具”能够调整已被赋予的渐变的位置、比例、颜色等效果。

（1）选中需要编辑渐变的图形，单击工具箱中的“渐变工具”按钮（快捷键：G），画板中会显示一个用于控制渐变颜色、位置、大小的控制器——渐变批注者（也经常被称为“渐变控制器”），如图3-125所示。通常渐变颜色编辑完成后，可以使用“渐变工具”直观地在图形上调整渐变的位置、角度等属性。此时按住鼠标左键拖曳，即可调整渐变效果，如图3-126所示。

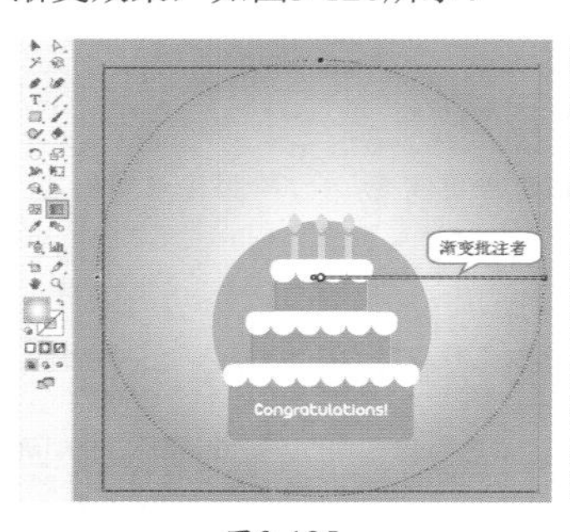

图3-125

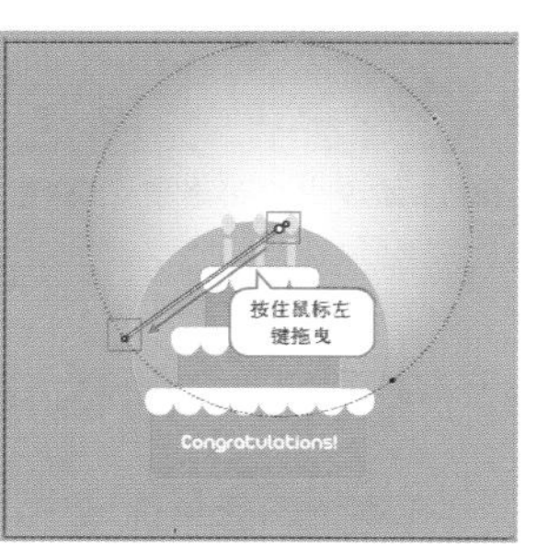

图3-126

（2）“渐变批注者”中提供了“渐变”面板中的大部分功能。在“渐变批注者”的渐变颜色条上单击即可添加色标，然后可以更改色标的颜色，如图3-127所示。双击“渐变批注者”上的色标，在弹出的“颜色选择”面板中可以重新定义颜色，如图3-128所示。拖曳“颜色中心”可以更改颜色的过渡效果，如图3-129所示。

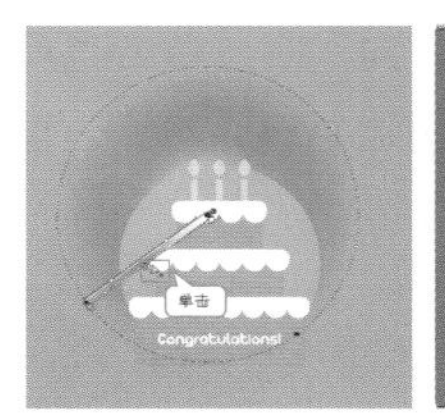

图3-127

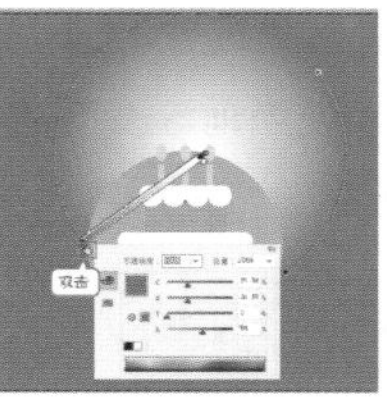

图3-128

图3-129

（3）在“线性”渐变状态下，拖曳圆形控制点可以移动“渐变批注者”的位置，从而影响渐变效果，如图3-130所示。将光标移动至菱形控制点处，当其变为形状后按住鼠标左键拖曳，能够调整“渐变批注者”的长度，如图3-131所示。当光标变为形状后按住鼠标左键拖曳，可以调整线性渐变的角度，如图3-132所示。

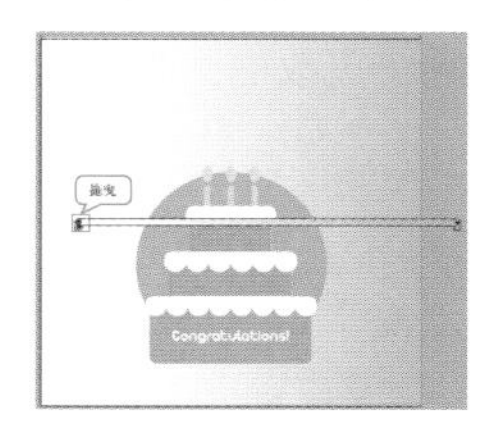

图3-130

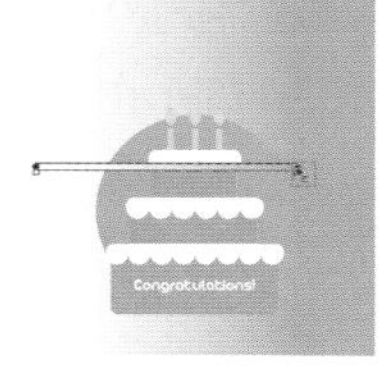

图3-131

图3-132

（4）将光标移动至一端的较大圆形控制点处，按住鼠标左键拖曳可以移动“渐变批注者”，如图3-133所示。拖曳另一端较小的圆形控制点，可以调整径向渐变半径的长度，如图3-134所示。

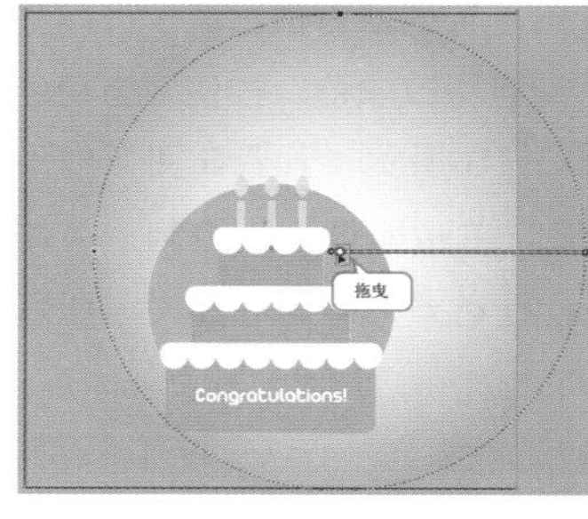

图3-133

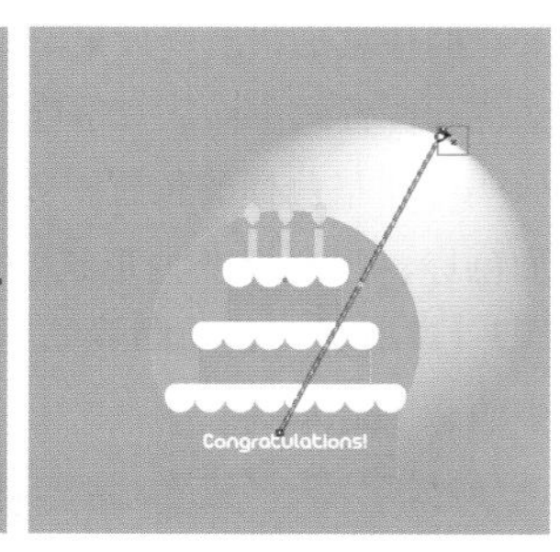

图3-134

（5）拖曳虚线上的黑色圆形控制点能够调整径向渐变的长宽比，如图3-135所示。拖曳白色控制点可以调整渐变的过渡效果，如图3-136所示。

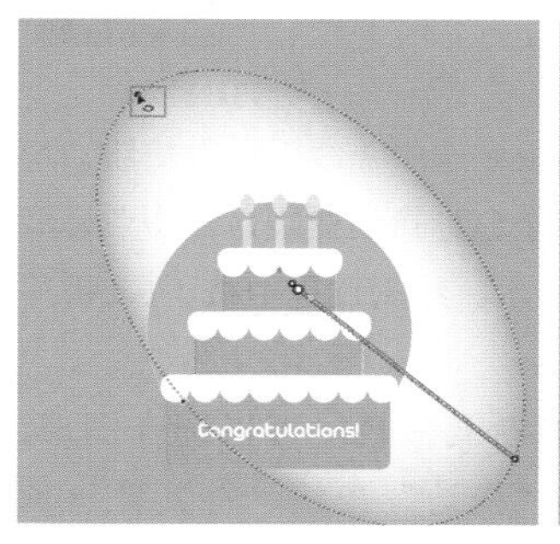

图3-135

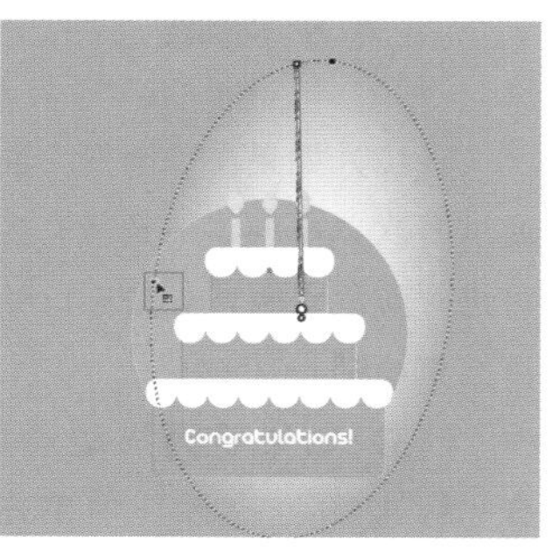

图3-136

练习实例：使用“渐变”面板制作运动软件界面

文件路径	资源包\第3章\练习实例：使用“渐变”面板制作运动软件界面
难易指数	★★★★★
技术掌握	“渐变工具”“渐变”面板

实例效果

本实例演示效果如图3-137所示。

扫一扫，看视频

图3-137

操作步骤

步骤01 执行“文件 > 新建”命令或按快捷键Ctrl+N，创建新文档。单击工具箱中的“矩形工具”按钮，在画板上绘制一个矩形。保持该矩形的选中状态，去除描边，效果如图3-138所示。

图3-138

步骤02 使用“渐变”面板为背景设置颜色。执行“窗口 > 渐变”命令，打开“渐变”面板。在该面板中设置渐变类型为“线性”，双击第一个色标，在弹出的面板中单击右上角的按钮，更改颜色模式为CMYK(C)，然后在底部渐变颜色条中选择一种蓝色，如图3-139所示。使用同样的方法设置另外一个色标，颜色设置为紫色，然后向前移动色标的位置，如图3-140所示。

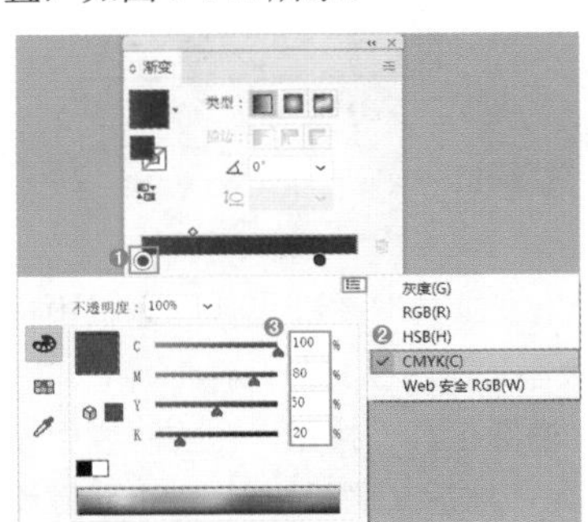

图3-139　图3-140

步骤03 绘制条形对象。在工具箱中单击“钢笔工具”按钮，绘制一个条形；然后选择该图形，双击“填充”按钮，在弹出的“拾色器”窗口中为该条形设置一种深紫色，如图3-141所示。

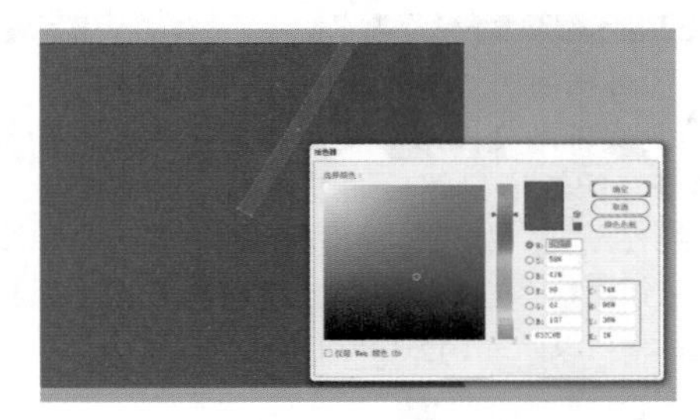

图3-141

步骤04 使用上述方法再绘制几个条形，设置适合的颜色，如图3-142所示。

步骤05 使用“钢笔工具”绘制一个向右的箭头，同样在控制栏中设置填充为白色，描边为无，效果如图3-143所示。

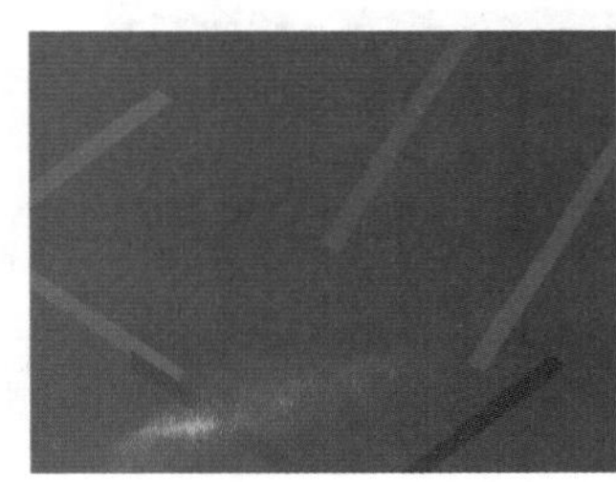

图3-142　图3-143

步骤06 选择该图形，执行“对象>变换>镜像”命令，在弹出的“镜像”窗口中设置“轴”为“垂直”，单击“复制”按钮，如图3-144所示。将复制的图形移动到画板中的相应位置，如图3-145所示。如果界面中没有显示控制栏，可以执行“窗口>控制”命令将其显示。

图3-144　图3-145

步骤07 单击工具箱中的“矩形工具”按钮，在画板中央绘制一个矩形，在控制栏中设置矩形填充为白色，描边为无。效果如图3-146所示。

步骤08 使用同样的方法绘制3个小的矩形，并设置其填充与描边颜色。效果如图3-147所示。

图3-146　　图3-147

步骤 09 绘制底部渐变图形。使用“矩形工具”绘制一个与白色矩形等宽的矩形，然后通过“渐变”面板设置一种浅蓝色系的线性渐变，如图3-148所示。单击工具箱中的“渐变工具”按钮，在底部矩形上自左向右按住鼠标左键拖曳，调整渐变角度，如图3-149所示。

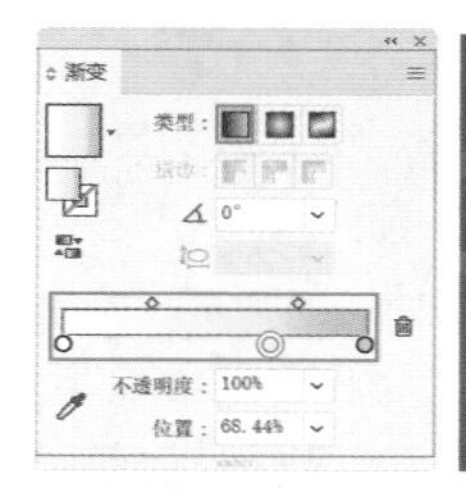

图3-148　　图3-149

步骤 10 执行“文件>置入”命令，置入人物素材1.png，然后单击“嵌入”按钮将其嵌入。按住Shift键拖曳控制点将人像等比例缩放，并将其移动到合适位置，如图3-150所示。

图3-150

步骤 11 执行“文件>打开”命令，打开素材2.ai。选中素材对象，按快捷键Ctrl+C进行复制。然后回到刚才工作的文档，按快捷键Ctrl+V进行粘贴。将粘贴出的对象移动到相应位置，如图3-151所示。

图3-151

练习实例：使用渐变填充和单色填充制作音乐节海报

文件路径	资源包\第3章\练习实例：使用渐变填充和单色填充制作音乐节海报
难易指数	★★★★★
技术掌握	“渐变”面板、“渐变工具”

实例效果

本实例演示效果如图 3-152 所示。

扫一扫，看视频

图3-152

操作步骤

步骤 01 执行“文件 > 新建”命令或按快捷键 Ctrl+N，创建新文档。单击工具箱中的“矩形工具”按钮，在画板上按住鼠标左键拖曳绘制一个与画板等大的矩形。选择这个矩形，然后执行“窗口 > 渐变”命令，打开“渐变”面板。单击渐变颜色条，为其赋予渐变，然后设置“类型”为“线性”；双击“色标”，在打开的下拉面板中单击右上角的按钮，更改颜色模式为 CMYK(C)；接着设置颜色为黄色，如图 3-153 所示。使用同样的方法设置其他色标的颜色，并按住鼠标左键将色标向左拖动，如图 3-154 所示。

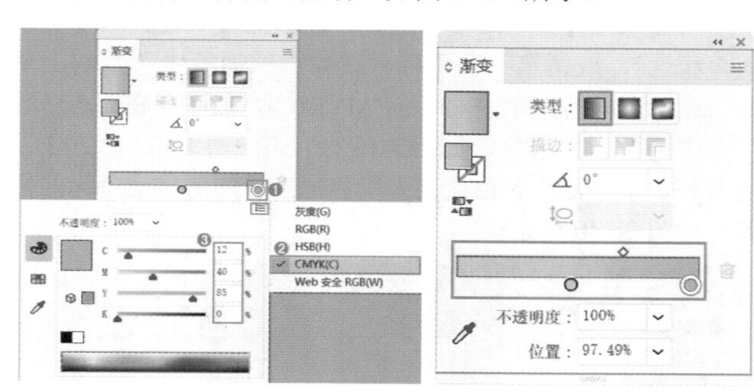

图3-153　　图3-154

步骤 02 在工具箱中单击“渐变工具”按钮，在画板中拖曳鼠标调整渐变的角度和大小，如图 3-155 所示。

步骤 03 在工具箱中单击“椭圆工具”按钮，在控制栏中设置填充颜色与描边颜色为无，然后在画板中按住 Shift 键绘制一个正圆，如图 3-156 所示。

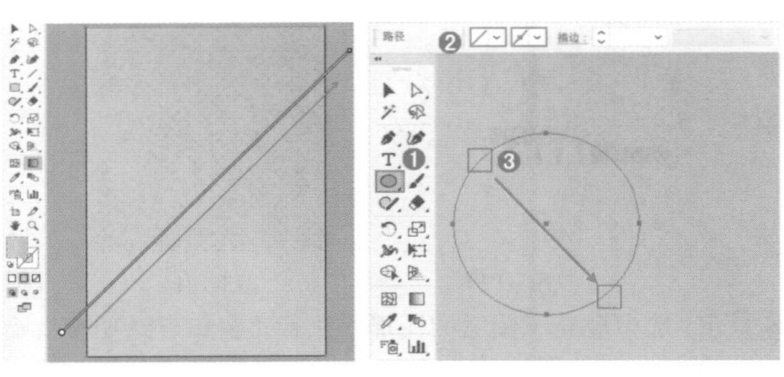

图3-155　　图3-156

步骤 04 选择该正圆，执行“窗口＞渐变”命令，在打开的“渐变”面板中编辑一种青绿色系的渐变颜色；单击渐变颜色条，为其赋予渐变颜色，如图3-157所示。继续使用同样的方法绘制其他彩色正圆，如图3-158所示。

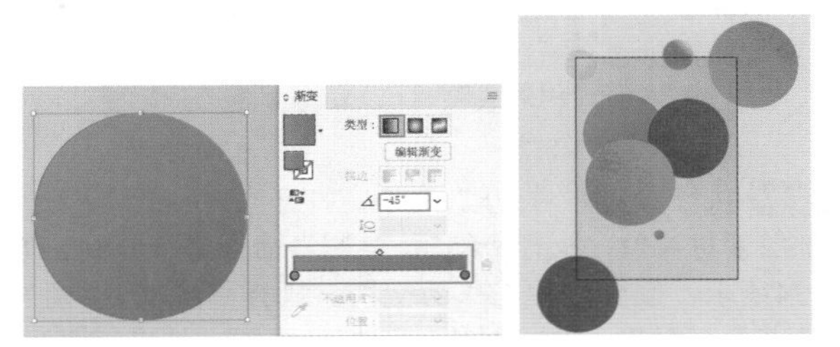

图3-157　　图3-158

步骤 05 再次使用“椭圆工具”绘制一个正圆，执行“窗口＞颜色”命令打开“颜色”面板，在面板绿色的区域单击选择颜色，如图3-159所示。使用同样的方法绘制一个橘色的正圆，如图3-160所示。

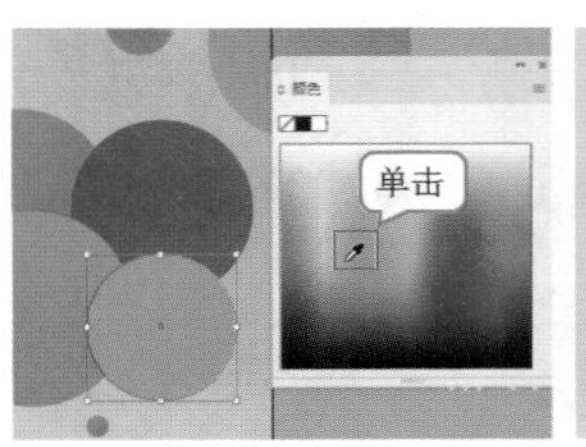

图3-159

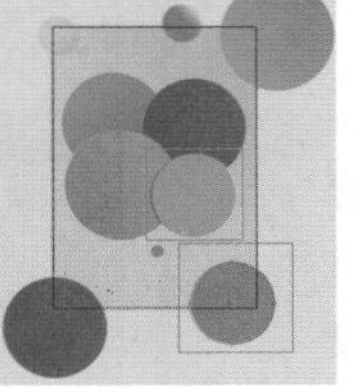

图3-160

步骤 06 执行“文件>打开”命令，打开素材1.ai。选中素材对象，按快捷键Ctrl+C进行复制。然后回到刚才工作的文档，按快捷键Ctrl+V进行粘贴。将粘贴出的对象移动到相应位置。效果如图3-161所示。

图3-161

3.6 图案

扫一扫，看视频

在 Illustrator 中可以将填充或描边设置为图案。“色板”面板和色板库中内置了很多种类的图案可供选择。除此之外，用户还可以创建自定义图案。

重点 3.6.1 使用图案填充

（1）选择一个图形，如图3-162所示。执行“窗口＞色板”命令，打开“色板”面板，单击色板面板底部的“色板库”按钮，在弹出的菜单中单击“图案”选项，在子菜单中可以看到3组图案库，如图3-163所示。

图3-162　　图3-163

（2）在子菜单中执行某一命令即可打开一个图案面板。例如，执行“装饰＞装饰旧版”命令，即可打开“装饰旧版”面板，如图3-164所示。单击某一图案，即可为选中的图形填充图案，如图3-165所示。

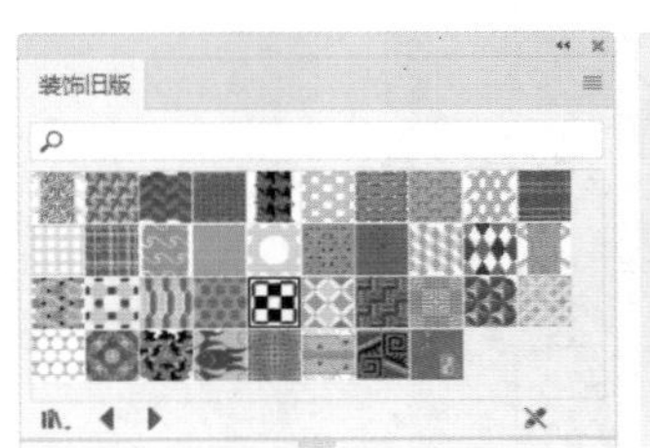

图 3-164

图 3-165

（3）图案面板的底部不仅有“色板库”菜单按钮，还有“加载上一色板库”按钮和“加载下一色板库”按钮，使用这两个按钮可以快速切换面板。例如，在“装饰旧版”面板中单击按钮，可以切换到“Vonster 图案”面板，如图3-166所示。单击按钮，可以切换到“大地色调”面板，如图3-167所示。

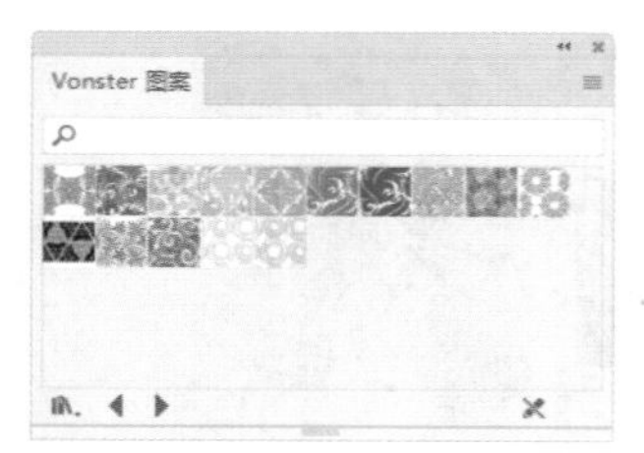

图3-166

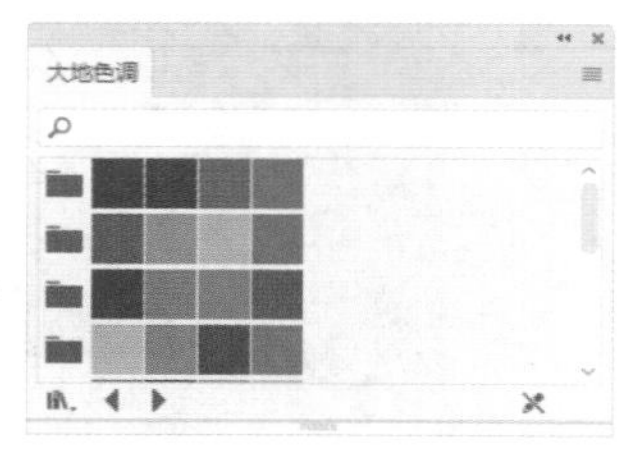

图3-167

练习实例：使用图案填充制作斑点背景

文件路径	资源包\第3章\练习实例：使用图案填充制作斑点背景
难易指数	★★★★★
技术掌握	图案填充、“矩形工具”

实例效果

本实例演示效果如图3-168所示。

扫一扫，看视频

图3-168

操作步骤

步骤01 执行“文件 > 新建”命令或按快捷键Ctrl+N，创建新文档。单击工具箱中的“矩形工具”按钮，在控制栏中设置填充为粉色，描边为无，绘制一个与画板等大的矩形，如图3-169所示。如果界面中没有显示控制栏，可以执行“窗口 > 控制”命令将其显示。

图3-169

步骤02 复制该矩形并原位置粘贴，去除填充和描边，保持矩形的选中状态，然后执行“窗口>色板库>图案>基本图形>基本图形_点”命令，在弹出的“基本图形_点”面板中单击选择一种图案，如图3-170所示。效果如图3-171所示。

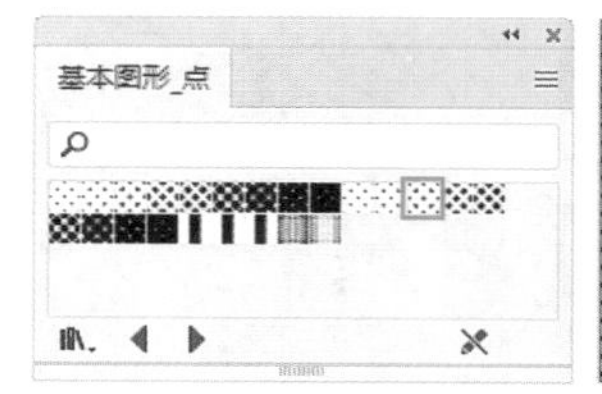

图3-170

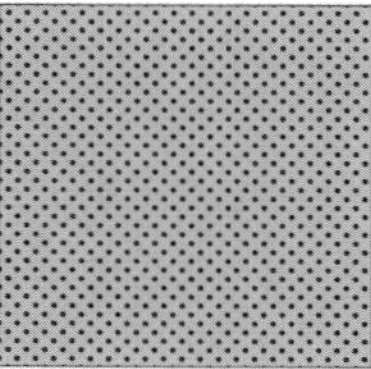

图3-171

步骤03 选中填充了图案的图形，执行“窗口 > 透明度”命令，在弹出的“透明度”面板中设置“混合模式”为“柔光”，如图3-172所示。效果如图3-173所示。

图3-172　　图3-173

步骤04 执行“文件>打开”命令，打开素材1.ai。接着选中内部的素材对象，执行“编辑>复制”命令进行复制，如图3-174所示。回到刚才工作的文档，执行“编辑>粘贴”命令粘贴素材对象，并将其移动到相应位置。效果如图3-175所示。

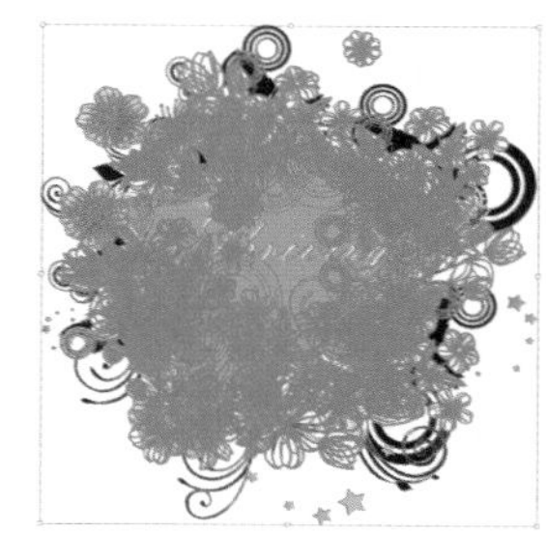

图3-174

图3-175

3.6.2 创建图案色板

虽然Illustrator提供了多种预设填充图案，但是这些图案并不一定能够完全满足我们的需要，这时就可以将需要使用的图形创建为可供调用的图案色板。

（1）选择一个将要定义为图案的对象，如图3-176所示。执行“对象 > 图案 > 建立”命令，在弹出的提示对话框中单击“确定”按钮，如图3-177所示。

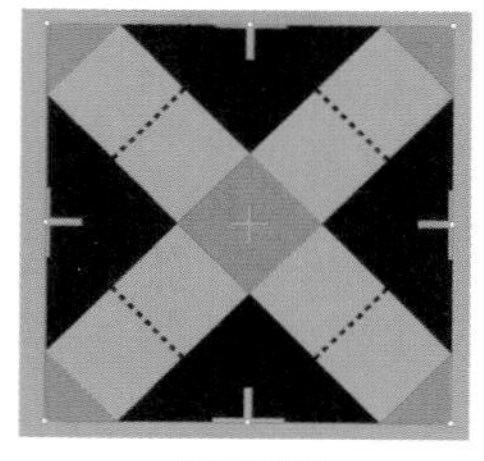

图3-176

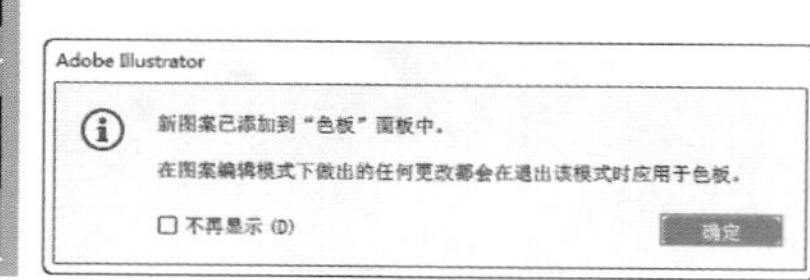

图3-177

（2）在弹出的“图案选项”面板中可以对图案的大小、位置、拼贴类型、重叠等选项进行设置，如图 3-178 所示。

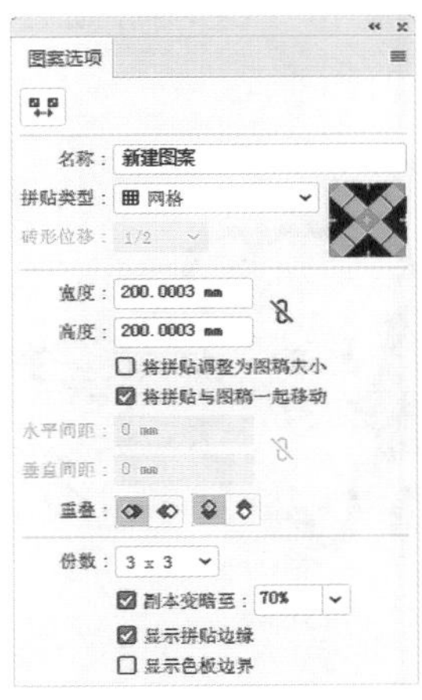

图3-178

（3）此时可以看到选定的图案的拼贴效果。图案上方有“存储副本”“完成”和“取消”3 个按钮，单击“存储副本”按钮可以将图案存储为副本；单击“完成”按钮完成图案建立操作；单击“取消”按钮可以取消图案定义的操作，如图 3-179 所示。单击“完成”按钮后，新建的图案就会出现在“色板”面板中，如图 3-180 所示。

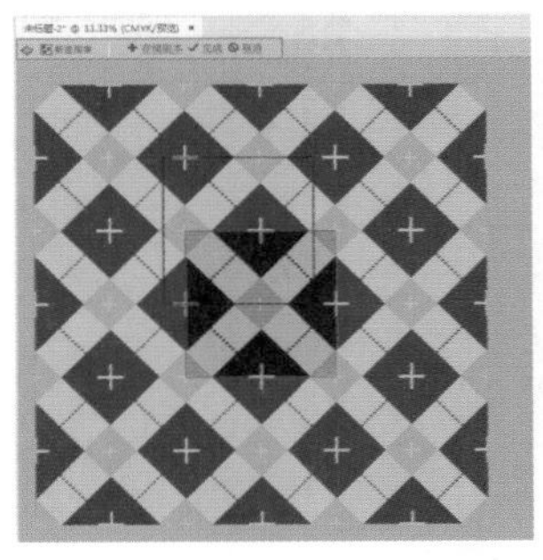

图3-179

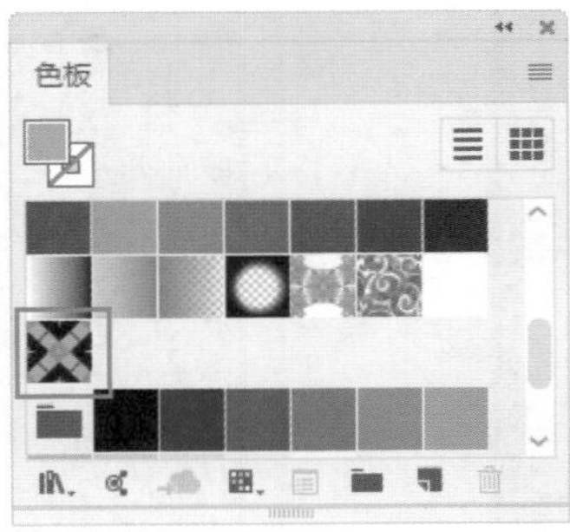

图3-180

3.7 编辑描边属性

扫一扫，看视频

（1）在 Illustrator 中不仅可以对描边的颜色进行设置，更能够对描边的粗细程度，以及描边的样式进行设置。通过这些参数设置可以制作出粗细不同的描边、带有箭头的描边，以及不同样式的虚线描边等。如图 3-181~ 图 3-184 所示为使用本功能制作的作品。

图3-181

图3-182

图3-183

图3-184

（2）在绘制图形之前可以在控制栏中进行描边属性的设置，也可以在选中某个图形后，在控制栏中设置描边的属性。如果界面中没有显示控制栏，可以执行“窗口 > 控制”命令将其显示。在控制栏中可以设置描边颜色、描边、粗细、变量宽度配置文件以及画笔定义等，如图 3-185 所示。也可以执行“窗口 > 描边”命令（快捷键：Ctrl+F10），打开“描边”面板。在这里可以将描边设置应用于整个对象，也可以使用实时上色组，并为对象内的不同边缘应用不同的描边，如图 3-186 所示。

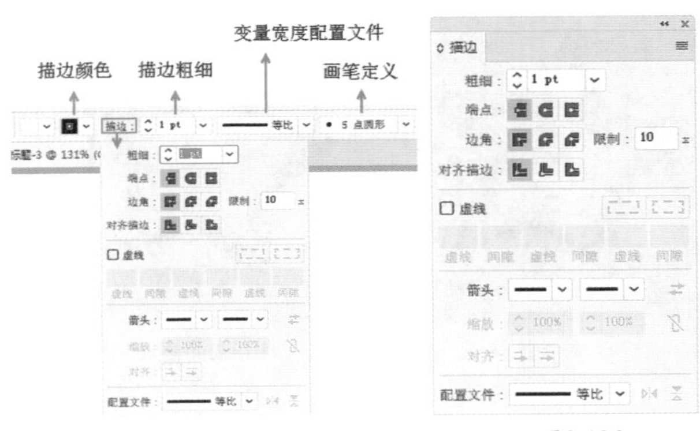

图3-185

图3-186

重点 3.7.1 动手练：设置描边的粗细

在“描边”面板中，“粗细”选项用于控制描边的宽度，如图 3-187 所示。数值越小，描边越细，如图 3-188 所示；数值越大，描边越粗，如图 3-189 所示。

图3-187　图3-188　图3-189

3.7.2 设置描边的端点

在“描边”面板中，“端点”选项组用于指定一条开放线段两端的端点样式，如图 3-190 所示。其中“平头端点”用于创建具有方形端点的描边线；“圆头端点”用于创建具有半圆形端点的描边线；“方头端点”用于创建具有方形端点且端点外延伸出线条宽度一半的描边线。如图 3-191 所示为不同端点的效果。

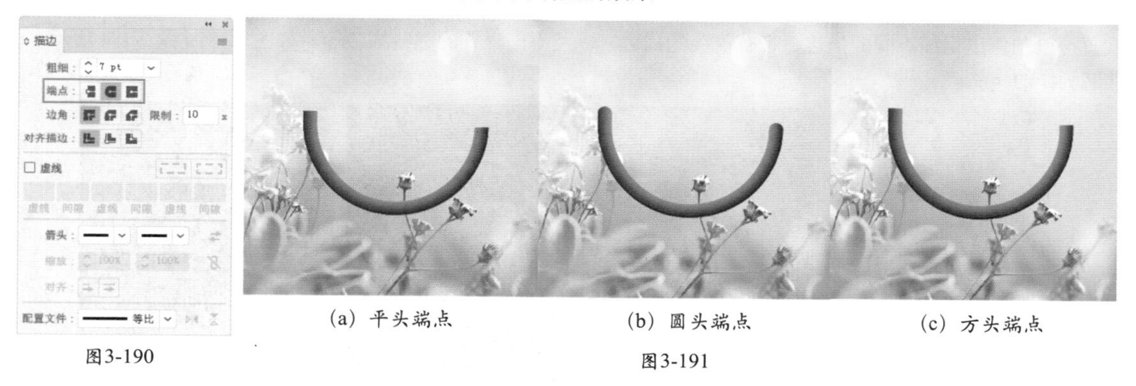

(a) 平头端点　(b) 圆头端点　(c) 方头端点

图3-190　图3-191

3.7.3 设置描边边角样式

在“描边”面板中，“边角”选项组用于指定路径拐角部分的样式，如图 3-192 所示。其中，“斜接连接”可以创建具有点式拐角的描边线，“圆角连接”可以创建具有圆角的描边线；“斜角连接”可以创建具有方形拐角的描边线；“限制”选项用于设置超过指定数值时扩展倍数的描边粗细。如图 3-193 所示为不同边角样式的效果。

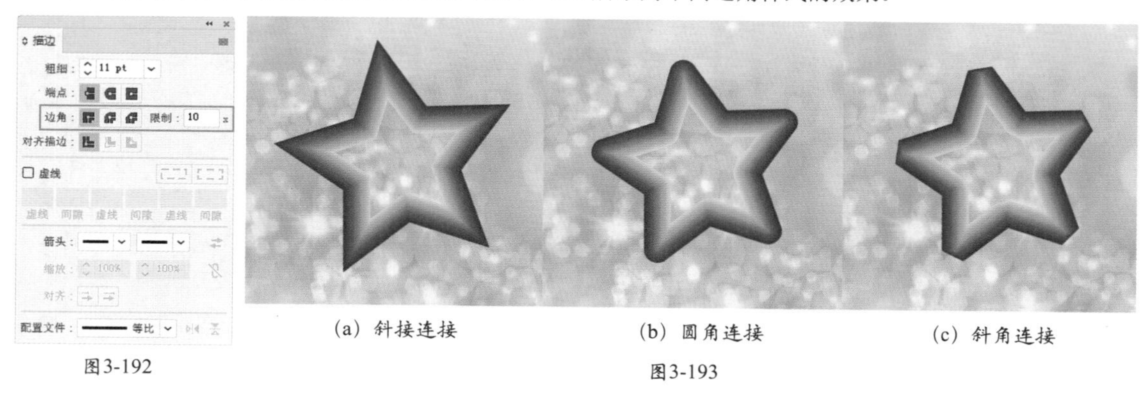

(a) 斜接连接　(b) 圆角连接　(c) 斜角连接

图3-192　图3-193

3.7.4 设置描边的对齐方式

在“描边”面板中，“对齐描边”选项组用于设置描边相对于路径的位置，如图 3-194 所示。其中，单击“使描边居中对齐”按钮，路径两侧具有相同宽度的描边；单击“使描边内侧对齐”按钮，描边将在路径内部；单击“使描边外侧对齐”按钮，描边将在路径的外部。如图 3-195 所示为不同描边对齐方式的效果。

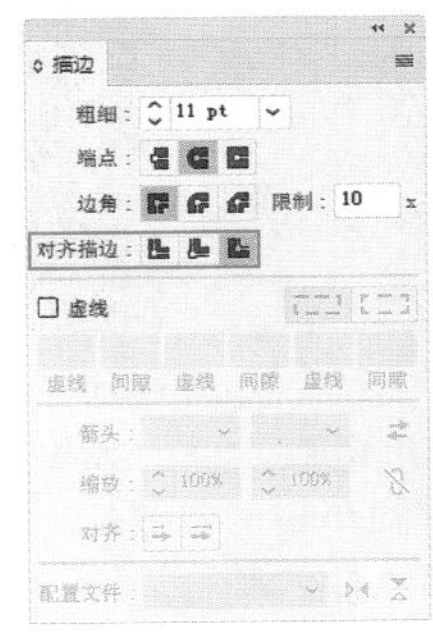

图3-194

(a)使描边居中对齐

(b)使描边内侧对齐

(c)使描边外侧对齐

图3-195

重点 3.7.5 动手练：设置虚线描边

（1）想要在 Illustrator 中制作虚线效果，可以通过设置描边属性来实现。选择绘制的路径，如图 3-196 所示。在控制栏中单击“描边”按钮，在弹出的下拉面板中勾选“虚线”复选框，如图 3-197 所示。此时线条变为虚线，如图 3-198 所示。如果界面中没有显示控制栏，可以执行“窗口 > 控制”命令将其显示。

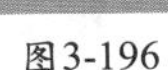

图3-196

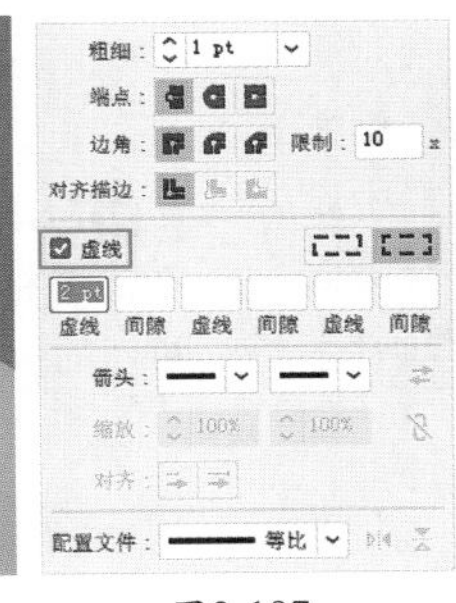

图3-197

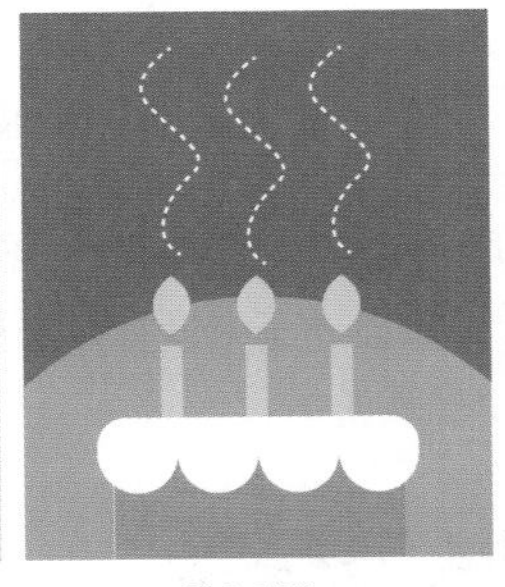

图3-198

（2）在“虚线”文本框中输入数值，可以定义虚线线段的长度；在“间隙”文本框中输入数值，可控制虚线的间隙效果。“虚线”和“间隙”文本框每两个为一组，最多可以输入 3 组。当输入 1 组数值时，虚线将只出现这一组“虚线”和“间隙”的设置；输入 2 组，虚线将依次循环出现两组的设置；以此类推，可以设置 3 组，如图 3-199 和图 3-200 所示。

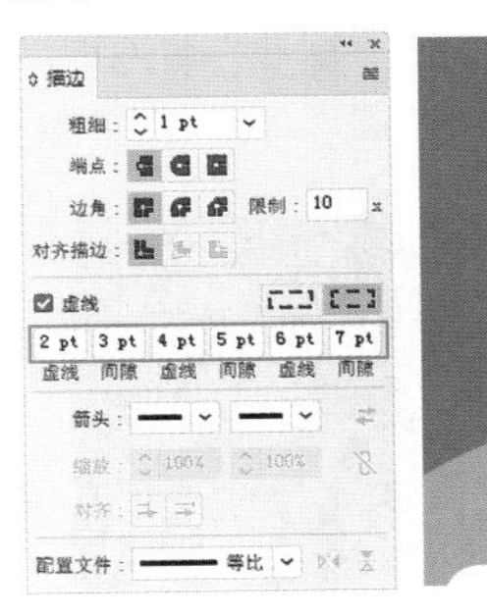

图3-199

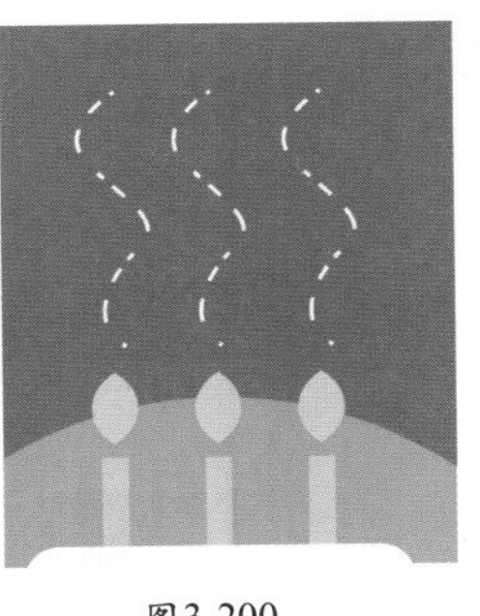

图3-200

（3）单击“保留虚线和间隙的精确长度”按钮，可以在不对齐的情况下保留虚线外观，如图 3-201 所示。

（4）单击“使虚线与边角和路径终端对齐，并调整到适合长度”按钮，可让各角的虚线和路径的尾端保持一致，如图 3-202 所示。

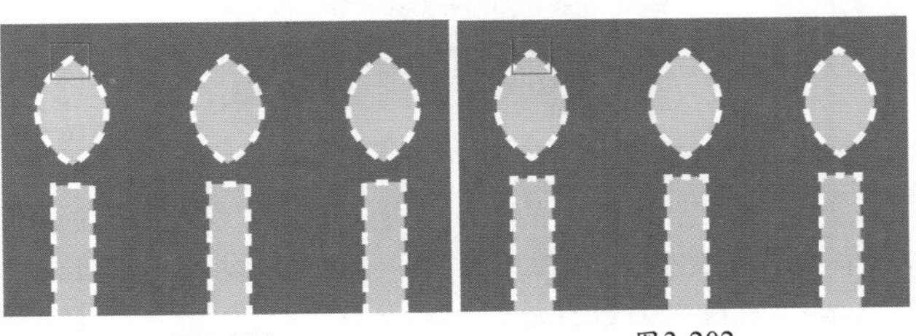

图3-201　　图3-202

练习实例：设置虚线描边制作服装吊牌

文件路径	资源包\第3章\练习实例：设置虚线描边制作服装吊牌
难易指数	★★★★★
技术掌握	“描边”面板、“椭圆工具”

实例效果

本实例演示效果如图 3-203 所示。

扫一扫，看视频

图3-203

操作步骤

步骤 01 执行“文件 > 新建”命令或按快捷键 Ctrl+N，创建新文档。单击工具箱中的“矩形工具”按钮，在控制栏中设置填充为深紫灰色，描边为无，在画板上绘制出一个与画板等大的矩形，如图3-204 所示。如果界面中没有显示控制栏，可以执行“窗口 > 控制”命令将其显示。

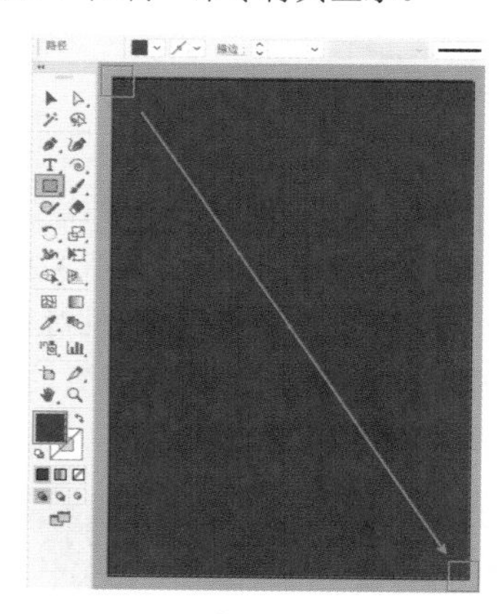
图3-204

步骤 02 单击工具箱中的“圆角矩形工具”按钮，在画板上单击，在弹出的“圆角矩形”窗口中设置“宽度”为188mm，“高度”为265mm，“圆角半径”为20mm，单击“确定”按钮，即可得到一个圆角矩形，如图 3-205 所示。选择圆角矩形，在控制栏中设置填充为无，描边为黄色，单击“描边”按钮，在弹出的下拉面板中设置“粗细”为 2pt，勾选“虚线”复选框，设置数值大小为 12pt，如图 3-206 所示。

图3-205　图3-206

步骤 03 为了制作断开的圆角矩形线框的效果，单击工具箱中的“矩形工具”按钮，在圆角矩形对象的上部绘制一个与背景颜色相同的矩形，如图 3-207 所示。

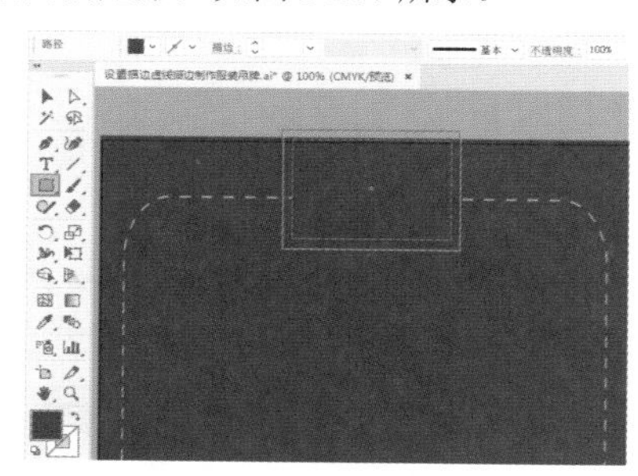
图3-207

步骤 04 单击工具箱中的“钢笔工具”按钮，在控制栏中设置填充为无，描边为黄色，描边粗细为6pt，在圆角矩形断开的位置绘制一个三角形，如图3-208所示。

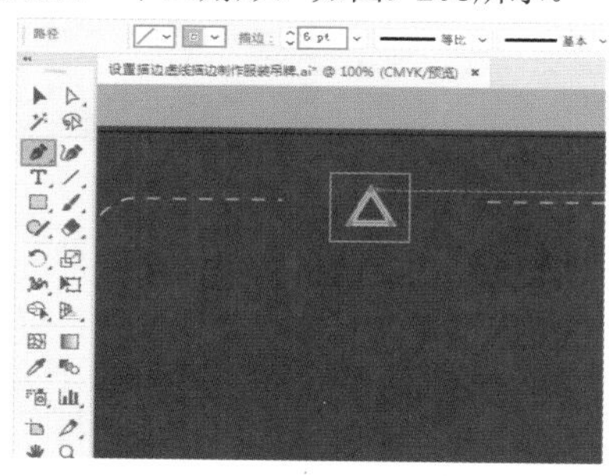
图3-208

步骤 05 单击工具箱中的“椭圆工具”按钮，在控制栏中设置填充为无，描边为黄色，描边粗细为 3pt，单击“描边”按钮，在弹出的下拉面板中勾选“虚线”复选框，设置数值大小为 12pt，在画板上绘制一个圆形，如图 3-209 所示。

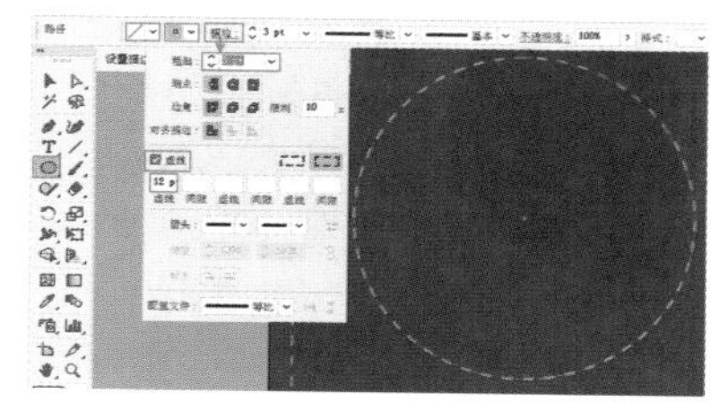
图3-209

步骤 06 为了制作椭圆对象的断开效果，分别使用“钢笔工具”“矩形工具”绘制与底色相同颜色的图形，如图 3-210 所示。

步骤 07 单击工具箱中的“钢笔工具”按钮，绘制虚线的线条，如图 3-211 所示。

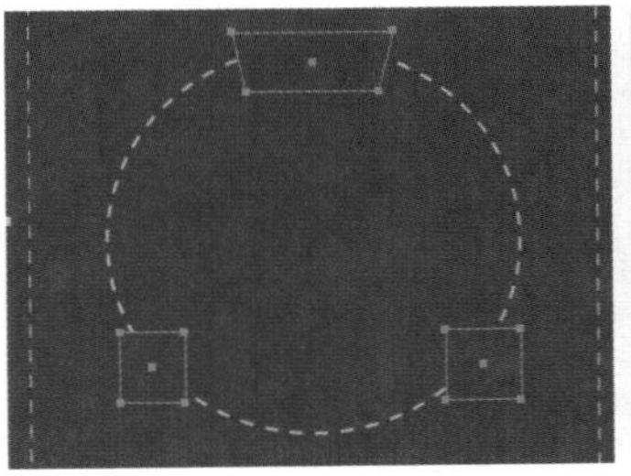

图3-210

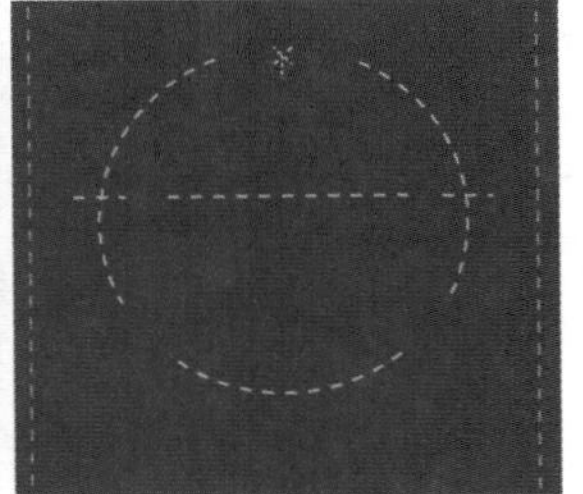

图3-211

步骤 08 单击工具箱中的“星形工具”按钮，绘制一个五角星，设置填充为无，描边为黄色，描边类型为虚线，如图 3-212 所示。

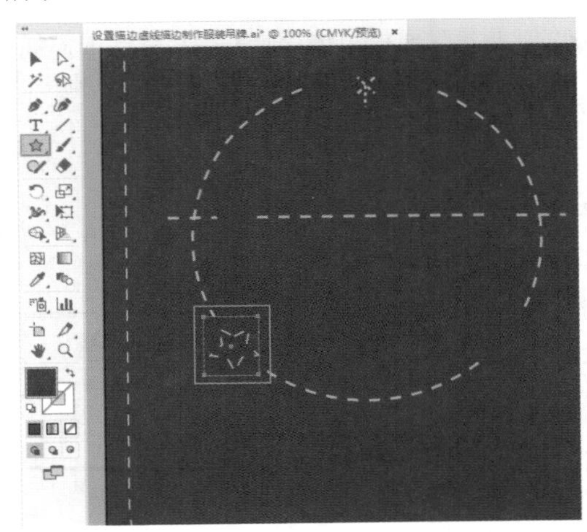

图3-212

步骤 09 用同样的方法绘制另一个五角星，如图 3-213 所示。单击工具箱中的“椭圆工具”按钮，在椭圆图形的下部绘制一个小的虚线圆，如图 3-214 所示。

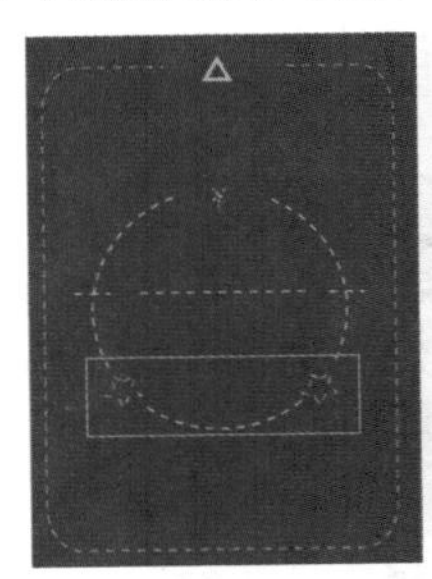

图3-213

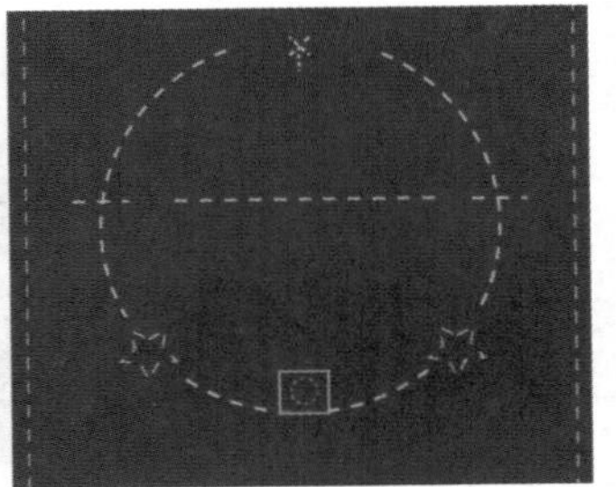

图3-214

步骤 10 执行“文件>打开”命令，打开素材1.ai。选中素材对象，按快捷键Ctrl+C进行复制。然后回到刚才工作的文档，按快捷键Ctrl+V进行粘贴。将粘贴出的对象移动到相应位置，最终效果如图3-215所示。

图3-215

3.7.6 动手练：设置描边的箭头

（1）在“描边”面板中，“箭头”选项组用来在路径起点或终点位置添加箭头，如图 3-216 所示。选择路径，单击“起始箭头”下拉列表框右侧的按钮，在弹出的下拉列表中可以选择箭头形状，如图 3-217 所示。同理，单击“终点箭头”下拉列表框右侧的按钮，在弹出的下拉列表中可以选择箭头形状，如图 3-218 所示。

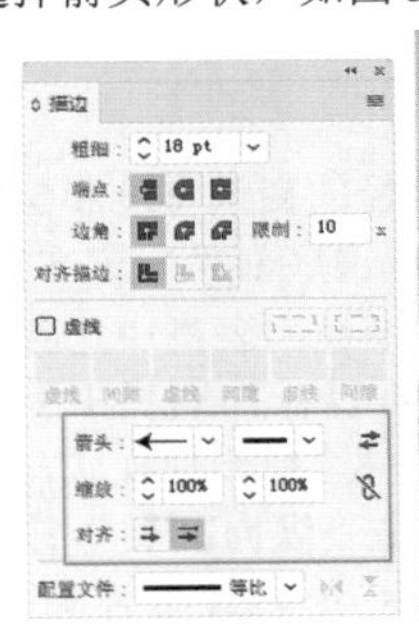

图3-216

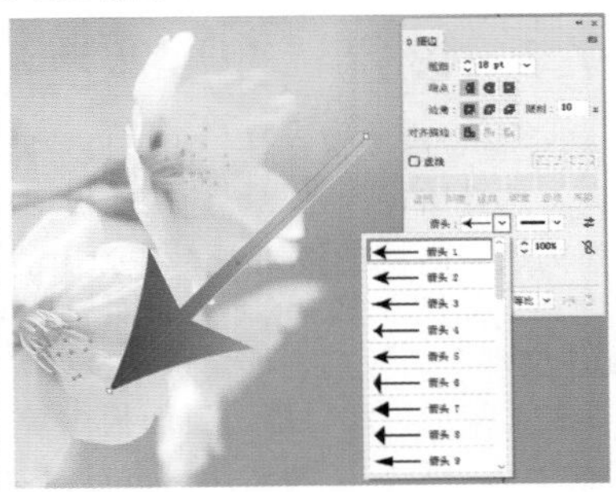

图3-217

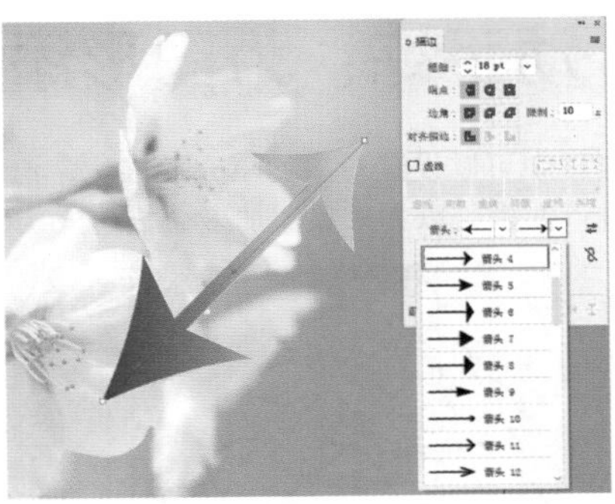

图3-218

（2）单击按钮能够互换箭头起始处和终点处，如图 3-219 所示。

（3）“缩放”选项组用于设置路径两端箭头的百分比大小。如图3-220所示为调整“起始箭头”为50%、“终点箭头”为20% 的效果。

图3-219

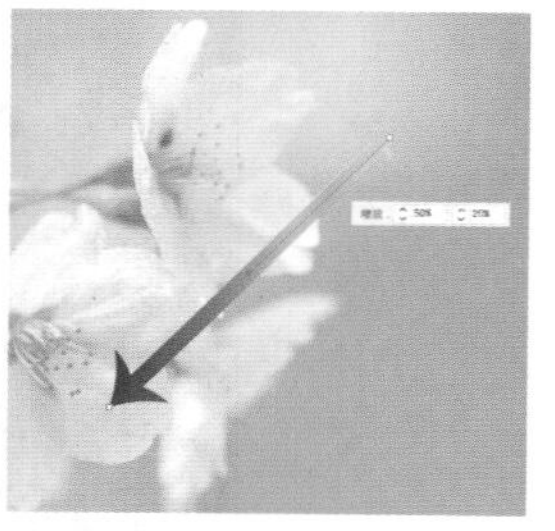
图3-220

（4）“对齐”选项组用于设置箭头位于路径终点的位置，包括“将箭头提示扩展到路径终点外”和“将箭头提示放置于路径终点处”两种，效果分别如图3-221和图3-222所示。

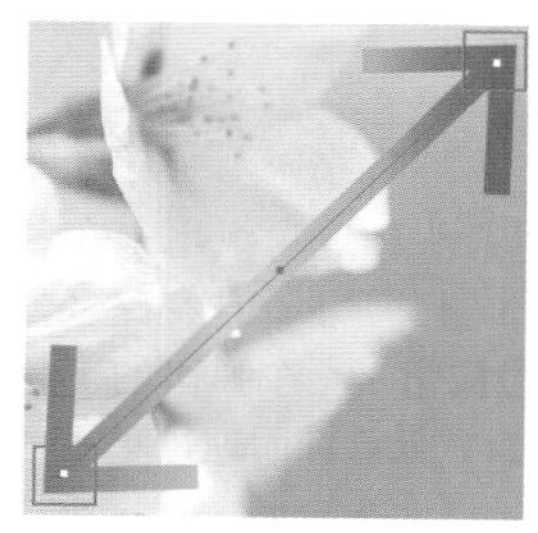
图3-221

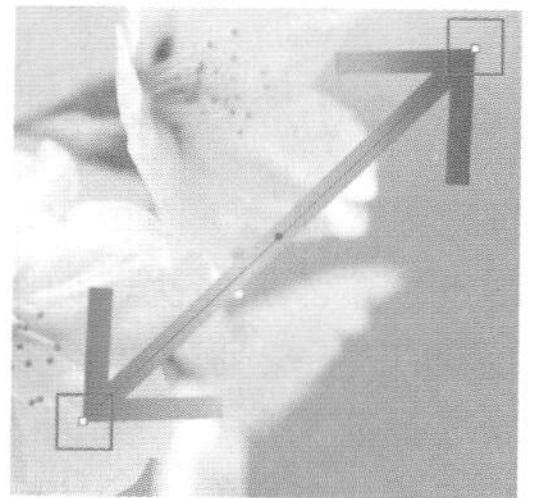
图3-222

3.7.7 设置“变量宽度配置文件”

“变量宽度配置文件”用于设置路径的变量宽度和翻转方向。选择路径，在“描边”面板中单击底部“配置文件”下拉列表框右侧的按钮，在弹出的下拉列表框中选择一种样式，如图3-223所示。此外，也可以在控制栏中单击“配置文件”下拉列表框，从下拉列表中选择一种样式，如图3-224所示。在“描边”面板中单击“纵向翻转”按钮或“横向翻转”按钮，可以对描边的样式进行翻转。如果界面中没有显示控制栏，可以执行“窗口 > 控制”命令将其显示。

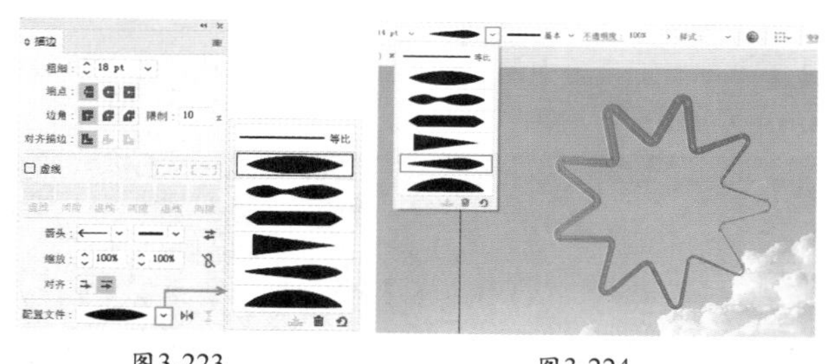
图3-223　　图3-224

3.7.8 设置画笔描边样式

在控制栏中可以通过设置“画笔定义”选项样式，使用不同的画笔样式为所选路径设置描边。选择路径，从控制栏中选择一种画笔类型，画笔描边即可呈现在路径上，如图3-225所示。也可以执行“窗口 > 画笔”命令（快捷键：F5），在弹出的“画笔”面板中进行画笔描边样式的添加，如图3-226所示。如果界面中没有显示控制栏，可以执行“窗口 > 控制”命令将其显示。

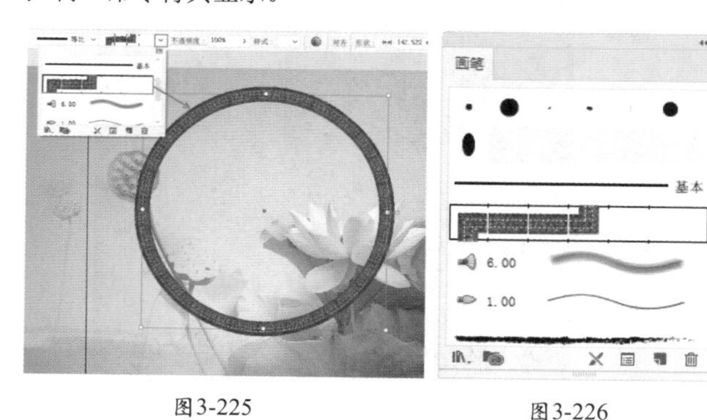

图3-225　　图3-226

3.8 动手练：为图形添加多个填充、描边

在控制栏中可以设置对象的填充和描边，但是如果要为一个对象添加多个填充或描边属性，则需要使用“外观”面板来完成。通过该面板可以为对象添加多个描边，从而制作出多层次的效果，如图3-227~图3-229所示。

图3-227

图3-228

图3-229

（1）绘制一个图形，如图 3-230 所示。执行“窗口 > 外观”命令（快捷键：Shift+F6），打开“外观”面板。因为所绘制的图形无填充与描边，所以在“外观”面板中这两个属性均为无，如图 3-231 所示。

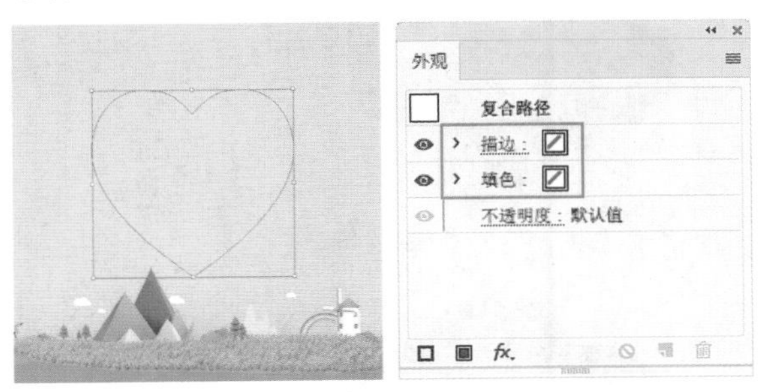

图3-230　　图3-231

（2）单击“描边”或“填充”按钮，在弹出的下拉面板中可以选择一种颜色，如图 3-232 和图 3-233 所示。

图3-232　　图3-233

（3）单击面板底部的“添加新描边”按钮 ▫ 可以新建一个描边，新建的描边位于原有描边的下方，并具有与原有描边相同的属性，如图 3-234 所示（由于此时新建描边的宽度与原描边的宽度是相同的，所以看不出差别。如果更改下层描边颜色并增大数值，则能够看到两层描边效果的不同）。单击“添加新填充”按钮 ▪，即可新建填充，如图 3-235 所示。

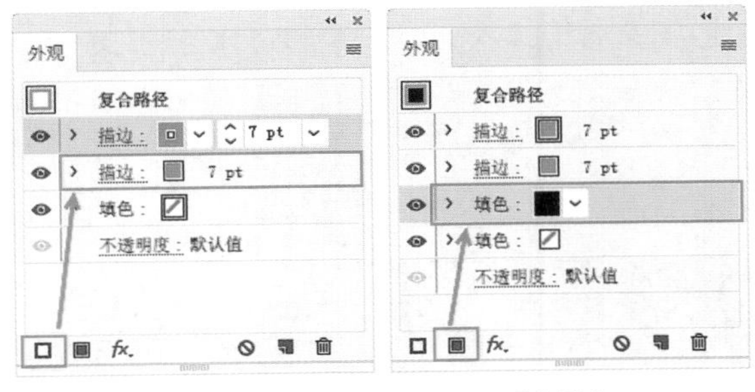

图3-234　　图3-235

（4）填色与描边的属性可以在“外观”面板中进行更改，从而更改图形的外观效果。本实例图形中有两层描边，效果如图 3-236 所示。选择上层的描边，按住鼠标左键拖曳到目标层的上方或下方，如图 3-237 所示。松开鼠标完成移动操作，此时图像效果如图 3-238 所示。

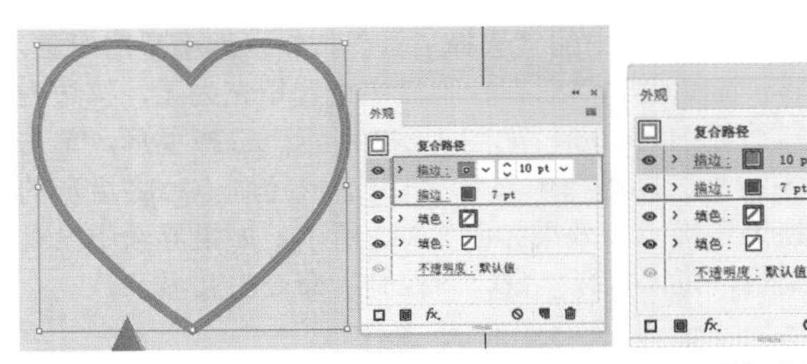

图3-236　　图3-237

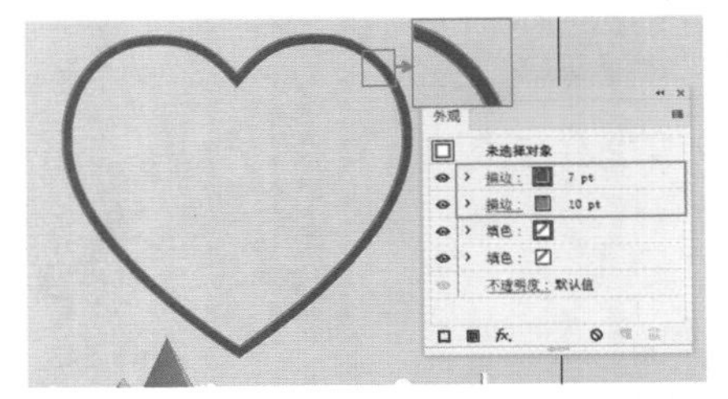

图3-238

练习实例：添加多个描边制作环保标志

文件路径	资源包\第3章\练习实例：添加多个描边制作环保标志
难易指数	★★★★★
技术掌握	“星形工具”“外观”面板、描边的设置

实例效果

扫一扫，看视频

本实例演示效果如图 3-239 所示。

图3-239

操作步骤

步骤 01 执行“文件 > 新建”命令或按快捷键 Ctrl+N，创建新文档。单击工具箱中的“星形工具”按钮☆，在画板上单击，在弹出的“星形”窗口中设置“半径 1”为 20mm，“半径 2”为 40mm，“角点数”为 6，单击“确定”按钮，如图 3-240 所示。绘制效果如图 3-241 所示。

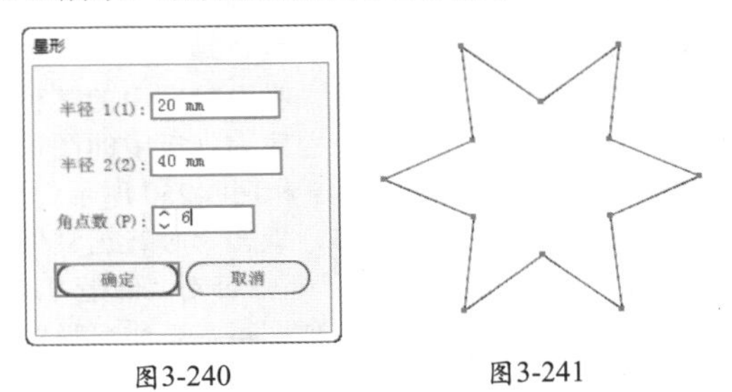

图3-240　　图3-241

步骤 02 单击工具箱中的“选择工具”按钮，选中星形对象，将其旋转一定角度。然后在控制栏中设置填充为无，描边为黄色，描边粗细为10pt，如图3-242所示。选择星形，单击工具箱中的“直接选择工具”，拖曳圆形控制点◎将星形的角点转换为平滑点。效果如图3-243所示。如果界面中没有显示控制栏，可以执行“窗口 > 控制”命令将其显示。

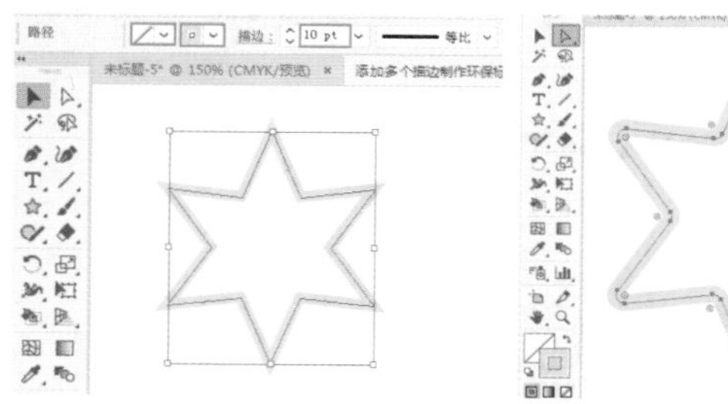

图3-242　　图3-243

步骤 03 执行“窗口 > 外观”命令，在弹出的“外观”面板中单击“新建描边”按钮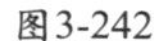，在原有的描边下方新建出一个新的描边条目，设置新的描边为黄绿色，描边粗细为40pt，如图3-244所示。完成修改后效果如图3-245所示。如果界面中没有显示控制栏，可以执行“窗口 > 控制”命令将其显示。

图3-244

图3-245

步骤 04 添加描边。再次单击选中“填色”条目，单击“新建描边”按钮，在最下方新建出一个描边。修改描边为草绿色，粗细为70pt，如图3-246所示。使用上述方法再添加一个深绿色的描边，描边粗细为120pt，如图3-247所示。

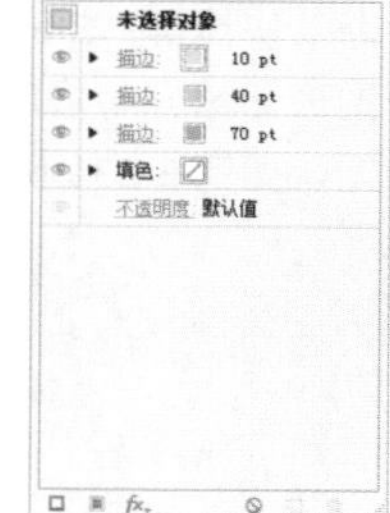

图3-246

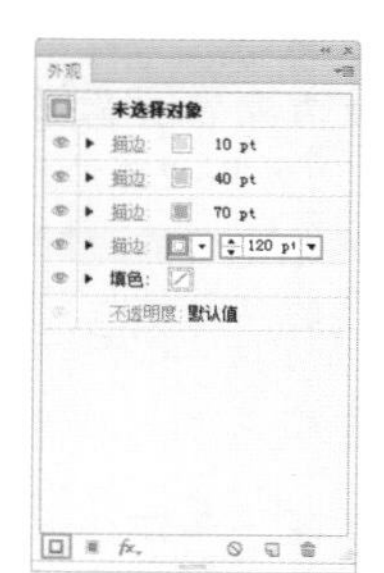

图3-247

步骤 05 打开素材文件1.ai，复制其中的文字元素，将其粘贴到当前文档中，并摆放在合适位置上，如图3-248所示。

图3-248

3.9 吸管工具

扫一扫，看视频

在Illustrator工具箱中单击“吸管工具”按钮，可以“吸取”矢量对象的属性或颜色，并快速赋予到其他矢量对象上。例如，吸取矢量图形的描边样式、填充颜色，吸取文字对象的字符属性、段落属性，吸取位图中的某种色彩等。通过“吸管工具”可以轻松地为画板中的图形或文字赋予相同的样式，如图3-249和图3-250所示。“吸管工具”可吸取的内容还有很多，双击“吸管工具”按钮，在弹出的“吸管选项”对话框中可对“吸管工具”采集的属性进行设置，勾选某一项即可在使用“吸管工具”时吸取这一项属性，如图3-251所示。

图3-249

图3-250

图3-251

【重点】3.9.1 动手练：使用“吸管工具”为对象赋予相同的属性

“吸管工具”能够以单击的方式为选中的对象赋予相同的属性，其中包括填充、描边、文字属性等。

（1）例如，某一图形中含有描边和填色两种属性，如图 3-252 所示。

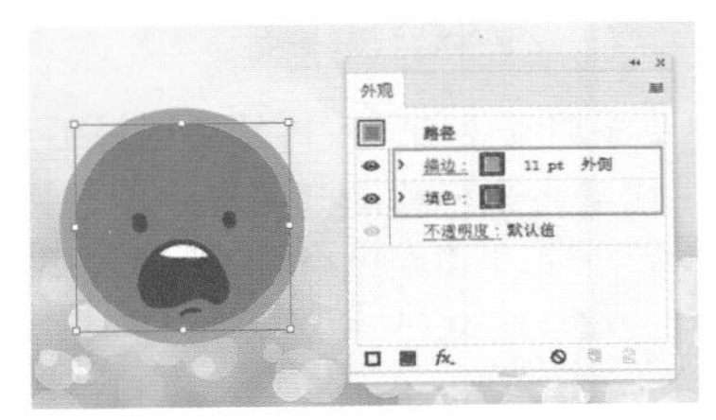

图3-252

（2）使用“选择工具”选择一个需要被赋予相同属性的矢量元素，接着单击工具箱中的“吸管工具”按钮，将光标移动到目标矢量元素的位置单击，如图 3-253 所示。则所选图形被赋予与原有对象相同的填充与描边，如图 3-254 所示。

图3-253

图3-254

（3）使用“吸管工具”还能够拾取文字属性。选择文字，单击工具箱中的“吸管工具”按钮，然后在带有文字属性的文字上单击，如图 3-255 所示。则选中的文字被赋予了同样的文字属性，如图 3-256 所示。

图3-255 图3-256

【重点】3.9.2 动手练：使用“吸管工具”拾取颜色

在使用“吸管工具”拾取颜色时，如果只需要拾取填充颜色，则按住 Shift 键单击，即可只拾取填充颜色，如图 3-257 和图 3-258 所示。

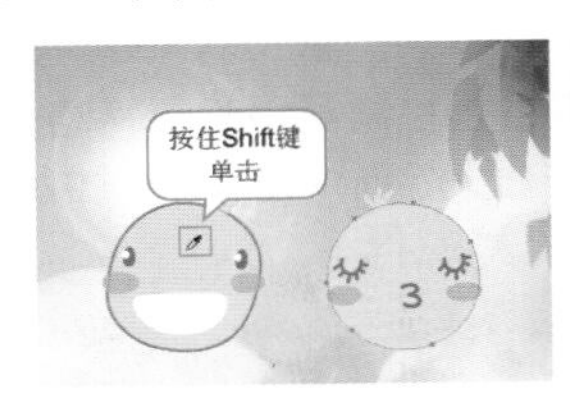

图3-257

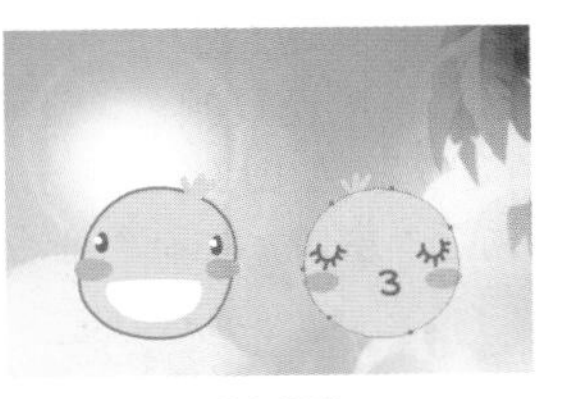

图3-258

举一反三：从优秀作品中学习配色方案

在学习的过程中，我们可以不断地从优秀设计作品中汲取经验。对于一些优秀的配色方法，可以使用“吸管工具”拾取颜色，再添加到“色板”面板中以便于自己使用。

扫一扫，看视频

（1）准备一张颜色漂亮的图像，将其置入 Illustrator 文档中，如图 3-259 所示。打开“色板”面板，新建一个“颜色组”，如图 3-260 所示。

图3-259

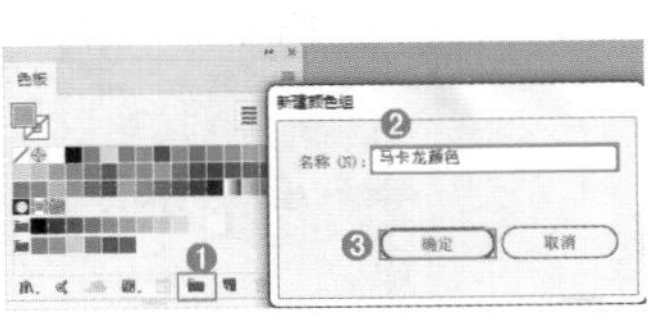

图3-260

（2）选择工具箱中的“吸管工具”，在画板中单击拾取颜色，选择新建的颜色组，然后单击“新建色板”按钮，吸取的颜色即被存储在“色板”面板中，如图 3-261 所示。以同样的方法可以继续拾取颜色添加到新建的颜色组中，如图 3-262 所示。

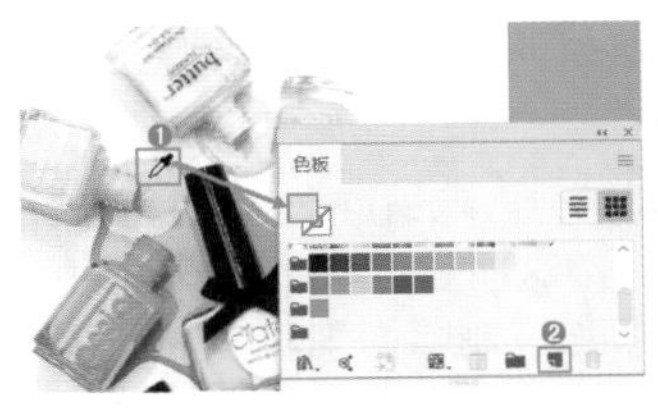

图3-261

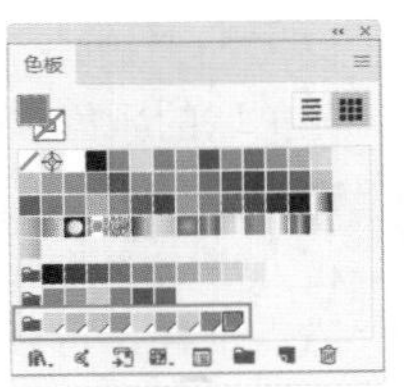

图3-262

3.10 网格工具

无论单色填充、图案填充还是渐变填充，基本都是比较规则的填充方式。当绘制一些较为写实的对象时，其表面的颜色可能非常复杂。

这种复杂的颜色填充效果可能无法使用前面学到的填充方式来完成。这时就需要用到“网格工具”。“网格工具”不仅可以进行复杂的颜色设置，还能够更改图形的外形，如图3-263所示。

(a)原图

(b)更改颜色

(c)更改形态

图3-263

“网格工具”之所以能够进行如此丰富的颜色填充，是因为它是一种多点填色工具。使用“网格工具”在对象上添加一系列的网格，设置网格点上的颜色，网格点的颜色与周围的颜色会产生一定的过渡和融合，从而生成一系列丰富的颜色，并且随着网格点位置的移动，图形上的颜色也会产生移动。此外，还可以移动图形边缘处的网格线，从而改变对象的形态。

在一个矢量图形上应用“网格工具”，该图形就会变为“网格对象”。“网格对象”的结构如图3-264所示。

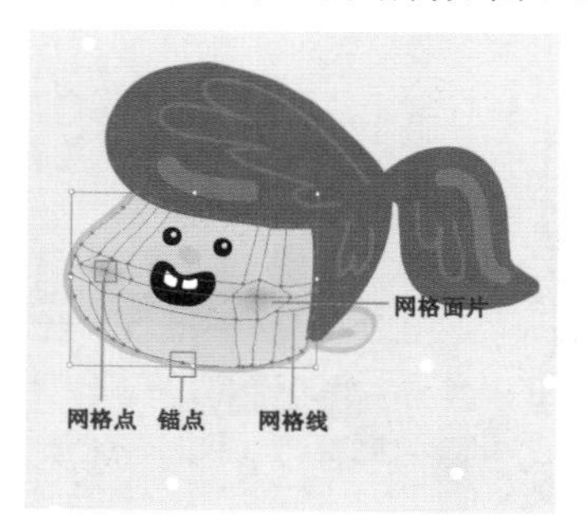

图3-264

- 网格面片：任意4个网格点之间的区域被称为网格面片。
- 网格点：网格对象中，两条网格线相交处有一种特殊的锚点，称为网格点。网格点以菱形显示，且具有锚点的所有属性，只是增加了接受颜色的功能。可以添加、删除、编辑网格点，或更改与每个网格点相关联的颜色。
- 锚点：网格中也同样会出现锚点（区别在于其形状为正方形而非菱形），这些锚点与Illustrator 中的任何锚点一样，可以添加、删除、编辑和移动。锚点可以放在任何网格线上；单击一个锚点，然后拖动其方向控制手柄可以修改该锚点。
- 网格线：创建网格点时出现的交叉穿过对象的线被称为网格线。

3.10.1 使用“网格工具”改变对象颜色

（1）选中要添加颜色的图形，然后选择工具箱中的“网格工具”，接着将光标移动到图形中，当其变为形状（如图3-265所示）时，单击即可添加网格点，如图3-266所示。

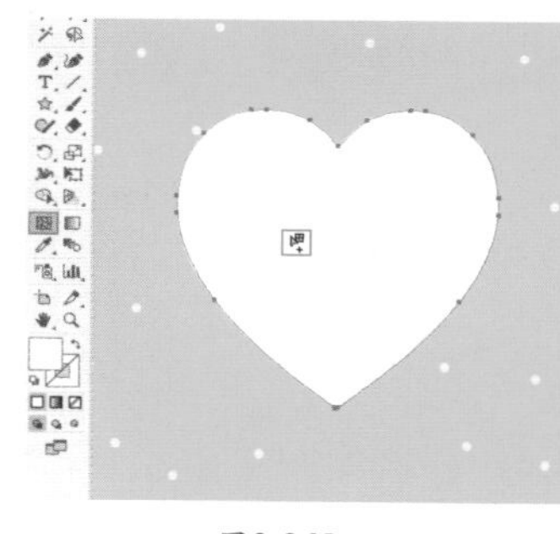

图3-265

图3-266

（2）添加网格点后，网格点处于选中的状态，通过“颜色”面板、“色板”面板或拾色器填充颜色，如图3-267所示。继续添加网格点，并选中网格点为其填充颜色，如图3-268所示。

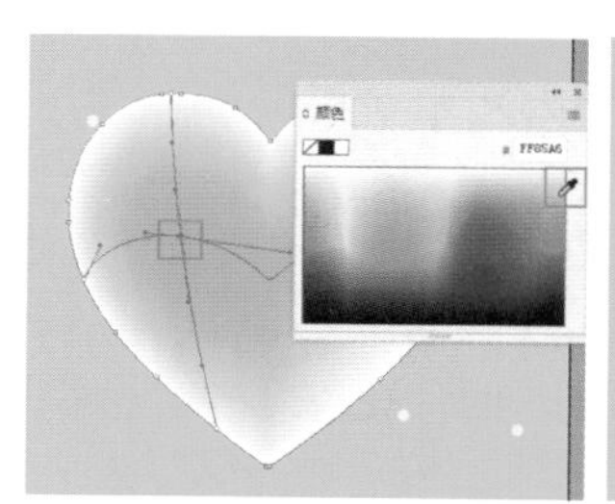

图3-267

图3-268

（3）除了设置颜色，还可以在控制栏中设置网格点的“不透明度”，如图3-269所示。如果界面中没有显示控制栏，可以执行“窗口 > 控制”命令将其显示。

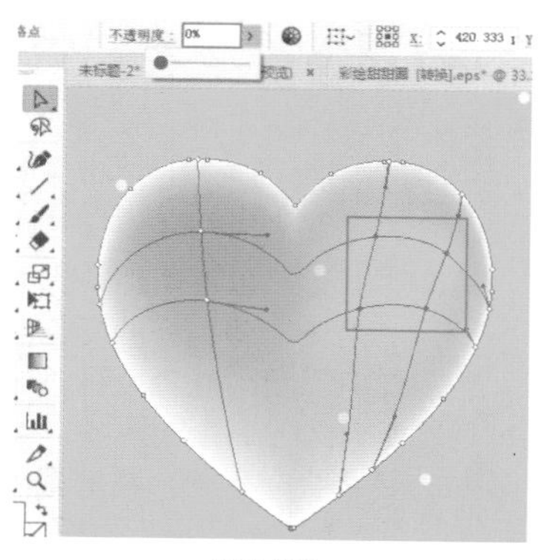

图3-269

（4）将光标移动至网格点上方，按住 Alt 键，光标变为形状后单击，即可删除网格点，如图 3-270 所示。选中网格点后按 Delete 键，也可以删除网格点，如图 3-271 所示。

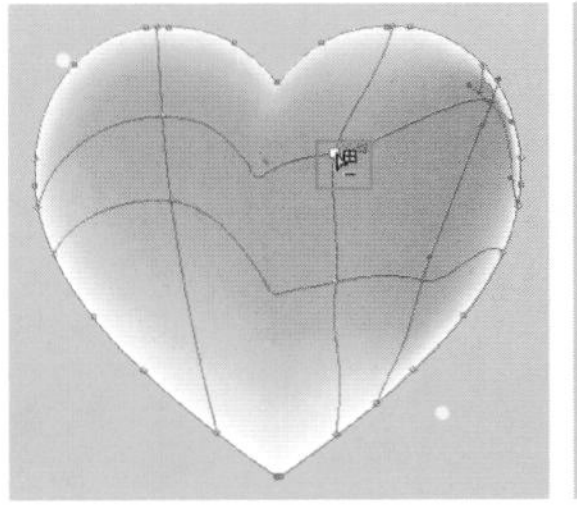

图3-270

图3-271

提示：调整网格点的其他工具。

使用“直接选择工具”同样可以选中网格点，如图 3-272 所示。

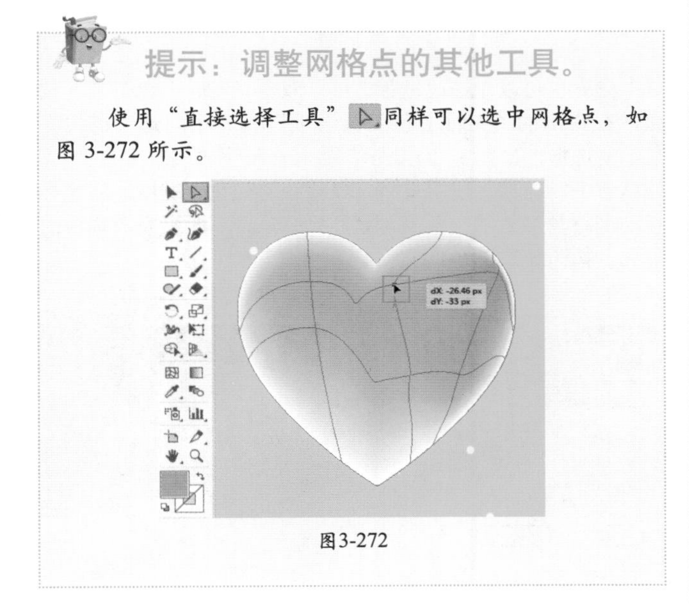

图3-272

3.10.2 使用“网格工具”调整对象形态

当要调整图形中某部分颜色所处的位置时，可以通过调整网格点的位置来完成。选择工具箱中的“网格工具”，将光标移动至网格点上方，单击即可选中网格点，然后按住鼠标左键拖曳，即可调整网格点的位置，从而颜色也会发生变化，如图 3-273 所示。

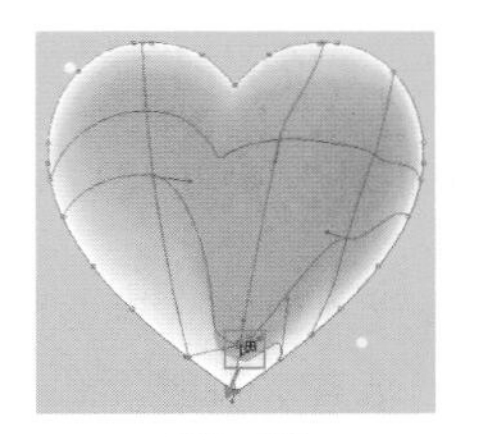

图3-273

举一反三：为水果增添光泽感

“网格工具”的应用范围是很广的，而且使用起来非常灵活。例如，制作光泽感或者多种颜色不规则变化的效果。

扫一扫，看视频

（1）绘制一个白色的高光图形，如图 3-274 所示。选中该图形，使用“网格工具”单击添加网格点，如图 3-275 所示。

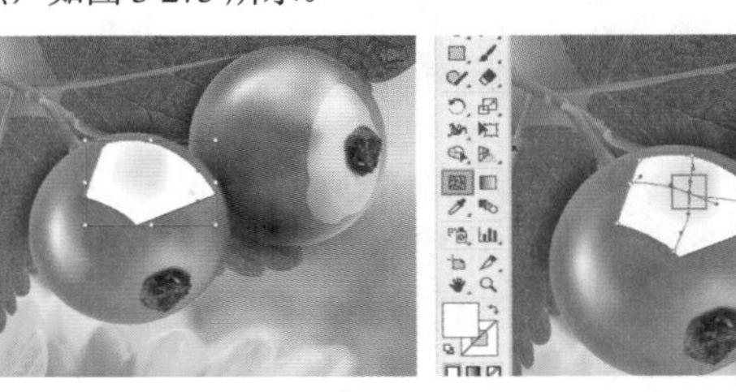

图3-274　　图3-275

（2）使用“网格工具”选中图形边缘的网格点，在控制栏中设置“不透明度”为 0%，如图 3-276 所示。继续降低图形边缘网格点的不透明度，使高光的边缘柔和地过渡到透明，光泽效果如图 3-277 所示。如果界面中没有显示控制栏，可以执行“窗口 > 控制”命令将其显示。

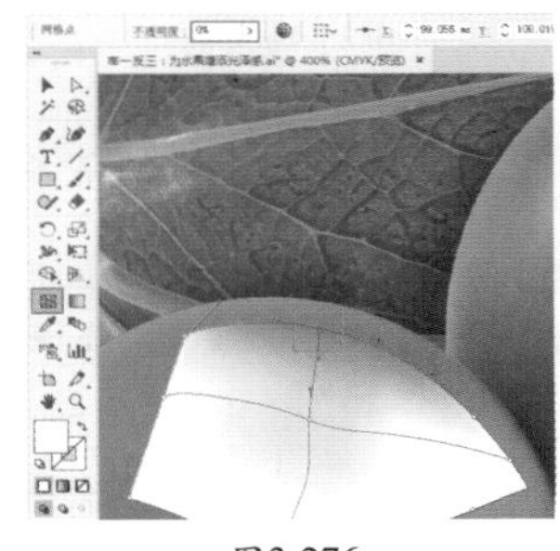

图3-276

图3-277

3.11 实时上色

“实时上色”是一种非常智能的填充方式，传统的填充只能针对一个单独的图形进行，而“实时上色”则能够对多个对象的交叉区域进行填充。右击“形状生成器工具”按钮，在弹出的工具组中就能看到“实时上色工具”和“实时上色选择工具”，如图 3-278 所示。

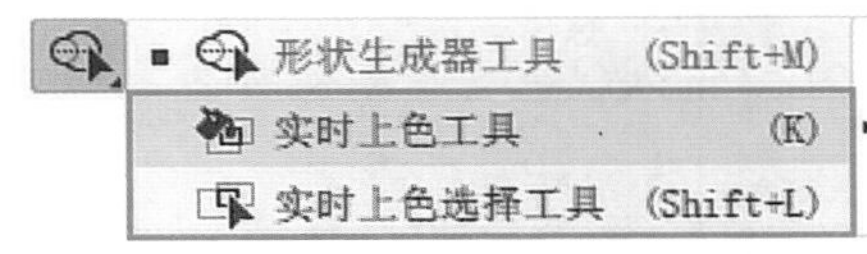

图3-278

3.11.1 动手练：使用“实时上色工具”

使用“实时上色工具” 可以自动检测并填充路径相交的区域。

（1）绘制两个图形并使之有重叠区域，如图 3-279 所示。加选两个图形，选择“实时上色工具”，设置合适的填充颜色，然后在需要填充颜色的重叠区域单击，如图 3-280 所示。被单击的区域不仅会被自动填充颜色，还会形成一个独立的对象，如图 3-281 所示。

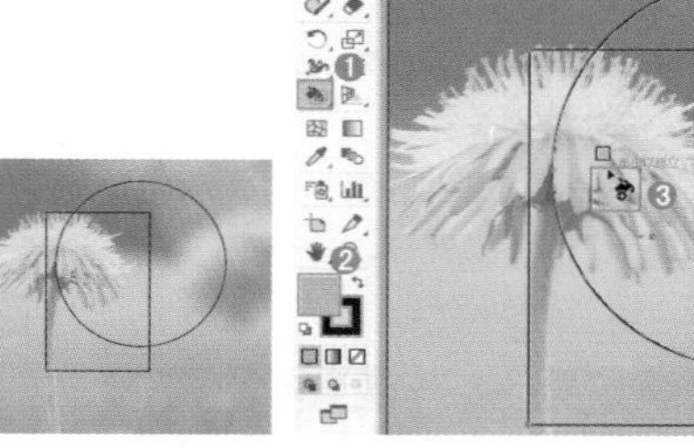

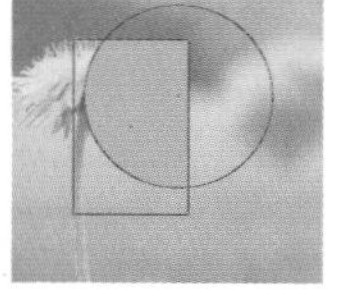

图3-279　　图3-280　　图3-281

（2）单击该对象，其周围出现形状句柄，表示该对象已经成为实时上色组，如图 3-282 所示。使用“实时上色工具”对实时上色组进行填色时将高亮显示，如图 3-283 所示。

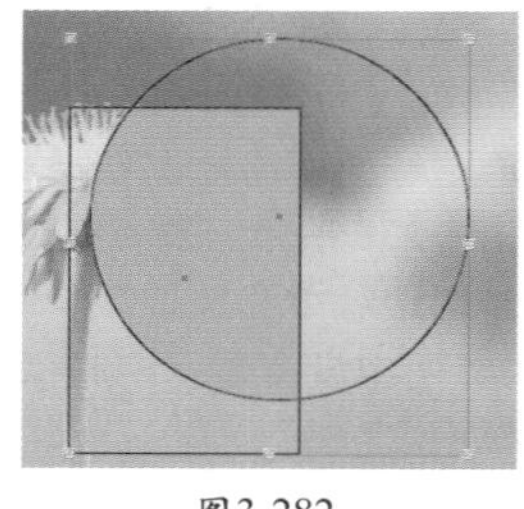

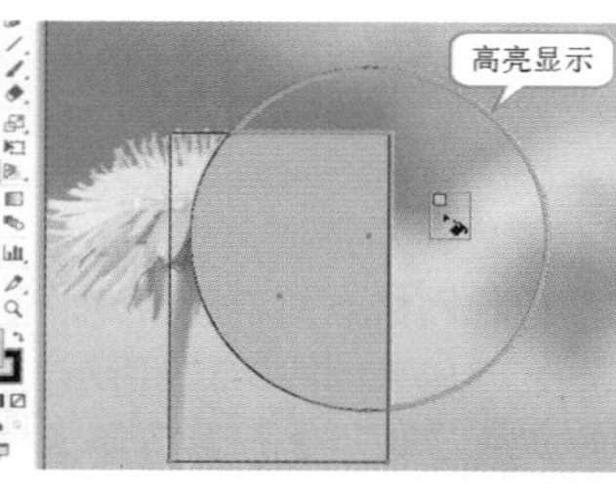

图3-282　　图3-283

提示：使用“实时上色工具”时出现提示框怎么办？

如果没有选择对象，使用“实时上色工具”在对象上单击，会弹出提示对话框，如图 3-284 所示。其内容大概意思为需要先选中一个图形对象后，单击才能创建实时上色组，并进行填色操作。此时单击“确定”按钮即可关闭该对话框。如果单击“提示”按钮，即可弹出“实时上色工具提示”窗口，查看使用方法。单击“确定”按钮即可关闭该窗口。

图3-284

（3）也可以对描边进行上色。双击“实时上色工具”按钮，在弹出的“实时上色工具选项”窗口中勾选“描边上色”复选框，如图 3-285 所示。接着在使用“实时上色工具”的状态下，在控制栏中重新定义描边的颜色、宽度，将光标移动到路径上方，当其变为形状后单击，即可完成描边的上色，如图 3-286 所示。

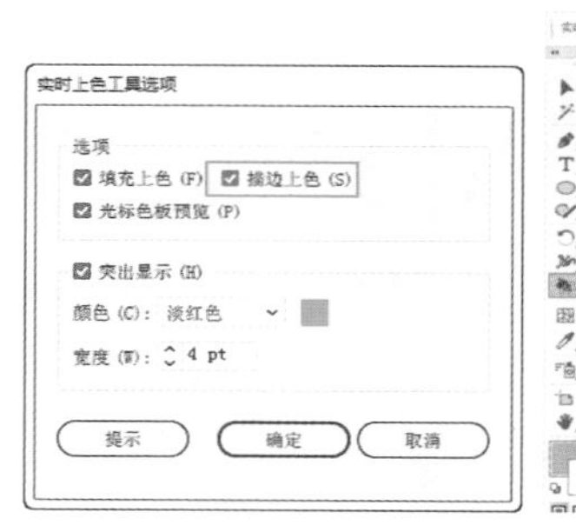

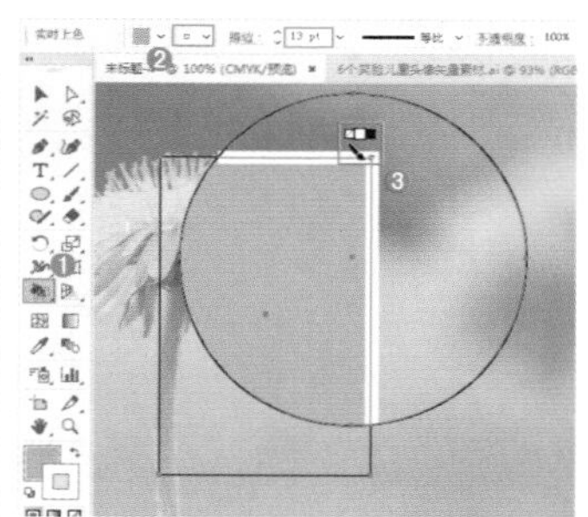

图3-285　　图3-286

3.11.2 动手练：使用“实时上色选择工具”

“实时上色选择工具”主要用来选择实时上色组中的各个表面和边缘，然后统一为这些表面设置颜色。

（1）若要选择单个表面或边缘，使用“实时上色选择工具” 单击该表面或边缘即可。被选中部分的表面呈现出覆盖有半透明的斑点图案的效果，如图 3-287 和图 3-288 所示。使用“实时上色选择工具”选中某个区域后，直接在“色板”面板中单击选中颜色，即可为当前区域进行实时上色，如图 3-289 所示。

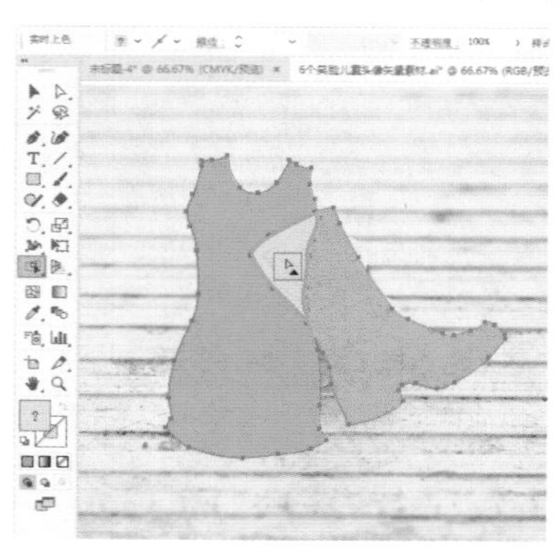
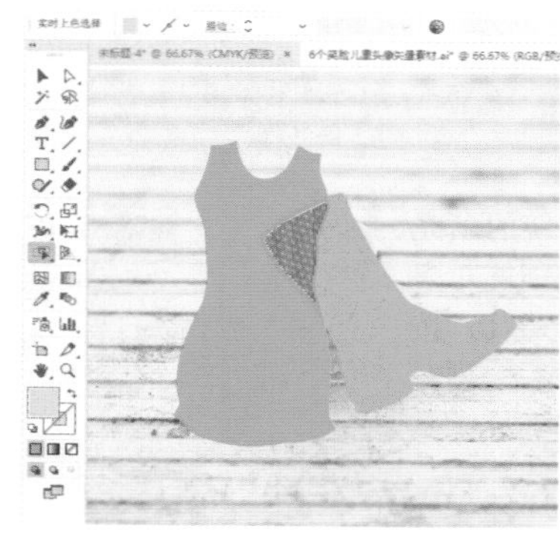

图3-287　　图3-288　　图3-289

提示：“实时上色选择工具”的光标显示。

在工具箱中选择“实时上色选择工具”，将光标移动到图形表面上时其形状将变为 ▷（表面指针）；将光标移动到边缘上时其形状将变为 ▷（边缘指针）；将光标移动到实时上色组外部时其形状将变为 ▷（X 指针）。

（2）若要选择多个表面和边缘，在要选择的各对象周围拖动选框，如图 3-290 所示。部分选择的内容将被包括在内，如图 3-291 所示。

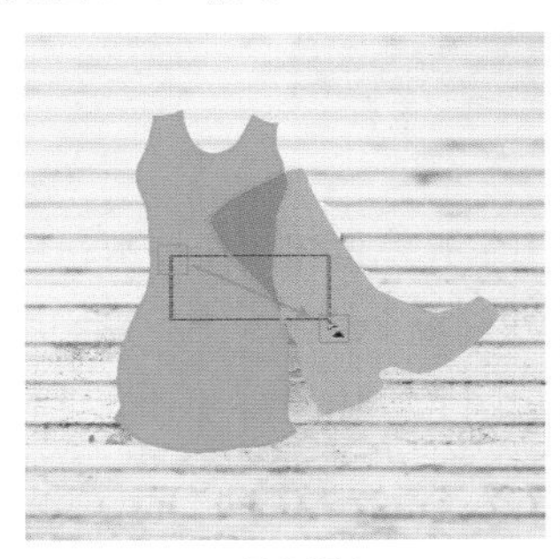

图3-290

图3-291

3.11.3 扩展实时上色组

使用“实时上色工具”完成填充后，若要将每个颜色拆分为色块，可以对实时上色组进行扩展。使用“选择工具”选择实时上色组，执行“对象>实时上色>扩展”命令，在选择的图形上右击，在弹出的快捷菜单中执行“取消编组”命令，如图3-292所示。随即每种颜色将成为一个独立的可单独移动、编辑的图形，如图3-293所示。

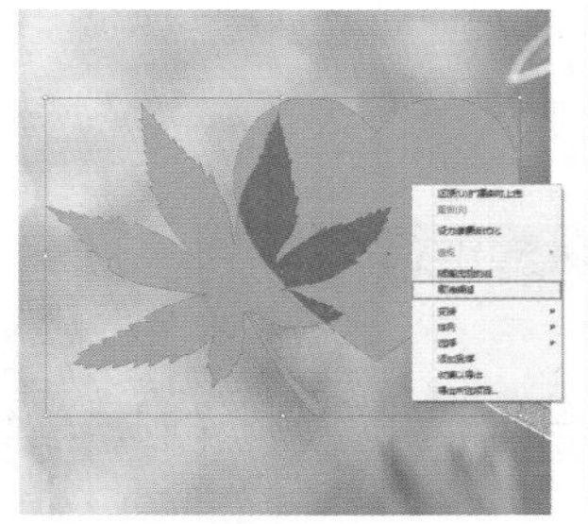

图3-292

图3-293

3.11.4 释放实时上色组

当不需要实时填色时，可以将其释放。释放后的图形将还原为 0.5pt 宽的黑色描边的路径。选择实时上色组，如图 3-294 所示。执行“对象 > 实时上色 > 释放”命令，效果如图 3-295 所示。

图3-294

图3-295

练习实例：使用“实时上色工具”制作多彩标志

文件路径	资源包\第3章\练习实例：使用“实时上色工具”制作多彩标志
难易指数	★★★★★
技术掌握	“实时上色工具”

实例效果

本实例演示效果如图 3-296 所示。

扫一扫，看视频

图3-296

操作步骤

步骤 01 执行“文件 > 新建”命令或按快捷键 Ctrl+N，创建新文档。单击工具箱中的“矩形工具”按钮，在控制栏中设置填充为深灰色，描边为无，绘制一个与画板等大的矩形，如图 3-297 所示。如果界面中没有显示控制栏，可以执行“窗口 > 控制”命令将其显示。

图3-297

步骤 02 单击工具箱中的“圆角矩形工具”按钮，为了方便观看，先在控制栏中设置填充为无，描边为白色，描边粗细为2pt。在画板上单击，在弹出的“圆角矩形”窗口中设置“宽度”为90mm，“高度”为62mm，“圆角半径”为10mm，如图3-298所示。单击“确定”按钮，绘制出一个圆角矩形，如图3-299所示。使用同样的方法再绘制两个圆角矩形，并进行一定的旋转，如图3-300所示。

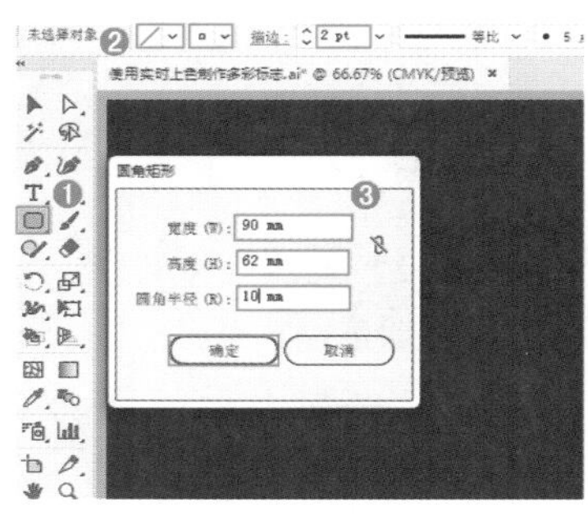

图3-298

图3-299

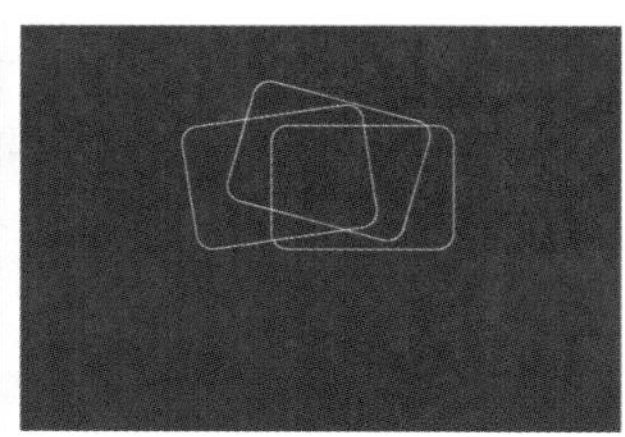
图3-300

步骤 03 框选这3个圆角矩形，在控制栏中设置描边为无，如图3-301所示。单击工具箱中的“实时上色工具”按钮，在控制栏中设置填充颜色为黄色，然后在画板上选择一个圆角矩形组成的区域，如图3-302所示。

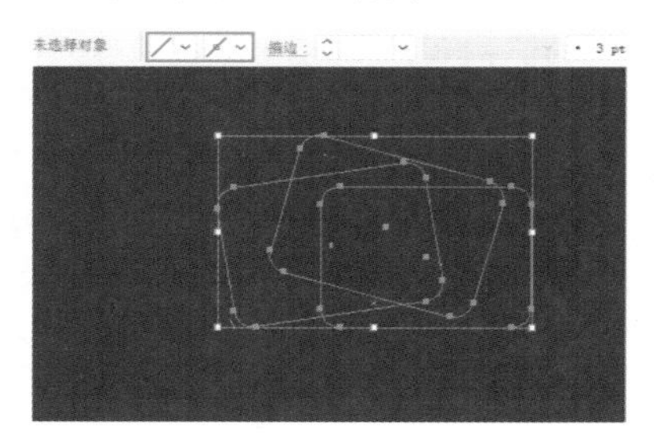
图 3-301

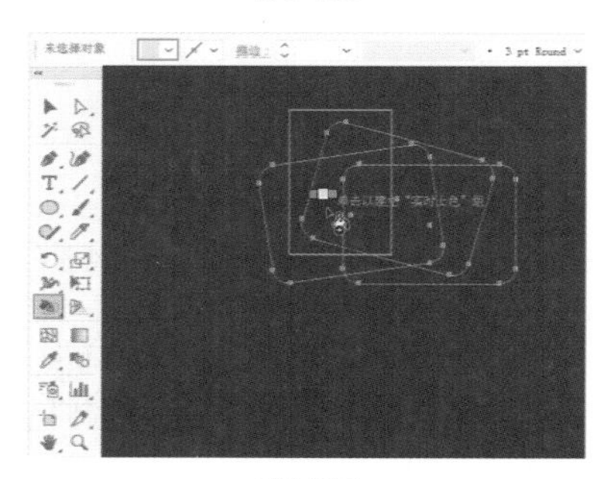
图3-302

步骤 04 单击，完成填充，如图3-303所示。使用同样的方法依次选择其他区域，单击进行填充，如图3-304所示。

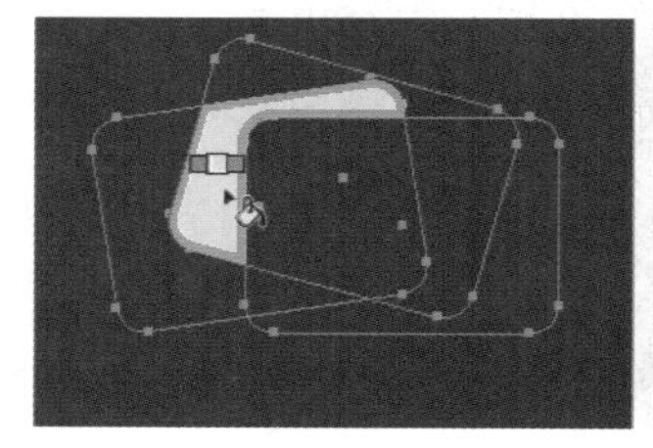
图3-303

图3-304

步骤 05 单击工具箱中的“椭圆工具”按钮，在控制栏中设置填充为灰色，描边为无，在画板上绘制一个圆形，如图3-305所示。使用同样的方法绘制其他圆形，更改其填充颜色，如图3-306所示。

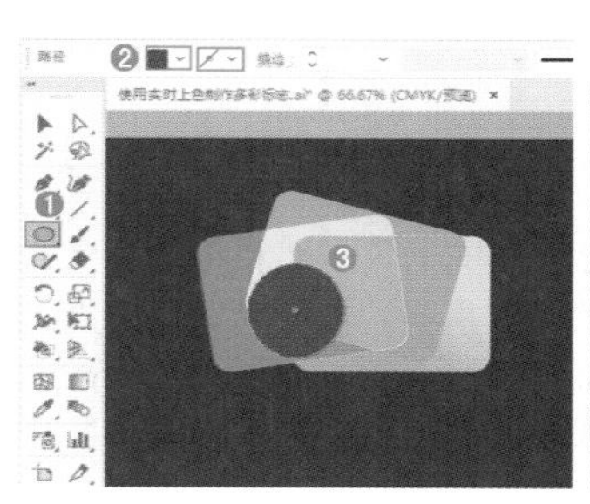
图3-305

图3-306

步骤 06 执行“文件>打开”命令，打开素材1.ai。选中素材对象，按快捷键Ctrl+C进行复制。然后回到刚才工作的文档，按快捷键Ctrl+V进行粘贴。将粘贴出的对象移动到相应位置，最终效果如图3-307所示。

图3-307

综合实例：使用多种填充方式制作网页广告

文件路径	资源包\第3章\综合实例：使用多种填充方式制作网页广告
难易指数	★★★★★
技术掌握	单色填充、图案填充、"吸管工具"

扫一扫，看视频

实例效果

本实例演示效果如图 3-308 所示。

图3-308

操作步骤

步骤 01 执行"文件 > 新建"命令或按快捷键 Ctrl+N，创建新文档。单击工具箱中的"矩形工具"按钮，绘制一个与画板等大的矩形，然后为该矩形填充青色，描边颜色设置为无，如图 3-309 所示。

图3-309

步骤 02 绘制纹理背景。按上述方法绘制一个和背景等大的矩形，然后执行"窗口>色板库>基本图形>基本图形_点"命令，打开"基本图形_点"面板，单击选择一种图案，如图3-310所示。效果如图3-311所示。

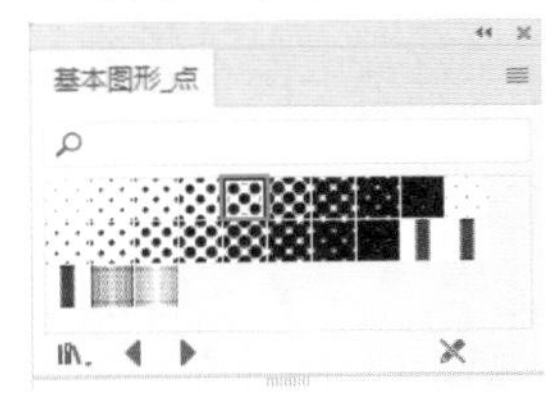

图3-310

图3-311

步骤 03 执行"窗口 > 透明度"命令，在打开的面板中修改"混合模式"为"颜色减淡"，如图 3-312 所示。效果如图 3-313 所示。

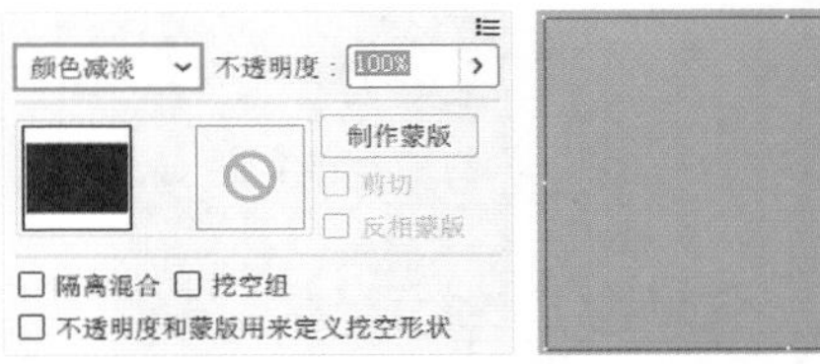

图3-312　　图3-313

步骤 04 执行"文件 > 置入"命令，置入人像素材 1.png，然后单击控制栏中的"嵌入"按钮将其嵌入。单击工具栏中的"选择工具"按钮▶，选择人像素材四角的一个点，按住 Shift 键拖动调整到合适大小，并放到合适位置，效果如图 3-314 所示。在工具箱中单击"钢笔工具"按钮，在画板右侧绘制一个梯形，然后将梯形填充为粉色，描边设置为无，效果如图 3-315 所示。如果界面中没有显示控制栏，可以执行"窗口 > 控制"命令将其显示。

图3-314

图3-315

步骤 05 打开素材2.ai，从中选择部分文字对象，复制并粘贴到当前文档中，摆放在合适位置上，如图3-316所示。选中底部梯形，按快捷键Ctrl+C进行复制，然后在空白位置单击，按快捷键Ctrl+V将其粘贴到前面。同时选中文字和梯形，右击，在弹出的快捷菜单中执行"建立剪切蒙版"命令。效果如图3-317所示。

图3-316

图3-317

步骤06 执行“窗口 > 透明度”命令，在弹出的“透明度”面板中将“不透明度”改为5%，如图3-318所示。效果如图3-319所示。

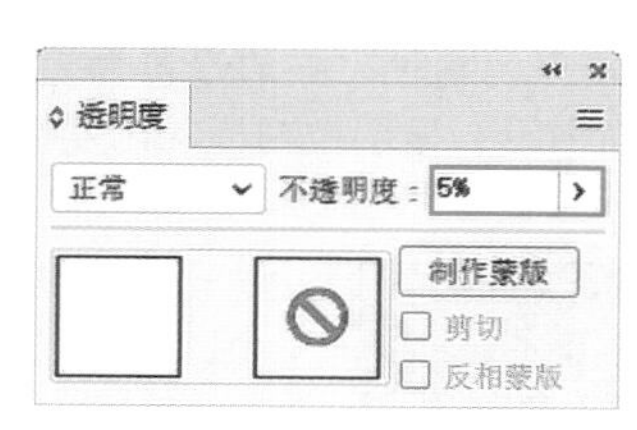

图3-318

图3-319

步骤07 在工具箱中选择“钢笔工具”，在左上角绘制一个粉色三角形，如图3-320所示。使用“矩形工具”绘制剩余的矩形，如图3-321所示。

图3-320

图3-321

步骤08 从素材2.ai、3.eps中复制出需要使用的对象，并粘贴到当前文档中。效果如图3-322所示。

图3-322

3.12 课后练习：外卖APP点单界面设计

文件路径	课后练习：外卖APP点单界面设计
难易指数	★★★★★
技术掌握	渐变填充、“矩形工具”“矩形工具”

实例效果

本实例演示效果如图3-323所示。

扫一扫，看视频

图3-323

3.13 模拟考试

主题：制作矢量风格饮料海报。

要求：

（1）海报尺寸为A4，横版、竖版均可。

（2）任选一款饮料，产品素材可在网络上收集。

（3）作品需要包含纯色的图形以及使用渐变工具填充的图形。

（4）可在网络上搜索“饮品海报”相关作品作为参考。

考查知识点：形状工具、填充渐变、填充纯色。

Chapter 4

第 4 章

绘制复杂的图形

本章内容简介：

本章主要讲解绘图操作中最为常用的一些工具，尤其是“钢笔工具”。使用“钢笔工具”可以绘制绝大部分图形，熟练掌握该工具是进行后续操作的基础。除了“钢笔工具”之外，本章还介绍了其他的绘图工具，如“画笔工具”“曲率工具”“铅笔工具”等，这些工具都可以用于绘制复杂的不规则图形，而使用橡皮擦工具组中的工具则可以擦除部分内容。

重点知识掌握：

- 熟练使用“钢笔工具”绘制复杂而精准的图形
- 掌握调整路径图形形态的方法
- 熟练掌握“铅笔工具”的使用方法
- 熟练掌握路径擦除的方法

通过本章的学习，我能做什么？

通过本章的学习，我们可以掌握多种绘图工具的使用方法。使用这些绘图工具以及前面章节所讲的基本形状和线条绘制工具，我们能够完成作品中绝大多数内容的绘制。尤其是“钢笔工具”，虽然初学时可能会感到不容易控制，但是相信通过一些练习，一定能够熟练使用它绘制各种复杂的图形。一旦能够绘制各种复杂图形，常见的矢量图形构成的作品基本就都可以尝试制作了。

4.1 钢笔工具组

扫一扫，看视频

"钢笔工具"是Illustrator的核心工具之一。作为一款非常典型的矢量绘图工具，它可以随心所欲地绘制各种形状，而且可以在极大程度上控制图形的精细程度。可以说，使用"钢笔工具"可以完成绝大多数矢量图形的绘制。初学"钢笔工具"时可能会感到很难控制，经常无法绘制出精确的矢量图形。但是只要通过大量的绘图练习，我们一定能够熟练掌握"钢笔工具"的使用方法。

在Illustrator中，"钢笔工具"并不是一个"单打独斗"的工具。钢笔工具组中包含4个工具："钢笔工具""添加锚点工具""删除锚点工具"和"锚点工具"。通常我们会使用"钢笔工具"尽可能准确地绘制出路径，而"添加锚点工具""删除锚点工具"和"锚点工具"工具则用于细节形态的调整，如图4-1所示。

图4-1

4.1.1 认识路径与锚点

在矢量制图的世界中，图形都是由路径以及颜色构成的。那么什么是路径呢？路径是由锚点以及锚点之间的连接线构成的。两个锚点可以构成一条路径，而3个锚点可以定义一个面，如图4-2所示。锚点的位置决定着连接线的动向。因此，可以说矢量图的创作过程就是创作、编辑路径的过程，如图4-3所示。

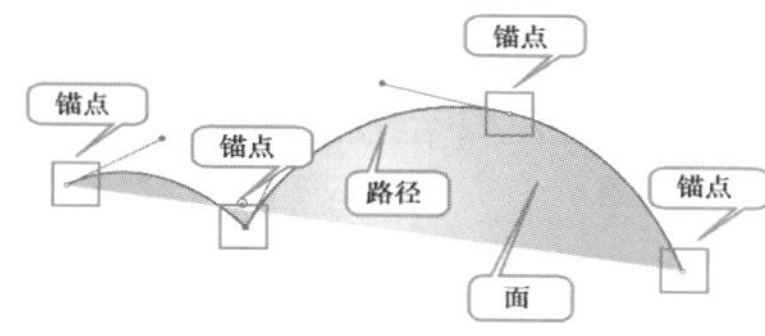

图4-2

图4-3

路径上的转角有的是平滑的，有的是尖锐的。转角的平滑或尖锐是由转角处的锚点类型决定的。锚点包含"平滑锚点"和"尖角锚点"两种类型，如图4-4所示。"平滑锚点"上带有方向线，方向线决定锚点的弧度，同时也决定了锚点两端的线段弯曲度，如图4-5所示。

Illustrator中的路径有的是断开的，有的是闭合的，还有由多个部分构成的。这些路径可以被概括为3种类型：两端具有端点的开放路径、首尾相接的闭合路径以及由两条或两条以上路径组成的复合路径，如图4-6所示。

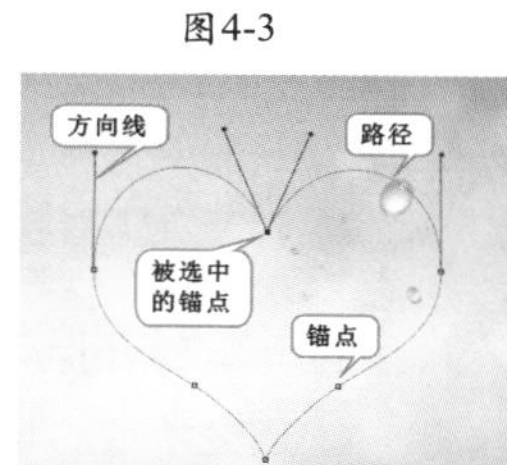

图4-4

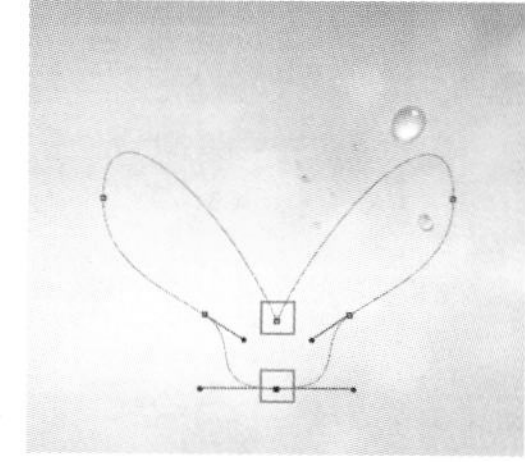

图4-5

(a)开放路径

(b)闭合路径

(c)复合路径

图4-6

重点 4.1.2 认识"钢笔工具"

"钢笔工具"是一款常用的绘图工具，使用该工具可以绘制各种精准的直线或曲线路径。右击钢笔工具组按钮，选择"钢笔工具"，然后在画板中单击，即可绘制出路径上的第一个锚点，同时控制栏中会显示出钢笔工具的设置选项。控制栏中的选项主要是针对已绘制好的路径上的锚点进行转换、删除，或对路径进行断开或连接等操作，如图4-7所示。如果界面中没有显示控制栏，可以执行"窗口>控制"命令将其显示。

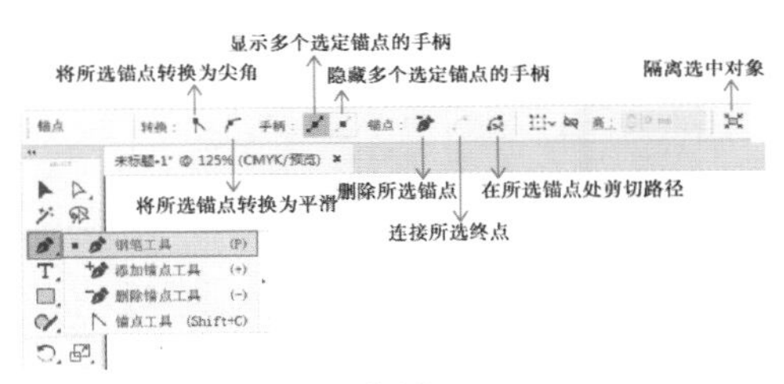

图4-7

- 将所选锚点转换为尖角：选中平滑锚点，单击该按钮即可转换为尖角锚点，如图4-8所示。

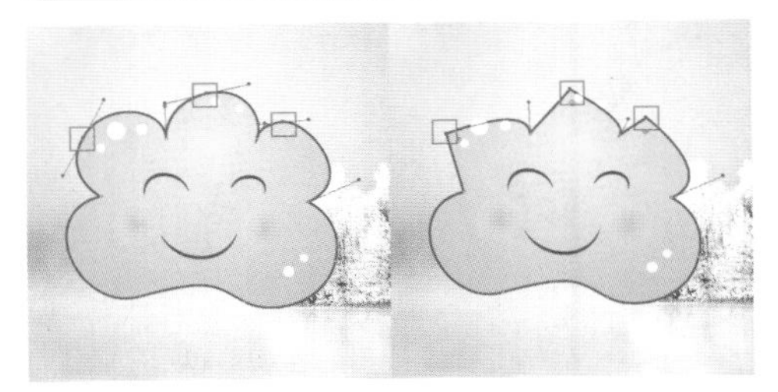

图4-8

- 将所选锚点转换为平滑：选中尖角锚点，单击该按钮即可转换为平滑锚点，如图4-9所示。

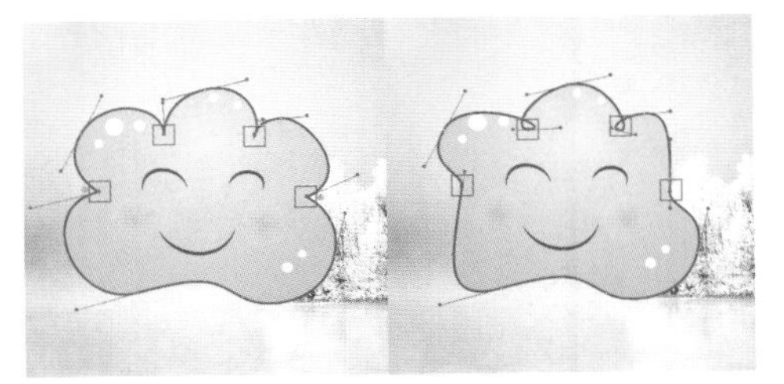

图 4-9

- 显示多个选定锚点的手柄：单击该按钮，被选中的多个锚点的手柄都将处于显示状态，如图4-10所示。
- 隐藏多个选定锚点的手柄：单击该按钮，被选中的多个锚点的手柄都将处于隐藏状态，如图4-11所示。

图4-10

图4-11

- 删除所选锚点：单击该按钮，即可删除选中的锚点，如图4-12所示。

图4-12

- 连接所选终点：在开放路径中选中不相连的两个端点，单击该按钮，即可在两点之间建立路径进行连接，如图4-13所示。

图4-13

- 在所选锚点处剪切路径：选中锚点，单击该按钮即可将所选的锚点分割为两个锚点，并且两个锚点之间不相连，同时路径会断开，如图4-14所示。

图4-14

- 隔离选中对象：在包含选中对象的情况下，单击该按钮即可在隔离模式下编辑对象。

重点 4.1.3 动手练：使用“钢笔工具”绘制直线

（1）单击工具箱中的“钢笔工具”按钮（快捷键：P），将光标移至画板中，单击可创建一个锚点（这是路径的起点），如图4-15所示。在下一个位置单击，在两个锚点之间可以看到一段直线路径，如图4-16所示。继续以单击的方式进行绘制，可以绘制出折线，如图4-17所示。

图4-15

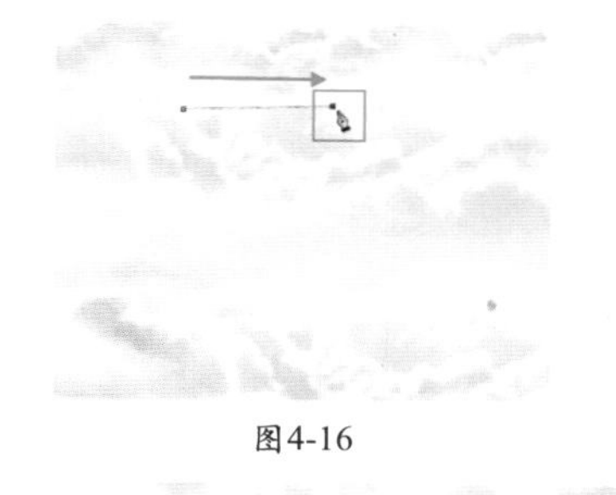

图4-16

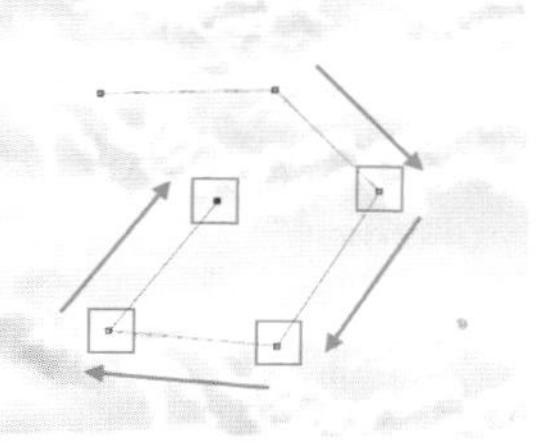

图4-17

（2）将光标放在路径的起点，当其变为形状时，单击即可闭合路径，如图4-18所示。如果要结束一段开放式路径的绘制，按住Ctrl键并在画板的空白处单击、单击其他工具按钮，或者按Enter键即可。效果如图4-19所示。

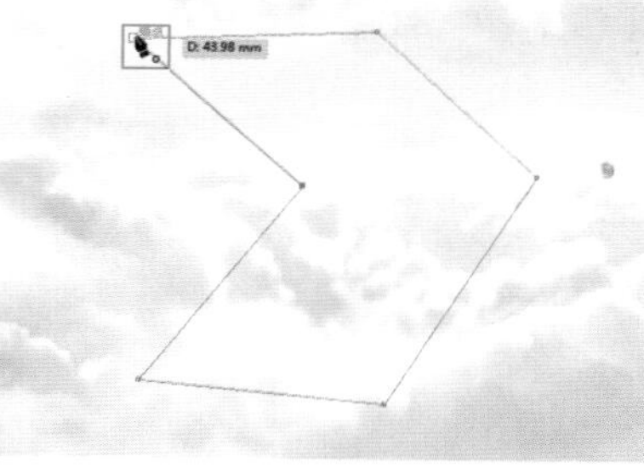

图4-18

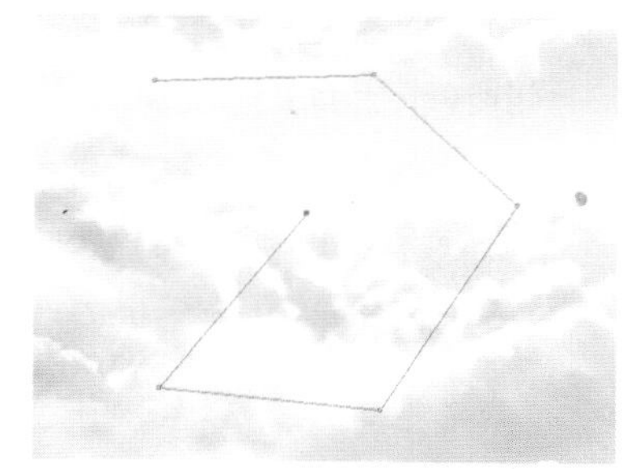

图4-19

提示：绘制水平路径或垂直路径的方法。

按住 Shift 键可以绘制水平、垂直或以 45° 为增量的直线。

练习实例：使用“钢笔工具”绘制折线图

扫一扫，看视频

文件路径	资源包\第4章\练习实例：使用“钢笔工具”绘制折线图
难易指数	★★★★★
技术掌握	“钢笔工具”“椭圆工具”“矩形工具”

实例效果

本实例演示效果如图4-20所示。

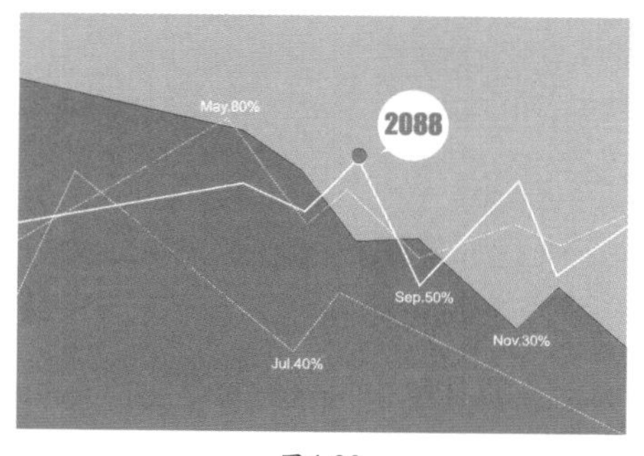

图4-20

操作步骤

步骤 01 执行“文件>新建”命令或按快捷键Ctrl+N，创建新文档，设置“大小”为A4，“方向”为横向。单击工具箱中的“矩形工具”按钮，在控制栏中设置填充为淡青色，然后在画板中按住鼠标左键拖动，绘制一个与画板等大的矩形。效果如图4-21所示。如果界面中没有显示控制栏，可以执行“窗口>控制”命令将其显示。

图4-21

步骤 02 使用“钢笔工具”绘制一个图形。单击工具箱中的“钢笔工具”按钮，在控制栏中设置填充为粉红色，在画板中单击创建一个锚点，如图4-22所示。将光标移动到其他位置，再次单击创建出第二个锚点，同时两个锚点之间连成一条直线，如图4-23所示。

图4-22

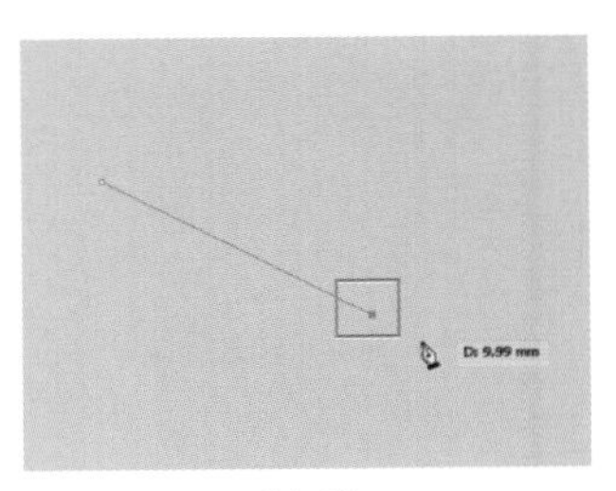

图4-23

步骤 03 移动光标，并在合适的位置单击添加锚点，此时得到由3个锚点组成的面，如图4-24所示。继续按照该方法绘制出一个不规则图形，最后将光标定位到起点处单击，得到闭合的图形。效果如图4-25所示。

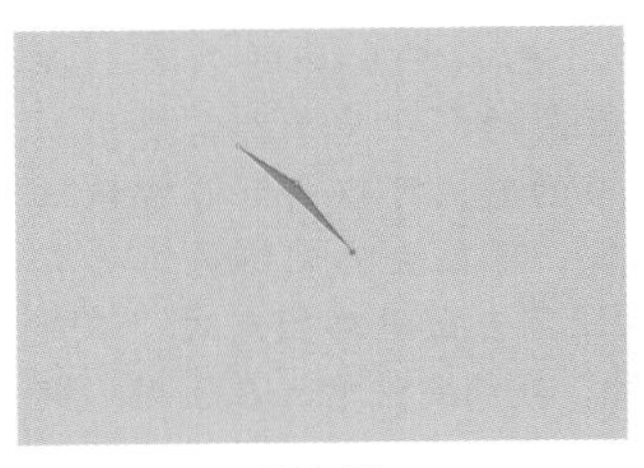

图4-24

图4-25

步骤 04 使用“钢笔工具”绘制折线。选择工具箱中的“钢笔工具”，在控制栏中设置填充为无，描边为白色，描边粗细为2pt，然后在画板中绘制一段折线。效果如图4-26所示。

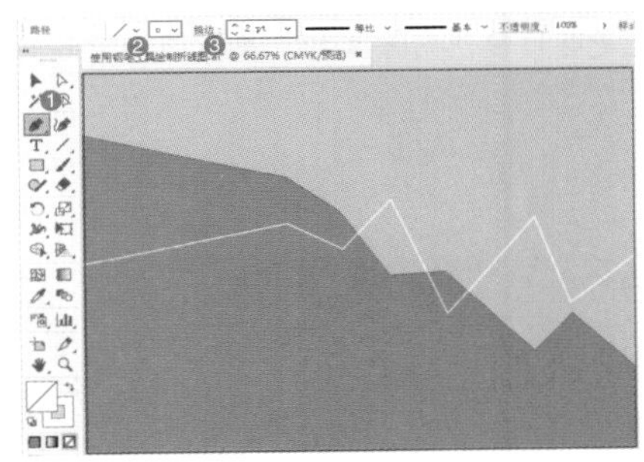

图4-26

步骤 05 制作虚线折线。使用“钢笔工具”继续绘制折线路径，在控制栏中设置填充为无，描边为白色，单击控制栏中的“描边”按钮，在弹出的下拉面板中设置“粗细”为1pt，勾选“虚线”复选框，并设置数值为2pt，如图4-27所示。使用同样的方法绘制出第三条折线，效果如图4-28所示。

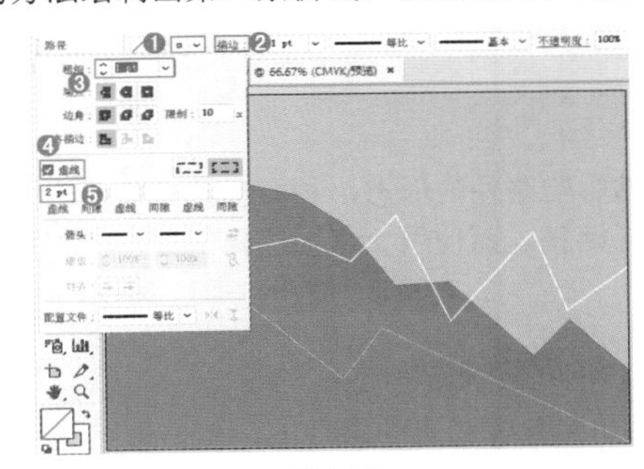

图4-27

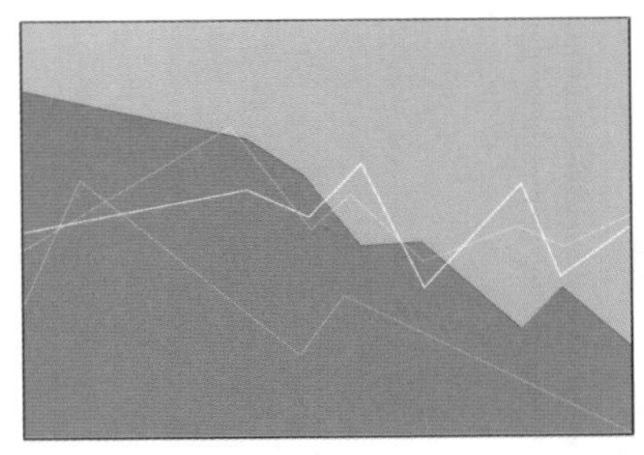

图4-28

步骤 06 绘制顶点圆形。单击工具箱中的“椭圆工具”按钮，在控制栏中设置填充为粉红色，然后按住Shift键的同时按住鼠标左键拖动，绘制一个正圆，如图4-29所示。

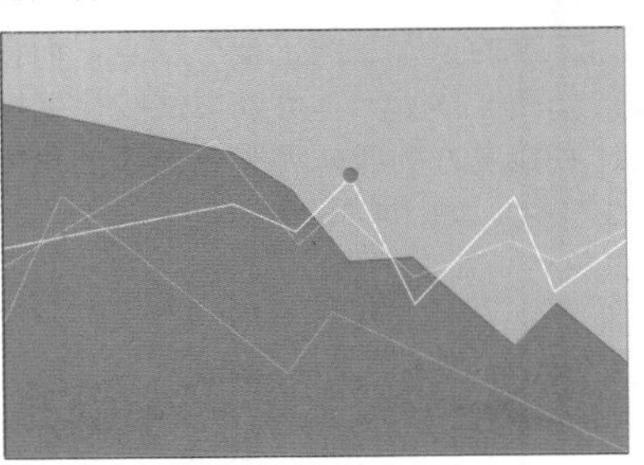

图4-29

步骤 07 绘制气泡图形。单击工具箱中的“椭圆工具”按钮，按住Shift键的同时按住鼠标左键拖动，绘制一个正圆，并填充为白色，如图4-30所示。单击工具箱中的“钢笔工具”按钮，在圆形左下角绘制出一个三角形，并填充为白色。效果如图4-31所示。

图4-30

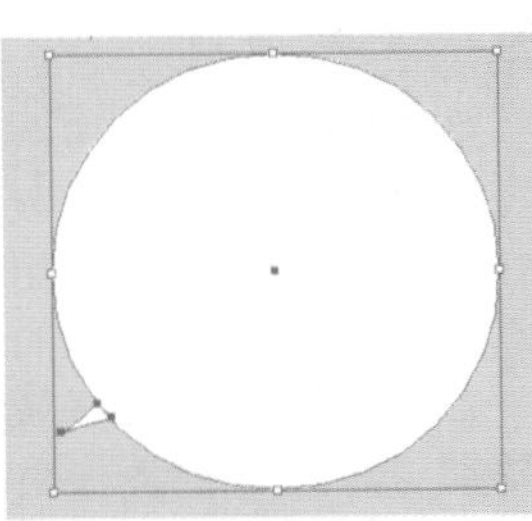

图4-31

步骤 08 框选两个图形，执行“窗口>路径查找器”命令，在弹出的“路径查找器”面板中单击“联集”按钮，如图4-32所示。此时两个图形便合并到一起了。效果如图4-33所示。

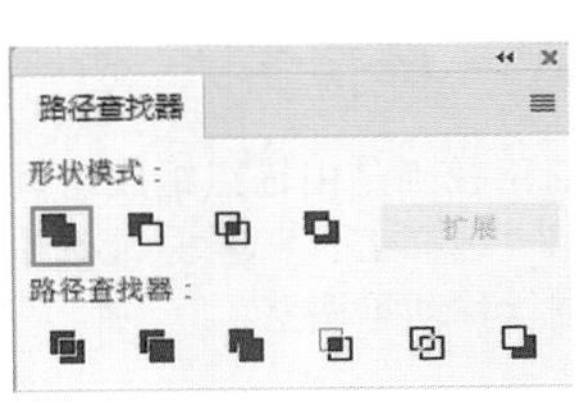

图4-32

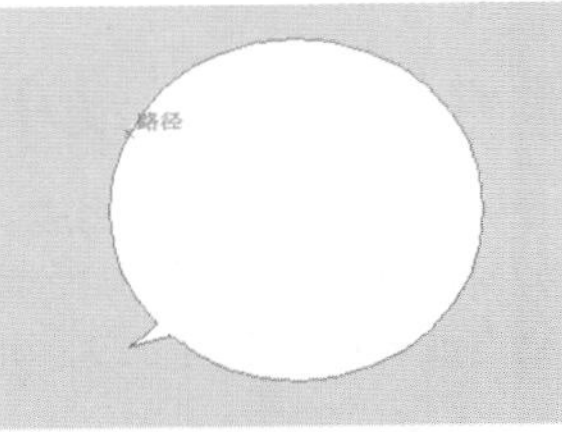

图4-33

步骤 09 打开素材1.ai。选中文字对象，复制其中的文字对象，并摆放在合适的位置上。效果如图4-34所示。

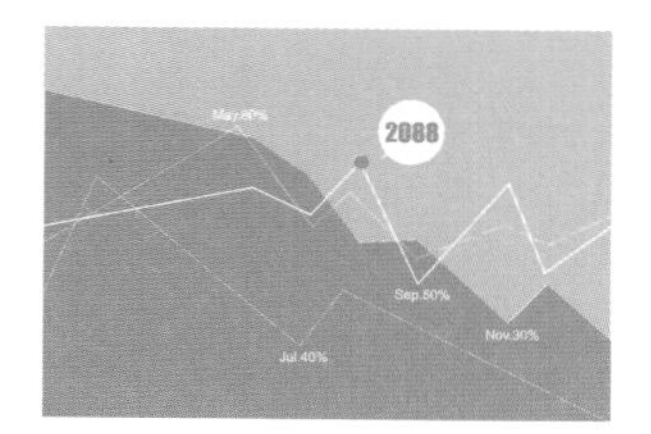

图4-34

4.1.4 动手练：使用“钢笔工具”绘制波浪曲线

曲线路径需要由平滑锚点组成。使用“钢笔工具”直接在画板中单击，创建出的是尖角锚点。想要直接绘制出平滑锚点，需要按下鼠标左键不放，然后拖动光标，此时可以看到按下鼠标左键的位置生成了一个锚点，而拖曳的位置显示了方向线，如图4-35所示。可以尝试按住鼠标左键，同时上、下、左、右拖曳方向线，调整方向线的角度，曲线的弧度也随之发生变化，如图4-36所示。

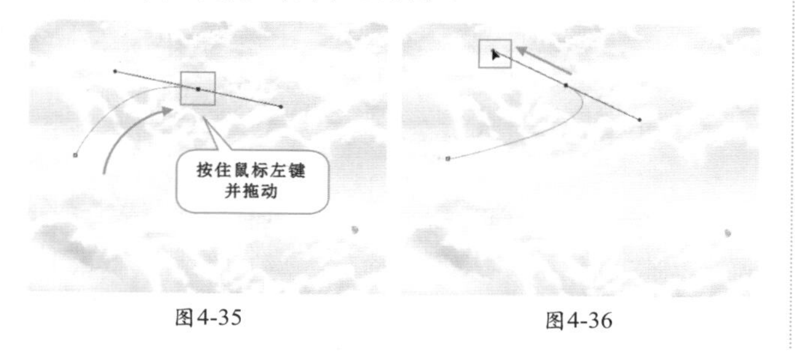

图4-35　　图4-36

提示：学习“钢笔工具”需要注意的问题。

“钢笔工具”是一款常用也非常重要的工具，在Illustrator制图过程中，较为复杂的形状几乎都需要用到该工具，因为该工具对于细节的刻画可以达到非常精细的水平。但是对于初学者而言，可能会感到钢笔工具有些难以“控制”，绘制图形时经常会出现路径走向“不听话”的情况。出现这种情况时，我们要注意，在使用“钢笔工具”的过程中，绘制直线或折线是比较简单的，只需要单击就可以绘制出来，一般不会出现什么问题，而通常会“难倒”新手的是带有弧度的曲线，绘制这种图形时可以先按照大致的形态，通过单击绘制大致的尖角图形，然后配合“锚点工具”将尖角锚点转换为平滑锚点。“锚点工具”也是有快捷使用方式的，在后面会学习到。

4.1.5 动手练：在路径上添加锚点

路径形状看起来越复杂，路径上的锚点就会越多。如果路径上的锚点较少，细节就无法精细地刻画。如果要对路径进行进一步编辑，可以使用“添加锚点工具”在路径上添加锚点，然后通过调整锚点的位置或弧度来丰富路径的形态。

右击“钢笔工具组”按钮，在弹出的工具组中单击“添加锚点工具”按钮（快捷键：+）。将光标移动到路径上，当其变成形状时，单击即可添加一个锚点，如图4-37所示。在使用“钢笔工具”的状态下，将光标放在路径上没有锚点的位置，光标也会变成形状，单击也可添加一个锚点。效果如图4-38所示。

图4-37

图4-38

4.1.6 动手练：选择并移动路径上的锚点

矢量图形是由路径构成，而路径则是由锚点组成。调整锚点的位置能够影响路径的形态，从而影响矢量图形的形态。那么如何调整锚点的位置呢？使用“选择工具”只能选中整个形状或者整条路径，而使用“直接选择工具”则可以选中单个锚点或者路径中的一段，并进行移动等调整。

1. 选择锚点

单击工具箱中的“直接选择工具”按钮（快捷键：A），将光标移动到包含锚点的路径上，单击即可选中锚点，如图4-39所示。按住鼠标左键拖动进行框选，可以选中多个锚点，如图4-40所示。

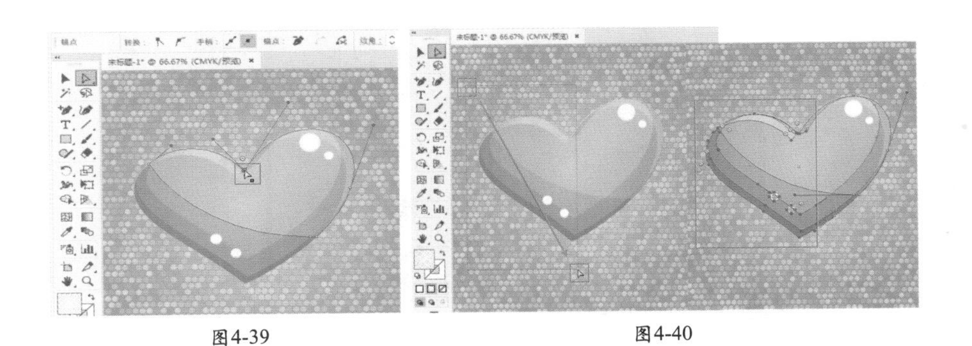

图4-39　　图4-40

2. 删除锚点与相连的路径

选中锚点的状态下，按Delete键可以删除锚点。随着锚点的删除，与锚点相接的路径也会被删除。原本的闭合路径变为开放路径，如图4-41所示；原本的开放路径则会变为多个部分，如图4-42所示。

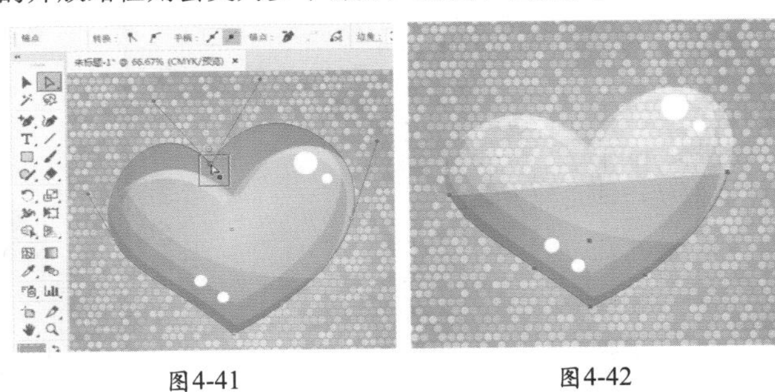

图4-41　　图4-42

3. 移动锚点调整路径形态

使用“直接选择工具”▷单击选中锚点，然后按住鼠标左键拖动，即可移动锚点的位置，如图4-43所示。移动锚点位置后，图形也会发生变化，如图4-44所示。使用“直接选择工具”拖曳方向线上的控制点，同样可以调整图形的形状，如图4-45和图4-46所示。

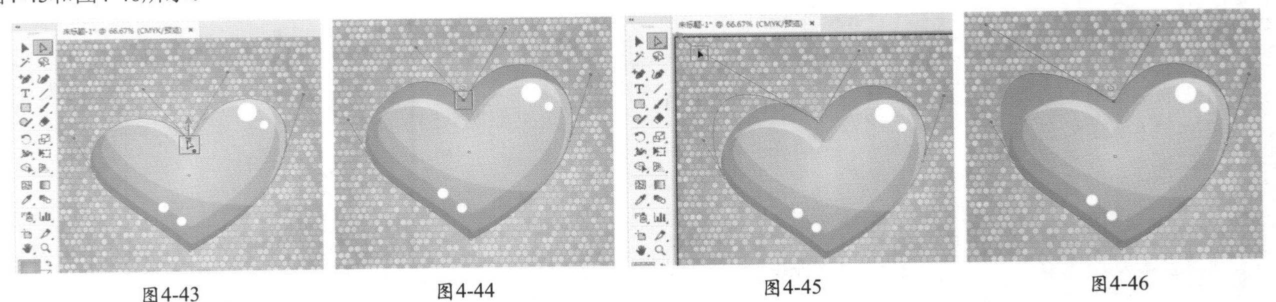

图4-43　　图4-44　　图4-45　　图4-46

提示：微调对象。

如果要微调对象或者锚点的位置，可以选中需要移动的对象或锚点，然后按上、下、左、右方向键，即可进行对象或锚点位置的调整。在移动的同时按住 Alt 键，可以对相应的对象进行复制。

重点 4.1.7　动手练：在路径上删除锚点

要删除多余的锚点，而且不使路径断开，可以使用钢笔工具组中的“删除锚点工具”来完成。右击“钢笔工具组”按钮，在弹出的工具组中单击“删除锚点工具”按钮（快捷键：－），将光标放在锚点上，当其变为形状时单击即可删除锚点，如图4-47所示。此外，在使用“钢笔工具”的状态下直接将光标移动到锚点上，待其变为形状时单击也可以删除锚点。效果如图4-48所示。

图4-47

图4-48

重点 4.1.8 动手练：转换锚点类型

“锚点工具”可以将锚点在尖角锚点与平滑锚点之间转换。

（1）右击钢笔工具组，在弹出的工具组中单击“锚点工具”按钮 （快捷键：Shift+C ），如图4-49所示。

（2）在尖角锚点上按住鼠标左键拖动，即可将其转变为平滑锚点，如图4-50所示。

图4-49

图4-50

（3）单击平滑曲线锚点，可以将其直接转换为尖角锚点，如图4-51和图4-52所示。

图4-51

图4-52

（4）平滑锚点有左、右两段方向线，当使用“直接选择工具” 拖曳其中一端方向线上的控制点时，会同时影响另一端方向线的角度，从而影响图形的形状，如图4-53所示。

图4-53

（5）使用“锚点工具” 可以单独调整平滑锚点一端的方向线。例如，选择“锚点工具”，拖曳锚点一端方向线上的控制点，锚点另一端路径的弧度并没有发生变化。效果如图4-54所示。

图4-54

重点 4.1.9 学习使用“钢笔工具”的小技巧

在初学阶段，我们可能会产生“钢笔工具”很难用的错觉。其实熟练掌握之后，“钢笔工具”是非常好用的。但是前提是我们要摸清该工具的“脾气”。

通常使用“钢笔工具”绘制一些尖角的图形是很简单的，只需要连续单击即可，但是一旦需要绘制带有弧度的形状时，问题就出现了。

例如，想要绘制一个带有一些弧度转角的图形，该怎么做呢？绘制带有弧度的转角时，需要按住鼠标左键拖动，即可得到一个带有弧度的转角。但是，在按住鼠标左键后“拖动”光标的过程中，随着光标拖动方向的不同，转角弧度的方向线的方向和长短也都不同。而这些差别会直接影响当前锚点与上一个锚点或下一个锚点之间线条的形态，如图4-55所示。

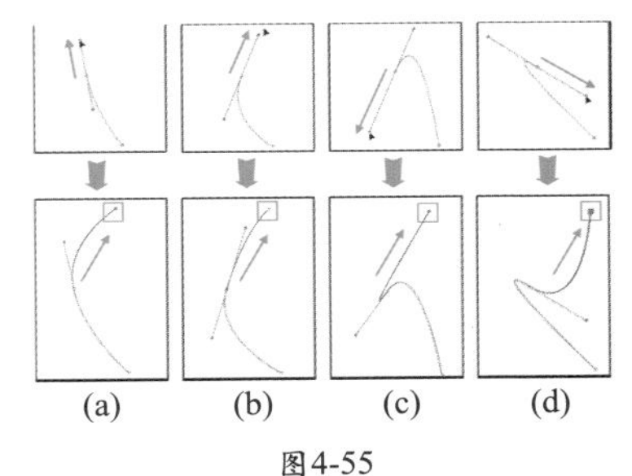

图4-55

初学者可能由于经验不足，很难在按住鼠标左键拖动的过程中准确地控制锚点方向线的角度与长度，从而造成弧线一侧正确另外一侧偏离，绘制出的弧度部分严重扭曲，甚至影响后面路径的绘制，如图4-56所示。

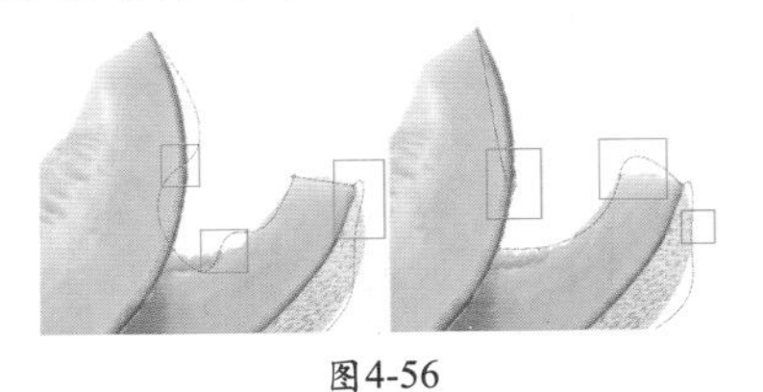

图4-56

其实有一种非常简单的解决办法，就是在绘制路径的过程中，绘制到弧度的部分时以尖角锚点代替，路径绘制完成后再通过“锚点工具”将尖角锚点转换为平滑锚点，这样不仅可以更好地控制锚点的弧度，同时也不会影响到前后的路径形态。

下面仍以绘制哈密瓜为例，沿着画面主体物绘制路径。虽然主体物的轮廓有很多弧线的部分，但是在初期绘制时不用理会这些弧度。在轮廓大转折的地方单击添加锚点（此时添加的锚点为尖角锚点），继续绘制，完成整条路径的绘制（不要添加过多的锚点），此时路径上都是尖角锚点，如图4-57所示。接下来，可以使用“锚点工具”在带有弧度的区域按住鼠标左键拖动，使之变为弧线路径，如图4-58所示。以同样的方法可以对其他的尖角锚点进行转化并调整位置，如图4-59所示。

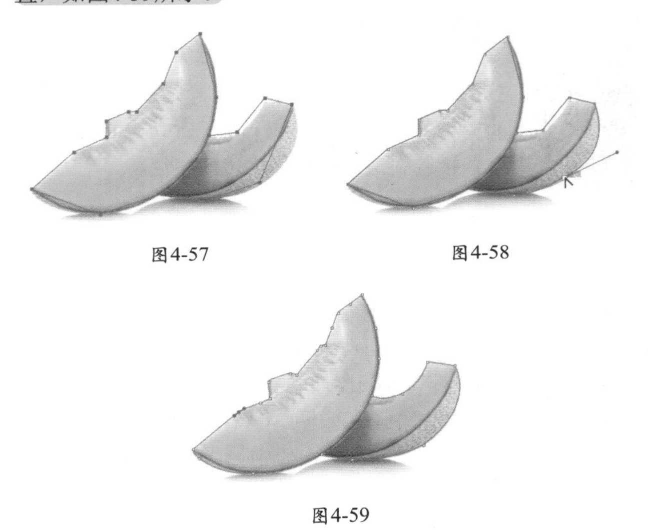

图4-57　　图4-58

图4-59

4.2 曲率工具

使用“曲率工具”能够轻松绘制出平滑、精准的曲线。

（1）单击工具箱中的“曲率工具”按钮，接着在画板中单击，如图4-60所示。然后将光标移动到下一个位置单击，如图4-61所示。

图4-60 　　图4-61

（2）移动光标位置（此时无须按住鼠标左键），此时画板中出现的并不是直线路径，而会显示一段曲线，如图4-62所示。当曲线形态调整完成后，单击即可完成这段曲线的绘制，如图4-63所示。

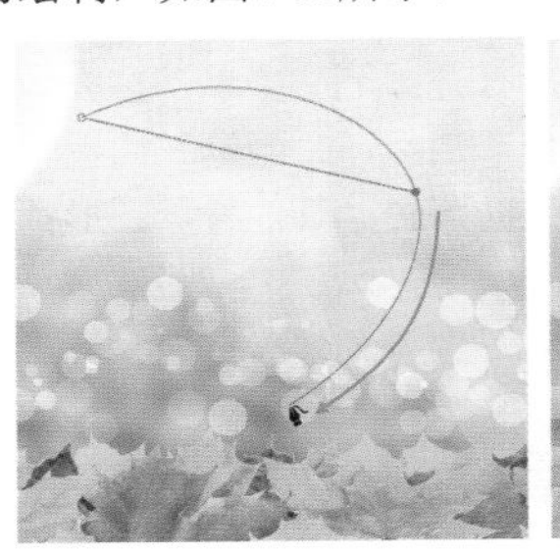

图4-62

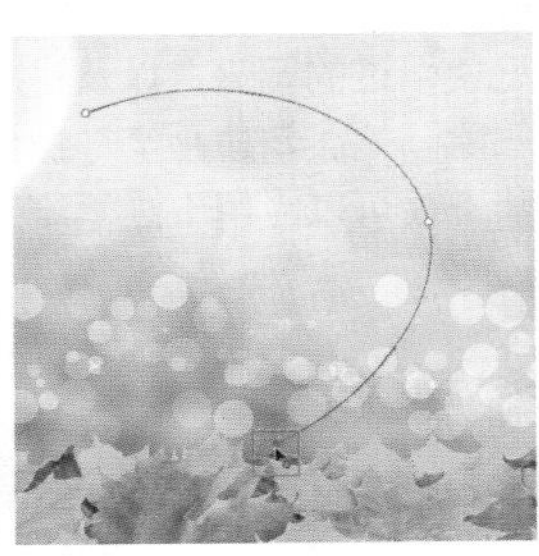

图4-63

（3）通过单击、移动光标位置绘制曲线；如果要绘制一段开放的路径，可以按Esc键终止路径的绘制，如图4-64和图4-65所示。

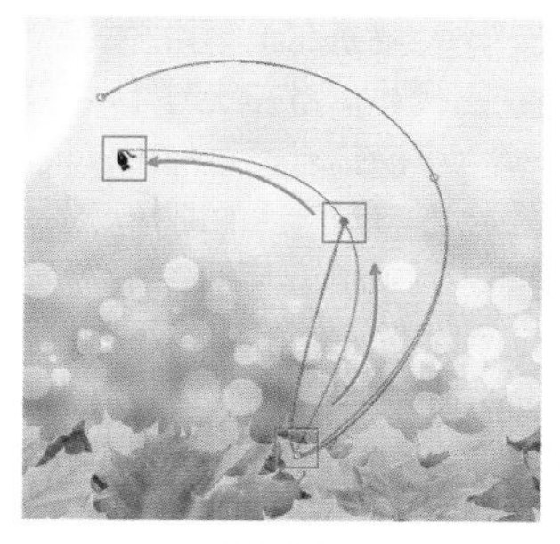

图4-64

图4-65

（4）使用“曲率工具”绘制曲线的过程中，在要添加锚点的位置按住Alt键单击，即可绘制角点，如图4-66所示。

将光标移至锚点处，按住鼠标左键拖动可以移动锚点的位置，如图4-67所示。单击一个锚点，按Delete键可将其删除。

图4-66

图4-67

4.3 画笔工具

扫一扫，看视频

“画笔工具”也是一款绘制矢量路径的工具，能够轻松按照光标移动位置创建出路径，适用于绘制随意的路径。此外，使用“画笔工具”绘图前，先在控制栏中设置“画笔定义”与“变量宽度配置文件”选项，可以直接绘制出带有画笔描边的路径。

4.3.1 使用“画笔工具”

单击工具箱中的“画笔工具”按钮，在控制栏中对填充、描边、描边粗细、变量宽度配置文件和画笔定义进行设置（具体设置方法参见第3章）。设置完成后在画板中按住鼠标左键拖曳，如图4-68所示。释放鼠标后即可绘制一个带有设定样式的路径，如图4-69所示。如果界面中没有显示控制栏，可以执行“窗口>控制”命令将其显示。

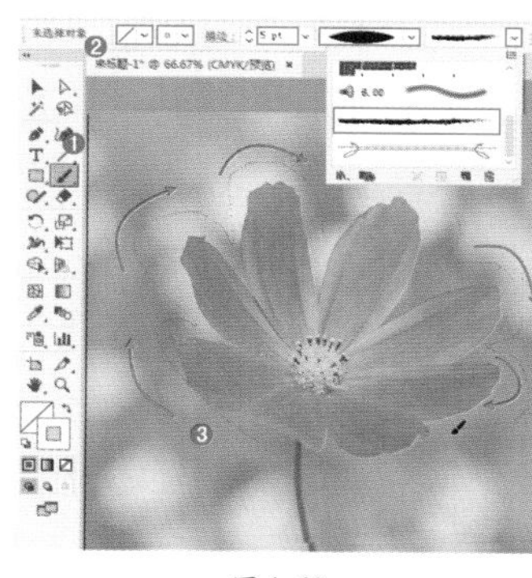

图4-68

图4-69

4.3.2 使用“画笔”面板

“画笔工具”通常配合“画笔”面板一同使用。执行“窗口>画笔”命令，打开“画笔”面板（快捷键：F5），如图4-70所示。在“画笔”面板中可以选择画笔笔尖的形状、存放最近使用过的笔尖，以及进行打开画笔库菜单、移去画笔描边、删除画笔、新建画笔等操作。当然，“画笔”面板中的笔尖形状不仅可以应用于画笔绘制的路径，其他矢量图形都可以使用。

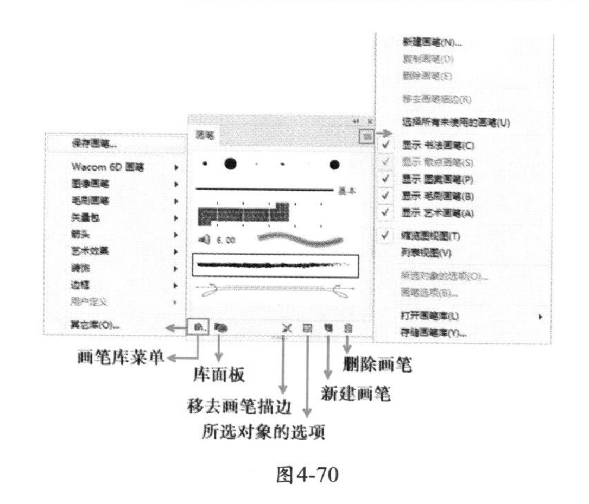

图4-70

（1）选择路径对象，单击“画笔”面板底部的“移去画笔描边”按钮 ，即可去除画笔描边，如图4-71和图4-72所示。

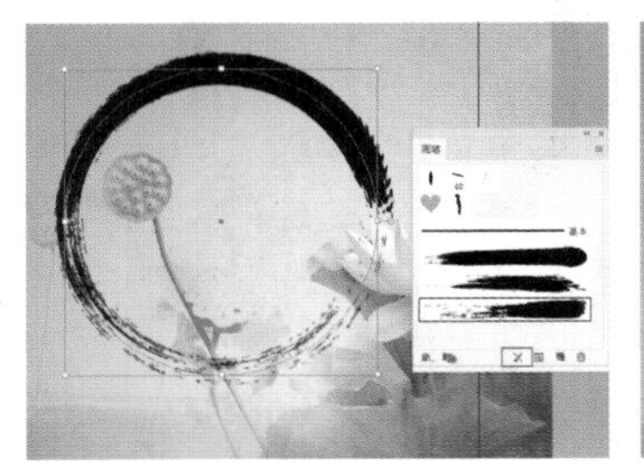

图4-71

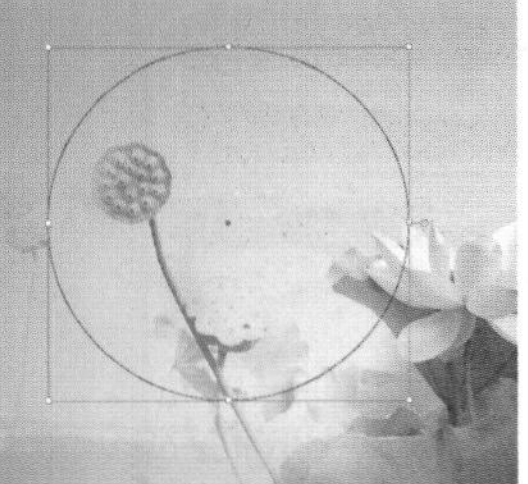

图4-72

（2）单击“画笔”面板底部的“所选对象的选项”按钮 ，在弹出的“描边选项”窗口中可以重新定义画笔，如图4-73所示。

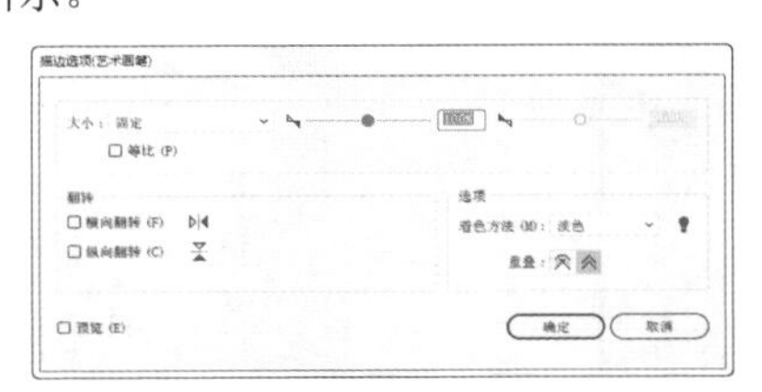

图4-73

（3）在“画笔”面板中选择一个画笔笔尖，然后单击“删除画笔” 按钮，可以将选中的画笔从“画笔”面板中删除。如果画板中有路径应用了选中的画笔，则会弹出一个提示对话框。单击“扩展描边”按钮，可以继续应用该画笔；若单击“删除描边”按钮，则移去路径中的画笔描边，如图4-74所示。

(a) 删除画笔

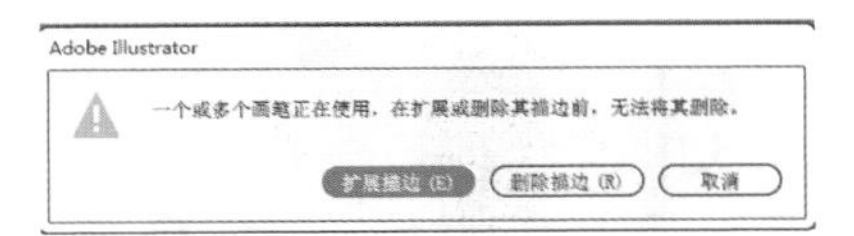

(b) 提示

图4-74

（4）除了使用软件自带的一些笔尖外，还可以创建新的笔尖。选中一个图形，单击“新建画笔”按钮 ，或者单击控制栏中“画笔定义”下拉面板中的“新建画笔”按钮 ，在弹出的“新建画笔”窗口中选择一种画笔类型，如散点画笔，然后单击“确定”按钮，如图4-75所示。

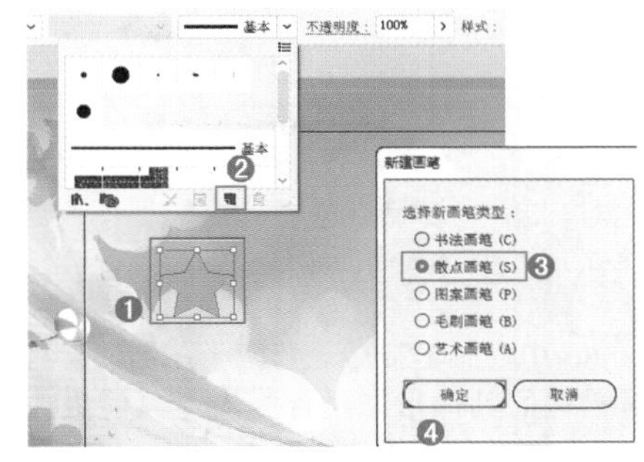

图4-75

（5）在弹出的“散点画笔选项”窗口中进行画笔参数的设置，如图4-76所示。

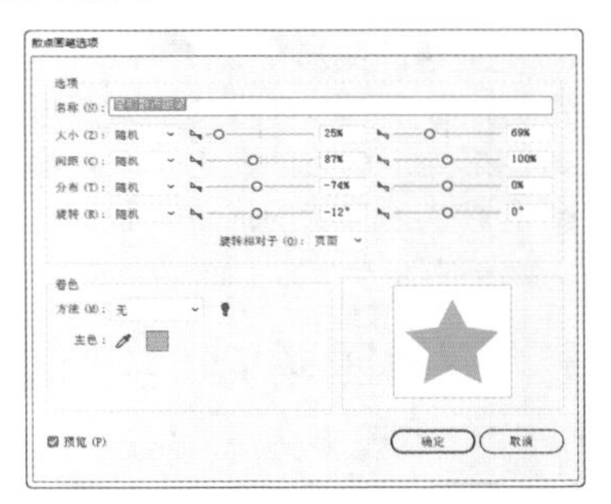

图4-76

（6）设置完成后单击“确定”按钮，即可进行绘制，效果如图4-77所示。如果界面中没有显示控制栏，可以执行“窗口>控制”命令将其显示。

图4-77

4.3.3 画笔库面板

单击“画笔”面板左下角的“画笔库菜单”按钮 ，在弹出的菜单中可以看到多种画笔库，如图4-78所示。执行相应的命令，可以打开画笔库面板。例如，执行“矢量包>颓废画笔矢量包”命令，即可打开“颓废画笔矢量包”画笔库面板，如图4-79所示。选中合适的笔尖，即可使用“画笔工具”进行绘制。效果如图4-80所示。

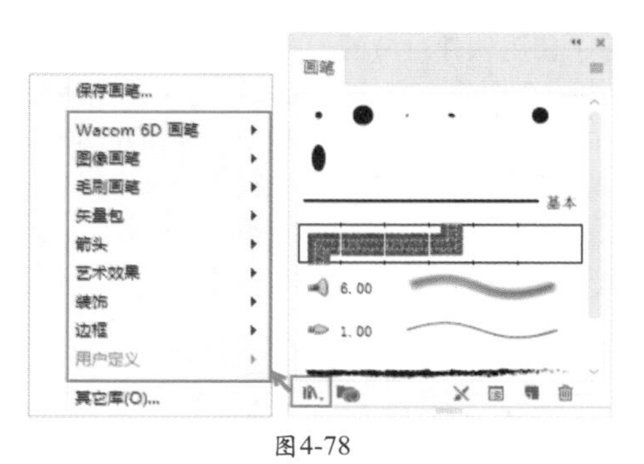

图4-78

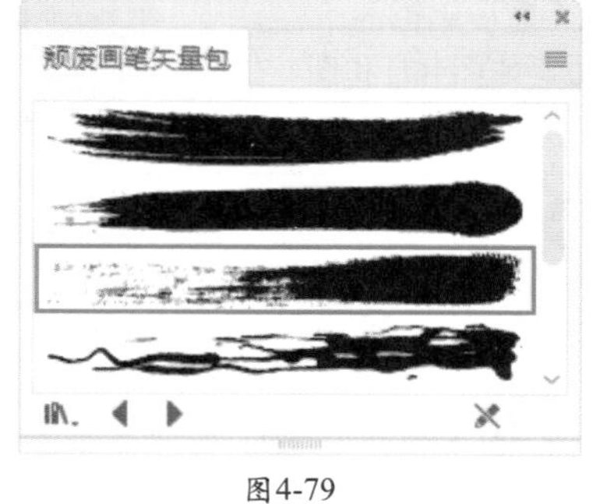

图4-79

图4-80

4.3.4　将画笔描边转换为轮廓

在Illustrator中，画笔描边是依附于图形的一种属性，无法对描边的具体形态进行编辑，只能更改颜色、大小。但只要对象的描边属性在，就可以重新定义宽度、描边样式以及形状等。若不再需要这种属性，可以通过“扩展外观”命令将描边属性创建为一个图形。

选择带有画笔描边的图形，如图4-81所示。执行“对象>扩展外观”命令，即可将其变为图形，如图4-82所示。此时图形处于编组的状态，取消编组可以看到原始的路径和转换为形状的描边对象。

图4-81

图4-82

练习实例：使用画笔描边制作水墨版式

扫一扫，看视频

文件路径	资源包\第4章\练习实例：使用画笔描边制作水墨版式
难易指数	★★★★★
技术掌握	画笔描边的设置

实例效果

本实例演示效果如图4-83所示。

图4-83

操作步骤

步骤 01 执行“文件>新建”命令或按快捷键Ctrl+N，创建新文档。执行“文件>置入”命令，置入素材1.jpg；单击控制栏中的“嵌入”按钮，将素材嵌入画板中，并将其大小调整为和画板等同。如果界面中没有显示控制栏，可以执行“窗口>控制”命令将其显示。单击工具箱中的“钢笔工具”按钮，在控制栏中设置填充为无，描边为黑色，描边粗细为1pt，在画板中绘制一条直线，如图4-84所示。

图4-84

步骤 02 保持直线的选中状态，然后执行“窗口>画笔库>艺术效果>艺术效果-水彩”命令，在弹出的面板中单击选择一种效果，然后再修改控制栏中的描边粗细为4pt，此时线条的描边变为了水墨效果，如图4-85所示。

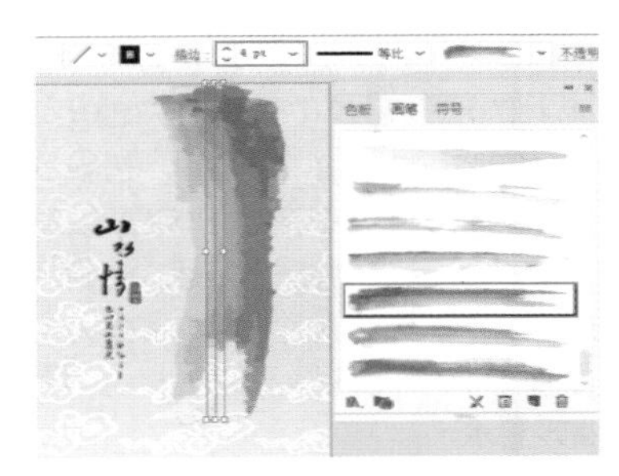

图4-85

步骤03 绘制圆形水彩画笔效果。单击工具箱中的“椭圆工具”按钮，去除填充和描边，在画板上绘制一个和人物照片等大的圆形，如图4-86所示。

图4-86

步骤04 保持圆形对象的选中状态，然后在控制栏中打开“画笔定义”下拉面板，从中选择与上一次相同的画笔形状，更改描边粗细为4pt，如图4-87所示。

图4-87

步骤05 此时圆形周围也出现了水墨环绕的效果，如图4-88所示。

图4-88

4.4 斑点画笔工具

“斑点画笔工具”是一种非常有趣的工具，能够绘制出平滑的线条。该线条不是路径，而是一个闭合的图形。

提示：“斑点画笔工具”与“画笔工具”的不同

使用“画笔工具”绘制的图形为描边效果，而使用“斑点画笔工具”绘制的图形则是填充的效果。另外，在相邻的两个由“斑点画笔工具”绘制的图形之间进行相连绘制时，可以将两个图形连接为一个图形。如图4-89所示分别为使用“画笔工具”和“斑点画笔工具”绘制的对比效果，可以看到使用“画笔工具”绘制的是带有描边的路径，而使用“斑点画笔工具”绘制的是带有填充的形状。

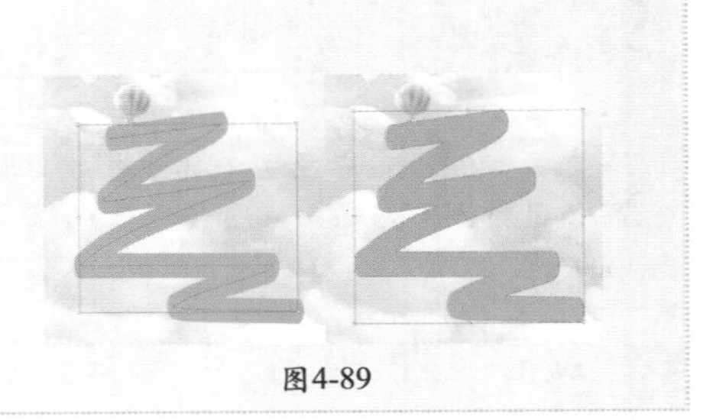

图4-89

（1）单击工具箱中的“斑点画笔工具”按钮（快捷键：Shift+B），在控制栏中设置合适的描边颜色、描边粗细，选择一个毛刷画笔或书法画笔，然后在画面中按住鼠标左键拖曳进行绘制，如图4-90所示。使用“斑点画笔工具”绘制路径时，新路径将与所接触到的路径合并。如果新路径在同一组或同一图层中遇到多个匹配的路径，则所有交叉路径都会合并在一起，如图4-91所示。如果界面中没有显示控制栏，可以执行“窗口>控制”命令将其显示。

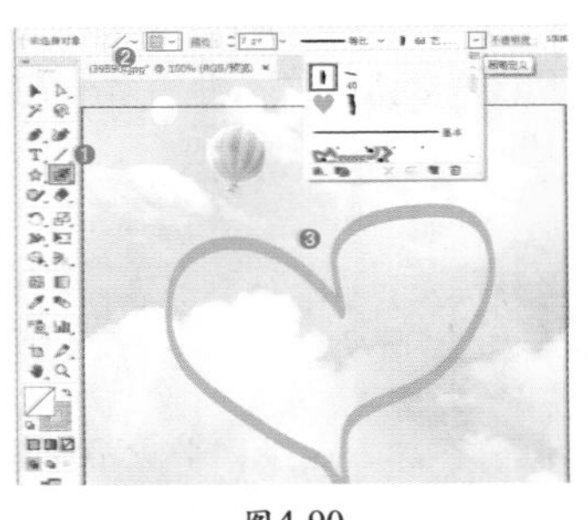

图4-90

图4-91

提示：“斑点画笔工具”的设置选项。

双击工具箱中的“斑点画笔工具”按钮，在弹出的“斑点画笔工具选项”窗口中可以对斑点画笔的大小、角度、圆度、保真度等参数进行设置，如图4-92所示。

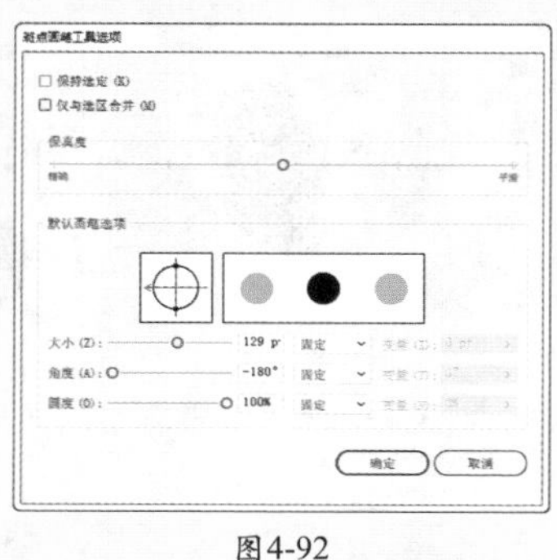

图4-92

（2）除了可以绘制图形外，“斑点画笔工具”还可以用来合并由其他工具创建的路径。将“斑点画笔工具”设置为具有相同的填充颜色，并绘制与所有想要合并在一起的路径交叉的新路径即可，如图4-93和图4-94所示。

图4-93

图4-94

提示：使用“斑点画笔工具”合并图形时需要注意的问题。

想要使用“斑点画笔工具”进行图形合并，需要确保路径的排列顺序必须相邻、图像的填充颜色相同且没有描边。

举一反三：使用“斑点画笔工具”画云朵

扫一扫，看视频

使用“斑点画笔工具”能够将绘制出的图形合并在一起，可以利用这一功能制作一些由多个笔触组成的图形，如卡通的云朵。

（1）双击工具箱中的“斑点画笔工具”按钮，在弹出的“斑点画笔工具选项”窗口中设置合适的笔尖“大小”，“圆度”设置为100%，如图4-95所示。接着在控制栏中设置填充为白色，然后在画板中单击，即可绘制一个圆形，如图4-96所示。继续单击绘制圆形，第二个圆形要与第一个圆形有重叠的位置，于是这两个圆形合并为一个图形，如图4-97所示。如果界面中没有显示控制栏，可以执行“窗口>控制”命令将其显示。

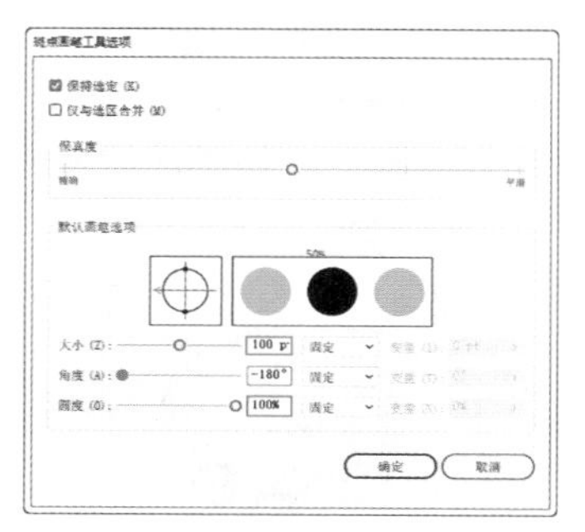

图4-95

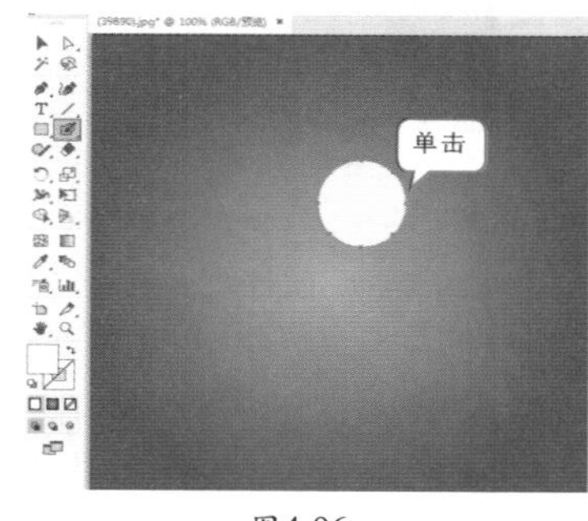

图4-96

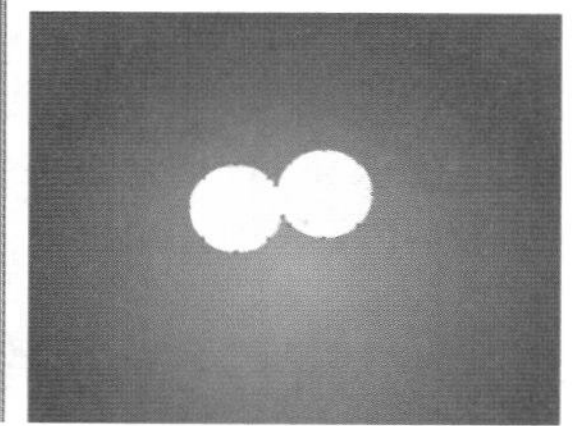

图4-97

（2）以单击的方式绘制组合成云朵的形状；还可以适当地缩小笔尖的大小，多次使用“斑点画笔工具”在图形边缘单击，让云朵的边缘变化更丰富些。云朵的基础图形效果如图4-98所示。然后绘制翅膀、添加描边，完成效果如图4-99所示。

图4-98

图4-99

4.5 铅笔工具组

铅笔工具组主要用于绘制、擦除、连接、平滑路径等。其中包含5个工具，即“Shaper工具”“铅笔工具”“平滑工具”“路径橡皮擦工具”“连接工具”，如图4-100所示。“Shaper工具”用于绘制精准的曲线路径；“铅笔工具”主要用于徒手绘制随意的路径；“平滑工具”主要用于将路径进行平滑处理；“路径橡皮擦工具”主要用于删除部分路径；“连接工具”主要用于连接两条开放路径。

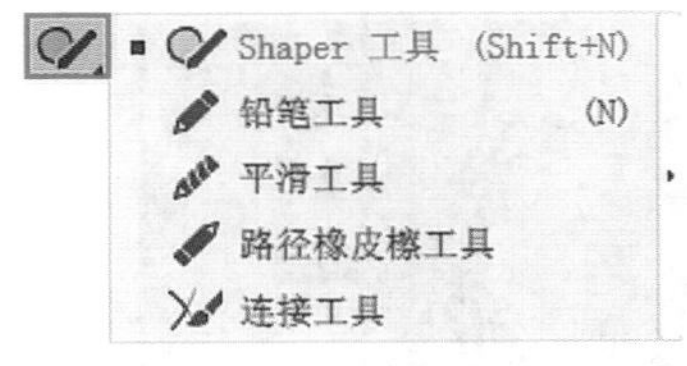

图4-100

4.5.1 动手练：使用“Shaper 工具”

“Shaper工具”的功能非常强大，一方面可以绘制图形；另一方面能够对图形进行造型。

1. 绘图功能

“Shaper工具”的绘图方法和常规的绘图工具有所不同，使用该工具可以粗略地绘制出几何形状的基本轮廓，然后软件会根据这个轮廓自动生成精准的几何形状。选择工具箱中的“Shaper工具”（快捷键：Shift+N），然后按住鼠标左键拖曳绘制一个矩形，如图4-101所示。松开鼠标后，软件会根据矩形轮廓自动计算得到标准的矩形，如图4-102所示。需要注意的是，使用该工具只能绘制几种简单的几何图形，如图4-103所示。

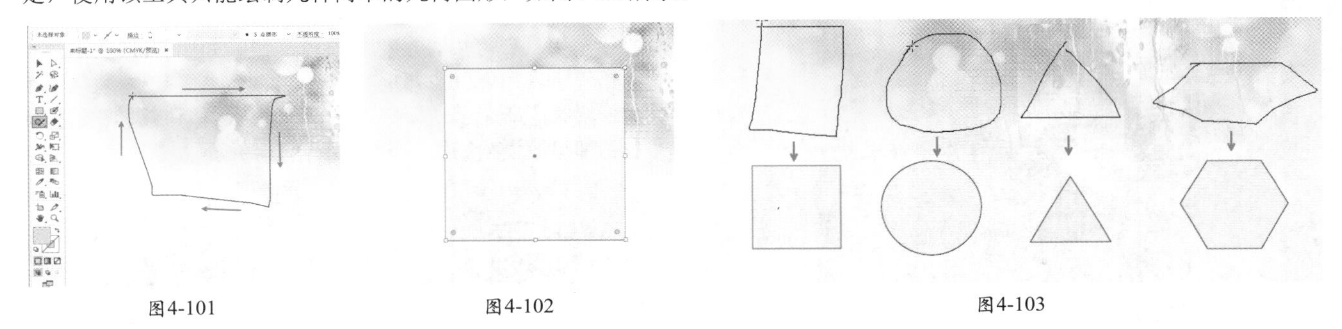

图4-101　　图4-102　　图4-103

2. 造型功能

Shaper的中文含义为造型者、整形器，因此“Shaper工具”也可以称为“造型工具”。使用该工具对形状的重叠位置进行涂抹，可以得到一个复合图形。

首先绘制两个图形并将其重叠摆放（此时无须选中图形），如图4-104所示。在工具栏中选择“Shaper工具”，将光标移动至图形上方相交，此部分会以虚线显示，在某一个区域处按住鼠标左键拖曳，如图4-105所示。松开鼠标左键后该区域被删除了，如图4-106所示。

图4-104

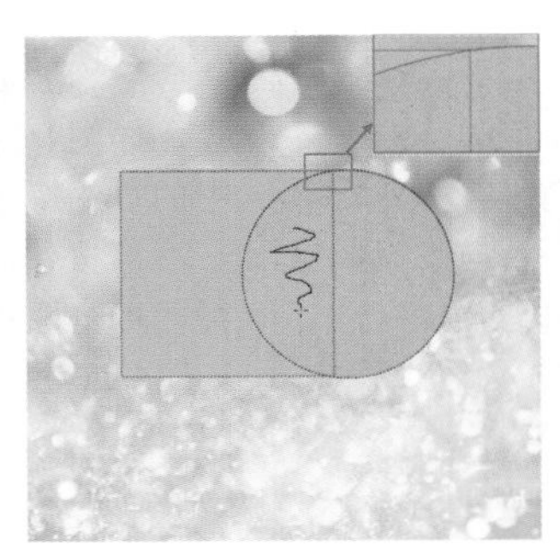

图4-105

图4-106

重点 4.5.2 动手练：使用“铅笔工具”

“铅笔工具”不仅可以像“画笔工具”一样绘制图形，还能够对已经绘制好的图形进行形态的调整，以及连接原本不相接的路径。“铅笔工具”可以非常随意地绘画，所以常用于模拟手绘感插画效果。如图4-107和图4-108所示为使用“铅笔工具”绘制的作品。

图4-107

图4-108

1. 使用“铅笔工具”绘图

单击工具箱中的“铅笔工具”按钮（快捷键：N），将光标移动到画板中，当其变为形状时，按住鼠标左键拖曳即可自由绘制路径，如图4-109所示。

图4-109

如果要绘制闭合路径，在路径绘制接近尾声的时候，将光标定位到接近起点的位置，光标变为形状，单击即可形成闭合图形（在绘制过程中按住Shift键可绘制水平、垂直、斜45°的线），如图4-110所示。效果如图4-111所示。

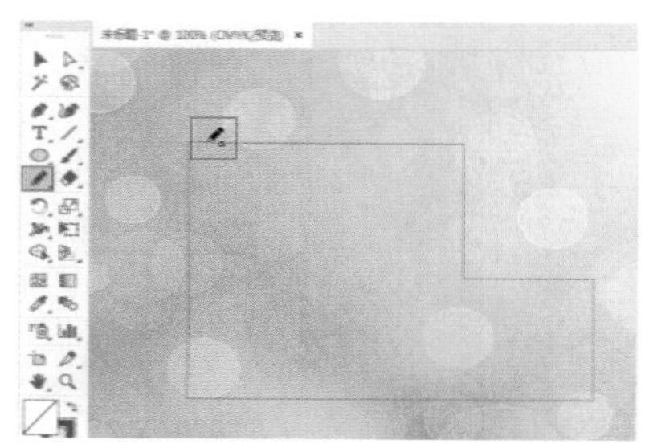

图4-110

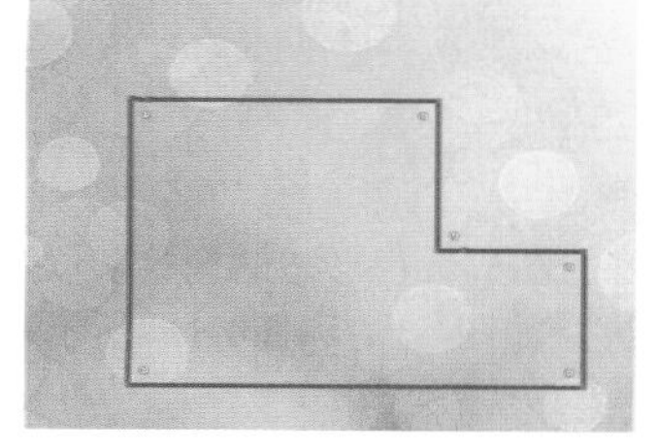

图4-111

提示：设置“铅笔工具”的保真度。

双击工具箱中的“铅笔工具”按钮，在弹出的“铅笔工具选项”窗口中可以进行“保真度”的设置。滑块越倾向“精确”，绘制出的线条越与所绘路径接近，同时也越复杂，越不平滑；滑块越接近平滑，则路径越简单，也越平滑，同时与绘制的效果差别也越大，如图 4-112 所示。

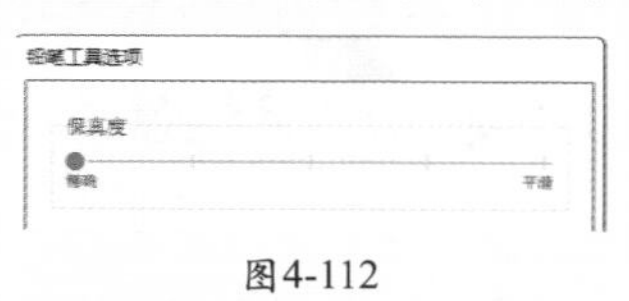

图4-112

2. 使用“铅笔工具”改变路径形状

默认情况下，在“铅笔工具选项”窗口中会自动启用“编辑所选路径”选项（即默认处于选中状态），此时使用“铅笔工具”可以直接更改路径形状，如图4-113所示。将“铅笔工具”定位在要重新绘制的路径上，当光标由变为形状时，即表示光标与路径非常接近。按住鼠标左键拖动鼠标即可改变路径的形状，如图4-114所示。

图4-113

图4-114

3. 使用“铅笔工具”连接两条路径

使用“铅笔工具”还可以快速连接两条不相连的路径，如图4-115所示。首先选择两条路径，接着单击工具箱中的“铅笔工具”按钮，将光标定位到其中一条路径的某一端，按住鼠标左键拖动到另一条路径的端点上，松开鼠标即可将两条路径连接为一条路径，如图4-116所示。效果如图4-117所示。

图4-115

图4-116

图4-117

练习实例：使用“铅笔工具”绘制随意图形

文件路径	资源包\第4章\练习实例：使用“铅笔工具”绘制随意图形
难易指数	
技术掌握	“铅笔工具”“纯色填充”

实例效果

扫一扫，看视频

本实例演示效果如图4-118所示。

图4-118

操作步骤

步骤 01 执行“文件>新建”命令或按快捷键Ctrl+N创建新文档。单击工具箱中的“铅笔工具”按钮，将光标移动到画板中，按住鼠标左键拖曳绘制出一个不规则的图形，如图4-119所示。保持不规则图形的选中状态，在控制栏中设置填充为蓝色，描边为无，如图4-120所示。

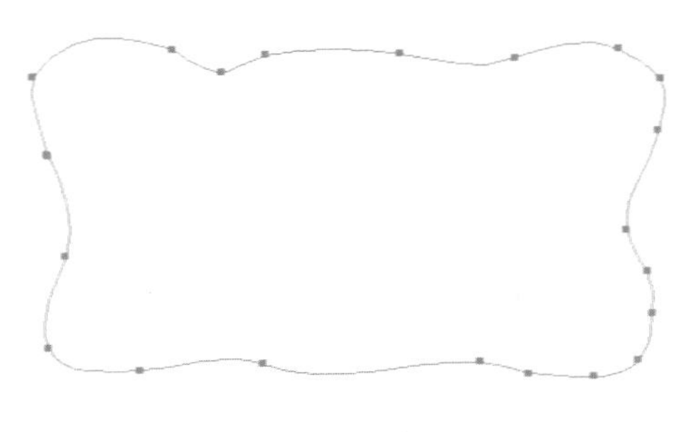

图4-119

图4-120

步骤 02 使用“铅笔工具”绘制不规则路径，如图4-121所示。保持不规则图形的选中状态，在控制栏中设置填充为黄色，描边为无，如图4-122所示。

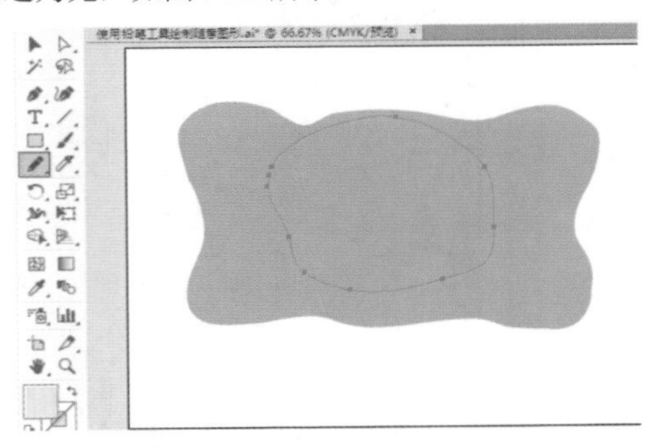

图4-121

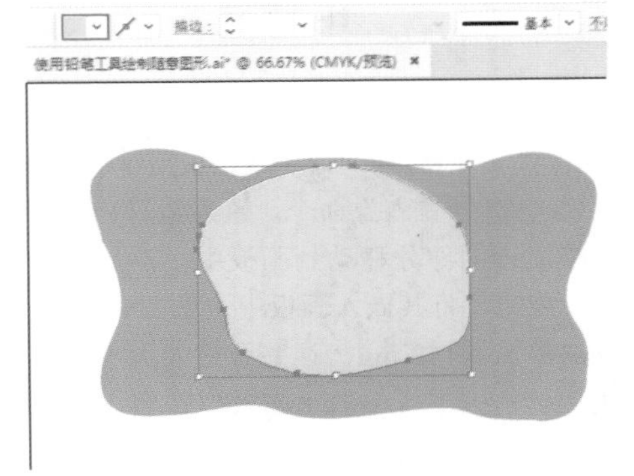

图4-122

步骤 03 使用上述方法在黄色图形中绘制另外一个蓝色图形，然后绘制其他图形，并依次更改其填充颜色，如图4-123所示。

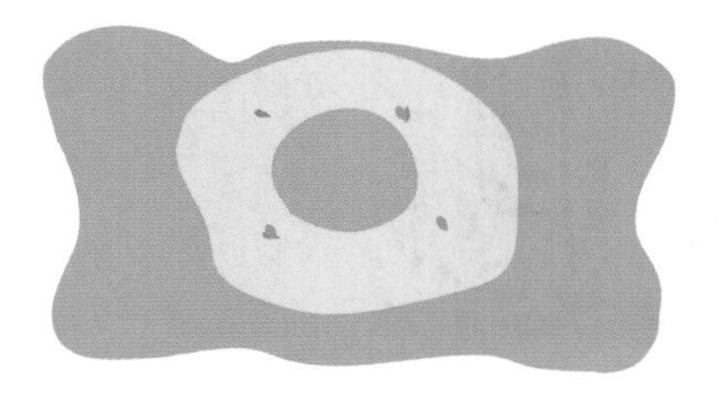

图4-123

步骤 04 执行“文件>打开”命令，打开素材1.ai。选中文字对象，按快捷键Ctrl+C进行复制。然后回到刚才工作的文档，按快捷键Ctrl+V进行粘贴。将粘贴出的对象移动到相应位置。效果如图4-124所示。

图4-124

练习实例：使用“铅笔工具”制作文艺海报

扫一扫，看视频

文件路径	资源包\第4章\练习实例：使用“铅笔工具”制作文艺海报
难易指数	★★★★★
技术掌握	“铅笔工具”“钢笔工具”

实例效果

本实例演示效果如图4-125所示。

图4-125

操作步骤

步骤 01 执行“文件>新建”命令或按快捷键Ctrl+N，创建新文档。执行“文件>置入”命令，置入素材1.jpg。调整合适的大小，将适合的部分移动到画板中，然后单击控制栏中的“嵌入”按钮，将其嵌入画板中，如图4-126所示。使用同样的方法添加素材2.jpg，调整合适的大小，移动到相应位置，然后单击控制栏中的“嵌入”按钮，将其嵌入画板中，如图4-127所示。如果界面中没有显示控制栏，可以执行“窗口>控制”命令将其显示。

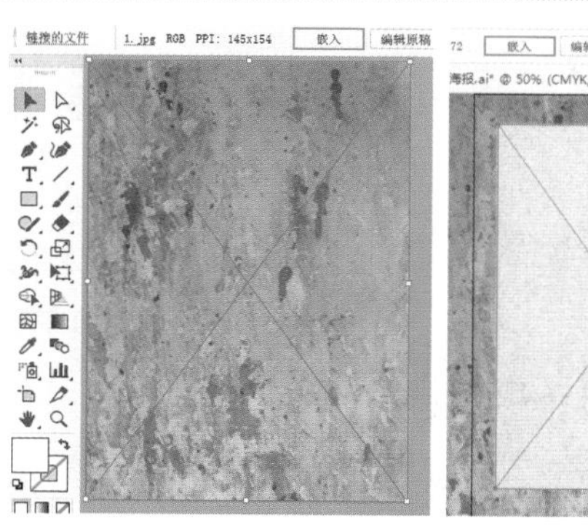

图4-126　图4-127

步骤 02 执行“文件>打开”命令，打开素材3.ai。选中其中的树枝和剪纸，执行“编辑>复制”命令进行复制，如图4-128所示。回到刚才工作的文档中，执行“编辑>粘贴”命令，粘贴对象并移动到相应的位置，如图4-129所示。

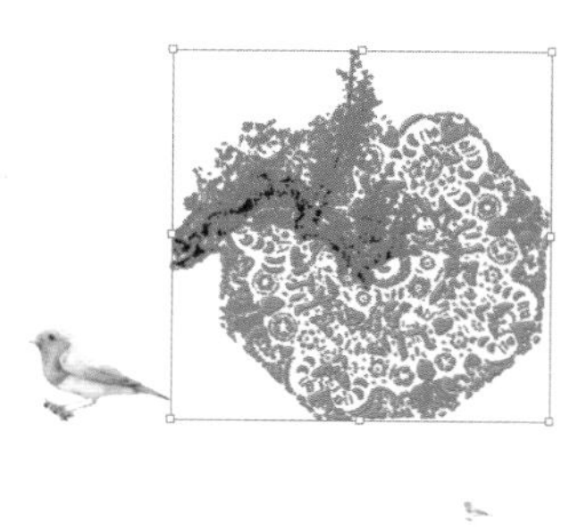

图4-128

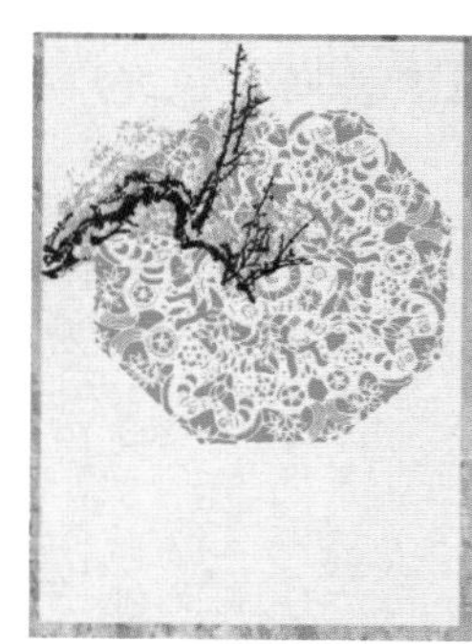

图4-129

步骤 03 单击工具箱中的“铅笔工具”按钮，将光标移动到画板中，按住鼠标左键拖曳绘制出一个不规则图形，如图4-130所示。保持不规则图形的选中状态，在控制栏中设置填充为灰色，描边为无，如图4-131所示。

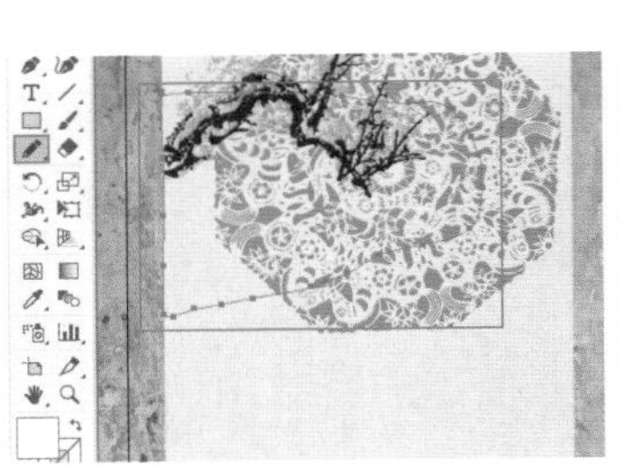

图4-130

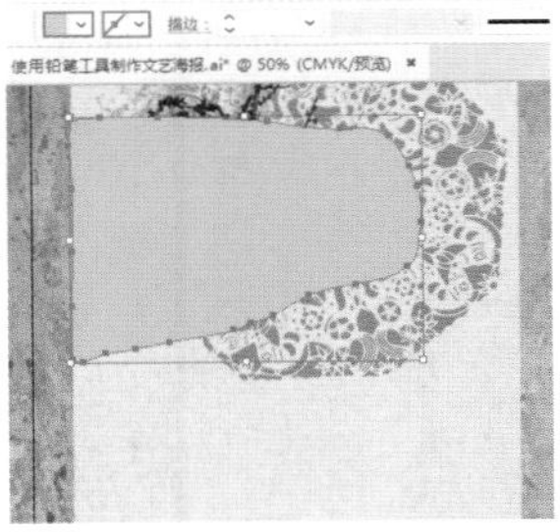

图4-131

步骤 04 使用“铅笔工具”绘制不规则路径，如图4-132所示。保持不规则图形的选中状态，在控制栏中设置填充为淡棕色，描边为无，如图4-133所示。

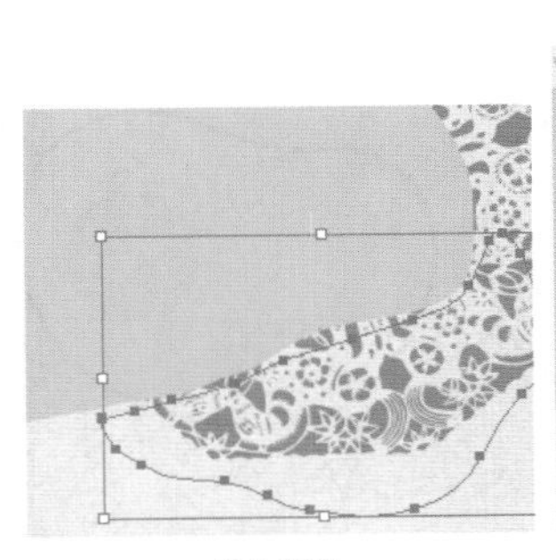

图4-132

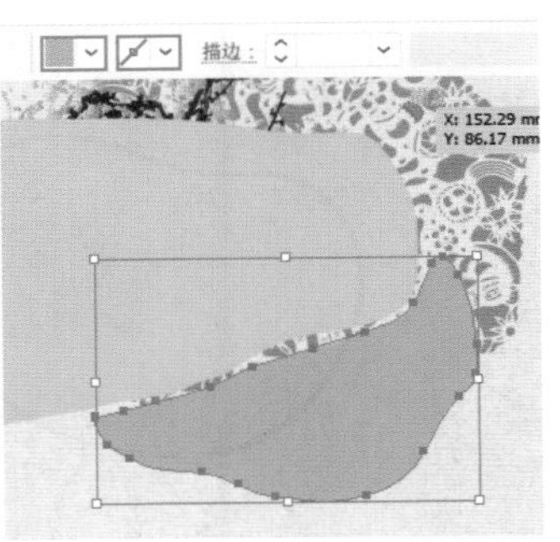

图4-133

步骤 05 单击工具箱中的“钢笔工具”按钮，在控制栏中设置填充为深黄色，描边为无，绘制一个三角形，如图4-134所示。

图4-134

步骤 06 执行“窗口>透明度”命令，在弹出的“透明度”面板中设置“混合模式”为“正片叠底”，如图4-135所示。效果如图4-136所示。

图4-135

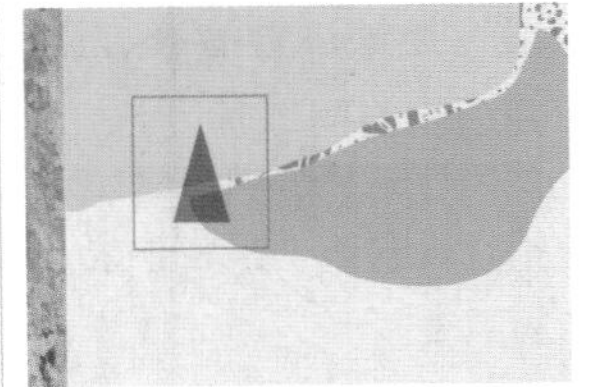

图4-136

步骤 07 使用上述方法绘制其他三角形，并适当更改“混合模式”，效果如图4-137所示。单击工具箱中的“钢笔工具”按钮，在控制栏中设置填充为无，描边为白色，描边粗细为1pt，在其中一个三角形上绘制一条路径，如图4-138所示。

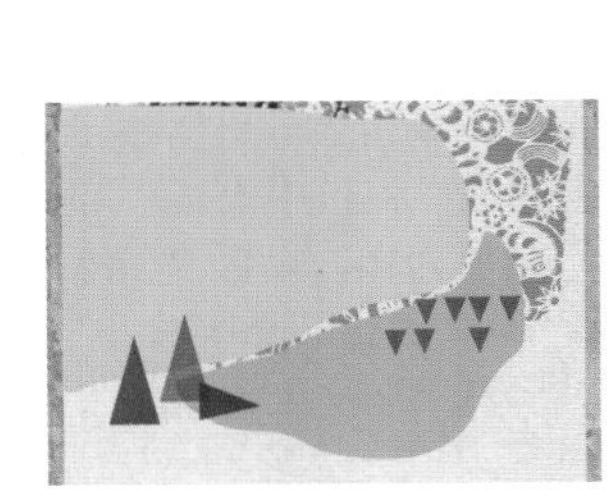

图4-137

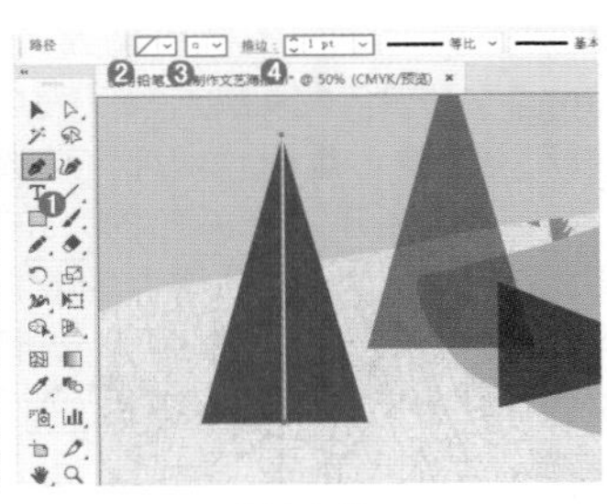

图4-138

步骤 08 使用同样的方法再绘制几条路径，如图4-139所示。

图4-139

步骤 09 执行“文件>打开”命令，打开素材3.ai。选中两只小鸟素材，执行“编辑>复制”命令进行复制，如图4-140所示。回到刚才工作的文档中，执行“编辑>粘贴”命令，粘贴对象并移动到相应的位置，如图4-141所示。接着单击工具箱中的“钢笔工具”按钮，在画面中央偏左侧的区域绘制一条灰色的路径，如图4-142所示。

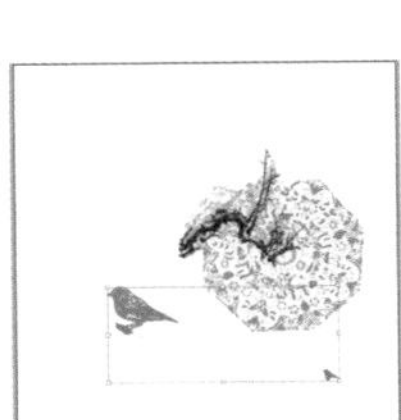

图4-140

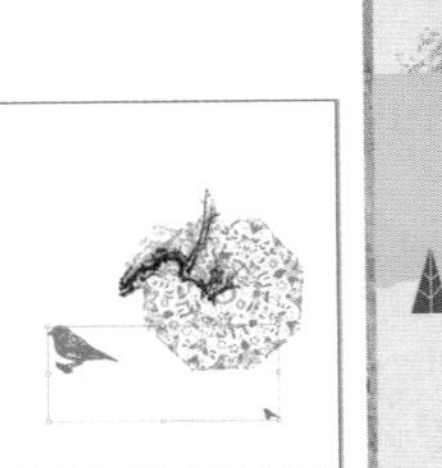

图4-141

图4-142

步骤 10 执行“文件>打开”命令，打开素材4.ai。选中文字对象，按快捷键Ctrl+C进行复制。然后回到刚才工作的文档，按快捷键Ctrl+V进行粘贴。将粘贴出的对象移动到相应位置，效果如图4-143所示。

图4-143

步骤 11 执行“文件>导出”命令，弹出“导出”窗口，在“文件名”文本框中输入“使用铅笔工具制作文艺海报.jpg”，选择“保存类型”为JPEG(*.JPG)，勾选“使用画板”复选框，选中“全部”单选按钮，单击“导出”按钮，如图4-144所示。在弹出的“JPEG选项”窗口中设置“颜色类型”为RGB，“品质”为最高，数值为10，设置“压缩方法”为“基线(标准)”，“分辨率”为“高(300ppi)”，“消除锯齿”为“优化文字(提示)”，勾选“嵌入ICC文件”复选框，单击“确定”按钮，完成导出。

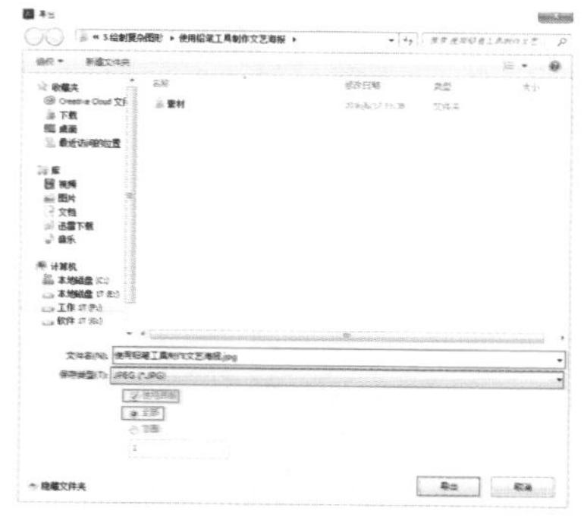
图4-144

4.5.3 动手练：使用“平滑工具”

使用“平滑工具”可以快速平滑所选路径，并且尽可能地保持路径原来的形状。选择需要平滑的图形，右击铅笔工具组，在其中选择“平滑工具”，如图4-145所示。接着在路径边缘处按住鼠标左键反复涂抹，被涂抹的区域逐渐变得平滑，如图4-146所示。松开鼠标完成平滑操作，效果如图4-147所示。

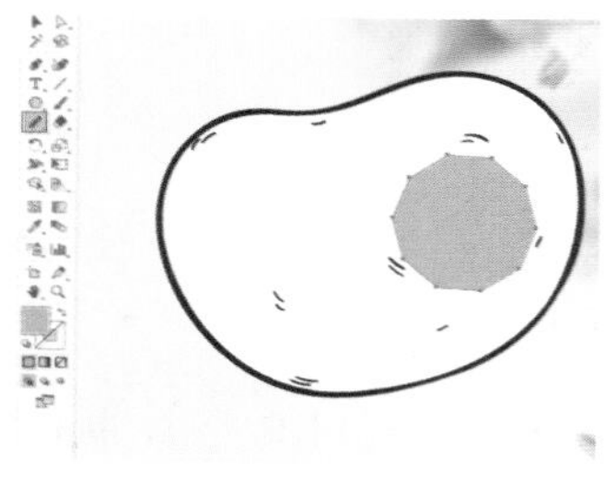
图4-145

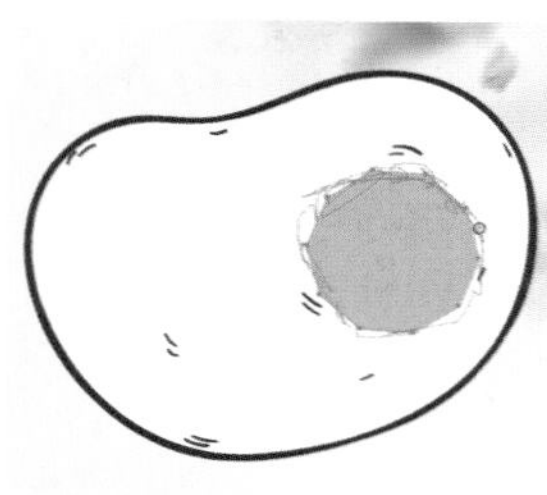
图4-146

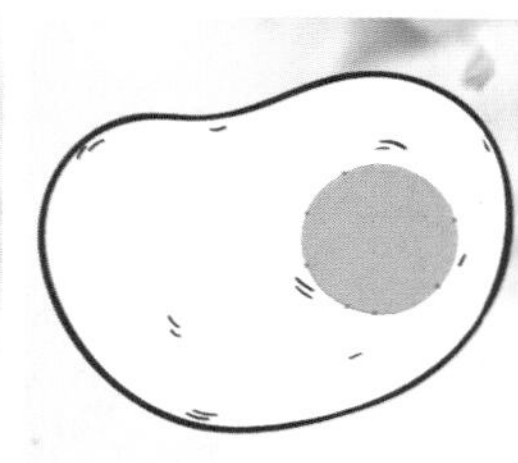
图4-147

提示：设置“平滑工具选项”窗口。

双击工具箱中的“平滑工具”按钮，在弹出的“平滑工具选项”窗口中也可以进行“保真度”的设置，如图4-148所示。保真度数值越大，涂抹路径的平滑程度越大；保真度越小，路径的平滑程度越小。

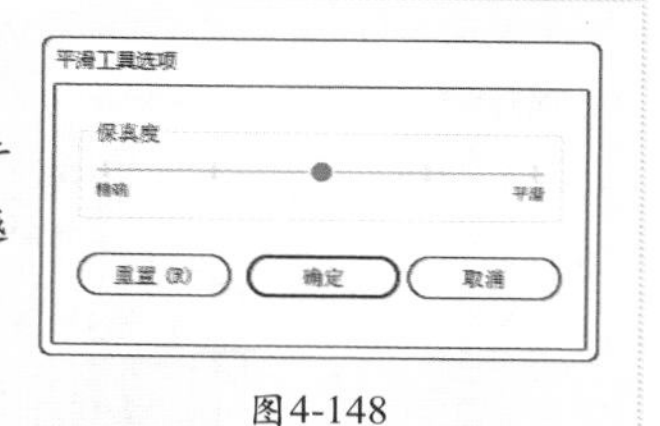

图4-148

4.5.4 动手练：使用“路径橡皮擦工具”

“路径橡皮擦工具”可以擦除路径上的部分区域，使路径断开。选中要修改的对象，单击工具箱中的“路径橡皮擦工具”按钮，沿着要擦除的路径拖动鼠标，即可擦除部分路径。被擦除过的闭合路径会变为开放路径，如图4-149和图4-150所示。需要注意的是，“路径橡皮擦工具”不能用于“文本对象”或者“网格对象”的擦除。

图4-149

图4-150

举一反三：使用“路径橡皮擦工具”制作边框

扫一扫，看视频

想要制作一个断开的图形边框，使用“路径橡皮擦工具”再合适不过了。首先使用“矩形工具”绘制一个“描边”为黑色的矩形，如图4-151所示。使用“路径橡皮擦工具”在文字与矩形重叠位置按住鼠标左键拖曳，如图4-152所示。释放鼠标后文字上方的路径被擦除，如图4-153所示。以同样的方法处理另一侧文字上方的路径，完成效果如图4-154所示。

图4-151　图4-152　图4-153　图4-154

4.5.5 连接工具

“连接工具”不仅能够将两条开放的路径连接起来，还能够将多余的路径删除，并保留路径原有的形状。例如，在使用“画笔工具”绘图过程中，有一些开放的路径或者不完美的路径都可以使用“连接工具”进行修改，非常适用于手绘操作。

（1）如图4-155所示，猫的左耳朵是两条开放路径，右耳朵路径多了一段。使用“连接工具”能够进行修改。右击铅笔工具组，在其中选择“连接工具”，在两条开放路径上按住鼠标左键拖曳，如图4-156所示。松开鼠标左键即可连接两段路径，如图4-157所示。

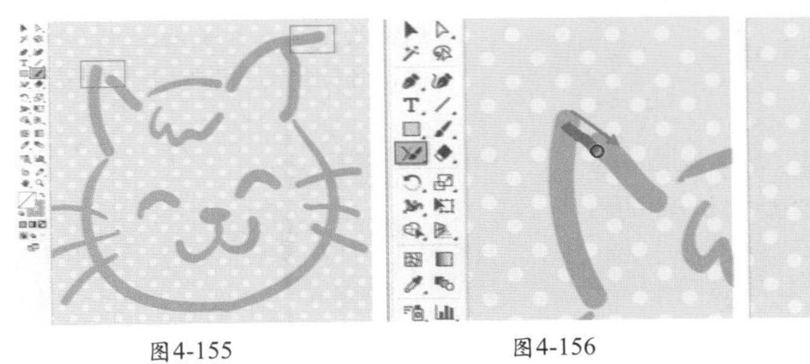

图4-155　图4-156　图4-157

（2）删除多余路径。使用“连接工具”在多余路径与另一条路径的相交位置按住鼠标左键拖曳进行涂抹，如图4-158所示。松开鼠标左键即可将多余的路径删除，如图4-159所示。整体效果如图4-160所示。

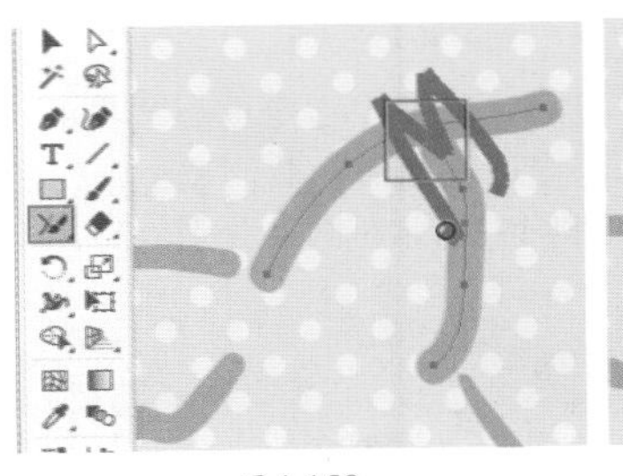

图4-158　图4-159　图4-160

4.6 橡皮擦工具组

橡皮擦工具组主要用于擦除、切断、断开路径。其中包含3种工具，即“橡皮擦工具”“剪刀工具”和“美工刀”，如图4-161所示。“橡皮擦工具”可以擦除图形的局部；“剪刀工具”可以将一条路径、图形框架或空文本框架修剪为两条或多条路径；“美工刀”可以将一个对象以任意的分割线划分为各个构成部分的表面，其分割的方式可以非常随意，以光标移动的位置进行切割。

图4-161

扫一扫，看视频

重点 4.6.1 动手练：使用“橡皮擦工具”

“橡皮擦工具”可以快速擦除图形的局部，而且可以同时对多个图形进行操作。

1. 未选择任何对象时擦除

双击工具箱中的“橡皮擦工具”按钮，在弹出的“橡皮擦工具选项”窗口中对“大小”“圆度”“角度”进行设置。设置完成后，在未选中任何对象时在要擦除的图形位置上拖动鼠标，即可擦除光标移动范围以内的所有路径，如图4-162所示。路径擦除后自动在路径的末尾生成了一个新的节点，并且路径处于被选中的状态，如图4-163所示。

图4-162

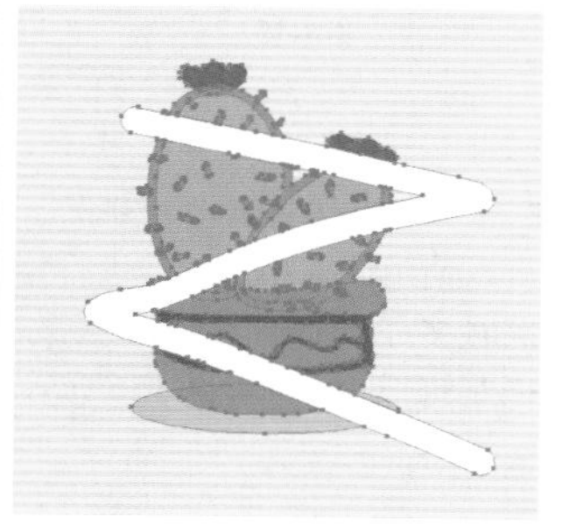

图4-163

2. 选中对象时擦除

如果画板中部分对象处于被选中的状态，那么使用“橡皮擦工具”只能擦除光标移动范围以内的被选中对象中的部分，如图4-164和图4-165所示。

图4-164

图4-165

3. 特殊擦除效果

使用“橡皮擦工具”时按住Shift键可以沿水平、垂直或者斜45°进行擦除，如图4-166所示。使用“橡皮擦工具”时按住Alt键可以以矩形的方式进行擦除，如图4-167所示。

图4-166

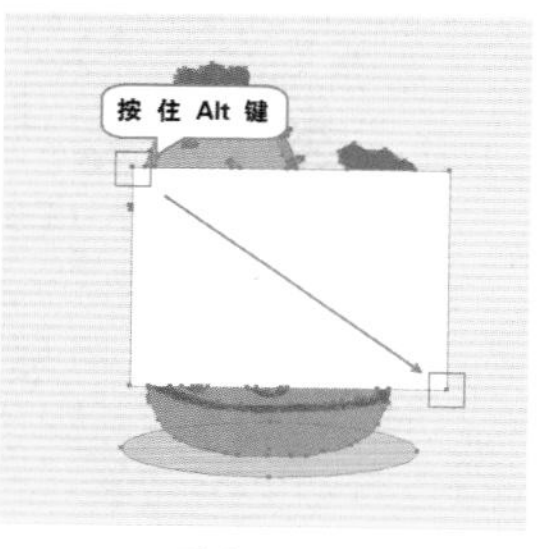

图4-167

4. 设置橡皮擦工具的属性

双击工具箱中的“橡皮擦工具”按钮，在弹出的“橡皮擦工具选项”窗口中可以对其各种属性进行相应的设置，如图4-168所示。

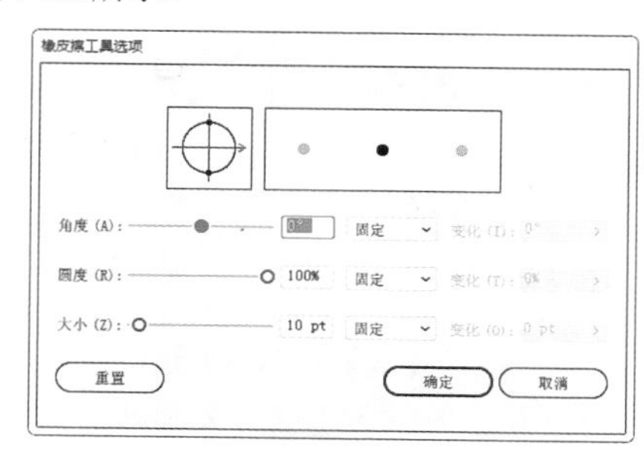

图4-168

- 角度：用于设置橡皮擦的角度。当圆度数值为100%时调整角度没有效果；当设置了一定的圆度数值后，橡皮擦会变为椭圆形，则可以通过调整角度数值得到倾斜的擦除效果，如图4-169和图4-170所示。

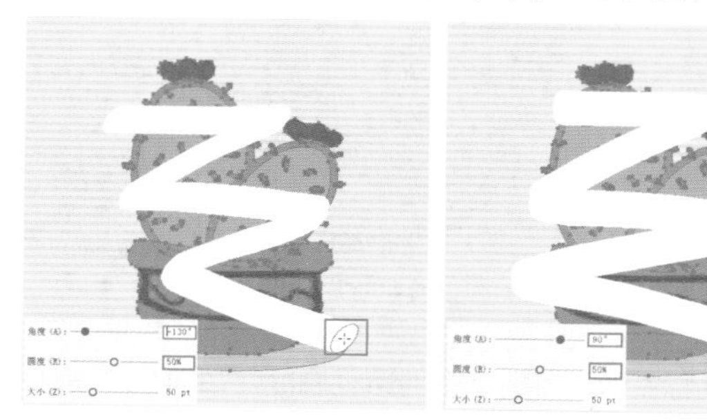

图4-169　　图4-170

- 圆度：用于控制橡皮擦笔尖的压扁程度，数值越大越接近正圆形，数值越小则为椭圆形。如图4-171和图4-172所示是圆度分别为2%和100%的对比效果。

图4-171

图4-172

- 大小：用于设置橡皮擦直径的大小，数值越大擦除的范围越大。如图4-173和图4-174所示是大小分别为10%和50%的对比效果。

图4-173

图4-174

提示：“橡皮擦工具”与“路径橡皮擦工具”的区别。

“橡皮擦工具”与“路径橡皮擦工具”虽然都是用于擦除对象，但是“路径橡皮擦工具”擦除的只能是图形中的路径部分，而“橡皮擦工具”可以将图形中的填充部分和其他的内容擦除。

举一反三：使用“橡皮擦工具”制作标志

扫一扫，看视频

“橡皮擦工具”可以轻松擦除图形中的部分内容，本例就利用该工具的这一特点制作一个简单的标志。

（1）绘制两个四边形，如图4-175所示。此时得到的是路径描边部分，所以需要选择两个图形，执行“编辑>扩展”命令，在弹出的“扩展”窗口中勾选“描边”复选框，单击“确定”按钮，如图4-176所示。此时路径描边部分将会变为图形，如图4-177所示。

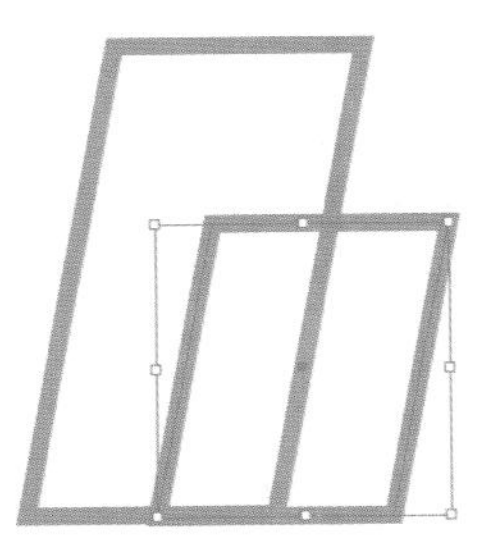

图4-175

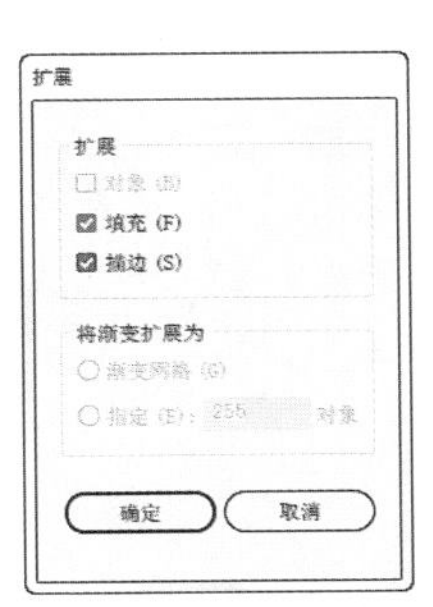

图4-176

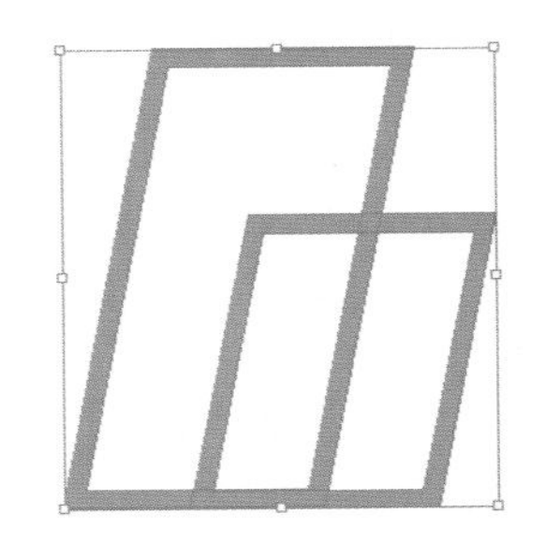

图4-177

（2）选择两个图形，双击工具箱中的“橡皮擦工具”按钮，在弹出的“橡皮擦工具选项”窗口中对笔尖进行设置，如图4-178所示。接着在图形底部重叠位置按住鼠标左键拖曳进行擦除，如图4-179所示。标志图形制作完成后，可以添加一些文字以及底色等内容。效果如图4-180所示。

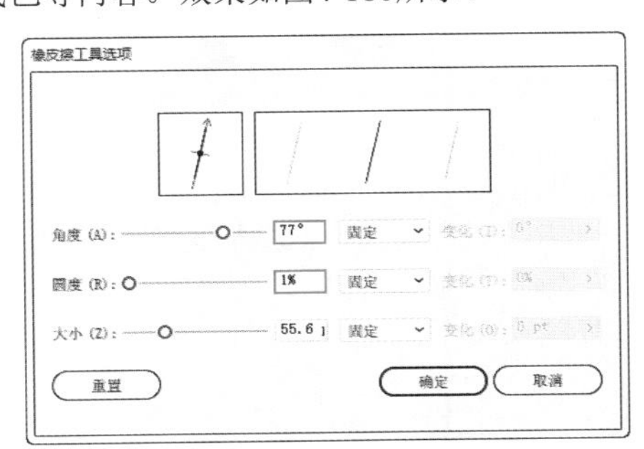

图4-178

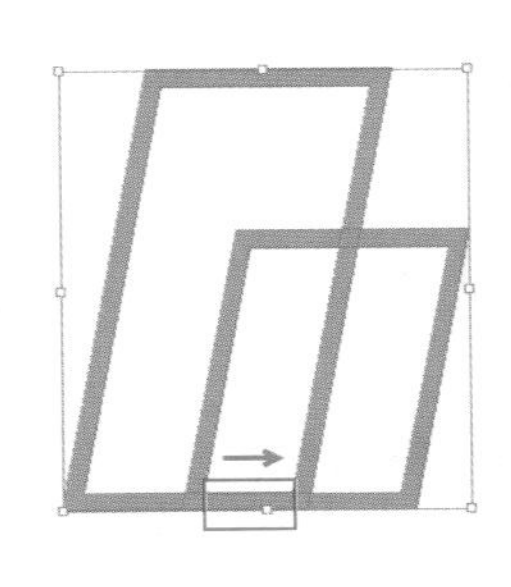

图4-179

图4-180

练习实例：使用“橡皮擦工具”制作分割文字

扫一扫，看视频

文件路径	资源包\第4章\练习实例：使用“橡皮擦工具”制作分割文字
难易指数	★★★★★
技术掌握	“橡皮擦工具”

实例效果

本实例演示效果如图4-181所示。

图4-181

操作步骤

步骤 01 执行“文件>新建”命令或按快捷键Ctrl+N，创建新文档。执行“文件>打开”命令，打开素材1.ai。选中背景部分的素材，执行“编辑>粘贴”命令进行复制，回到刚才工作的文档中，执行“编辑>粘贴”命令粘贴对象并移动到相应的位置，如图4-182所示。

图4-182

步骤 02 单击工具箱中的“圆角矩形工具”按钮，在控制栏中设置填充为无，描边为蓝色，描边粗细为6pt。在画板上单击，在弹出的“圆角矩形”窗口中设置“宽度”为200mm，“高度”为270mm，“圆角半径”为10mm，单击“确定”按钮，如图4-183所示。效果如图4-184所示。如果界面中没有显示控制栏，可以执行“窗口>控制”命令将其显示。

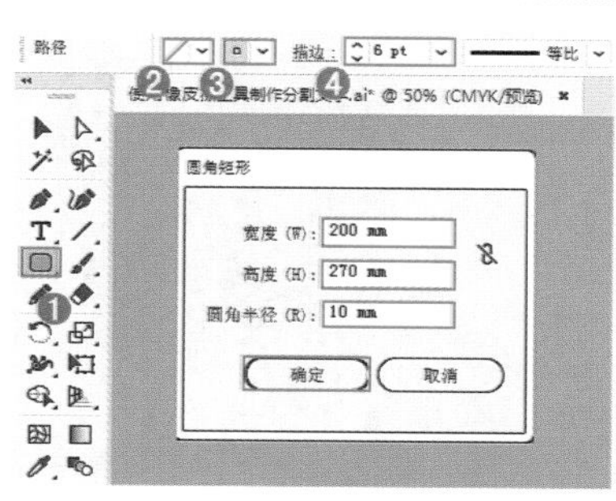

图4-183

图4-184

步骤 03 在打开的素材1.ai中选中主体文字对象，复制并粘贴到当前的文档中，如图4-185所示。

图4-185

步骤 04 选中刚才添加的文字，按快捷键Ctrl+C进行复制，再按快捷键Ctrl+F将复制的对象粘贴在前面，然后更改填充颜色为浅蓝色，如图4-186所示。

图4-186

步骤 05 选中第一行文字，单击工具箱中的“橡皮擦工具”按钮，从文字外部起按住鼠标左键拖动至文字另外一侧，如图4-187所示。“橡皮擦工具”涂抹过的区域被擦除，效果如图4-188所示。

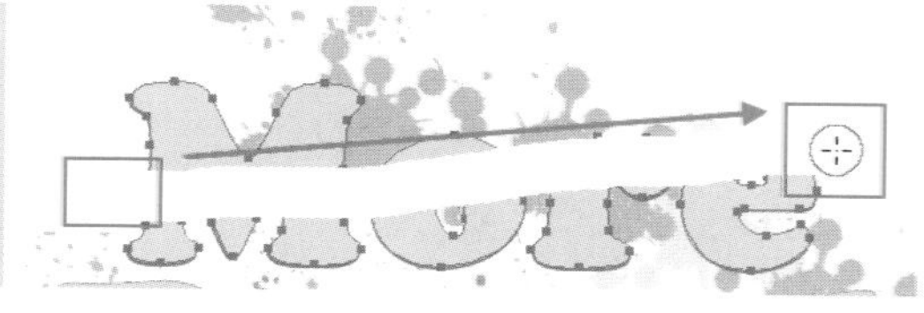

图4-187

图4-188

步骤 06 使用“橡皮擦工具”擦除其他文字的部分区域，如图4-189所示。单击工具箱中的“钢笔工具”按钮，在控制栏中设置填充为无，描边为蓝色，描边粗细为7pt，绘制一条路径作为分隔线，如图4-190所示。

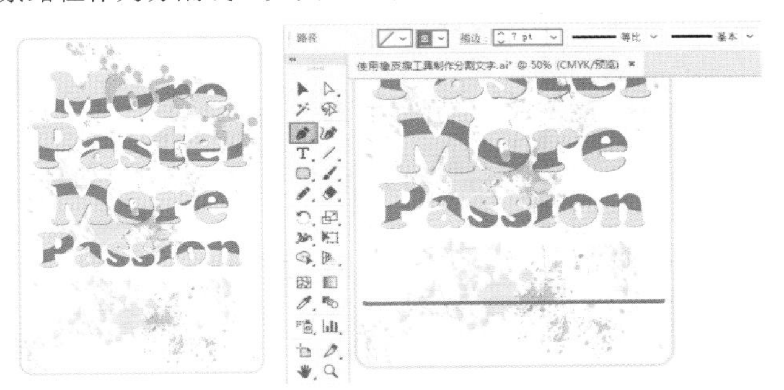

图4-189　　图4-190

步骤 07 在打开的素材1.ai中选中辅助文字对象，复制并粘贴到当前的文档中。最终效果如图4-191所示。

图4-191

重点 4.6.2　动手练：使用“剪刀工具”

“剪刀工具” 主要用于切断路径或将图形变为断开的路径，也可以将图形切分为多个部分，并且每个部分都具有独立的填充和描边属性。

1. 在路径上使用“剪刀工具”

选择一段路径，右击“橡皮擦工具组”，在弹出的工具组中单击“剪刀工具”按钮，在要进行剪切的位置上单击，如图4-192所示。将该路径拆分成两条路径，如图4-193所示。

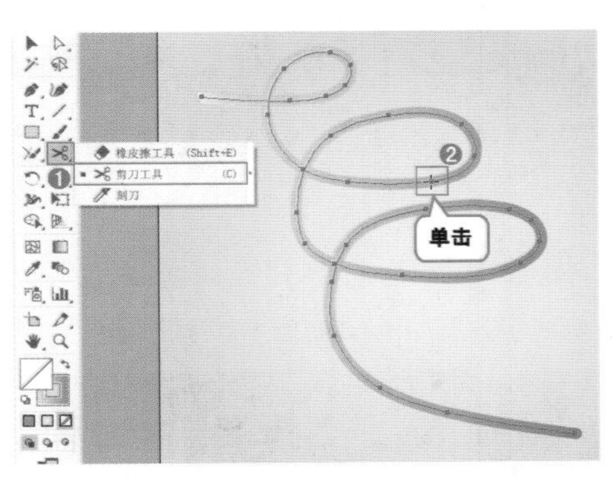

图4-192

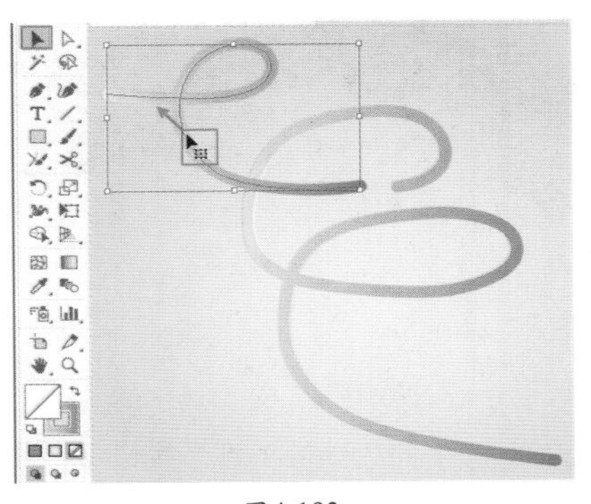

图4-193

2. 在图形上使用“剪刀工具”

“剪刀工具”还可以快速将矢量图形切分为多个部分。首先选择一个图形，接着选择工具箱中的“剪刀工具” ，在路径上或锚点处单击，此处将自动断开，如图4-194所示。接着在另一个位置单击，同样会产生断开的锚点，图形被分割为两个部分，如图4-195所示。

图4-194　　图4-195

切分之后得到的两个独立的部分可以进行分别的移动和编辑，如图4-196所示。

图4-196

练习实例：使用“剪刀工具”剪掉多余线条制作图示

文件路径	资源包\第4章\练习实例：使用“剪刀工具”剪掉多余线条制作图示
难易指数	★★★★★
技术掌握	“剪刀工具”

实例效果

本实例演示效果如图4-197所示。

扫一扫，看视频

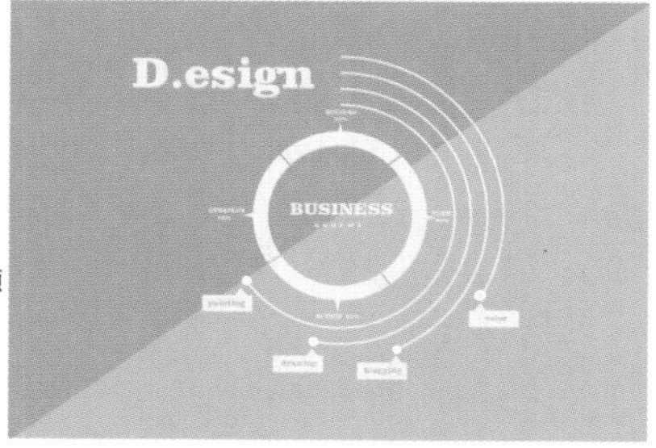

图4-197

操作步骤

步骤 01 执行“文件>新建”命令或按快捷键Ctrl+N，创建新文档。单击工具箱中的“钢笔工具”按钮，在控制栏中设置填充为绿色，描边为无，绘制一个三角形，如图4-198所示。使用同样的方法添加另外一半三角形，填充为浅绿色，如图4-199所示。如果界面中没有显示控制栏，可以执行“窗口>控制”命令将其显示。

图4-198　图4-199

步骤 02 单击工具箱中的“椭圆工具”按钮，在控制栏中设置填充为无，描边为白色，绘制一个圆形，如图4-200所示。单击工具箱中的“钢笔工具”按钮，在控制栏中设置填充为无，描边为绿色，描边粗细为2pt，绘制一段路径，作为圆形的分割线，如图4-201所示。

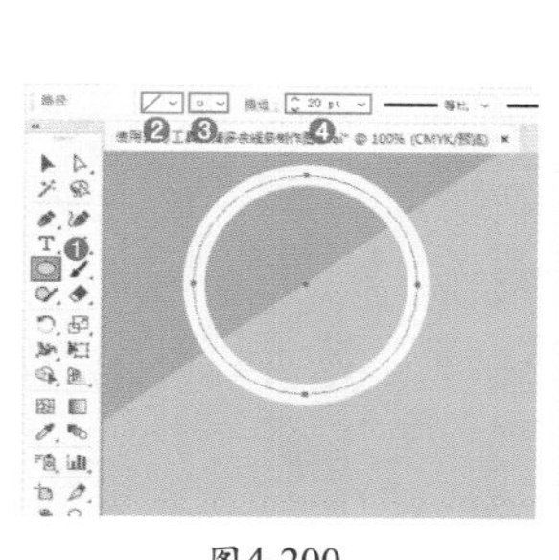

图4-200

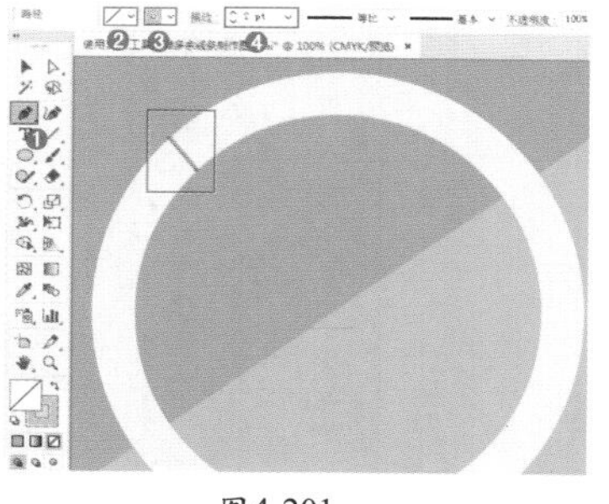

图4-201

步骤 03 使用同样的方法绘制多条分割线，移动到相应位置，如图4-202所示。

图4-202

步骤 04 使用“钢笔工具”绘制4个白色三角形，移动到相应位置，如图4-203所示。使用“椭圆工具”依次绘制4个描边粗细为3pt的圆形，放在外圈，如图4-204所示。

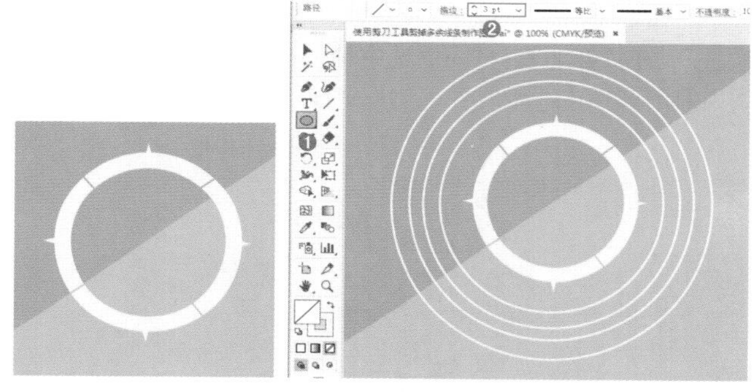

图4-203　图4-204

步骤 05 框选这4个圆形，在控制栏中单击“水平居中对齐”按钮，如图4-205所示。再单击“垂直居中对齐”按钮，如图4-206所示。

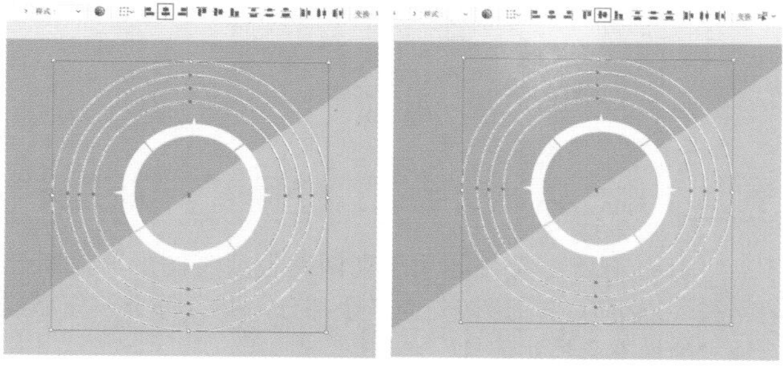

图4-205　图4-206

步骤 06 选中最里圈的细圆环，单击工具箱中的“剪刀工具”按钮，在圆上单击添加一个锚点，将光标移动到下一个点，再单击添加一个锚点，圆环被分为两部分，如图4-207所示。然后选中小的这一部分，按Delete键将其删除，如图4-208所示。

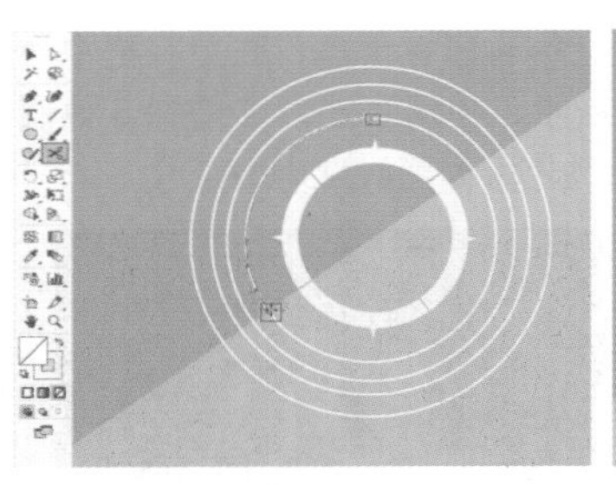

图4-207　　图4-208

步骤 07 使用上述方法对另外3个圆形进行剪切，如图4-209所示。使用工具箱中的“椭圆工具”绘制4个圆形，移动到相应位置，如图4-210所示。

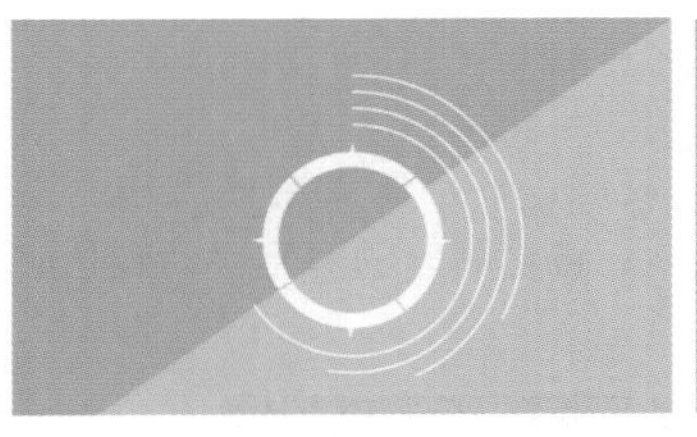

图4-209

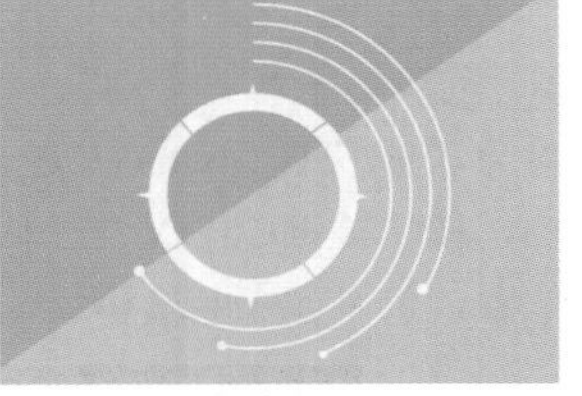

图4-210

步骤 08 单击工具箱中的“钢笔工具”按钮，绘制一个对话框图形，如图4-211所示。选中对话框图形，按住鼠标左键的同时按住Alt键复制出3个，并移动到合适的位置，如图4-212所示。

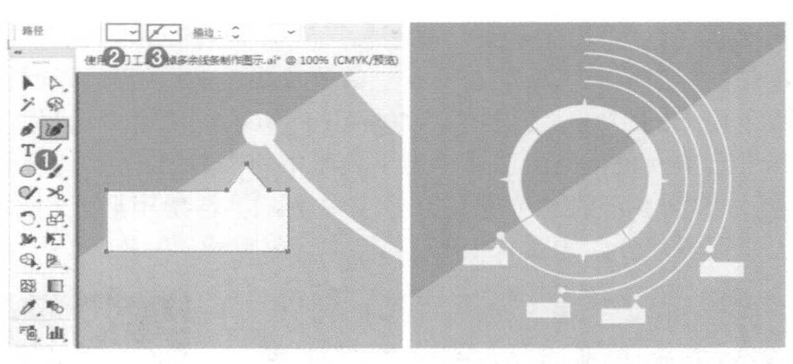

图4-211　　图4-212

步骤 09 执行“文件>打开”命令，打开素材1.ai。选中文字对象，按快捷键Ctrl+C进行复制。然后回到刚才工作的文档，按快捷键Ctrl+V进行粘贴。将粘贴出的对象移动到相应位置，效果如图4-213所示。

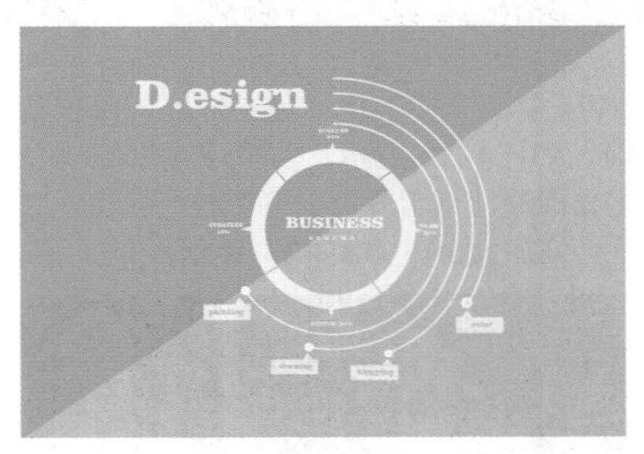

图4-213

练习实例：使用“剪刀工具”制作多彩标志

文件路径	资源包\第4章\练习实例：使用“剪刀工具”制作多彩标志
难易指数	★★★★★
技术掌握	“剪刀工具”“圆角矩形工具”

扫一扫，看视频

实例效果

本实例演示效果如图4-214所示。

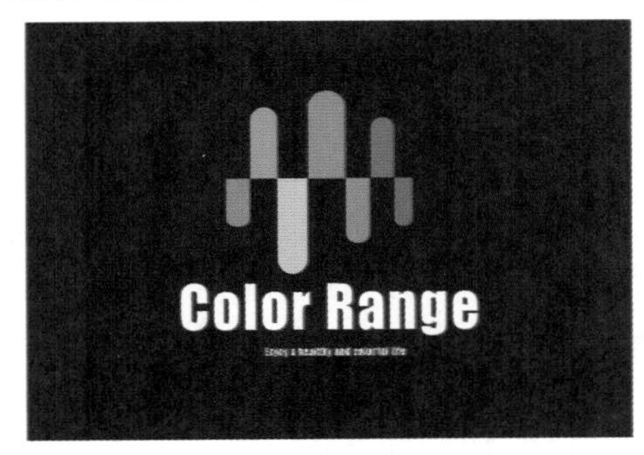

图4-214

操作步骤

步骤 01 执行“文件>新建”命令或按快捷键Ctrl+N，创建新文档。单击工具箱中的“矩形工具”按钮，在控制栏中设置填充为黑色，描边为无，绘制一个与画板等大的矩形，如图4-215所示。如果界面中没有显示控制栏，可以执行“窗口>控制”命令将其显示。

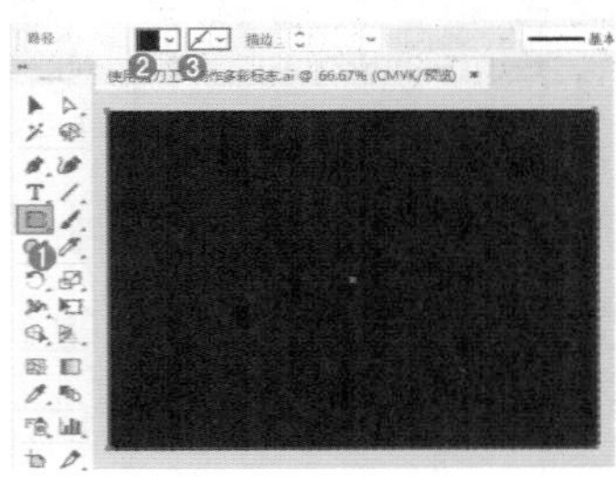

图4-215

步骤 02 单击工具箱中的“圆角矩形工具”按钮，在控制栏中设置填充为粉色，描边为无，在画板上单击，在弹出的“圆角矩形”窗口中设置“宽度”为18mm，“高度”为93mm，“圆角半径”为10mm，单击“确定”按钮，如图4-216所示。绘制出一个圆角矩形，效果如图4-217所示。

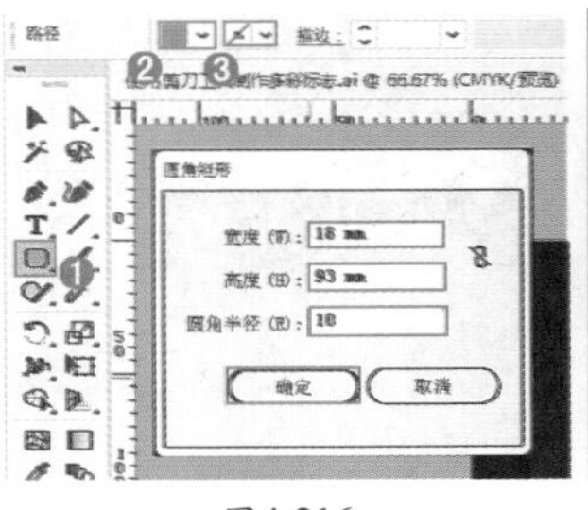

图4-216

图4-217

步骤 03 执行“视图>标尺>显示标尺”命令，在横向标尺上按住鼠标左键向下拖动，得到一条参考线，然后将其移动至圆角矩形的中心偏上位置，如图4-218所示。使用“选择工具”选中圆角矩形，然后单击工具箱中的“剪刀工具”按钮 ，参照参考线的位置在路径上单击，将圆角矩形分割为上、下两部分，如图4-219所示。

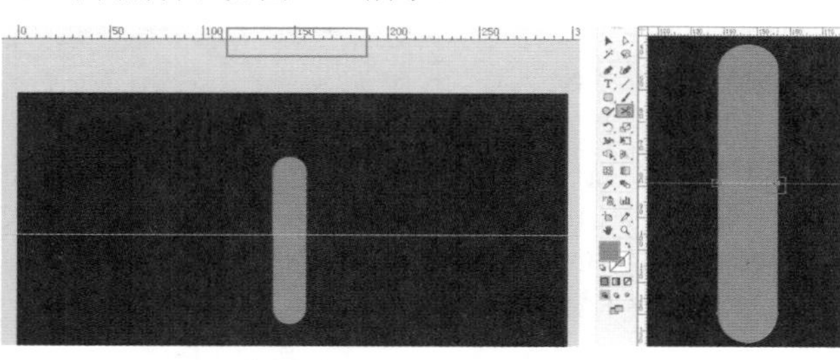

图4-218

图4-219

步骤 04 选中下半部分，按住鼠标左键的同时按住Shift键向左水平拖动，如图4-220所示。保持下半部分圆角矩形的选中状态，将光标移动到定界框的一个控制点上，按住鼠标左键拖动，适当缩放大小，如图4-221所示。

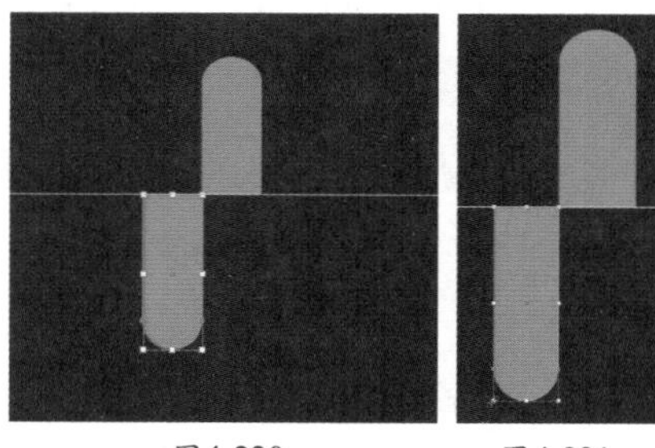

图4-220　　图4-221

步骤 05 保持下半部分圆角矩形的选中状态，在控制栏中设置填充为黄色，如图4-222所示。使用上述方法绘制其他圆角矩形，并更改合适的填充颜色，如图4-223所示。

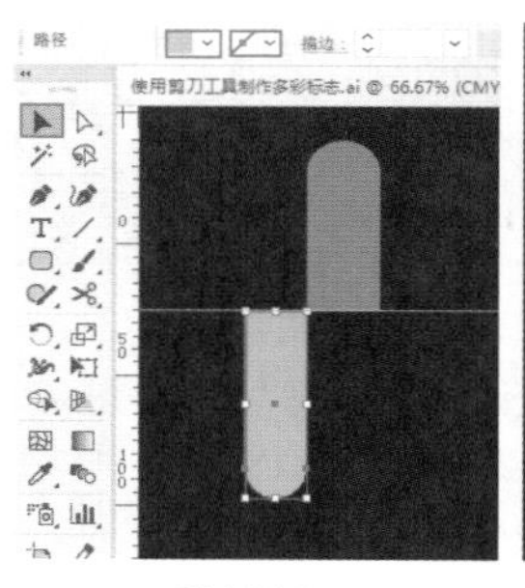

图4-222　　图4-223

步骤 06 执行“文件>打开”命令，打开素材1.ai。选中文字对象，按快捷键Ctrl+C进行复制。然后回到刚才工作的文档，按快捷键Ctrl+V进行粘贴。将粘贴出的对象移动到相应位置，效果如图4-224所示。

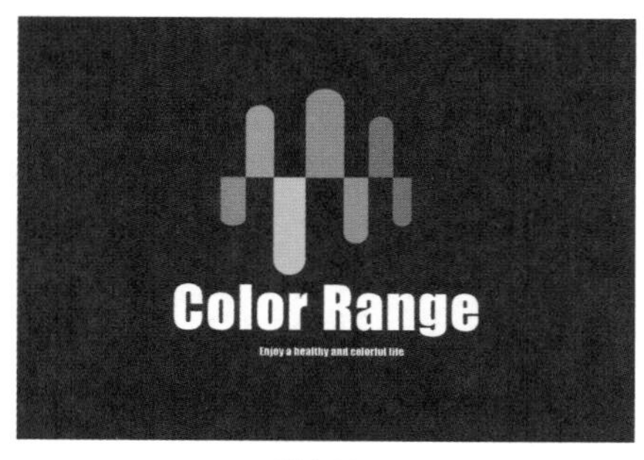

图4-224

重点 4.6.3　动手练：使用“美工刀”

使用“美工刀” 可以将一个对象以任意的分割线划分为各个构成部分的表面，其分割的方式可以非常随意，以光标移动的位置进行切割。

1. 切割全部对象

右击橡皮擦工具组按钮，在弹出的工具组中单击“美工刀”按钮 。如果此时画板中没有任何对象被选中，直接使用“美工刀”在对象上拖动，即可将光标移动范围内的所有对象分割，如图4-225所示。可以看到对象被切分为两个部分，如图4-226所示。

图4-225

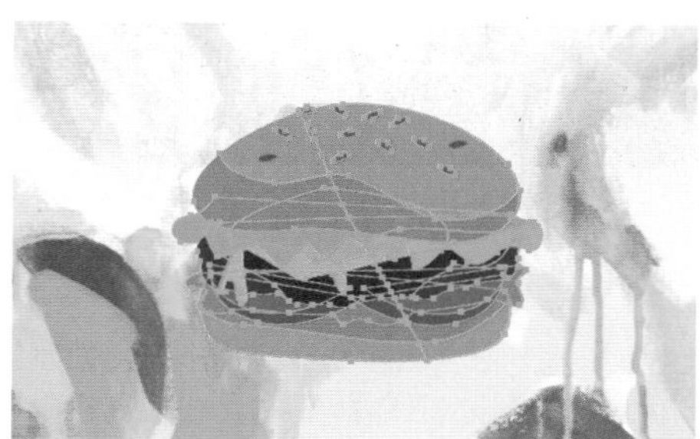

图4-226

2. 切割选中对象

如果有特定的对象需要切割，则单击工具箱中的“美工刀”按钮，将要进行切割的对象选中，然后按住鼠标左键沿着要进行裁切的路径拖曳，被选中的路径被分割为两个部分，与之重合的其他路径没有被分割，如图4-227和图4-228所示。

图4-227　　图4-228

3. 以直线切割对象

使用“美工刀”的同时，按住Alt键能够以直线分割对象，如图4-229所示；按住Shift+Alt组合键可以以水平直线、垂直直线或斜45°的直线分割对象，如图4-230所示。

图4-229　　图4-230

练习实例：使用“美工刀”制作切分感名片

文件路径	资源包\第4章\练习实例：使用“美工刀”制作切分感名片
难易指数	★★★★★
技术掌握	“美工刀”

实例效果

本实例演示效果如图4-231所示。

图4-231

操作步骤

步骤 01 执行“文件>新建”命令或按快捷键Ctrl+N，创建新文档。单击工具箱中的“矩形工具”按钮，在画板上绘制一个矩形，如图4-232所示。保持该对象的选中状态，去除描边。然后单击工具箱底部的渐变填充按钮，设置该图形的填充方式为渐变。执行“窗口>渐变”命令，在打开的“渐变”面板中编辑一个灰色系的径向渐变，设置“类型”为径向，“角度”为-90°，“长宽比”为168%，如图4-233所示。渐变效果如图4-234所示。

扫一扫，看视频

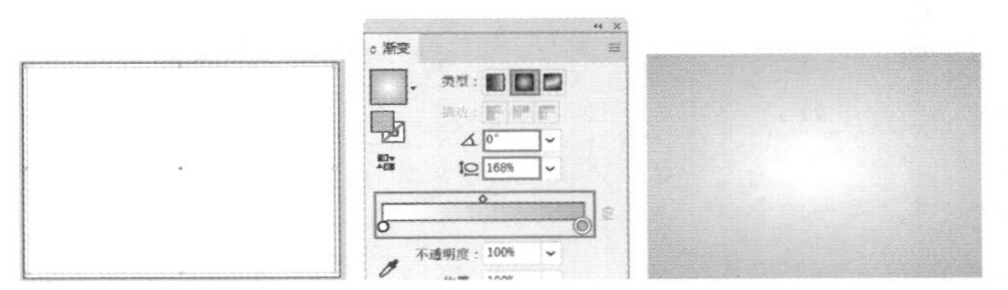

图4-232　　图4-233　　图4-234

步骤 02 使用“矩形工具”，在控制栏中设置填充为黄绿色，描边为无，绘制一个矩形，如图4-235所示。

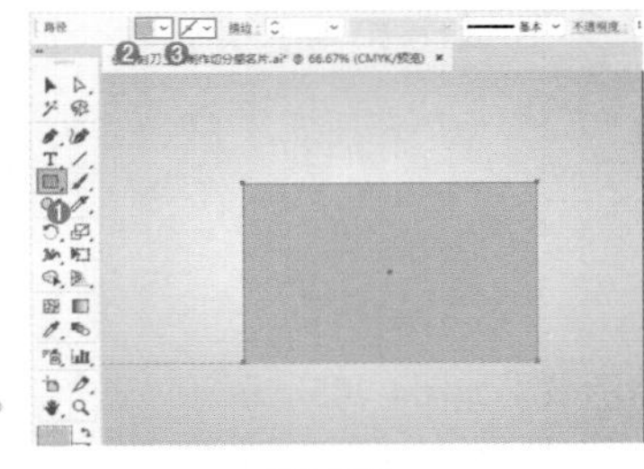

图4-235

步骤 03 保持矩形对象的选中状态，单击工具箱中的“美工刀”按钮，在矩形外部按住Alt键的同时按住鼠标左键从矩形一侧拖动至矩形另外一侧的外部，如图4-236所示。释放鼠标后可以看到矩形被分割为两个独立的图形，如图4-237所示。

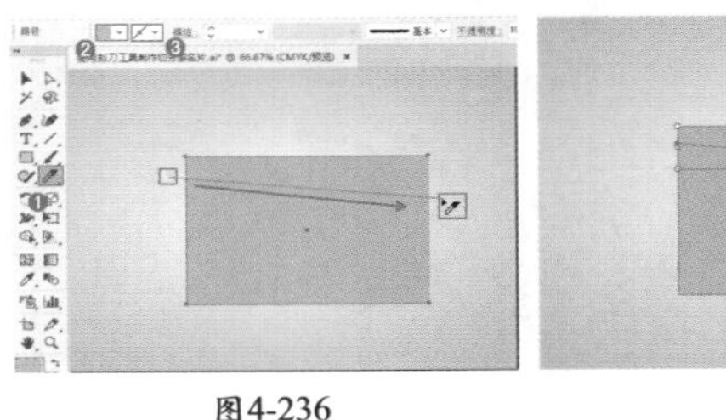

图4-236　　图4-237

步骤 04 使用“美工刀”分割图形对象，效果如图4-238所示。

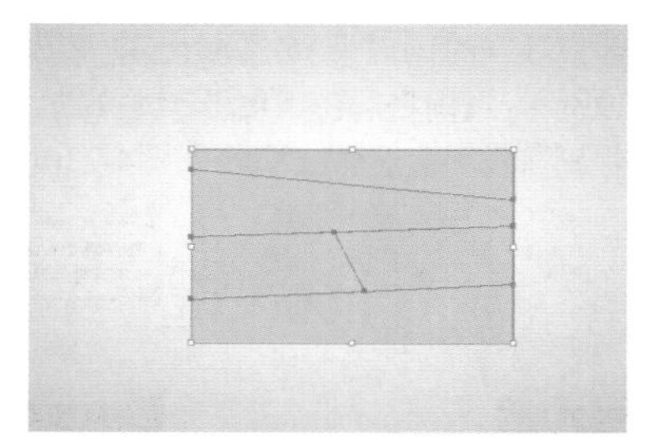

图4-238

步骤 05 单击工具箱中的“选择工具”按钮，选择最上边的图形对象，单击工具箱底部的“渐变填充”按钮，设置该图形的填充方式为渐变。执行“窗口>渐变”命令，在弹出的“渐变”面板中编辑一个蓝色系的渐变，设置“类型”为“线性”，“角度”为–178°，如图4-239所示。渐变效果如图4-240所示。

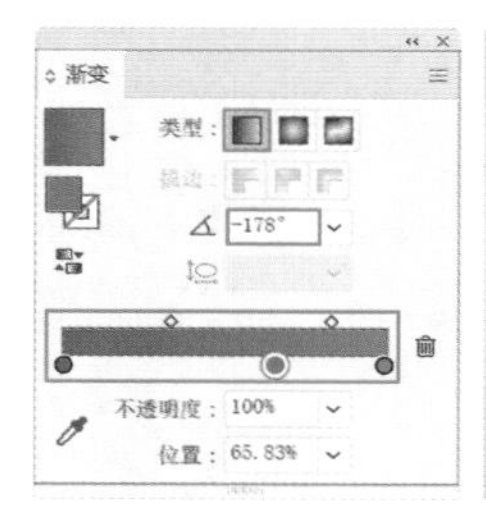

图4-239 图4-240

步骤 06 单击选中分割出的其他图形，依次为其修改填充颜色，如图4-241所示。打开素材1.ai，选中文字对象，复制并粘贴到当前操作的画板中，并摆放在合适的位置上，效果如图4-242所示。

图4-241 图4-242

步骤 07 单击工具箱中的“选择工具”按钮，框选名片的所有部分。右击，在弹出的快捷菜单中执行“编组”命令。保持名片的选中状态，然后执行“编辑>复制”命令，复制出一张名片，如图4-243所示。将复制出的名片旋转一定角度。为了使效果更加丰富，可以对两张名片执行“效果>风格化>投影”命令，为其添加一定的投影效果，使其更具立体感，如图4-244所示。

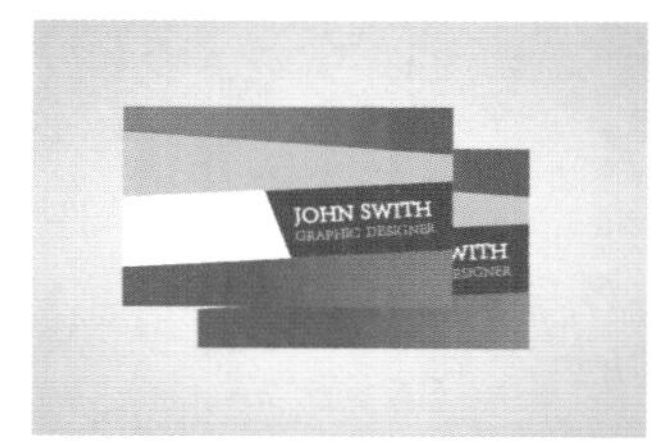

图4-243 图4-244

练习实例：使用“美工刀”制作切分感背景海报

文件路径	资源包\第4章\练习实例：使用“美工刀”制作切分感背景海报
难易指数	★★★★★
技术掌握	“美工刀”

实例效果

本实例演示效果如图4-245所示。

扫一扫，看视频

图4-245

操作步骤

步骤 01 执行“文件>新建”命令或按快捷键Ctrl+N，创建新文档。单击工具箱中的“矩形工具”按钮，在控制栏中设置填充为黄色，描边为无，绘制一个与画板等大的矩形，如图4-246所示。如果界面中没有显示控制栏，可以执行“窗口>控制”命令将其显示。

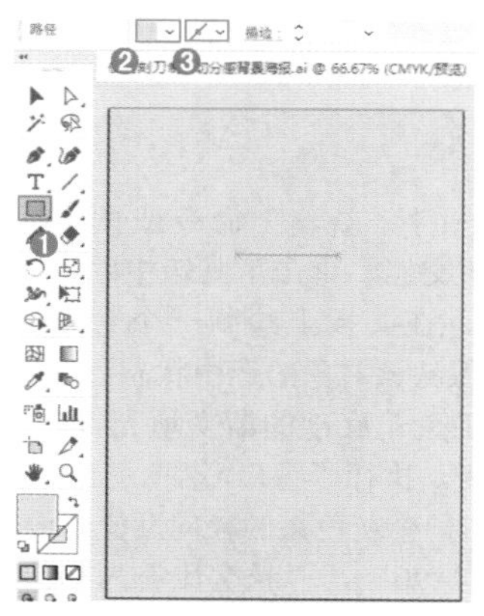

图4-246

步骤 02 保持矩形的选中状态，单击工具箱中的“美工刀”按钮，在矩形外部按住鼠标左键的同时按住Shift+Alt组合键拖动至矩形另外一侧的外部，如图4-247所示。释放鼠标，得到两个独立的图形，如图4-248所示。

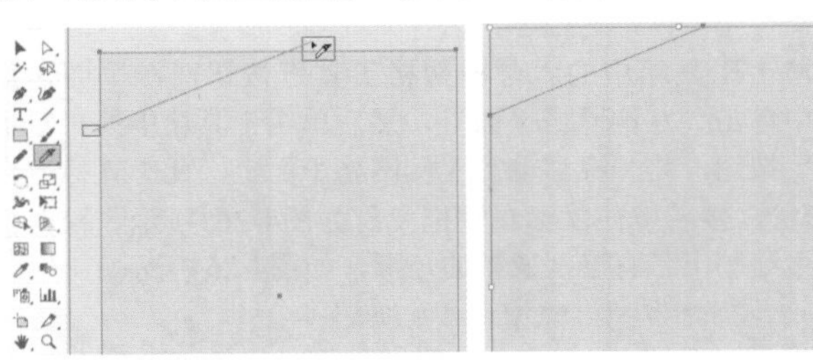

图4-247　　图4-248

步骤 03 选中刚才被切分出的小三角形，继续使用“美工刀”进行切分，在三角形外部按住鼠标左键的同时按住Shift+Alt组合键拖动至三角形另外一侧的外部，如图4-249所示。释放鼠标，则该三角形也被分为两部分，如图4-250所示。

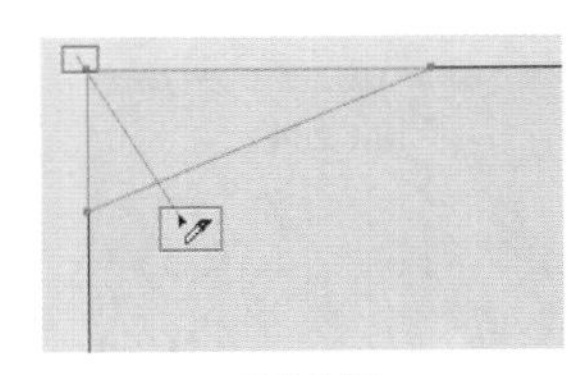

图4-249

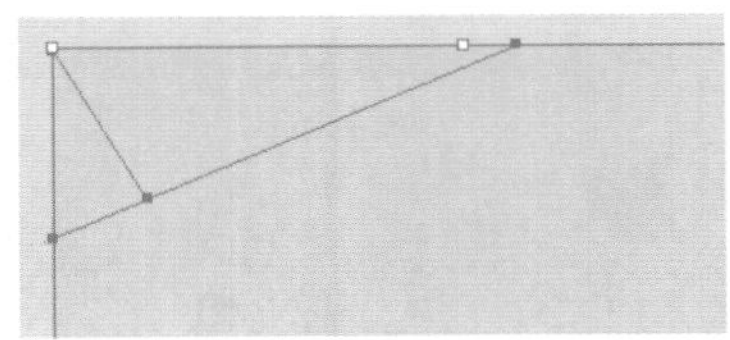

图4-250

步骤 04 选中被切分出来的大三角形，继续使用“美工刀”切分出两个三角形，如图4-251所示。选中其中一个三角形，在控制栏中设置填充为深黄色，如图4-252所示。

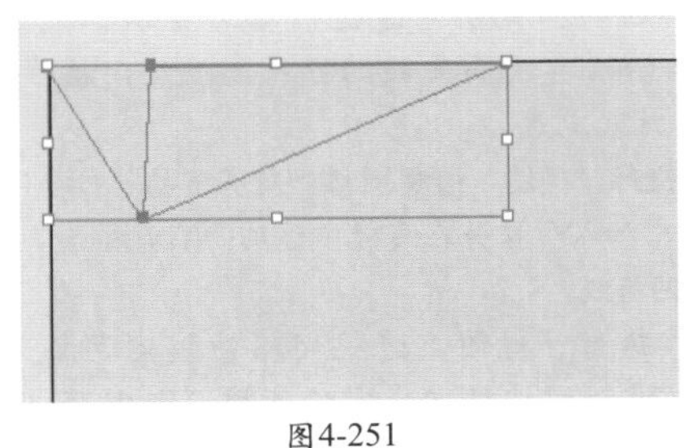

图4-251

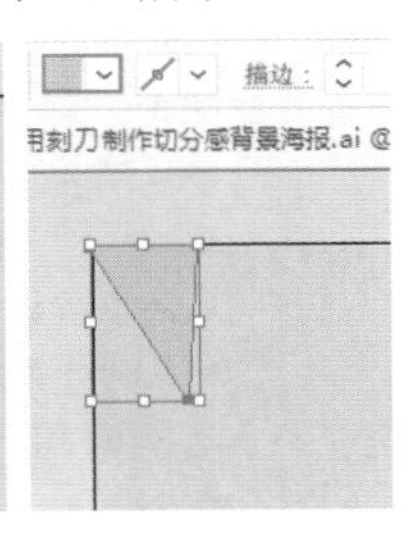

图4-252

步骤 05 使用上述方法对画板中的剩余部分进行切分，并对切分出的新图形重新填充为颜色相近的黄色，如图4-253所示。

图4-253

步骤 06 执行“文件>置入”命令，置入素材1.png，然后移动到相应位置，在控制栏中单击“嵌入”按钮，将其嵌入画板中，效果如图4-254所示。打开素材2.ai。选中文字对象，复制并粘贴到当前操作的画板中，并摆放在合适的位置上，最终效果如图4-255所示。

图4-254

图4-255

4.7 透视图工具组

利用Illustrator提供的透视图工具组可以营造三维透视感，从而创建出带有真实透视感的对象。

在Illustrator中右击透视图工具组按钮，在弹出的工具组中可以看到“透视网格工具”和“透视选区工具”两个工具，如图4-256所示。使用“透视网格工具”可以在文档中定义或编辑一点透视、两点透视和三点透视空间关系；使用“透视选区工具”能够在透视网格中加入对象、文本和符号，以及在透视空间中移动、缩放和复制对象。如图4-257和图4-258所示为使用透视图工具组设计的作品。

图4-256

图4-257

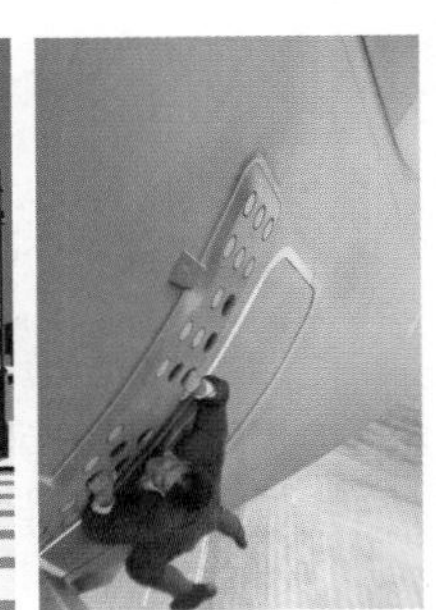

图4-258

4.7.1 认识“透视网格”

单击工具箱中的“透视网格工具”按钮（快捷键：Shift+P）在画板中显示出透视网格，在网格上可以看到各个平面的网格控制，调整控制点可以调整网格的形态，如图4-259所示。

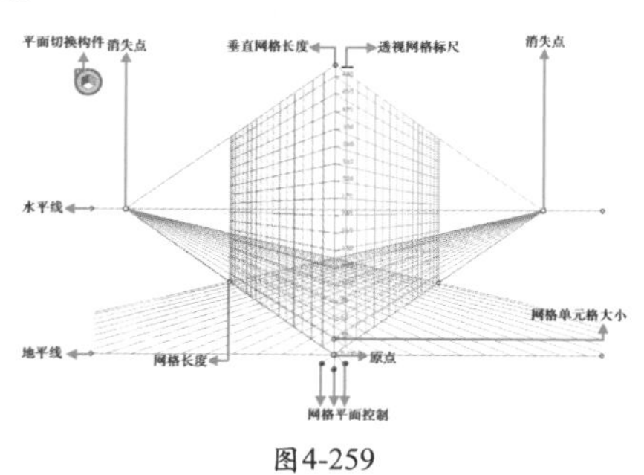

图4-259

提示：不使用透视网格的时候如何关闭它？

单击“透视网格工具”按钮，画板中会出现透视网格。此时如果切换了其他工具，则无法通过单击平面切换构件左上角的“关闭”按钮隐藏网格。此时需要重新单击“透视网格工具”按钮，在使用“透视网格工具”的状态下可以单击平面切换构件左上角的“关闭”按钮隐藏透视网格，如图 4-260 所示。

图4-260

一旦进入使用“透视网格工具”进行编辑的状态，就相当于进入了一个“三维”的空间中。此时在画板左上角将会出现平面切换构件，如图4-261所示。其中分为左侧网格平面、右侧网格平面、水平网格平面和无活动的网格平面4个部分。在平面切换控件中单击每个平面，即可切换到相应的可操作的网格平面。如图4-262所示为选中左侧网格平面。

图4-261

图4-262

提示：选择网格平面的快捷方式。

按快捷键 1 可以选中左侧网格平面；按快捷键 2 可以选中水平网格平面；按快捷键 3 可以选中右侧网格平面；按快捷键 4 可以选中无活动的网格平面。

在平面切换构件中选择不同的平面时光标也会呈现不同形状，↦为右侧网格，↤为左侧网格，⊤为水平网格。

4.7.2 在透视网格中绘制对象

想要直接绘制出带有透视感的对象，可以在透视网格开启的状态下进行绘制，所绘制的图形将自动沿网格透视进行变形。

单击工具箱中的“透视网格工具”按钮，在平面切换构件中单击“左侧网格平面”，然后单击工具箱中的“矩形工具”按钮，将光标移动到左侧网格平面上，此时光标变为形状。接着按住鼠标左键拖曳，如图4-263所示。松开鼠标即可绘制出带有透视效果的矩形，如图4-264所示。

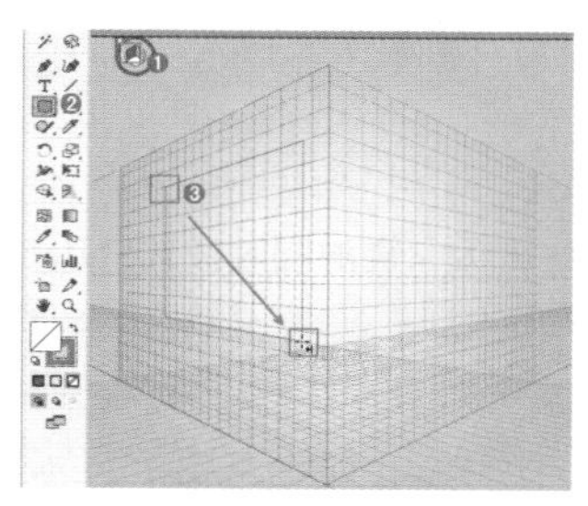

图4-263

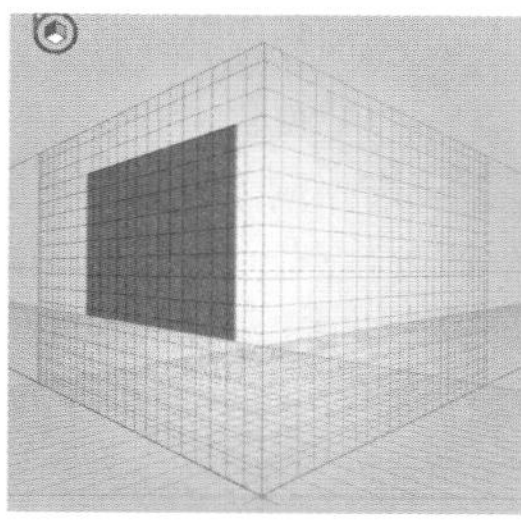

图4-264

提示：隐藏、显示、对齐、锁定透视网格。

- 隐藏网格：执行“视图 > 透视网格 > 隐藏网格”命令，可以隐藏透视网格。此外，也可以通过快捷键 Shift+Ctrl+I 来实现。
- 显示标尺：执行“视图 > 透视网格 > 显示标尺”命令，仅显示沿真实高度线的标尺刻度。网格线单位决定了标尺刻度。
- 对齐网格：执行“视图 > 透视网格 > 对齐网格”命令，允许在透视中加入对象并在透视中移动、缩放和绘制对象时对齐网格线。
- 锁定网格：执行“视图 > 透视网格 > 锁定网格”命令，可以限制网格移动，以便使用“透视网格工具”进行其他网格的编辑。仅可以更改可见性和平面位置。
- 锁定站点：执行“视图 > 透视网格 > 锁定站点”命令，移动一个消失点将带动其他消失点同步移动。如果未选中，则独立移动时站点也会移动。

4.7.3 将对象加入透视网格

使用“透视选区工具”可以通过将已有图形拖曳到透视网格中，使之出现透视效果，还可以对透视网格中的对象进行移动、复制、缩放等操作。

（1）选择工具箱中的“透视选区工具”，然后在图形上单击将其选中，如图4-265所示。按住鼠标左键将其向网格中拖曳，如图4-266所示。释放鼠标后，图形效果如图4-267所示。

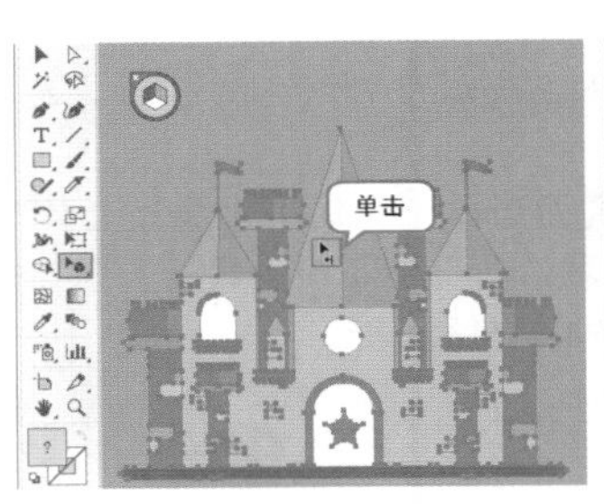

图4-265

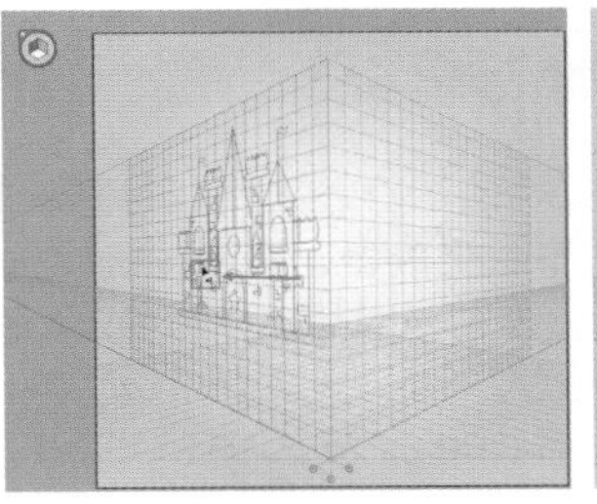

图4-266

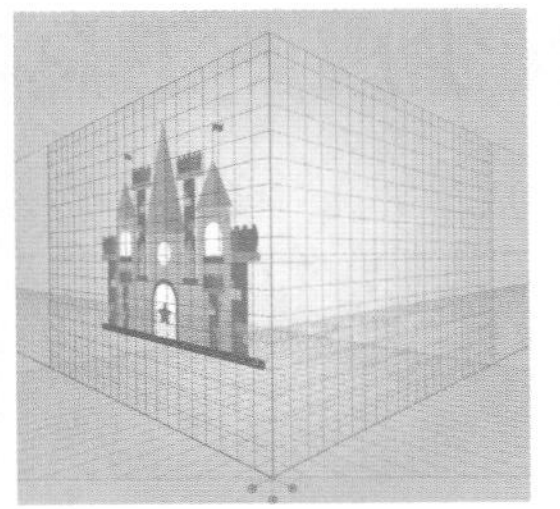

图4-267

（2）使用“透视选区工具”拖曳图形可以将其移动，拖曳控制点则可将其缩放，如图4-268所示。使用“透视选区工具”选择图形，然后按快捷键Ctrl+C进行复制，再按快捷键Ctrl+V进行粘贴，复制得到的图形也带有透视感，如图4-269所示。

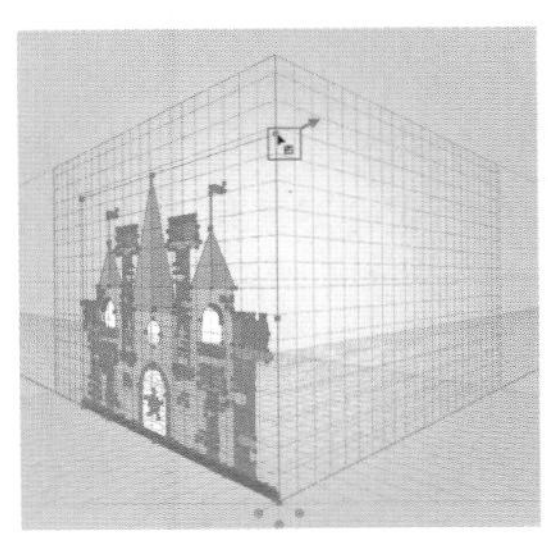

图4-268

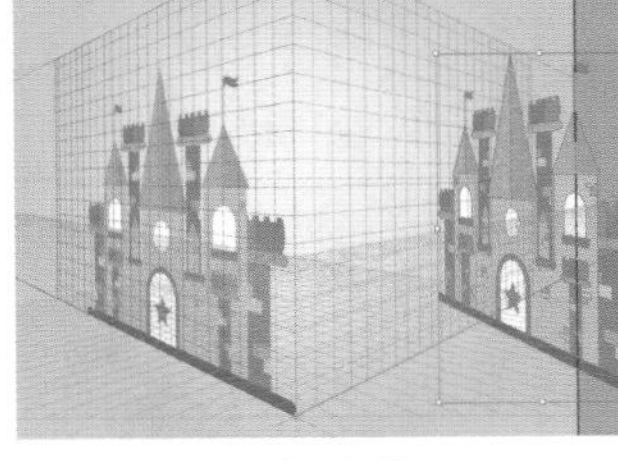

图4-269

4.7.4 释放透视对象

执行“对象>透视>通过透视释放”命令，所选对象将从相关的透视平面中释放，并可作为正常图稿再次加入到其他透视平面中，如图4-270和图4-271所示。

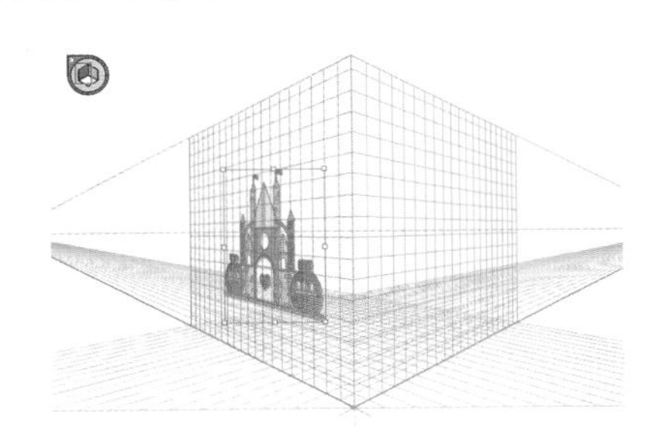

图4-270

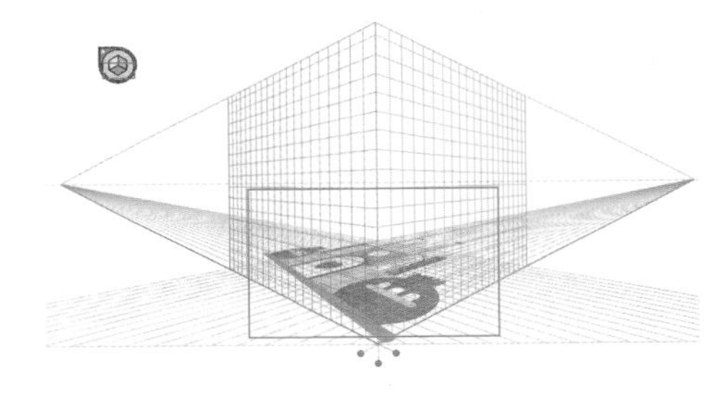

图4-271

4.7.5 切换透视方式

想要更换透视网格的透视方式，可以执行“视图>透视网格”命令，在弹出的子菜单中可以进行透视网格预设的选择，其中包括“一点透视”“两点透视”和“三点透视”，如图4-272所示。

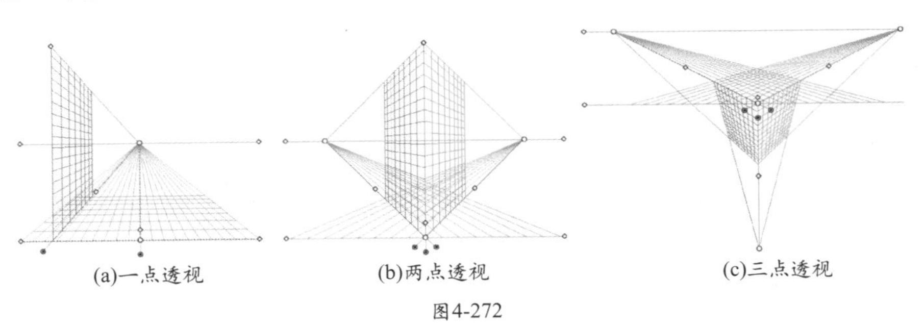

(a)一点透视　(b)两点透视　(c)三点透视

图4-272

4.8 形状生成器工具

（1）“形状生成器工具”可以在多个重叠的图形之间快速得到新的图形。首先使用“选择工具”选中多个重叠的图形，如图4-273所示。然后单击工具箱中的“形状生成器工具”按钮（默认情况下，该工具处于合并模式），将光标移动到图形上，光标变为，如图4-274所示。单击即可得到这部分图形，如图4-275所示。

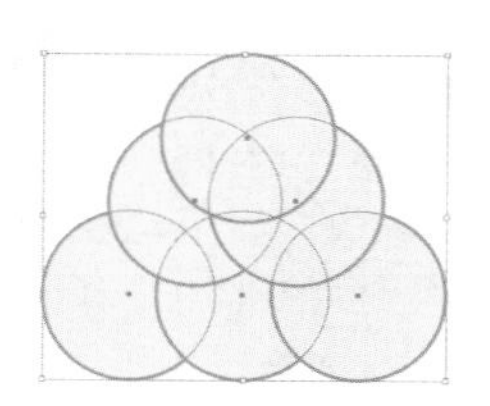

图4-273

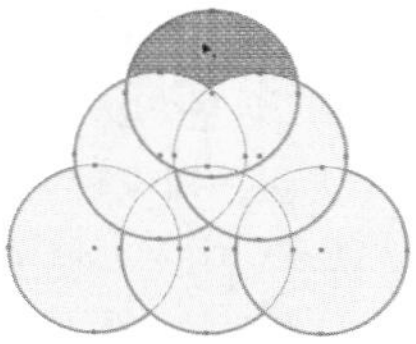

图4-274

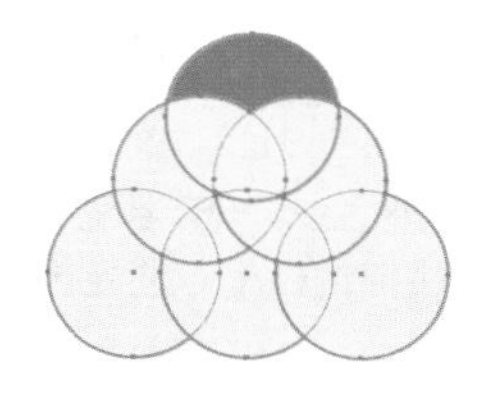

图4-275

（2）也可以在图形上按住鼠标左键拖动，如图4-276所示。在此模式下，可以合并不同的路径，以得到新的图形，如图4-277所示。还可以将该图像移出去，如图4-278所示。

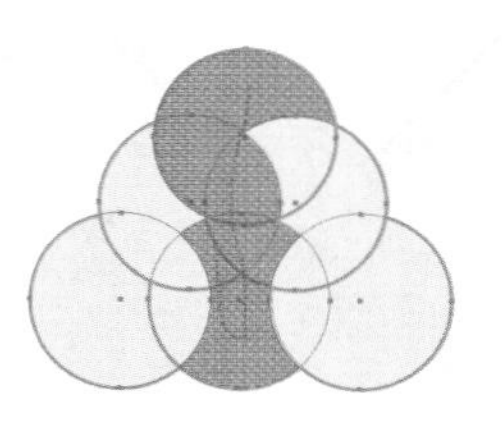

图4-276

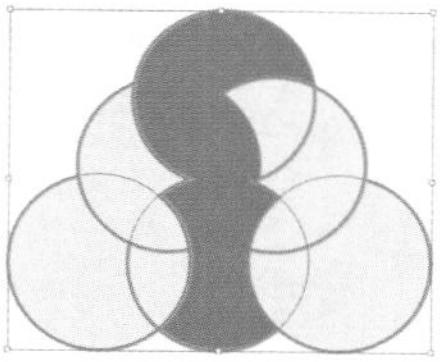

图4-277

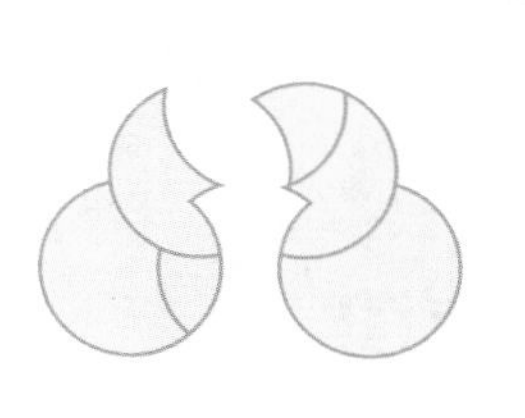

(a)

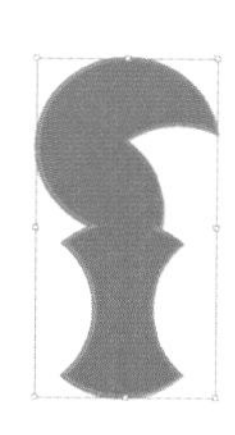

(b)

图4-278

（3）使用“形状生成器工具”时，按住Alt键将切换为抹除模式。将光标移动到画板中，光标变为，如图4-279所示。在抹除模式下，可以在所选形状中删除部分内容，如图4-280所示。

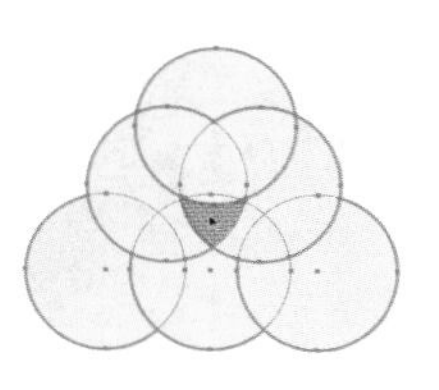

图4-279

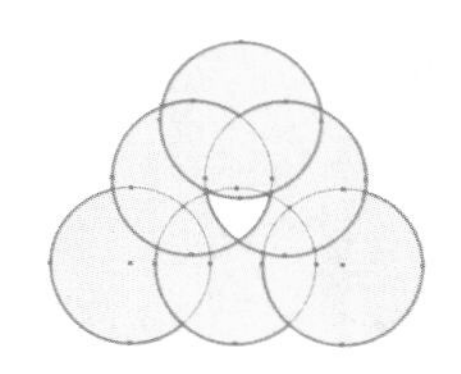

图4-280

4.9 “符号”面板与符号工具组

扫一扫，看视频

“符号”是一种特殊的图形对象，常用于制作大量重复的图形元素。如果使用常规的图形对象进行制作，不仅需要通过复制、粘贴得到大量对象，还需要对各个对象进行旋转、缩放、调整颜色等操作，才能实现大量对象不规则分布的效果，非常麻烦，而且可能会造成文档过大；而“符号”对象是以“链接”的形式存在于文档中，链接的源头在“符号”面板中。因此，即使有大量的符号对象，也不会为设备带来特别大的负担。

（1）执行“窗口>符号”命令（快捷键：Ctrl+ Shift+ F11），打开“符号”面板。在该面板中可以选择不同类型的符号，也可以对符号库类型进行更改，还可以对符号进行新建、删除、编辑等，如图4-281所示。在符号面板中选中一个符号按住鼠标左键向画板中拖动，释放鼠标即完成符号的添加操作，如图4-282所示。

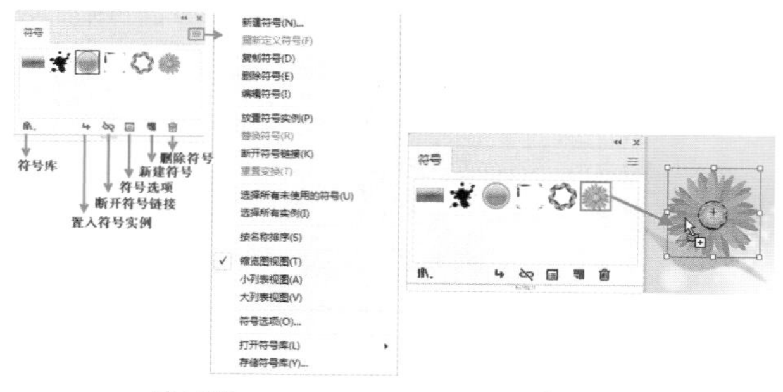

图4-281

图4-282

（2）选中符号，单击“符号”面板底部的“断开符号链接”按钮，或单击控制栏中的“断开链接”按钮，如图4-283所示。随即符号对象变成图形对象。断开链接的符号，处于编组的状态。选择该对象，右击，在弹出的快捷菜单中执行“取消编组”命令，取消编组后可以对图形各部分进行移动、旋转、描边、变形等操作了，如图4-284所示。

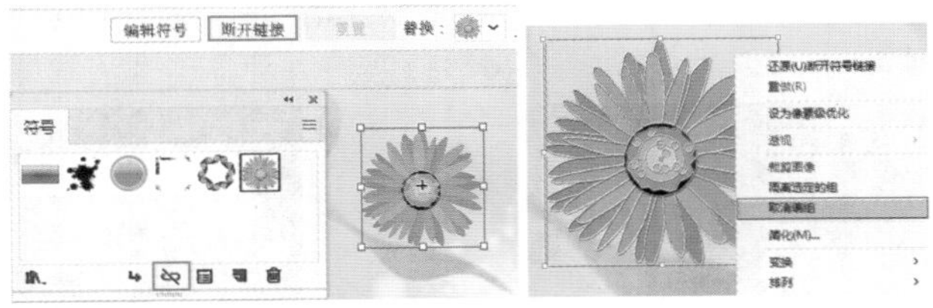

图4-283　　图4-284

（3）默认情况下“符号”面板中只显示了少量的符号，想要选择更多的符号，可以在“符号库”中查找。单击“符号”面板底部的“符号库菜单”按钮，在弹出的菜单中执行相应的命令，即可打开所需的符号库，如图4-285所示。例如，执行“复古”命令，即可打开“复古”面板，如图4-286所示。此外，执行“窗口>符号库”命令，在弹出的子菜单中执行需要的符号库命令，也可打开相应的符号库面板。

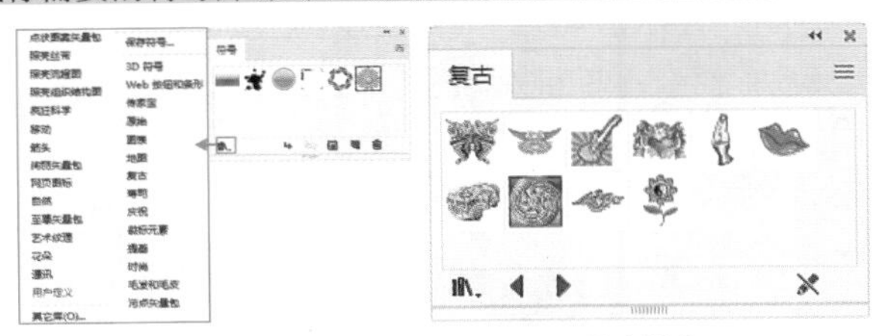

图4-285　　图4-286

（4）“符号喷枪工具”能够在短时间内快速向画板中置入大量的符号。单击工具箱中的“符号喷枪工具”，然后在“符号”面板中选择一个符号，如图4-287所示。接着在画板中按住鼠标左键拖动，在所经过的位置上将会出现所选符号，释放鼠标完成符号的置入，如图4-288所示。

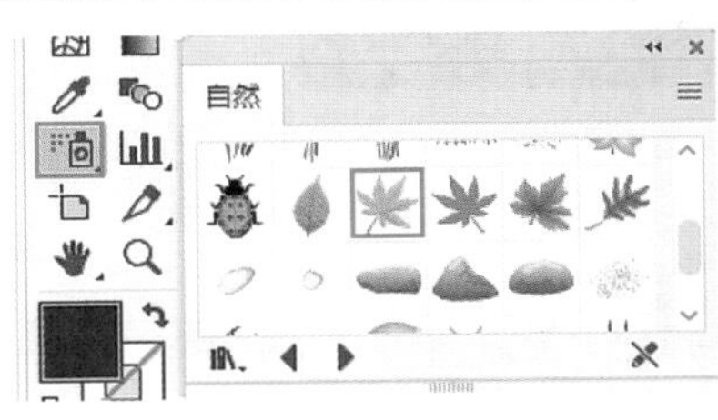

图4-287　　图4-288

提示：设置符号工具选项。

双击符号工具组中的任意一个工具，都会弹出“符号工具选项”窗口。在该窗口中，“直径”“强度”和“符号组密度”等常规工具选项位于上方；特定于某一工具的选项则位于底部。在该窗口中可以通过单击不同的工具按钮，对不同的符号工具进行调整。

（5）选中刚刚使用“符号喷枪工具”添加的符号集，在面板中选择其他的符号，在画板中按住鼠标左键拖动，可以在原有符号集中添加符号，如图4-289所示。“当要删除部分符号实例时，可以选择符号集，在使用“符号喷枪工具”的状态下，按住Alt键的同时按住鼠标左键拖动，所经过位置的符号将会被删除，如图4-290所示。

图4-289　　图4-290

（6）选中符号集，在使用“符号移位器工具”的状态下，在符号上按住鼠标左键拖动，如图4-291所示；即可调整符号的位置，如图4-292所示。按住Alt+Shift键并单击符号实例，可以将符号向后排列。

图4-291　　图4-292

（7）选中符号集，在使用“符号紧缩器工具”的状态下，在符号上按住鼠标左键拖动，即可使这部分符号的间距缩短，符号之间更靠近，如图4-293所示，如果按住鼠标左键的同时按住Alt键拖动，可以使符号间距增大，相互远离，如图4-294所示。

图4-293　　图4-294

（8）选中符号集，选择“符号缩放器工具”，在符号上单击或按住鼠标左键拖动，即可将该部分符号增大，如图4-295所示；如果按住Alt键单击或拖曳鼠标，可以减小符号实例大小，如图4-296所示。

图4-295　　图4-296

（9）使用“符号旋转器工具”可以旋转符号实例。选中符号集，选择“符号旋转器工具”，在符号上单击或按住鼠标左键拖动，即可将符号进行旋转，如图4-297和图4-298所示。

图4-297　　图4-298

（10）使用“符号着色器工具”可以对文档中所选符号进行着色。选中符号集，在“颜色”面板中选择要用作上色的填充颜色，选择“符号着色器工具”，在符号上按住鼠标左键单击或拖动，符号实例的颜色发生变化，如图4-299所示。根据涂抹的次数不同，着色的颜色深浅也会不同。涂抹次数越多，颜色变化越大，如图4-300所示。

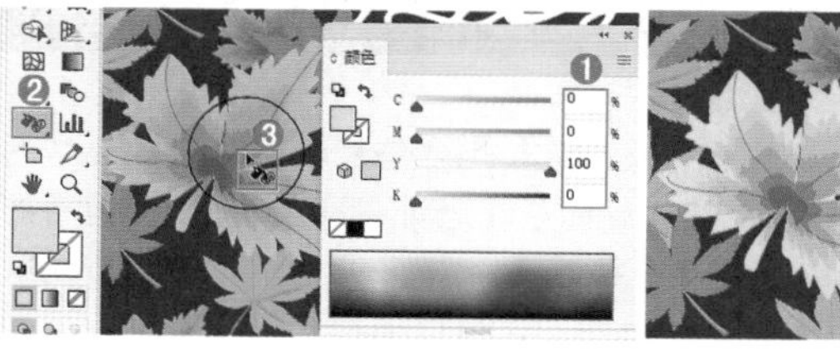

图4-299　　图4-300

（11）使用“符号滤色器工具”可以改变所选符号的不透明度。选中符号集，单击工具箱中的“符号滤色器工具”按钮，在符号上单击或按住鼠标左键拖动，即可增加符号透明度，使其变为半透明效果，如图4-301所示。如果按住Alt键单击或拖曳鼠标，可以减少符号透明度，使其变得更不透明，如图4-302所示。

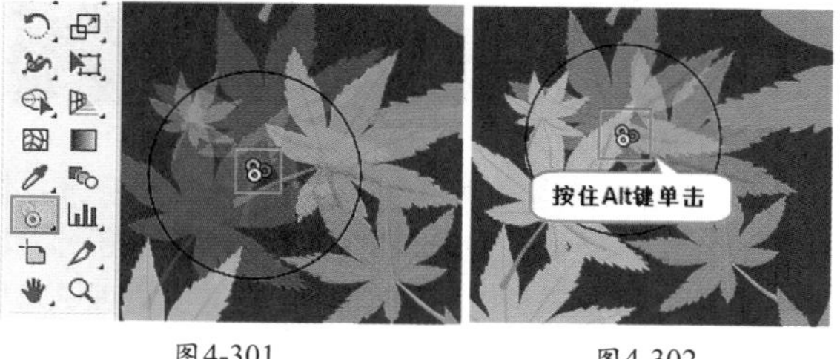

图4-301　　图4-302

（12）使用“符号样式器工具”，配合“图形样式”面板，可以在符号实例上添加或删除图形样式。选择符号集，执行“窗口>图形样式”命令打开“图形样式”面板，从中选择一种图形样式，选择“符号样式器工具”，在符号上按住鼠标左键单击或涂抹，如图4-303所示。光标经过位置的符号将会被添加所选图形样式，涂抹的次数越多，图形样式效果越清晰，如图4-304所示。在涂抹的同时，按住Alt键可以将已经添加的样式效果去除。

图4-303　　图4-304

练习实例：游乐园宣传海报

扫一扫，看视频

文件路径	资源包\第4章\练习实例：游乐园宣传海报
难易指数	
技术掌握	“符号喷枪工具”

实例效果

本实例演示效果如图4-305所示。

图4-305

操作步骤

步骤 01 执行“文件>新建”命令，创建一个大小为A4、“取向”为“竖向”的文档。单击工具箱中的“钢笔工具”按钮，在控制栏中设置填充为紫色，描边为无，绘制一个不规则图形，如图4-306所示。继续使用“钢笔工具”再绘制一个黄色的不规则图形，如图4-307所示。

图4-306

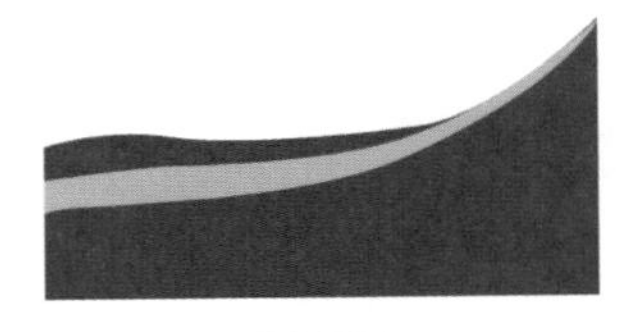

图4-307

步骤 02 单击工具箱中的“符号喷枪工具”按钮，执行“窗口>符号库>庆祝”命令，在打开的“庆祝”面板中选择“气球3”符号，如图4-308所示。在画板上单击，添加符号，并将其旋转一定的角度，如图4-309所示。

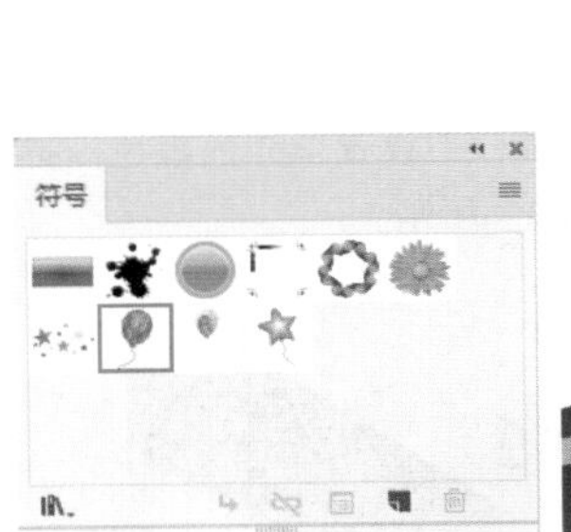

图4-308

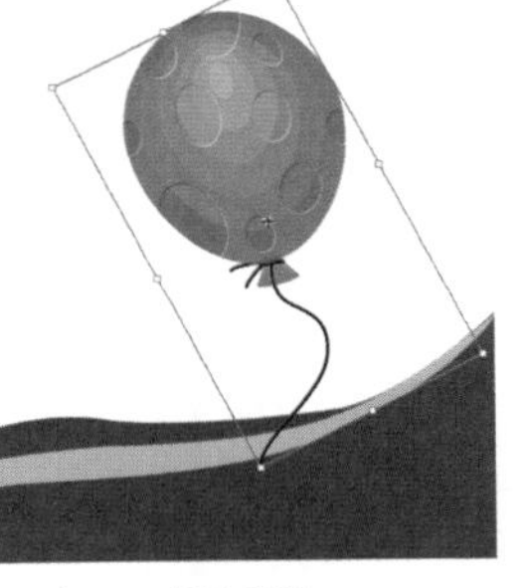

图4-309

步骤 03 单击工具箱中的“符号着色器”按钮，在控制栏中设置填充为紫色，按住鼠标左键在符号上来回拖动，更改符号颜色，如图4-310所示。接着使用上述方法再次使用“符号喷枪工具”添加另外几个较小的气球，如图4-311所示。

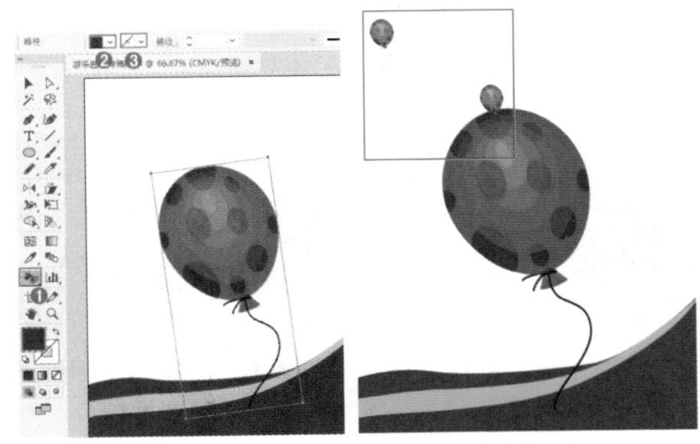

图4-310　　图4-311

步骤 04 选中两个小的气球，执行“效果>模糊>高斯模糊”命令，在弹出的“高斯模糊”窗口中设置“半径”为10像素，单击“确定”按钮，如图4-312所示。效果如图4-313所示。

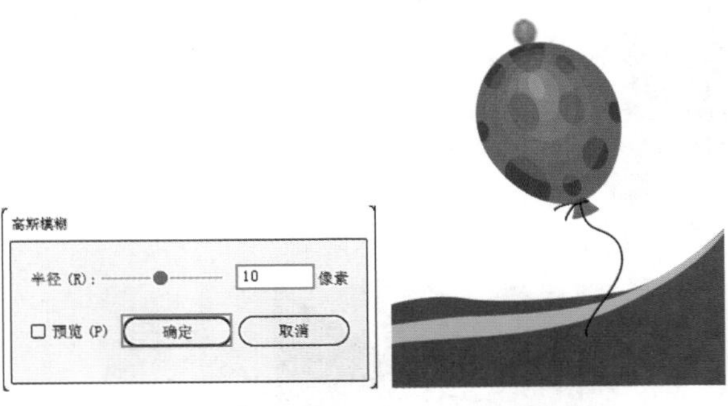

图4-312　　图4-313

步骤 05 使用“符号喷枪工具”添加“五彩纸屑”符号，如图4-314所示。单击工具箱中的“符号滤色器工具”按钮，在符号上按住鼠标左键来回拖动，使这些符号变得半透明，如图4-315所示。

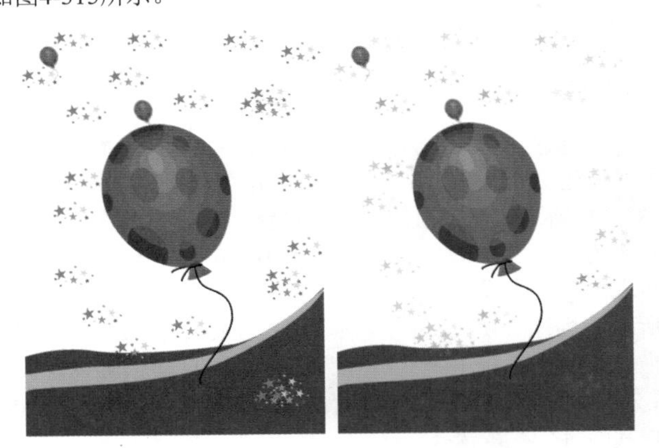

图4-314　　图4-315

步骤 06 使用“符号喷枪工具”添加其他符号，如图4-316所示。执行“文件>打开”命令，打开素材1.ai。选中所有素材，执行“编辑>复制”命令进行复制。回到刚才工作的文档中，执行“编辑>粘贴”命令粘贴对象并调整到合适的大小，移动到相应位置，如图4-317所示。

图4-316　　图4-317

综合实例：汽车宣传三折页

扫一扫，看视频

文件路径	资源包\第4章\综合实例：汽车宣传三折页
难易指数	★★★★★
技术要点	“钢笔工具”“矩形工具”“渐变”面板、建立剪切蒙版

实例效果

本实例演示效果如图4-318所示。

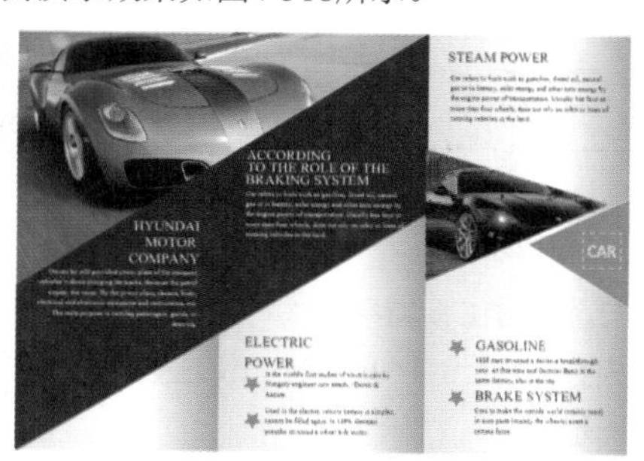

图4-318

操作步骤

步骤01 执行“文件>新建”命令或按快捷键Ctrl+N，在弹出的“新建文档”窗口中单击右下角的“更多设置”按钮，如图4-319所示。在弹出的“更多设置”窗口中设置“画板数量”为2，按列排列，“间距”为10mm，“大小”为A4，“取向”为“横向”，单击“创建文档”按钮，如图4-320所示。执行“视图>标尺>显示标尺”命令，按住鼠标左键拖曳绘制出几条参考线，作为三折页的页面分隔线，如图4-321所示。如果界面中没有显示控制栏，可以执行“窗口>控制”命令将其显示。

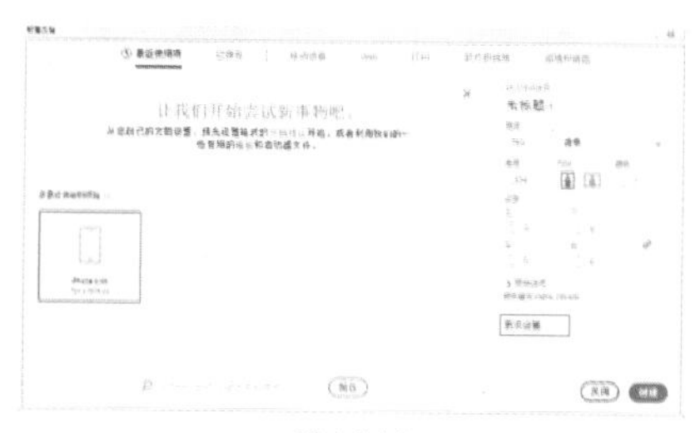

图4-319

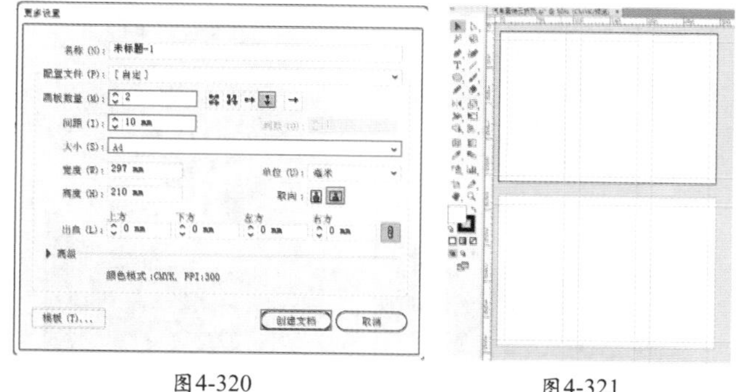

图4-320 图4-321

步骤02 单击工具箱中的“矩形工具”按钮，去除填充和描边，在第一个画板中单击，在弹出的“矩形”窗口中设置“宽度”为99mm，“高度”为210mm，单击“确定”按钮，如图4-322所示。保持矩形对象的选中状态，执行“窗口>渐变”命令，打开“渐变”面板，编辑一个灰色系的渐变，如图4-323所示。选中矩形，单击“渐变”面板中的渐变缩览图，矩形表面产生渐变效果，如图4-324所示。

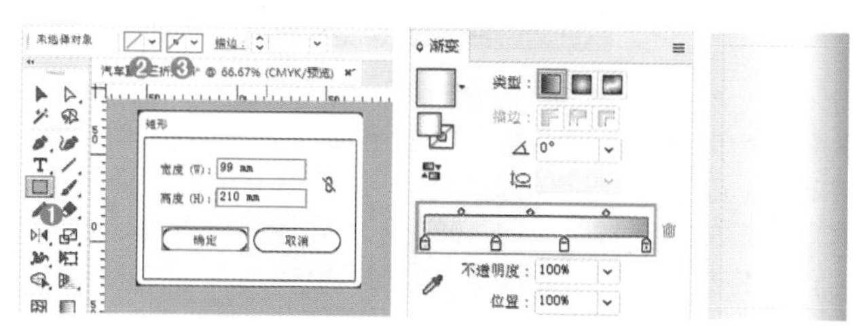

图4-322 图4-323 图4-324

步骤03 选中矩形对象，按住鼠标左键的同时按住Shift+Alt组合键移动复制两个矩形，如图4-325所示。单击工具箱中的“钢笔工具”按钮，在控制栏中设置填充为黑色，描边为无，绘制一个四边形，如图4-326所示。

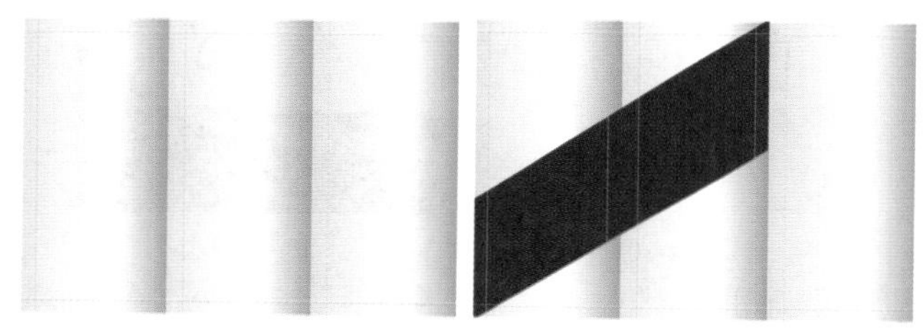

图4-325 图4-326

步骤04 使用“钢笔工具”绘制一个绿色的三角形，如图4-327所示。接着执行“文件>置入”命令，置入素材1.jpg。调整合适的大小，移动到合适的位置，单击控制栏中的“嵌入”按钮，将其嵌入画板中，如图4-328所示。

图4-327 图4-328

步骤05 使用“钢笔工具”绘制一个三角形，如图4-329所示。选中图片对象和三角形，右击，在弹出的快捷菜单中执行“建立剪切蒙版”命令。接着使用上述方法添加素材2.jpg，并处理为三角形，如图4-330所示。

图4-329

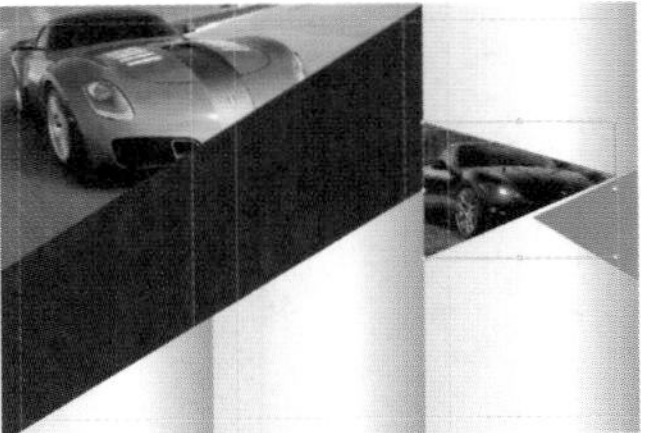

图4-330

步骤 06 打开素材3.ai。选中文字对象，复制并粘贴其中的文字对象，并摆放在合适的位置上。效果如图4-331所示。

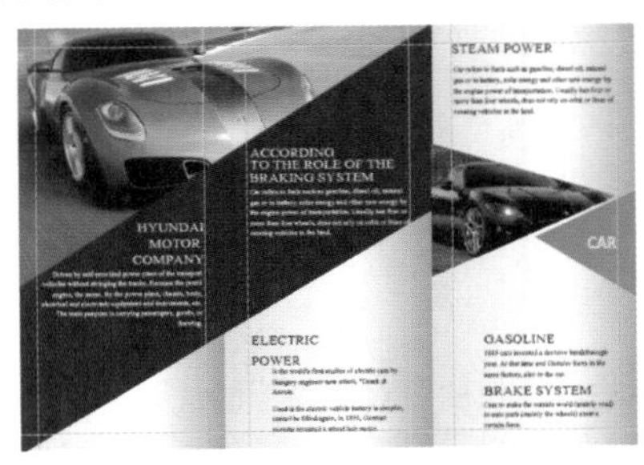

图4-331

步骤 07 单击工具箱中的“矩形工具”按钮，在控制栏中设置填充为无，描边为白色，描边粗细为1pt，单击“描边”按钮，在弹出的下拉面板中勾选“虚线”复选框，设置数值大小为6pt，绘制一个虚线矩形，如图4-332所示。单击工具箱中的“星形工具”按钮☆，在控制栏中设置填充为绿色，描边为无，在画板上单击，在弹出的“星形”窗口中设置“半径1”为2mm，“半径2”为4mm，“角点数”为5，单击“确定”按钮，如图4-333所示。图形效果如图4-334所示。

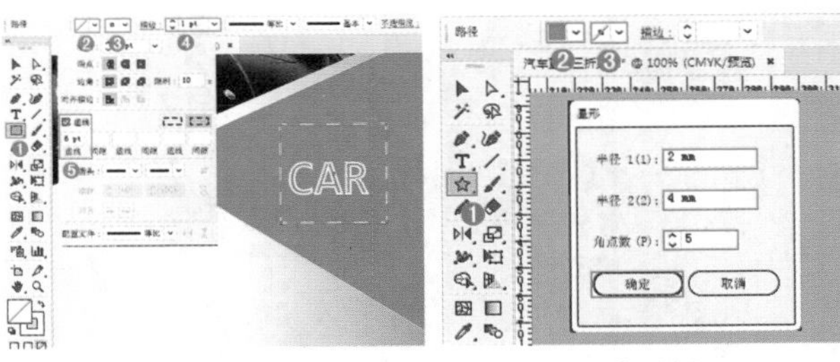

图4-332　　图4-333

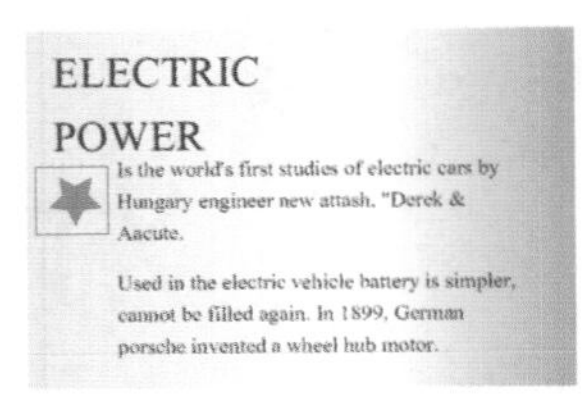

图4-334

步骤 08 选中星形对象，按住鼠标左键的同时按住Alt键，移动复制出另外3个星形，摆放在合适位置。效果如图4-335所示。

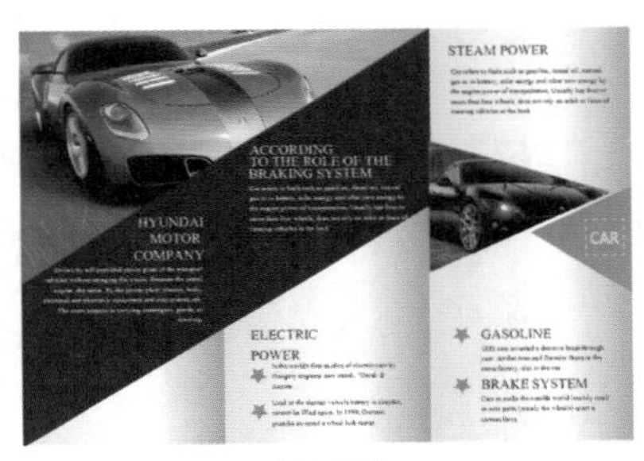

图4-335

4.10 课后练习：制作手写感文字标志

文件路径	资源包\第4章\课后练习：制作手写感文字标志
难易指数	★★★★★
技术掌握	“铅笔工具”“纯色填充”“渐变填充”

扫一扫，看视频

实例效果

本实例演示效果如图4-336所示。

图4-336

4.11 模拟考试

主题：以“自然”为主题绘制一幅简笔画。

要求：

（1）画面元素自定。

（2）使用合适的颜色进行绘制。

（3）尽可能使用不同的工具。

（4）本试题不考查绘画功底。

（5）可在网络搜索“儿童插画”“简笔画”等内容。

考查知识点：钢笔工具、画笔工具、铅笔工具等。

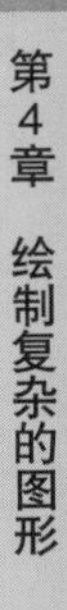

Chapter 5

第 5 章

对象变换

本章内容简介：

本章主要讲解三部分内容：选择、变换与封套扭曲。对于图形的选择，除了使用“选择工具”选中对象整体、使用“直接选择工具”选中对象局部锚点之外，还能够使用“编组选择工具”“魔棒工具”和“套索工具”进行选择。图形的变换同样有多种方式，例如可以使用工具进行变换，可以执行相应的命令，还可以通过变换面板进行精确的变换，操作方法也很灵活。其中对图形的移动、旋转、缩放是变换操作，扭曲、斜切、封套扭曲是变形操作。

重点知识掌握：

- 掌握多种选择方式
- 掌握多种变换操作的方法
- 学会封套扭曲的创建与编辑方法

通过本章的学习，我能做什么？

通过本章的学习，我们能够掌握图形对象的选择与变换。在对图形进行移动、旋转、缩放等多种变换操作的同时，还可以进行复制。此外，还能够以一个变换操作作为规律进行再次变换。这样一来，制作一些平铺纹理就比较方便了。

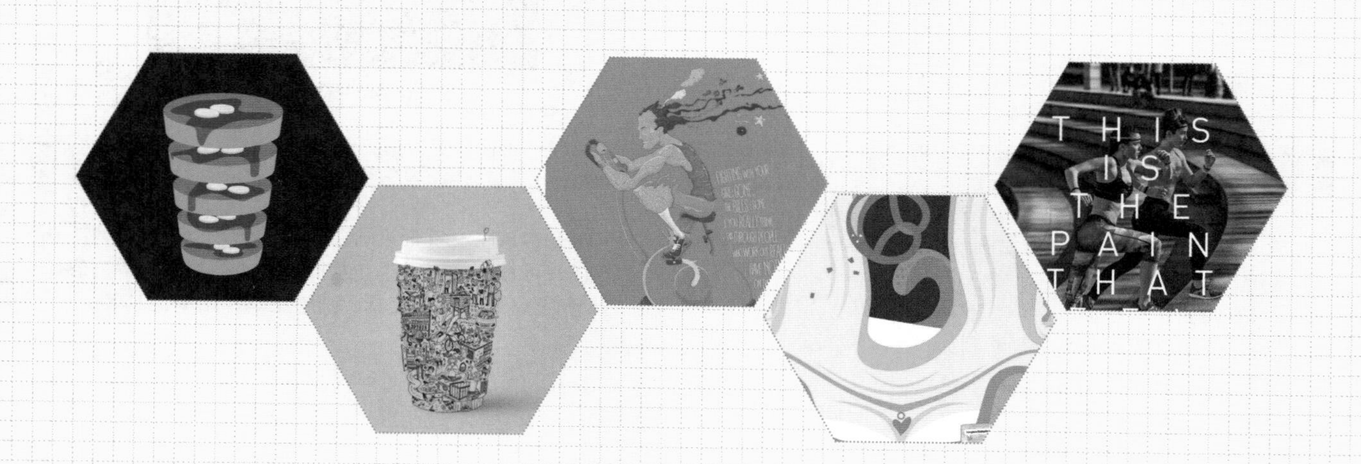

5.1 方便、快捷的选择方式

前面的章节中讲解了“选择工具”与“直接选择工具”的使用方法，这两个工具可以用于选择对象或者路径上的锚点。除此之外，Illustrator中还提供了另外几种选择工具，可以方便、快捷地选择文档中的对象。

扫一扫，看视频

5.1.1 编组选择工具

如果是编组的对象，使用“选择工具”单击进行选择，选中的会是这个图形组。那么如果在不解除编组的情况下，选择组内的对象该使用哪个工具呢？此时可以使用“编组选择工具”进行操作。

首先右击工具箱中的“直接选择工具”，在弹出的工具组中选择“编组选择工具”，然后在需要选择的对象上单击，即可将其选中，如图5-1所示。再次单击，则选择的是对象所在的组，如图5-2所示。第三次单击则添加第二个组，如图5-3所示。

图5-1

图5-2

图5-3

5.1.2 魔棒工具：选择属性相似的对象

“魔棒工具”可以快速地将整个文档中属性相近的对象同时选中。单击工具箱中的“魔棒工具”按钮，在要选取的对象上单击，如图5-4所示。文档中相同填色的对象全部会被选中，如图5-5所示。

图5-4

图5-5

5.1.3 套索工具：绘制范围进行选取

“套索工具”也是一种选择工具，它不仅能够选择图形对象，还能够选择锚点或路径。单击工具箱中的“套索工具”按钮（快捷键：Q），在要选取的锚点区域上按住鼠标左键拖动绘制出一个范围，使用套索将要选中的对象同时框住，如图5-6所示。释放鼠标即可完成锚点的选取，如图5-7所示。

图5-6

图5-7

5.1.4 使用多种“选择”命令

1. 选择全部对象

执行“选择>全部”命令（快捷键：Ctrl+A），可以选择文档中所有未被锁定的对象。

2. 取消选择

执行“选择>取消选择”命令（快捷键：Shift+Ctrl+ A）可以取消选择所有对象。也可以在画面中没有对象的空白区域单击来取消选择。

3. 重新选择

执行“选择>重新选择”命令（快捷键：Ctrl+6），可恢复选择上次所选的对象。

4. 选择所有未选中的对象

执行“选择>反向”命令，当前被选中的对象将被取消选中，未被选中的对象会被选中。

5. 选择层叠对象

要选择所选对象上方或下方距离最近的对象，可以执行“选择>上方的下一个对象”或“选择>下方的下一个对象”命令。

6. 选择具有相同属性的对象

若要选择具有相同属性的所有对象，选择一个具有所需属性的对象，然后执行“选择>相同”命令，在弹出的子菜单，如“外观”“外观属性”“混合模式”“填色和描边”“填充颜色”“不透明度”“描边颜色”“描边粗细”“图形样式”“形状”“符号实例”或“链接块系列”中选择一种属性。

7. 存储所选对象

选择一个或多个对象，执行“选择>存储所选对象”命令，在弹出的“存储所选对象”窗口中输入名称，单击“确定”按钮。此时在“选择”菜单的底部可以看到保存的对象，执行该对象命令，即可快速选中相应的对象。

5.2 使用工具变换对象

扫一扫，看视频

在制图过程中，经常需要对画板中的部分元素进行移动、旋转、缩放、倾斜、镜像等变换操作。Illustrator提供了多种用于变换的工具，如图5-8所示。本节介绍一些常用的图形变换工具的使用方法。

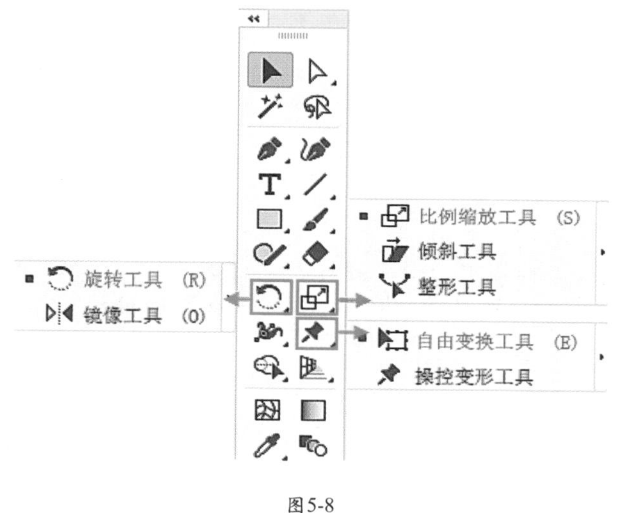

图5-8

重点 5.2.1 动手练：精准移动对象

“选择工具”能够选择、移动对象，是一个常用的工具，但是它只能粗略地调整位置。如果要精准移动对象的位置，可以通过“移动”窗口进行设置。

（1）选择要移动的对象，如图5-9所示。双击工具箱中的“选择工具”按钮▶，或者执行“对象>变换>移动”命令（快捷键：Ctrl+Shift+M），打开“移动”窗口。其中，“水平”选项用来定义对象在画板上的水平定位位置，“垂直”选项用来定义对象在画板上的垂直定位位置，如图5-10所示。如果勾选“预览”复选框，可以在不关闭窗口的情况下查看移动效果。单击“确定”按钮，完成移动操作，效果如图5-11所示。

图5-9　　图 5-10　　图5-11

（2）“距离”选项用来定义对象移动的距离，“角度”选项用来设置移动的方向，如图5-12和图5-13所示。

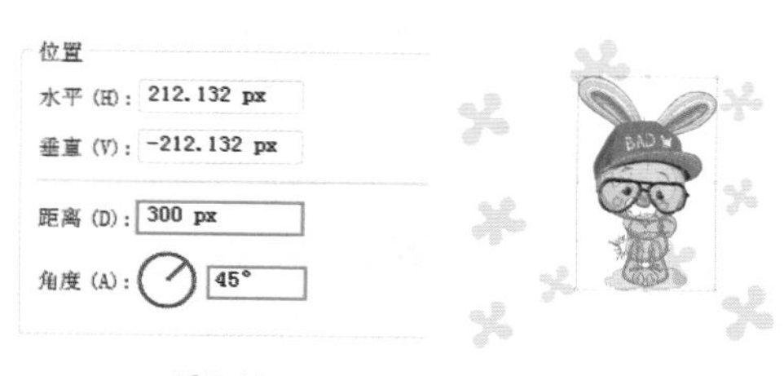

图5-12　　图5-13

（3）当对象中填充了图案时，可以通过勾选“变换对象”和“变换图案”复选框，定义对象移动的部分，如图5-14所示。参数调整完成后，单击“复制”按钮，在移动对象的同时可以进行复制，如图5-15所示。

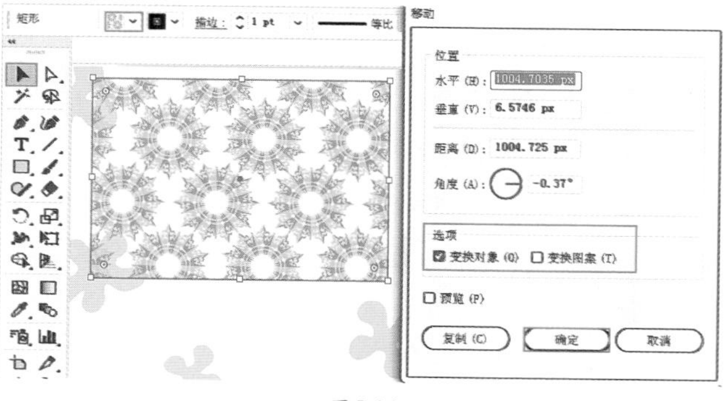

图5-14

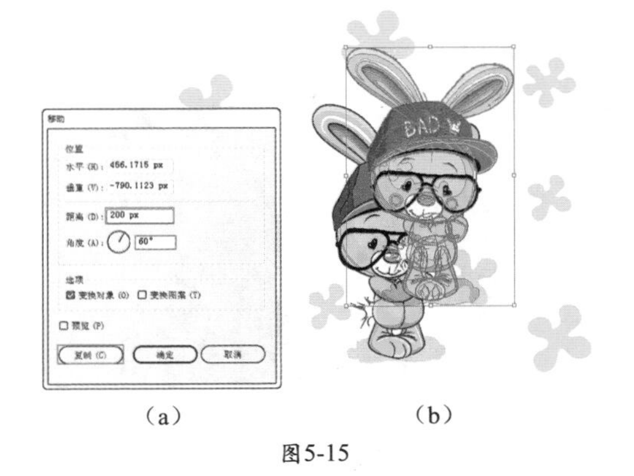

（a）　　（b）

图5-15

重点 5.2.2　使用“比例缩放工具”

“比例缩放工具”可对图形进行任意的缩放。选中要进行比例缩放的对象，单击工具箱中的“比例缩放工具”按钮（快捷键：S），在画板中直接按住鼠标左键拖动，即可对所选对象进行比例缩放，如图5-16和图5-17所示。缩放的同时按住Shift键，可以保持对象原始的纵横比例，如图5-18所示。

图5-16

图5-17

图5-18

提示：“比例缩放工具”的参数选项。

选中要进行比例缩放的对象，双击工具箱中的“比例缩放工具”按钮，弹出“比例缩放”窗口（执行“对象 > 变换 > 缩放”命令也可以打开该窗口），从中可以针对缩放方式以及比例等进行设置，如图5-19所示。

- 等比：若要在对象缩放时保持其比例，在“等比”文本框中输入百分比。
- 不等比：若要分别缩放高度和宽度，在“水平”和“垂直”文本框中输入百分比。缩放因子相对于参考点，可以为负数，也可以为正数。
- 缩放圆角：用来控制缩放过程中缩放与不缩放圆角半径。
- 比例缩放描边和效果：勾选该复选框，即可随对象一起对描边路径以及任何与大小相关的效果进行缩放。

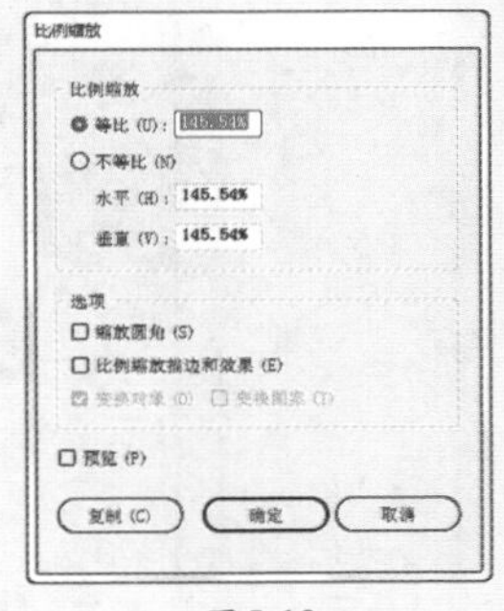

图5-19

提示：如何在缩放过程中缩放描边？

默认情况下，缩放对象时，对象表面的描边和效果会保持原有参数设置，而不随对象一起缩放。执行“编辑 > 首选项 > 常规”命令，在弹出的“首选项”窗口中勾选“缩放描边和效果”复选框，单击“确定”按钮，此后在缩放任何对象时，描边和效果都会发生相应的改变，如图5-20所示。

如果只需要对单个对象进行描边和效果随对象缩放的设置，就需要使用到“变换”面板或“缩放”命令。

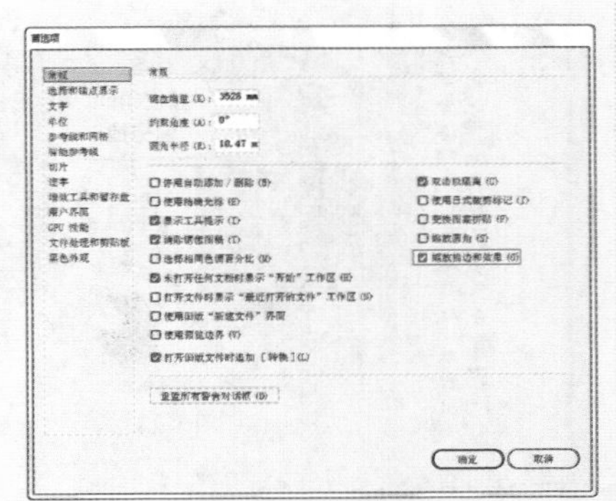

图5-20

重点 5.2.3 使用“旋转工具”

使用“旋转工具”能够以对象的中心点为轴心进行旋转。

1. 旋转对象

使用“选择工具”选择一个对象，单击工具箱中的“旋转工具”按钮（快捷键：R），可以看到对象中出现中心点标志，在中心点以外的位置按住鼠标左键拖动，即可以当前中心点为轴心进行旋转，如图5-21和图5-22所示。

图5-21

图5-22

2. 以45°为增量旋转

旋转过程中按住Shift键进行拖动，可以锁定旋转的角度为45°的倍值，如图5-23所示。

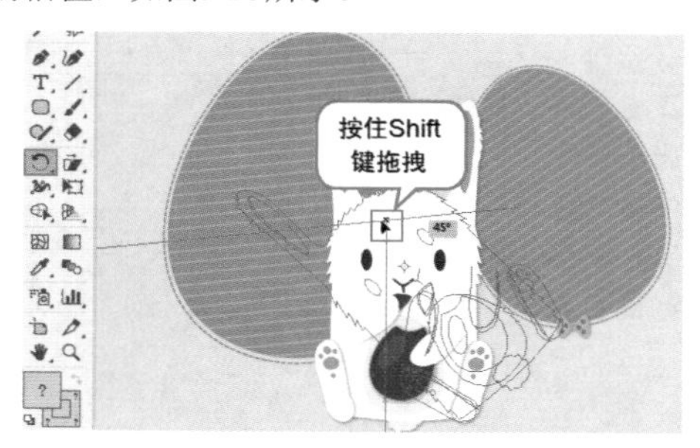

图5-23

3. 更改旋转中心点

默认情况下，中心点位于图形的中心位置。当选择多个对象时，则这些对象将围绕同一个中心点旋转。在中心点上按住鼠标左键拖动，可以调整中心点的位置。接着按住鼠标左键拖动，即可以新设置的中心点为轴心进行旋转，如图5-24所示。

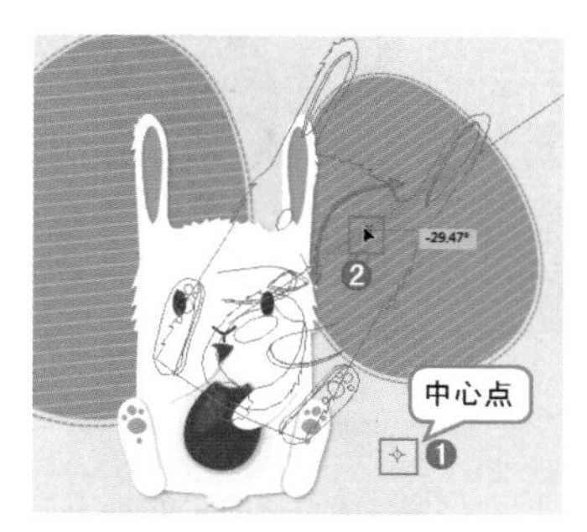

图5-24

提示：“旋转工具”的参数选项。

选中要旋转的对象，双击工具箱中的“旋转工具”按钮（或执行“对象 > 变换 > 旋转”命令，弹出“旋转”窗口，如图5-25所示。在该窗口中，可以对旋转“角度”以及“选项”进行相应的设置。例如，在“角度”文本框中输入负值可顺时针旋转对象，输入正值可逆时针旋转对象。

图5-25

举一反三：创建发散图形

扫一扫，看视频

在设计作品的制作过程中，很多看似比较复杂，但是却具有一定排列规律的图形，其实都可以通过旋转、复制的方法进行制作。

（1）如图5-26所示的图形，其实是由大量的花瓣图形构成的，而每个花瓣图形的旋转角度略有不同，但是间隔距离都是相同的，而且都是围绕着同一个中心点旋转的。找到这些规律后，就可以开始制作了。首先绘制一个图形，然后打开色板，选择一种颜色进行填充。为了让图形产生透明感，可以降低其不透明度，设置“混合模式”为“正片叠底”，如图5-27所示。

（2）进行旋转。选择这个图形，在工具箱中选择“旋转工具”，按住Alt键将中心点向图形底部拖动；松开鼠标后弹出“旋转”窗口，设置“角度”为10°，单击“复制”按钮进行复制，如图5-28和图5-29所示。

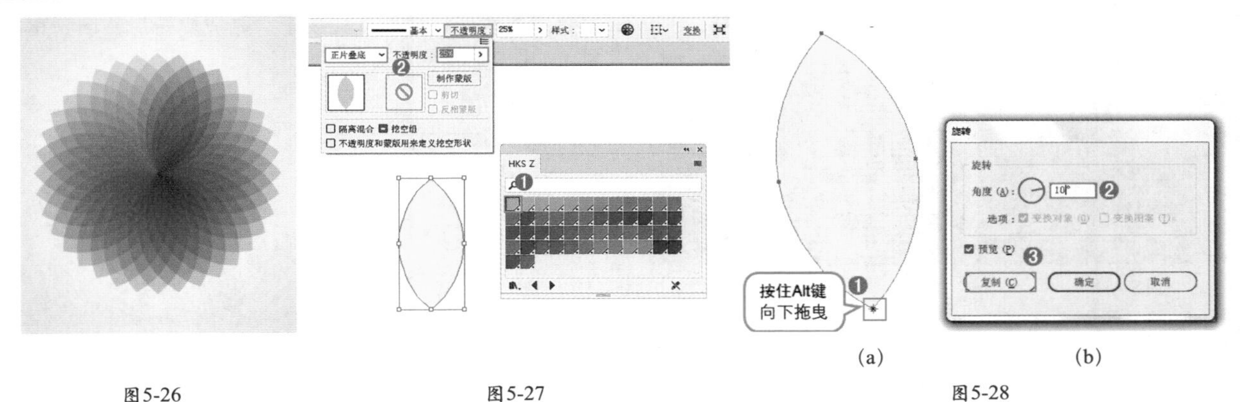

图5-26　　图5-27　　图5-28（a）（b）

（3）为图形填充其他颜色，如图5-30所示。执行“对象>变换>再次变换”命令（快捷键：Ctrl+D）可以复制一份图形，并进行旋转。接着将图形填充为稍深的黄色，如图5-31所示。继续按快捷键Ctrl+D进行复制，每复制一次填充一种颜色。最终效果如图5-32所示。

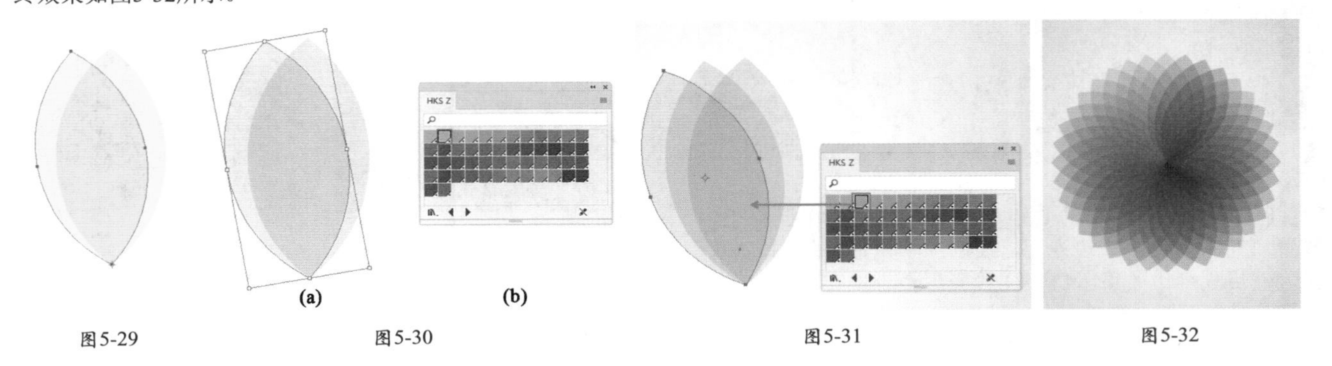

图5-29　　图5-30（a）（b）　　图5-31　　图5-32

练习实例：使用“旋转工具”制作倾斜广告

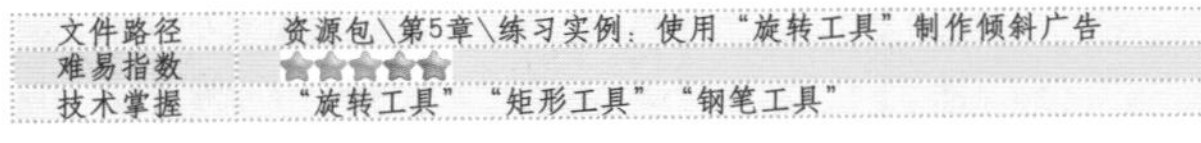

文件路径	资源包\第5章\练习实例：使用“旋转工具”制作倾斜广告
难易指数	★★★★★
技术掌握	“旋转工具”“矩形工具”“钢笔工具”

实例效果

本实例演示效果如图5-33所示。

扫一扫，看视频

图5-33

操作步骤

步骤01 执行“文件>新建”命令或按快捷键Ctrl+N，创建新文档。单击工具箱中的“矩形工具”按钮，在控制栏中设置填充为蓝色，描边为无，绘制一个和画板等大的矩形，如图5-34所示。如果界面中没有显示控制栏，可以执行“窗口>控制”命令将其显示。

图5-34

步骤 02 单击工具箱中的“钢笔工具”按钮，在控制栏中设置填充为青蓝色，描边为无，绘制一个四边形，如图5-35所示。使用上述方法再绘制一个三角形，如图5-36所示。

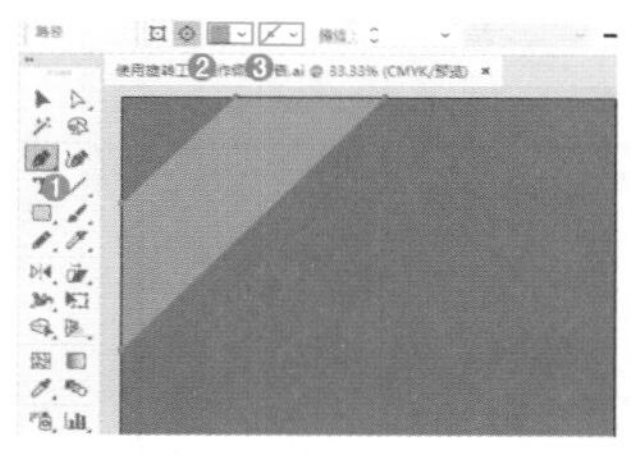

图5-35

图5-36

步骤 03 执行“文件>打开”命令，打开素材1.ai。框选素材，执行“编辑>复制”命令进行复制，如图5-37所示。回到刚才工作的文档，执行“编辑>粘贴”命令粘贴对象并移动到画板上，如图5-38所示。

图5-37

图5-38

步骤 04 单击工具箱中的“矩形工具”按钮，在控制栏中设置填充为白色，描边为无，绘制一个矩形，如图5-39所示。然后执行“效果>风格化>投影”命令，在弹出的“投影”窗口中设置“模式”为“正片叠底”，“不透明度”为75%，“X位移”为1mm，“Y位移”为1mm，“模糊”为1.76mm，选中“颜色”单选按钮，设置颜色为灰色，单击“确定”按钮，如图5-40所示。效果如图5-41所示。

图5-39

图5-40

图5-41

步骤 05 选中矩形对象，双击工具箱中的“旋转工具”按钮，在弹出的“旋转”窗口中设置“角度”为45°，单击“确定”按钮，如图5-42所示。完成旋转后移动到相应位置，如图5-43所示。

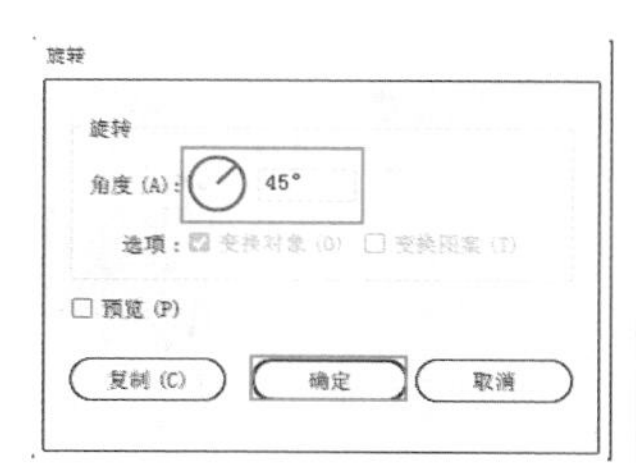

图5-42

图5-43

步骤 06 再次选中矩形，按住鼠标左键的同时按住Alt键拖动至相应位置，完成复制后调整到合适的大小，如图5-44所示。使用同样的方法再复制两个矩形，如图5-45所示。

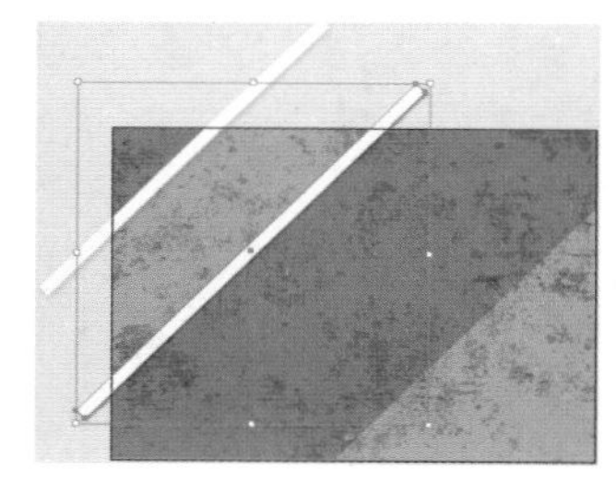

图5-44

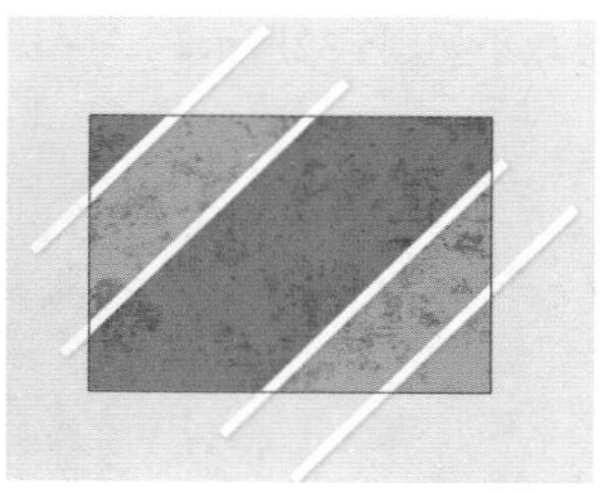

图5-45

步骤 07 使用“矩形工具”绘制一个与画板等大的矩形，如图5-46所示。然后框选所有白色矩形和新绘制的矩形，右击，在弹出的快捷菜单中执行“建立剪切蒙版”命令，如图5-47所示。

图5-46

图5-47

步骤 08 打开素材2.ai。选中文字对象，复制并粘贴到当前文档中，并移动到相应位置，如图5-48所示。

图5-48

重点 5.2.4 使用“镜像工具”

“镜像工具”能够绕一条不可见轴翻转对象。使用“镜像工具”能够制作对称的图形，或者对对象进行垂直或水平方向的翻转。

（1）选中要进行镜像的对象，单击工具箱中的“镜像工具”按钮（快捷键：O），然后直接在对象的外侧拖动鼠标，确定镜像的角度后，释放鼠标即可完成镜像处理，如图5-49和图5-50所示。

图5-49 图5-50

提示：“镜像工具”的使用技巧。

拖动对象的同时按住Shift键，可以锁定镜像的角度为45°的倍值；按住Alt键，可以复制镜像的对象。

（2）“镜像”窗口的使用频率是很高的，因为在此窗口中可以进行精确的镜像角度以及镜像轴的设置。双击工具箱中的“镜像工具”按钮或者执行“对象>变换>镜像”命令，弹出“镜像”窗口，如图5-51所示。选中“水平”单选按钮能够以水平方向进行翻转，如图5-52所示。选中“垂直”单选按钮能够以垂直方向进行翻转，如图5-53所示。也可以通过“角度”选项自定义轴的角度，如图5-54所示。

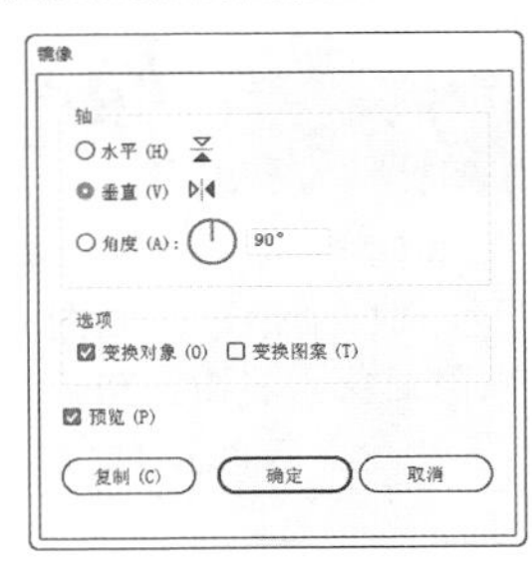

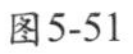

图5-51 图5-52 图5-53 图5-54

举一反三：制作对称花纹

在制作花纹图样时，经常会发现很多花纹都是由多个相同的元素构成的。因此，在制作过程中可以只绘制其中一个，然后通过复制以及“镜像”操作，得到完整的花纹图形。

扫一扫，看视频

（1）绘制一个基础图形，如图5-55所示。选择图形，双击工具箱中的“镜像工具”按钮，在弹出的“镜像”窗口中选中“水平”单选按钮，单击“复制”按钮。将复制的图形向上移动，如图5-56所示。

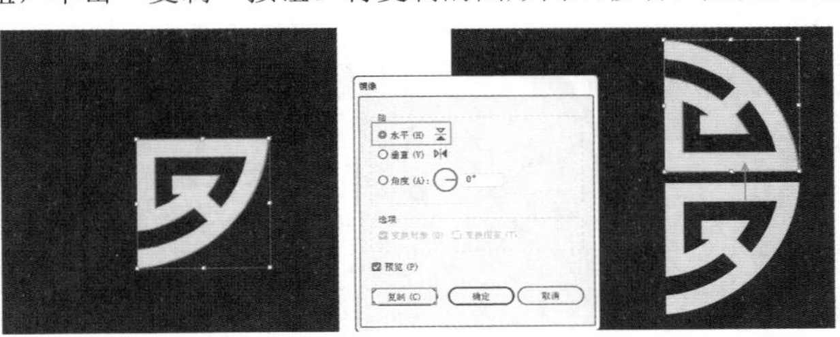

图5-55 图5-56

（2）加选两个图形，再次调出“镜像”窗口，选中“垂直”单选按钮，单击“复制”按钮，如图5-57所示。将复制的图形移动到合适位置。这样就得到了完整的图形，如图5-58所示。使用同样的方法可以在四周添加一些装饰元素来丰富图形。完成效果如图5-59所示。

图5-57

图5-58

图5-59

练习实例：利用镜像与移动功能制作展示页面

扫一扫，看视频

文件路径	资源包\第5章\练习实例：利用镜像与移动功能制作展示页面
难易指数	★★★★★
技术掌握	"镜像工具"

实例效果

本实例演示效果如图5-60所示。

图5-60

操作步骤

步骤 01 执行"文件>新建"命令或按快捷键Ctrl+N，创建新文档。单击工具箱中的"矩形工具"按钮，在控制栏中设置填充为蓝色，描边为无，在画板左上角绘制一个矩形，如图5-61所示。如果界面中没有显示控制栏，可以执行"窗口>控制"命令将其显示。

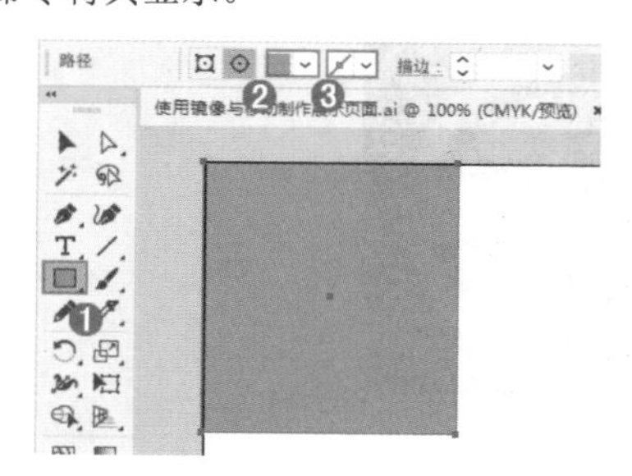
图5-61

步骤 02 单击工具箱中的"矩形工具"按钮，在图5-61所示矩形右上角绘制一个矩形，旋转45°，并调整合适大小，如图5-62所示。将调整后的矩形选中，按住鼠标左键的同时按住Alt键向下拖曳复制一个（移动复制过程中按住Shift键可以保持垂直或水平移动复制），如图5-63所示。然后保持复制出的矩形的选中状态，按快捷键Ctrl+D复制多个矩形，如图5-64所示。

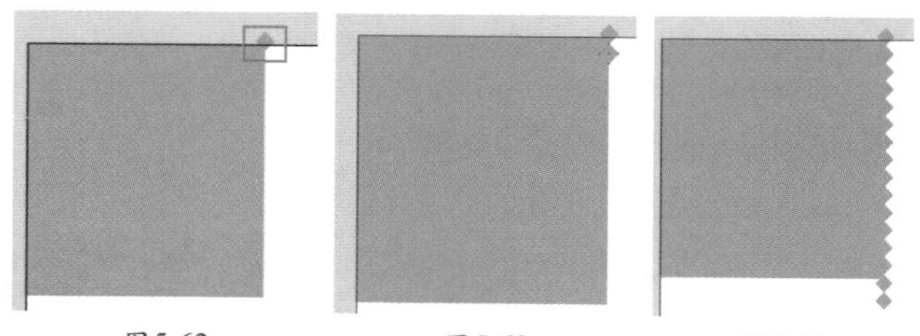
图5-62　图5-63　图5-64

步骤 03 使用"矩形工具"绘制一个矩形，如图5-65所示。然后框选刚才绘制的所有图形对象，右击，在弹出的快捷菜单中执行"建立剪切蒙版"命令，使超出部分被隐藏，如图5-66所示。

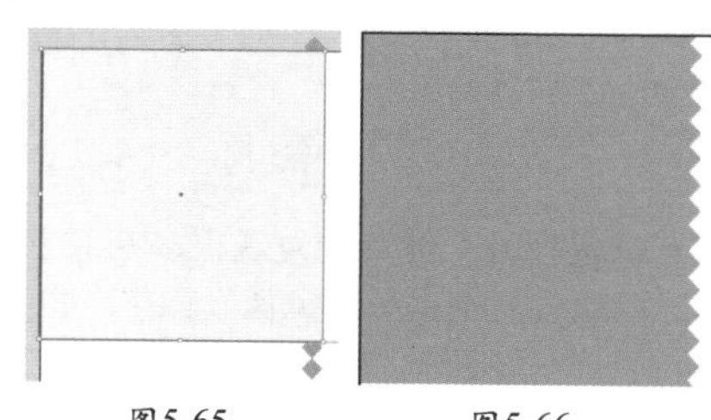
图5-65　图5-66

步骤 04 选中刚才的图形组，双击工具箱中的"镜像工具"按钮，在弹出的"镜像"窗口中选中"垂直"单选按钮，单击"复制"按钮，如图5-67所示。选中镜像复制出的图形，按住鼠标左键将其拖动至画板右侧相应位置，如图5-68所示。在控制栏中修改填充为绿色，如图5-69所示。

图5-67　图5-68　图5-69

步骤 05 选中第一个绘制的图形组，按住鼠标左键的同时按住Alt键向下拖曳进行复制（移动复制过程中按住Shift键可以保持垂直或水平），如图5-70所示。修改填充颜色为黄色，如图5-71所示。

图5-70　　图5-71

步骤 06 单击工具箱中的“钢笔工具”按钮，在控制栏中设置填充为无，描边为灰色，描边粗细为2pt，在画板上绘制一条直线路径，如图5-72所示。选中该路径，按住鼠标左键的同时按住Shift键向下拖曳进行复制，如图5-73所示。

图5-72　　图5-73

步骤 07 单击工具箱中的“钢笔工具”按钮，在控制栏中设置填充为红色，描边为无，绘制一个心形，如图5-74所示。保持心形的选中状态，按住鼠标左键的同时按住Alt键拖曳，释放鼠标后复制出一个心形。使用同样的方法再复制一个心形，如图5-75所示。

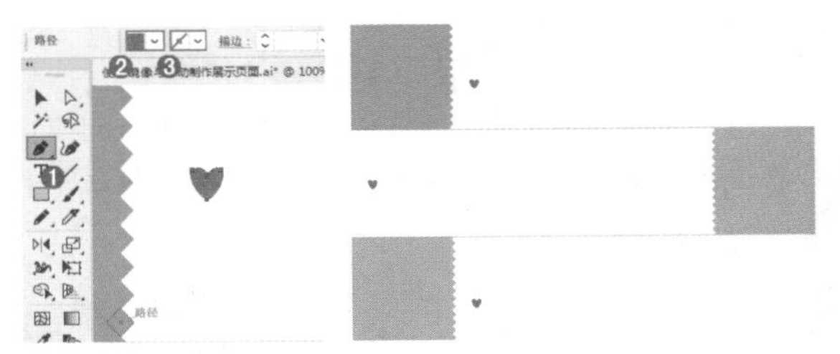

图5-74　　图5-75

步骤 08 执行“文件>置入”命令，置入素材1.jpg。在控制栏中单击“嵌入”按钮，将其嵌入画板中，如图5-76所示。单击工具箱中的“椭圆工具”按钮，在素材上绘制一个圆形，如图5-77所示。将正圆和素材加选，右击，在弹出的快捷菜单中执行“建立剪切蒙版”命令。效果如图5-78所示。

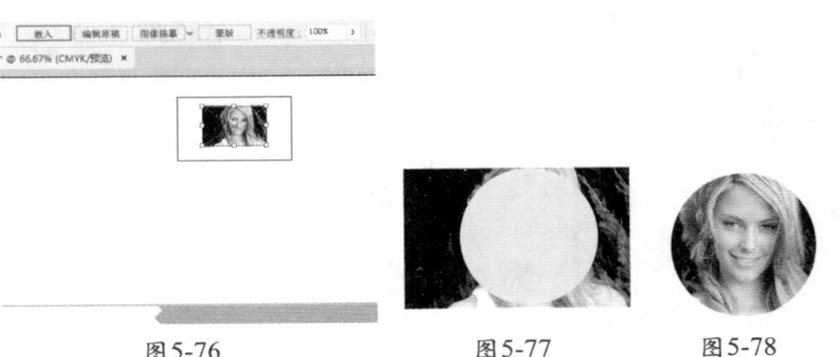

图5-76　　图5-77　　图5-78

步骤 09 使用上述方法置入素材2.jpg、3.jpg，并依次将其嵌入画板中，然后依次执行“建立剪切蒙版”命令，移动到相应位置，如图5-79所示。执行“文件>打开”命令，打开素材1.ai。框选所有素材，然后执行“编辑>复制”命令，如图5-80所示。回到刚才工作的文档中，执行“编辑>粘贴”命令粘贴对象并分别移动到相应位置，如图5-81所示。

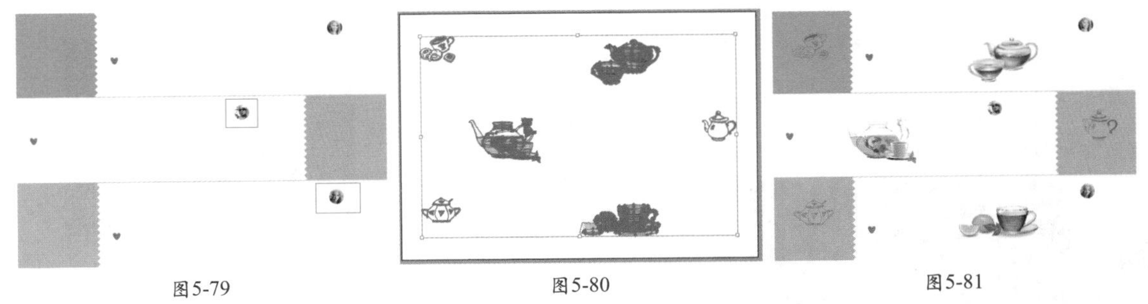

图5-79　　图5-80　　图5-81

步骤 10 打开素材5.ai。选中文字对象，复制并粘贴到当前文档中，并移动到相应位置，如图5-82所示。

图5-82

重点 5.2.5 使用"倾斜工具"

使用"倾斜工具"可以将所选对象沿水平方向或垂直方向进行倾斜处理，也可以按照特定角度的轴向倾斜对象。选中要进行倾斜的对象，单击工具箱中的"倾斜工具"按钮，直接拖动鼠标，即可对对象进行倾斜处理，如图5-83和图5-84所示。

图5-83　　图5-84

提示："倾斜工具"的参数选项。

将要进行倾斜的对象选中，双击工具箱中的"倾斜工具"按钮（或执行"对象>变换>斜切"命令，在弹出的"倾斜"窗口中可以进行倾斜角度、轴的设置，如图5-85所示。

- 倾斜角度：倾斜角度是指沿顺时针方向应用于对象的相对于倾斜轴一条垂线的倾斜量。可以输入一个介于-359～359之间的倾斜角度值。
- 轴：选择要沿哪条轴倾斜对象。如果选择某个有角度的轴，可以输入一个介于-359～359之间的角度值。

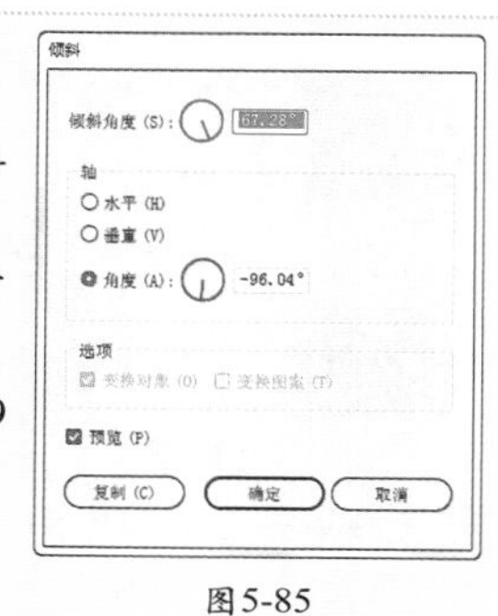

图5-85

练习实例：使用"倾斜工具"制作文字海报

文件路径	资源包\第5章\练习实例：使用"倾斜工具"制作文字海报
难易指数	★★★★★
技术掌握	"倾斜工具""矩形工具"

实例效果

本实例演示效果如图5-86所示。

扫一扫，看视频

图5-86

操作步骤

步骤01 执行"文件>新建"命令或按快捷键Ctrl+N，创建新文档。单击工具箱中的"矩形工具"按钮，在控制栏中设置填充为粉色，描边为无，绘制一个与画板等大的矩形，如图5-87所示。如果界面中没有显示控制栏，可以执行"窗口>控制"命令将其显示。

图5-87

步骤02 使用"矩形工具"在画板上部再绘制一个矩形，在控制栏中更改其"不透明度"为50%，如图5-88所示。使用上述方法再绘制一个"不透明度"为50%的矩形，如图5-89所示。

图5-88　　图5-89

步骤 03 执行“文件>置入”命令，置入素材1.jpg。调整图片大小与画板等大，然后单击控制栏中的“嵌入”按钮，将其嵌入画板中，如图5-90所示。执行“窗口>透明度”命令，在弹出的“透明度”面板中设置“混合模式”为“正片叠底”，“不透明度”为20%，如图5-91所示。效果如图5-92所示。

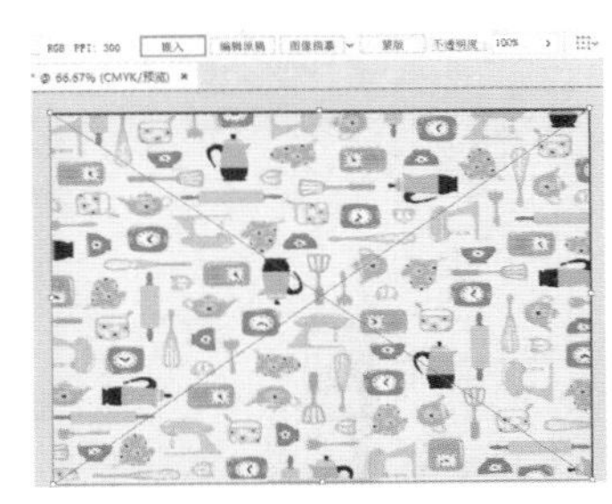

图5-90

图5-91

图5-92

步骤 04 单击工具箱中的“文字工具”按钮T，在控制栏中设置填充为白色，描边为无，选择一种合适的字体，设置字体大小为141.7，段落对齐方式为左对齐，在画板上输入文字，如图5-93所示。

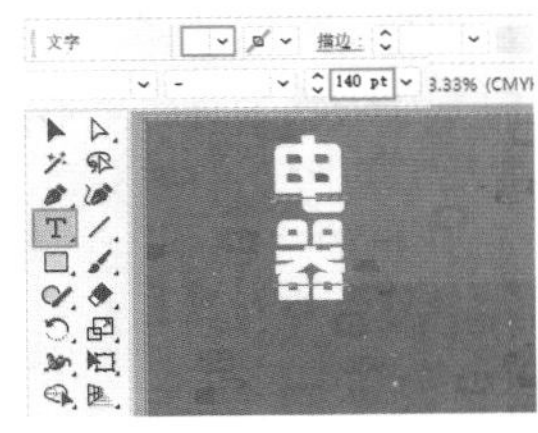

图5-93

步骤 05 保持文字的选中状态，双击工具箱中的“倾斜工具”按钮，在弹出的“倾斜”窗口中设置“倾斜角度”为30°，选中“水平”单选按钮，单击“确定”按钮，如图5-94所示。效果如图5-95所示。

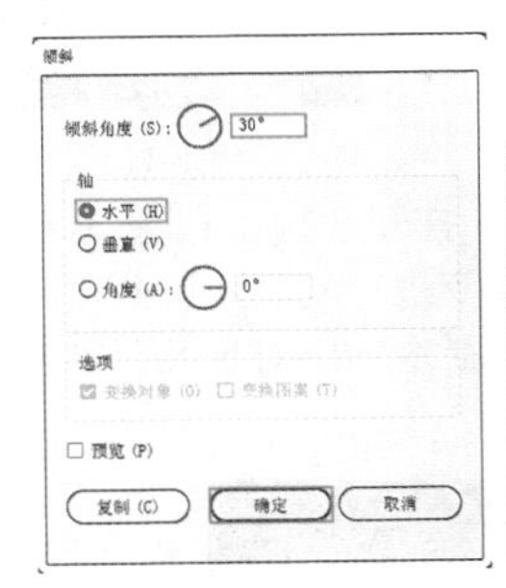

图5-94

图5-95

步骤 06 使用上述方法添加其他文字，设置合适的字体、大小和颜色，并倾斜一定角度。效果如图5-96所示。单击工具箱中的“矩形工具”按钮，在控制栏中设置填充为粉色，描边为白色，描边粗细为2pt，在画板下部绘制一个矩形，如图5-97所示。

图5-96

图5-97

步骤 07 执行“窗口>外观”命令，在弹出的“外观”面板中单击“填充”栏，然后单击“新建描边”按钮，设置新建的描边为粉色，描边粗细为3pt，单击“描边”按钮，在弹出的下拉面板中设置“对齐描边”为描边外侧对齐，如图5-98所示。效果如图5-99所示。

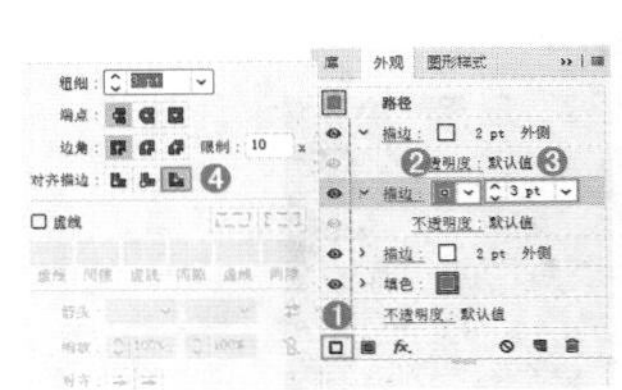

图5-98

图5-99

步骤 08 使用上述方法为矩形再添加一层白色的描边，如图5-100所示。效果如图5-101所示。

图5-100

图5-101

步骤 09 保持矩形的选中状态，双击工具箱中的“倾斜工具”按钮，在弹出的“倾斜”窗口中设置“倾斜角度”为10°，选中“水平”单选按钮，单击“确定”按钮，如图5-102所示。效果如图5-103所示。

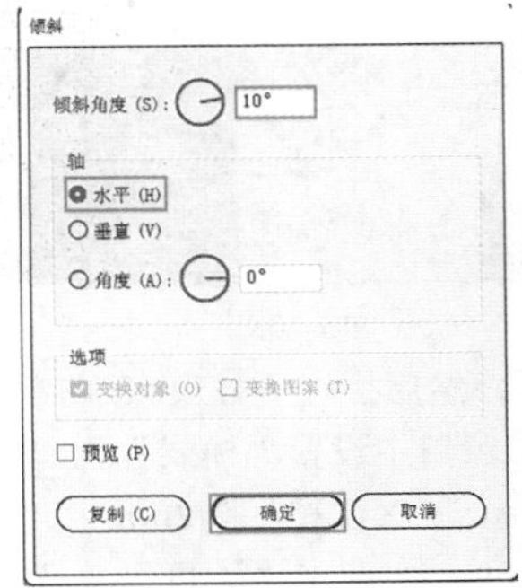

图5-102

图5-103

步骤 10 使用“矩形工具”再绘制一个白色的矩形，如图5-104所示。然后使用刚才添加文字的方法分别在这两个矩形中输入文字，设置合适的字体、大小和颜色，如图5-105所示。

图5-104

图5-105

练习实例：使用“倾斜工具”制作平行四边形背景

文件路径	资源包\第5章\练习实例：使用“倾斜工具”制作平行四边形背景
难易指数	★★★★★
技术掌握	“倾斜工具”“矩形工具”

实例效果

本实例演示效果如图5-106所示。

扫一扫，看视频

图5-106

操作步骤

步骤 01 执行“文件>新建”命令或按快捷键Ctrl+N，创建新文档。单击工具箱中的“矩形工具”按钮，在控制栏中设置填充为青绿色，描边为无，绘制一个矩形，如图5-107所示。使用上述方法依次绘制4个矩形，并填充合适的颜色，如图5-108所示。

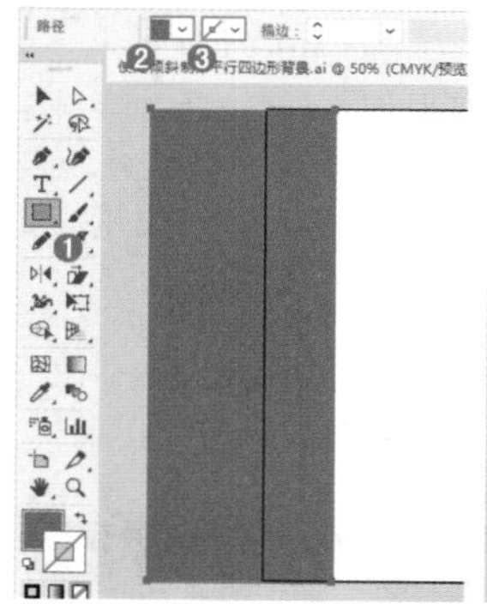

图5-107

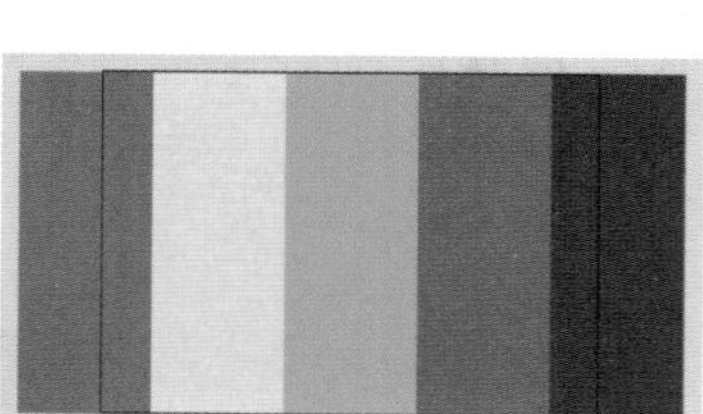

图5-108

步骤 02 选中中间的浅黄色矩形，然后执行“效果>风格化>投影”命令，在弹出的“投影”窗口中设置“模式”为“正片叠底”，“不透明度”为75%，“X位移”为2mm，“Y位移”为2mm，“模糊”为1.76mm，选中“颜色”单选按钮，设置颜色为深灰色，单击“确定”按钮，如图5-109所示。效果如图5-110所示。

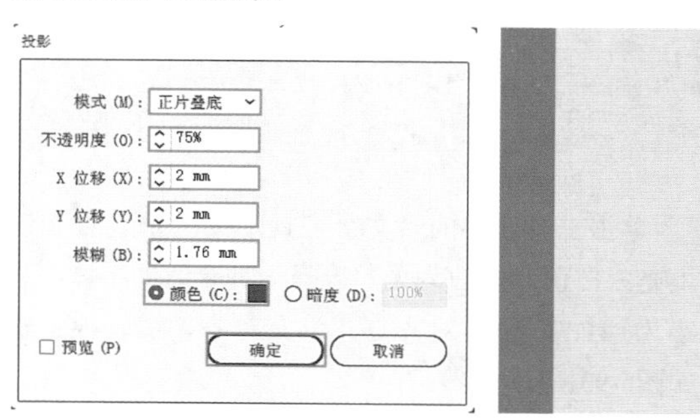

图5-109　图5-110

步骤 03 使用同样的方法依次为其他矩形添加投影效果，如图5-111所示。选中所有矩形，然后双击工具箱中的“倾斜工具”按钮，在弹出的“倾斜”窗口中设置“倾斜角度”为15°，选中“水平”单选按钮，单击“确定”按钮，如图5-112所示。效果如图5-113所示。

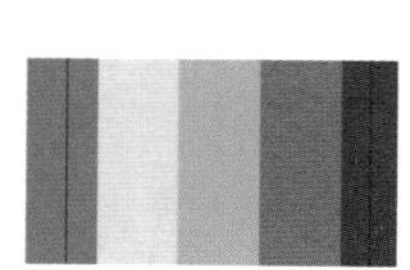

图5-111

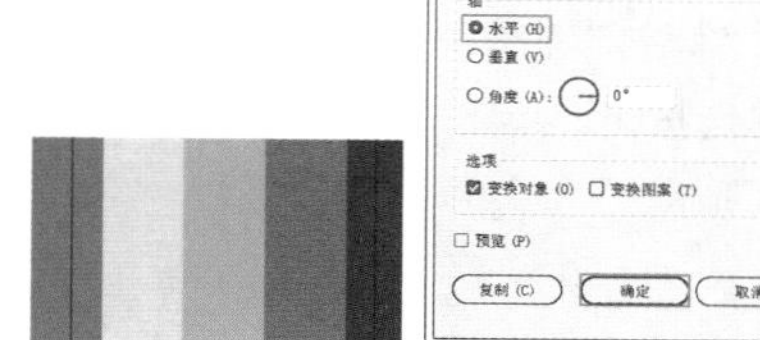

图5-112　图5-113

步骤 04 执行“文件>打开”命令，打开素材1.ai。框选所有素材，然后执行“编辑>复制”命令进行复制。回到刚才工作的文档中，执行“编辑>粘贴”命令粘贴对象并分别移动到相应位置，如图5-114所示。

图5-114

重点 5.2.6 动手练：使用“自由变换工具”

使用“自由变换工具”可以直接对对象进行缩放、旋转、倾斜、扭曲等操作。该工具常用于制作包装盒或书籍的立体效果。

（1）选择一个图形，右击该工具组，在其中选择“自由变换工具”按钮（快捷键：E），随即会显示一组隐藏的工具，从中可以选择所需工具进行相应的操作，如图5-115所示。例如，单击“自由变换”按钮，接着在对象上按住并拖动控制点，可以进行缩放、旋转、倾斜等操作，如图5-116所示。

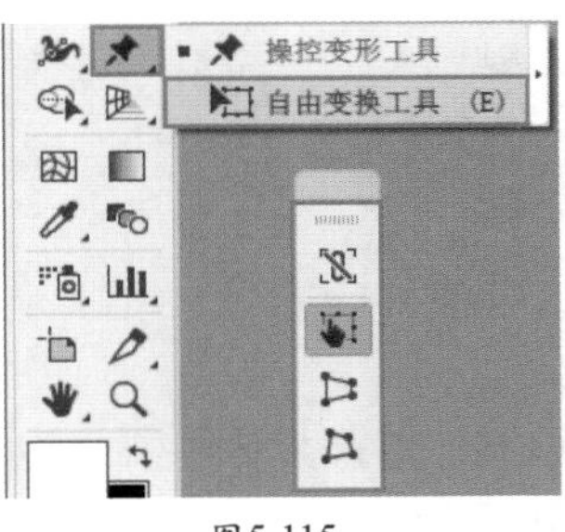

图5-115

图5-116

（2）单击“限制”按钮，使用“自由变换工具”对图形按等比进行缩放，如图5-117所示；以45°为增量进行旋转，如图5-118所示；能够沿水平或垂直方向进行倾斜，如图5-119所示。

图5-117

图5-118

(a)水平 (b)垂直

图5-119

（3）单击“透视扭曲”按钮，拖动控制点，能够使图形产生透视效果，如图5-120所示。单击“自由扭曲”按钮，能够将图形进行自由扭曲变形。效果如图5-121所示。

图5-120

图5-121

提示：哪些对象不能使用“自由变换工具”进行扭曲。

在使用“自由变换工具”进行扭曲变形时，有些特殊对象是无法正常进行透视扭曲和自由扭曲的，如未创建轮廓的文字和像素图片。因此，在对一组对象进行自由变换时，要注意组中是否有未被正确变换的对象。

5.2.7 动手练：使用“操控变形工具”

“操控变形工具”可以在矢量图形上添加多个控制点，并通过调整控制点的位置对矢量图形进行自由的形态调整。

（1）选择一个矢量图形或者一个矢量图形组。单击自由变换工具组中的“操控变形工具”按钮，此时所选图形上会自动出现网格以及控制点，如图5-122所示。

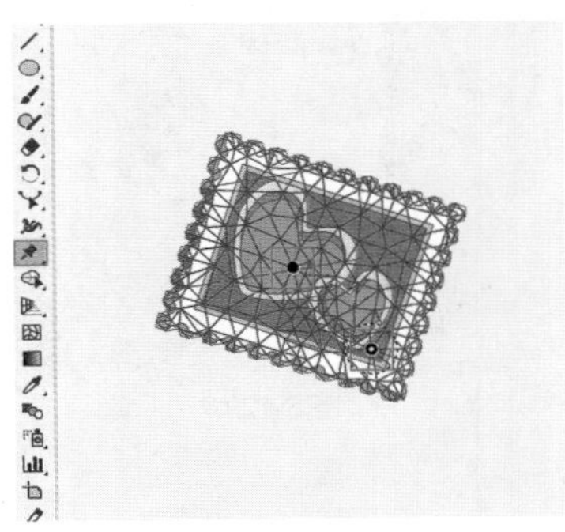
图5-122

（2）将光标定位在控制点上，按住鼠标左键并拖动控制点的位置，图形也会发生相应的形态变化，如图5-123所示。

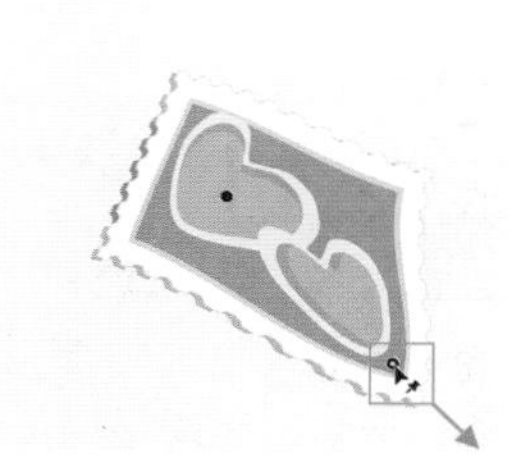

图5-123

（3）如果控制点的个数不够，可以在没有控制点的位置单击，即可添加新的控制点，如图5-124所示。

（4）控制点不仅可以调整位置，也可以进行旋转，将光标放在控制点附近，光标变为带有弧线剪头时，按住鼠标左键即可对控制点进行旋转，如图5-125所示。

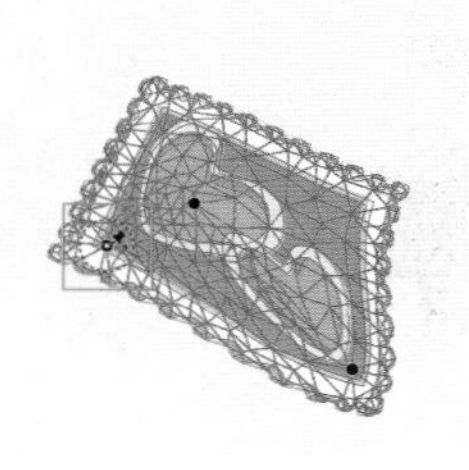

图5-124

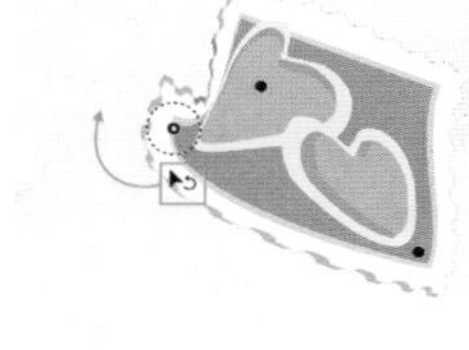

图5-125

（5）如果想要删除多余的控制点，可以先选中要删除的控制点，如图5-126所示。接着按下Delete键即可删除，删除控制点后，图形的形态也可能会发生变化，如图5-127所示。

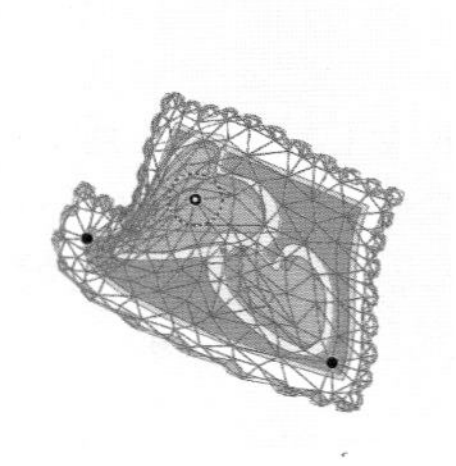

图5-126

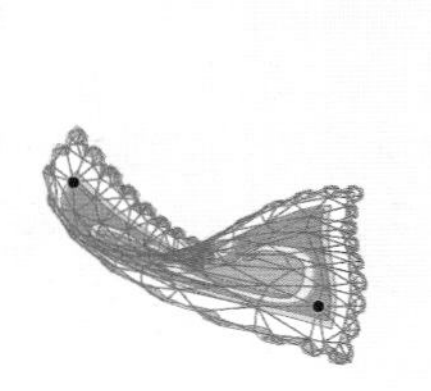

图5-127

（6）切换到其他工具状态时，操控变形的网格就会消失，而图形的变形效果仍然会被保留，如图5-128所示。

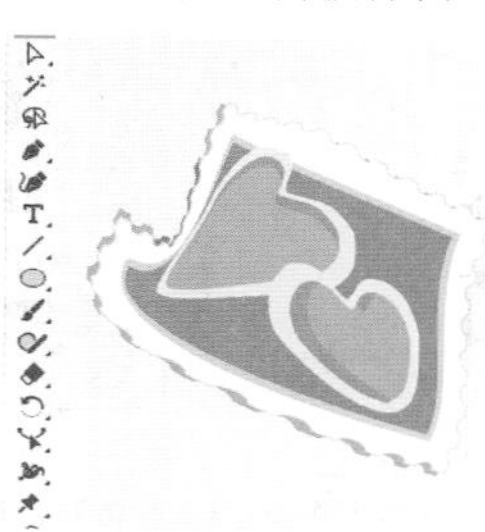

图5-128

练习实例：使用“自由变换工具”制作立体书籍

文件路径	资源包\第5章\练习实例：使用“自由变换工具”制作立体书籍
难易指数	★★★★★
技术掌握	“自由变换工具”

实例效果

本实例演示效果如图5-129所示。

扫一扫，看视频

图5-129

操作步骤

步骤 01 执行“文件>新建”命令或按快捷键Ctrl+N，创建新文档。单击工具箱中的“矩形工具”按钮，在控制栏中设置填充为灰色，描边为无，绘制一个与画板等大的矩形，如图5-130所示。然后执行“文件>打开”命令，打开素材1.ai。然后框选所有素材对象，执行“编辑>复制”命令，如图5-131所示。如果界面中没有显示控制栏，可以执行“窗口>控制”命令将其显示。

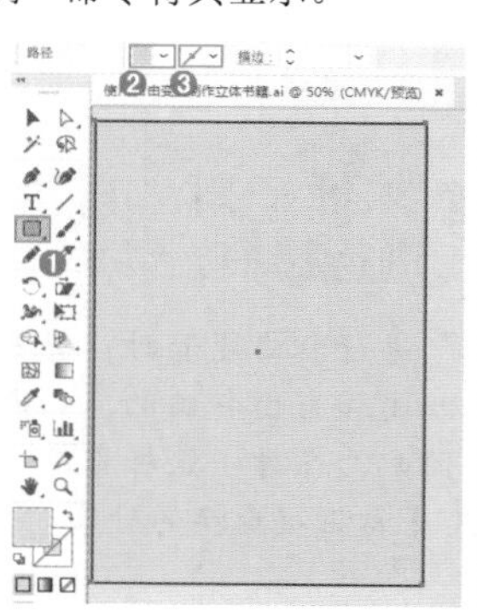

图5-130

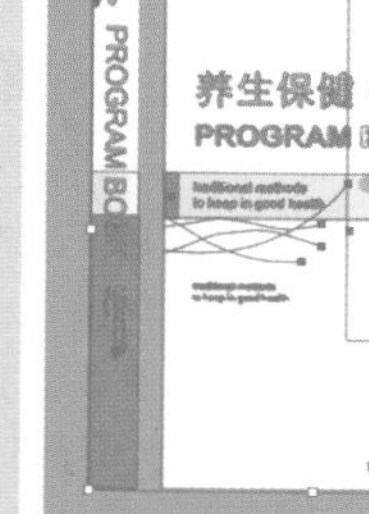

图5-131

步骤 02 回到刚才工作的文档中，执行“编辑>粘贴”命令粘贴对象并移动到相应位置，如图5-132所示。选中书籍正面组，单击工具箱中的“自由变换工具”按钮，选择“自由扭曲”工具，选择定界框左上角的一个控制点，按住鼠标左键向上拖动，如图5-133所示。

图5-132

图5-133

步骤 03 选择右上角的控制点，按住鼠标左键向右上角拖动，如图5-134所示。再选择左下角的控制点，按住鼠标左键向左下角拖动，如图5-135所示。再选择右下角的控制点，按住鼠标左键向右下角拖动，如图5-136所示。

图5-134

图5-135

图5-136

步骤 04 使用同样的方法对书脊部分进行自由变换，如图5-137所示。单击工具箱中的“钢笔工具”按钮，在控制栏中设置填充为黑色，描边为无，沿着书籍侧面的形状绘制一个四边形，如图5-138所示。

图5-137

图5-138

步骤 05 保持四边形的选中状态，执行“窗口>透明度”命令，在弹出的“透明度”面板中设置“混合模式”为“正片叠底”，“不透明度”为40%，如图5-139所示。最终效果如图5-140所示。

图5-139

图5-140

5.3 变换对象

使用“变换”面板可以直接对图形进行精准的移动、缩放、旋转、倾斜和翻转等变换操作；而且对图形进行过一次变换后，就形成一个变换“规律”，根据这个“规律”可以使用“再次变换”命令重复执行上一次的变换操作。这对于制作大量相同规律变换的图形效果非常方便。

5.3.1 “变换”面板：位置、缩放、旋转、倾斜、翻转

“变换”面板用于精准调整对象大小、位置、旋转角度、斜切等。

（1）选择要变换的对象，如图5-141所示。执行“窗口>变换”命令（快捷键：Shift+F8），打开“变换”面板。在这里可以查看一个或多个选定对象的位置、大小和方向等信息，并且通过输入数值即可修改对象位置、大小、旋转、斜切，还可以更改变换参考点，以及锁定对象比例等，单击该面板中右上角的按钮，在弹出的菜单中执行相应的命令可以进行更多的操作，如图5-142所示。

图5-141

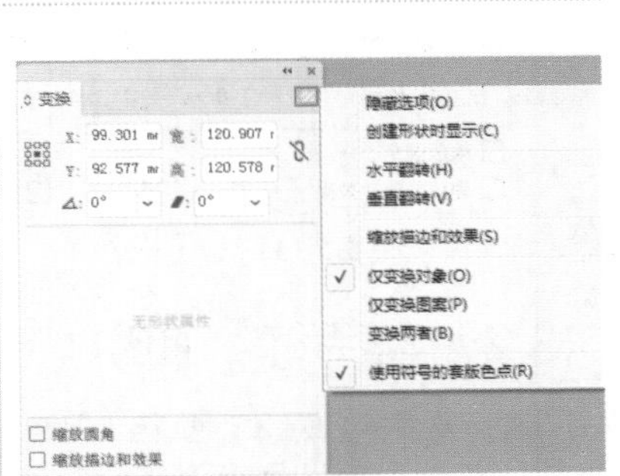

图5-142

（2）例如，要将选中的图形等比缩小一些，先单击“锁定缩放比例”按钮，然后输入“宽”数值，则“高”

数值会自动进行等比例调整，如图5-143所示。在使用“选择工具”状态下是可以进行旋转的，但是无法调整中心点的位置，这时就可以配合“变换”面板中的“控制器”进行调整中心点位置的操作。“控制器”中一共有9个点，分别代表中心点所在的位置。单击左上角的控制点，此时中心点被定位在左上角，然后在“变换”面板设置“旋转”，则会以左上角为中心点进行旋转，如图5-144所示。

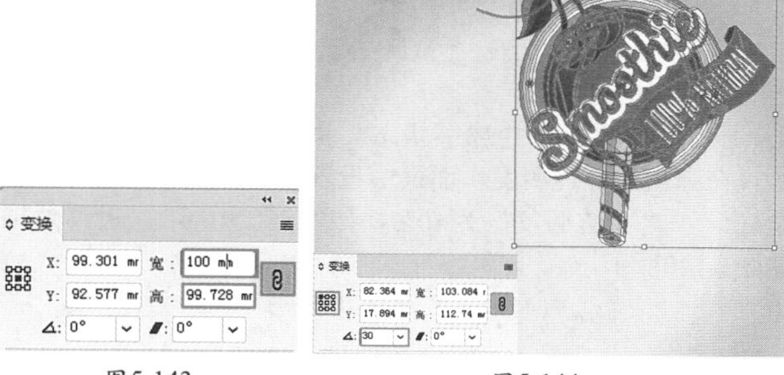

图5-143　　图5-144

- 控制器：对定位点进行控制。在“变换”面板的左侧单击控制器中的控制点，可以定义定位点在对象上的位置。
- X/Y：用于定义页面上对象的位置，从左下角开始测量。
- 宽/高：用于定义对象的精确尺寸。
- 锁定缩放比例：单击该按钮，可以锁定缩放比例。
- 旋转：按所输入角度旋转一个对象，负值为顺时针旋转，正值为逆时针旋转。
- 倾斜：输入倾斜角度，使对象沿一条水平或垂直轴倾斜。
- 缩放圆角：勾选此选项时，对圆角矩形进行缩放时，圆角数随矩形缩放比例进行缩放。
- 缩放描边和效果：勾选此选项时，对带有描边或效果的图形进行缩放时，描边和效果会按相应缩放比例进行数值的调整。
- 水平翻转：执行该命令，所选对象将在水平方向上翻转，并保持对象的尺寸。
- 垂直翻转：执行该命令，所选对象将在垂直方向上翻转，并保持对象的尺寸。
- 缩放描边和效果：执行该命令，对对象进行缩放操作时，将进行描边和效果的缩放。
- 仅变换对象：执行该命令，将只对图形进行变换处理，而不对效果、图案等属性进行变换。
- 仅变换图案：执行该命令，将只对图形中的图案填充进行处理，而不对图形进行变换。
- 变换两者：执行该命令，将对图形中的图案填充和图形一起进行变换处理。

（3）在选中矩形、圆角矩形、圆形、多边形时，在“变换”面板中会显示相应的属性选项，可以对这些基础图形的各项属性进行设置，如图5-145~图5-148所示。

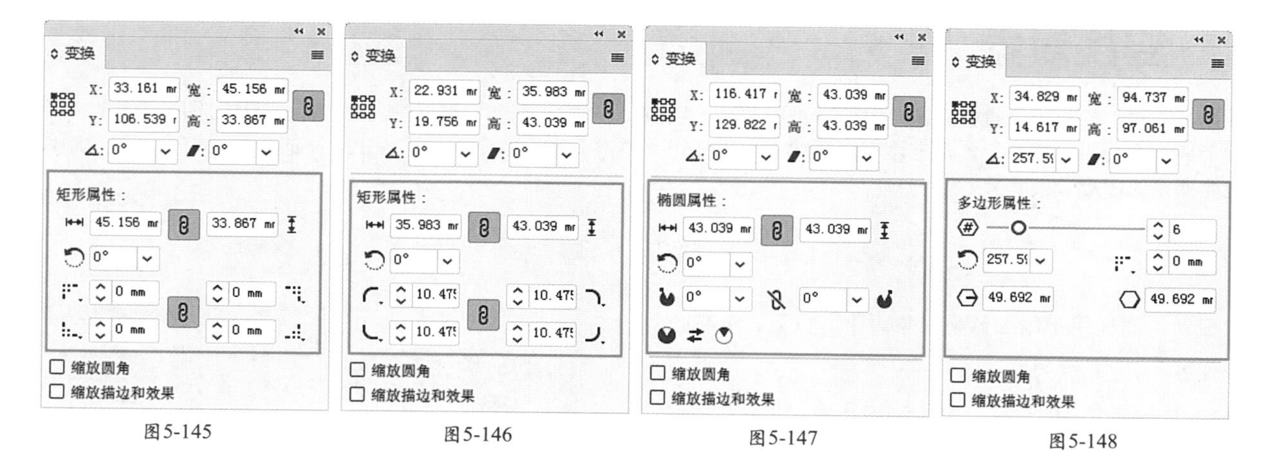

图5-145　　图5-146　　图5-147　　图5-148

5.3.2　动手练：使用“变换”命令

选择要变换的对象，执行“对象>变换”命令（或者在画面中右击，在弹出的快捷菜单中执行“变换”命令），在弹出的子菜单中可以执行“移动”“旋转”“镜像”“缩放”“倾斜”等命令，如图5-149所示。例如，执行“编辑>变换>旋转”命令，在弹出的“旋转”窗口中进行相应参数的设置，如图5-150所示。单击“确定”按钮完成设置，效果如图5-151所示。

图5-149

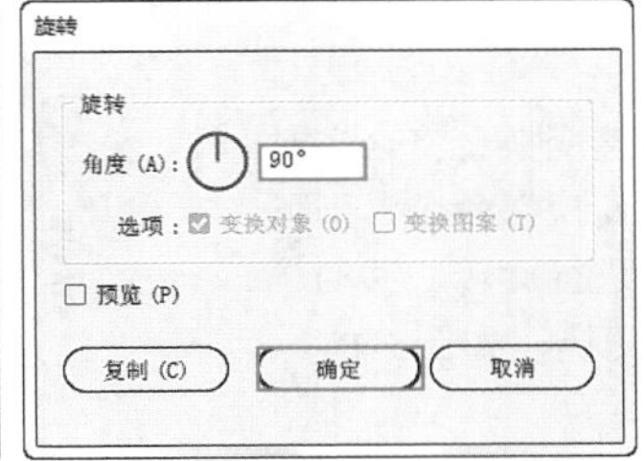

图5-150

图5-151

重点 5.3.3 动手练：再次变换

每次进行移动旋转、缩放、倾斜等变换操作时，软件都会自动记录最新一次的变换操作。之后执行“再次变换”命令，能够以最新一次的变换操作方式作为规律进行再次变换。例如，进行过向左移动的操作，那么执行“再次变换”命令，就可以将这个图形按照相同的角度再次向左移动相同的距离。

（1）将要变换的对象选中，如图5-152所示。接着双击工具箱中的“旋转工具”，在弹出的“旋转”窗口中设置“角度”为45°，单击“复制”按钮，如图5-153所示。可以得到一个相同的并且旋转了一定角度的对象，效果如图5-154所示。

图5-152

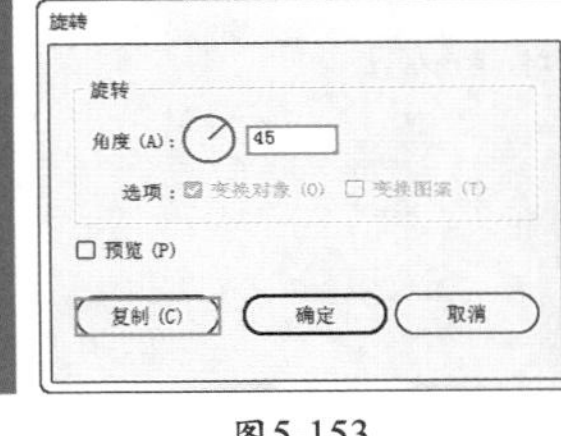

图5-153

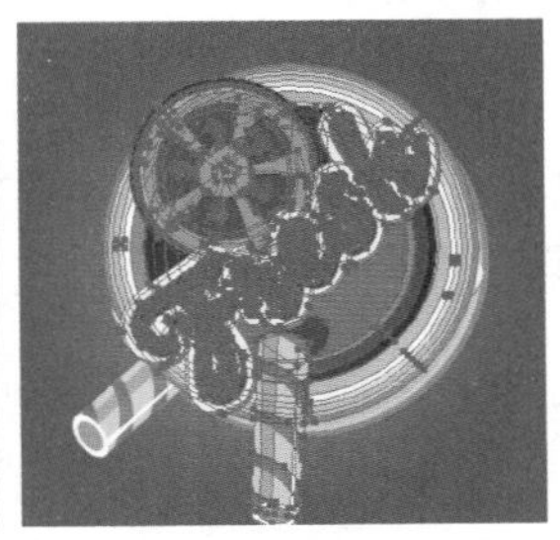

图5-154

（2）此时的变换规律就是“旋转45°，并复制一份”。接着在选择图形的情况下执行“对象>变换>再次变换”命令（快捷键：Ctrl+D），可以看到产生一个新的图形并且旋转了45°，如图5-155所示。如果需要大量地复制，可以一直按住Ctrl+D组合键进行复制。效果如图5-156所示。

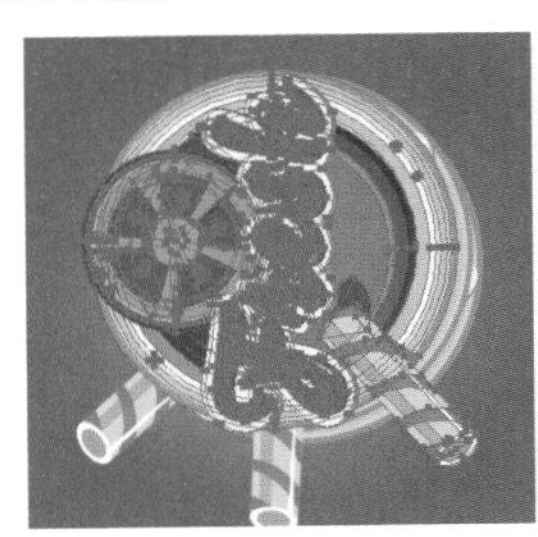

图5-155

图5-156

举一反三：制作放射状背景

在平面设计中，放射状背景是很常见的。而放射状的图形通常是由大量细条图形沿着一个中心点旋转相同角度排列组成的，可以使用“旋转工具”与“再次变换”命令来制作。

扫一扫，看视频

（1）绘制一个三角形，如图5-157所示。接着选择“旋转工具”，将中心点移动到三角形的底部，然后按住Alt键拖曳进行旋转并复制，如图5-158所示。

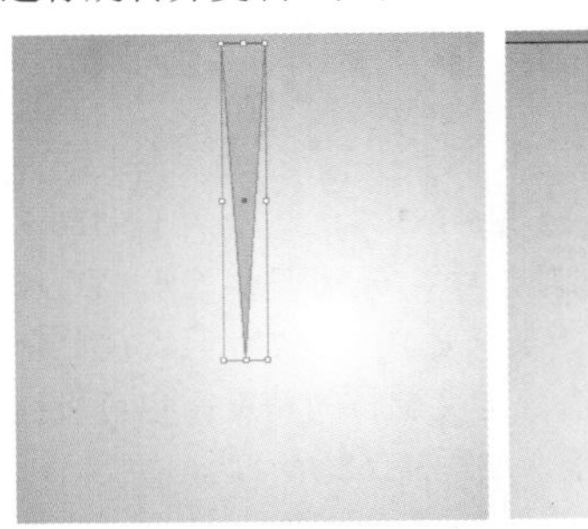

图5-157

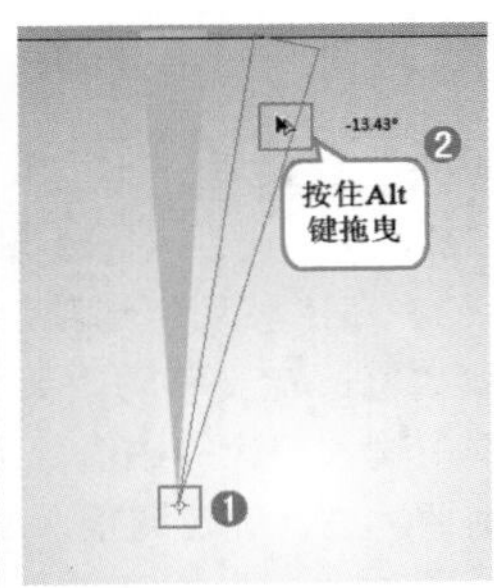

图5-158

（2）确定了变换规律后，通过快捷键Ctrl+D进行复制。得到大量的图形，并且很有规律地排列在画面中，效果如图5-159所示。最后将放射状背景选中后进行放大，完成效果如图5-160所示。

图5-159

图5-160

5.3.4 动手练：分别变换

当选择多个对象进行变换时，如果直接变换会将众多对象作为一个整体进行操作，而执行“分别变换”命令，则可以使被选中的各个对象按照自己的中心点进行旋转、移动、缩放等操作，还可将多个图形进行随机变换，如图5-161~图5-163所示。

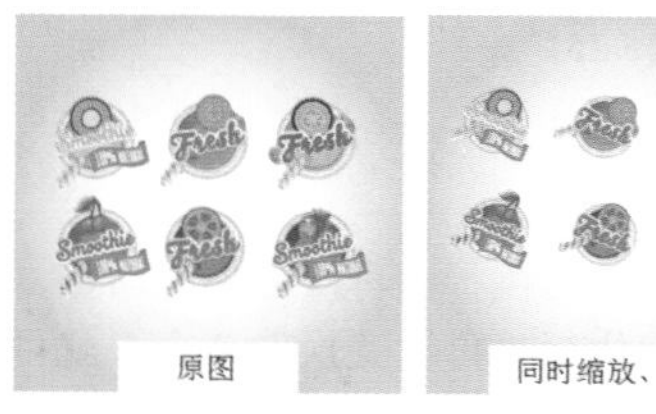

图5-161

图5-162

图5-163

（1）加选多个图形，执行“对象>变换>分别变换”命令（快捷键：Ctrl+Shift+Alt+D），打开“分别变换”窗口。在“缩放”选项组中，分别调整“水平”和“垂直”参数值，定义缩放比例，如图5-164所示。当“水平”与“垂直”参数值相等时，为等比缩放，如图5-165所示；参数值不相等时，为不等比缩放，如图5-166所示。

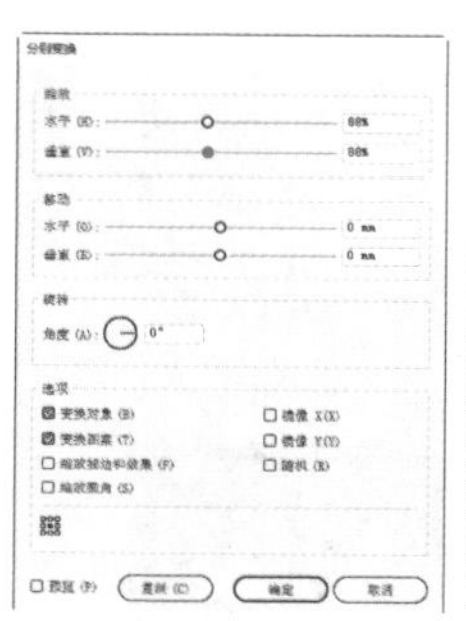

图5-164

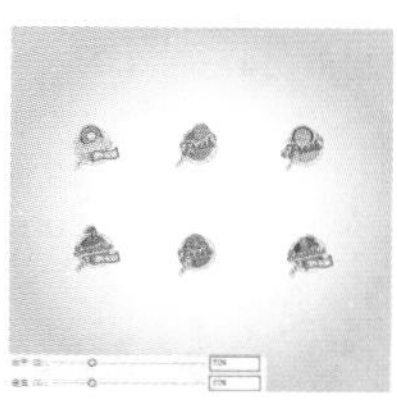

图5-165

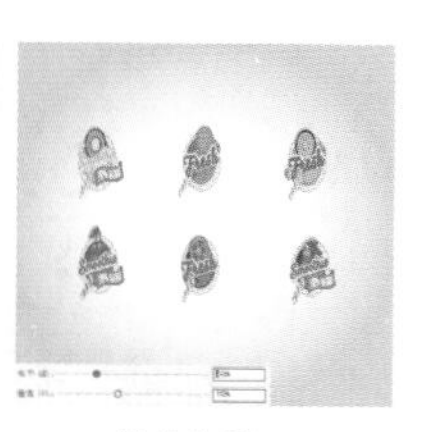

图5-166

（2）在“移动”选项组中，分别调整“水平”和“垂直”参数值，定义移动距离，如图5-167所示。在“角度”文本框中输入相应的数值，定义旋转的角度；也可以拖动右侧控制柄，进行旋转调整，如图5-168所示。

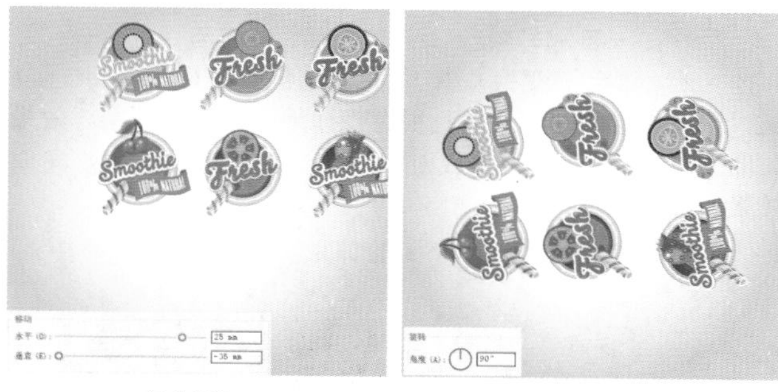

图5-167　　图5-168

（3）当勾选“镜像X”和“镜像Y”复选框时，可以对对象进行镜像处理，如图5-169所示。勾选“随机”复选框时，将对调整的参数进行随机的变换，而且每一个对象随机的数值都不相同，如图5-170所示。

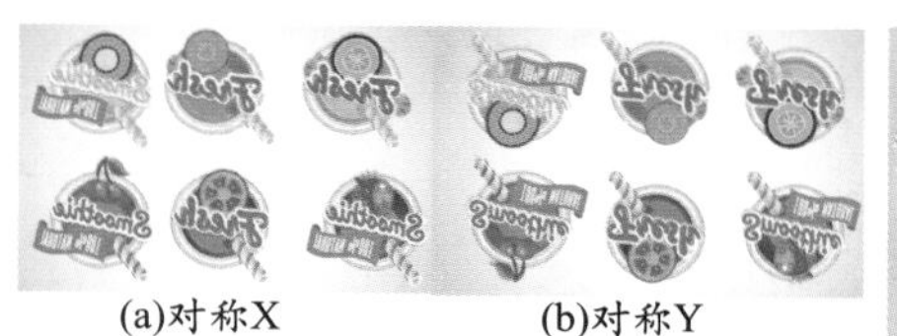

(a)对称X　(b)对称Y

图5-169　　图5-170

举一反三：制作波点旋涡

扫一扫，看视频

（1）首先绘制出一组排列成一个圆形的彩色的正圆并编组，如图5-171所示。接着执行“分别变换”命令，打开“分别变换”窗口。在“缩放”选项组中，设置“水平”和“垂直”为90%；在“移动”选项组中，设置“水平”和“垂直”为0；在“旋转”选项组中，设置“角度”为13°；单击“复制”按钮，如图5-172所示。图形效果如图5-173所示。

（2）按快捷键Ctrl+D重复上一步操作，就会得到波点旋涡效果，如图5-174所示。

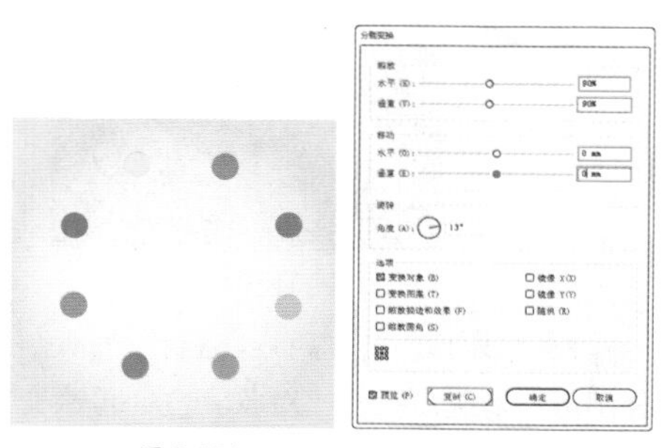

图5-171　　图5-172

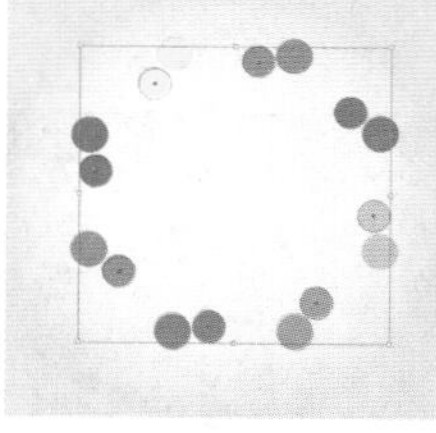

图5-173

图5-174

举一反三：制作重复变换图形

扫一扫，看视频

利用重复变换可以制作很多有趣的图形，尤其是对很常见的几何图形进行重复变换时，往往能够得到非常奇妙的图形效果。

（1）绘制一个矩形，填充渐变色，并适当地降低不透明度，设置混合模式为“正片叠底”（这样可以使两个图形在重叠时产生颜色交叠的效果），如图5-175所示。选择这个矩形，执行“对象>变换>另外变换”命令，在弹出的“分别变换”窗口中先设置“缩放”选项组中的“水平”和“垂直”两个参数（两个参数值要相等才能等比缩放），接着设置“旋转”选项组中的“角度”（在此之前可以先勾选“预览”复选框查看预览效果）。设置完成后单击“复制”按钮，如图5-176所示。此时画面效果如图5-177所示。

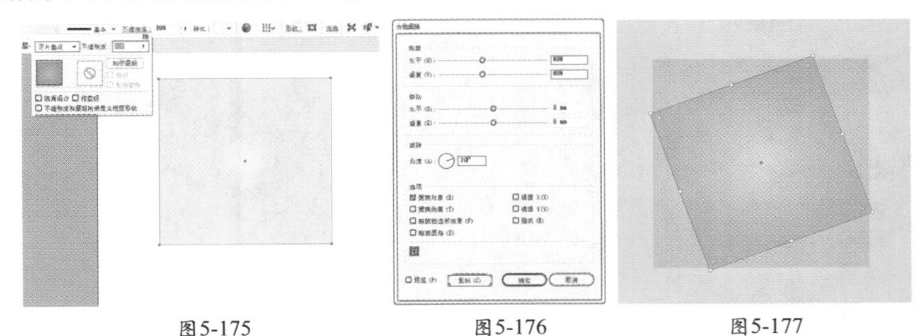

图5-175　　图5-176　　图5-177

（2）选择复制的图形，按快捷键Ctrl+D重复上一步操作，效果如图5-178所示。使用同样的方法可以制作其他图形，如图5-179和图5-180所示。

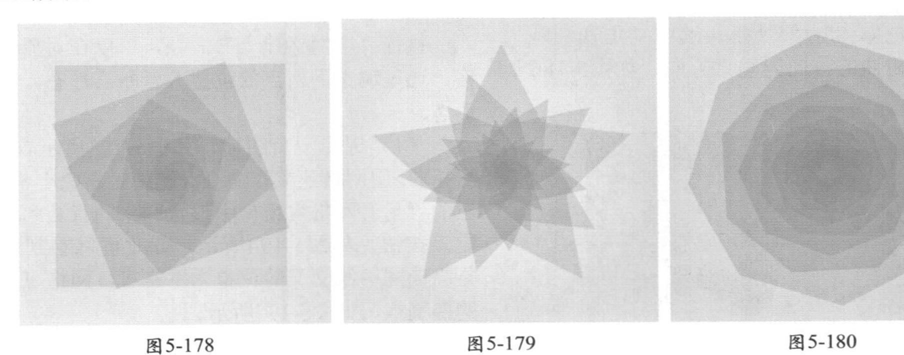

图5-178　　图5-179　　图5-180

5.4 封套扭曲

扫一扫，看视频

所谓“封套”功能，就像饼干的“模具”，图形就像“面团”，把面团放在模具中，那么面团就有了模具的形状。在Illustrator中，将图形放在特定的封套中并对封套进行变形，图形的外观也会发生变化；而一旦去除了封套，对象还会恢复到之前的形态。在Illustrator中建立封套主要有三种方式：变形建立，网格建立和用顶层对象建立。

重点 5.4.1 用变形建立封套扭曲

“用变形建立”命令可以将选中的对象按照特定的变形方式进行变形。可选的变形方式有弧形、下弧形、上弧形、拱形、凸出等。

选择一个图形，如图5-181所示。执行“对象>封套扭曲>用变形建立”命令（快捷键：Ctrl+Shift+Alt+W），在弹出的“变形选项”窗口中选择一种变形样式，并对其他选项进行相应的设置，如图5-182所示。设置完成后，单击“确定”按钮。图形效果如图5-183所示。

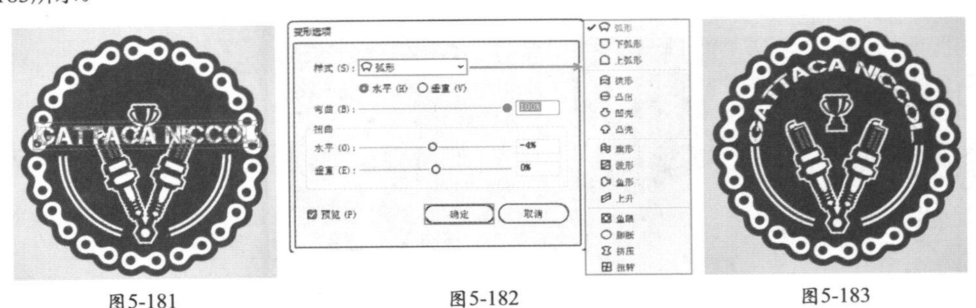

图5-181　　图5-182　　图5-183

- 样式：该下拉列表框中包含多种变形样式，选择不同选项，可以看到对象产生不同的变形效果。原图以及各种变形效果如图5-184所示。

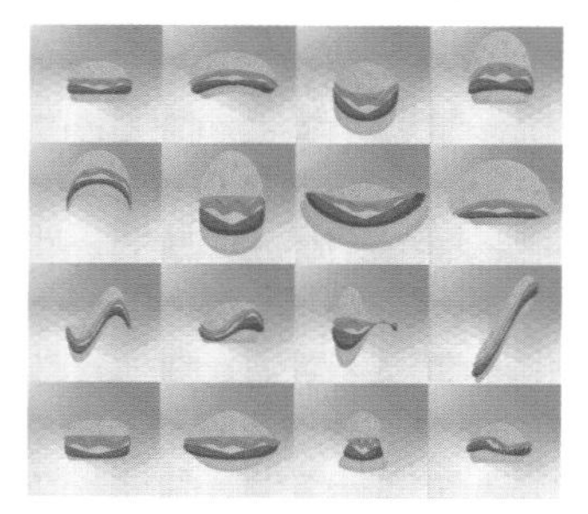

图5-184

- 水平/垂直：选中“水平”单选按钮时，对象扭曲的方向为水平方向，如图5-185所示；选中“垂直”单选按钮时，对象扭曲的方向为垂直方向，如图5-186所示。

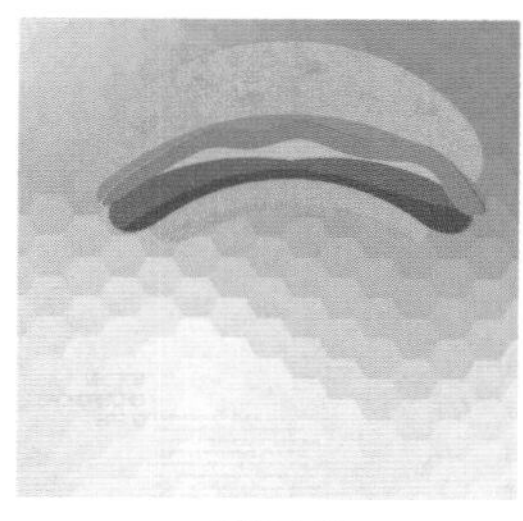

图5-185

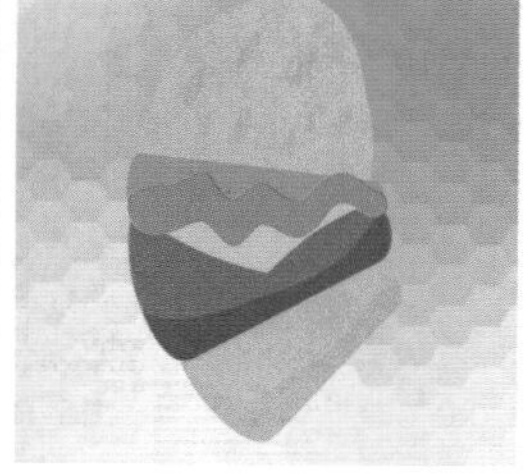

图5-186

- 弯曲：用来设置对象的弯曲程度。如图5-187和图5-188所示分别是“弯曲”为20%和80%时的效果。

图5-187

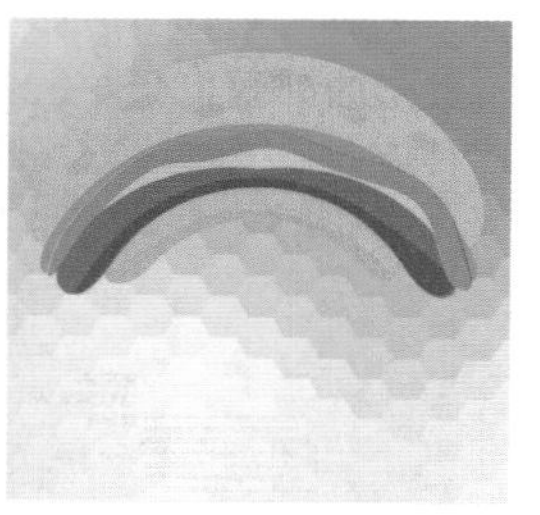

图5-188

- 水平扭曲：设置对象水平方向的透视扭曲变形的程度。如图5-189和图5-190所示分别是“水平扭曲”为-100%和100%时的扭曲效果。

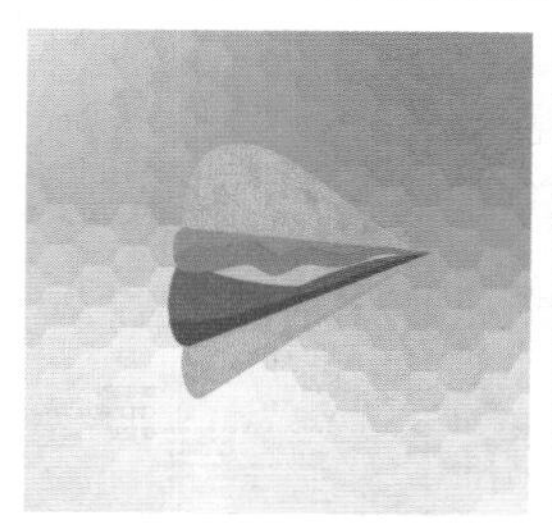

图 5-189

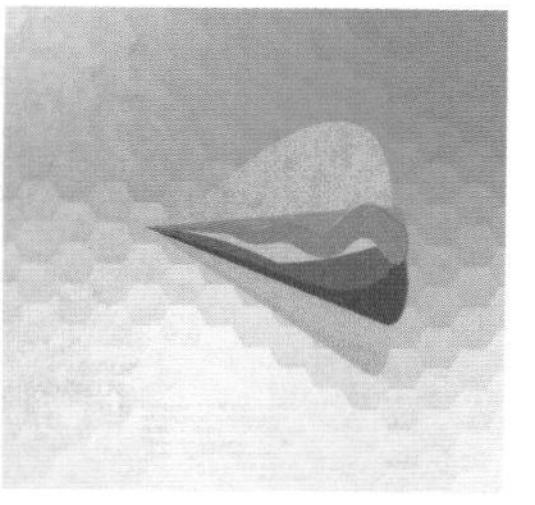

图5-190

- 垂直扭曲：用来设置对象垂直方向的透视扭曲变形的程度。如图5-191和图5-192所示分别是“垂直扭曲”为-100%和100%时的扭曲效果。

图5-191

图5-192

重点 5.4.2 用网格建立封套扭曲

执行“用网格建立”命令，可以在对象表面添加一层网格，通过调整网格点的位置改变网格形态，即可改变对象的形态。

（1）选择一个图形，如图5-193所示。执行“对象>封套扭曲>用网格建立”命令（快捷键：Ctrl+Shift+W），在弹出的“封套网格”窗口中设置网格的行数和列数，单击“确定”按钮，如图5-194所示。此时可以看到封套网格，横向与纵向网格线交叉的位置为网格点，网格点也就是扭曲变形的控制点，如图5-195所示。

图5-193

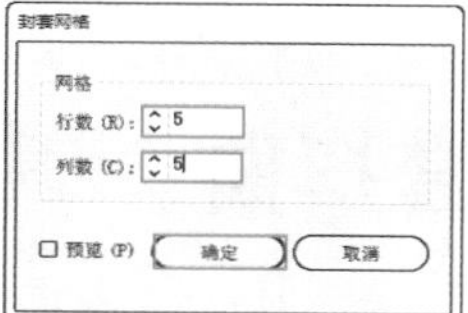

图5-194

图5-195

（2）选择“直接选择工具”，在网格点上单击，然后按住鼠标左键拖动即可进行变形，如图5-196所示。在控制栏中可以重新定义网格的行数与列数，单击“重设封套形状”按钮可以复位网格，如图5-197所示。

图5-196

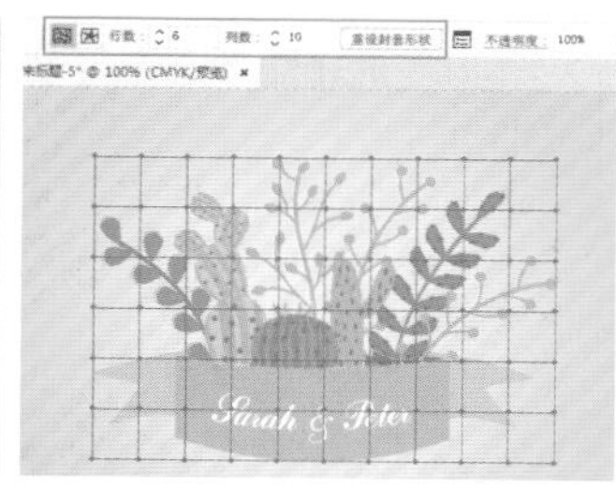

图5-197

5.4.3 用顶层对象建立封套扭曲

“用顶层对象建立”命令是利用顶层对象的外形调整底层对象的形态，使之产生变化。

“用顶层对象建立”命令需要至少两部分对象，首先要确定一个需要进行变形的对象，如图5-198所示；接着绘制一个作为顶层对象的矢量图形。然后将二者加选，如图5-199所示。执行“对象>封套扭曲>用顶层对象建立”命令（快捷键：Ctrl+Alt+C），要进行变形的对象即可按照顶部对象的形状进行变化，如图5-200所示。

图5-198

图5-199

图5-200

5.4.4 编辑封套形态

一个封套对象包含两部分：用于控制变形效果的封套部分，以及受变形影响的内容部分。封套建立完成后，可以通过对封套形状的调整编辑内部对象的形态。选择封套扭曲的对象，此时控制栏中的“编辑封套”按钮被激活，在控制栏中可以对封套参数进行设置，如图5-201所示。还可以直接使用“直接选择工具”对封套锚点进行调整，如图5-202所示。

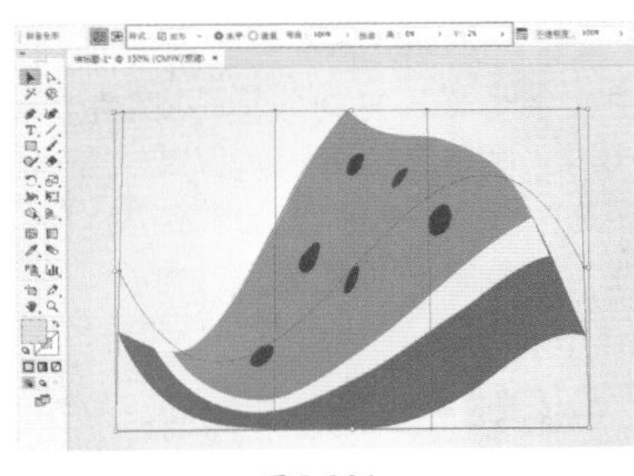

图5-201

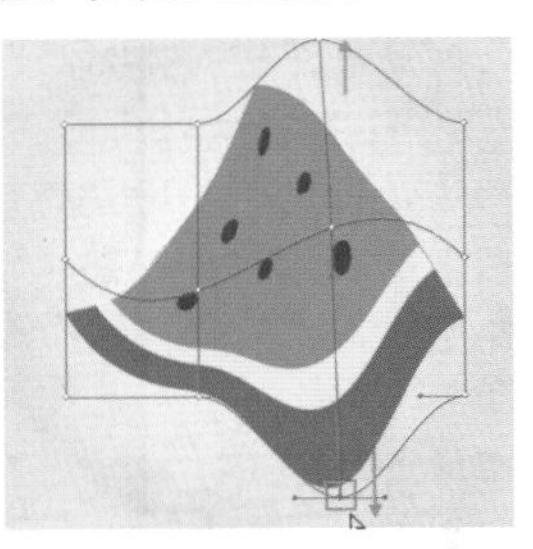

图5-202

重点 5.4.5 编辑封套中的内容

默认情况下，选择封套对象时，直接可以进行编辑的是封套部分。如果要对被扭曲的图形进行编辑，就需要选择封套扭曲的内容对象，单击控制栏中的“编辑内容”按钮，即可显示封套扭曲的对象，如图5-203所示。接着可以对该对象进行编辑，如图5-204所示。

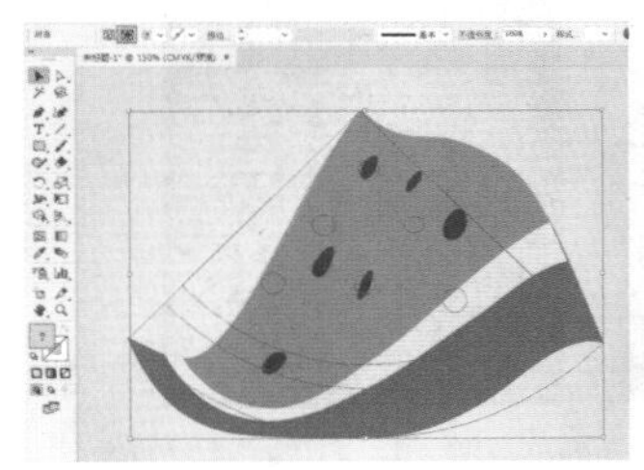

图5-203

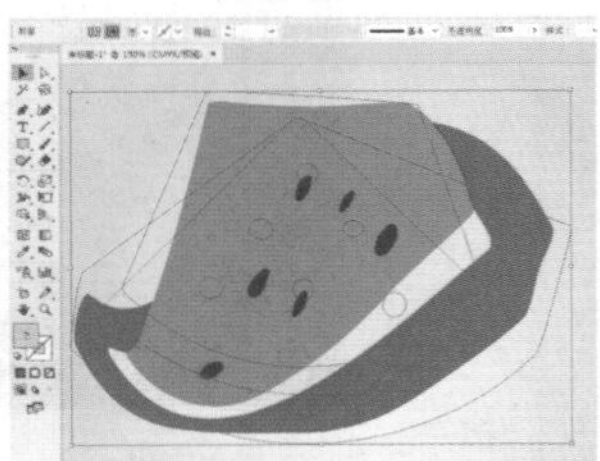

图5-204

重点 5.4.6 释放封套

“释放”命令可以取消封套效果，使图形恢复到原始效果。选择封套对象，然后执行“对象>封套扭曲>释放”命令，此时不但会将封套对象恢复到操作之前的效果，还会保留封套的部分，如图5-205和图5-206所示。

图5-205

图5-206

练习实例：使用“封套扭曲”制作带有透视感的文字海报

文件路径	资源包\第5章\练习实例：使用“封套扭曲”制作带有透视感的文字海报
难易指数	★★★★★
技术掌握	“封套扭曲”“混合工具”

实例效果

扫一扫，看视频

本实例演示效果如图5-207所示。

图5-207

操作步骤

步骤 01 执行“文件>新建”命令或按快捷键Ctrl+N，创建新文档。单击工具箱中的“矩形工具”按钮，在控制栏中设置填充为黑色，描边为无，绘制一个与画板等大的矩形，如图5-208所示。如果界面中没有显示控制栏，可以执行“窗口>控制”命令将其显示。

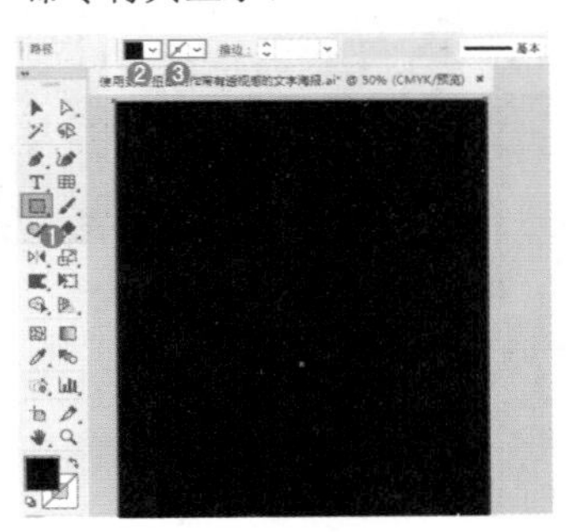

图5-208

步骤 02 绘制线条路径。单击工具箱中的“钢笔工具”按钮，在控制栏中设置填充为无，描边为白色，描边粗细为0.5pt，绘制一条曲线路径，如图5-209所示。使用上述方法再绘制一条曲线路径，如图5-210所示。

图5-209

图5-210

步骤 03 双击工具箱中的“混合工具”按钮，在弹出的“混合选项”窗口中设置“间距”为“指定的距离”，“距离”为2mm，“取向”为对齐路径，单击“确定”按钮，如图5-211所示。将光标移动到第一条曲线路径上单击，再移动到第二条曲线路径上单击，如图5-212所示。

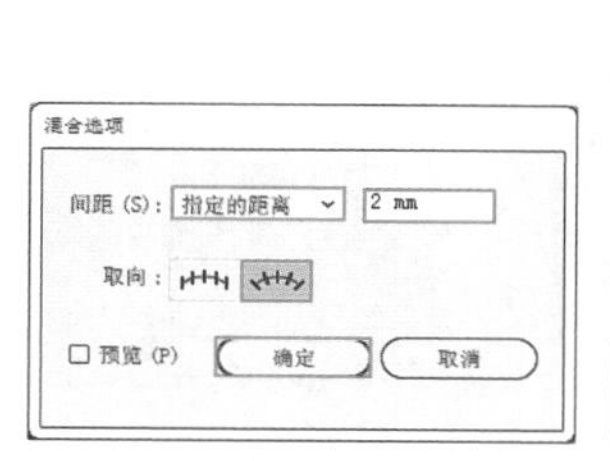

图5-211

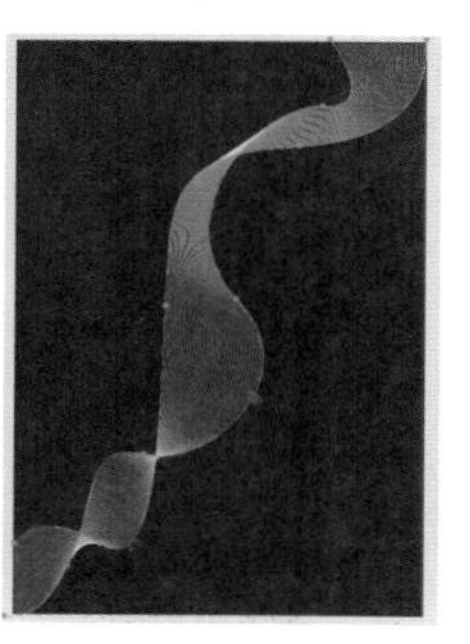

图5-212

步骤 04 执行“窗口>符号库>污点矢量包”命令，在弹出的“污点矢量包”面板中选择一种污点，如图5-213所示。单击工具箱中的“符号喷枪工具”按钮，在画板上单击，添加污点。然后右击，在弹出的快捷菜单中执行“断开符号链接”命令。效果如图5-214所示。保持污点对象的选中状态，在控制栏中设置填充为黄色，如图5-215所示。

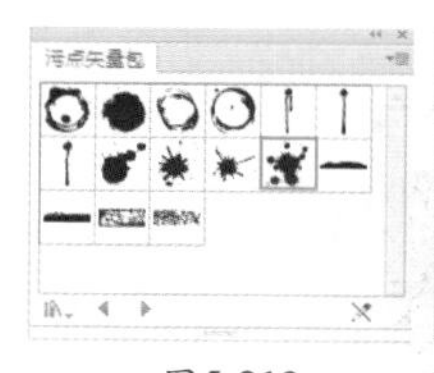

图5-213

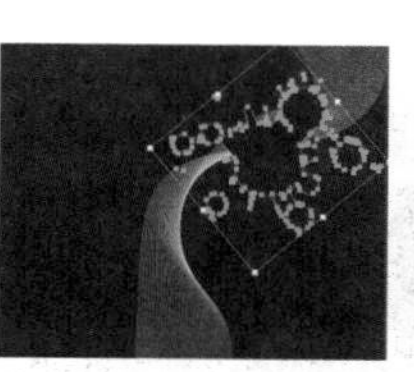

图5-214

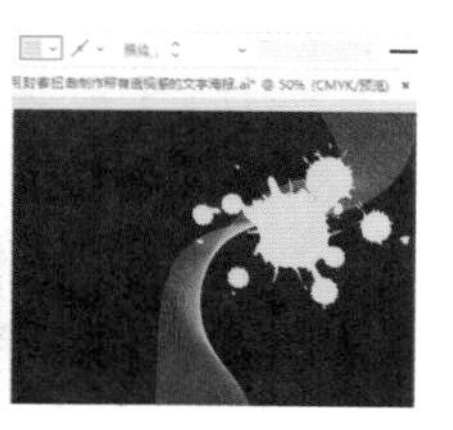

图5-215

步骤 05 使用上述方法再添加几个污点图形，调整合适的大小，并更改合适的填充颜色，如图5-216所示。单击工具箱中的“椭圆工具”按钮，在控制栏中设置填充为红色，描边为无，绘制一个圆形，如图5-217所示。

图5-216

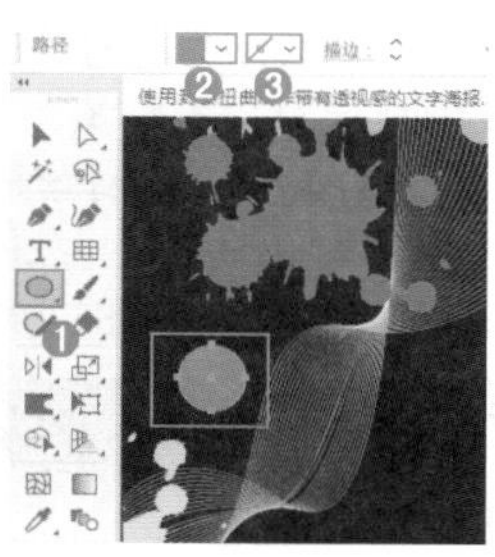

图5-217

步骤 06 使用上述方法再绘制多个圆形，并依次填充合适的颜色，如图5-218所示。然后使用绘制线条图案的方法再绘制一个不同形态的线条图案，如图5-219所示。

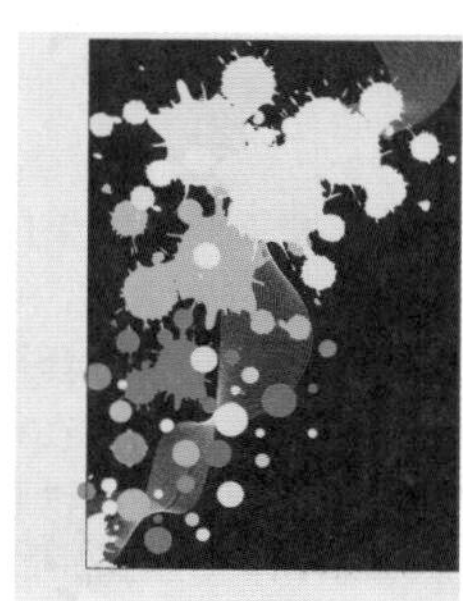

图5-218

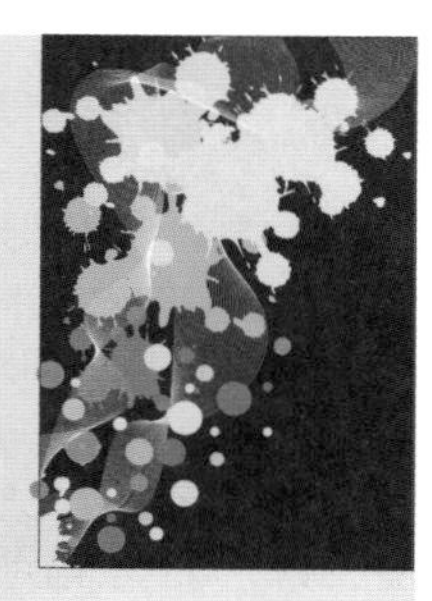

图5-219

步骤 07 打开素材1.ai。选中文字对象，复制并粘贴到当前文档中，移动到相应位置，效果如图5-220所示。保持文字的选中状态，执行“窗口>渐变”命令，在弹出的“渐变”面板中设置“类型”为“线性”，编辑一种黄绿色的渐变，如图5-221所示。

图5-220

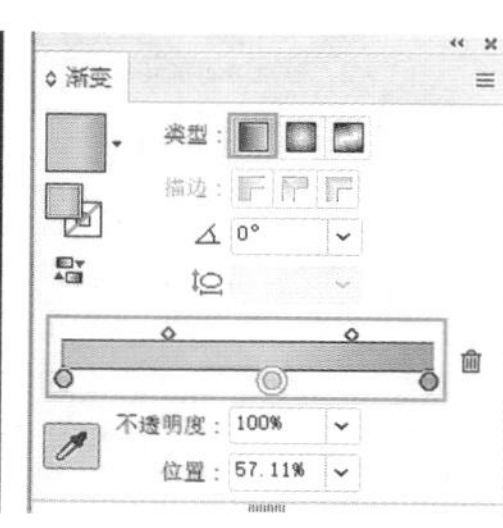

图5-221

步骤 08 单击渐变缩览图，为文字赋予渐变效果。然后单击工具箱中的“渐变工具”按钮，拖动鼠标调整渐变的效果，如图5-222所示。

图5-222

步骤 09 加选两行标题，然后执行“效果>3D>凸出和斜角”命令，在弹出的“3D凸出和斜角选项”窗口中设置“位置”为“自定旋转”，“指定绕X轴旋转”为6°，“指定绕Y轴旋转”为-45°，“指定绕Z轴旋转”为13°，“凸出厚度”为50pt，“端点”为“开启端点以建立实心外观”，“斜角”为无，“表面”为“塑料效果底纹”，单击“确定”按钮，如图5-223所示。效果如图5-224所示。

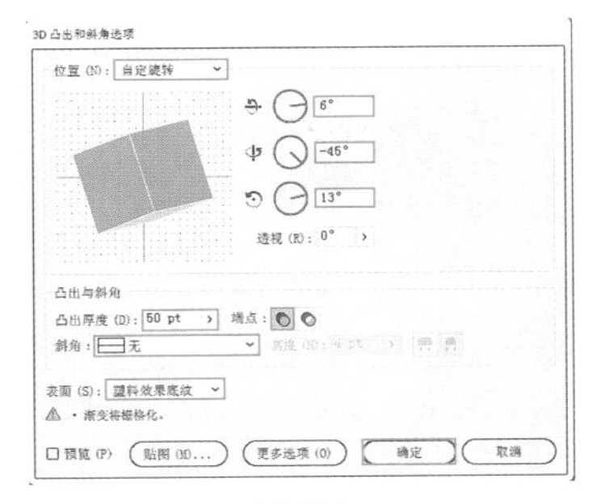

图5-223

图5-224

步骤 10 加选两行标题，然后执行“对象>扩展外观”命令，将3D效果进行扩展。接着选中3D文字的侧立面部分，执行“窗口>渐变”命令，在弹出的“渐变”面板中设置“类型”为“线性”，编辑一种由洋红色到紫色的渐变，如图5-225所示。单击渐变缩览图，为其赋予渐变色。效果如图5-226所示。

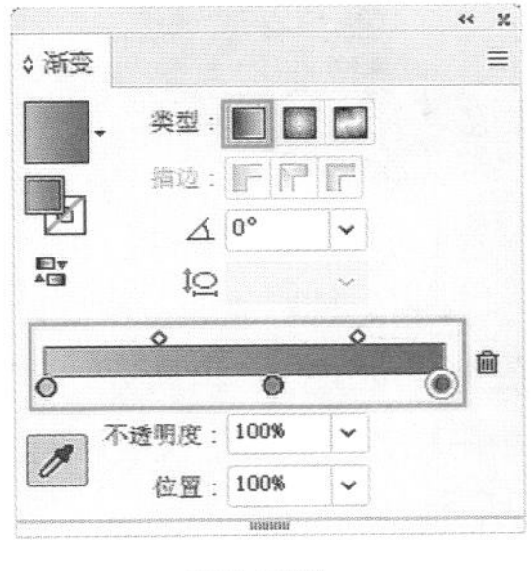

图5-225

图5-226

步骤 11 单击工具箱中的“渐变工具”按钮，按住鼠标左键拖动，调整渐变的效果，如图5-227所示。效果如图5-228所示。

图5-227

图5-228

步骤 12 加选两行标题，执行“对象>编组”命令。然后执行“对象>封套扭曲>用变形建立”命令，在弹出的“变形选项”窗口中设置“样式”为“波形”，选中“水平”单选按钮，设置“弯曲”为-100%，“扭曲”的“水平”为-62%，单击“确定”按钮，如图5-229所示。调整合适的大小，效果如图5-230所示。

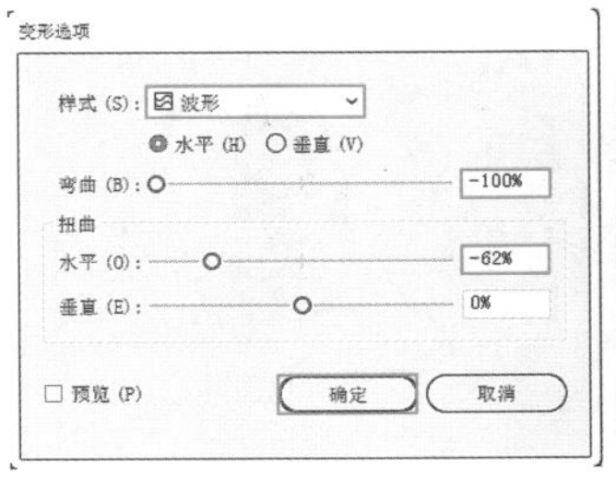

图5-229

图5-230

步骤 13 从素材1.ai中复制剩余的文字并粘贴到当前画面中，如图5-231所示。然后执行“文件>导出”命令，在弹出的“导出”窗口中输入“文件名”，选择“保存类型”为JPEG(*.JPG)，勾选“使用画板”复选框，选中“全部”单选按钮，单击“导出”按钮，如图5-232所示。

图5-231

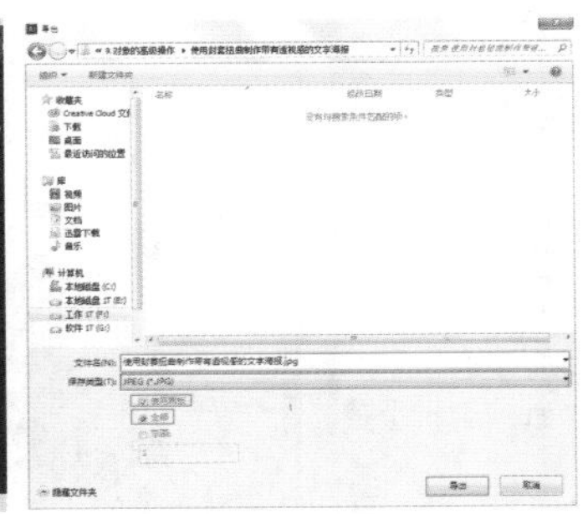

图5-232

步骤 14 在弹出的“JPEG选项”窗口中设置“颜色模型”为CMYK，“品质”为“最高”，数值为10，设置“压缩方法”为基线(标准)，“分辨率”为“高(300ppi)”，“消除锯齿”为“优化文字(提示)”，勾选“嵌入ICC文件配置文件”复选框，单击“确定”按钮，如图5-233所示。效果如图5-234所示。

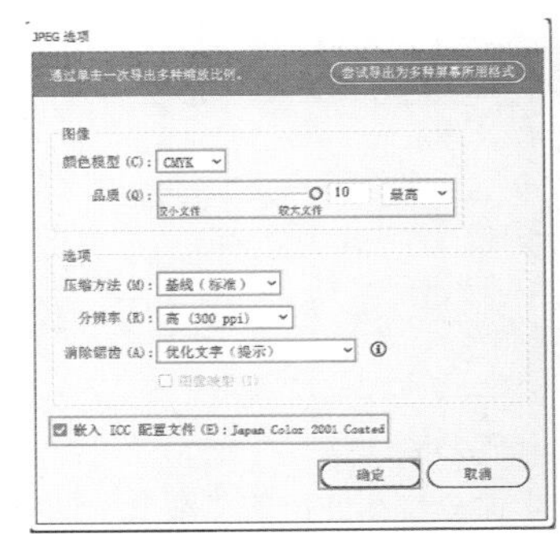

图5-233

图5-234

5.4.7 扩展封套

如果扩展封套对象的方式可以删除封套，但对象仍保持扭曲的形状。将要转换为普通对象的封套对象选中，然后执行“对象>封套扭曲>扩展”命令，即可将该封套对象转换为普通的对象，如图5-235和图5-236所示。

图5-235

图5-236

练习实例：使用“封套扭曲”制作节庆文字

文件路径	资源包\第5章\练习实例：使用“封套扭曲”制作节庆文字
难易指数	★★★★★
技术掌握	“封套扭曲”、渐变、不透明度设置

实例效果

本实例演示效果如图5-237所示。

扫一扫，看视频

图5-237

操作步骤

步骤 01 执行“文件>新建”命令或按快捷键Ctrl+N，创建新文档。单击工具箱中的“椭圆工具”按钮，去除“填充”和“描边”，绘制一个椭圆形，如图5-238所示。

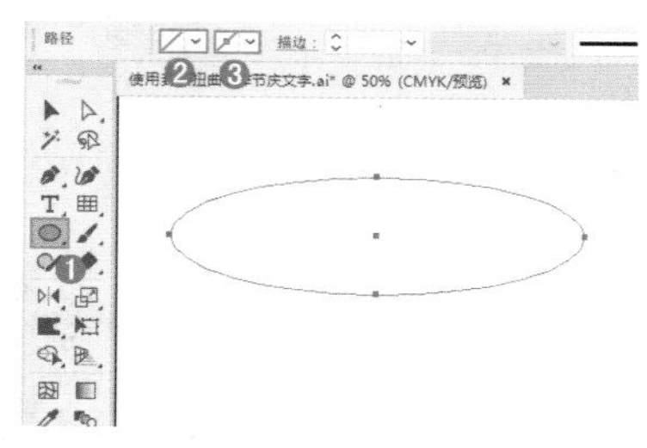

图5-238

步骤 02 执行“窗口>渐变”命令，在弹出的“渐变”面板中设置“类型”为“线性”，编辑一种橙红色的渐变。单击渐变缩览图，为其赋予渐变效果，如图5-239所示。然后在控制栏中更改“不透明度”为30%，如图5-240所示。使用上述方法再绘制两个椭圆形，并填充合适的颜色，调整合适的透明度，如图5-241所示。

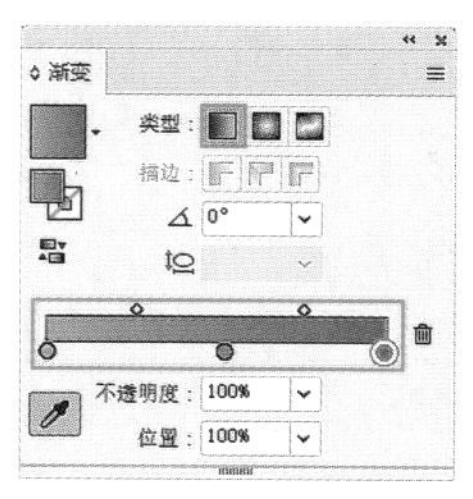

图5-239

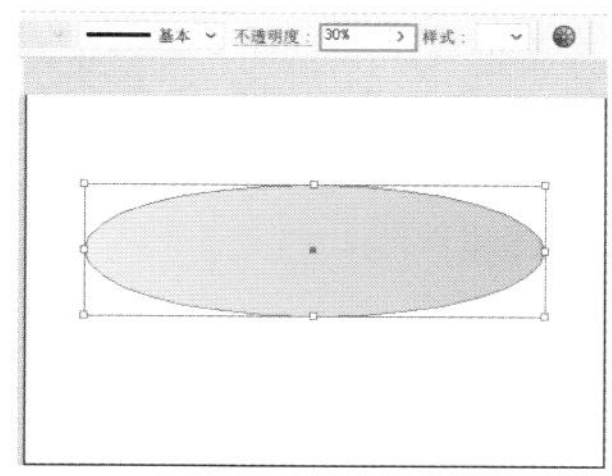

图5-240

图5-241

步骤 03 框选3个椭圆形，然后执行“对象>封套扭曲>用网格建立”命令，在弹出的“封套网格”窗口中设置“行数”为2，“列数”为2，单击“确定”按钮，如图5-242所示。单击工具箱中的“直接选择工具”按钮，选择一个控制点，按住鼠标左键拖动；以同样的方法依次对其他点进行拖动，如图5-243所示。

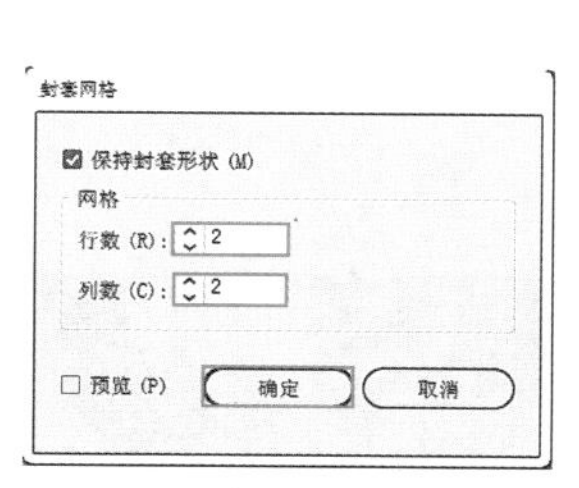

图5-242

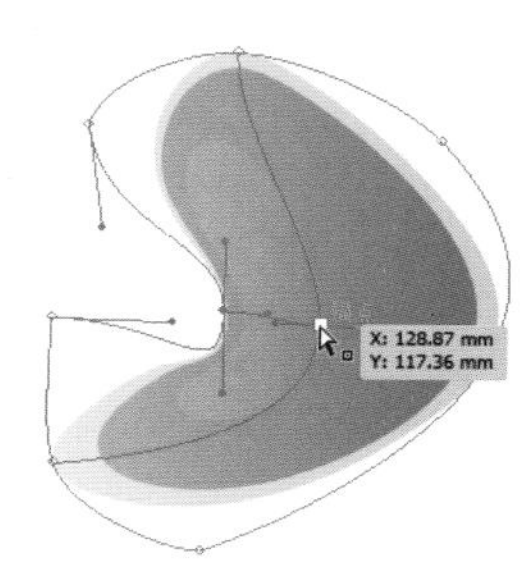

图5-243

步骤 04 使用同样的方法制作其他图形，如图5-244所示。打开素材1.ai。选中文字对象，复制并粘贴到当前文档中，移动到相应位置。效果如图5-245所示。

图5-244

图5-245

综合实例：商务名片设计

扫一扫，看视频

文件路径	资源包\第5章\综合实例：商务名片设计
难易指数	★★★★★
技术要点	编组、旋转、剪切蒙版

实例效果

本实例演示效果如图5-246所示。

图5-246

操作步骤

步骤 01 执行“文件>新建”命令，创建一个大小为A4、“取向”为横向的文档。接着单击工具箱中的“画板工具”按钮，绘制两个“宽度”为94mm、“高度”为58mm的画板，如图5-247所示。

图5-247

步骤 02 在第一个画板中绘制名片正面。单击工具箱中的“矩形工具”按钮，在控制栏中去除填充和描边，绘制一个与画板等大的矩形，如图5-248所示。执行“窗口>渐变”命令，打开“渐变”面板，编辑一种灰色系的渐变，如图5-249所示。单击渐变缩览图，为其赋予渐变效果。单击工具箱中的“渐变工具”按钮，调整合适的渐变角度，如图5-250所示。

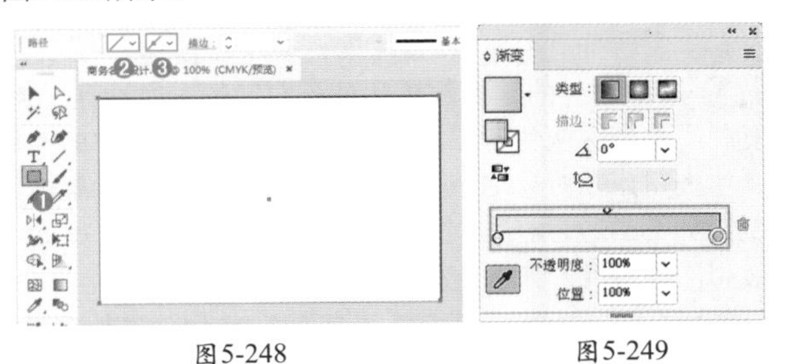

图5-248　　图5-249

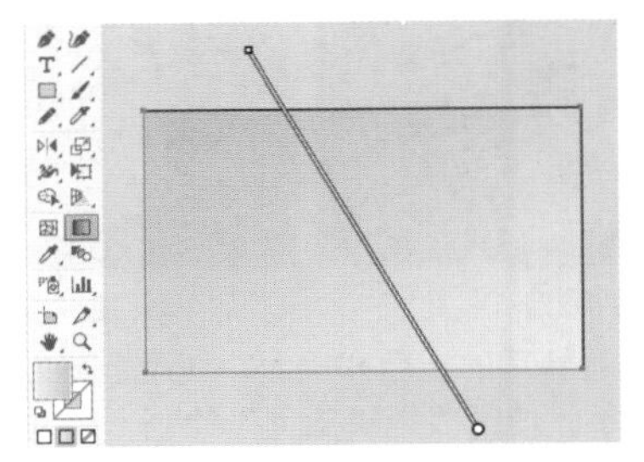

图5-250

步骤 03 打开素材1.ai，复制一部分文字到当前画面中。选中文字对象，复制并粘贴到当前文档中，移动到相应位置，如图5-251所示。

图5-251

步骤 04 框选所有图形对象，右击，在弹出的快捷菜单中执行“编组”命令。然后执行“效果>风格化>投影”命令，在弹出的“投影”窗口中设置“模式”为“正片叠底”，“不透明度”为75%，“X位移”为1mm，“Y位移”为1mm，“模糊”为2mm，选中“颜色”单选按钮，设置颜色为灰色，单击“确定”按钮，如图5-252所示。效果如图5-253所示。

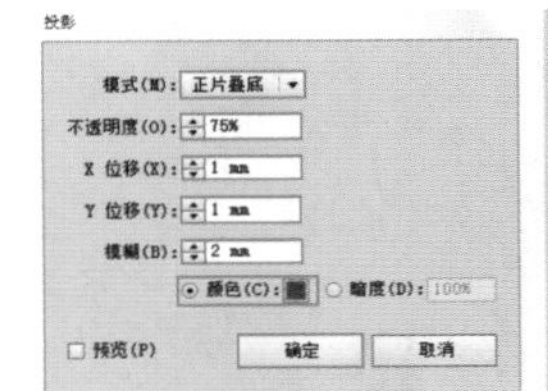

图5-252　　图5-253

步骤 05 在第二个画板中绘制名片背面。使用“矩形工具”在另外一个小画板上绘制一个矩形，填充一种灰色系的渐变作为背景，如图5-254所示。继续使用“矩形工具”绘制一个矩形，在控制栏中设置填充为灰绿色，描边为无，如图5-255所示。

图5-254　　图5-255

步骤 06 选中绿色的矩形，按住鼠标左键的同时按住Alt键向下移动，移动复制出另外两个，如图5-256所示。继续使用“矩形工具”在左侧绘制3个灰色的正方形，如图5-257所示。

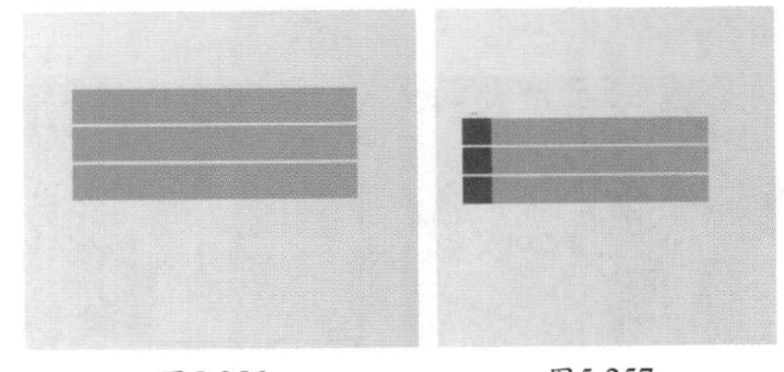

图5-256　　图5-257

第5章　对象变换

步骤07 单击工具箱中的“钢笔工具”按钮，在控制栏中设置填充为灰色，描边为无，绘制一个不规则的图形，如图5-258所示。继续使用“钢笔工具”绘制一个绿色的不规则图形，如图5-259所示。

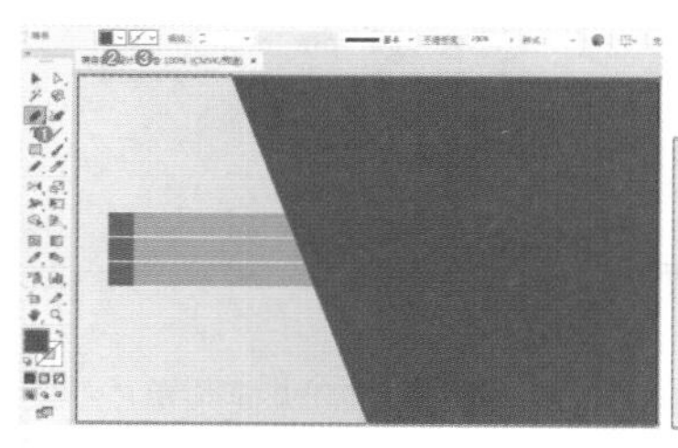

图5-258

图5-259

步骤08 单击工具箱中的“符号喷枪工具”按钮，执行“窗口>符号库>移动”命令，在弹出的“移动”面板中选择“用户-灰色”样式，在画板上单击添加符号样式，如图5-260所示。保持符号的选中状态，单击控制栏中的“断开链接”按钮，如图5-261所示。

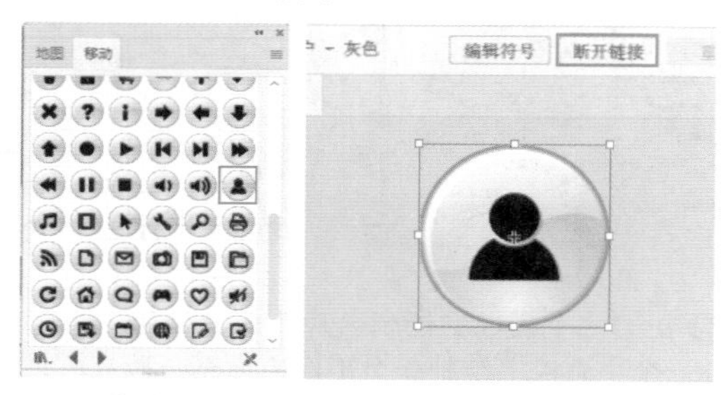

图5-260　　图5-261

步骤09 保持符号的选中状态，右击，在弹出的快捷菜单中执行“取消编组”命令；按Delete键删除圆形部分，保留中间的图形；更改中间图形的填充颜色为灰色，并移动到合适的位置，如图5-262所示。使用上述方法添加其他符号样式，如图5-263所示。

图5-262

图5-263

步骤10 从素材1.ai中复制其他的文字并粘贴到当前画面中，如图5-264所示。框选第二个画板上所有的对象，右击，在弹出的快捷菜单中执行“编组”命令，并为其添加投影效果，如图5-265所示。

图5-264

图5-265

步骤11 在大画板上使用“矩形工具”绘制一个与画板等大的矩形。执行“窗口>色板库>图案>基本图形>基本图形_纹理”命令，在弹出的“基本图形_纹理”面板中选择“菱形”样式，如图5-266所示。效果如图5-267所示。

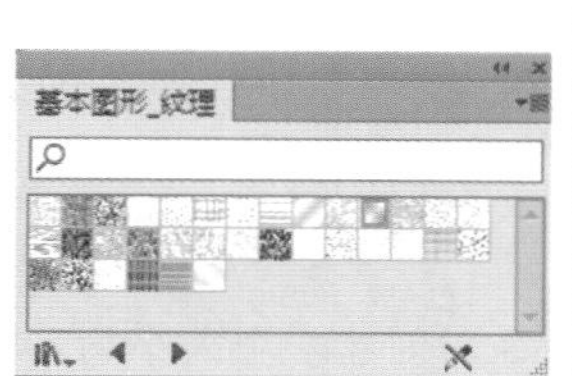

图5-266

图5-267

步骤12 使用“矩形工具”再绘制一个与画板等大的深灰色矩形，如图5-268所示。保持矩形的选中状态，然后执行“窗口>透明度”命令，在弹出的“透明度”面板中设置“混合模式”为“正片叠底”，“不透明度”为70%，如图5-269所示。效果如图5-270所示。

图5-268　　图5-269

图5-270

步骤13 选中名片的正面，按住鼠标左键的同时按住Alt键移动复制一个到深灰色背景的画板上。单击工具箱中的“旋转工具”按钮，在对象上按住鼠标左键拖动，使名片旋转一定角度，如图5-271所示。使用同样的方法复制名片反面，并旋转相同的角度，如图5-272所示。

图5-271

图5-272

步骤14 加选旋转后的正面和反面，使用上述方法复制多个，如图5-273所示。使用“矩形工具”绘制一个与画板等大的矩形，如图5-274所示。加选第三个画板上的所有名片对象和矩形，右击，在弹出的快捷菜单中执行“建立剪切蒙版”命令，使超出画面的部分全部隐藏。最终效果如图5-275所示。

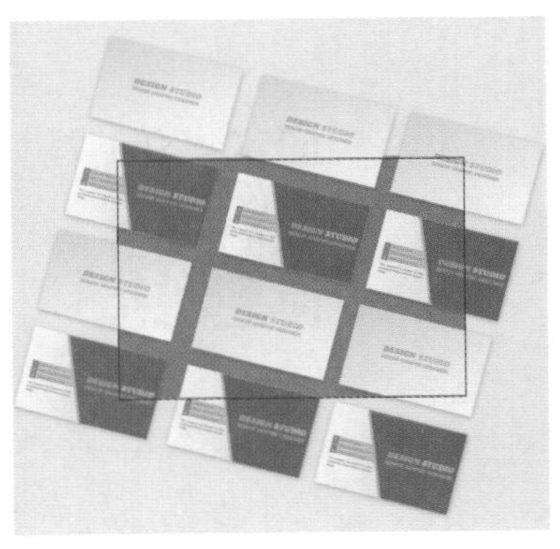

图5-273

图5-274

图5-275

5.5 课后练习：制作星星树

文件路径	资源包\第5章\课后练习：制作星星树
难易指数	★★★★★
技术要点	旋转、复制、“钢笔工具”

扫一扫，看视频

实例效果

本实例演示效果如图5-276所示。

图5-276

5.6 模拟考试

主题：设计一款音乐工作室标志。

要求：

（1）标志可以为图形标志或图形文字结合标志。

（2）图形部分需包含音符。

（3）标志尽量富有动感、活力。

（4）可在网络搜索“音乐 标志”等关键词，从优秀的作品中寻找灵感。

考查知识点：钢笔工具、变换功能、文字工具等。

Chapter 6 第6章 文字

本章内容简介：

Illustrator的文字工具组中包含“文字工具”“区域文字工具”“路径文字工具”“直排文字工具”“直排区域文字工具”“直排路径文字工具”和“修饰文字工具”，使用这些工具可以创建出不同类型的文字。输入文字后，可以配合“字符”面板和“段落”面板进行文本属性的调整。Illustrator的文字编辑功能非常强大，能够轻松应对制作海报、折页、企业画册这类工作。

重点知识掌握：

- 熟练掌握“文字工具”“区域文字工具”“路径文字工具”的使用方法
- 掌握“字符”面板、“段落”面板的使用方法
- 掌握文本串联的创建与编辑方法

通过本章的学习，我能做什么？

文字是重要的信息表达方式，在海报设计、网页设计、杂志排版等方面不可或缺。通过文字工具组可以输入点文字、段落文字，以及制作文本绕排、区域文字等。本章所学知识非常重要，也非常常用。利用本章所学知识，可以在设计作品中添加一些文字元素，或进行复杂的文字版面的编排。

6.1 创建文字

文字是平面设计作品中最常用的元素之一。想要在 Illustrator 中添加文字元素，可以通过文字工具组来实现。右击“文字工具组”按钮，在弹出的工具组中可以看到 7 个工具，如图 6-1 所示。其中前 6 个工具都是两两对应的，“文字工具”与“直排文字工具”、“区域文字工具”与“直排区域文字工具”、“路径文字工具”与“直排路径文字工具”，每一对工具的使用方法相同，区别在于文字方向是横向还是纵向的，如图 6-2 所示。

扫一扫，看视频

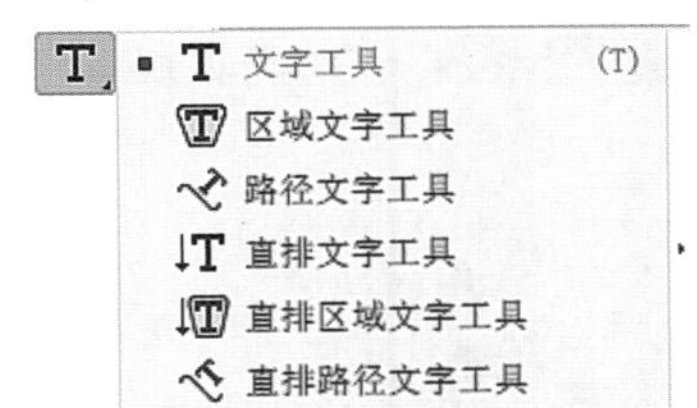

图 6-1

(a)横向　(b)纵向

图 6-2

“文字工具”用于制作少量的点文字和正文类的大段文字，“区域文字工具”用于制作特殊区域范围内的文字，“路径文字工具”用于制作沿特定路径排列的文字，如图 6-3 所示。

(a)点文字

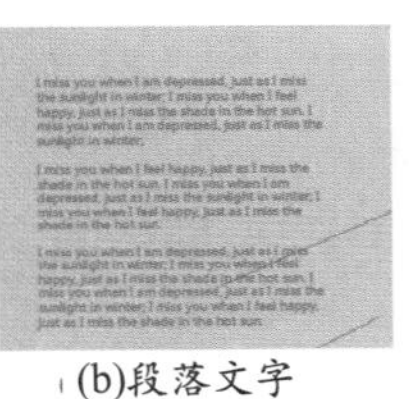

(b)段落文字

(c)区域文字

(d)路径文字

图 6-3

重点 6.1.1 动手练：创建点文字 / 段落文字

“文字工具”是 Illustrator 中最常用的创建文字的工具，使用该工具可以按照横排的方式，由左至右进行文字的输入。

（1）单击工具箱中的“文字工具”按钮 T（快捷键：T）。若要创建点文字，在要创建文字的位置上单击，将自动出现一行文字（这就是“占位符”，方便我们观察文字输入后的效果），如图 6-4 所示。此时占位符处于被选中的状态，在控制栏中设置合适的字体、字号，可以直接观察到效果，如图 6-5 所示。如果界面中没有显示控制栏，可以执行“窗口 > 控制”命令将其显示。

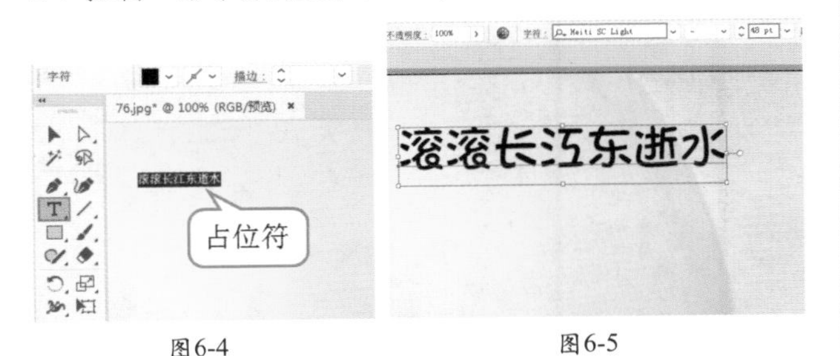

图 6-4　图 6-5

（2）调整到比较满意的视觉效果后，可以按 Backspace 键删除占位符，然后输入文字，如图 6-6 所示。如果要换行，按 Enter 键即可，如图 6-7 所示。文字输入完成后，按 Esc 键结束操作。

Oliver! Reed,

图 6-6

Oliver! Reed,
Carol 1968

图 6-7

提示：如何关闭自动出现文字填充的功能？

执行“编辑 > 首选项 > 文字”命令，在弹出的窗口中取消勾选“用占位符文字填充新文字对象”复选框即可。下次使用“文字工具”输入文字时就不会出现其他字符了。

（3）若要创建段落文字，可以在要创建文字的区域拖动鼠标，创建一个矩形的文本框，如图 6-8 所示。松开鼠标后，生成的文本框中会自动出现占位符，如图 6-9 所示。在控制栏中设置合适的字体、字号，接着删除占位符，输入文字。在文本框内输入文字时，一旦文字排列到文本框边缘就会自动换行。文字输入完成后按 Esc 键结束操作，如图 6-10 所示。

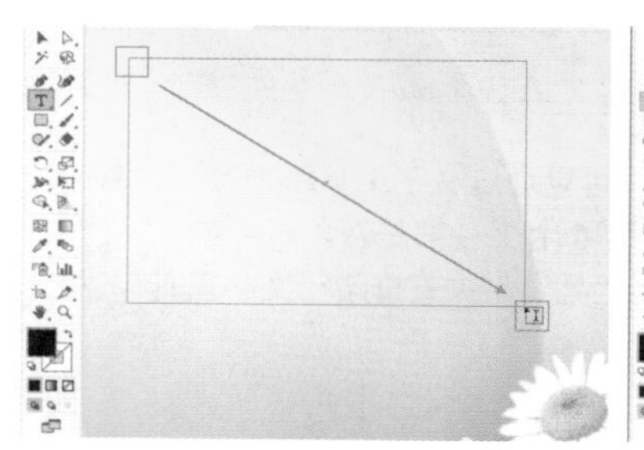

图6-8

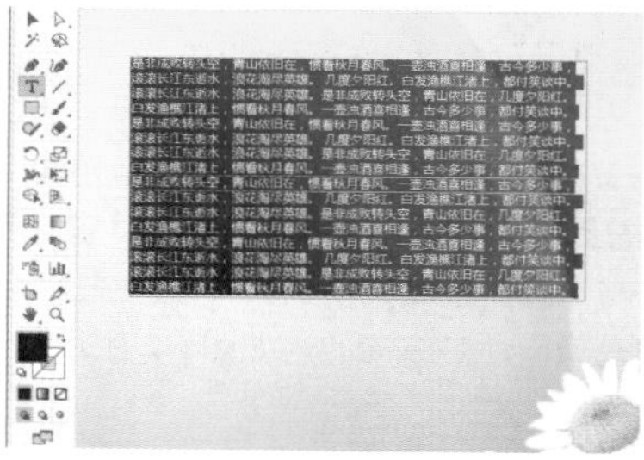

图6-9

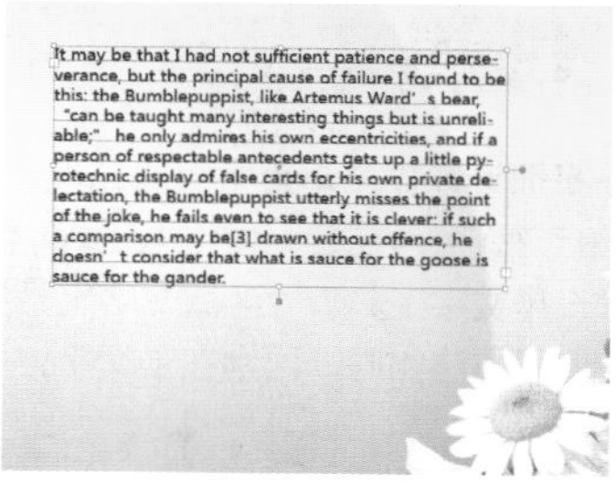

图6-10

（4）“直排文字工具”与“文字工具”使用方法相同，区别在于“直排文字工具”输入的文字是由右向左垂直排列的。如图 6-11 所示为垂直的点文字，如图 6-12 所示为垂直的段落文字。

图6-11

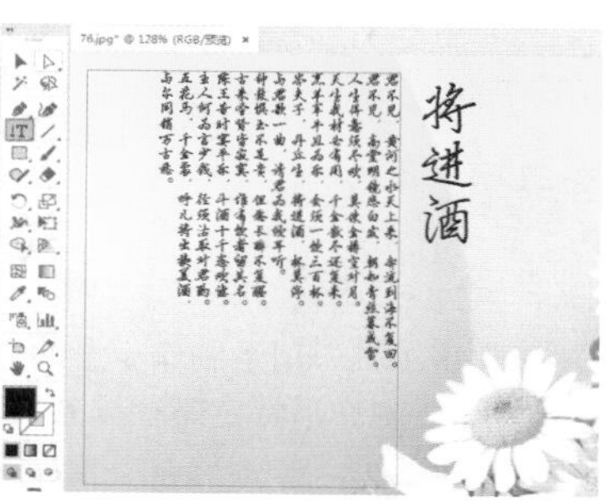

图6-12

练习实例：使用“直排文字工具”制作中式版面

文件路径	资源包\第6章\练习实例：使用“直排文字工具”制作中式版面
难易指数	★★★★★
技术掌握	“直排文字工具”“矩形工具”

实例效果

本实例演示效果如图 6-13 所示。

扫一扫，看视频

图6-13

操作步骤

步骤 01 执行“文件 > 新建”命令或按快捷键 Ctrl+N，创建新文档。单击工具箱中的“矩形工具”按钮，在控制栏中设置填充为无，描边为黑色，描边粗细为 7pt，绘制一个与画板等大的矩形，如图 6-14 所示。如果界面中没有显示控制栏，可以执行“窗口 > 控制”命令将其显示。

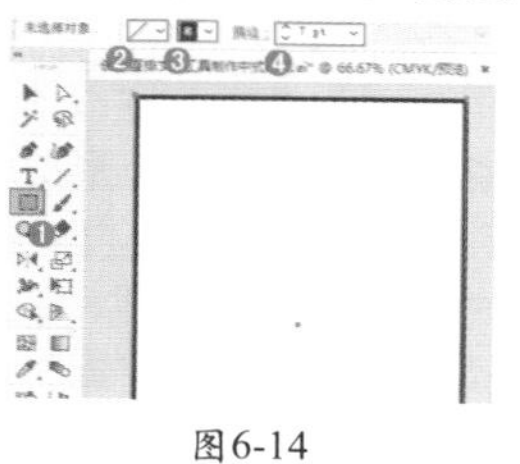

图6-14

步骤 02 单击工具箱中的“文字工具”按钮T，在控制栏中设置填充为灰色，描边为无，选择一种合适的字体，设置字体大小为 10pt，段落对齐方式为左对齐，在画板左上部单击并输入文字，如图 6-15 所示。使用上述方法在右侧添加另外一行文字，如图 6-16 所示。

图6-15

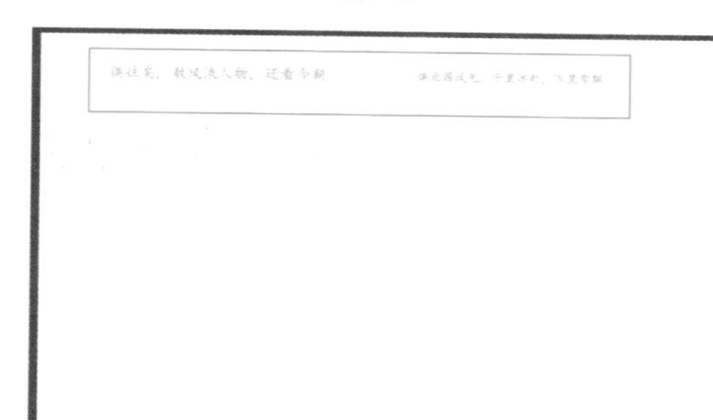

图6-16

步骤 03 执行“文件 > 置入”命令，置入素材 1.jpg。调整合适的大小，单击控制栏中的“嵌入”按钮，将其嵌入画板中，如图 6-17 所示。使用“矩形工具”绘制一个矩形，如图 6-18 所示。选择图片和素材，右击，在弹出的快捷菜单中执行“建立剪切蒙版”命令，如图 6-19 所示。

图6-17

图6-18

图6-19

步骤 04 执行“文件 > 打开”命令，选中素材对象，然后执行“编辑 > 复制”命令，如图 6-20 所示。回到刚才工作的文档中，执行“编辑 > 粘贴”命令，将粘贴出的对象移动到合适的位置，如图 6-21 所示。

图6-20

图6-21

步骤 05 单击工具箱中的“钢笔工具”按钮，在控制栏中设置填充为无，描边为红色，描边粗细为 1pt，绘制一条路径，如图 6-22 所示。保持路径的选中状态，按住鼠标左键的同时按住 Alt 键复制一个并移动到下边，如图 6-23 所示。

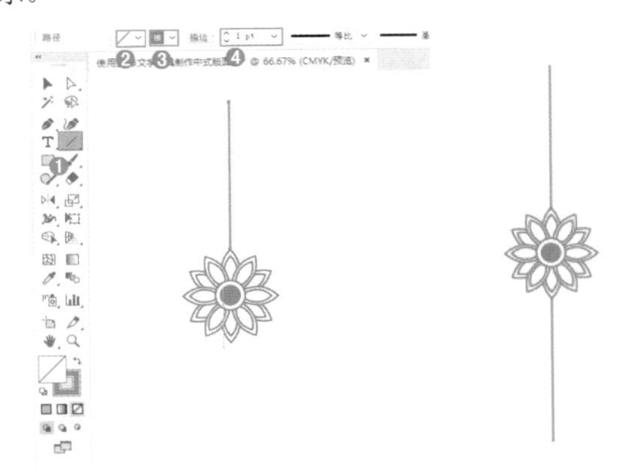
图6-22　图6-23

步骤 06 单击工具箱中的“直排文字工具”按钮，在控制栏中设置填充为灰色，描边为无，选择一种合适的字体，设置字体大小为 36pt，段落对齐方式为顶对齐，在花朵素材左侧单击并输入文字，文字输入完成后按 Esc 键，如图 6-24 所示。接着单击工具箱中的“直排文字工具”按钮，在画板上按住鼠标左键拖曳，释放鼠标后绘制出一个文本框。更改字体大小为 11pt，单击“字符”按钮，在弹出的下拉面板中设置“行距”为 15pt，在文本框中单击鼠标左键输入文字，如图 6-25 所示。

图6-24

图6-25

步骤 07 使用同样的方法添加另外一段竖行段落文字，如图 6-26 所示。

图6-26

重点 6.1.2 动手练：使用“区域文字工具”创建文本

“区域文字”与“段落文字”较为相似，都是被限定在某个特定的区域内；其区别在于，“段落文字”处于一个矩形的文本框内，而“区域文字”的外框则可以是任何图形。

1. 在形状中创建文字

首先绘制一条闭合路径，圆形、矩形、星形都可以。接着右击文字工具组按钮，在弹出的工具组中选择“区域文字工具”。然后将光标移动至图形路径边缘处，光标会变为形状，如图 6-27 所示。在路径边缘处单击，图形内会显示占位符，如图 6-28 所示。在控制栏中更改字体、字号等文字参数，然后删除占位符，输入文字。效果如图 6-29 所示。如果界面中没有显示控制栏，可以执行“窗口 > 控制”命令将其显示。

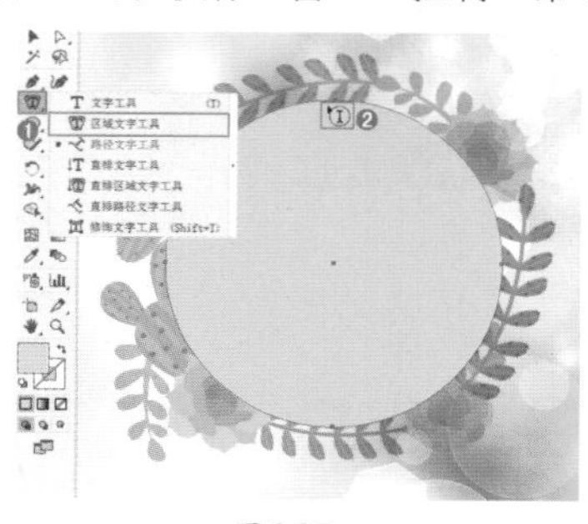

图6-27

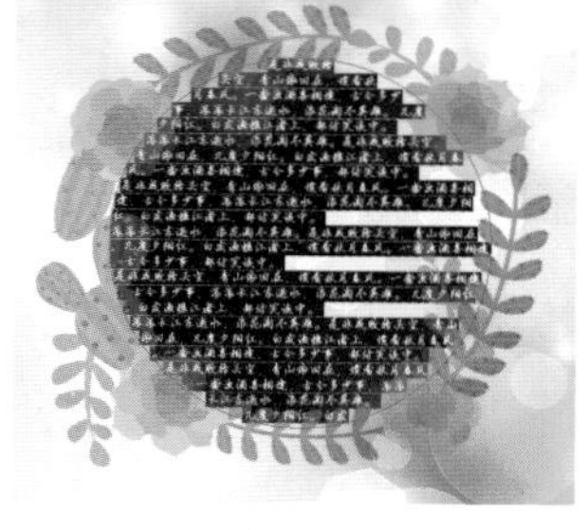

图6-28

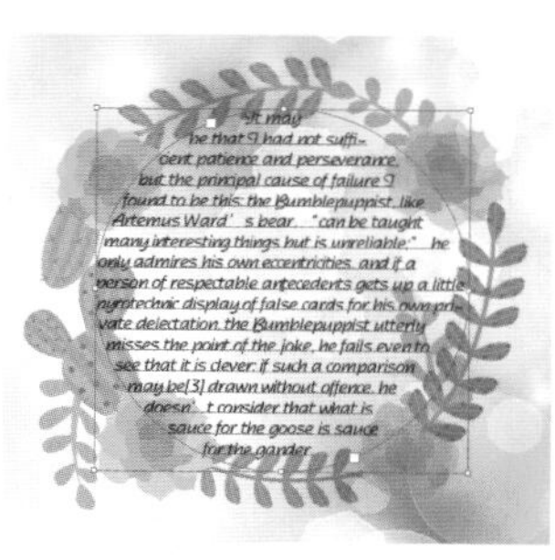

图6-29

2. 调整文本区域的大小

改变区域文字的文本框形状，就会同时改变文字对象的排列。使用“选择工具”对文本框进行缩放，可以改变区域的形状，从而使文字区域发生形变，如图 6-30 所示。使用“直接选择工具”拖曳锚点位置，也能够对文本框进行变形，如图 6-31 所示。

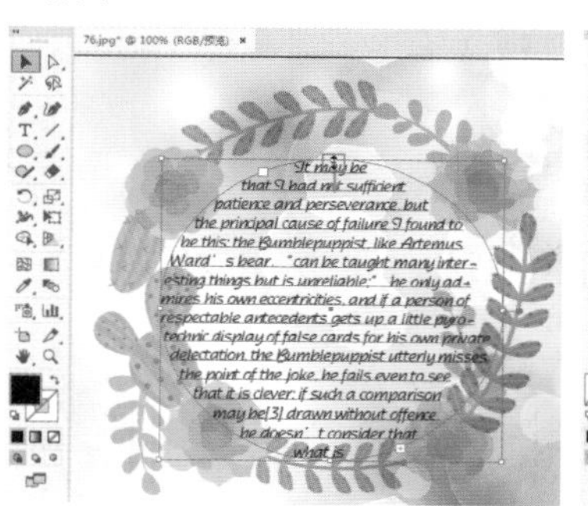

图6-30

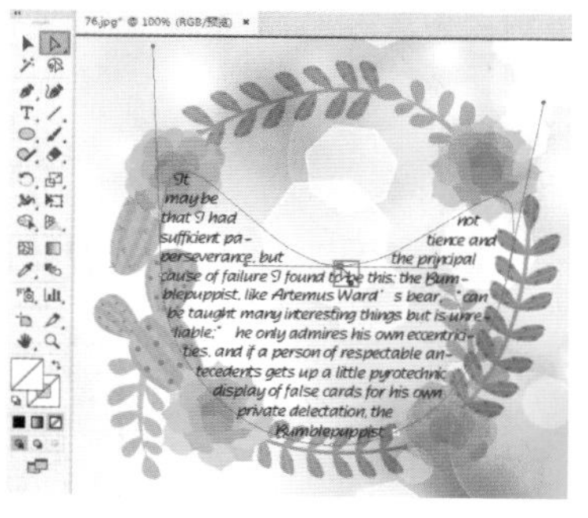

图6-31

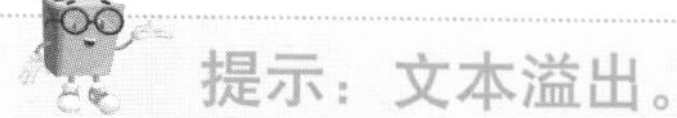

提示：文本溢出。

如果输入的文本超过区域的容许量，则靠近边框区域底部的位置会出现一个内含加号（+）的小方块。段落文字、路径文字也是一样。一旦文字过多无法完全显示，可以通过调整文本框或者路径的形态来扩大文字显示范围，或者删除部分文字，也可以采用更改文字大小或间距等方法，避免文本溢出问题的发生。

3. 设置区域文字选项

选择文字对象，然后执行“文字 > 区域文字选项”命令，在弹出的“区域文字选项”窗口中可以进行相应的设置，如图 6-32 所示。

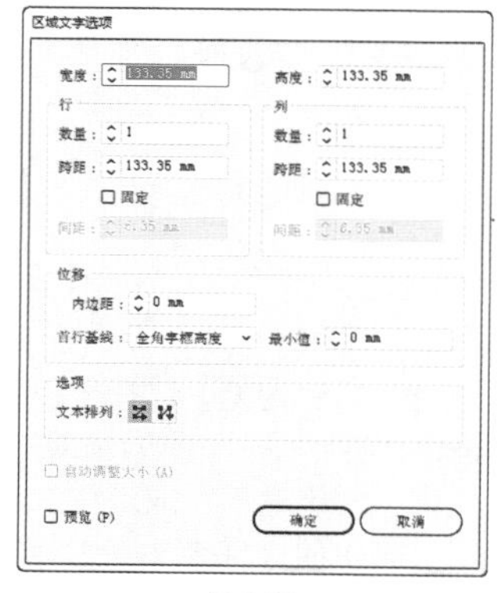

图6-32

练习实例：使用“区域文字工具”制作音乐主题画册内页

文件路径	资源包\第6章\练习实例：使用“区域文字工具”制作音乐主题画册内页
难易指数	★★★★★
技术掌握	“文字工具”“区域文字工具”“渐变工具”

实例效果

扫一扫，看视频

本实例演示效果如图 6-33 所示。

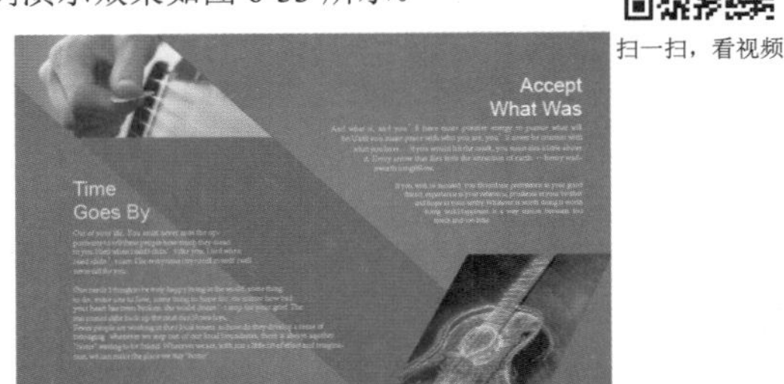

图6-33

操作步骤

步骤 01 执行“文件 > 新建”命令或按快捷键 Ctrl+N，创建新文档。单击工具箱中的“矩形工具”按钮，在画板上绘制一个矩形对象。保持该对象的选中状态，去除描边。效果如图 6-34 所示。

图6-34

步骤 02 编辑背景颜色。执行“窗口>渐变”命令，在弹出的“渐变”面板中编辑一种粉色系的径向渐变，设置“类型”为“径向”，“角度”为–0.3°，如图6-35所示。选中矩形，单击渐变缩览图，为矩形赋予渐变，并使用“渐变工具”调整渐变位置。效果如图6-36所示。

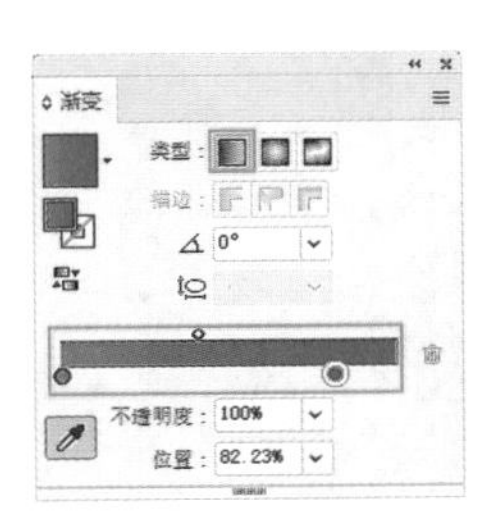

图6-35

图6-36

步骤 03 单击工具箱中的“钢笔工具”按钮，在画面中绘制一个条形对象，在控制栏中设置填充为紫色，描边为无。效果如图 6-37 所示。如果界面中没有显示控制栏，可以执行“窗口 > 控制”命令将其显示。

图6-37

步骤 04 添加素材。执行“文件 > 置入”命令，置入素材1.jpg，然后单击控制栏中的“嵌入”按钮，将其嵌入画板中。选择一个顶点，按住 Shift 键的同时按住鼠标左键拖曳至合适的大小，放到相应的位置，如图 6-38 所示。单击工具箱中的“钢笔工具”按钮，绘制一个五边形，如图 6-39 所示。

图6-38

图6-39

步骤 05 选中五边形与素材 1.jpg，右击，在弹出的快捷菜单中执行“建立剪切蒙版”命令，如图 6-40 所示。使用同样的方法置入另外一个素材 2.jpg，并执行“建立剪切蒙版”命令，得到相应的图形，如图 6-41 所示。效果如图 6-42 所示。

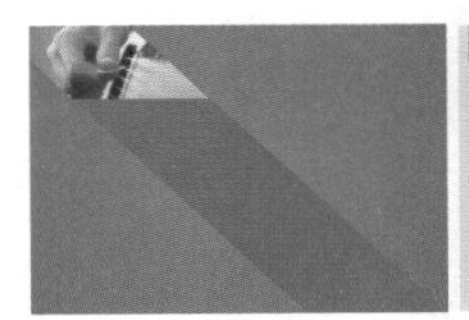

图6-40

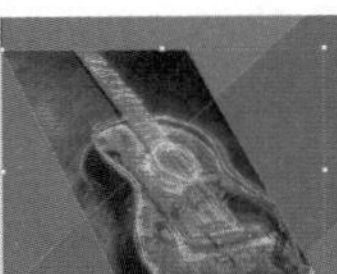

图6-41

图6-42

步骤 06 添加文字。单击工具箱中的“文字工具”按钮，在画板的左侧单击，在控制栏中设置填充为白色，描边为无，选择一种合适的字体，设置字体大小为 40pt，段落对齐方式为左对齐。然后单击“字符”按钮，在弹出的下拉面板中设置“行距”为 48pt。输入第一行文字后，按 Enter 键换行，再输入第二行文字，如图 6-43 和图 6-44 所示。

图6-43

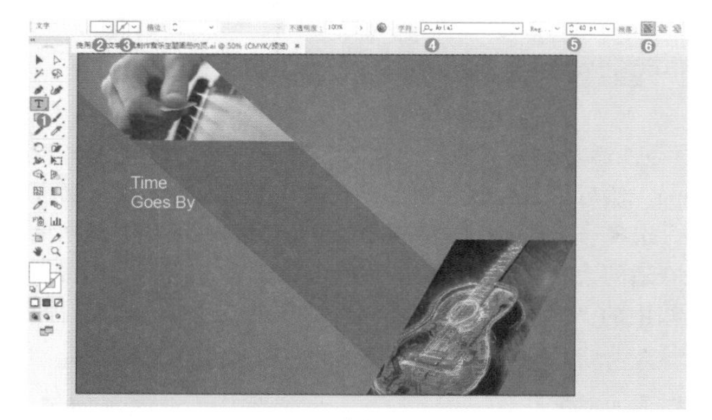

图6-44

步骤 07 使用同样的方法输入右侧的文字，并在控制栏中修改“段落”对齐方式为右对齐，如图 6-45 所示。继续输入左下角的文字。同样使用“文字工具”，在控制栏中设置填充为白色，描边为无，“不透明度”为 70%，选择一种合适的字体，设置字体大小为 15pt，段落对齐方式为左对齐，单击“字符”按钮，在弹出的下拉面板中设置“行距”为 18pt。输入第一行文字后，按 Enter 键换行，再输入第二行文字，如图 6-46 所示。

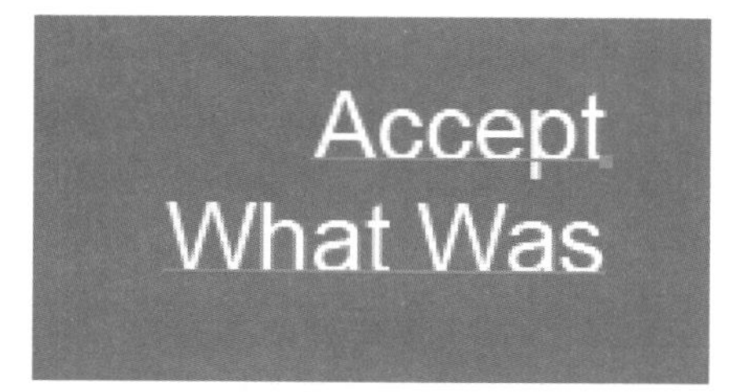

图6-45

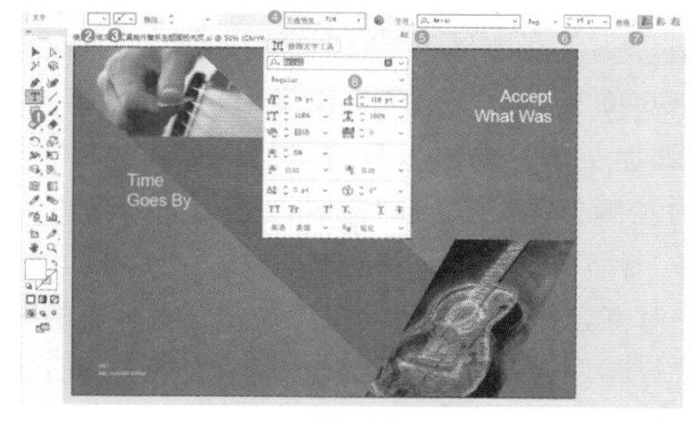

图6-46

步骤 08 制作左下角的区域文字。单击工具箱中的“钢笔工具”按钮，绘制一个梯形，如图 6-47 所示。单击工具箱中的“区域文字工具”按钮，然后单击梯形对象边缘；在控制栏中设置填充为白色，描边为无，“不透明度”为 80%，选择一种合适的字体，设置字体大小为 16.11pt；单击“字符”按钮，在弹出的下拉面板中设置“行距”为 19.34pt；输入文字。然后选中区域文本对象，执行“窗口 > 段落”命令，设置“对齐方式”为两端对齐，末行左对齐，如图 6-48 所示。

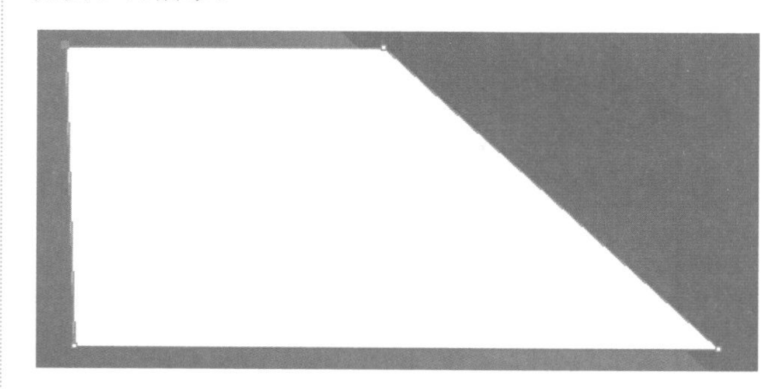

图 6-47

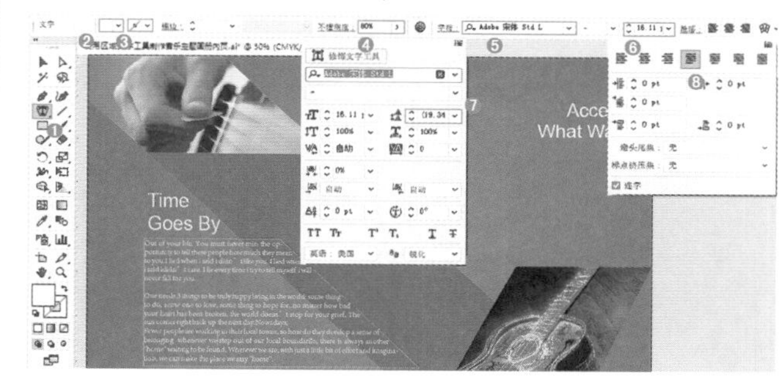

图6-48

步骤 09 使用同样的方法绘制右侧的区域文字。最终效果如图 6-49 所示。

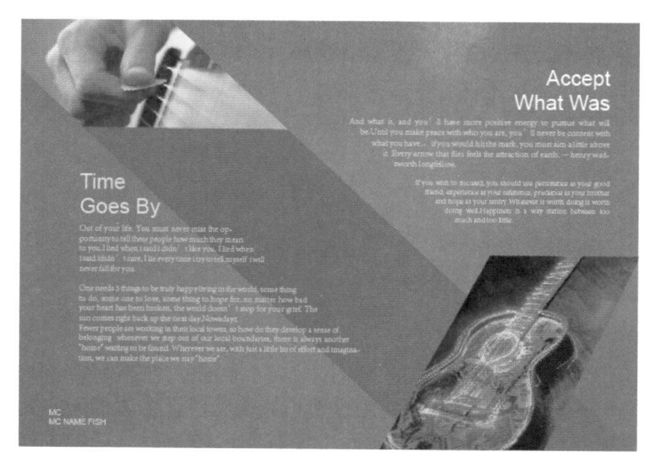

图6-49

重点 6.1.3 动手练：使用“路径文字工具”创建文本

前面介绍的两种文字都是排列比较规则的，但是有的时候可能需要一些排列得不那么规则的文字效果。比如使文字围绕在某个图形周围，或者使文字像波浪线一样排布等，这时就要用到“路径文字工具”。使用“路径文字工具”可以将普通路径转换为文字路径，然后在文字路径上输入和编辑文字，文字将沿路径形状进行排列，如图 6-50~ 图 6-52 所示。

图6-50

图6-51

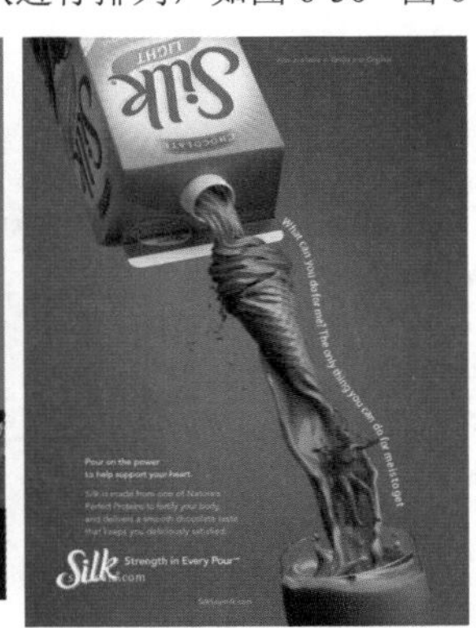

图6-52

（1）绘制一段路径，如图 6-53 所示。右击文字工具组按钮，在弹出的工具组中选择“路径文字工具”，然后将光标移动至路径上方，待其变为形状后单击，如图 6-54 所示。随即会显示占位符，此时可以在控制栏中对字体、字号等参数进行设置。设置完毕可以更改文字的内容，输入的文字会自动沿路径排列，如图 6-55 所示。

图6-53

图6-54

图6-55

（2）选择路径文字对象，执行“文字 > 路径文字 > 路径文件选项”命令，弹出“路径文字选项”窗口，在“效果”下拉列表框中选择一种效果，然后单击“确定”按钮，如图 6-56 所示。如图 6-57 所示为各种路径文字的效果。

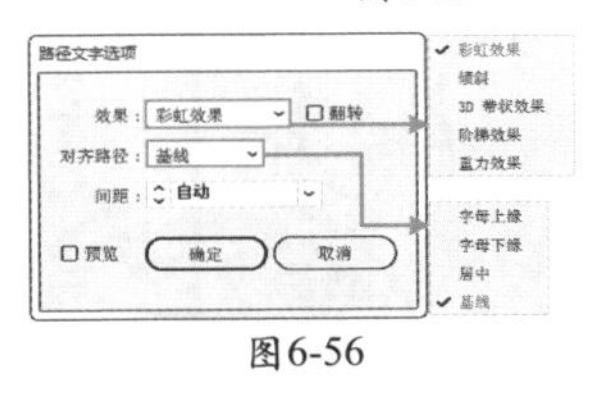

图6-56

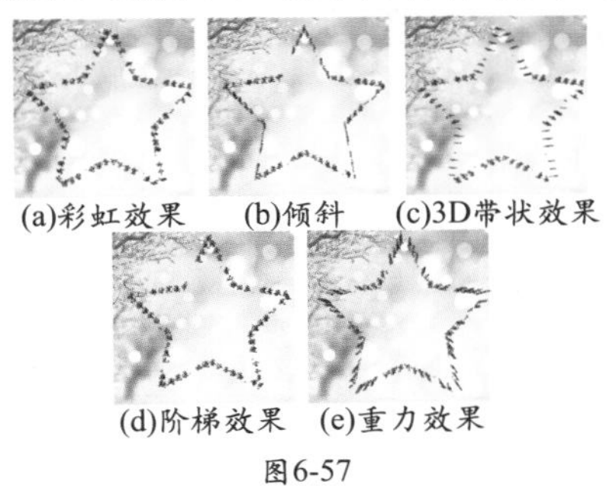

(a)彩虹效果 (b)倾斜 (c)3D带状效果

(d)阶梯效果 (e)重力效果

图6-57

（3）将光标移动至路径文字起点位置，待其变为形状后，按住鼠标左键拖曳可以调整路径文字起点的位置，如图 6-58 所示。将光标移动至路径文字的终点位置，待其变为形状后，按住鼠标左键拖曳可以调整路径文字终点的位置，如图 6-59 所示。

图6-58

图6-59

（4）单击工具箱中的“直排路径文字工具”按钮，将光标移动到路径上单击，如图 6-60 所示。文字会以竖向的方式在路径上排列，效果如图 6-61 所示。

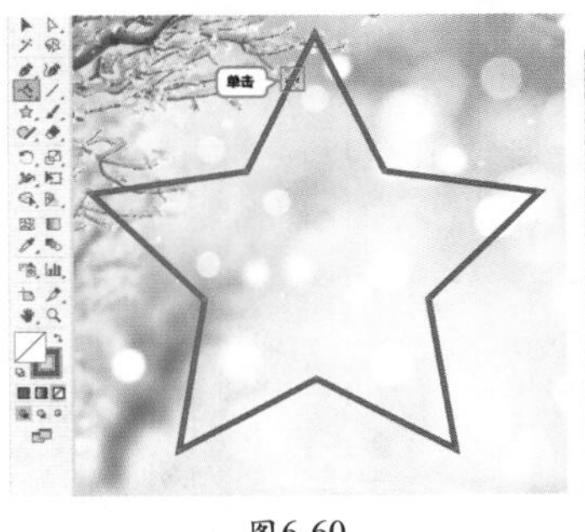

图6-60

图6-61

练习实例：使用“路径文字工具”制作徽章

文件路径	资源包\第6章\练习实例：使用“路径文字工具”制作徽章
难易指数	★★★★★
技术掌握	“路径文字工具”

实例效果

本实例演示效果如图 6-62 所示。

扫一扫，看视频

图6-62

操作步骤

步骤 01 执行“文件 > 新建”命令或按快捷键 Ctrl+N，创建新文档。单击工具箱中的“矩形工具”按钮，在控制栏中设置填充为灰色，描边为无，绘制一个和画板等大的矩形，如图 6-63 所示。如果界面中没有显示控制栏，可以执行“窗口 > 控制”命令将其显示。

图6-63

步骤 02 单击工具箱中的“椭圆工具”按钮，在控制栏中设置填充为无，描边为青绿色，描边粗细为 12pt，按住 Shift 键拖曳鼠标绘制一个正圆形，如图 6-64 所示。使用上述方法绘制一个填充色为青绿色的圆形，如图 6-65 所示。如果界面中没有显示控制栏，可以执行“窗口 > 控制”命令将其显示。

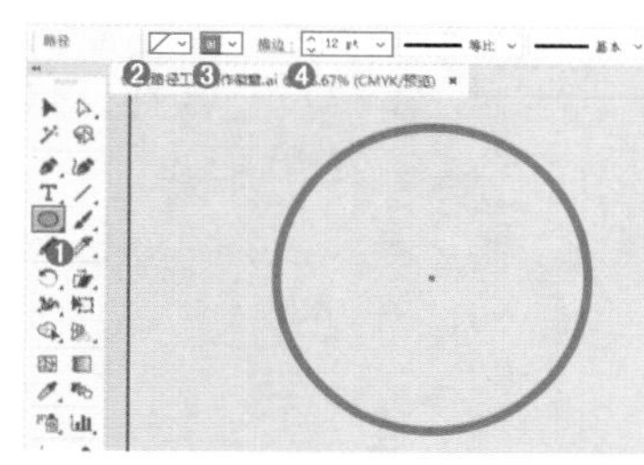

图6-64

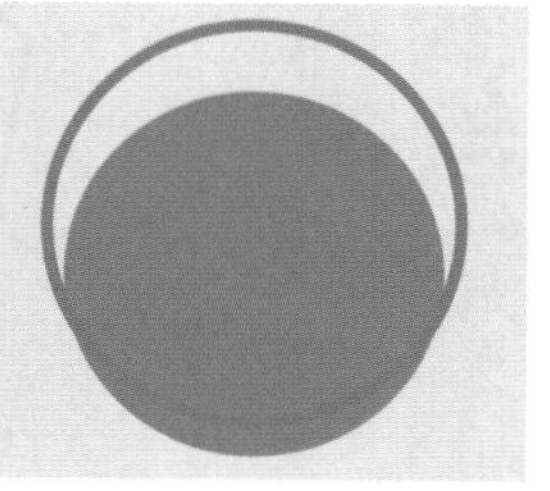

图6-65

步骤 03 选中这两个圆形，然后执行“窗口 > 对齐”命令，在弹出的“对齐”面板中单击“水平居中对齐”按钮，如图 6-66 所示。再单击“垂直居中对齐”按钮，如图 6-67 所示。

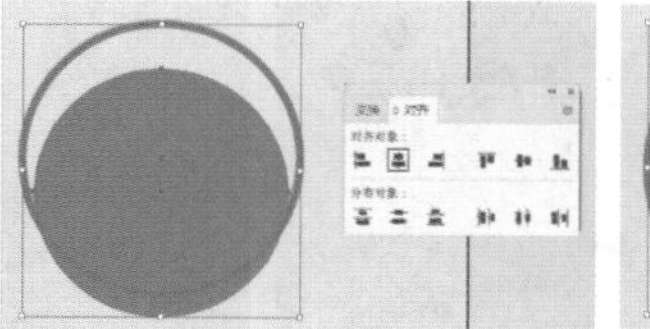

图6-66

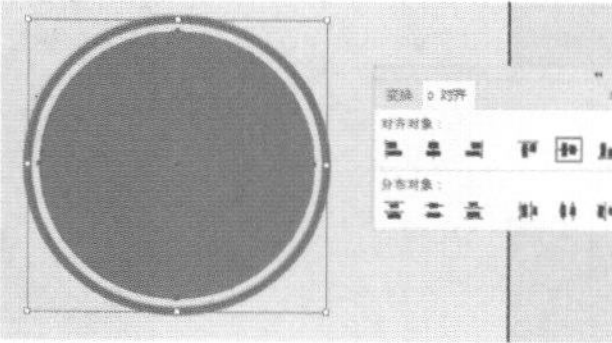

图6-67

步骤 04 使用上述方法再绘制一个圆形，如图 6-68 所示。单击工具箱中的“路径文字工具”按钮，将光标移到圆形路径的边缘上，当光标变为形状后单击。然后在控制栏中设置填充为白色，描边为无，选择一种合适的字体，设置字体大小为 36pt，段落对齐方式为左对齐，输入文字，如图 6-69 所示。

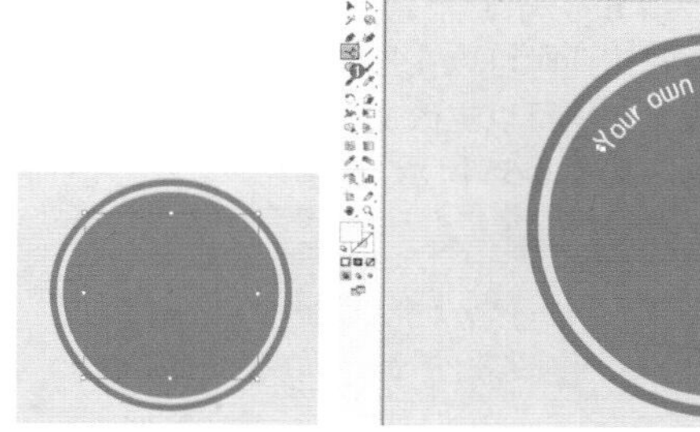

图6-68　图6-69

步骤 05 单击工具箱中的“钢笔工具”按钮，在控制栏中设置填充为无，描边为白色，描边粗细为 4pt，绘制一条直线路径，如图 6-70 所示。使用同样的方法再绘制一条直线路径，如图 6-71 所示。

图6-70

图6-71

步骤 06 执行“文件 > 打开”命令，打开素材 1.ai。选择所有素材，然后执行“编辑 > 复制”命令。效果如图 6-72 所示。回到刚才工作的文档中，执行“编辑 > 粘贴”命令，将粘贴出的对象分别移动到相应位置。效果如图 6-73 所示。

图6-72

图6-73

步骤 07 单击工具箱中的“文字工具”按钮，在控制栏中设置填充为白色，描边为无，选择一种合适的字体，设置字体大小为48pt，段落对齐方式为左对齐，输入文字，如图6-74所示。使用同样的方法添加其他文字，设置合适的字体、大小和颜色，如图6-75所示。

图6-74

图6-75

步骤 08 单击工具箱中的“钢笔工具”按钮，在圆形底部绘制一段曲线路径，如图6-76所示。单击工具箱中的“路径文字工具”按钮，在曲线路径上单击一下，然后在控制栏中设置填充为白色，描边为无，选择一种合适的字体，设置字体大小为36pt，段落对齐方式为左对齐，再次输入一段路径文字，如图6-77所示。

图6-76

图6-77

6.1.4 修饰文字工具

“修饰文字工具”可以在保持文字属性的状态下对单个字符进行移动、旋转和缩放等操作。在制作艺术变形文字以及进行文字排版时，这一工具很常用。

（1）右击“文字工具组”按钮，在弹出的工具组中选择“修饰文字工具”，在字符上单击即可显示定界框，如图6-78所示。将光标移动至左下角控制点处，按住鼠标左键拖曳即可移动字符位置，如图6-79所示。

图6-78

图6-79

（2）将光标移动至左上角的控制点上，按住鼠标左键上下拖曳即可将字符沿垂直方向进行缩放，如图6-80所示。左右拖曳右下角的控制点可以沿水平方向进行缩放，如图6-81所示。

图6-80

图6-81

（3）拖曳右上角的控制点可以等比缩放字符，如图6-82所示。拖曳顶端的控制点可以旋转字符，如图6-83所示。

图6-82

图6-83

举一反三：使用“修饰文字工具”制作电商广告

（1）文字经过排版后，虽然已经有了大致的模样，但是由于主体文字大小一致，所以少了一些变化感，如图6-84所示。选择工具箱中的“修饰文字工具”，在标题字母上单击选中字母，然后拖曳右上角的控制点将文字进行缩放，如图6-85所示。继续调整其他字母，如图6-86所示。

扫一扫，看视频

图6-84

图6-85

图6-86

（2）使用“修饰文字工具”将标点符号进行旋转，如图 6-87 所示。完成效果如图 6-88 所示。

图6-87

图6-88

6.1.5 动手练：制作变形文字

在制作艺术字效果时，经常需要对文字进行变形。Illustrator 提供了对文字进行变形的功能。首先需要创建好文字，然后在“变形选项”窗口中的“样式”下拉列表框中选择一个合适的变形方式进行文字的变形。如图 6-89 和图 6-90 所示为变形文字效果。

图6-89　图6-90

选中需要变形的文字图层，在使用“文字工具”的状态下，在控制栏中单击“制作封套”按钮，打开“变形选项”窗口。在该窗口中打开“样式”下拉列表框，从中可以选择变形文字的方式；接着可以对变形轴、弯曲、水平扭曲、垂直扭曲的数值进行设置，如图 6-91 所示。如图 6-92 所示为未变形的文字以及不同变形方式的文字效果。如果界面中没有显示控制栏，可以执行“窗口 > 控制”命令将其显示。

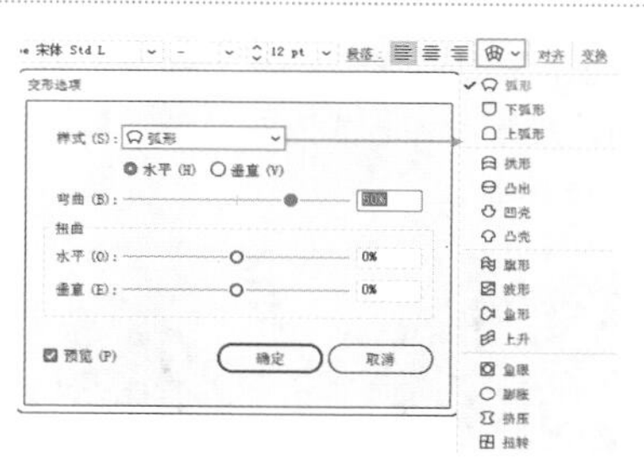

图6-91

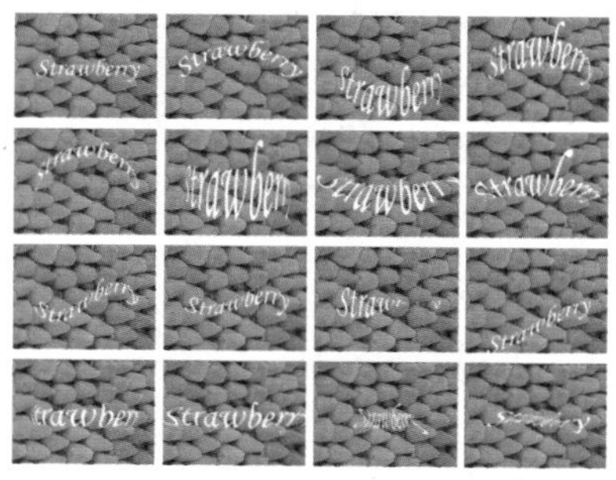

图6-92

- 水平 / 垂直：选中“水平”单选按钮，文本扭曲的方向为水平方向，如图 6-93 所示；选中“垂直”单选按钮时，文本扭曲的方向为垂直方向，如图 6-94 所示。

图6-93

图6-94

- 弯曲：用来设置文本的弯曲程度。如图6-95和图6-96所示是参数为–60和60的变形效果。

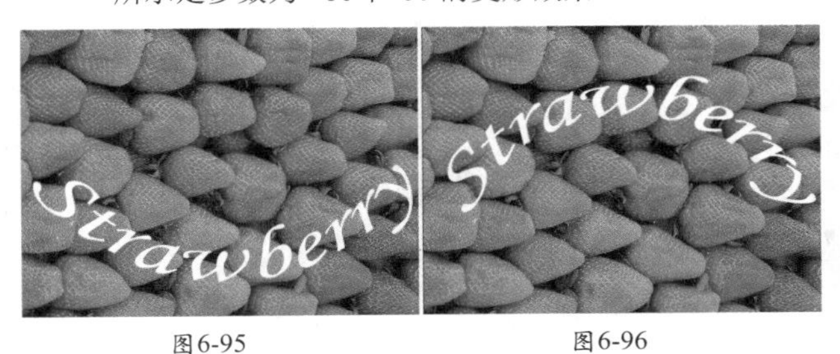

图6-95　　图6-96

- 水平扭曲：设置水平方向的透视扭曲变形的程度。如图6-97和图6-98所示是参数为100和–100的变形效果。

图6-97　　图6-98

- 垂直扭曲：设置垂直方向的透视扭曲变形的程度。如图6-99和图6-100所示是参数为–60和60的变形效果。

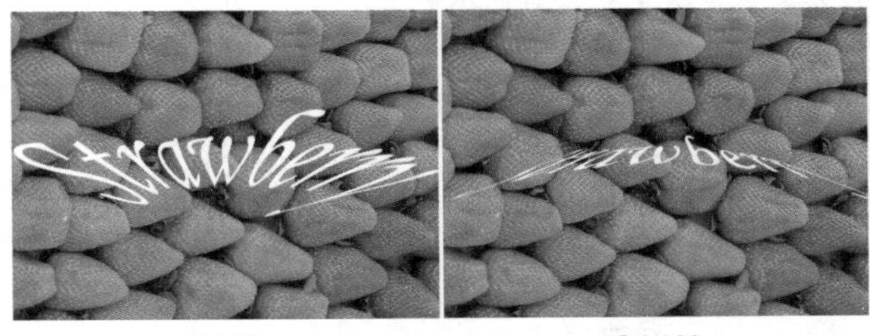

图6-99　　图6-100

练习实例：利用文字变形功能制作趣味标志

文件路径	资源包\第6章\练习实例：利用文字变形功能制作趣味标志
难易指数	★★★★★
技术掌握	文字变形、“文字工具”

实例效果

本实例演示效果如图6-101所示。

扫一扫，看视频

图6-101

操作步骤

步骤01 执行“文件>新建”命令或按快捷键Ctrl+N，创建新文档。单击工具箱中的“矩形工具”按钮，绘制一个与画板等大的矩形。执行“窗口>渐变”命令，打开“渐变”面板。在该面板中设置“类型”为“径向”，“长宽比”为121%，编辑一种蓝色系的渐变，如图6-102所示。选择背景矩形，单击渐变缩览图。效果如图6-103所示。

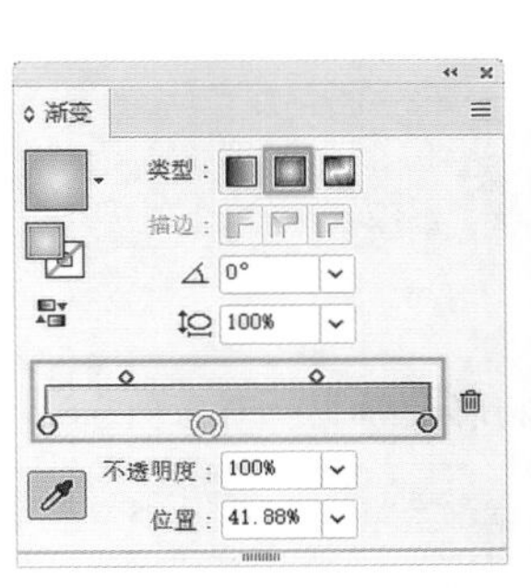

图6-102

图6-103

步骤02 执行“文件>打开”命令，打开素材1.ai。选择所有素材，然后执行“编辑>复制”命令，如图6-104所示。回到刚才工作的文档中，执行“编辑>粘贴”命令，将粘贴出的对象移动到合适位置，如图6-105所示。

图6-104　　图6-105

步骤03 单击工具箱中的“文字工具”按钮，在控制栏中设置填充为白色，描边为无，选择一种合适的字体，设置字体大小为24.24pt，段落对齐方式为左对齐。在画板上部输入文字，如图6-106所示。

图6-106

步骤 04 单击控制栏中的“制作封套”按钮，在弹出的“变形选项”窗口中设置“样式”为“弧形”，“弯曲”为50%，单击“确定”按钮，如图6-107所示。效果如图6-108所示。如果界面中没有显示控制栏，可以执行“窗口>控制”命令将其显示。

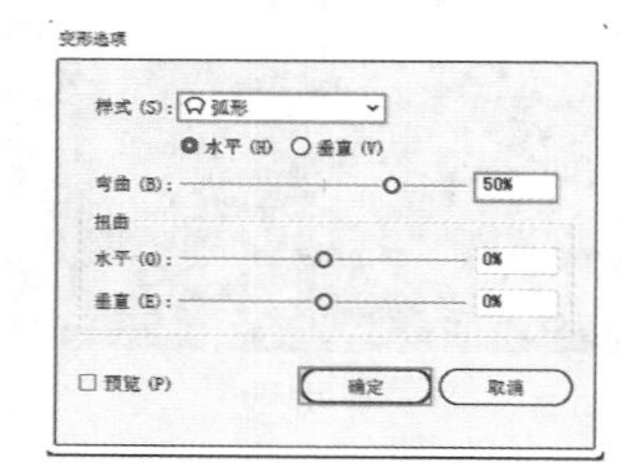

图6-107

图6-108

步骤 05 使用上述方法再添加一行文字，如图6-109所示。然后设置合适的变换形态，如图6-110所示。效果如图6-111所示。

图6-109

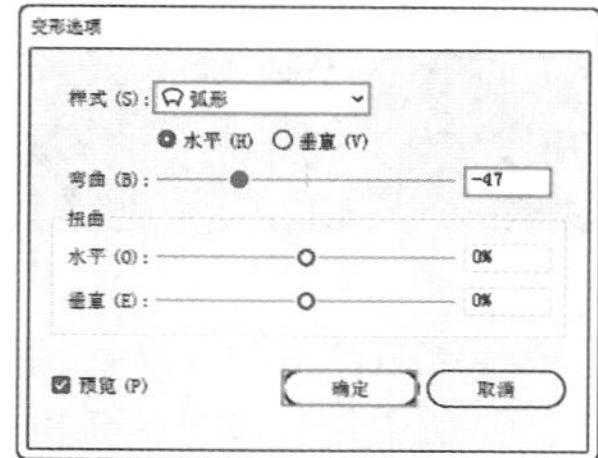

图6-110

图6-111

练习实例：使用“文字工具”制作糖果广告

扫一扫，看视频

文件路径	资源包\第6章\练习实例：使用“文字工具”制作糖果广告
难易指数	★★★★★
技术掌握	“文字工具”、创建轮廓

实例效果

本实例演示效果如图6-112所示。

图6-112

操作步骤

步骤 01 执行“文件>新建”命令或按快捷键Ctrl+N，创建新文档。单击工具箱中的“椭圆工具”按钮，在控制栏中设置填充为紫色，描边为无，绘制一个圆形，如图6-113所示。然后在控制栏中设置“不透明度”为10%，如图6-114所示。如果界面中没有显示控制栏，可以执行“窗口>控制”命令将其显示。

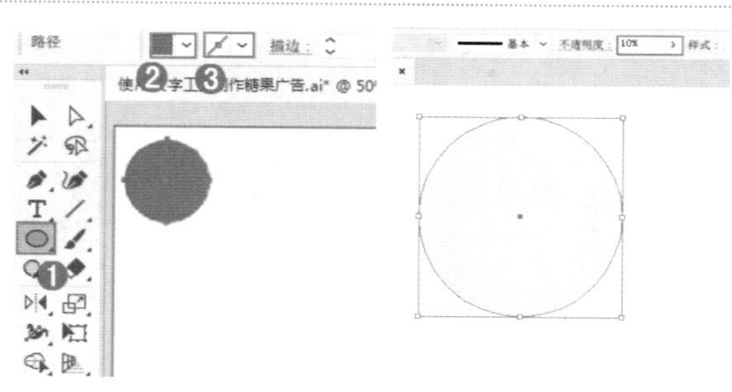

图6-113　　图6-114

步骤 02 使用上述方法绘制其他圆形，并依次为其填充合适的颜色、修改合适的透明度，如图6-115所示。使用“矩形工具”绘制一个矩形，如图6-116所示。然后选择所有图形，右击，在弹出的快捷菜单中执行“建立剪切蒙版”命令，如图6-117所示。

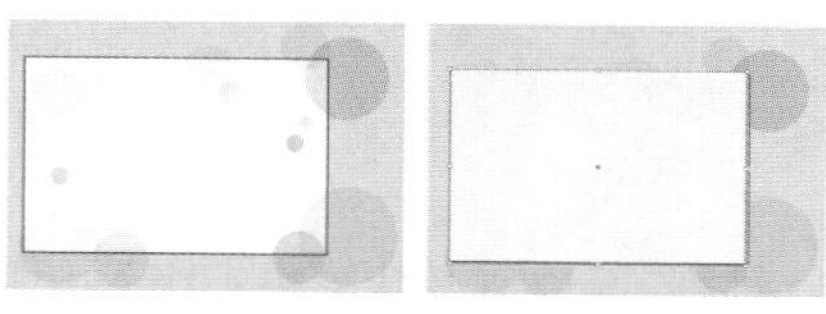

图6-115　　图6-116　　图6-117

步骤 03 单击工具箱中的“钢笔工具”按钮，去除填充和描边，在画板上绘制一个不规则的图形，如图6-118所示。执行“窗口>渐变”命令，在弹出的“渐变”面板中设置“类型”为“径向”，编辑一种黄色系的渐变，如图6-119所示。选中该图形，单击渐变缩览图，为其赋予渐变，效果如图 6-120 所示。

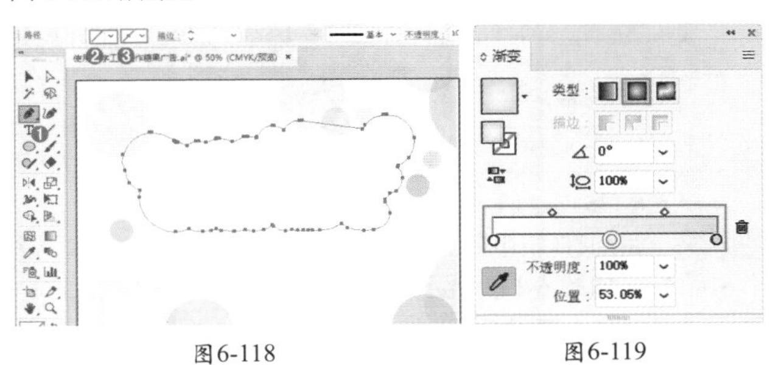

图6-118　　图6-119

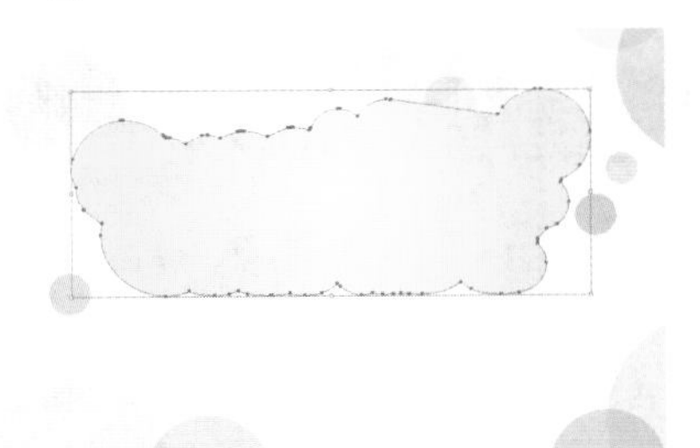

图6-120

步骤 04 执行“效果 > 风格化 > 投影”命令，在弹出的“投影”窗口中设置“模式”为“正片叠底”，“不透明度”为 75%，“X 位移”为 1mm，“Y 位移”为 1mm，“模糊”为 1mm，选中“颜色”单选按钮，设置颜色为灰色，单击“确定”按钮，如图 6-121 所示。效果如图 6-122 所示。

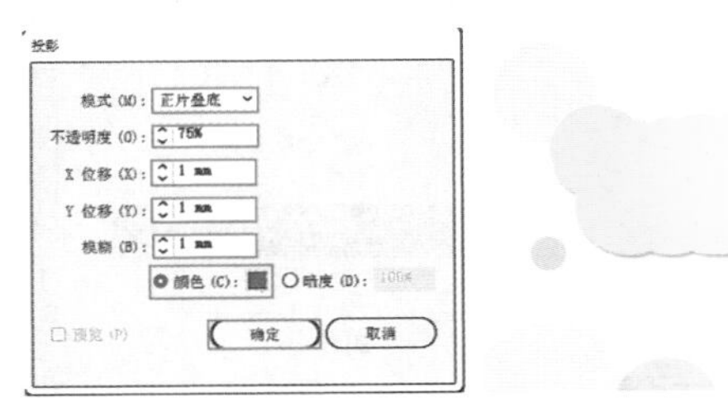

图6-121　　图6-122

步骤 05 单击工具箱中的“文字工具”按钮 T，在控制栏中设置填充为绿色，描边为无，选择一种合适的字体，设置字体大小为 118.97pt，段落对齐方式为左对齐，在画面中单击并输入文字，如图 6-123 所示。选中文字对象，执行“文字 > 创建轮廓”命令，将文字变为图形对象（文字对象无法直接添加渐变填充效果，所以需要通过“创建轮廓”命令将文字对象变为图形对象后进行），如图 6-124 所示。

图6-123

图6-124

步骤 06 执行“窗口 > 渐变”命令，在弹出的“渐变”面板中设置“类型”为“线性”，编辑一种绿色系的渐变，如图 6-125 所示。选中该文本，单击渐变缩览图，为其赋予渐变。效果如图 6-126 所示。

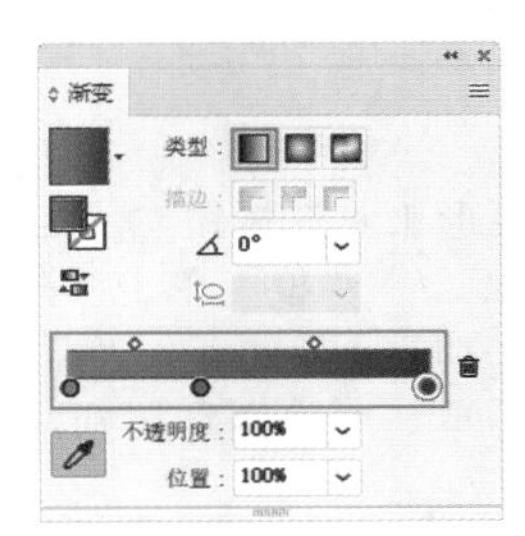

图6-125　　图6-126

步骤 07 执行“效果 > 风格化 > 投影”命令，在弹出的“投影”窗口中设置“模式”为“正片叠底”，“不透明度”为 75%，“X 位移”为 1mm，“Y 位移”为 1mm，“模糊”为 0mm，选中“颜色”单选按钮，设置颜色为绿色，单击“确定”按钮，如图 6-127 所示。效果如图 6-128 所示。

图6-127　　图6-128

步骤 08 使用同样的方法再执行一次“投影”命令，更改颜色为暗黄色，如图 6-129 所示。

图6-129

步骤 09 使用上述方法再添加一行标题文字，如图 6-130 所示。然后为其添加合适的投影，如图 6-131 所示。

图6-130

图6-131

步骤 10 单击工具箱中的“圆角矩形工具”按钮，在控制栏中设置填充为绿色，描边为无。在画板上单击，在弹出的“圆角矩形”窗口中设置“宽度”为80mm，“高度”为25mm，“圆角半径”为5mm，单击“确定”按钮，如图6-132所示。效果如图6-133所示。

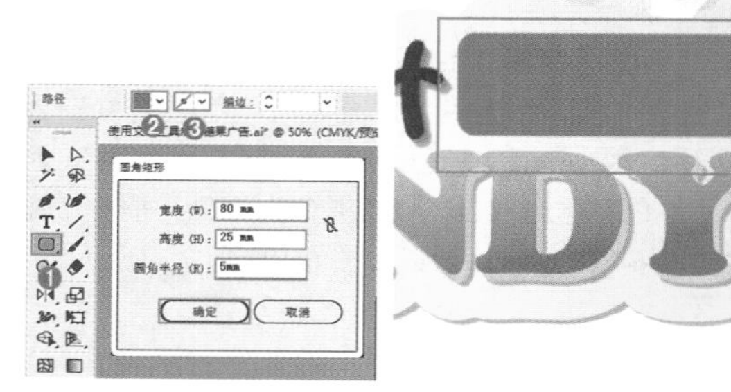

图6-132　　图6-133

步骤 11 选中刚才绘制的圆角矩形对象，按快捷键Ctrl+C进行复制，按快捷键Ctrl+F将复制的对象贴在前面，然后在按住鼠标左键的同时按住Shift+Alt组合键进行等比例缩放。效果如图6-134所示。保持复制出的矩形的选中状态，然后在控制栏中设置填充为无，描边为白色，描边粗细为1pt，单击“描边”按钮，在弹出的下拉面板中勾选“虚线”复选框，设置数值大小为12pt，如图6-135所示。

图6-134　　图6-135

步骤 12 选择绿色的圆角矩形，使用上述方法为其添加一种灰色的投影，如图6-136所示。效果如图6-137所示。

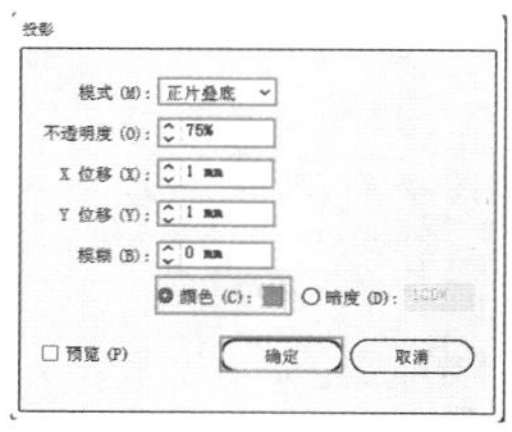

图6-136　　图6-137

步骤 13 单击工具箱中的“文字工具”，设置合适的字体、大小和颜色，如图6-138所示。选择两个矩形和其中的文字，旋转一定角度，如图6-139所示。

图6-138　　图6-139

步骤 14 单击工具箱中的“矩形工具”按钮，在控制栏中设置填充为无，描边为粉色，描边粗细为1pt，绘制一个矩形，如图6-140所示。接着使用“圆角矩形工具”绘制一个圆角矩形，如图6-141所示。

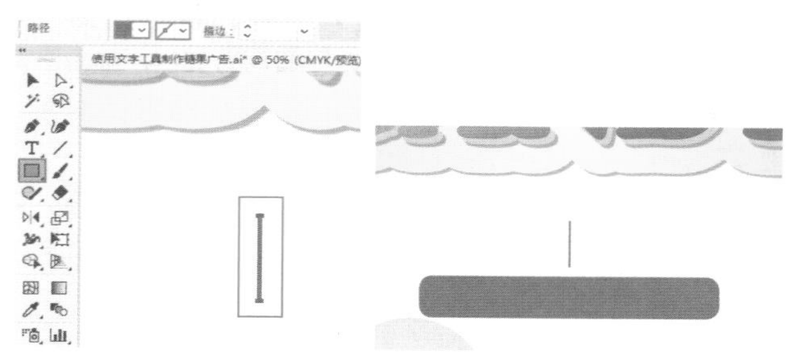

图6-140　　图6-141

步骤 15 使用“文字工具”设置合适的字体、大小和颜色，依次输入文字。然后执行“文件＞打开”命令，打开素材1.ai。选择所有素材对象，然后执行“编辑＞复制”命令；回到刚才工作的文档中，执行“编辑＞粘贴”命令，将粘贴出的对象依次移动到相应位置，并调整合适的大小，如图6-142所示。

图6-142

6.2 “字符”面板：编辑字符属性

执行“窗口 > 文字 > 字符”命令或按快捷键 Ctrl+T，打开“字符”面板。该面板专门用来定义页面中字符的属性。默认情况下该面板仅显示部分选项；在面板菜单中执行“显示选项”命令，如图 6-143 所示。显示全部的选项，如图 6-144 所示。

扫一扫，看视频

图6-143

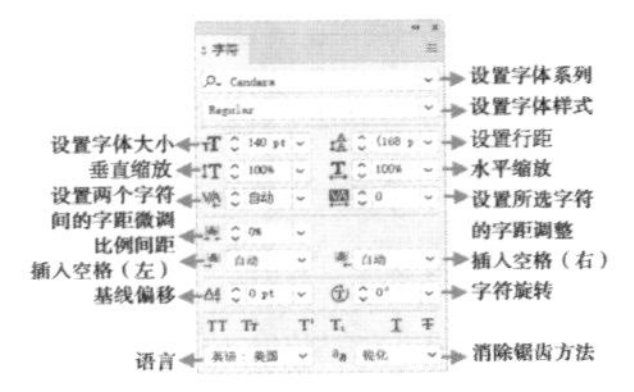

图6-144

- 设置字体系列：在该下拉列表框中可以选择文字的字体。如图6-145和图6-146所示为不同字体的对比效果。

图6-145　　图6-146

- 设置字体样式：设置所选字体的字体样式。
- 设置字体大小：在该下拉列表框中可以选择字体大小，也可以输入自定义数值。如图 6-147 所示为不同数值的对比效果。

（a）字号：400pt　　（b）字号：600pt

图6-147

- 设置行距：用于设置字符行之间的间距大小。如图 6-148 所示为不同数值的对比效果。

（a）行距：120　　（b）行距：200

图6-148

- 水平缩放：用于设置文字的水平缩放百分比。如图 6-149 所示为不同数值的对比效果。

（a）水平缩放：50%　　（b）水平缩放：120%

图6-149

- 垂直缩放：用于设置文字的垂直缩放百分比。如图 6-150 所示为不同数值的对比效果。

（a）垂直缩放：50%　　（b）垂直缩放：120%

图 6-150

- 设置两个字符间的字距微调：用于设置两个字符间的间距。如图 6-151 所示为不同数值的对比效果。

（a）设置两个字符间的字距微调：200　（b）设置两个字符间的字距微调：80

图6-151

- 设置所选字符的字距调整：用于设置所选字符的间距。如图 6-152 所示为不同数值的对比效果。

（a）设置两个所选字符的字距调整：30　（b）设置两个所选字符的字距调整：80

图6-152

- 比例间距：用于设置日语字符的比例间距。如图 6-153 所示为不同数值的对比效果。

（a）比例间距：0%　　（b）比例间距：100%

图6-153

- 插入空格（左）：用于设置在字符左端插入空格。如图 6-154 所示为不同数值的对比效果。

（a）插入空格：1/8全角空格　　（b）插入空格：1/4全角空格

图6-154

- 插入空格（右）：用于设置在字符右端插入空格。
- 基线偏移：用来设置文字与文字基线之间的距离。如图 6-155 所示为不同数值的对比效果。

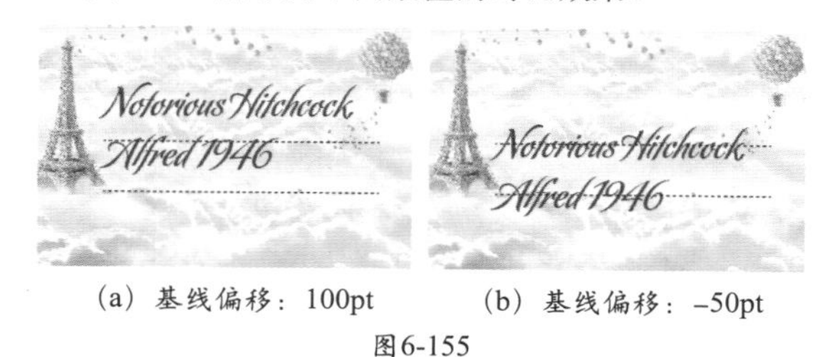

（a）基线偏移：100pt　　（b）基线偏移：-50pt

图6-155

- 字符旋转：用于设置字符的旋转角度。如图 6-156 所示为不同数值的对比效果。

（a）字符旋转：90°　　（b）字符旋转：-90°

图6-156

- 消除锯齿方法：可选择文字消除锯齿的方式。
- 语言：用于设置文字的语言类型。
- TT Tr T¹ T₁ T Ŧ：分别为全部大写字母TT、小型大写字母Tr、上标T¹、下标T₁、下划线T和删除线Ŧ。如图 6-157 所示为对比效果。

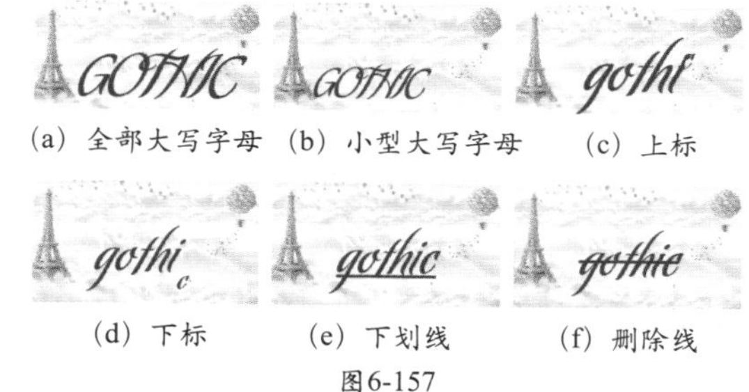

（a）全部大写字母　（b）小型大写字母　（c）上标

（d）下标　（e）下划线　（f）删除线

图6-157

练习实例：使用“文字工具”制作时尚杂志封面

文件路径	资源包\第6章\练习实例：使用“文字工具”制作时尚杂志封面
难易指数	★★★★★
技术掌握	“文字工具”

实例效果

本实例演示效果如图 6-158 所示。

扫一扫，看视频

图6-158

操作步骤

步骤 01 执行“文件 > 新建”命令或按快捷键 Ctrl+N，创建新文档。单击工具箱中的“矩形工具”按钮，在控制栏中设置填充为黄色，描边为无，在画板上绘制一个矩形，如图 6-159 所示。使用同样的方法绘制 3 个黄色矩形，放到相应位置。效果如图 6-160 所示。如果界面中没有显示控制栏，可以执行“窗口 > 控制”命令将其显示。

图6-159　　图6-160

步骤 02 添加素材。执行“文件>置入”命令，按住置入素材1.png，然后单击控制栏中的“嵌入”按钮，将其嵌入画板中。选择一个顶点，按住Shift键的同时按住鼠标左键拖曳至合适的大小，放到相应的位置，如图6-161所示。然后右击，在弹出的快捷菜单中执行“变换>镜像”命令，并将其移动到相应位置。执行“窗口>图层”命令，在弹出的“图层”面板中展开图层1，将人像素材移动到黄色正方形的下方。效果如图6-162所示。

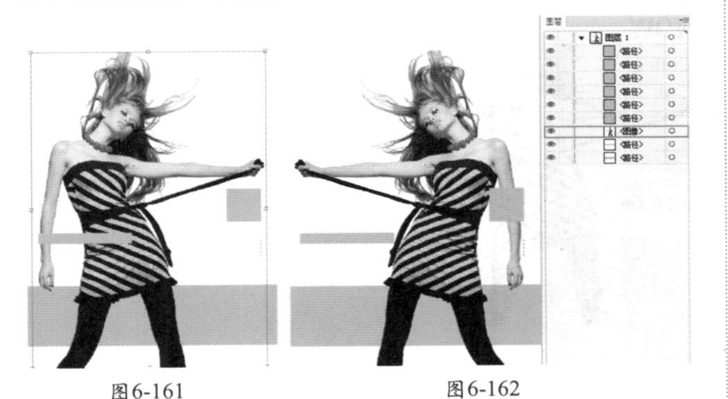

图6-161　　　　图6-162

步骤 03 制作杂志封面刊名文字。单击工具箱中的“文字工具”按钮T，在画板中单击插入光标，删除占位符，在控制栏中设置填充为黑色，描边为无，然后输入文字。文字输入完成后，选中文字，执行“窗口>文字>字符”命令打开字符面板，在该面板中，设置合适的字体、字号。设置“水平缩放”为105%，这样让文字看起来不那么纤长；设置“所选字符的字距调整”为–100%，这样字符之间的间距更加紧凑，如图6-163所示。然后选中中间的两个字母，修改其“填充”颜色为黄色。效果如图6-164所示。

图6-163

图6-164

步骤 04 单击工具箱中的“文字工具”按钮T，在人物左侧位置单击插入光标，然后输入文字。在输入文字过程中在需要换行的位置按下Enter键进行换行，文字输入完成后在窗口右侧属性面板中设置填充为黑色，描边为无。然后设置合适的字体、字号。设置“行距”为36pt，这样能够让文字的行与行之间更加紧凑。然后单击“左对齐”按钮，设置对齐方式为左对齐，如图6-165所示。选中其中一个单词将其更改为黄色，如图6-166所示。

图6-165

图6-166

步骤 05 以相同的方法在下方位置添加文字，设置合适的字体、字号，设置“行距”为14pt，对齐方式为“左对齐”，如图6-167所示。

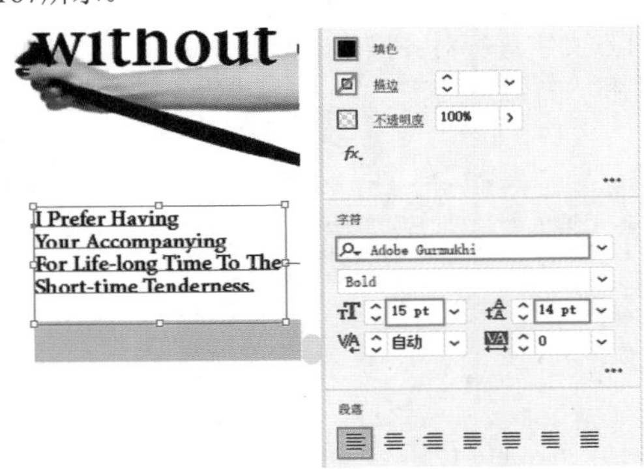

图6-167

步骤 06 使用上述方法在画板中添加其他文字，并按文字效果更改其相应参数值，如图 6-168 所示。最终效果如图 6-169 所示。

图6-168

图6-169

6.3 “段落”面板：编辑段落属性

扫一扫，看视频

“段落”面板用于设置文本段落的属性，如文字的对齐方式、缩进方式、避头尾设置、标点挤压设置和连字等属性。单击控制栏中的“段落”按钮或执行“窗口 > 文字 > 段落”命令，打开“段落”面板，如图6-170所示。默认情况下，“段落”面板中只显示最常用的选项。要显示所有选项，在面板菜单中执行“显示选项”命令即可，如图6-171所示。

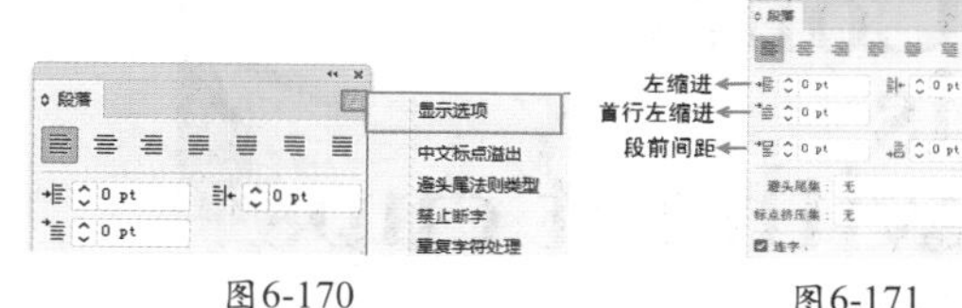

图6-170

对齐方式
左缩进
右缩进
首行左缩进
段前间距
段后间距

图6-171

重点 6.3.1 设置文本对齐方式

要进行文本对齐，首先要选择文本框或者在要对齐的段落中插入光标，如图6-172所示。接着单击“段落”面板中的对齐按钮即可进行对齐操作，如图6-173所示。不过，如果要对点文字进行对齐操作，则只能进行“左对齐”“居中对齐”和“右对齐”。

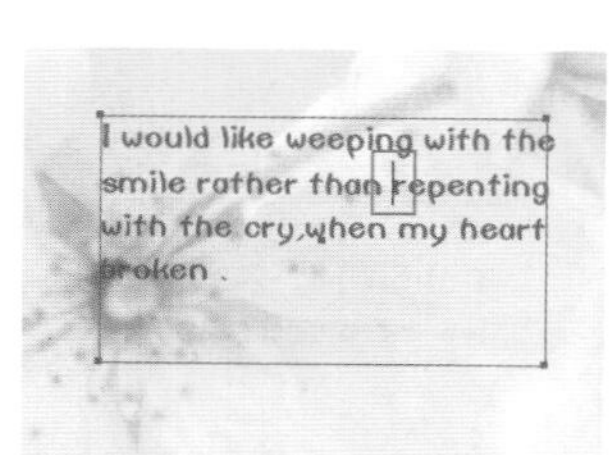

图6-172

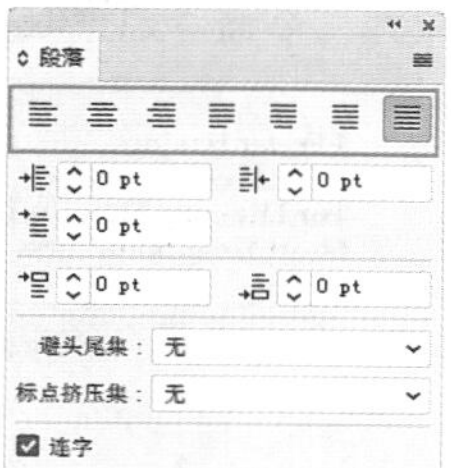

图6-173

- 左对齐：单击该按钮时，文字将与文本框的左侧对齐，并在每一行中放置更多的单词，如图6-174所示。
- 居中对齐：单击该按钮时，文字将按照中心线对齐，将每一行的剩余空间分成两部分，分别放置到文本行的两端，导致文本行的左右不整齐，如图6-175所示。
- 右对齐：单击该按钮时，文字将与文本框的右侧对齐，并在每一行中放置更多的单词，如图6-176所示。

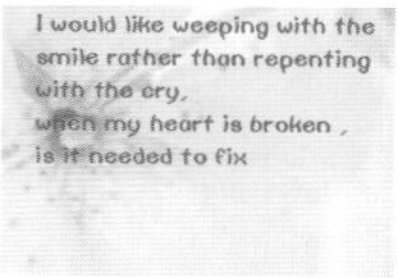

图6-174 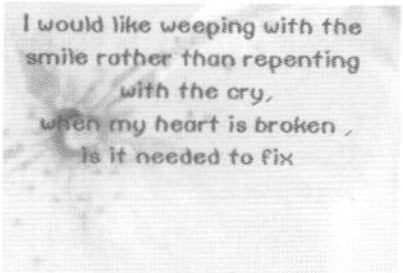　图6-175 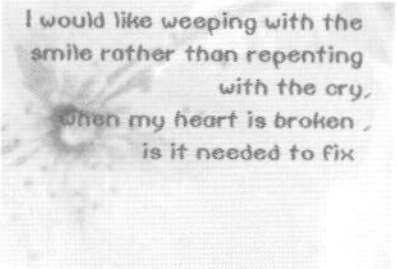　图6-176

- 两端对齐，末行左对齐：单击该按钮时，将在每行中尽量排入更多的文字，使两端和文本框对齐，将不能排入的文字放置在最后一行，并和文本框的左侧对齐，如图6-177所示。
- 两端对齐，末行居中对齐：单击该按钮时，将在每行中尽量排入更多的文字，使两端和文本框对齐，将不能排入的文字放置在最后一行中，并和文本框的中心线对齐，如图6-178所示。

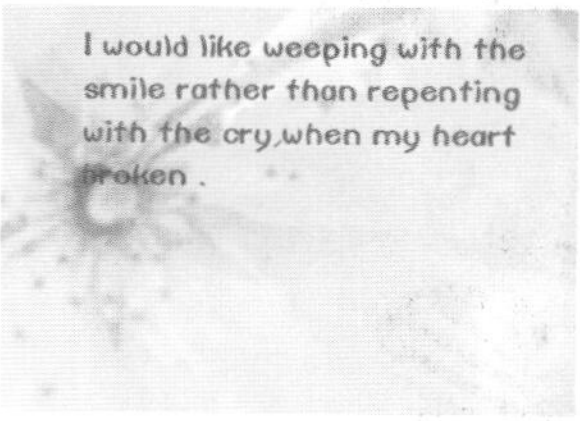

图6-177 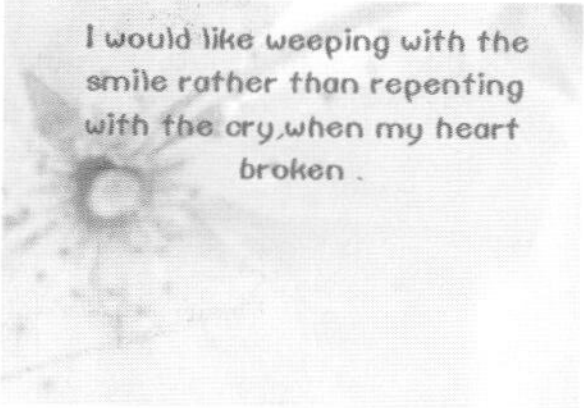　图6-178

- 两端对齐，末行右对齐：单击该按钮时，将在每行中尽量排入更多的文字，使两端和文本框对齐，将不能排入的文字放置在最后一行，并和文本框的右侧对齐，如图6-179所示。
- 全部两端对齐：单击该按钮时，文本框中的所有文字将按照文本框两侧进行对齐，中间通过添加字间距来填充，使文本的两侧保持整齐，如图 6-180 所示。

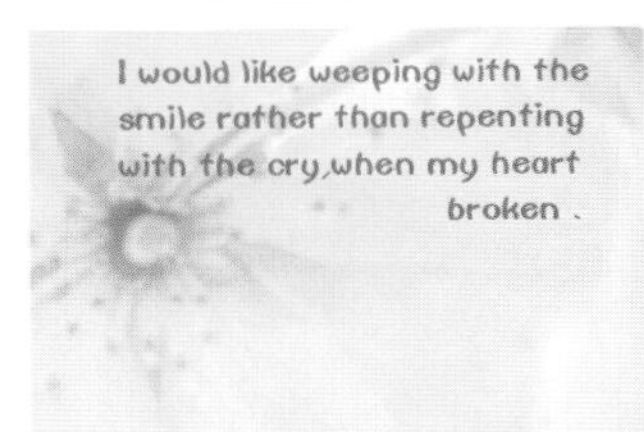

图6-179

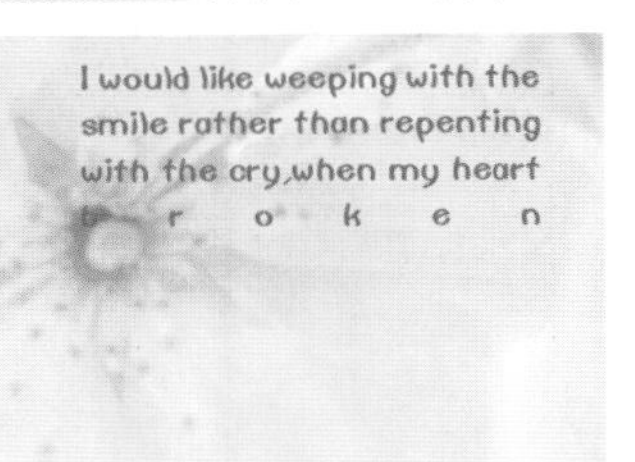

图6-180

重点 6.3.2 设置文本的缩进

缩进是指文字和段落文本边界间的间距量。缩进只影响选中的段落，因此可以方便地为多个段落设置不同的缩进数值。选择段落文字，如图 6-181 所示。在“段落”面板中选择相应的段落缩进方式，即可进行调整，如图 6-182 所示。

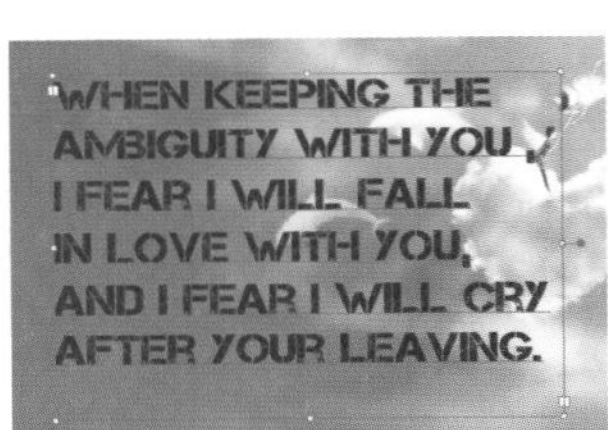

图6-181

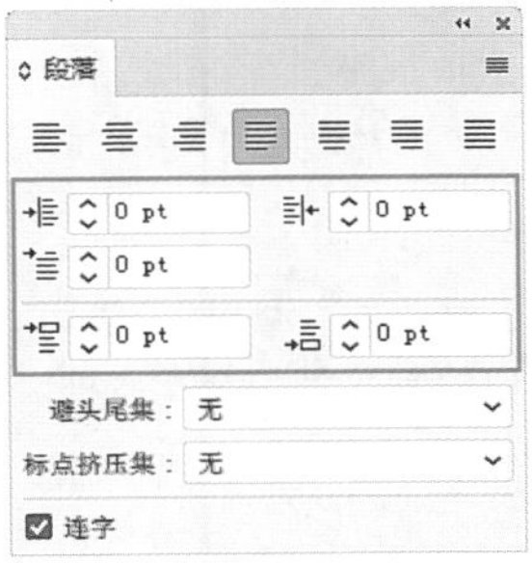

图6-182

（1）在“段落”面板的“左缩进”文本框中输入相应数值，文本的左侧边缘向右侧缩进，如图 6-183 所示。在“右缩进”文本框中输入相应数值，文本的右侧边缘向左侧缩进，如图 6-184 所示。在“首行左缩进”文本框中输入相应数值，文本的第一行向右侧缩进，如图 6-185 所示。

图6-183

图6-184

图6-185

（2）在段落中插入光标，如图 6-186 所示。在“段前间距”文本框中输入数值，效果如图 6-187 所示。若在“段后间距”文本框中输入数值，效果如图 6-188 所示。

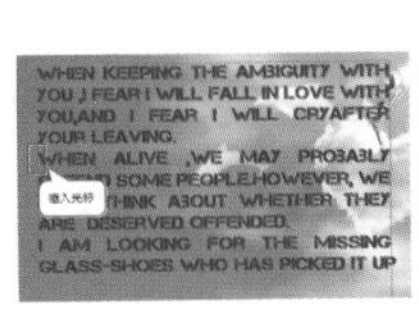

图6-186

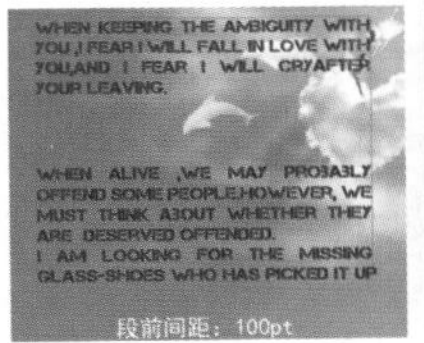

图6-187

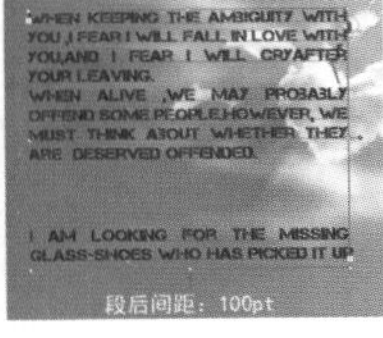

图6-188

6.3.3 避头尾法则设置

在中文书写习惯中，标点符号通常不会位于每行文字的第一位；日文的书写也有相同的规则，如图 6-189 所示。在 Illustrator 中可以通过设置“避头尾”来设定不允许出现在行首或行尾的字符。“避头尾”功能只会对段落文字或区域文字起作用。选中段落文字对象，执行“窗口 > 文字 > 段落”命令，打开“段落”面板。默认情况下“避头尾集”设置为“无”，可以根据需要在该下拉列表框中选择“严格”或者“宽松”，如图 6-190 所示。此时位于行首的标点符号位置发生了改变，如图 6-191 所示。

图6-189

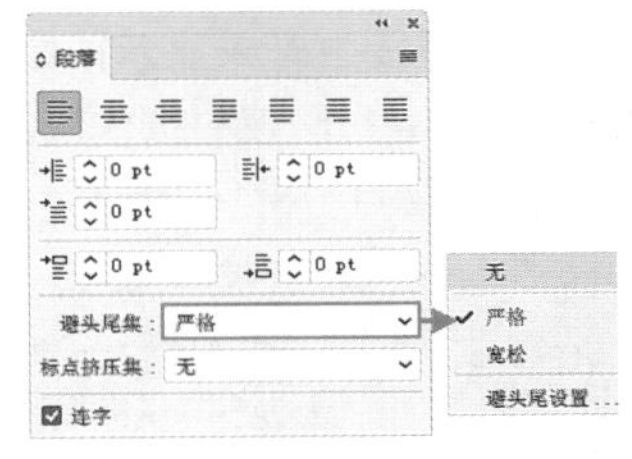

图6-190

图6-191

6.3.4 标点挤压设置

“标点挤压”用于指定亚洲字符、罗马字符、标点符号、特殊字符、行首、行尾和数字之间的间距。首先选择段落文字，如图 6-192 所示。执行“窗口 > 文字 > 段落”命令，打开“段落”面板。默认情况下“标点挤压集”设置为“无”，可以根据需要在该下拉列表框中选择不同的标点挤压类型，如图 6-193 所示。效果如图 6-194 所示。

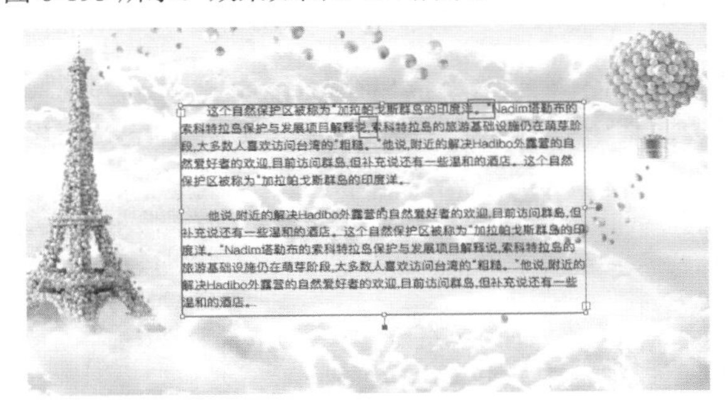

图6-192

图6-193　　图6-194

如果需要对所选的标点挤压规则进行设置，可以执行“文字 > 标点挤压设置”命令，在弹出的“标点挤压设置”窗口中选择需要设置的标点挤压集名称，然后进行参数的设置。

6.4 串接文本

扫一扫，看视频

文本串接是指将多个文本框相互连接，形成一连串的文本框。通过在第一个文本框中输入文字，多余的文字会自动显示在第二个文本框中。串接后的文本可以轻松调整文字布局，也便于统一管理，例如调整字间距、文字大小等属性。杂志或者书籍中大量的文字排版大多都是使用文本串接制作而成的。

6.4.1 建立串接

1. 处理溢出文字

当文本框的右下角出现⊞时表示该段中有未显示的字符，称之为“文本溢出”。使用“选择工具”▶在⊞上单击，如图 6-195 所示。此时光标变为▤状，接着在画板中按住鼠标左键拖曳绘制另外一个文本框，如图 6-196 所示。松开鼠标即可看到隐藏的字符，而这两个文本框之间也自动进行了串接，如图 6-197 所示。

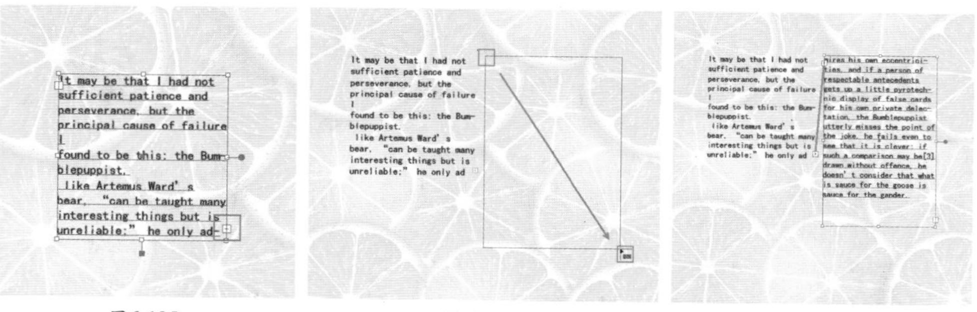

图6-195　　图 6-196　　图6-197

2. 串接独立的文本

若要将两个独立的文本进行串接，可以将这两个文本加选，如图6-198所示。执行“文字>串接文本>创建”命令，即可将两段文本进行串接。第一个文本框空着的区域会自动被第二个文本框中的文字向前填补，如图6-199所示。

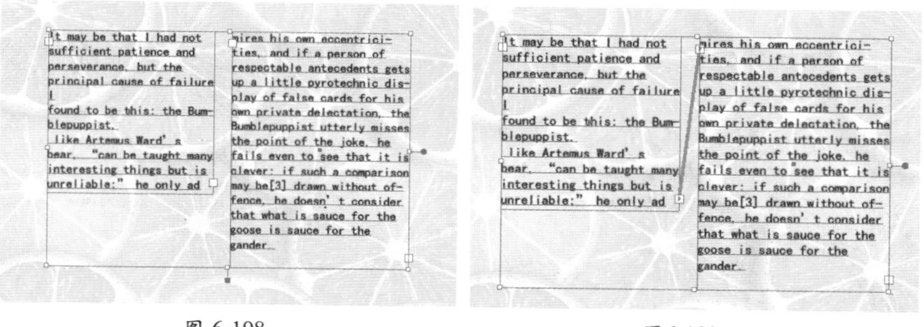

图 6-198　　图6-199

6.4.2 文本串接的释放与移去

1. 释放文本串接

释放文本串接就是解除文本串接关系，使文字集中到一个文本框内。在文本串接的状态下，选择一个需要释放的文本框，如图 6-200 所示。执行“文字 > 串接文本 > 释放所选文字”命令，选中的文本框将释放文本串接，如图 6-201 所示。或者直接按 Delete 键，即可删除文本框。

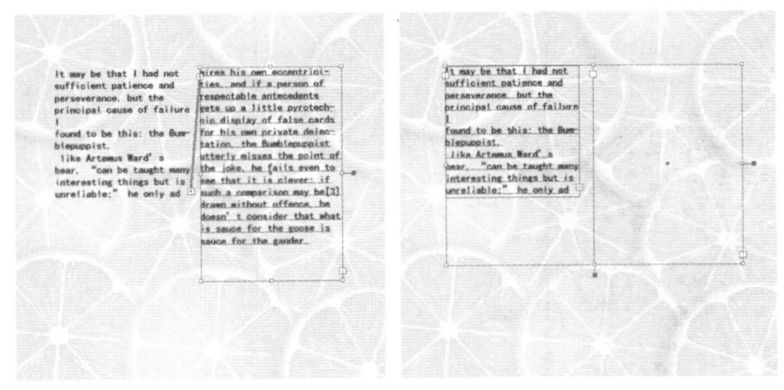

图6-200　　图6-201

2. 移去文本串接

移去文本串接是解除文本框之间的串接关系，使之成为独立的文本框，而且每个文本框中的文本位置不会产生变化。选择串接的文本，如图 6-202 所示。执行“文字 > 串接文本 > 移去串接文字”命令，文本框就能解除串接关系，如图 6-203 所示。

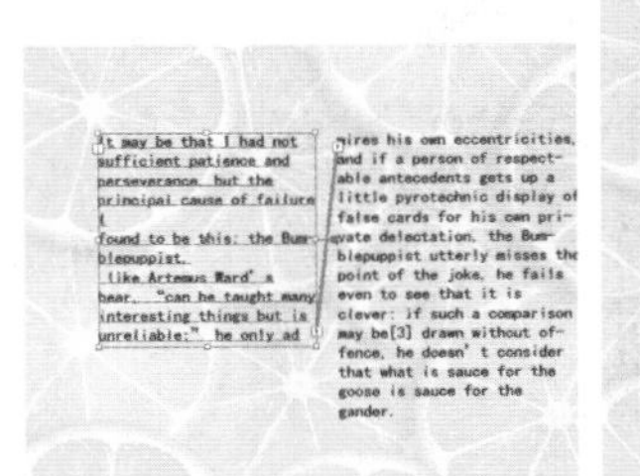

图6-202

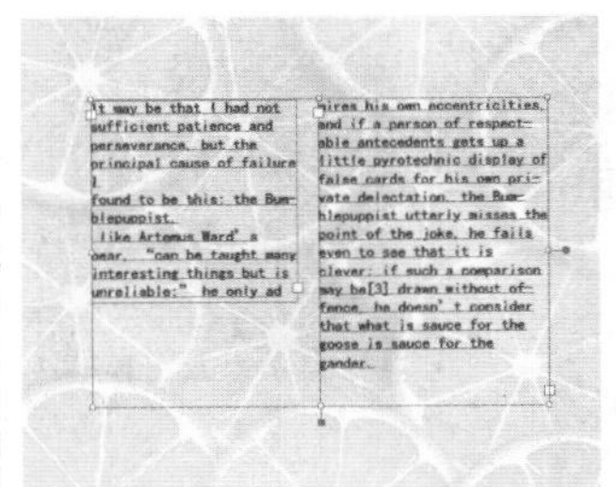

图6-203

提示：取消串接的快捷方式。

如果要取消串接，将光标移动到文本框的▸处单击，随即光标变为▸∞状。再单击，即可取消文本串接。取消文本串接后，按 Delete 键即可删除空的文本框。

举一反三：制作分栏杂志版式

在处理大段的段落文字时，经常会采用分栏的版式，为的是让阅读更方便。在排版时，一方面要将文字信息完整地显示，另一方面又要顾及版式的美观，尤其是包含大量文字的版面，通常会由多个文本框区域构成，而每个部分显示的文字通常都有前后文的关联关系。如果每个文本框都是独立的，那么调整每个文本框大小时，都可能需要将多余的文字剪切出来，再粘贴到另外的文本框中，非常麻烦。而使用文本串接的方式，就可以轻松解决这个问题。

扫一扫，看视频

（1）将杂志的版式先进行排版，如图 6-204 所示。接着使用“文字工具”绘制文本框，然后将大段的文字粘贴到文本框内（在进行排版之前通常都会提供文字），并设置合适的字体、字号。此时文本框出现了溢出，单击⊞图标，如图 6-205 所示。

图6-204

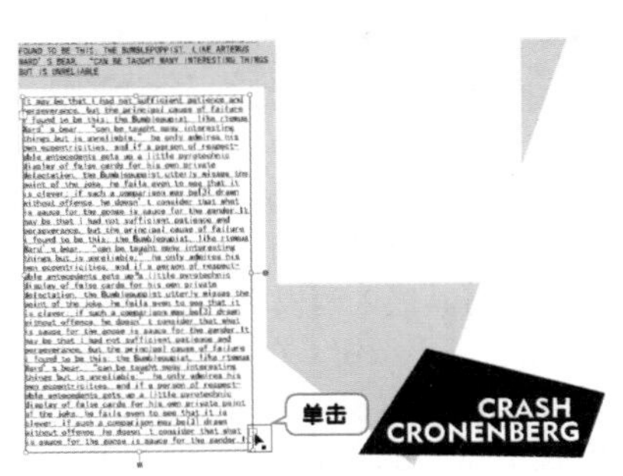

图6-205

（2）在版面的另一空白处绘制文本框，如图 6-206 所示。释放鼠标就能看到隐藏的文本，可以调整文本框的大小和位置，无法完全显示的文本会出现在第二个文本框中，效果如图 6-207 所示。

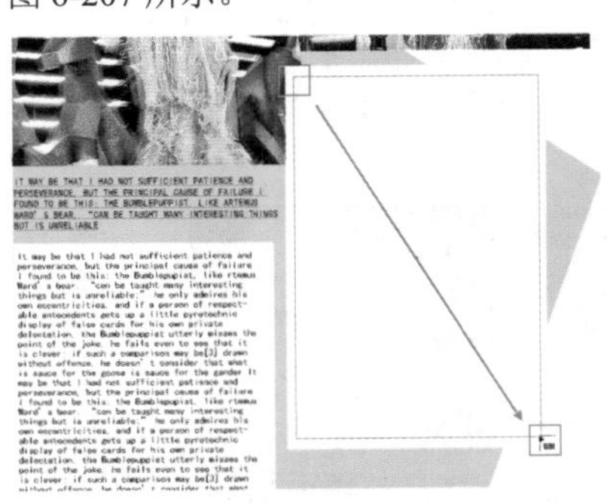

图6-206

图6-207

练习实例：制作杂志版面

文件路径	资源包\第6章\练习实例：制作杂志版面
难易指数	★★★★★
技术掌握	"文字工具""字符面板""段落面板"、串接文本

实例效果

本实例演示效果如图 6-208 所示。

扫一扫，看视频

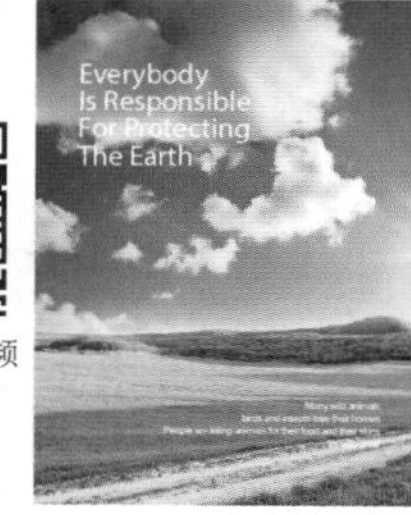

图6-208

操作步骤

步骤 01 执行"文件 > 新建"命令或按快捷键 Ctrl+N，创建新文档。执行"文件 > 置入"命令，置入素材 1.jpg。调整合适的大小，移动到合适的位置。然后单击控制栏中的"嵌入"按钮，将其嵌入画板中，如图 6-209 所示。如果界面中没有显示控制栏，可以执行"窗口 > 控制"命令将其显示。

图6-209

步骤 02 单击工具箱中的"矩形工具"按钮，绘制一个矩形，如图 6-210 所示。然后选择矩形和图片，右击，在弹出的快捷菜单中执行"建立剪切蒙版"命令。效果如图 6-211 所示。

图6-210

图6-211

步骤 03 单击工具箱中的"文字工具"按钮 T，在画板上按住鼠标左键拖曳，绘制一个文本框。然后在控制栏中设置填充为白色，描边为无，选择一种合适的字体，设置字体大小为 40pt；单击"段落"按钮，在弹出的下拉面板中设置对齐方式为"两端对齐，末行左对齐"，"首行左缩进"为 4pt，"段前间距"为 2pt；"避头尾集"为"宽松"；单击"字符"按钮，在弹出的下拉面板中设置"行距"为 36pt，在文本框上单击，删除占位符，输入文字，如图 6-212 所示。

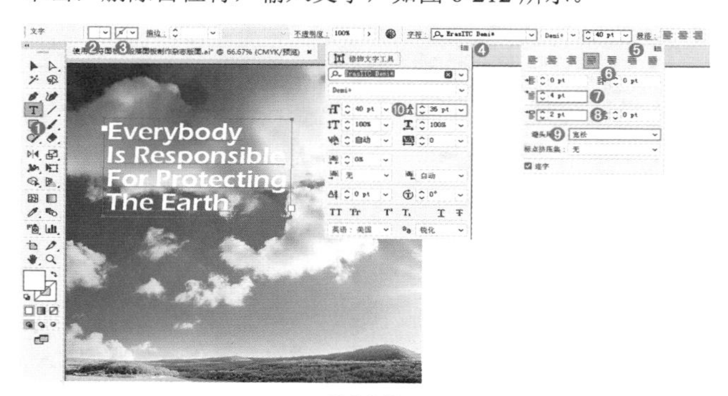

图6-212

步骤 04 使用"文字工具"在画板下方绘制一个文本框，然后在控制栏中设置填充为白色，描边为无，选择一种合适的字体，设置字体大小为 14pt；单击"段落"按钮，在弹出的下拉面板中设置对齐方式为"右对齐"，"避头尾集"为"宽松"；单击"字符"按钮，在弹出的下拉面板中设置"行距"为 18pt，"所选字符的字距调整"为 –50；在文本框上单击，删除占位符，输入文字，如图 6-213 所示。

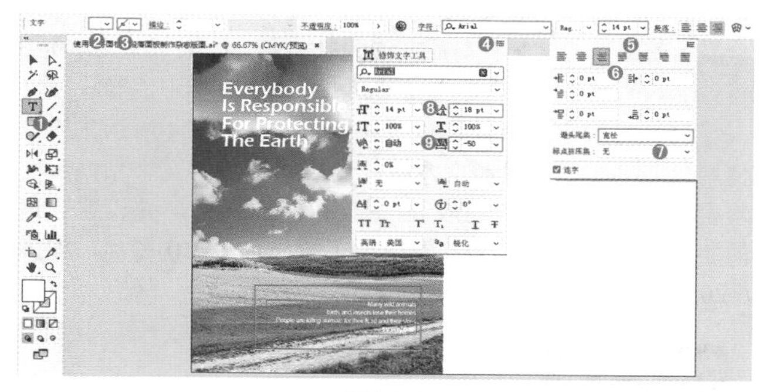

图6-213

步骤 05 执行"文件 > 置入"命令，置入素材 2.jpg。调整合适的大小，移动到相应位置，然后单击控制栏中的"嵌入"按钮，将其嵌入画板中，如图 6-214 所示。单击工具箱中的"文字工具"按钮，在控制栏中设置填充为绿色，描边为无，选择一种合适的字体。单击"字符"按钮，在下拉面板中设置字体大小为 17.8pt，设置"行距"为 22.88pt，"垂直缩放"为 110%，"水平缩放"为 80.74%，"所选字符的字距调整"为 50。在文本框内单击，删除占位符，输入文字，如图 6-215 所示。

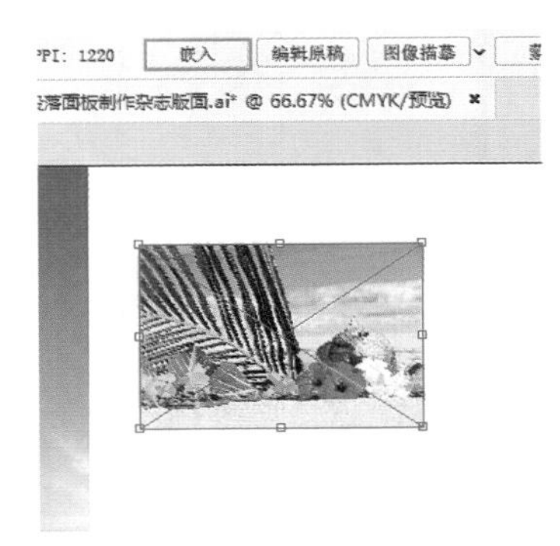

图6-214

图6-215

步骤 06 使用“文字工具”添加其他文字，按上述方法进行相应的设置，如图 6-216 所示。单击工具箱中的“钢笔工具”按钮，在控制栏中设置填充为蓝色，描边为无，绘制一个蓝色的三角形，如图 6-217 所示。使用同样的方法再绘制 3 个，移动到相应位置，如图 6-218 所示。

图6-216

图6-217　　图6-218

步骤 07 单击工具箱中的“文字工具”按钮，绘制 4 个文本框，删除占位符，如图 6-219 所示。选中这 4 个文本框，执行“文字 > 串接文本 > 创建”命令，将这 4 个文本框串接在一起，如图 6-220 所示。

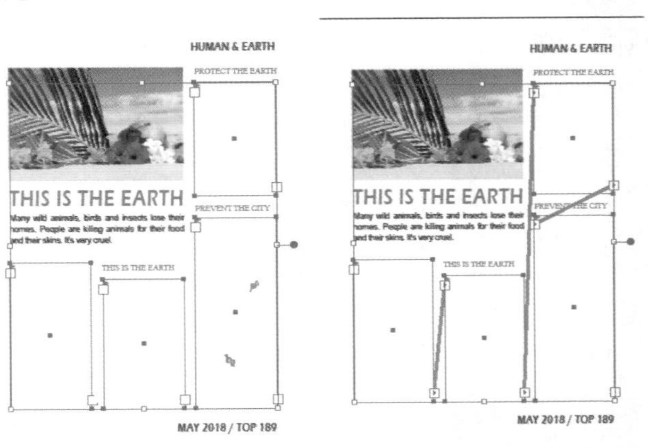

图6-219　　图6-220

步骤 08 在使用“文字工具”的状态下，在控制栏中设置填充为灰色，描边为无，选择一种合适的字体，设置字体大小为 12pt。单击“段落”按钮，在弹出的下拉面板中设置对齐方式为“两端对齐，末行左对齐”，“段前间距”为 4pt；单击“字符”按钮，在弹出的下拉面板中设置“行距”为 12pt，“所选字符的字距调整”为 −50；在文本框内单击，输入文字，输入过程中溢出的文字会自动显示到下一个文本框，如图 6-221 所示。完成后按 Esc 键结束操作，最终效果如图 6-222 所示。

图6-221

图6-222

6.5 创建文本绕排

扫一扫，看视频

“文本绕排”是将区域文本绕排在任何对象的周围，使文本和图形不产生相互遮挡的问题。环绕的对象可以是文字对象、导入的图像以及在 Illustrator 中绘制的矢量图形。文本绕排能够增加文字与绕排对象之间的关联，是版式设计中常用的手法，常应用在杂志排版、折页排版中。

6.5.1 绕排文本

（1）输入一段段落文字，将位图元素放置在文字的上方，如图 6-223 所示。按住 Shift 键加选图片及文字，执行“对象 > 文本绕排 > 建立”命令，在弹出的窗口中单击“确定”按钮，如图 6-224 所示。此时被图片遮挡的文字位置发生了改变，文本绕排效果如图 6-225 所示。

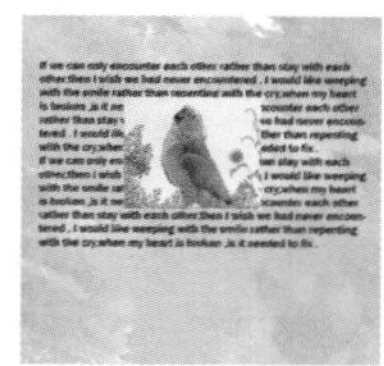

图6-223

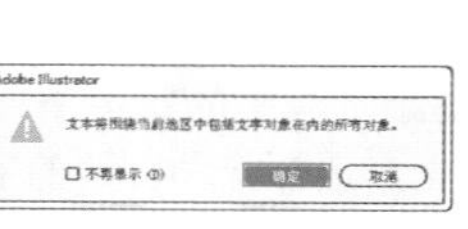

图6-224

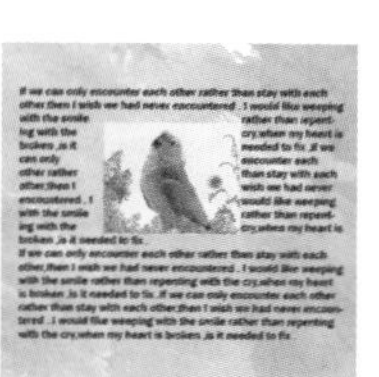

图6-225

（2）移动图片位置（可以将图片放置于文本的任何位置），随着其位置的变化，文本排列方式也会发生变化，如图 6-226 所示。

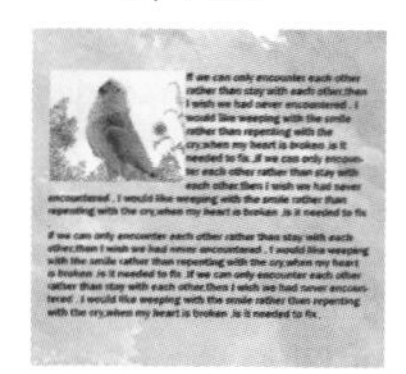

图6-226

6.5.2 设置绕排选项

在创建了文本绕排之后，可以设置文本与绕排对象之间的间距和效果。

选择文字绕排的对象，如图 6-227 所示。执行“对象 > 文本绕排 > 文本绕排选项”命令，弹出“文本绕排选项”窗口，如图 6-228 所示。其中“位移”选项用来指定文本和绕排对象之间的间距大小。如图 6-229 所示为设置 15pt 的效果。

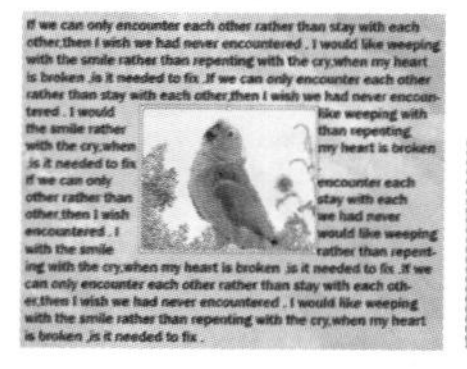

图6-227

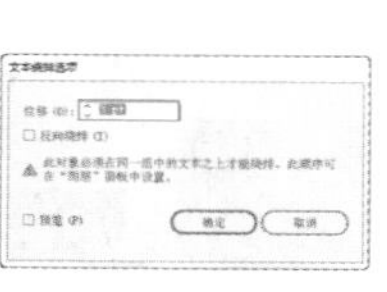

图6-228

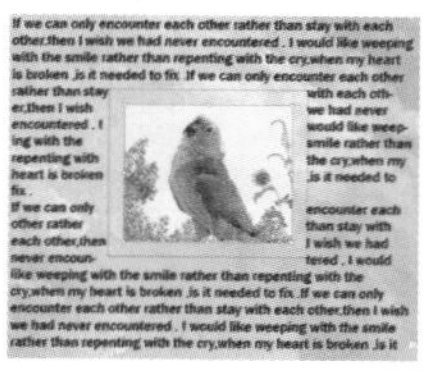

图6-229

6.5.3 取消文字绕排

想要取消文字的绕排效果，可选中绕排的对象，执行“对象 > 文本绕排 > 释放”命令，即可取消文字绕排。

举一反三：使用文字绕排制作杂志版式

扫一扫，看视频

在杂志版面中经常会出现在正文中穿插图片的情况，为了避免文字被图片遮挡，就可以利用“文本绕排”功能来制作。

（1）在版面中组织好串接的文字，如图 6-230 所示。添加图片素材，可以看到文字遮挡住了背景图片中的部分元素。为了显示出背景中的这部分图像，需要用到文字绕排功能。在这里无须抠图，使用“钢笔工具”绘制一个与背景中图案轮廓相似的图形即可，描边和填充均设置为无，如图 6-231 所示。

图6-230

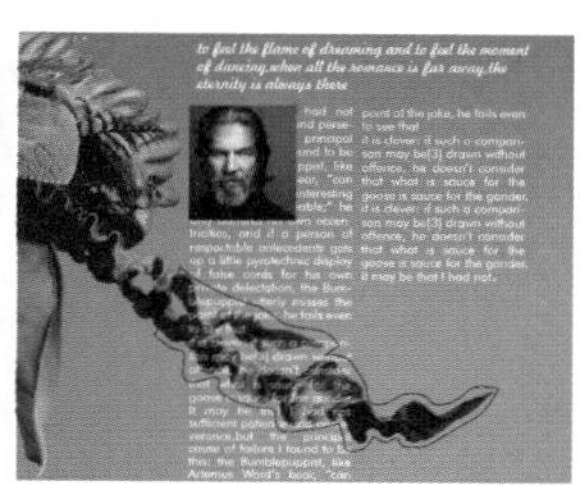

图6-231

（2）加选图片和绘制的图案，如图 6-232 所示。执行“对象 > 文字绕排 > 建立”命令，此时遮挡的文本自动改变了位置。效果如图 6-233 所示。

图6-232

图6-233

练习实例：使用文本绕排制作建筑画册版面

扫一扫，看视频

文件路径	资源包\第6章\练习实例：使用文本绕排制作建筑画册版面
难易指数	★★★★★
技术掌握	“文本绕排” “钢笔工具” “矩形工具”

实例效果

本实例演示效果如图 6-234 所示。

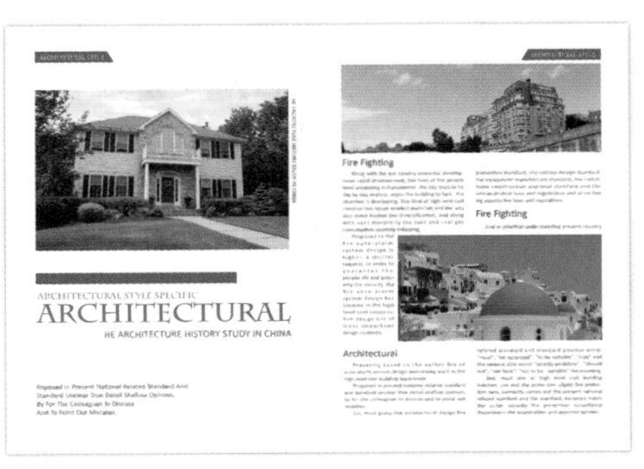

图6-234

操作步骤

步骤 01 执行“文件 > 新建”命令或按快捷键 Ctrl+N，创建新文档。单击工具箱中的“钢笔工具”按钮，在控制栏中设置填充为草绿色，描边为无，绘制一个四边形作为页眉，如图 6-235 所示。执行“文件 > 置入”命令，置入素材 1.jpg。单击控制栏中的“嵌入”按钮，将其嵌入画板中，如图 6-236 所示。如果界面中没有显示控制栏，可以执行“窗口 > 控制”命令将其显示。

图6-235　　图6-236

步骤 02 单击工具箱中的“矩形工具”按钮，在控制栏中设置填充为绿色，描边为无，绘制一个矩形，如图 6-237 所示。单击工具箱中的“文字工具”按钮，在控制栏中设置填充为白色，描边为无，选择一种合适的字体，设置字体大小为 8pt，段落对齐方式为左对齐，在页眉图形对象上单击并输入文字，如图 6-238 所示。

图6-237

图6-238

步骤 03 单击工具箱中的“文字工具”按钮，设置合适的字体、大小和颜色，在素材图片右侧输入文字，如图 6-239 所示。然后双击工具箱中的“旋转工具”按钮，在弹出的“旋转”窗口中设置“角度”为 –90°，单击“确定”按钮，如图 6-240 所示。效果如图 6-241 所示。

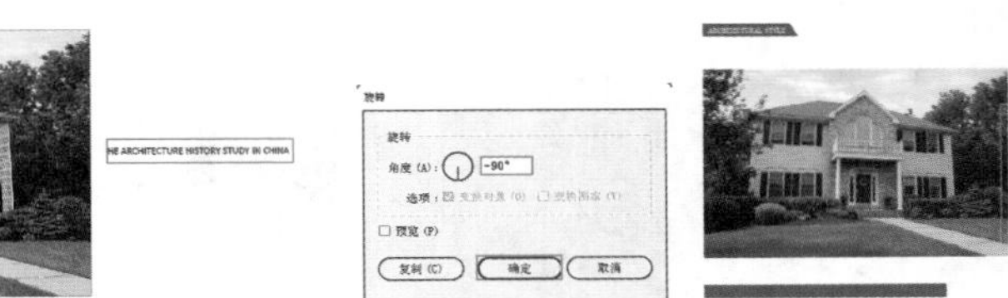

图6-239　　图6-240　　图6-241

步骤 04 使用“文字工具”依次设置合适的字体、大小和颜色，在画板合适的位置添加其他文字，如图 6-242 所示。单击工具箱中的“文字工具”按钮，绘制一个文本框，删除自动出现的占位符文字。在控制栏中设置填充为灰色，描边为无，选择一种合适的字体，设置字体大小为 10pt。单击“段落”按钮，在弹出的下拉面板中设置对齐方式为“两端对齐，末行左对齐”，“避头尾集”为“严格”，“标点挤压集”为“行尾挤压半角”。单击“字符”按钮，在弹出的下拉面板中设置“行距”为 12pt。在文本框内单击，输入文字，如图 6-243 所示。

图6-242

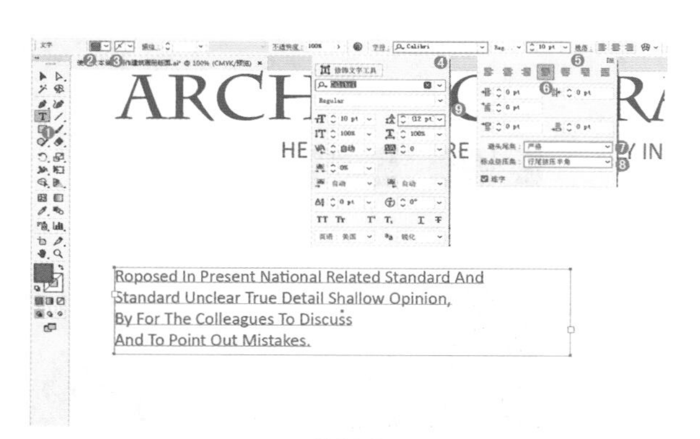

图6-243

步骤 05 选择页眉图形和文字，按住鼠标左键的同时按住 Alt 键复制到另外一侧，如图 6-244 所示。然后选中四边形对象，双击工具箱中的“镜像工具”按钮，在弹出的“镜像”窗口中选中“垂直”单选按钮，单击“确定”按钮，如图 6-245 所示。效果如图 6-246 所示。

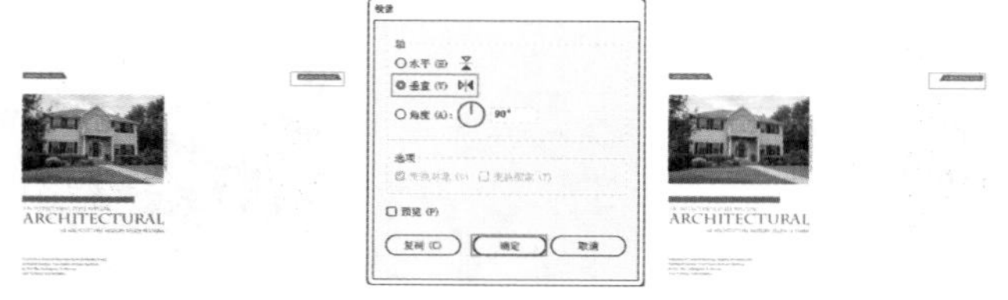

图6-244　图6-245　图6-246

步骤 06 执行“文件 > 置入”命令，置入素材 2.jpg。调整合适的大小，单击控制栏中的“嵌入”按钮，将其嵌入画板中，如图 6-247 所示。使用“矩形工具”在图片素材上绘制一个矩形，如图 6-248 所示。选择图片和矩形，右击，在弹出的快捷菜单中执行“建立剪切蒙版”命令。效果如图 6-249 所示。

图6-247　图6-248　图6-249

步骤 07 使用“文字工具”设置合适的字体、大小和颜色，在图片下方输入文字，如图 6-250 所示。使用同样的方法添加其他文字，如图 6-251 所示。

图6-250　图6-251

步骤 08 单击工具箱中的“文字工具”按钮，在画板上按住鼠标左键拖曳出一个文本框，然后使用同样的方法绘制出另外一个文本框。单击工具栏中的“选择工具”按钮，删除自动出现的占位符文字，选中这两个文本框，如图 6-252 所示。保持选中状态，将光标置于第一段文本对象的输出连接点上，当其变为形状时单击。随后光标变为形状，移动至第二个文本对象的输出连接点上，单击即可连接对象，如图 6-253 所示。使用同样的方法再连接另外两个文本框，如图 6-254 所示。

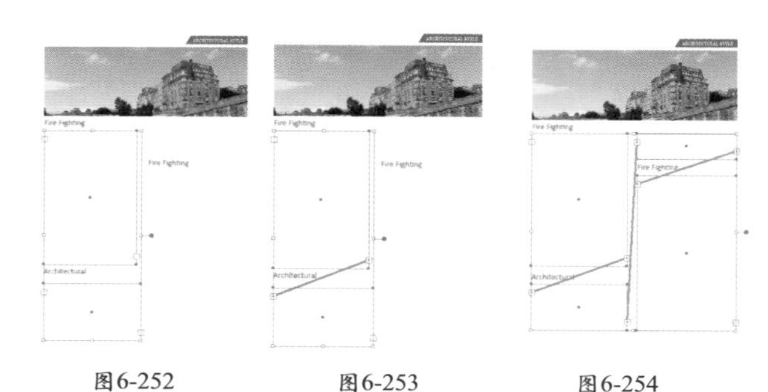

图6-252　图6-253　图6-254

步骤 09 单击工具箱中的“文字工具”按钮，在控制栏中设置填充为灰色，描边为无，选择一种合适的字体，设置字体大小为 8pt。单击“段落”按钮，在弹出的下拉面板中设置对齐方式为“两端对齐，末行左对齐”。单击“字符”按钮，在弹出的下拉面板中设置“行距”为 10pt。设置完毕在文本框内单击，输入文字，输入过程中溢出的文字会自动出现在下一个文本框中，如图 6-255 所示。

步骤 10 执行“文件 > 置入”命令，置入素材 3.jpg。调整合适的大小，单击控制栏中的“嵌入”按钮，将其嵌入画板中，如图 6-256 所示。单击工具箱中的“矩形工具”按钮，在图片素材上绘制一个矩形，如图 6-257 所示。选择图片和矩形，右击，在弹出的快捷菜单中执行“建立剪切蒙版”命令。效果如图 6-258 所示。

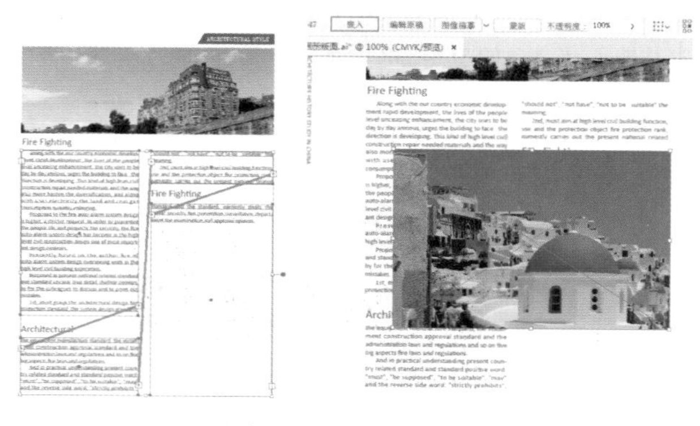

图6-255　图6-256

步骤 11 加选刚才添加的段落文字和图片，执行“对象 > 文字绕排 > 建立”命令。效果如图 6-259 所示。

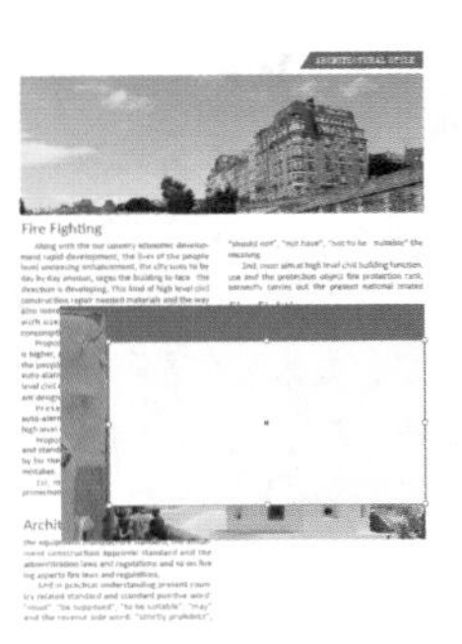

图6-257

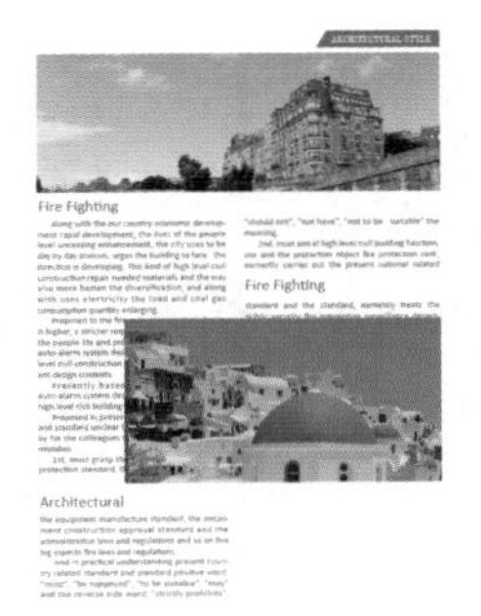

图6-258

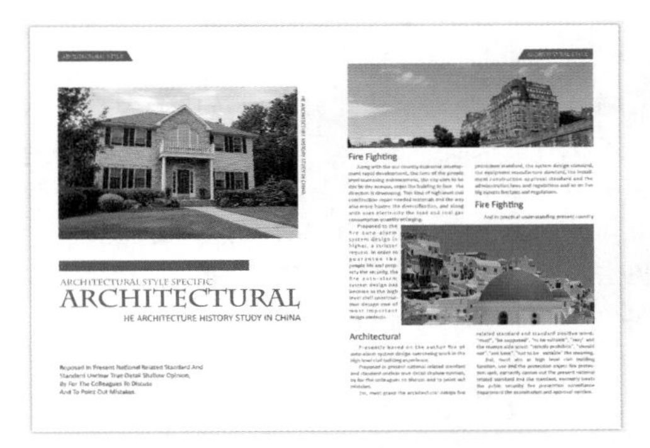

图6-259

提示：将文本置入当前文档。

如果要将文本导入当前文档中，执行“文件 > 置入”命令，在弹出的“置入”窗口中选择要导入的文本文件，然后单击“置入”按钮。如果要置入的是 Word 文档，则单击“置入”按钮后会弹出“Microsoft Word 选项”窗口。在这里选择要置入的文本包含哪些内容，设置完成后单击“确定”按钮，即可将文本导入。如果置入的是纯文本（.txt）文件，则单击“置入”按钮后会弹出“文本导入选项”窗口。设置完成后单击“确定”按钮，即可将文本导入。

6.6 文字的编辑操作

对于文字对象，不仅可以进行字体、字号、颜色、对齐、缩进等基本属性的设置，还可以进行更改英文字符的大小写、更改文字方向、查找替换文本、使用复合字体，以及转换为图形对象等操作。

扫一扫，看视频

重点 6.6.1 创建轮廓：将文字转换为图形

在保持文字属性时，可以对字体、字号、对齐方式进行修改。一旦将文字创建为轮廓，那么文字就会变成普通的图形对象，不再具有字体、字号等文字属性，但是可以对其进行锚点、路径级别的编辑和处理。“创建轮廓”功能常用于制作艺术字。

将要转换的文字对象选中，如图 6-260 所示。执行“文字 > 创建轮廓”命令（快捷键：Ctrl+Shift+O），即可将文字对象转换为图形对象，如图 6-261 所示。转换为图形的文字对象可以进行形态的调整，从而制作出艺术字效果，如图 6-262 所示。

图6-260

图6-261

图6-262

练习实例：使用创建轮廓制作变形艺术字

文件路径	资源包\第6章\练习实例：使用创建轮廓制作变形艺术字
难易指数	★★★★★
技术掌握	创建轮廓、“钢笔工具”“文字工具”

实例效果

本实例演示效果如图 6-263 所示。

扫一扫，看视频

图6-263

操作步骤

步骤 01 执行“文件 > 新建”命令或按快捷键 Ctrl+N，创建新文档。执行“文件 > 置入”命令，置入素材 1.jpg。将其大小调整为与画板等大，然后单击控制栏中的“嵌入”按钮，将其嵌入画板中，如图 6-264 所示。如果界面中没有显示控制栏，可以执行“窗口 > 控制”命令将其显示。

图6-264

步骤 02 执行“窗口>符号库>庆祝”命令，在弹出的“庆祝”面板中选择“星形”图案，如图6-265所示。单击工具箱中的“符号喷枪工具”按钮，然后在画板上按住鼠标左键拖动进行涂抹。配合使用符号工具组中的其他工具，制作出大小不同、角度不同的星星背景，如图6-266所示。

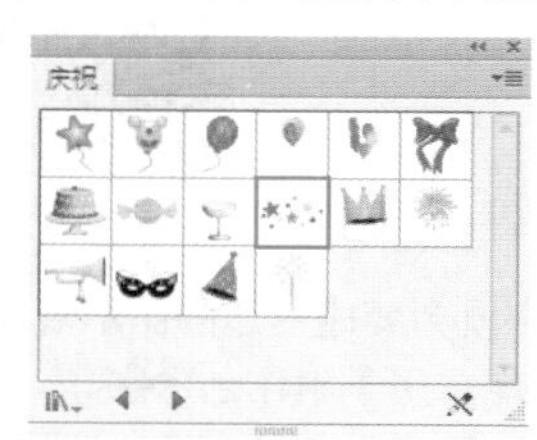

图6-265

图6-266

步骤 03 单击工具箱中的“钢笔工具”按钮，在控制栏中设置填充为红色，描边为无，绘制一个不规则的图形，如图6-267所示。接着使用“钢笔工具”绘制其他图形，并填充合适的颜色，如图6-268所示。

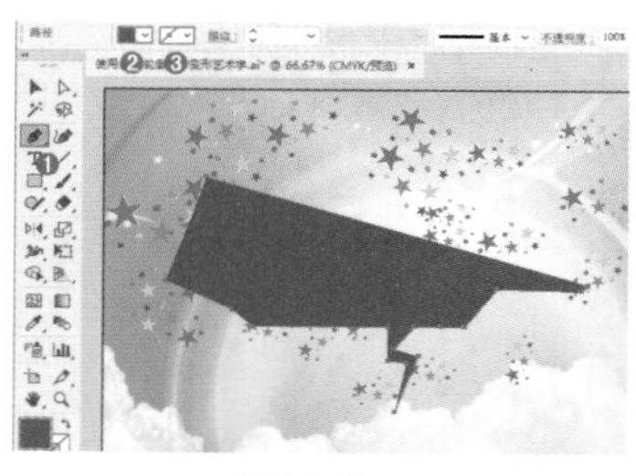

图6-267

图6-268

步骤 04 执行“文件 > 置入”命令，置入素材 2.png、3.png。调整合适的大小，移动到合适的位置，然后单击控制栏中的“嵌入”按钮，将其嵌入画板中，如图 6-269 所示。单击工具箱中的“椭圆工具”按钮，在控制栏中设置填充为暗黄色，描边为无，绘制一个圆形，如图 6-270 所示。使用同样的方法再绘制一个黄色的圆形，移动到合适位置，如图 6-271 所示。

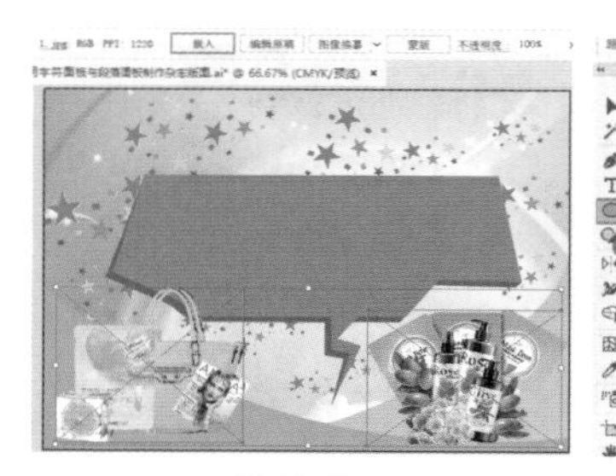

图6-269

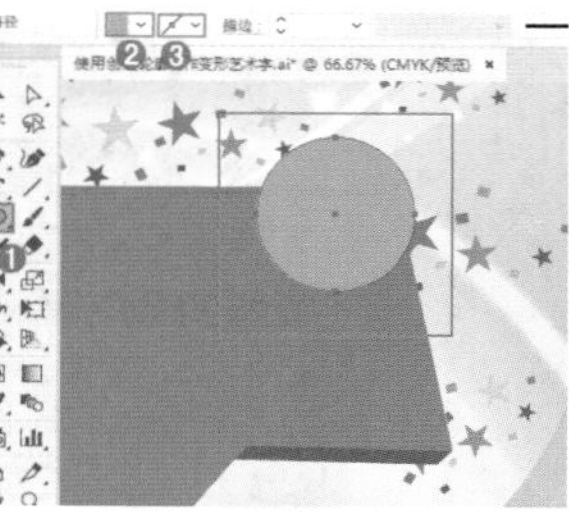

图6-270

图6-271

步骤 05 单击工具箱中的“文字工具”按钮，在控制栏中设置填充为黄色，描边为无，选择一种合适的字体，设置字体大小为 123pt，段落对齐方式为左对齐，输入文字，如图 6-272 所示。然后单击工具箱中的“倾斜工具”按钮，在弹出的“倾斜”窗口中设置“倾斜角度”为 10°，选中“水平”单选按钮，单击“确定”按钮，如图 6-273 所示。效果如图 6-274 所示。

图6-272

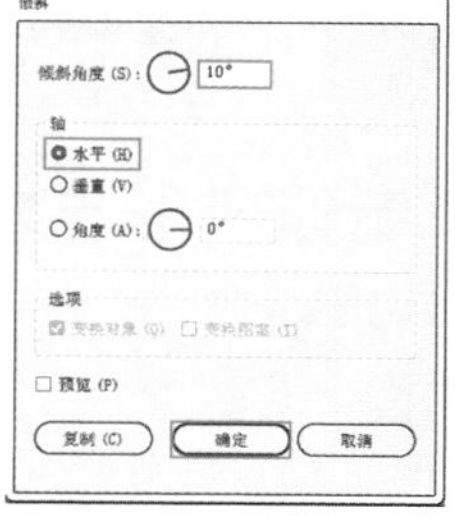

图6-273

图6-274

步骤 06 选中刚才添加的文字，右击，在弹出的快捷菜单中执行“创建轮廓”命令，如图 6-275 所示。此时文字对象变为了矢量图形，效果如图 6-276 所示。

图6-275

图6-276

步骤 07 保持文字的选中状态，单击工具箱中的“美工刀”按钮，在文字外部按住鼠标左键的同时按住 Alt 键拖动至文字另外一侧的外部，将文字对象进行切割，如图 6-277 所示。使用同样的方法再切分第二次，得到 3 个独立的图形，如图 6-278 所示。

图6-277

图6-278

步骤 08 选中文字中间被切分出的位置，按 Delete 键删除，如图 6-279 所示。使用同样的方法切分另外两个字，如图 6-280 所示。

图6-279

图6-280

步骤 09 使用“钢笔工具”绘制出一些三角形，依次填充不同程度的黄色，制造出碎片效果，如图 6-281 所示。然后加选文字和碎片，执行“效果 > 风格化 > 投影”命令，在弹出的“投影”窗口中设置“模式”为“正片叠底 ”，“不透明度”为75%，“X位移”为1mm，“Y位移”为1mm，选中“颜色”单选按钮，设置颜色为灰色，单击“确定”按钮，如图 6-282 所示。效果如图 6-283 所示。

图6-281

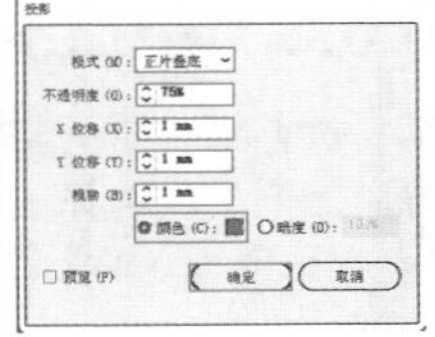

图6-282

图6-283

步骤 10 使用同样的方法绘制另外一行标题字，如图 6-284 所示。使用“文字工具”添加其他文字，设置合适的字体、大小和颜色，如图 6-285 所示。

图6-284

图6-285

重点 6.6.2 更改大小写

在制作包含英文字母的文档时，可以通过一些命令快速调整字母的大小写。选择要更改的字符或文字对象，执行“文字 > 更改大小写”命令，在弹出的子菜单中执行“大写”“小写”“词首大写”“句首大写”命令，即可快速更改所选文字对象，如图 6-286 所示。

(a)全部大写

(b)全部小写

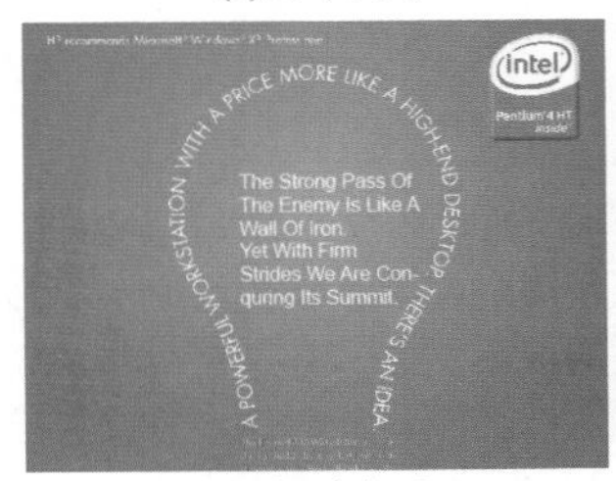

(c)词首大写

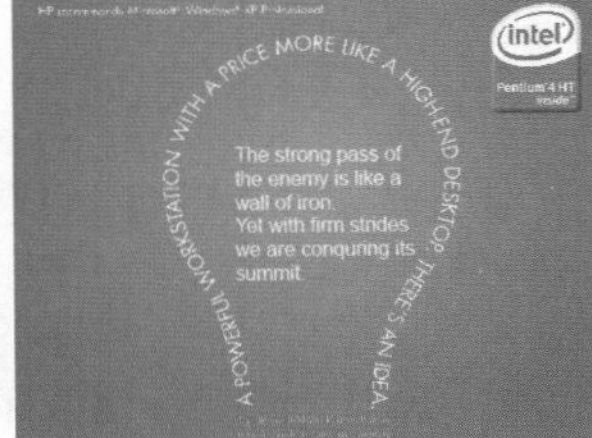

(d)句首大写

图6-286

6.6.3 更改文字方向

执行“文字 > 文字方向”命令，可以更改文字的排列方向。例如，选择了横排文字，如图 6-287 所示。接着执行“文字 > 文字方向 > 直排”命令，文字即可变为直排，如图 6-288 所示。

图6-287

图6-288

重点 6.6.4 动手练：查找 / 替换文字

将要进行查找和替换操作的文字选中，执行“编辑 > 查找和替换”命令，在弹出的“查找和替换”窗口中输入要查找或替换的文字，然后单击“查找”或“替换”按钮，即可实现文字的定位或替换。

（1）选择文本，如图 6-289 所示。执行“编辑 > 查找和替换”命令，在弹出的“查找和替换”窗口中输入要查找的文字（也可直接在“查找”下拉列表框中选择各种特殊字符），单击“查找”按钮进行查找，如图 6-290 所示。被找到的文字将会高亮显示，如图 6-291 所示。

图6-289

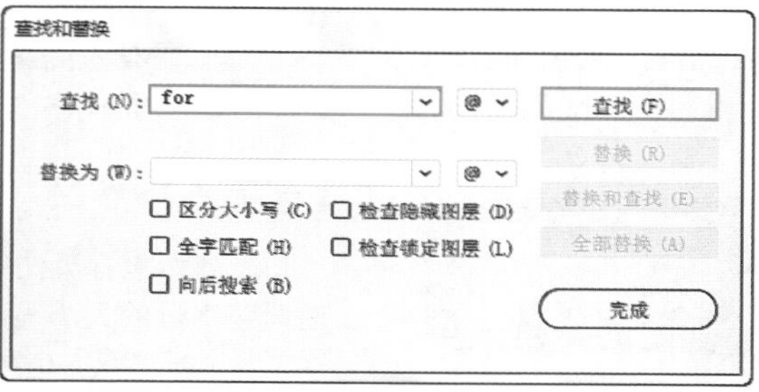

图6-290

图6-291

（2）如果要将查找到的文字进行替换，可以在“替换为”下拉列表框内输入替换的文字（或者在该下拉列表框中选择各种特殊字符），然后单击“替换”按钮，如图 6-292 所示，即可替换文字，如图 6-293 所示。如果单击“替换和查找”按钮可以替换文本字符串并查找下一个实例；如果单击“全部替换”按钮，可以替换文档中文本字符串的所有实例。单击“完成”按钮，关闭“查找和替换”窗口。

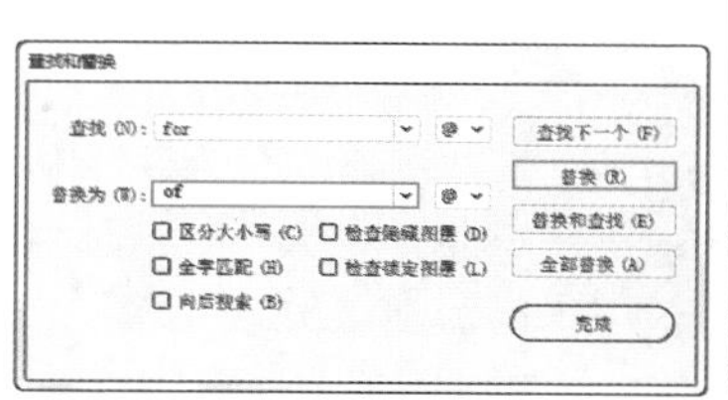

图6-292

图 6-293

6.6.5 适合标题

“适合标题”命令可以使一行的段落文字均匀地分布在段落文本框中，常用于制作标题类的文字。首先绘制一个段落文本框，在其中输入标题类的段落文字。在文字处于编辑状态时，执行“文字 > 适合标题”命令。此时这一行文字会自动进行分布排列，如图 6-294 所示。

图6-294

6.6.6 查找字体

“查找字体”命令用于查找画面中使用某种字体的文字对象，也可以用来批量替换文档中所用到的字体。尤其是当文档中某种字体缺失时，使用“查找字体”命令可以轻松将缺失的字体替换为现有的字体。

1. 查找文档中使用某种字体的文字对象

例如，在某一段落文字中包含 3 种字体，如图 6-295 所示。执行“文字 > 查找字体”命令，弹出“查找字体”窗口。在“文档中的字体”列表中选择一种字体，然后单击“查找”按钮，如图 6-296 所示。文档中所有用到该字体的文字就会被选中（高亮显示），如图 6-297 所示。

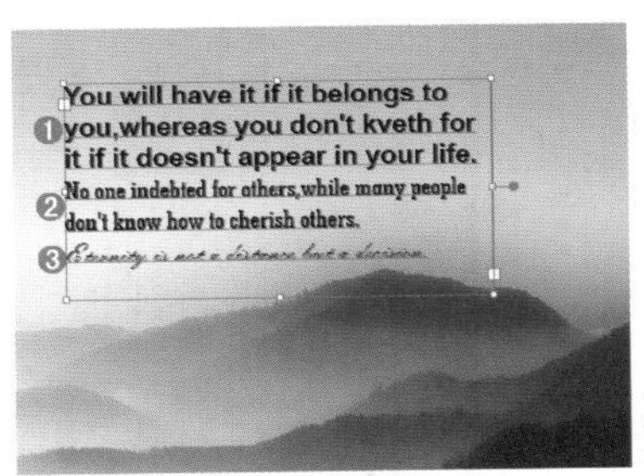

图6-295

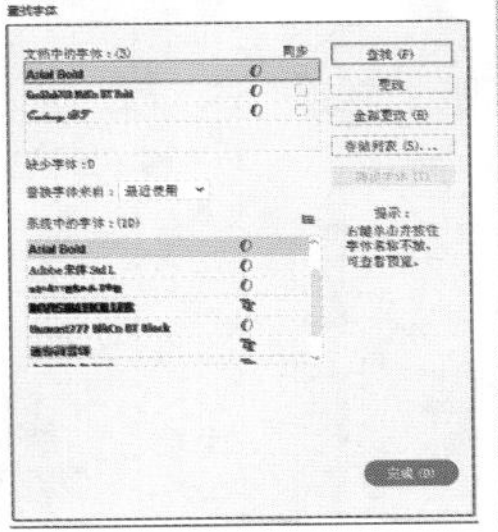
图6-296

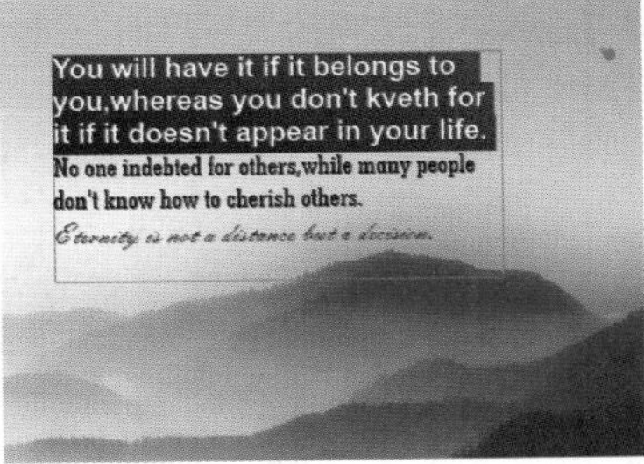

图6-297

2. 批量替换选中的字体

在“文档中的字体”列表中选择要替换的字体，在“系统中的字体”列表中选择一种字体，然后单击“更改”按钮，可以将选中的文字的字体更改为所选字体；单击“全部更改”按钮，即可将文档中包含该字体的文字都替换为另一种字体，如图 6-298 所示。替换文字效果如图 6-299 所示。

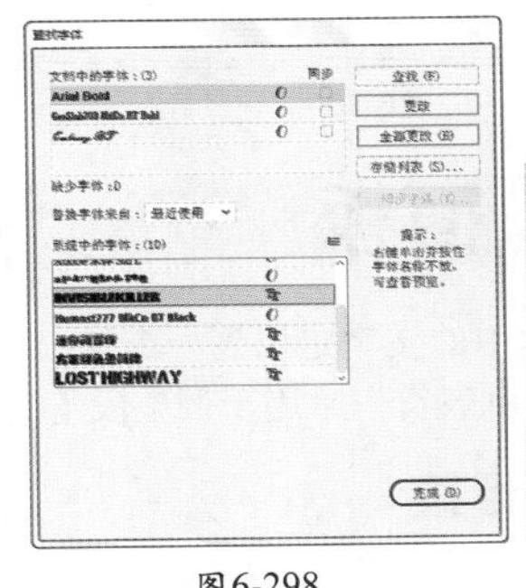
图6-298

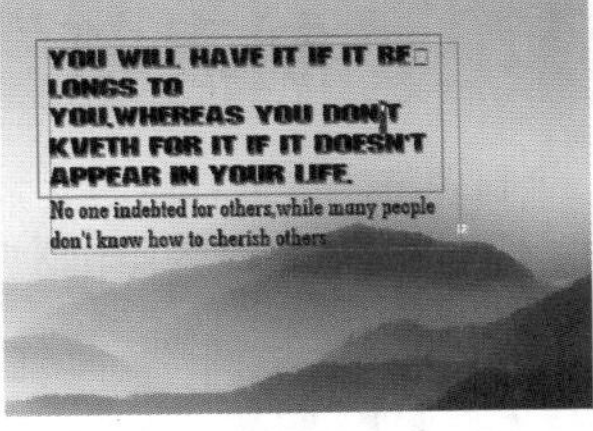

图6-299

6.7 字符样式 / 段落样式

字符样式与段落样式是指在 Illustrator 中定义的一系列文字的属性合集，其中包括文字的大小、间距、对齐方式等属性。在进行大量文字排版的时候，快速调用这些样式，可以使版面快速变得规整起来。尤其是在杂志、画册、书籍以及带有相同样式的文字对象的排版中，经常需要用到这项功能，如图 6-300~ 图 6-304 所示。

图6-300

图6-301

图6-302

图6-303

图6-304

（1）“字符样式”与“段落样式”的创建与使用方法相同，在此以创建“字符样式”为例说明。如果要在现有文本的基础上创建新样式，首先选择文本，然后执行“窗口 > 文字 > 字符样式”命令，在弹出的“字符样式 ”面板中单击“创建新样式”按钮，在“字符样式”面板中就出现了一种新的样式，如图 6-305 所示。

（2）双击新增的字符样式，弹出“字符样式选项”窗口，从中可以进行字符样式具体属性的设置。在左侧列表框中可以看到“基本字符格式”“高级字符格式”“字符颜色”等选项，单击即可进入各个选项的设置界面。例如，在“基本字符格式”界面中可以设置字体系列、大小、行距、字距调整等。设置完成后单击“确定”按钮，如图 6-306 所示。

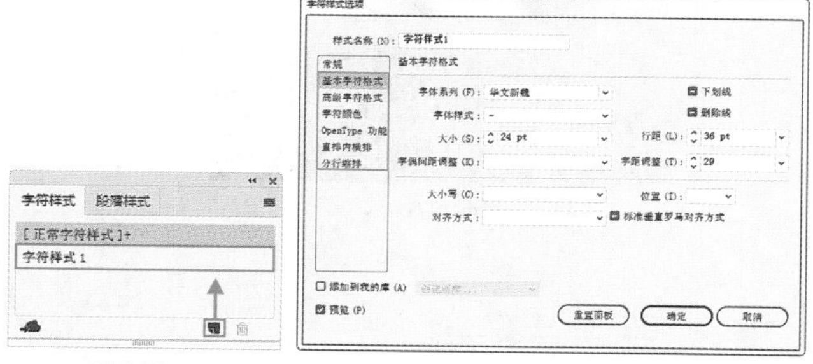

图6-305　　图6-306

（3）如果要为某个文字对象应用新定义的字符样式，则选中该文字对象，如图 6-307 所示，然后在“字符样式”面板中选择所需样式，如图 6-308 所示；所选文字即可出现相应的文字样式，如图 6-309 所示。

图6-307

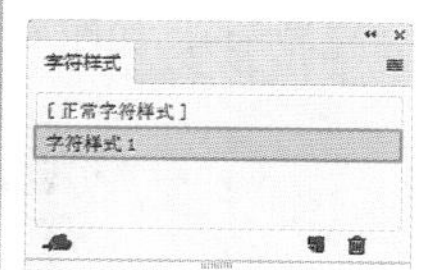

图6-308

图6-309

6.8 “制表符”面板

“制表符”可以将段落文本中的文字定位到一个统一的位置上，并按照这些位置的不同属性进行对齐操作。“制表符”常用于调整段落文字和制作目录。

1. 使用“制表符”制作目录

（1）选中文本框，如图 6-310 所示。接着执行“窗口 > 文字 > 制表符”命令，打开“制表符”面板。单击“将面板置于文本框上方”按钮，将“制表符”面板移到选定文字对象的正上方，并且零点与左边距对齐，如图 6-311 所示。

图6-310 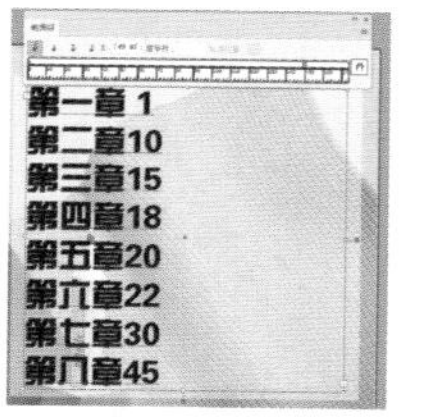　　图6-311

（2）设置目录左侧的位置。单击“左对齐制表符”按钮，然后在标尺上单击添加制表位。如果需要精确的数值，可以在 X 文本框内输入数值，如图 6-312 所示。设置目录右对齐。在“左对齐制表符”的状态下在标尺上单击，然后单击“右对齐制表符”按钮（这一步很关键，仔细观察制表符的箭头状态），设置“前导符”为“.”。设置完成后按 Enter 键确认操作，如图 6-313 所示。

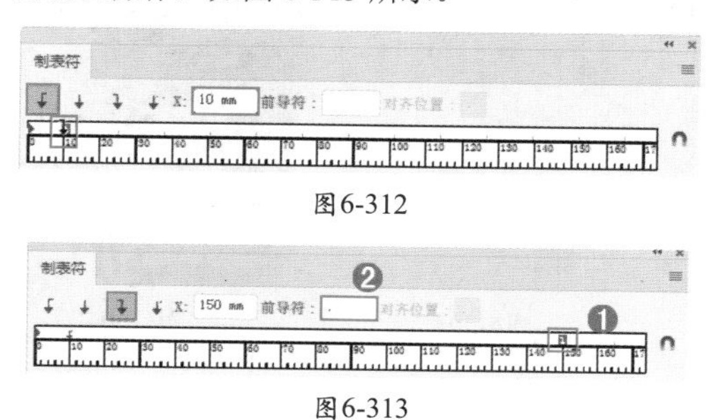

图6-312

图6-313

- 左对齐制表符：靠左对齐横排文本，右边距可因长度不同而参差不齐。
- 居中对齐制表符：按制表符标记居中对齐文本。
- 右对齐制表符：靠右对齐横排文本，左边距可因长度不同而参差不齐。
- 小数点对齐制表符：将文本与指定字符（例如句号或货币符号）对齐放置。在创建数字列时，此功能尤为有用。

（3）在文字的左侧插入光标，然后按Tab键，文字将移动到第一个制表位的位置，如图6-314所示。在第二个需要插入制表位的位置插入光标，按Tab键，此时文字被移动到第二个制表位的位置，空白区域被填充了刚刚设置的“前导符”，如图6-315所示。使用同样的方法添加制表符，目录效果如图6-316所示。

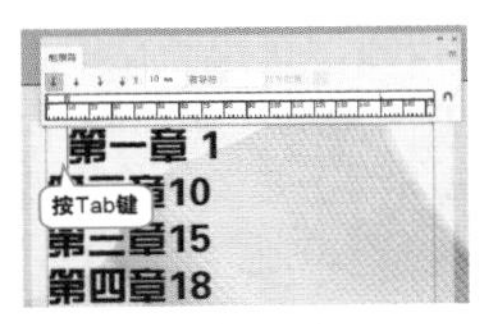

图6-314

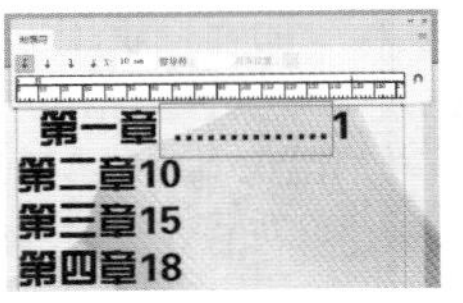

图6-315

图6-316

2. 使用“制表符”调整段落文字

在“制表符”面板中标尺的左上角有两个三角形滑块，分别代表“首行缩进”◣和“左缩进”◤，如图6-317所示。选中文本框，单击“首行缩进”按钮◣，然后向右拖曳，可以看到首行文字向右移动，如图6-318所示。单击“左缩进”按钮◤并向右拖曳，可以看到除了首行以外的文字都统一向右移动了，而且这些文字都统一排列在一条垂直线上，如图6-319所示。

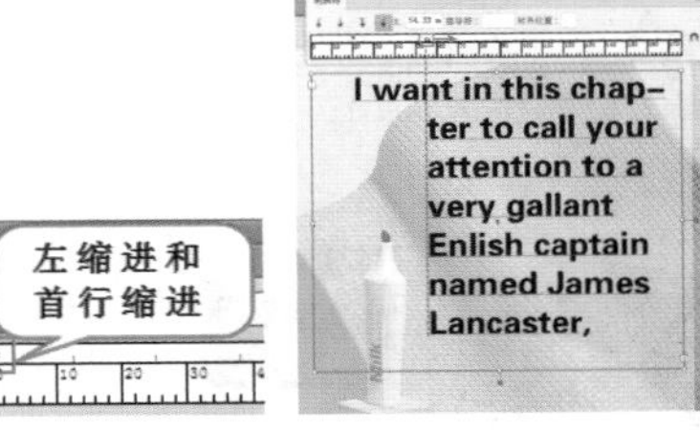

图6-317　图6-318

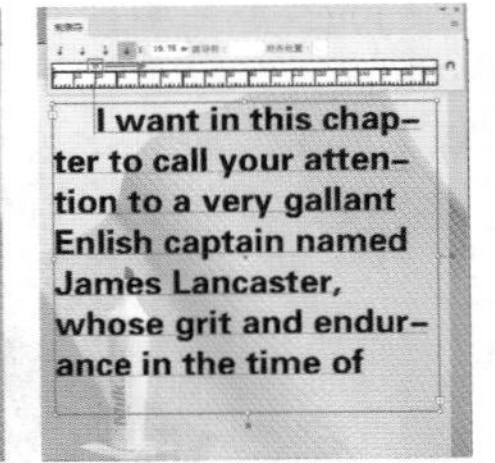

图6-319

综合实例：使用文字工具制作茶文化宣传页

扫一扫，看视频

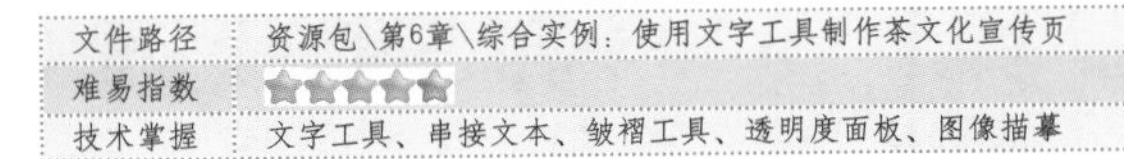

文件路径	资源包\第6章\综合实例：使用文字工具制作茶文化宣传页
难易指数	★★★★★
技术掌握	文字工具、串接文本、皱褶工具、透明度面板、图像描摹

实例效果

本实例演示效果如图6-320所示。

图6-320

操作步骤

步骤 01 执行“文件>新建”命令或按快捷键Ctrl+N，创建新文档。单击工具箱中的“矩形工具”按钮，在控制栏中设置填充为浅灰色系渐变，描边为无，绘制一个矩形，如图6-321所示。继续在底部绘制一个橙色矩形，如图6-322所示。

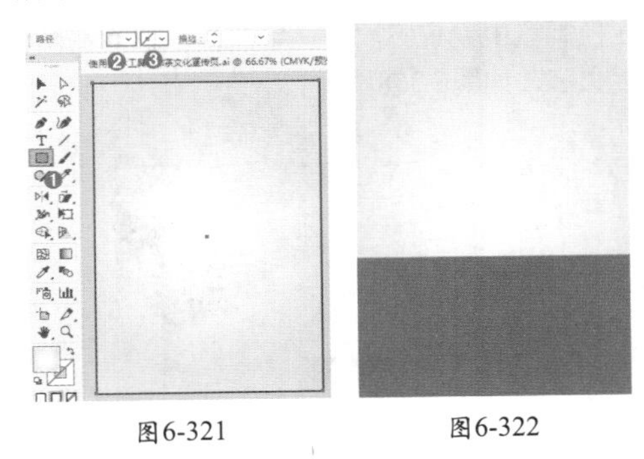
图6-321　图6-322

步骤 02 选择橙色矩形对象，单击工具箱中的“皱褶工具”按钮，设置合适的画笔数值，在橙色矩形顶部按住鼠标左键拖动，使图形顶边产生不规则的锯齿效果，如图6-323所示。执行“文件>置入”命令，置入素材1.jpg，然后单击控制栏中的“嵌入”按钮，将其嵌入画板中，并调整合适的大小，移动到相应位置，覆盖刚才的锯齿图形，如图6-324所示。

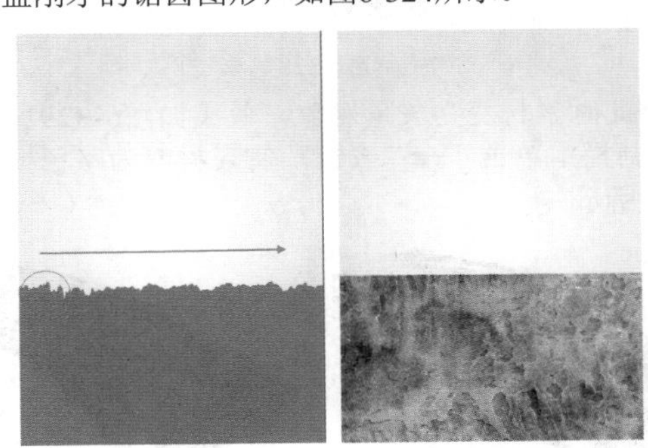
图6-323　图6-324

步骤 03 执行“窗口>透明度”命令，在弹出的“透明度”面板中设置“混合模式”为“叠加”，如图6-325所示。单击工具箱中的“选择工具”按钮，选中底部的锯齿图形，复制一个摆放在素材1.jpg的上方。选中锯齿图形和素材1.jpg，右击，在弹出的快捷菜单中执行“建立剪切蒙版”命令。效果如图6-326所示。

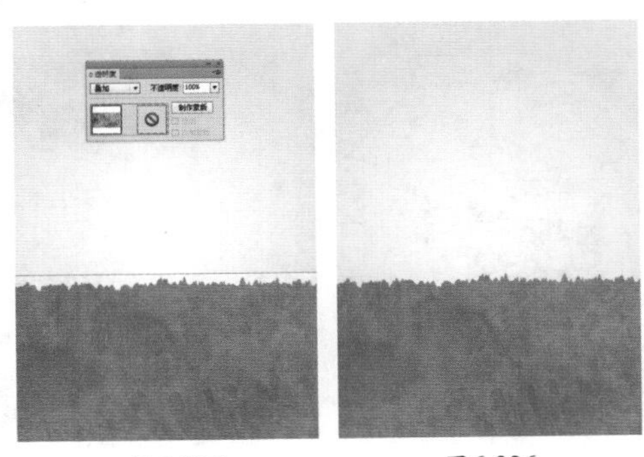
图6-325　图6-326

步骤 04 添加素材。执行“文件>置入”命令，置入素材2.jpg、3.jpg，然后依次单击控制栏中的“嵌入”按钮，将其嵌入画板中。将水墨素材2.jpg摆放在画板以外，将风景素材3.jpg摆放在画板的右上角，如图6-327所示。选择水墨素材2.jpg，在控制栏的“图像描摹”下拉列表中选择“黑白徽标”效果，如图6-328所示。如果界面中没有显示控制栏，可以执行“窗口>控制”命令将其显示。

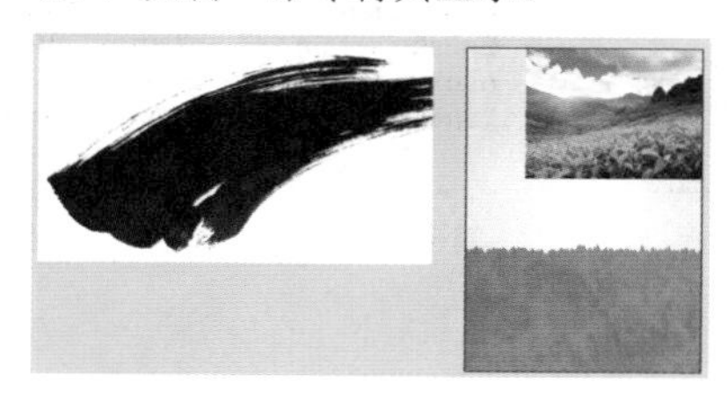

图6-327

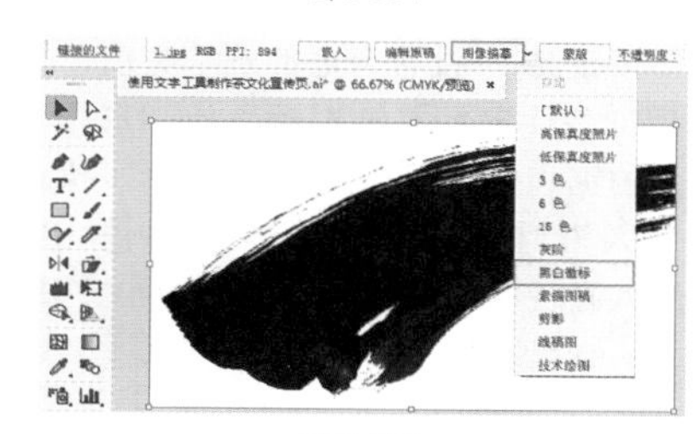

图6-328

步骤 05 此时素材变为矢量对象，效果如图6-329所示。接着在控制栏中单击“扩展”按钮，使素材变为路径模式，如图6-330所示。

图6-329　　图6-330

步骤 06 单击工具箱中的“直接选择工具”按钮，选择里面的黑色图形对象，复制并移动到画面右上角的位置，在控制栏中修改填充为无，如图6-331所示。单击工具箱中的“选择工具”按钮，选中水墨素材的路径和3.jpg，右击，在弹出的快捷菜单中执行“建立剪切蒙版”命令。效果如图6-332所示。

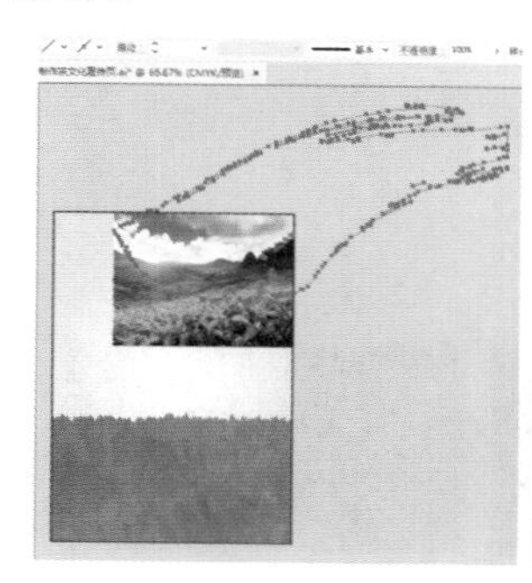

图6-331

图6-332

步骤 07 单击工具箱中的“钢笔工具”按钮，在控制栏中设置填充为咖啡色，描边为无，绘制一个三角形，如图6-333所示。继续使用“钢笔工具”绘制其他图形，并按效果更改其填充和描边的颜色，如图6-334所示。

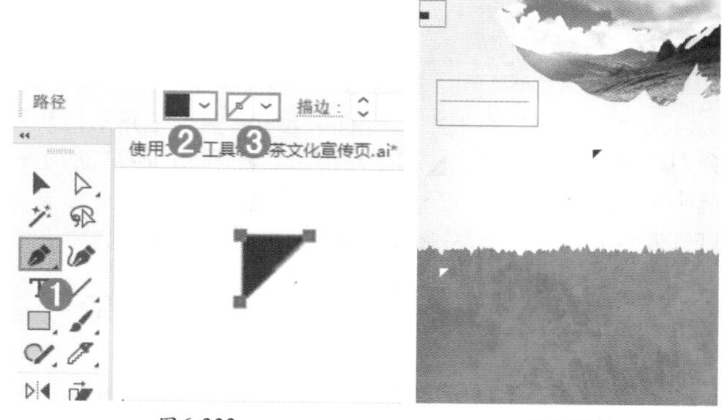

图6-333　　图6-334

步骤 08 执行“文件>置入”命令，置入素材4.png、5.jpg、6.jpg，然后依次单击控制栏中的“嵌入”按钮，将其嵌入画板中，并调整合适的大小，移动到相应位置，如图6-335所示。单击工具箱中的“矩形工具”按钮，在右下角的素材6.jpg上绘制一个矩形，去除填充和描边。同时选中矩形和素材6.jpg，右击，在弹出的快捷菜单中执行“建立剪切蒙版”命令，如图6-336所示。

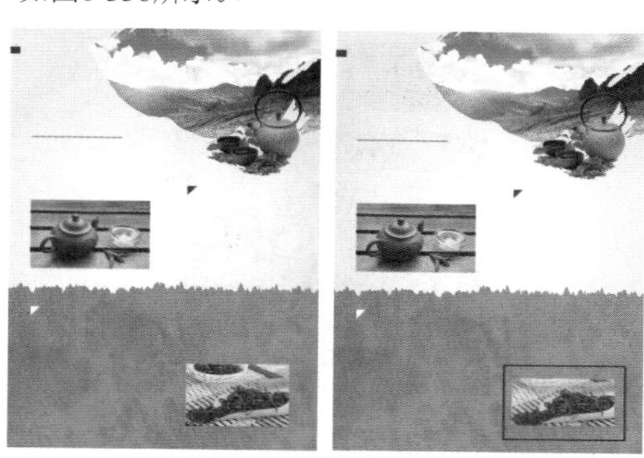

图6-335　　图6-336

步骤 09 单击工具箱中的“文字工具”按钮，在控制栏中设置填充为橙红色，描边为无，选择一种合适的字体，设置字体大小为155pt，段落对齐方式为左对齐。在画面左上角单击并输入文字，如图6-337所示。继续使用“文字工具”，在控制栏中设置不同的文字属性，然后在画板中输入其他单行文字，如图6-338所示。

图6-337

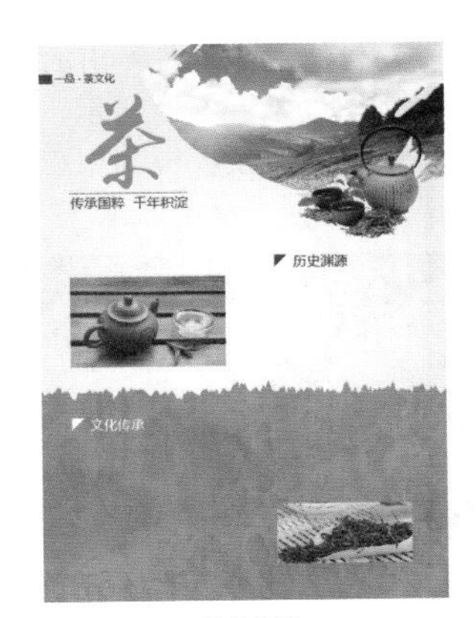

图6-338

步骤 10 添加段落文字制作正文部分。单击工具箱中的“文字工具”按钮，在画板上按住鼠标左键拖动出一个文本框，删除自动出现的占位符文本。使用同样的方法再绘制出一个文本框，然后单击工具箱中的“选择工具”按钮，选中这两个文本框，如图6-339所示。保持选中状态，将光标置于第一段文本对象的输出连接点上，当其变为形状时单击；当其变为形状时，移动至第二个文本对象的输出连接点上，单击即可串接两部分文本框，如图6-340所示。

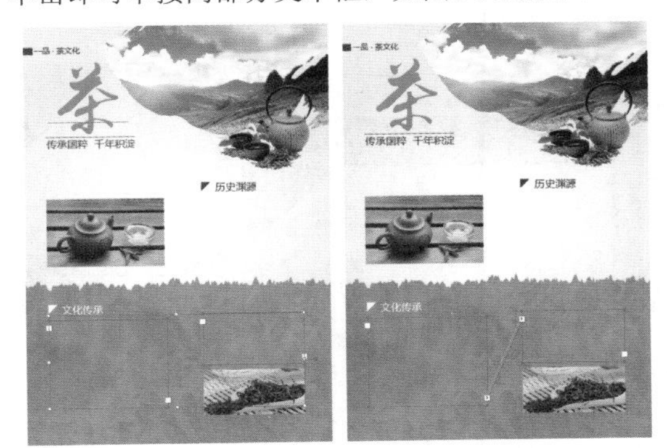

图6-339　图6-340

步骤 11 单击工具箱中的“文字工具”按钮，在第一个文本框中单击，并输入文字。在输入的过程中溢出的文字会自动显示在第二个文本框内，如图6-341所示。使用上述方法添加其他段落文字，最终效果如图6-342所示。

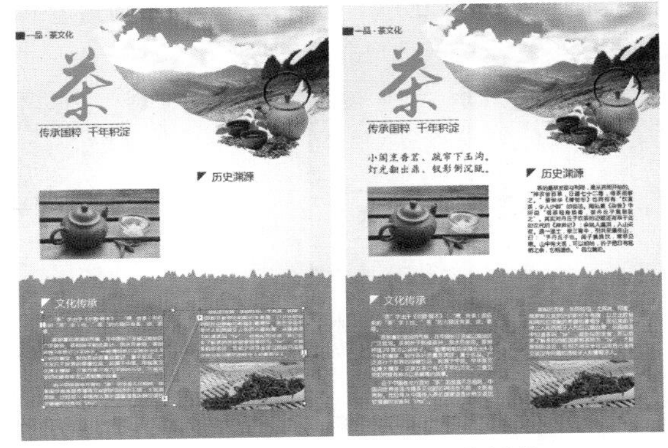

图6-341　图6-342

综合实例：医疗主题三折页设计

文件路径	资源包\第6章\综合实例：医疗主题三折页设计
难易指数	★★★★★
技术掌握	“文字工具”、剪切蒙版

扫一扫，看视频

实例效果

本实例演示效果如图 6-343 所示。

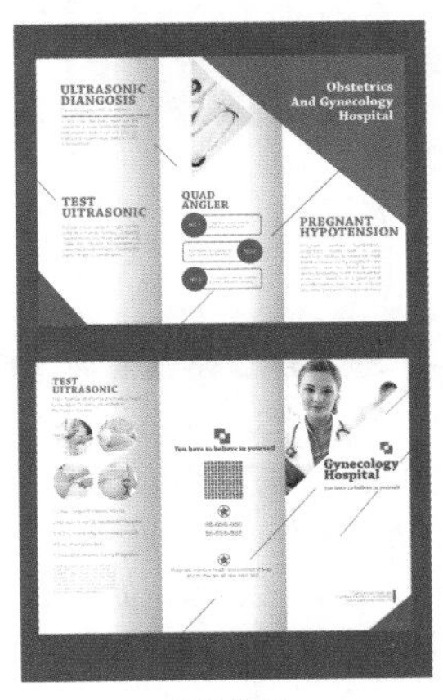

图6-343

操作步骤

步骤 01 执行“文件 > 新建”命令或按快捷键 Ctrl+N，创建新文档。单击工具箱中的“矩形工具”按钮，在控制栏中设置填充为深灰色，在画板上绘制一个与画板等大的矩形，如图 6-344 所示。继续使用“矩形工具”绘制一个矩形，在控制栏中设置填充为白色，此页面作为三折页的正面部分底色；再复制一个到画板下部，作为三折页的背面底色，如图 6-345 所示。如果界面中没有显示控制栏，可以执行“窗口 > 控制”命令将其显示。

图6-344

图6-345

步骤 02 单击工具箱中的“矩形工具”按钮，在三折页正面绘制一个矩形对象。保持该对象的选中状态，去除描边。执行“窗口 > 渐变”命令，在弹出的“渐变”面板中编辑一种灰色系的线性渐变，设置“类型”为“线性”，如图 6-346 所示。此时效果如图 6-347 所示。接着分别按快捷键 Ctrl+C、Ctrl+V 复制出另外 3 个，放到相应的位置，效果如图 6-348 所示。

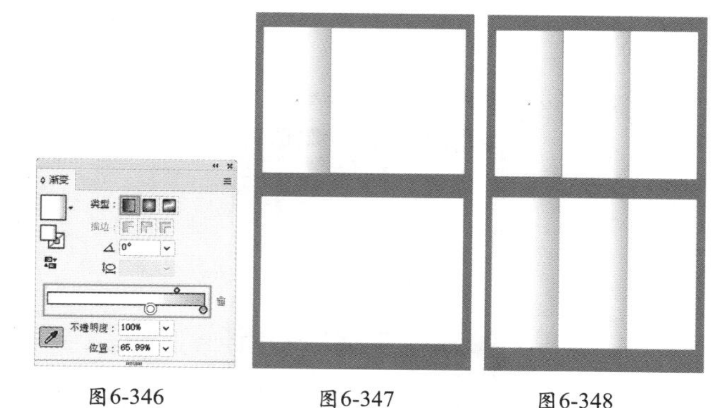

图6-346　图6-347　图6-348

步骤 03 绘制画板中的三角形装饰部分。单击工具箱中的“钢笔工具”按钮，在控制栏中设置填充为青色，“不透明度”为 90%，绘制出一个三角形，如图 6-349 所示。继续使用“钢笔工具”绘制其他两个三角形，并移动到相应位置。效果如图 6-350 所示。

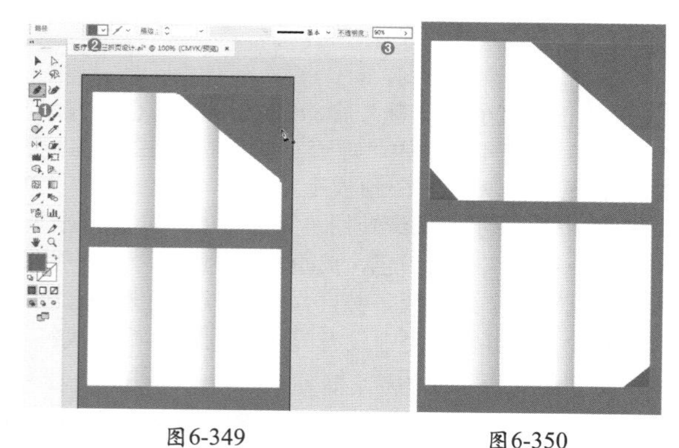

图6-349　图6-350

步骤 04 添加素材。执行“文件 > 置入”命令，置入素材 1.jpg，然后单击控制栏中的“嵌入”按钮，将其嵌入画板中，如图 6-351 所示。选择素材，将光标定位到素材四角外侧，按住鼠标左键拖动旋转 45°；然后将光标定位到素材四角处，按住 Shift 键的同时拖曳鼠标，等比例调整素材大小。效果如图 6-352 所示。

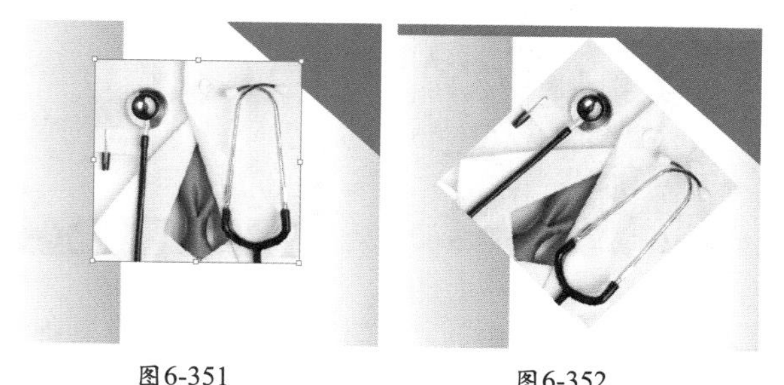

图6-351　图6-352

步骤 05 单击工具箱中的“钢笔工具”按钮，绘制一个三角形。选中三角形与素材，右击，在弹出的快捷菜单中执行“建立剪切蒙版”命令，如图 6-353 所示。使用同样的方法置入其他素材，并使用剪切蒙版得到相应对象，效果如图 6-354 所示。

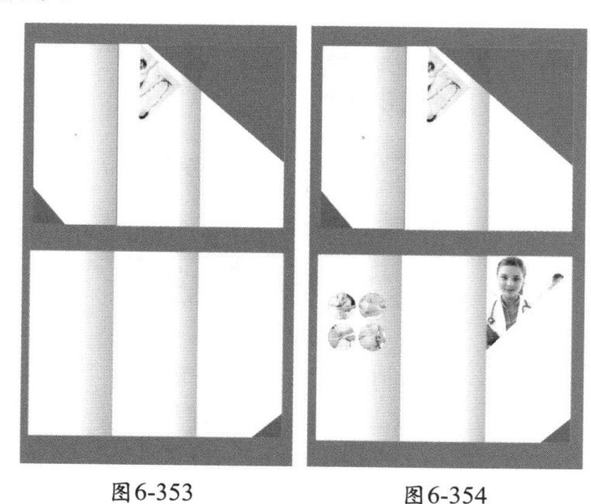

图6-353　图6-354

步骤 06 绘制直线段。单击工具箱中的“直线段工具”按钮，在画板中按住 Shift 键的同时拖曳鼠标，绘制一条直线段。在控制栏中设置填充和描边为青色，描边粗细为 1pt，如图 6-355 所示。使用上述方法在其他位置绘制出多条倾斜的直线段，如图 6-356 所示。

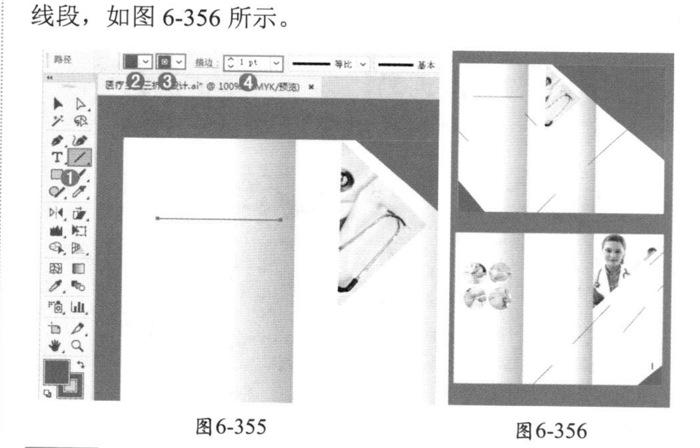

图6-355　图6-356

步骤 07 绘制版面中的圆角矩形。单击工具箱中的“圆角矩形工具”按钮，在控制栏中设置填充为无，描边为青色，描边粗细为 1pt，绘制一个圆角矩形，如图 6-357 所示。分别按快捷键 Ctrl+C、Ctrl+V，复制出另外两个圆角矩形，如图 6-358 所示。

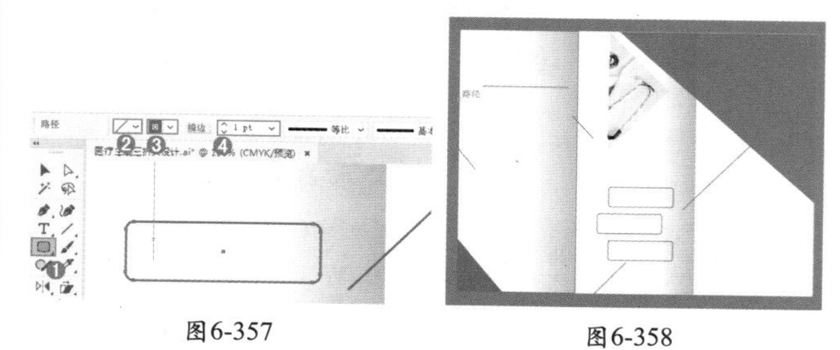

图6-357　图6-358

步骤 08 单击工具箱中的“椭圆工具”按钮，在控制栏中设置填充为青色，描边为无，描边粗细为 1pt，在画板中按住 Shift 键的同时拖曳鼠标，绘制一个正圆形，如图 6-359 所示。分别按快捷键 Ctrl+C、Ctrl+V，复制出另外两个正圆，并移动到相应位置，如图 6-360 所示。

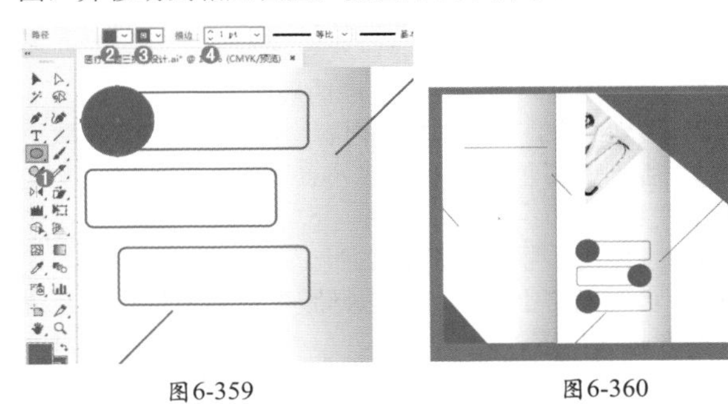

图 6-359　　图 6-360

步骤 09 在反面绘制网格图形。单击工具箱中的“矩形工具”按钮，绘制一个灰色的小矩形，如图 6-361 所示。选中小矩形对象，按住鼠标左键的同时按住 Alt 键，先向右复制多个；执行“窗口 > 对齐”命令，选择合适的对齐分布方式；接着将一行矩形向下复制，并设置合适的对齐分布方式，就可以得到网格图形。效果如图 6-362 所示。

图 6-361

图 6-362

步骤 10 使用“钢笔工具”“椭圆工具”“多边形工具”绘制图标，如图 6-363 所示。分别按快捷键 Ctrl+C、Ctrl+V，复制出另外两个图标，并移动到相应位置，如图 6-364 所示。

图 6-363

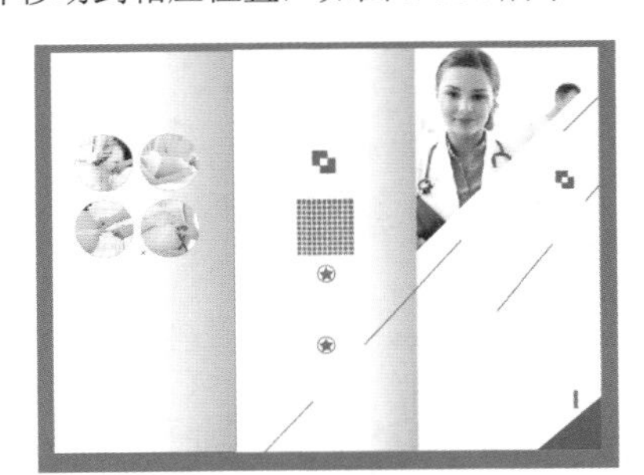

图 6-364

步骤 11 添加标题文字。单击工具箱中的“文字工具”按钮 T，单击画板空白处，在控制栏中设置填充为青色，描边为无，选择合适的字体，设置字体大小为 18pt，段落对齐方式为左对齐。单击“字符”按钮，在弹出的下拉面板中设置“行距”为 15pt。输入第一排文字，按 Enter 键换行，继续输入第二行文字，如图 6-365 所示。使用上述方法输入其他大标题，并调整其大小、颜色，如图 6-366 所示。

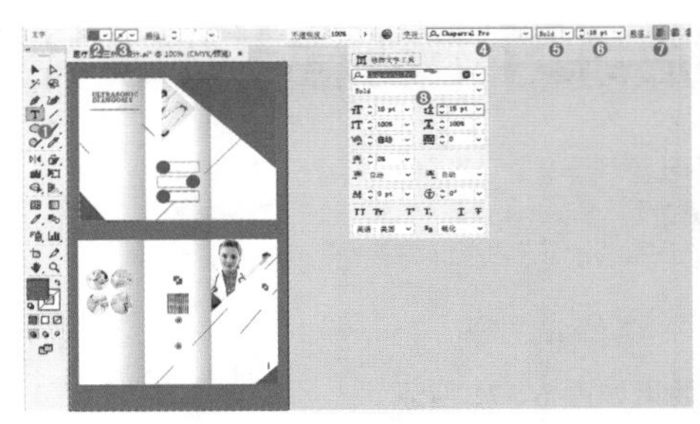

图 6-365

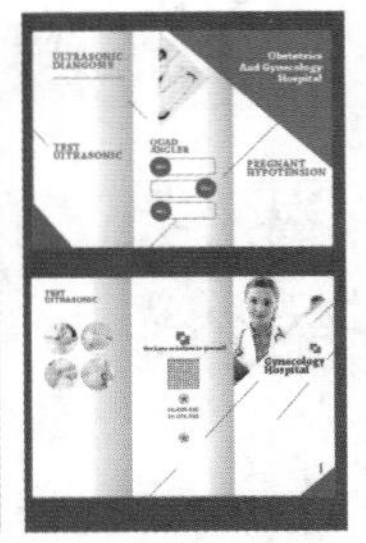

图 6-366

步骤 12 添加段落文字。单击工具箱中的“文字工具”按钮，在画板空白处按住鼠标左键拖动，绘制出一个文本框，如图 6-367 所示。在控制栏中设置文字的填充为灰色，描边为无，“不透明度”为 70%，选择合适的字体，设置字体大小为 6pt。单击“字符”按钮，在弹出的下拉面板中设置“行距”为 7pt。执行“窗口 > 段落”命令，在弹出的“段落”面板中设置对齐方式为“两行对齐，末端左对齐”，效果如图 6-368 所示。

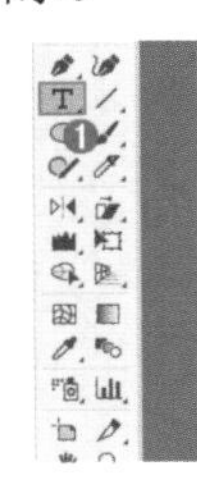

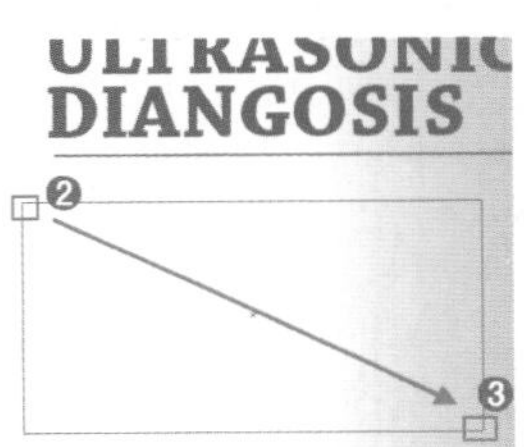

图 6-367

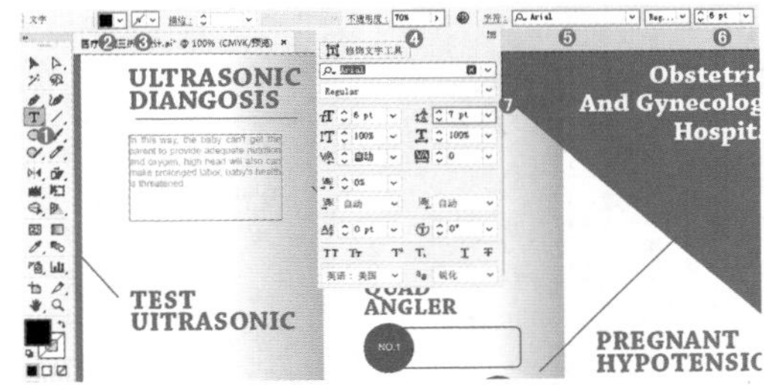

图 6-368

步骤 13 使用同样的方法添加其他段落文字，如图 6-369 所示。最终效果如图 6-370 所示。

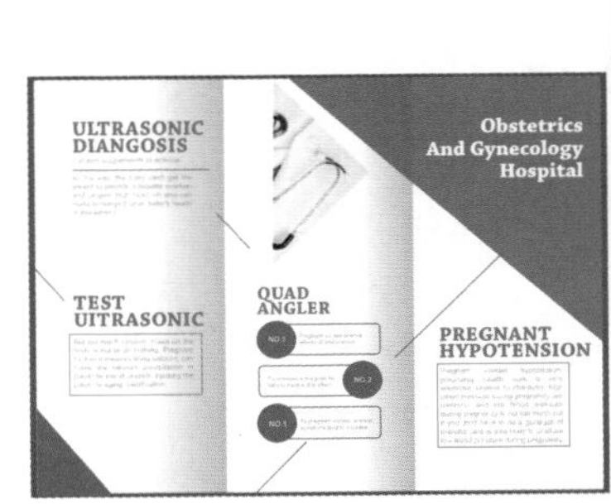

图 6-369

图 6-370

6.9 课后练习：创意字体设计

扫一扫，看视频

文件路径	资源包\第6章\课后练习：创意字体设计
难易指数	★★★★★
技术掌握	"文字工具"、创建轮廓

实例效果

本实例演示效果如图 6-371 所示。

图6-371

6.10 模拟考试

主题：以"时尚"为主题进行杂志内页的排版。

要求：

（1）杂志内页风格统一，主题明确。

（2）图文结合，图像和文字内容均可在网络搜索获取。

（3）版面需要包含标题文字（点文字）及大段正文文字（段落文字）。

（4）字体及字号要合理使用。

（5）可在网络上搜索"杂志排版"或参考身边的杂志书籍，获取排版灵感。

考查知识点：文字工具、创建点文字、创建段落文字、字符面板、段落面板。

第7章 对象管理

本章内容简介：

制作一些较为大型的设计作品时，经常会用到几十个甚至几百个元素。为了操作的便利，我们可以对部分元素进行编组、锁定或者隐藏。当一个文档中包含多个对象时，这些元素的上下堆叠顺序、左右排列顺序都会影响画面的显示效果。因此，在Illustrator中对对象进行管理就显得尤为重要了。

重点知识掌握：

- 熟练掌握对齐与分布的操作方法
- 熟练掌握编组、锁定、隐藏操作方法
- 学会使用图像描摹

通过本章的学习，我能做什么？

通过本章的学习，我们可以在制图时方便快捷地隐藏某些暂时不需要的对象；或者将部分元素“锁定”，以防被移动；还可以将构成某个局部的多个元素编组，以便于同时进行缩放、移动等操作；通过“对齐”与“分布”功能可以使版面内容更加规整。除此之外，利用“图像描摹”功能可以轻松地将位图对象转换为矢量图形，从而快速得到卡通感的矢量画。

7.1 对象的排列

扫一扫，看视频

一幅完整的平面设计作品或插画作品通常是由多个对象组合而成的，这些对象需要按照一定的顺序，有条不紊地排列、组合在一起。在这些作品中经常会出现重叠的元素，排列在上面的对象会遮挡住下面的对象，此时更改对象的排列顺序会使画面效果产生变化。执行"排列"命令可以随时更改图稿中对象的堆叠顺序，从而调整作品效果。如图7-1和图7-2所示为对象处于不同的排列顺序下，作品展现出的不同效果。

图7-1

图7-2

（1）在画面中图形有堆叠的情况下，想要调整对象的排列顺序，可以选中需要调整顺序的图形（此处选择字母A）；执行"对象>排列"命令，在弹出的子菜单中包含多个用于调整对象排列顺序的命令，如图7-3所示。或者在画布中选中对象，右击，在弹出的快捷菜单中执行"排列"命令，也会出现相同的子菜单，如图7-4所示。

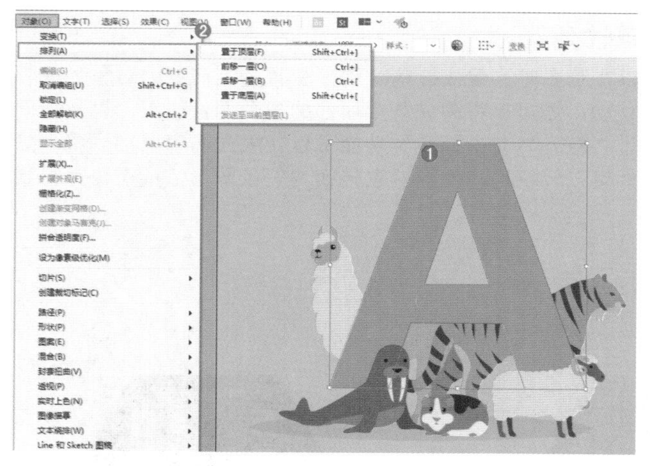

图7-3

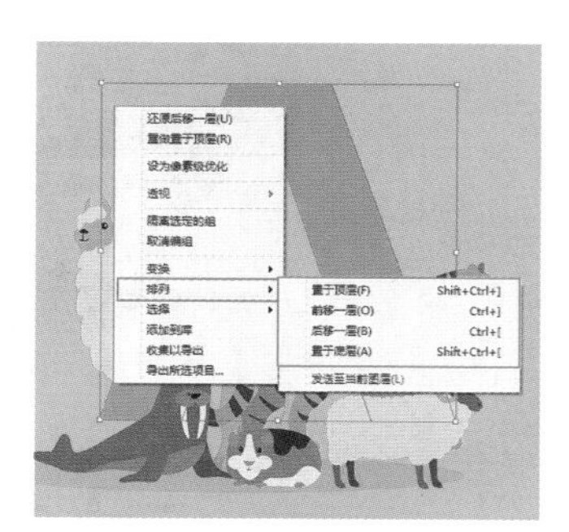

图7-4

（2）执行"对象>排列>置于顶层"命令（快捷键：Shift+Ctrl+]），可以将对象移动到其所在组或图层中的顶层位置，如图7-5所示。执行"对象>排列>前移一层"命令（快捷键：Ctrl+]），可以将对象按堆叠顺序向前移动一个位置，如图7-6所示。

图7-5

图7-6

（3）执行"对象>排列>后移一层"命令（快捷键：Ctrl+[），可以将对象按堆叠顺序向后移动一个位置，如图7-7所示。执行"对象>排列>置于底层"命令（快捷键：Shift+Ctrl+[），可以将对象移动到其所在组或图层中的底层位置，如图7-8所示。

图7-7

图7-8

7.2 对齐与分布

扫一扫，看视频

在制图过程中，经常需要将多个图形进行整齐排列，使之形成一定的排列规律，以实现整齐、统一的美感。"对齐"操作是将多个图形对象进行整齐排列，"分布"操作是对图形之间的距离进行调整。

重点 7.2.1 动手练：对齐对象

在版面的编排中，有一些元素是必须要进行对齐的，例如界面设计中的按钮、版面中的一些图案。那么如何快速、精准地进行对齐呢？使用“对齐”功能可以将多个图层对象进行整齐排列。

将要进行对齐的对象选中，如图7-9所示。执行“窗口>对齐”命令（快捷键：Shift+F7），打开“对齐”面板，在“对齐对象”选项组中可以看到多个对齐控制按钮，如图7-10所示。单击相应的按钮，即可进行对齐操作。例如，单击“水平居中对齐”按钮，效果如图7-11所示。

图7-9

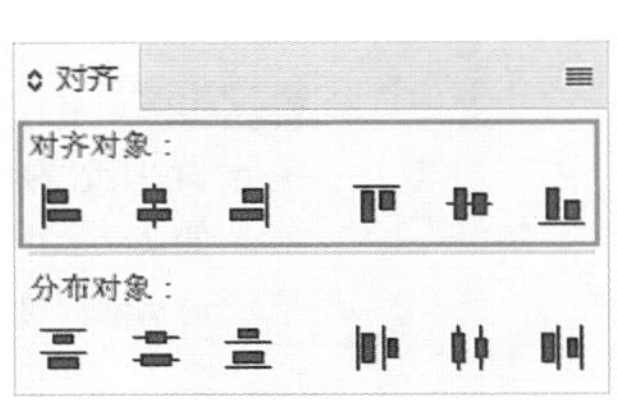

图7-10

图7-11

- 顶对齐：将所选对象顶端的像素与当前顶端的像素对齐。
- 垂直居中对齐：将所选对象的中心像素与当前对象垂直方向的中心像素对齐。
- 底对齐：将所选对象底端的像素与当前底端的像素对齐。
- 左对齐：将所选对象的中心像素与当前对象左边的中心像素对齐。
- 水平居中对齐：将所选对象的中心像素与当前对象水平方向的中心像素对齐。
- 右对齐：将所选对象的中心像素与当前对象右边的中心像素对齐。

提示：设置对齐依据。

默认情况下对齐依据为“对齐所选对象”；可以在“对齐”面板底部进行设置，设置不同的对齐依据得到的对齐或分布效果也各不相同，如图7-12所示（如果没有显示此选项，可以在“对齐”面板菜单中执行“显示选项”命令，显示出整的“对齐”面板）。

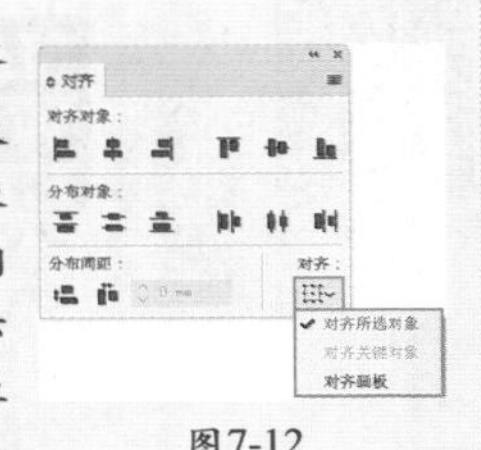

图7-12

- 对齐所选对象：相对于所有选定对象的定界框进行对齐或分布。
- 对齐关键对象：相对于一个锚点进行对齐或分布。
- 对齐画板：将所选对象按照当前的画板进行对齐或分布。

举一反三：制作同心圆 Logo

在制作徽标时，经常会用到一些同心圆、同心方形等中心重合的图形。手动调整位置很难保证完全对齐，而利用“对齐”功能则可以轻松得到同心图形。

扫一扫，看视频

（1）使用“椭圆工具”绘制一个正圆，如图7-13所示。接着绘制其他圆形，如图7-14所示。

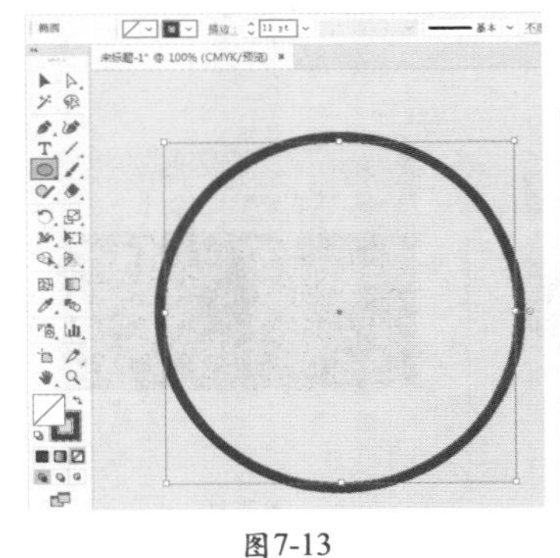

图7-13

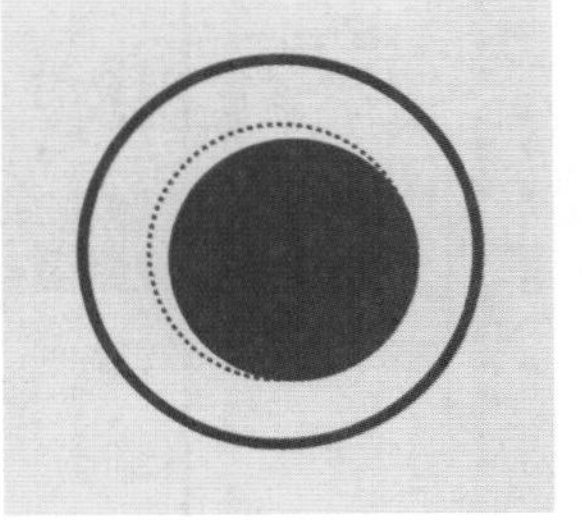

图7-14

（2）框选3个正圆，单击控制栏中的“对齐”按钮，在弹出的下拉面板中分别单击“垂直居中对齐”按钮和“水平居中对齐”按钮进行对齐，同心圆就制作完成了，如图7-15所示。最后添加文字和图案。完成效果如图7-16所示。

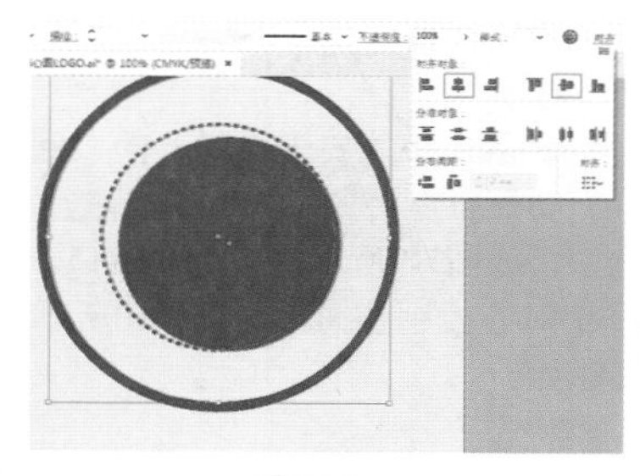

图7-15

图7-16

练习实例：利用对齐功能制作简约文字海报

文件路径	资源包\第7章\练习实例：利用对齐功能制作简约文字海报
难易指数	
技术掌握	对齐、分布

实例效果

本实例演示效果如图7-17所示。

扫一扫，看视频

图7-17

操作步骤

步骤 01 执行“文件>新建”命令或按快捷键Ctrl+N，创建新文档。单击工具箱中的“矩形工具”按钮，在控制栏中设置填充为粉色，描边为无，绘制一个矩形，如图7-18所示。使用上述方法，再绘制一个宽度相同的黑色矩形，如图7-19所示。如果界面中没有显示控制栏，可以执行“窗口>控制”命令将其显示。

图7-18

图7-19

步骤 02 单击工具箱中的“钢笔工具”按钮，在控制栏中设置填充为粉色，描边为无，在画板左下角绘制一个三角形，如图7-20所示。使用上述方法在画板右下角再绘制一个三角形，如图7-21所示。

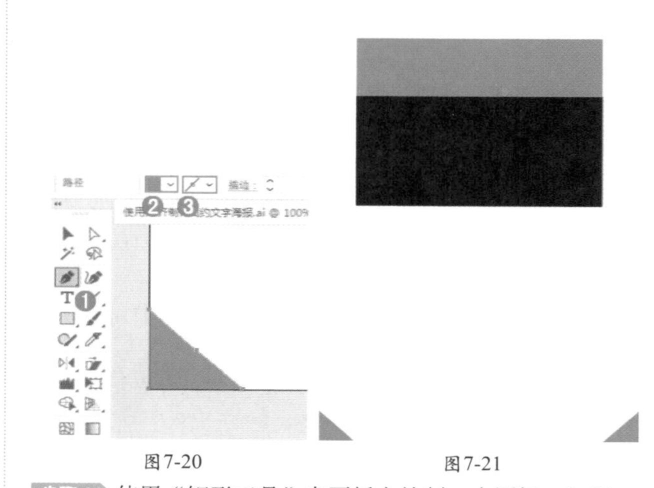

图7-20　　图7-21

步骤 03 使用“矩形工具”在画板上绘制一个图标，如图7-22所示。单击工具箱中的“文字工具”按钮，在控制栏中设置填充为白色，描边为无，选择一种合适的字体，设置字体样式为Black，字体大小为72pt，段落对齐方式为左对齐。在粉色矩形上单击并输入文字，如图7-23所示。

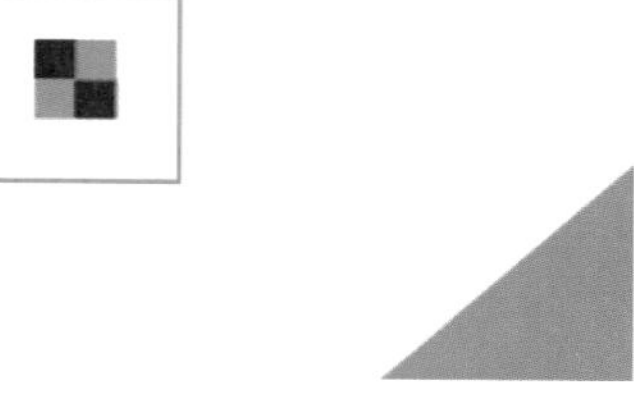

图7-22

图7-23

步骤 04 使用上述方法添加其他文字，设置合适的字体、大小和颜色，如图7-24所示。然后执行“窗口>对齐”命令，在弹出的“对齐”面板中单击“左对齐”按钮，此时这些文字沿左侧边缘整齐地排列在画面中，如图7-25所示。

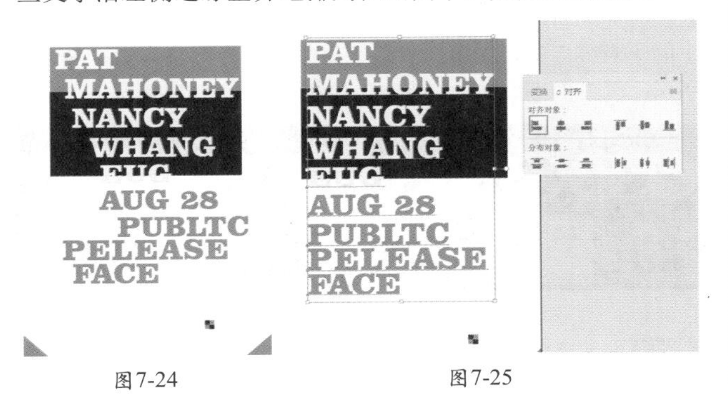

图7-24　　图7-25

步骤 05 单击“垂直居中分布”按钮，此时每行文字的间距也相同了，如图7-26所示。使用上述方法添加其他文字，设置合适的字体、大小和颜色，并按效果对齐相应文字。最终效果如图7-27所示。

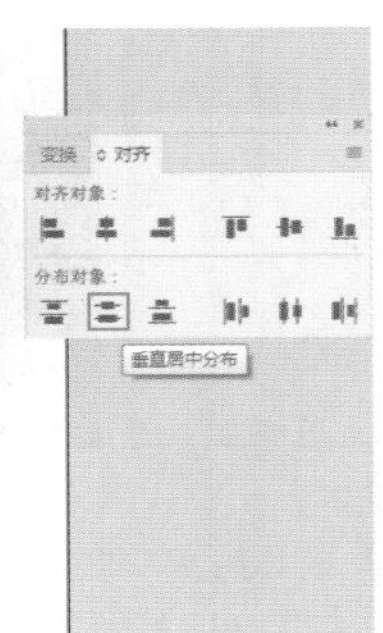

图7-26

图7-27

练习实例：利用对齐功能制作作品展示页面

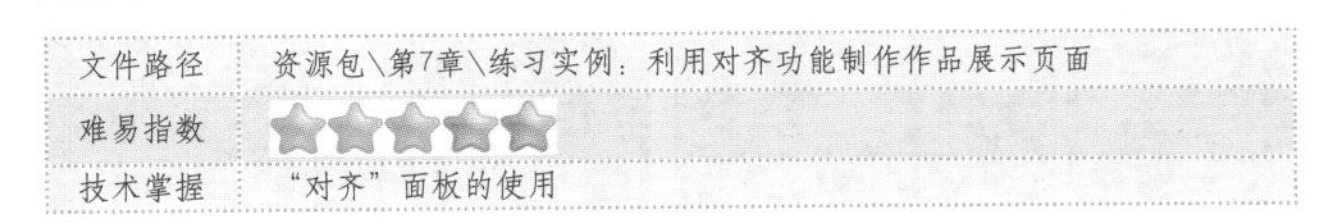

文件路径	资源包\第7章\练习实例：利用对齐功能制作作品展示页面
难易指数	★★★★★
技术掌握	“对齐”面板的使用

实例效果

本实例演示效果如图7-28所示。

图7-28

操作步骤

扫一扫，看视频

步骤 01 执行“文件>新建”命令或按快捷键Ctrl+N，创建新文档。单击工具箱中的“矩形工具”按钮，在控制栏中设置填充为黑色，描边为无，绘制一个矩形作为底色，如图7-29所示。单击工具箱中的“椭圆工具”按钮，在控制栏中设置填充为白色，描边为无，在画板上部绘制一个椭圆形，如图7-30所示。如果界面中没有显示控制栏，可以执行“窗口>控制”命令将其显示。

图7-29　　图7-30

步骤 02 执行“文件>打开”命令，打开素材1.ai，如

图7-31所示。选中素材对象，执行“编辑>复制”命令，然后回到刚才工作的文档中，执行“编辑>粘贴”命令，将粘贴出的对象调整到合适的大小，移动到合适的位置，如图7-32所示。

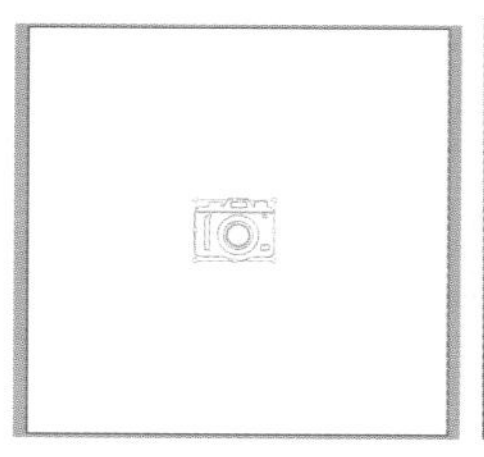
图7-31

图7-32

步骤 03 单击工具箱中的“文字工具”按钮，在控制栏中设置填充为白色，描边为无，选择一种合适的字体，设置字体大小为24pt，段落对齐方式为左对齐。输入文字，如图7-33所示。使用上述方法再添加一行文字，设置合适的字体、大小和颜色，如图7-34所示。

图7-33

图7-34

步骤 04 执行“文件>置入”命令，置入素材2.jpg，调整到合适的大小，移动到相应的位置。然后单击控制栏中的“嵌入”按钮，将其嵌入画板中，如图7-35所示。单击工具箱中的“椭圆工具”按钮，绘制一个椭圆形，如图7-36所示。然后框选素材图片和圆形，右击，在弹出的快捷菜单中执行“建立剪切蒙版”命令，圆形以外的部分被隐藏，如图7-37所示。

图7-35

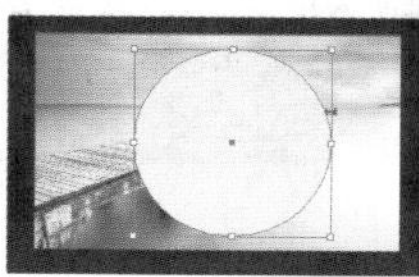
图7-36

图7-37

步骤 05 单击工具箱中的“椭圆工具”按钮，在控制栏中设置填充为无，描边为白色，描边粗细为14pt，绘制一个和图片素材等大的圆形，如图7-38所示。框选素材和描边，右击，在弹出的快捷菜单中执行“编组”命令。使用上述方法添加其他素材，并依次将其嵌入画板中，执行“建立剪切蒙版”命令，然后依次绘制白色描边，分别进行编组，如图7-39所示。

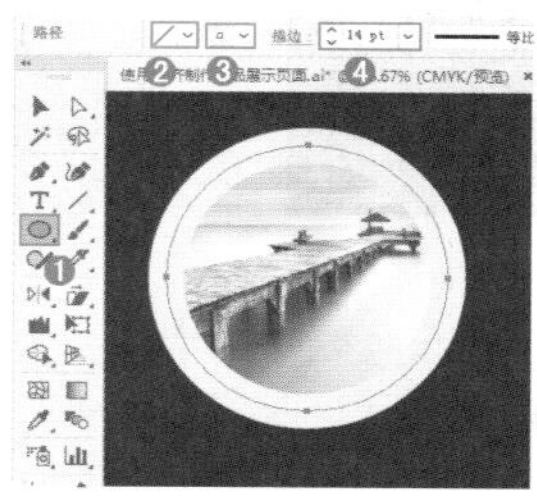
图7-38

图7-39

步骤 06 框选所有图形组，然后执行“窗口>对齐”命令，在弹出的“对齐”面板中单击“垂直居中对齐”按钮，如图7-40所示。再单击“水平居中分布”按钮，如图7-41所示。

图7-40

图7-41

步骤 07 选择中间的图形组，将光标定位到一角处，按住Shift键的同时按住鼠标拖动，进行等比例缩放，调整图形的大小，如图7-42所示。单击工具箱中的“矩形工具”按钮，绘制一个红色的矩形，如图7-43所示。

图7-42

图7-43

步骤 08 单击工具箱中的“文字工具”按钮，添加其他文字，设置合适的字体、大小和颜色，如图7-44所示。

图7-44

重点 7.2.2 动手练：分布对象

对象排列整齐了，那么怎么才能让两个对象之间的距离是相等的呢？这时就要用到“分布”功能，通过该功能可以制作具有相同间距的对象。

选中要均匀分布的对象，如图7-45所示。执行“窗口>对齐”命令（快捷键：Shift+F7），打开“对齐”面板，在“分布对象”选项组中可以看到多个分布控制按钮。单击相应按钮，即可进行分布操作，如图7-46所示。例如，单击“垂直居中分布”按钮，效果如图7-47所示。

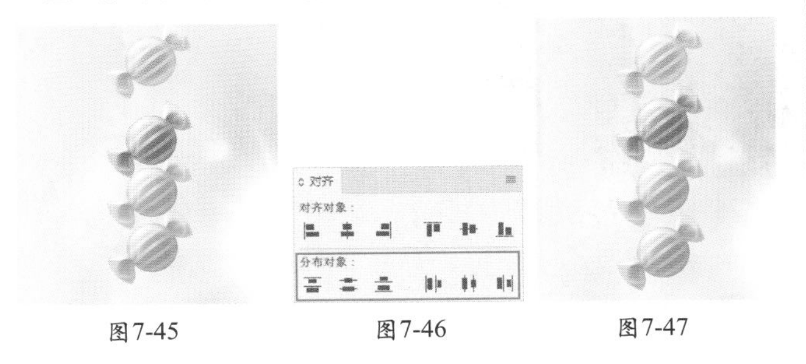

图7-45　　图7-46　　图7-47

提示：分布按钮。

- 垂直顶部分布：单击该按钮时，将以每个对象的顶边作为基准，平均分配对象之间的垂直距离。
- 垂直居中分布：单击该按钮时，将以每个对象的中心点作为基准，平均分配对象之间的垂直距离。
- 垂直底部分布：单击该按钮时，将以每个对象的底边作为基准，平均分配对象之间的垂直距离。
- 水平左分布：单击该按钮时，将以每个对象的左侧边作为基准，平均分配对象之间的水平距离。
- 水平居中分布：单击该按钮时，将以每个对象的中心点作为基准，平均分配对象之间的水平距离。
- 水平右分布：单击该按钮时，将以每个对象的右侧边作为基准，平均分配对象之间的水平距离。

举一反三：利用对齐、分布功能制作网页导航

扫一扫，看视频

整齐、统一总是给人以和谐的美感，在UI设计中这点表现得尤为突出。很多网页、手机界面都会要求将按钮或图标摆放得规规矩矩，尤其是那种形态相似、大小相同的图标。这时就可以利用对齐与分布功能进行调整。

（1）将制作好的图标放置在相应的位置，将其调整到大概的位置与间距，如图7-48所示。接下来，需要就细节进行调整。加选图标，因为它们需要横向对齐，所以单击“垂直居中对齐”按钮。效果如图7-49所示。

（2）调整按钮之间的间距。在加选图标的状态下，单击“水平居中分布”按钮。效果如图7-50所示。对齐与分布操作完成后，就可以对图标的大小及位置进行调整了。效果如图7-51所示。

图7-48　　图7-49

图7-50　　图7-51

举一反三：利用对齐、分布功能制作整齐版面

扫一扫，看视频

（1）在版式设计中，对齐与分布功能应用也非常广泛。先将图片置入到文件内，调整到合适位置和大小，然后按住Shift键加选图片，如图7-52所示。接着单击控制栏中的“水平居中对齐”按钮，效果如图7-53所示。如果界面中没有显示控制栏，可以执行“窗口>控制”命令将其显示。

图7-52

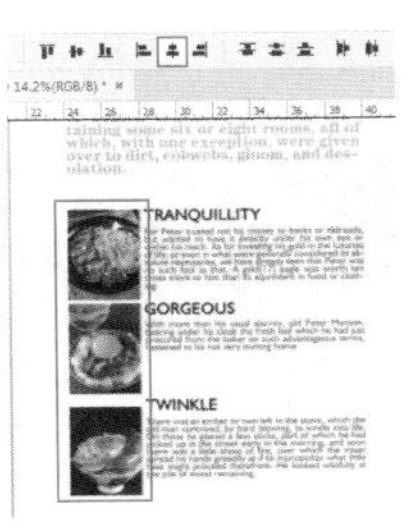

图7-53

（2）单击“垂直居中分布”按钮，效果如图7-54所示。最后完成效果如图7-55所示。

图7-54　　图7-55

练习实例：利用分布功能制作画册内页

扫一扫，看视频

文件路径	资源包\第7章\练习实例：利用分布功能制作画册内页
难易指数	★★★★★
技术掌握	对齐、分布

实例效果

本实例演示效果如图7-56所示。

图7-56

操作步骤

步骤 01 执行“文件>新建”命令或按快捷键Ctrl+N，创建新文档。执行“文件>置入”命令，置入素材1.jpg。移动到合适的位置，单击控制栏中的“嵌入”按钮，将其嵌入画板中，如图7-57所示。使用同样的方法依次添加素材2.jpg、3.jpg、4.jpg和5.jpg，并嵌入画板中，将后置入的小照片摆放在下方，如图7-58所示。

图7-57　　图7-58

步骤 02 加选素材1.jpg和2.jpg，然后执行“窗口>对齐”命令，在弹出的“对齐”面板中单击“左对齐”按钮，如图7-59所示。加选素材1.jpg和5.jpg，单击“右对齐”按钮，如图7-60所示。

图7-59　　图7-60

步骤 03 框选素材2.jpg、3.jpg、4.jpg和5.jpg。在“对齐”面板中，单击“顶对齐”按钮，如图7-61所示。单击“水平居中分布”按钮，这些小照片被均匀地分布在版面中，如图7-62所示。

图7-61　　图7-62

步骤 04 单击工具箱中的“文字工具”按钮，在控制栏中设置填充为灰色，描边为无，选择一种合适的字体，设置字体大小为12pt，段落对齐方式为左对齐。输入文字，如图7-63所示。保持文字的选中状态，双击工具箱中的“旋转工具”按钮，在弹出的“旋转”窗口中设置“角度”为90°，单击“确定”按钮，如图7-64所示。移动到合适位置，如图7-65所示。

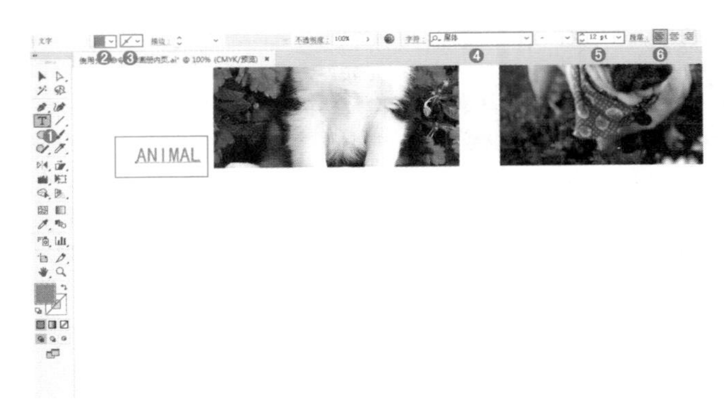
图7-63

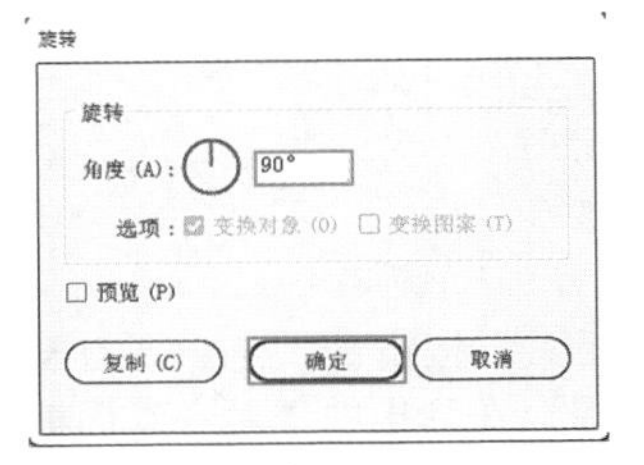
图7-64

图7-65

步骤 05 使用上述方法输入其他文字，设置合适的字体、大小和颜色，并旋转90°，移动到合适位置，如图7-66所示。接着执行“文件>打开”命令，打开素材6.ai。选中素材中的全部对象，执行“编辑>复制”命令，然后回到刚才工作的文档中，执行“编辑>粘贴”命令，将粘贴出的对象移动到画板上覆盖之前的图形对象，如图7-67所示。

图7-66

图7-67

步骤 06 保持素材的选中状态，执行“窗口>透明度”命令，在弹出的“透明度”面板中设置“混合模式”为“正片叠底”，如图7-68所示。最终效果如图7-69所示。

图7-68

图7-69

7.2.3 动手练：按照特定间距分布对象

默认情况下，分布对象时是以两端的对象为基准进行平均分布。如果想按照特定的间距来分布对象，可以在“对齐”面板菜单中执行“显示选项”命令，显示出完整的“对齐”面板。在该面板的底部可以对“对齐依据”以及“分布间距”进行设置，如图7-70所示。

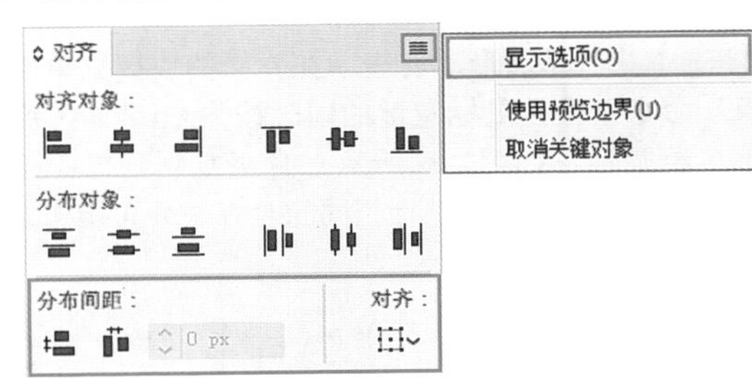

图7-70

（1）加选要分布的对象，然后在“关键对象”（以此对象为基准进行操作）上单击，此时这个对象的边缘会出现一种特殊的选中效果，如图7-71所示。在“对齐”面板中，先设置每个图形分布的距离，然后单击⬚按钮，在弹出的下拉菜单中执行“对齐关键对象”命令，接着单击分布按钮，如图7-72所示。此时会以设定的关键对象为基准进行分布，并且每个对象之间的距离为设置的数值，如图7-73所示。

图7-71

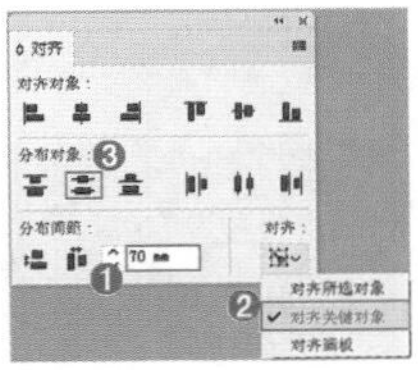

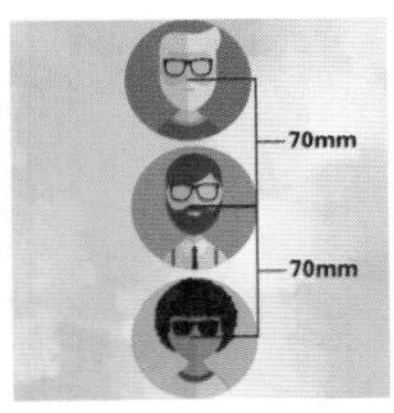

图7-73

图7-72

（2）单击“垂直分布间距”按钮，可以在关键对象不动的情况下以当前设置的数值进行垂直分布，如图7-74所示。单击“水平分布间距”按钮，可以在关键对象不动的情况下以当前设置的数值进行水平分布，如图7-75所示。

图7-74

图7-75

练习实例：利用对齐与分布功能制作斑点背景海报

文件路径	资源包\第7章\练习实例：利用对齐与分布功能制作斑点背景海报
难易指数	★★★★★
技术掌握	对齐、分布、建立复合路径

实例效果

本实例演示效果如图7-76所示。

扫一扫，看视频

图7-76

操作步骤

步骤 01 执行“文件>新建”命令或按快捷键Ctrl+N，创建新文档。单击工具箱中的“矩形工具”按钮，在控制栏中设置填充为青绿色，在画板上绘制一个矩形，如图7-77所示。如果界面中没有显示控制栏，可以执行“窗口>控制”命令将其显示。

图7-77

步骤 02 单击工具箱中的“钢笔工具”按钮，在控制栏中设置填充为黄色，描边为无，在画板上方绘制一个半圆形，如图7-78所示。继续在画板下方绘制另外一个半圆形，如图7-79所示。

图7-78

图7-79

步骤 03 绘制斑点背景。单击工具箱中的“椭圆工具”按钮，在控制栏中设置填充为白色，描边为无，在画面中按住Shift键的同时按住鼠标左键拖动，绘制一个正圆形，如图7-80所示。选中该对象，按住鼠标左键的同时按住Alt键向右拖动，松开光标后即可进行移动复制。使用这种方法复制出多个相同的圆形，如图7-81所示。

图7-80　　图7-81

步骤 04 单击工具箱中的“选择工具”按钮，选中所有圆形。然后执行“窗口>对齐”命令，在弹出的“对齐”面板中单击“垂直居中对齐”按钮，如图7-82所示。然后单击“水平居中分布”按钮，如图7-83所示。

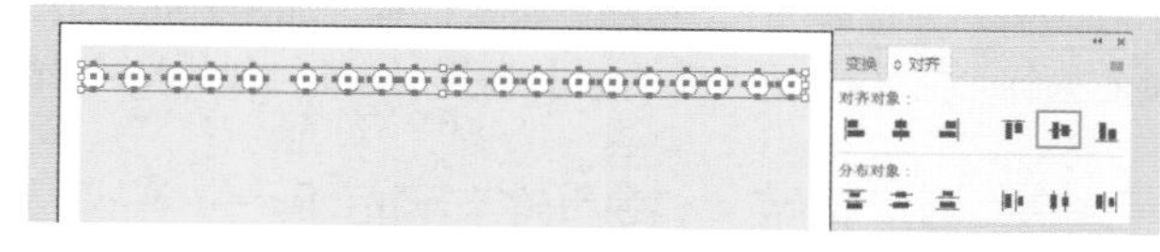
图7-82

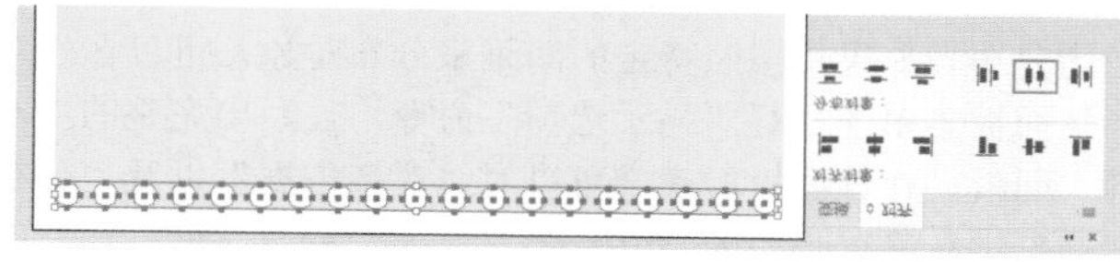
图7-83

步骤 05 选中第一排圆形，右击，在弹出的快捷菜单中执行“编组”命令。按住鼠标左键的同时按住Alt键向下拖动，复制出多组圆形，如图7-84所示。直至复制到覆盖整个画板，并对复制出的圆形组进行相同的对齐与分布操作，如图7-85所示。

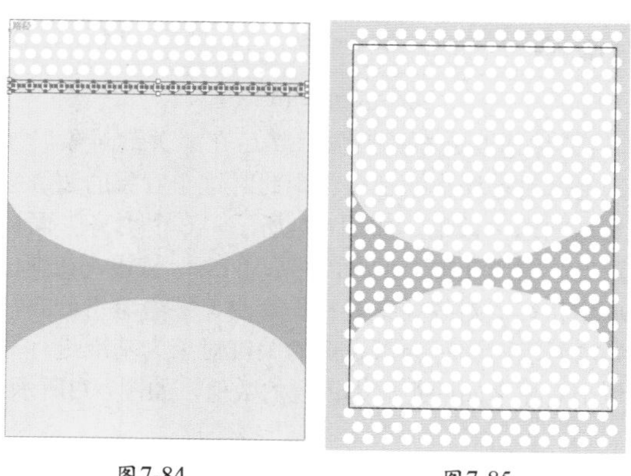
图7-84　　图7-85

步骤 06 框选所有圆形组，右击，在弹出的快捷菜单中执行“编组”命令。然后单击工具箱中的“矩形工具”按钮，在画板上绘制一条与画板等大的矩形路径，如图7-86所示。选中矩形和编组的圆形对象，右击。在弹出的快捷菜单中执行“建立剪切蒙版”命令，效果如图7-87所示。

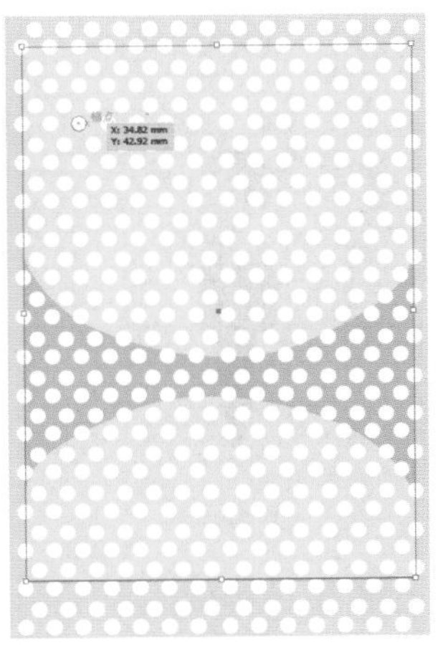

图7-86

图7-87

步骤 07 添加素材。执行“文件>置入”命令，置入素材1.png，单击控制栏中“嵌入”按钮，将其嵌入画板中，如图7-88所示。右击，在弹出的快捷菜单中执行“变换>镜像”命令，然后调整到合适的大小，放到相应位置。按照上述方法添加素材2.png，放到相应位置，如图7-89所示。

图7-88

图7-89

步骤 08 单击工具箱中的“文字工具”按钮，在画板空白处单击；在控制栏中设置填充为绿色，描边为无，选择一种合适的字体，设置字体大小为67.22pt，段落对齐方式为左对齐；单击“字符”按钮，在弹出的下拉面板中设置“行距”为80pt；输入文字，如图7-90所示。使用同样的方法添加其他文字，效果如图7-91所示。

图7-90

图7-91

步骤 09 绘制边框。单击工具箱中的“矩形工具”按钮，在画板上绘制一个与画板等大的白色矩形，然后继续绘制一个小的白色矩形。选中两个矩形，右击，在弹出的快捷菜单中执行“建立复合路径”命令，如图7-92所示，得到白色边框。最终效果如图7-93所示。

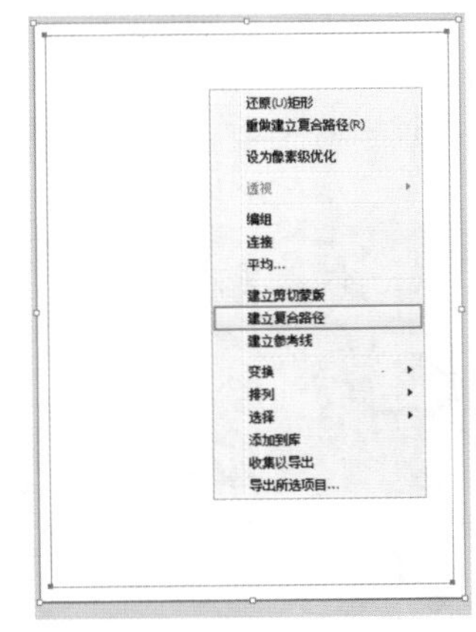

图7-92

图7-93

7.3 隐藏与显示

扫一扫，看视频

在Illustrator中可以将暂时不需要的对象隐藏起来，等需要的时候再显示出来。被隐藏的对象只是我们看不见，同时也无法选择与打印，但是仍然存在于文档中。可以通过“显示”命令将其显示出来；另外，当文档关闭和重新打开时，隐藏对象会重新出现。

重点 7.3.1 隐藏对象

1. 隐藏对象

选择要隐藏的对象，如图7-94所示。执行“对象>隐藏>所选对象”命令（快捷键：Ctrl+3），效果如图7-95所示。

图7-94

图7-95

2. 隐藏上方所有图稿

若要隐藏某一对象上方的所有对象，可以选择该对象，然后执行“对象>隐藏>上方所有图稿”命令，如图7-96和图7-97所示。

图7-96

图7-97

3. 隐藏其他图层

若要隐藏除所选对象或组所在图层以外的所有其他图层，执行“对象>隐藏>其他图层”命令即可，如图7-98和图7-99所示。

图7-98

图7-99

读书笔记

重点 7.3.2 显示对象

若画板中有隐藏的对象，执行“对象>显示全部”命令（快捷键：Ctrl+Alt+3），之前被隐藏的所有对象都将显示出来，并且之前选中的对象仍保持选中状态，如图7-100和图7-101所示。

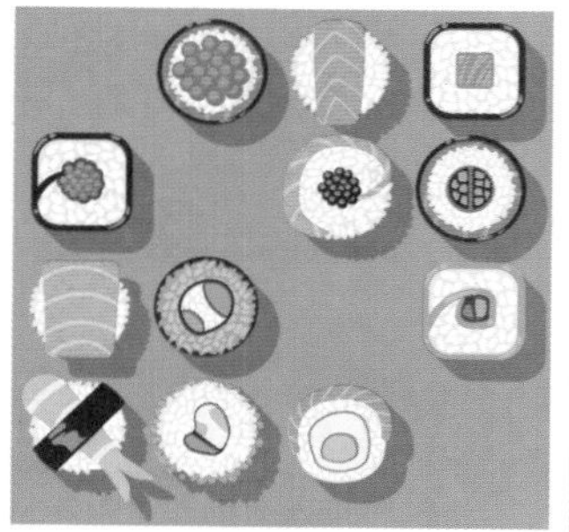
图7-100

图7-101

提示：如何只显示单个对象？

执行“显示全部”命令时，无法只显示少数几个隐藏对象。若要只显示某个特定对象，可以通过“图层”面板进行操作。关于“图层”面板的使用方法参见相关章节。

读书笔记

7.4 编组与解组

"编组"的目的是便于管理与选择。因为在制图的过程中经常会创建出很多图形，例如画板中某一个按钮可能由7~8个图形构成。如果要对这个按钮进行移动，那么就需要逐一选择组成按钮的每个部分；而且下次再对这个按钮进行移动、缩放等操作时还需要重新选择，非常浪费时间。如果将这些图形进行编组，那么在需要使用时，单击一下就能选中，方便、快捷。编组后的对象仍然保持其原始属性，并且可以随时解散组合。

扫一扫，看视频

重点 7.4.1 编组对象

加选要编组的图形，执行"对象>编组"命令（快捷键：Ctrl+G），或者右击，在弹出的快捷菜单中执行"编组"命令，即可将对象进行编组，如图7-102所示。编组后，使用"选择工具"进行选择时，将只能选中该组；只有使用"编组选择工具"，才能选中组中的某个对象，如图7-103所示。

图7-102

图7-103

提示：选中编组中对象的方法。

在使用"移动工具"的情况下，在需要选中的图形上多次单击即可将其选中，如图7-104所示。此时已经进入图形组中，若要从组中退出来，可以在画板以外多次单击，或者单击文档窗口左上角的"退出"按钮来退出，如图7-105所示。

图7-104

图7-105

重点 7.4.2 取消编组

当不需要编组时，可以选中编组的对象，然后执行"对象>取消编组"命令（快捷键：Shift+Ctrl+G）或右击，在弹出的快捷菜单中执行"取消编组"命令，如图7-106所示。组中的对象即可解组为独立对象，如图7-107所示。

图7-106

图7-107

7.5 锁定与解锁

扫一扫，看视频

在进行比较复杂的图形文档编辑时，文档中如果存在过多元素，想要对某一个元素进行选择或操作时，很容易触碰到其他元素，或受到其他元素的影响。此时可以将不需要进行编辑的元素进行锁定。一旦要对锁定的对象进行编辑，还可以使用“解锁”功能恢复对象的可编辑性。

重点 7.5.1 锁定对象

“锁定”是将对象固定在某个位置上，无法被选中，也无法被编辑。首先选中要锁定的对象，如图7-108所示。然后执行“对象>锁定>所选对象”命令（快捷键：Ctrl+2），即可将所选对象锁定。锁定之后的对象无法被选中，也无法进行编辑。例如，按快捷键Ctrl+A全选画板中的内容，此时画板中所有未锁定的对象都被选中了，而刚刚锁定的对象并没有被选中，如图7-109所示。

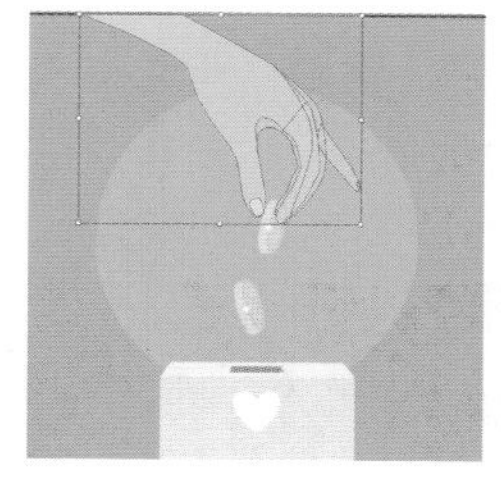

图7-108

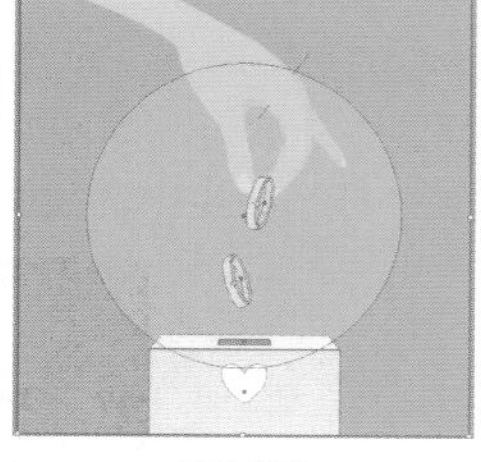

图7-109

提示：锁定上方所有图稿。

如果文件中包含重叠对象，选中处于底层的对象，执行“对象>锁定>上方所有图稿”命令，即可锁定与所选对象所在区域有所重叠且位于同一图层中的所有对象。

重点 7.5.2 解锁对象

1. 全部解锁

执行“对象>全部解锁”命令（快捷键：Ctrl+Alt+2），即可解锁文档中所有锁定的对象（解锁后会保持选中的状态），如图7-110所示。

2. 解锁单个对象

若要解锁单个对象，需要在“图层”面板中进行解锁。执行“窗口>图层”命令，在弹出的“图层”面板中单击要“解锁”的对象前方的锁定图标即可，如图7-111所示。

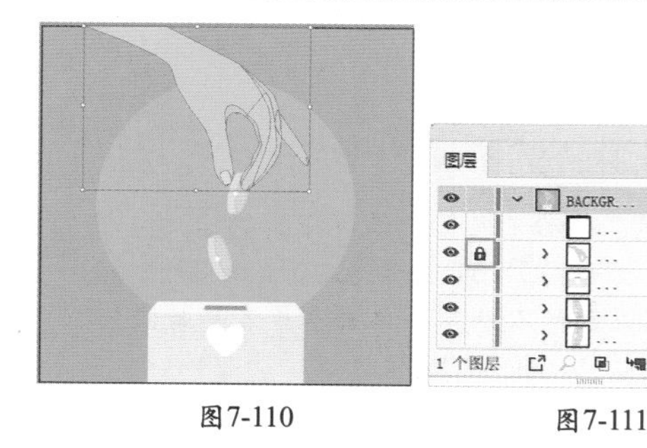

图7-110　图7-111

7.6 “图层”面板

执行“窗口>图层”命令，打开“图层”面板，如图7-112所示。在这里可以对文档中的元素进行编组、锁定、隐藏等操作；还可以创建多个图层，将文档中的元素分别放置在不同的图层中。默认情况下，每个新建的文档都包含一个图层，而每个创建的对象都在该图层之下列出，并且用户可以根据需要创建新的图层。

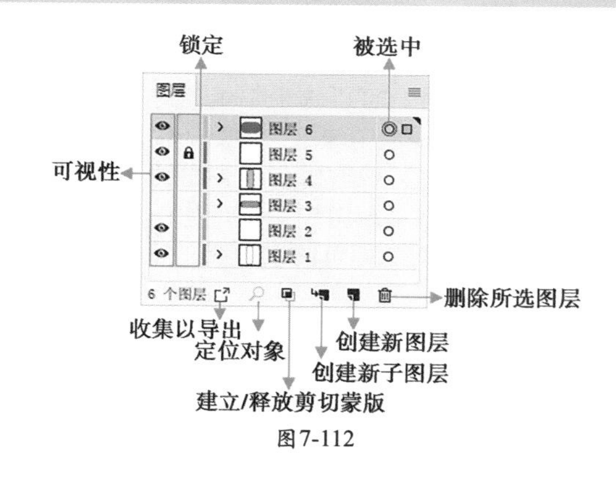

图7-112

提示："图层"面板的知识。

学习过 Photoshop 的读者一定知道，"图层"是非常重要的，而且"图层"面板的使用频率非常高。在 Illustrator 中，因为每个对象都是独立的，而且我们能够使用"选择工具""编组选择工具""魔棒工具""套索工具"非常方便地进行选择，所以"图层"面板的使用频率要远远低于 Photoshop。那么"图层"面板有哪些常用的功能呢？大致归纳为以下几点。

（1）新建图层。

使用过 Photoshop 的读者总会有一个误区：每次绘制一个图形就去新建一个图层。这个操作其实并没有太大的必要。在 Illustrator 中，一个图层相当于一个"组"。我们知道"编组"已经在很大程度上解决了图形的管理问题，但是选择编组后的某一图形将其单独显示又有些麻烦。新建图层则不同，它可以在统一管理下选择单个图形对象，也可以轻松显示或隐藏整个图层中的内容。因此，可以根据自身的操作需要选择性地新建图层。

（2）锁定/解锁单个图形。

这一点在 7.5.2 小节解锁对象中已经讲解过，不再赘述。

（3）显示某个隐藏的图形。

我们知道，按快捷键 Ctrl+Alt+3 能够将所有隐藏的图形显示出来，但是要显示某一个隐藏的对象，那么就需要借助"图层"面板了。

（4）选择图形。

如果图形很多，而且图形之间相互堆叠，则很难选中。此时就需要在图层面板中进行选择。在进行编组后，也可以利用"图层"面板选中图形组中的某个图形。

- /切换可视性：在这里显示当前图层的显示/隐藏状态以及图层的类型。为可见的，为隐藏的，如图7-113和图7-114所示。

图7-113

图7-114

- /切换锁定：单击即可切换图层的锁定状态。显示为时为锁定状态，不可编辑；显示为时则是非锁定状态，可以进行编辑。
- 单击可定位，拖移可移动外观：每个图层对象后都带有这样一个小图标，单击该图标即可在画板中快速定位当前对象。显示为时，表示该对象处于被选中状态。按住该按钮，并将其拖动到其他图层上，则会使其他图层具有相同的外观，如图7-115所示。

图7-115

- 收集以导出：单击该按钮可以打开"资源导出"面板。
- 定位对象：在画板中选中某个对象，单击此按钮，即可在"图层"面板中快速定位该对象。
- 建立/释放剪切蒙版：用于创建图层中的剪切蒙版，图层中位于顶部的图层将作为蒙版轮廓。选中要建立剪切蒙版的对象，单击该按钮，如图7-116所示。此时底层的对象只显示顶层对象形状中的内容，如图7-117所示。再次单击该按钮，即可释放剪切蒙版效果，将图形还原回之前的效果。

图7-116

图7-117

- 创建新子图层：在当前集合图层下创建新的子图层，如图7-118所示。

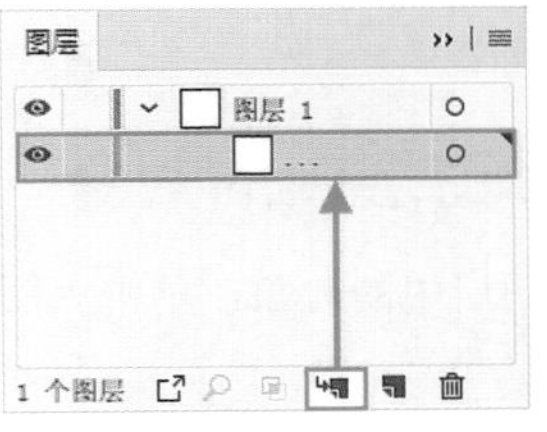

图7-118

- 创建新图层：单击该按钮，即可创建新图层，如图7-119所示。按住Alt键单击该按钮，可以打开"图层选项"窗口进行相应的设置。将已有图层拖曳到此按钮上，可以复制已有图层，如图7-120所示。

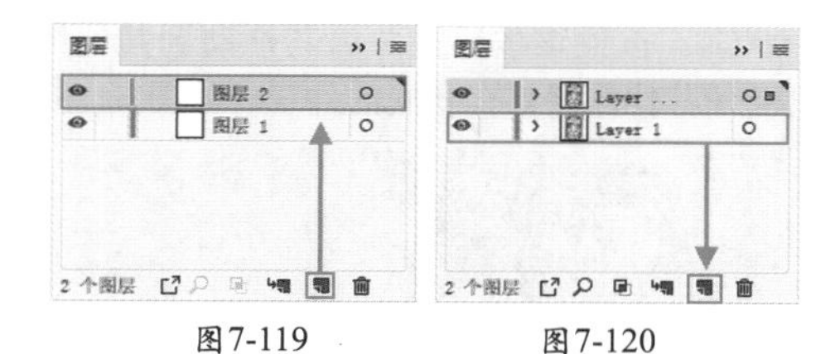
图7-119　图7-120

- 🗑删除所选图层：选择某个图层，单击该按钮，即可删除所选图层。

7.6.1　选择图层

选择图层并不能选中图层中的图形，选择图层后可以进行新建子图层、合并图层、删除图层等操作。

1. 选择一个图层

在“图层”面板中单击某一图层，即可将其选中，如图7-121所示。

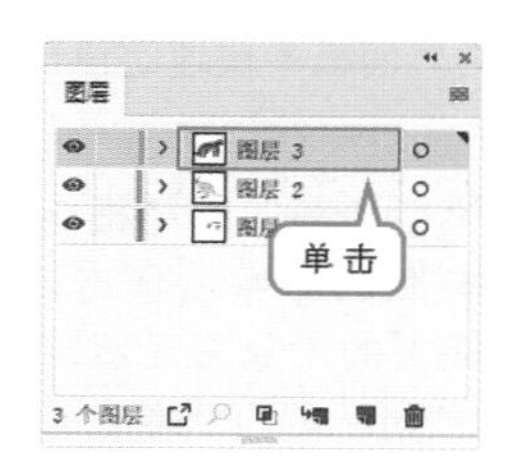

图7-121

2. 选择多个图层

按住Ctrl键单击图层，可以选中多个不相邻的图层，如图7-122所示。按住Shift键，单击最上面的一个图层，再单击最下面的一个图层，这样中间所有的图层均被选中，如图7-123所示。

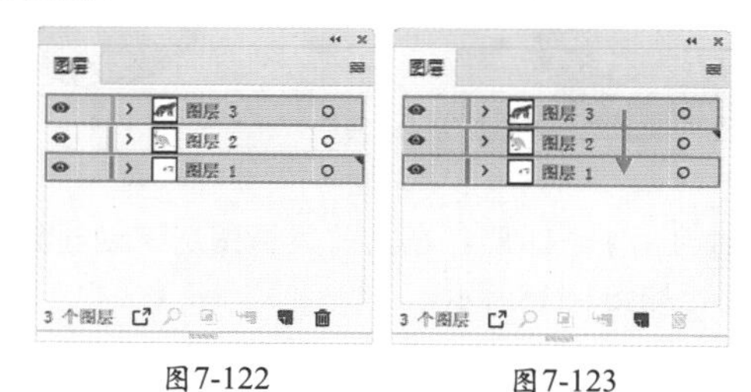
图7-122　图7-123

7.6.2　选择图层中的对象

如果要选中图层中的对象，单击“图层”右侧的○按钮即可。

1. 选择一个图层

单击要选择的图层右侧的○按钮，即可选中整个图层中的内容，如图7-124所示。选择某个子图层的方法也是一样的，单击图层前方的›按钮展开被“折叠”起来的子图层，接着单击子图层右侧的○按钮，该图层中的图形即可被选中，如图7-125所示。

图7-124　图7-125

2. 选择多个图层

按住Shift键或Ctrl键单击图层后侧的○按钮即可加选图层，如图7-126和图7-127所示。

图7-126　图7-127

提示：定界框颜色的秘密。

为了直接区分图层与图层的区别，每新建一个图层，其定界框颜色都是不同颜色的。如果要更改定界框颜色，可以单击“面板菜单”按钮≡，在弹出的下拉菜单中执行“选项”命令，如图7-128所示。在弹出的“图层选项”窗口中进行颜色的设置，如图7-129所示。

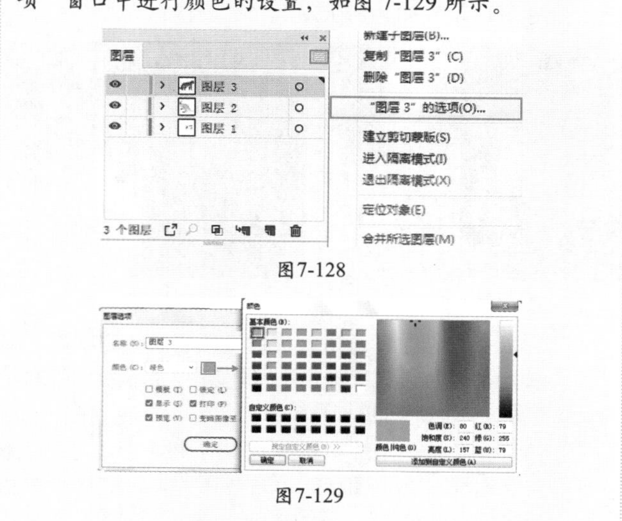
图7-128

图7-129

7.6.3　将对象移入新图层中

选中某个图层后，所绘制的图形将会出现在该图层中，还可以将其他图层中的图形移入该图层中。

首先选择图层，然后按住鼠标左键向目标图层上方拖曳，当目标图层高亮显示后松开鼠标，如图7-130所示。随即选中图层中的图形对象将被移动到新图层中，如图7-131所示。

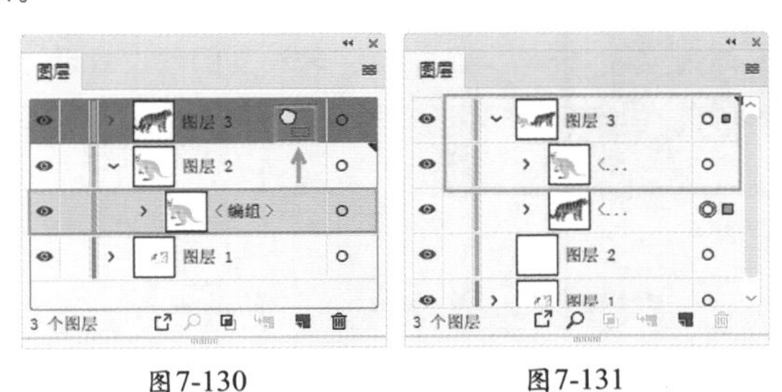

图7-130　　图7-131

7.6.4　合并图层

1. 合并所选图层

将要进行合并的图层同时选中，然后在“图层”面板菜单中执行“合并所选图层”命令，如图7-132所示。将所选图层合并为一个图层，如图7-133所示。

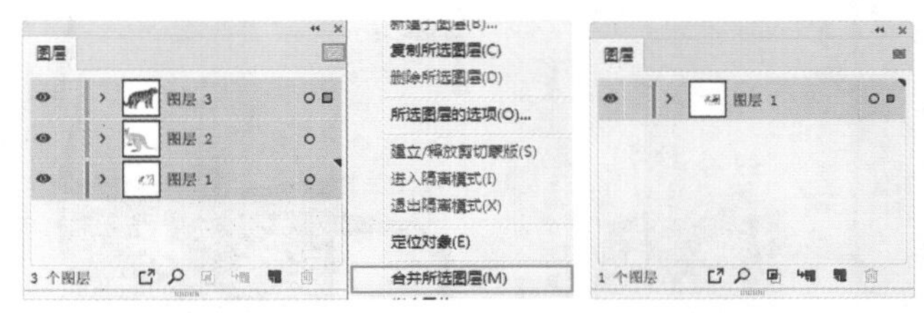

图7-132　　图7-133

2. 拼合图稿

选择即将合并的图层，在“图层”面板菜单中执行“拼合图稿”命令，如图7-134所示。将当前文件中的所有图层拼合到指定的图层中，如图7-135所示。

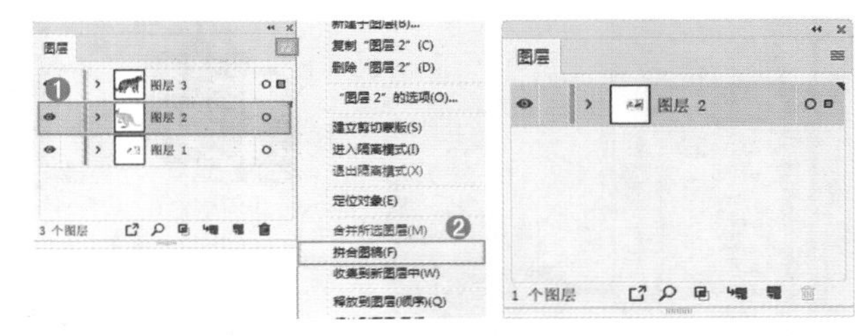

图7-134　　图7-135

7.7　图像描摹

扫一扫，看视频

利用“图像描摹”功能可将位图转换为矢量图；转换为矢量图形后，如果对效果不满意，还可以重新调整效果；转换后的矢量图形要经过“扩展”操作才能进行路径的编辑操作，如图7-136所示。如图7-137所示为图像描摹后的控制栏。如果界面中没有显示控制栏，可以执行“窗口>控制”命令将其显示。

(a)位图

(b)描摹后转换为矢量图

(c)扩展后进行编辑

图7-136

描摹选项面板
选取描摹预设
预览矢量结果的不同视图

图7-137

重点　7.7.1　动手练：描摹图稿

“图像描摹”命令可以快速将位图图像转换为矢量图形。

（1）置入位图图像，然后选择位图对象，单击控制栏中的“图像描摹”按钮，或执行“对象>图像描摹>建立”命令，如图7-138所示。随即就会使用默认描摹选项描摹图像，效果如图7-139所示。也可以选择位图图像，单击“图像描摹”按钮右侧的按钮，在弹出的下拉列表中选择一种合适的描摹效果进行图像描摹，如图7-140所示。如果界面中没有显示控制栏，可以执行“窗口>控制”命令将其显示。

图7-138

图7-139

图7-140

（2）被描摹的图稿还能够调整描摹效果。选择图形对象，在控制栏中打开“预设”下拉列表框，从中选择一种合适的描摹效果，如图7-141所示。如图7-142所示为12种不同的预设效果。

图7-141

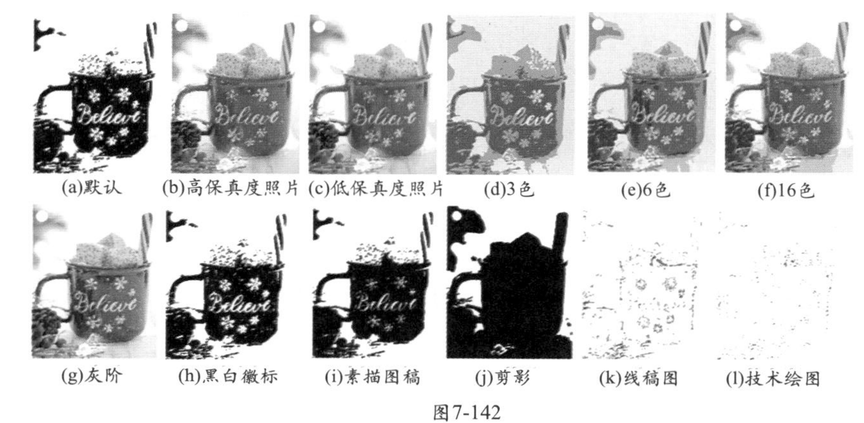

(a)默认 (b)高保真度照片 (c)低保真度照片 (d)3色 (e)6色 (f)16色

(g)灰阶 (h)黑白徽标 (i)素描图稿 (j)剪影 (k)线稿图 (l)技术绘图

图7-142

提示：如何自定义图像描摹？

选择描摹的图形，单击控制栏中的“描摹选项面板”按钮，在弹出的“图像描摹”面板中可以对“预设”“视图”“模式”“调板”“颜色”等选项进行设置，如图7-143所示。

图7-143

重点 7.7.2 扩展描摹对象

经过描摹的图像显示为矢量图形的效果，但是如果要调整图形的具体形状，则需要先将图形进行扩展。扩展后的对象将成为矢量图形，不再具有描摹对象的属性。

保持描摹对象的选中状态，单击控制栏中的“扩展”按钮，如图7-144所示。或执行“对象>图像描摹>扩展”命令，稍等即可将描摹转换为路径，如图7-145所示。扩展后的对象通常都为编组对象，选中该对象，右击，在弹出的快捷菜单中执行“取消编组”命令，即可取消编组。接下来就可以对各个部分的颜色进行更改，如图7-146所示。

图7-144

图7-145

图7-146

7.7.3 释放描摹对象

被描摹对象在未扩展之前，执行“释放”命令可以放弃描摹，使之恢复到位图状态。选中描摹的对象，如图7-147所示。执行“对象>图像描摹>释放”命令，随即该图像将恢复到位图状态，如图7-148所示。

图7-147

图7-148

7.8 矢量图转换为位图

矢量对象能够通过“栅格化”命令转换为位图。选中一个矢量对象，如图7-149所示。接着执行“对象>栅格化”命令，在弹出的“栅格化”窗口中进行设置，然后单击“确定”按钮，如图7-150所示。效果如图7-151所示。

图7-149

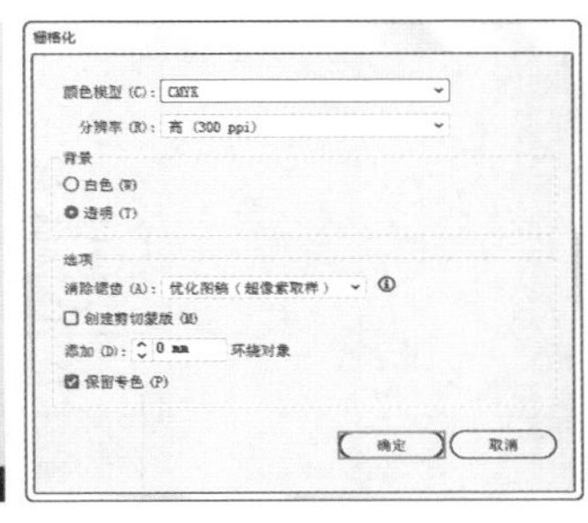

图7-150

图7-151

- 颜色模型：用于确定在栅格化过程中所用的颜色模型，其中包括RGB、CMYK、灰度和位图四个选项。
- 分辨率：用于确定栅格化图像中的每英寸像素数（ppi）。在该下拉列表框中可以选择屏幕（72ppi）、中（150ppi）和高（300ppi）3个预设选项；也可以选择“使用文档栅格效果分辨率”，使用全局分辨率设置；或者选择“其他”选项，自定义分辨率数值。
- 背景：用于确定矢量图形的透明区域如何转换为像素。选中“白色”单选按钮，可用白色像素填充透明区域，如图7-152所示。选中“透明”单选按钮，可使背景透明，如图7-153所示。

图7-152

图7-153

- 消除锯齿：应用消除锯齿效果可以改善栅格化图像的锯齿边缘外观。设置文档的栅格化选项时，若取消选择此选项，则保留细小线条和细小文本的尖锐边缘。栅格化矢量对象时，若选择“无”，则不会应用消除锯齿效果，而线稿图在栅格化时也将保留其尖锐边缘；选择“优化图稿”，可应用最适合无文字图稿的消除锯齿效果；选择“优化文字”，可应用最适合文字的消除锯齿效果。
- 创建剪切蒙版：创建一个使栅格化图像的背景显示为透明的蒙版。如果在“背景”选项组中选中了“透明”单选按钮，则不需要再创建剪切蒙版。
- 添加环绕对象：可以通过指定像素值为栅格化图像添加边缘填充或边框。如图7-154所示是数值为0时的效果；如图7-155所示是数值为50时的效果。

图7-154

图7-155

- 保留专色：勾选该复选框能够保留专色。

综合实例：制作剪影海报

文件路径	资源包\第7章\综合实例：制作剪影海报
难易指数	★★★★★
技术掌握	“图像描摹”“椭圆工具”“矩形网格工具”

实例效果

扫一扫，看视频

本实例演示效果如图7-156所示。

图7-156

操作步骤

步骤 01 执行“文件>新建”命令或按快捷键Ctrl+N，创建新文档。单击工具箱中的“矩形工具”按钮，在控制栏中设置填充为淡淡的肉粉色，描边为无，绘制一个与画板等大的矩形，如图7-157所示。如果界面中没有显示控制栏，可以执行“窗口>控制”命令将其显示。

图7-157

步骤 02 单击工具箱中的“矩形网格工具”按钮，在画板上单击，在弹出的“矩形网格工具选项”窗口中设置“默认大小”的“宽度”为210mm、“高度”为148mm，“水平分隔线”的“数量”为22，“垂直分隔线”的“数量”为20，勾选“使用外部矩形作为框架”复选框，单击“确定”按钮，如图7-158所示。效果如图7-159所示。

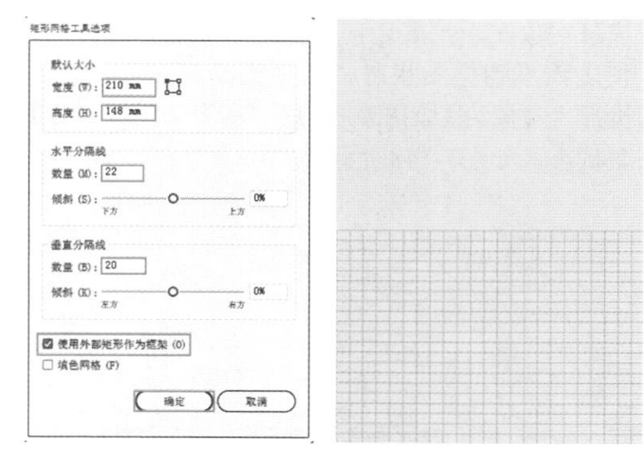

图7-158　　图7-159

步骤 03 选中矩形网格对象，执行“窗口>透明度”命令，在弹出的“透明度”面板中设置“混合模式”为“正片叠底”，“不透明度”为70%，如图7-160所示。效果如图7-161所示。

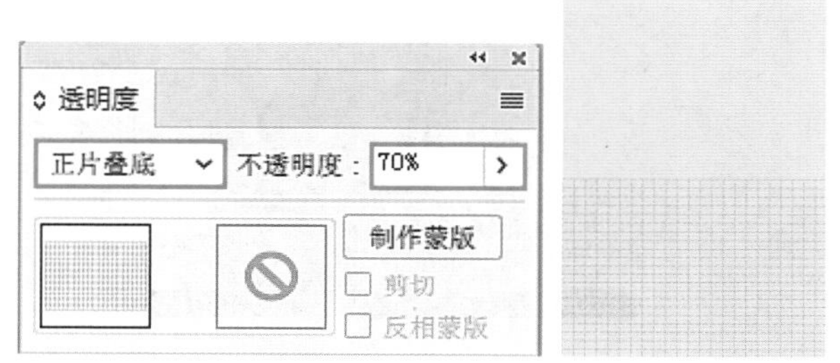

图7-160　　图7-161

步骤 04 使用“矩形工具”再绘制一个与背景色相同的矩形，在控制栏中更改“不透明度”为80%，如图7-162所示。使用“矩形工具”再绘制一个矩形，在控制栏中更改“不透明度”为60%，如图7-163所示。

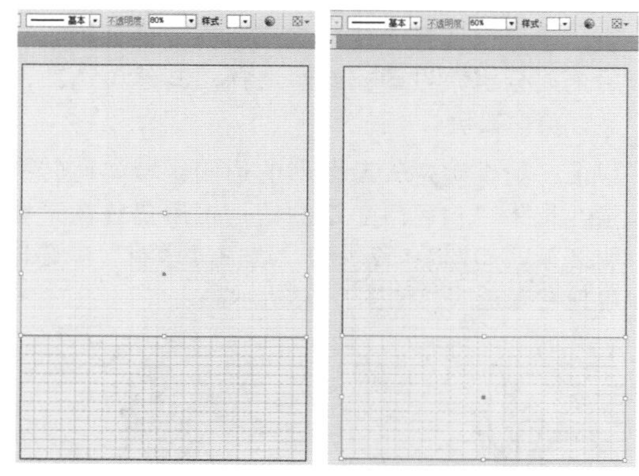

图7-162　　图7-163

步骤 05 单击工具箱中的“椭圆工具”按钮，同时按住鼠标左键拖动，在控制栏中设置填充为无，描边为蓝色，“描边粗细”为1pt，按住Shift键的同时按住鼠标左键拖动，绘制一个正圆形，如图7-164所示。使用上述方法再绘制3个椭圆形，并移动到相应位置，如图7-165所示。

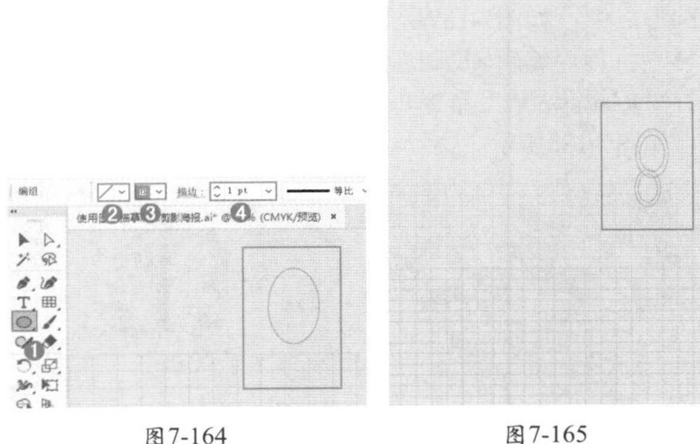

图7-164　　图7-165

步骤 06 单击工具箱中的“椭圆工具”按钮，在控制栏中设置填充为淡杏色，描边为无，按住Shift键的同时按住鼠标左键拖动，绘制一个正圆形，如图7-166所示。选中圆形对象，按快捷键Ctrl+C复制一个，按快捷键Ctrl+F将复制的对象贴在前面。然后执行“窗口> 色板库>图案>基本图形>基本图形_纹理”命令，在弹出的“基本图形_纹理”面板中单击选择一种合适的图案，如图7-167所示。设置不透明度为60%，效果如图7-168所示。

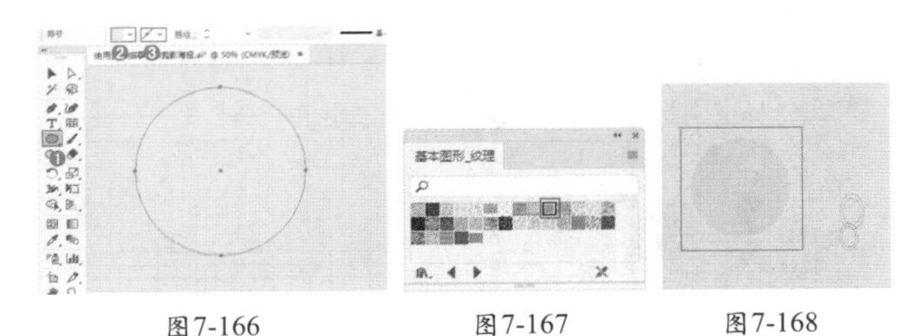

图7-166　　图7-167　　图7-168

步骤 07 加选两个圆形，按住鼠标左键的同时按住Alt键拖动，复制出两个圆形，并依次更改大小，移动到合适位置，如图7-169所示。然后执行“文件>置入”命令，置入素材1.jpg。单击控制栏中的“嵌入”按钮，将其嵌入画板中，如图7-170所示。

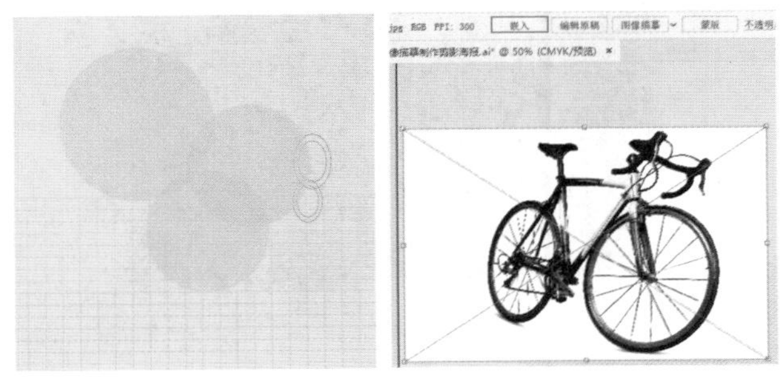

图7-169　　图7-170

步骤 08 保持图片素材的选中状态，右击，在弹出的快捷菜单中执行“变换>镜像”命令，在弹出的“镜像”窗口中选中“垂直”单选按钮，勾选“变换对象”复选框，单击“确定”按钮，如图7-171所示。效果如图7-172所示。

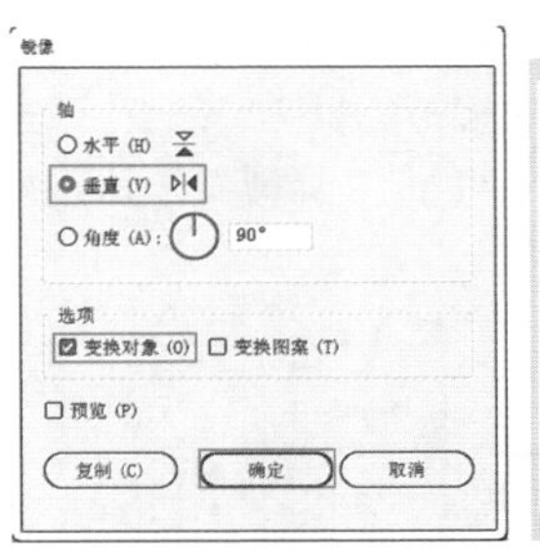

图7-171　　图7-172

步骤 09 保持图片素材的选中状态，单击控制栏中的“图像描摹”按钮，如图7-173所示。效果如图7-174所示。

图7-173　　图7-174

步骤 10 保持图形素材的选中状态，单击控制栏中的“扩展”按钮，如图7-175所示。效果如图7-176所示。

图7-175　　图7-176

步骤 11 保持图形素材的选中状态，右击，在弹出的快捷菜单中执行“取消编组”命令，然后使用“魔棒工具”单击选中自行车中黑色的部分，移动到相应位置，将剩下的部分删除，并按快捷键Ctrl+G进行编组。效果如图7-177所示。选中自行车，在控制栏中设置填充为棕色，并旋转一定角度，调整为合适的大小，如图7-178所示。

图7-177　　图7-178

步骤 12 置入素材2.jpg，并将其嵌入画板中；然后使用上述方法对图片进行描摹、扩展与上色的操作，如

图7-179所示。选中第二个素材对象，双击工具箱中的“镜像工具”按钮，在弹出的“镜像”窗口中选中“垂直”单选按钮，勾选“变换对象”复选框，单击“复制”按钮，如图7-180所示。

图7-179

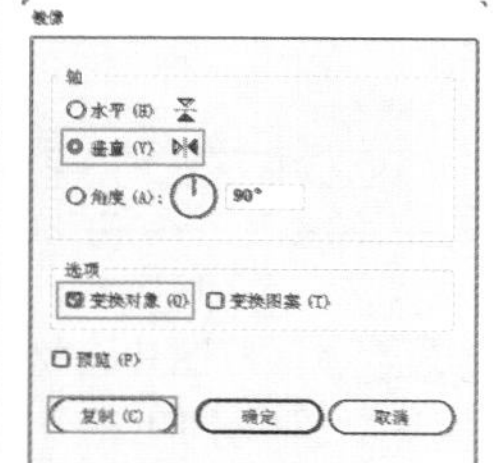
图7-180

步骤13 将制作好的自行车多次复制，移动到合适位置，如图7-181和图7-182所示。

图7-181

图7-182

步骤14 执行“文件>打开”命令，打开素材3.ai。选中其中一个素材，执行“编辑>复制”命令，如图7-183所示。回到刚才工作的文档中，执行“编辑>粘贴”命令，将粘贴出的对象移动到合适的位置，如图7-184所示。

图7-183

图7-184

步骤15 单击工具箱中的“椭圆工具”按钮，在控制栏中设置填充为粉色，描边为无，按住Shift键的同时按住鼠标左键拖动，绘制一个正圆形，如图7-185所示。使用上述方法添加其他圆形，并移动到合适位置作为背景，如图7-186所示。

图7-185

图7-186

步骤16 使用“矩形工具”绘制一个粉色的矩形，摆放在这些圆形之中，如图7-187所示。接着在素材3.ai中框选剩下的素材，执行“编辑>复制”命令；回到刚才工作的文档中，执行“编辑>粘贴”命令，将粘贴出的对象移动到合适的位置，如图7-188所示。

图7-187

图7-188

步骤17 使用“矩形工具”再绘制一个棕色的矩形，如图7-189所示。单击工具箱中的“皱褶工具”按钮，在画板上单击，在弹出的“皱褶工具选项”窗口中设置“全局画笔尺寸”的“宽度”为15mm、“高度”为15mm，“角度”为0°，“强度”为50%，单击“确定”按钮，如图7-190所示。

图7-189

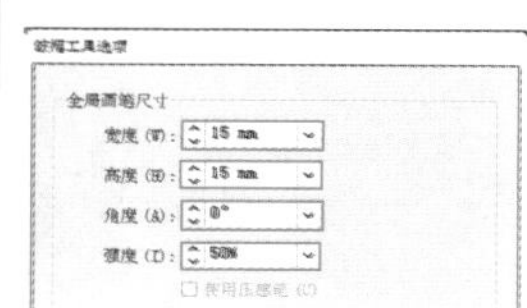
图7-190

步骤18 在矩形边缘处，按住鼠标左键在矩形4条边界上来回拖动进行变形，如图7-191所示。

图7-191

步骤19 单击工具箱中的“圆角矩形工具”按钮，在控制栏中设置填充为灰色，描边为无，然后在画板上单击，在弹出的“圆角矩形”窗口中设置“宽度”为50mm，“高度”为40mm，“圆角半径”为2mm，单击“确定”按钮，如图7-192所示。将圆角矩形旋转一定角度，如图7-193所示。

图7-192

图7-193

步骤 20 选中刚才绘制的圆角矩形对象，按住鼠标左键的同时按住Alt键拖动，复制出一个圆角矩形，并移动到相应位置。更改后面的圆角矩形的填充色为稍深一些的灰色，如图7-194所示。加选两个圆角矩形，按住鼠标左键的同时按住Alt键拖动，复制出一组圆角矩形，调整到合适的大小，并移动到相应的位置，如图7-195所示。使用“矩形工具”绘制两个矩形，移动到相应位置，旋转一定角度，如图7-196所示。

图7-194

图7-195

图7-196

步骤 21 单击工具箱中的“钢笔工具”按钮，在控制栏中设置填充为棕色，描边为无，绘制一个箭头图形，如图7-197所示。使用同样的方法再绘制一个箭头图形，并移动到相应位置，如图7-198所示。

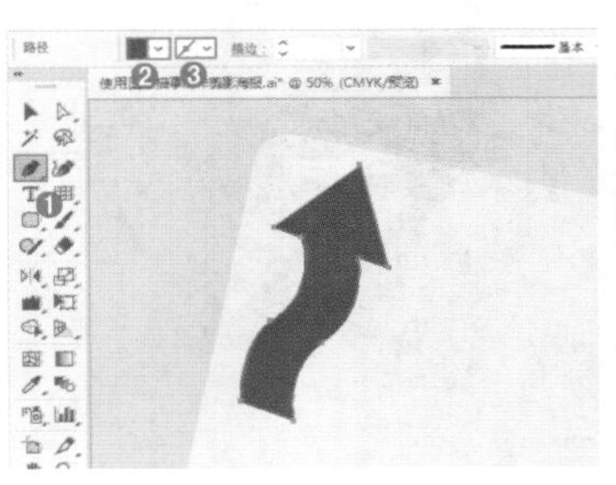

图7-197

图7-198

步骤 22 单击工具箱中的“文字工具”按钮T，在控制栏中设置填充为青蓝色，描边为无，选择一种合适的字体，设置字体大小为67pt，段落对齐方式为左对齐。输入文字，如图7-199所示。接着使用“文字工具”在底部添加稍小的文字，设置合适的字体、大小和颜色，并适当地旋转一定角度。效果如图7-200所示。

图7-199

图7-200

7.9 课后练习：制作同心圆背景

文件路径	资源包\第7章\课后练习：制作同心圆背景
难易指数	★★★★★
技术掌握	“椭圆工具”“置入命令”“对齐与分布”

扫一扫，看视频

实例效果

本实例演示效果如图7-201所示。

图7-201

7.10 模拟考试

主题：尝试制作服装电商海报。

要求：

（1）海报主题明确，重点突出。

（2）注重文字排版的关系。

（3）注重配色与广告主题的关系。

（4）画面需要的商品及人物素材可在网络收集。

（5）可在网络搜索“电商广告”等关键词，从优秀的作品中寻找灵感。

考查知识点：文字工具、形状工具、对齐与分布、变换等。

对象的高级操作

本章内容简介：

本章主要介绍针对矢量对象进行的一系列高级编辑操作，例如对图形外形进行随意的调整、膨胀、收缩等，在多个矢量图形之间进行相加、相减或提取交集的操作，对路径进行连接、平均、简化、清理等操作，使用混合工具制作多个矢量图形混合过渡的效果，以及可以控制画面内容显示、隐藏的“剪切蒙版”等。

重点知识掌握：

- 掌握对象变形工具的使用方法
- 熟练掌握路径查找器的使用方法
- 熟练掌握剪切蒙版的使用方法

通过本章的学习，我能做什么？

通过本章的学习，我们可以利用对象变形工具组中的工具对已有的矢量对象的形态进行非常“随意”的徒手修改，得到千变万化的效果；利用混合工具可以得到从一个矢量图形过渡到另一个矢量图形之间的全部过渡图形；还可以利用剪切蒙版去除超出画面区域的内容，或者隐藏多余的部分。

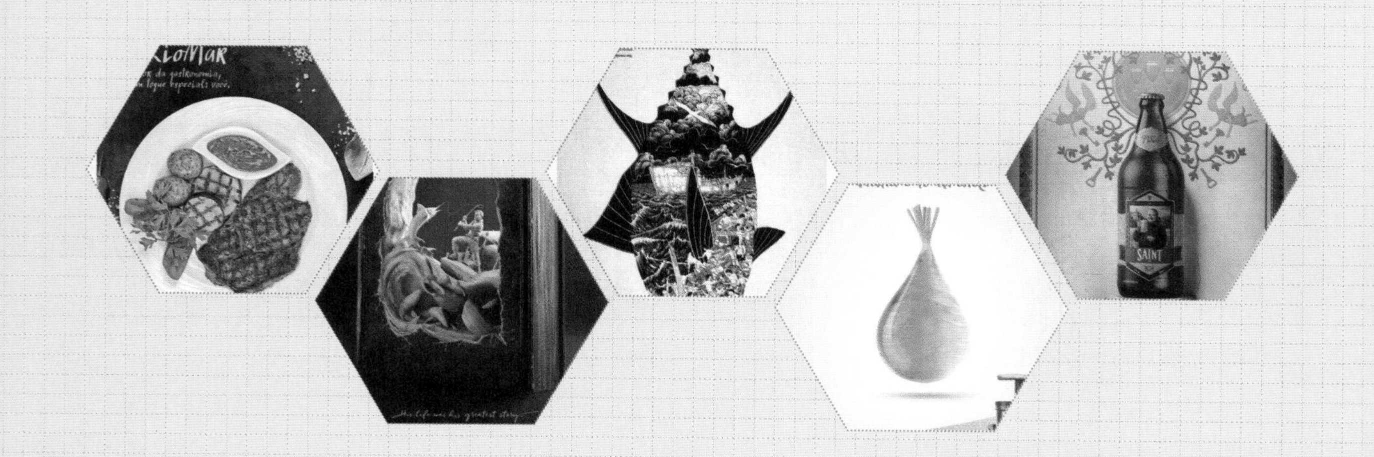

8.1 对象变形工具

扫一扫，看视频

在Illustrator中，通常都会用很多元素构成一个画板，而画板中的某个局部对象也通常是由多个图形构成的，如图8-1所示。如果要更改由多个图形构成的对象的外形，无须单独调整每个图形的锚点，可以尝试使用本节将要介绍的8种非常方便、好用的对象变形工具来完成，如图8-2所示。这些工具都位于一个工具组中，其使用方法也很简单，在路径上按住鼠标左键拖动，即可使图形发生变化，如图8-3所示。这些变形工具均可对矢量图形进行操作，其中部分工具还可以对位图进行操作。

图8-1

宽度工具 (Shift+W)
变形工具 (Shift+R)
旋转扭曲工具
缩拢工具
膨胀工具
扇贝工具
晶格化工具
皱褶工具

图8-2

图8-3

重点 8.1.1 动手练：使用“宽度工具”

“宽度工具”可以轻松、随意地调整路径上各部分的描边宽度，常用于制作描边粗细不同的线条，如制作欧式花纹、不规则图形等。

（1）选中路径，单击工具箱中的“宽度工具”按钮，然后将光标移至路径上，可以看到光标变为了状，如图8-4所示。按住鼠标左键向外拖动，拖动的距离越远，路径的宽度越宽，如图8-5所示。松开鼠标可以查看效果，如图8-6所示。

（2）若要指定路径某段的精确宽度，可以使用“宽度工具”在路径上双击，在弹出的“宽度点数编辑”窗口中对“边线”以及“总宽度”等具体参数进行相应的设置，如图8-7所示。

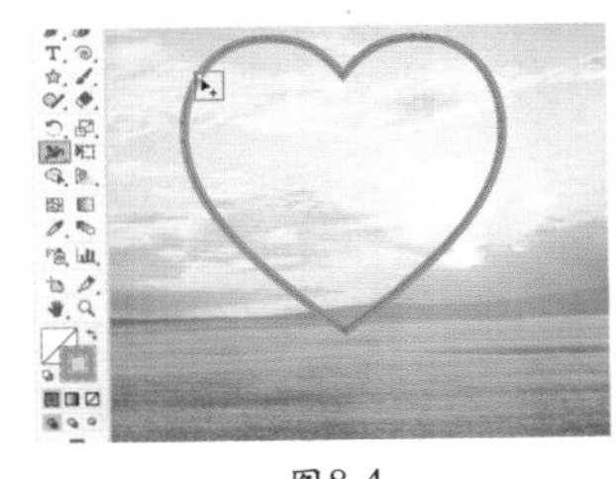

图8-4

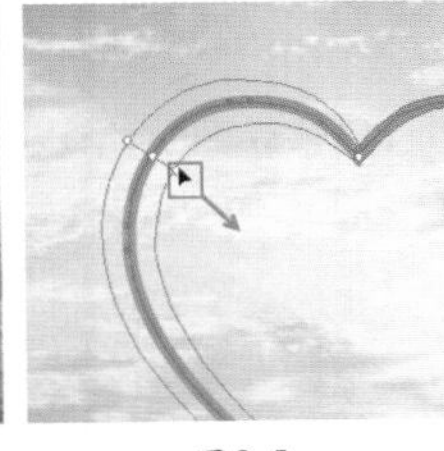

图8-5

图8-6

图8-7

练习实例：使用“宽度工具”制作标志

文件路径	资源包\第8章\练习实例：使用“宽度工具”制作标志
难易指数	★★★★★
技术掌握	“宽度工具”

实例效果

扫一扫，看视频

本实例演示效果如图8-8所示。

图8-8

操作步骤

步骤 01 执行“文件>新建”命令或按快捷键Ctrl+N，创建新文档。单击工具箱中的“椭圆工具”按钮，在控制栏中设置填充为橙黄色，描边为无，绘制一个椭圆形，如图8-9所示。按快捷键Ctrl+C进行复制，按快捷键Ctrl+F将复制的对象贴在前面，向右轻微移动一些，然后将后面的椭圆形的填充色更改为灰色，如图8-10所示。

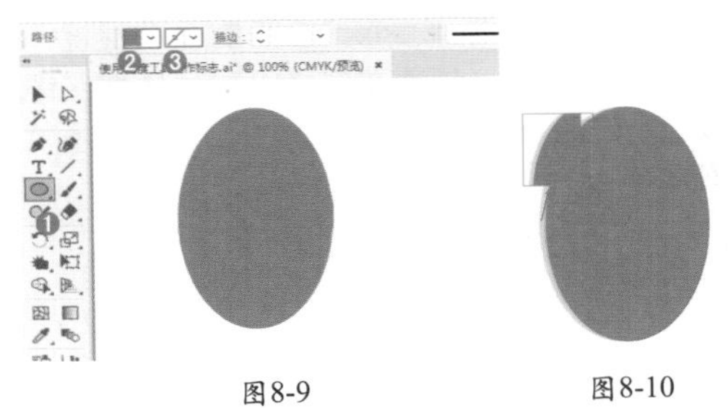

图8-9　　图8-10

步骤 02 单击工具箱中的"钢笔工具"按钮，在控制栏中设置填充为无，描边为蓝色，描边粗细为0.25pt，绘制一条曲线路径，如图8-11所示。单击工具箱中的"宽度工具"按钮，将光标移动到路径中间位置，按住鼠标左键向右拖动，增大描边宽度，如图8-12所示。

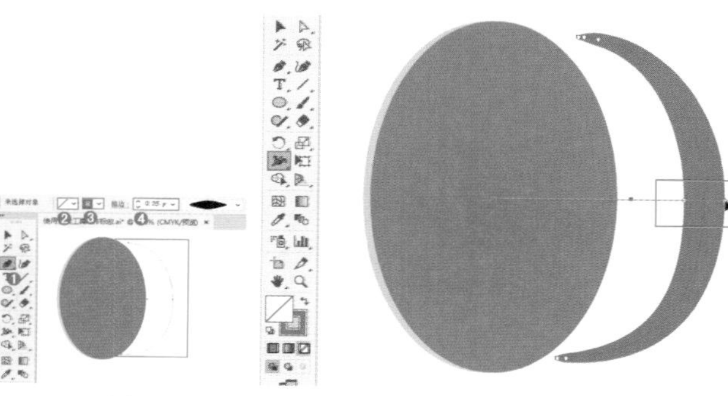

图8-11　　图8-12

步骤 03 保持曲线变形后的不规则图形的选中状态，按快捷键Ctrl+C进行复制，按快捷键Ctrl+F将复制的对象贴在前面，并适当移动。将后面的不规则图形的填充色更改为灰色，如图8-13所示。使用上述方法再绘制两个不规则图形，并依次复制以及更改颜色作为投影，移动到相应位置，如图8-14所示。

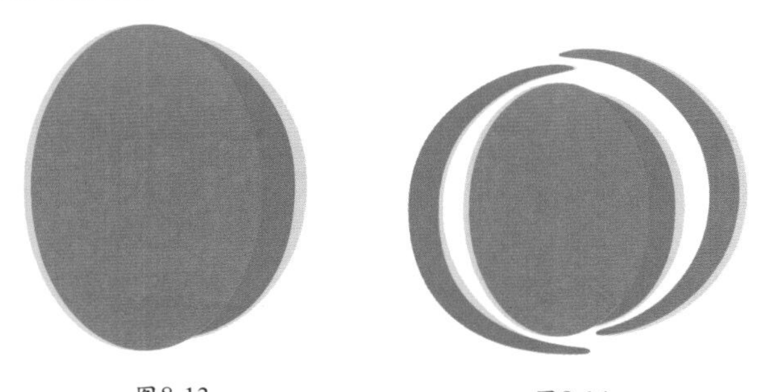

图8-13　　图8-14

步骤 04 单击工具箱中的"文字工具"按钮，在控制栏中设置填充为黄色，描边为无，选择一种合适的字体，设置字体大小为180pt，段落对齐方式为左对齐，输入文字，如图8-15所示。

图8-15

步骤 05 双击工具箱中的"倾斜工具"按钮，在弹出的"倾斜"窗口中设置"倾斜角度"为–10°，在"轴"选项组中选中"垂直"单选按钮，单击"确定"按钮，如图8-16所示。效果如图8-17所示。

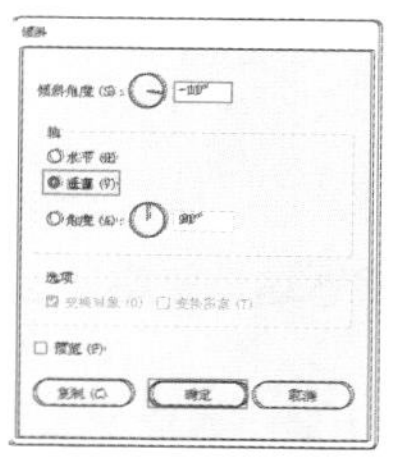

图8-16

图8-17

步骤 06 保持文字的选中状态，然后按快捷键Ctrl+C进行复制，按快捷键Ctrl+F将复制的对象贴在前面，向右适当移动，然后将后面文字的填充色更改为灰色，如图8-18所示。继续使用"文字工具"添加其他文字，设置合适的字体、大小和颜色，如图8-19所示。

图8-18

图8-19

重点 8.1.2　动手练：使用"变形工具"

（1）选中要调整的对象。右击对象变形工具组按钮，在弹出的工具组中选择"变形工具"（快捷键：Shift + R），如图8-20所示。接着在图形上按住鼠标左键拖动，可以使对象按照鼠标移动的方向产生自然的变形效果，如图8-21所示。

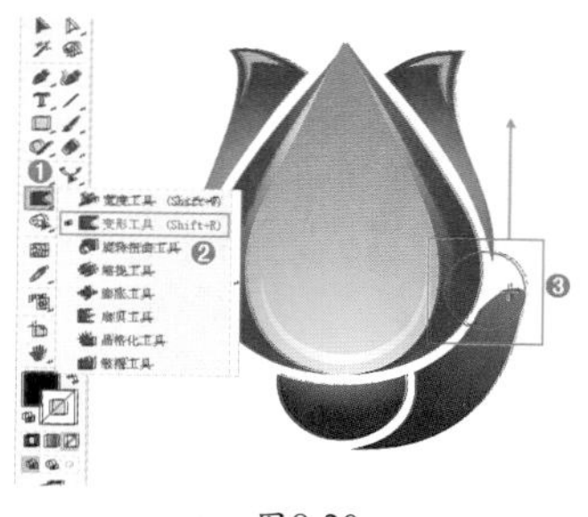

图8-20

图8-21

（2）该工具不仅可以对矢量图形进行操作，还可以对嵌入的位图进行操作。首先选中置入的位图，单击控制栏中的“嵌入”按钮，将其嵌入文档中，如图8-22所示。接着在工具箱中选择“变形工具”，在位图上按住鼠标左键拖动。效果如图8-23所示。如果界面中没有显示控制栏，可以执行“窗口>控制”命令将其显示。

图8-22

图8-23

提示：调整笔尖大小。

想要更加直观地调整各种变形工具的笔尖大小，可以在使用该工具的状态下，按住鼠标左键的同时按住 Alt 键拖动，即可调整笔尖的宽度或高度，水平方向拖动调整的是画笔的宽度，垂直方向拖动调整的是画笔的高度。按住鼠标左键的同时按住 Shift 键拖动时，笔尖可以等比例缩放。

8.1.3 修改“变形工具”的选项

如果要更改“变形工具”“旋转扭曲工具”“缩拢工具”等工具的画笔大小、强度等选项，需要在工具箱中双击该工具，在弹出的“工具选项”窗口中进行相应的参数设置，如图8-24所示。在上半部分的“全局画笔尺寸”选项组中，可以对画笔的“宽度”“高度”“角度”以及“强度”进行设置。对于变形工具组中的各种工具来说，这4个参数是通用的。如图8-25所示为通用参数的对比效果。下半部分为具体工具的参数选项，不同的工具，可以设置的参数选项也略有不同。

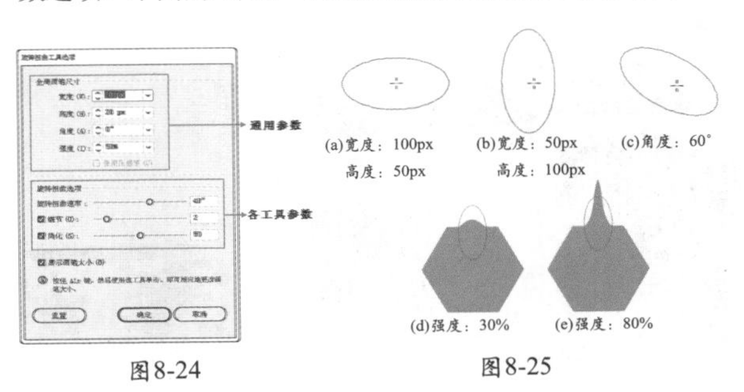

图8-24　　图8-25

练习实例：使用“变形工具”制作涂鸦文字

文件路径	资源包\第8章\练习实例：使用“变形工具”制作涂鸦文字
难易指数	★★★★★
技术掌握	“符号喷枪工具”“符号缩放器工具”“变形工具”

实例效果

扫一扫，看视频

本实例演示效果如图8-26所示。

图8-26

操作步骤

步骤 01 执行“文件>新建”命令或按快捷键Ctrl+N，创建新文档。执行“文件>置入”命令，置入素材1.jpg。调整为合适的大小并移动到相应位置，接着单击工具箱中的“嵌入”按钮，将其嵌入画板中，如图8-27所示。执行“窗口>符号库>污点矢量包”命令，在弹出的“污点矢量包”面板中选择一种污点，如图8-28所示。如果界面中没有显示控制栏，可以执行“窗口>控制”命令将其显示。

图8-27

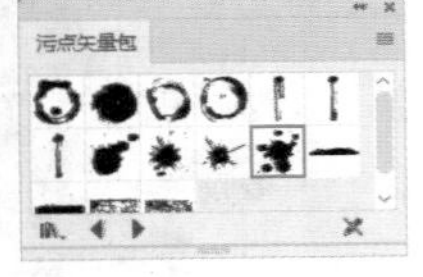

图8-28

步骤 02 单击工具箱中的“符号喷枪工具”按钮，在画板上单击添加两个污点，如图8-29所示。然后单击工具箱中的“符号缩放器工具”按钮，在符号上按住鼠标左键拖动，将素材扩大，如图8-30所示。

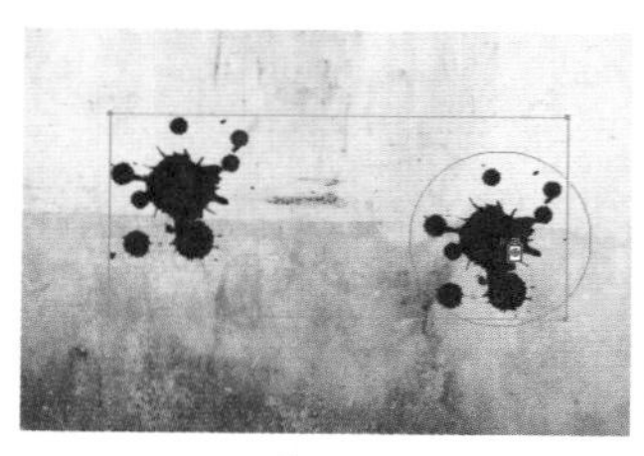

图8-29

图8-30

步骤 03 单击工具箱中的“钢笔工具”按钮，在控制栏中设置填充为黑色，描边为无，绘制一个四边形，如图8-31所示。使用上述方法再绘制3个四边形，如图8-32所示。

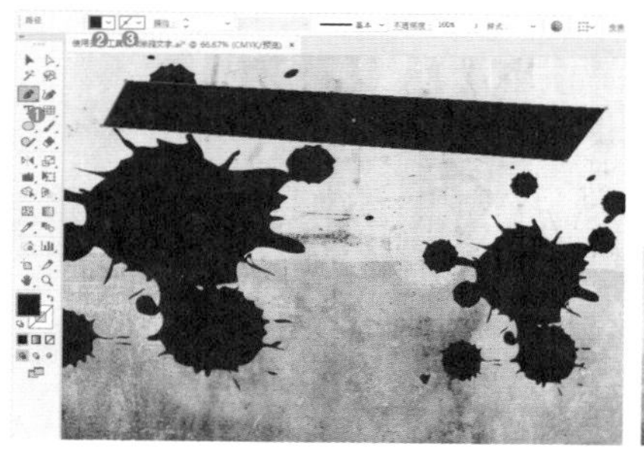

图8-31

图8-32

步骤 04 单击工具箱中的“文字工具”按钮，在控制栏中设置填充为绿色，描边为黑色，描边粗细为4pt，选择一种合适的字体，设置字体大小为130pt，段落对齐方式为左对齐，输入文字，如图8-33所示。使用同样的方法输入其他文字，设置合适的字体、大小和颜色，并适当地对一些文字进行旋转。效果如图8-34所示。

图8-33

图8-34

步骤 05 加选右下角的小四边形和文字，右击，在弹出的快捷菜单中执行“排序>置于顶层”命令。效果如图8-35所示。加选所有文字对象，右击，在弹出的快捷菜单中执行“创建轮廓”命令。效果如图8-36所示。

图8-35

图8-36

步骤 06 双击工具箱中的“变形工具”按钮，弹出“变形工具选项”窗口，在“全局画笔尺寸”选项组中设置“宽度”为15mm，“高度”为15mm，“角度”为0°，“强度”为50%；在“变形选项”选项组中勾选“细节”复选框，设置数值大小为2，勾选“简化”复选框，设置数值大小为50。勾选“显示画笔大小”复选框，单击“确定”按钮，如图8-37所示。加选所有四边形和文字对象，然后将光标移至文字上，按住鼠标左键拖动进行变形。效果如图8-38所示。

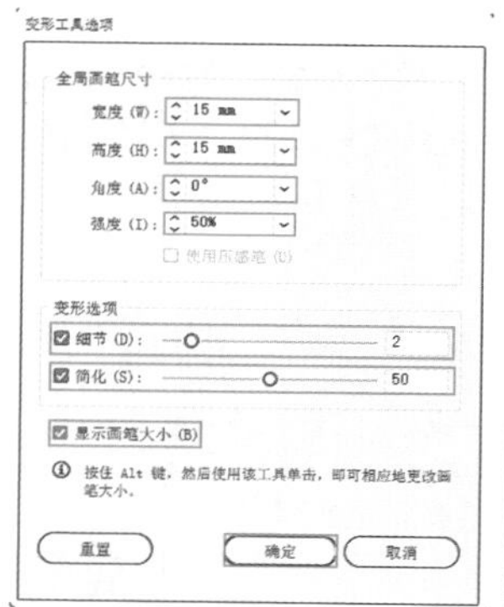

图8-37

图8-38

步骤 07 将光标移到图形对象组的其他位置，依次进行变形，如图8-39所示。

图8-39

重点 8.1.4 动手练：使用“旋转扭曲工具”

“旋转扭曲工具”可以在矢量对象上产生旋转的扭曲变形效果。该工具不仅可以对矢量图形进行操作，还可以对嵌入的位图进行操作。

（1）选中矢量图形，右击“对象变形工具组”按钮，在弹出的工具组中选择“旋转扭曲工具”，然后在图形上按住鼠标左键，随即图形会发生扭曲变化，如图8-40所示。在进行扭曲时，按住鼠标左键的时间越长，扭曲的程度越强，松开鼠标后即可看到扭曲效果，如图8-41所示。

图8-40

图8-41

（2）该工具不仅可以对矢量图形进行操作，还可以对嵌入的位图进行操作。选择嵌入的位图，在工具箱中选择“旋转扭曲工具”，在位图上按住鼠标左键进行旋转扭曲，如图8-42所示。松开鼠标，扭曲效果如图8-43所示。

图8-42

图8-43

提示：更改旋转的方向。

正常情况下，使用“旋转扭曲工具”进行扭曲的效果为逆时针扭曲。如果要更改旋转的方向，可以双击该工具按钮，打开“旋转扭曲工具”窗口，将“旋转扭曲速率”参数设置为负值，即可将扭曲效果变为顺时针扭曲。

练习实例：使用“旋转扭曲工具”制作艺术字

文件路径	资源包\第8章\练习实例：使用“旋转扭曲工具”制作艺术字
难易指数	★★★★★
技术掌握	“旋转扭曲工具”“符号喷枪工具”“符号滤色器工具”“符号缩放器工具”

实例效果

扫一扫，看视频

本实例演示效果如图8-44所示。

图8-44

操作步骤

步骤 01 执行“文件>新建”命令或按快捷键Ctrl+N，创建新文档。单击工具箱中的“文字工具”按钮，在控制栏中设置填充为黑色，描边为无，选择一种合适的字体，设置字体大小为137.7pt，段落对齐方式为左对齐，输入文字如图8-45所示。选中文字，右击，在弹出的快捷菜单中执行“创建轮廓”命令，如图8-46所示。如果界面中没有显示控制栏，可以执行“窗口>控制”命令将其显示。

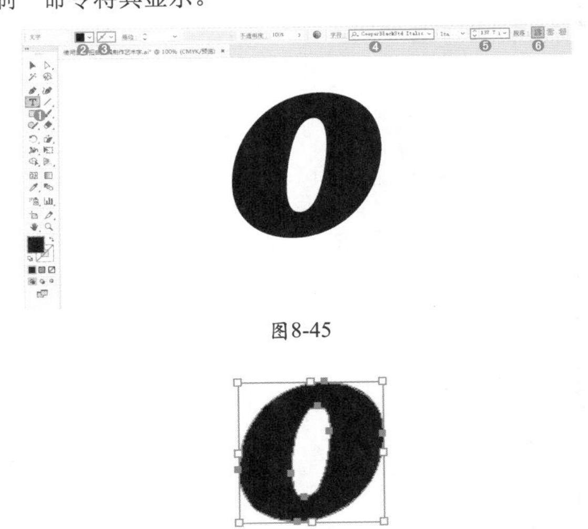

图8-45

图8-46

步骤 02 保持文字的选中状态，执行“窗口>渐变”命令，在弹出的“渐变”面板中设置“类型”为“线性”，编辑一种彩色渐变，如图8-47所示。单击渐变缩览图，为其应用渐变色。效果如图8-48所示。

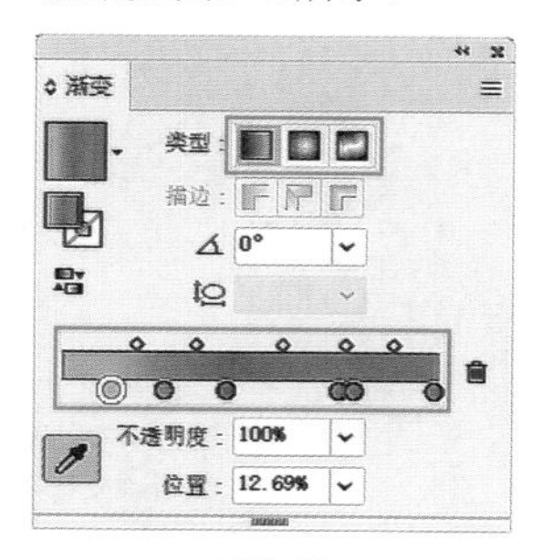

图8-47

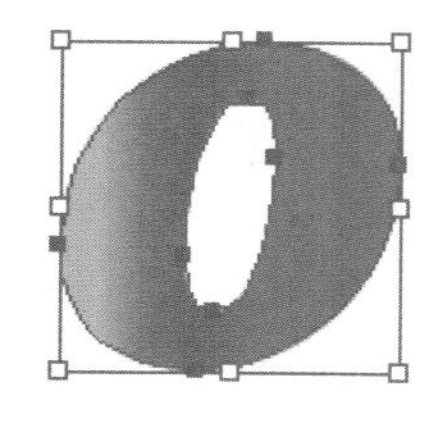
图8-48

步骤 03 双击工具箱中的“旋转扭曲工具”按钮，弹出“旋转扭曲工具选项”窗口，在“全局画笔尺寸”选项组中设置“宽度”为15mm，“高度”为15mm，“角度”为0°，“强度”为50%；在“旋转扭曲选项”选项组中设置“旋转扭曲速率”为40°，勾选“细节”复选框，设置数值大小为2，勾选“简化”复选框，设置数值大小为50；勾选“显示画笔大小”复选框，单击“确定”按钮，如图8-49所示。然后将光标移动到文字上，按住鼠标左键拖动进行变形（此时的操作可以很随意），如图8-50所示。

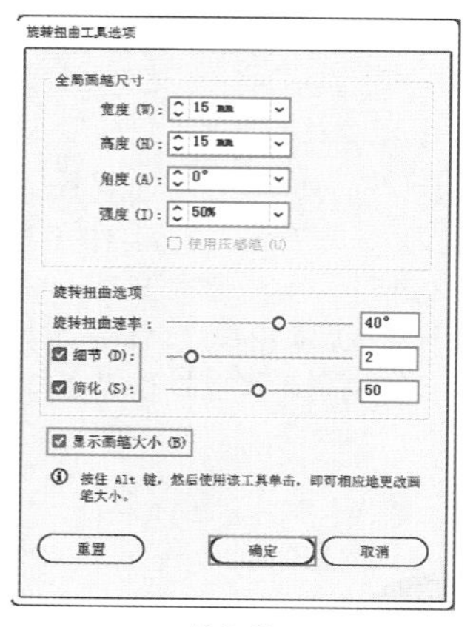

图8-49

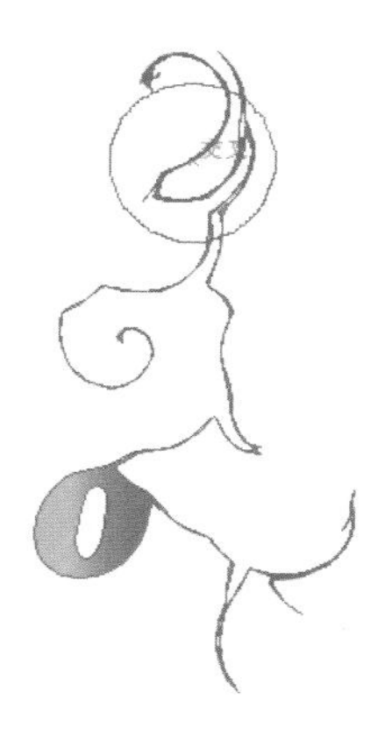
图8-50

步骤 04 使用“旋转扭曲工具”进行变形，得到范围较大的变形效果，如图8-51所示。执行“窗口>符号库>庆祝”命令，在弹出的“庆祝”面板中选择星形，如图8-52所示。然后单击工具箱中的“符号喷枪工具”按钮，在画板中按住鼠标左键拖动，在画面中添加符号，如图8-53所示。

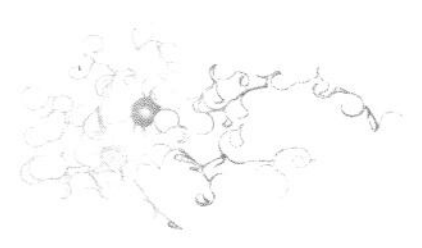
图8-51

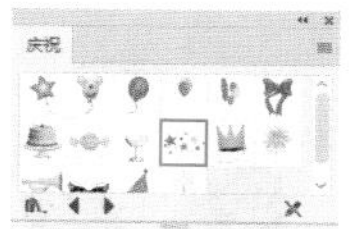

图8-52

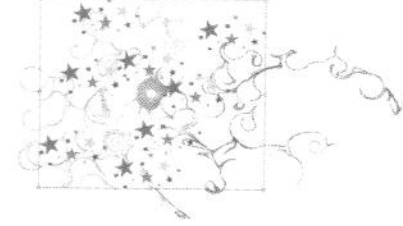
图8-53

步骤 05 单击工具箱中的“符号滤色器工具”按钮，将光标移动到符号上，按住鼠标左键拖动进行滤色，如图8-54所示。单击工具箱中的“符号缩放器工具”按钮，将光标移动到符号上，按住鼠标左键的同时按住Alt键拖动，将部分符号缩小，如图8-55所示。

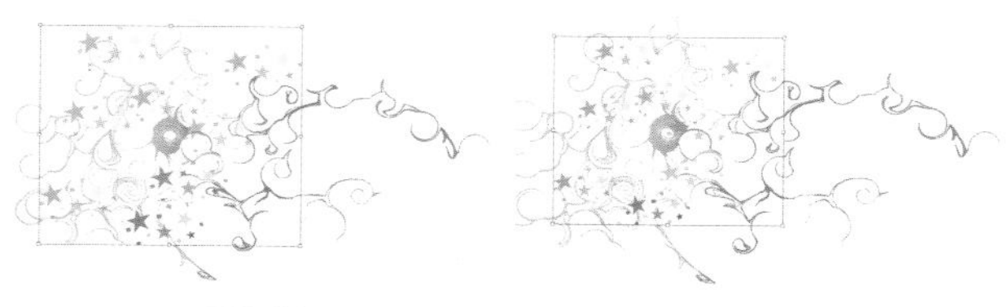
图8-54　　图8-55

步骤 06 使用“文字工具”继续添加其他文字，并创建轮廓，更改填充颜色为彩色渐变。效果如图8-56所示。单击工具箱中的“渐变工具”按钮，调整文字的渐变角度。效果如图8-57所示。

图8-56

图8-57

步骤 07 使用“旋转扭曲工具”对文字“O”进行变形，如图8-58所示。选中这几个字母，执行“效果>风格化>投影”命令，在弹出的“投影”窗口中设置“模式”为“正片叠底”，“不透明度”为75%，“X位移”为1mm，“Y位移”为1mm，“模糊”为1mm，选中“颜色”单选按钮，设置颜色为蓝色，单击“确定”按钮，如图8-59所示。最终效果如图8-60所示。

图8-58

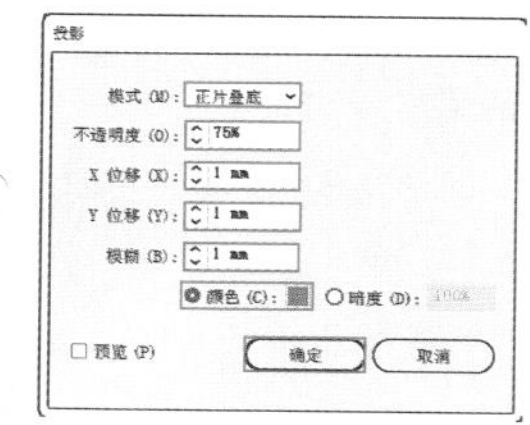

图8-59

图8-60

重点 8.1.5 动手练：使用“缩拢工具”

“缩拢工具”可以使矢量对象产生向内收缩的变形效果。该工具不仅可以对矢量图形进行操作，还可以对嵌入的位图进行操作。

（1）选择矢量图形，右击“对象变形工具组”按钮，在弹出的工具组中选择“缩拢工具”，然后在对象上按住鼠标左键，相应的图形即会发生收缩变化，如图8-61所示。按住鼠标左键的时间越长，收缩的程度越强。释放鼠标，缩拢效果如图8-62所示。

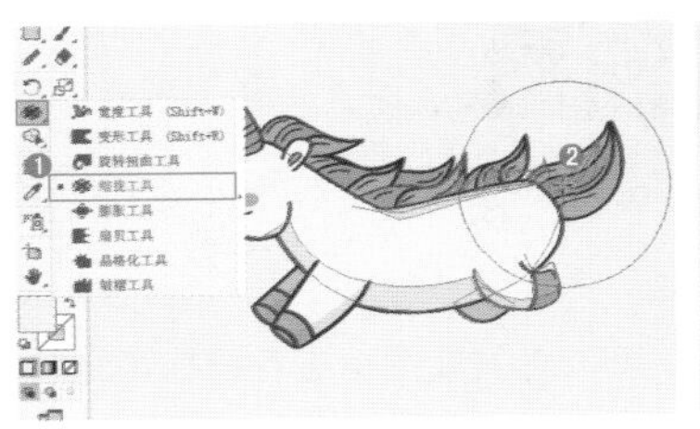

图8-61

图8-62

（2）该工具不仅可以对矢量图形进行操作，还可以对嵌入的位图进行操作。选择嵌入的位图，在工具箱中选择“缩拢工具”，在位图上按住鼠标左键进行缩拢，如图8-63所示。释放鼠标，缩拢效果如图8-64所示。

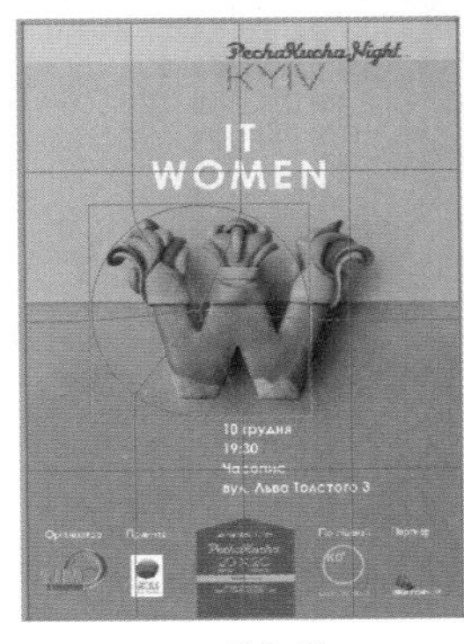

图8-63

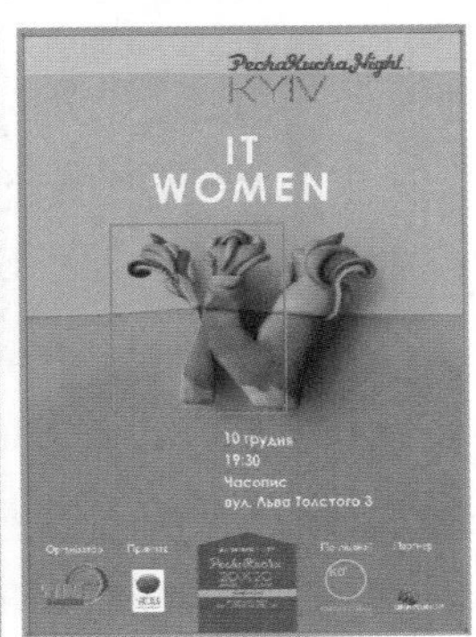

图8-64

重点 8.1.6 动手练：使用“膨胀工具”

“膨胀工具”可以在矢量对象上产生膨胀的效果。

（1）选择矢量对象，右击“对象变形工具组”按钮，在弹出的工具组中选择“膨胀工具”，然后在图形上按住鼠标左键，相应的对象即会发生膨胀变形，如图8-65所示。按住鼠标左键的时间越长，膨胀变形的程度就越强。释放鼠标，膨胀变形效果如图8-66所示。

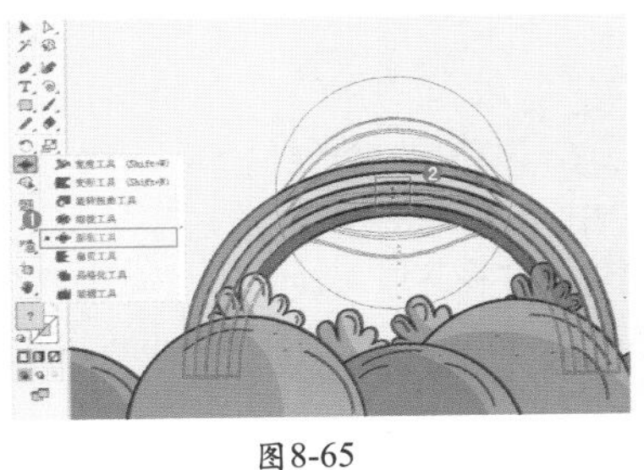

图8-65

图8-66

（2）该工具不仅可以对矢量图形进行操作，还可以对嵌入的位图进行操作。置入位图并进行“嵌入”操作，接着在工具箱中选择“膨胀工具”，在位图上按住鼠标左键，释放鼠标完成膨胀变形操作，如图8-67和图8-68所示。

图8-67

图8-68

8.1.7 动手练：使用“扇贝工具”

“扇贝工具”可以在矢量对象上产生锯齿变形效果。该工具不仅可以对矢量图形进行操作，还可以对嵌入的位图进行操作。

（1）选择矢量对象，如图8-69所示。右击“对象变形工具组”按钮，在弹出的工具组中选择“扇贝工具”；在对象上按住鼠标左键，所选图形的边缘处即会发生“扇贝”变形，如图8-70所示。按住鼠标左键的时间越长，变形效果越强，如图8-71所示。

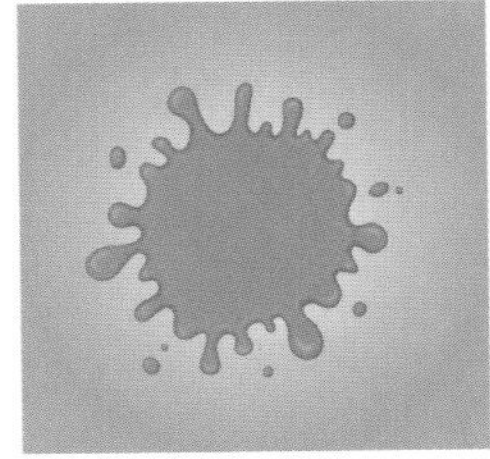

图8-69

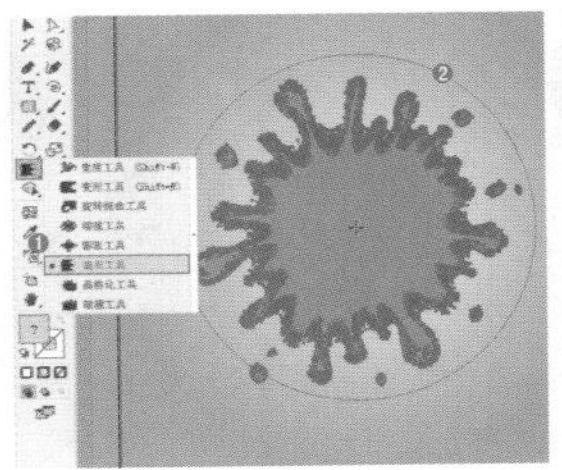

图8-70

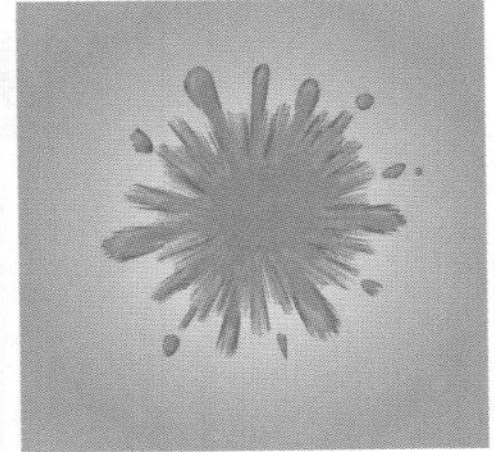

图8-71

（2）该工具不仅可以对矢量图形进行操作，还可以对嵌入的位图进行操作。置入一幅位图，并将其嵌入画板中。接着选择位图，在工具箱中选择“扇贝工具”，在位图上按住鼠标左键进行扇贝变形，如图8-72所示。效果如图8-73所示。

图8-72

图8-73

8.1.8 动手练：使用“晶格化工具”

“晶格化工具”可以在矢量对象上产生由内向外的推拉延伸的变形效果。该工具不仅可以对矢量图形进行操作，还可以对嵌入的位图进行操作。

（1）选择矢量图形，如图8-74所示。右击“对象变形工具组”按钮，在弹出的工具组中选择“晶格化工具”，然后在图形上按住鼠标左键，所选图形即会发生“晶格化”变化，如图8-75所示。按住鼠标左键的时间越长，变形效果越强。释放鼠标，晶格化效果如图8-76所示。

图8-74

图8-75

图8-76

（2）该工具不仅可以对矢量图形进行操作，还可以对嵌入的位图进行操作。置入一幅位图并将其嵌入画板中，如图8-77所示。接着选择位图，在工具箱中选择“晶格化工具”，在位图上按住鼠标左键或按住鼠标左键拖动，如图8-78所示。松开鼠标后，晶格化效果如图8-79所示。

图8-77

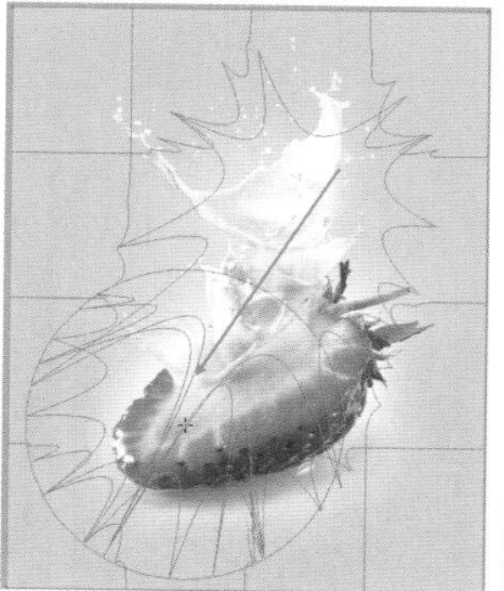

图8-78

图8-79

练习实例：使用“晶格化工具”制作儿童海报

文件路径	资源包\第8章\练习实例：使用“晶格化工具”制作儿童海报
难易指数	★★★★★
技术掌握	“晶格化工具”“投影效果”

实例效果

扫一扫，看视频

本实例演示效果如图8-80所示。

图8-80

操作步骤

步骤 01 执行“文件>新建”命令或按快捷键Ctrl+N，创建新文档。单击工具箱中的“矩形工具”按钮，绘制一个与画板等大的矩形。然后执行“窗口>渐变”命令，打开“渐变”面板。在该面板中设置“类型”为“线性”，编辑一种黄色系的渐变，如图8-81所示。单击渐变缩览图，使矩形上出现渐变色。效果如图8-82所示。

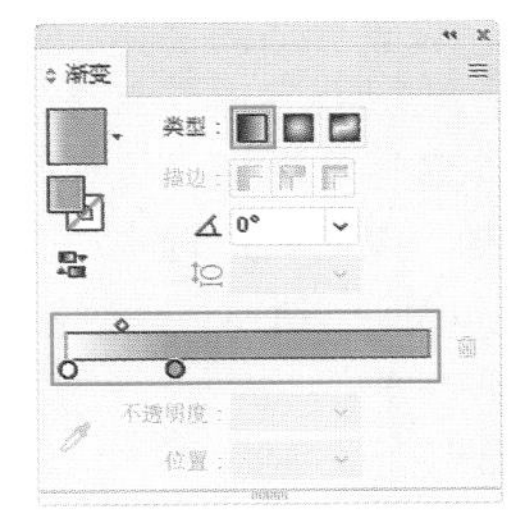

图8-81

图8-82

步骤 02 选择工具箱中的“渐变工具”按钮，按住鼠标左键拖动，调整渐变的效果，如图8-83所示。效果如图8-84所示。

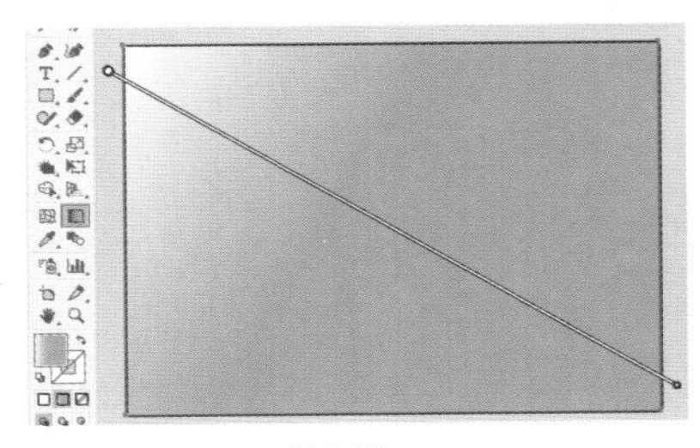

图8-83　图8-84

步骤 03 单击工具箱中的“钢笔工具”按钮，在控制栏中设置填充为白色，描边为无，绘制一个不规则图形，如图8-85所示。双击工具箱中的“皱褶工具”按钮，在画板上单击，弹出“皱褶工具选项”窗口，在“全局画笔尺寸”选项组中设置“宽度”为20mm，“高度”为20mm，“角度”为0°，“强度”为100%；在“皱褶选项”选项组中设置“水平”为100%，“垂直”为100%，“复杂性”为1；勾选“细节”复选框，设置数值大小为2，勾选“画笔影响内切线手柄”复选框，勾选“画笔影响外切手柄”复选框；勾选“显示画笔大小”复选框，单击“确定”按钮，如图8-86所示。如果界面中没有显示控制栏，可以执行“窗口>控制”命令将其显示。

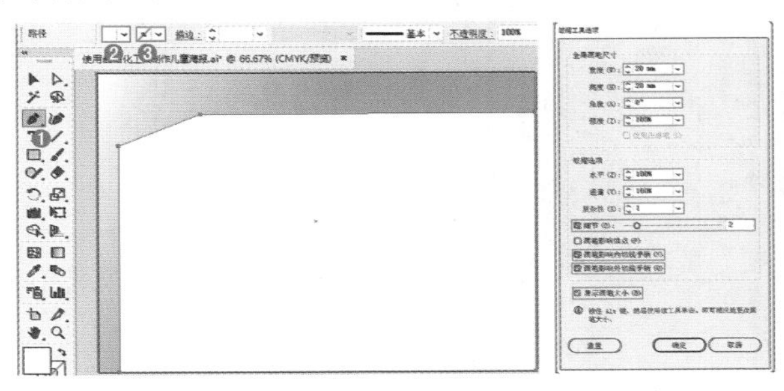

图8-85　图8-86

步骤 04 在不规则图形的边缘处，按住鼠标左键来回拖动进行变形，如图8-87所示。单击工具箱中的“钢笔工具”按钮，在左上角绘制一个白色三角形，如图8-88所示。

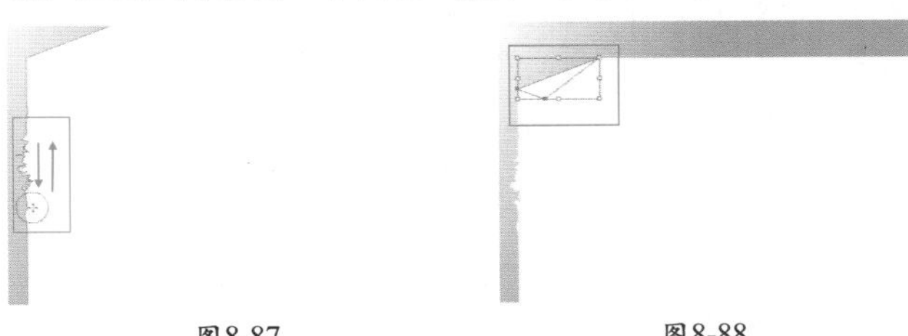

图8-87　图8-88

步骤 05 保持三角形对象的选中状态，执行“效果>风格化>投影”命令，在弹出的“投影”窗口中设置“模式”为“正片叠底”，“不透明度”为75%，“X位移”为2mm，“Y位移”为2mm，“模糊”为1.76mm，选中“颜色”单选按钮，设置颜色为黑色，单击“确定”按钮，如图8-89所示。效果如图8-90所示。

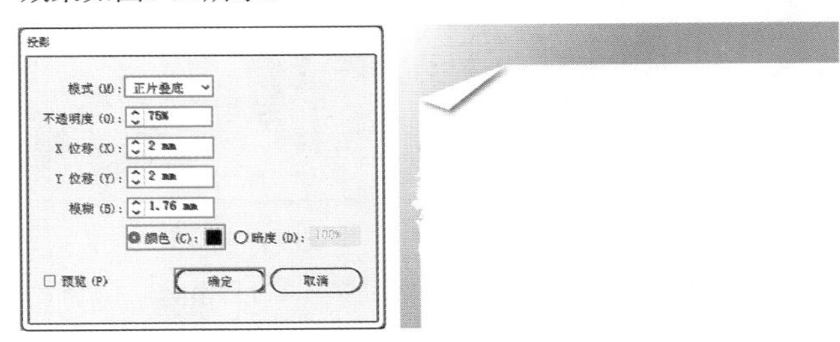

图8-89　图8-90

步骤 06 单击工具箱中的“椭圆工具”按钮，在控制栏中设置填充为土黄色，描边为无，按住鼠标左键的同时按住Shift键拖动，绘制一个正圆形，如图8-91所示。双击工具箱中的“晶格化工具”按钮，在画板上单击，弹出“晶格化工具选项”窗口，在“全局画笔尺寸”选项组中设置“宽度”为20mm，“高度”为20mm，“角度”为0°，“强度”为50%；在“晶格化选项”选项组中设置“复杂性”为1，勾选“细节”复选框，设置数值大小为2，勾选“画笔影响锚点”复选框；勾选“显示画笔大小”复选框，单击“确定”按钮，如图8-92所示。然后将光标移动到圆形内部边缘，按住鼠标左键向外拖动进行变形，如图8-93所示。

图8-91

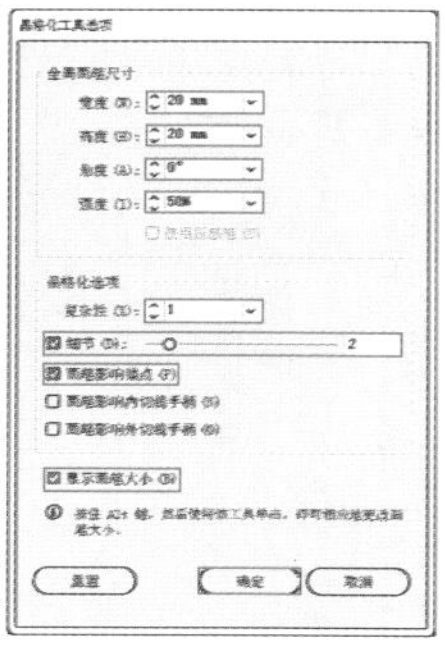

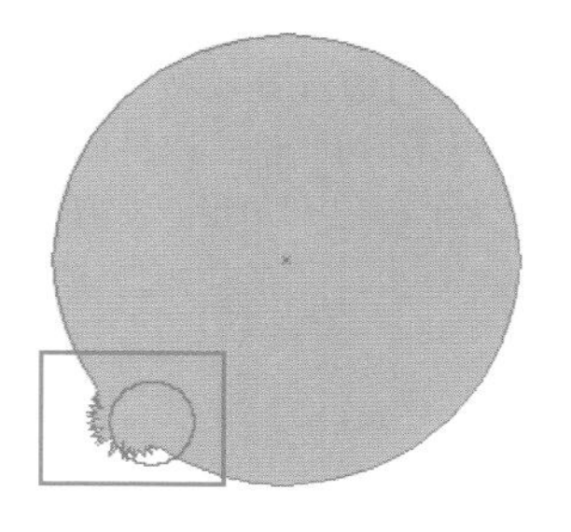

图8-92

图8-93

步骤 07 使用上述方法继续对圆形对象进行变形，如图8-94所示。使用上述方法再绘制多个圆形，填充相应的颜色，然后使用“晶格化工具”进行变形，移动到相应位置。效果如图8-95所示。

图8-94

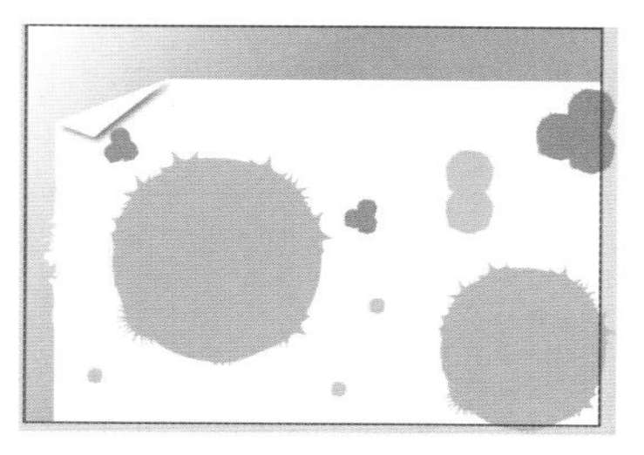

图8-95

步骤 08 执行“文件>置入”命令，置入素材1.png。调整合适的大小，移动到相应的位置，接着单击控制栏中的“嵌入”按钮，将其嵌入画板中，如图8-96所示。单击工具箱中的“文字工具”按钮，在控制栏中设置填充为黄色，描边为无，选择一种合适的字体，设置字体大小为48pt，段落对齐方式为左对齐，输入文字，如图8-97所示。

图8-96

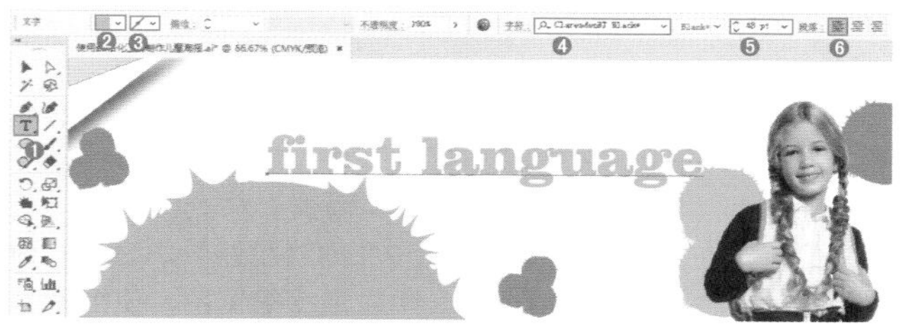

图8-97

步骤 09 使用上述方法添加其他文字，设置合适的字体、大小和颜色，如图8-98所示。然后执行“文件>导出”命令，在弹出的“导出”窗口中输入“文件名”，选择“保存类型”为JPEG(*.JPG)，勾选“使用画板”复选框，选中“全部”单选按钮，单击“导出”按钮，如图8-99所示。

图8-98

图8-99

步骤 10 在弹出的“JPEG选项”窗口中设置“颜色模型”为CMYK，“品质”为“最高”，数值为10，设置“压缩方法”为“基线(标准)”，“分辨率”为“高(300ppi)”，“消除锯齿”为“优化文字(提示)”，勾选“嵌入ICC配置文件”复选框，单击“确定”按钮，如图8-100所示。效果如图8-101所示。

图8-100

图8-101

8.1.9　动手练：使用“皱褶工具”

“皱褶工具”可以在矢量对象的边缘处产生皱褶感变形效果。

（1）选择矢量图形，如图8-102所示。右击“对象变形工具”组按钮，在弹出的工具组中选择“皱褶工具”，然后在对象上按住鼠标左键或按住鼠标左键拖动，相应的图形边缘即会发生皱褶变形，如图8-103所示。按住鼠标左键的时间越长，变形效果越明显，如图8-104所示。

图8-102

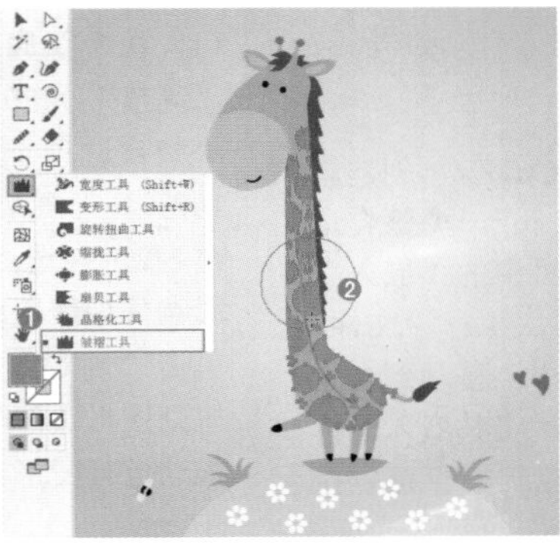

图8-103

图8-104

（2）该工具不仅可以对矢量图形进行操作，还可以对嵌入的位图进行操作。置入一幅位图，并将其嵌入画板中。接着选择位图，在工具箱中选择“皱褶工具”，在位图上按住鼠标左键或按住鼠标左键拖动，如图8-105所示。皱褶变形效果如图8-106所示。

图8-105

图8-106

练习实例：使用“皱褶工具”制作电影海报

文件路径	资源包\第8章\练习实例：使用“皱褶工具”制作电影海报
难易指数	★★★★★
技术掌握	“皱褶工具”、混合模式

实例效果

本实例演示效果如图8-107所示。

扫一扫，看视频

图8-107

操作步骤

步骤 01 执行“文件>新建”命令或按快捷键Ctrl+N，创建新文档。执行“文件>置入”命令，置入素材1.jpg。调整合适的大小，移动到合适的位置，然后单击控制栏中的“嵌入”按钮，将其嵌入画板中，如图8-108所示。再次执行“文件>置入”命令，置入素材2.jpg。调整合适的大小，移动到合适的位置，然后单击控制栏中的“嵌入”按钮，将其嵌入画板中，如图8-109所示。如果界面中没有显示控制栏，可以执行“窗口>控制”命令将其显示。

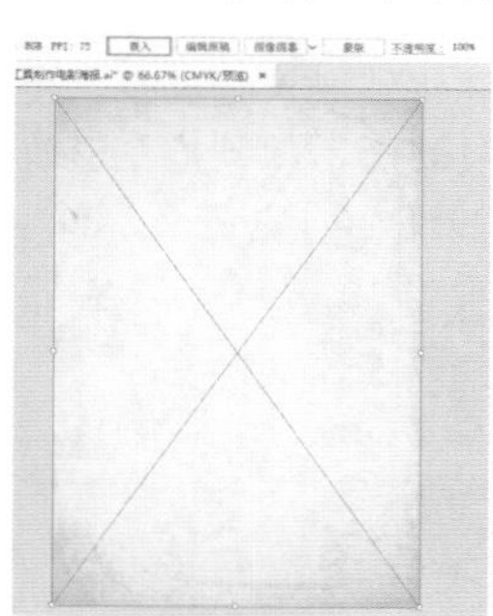

图8-108

图8-109

步骤 02 单击工具箱中的“钢笔工具”按钮，在控制栏中设置填充为黄色，描边为无，绘制一个不规则图形，如图8-110所示。保持不规则图形对象的选中状态，执行“窗口>透明度”命令，在弹出的“透明度”面板中设置“混合模式”为“正片叠底”，“不透明度”为50%，如图8-111所示。效果如图8-112所示。

图8-110

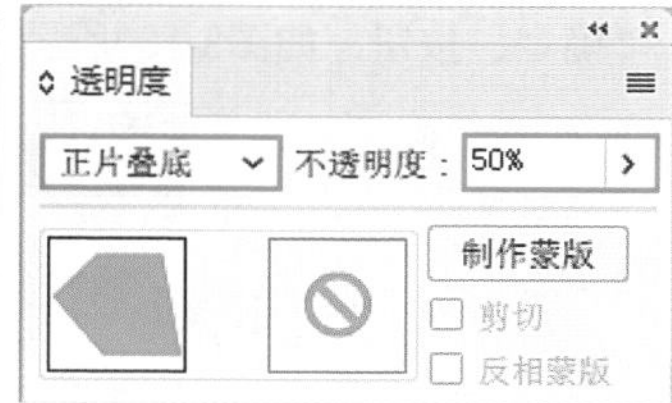

图8-111

图8-112

步骤 03 选中不规则图形，按快捷键Ctrl+C进行复制，按快捷键Ctrl+F将复制出的对象贴在前面。双击工具箱中的“皱褶工具”按钮，在画板上单击，弹出“皱褶工具选项”窗口，在“全局画笔尺寸”选项组中设置“宽度”为30mm，“高度”为30mm，“角度”为0°，“强度”为100%；在“皱褶选项”选项组中设置“水平”为100%，“垂直”为100%，“复杂性”为1；勾选“细节”复选框，设置数值大小为2，勾选“画笔影响内切线手柄”复选框，勾选“画笔影响外切线手柄”复选框；勾选“显示画笔大小”复选框，单击“确定”按钮，如图8-113所示。然后将光标移动到不规则图形边缘处，按住鼠标左键在不规则图形的边缘处来回拖动进行变形。效果如图8-114所示。

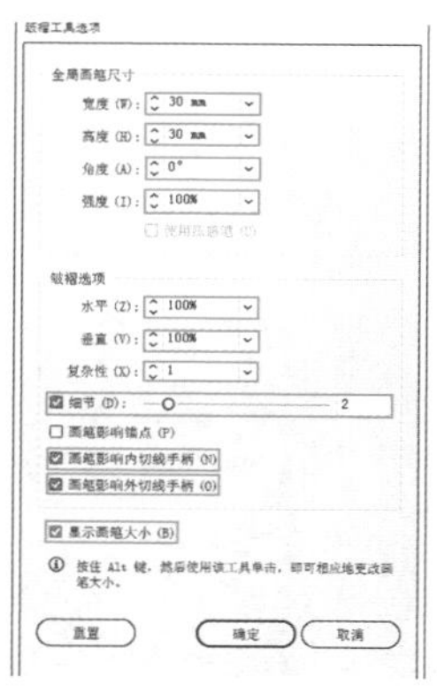

图8-113

图8-114

步骤 04 选择两个不规则图形和图片素材，然后单击，在弹出的快捷菜单中执行“建立剪切蒙版”命令，如图8-115所示。选中图片组，按快捷键Ctrl+C进行复制，按快捷键Ctrl+F将复制出的对象贴在前面。移动到合适的位置，在控制栏中设置“不透明度”为50%，如图8-116所示。

图8-115　　图8-116

步骤 05 单击工具箱中的“文字工具”按钮，在控制栏中设置填充为红色，描边为无，选择一种合适的字体，设置字体大小为108.49pt，段落对齐方式为左对齐，输入文字，如图8-117所示。

图8-117

步骤 06 继续使用“文字工具”添加其他文字，设置合适的字体、大小和颜色，如图8-118所示。

图8-118

8.2 整形工具：改变对象形状

利用“整形工具”可以在矢量图形上通过单击的方式快速在路径上添加控制点；按住鼠标左键随意拖动，受影响的范围不仅仅为所选的控制点，周围大部分区域都会随之移动，从而产生较为自然的变形效果。

（1）绘制一段开放路径，如图8-119所示。如果使用“直接选择工具”选中锚点后拖动鼠标，只会针对选中的锚点进行移动，产生的变形效果比较不规则，如图8-120所示。如果使用“整形工具”单击选中锚点，然后按住鼠标左键拖动，可以发现路径的变换更圆滑、柔和，如图8-121所示。

图8-119

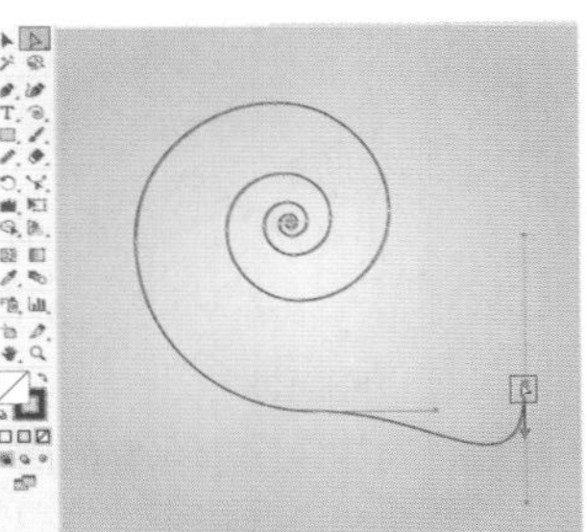
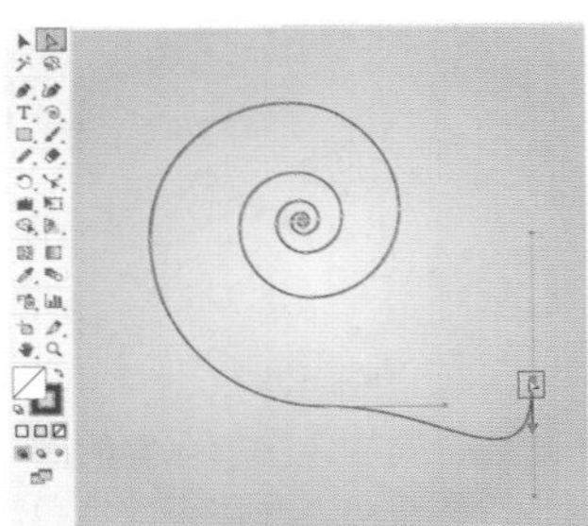

图8-120

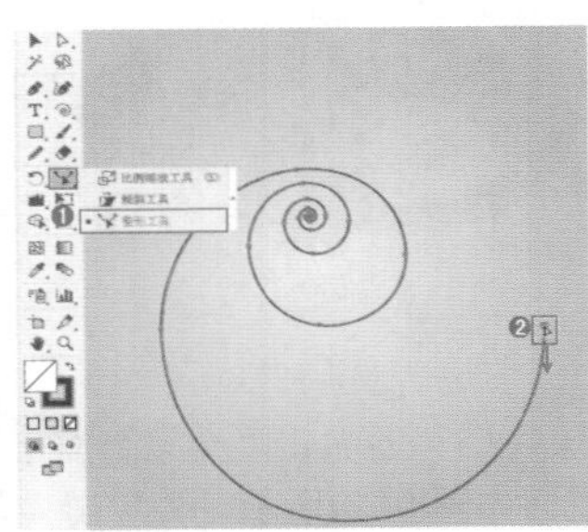

图8-121

（2）按住Shift键单击锚点进行加选，如图8-122所示。接着按住鼠标左键拖动，如图8-123所示。松开鼠标后，路径效果如图8-124所示。

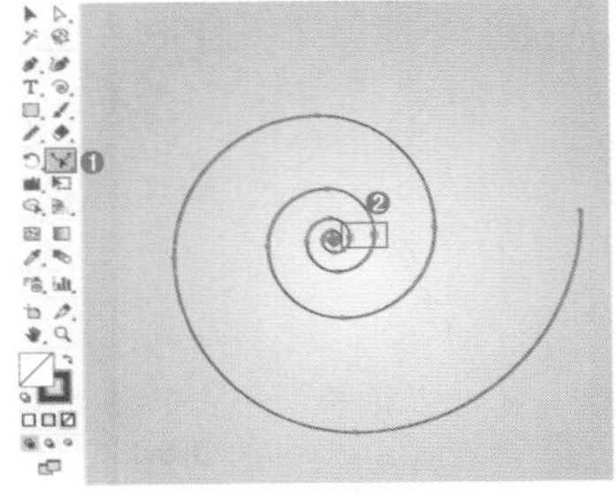

图8-122

图8-123

图8-124

8.3 路径查找器

扫一扫，看视频

利用“路径查找器”面板可对重叠的对象通过指定的运算（相加、相减、提取交集、排除交集等）形成复杂的路径，以得到新的图形对象。“路径查找器”面板的使用频率非常高，在进行较为复杂的图形绘制、标志设计、创意字体设计中经常会用到。

（1）执行“窗口>路径查找器”命令（快捷键：Shift+Ctrl+F9），打开“路径查找器”面板。在该面板中可以看到多个按钮，每个按钮都代表一种功能，可对所选的图形进行不同的“运算”，如图8-125所示。加选两个图形，如图8-126所示。

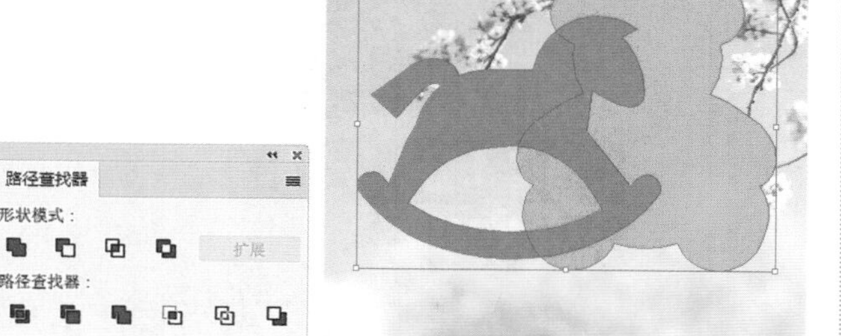

图8-125　图8-126

（2）单击“联集”按钮，此时两个图形合并成一个图形，并且图形以顶层对象的颜色进行填充，如图8-127所示。若单击“减去顶层”按钮，则从最后面的对象中减去最前面的对象，如图8-128所示。

图8-127

图8-128

（3）若单击“交集”按钮，会得到加选图形重叠的区域，如图8-129所示。若单击“差集”按钮，重叠区域将被减去，未重叠的区域将合并成一个图形，如图8-130所示。

图8-129

图8-130

（4）若单击“分割”按钮，可将一份图稿分割为其构成部分的填充表面。将图形分割后，可以将其取消编组查看分割效果，如图8-131所示。若单击“修边”按钮，可以删除已填充对象被隐藏的部分。将图形修边后，可以将其取消编组查看修边效果，如图8-132所示。

图8-131　图8-132

（5）若单击“合并”按钮，删除已填充对象被隐藏的部分，且会合并具有相同颜色的相邻或重叠的对象，如图8-133所示。若单击“裁剪”按钮，可将图稿分割为其构成部分的填充表面，然后删除图稿中所有落在最上方对象边界之外的部分，如图8-134所示。

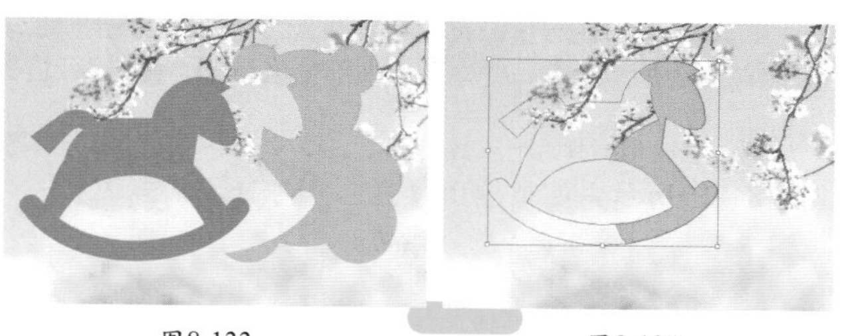

图8-133　图8-134

（6）若单击“轮廓”按钮，可将对象分割为其组件线段或边缘，如图8-135所示。若单击“减去后方对象”按钮，则从最前面的对象中减去后面的对象，如图8-136所示。

图8-135

图8-136

举一反三：利用“联集”和“减去顶层”功能制作图标

对于比较复杂的图形，如果使用“钢笔工具”直接绘制可能比较麻烦，而且很难保证绘制的精度。此时可以尝试对要绘制的图形进行分析，看一下要绘制的图形上有没有比较常见的图形，如圆形、方形、星形等。如果图形是由这些常见图形构成的，或者其中包含这些常见图形的局部，那么就可以尝试使用“路径查找器”来制作。

（1）例如，想要绘制如图8-137所示的图标，这个图标的主体部分为两个重叠的卡通“小手套”，而仔细观察这个小手套，可以看出其中包括两个一半的圆角矩形，如图8-138所示。因此，只需得到一个一半的圆角矩形即可。

图8-137　　图8-138

（2）绘制一个圆角矩形，如图8-139所示。接下来，在图形下半部绘制一个矩形。选中这两个图形后，单击“减去顶层”按钮，如图8-140所示。圆角矩形的下半部分就被去掉了，效果如图8-141所示。

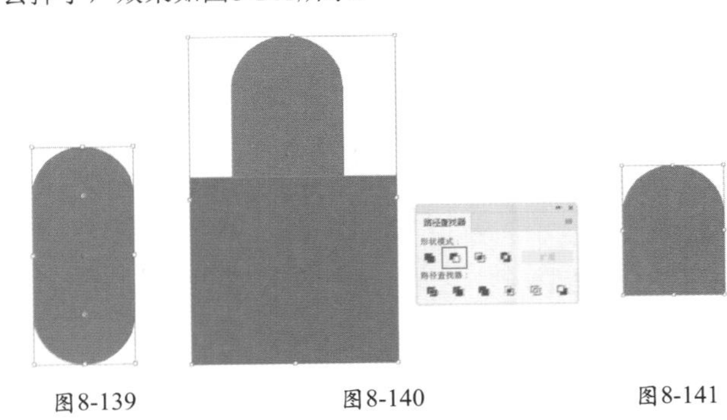

图8-139　　图8-140　　图8-141

（3）复制这个图形，然后进行缩放、旋转，调整到合适位置；接着加选两个图形，单击“联集”按钮，如图8-142所示。效果如图8-143所示。

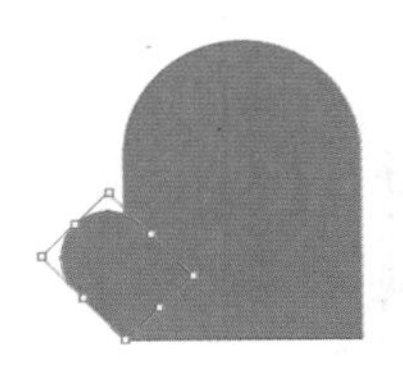
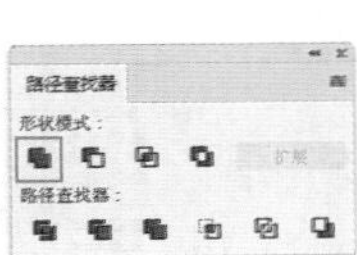

图8-142

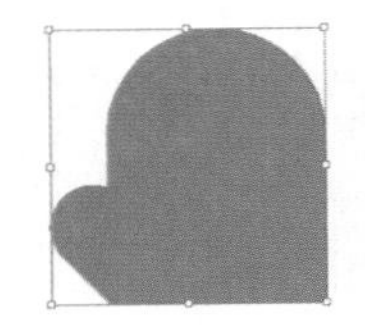

图8-143

（4）将制作好的图形复制、旋转，如图8-144所示。最后更改颜色，完成效果如图8-145所示。

图8-144

图8-145

举一反三：利用“分割”功能制作雨伞标志

扫一扫，看视频

（1）如果要制作一个镂空的图形，可以尝试使用“分割”功能来完成。绘制一个正方形，如图8-146所示。接着添加雨伞图形，并调整到合适大小以及位置，如图8-147所示。

图8-146

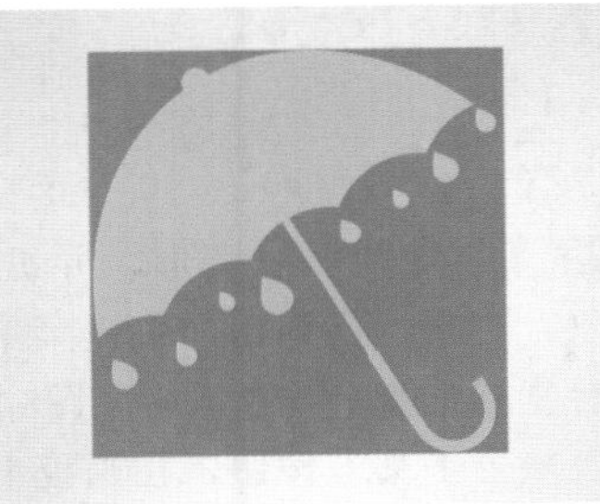

图8-147

（2）加选二者，单击“路径查找器”面板中的“分割”按钮，然后选择“取消编组”，如图8-148所示。接着将雨伞图形的各组成部分依次选中，按Delete键删除，如图8-149所示。最后添加文字和投影，完成效果如图8-150所示。

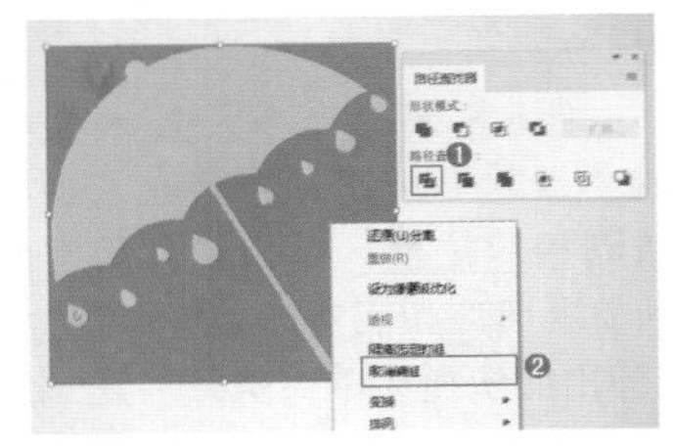

图8-148

图8-149

图8-150

练习实例：使用“路径查找器”制作创意人像

扫一扫，看视频

文件路径	资源包\第8章\练习实例：使用“路径查找器”制作创意人像
难易指数	★★★★★
技术掌握	“路径查找器”、剪切蒙版

实例效果

本实例演示效果如图8-151所示。

图8-151

操作步骤

步骤01 执行“文件>新建”命令或按快捷键Ctrl+N，创建新文档。单击工具箱中的“矩形工具”按钮，在控制栏中设置填充为灰色，描边为无，绘制一个矩形，如图8-152所示。如果界面中没有显示控制栏，可以执行“窗口>控制”命令将其显示。

图8-152

步骤02 添加素材。执行“文件>置入”命令，置入素材1.jpg，然后单击控制栏中的“嵌入”按钮，将其嵌入画板中。调整适当的大小，并放到相应位置。单击工具箱中的“矩形工具”按钮，绘制一个矩形，如图8-153所示。选中矩形与人像照片，右击，在弹出的快捷菜单中执行“建立剪切蒙版”命令，如图8-154所示。

图8-153

图8-154

步骤03 单击工具箱中的“椭圆工具”按钮，在控制栏中设置填充为浅灰色，描边为无，按住鼠标左键的同时按住Shift键拖动，绘制一个正圆形，如图8-155所示。选中圆形，按住鼠标左键的同时按住Alt键向右拖动，移动复制出多个相同的圆形，如图8-156所示。

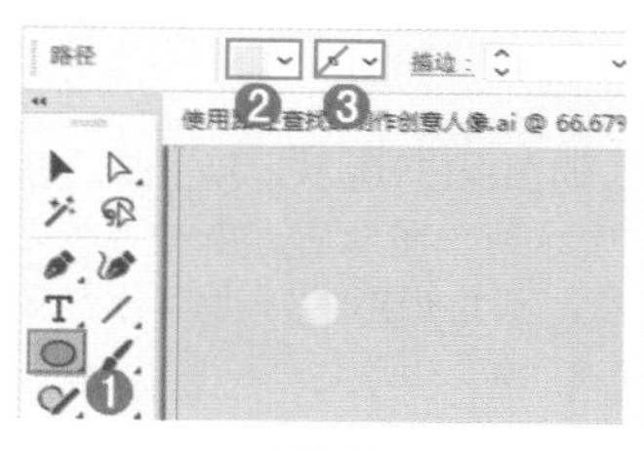
图8-155

图8-156

步骤04 选择所有圆形，执行“窗口>对齐”命令，在弹出的“对齐”面板中单击“垂直居中对齐”按钮，如图8-157所示。再单击“水平居中分布”按钮，如图8-158所示。

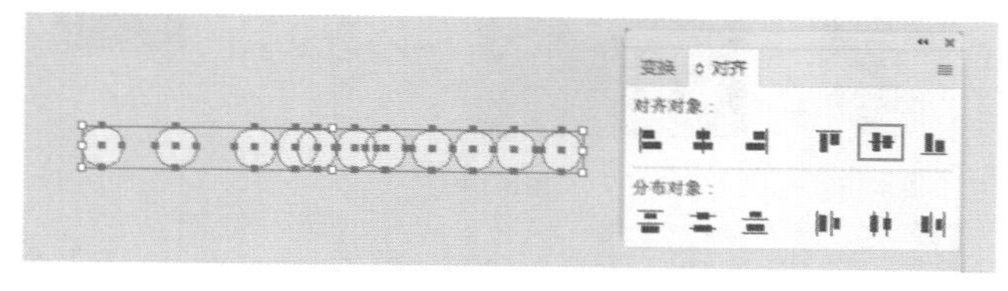

图8-157

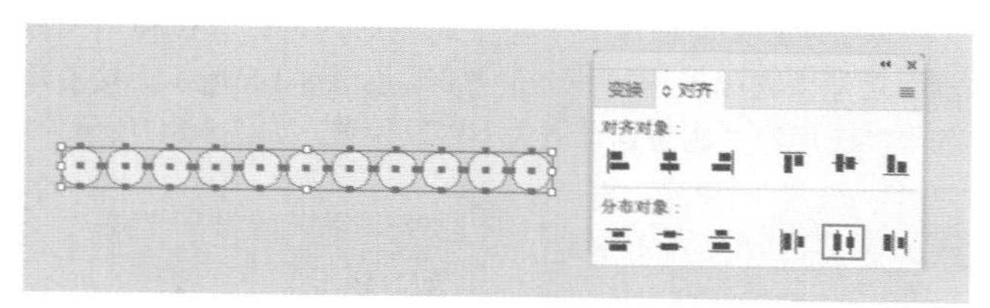

图8-158

步骤05 复制多组圆形，并纵向排列。选择所有圆形对象，右击，在弹出的快捷菜单中执行“编组”命令，然后复制出多个圆形组，如图8-159所示。单击工具箱中的“矩形工具”按钮，在画板上绘制一个灰色的矩形，如图8-160所示。

图8-159

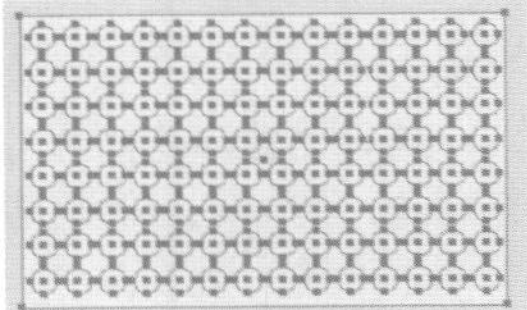

图8-160

步骤 06 选择矩形和所有圆形对象，执行“窗口>路径查找器”命令，在弹出的“路径查找器”面板中单击“差集”按钮，如图8-161所示。得到镂空的效果，如图8-162所示。

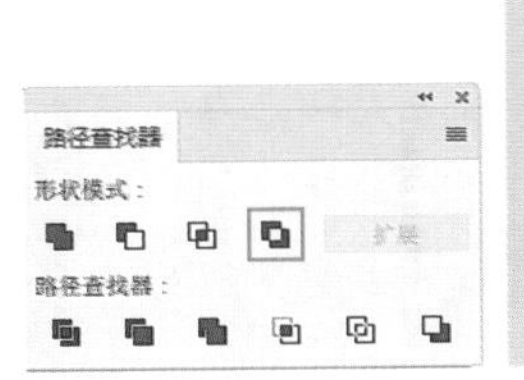

图8-161

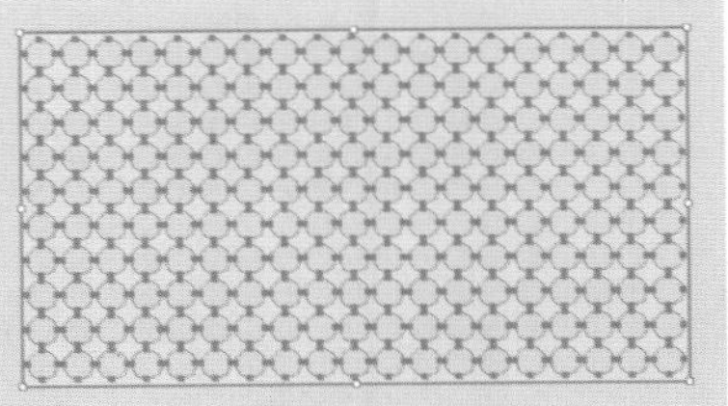

图8-162

步骤 07 将镂空的图形移动到画面中，遮挡住人像，如图8-163所示。由于遮挡范围较小，所以需要复制出多个该对象，均匀排列，模拟出只显示出斑点效果的人像，如图8-164所示。

图8-163

图8-164

步骤 08 单击工具箱中的“文字工具”按钮，然后单击画板的空白处，在控制栏中设置填充为黑色，描边为无，选择合适的字体，设置字体大小为72pt，段落对齐方式为左对齐；单击“字符”按钮，在弹出的下拉面板中设置“行距”为87pt；输入一组标题文字，如图8-165所示。使用同样的方法输入另一行文字，更改其大小，如图8-166所示。

图8-165

图8-166

步骤 09 复制一个人像素材，摆放在文字下方，适当调节大小并旋转一定角度，如图8-167所示。选中人像素材和标题文字，右击，在弹出的快捷菜单中执行“建立剪切蒙版”命令。最终效果如图8-168所示。

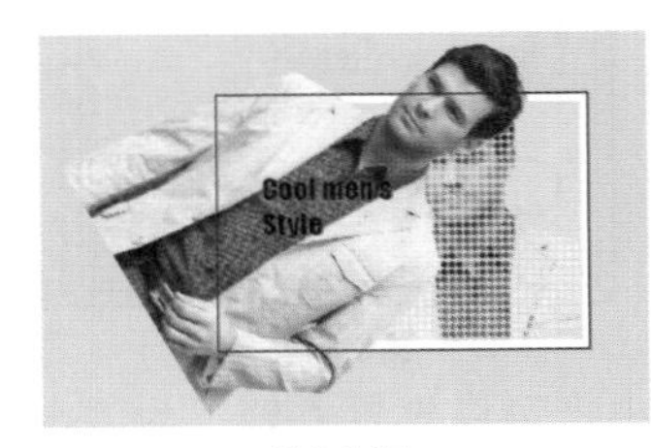

图8-167

图8-168

8.4 编辑路径对象

Illustrator提供了多种用于编辑路径的工具，同样也提供了多种编辑路径的命令。执行“对象>路径”命令，在弹出的子菜单中即可看到编辑路径的命令，如图8-169所示。

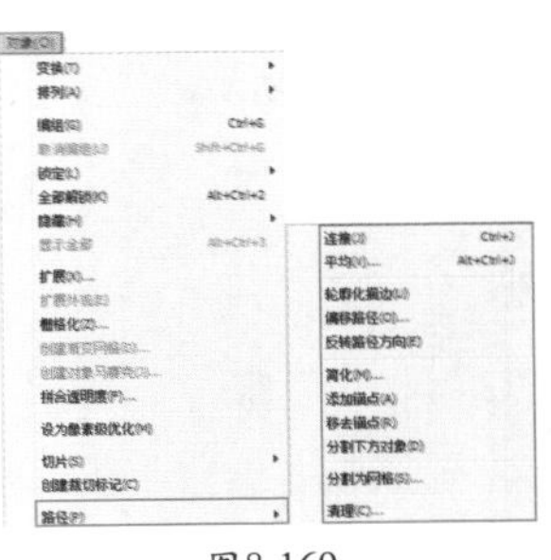

图8-169

8.4.1　连接

“连接”命令能够将两个锚点连接起来，既可以将开放的路径闭合，也可以将多条路径连接在一起。

如果要连接的是两条路径，那么必须加选路径上需要进行连接的锚点。如果要连接的是一条路径上的两个端点，那么只需选中路径即可，如图8-170所示。接着执行“对象>路径>连接”命令（快捷键：Ctrl+J），即可看到路径被连接上，如图8-171所示。

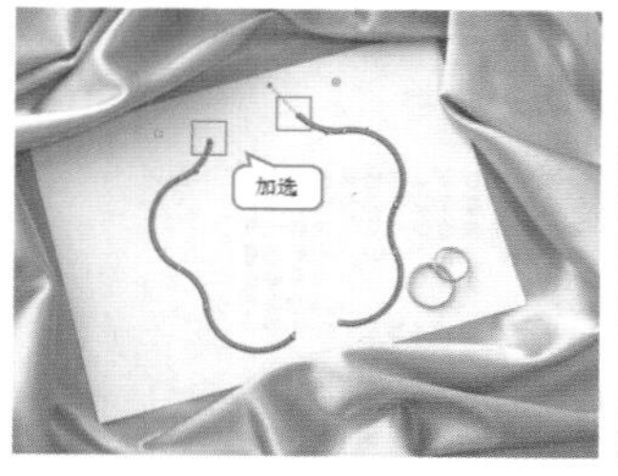

图8-170

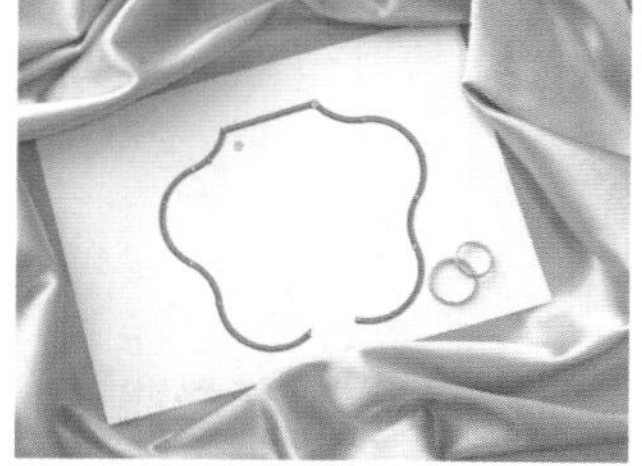

图8-171

8.4.2　平均

“平均”命令可以将所选择的锚点排列在同一条水平线或垂直线上。

（1）选择一个矢量图形，或者选中部分锚点，如图8-172所示。接着执行“对象>路径>平均”命令（快捷键：Ctrl +Alt+J），弹出“平均”窗口，如图8-173所示。

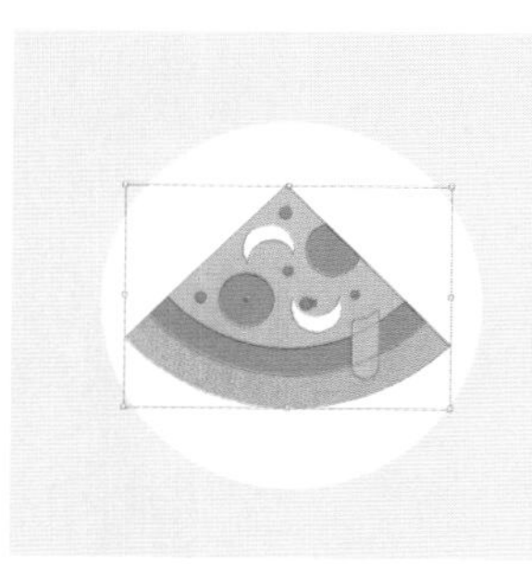

图8-172

图8-173

（2）在“平均”窗口中，可以设置“轴”为“水平”“垂直”或“两者兼有”。选中“水平”单选按钮，所有的锚点都排列在一条水平线上，如图8-174所示。选中“垂直”单选按钮，所有的锚点都排列在一条垂直线上，如图8-175所示。选中“两者兼有”单选按钮，可以按中心点的位置进行平均，如图8-176所示。

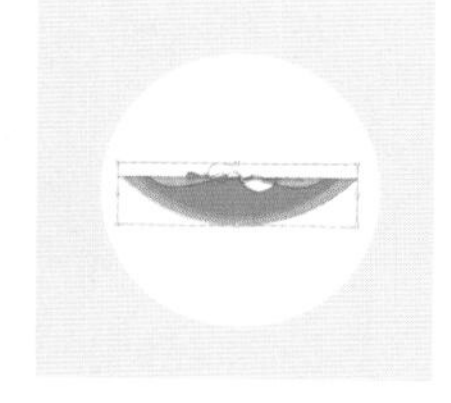

图8-174

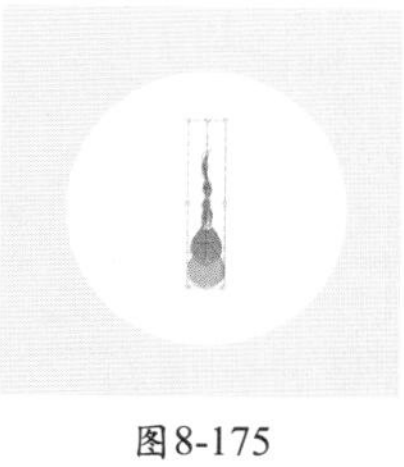

图8-175

图8-176

重点 8.4.3　动手练：轮廓化描边

执行“轮廓化描边”命令后可以将路径转换为独立的填充对象。转换之后的描边具有自己的属性，可以进行颜色、粗细、位置的更改。

选择一个带有描边的图形，如图8-177所示。执行“对象>路径>轮廓化描边”命令，右击，在弹出的快捷菜单中执行“取消编组”命令取消编组。然后移动“描边”的位置，可以看到描边部分变成了一个图形对象，如图8-178所示。

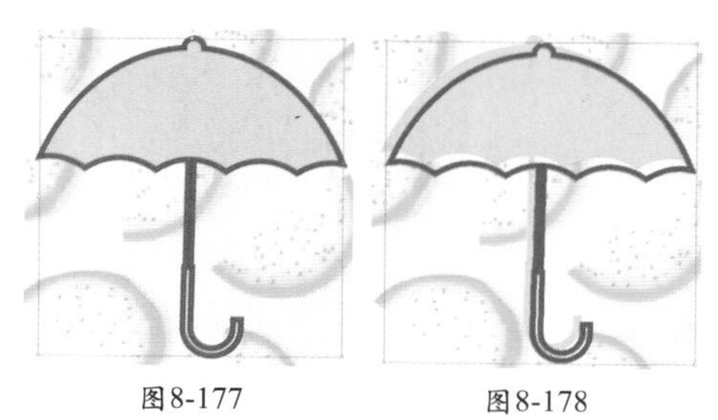

图8-177　　图8-178

重点 8.4.4　动手练：偏移路径

“偏移路径”命令可将路径向外进行扩大或向内进行收缩。

选择一个图形，如图8-179所示。执行“对象>路径>偏移路径”命令，在弹出的“偏移路径”窗口中可以先勾选“预览”复选框，查看预览效果。此时可以看到画面中偏移路径的对象被复制了一份，并进行了相应的调整，如图8-180所示。

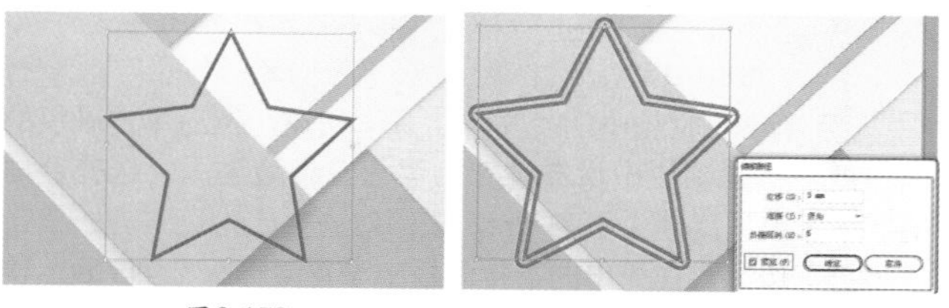

图8-179　　图8-180

- 位移：用来调整路径偏移的距离。
- 连接：用来调整位移后图像边缘的效果。该下拉列表框中包括“斜接”“圆角”和“斜角”3个选项，效果分别如图8-181所示。

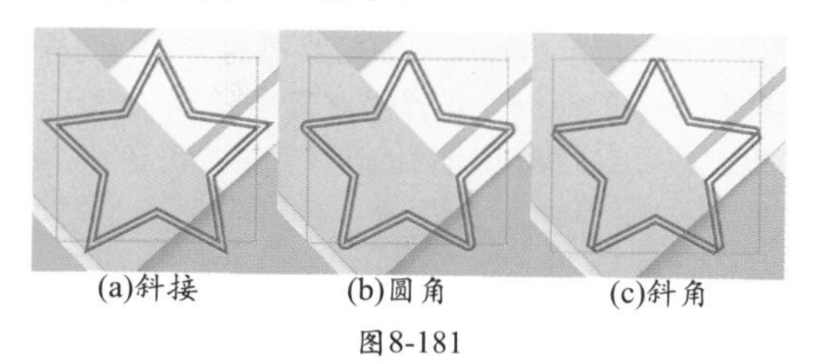

(a)斜接　(b)圆角　(c)斜角

图8-181

- 斜接限制：当“连接”设置为“斜接”时，通过“斜接限制”控制斜接的效果。

举一反三：制作标志整体的描边

在制作标志或者复杂的主题文字时，经常需要为标志整体或者文字及其周边元素添加一个整体的描边，以便于突出主题。如果使用“钢笔工具”绘制，可能很难保证图形的精准度，此时就可以使用偏移路径来制作。

（1）选中标志并编组，如图8-182所示。因为“偏移路径”会复制出一份图形进行偏移，所以选择标志即可。执行“对象>路径>偏移路径”命令，在弹出的“偏移路径”窗口中，先勾选“预览”复选框以随时查看效果，然后设置“位移”为2mm，“连接”为“圆角”（因为标志属于圆润可爱型），“斜接限制”为5，单击“确定”按钮，如图8-183所示。

图8-182

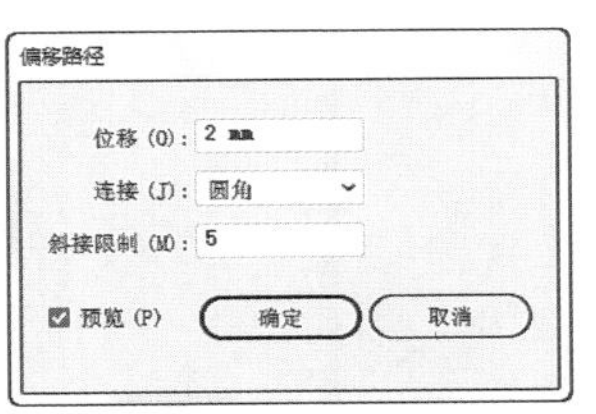

图8-183

（2）执行“窗口>路径查找器”命令，在弹出的“路径查找器”面板中单击“联集”按钮，图形效果如图8-184所示。然后填充一种稍深的颜色，如图8-185所示。最后移动到图形的后方，效果如图8-186所示。

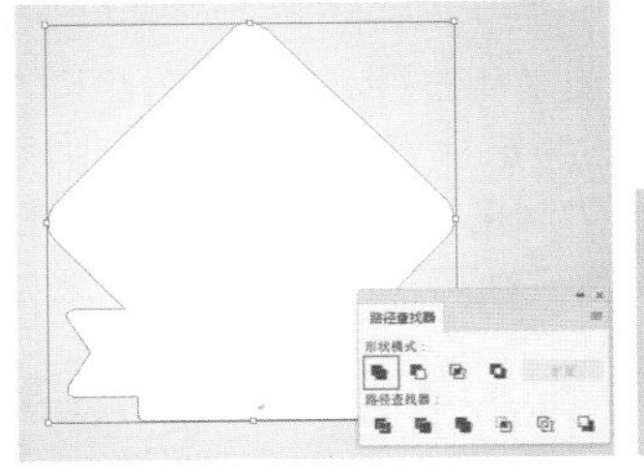

图8-184

图8-185

图8-186

8.4.5 反转路径方向

“反转路径方向”命令可以将路径的起点与重点进行对调，在为路径赋予特殊描边效果时能够看到明显差异。首先绘制一段路径并以画笔进行描边，效果如图8-187所示。接着执行“对象>路径>反转路径方向”命令，效果如图8-188所示。

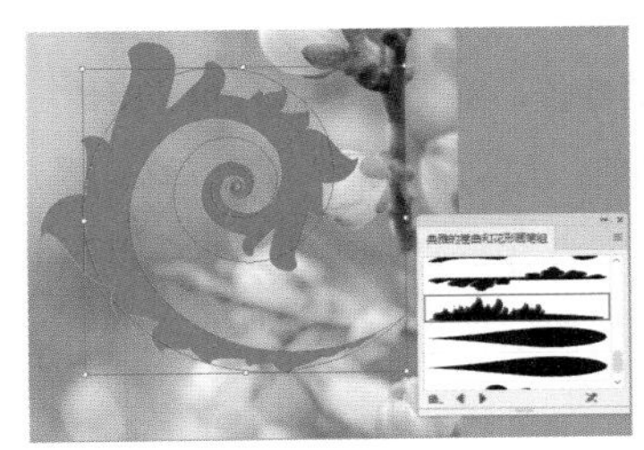

图8-187

图8-188

8.4.6 简化

“简化”命令可以删除路径中多余的锚点，并且减少路径上的细节。选择一个图形或者一段路径，如图8-189所示。接着执行“对象>路径>简化”命令，随后出现“简化”命令的工具栏，在这里移动滑块可以调整路径的简化程度，如图8-190所示。

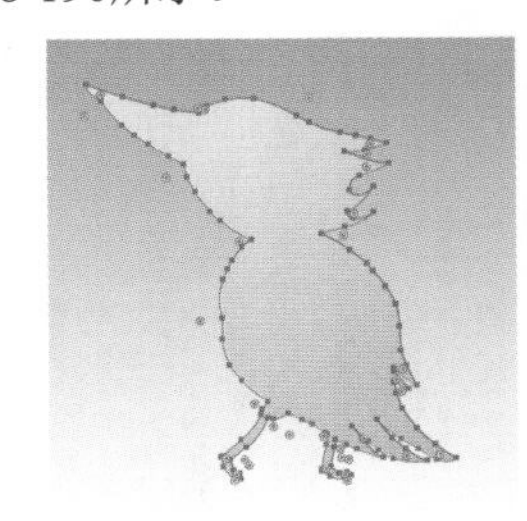

图8-189

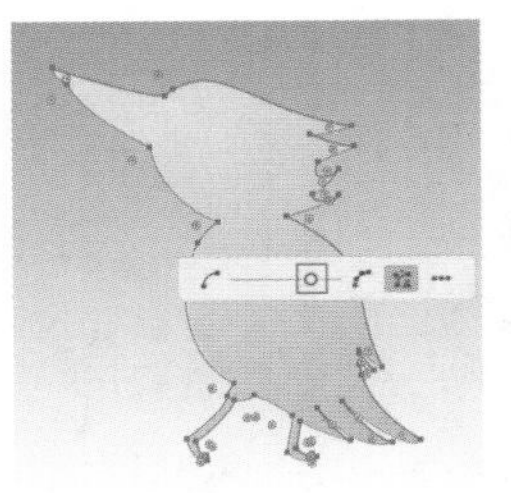

图8-190

将滑块向左侧滑动，可以增强简化程度，路径更简单，但与原始图形差距也越大，如图8-191所示。单击“自动简化”按钮，软件会自动减去多余的点，而最大限度上保持路径形态，如图8-192所示。

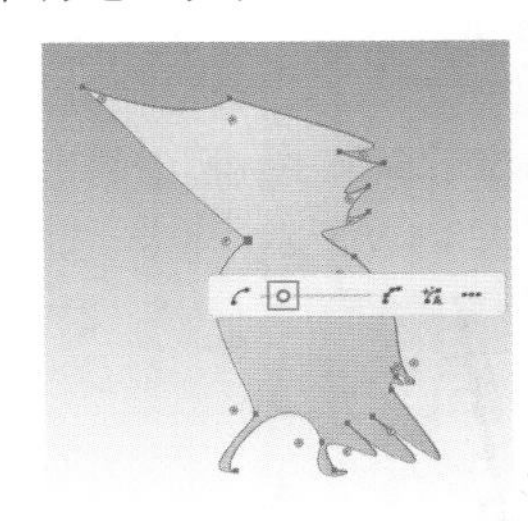

图8-191

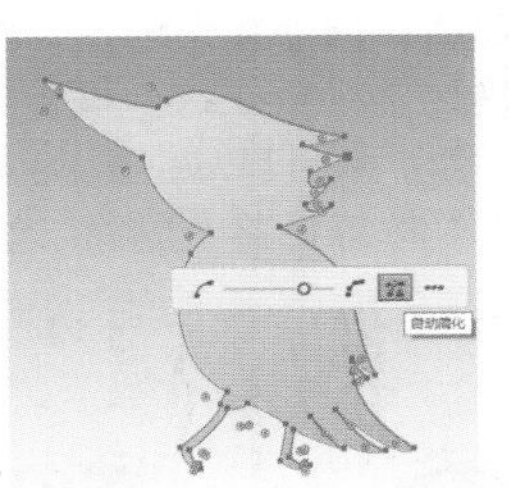

图8-192

单击浮动工具栏右侧的 ··· 按钮，可以打开“简化”窗口，如图8-193所示。

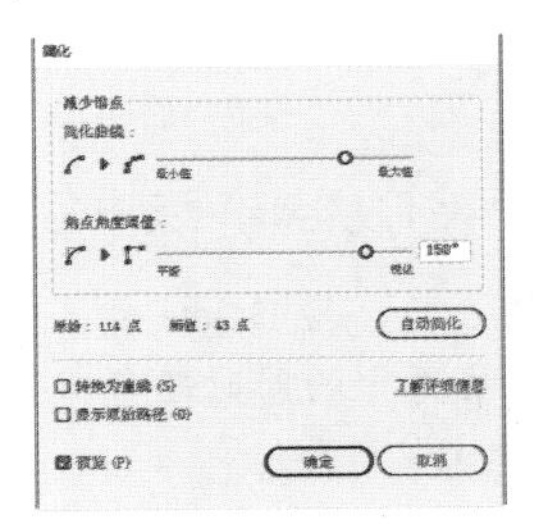

图8-193

- 简化曲线：简化路径与原始路径的接近程度。越高的百分比将创建越多的锚点并且越接近。
- 角点角度阈值：控制角的平滑度。如果角点的角度小于角度阈值，将不更改该角点。如果“曲线精度”值较低，该选项有助于保持角锐利。
- 转换为直线：在对象的原始锚点间创建直线。如果角点的角度大于角度阈值，将删除角点。
- 显示原始路径：显示简化路径背后的原路径。

8.4.7 添加锚点

执行“添加锚点”命令可以快速为路径添加锚点，但不会改变图形形态。选择画面中的图形，如图8-194所示。接着执行“对象>路径>添加锚点”命令，可以快速而均匀地在路径上添加锚点，如图8-195所示。

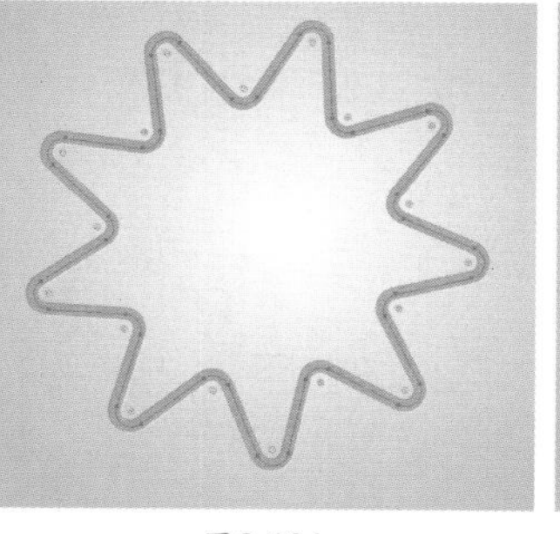

图8-194

图8-195

8.4.8 移去锚点

“移去锚点”命令能够将选中的锚点删除，并保持路径的连续状态。首先选中要移去的锚点，如图8-196所示。接着执行“对象>路径>移去锚点”命令，效果如图8-197所示。此外，还可以选中锚点，然后单击控制栏中的“删除所选锚点”按钮将其删除，如图8-198所示。

图8-196

图8-197

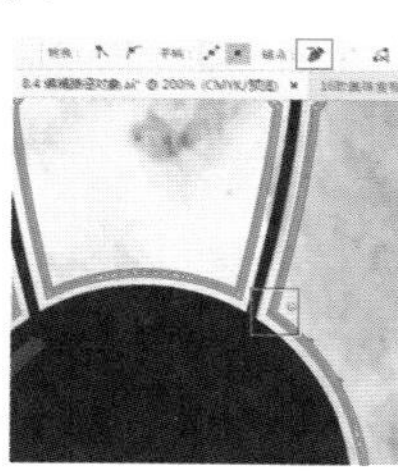

图8-198

提示：按Delete键删除锚点。

如果选择锚点后，按 Delete 键删除，则在锚点被删除的同时路径也会断开，如图 8-199 所示。

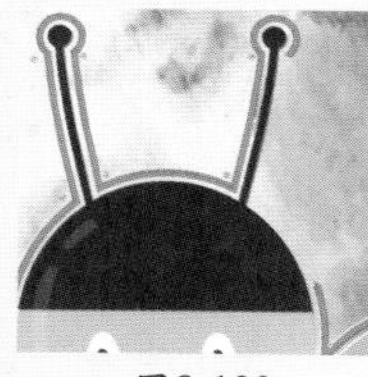

图8-199

8.4.9 分割下方对象

“分割下方对象”命令可以将选中图形下方的图形进行分割。

（1）绘制两个圆形，如图8-200所示。接着在其上方绘制一个矩形，如图8-201所示。

图8-200

图8-201

（2）此时只选择矩形，执行“对象>路径> 分割下方对象”命令，完成分割操作，如图8-202所示。接着使用“移动工具”进行移动，查看分割效果，如图8-203所示。

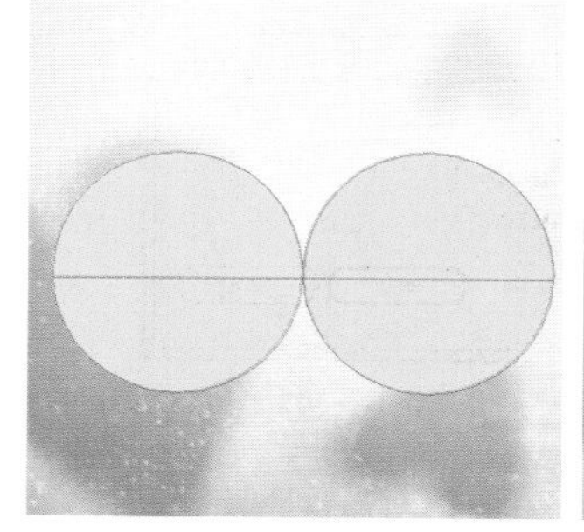

图8-202

图8-203

8.4.10 分割为网格

“分割为网格”命令可以将封闭路径对象转换为网格。选择一个图形，如图8-204所示。执行“对象>路径>分割为网格”命令，在弹出的“分割为网格”窗口中进行相应的参数设置，如图8-205所示。单击“确定”按钮，网格效果如图8-206所示。

图8-204

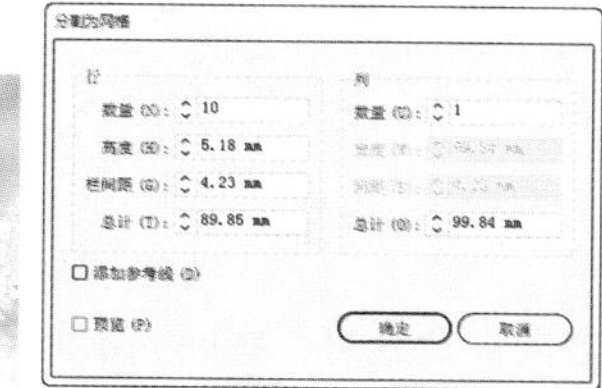

图8-205

图8-206

- 数量：输入相应的数值，定义对应的行或列的数量。
- 高度：输入相应的数值，定义每一行/列的高度。
- 栏间距：输入相应的数值，定义行与列之间的距离。
- 总计：输入相应的数值，定义网格整体的宽度或高度。
- 添加参考线：勾选该复选框时，将按照相应的表格自动定义出参考线。

8.4.11 清理

在画板之外有游离点、未上色对象以及空文本路径的情况下，如图8-207所示。无须选中清除的对象，执行“对象>路径>清理”命令，在弹出的“清理”窗口中设置要清理的对象，然后单击“确定”按钮，如图8-208所示，即可将这些对象清理掉。

图8-207

图8-208

- 游离点：勾选该复选框，将删除没有用到的单独锚点对象。
- 未上色对象：勾选该复选框，将删除没有带有填充和描边颜色的路径对象。
- 空文本路径：勾选该复选框，将删除没有任何文字的文本路径对象。

8.5 混合工具

“混合工具”可以在多个图形之间生成一系列的中间对象，从而实现从一种颜色过渡到另一种颜色、从一种形状过渡到另一种形状的效果，如图8-209所示。在混合过程中，不仅可以创建图形上的混合，还可对颜色进行混合。使用“混合”功能能够制作出非常奇幻的效果，如长阴影、3D等效果，如图8-210和图8-211所示。

扫一扫，看视频

图8-209

图 8-210

图8-211

重点 8.5.1 动手练：创建混合

创建混合的方式有两种，一种是使用“混合工具”，另一种是执行“对象>混合”命令。

（1）准备两个图形，这两个图形要有一段距离（这样创建出的混合效果比较明显），如图8-212所示。接着双击工具箱中的“混合工具”按钮，在弹出的“混合选项”窗口中，设置“间距”为“指定的步数”，然后设置合适的步数（数值无须太大，以免影响运行速度），单击“确定”按钮，如图8-213所示。

图8-212

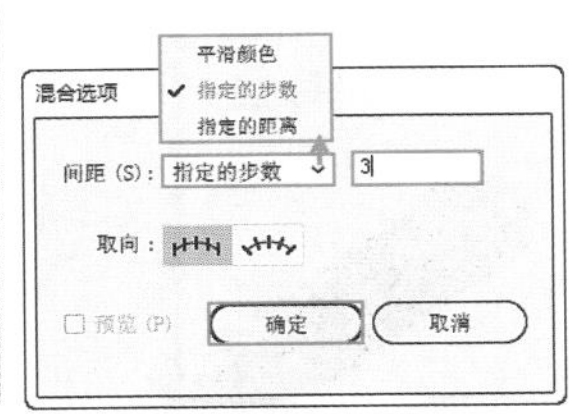

图 8-213

（2）在两个图形上分别单击，即可创建混合效果，如图8-214和图8-215所示。也可以对多个图形进行混合，如图8-216所示。此外，还可以执行“对象>混合>建立”命令（快捷键：Ctrl+Alt+B）来创建对象的混合。

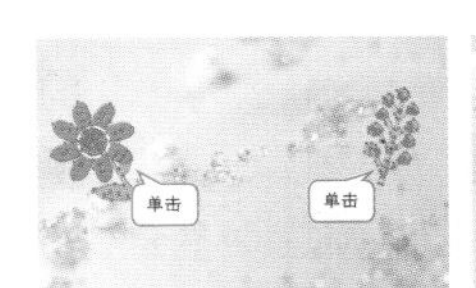

图8-214

图8-215

图8-216

- 间距：用于定义对象之间的混合方式。Illustrator提供了三种混合方式，分别是“平滑颜色”“指定的步数”和“指定的距离”。
- 平滑颜色：自动计算混合的步数。如果对象是使用不同的颜色进行的填色或描边，则计算出的步数将是为实现平滑颜色过渡而取的最佳步数；如果对象包含相同的颜色，或包含渐变或图案，则步数将根据两对象定界框边缘之间的最长距离计算得出，如图8-217所示。
- 指定的步数：用来控制在混合开始与混合结束之间的步数。
- 指定的距离：用来控制混合步骤之间的距离。指定的距离是指从一个对象边缘起到下一个对象相对应边缘之间的距离。如图8-218所示是将“指定的距离”

设置为5mm时的效果。

图8-217

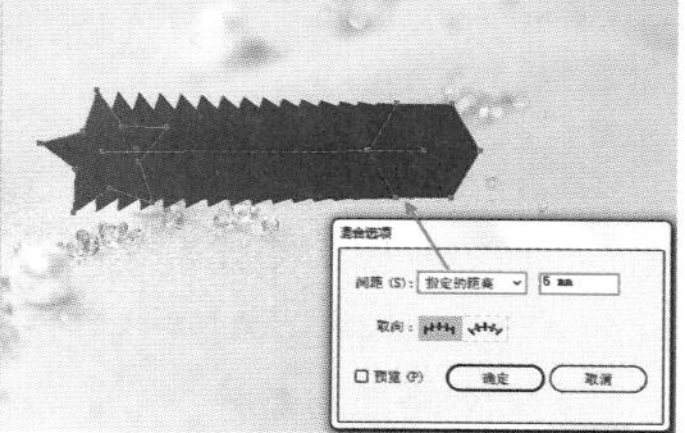

图8-218

- 取向：用于设置混合对象的方向。单击“对齐页面”按钮，使混合垂直于页面的X轴，如图8-219所示。单击“对齐路径”按钮，使混合垂直于路径，如图8-220所示。

图8-219

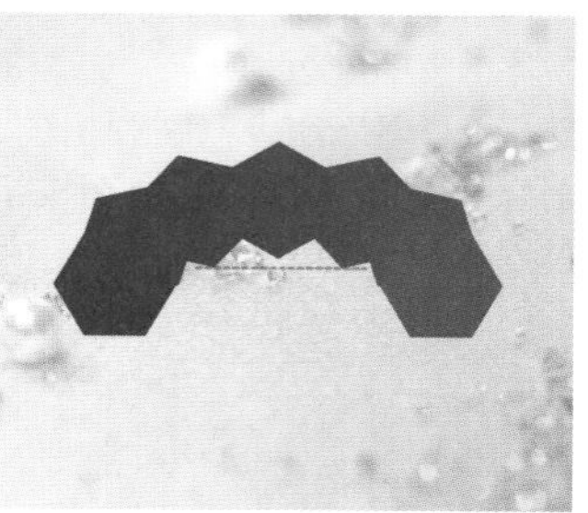

图8-220

8.5.2 动手练：编辑混合

对象混合创建完成后，两个混合的图形之间默认会建立一条直线的混合轴。如果想要使混合对象不沿着直线排列，则可以对混合轴进行更改。在Illustrator中，可以对混合轴进行编辑、替换、反选等一系列编辑操作。

（1）选择混合后的对象就能看到混合轴，如图8-221所示。首先使用“直接选择工具”单击选中混合轴，然后使用“钢笔工具”在混合轴上多次单击，即可添加几个锚点，如图8-222所示。接着使用“直接选择工具”拖动锚点，可以调整混合轴路径的形态，同时混合效果也发生改变，如图8-223所示。

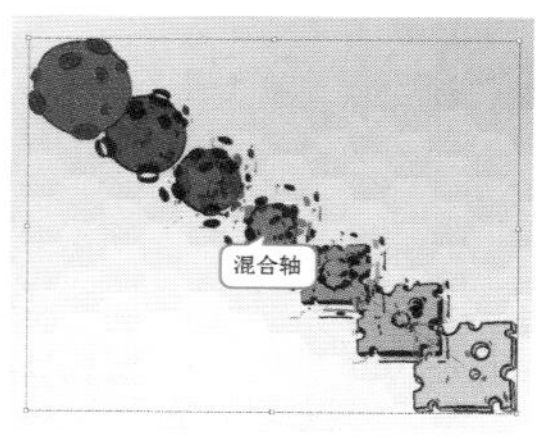

图8-221

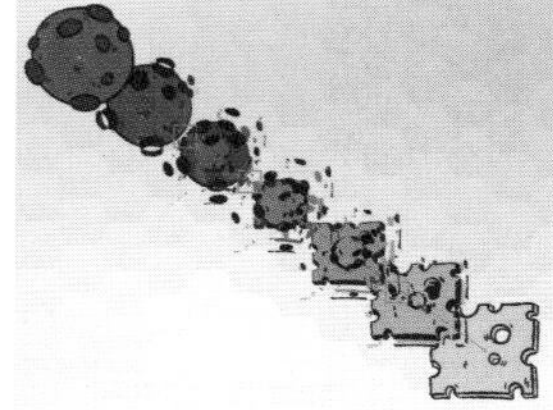

图8-222

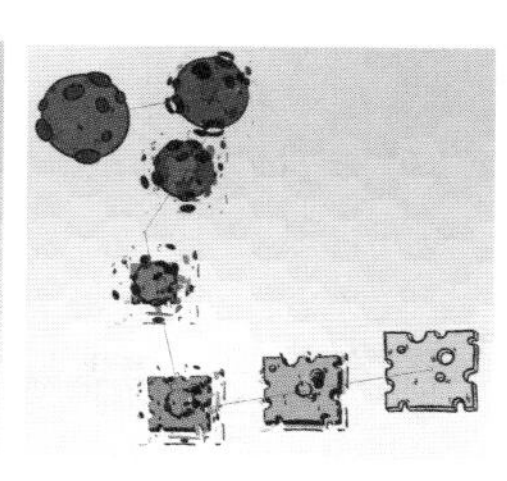

图8-223

（2）混合轴还可以被其他复杂的路径替换。首先绘制一段路径，然后使用“选择工具”将路径和混合的对象加选，如图8-224所示。接着执行“对象>混合>替换混合轴”命令，混合轴就会被所选路径替换，如图8-225所示。

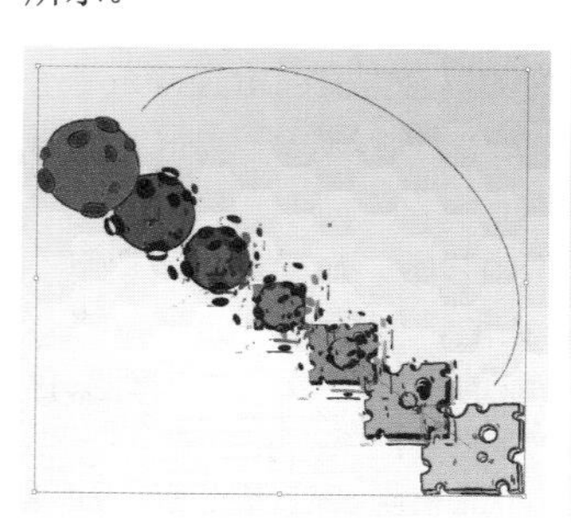

图8-224

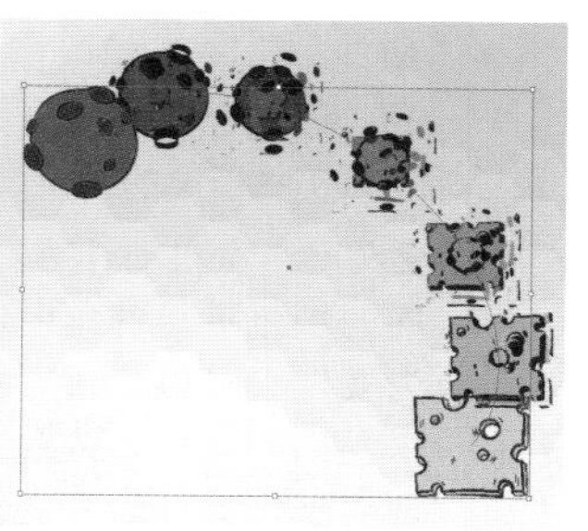

图8-225

（3）如果想要调换混合对象的顺序，则选择画板中的混合对象，如图8-226所示。然后执行“对象>混合>反向混合轴”命令，此时可以发现混合轴发生了反转，混合顺序发生了改变，如图8-227所示。

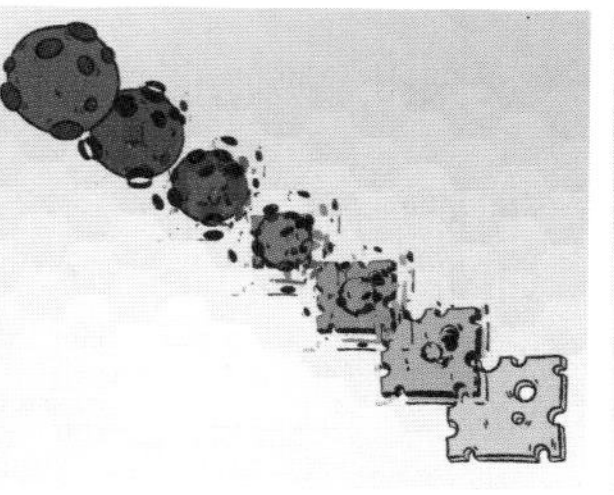

图8-226

图8-227

（4）如果想要更改混合对象的堆叠顺序，则选择混合对象，然后执行“对象>混合>反向堆叠”命令即可，如图8-228和图8-229所示。

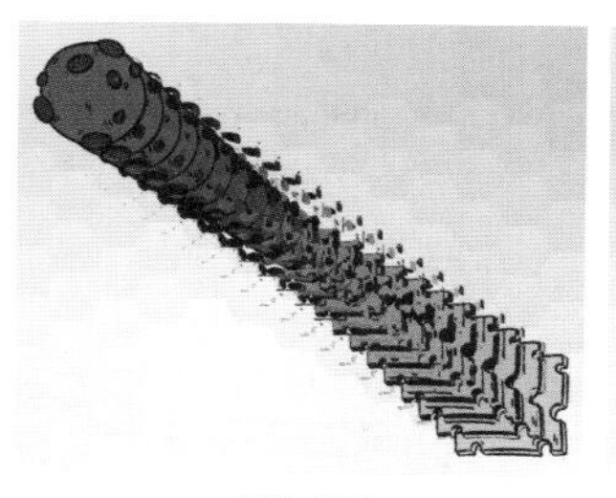

图8-228

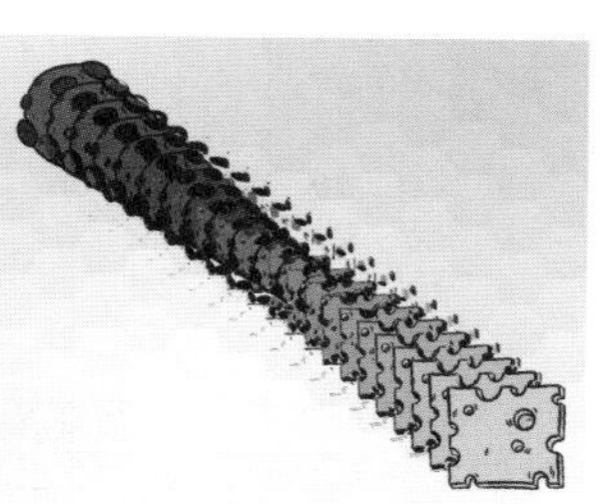

图8-229

（5）创建混合后，形成的混合对象是一个由图形和路径组成的整体。如果进行“扩展”，可将混合对象分割为一系列独立的个体。选择混合对象，执行“对象>混合>扩展”命令。被扩展的对象作为一个编组，选择这个编组，右击，在弹出的快捷菜单中执行“取消编组”命令，如图8-230所示。然后就可以选择其中的某个对象了，如图8-231所示。

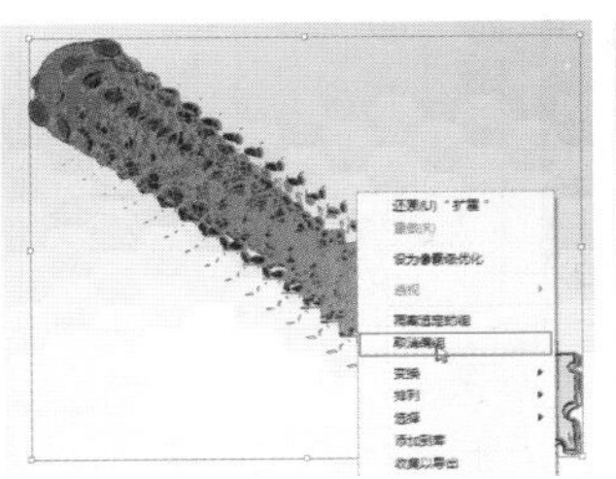

图8-230

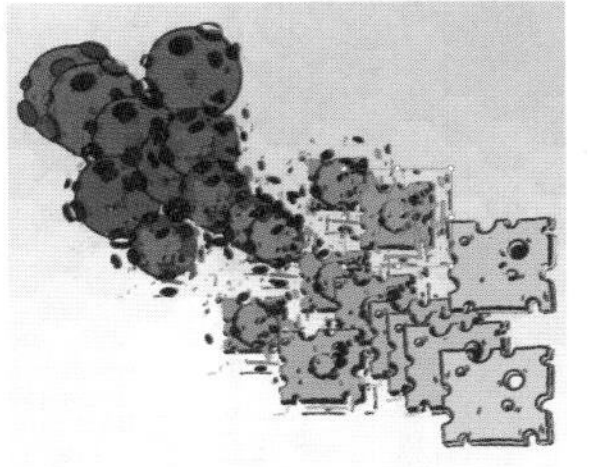

图8-231

（6）如果不再需要混合效果，就可以将混合的对象释放，释放后的对象将恢复原始的状态。选择混合的对象，执行“对象>混合>释放”命令（快捷键：Ctrl+Shift+Alt+B）即可释放混合对象，如图8-232所示。

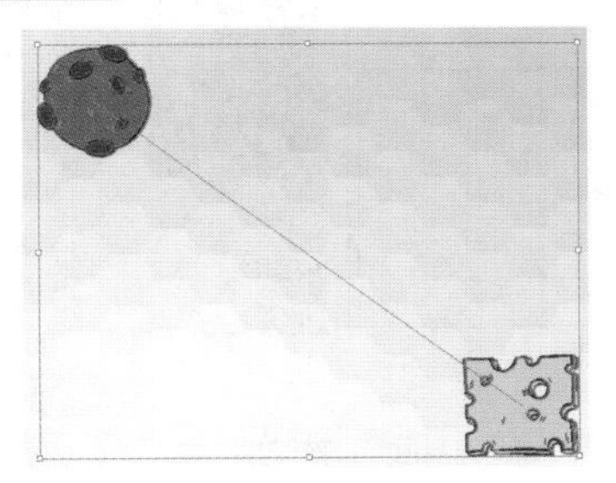

图8-232

练习实例：使用扩展混合对象制作儿童英语宣传广告

文件路径	资源包\第8章\练习实例：使用扩展混合对象制作儿童英语宣传广告
难易指数	★★★★★
技术掌握	“混合工具”、替换混合轴、扩展混合对象

扫一扫，看视频

实例效果

本实例演示效果如图8-233所示。

图8-233

操作步骤

步骤01 执行“文件>新建”命令或按快捷键Ctrl+N，创建文档。单击工具箱中的“矩形工具”按钮，去除填充和描边，绘制一个与画板等大的矩形。

步骤02 执行“窗口>渐变”命令，在弹出的“渐变”面板中设置“类型”为“径向”，编辑一种紫色系的渐变，如图8-234所示。单击渐变缩览图，为矩形填充渐变色，效果如图8-235所示。

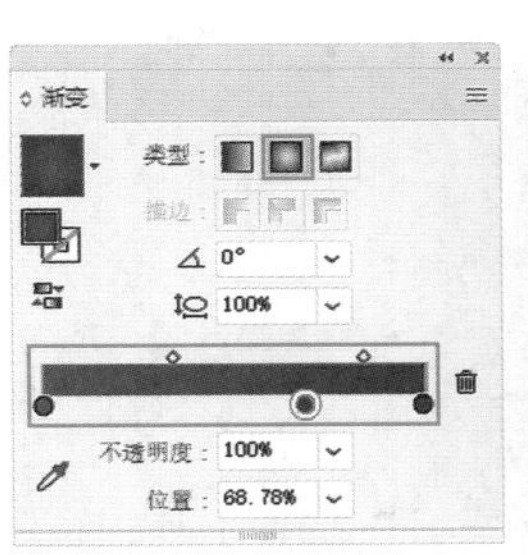

图8-234

图8-235

步骤03 单击工具箱中的“椭圆工具”按钮，在控制栏中设置填充为浅紫色，描边为无，按住鼠标左键的同时按住Shift键拖动，绘制一个正圆形，如图8-236所示。使用上述方法再绘制两个大小不一的圆形，移动到相应位置，如图8-237所示。如果界面中没有显示控制栏，可以执行“窗口>控制”命令将其显示。

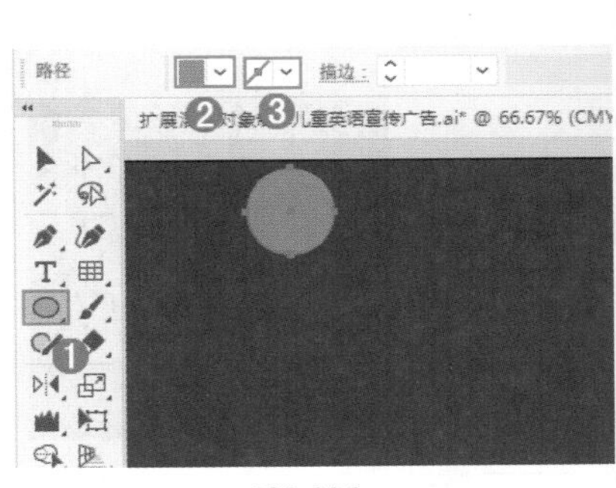

图8-236

图8-237

步骤04 双击工具箱中的“混合工具”按钮，在弹出的“混合选项”窗口中设置“间距”为“指定的距离”，“距离”为10mm，“取向”为“对齐路径”，单击“确定”按钮；将光标移动到第一个圆上单击，再移动到第二个圆上单击，如图8-238所示。继续在第三个圆上单击，效果如图8-239所示。

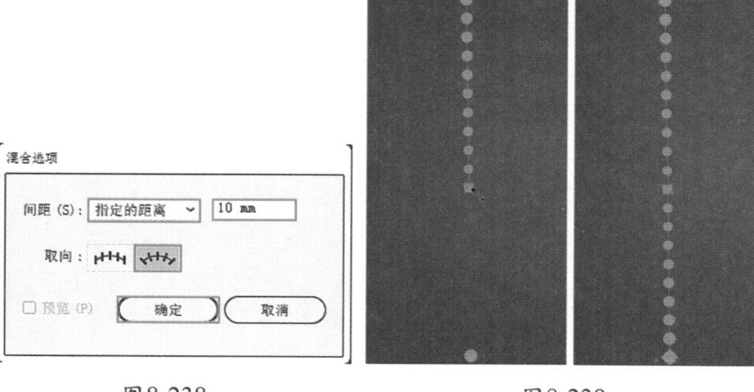

图8-238　　图8-239

步骤05 单击工具箱中的“钢笔工具”按钮，绘制一条曲线路径，如图8-240所示。然后选择混合图形组和曲线路径，执行“对象>混合>替换混合轴”命令。效果如图8-241所示。

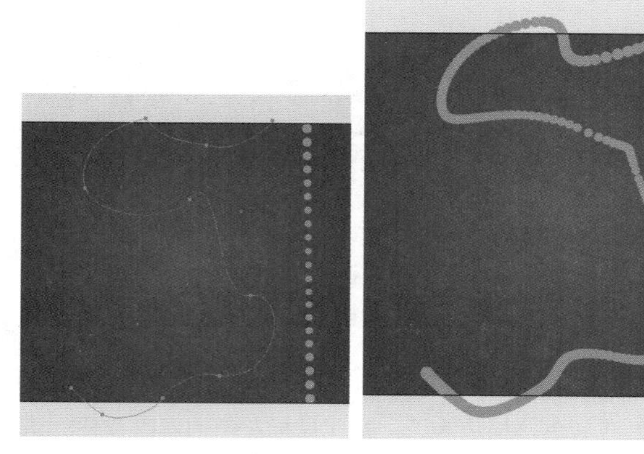

图8-240　　图8-241

步骤06 保持混合对象的选中状态，再次双击工具箱中的“混合工具”按钮，在弹出的“混合选项”窗口中将“间距”改为30mm，单击“确定”按钮，如图8-242所示。效果如图8-243所示。

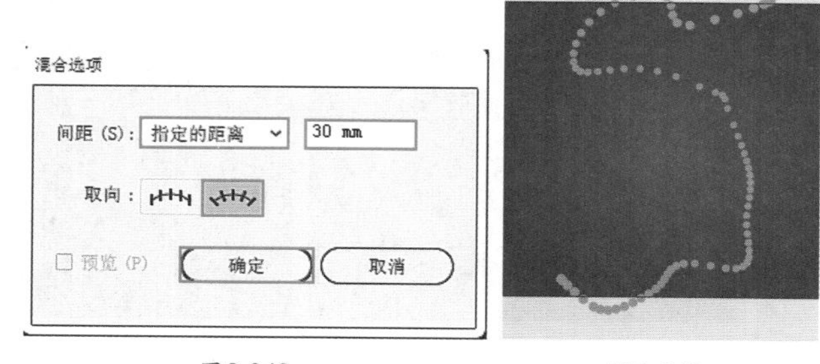

图8-242　　图8-243

步骤07 选中混合对象，适当调整路径的圆滑度，如图8-244所示。然后执行“对象>混合>扩展”命令，在弹出的“扩展”窗口中勾选“对象”“填充”复选框，单击“确定”按钮，如图8-245所示。效果如图8-246所示。

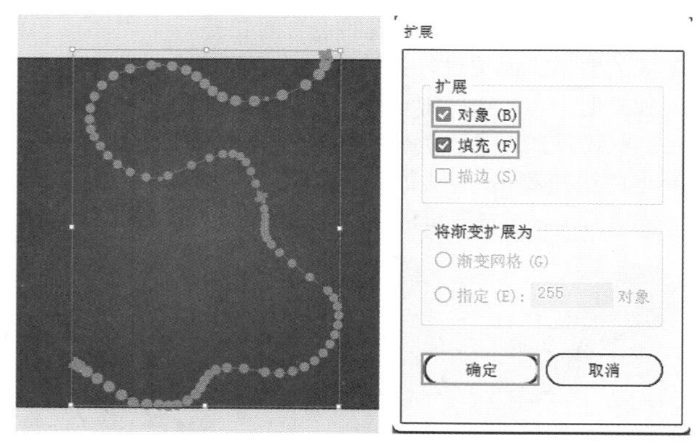

图8-244　　图8-245

步骤08 选中扩展后的对象组，右击，在弹出的快捷菜单中执行“取消编组”命令。取消编组后，可以选中个别图形并进行删除。适当地删除并调整一些圆形的位置和大小，如图8-247所示。

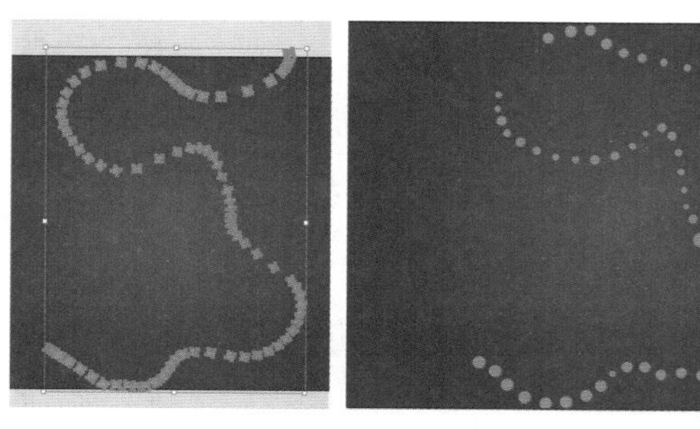

图8-246　　图8-247

步骤09 单击工具箱中的“椭圆工具”按钮，在控制栏中设置填充为粉色，描边为无，在第一条曲线路径下绘制一个正圆形，如图8-248所示。使用上述方法再绘制4个正圆形，填充合适的颜色，移动到相应的位置，如图8-249所示。

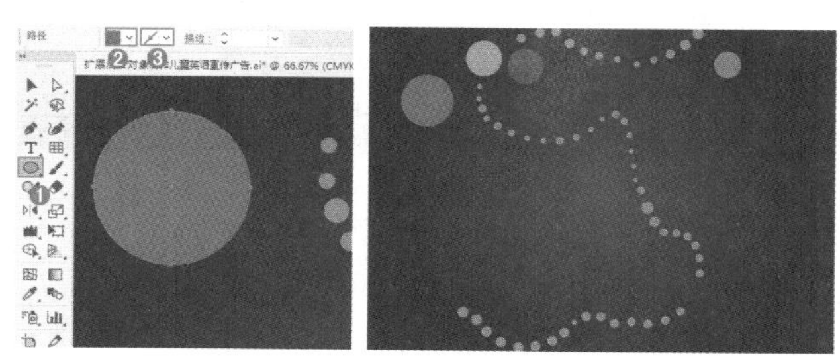

图8-248　　图8-249

步骤10 单击工具箱中的“钢笔工具”按钮，在控制栏中设置填充为无，描边为浅紫色，描边粗细为1pt，在圆形上部绘制一条直线路径，如图8-250所示。使用上述方法依次在其他圆形上部绘制4条长短不一的直线路径，如图8-251所示。

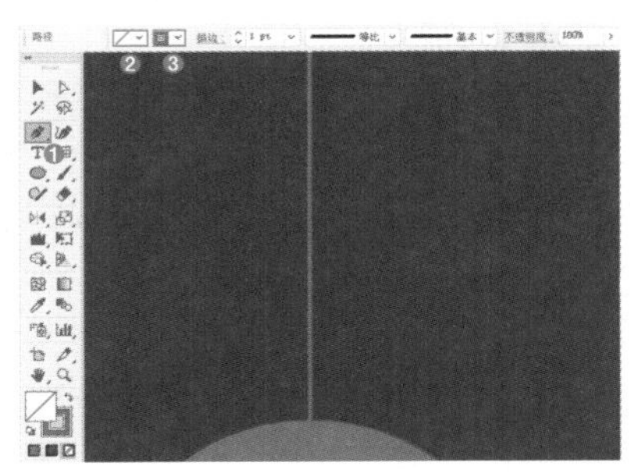

图8-250

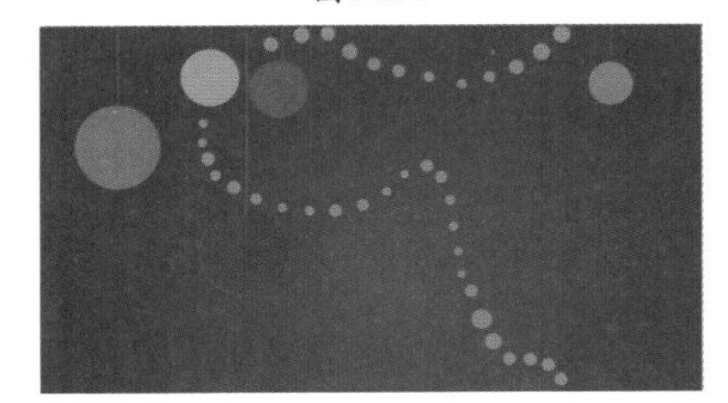

图8-251

步骤 11 执行“文件>打开”命令，打开素材1.ai。选择所有素材，然后执行“编辑>复制”命令；回到刚才工作的文档中，执行“编辑>粘贴”命令，将粘贴出来的对象移动到合适位置，如图8-252所示。单击工具箱中的“文字工具”按钮，在控制栏中设置填充为白色，描边为无，选择一种合适的字体，设置字体大小为36pt，段落对齐方式为左对齐，输入文字，如图8-253所示。

图8-252

图8-253

步骤 12 使用“文字工具”绘制一个文本框，然后在控制栏中设置填充为灰色，描边为无，选择一种合适的字体，设置字体大小为14pt；单击“段落”按钮，在弹出的下拉面板中设置对齐方式为“两端对齐，末行左对齐”；接着单击“字符”按钮，在弹出的下拉面板中设置“行距”为17pt；输入文字，如图8-254所示。使用上述方法添加其他文字，设置合适的字体、大小和颜色，如图8-255所示。

图8-254

图8-255

练习实例：使用“混合工具”制作葡萄酒画册

文件路径	资源包\第8章\练习实例：使用混合工具制作葡萄酒画册
难易指数	★★★★★
技术掌握	“混合工具”、剪切蒙版、“内发光”效果

扫一扫，看视频

实例效果

本实例演示效果如图8-256所示。

图8-256

操作步骤

步骤 01 执行“文件>新建”命令或按快捷键Ctrl+N，创建新文档。执行“文件>置入”命令，置入素材1.jpg，然后单击控制栏中的“嵌入”按钮，将其嵌入画板中，并调整为合适的大小，如图8-257所示。单击工具箱中的“矩形工具”按钮，绘制一个和画板等大的矩形。同时选中矩形和素材，右击，在弹出的快捷菜单中执行“建立剪切蒙版”命令，得到一个和画板等大的木纹背景，如图8-258所示。如果界面中没有显示控制栏，可以执行“窗口>控制”命令将其显示。

图8-257

图8-258

步骤 02 绘制画册的底色部分。单击工具箱中的“矩形工具”按钮，绘制一个比画板略小的白色矩形，如图8-259所示。然后执行“效果>风格化>投影”命令，在弹出的“投影”窗口中设置“模式”为正片叠底，“不透明度”为75%，“X位移”为1mm，“Y位移”为1mm，“模糊”为0.5mm，选中“颜色”单选按钮，设置颜色为深棕色，勾选“预览”复选框，单击“确定”按钮，如图8-260所示。

图8-259

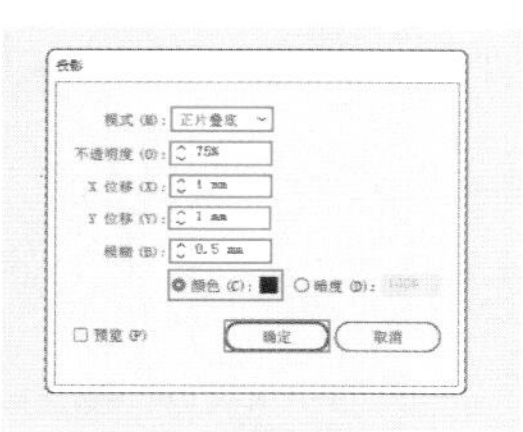
图8-260

步骤 03 绘制曲线图形。单击工具箱中的“钢笔工具”按钮，在控制栏中设置填充为无，描边为褐色，描边粗细为1pt，在画板中绘制一条平滑的曲线，如图8-261所示。使用上述方法绘制另外一条曲线，移动到合适位置，如图8-262所示。

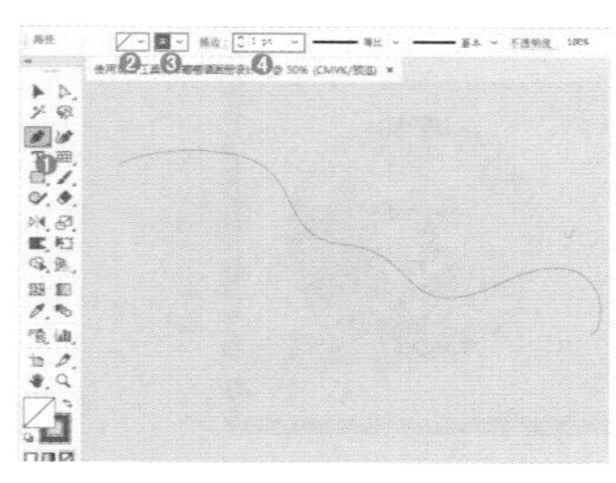
图8-261

图8-262

步骤 04 双击工具箱中的“混合工具”按钮，在弹出的“混合选项”窗口中设置“间距”为“指定的步数”，步数为50，“取向”为“对齐页面”，单击“确定”按钮，如图8-263所示。然后在要进行混合的两条曲线上依次单击，即可产生线条之间的混合，如图8-264所示。

图8-263

图8-264

步骤 05 将混合后的图形移动到画板中的相应位置，如图8-265所示。

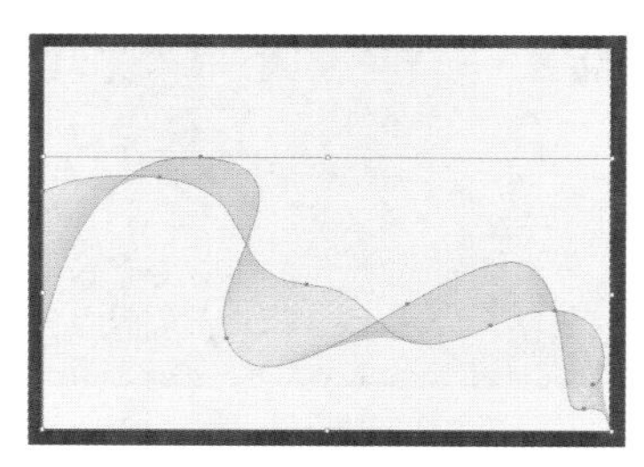
图8-265

步骤 06 单击工具箱中的“文字工具”按钮，单击画板空白处，在控制栏中设置填充为黄色，描边为无，选择一种合适的字体，设置字体大小为18pt，段落对齐方式为左对齐；单击“字符”按钮，在弹出的下拉面板中设置“行距”为21pt，“水平缩放”为90%；单击画板空白处，输入文字，如图8-266所示。使用上述方法绘制其他单行文字，并按效果修改其大小、方向，如图8-267所示。

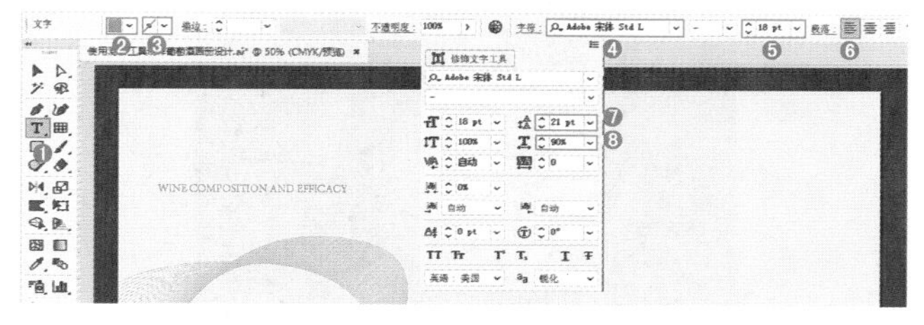

图8-266

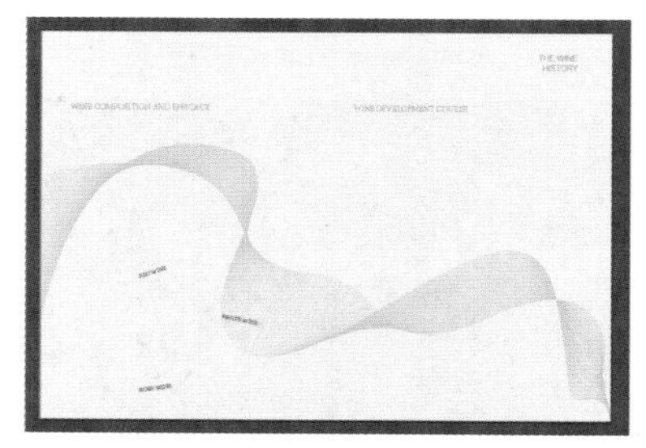
图8-267

步骤 07 单击工具箱中的“文字工具”按钮，在页面左侧按住鼠标左键拖动，绘制出一个文本框。在控制栏中设置填充为灰色，描边为无，选择一种合适的字体，设置字体大小为12pt；单击“字符”按钮，在弹出的下拉面板中设置“行距”为14pt；单击“段落”按钮，在弹出的下拉面板中设置对齐方式为“两行对齐，末端左对齐”；输入文字，如

图8-268所示。使用上述方法添加另外一段段落文字，如图8-269所示。

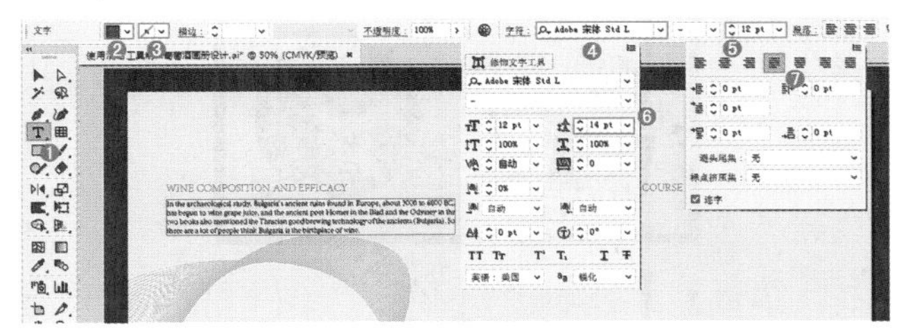

图8-268

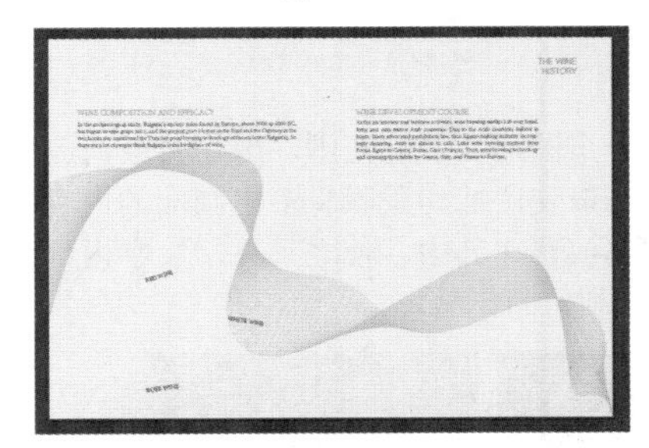

图8-269

步骤 08 制作页面右侧的阴影效果。单击工具箱中的“矩形工具”按钮，在画板右侧绘制一个矩形。执行“窗口>渐变”命令，在弹出的“渐变”面板中设置“类型”为“线性”，“角度”为–1.5°，编辑一种浅棕色系的半透明线性渐变，如图8-270所示。单击渐变缩览图，为矩形填充渐变色。效果如图8-271所示。

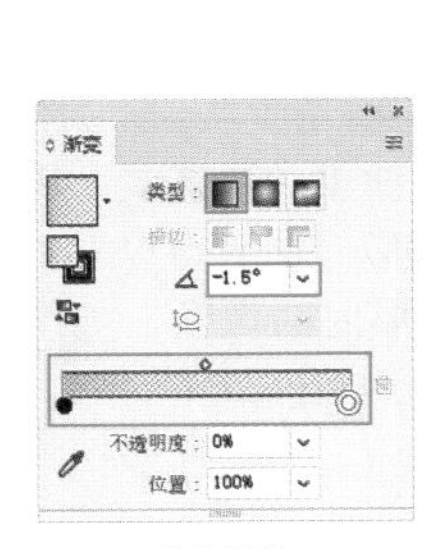

图8-270

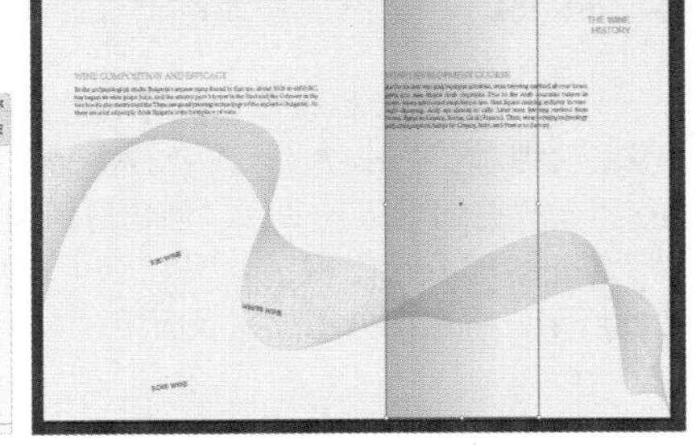

图8-271

步骤 09 制作图片背景框。单击工具箱中的“矩形工具”按钮，在画板中绘制一个白色矩形，如图8-272所示。旋转一定角度，如图8-273所示。

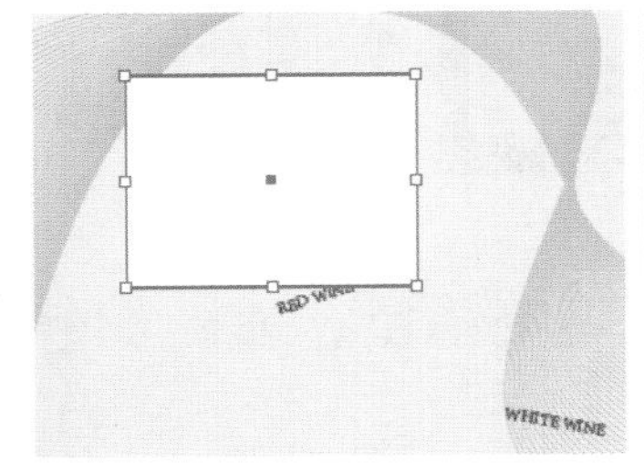

图8-272

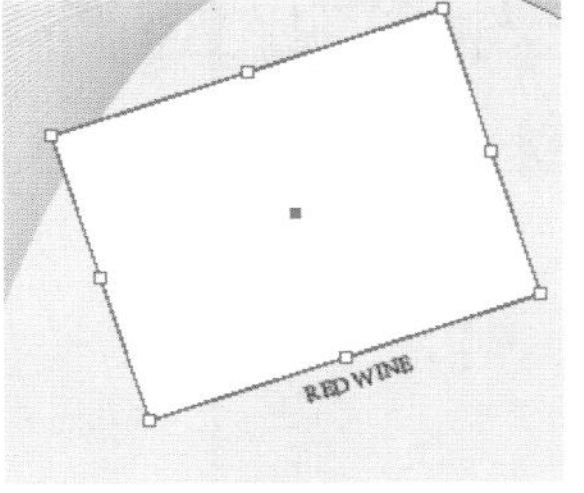

图8-273

步骤 10 执行“效果>风格化>投影”命令，按照画册页面背景的阴影参数进行设置，如图8-274所示。得到一个带阴影的矩形底色，如图8-275所示。

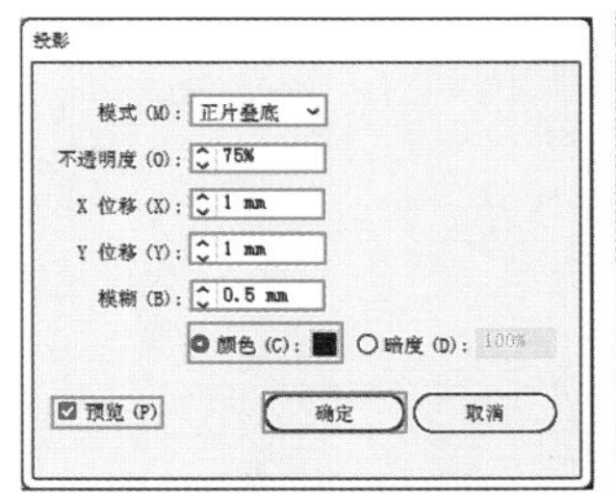

图8-274

图8-275

步骤 11 按快捷键Ctrl+C、Ctrl+V，复制出另外两个矩形，并改变它们的大小和方向，如图8-276和图8-277所示。

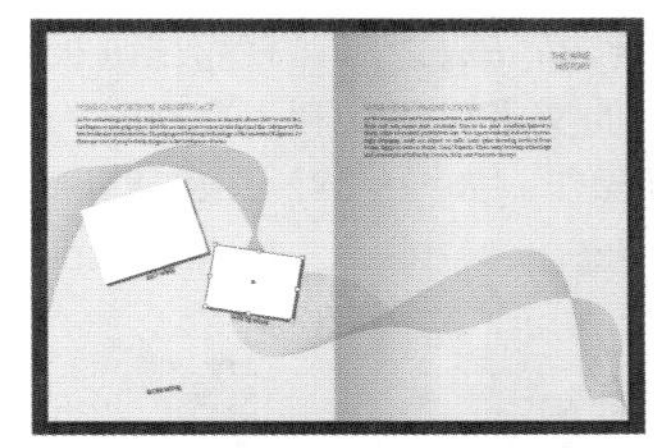

图8-276

图8-277

步骤 12 执行“文件>置入”命令，置入素材2.jpg，然后单击控制栏中的“嵌入”按钮，将其嵌入画板中，并调整为合适的大小，放到相应位置，如图8-278所示。单击工具箱中的“椭圆工具”按钮，绘制一条圆形路径；然后同时选中素材和圆形路径，右击，在弹出的快捷菜单中执行“建立剪切蒙版”命令。效果如图8-279所示。

图8-278

图8-279

步骤 13 选中刚才制作的图形对象，执行“效果>风格化>内发光”命令，在弹出的“内发光”窗口中设置“模式”为“正片叠底”，“不透明度”为75%，“模糊”为1.76mm，选中“边缘”单选按钮，勾选“预览”复选框，单击“确定”按钮，如图8-280所示。

图8-280

步骤 14 执行“文件>置入”命令，依次置入素材3.jpg、4.jpg、5.jpg和6.png，并依次单击控制栏中的“嵌入”按钮，将其嵌入画板中。调整每个图片的大小，摆放在左侧的照片框中。最终效果如图8-281所示。

图8-281

8.6 剪切蒙版

扫一扫，看视频

所谓“剪切蒙版”，就是以一个图形为“容器”，限定另一个图形显示的范围。剪切蒙版的应用范围非常广泛，例如在一个作品完成之后，有超出画板以外的内容，就可以使用剪切蒙版将多出画面的内容进行隐藏；或者制作带有底纹的文字，可以利用文字作为“容器”，将图案放置在其中，使之只显示文字内部的图案；甚至可以完成抠图等操作。如图8-282~图8-285所示为使用剪切蒙版制作的作品。

图8-282

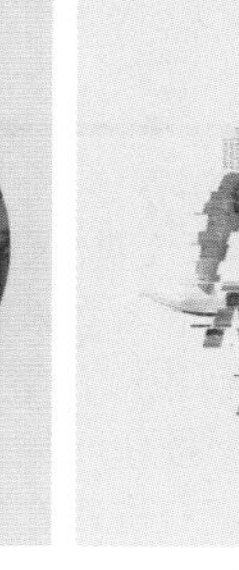

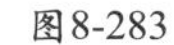

图8-283

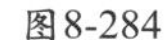

图8-284

图8-285

重点 8.6.1 动手练：创建剪切蒙版

创建剪切蒙版需要两个对象，一个是作为“容器”，用于剪切的图形（用于控制最终显示的范围），这个图形通常是一个简单的矢量图形或者文字；另一个是被剪切的对象，它可以是位图、复杂图形、编组的对象等。

（1）如图8-286所示，将照片放置到空白区域，很明显照片和空白区域的面积、比例是不同的，这时就可以利用“剪切蒙版”将照片多余的部分隐藏。首先参照杂志版面空白位置绘制一个矩形，然后移动到照片上的合适区域中，如图8-287所示。

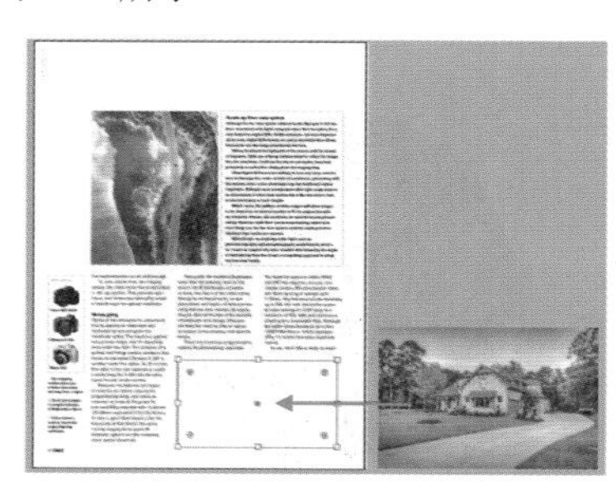

图8-286

图8-287

（2）加选矩形和照片，执行“对象>剪切蒙版>建立”命令（快捷键：Ctrl+7），或者右击，在弹出的快捷菜单中执行“建立剪切蒙版”命令，创建剪切蒙版。此时可以看到矩形之外的部分被隐藏了，只显示了矩形内的像素，如图8-288所示。将这部分摆放在版面中，效果如图8-289所示。

图8-288

图8-289

> **提示：对多个图形创建剪切蒙版该如何操作？**
>
> 要从两个或多个对象重叠的区域创建剪切路径，需要先将这些对象进行编组。

举一反三：隐藏超出画面部分的内容

扫一扫，看视频

在制图的过程中，图形超出画板以外的现象是很常见的。在作品完成之后，出于美观的目的都会对作品进行一定的整理，其中就包括隐藏超出画面部分的内容。这时就可以使用“剪切蒙版”完成这一操作。

首先将制作好的作品选中，之后进行编组，如图8-290所示。接着绘制一个与画板等大的矩形，颜色不限，如图8-291所示。最后加选作品和矩形，按快捷键Ctrl+7，即可快速创建剪切蒙版，使外部内容被隐藏。效果如图8-292所示。

图8-290

图8-291

图8-292

重点 8.6.2 编辑剪切蒙版

在一个剪切蒙版中，既可对剪切路径进行编辑，也可以对被遮盖的对象进行编辑。

（1）使用“直接选择工具”在图形边缘单击，随即显示锚点，如图8-293所示。使用该工具拖动锚点即可更改剪切蒙版的形状，如图8-294所示。

图8-293

图8-294

（2）若要编辑被剪切的对象，那么单击控制栏中的“编辑内容”按钮⊙，或者执行“对象>剪切蒙版>编辑蒙版”命令，选中被剪切的对象，如图8-295所示。接着就可以进行旋转、移动等操作，如图8-296所示。

图8-295

图8-296

重点 8.6.3 释放剪切蒙版

如果要放弃剪切蒙版的操作，可以进行释放。选择创建了剪切蒙版的对象，右击，在弹出的快捷菜单中执行“释放剪切蒙版”命令，如图8-297所示。或者执行“对象>剪切蒙版>释放”命令，即可释放剪切蒙版，被释放的剪切蒙版路径的填充或描边都为无，如图8-298所示。

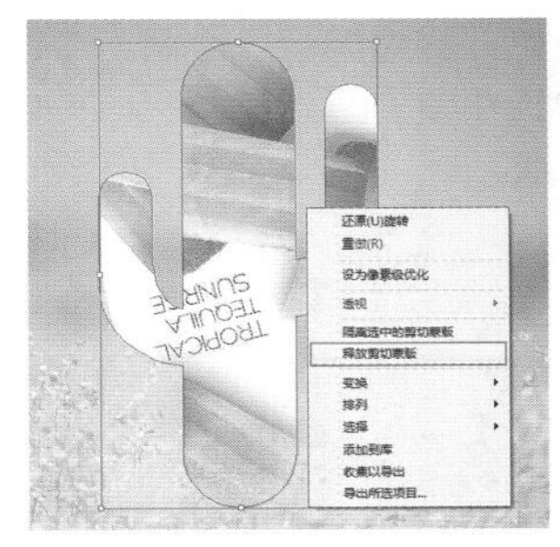

图8-297

图8-298

练习实例：使用剪切蒙版制作家居画册

文件路径	资源包\第8章\练习实例：使用剪切蒙版制作家居画册
难易指数	★★★★★
技术掌握	剪切蒙版

扫一扫，看视频

实例效果

本实例演示效果如图8-299所示。

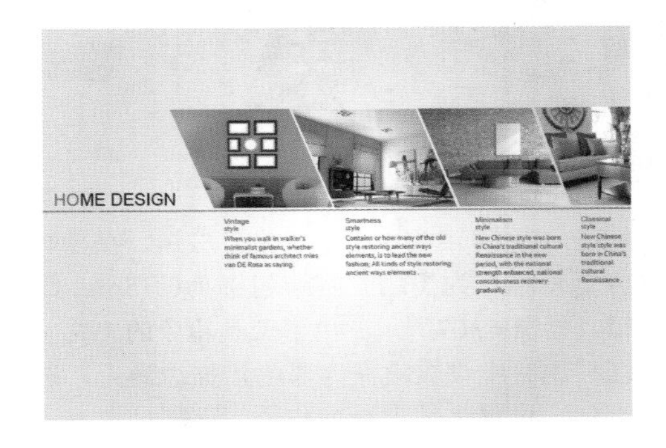

图8-299

操作步骤

步骤 01 执行“文件>新建”命令，创建一个大小为A4、“取向”为“横向”的文档。单击工具箱中的“矩形工具”按钮，绘制一个矩形，执行“窗口>渐变”命令，在弹出的“渐变”面板中设置“类型”为“径向”，编辑一种灰色系的渐变，如图8-300所示。单击渐变缩览图，使矩形出现渐变色。效果如图8-301所示。

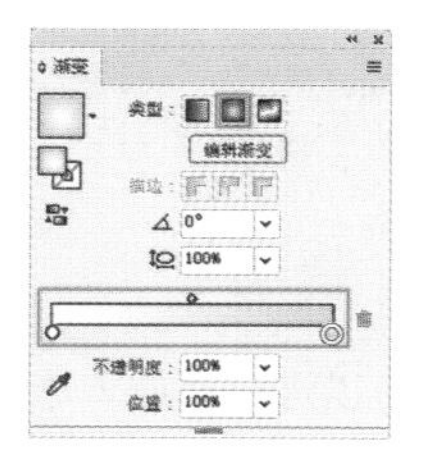

图8-300

图8-301

步骤 02 执行“文件>置入”命令，置入素材1.jpg。调整为合适的大小，然后单击控制栏中的“嵌入”按钮，将其嵌入画板中，如图8-302所示。单击工具箱中的“钢笔工具”按钮，在控制栏中设置填充为白色，描边为无，绘制一个四边形，如图8-303所示。如果界面中没有显示控制栏，可以执行“窗口>控制”命令将其显示。

图8-302

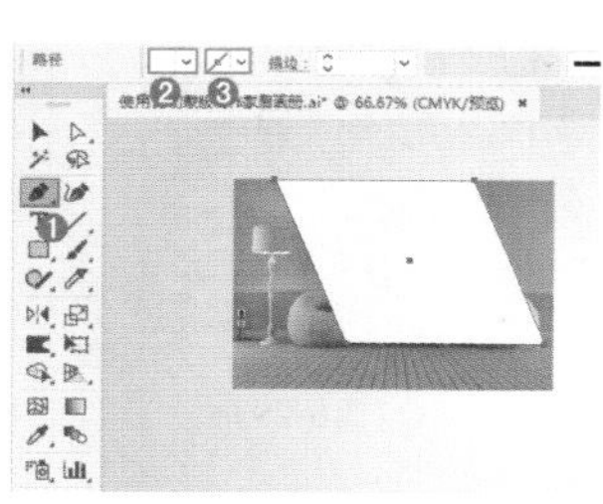

图8-303

步骤 03 选中图片素材和四边形，右击，在弹出的快捷菜单中执行“建立剪切蒙版”命令，如图8-304所示。效果如图8-305所示。使用上述方法添加其他素材，并依次建立剪切蒙版，如图8-306所示。

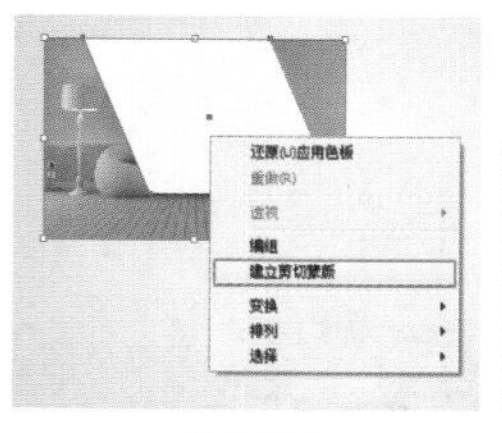

图8-304

图8-305

图8-306

步骤 04 单击工具箱中的“钢笔工具”按钮，在控制栏中设置填充为无，描边为黑色，描边粗细为0.75pt，绘制一条直线路径，如图8-307所示。单击工具箱中的“文字工具”按钮，在控制栏中设置填充为黑色，描边为无，选择一种合适的字体，设置字体大小为23pt，段落对齐方式为左对齐，然后输入文字，如图8-308所示。

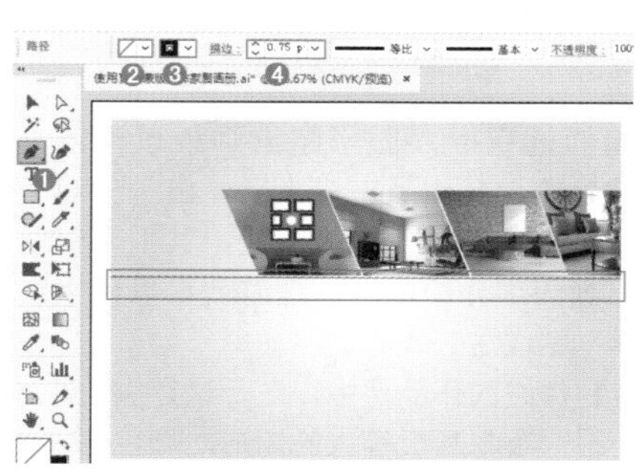

图8-307

图8-308

步骤 05 选择前两个字母，在控制栏中设置填充为红色，如图8-309所示。使用“文字工具”添加其他文字，设置合适的字体、大小和颜色，如图8-310所示。

图8-309

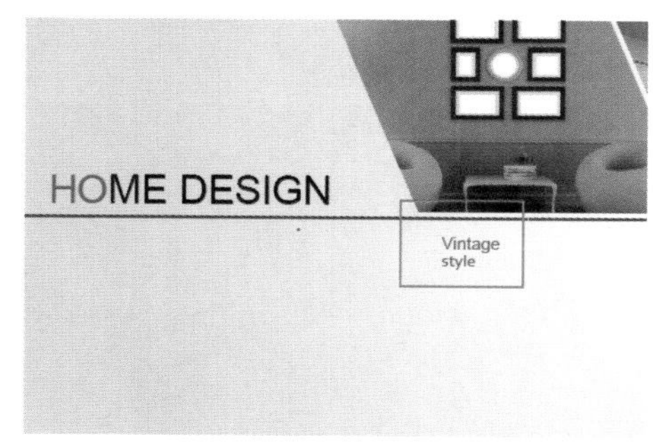

图8-310

步骤 06 单击工具箱中的“文字工具”按钮，绘制一个文本框；在控制栏中设置填充为灰色，描边为无，选择一种合适的字体，设置字体大小为10pt，段落对齐方式为左对齐；单击“字符”按钮，在弹出的下拉面板中设置“行距”为12pt；在画板相应位置单击并输入文字，如图8-311

所示。然后选择两排红色的小字和段落文本，按住鼠标左键的同时按住Alt键拖动，移动复制出3组，更改文字的内容，如图8-312所示。

图8-311

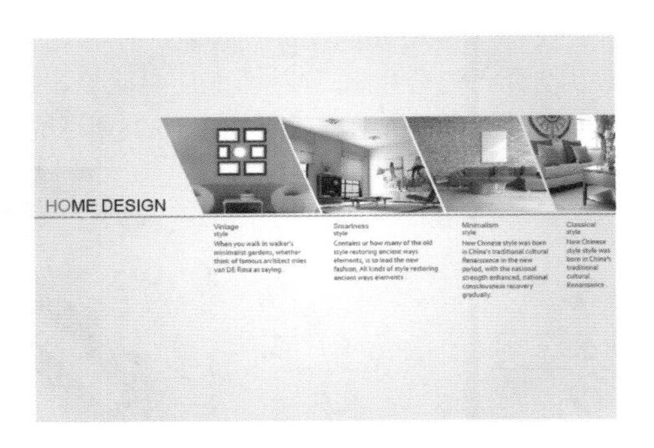

图8-312

练习实例：使用剪切蒙版制作彩妆海报

文件路径	资源包\第8章\练习实例：使用剪切蒙版制作彩妆海报
难易指数	★★★★★
技术掌握	剪切蒙版、路径查找器、透明度的设置

扫一扫，看视频

实例效果

本实例演示效果如图8-313所示。

图8-313

操作步骤

步骤 01 执行“文件>新建”命令或按快捷键Ctrl+N，创建新文档。单击工具箱中的“矩形工具”按钮，在控制栏中设置填充为淡肉色，描边为无，绘制一个和画板等大的矩形，如图8-314所示。执行“文件>置入”命令，置入素材1.png；然后单击控制栏中的“嵌入”按钮，将其嵌入画板中；适当放大，将人像素材的头部放到画板中，如图8-315所示。如果界面中没有显示控制栏，可以执行“窗口>控制”命令将其显示。

图8-314

图8-315

步骤 02 按快捷键Ctrl+C、Ctrl+V，将素材复制两个，移到画板外。单击工具箱中的“矩形工具”按钮，再绘制一个和画板等大的矩形。选中矩形和人像素材，右击，在弹出的快捷菜单中执行“建立剪切蒙版”命令，如图8-316所示。效果如图8-317所示。

图8-316

图8-317

步骤 03 执行“窗口>透明度”命令，在弹出的“透明度”面板中设置“不透明度”为5%，如图8-318所示。效果如图8-319所示。

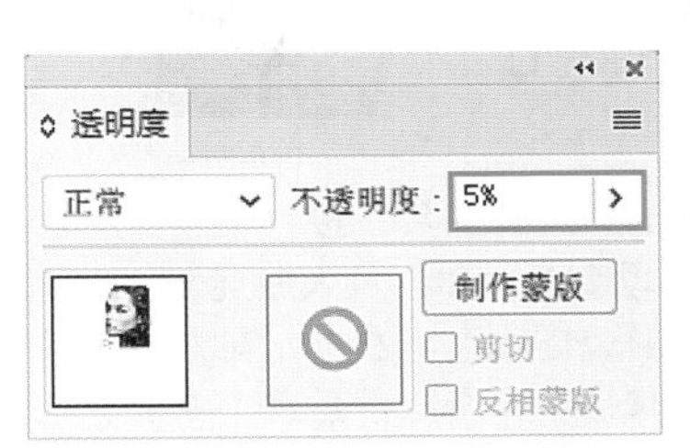

图8-318

图 8-319

步骤04 单击工具箱中的“选择工具”按钮▶，选择刚才复制的一个人像素材，调整其大小，移动到画板中央，如图8-320所示。

图8-320

步骤05 单击工具箱中的“矩形工具”按钮，在控制栏中设置填充为白色，描边为无，绘制一个矩形，旋转一定角度，如图8-321所示。然后按快捷键Ctrl+C、Ctrl+V，复制一个矩形，并等比例调整其大小，如图8-322所示。

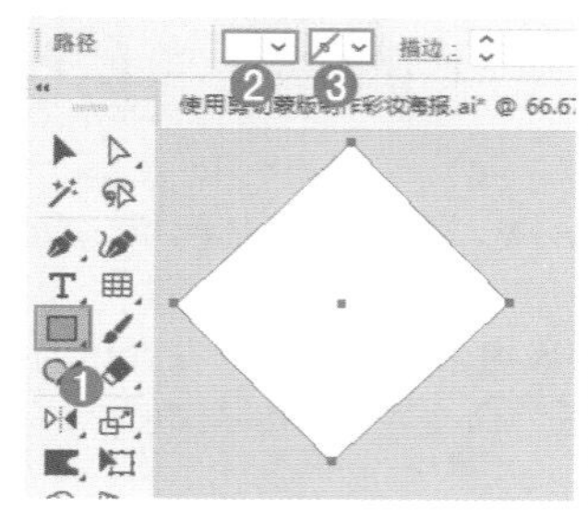

图8-321

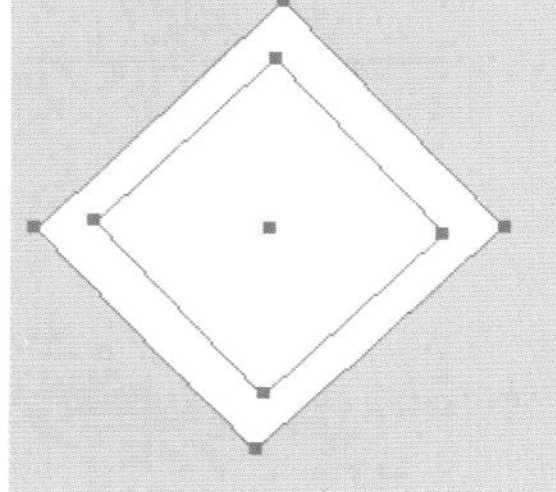

图8-322

步骤06 选中两个矩形，执行“窗口>路径查找器”命令，在弹出的“路径查找器”面板中单击“差集”按钮，如图8-323所示。此时得到了一个矩形的边框，效果如图8-324所示。复制一个白色矩形边框，移动到画板以外。

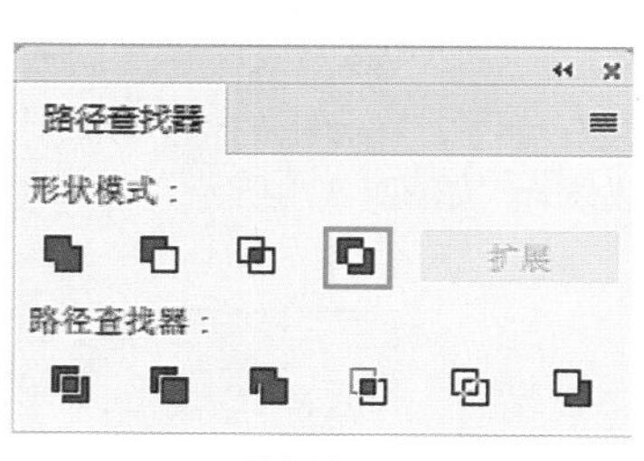

图8-323

图8-324

步骤07 单击工具箱中的“选择工具”按钮，选择刚才复制的另一个人像素材，移动到画板中，放大并旋转一定角度，如图8-325所示。将矩形边框选中，右击，在弹出的快捷菜单中执行“排列>置于顶层”命令。然后选中人像和矩形边框，右击，在弹出的快捷菜单中执行“建立剪切蒙版”命令。效果如图8-326所示。

图8-325

图8-326

步骤08 选择刚才复制的矩形边框对象，设置填充颜色为深紫色。然后执行“窗口>透明度”命令，在弹出的“透明度”面板中设置“混合模式”为“正片叠底”，“不透明度”为20%，如图8-327所示。效果如图8-328所示。

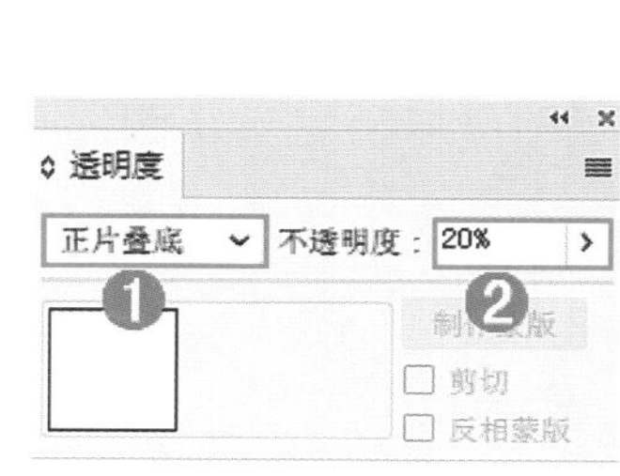

图8-327

图8-328

步骤09 右击，在弹出的快捷菜单中执行“排列>下移一层”，移动到带有人像素材的边框底部，作为这部分的阴影。效果如图8-329所示。单击工具箱中的“文字工具”按钮，选择合适的字体、颜色和大小，在画面底部添加文字。然后按照上述方法为其添加阴影效果，如图8-330所示。

图8-329

图8-330

步骤10 单击工具箱中的“直线段工具”按钮，在控制栏中设置填充为白色，描边为白色，描边粗细为1pt，在底部文字的下方绘制一条细线，如图8-331所示。最后单击工具箱中的“文字工具”按钮，使用同样的方法添加其他文字。最终效果如图8-332所示。

图8-331

图8-332

练习实例：使用剪切蒙版制作电影海报

文件路径	资源包\第8章\练习实例：使用剪切蒙版制作电影海报
难易指数	★★★★★
技术掌握	剪切蒙版、“椭圆工具”

实例效果

扫一扫，看视频

本实例演示效果如图8-333所示。

图8-333

操作步骤

步骤 01 执行“文件>新建”命令，创建一个大小为A4、“取向”为“横向”的文档。单击工具箱中的“矩形工具”按钮，在控制栏中设置填充为灰色，描边为无，绘制一个与画板等大的矩形，如图8-334所示。如果界面中没有显示控制栏，可以执行“窗口>控制”命令将其显示。

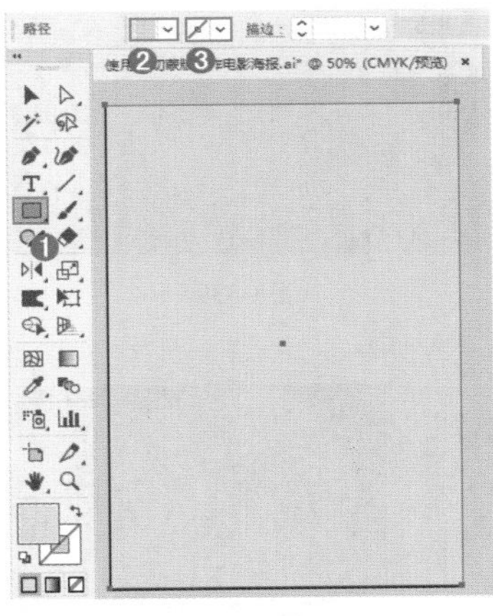
图8-334

步骤 02 执行“文件>置入”命令，置入素材1.jpg；调整合适的大小，然后单击控制栏中的“嵌入”按钮，将其嵌入画板中，如图8-335所示。单击工具箱中的“椭圆工具”按钮，在控制栏中设置填充为白色，描边为无，在人像上按住鼠标左键的同时按住Shift键拖动，绘制一个正圆形，如图8-336所示。

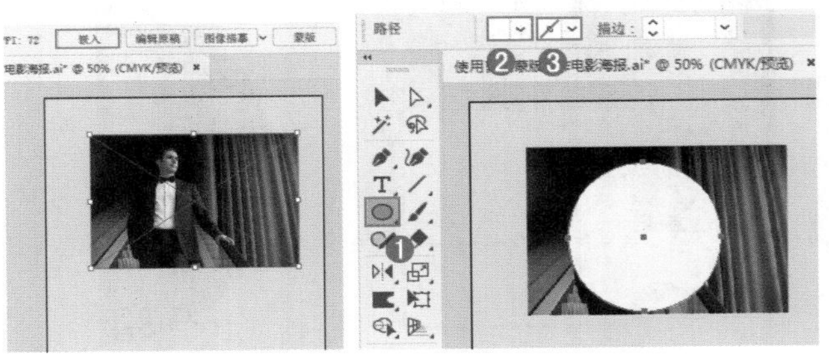
图8-335　　图8-336

步骤 03 选中图片素材和正圆形对象，右击，在弹出的快捷菜单中执行“建立剪切蒙版”命令，如图8-337所示。此时图形效果如图8-338所示。

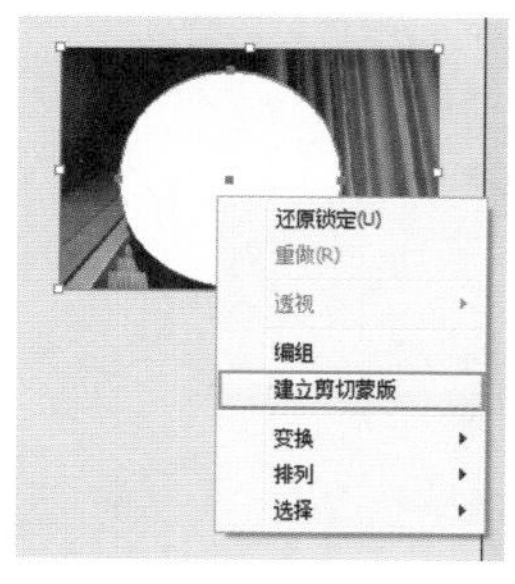

图8-337

图8-338

步骤 04 置入素材1.jpg，单击控制栏中的“嵌入”按钮，将其嵌入画板中。使用“椭圆工具”绘制一个比白色正圆稍大一些的正圆形，如图8-339所示。单击工具箱中的“美工刀”按钮，将圆形分割为两部分，如图8-340所示。

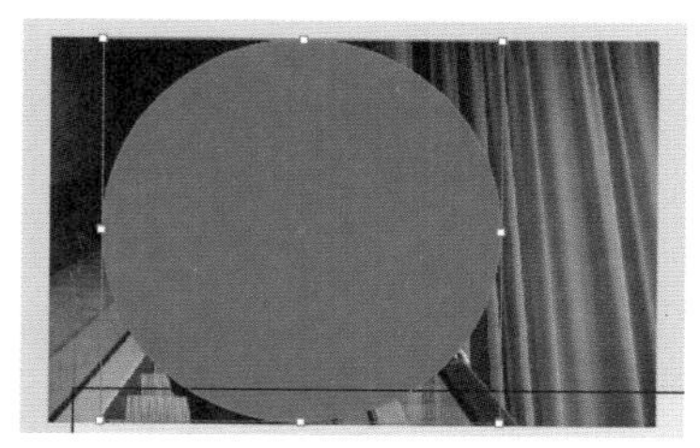

图8-339

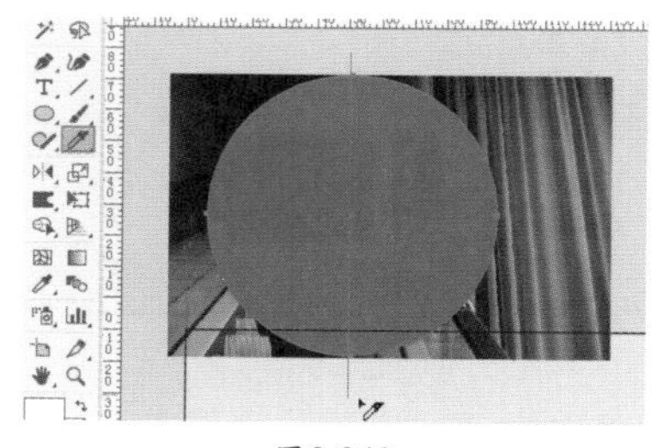

图8-340

步骤 05 将右边的半圆形删除，然后加选图片和半圆形，右击，在弹出的快捷菜单中执行“建立剪切蒙版”命令，如图8-341所示。图形效果如图8-342所示。

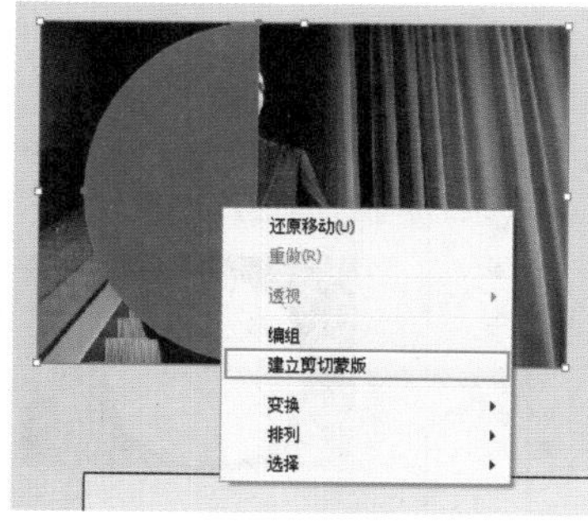

图8-341

图8-342

步骤 06 将半圆图片对象移动到画板中的圆形图片对象上，如图8-343所示。使用上述方法再绘制一个青绿色的半圆形，并移动到相应位置，如图8-344所示。

图8-343

图8-344

步骤 07 选中青绿色半圆形，按住鼠标左键的同时按住Alt键拖动，移动复制出一个，更改其填充颜色为黄色，移动到画板中，调整合适的大小，如图8-345所示。按快捷键Ctrl+C进行复制，按快捷键Ctrl+F将复制的对象贴在前面，接着按快捷键Shift+Alt等比例缩放。效果如图8-346所示。

图8-345

图8-346

步骤 08 选中两个黄色的半圆形，执行“窗口>路径查找器”命令，在弹出的“路径查找器”面板中单击“差集”按钮，如图8-347所示。得到一个圆弧图形对象，调整合适的大小，如图8-348所示。

图8-347

图8-348

步骤 09 置入素材2.jpg，并使用上述方法绘制下半部分，如图8-349所示。

图8-349

步骤 10 执行“文件>置入”命令，置入素材3.jpg。然后单击控制栏中的“嵌入”按钮，将其嵌入面板中，如图8-350所示。使用上述方法再绘制一个粉色半圆形，如图8-351所示。

图8-350

图8-351

步骤 11 加选素材3.jpg和粉色半圆形，右击，在弹出的快捷菜单中执行“建立剪切蒙版”命令，移动到相应位置，如图8-352所示。

图8-352

步骤 12 绘制圆弧图标。选中下部分黄色圆弧对象，按住鼠标左键的同时按住Alt键拖动，移动复制出一个。将复制的圆弧对象的填充颜色更改为青绿色，调整为合适的大小，如图8-353所示。保持圆弧对象的选中状态，按住鼠标左键的同时按住Alt键拖动，移动复制出一个，调整为合适的大小，如图8-354所示。

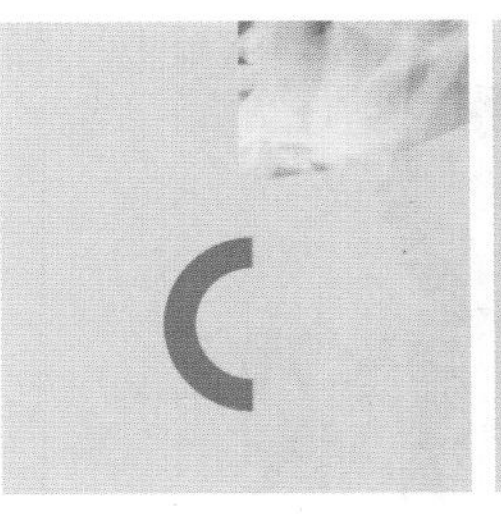

图8-353

图8-354

步骤 13 选中青绿色的圆弧对象，按住鼠标左键的同时按住Alt键拖动，移动复制出一个，调整为合适的大小，如图8-355所示。选中复制出的青绿色的圆弧对象，右击，在弹出的快捷菜单中执行“变换>镜像”命令，在弹出的“镜像”窗口中选中“垂直”单选按钮，单击“确定”按钮，如图8-356所示。效果如图8-357所示。

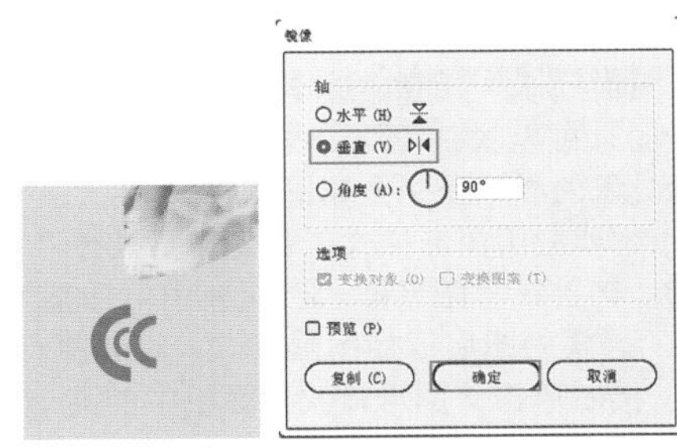

图8-355　　图8-356

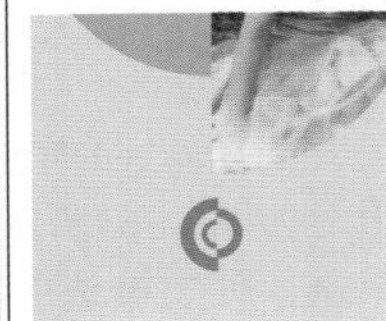

图8-357

步骤 14 选中圆弧图形，按住鼠标左键的同时按住Alt键拖动，移动复制出一个，调整为合适的大小，移动到画板左上角，如图8-358所示。单击工具箱中的“文字工具”按钮，在控制栏中设置填充为青绿色，描边为无，选择一种合适的字体，设置字体大小为69pt，段落对齐方式为左对齐，然后输入文字，如图8-359所示。

图8-358

图8-359

步骤15 使用“文字工具”添加其他文字，设置合适的字体、大小和颜色。最终效果如图8-360所示。

图8-360

8.7 应用图形样式

扫一扫，看视频

“图形样式”是指一系列已经设置好的外观属性，可供用户快速赋予所选对象（可以是图形、组或者图层），而且可以反复使用。使用“图形样式”功能可以快速为文档中的对象赋予某种特殊效果，而且可以保证大量对象的样式是完全相同的。

(1) 想要应用图形样式，首先需要执行“窗口>图形样式”命令，打开“图形样式”面板。选择一个图形对象，如图8-361所示；接着在“图形样式”面板中单击某个样式按钮，如图8-362所示，即可将所选样式赋予到相应的对象上，如图8-363所示。想要为图层添加图形样式，可以执行“窗口>图层”命令，打开“图层”面板，在需要操作的图层后单击，使之被选中；接着单击“图形样式”面板中的某个样式按钮，该图层上的所有对象都会被赋予所选样式。

图8-361

图8-362

图8-363

（2）默认情况下，“图形样式”面板中只显示了几种样式。其实，在Illustrator中内置了大量精美的样式可供使用，这些样式都位于“样式库”中。图形样式库是一组预设的图形样式集合。单击“图形样式”面板底部的“图层样式库菜单”按钮 (也可以执行“窗口>图形样式库”命令，在弹出的菜单中执行相应的命令），可以打开不同的样式库面板，如图8-364所示。在各种样式库面板中，同样可以通过单击的方式为所选对象赋予样式，如图8-365所示。而使用过的样式会出现在“图形样式”面板中，如图8-366所示。

（3）如果想要去除已添加的样式，可以选中已赋予图形样式的对象或者图层，执行“窗口>外观”命令，打开“外观”面板。在“外观”面板菜单中执行“清除外观”命令，即可去除对象上的样式，如图8-367所示。

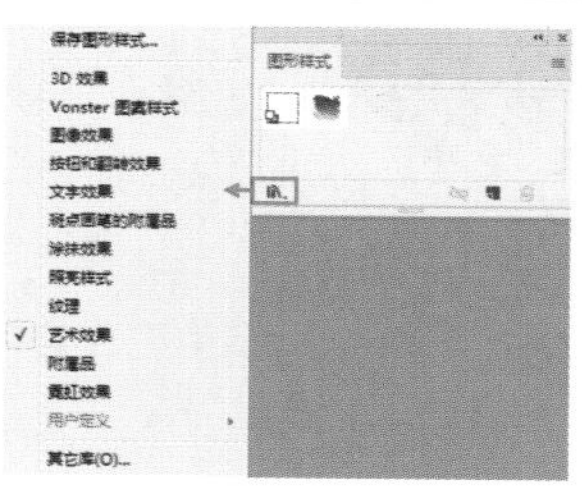

图8-364

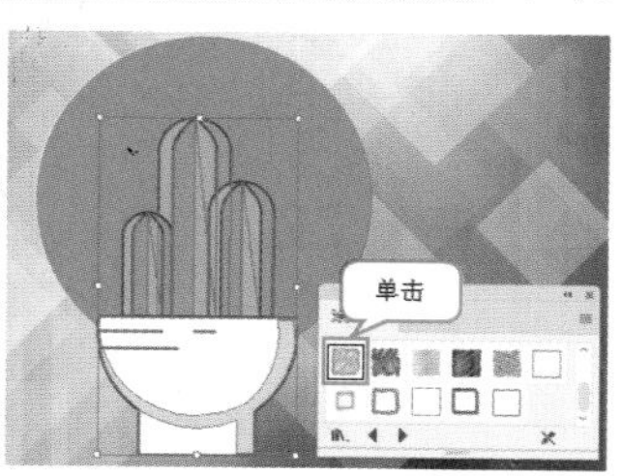

图8-365

图8-366

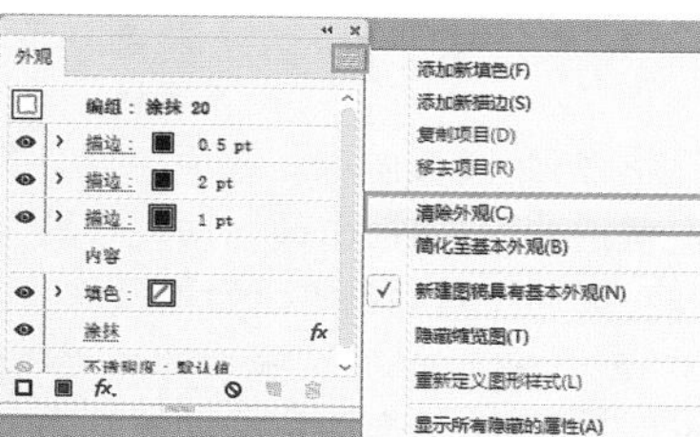

图8-367

练习实例：应用图形样式制作网页广告

文件路径	资源包\第8章\练习实例：应用图形样式制作网页广告
难易指数	★★★★★
技术掌握	图层样式、“钢笔工具”

扫一扫，看视频

实例效果

本实例演示效果如图8-368所示。

图8-368

操作步骤

步骤 01 执行“文件>新建”命令，创建一个空白文档。单击工具箱中的“矩形工具”按钮，绘制一个与画板等大的矩形。选择该矩形，执行“窗口>渐变”命令，在弹出的“渐变”面板中单击渐变缩览图，设置“类型”为“线性”，编辑一种蓝色系的渐变，如图8-369所示。单击渐变缩览图，为矩形赋予渐变。单击工具箱中的“渐变工具”按钮，在画板中按住鼠标左键拖动，调整合适的渐变角度。效果如图8-370所示。

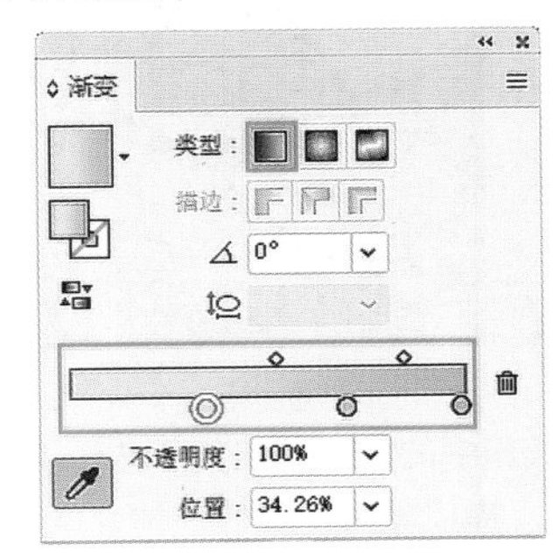

图8-369

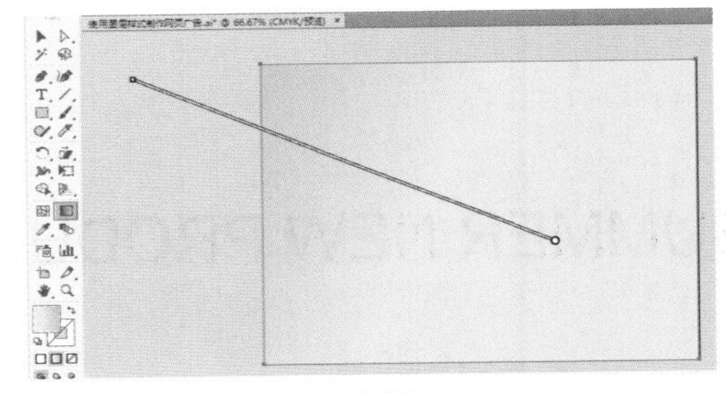

图8-370

步骤 02 单击工具箱中的“钢笔工具”按钮，在控制栏中设置填充为绿色，描边为无，绘制一个不规则图形，如图8-371所示。使用“钢笔工具”继续绘制其他不规则图形，填充合适的颜色，如图8-372所示。

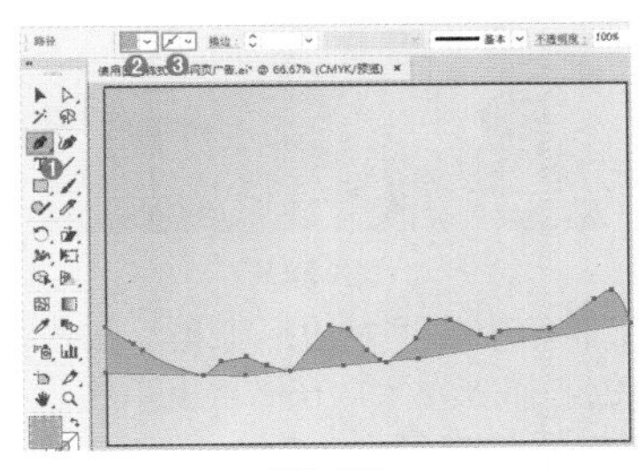

图8-371

图8-372

步骤 03 单击工具箱中的“矩形工具”按钮，在控制栏中设置填充为黄色，描边为无，在左上角绘制一个矩形，如图8-373所示。

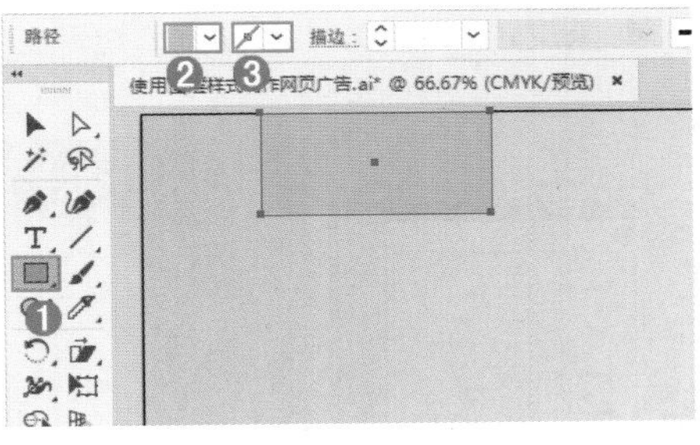

图8-373

步骤 04 单击工具箱中的“椭圆工具”按钮，在控制栏中设置填充为橙黄色，描边为无，按住鼠标左键的同时按住Shift键拖曳，绘制一个正圆形，如图8-374所示。

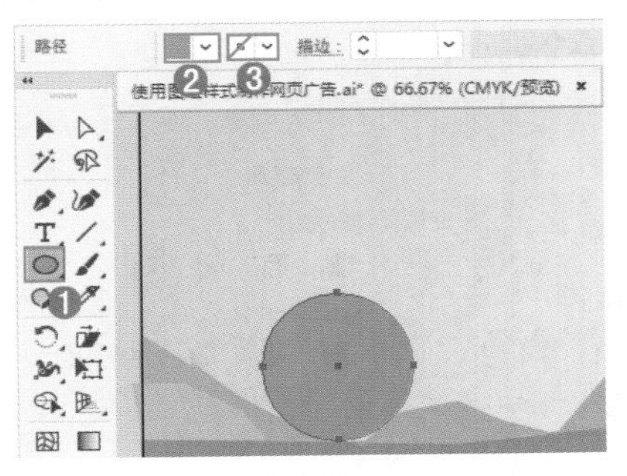

图8-374

步骤 05 使用“矩形工具”在橙色圆形下方绘制一个橙色的

矩形，如图8-375所示。

图8-375

步骤 06 单击工具箱中的“多边形工具”按钮，在控制栏中设置填充为白色，描边为无，在画板上单击，在弹出的“多边形”窗口中设置“半径”为7mm，“边数”为6，单击“确定”按钮，如图8-376所示。效果如图8-377所示。

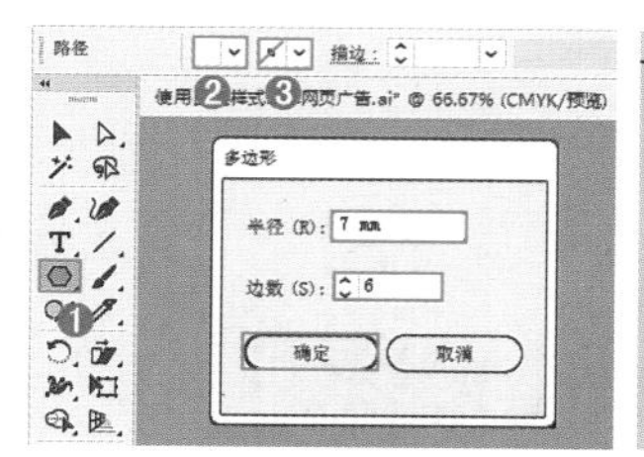

图8-376

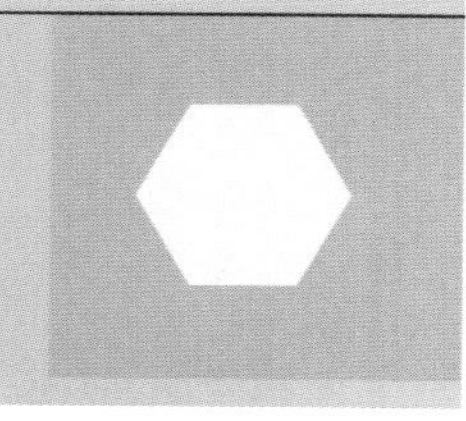

图8-377

步骤 07 单击工具箱中的“星形工具”按钮，在控制栏中设置填充为白色，描边为无，在画板上单击，在弹出的“星形”窗口中设置“半径1”为4mm，“半径2”为7mm，“角点数”为5，单击“确定”按钮，如图8-378所示。将星形对象旋转一定角度，移动到六边形上。效果如图8-379所示。

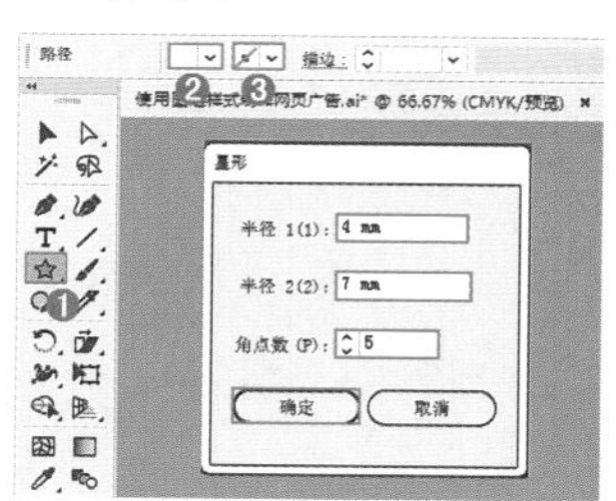

图8-378

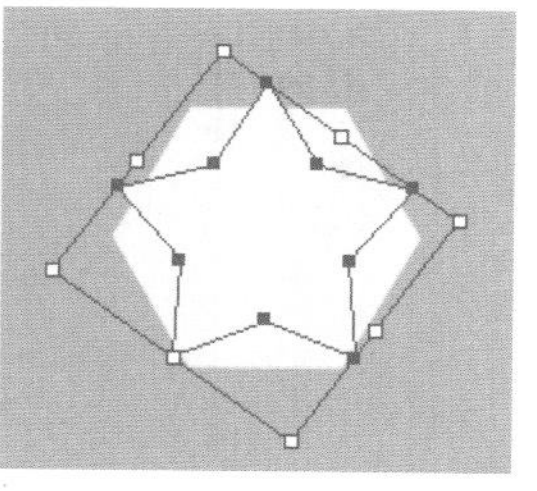

图8-379

步骤 08 框选六边形和星形对象，然后执行“窗口>路径查找器”命令，在弹出的“路径查找器”面板中单击“差集”按钮，如图8-380所示。

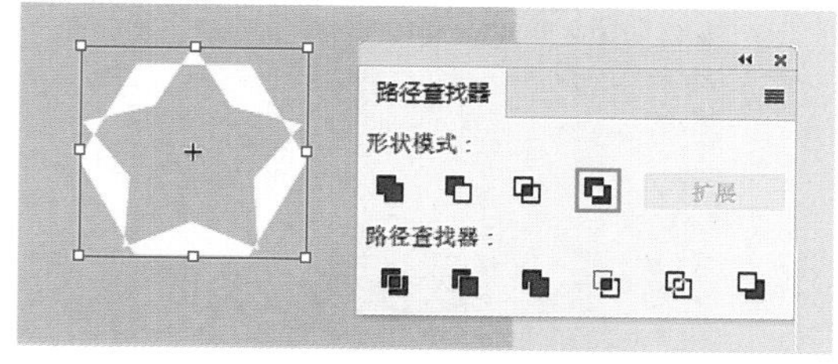

图8-380

步骤 09 单击工具箱中的“直接选择工具”按钮，依次选择多余的三角形，按Delete键将其删除，如图8-381所示。

图8-381

步骤 10 使用“星形工具”添加一个星形对象，旋转一定角度，如图8-382所示。

图8-382

步骤 11 执行“文件>置入”命令，置入素材1.png。调整合适的大小，旋转一定角度，移动到相应位置，然后单击控制栏中的“嵌入”按钮，将其嵌入画板中，如图8-383所示。

图8-383

步骤 12 单击工具箱中的“文字工具”按钮，在控制栏中设置填充为黑色，描边为无，选择一种合适的字体，设置字体大小为55pt，段落对齐方式为左对齐，然后输入文字，如图8-384所示。

图8-384

步骤 13 保持文字的选中状态，执行“窗口>图形样式库>文字效果”命令，在弹出的“文字效果”面板中选择“抖动轮廓”样式，如图8-385所示。效果如图8-386所示。

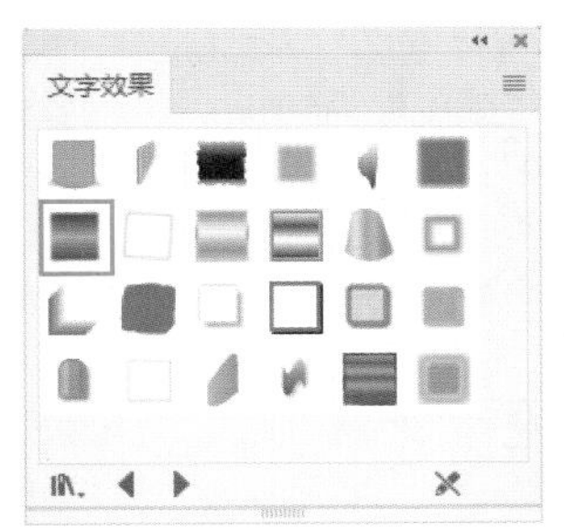

图8-385

图8-386

步骤 14 使用“文字工具”添加其他文字，设置合适的字体、大小和颜色，如图8-387所示。

图8-387

综合实例：使用多种变形工具制作抽象感海报

文件路径	资源包\第8章\综合实例：使用多种变形工具制作抽象感海报
难易指数	★★★★★
技术掌握	“膨胀工具”“晶格化工具”、偏移路径、剪切蒙版

实例效果

扫一扫，看视频

本实例演示效果如图8-388所示。

图8-388

操作步骤

步骤 01 执行“文件>新建”命令或按快捷键Ctrl+N，创建新文档。单击工具箱中的“椭圆工具”按钮，在控制栏中设置填充为无，描边为紫色，描边粗细为2pt，按住鼠标左键的同时按住Shift键拖动，绘制一个正圆形，如图8-389所示。选中圆形对象，然后双击工具箱中的“膨胀工具”按钮，弹出“膨胀工具选项”窗口，在“全局画笔尺寸”选项组中设置“宽度”为35mm，“高度”为35mm，“角度”为0°，“强度”为50%。在“膨胀选项”选项组中勾选“细节”复选框，设置数值大小为2，勾选“简化”复选框，设置数值大小为50，勾选“显示画笔大小”复选框，单击“确定”按钮，如图8-390所示。如果界面中没有显示控制栏，可以执行“窗口>控制”命令将其显示。

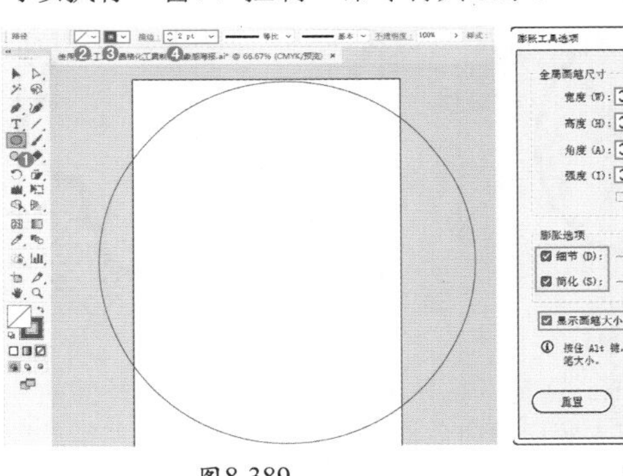

图8-389　　图8-390

步骤 02 将光标移动到圆形边缘，按住鼠标左键拖动进行变形，如图8-391所示。使用上述方法继续变形圆形对象，如图8-392所示。

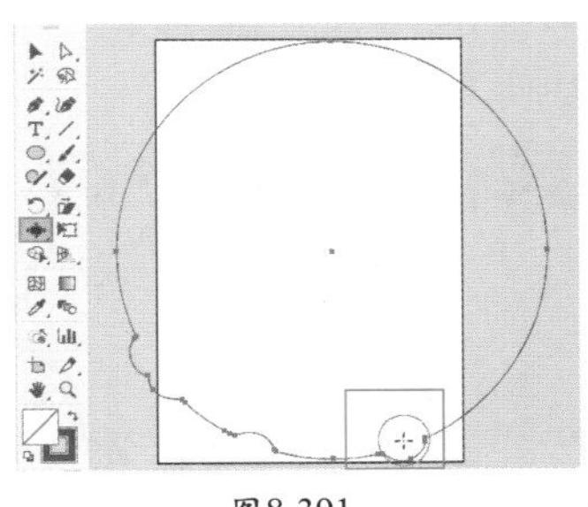

图8-391

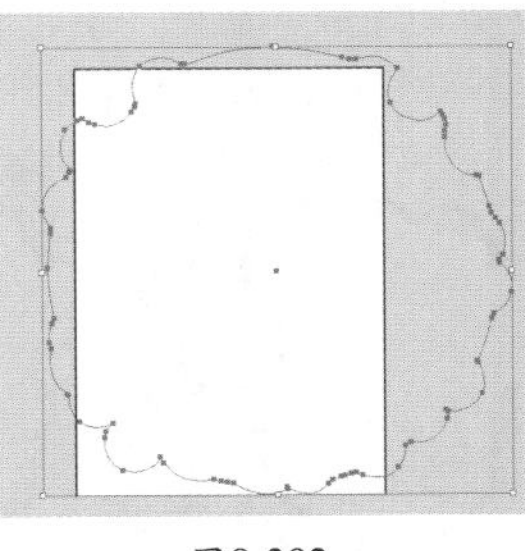

图8-392

步骤 03 执行“文件>打开”命令，打开素材1.ai。选择所有素材，执行“编辑>复制”命令；回到刚才工作的文档中，执行“编辑>粘贴”命令粘贴对象。选中图片，右击，在弹出的快捷菜单中执行“排序>置于底层”命令，并适当放大。为了方便查看，把不规则图形的填充颜色改为白色，如

图8-393所示。更改点图形素材的填充色为紫色，然后选择两个图形，右击，在弹出的快捷菜单中执行“建立剪切蒙版”命令。效果如图8-394所示。

图8-393

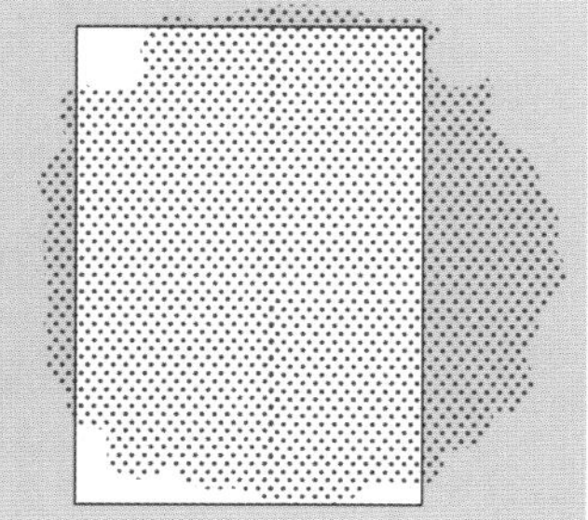
图8-394

步骤 04 单击工具箱中的“椭圆工具”按钮，在控制栏中设置填充为白色，描边为紫色，描边粗细为16pt，绘制一个椭圆形，如图8-395所示。单击工具箱中的“膨胀工具”按钮，将光标移动到圆形边缘，按住鼠标左键拖动进行变形，然后移动到下一位置继续变形，如图8-396所示。

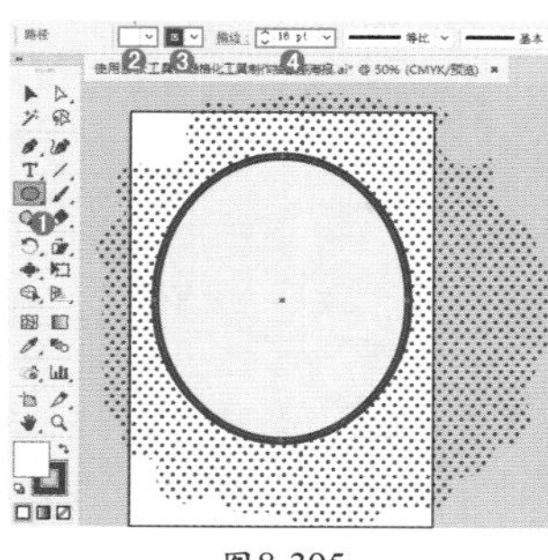
图8-395

图8-396

步骤 05 将素材1.ai复制、粘贴到当前文档的画板外部的位置。然后选中刚才变形的白色椭圆对象，按住鼠标左键的同时按住Alt键拖动复制出一个椭圆，并移动到点图形上。接着选中白色椭圆变形对象，右击，在弹出的快捷菜单中执行“排序>前移一层”命令，如图8-397所示。加选点图形和复制出的椭圆变形对象，右击，在弹出的快捷菜单中执行“建立剪切蒙版”命令，使超出这部分以外的内容被隐藏，如图8-398所示。将其移动到画板中，如图8-399所示。

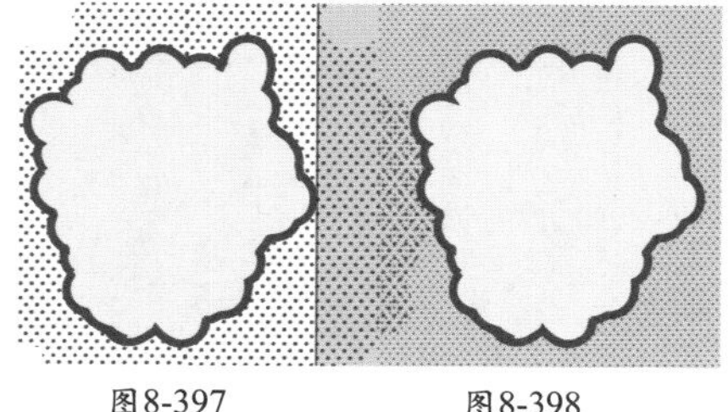
图8-397　图8-398

图8-399

步骤 06 单击工具箱中的“椭圆工具”按钮，在控制栏中设置填充为黄色，描边为紫色，描边粗细为16pt，绘制一个椭圆形，旋转一定角度，如图8-400所示。双击工具箱中的“晶格化工具”按钮，弹出“晶格化工具选项”窗口，在“全局画笔尺寸”选项组中设置“宽度”为35mm，“高度”为35mm，“角度”为0°，“强度”为50%；在“晶格化选项”选项组中设置“复杂性”为1，勾选“细节”复选框，设置数值大小为2，勾选“画笔影响锚点”复选框；勾选“显示画笔大小”复选框，单击“确定”按钮，如图8-401所示。

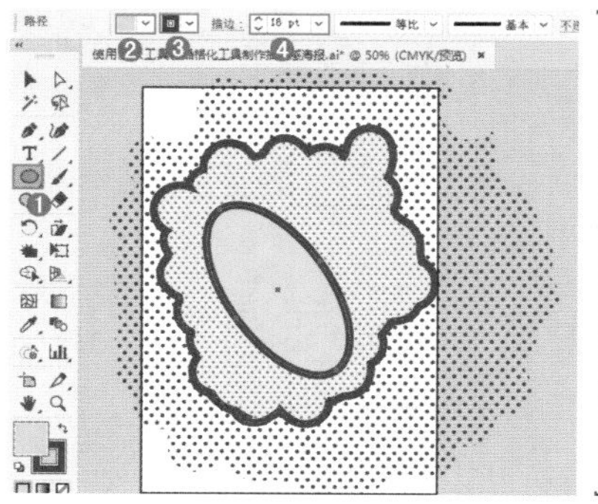
图8-400

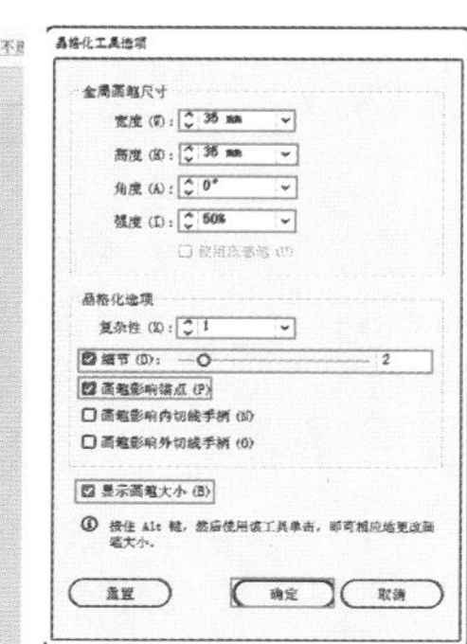
图8-401

步骤 07 将光标移动到圆形内部边缘，按住鼠标左键向外拖动进行变形。然后将光标移动到其他边缘继续变形，效果如图8-402所示。

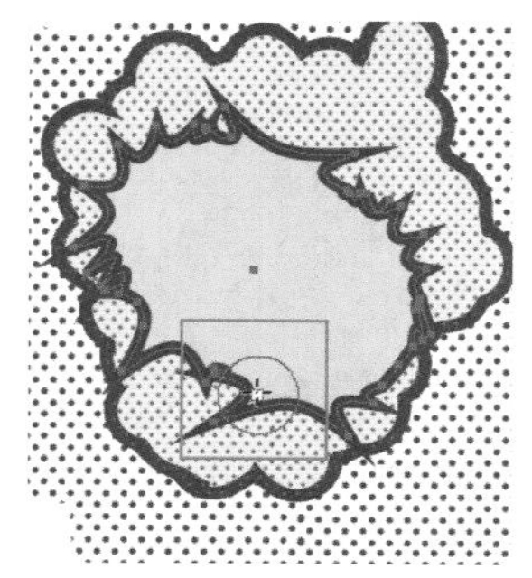
图8-402

步骤 08 使用上述方法再绘制两个椭圆形，填充相应的颜色，并使用“晶格化工具”进行变形，如图8-403所示。使用“矩形工具”绘制一个矩形，如图8-404所示。选择所有图形，右击，在弹出的快捷菜单中执行“建立剪切蒙版”命令。效果如图8-405所示。

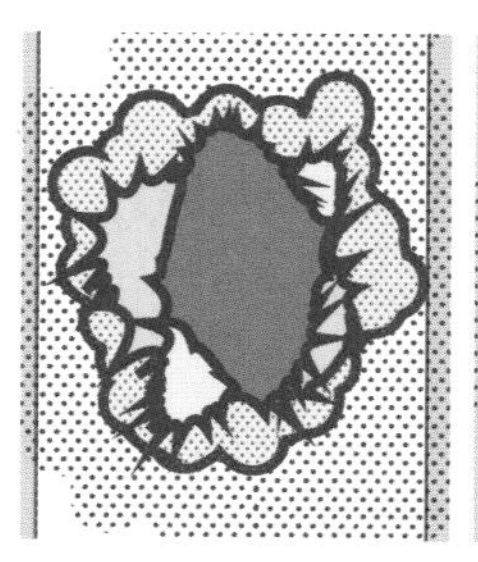
图8-403

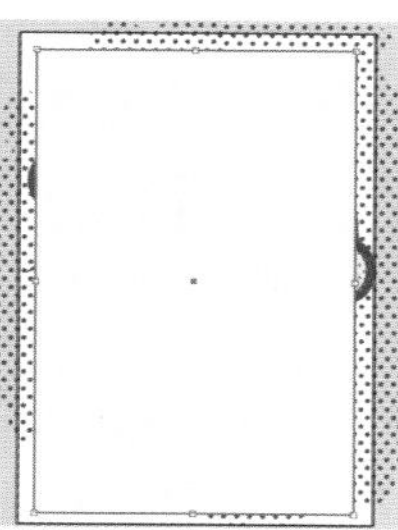
图8-404

图8-405

步骤 09 使用“矩形工具”绘制5个长短不同的矩形，摆放在页面左上角和右下角的位置，如图8-406所示。单击工具箱中的“文字工具”按钮，在控制栏中设置填充为紫色，描边为无，选择一种合适的字体，设置字体大小为72pt，段落对齐方式为右对齐，输入文字，如图8-407所示。

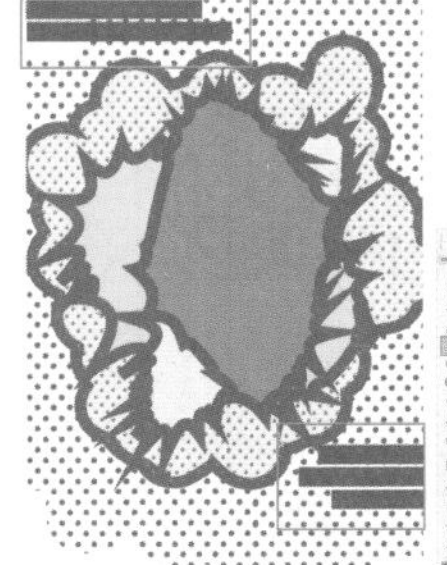

图8-406

图8-407

步骤 10 选中文字，按快捷键Ctrl+C进行复制，按快捷键Ctrl+F将复制的对象贴在前面；然后选中后面的文字，更改填充颜色为浅灰色。执行“效果>路径>位移路径”命令，在弹出的“偏移路径”窗口中设置“位移”为4mm，“连接”为“斜接”，“斜接限制”为4，单击“确定”按钮，如图8-408所示。效果如图8-409所示。

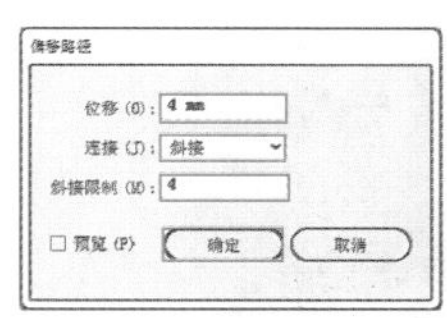

图8-408

图8-409

步骤 11 使用上述方法继续制作其他标题字，如图8-410所示。使用“文字工具”添加其他文字，并设置合适的字体、大小和颜色。最终效果如图8-411所示。

图8-410

图8-411

8.8 课后练习：用户个人信息模块设计

文件路径	资源包\第8章\课后练习：用户个人信息模块设计
难易指数	★★★★★
技术要点	“混合工具”“剪切蒙版”

扫一扫，看视频

实例效果

本实例演示效果如图8-412所示。

图8-412

8.9 模拟考试

主题：制作一个音乐节海报。

要求：

（1）海报以图形为主，文字为辅。

（2）版面中的文字需要包含音乐节的主题、时间、地点、参演人员。

（3）海报配色要鲜明。

（4）可在网络搜索“音乐节 海报”等关键词，从优秀的作品中寻找灵感。

考查知识点：形状工具、钢笔工具、对象变形工具、文本工具等。

Chapter 9

第9章

不透明度、混合模式、不透明蒙版

本章内容简介：

本章主要讲解三项功能：不透明度、混合模式与不透明蒙版。这三项功能都需要在“透明度”面板中进行操作。不透明度与混合模式主要用于对象的融合，而不透明蒙版则用于隐藏图形的局部。

重点知识掌握：

- 熟练掌握不透明度的设置
- 熟练掌握混合模式的设置
- 熟练掌握不透明蒙版的使用方法

通过本章的学习，我能做什么？

通过“不透明度”与“混合模式”功能可以使不同的对象产生融合，从而制作出绚丽的视觉效果，如光效、缤纷的色彩、图案纹理的叠加等；而借助“不透明蒙版”则可以隐藏多余的部分，或者制作出柔和的隐藏效果。

9.1 “透明度”面板

扫一扫，看视频

执行“窗口>透明度”命令，打开“透明度”面板。在面板菜单中执行“显示选项”命令，如图9-1所示。可显示“透明度”面板的全部功能。在这里可以对所选的对象（可以是矢量图形对象或位图对象）进行混合模式、不透明度以及透明度蒙版的设置，如图9-2所示。

图9-1　　图9-2

- 混合模式：设置所选对象与下层对象的颜色混合模式。
- 不透明度：通过调整数值控制对象的透明效果。数值越大，对象越不透明；数值越小，对象越透明。
- 对象缩览图：所选对象缩览图。
- 不透明度蒙版：显示所选对象的不透明度蒙版效果。
- 制作蒙版：单击此按钮，则会为所选对象创建蒙版。
- 剪切：将对象建立为当前对象的剪切蒙版。
- 反相蒙版：将当前对象的蒙版效果反相。
- 隔离混合：勾选该复选框，可以防止混合模式的应用范围超出组的底部。
- 挖空组：勾选该复选框，在透明挖空组中，元素不能透过彼此而显示。
- 不透明度和蒙版用来定义挖空形状：勾选该复选框，可以创建与对象不透明度成比例的挖空效果。在接近100%不透明度的蒙版区域中，挖空效果较强；在具有较低不透明度的区域中，挖空效果较弱。

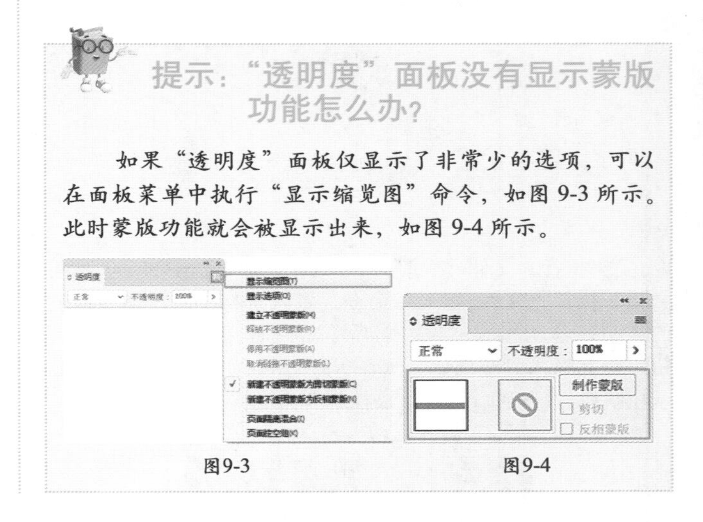

提示：“透明度”面板没有显示蒙版功能怎么办？

如果“透明度”面板仅显示了非常少的选项，可以在面板菜单中执行“显示缩览图”命令，如图9-3所示。此时蒙版功能就会被显示出来，如图9-4所示。

图9-3　　图9-4

9.2 设置不透明度

不透明度的设置是数字化制图中最常用的功能之一，常用于多个对象融合效果的制作。对顶层的对象设置半透明的效果，就会显露出底部的内容。

可以在控制栏或者“透明度”面板中调整图形的不透明度。选中要进行透明度调整的对象，在控制栏或者“透明度”面板的“不透明度”数值框中直接输入数值以调整对象的透明效果（默认值为100%，表示对象完全不透明），如图9-5所示。数值越大，对象越不透明；数值越小，对象越透明，如图9-6所示。如果界面中没有显示控制栏，可以执行“窗口>控制”命令将其显示。

图9-5

图9-6

练习实例：设置不透明度制作户外广告

扫一扫，看视频

文件路径	资源包\第9章\练习实例：设置不透明度制作户外广告
难易指数	★★★★★
技术掌握	透明度、“钢笔工具”

实例效果

本实例演示效果如图9-7所示。

图9-7

操作步骤

步骤 01 执行“文件>新建”命令或按快捷键Ctrl+N，创建新文档。执行“文件>置入”命令，置入素材1.jpg；调整合适的大小，移动相应位置；然后单击控制栏中的“嵌入”按钮，将其嵌入到画面中，如图9-8所示。如果界面中没有显示控制栏，可以执行“窗口>控制”命令将其显示。

图9-8

步骤 02 单击工具箱中的“钢笔工具”按钮，在控制栏中设置填充为白色，描边为无，绘制一个不规则图形，如图9-9所示。再次单击工具箱中的“钢笔工具”按钮，在控制栏中设置填充为白色，描边为无，“不透明度”为50%，绘制一个四边形，如图9-10所示。

图9-9

图9-10

步骤 03 使用上述方法再绘制两个四边形，适当降低另外两个四边形的透明度，如图9-11所示。然后选中图片素材，按住鼠标左键的同时按住Alt键复制一个。调整合适的大小，右击，在弹出的快捷菜单中执行“排序>置于顶层”命令，移动到相应位置，如图9-12所示。

图9-11

图9-12

步骤 04 单击工具箱中的“文字工具”按钮，在控制栏中设置填充为黑色，描边为无，选择一种合适的字体，设置字体大小为100pt，段落对齐方式为左对齐，然后输入文字，如图9-13所示。加选文字和复制出的图片，右击，在弹出的快捷菜单中执行“建立剪切蒙版”命令，如图9-14所示。

图9-13

图9-14

步骤 05 单击工具箱中的“文字工具”按钮，在控制栏中设置填充为黄褐色，描边为无，“不透明度”为80%，绘制一个四边形，如图9-15所示。继续使用“文字工具”添加其他文字，设置合适的字体、大小和颜色，如图9-16所示。

图9-15

图9-16

9.3 混合模式

“混合模式”中的“混合”是指当前对象中的内容与下方图像之间颜色的混合。“混合模式”不仅可以直接对对象进行设置，在应用内发光、投影等效果时都会用到“混合模式”。混合模式的设置主要用于多个对象的融合、使画面同时具有多个对象的特质、改变画面色调、制作特效等情况。不同的混合模式作用于不同的对象，往往会产生千变万化的效果。对于混合模式的使用，不同的情况下并不一定要采用某种特定样式，可以多次尝试，有趣的效果自然就会出现，如图9-17~图9-20所示。

图9-17

图9-18

图9-19

图9-20

重点 9.3.1 动手练：设置混合模式

想要设置对象的混合模式，需要在“透明度”面板中进行。

（1）选中需要设置的对象，执行“窗口>透明度”命令（快捷键：Ctrl+Shift+F10），打开“透明度”面板；或者单击控制栏中的“不透明度”按钮，打开“透明度”下拉面板，如图9-21所示。在“混合模式”下拉列表框中选择一种混合模式，当前画面效果将会发生变化，如图9-22所示。

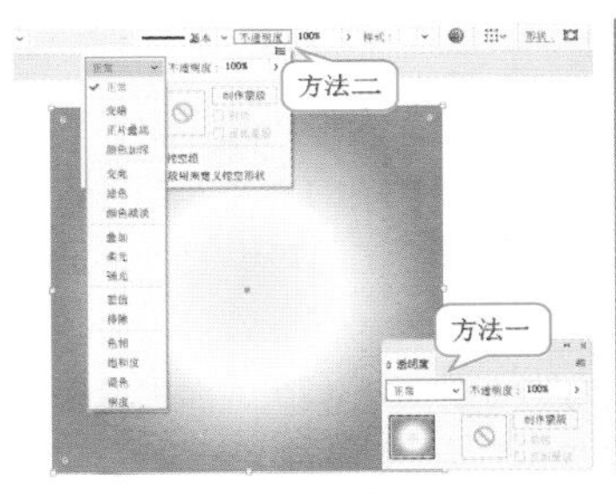

图9-21

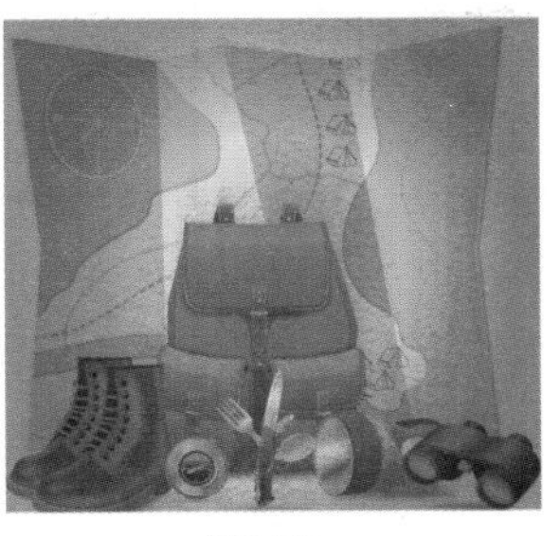

图9-22

（2）“混合模式”下拉列表框中包含多种混合模式，如图9-23所示。在选中了某一种混合模式后，将光标放在“混合模式”下拉列表框处，然后滚动鼠标中轮，即可快速查看各种混合模式的效果。这样也方便我们找到一种合适的混合模式，如图9-24所示。

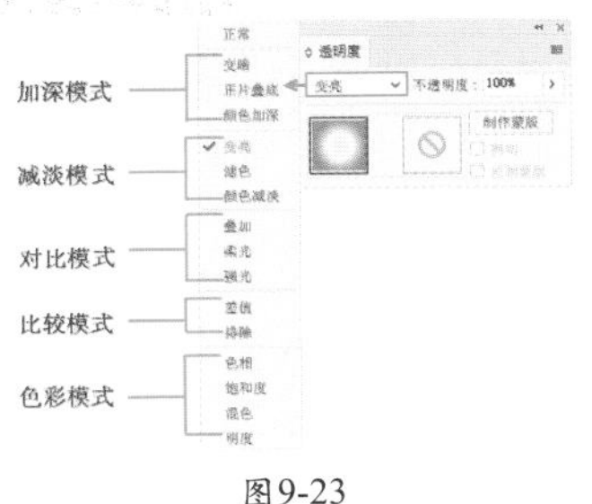

图9-23

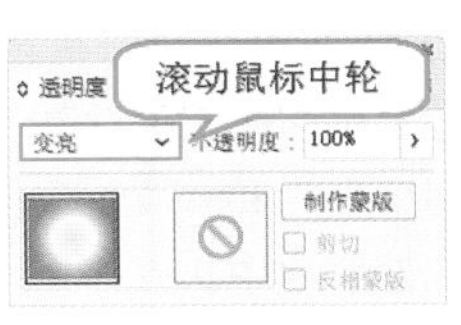

图9-24

提示：为什么设置了混合模式却没有效果？

设置了混合模式却没有看到效果，那么可能有3种原因：第一种，如果所选对象被顶部对象完全遮挡，那么此时设置该对象混合模式是不会看到效果的，需要将顶部遮挡对象隐藏后观察效果；第二种，如果当前画面中只有一个对象，而背景为白色，此时对其设置混合模式，也不会产生任何效果；某些特定色彩的图像与另外一些特定色彩设置混合模式也不会产生效果。

9.3.2 “正常”模式

默认情况下，对象的“混合模式”为“正常”。在这种模式下，“不透明度”为100%时则完全遮挡下方图层，降低该图层不透明度可以隐约显露出下方图层，如图9-25所示。

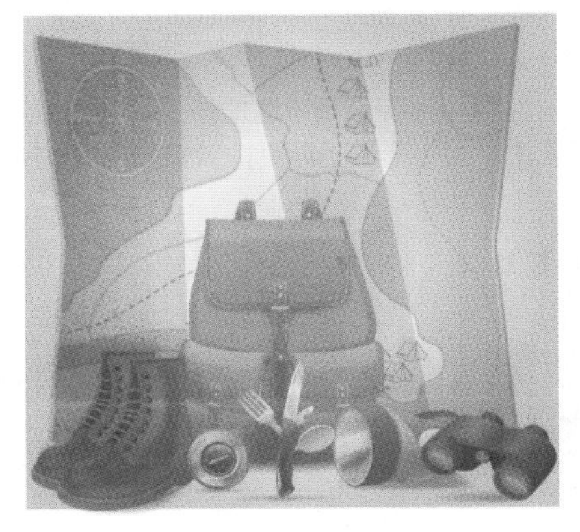

图9-25

9.3.3 “加深”模式组

“加深”模式组中包含3种混合模式，这些混合模式可以使当前对象的白色像素被下层较暗的像素替代，使图像产生变暗效果。

- 变暗：比较每个通道中的颜色信息，并选择基色或混合色中较暗的颜色作为结果色，同时替换比混合色亮的像素，而比混合色暗的像素保持不变，如图9-26所示。
- 正片叠底：任何颜色与黑色混合产生黑色，任何颜色与白色混合保持不变，如图9-27所示。
- 颜色加深：通过增加上下层图像之间的对比度来使像素变暗，与白色混合后不产生变化，如图9-28所示。

图9-26

图9-27

图9-28

练习实例：使用混合模式制作梦幻风景

扫一扫，看视频

文件路径	资源包\第9章\练习实例：使用混合模式制作梦幻风景
难易指数	★★★★★
技术掌握	混合模式、不透明度

实例效果

本实例演示效果如图9-29所示。

图9-29

操作步骤

步骤 01 执行“文件>新建”命令或按快捷键Ctrl+N，创建新文档。单击工具箱中的“矩形工具”按钮，去除填充和描边，绘制一个与画板等大的矩形。选择该矩形，执行“窗口>渐变”命令，在弹出的“渐变”面板中设置“类型”为“线性”，编辑一种蓝色到紫色的渐变，如图9-30所示。单击渐变缩览图，为矩形赋予渐变。效果如图9-31所示。

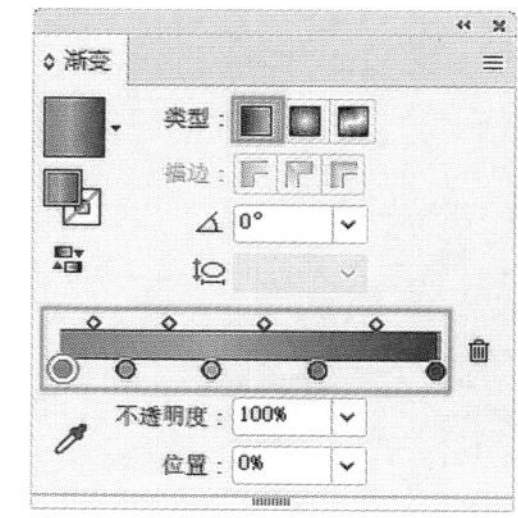

图9-30

图9-31

步骤 02 单击工具箱中的“渐变工具”按钮，调整合适的渐变角度，如图9-32所示。效果如图9-33所示。

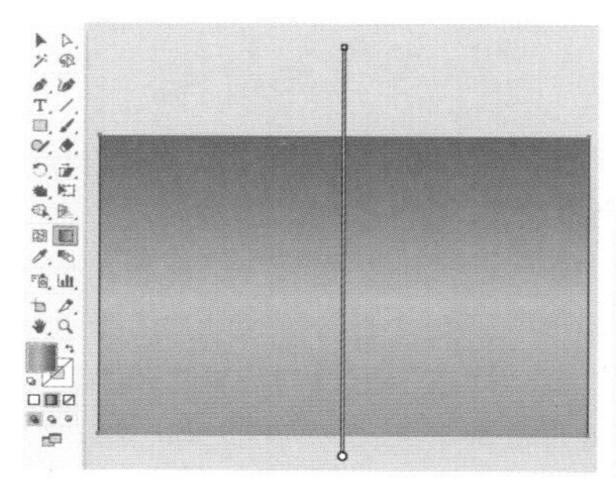
图9-32

图9-33

步骤 03 执行“文件>置入”命令，置入素材1.jpg。调整合适的大小，移动到相应位置，单击控制栏中的“嵌入”按钮，将其嵌入画板中，如图9-34所示。单击工具箱中的“矩形工具”按钮，在控制栏中设置填充为黑色，描边为无，绘制一个与图片素材等大的矩形，如图9-35所示。如果界面中没有显示控制栏，可以执行“窗口>控制”命令将其显示。

图9-34

图9-35

步骤 04 选中矩形，执行“窗口>透明度”命令，在弹出的“透明度”面板中设置“混合模式”为“正片叠底”，“不透明度”为40%，如图9-36所示。选中矩形，右击，在弹出的快捷菜单中执行“排序>后移一层”命令，移动到相应的位置，图片的投影效果就制作完成了，如图9-37所示。

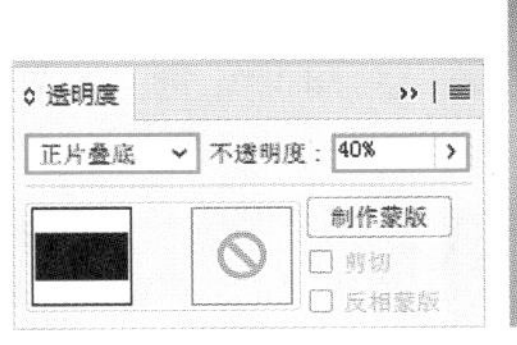

图9-36

图9-37

步骤 05 复制该矩形，粘贴到原位置，编辑其渐变颜色为紫色到蓝色的渐变，如图9-38所示。然后执行“窗口>透明度”命令，在弹出的“透明度”面板中设置“混合模式”为“滤色”，如图9-39所示。效果如图9-40所示。

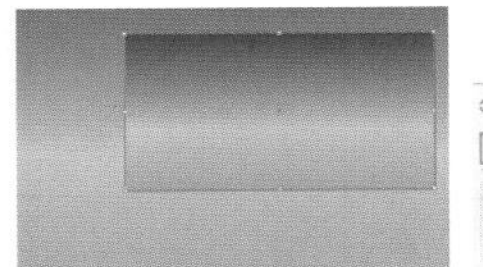

图9-38

图9-39

图9-40

步骤 06 单击工具箱中的“圆角矩形工具”按钮，在控制栏中设置填充为无，描边为白色，描边粗细为1pt。然后在画板上单击，在弹出的“圆角矩形”窗口中设置“宽度”为140mm，“高度”为60mm，“圆角半径”为10mm，单击“确定”按钮，如图9-41所示。效果如图9-42所示。

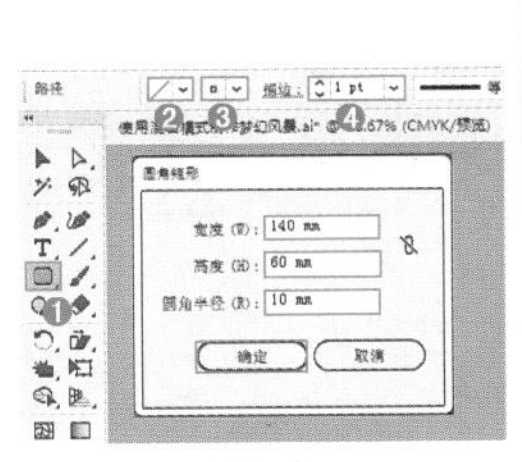

图9-41

图9-42

步骤 07 单击工具箱中的“文字工具”按钮，在控制栏中设置填充为白色，描边为无，选择一种合适的字体，设置字体大小为72pt，段落对齐方式为左对齐，然后输入文字，如图9-43所示。单击工具箱中的“椭圆工具”按钮，在控制栏中设置填充为白色，描边为无，绘制一个白色的正圆形，如图9-44所示。

图9-43

图9-44

步骤 08 使用“文字工具”添加其他文字，设置合适的字体、大小和颜色。效果如图9-45所示。

图9-45

9.3.4 “减淡”模式组

“减淡”模式组中包含3种混合模式，这些混合模式会使图像中黑色的像素被较亮的像素替换，而任何比黑色亮的像素都可能提亮下层图像。所以“减淡”模式组中会使图像变亮。

- 变亮：比较每个通道中的颜色信息，并选择基色或混合色中较亮的颜色作为结果色，同时替换比混合色暗的像素，而比混合色亮的像素保持不变，如图9-46所示。
- 滤色：与黑色混合时颜色保持不变，与白色混合时产生白色，如图9-47所示。
- 颜色减淡：通过减小上下层图像之间的对比度来提亮底层图像的像素，如图9-48所示。

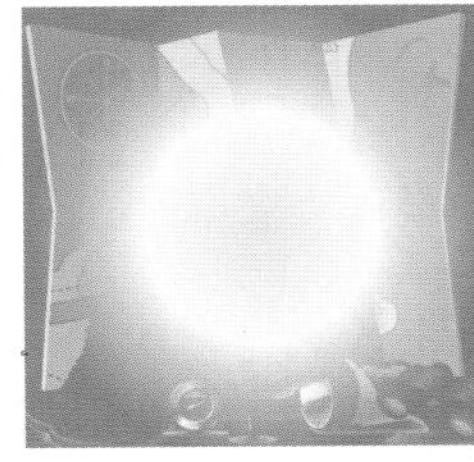

图9-46

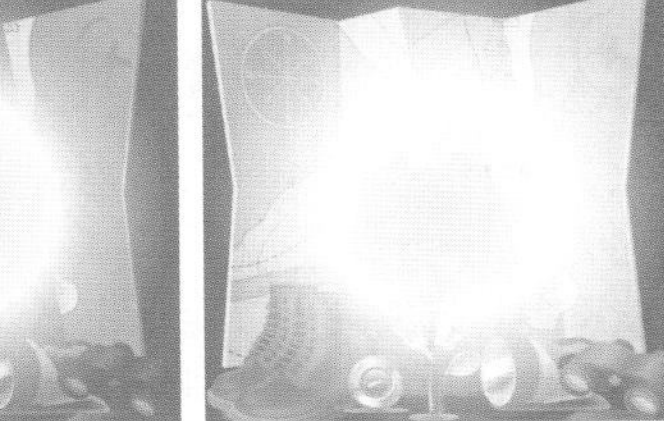

图9-47

图9-48

9.3.5 “对比”模式组

“对比”模式组中包括3种混合模式，这些混合模式可以使图像中50%的灰色完全消失，亮度值高于50%灰色的像素将提亮下层的图像，亮度值低于50%灰色的像素则使下层图像变暗，以此加强图像的明暗差异。

- 叠加：对颜色进行过滤并提亮上层图像，具体取决于底层颜色，同时保留底层图像的明暗对比，如图9-49所示。
- 柔光：使颜色变暗或变亮，具体取决于当前图像的颜色。如果上层图像比50%灰色亮，则图像变亮；如果上层图像比50%灰色暗，则图像变暗，如图9-50所示。
- 强光：对颜色进行过滤，具体取决于当前图像的颜色。如果上层图像比50%灰色亮，则图像变亮；如果上层图像比50%灰色暗，则图像变暗，如图9-51所示。

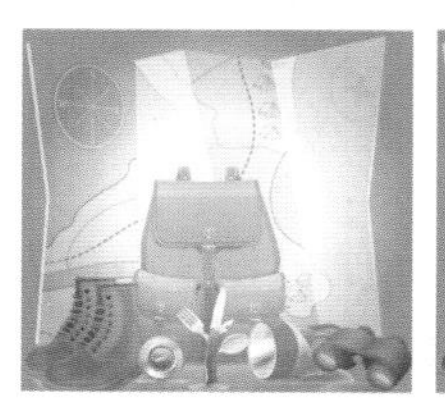

图9-49

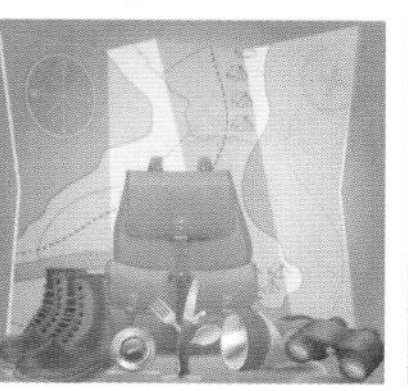

图9-50

图9-51

练习实例：使用混合模式制作幻彩文字海报

扫一扫，看视频

文件路径	资源包\第9章\练习实例：使用混合模式制作幻彩文字海报
难易指数	★★★★★
技术掌握	混合模式

实例效果

本实例演示效果如图9-52 所示。

图9-52

操作步骤

步骤 01 执行“文件>新建”命令，创建一个大小为A4、“取向”为“纵向”的文档。单击工具箱中的“矩形工具”按钮，在控制栏中设置填充为灰色，描边为无，绘制一个与画板等大的矩形，如图9-53所示。继续使用“矩形工具”，在控制栏中设置填充为深灰色，描边为无，绘制一个稍小一些的深灰色矩形，如图9-54所示。如果界面中没有显示控制栏，可以执行“窗口>控制”命令将其显示。

图9-53　　图9-54

步骤 02 使用“矩形工具”在控制栏中设置填充为无，描边为白色，描边粗细为1pt，绘制一个矩形白色边框，如图9-55所示。继续使用“矩形工具”，再绘制一个矩形白色边框，如图9-56所示。

图9-55

图9-56

步骤 03 使用“矩形工具”在左上角绘制一个没有填充或描边的矩形，如图9-57所示。然后执行“窗口>渐变”命令，打开“渐变”面板，编辑一种由蓝色到紫色的渐变。单击渐变缩览图，为其赋予渐变颜色，如图9-58所示。单击工具箱中的“渐变工具”按钮，调整合适的渐变角度，如图9-59所示。

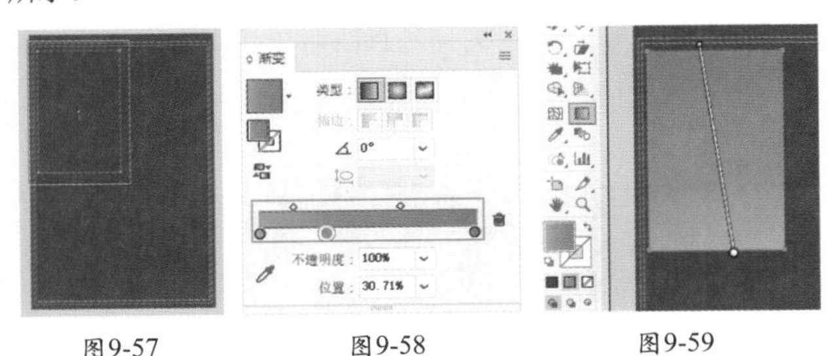

图9-57　　图9-58　　图9-59

步骤 04 使用上述方法再绘制另外3个等大的矩形，调整合适的渐变角度。单击工具箱中的“圆角矩形工具”按钮，在控制栏中设置填充为无，描边为白色，描边粗细为2pt，在画板上单击，在弹出的“圆角矩形”窗口中设置“宽度”为150mm，“高度”为240mm，“圆角半径”为10mm，单击“确定”按钮，如图9-60所示。得到一个圆角矩形框，如图9-61所示。

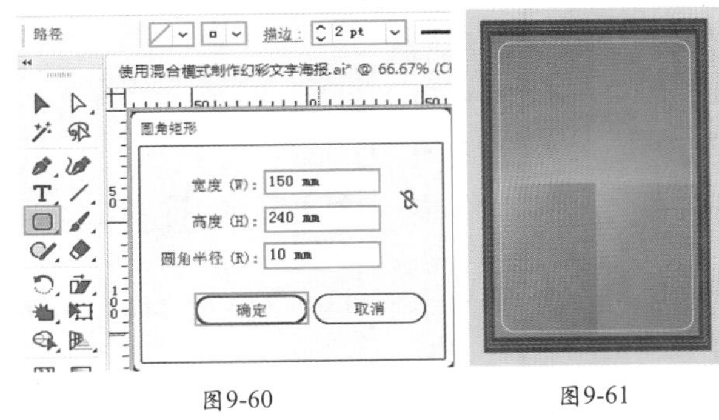

图9-60　　图9-61

步骤 05 选中圆角矩形，执行“窗口>透明度”命令，在弹出的“透明度”面板中设置“混合模式”为“叠加”，如图9-62所示。图形效果如图9-63所示。

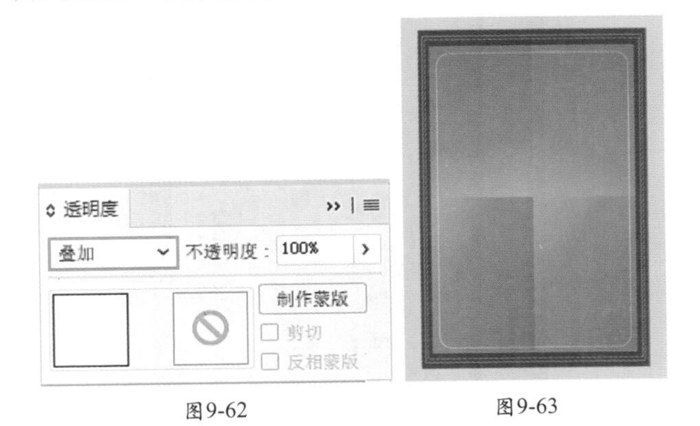

图9-62　　图9-63

步骤 06 使用上述方法再绘制一个圆角矩形，更改合适的混合模式，如图9-64所示。单击工具箱中的“钢笔工具”按钮，在控制栏中设置填充为白色，描边为无，绘制一个不规则图形，如图9-65所示。

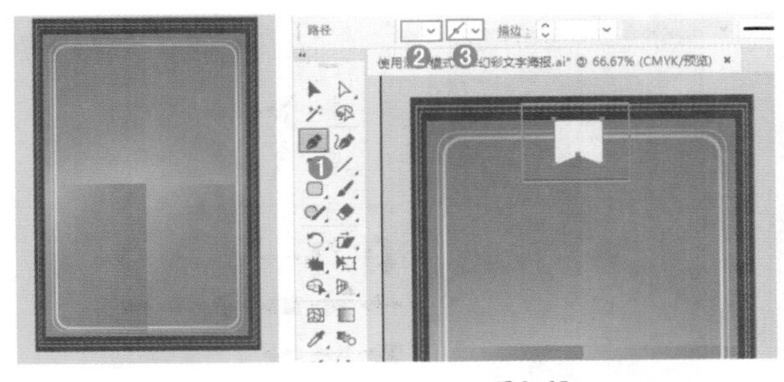

图9-64　　图9-65

步骤 07 选中不规则图形，执行“窗口>透明度”命令，在弹出的“透明度”面板中设置“混合模式”为“叠加”，如图9-66所示。效果如图9-67所示。

图9-66　　图9-67

步骤 08 单击工具箱中的“文字工具”按钮，在控制栏中设置填充为白色，描边为无，选择一种合适的字体，设置字体大小为250pt，段落对齐方式为左对齐，然后输入字母“I”，如图9-68所示。选中文字对象，执行“窗口>透明度”命令，在弹出的“透明度”面板中设置“混合模式”为“叠加”，如图9-69所示。效果如图9-70所示。

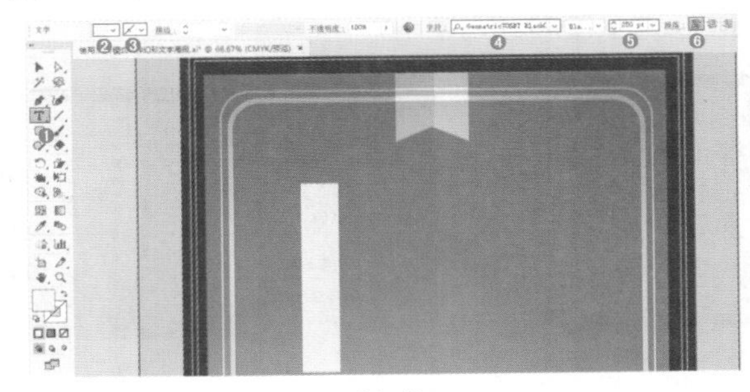

图9-68

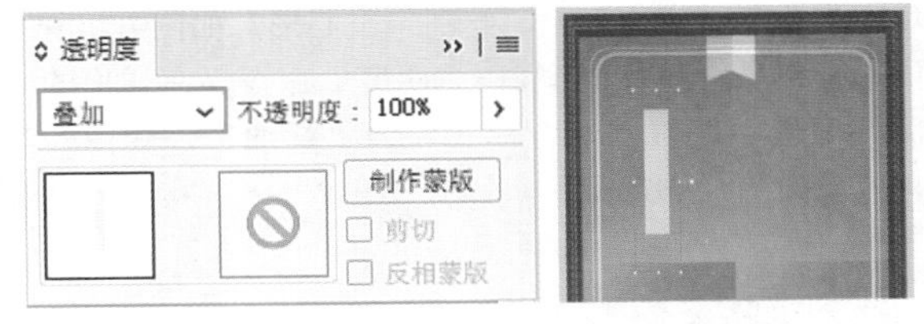

图9-69　　图9-70

步骤 09 使用“文字工具”添加其他文字，设置合适的字体、大小和颜色，并使用上述方法更改合适的混合模式，如图9-71所示。单击工具箱中的“符号喷枪工具”按钮，执行“窗口>符号库>箭头”命令，在弹出的“箭头”画板中选择“箭头21”样式，如图9-72所示。

图 9-71

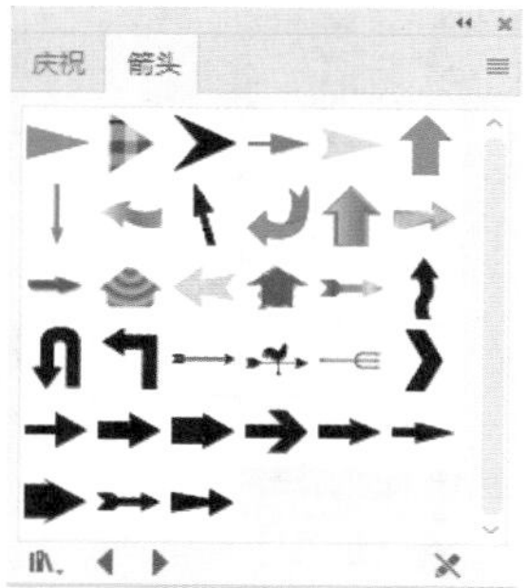

图9-72

步骤 10 在画板上单击，添加箭头样式，如图9-73所示。选中箭头样式，单击控制栏中的“断开链接”按钮。保持箭头的选中状态，右击，在弹出的快捷菜单中执行“取消编组”命令，然后更改填充和描边的颜色为白色。效果如图9-74所示。

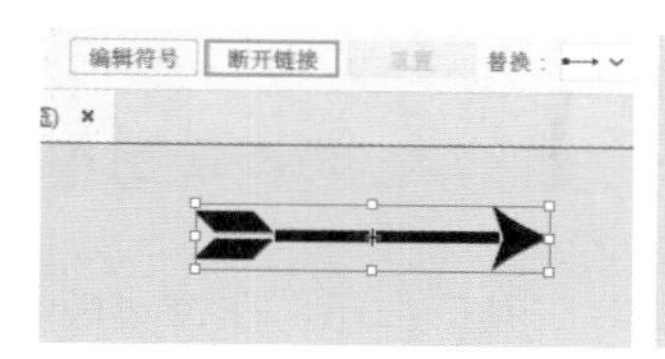

图9-73

图9-74

步骤 11 选中箭头，按住鼠标左键的同时按住Alt键拖动，复制出3个相同的图形，依次更改至合适的大小，如图9-75所示。加选4个箭头，执行“窗口>透明度”命令，在弹出的“透明度”面板中设置“混合模式”为“叠加”，如图9-76所示。效果如图9-77所示。

图9-75

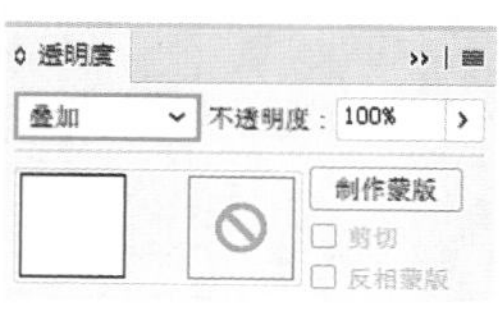

图9-76

图9-77

步骤 12 单击工具箱中的“钢笔工具”按钮，在控制栏中设置填充为白色，描边为无，绘制一个心形，如图9-78所示。选中心形对象，执行“窗口>透明度”命令，在弹出的“透明度”面板中设置“混合模式”为“叠加”，如图9-79所示。效果如图9-80所示。

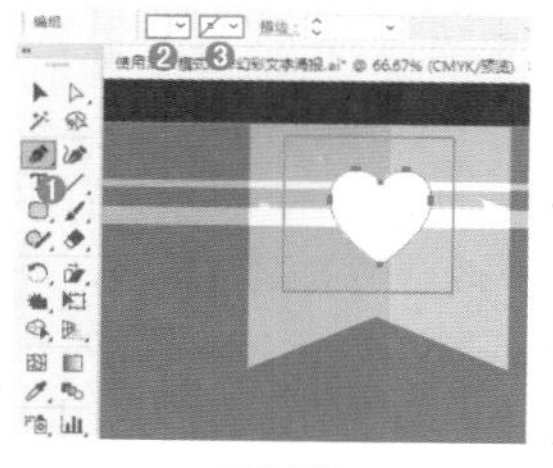

图9-78

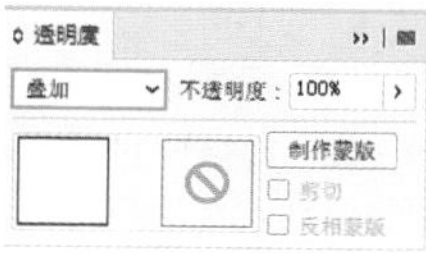

透明度
叠加　不透明度：100%
制作蒙版
剪切
反相蒙版

图9-79

图9-80

步骤 13 选中心形对象，按住鼠标左键的同时按住Alt键拖动，复制出一个相同的图形，如图9-81所示。单击工具箱中的“钢笔工具”按钮，在控制栏中设置填充为无，描边为白色，描边粗细为2pt，绘制一条直线路径，作为文字的分隔线，如图9-82所示。

图9-81

图9-82

步骤 14 选中直线路径，执行“窗口>透明度”命令，在弹出的“透明度”面板中设置“混合模式”为“叠加”，如图9-83所示。效果如图9-84所示。

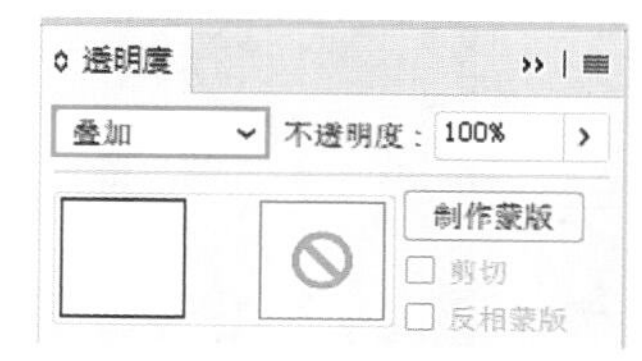

图9-83

图9-84

步骤 15 选中直线路径，按住鼠标左键的同时按住Alt键拖动，复制出4条直线，更改其至合适的大小，摆放在底部文字附近，如图9-85所示。

图9-85

练习实例：使用混合模式制作多色标志

文件路径	资源包\第9章\练习实例：使用混合模式制作多色标志
难易指数	★★★★★
技术掌握	混合模式

实例效果

本实例演示效果如图9-86所示。

图9-86

操作步骤

扫一扫，看视频

步骤 01 执行“文件>新建”命令或按快捷键Ctrl+N，创建新文档。单击工具箱中的“矩形工具”按钮，去除填充和描边，绘制一个与画板等大的矩形。执行“窗口>渐变”命令，在弹出的“渐变”面板中设置“类型”为“径向”，编辑一种灰色系的渐变，如图9-87所示。单击渐变缩览图，为其赋予渐变色。效果如图9-88所示。

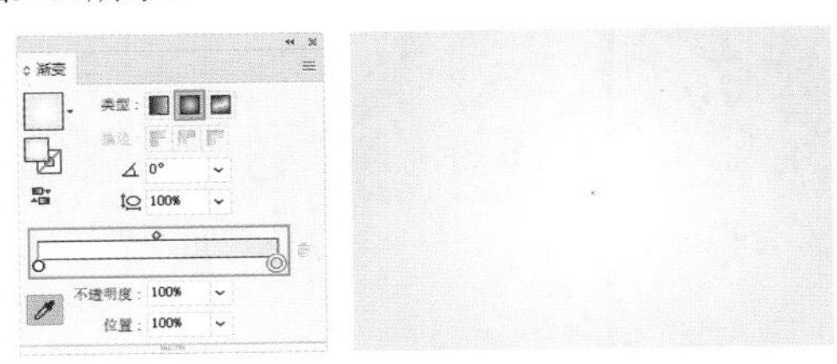

图9-87　　图9-88

步骤 02 单击工具箱中的“钢笔工具”按钮，在控制栏中设置填充为黄色，描边为无，绘制一个三角形，如图9-89所示。单击工具箱中的“直接选择工具”按钮，选择一个锚点，在控制栏中单击“将所选锚点转换为平滑”按钮，如图9-90所示。

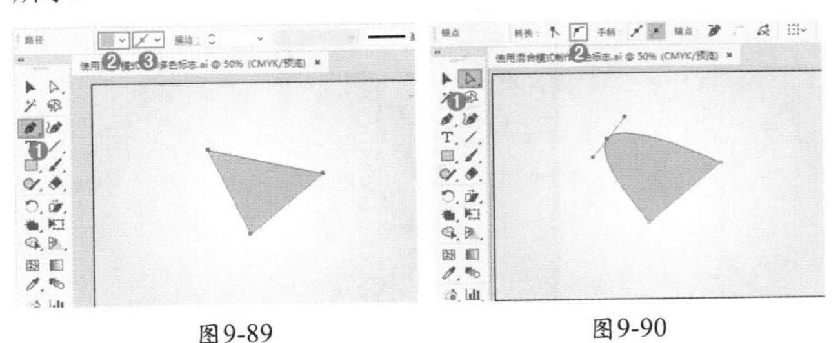

图9-89　　图9-90

步骤 03 使用同样的方法将其他锚点转换为平滑锚点，如图9-91所示。使用同样的方法再绘制一个橙黄色的三角形，如图9-92所示。

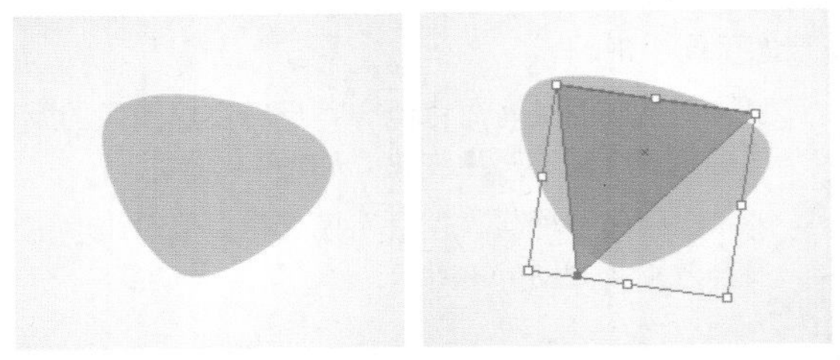

图9-91　　图9-92

步骤 04 依次将三角形的锚点转换为平滑锚点，然后执行“窗口>透明度”命令，在弹出的“透明度”面板中设置“混合模式”为“强光”，如图9-93所示。效果如图9-94所示。

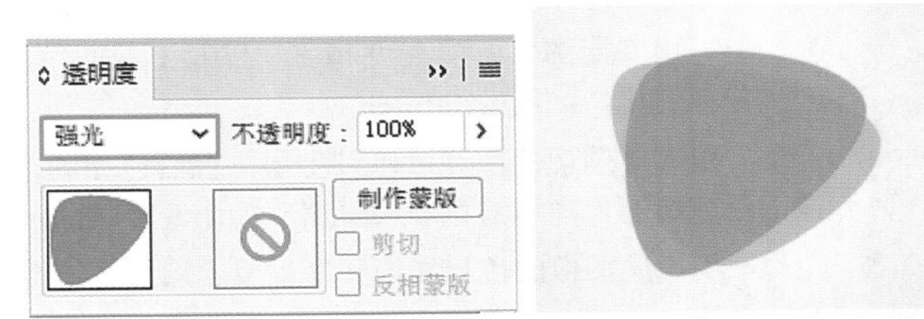

图9-93　　图9-94

步骤 05 单击工具箱中的“文字工具”按钮，在控制栏中设置填充为白色，描边为无，选择一种合适的字体，设置字体大小为95pt，段落对齐方式为左对齐，然后输入文字，如图9-95所示。继续使用“文字工具”添加其他文字，设置合适的字体、大小和颜色。效果如图9-96所示。

图9-95

图9-96

9.3.6 “比较”模式组

“比较”模式组中包含两种混合模式，这些混合模式可以对比当前图像与下层图像的颜色差别，将颜色相同的区域显示为黑色，不同的区域显示为灰色或彩色。如果当前对象中包含白色，那么白色区域会使下层图像反相，而黑色不会对下层图像产生影响。

- 差值：上层图像与白色混合将反转底层图像的颜色，与黑色混合则不产生变化，如图9-97所示。
- 排除：创建一种与“差值”模式相似但对比度更低的混合效果，如图9-98所示。

图9-97

图9-98

9.3.7 “色彩”模式组

“色彩”模式组中包括4种混合模式，这些混合模式会自动识别图像的颜色属性（色相、饱和度和亮度），然后再将其中的一种或两种应用在混合后的图像中。

- 色相：用底层图像的明亮度和饱和度以及上层图像的色相来创建结果色，如图9-99所示。
- 饱和度：用底层图像的明亮度和色相以及上层图像的饱和度来创建结果色。在饱和度为0的灰度区域应用该模式不会产生任何变化，如图9-100所示。
- 混色：用底层图像的明亮度以及上层图像的色相和饱和度来创建结果色，这样可以保留图像中的灰阶，对于为单色图像上色或给彩色图像着色非常有用，如图9-101所示。
- 明度：用底层图像的色相和饱和度以及上层图像的明亮度来创建结果色，如图9-102所示。

图9-99

图9-100

图9-101

图9-102

举一反三：使用“混合模式”制作网页广告

（1）使用“矩形工具”将广告的背景制作完成，如图9-103所示。接着置入人像并进行“嵌入”，然后放置在画面的右侧，如图9-104所示。

扫一扫，看视频

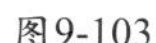
图9-103

图9-104

（2）选中人像，按快捷键Ctrl+C进行复制，然后按快捷键Ctrl+B贴在后面，并进行等比放大，如图9-105所示。接着设置“混合模式”为“正片叠底”，“不透明度”为30%，如图9-106所示。最后制作前景文字部分，完成效果如图9-107所示。

图9-105

图9-106

图9-107

练习实例：使用“混合模式”制作创意文字海报

文件路径	资源包\第9章\练习实例：使用“混合模式”制作创意文字海报
难易指数	★★★★★
技术掌握	混合模式、剪切蒙版

扫一扫，看视频

实例效果

本实例演示效果如图9-108所示。

图9-108

操作步骤

步骤 01 执行“文件>新建”命令或按快捷键Ctrl+N，创建新文档。单击工具箱中的“钢笔工具”按钮，在控制栏中设置填充为绿色，描边为无，绘制一个气泡图形，如图9-109所示。单击工具箱中的“椭圆工具”按钮，在控制栏中设置填充为橙黄色，描边为无，绘制一个椭圆，如图9-110所示。

图9-109　　图9-110

步骤 02 执行“窗口>透明度”命令，在弹出的“透明度”面板中设置“混合模式”为“柔光”，如图9-111所示。继续使用“椭圆工具”在控制栏中设置填充为浅橙黄色，描边为无，绘制一个稍小的椭圆形，如图9-112所示。

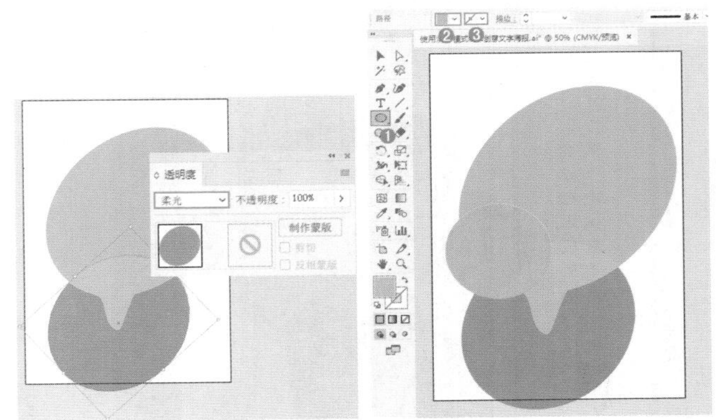

图9-111　　图9-112

步骤 03 在“透明度”面板中设置“混合模式”为“变亮”，如图9-113所示。继续使用“椭圆工具”在右上角绘制另一个橙色的椭圆形，如图9-114所示。

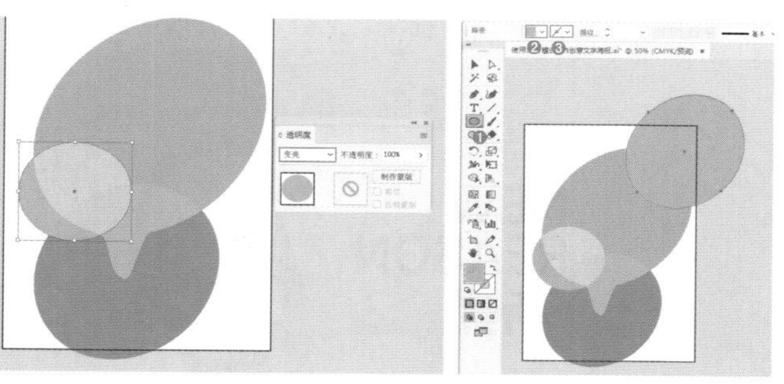

图9-113　　图9-114

步骤04 在“透明度”面板中设置“混合模式”为“正片叠底”，如图9-115所示。继续使用该方法绘制其他圆形，更改其混合模式。效果如图9-116所示。

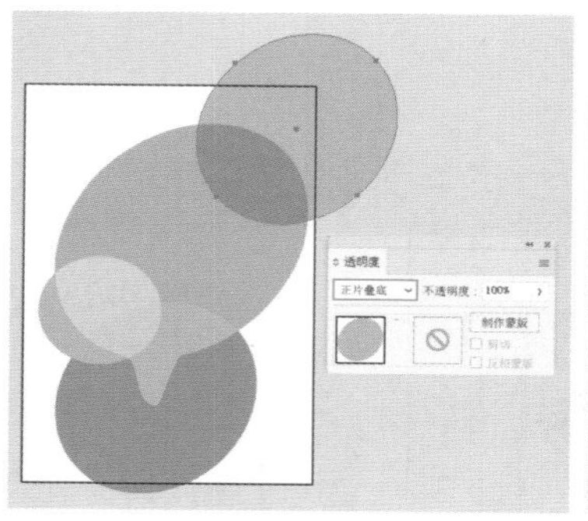

图9-115

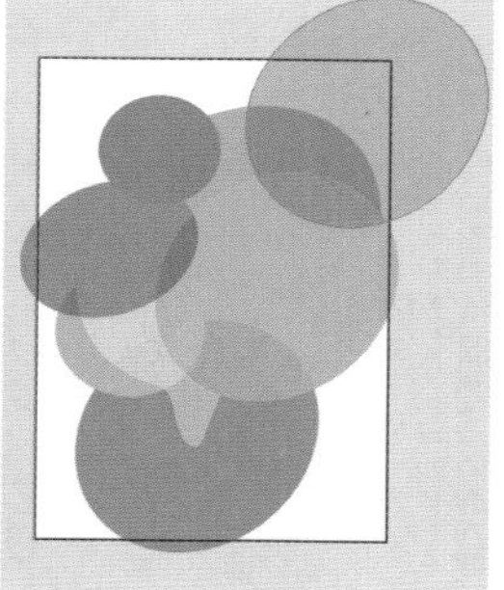

图9-116

步骤05 单击工具箱中的“选择工具”按钮，选中除底部气泡图形以外的其他图形对象，右击，在弹出的快捷菜单中执行“编组”命令。复制底部的气泡图形，摆放在顶部。在控制栏中设置填充为无，描边为无，如图9-117所示。同时选中编组的对象和气泡路径，右击，在弹出的快捷菜单中执行“建立剪切蒙版”命令。效果如图9-118所示。

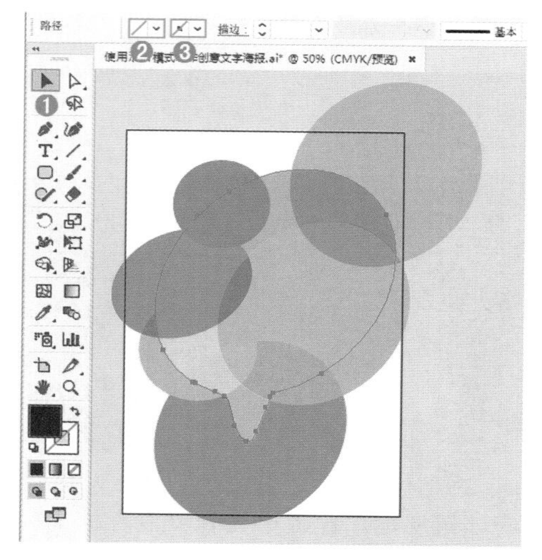

图9-117

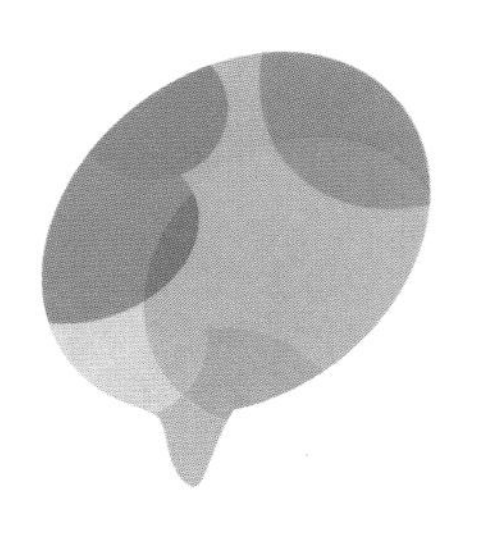

图9-118

步骤06 执行“文件>置入”命令，置入素材1.jpg，然后单击控制栏中的“嵌入”按钮，将其嵌入画板中，如图9-119所示。选中该图片对象，右击，在弹出的快捷菜单中执行“排列>置于底层”命令，如图9-120所示。

图9-119

图9-120

步骤07 使用“椭圆工具”“钢笔工具”绘制其他图形，并按效果修改各个图形的混合模式与不透明度，效果如图9-121所示。单击工具箱中的“文字工具”按钮，设置合适的字体、字号及颜色，然后在画板的相应位置输入文字。将全部文字进行适当旋转，摆放在合适的位置。效果如图9-122所示。

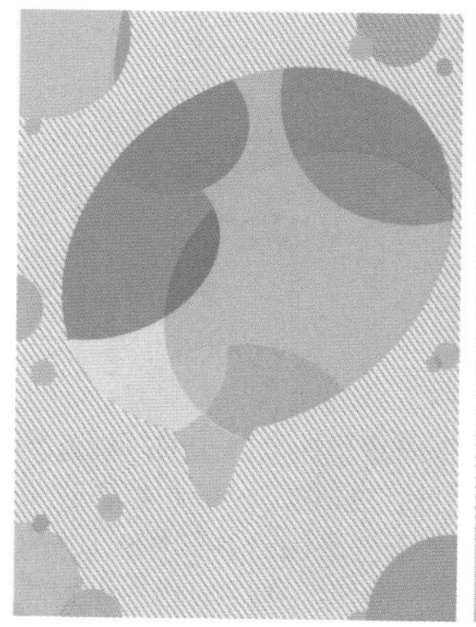

图9-121

图9-122

9.4 不透明蒙版

“不透明蒙版”是一种以黑白关系控制对象显示或隐藏的功能。为某个对象添加“不透明蒙版”后，可以通过在不透明蒙版中添加黑色、白色或灰色的图形来控制对象的显示与隐藏。在不透明蒙版中显示黑色的部分，对象中的内容会变为透明；灰色部分为半透明；白色部分是完全不透明，如图9-123所示。

(a)原图

(b)不透明蒙版

(c)效果

图9-123

重点 9.4.1 动手练：创建不透明蒙版

不透明蒙版常用于制作带有渐隐效果的倒影。接下来，就以制作倒影为例讲解创建不透明蒙版的方法。

（1）要制作倒影，首先需要将原始对象进行复制、镜像，移动到原对象的底部，并且进行编组，如图9-124所示。在工具箱中选择“矩形工具”，绘制一个比倒影图形稍大的矩形（此图形将作为不透明蒙版中的内容），并填充黑白色系的线性渐变。其中白色的位置在倒影图形的顶部，黑色部分在图形的底部，如图9-125所示。

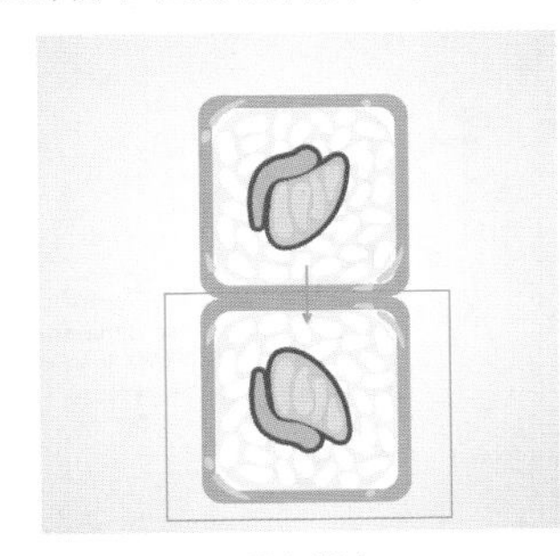
图9-124

图9-125

（2）加选倒影图形和矩形，执行“窗口>透明度”命令（快捷键：Ctrl+Shift+F10），在弹出的“透明度”面板中单击“制作蒙版”按钮，如图9-126所示。此时，矩形中黑色的部分被隐藏，白色的部分被显示出来。倒影效果如图9-127所示。

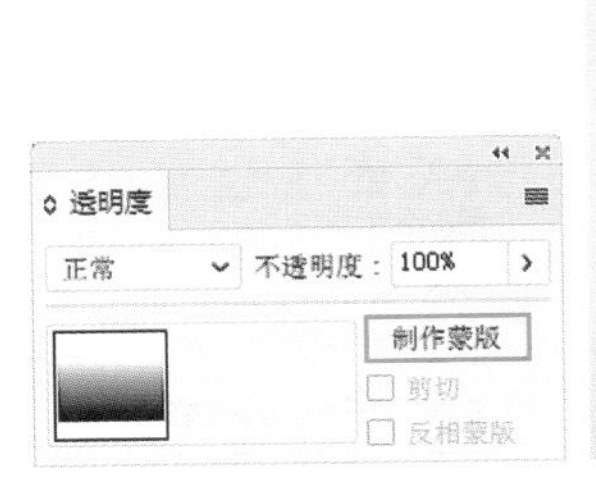

图9-126

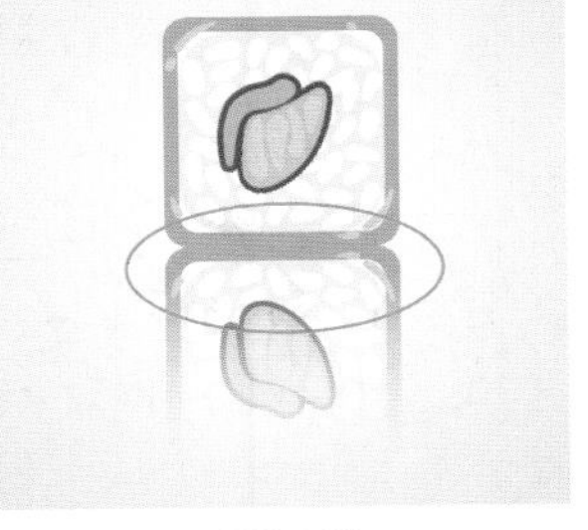
图9-127

（3）如果得到的透明效果不是很满意，需要继续调整倒影效果，可以单击“透明度”面板中的“编辑不透明蒙版”按钮，如图9-128所示。接着使用“渐变工具”调整渐变色所处的位置（因为通过调整蒙版中图形的黑白关系，就可以影响到不透明蒙版的效果），如图9-129所示。最后倒影效果如图9-130所示。

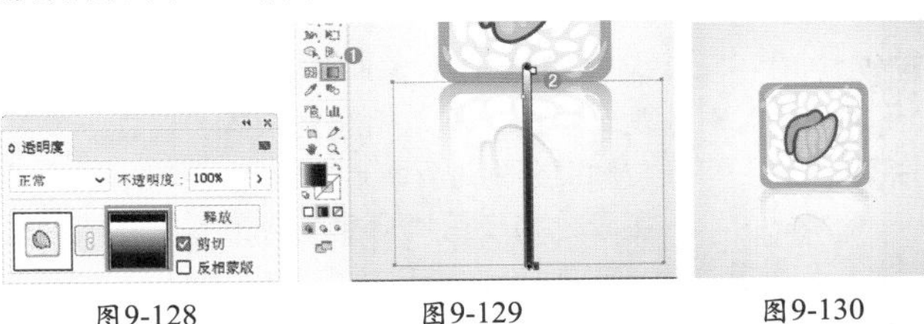

图9-128　图9-129　图9-130

提示：编辑完不透明蒙版后一定要记得退出蒙版编辑状态。

当编辑完不透明蒙版后，一定要单击左侧的“停止编辑不透明蒙版”按钮退出编辑状态，如图9-131所示。否则，无论绘制什么图形都是在蒙版中进行的。

图9-131

（4）默认情况下，“剪切”复选框处于勾选状态，此时图形为全部不显示，通过编辑蒙版可以将图形显示出来。如果取消勾选“剪切”复选框，图形将完全被显示，绘制蒙版将把相应的区域隐藏，如图9-132所示。应用“剪切”会将蒙版背景设置为黑色，因此勾选“剪切”复选框时，用来创建不透明蒙版的黑色对象将不可见。若要使对象可见，可以使用其他颜色，或取消勾选“剪切”复选框，效果如图9-133所示。

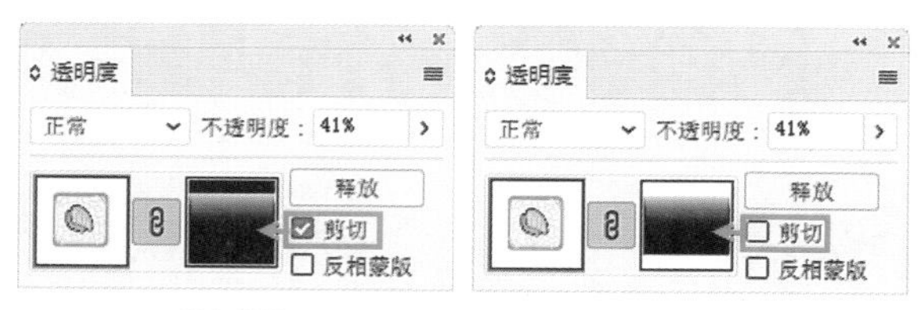

图9-132　　图9-133

（5）勾选“反相蒙版”复选框时，将对当前的蒙版进行反转，使原始显示的部分隐藏，隐藏的部分将显示出来。如图9-134和图9-135所示为勾选与取消勾选“反相蒙版”复选框的对比效果。

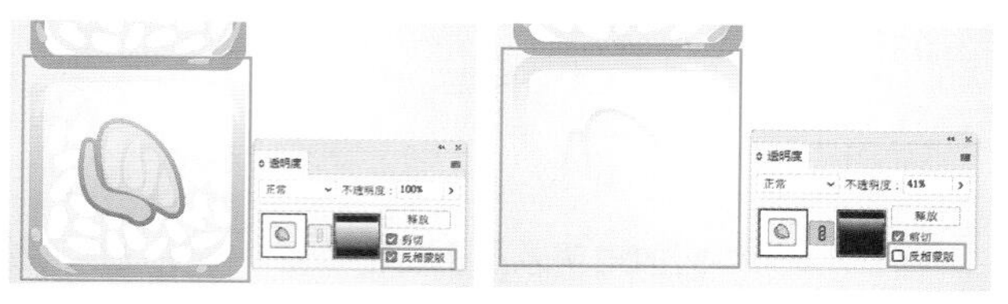

图9-134　　图9-135

举一反三：使用“不透明蒙版”制作立体对象的倒影

扫一扫，看视频

（1）为立体对象制作倒影的思路与平面对象是一样的，只是相对复杂些。首先需要将正面与侧面分别进行复制与镜像，如图9-136所示。接着分别使用“自由变换工具”将图形进行变形，使其与原图形衔接到一起，如图9-137所示。

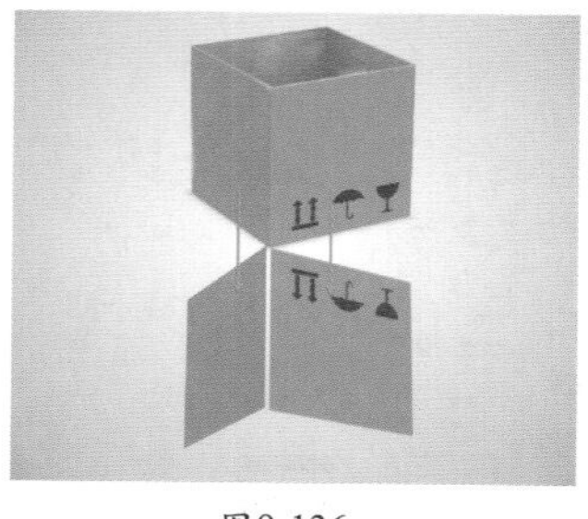

图9-136

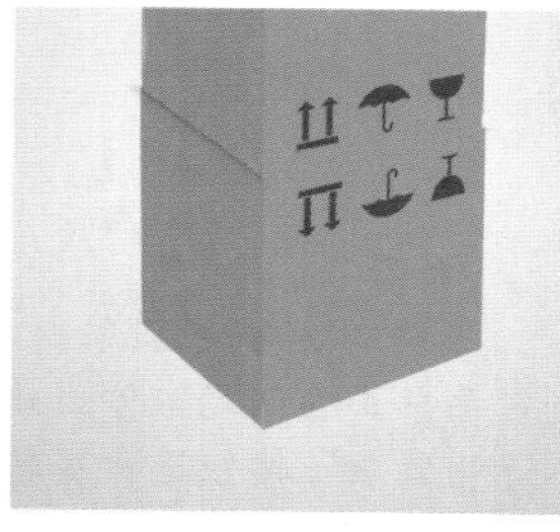

图9-137

（2）使用“钢笔工具”在其中一个面上绘制相同大小的图形，并填充黑白色系的渐变色（上方为白色，下方为黑色），如图9-138所示。加选二者，创建不透明蒙版，效果如图9-139所示。使用同样的方法为另一个面创建不透明蒙版，倒影效果如图9-140所示。

图9-138

图9-139

图9-140

9.4.2　动手练：取消链接不透明蒙版

默认情况下，对象与蒙版之间带有一个链接图标，此时移动/变换对象，蒙版也会发生变化，如图9-141所示。如果不想变换对象或蒙版时影响对方，可以单击链接图标取消链接，如图9-142所示。如果要恢复链接，可以在取消链接的地方单击。

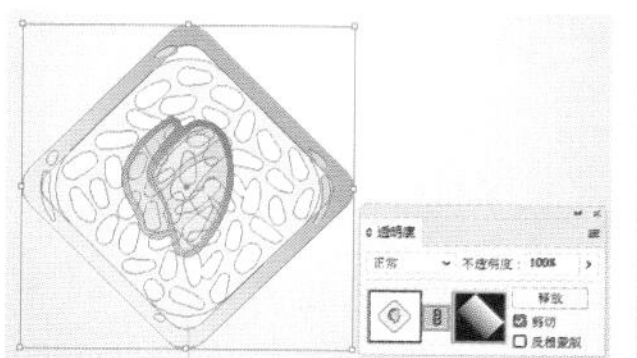

图9-141

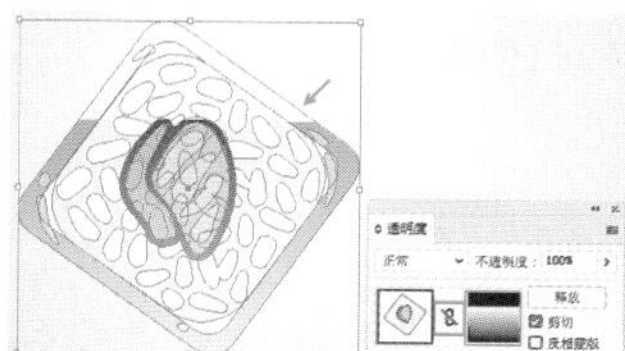

图9-142

9.4.3　停用/启用不透明蒙版

停用不透明蒙版是将蒙版暂时取消显示，等需要时再次启用。选择创建不透明蒙版的对象，在“透明度”面板中按住Shift键单击“编辑不透明蒙版”按钮；或者单击面板菜单按钮，在弹出的下拉菜单中执行“停用不透明蒙版”命令，即可停用不透明蒙版，如图9-143所示。若要启用，可以再次按住Shift键单击“编辑不透明蒙版”按钮；或者单击面板菜单按钮，在弹出的下拉菜单中执行“启用不透明蒙版”命令，如图9-144所示。

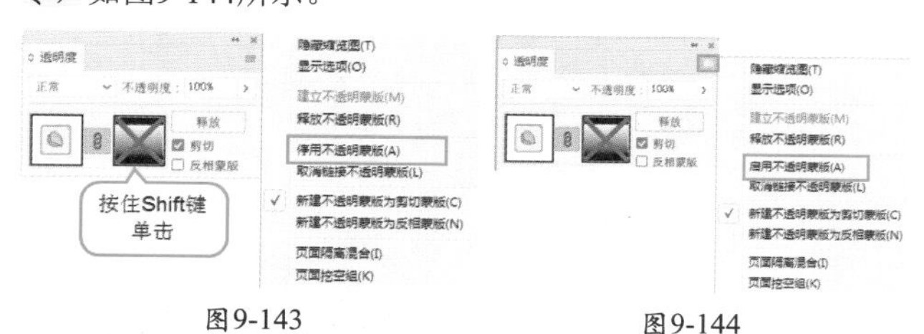

图9-143　　图9-144

9.4.4　删除不透明蒙版

如果要永久删除蒙版，可以单击“透明度”面板中的“释放”按钮；也可单击面板菜单按钮，在弹出的下拉菜单中执行“释放不透明蒙版”命令，如图9-145所示。释放不透明蒙版后，图形将不受到蒙版影响，原本透明的地方也会完全显示出来。

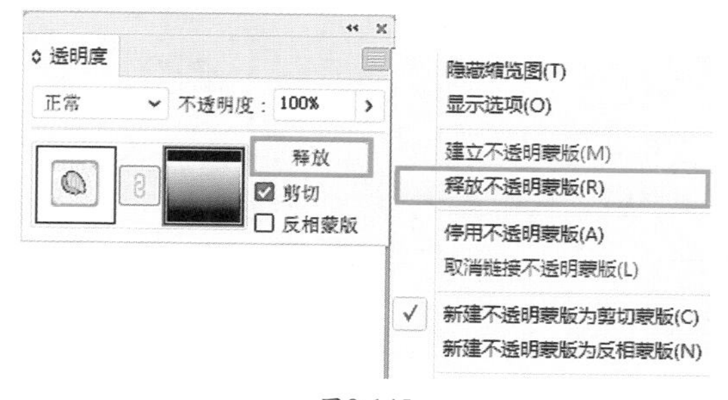

图9-145

练习实例：使用不透明蒙版制作倒影效果

文件路径	资源包\第9章\练习实例：使用不透明蒙版制作倒影效果
难易指数	★★★★★
技术掌握	设置不透明度、使用不透明蒙版

实例效果

本实例演示效果如图9-146所示。

图9-146

操作步骤

扫一扫，看视频

步骤01 执行“文件>新建”命令或按快捷键Ctrl+N，创建新文档。单击工具箱中的“矩形工具”按钮，绘制一个与画板等大的矩形。执行“窗口>渐变”命令，在弹出的“渐变”面板中设置“类型”为“径向”，编辑一种灰色系的渐变，如图9-147所示。单击渐变缩览图，为矩形填充渐变色。效果如图9-148所示。

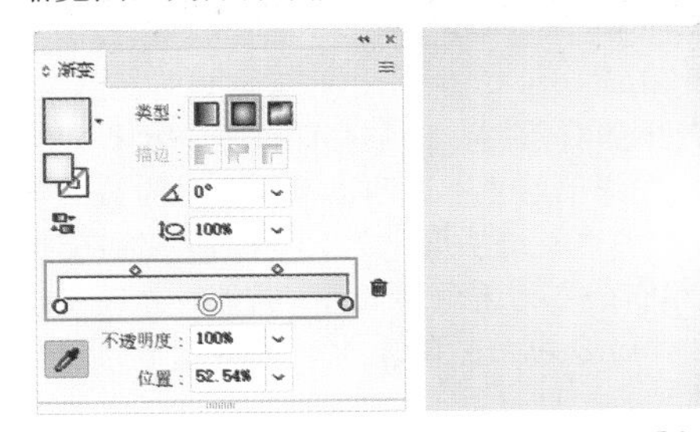

图9-147　图9-148

步骤02 添加素材。执行“文件>打开”命令，打开素材1.ai。在画面中选择所有对象，按快捷键Ctrl+C进行复制，如图9-149所示。回到当前文档中，按快捷键Ctrl+V进行粘贴，将其移动到适当位置，并调整合适的大小，如图9-150所示。

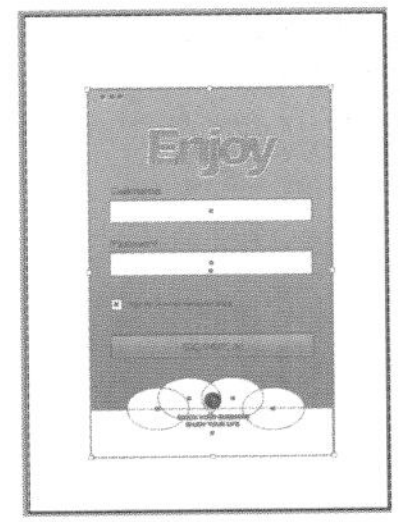

图9-149

图9-150

步骤03 单击工具箱中的“自由变换工具”按钮，接着选择“自由扭曲工具”，将光标定位在右上角控制点上，按住鼠标左键向上拖曳，如图9-151所示。继续将光标定位在右下角控制点上，按住鼠标左键向下拖曳，使界面产生透视感，如图9-152所示。

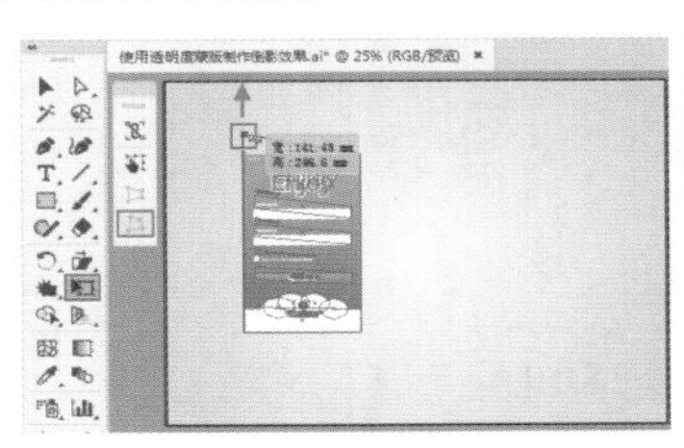

图9-151

图9-152

步骤04 双击工具箱中的“镜像工具”按钮，在弹出的“镜像”窗口中选中“水平”单选按钮，单击“复制”按钮，如图9-153所示。选择刚刚复制出的对象，将其向下拖曳，如图9-154所示。

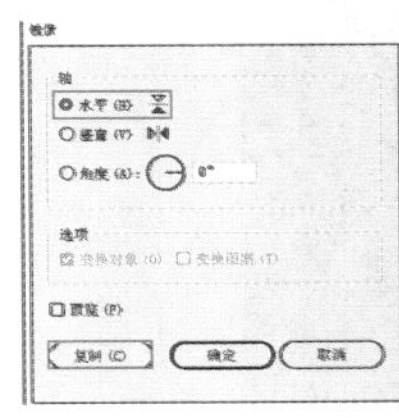

图9-153

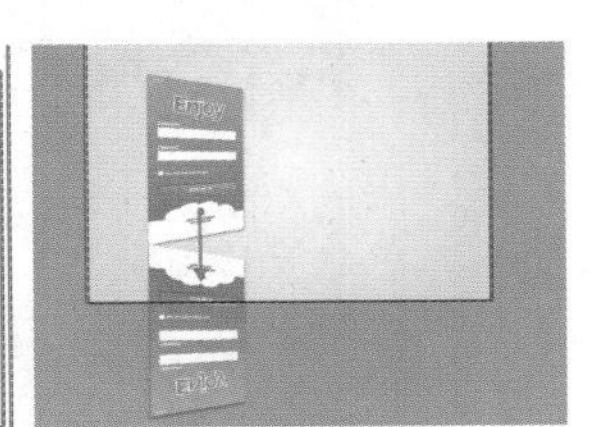

图9-154

步骤05 单击工具箱中的“自由变换工具”按钮，接着选择“自由扭曲工具”，将光标定位在控制点上，按住鼠标左键向上拖曳进行变换，如图9-155所示。

图9-155

步骤06 单击工具箱中的“钢笔工具”按钮，在控制栏中设置填充为黑色系渐变，描边为无，在画面底部绘制一个四边形，并设置合适的渐变，如图9-156所示。执行“窗口>透明度”命令，打开“透明度”面板。接着加选底层图像，单击“制作蒙版”按钮，创建蒙版，如图9-157所示。此时底部大部分区域被隐藏，效果如图9-158所示。

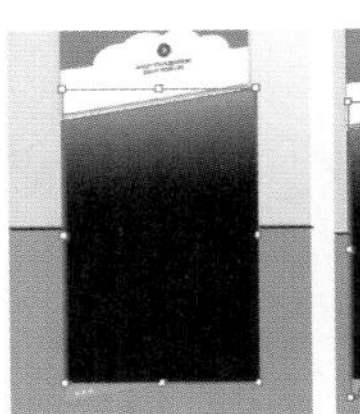

图9-156

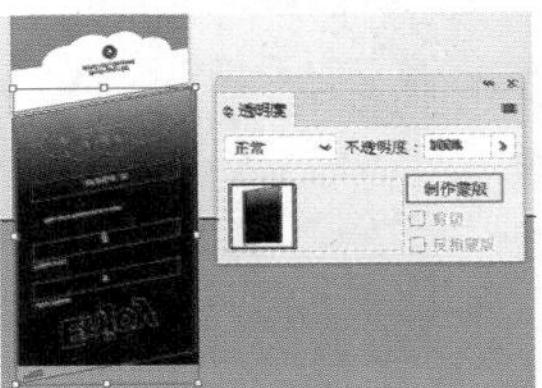

图9-157

图9-158

步骤 07 在“图层”面板中按住Ctrl键单击选择这两个图层，按快捷键Ctrl+C进行复制，按快捷键Ctrl+V进行粘贴，并将其移动到适当位置，如图9-159所示。继续复制出另外一组，最终效果如图9-160所示。

图9-159

图9-160

综合实例：社交软件登录界面设计

扫一扫，看视频

文件路径	资源包\第9章\综合实例：社交软件登录界面设计
难易指数	★★★★★
技术掌握	透明度的设置、混合模式的设置

实例效果

本实例演示效果如图9-161所示。

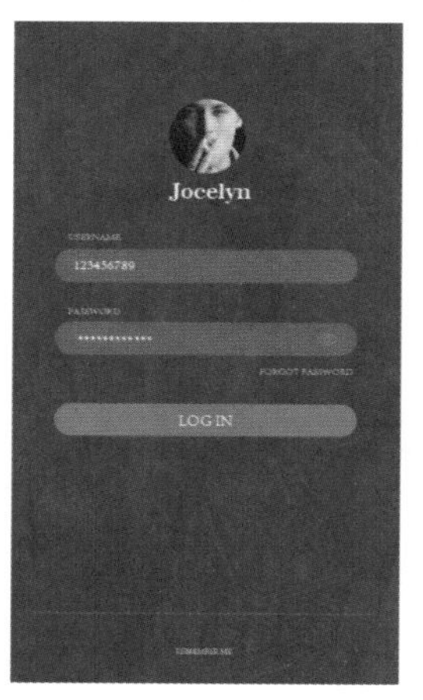

图9-161

操作步骤

步骤 01 执行“文件>新建”命令或按快捷键Ctrl+N，创建新文档。单击工具箱中的“矩形工具”按钮，在控制栏中设置填充为紫色，描边为无，绘制一个矩形，如图9-162所示。

图9-162

步骤 02 添加素材。执行“文件>置入”命令，置入素材1.jpg，然后单击控制栏中的“嵌入”按钮，将其嵌入画板中。单击工具箱中的“矩形工具”按钮，绘制一个与底色等大的矩形，如图9-163所示。选中矩形与置入的素材，右击，在弹出的快捷菜单中执行“建立剪切蒙版”命令，多余部分被隐藏，如图9-164所示。

图9-163　　图9-164

步骤 03 制作透明效果的背景图。选中位图部分，执行“窗口>透明度”命令，在弹出的“不透明度”面板中设置“混合模式”为“正常”，“不透明度”为10%，如图9-165所示。然后单击工具箱中的“圆角矩形工具”按钮，在控制栏中设置填充为灰色，描边为无，在画面中绘制一个圆角矩形，如图9-166所示。

图9-165　　图9-166

步骤 04 选中圆角矩形，按快捷键Ctrl+C、Ctrl+V复制出另外两个圆角矩形，并修改填充颜色，如图9-167所示。单击工具箱中的“直线段工具”按钮，在控制栏中设置填充为白色，描边为无，绘制一个直线路径，如图9-168所示。

图9-167　　图9-168

步骤 05 在第二个圆角矩形的右侧绘制图标。单击工具箱中的“椭圆工具”按钮，绘制一个椭圆形，如图9-169所示。继续在这个椭圆形内部再绘制一个椭圆形，如图9-170所示。

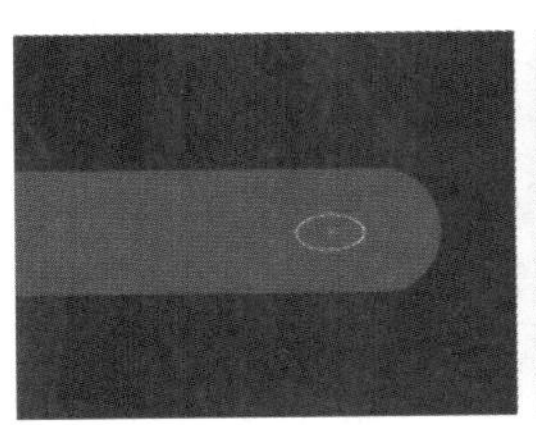

图9-169

图9-170

步骤 06 执行“文件>置入”命令，置入素材2.jpg，调整合适的大小。继续使用椭圆工具，绘制一个正圆形，如图9-171所示。选中圆形与置入的素材，右击，在弹出的快捷菜单中执行“建立剪切蒙版”命令。效果如图9-172所示。

图9-171

图9-172

步骤 07 单击工具箱中的“文字工具”按钮，设置合适的字体及大小，在用户头像下方单击并输入文字。使用同样的方法添加其他文字，并设置合适的颜色、字体及大小，输入文字，放到相应的位置。最终效果如图9-173所示。

图9-173

9.5 课后练习：舞蹈俱乐部三折页

文件路径	资源包\第9章\课后练习：舞蹈俱乐部三折页
难易指数	★★★★★
技术要点	透明度设置、图像描摹

扫一扫，看视频

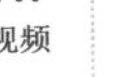

实例效果

本实例演示效果如图9-174和图9-175所示。

图9-174

图9-175

9.6 模拟考试

主题：设计一款中式风格房地产海报。

要求：

（1）海报主题明确，风格统一。

（2）可在画面中应用中式元素图片或中式矢量元素。

（3）画面层次丰富，根据需要添加阴影效果、设置混合模式、调整不透明度。

（4）版面需要包含标题文字及大段正文文字。

考查知识点：文本工具、钢笔工具、阴影效果、透明度面板。

效果

本章内容简介：

“效果”是一种依附于对象外观的功能。利用这一功能可以在不更改对象原始信息的基础上使对象产生外形的变化，或者产生某种绘画效果。在“效果”菜单中可以看到很多效果组，每个效果组中又包含多种效果。这些效果可以使对象产生形态上的变化，或者在外观上呈现出特殊的效果。添加后的效果可以在“外观”面板中重新进行编辑。

重点知识掌握：

- 掌握“外观”面板的使用方法
- 掌握效果的使用方法
- 掌握Photoshop效果画廊的使用方法

通过本章的学习，我能做什么？

通过本章的学习，我们可以制作各种3D效果，如制作3D广告文字、3D书籍、3D包装盒等；可以对图形进行扭拧、扭转、收缩、膨胀等变形操作；利用Photoshop效果还可以模拟出各种各样的特殊绘画效果，如素描、炭笔画、油画等。

10.1 应用“效果”

扫一扫，看视频

Illustrator中包含大量的“效果”。“效果”是一种依附于对象外观的功能，利用该功能可以在不更改对象原始信息的前提下使对象产生外形的变化，或者产生某种绘画效果。在“效果”菜单中可以看到很多效果组，每个效果组中又包含多种效果。其中大致分为两大类，即Illustrator效果和Photoshop效果，如图10-1所示。

Illustrator效果大多可以使所选对象产生外形上的变化，而Photoshop效果则更多是使对象产生一种不同的“视觉效果”，如绘画感效果或者纹理效果等。Photoshop效果与Photoshop中的滤镜功能非常相似，参数也几乎完全相同。使用过Photoshop的朋友肯定对这些效果很熟悉。

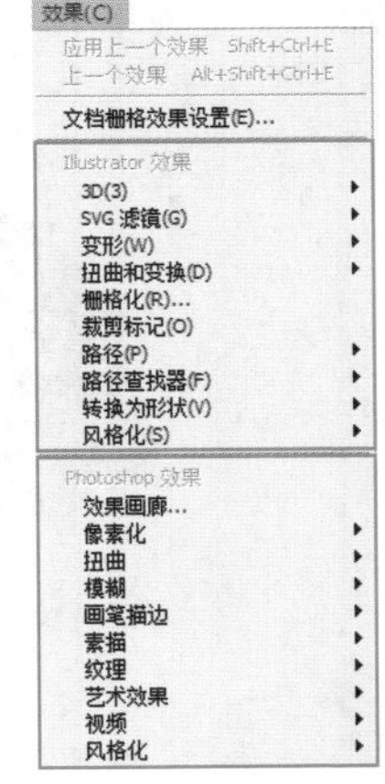

图10-1

提示：“效果”的作用范围。

Illustrator 效果主要为矢量对象服务，但是很多效果也可以应用于位图对象。Photoshop 效果虽然是位图特效，但是也都可以应用于矢量图形。

重点 10.1.1 动手练：为对象应用效果

“效果”菜单中有很多效果命令，这些命令所产生的效果不尽相同，但是操作方法却大同小异，本节以“外发光”效果为例进行讲解。

选中要添加效果的对象，如图10-2所示。执行“效果>风格化>外发光”命令，弹出“外发光”窗口。在该窗口中可以进行相关参数的各种设置，如勾选“预览”复选框可以直观地预览应用后的效果。设置完成后单击“确定”按钮，如图10-3所示。稍等片刻即可看到外发光效果，如图10-4所示。

图10-2

外发光
模式 (M)：正常
不透明度 (O)：100%
模糊 (B)：6 mm
预览 (P) 确定 取消

图10-3

图10-4

重点 10.1.2 使用“外观”面板管理效果

执行“窗口>外观”命令（快捷键：Shift+F6），打开“外观”面板。在该面板中显示了所选对象的描边、填充等属性，如图10-5所示。如果所选对象已被添加过效果，那么该效果也会显示在该面板中，如图10-6所示。

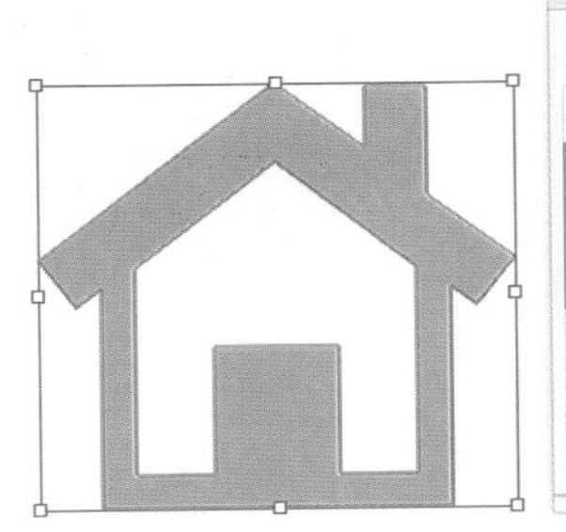
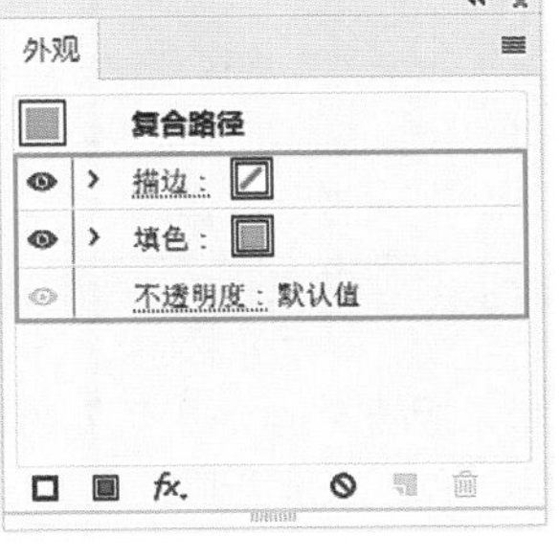

图10-5

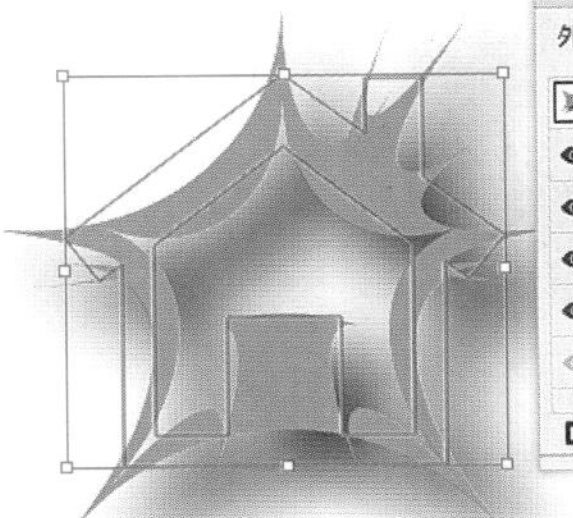

图10-6

1. 为对象添加效果

在“外观”面板中可以直接为对象添加、修改或删除效果。选择一个图形对象，如图10-7所示。接着单击“外观”面板中的“添加新效果”按钮fx，在弹出的菜单中执行某一效果命令，如执行“风格化>投影”命令，如图10-8所示。随即会弹出“投影”窗口，在其中进行相应的设置即可，如图10-9所示。

图10-7　图10-8　图10-9

2. 编辑已有的效果

在“外观”面板中显示了当前对象的填充、描边、效果等内容。选中带有效果的对象，如图10-10所示。在“外观”面板中单击效果名称，可以重新打开效果的参数设置窗口，在这里可以进行参数的更改，如图10-11所示。

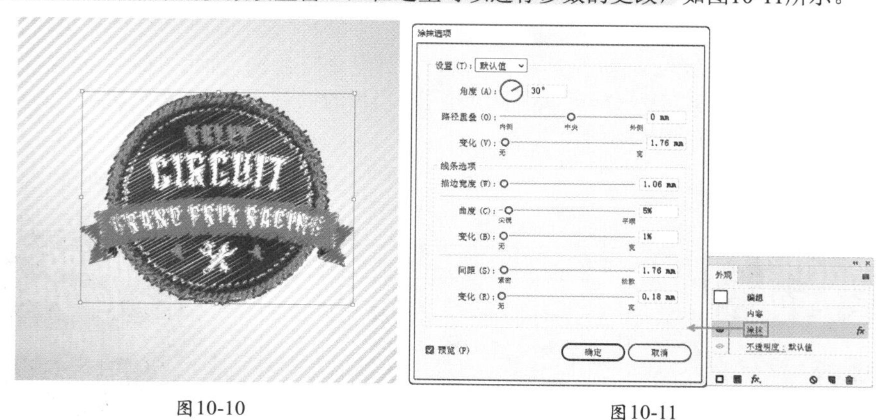

图10-10　图10-11

3. 调整效果的排列顺序

效果的上下排列顺序会影响到对象的显示效果，上层的效果会遮挡下层的效果，如图10-12所示。想要调整效果的顺序，可以在效果上按住鼠标左键将其拖动到合适的位置，如图10-13所示。松开鼠标，效果如图10-14所示。

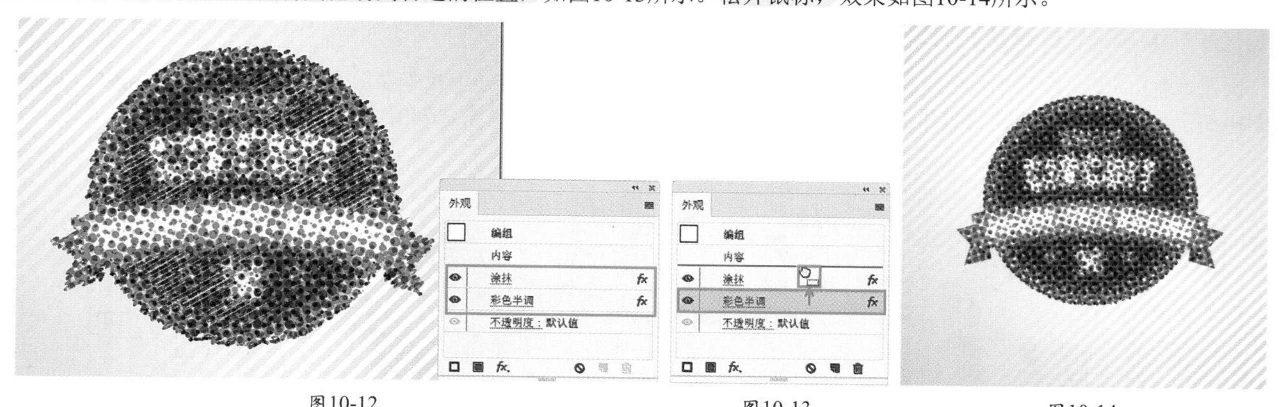

图10-12　图10-13　图10-14

4. 删除某种效果

如果要删除对象的某种效果，可以选择该效果，然后单击“外观”面板底部的“删除”按钮，随即效果就被删除了，如图10-15所示。

图10-15

5. 清除外观

使用“外观”面板菜单中的“清除外观”命令，可以清除所选对象的所有效果。首先选择带有效果的图形，如图10-16所示。接着单击面板菜单按钮，在弹出的菜单中执行“清除外观”命令，如图10-17所示。随即图形将清除所有外观，还原到最初的效果，如图10-18所示。

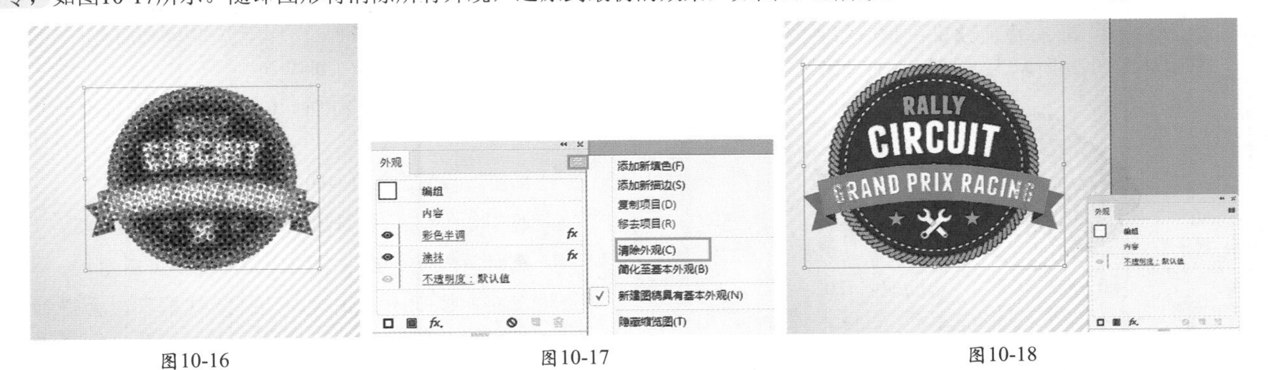

图10-16　　图10-17　　图10-18

10.2 3D

执行“效果>3D”命令，在弹出的子菜单中可以看到有3种效果，即“凸出和斜角”“绕转”和“旋转”，如图10-19所示。这些效果用于将二维对象创建出三维的效果。这些效果不仅可以作用于矢量图形，还可以为位图对象创建3D效果。

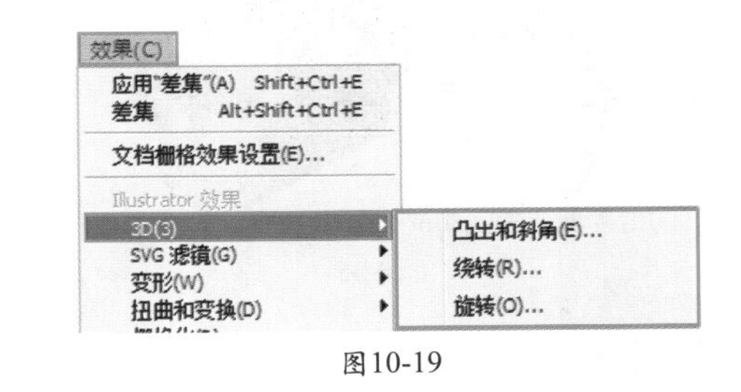

图10-19

重点 10.2.1 凸出和斜角

“凸出和斜角”效果可以为矢量图形或位图对象增添厚度，使之产生凸出于平面的立体效果。选中一个对象，如图10-20所示。然后执行“效果>3D>凸出和斜角”命令，在弹出的“3D凸出和斜角选项”窗口中可以设置“位置”“凸出厚度”等参数，以改变3D对象的效果，如图10-21所示。设置完成后单击“确定”按钮，效果如图10-22所示。

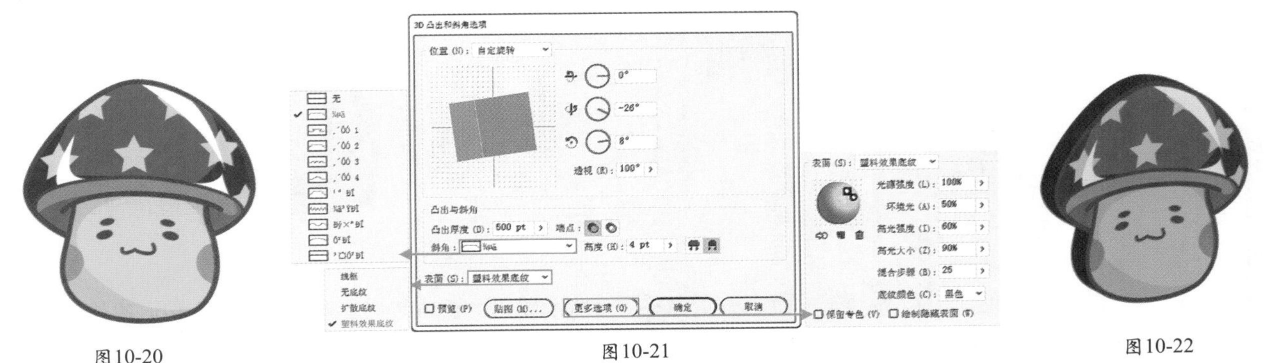

图10-20　　图10-21　　图10-22

- 位置：设置对象如何旋转以及观看对象的透视角度。在该下拉列表框中可以选择系统提供的预设选项，也可以通过右下方的3个文本框进行不同方向的旋转调整，还可以直接使用鼠标拖曳。如图10-23所示为不同数值的对比效果。

图10-23

- 透视：通过调整该参数，调整该对象的透视效果。数值为0°时，没有任何效果；角度越大透视效果越明显。如图10-24所示为不同数值的对比效果。

(a)透视：100°　(b)透视：120°

图10-24

- 凸出厚度：设置对象深度。数值越大，对象越厚。图10-25所示为不同数值的对比效果。

(a)凸出厚度：50pt　(b)凸出厚度：500pt

图10-25

- 端点：指定显示的对象是实心（开启端点 ）还是空心（关闭端点 ），如图10-26所示。

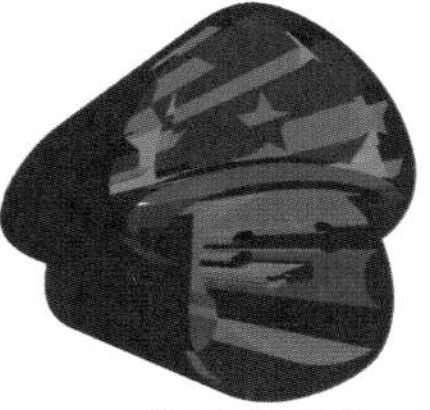

(a)开启端点　(b)关闭端点

图10-26

- 斜角：沿对象的深度轴（z 轴）应用所选类型的斜角边缘。
- 高度：设置介于 1 ~100 的高度值。
- 斜角外扩：将斜角添加至对象的原始形状。
- 斜角内缩：自对象的原始形状砍去斜角。
- 表面：控制表面底纹。选择“线框”，会得到对象几何形状的轮廓，并使每个表面透明；选择“无底纹”，不向对象添加任何新的表面属性；选择“扩散底纹”，可以使对象以一种柔和、扩散的方式反射光；选择“塑料效果底纹”，可以使对象以一种闪烁、光亮的材质模式反射光。
- 预览：勾选该复选框，可以实时观察到参数调整的效果。
- 更多选项：单击该按钮，可以在展开的参数窗口中设置光源强度、环境光、高光强度等参数。

10.2.2 绕转

绕转效果可将路径或图形沿垂直方向做圆周运动，使2D图形产生3D效果。首先选中对象，如图10-27所示。然后执行“效果>3D>绕转”命令，在弹出的“3D绕转选项”窗口中对相关参数进行设置，如图10-28所示。单击“确定”按钮，即可创建“绕转”效果，如图10-29所示。

图10-27

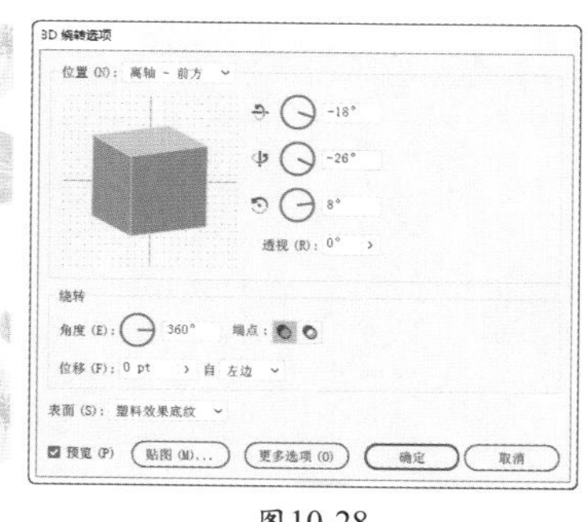

图10-28

图10-29

- 角度：设置绕转的角度。360°时绕转一周，形成完整的形状；数值小于360°时，产生的是带有切面的效果。如图10-30所示为不同参数的对比效果。

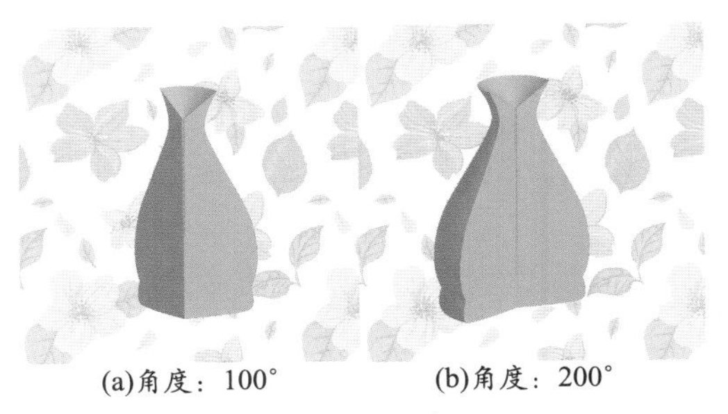

(a)角度：100°　　(b)角度：200°

图10-30

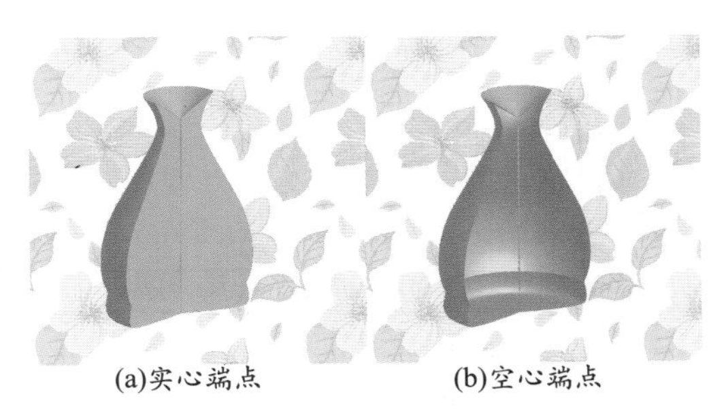

(a)实心端点　　(b)空心端点

图10-31

- 端点：指定显示的对象是实心（打开端点）还是空心（关闭端点）对象，如图10-31所示。
- 位移：在绕转轴与路径之间添加距离。
- 自：设置对象绕之转动的轴，包括“左边”和“右边”。
- 表面：在该下拉列表框中选择3D对象表面的质感。

10.2.3 旋转

“旋转”命令可以使2D或3D对象进行3D空间上的旋转。首先选中对象，如图10-32所示。然后执行“效果>3D>旋转”命令，在弹出的“3D旋转选项”窗口中，按住鼠标左键拖曳“旋转控件”，或者在右侧设置精确的旋转角度值，如图10-33所示。设置完成后单击“确定”按钮，旋转效果如图10-34所示。

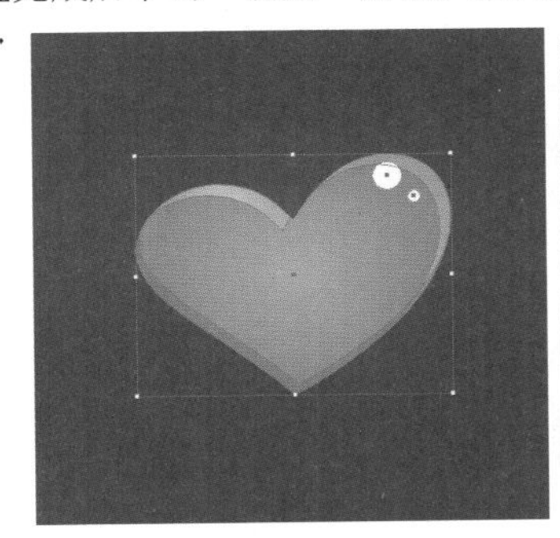

图 10-32

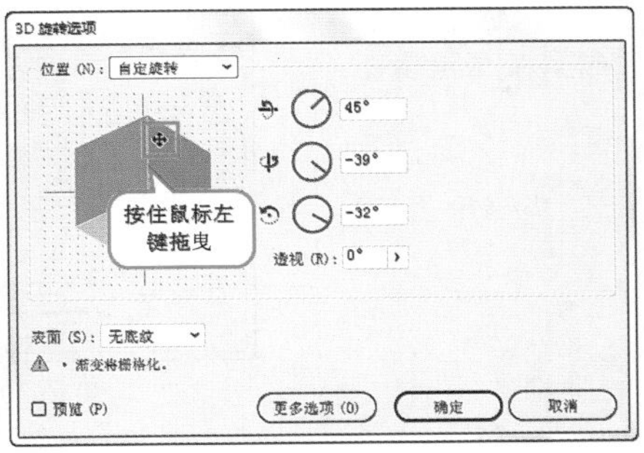

图 10-33

图10-34

- 位置：用于设置对象如何旋转以及观看对象的透视角度。
- 透视：用来控制透视的角度。
- 表面：创建各种形式的表面，从黯淡、不加底纹的不光滑表面到平滑、光亮，看起来类似塑料的表面。

10.3 SVG滤镜

Illustrator提供了一组默认的 SVG滤镜（执行“效果>SVG滤镜”命令，在弹出的子菜单中即可看到一系列命令，如图10-35所示），利用这些滤镜可以为对象制作各种特殊效果。 此外，也可以编辑 XML 代码以生成自定义效果，或者写入新的 SVG滤镜效果。

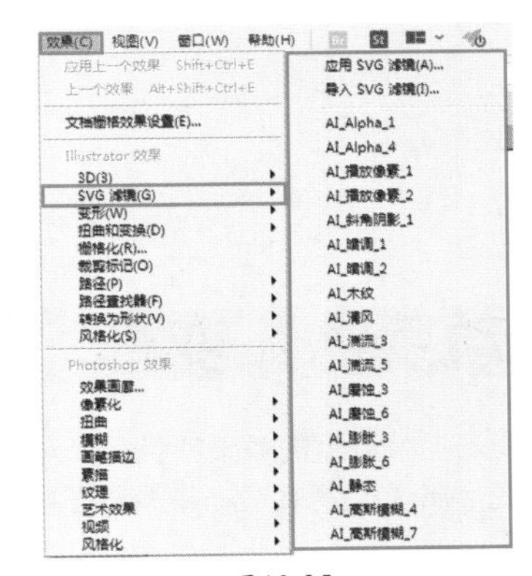

图10-35

10.3.1 认识“SVG 滤镜”

选择一个图形，如图10-36所示。执行“效果>SVG滤镜>应用SVG滤镜”命令，打开“应用SVG滤镜”窗口。在其中选择一种效果，如图10-37所示。勾选“预览”复选框，可以在画面中看到相应的效果。单击“确定”按钮，即可应用选定的SVG滤镜。如图10-38所示为应用SVG滤镜的预览效果。

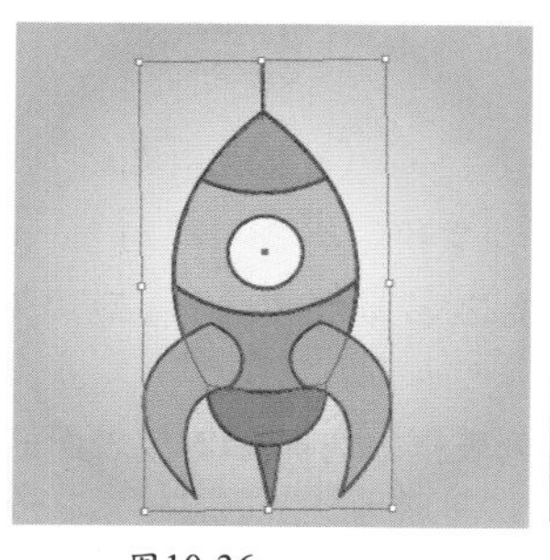

图10-36

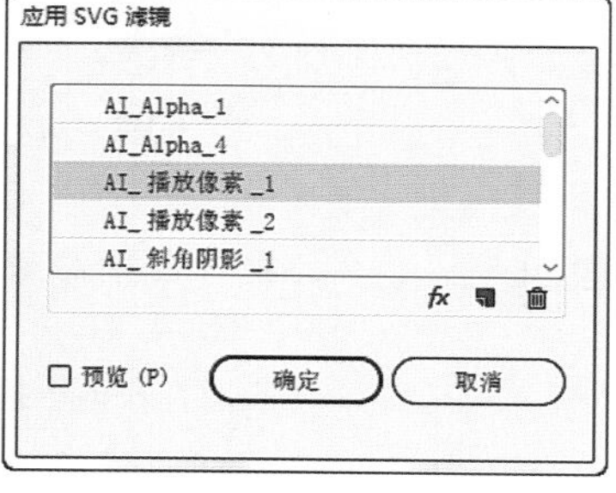

图10-37

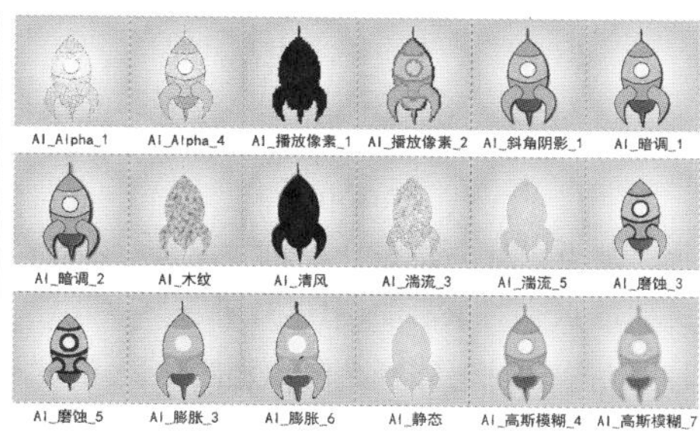

图10-38

10.3.2 编辑“SVG 滤镜”

如果要对已有的SVG滤镜效果进行更改，可以在“应用SVG滤镜”窗口中选择要编辑的滤镜，单击“编辑SVG滤镜”按钮 fx ，如图10-39所示。在弹出的“编辑SVG滤镜”窗口中修改默认代码，然后单击“确定”按钮，完成编辑操作，如图10-40所示。

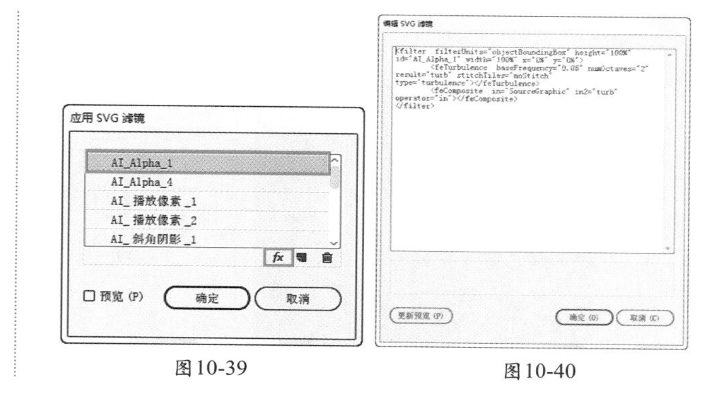

图10-39　　图10-40

10.3.3 自定义“SVG 滤镜”

除了自带的“SVG滤镜”外，用户还可以自己创建“SVG滤镜”（这需要用户具有一定的计算机代码基础）。选中对象，在“应用 SVG 滤镜”窗口中单击“新建 SVG 滤镜”按钮 ，如图10-41所示。在弹出“编辑SVG滤镜”窗口中输入新代码，即可新建自定义SVG滤镜，如图10-42所示。

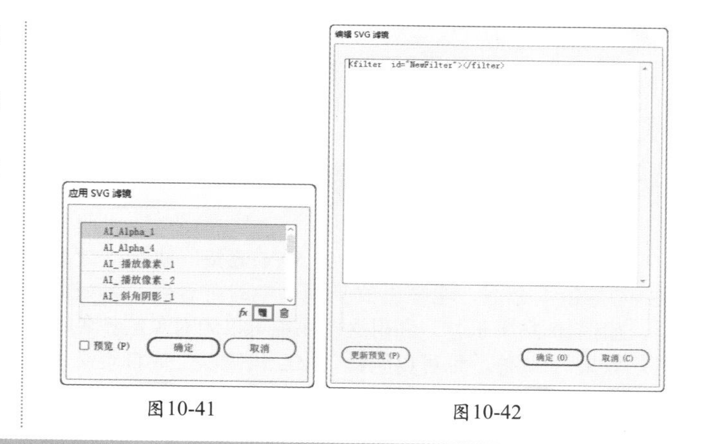

图10-41　　图10-42

10.4 动手练：变形

实际上“变形”效果组的效果和执行“对象>封套扭曲>用变形建立”命令的效果是相同的，但是使用“变形”效果组下的命令进行的变形属于“效果”，并不是直接应用在对象本身的，不仅可以轻松隐藏效果，还可以通过“外观”面板重新进行参数的编辑。

(1）选择要变形的对象，如图10-43所示。接着执行“效果>变形”命令，在弹出的子菜单中选择变形类型，如图10-44所示。

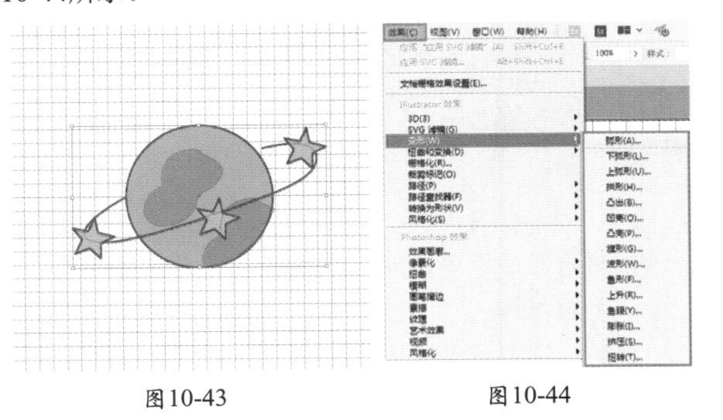

图10-43　　图10-44

(2）在弹出的“变形选项”窗口中设置变形的“样式”，也可以通过改变参数以更改变形效果，如图10-45所示。效果如图10-46所示。

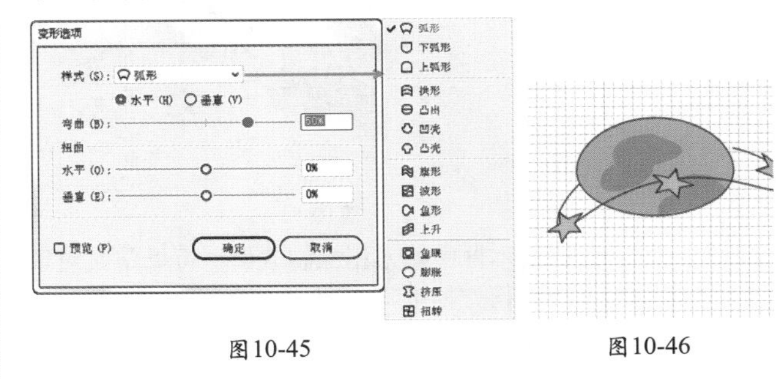

图10-45　　图10-46

10.5 扭曲和变换

执行“效果>扭曲和变换”命令，在弹出的子菜单中可以看到有7种效果，即“变换”“扭拧”“扭转”“收缩和膨胀”“波纹效果”“粗糙化”和“自由扭曲”，如图10-47所示。利用这些效果可以很方便地改变对象的形状，但它不会永远改变对象的基本几何形状。因为“扭曲和变换”的效果是实时的，我们可以随时在“外观”面板中修改或删除所应用的效果。

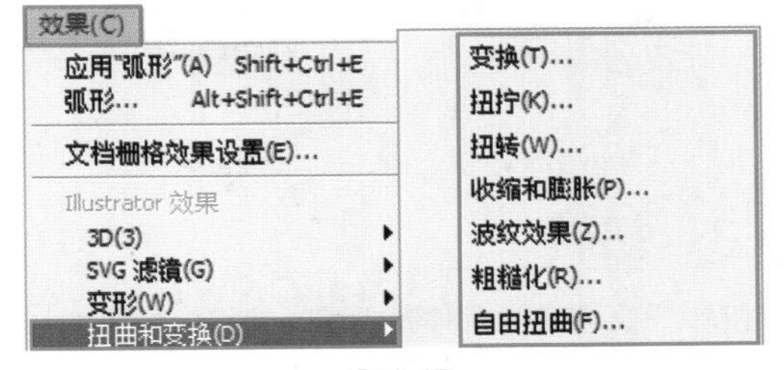

图10-47

10.5.1 变换

“变换”效果可以进行缩放、移动、旋转或镜像等操作。首先选中对象，如图10-48所示。然后执行“效果>扭曲和变换>变换”命令，在弹出的“变换效果”窗口中进行相应的参数设置，如图10-49所示。单击“确定”按钮，效果如图10-50所示。

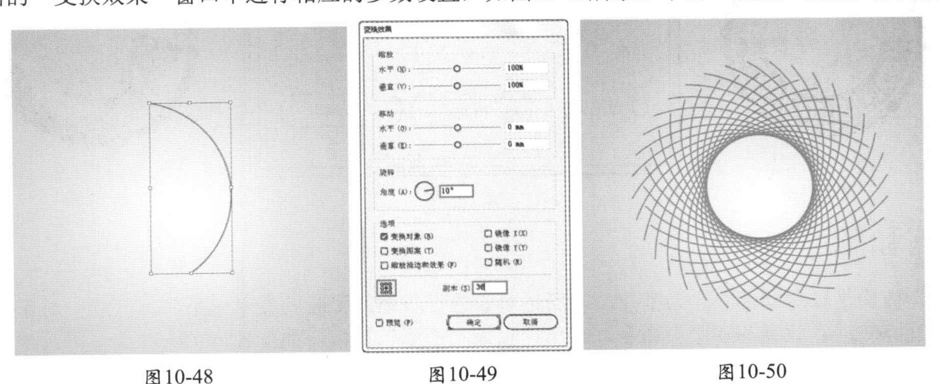

图10-48　　图10-49　　图10-50

10.5.2 扭拧

“扭拧”效果可以将所选矢量对象随机地向内或向外弯曲和扭曲。首先选中对象，如图10-51所示。然后执行“效果>扭曲和变换>扭拧”命令，在弹出的“扭拧”窗口中进行相应的参数设置，如图10-52所示。单击“确定”按钮，效果如图10-53所示。

图10-51

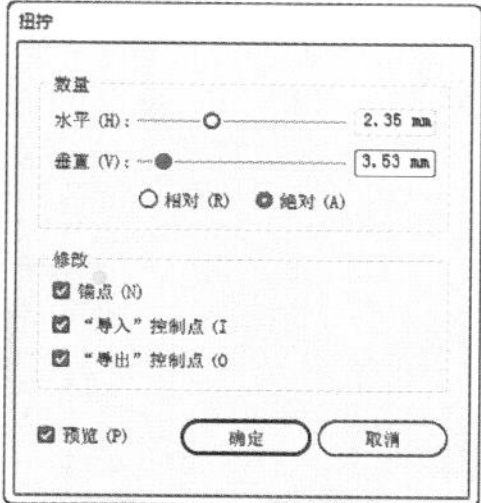

图 10-52

图10-53

- 水平：在该文本框中输入相应的数值，可以定义对象在水平方向的扭拧幅度，如图10-54所示。
- 垂直：在该文本框中输入相应的数值，可以定义对象在垂直方向的扭拧幅度，如图10-55所示。

图10-54

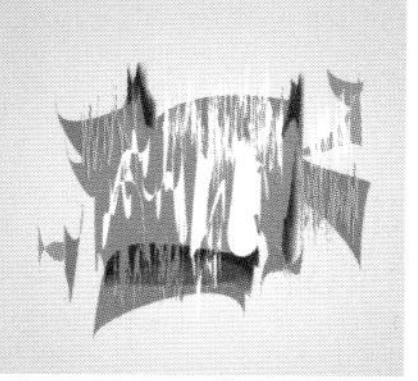
图10-55

- 相对：选中该单选按钮时，将定义调整的幅度为原水平的百分比。
- 绝对：选中该单选按钮时，将定义调整的幅度为具体的尺寸。
- 锚点：勾选该复选框时，将修改对象中的锚点。
- “导入”控制点：勾选该复选框时，将修改对象中的导入控制点。
- “导出”控制点：勾选该复选框时，将修改对象中的导出控制点。

10.5.3 扭转

“扭转”效果可以顺时针或逆时针扭转对象的形状。首先选中对象，如图10-56所示。然后执行“效果>扭曲和变换>扭转”命令，在弹出的“扭转”窗口中，通过对“角度”数值的设置定义对象扭转的角度，如图10-57所示。单击“确定”按钮，效果如图10-58所示。

图10-56

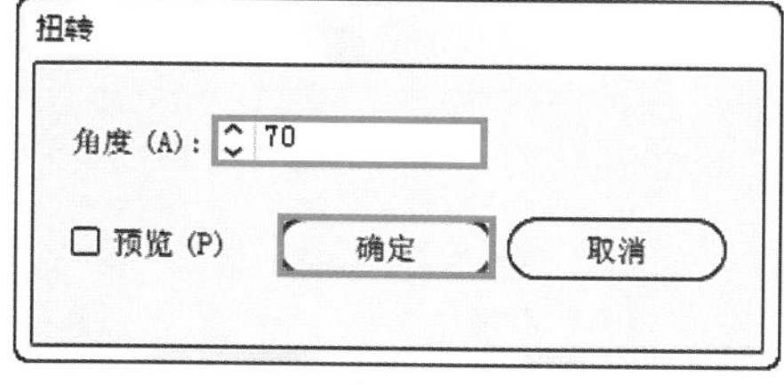

图10-57

图10-58

10.5.4 收缩和膨胀

“收缩和膨胀”效果是以对象中心点为基点，对所选对象进行收缩或膨胀的变形调整。首先选中对象，如图10-59所示。然后执行“效果>扭曲和变换>收缩和膨胀”命令，弹出“收缩和膨胀”窗口，如图10-60所示。

在该窗口中向左拖曳滑块可以进行“收缩”变形，效果如图10-61所示；向右拖曳滑块可以进行“膨胀”变形，效果如图10-62所示。

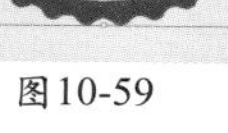
图10-59

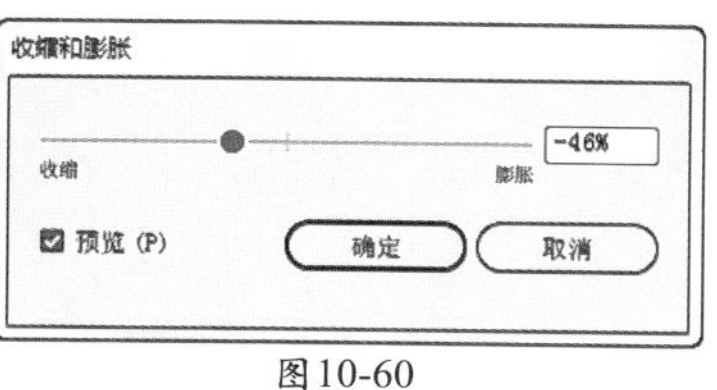

图10-60

图 10-61

图10-62

10.5.5 波纹效果

"波纹"效果可以使路径边缘产生波纹化的扭曲。首先选中对象，如图10-63所示。然后执行"效果>扭曲和变换>波纹效果"命令，在弹出的"波纹效果"窗口中进行相应的参数设置，单击"确定"按钮，如图10-64所示。应用该效果时，将在路径内侧和外侧分别生成波纹或锯齿状线段锚点，如图10-65所示。

图10-63　　图10-64　　图10-65

- 大小：用于设置波纹效果的大小尺寸。数值越小，波纹的起伏越弱；数值越大，波纹的起伏越强烈。如图10-66和图10-67所示是参数分别为4mm和10mm的效果。

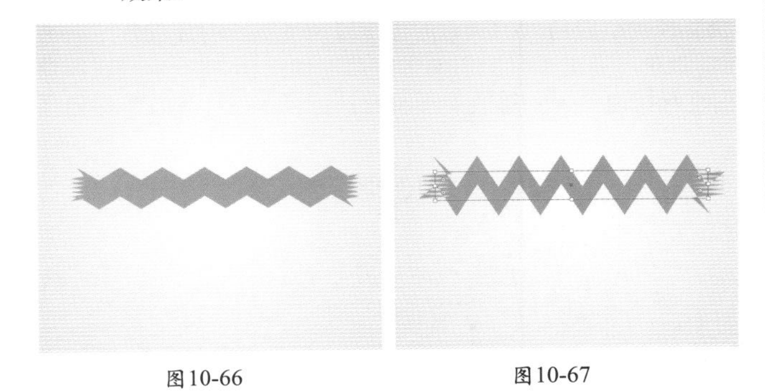

图10-66　　图10-67

- 相对：选中该单选按钮时，将定义调整的幅度为原水平的百分比。
- 绝对：选中该单选按钮时，将定义调整的幅度为具体的尺寸。
- 每段的隆起数：通过调整该参数，定义每一段路径出现波纹隆起的数量，数值越大，波纹越密集。如图10-68和图10-69所示是参数分别为10和50的效果。

图10-68　　图10-69

- 平滑：选中该单选按钮时，将使波纹的效果比较平滑，如图10-70所示。
- 尖锐：选中该单选按钮时，将使波纹的效果比较尖锐，如图10-71所示。

图10-70　　图10-71

10.5.6 粗糙化

"粗糙化"效果可以使矢量图形边缘处产生各种大小的尖峰和凹谷的锯齿，使对象看起来很粗糙。首先选中对象，如图10-72所示。执行"效果>扭曲和变换>粗糙化"命令，在弹出的"粗糙化"窗口中进行相应的参数设置，如图10-73所示。单击"确定"按钮，效果如图10-74所示。

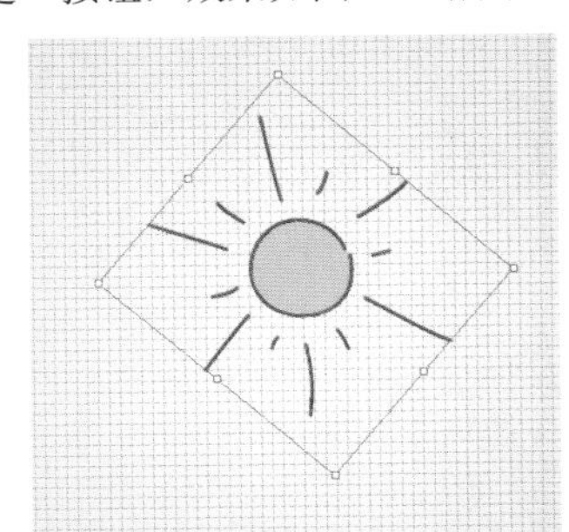

图10-72　　图10-73　　图10-74

- 大小：用于设置图形边缘处粗糙化效果的尺寸。数值越大，粗糙程度越大，如图10-75所示为不同参数的对比效果。

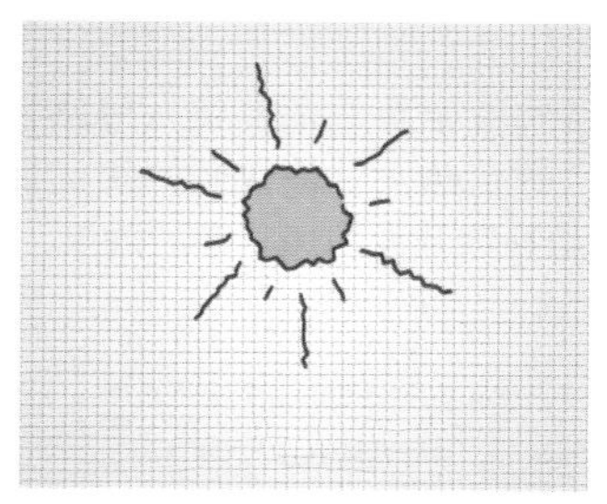
（a）大小：5%

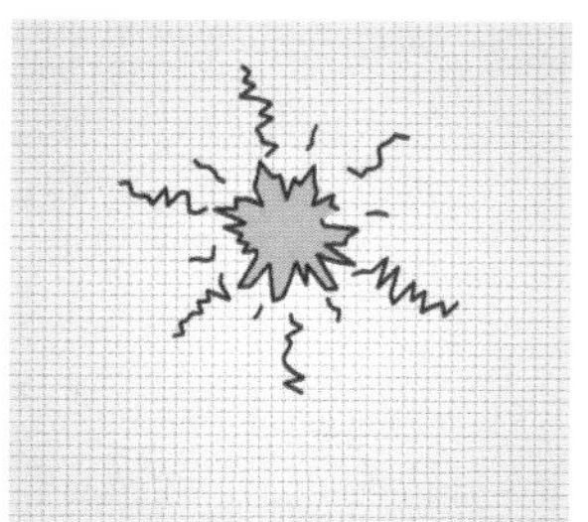
（b）大小：20%

图10-75

- 相对：选中该单选按钮时，将定义调整的幅度为原水平的百分比。
- 绝对：选中该单选按钮时，将定义调整的幅度为具体的尺寸。
- 细节：通过调整该参数，定义粗糙化细节每英寸出现的数量。数值越大，细节越丰富，如图10-76所示为不同参数的对比效果。

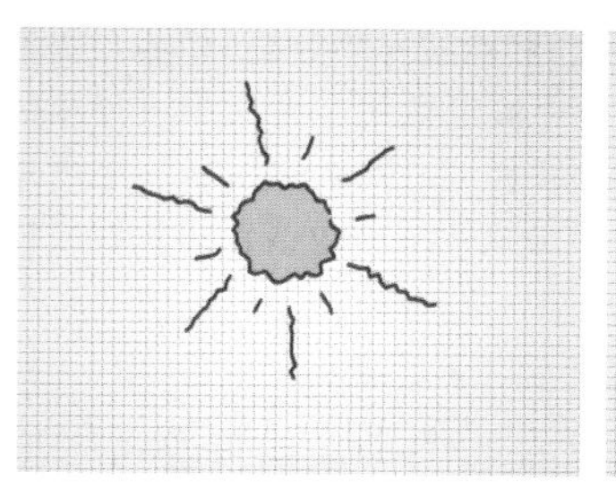
（a）细节：10

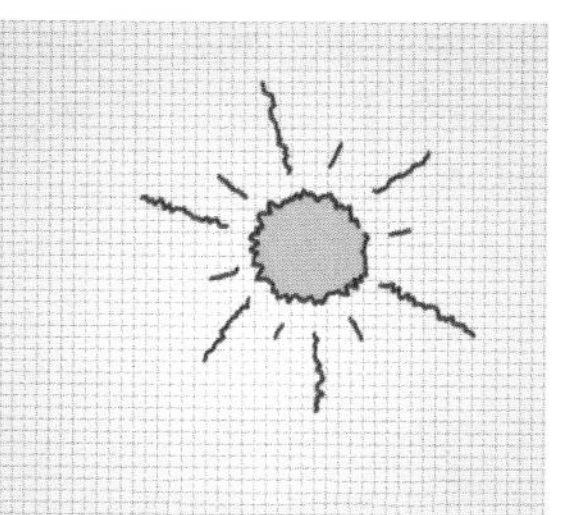
（b）细节：20

图10-76

- 平滑：选中该单选按钮时，将使粗糙化的效果比较平滑。
- 尖锐：选中该单选按钮时，将使粗糙化的效果比较尖锐。

10.5.7 自由扭曲

“自由扭曲”效果通过为对象添加一个虚拟的方形控制框，调整控制框四角处控制点的位置来改变矢量对象的形状。首先选中对象，如图10-77所示。执行“效果>扭曲和变换>自由扭曲”命令，弹出“自由扭曲”窗口，如图10-78所示。在该窗口中拖曳控制点可以进行自由扭曲。我们可以根据窗口中的缩览图进行扭曲，若觉得效果不满意，可以单击“重置”按钮。当扭曲操作完成后单击“确定”按钮，扭曲效果如图10-79所示。

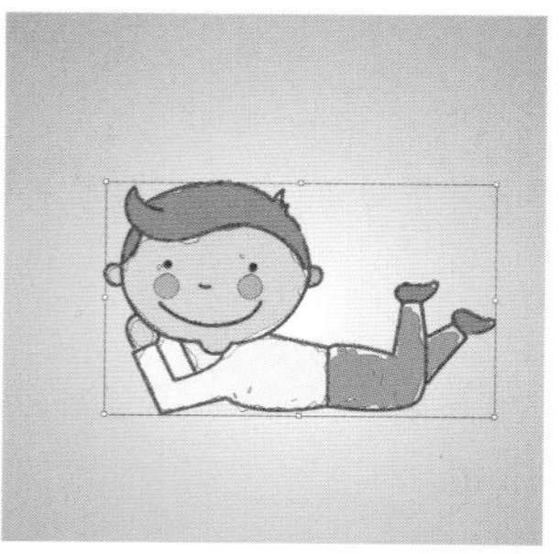

图10-77

图10-78

图10-79

举一反三：使用“自由扭曲”制作立体书

书籍封面的平面图制作好后，可以通过制作书籍的立体效果来更加直观地展示书籍成品效果。

（1）打开立体书籍模板的素材，如图10-80所示。接着将封面图放置在立体书籍上，如图10-81所示。

扫一扫，看视频

图10-80

图10-81

（2）执行“效果>扭曲和变换>自由扭曲”命令，弹出“自由扭曲”窗口，然后依次按住并拖曳控制点，进行控制点位置的调整，使封面部分扭曲并与立体书籍形态相匹配，如图10-82所示。调整完成后单击“确定”按钮，然后适当调整位置，书籍展示效果如图10-83所示。

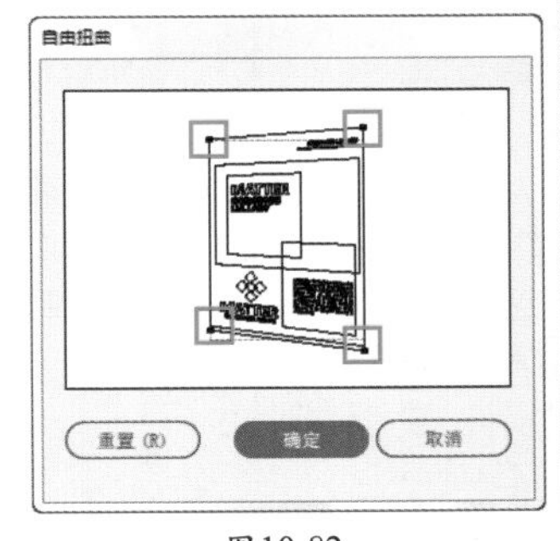

自由扭曲
重置 (R)
确定
取消

图10-82

MATTER
GORGEOUS
LULLABY
MATTER

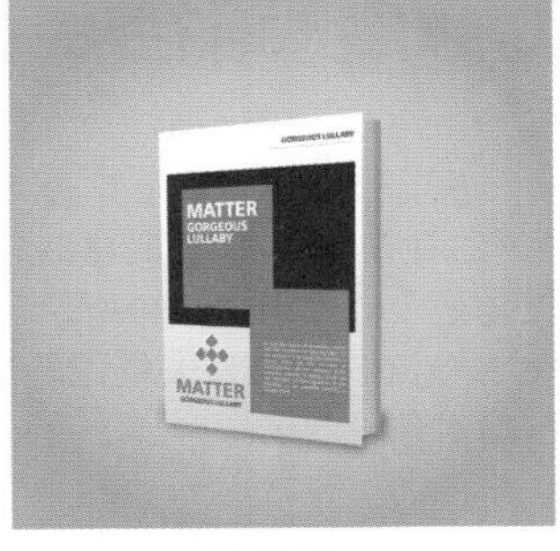

图10-83

10.6 栅格化效果

执行“效果>栅格化”命令与执行“对象>栅格化”命令不同，执行“对象>栅格化”命令是将矢量图转换为位图，其属性发生了改变；而执行“效果>栅格化”命令可以创建栅格化外观，但是还可以通过“外观”面板进行更改，也就是本质上它还是矢量对象，并没有变为位图对象。选择图形，如图10-84所示。接着执行“效果>栅格化”命令，在弹出的“栅格化”窗口中进行相应的参数设置，如图10-85所示。单击“确定”按钮，矢量对象边缘呈现出位图特有的“锯齿感”，如图10-86所示。

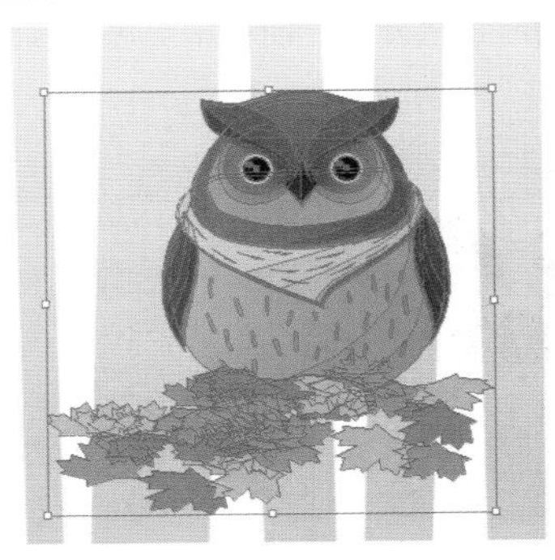

图10-84

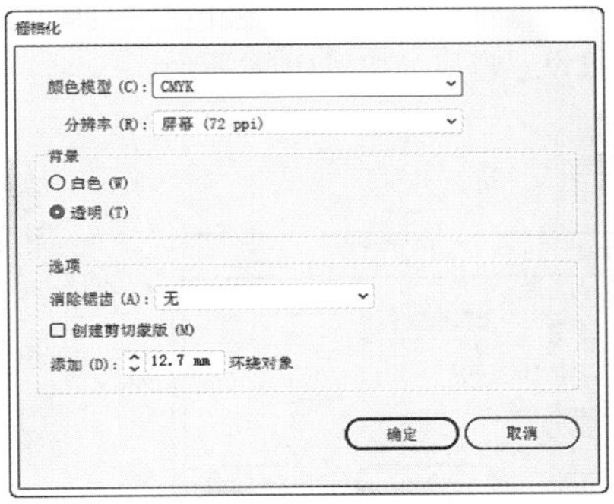

栅格化
颜色模型 (C): CMYK
分辨率 (R): 屏幕 (72 ppi)
背景
白色 (W)
透明 (T)
选项
消除锯齿 (A): 无
创建剪切蒙版 (M)
添加 (D): 12.7 mm 环绕对象
确定
取消

图10-85

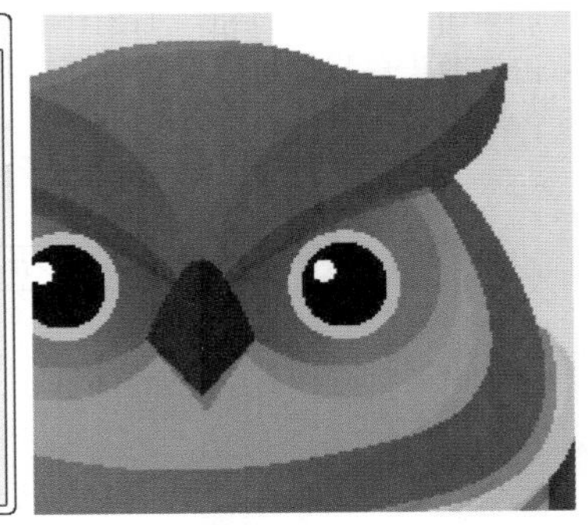

图10-86

- 颜色模型：用于确定栅格化过程中所用的颜色模型。
- 分辨率：用于确定栅格化图像中的每英寸像素数。
- 背景：用于确定矢量图形的透明区域如何转换为像素。选中“白色”单选按钮可用白色像素填充透明区域，选中“透明”单选按钮可使背景透明。
- 消除锯齿：应用消除锯齿效果，以改善栅格化图像的锯齿边缘外观。
- 创建剪切蒙版：创建一个使栅格化图像的背景显示为透明的蒙版。
- 添加环绕对象：可以通过指定像素值为栅格化图像添加边缘填充或边框。

10.7 裁剪标记

裁剪标记又称为裁剪符号，指示了所需的打印纸张裁切位置。裁剪标记能够指定不同画板以裁剪用于输出的图稿。在图稿中可以创建和使用多组裁剪标记。选择图形对象，如图10-87所示；执行“效果>裁剪标记”命令，所选图形对象自动按照相应的尺寸创建裁剪标记，如图10-88所示。

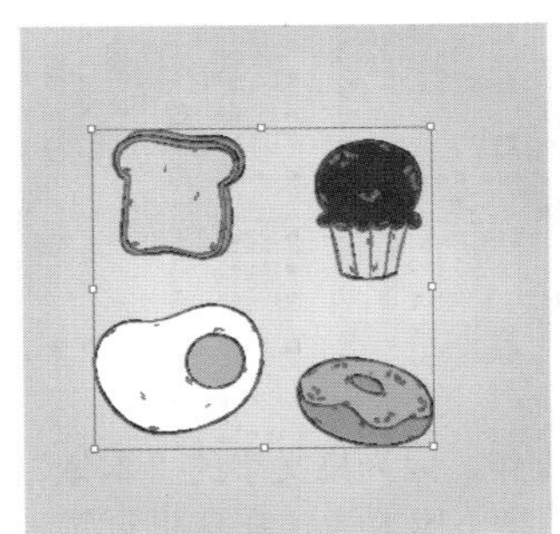

图10-87

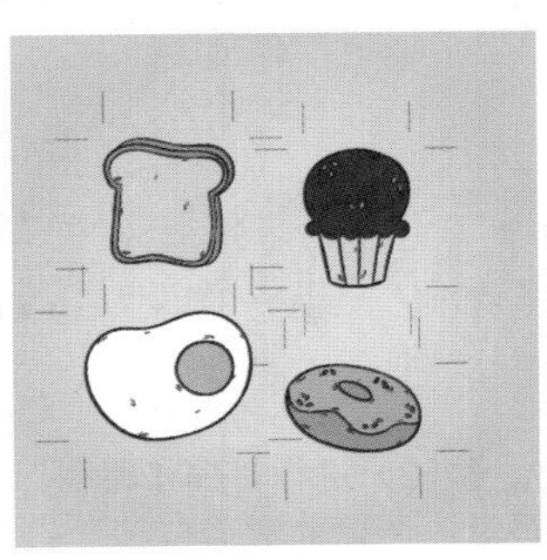

图10-88

10.8 路径

执行“效果>路径”命令，在弹出的子菜单中可以看到有3种效果，即“偏移路径”“轮廓化对象”和“轮廓化描边”，如图10-89所示。这些效果用于将路径进行移动、将位图转换为矢量图轮廓和将所选的描边部分转变为图形对象。

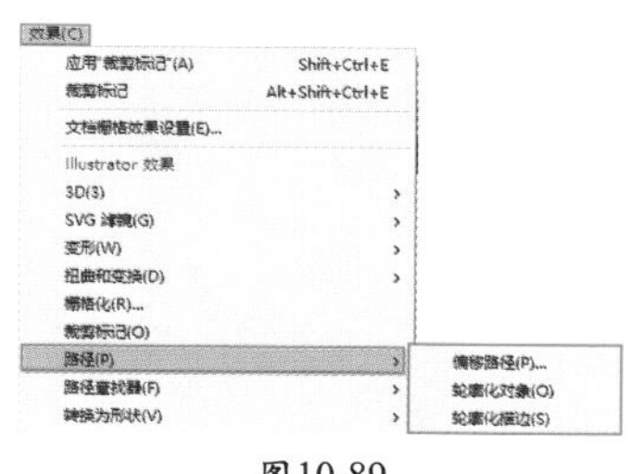

图10-89

10.8.1 动手练：偏移路径

执行“效果>路径>偏移路径”与执行“对象>路径>偏移路径”命令所产生的视觉效果是一样的，但是执行“效果>路径>偏移路径”命令不能将选中的图形复制一份再进行路径的移动，而是在原图的基础上进行移动。“偏移路径”多用于制作一些文字或图形的多重描边效果，通常配合“外观”面板使用。

首先选中一个图形，如图10-90所示。接着执行“效果>路径>偏移路径”命令，在弹出的“偏移路径”窗口中进行相应的参数设置，单击“确定”按钮，如图10-91所示。此时对象上产生相应的效果，同时在“外观”面板中也可以看到该效果条目，再次单击该效果条目，可以重新打开参数设置窗口，如图10-92所示。

图10-90

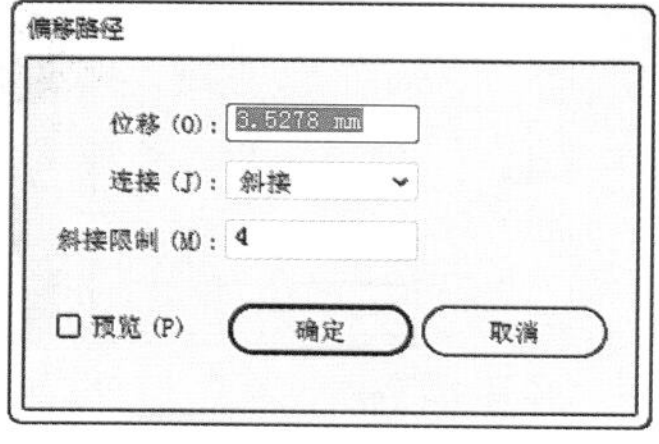

图10-91

图10-92

举一反三：制作文字底色

扫一扫，看视频

（1）输入文字并创建轮廓，如图10-93所示。然后在“外观”面板中为文字填充渐变，并将渐变填充复制3份。接着选择第二层填充，如图10-94所示。

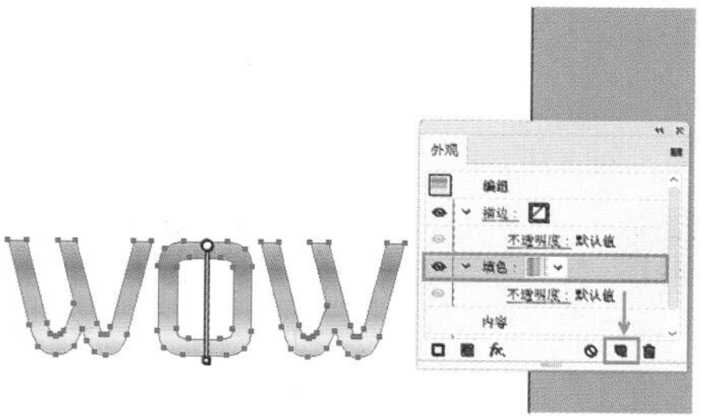

图 10-93

图10-94

（2）进行“偏移路径”操作。因为离文字的“本体”最近，所以此时“位移”的距离不用太大，在这里设置为2mm；将“连接”设置为“圆角”，可以让文字显得圆润可爱，如图10-95所示。偏移路径后，在控制栏中降低“不透明度”，如图10-96所示。如果界面中没有显示控制栏，可以执行“窗口>控制”命令将其显示。

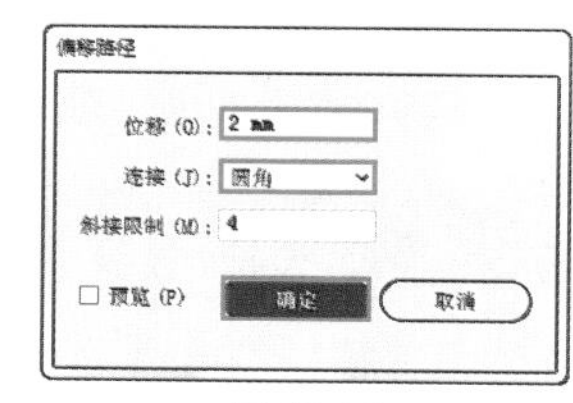

图 10-95

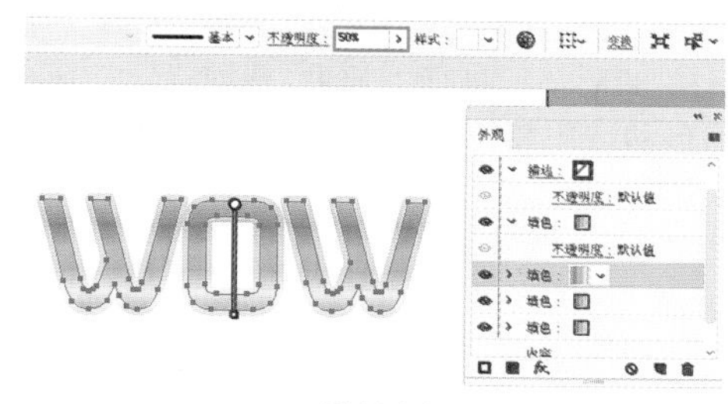

图10-96

（3）利用“偏移路径”效果为第三层填充与第四层填充进行位移效果的制作，并且逐步降低每层的不透明度，使底色越来越淡，从而丰富文字的层次，如图10-97和图10-98所示。最后添加一个背景，完成效果如图10-99所示。

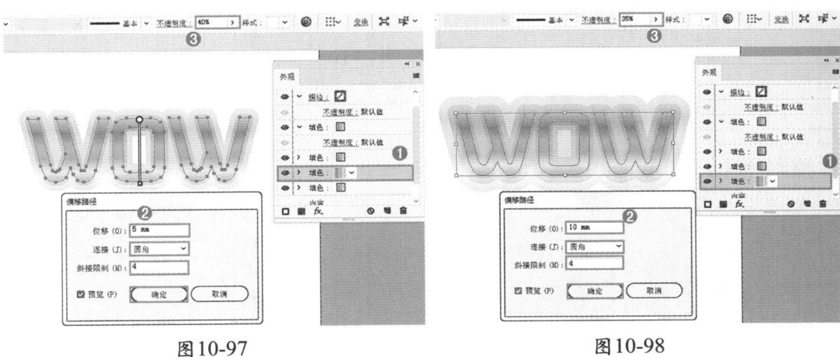

图10-97　　图10-98

图10-99

练习实例：使用“偏移路径”效果制作童装广告

文件路径	资源包\第10章\练习实例：使用“偏移路径”效果制作童装广告
难易指数	★★★★★
技术掌握	偏移路径、投影效果

扫一扫，看视频

实例效果

本实例演示效果如图10-100所示。

图10-100

操作步骤

步骤 01 执行“文件>新建”命令或按快捷键Ctrl+N，创建新文档。单击工具箱中的“矩形工具”按钮，在画板上绘制一个矩形对象。保持该对象的选中状态，去除描边，效果如图10-101所示。

图10-101

步骤 02 执行“窗口>渐变”命令，在弹出的“渐变”面板中编辑一种粉色系的渐变，设置“类型”为“线性”，“角度”为150°，如图10-102所示。单击渐变缩览图，使矩形表面出现渐变效果，如图10-103所示。

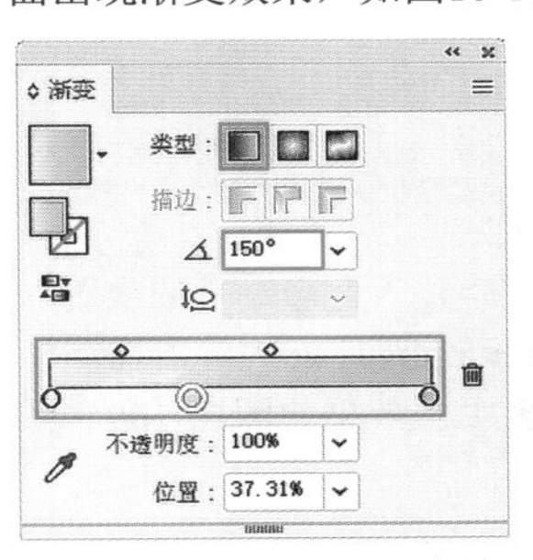

图10-102　　图10-103

步骤 03 使用“矩形工具”绘制一个和画板等大的矩形，然后执行“窗口>色板库>图案>基本图形>基本图形_纹理”命令，在弹出的“基本图形_纹理”面板中单击选择一种倾斜线条图案，如图10-104所示。此时效果如图10-105所示。

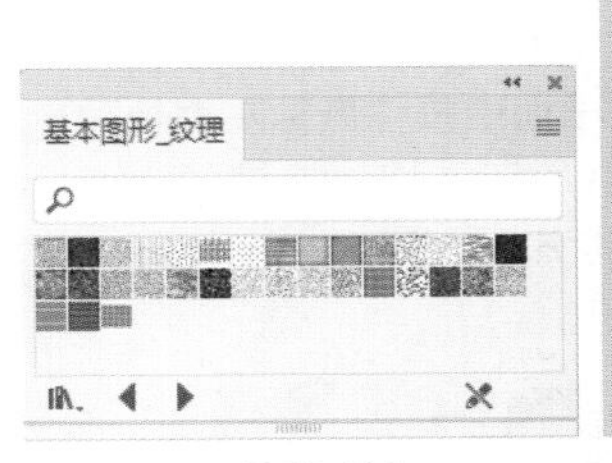

图10-104　　图10-105

步骤 04 选中线条图案的矩形，执行“窗口>透明度”命令，在弹出的“透明度”面板中设置“混合模式”为“变亮”，“不透明度”为50%，如图10-106所示。效果如图10-107所示。

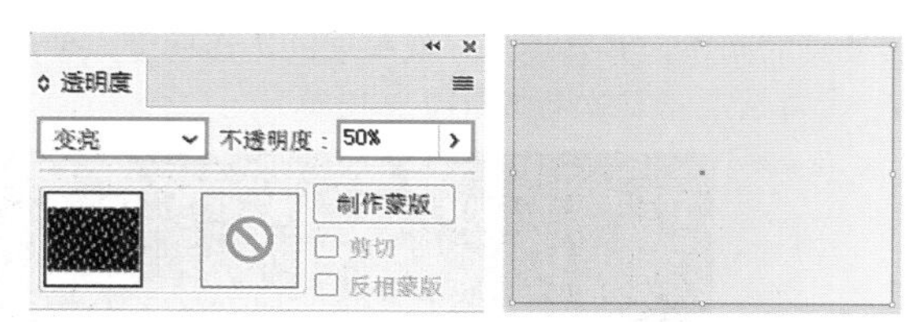

图10-106　　图10-107

步骤 05 单击工具箱中的“矩形工具”按钮，在控制栏中设置填充为白色，描边为无，在画板的底部绘制一个矩形，如图10-108所示。

图10-108

步骤 06 添加位图素材。执行“文件>置入”命令，依次置入素材1.png、2.png、3.png、4.png和5.png，依次单击控制栏中的“嵌入”按钮，将其嵌入画板中。效果如图10-109和图10-110所示。

图10-109　　图10-110

步骤 07 单击工具箱中的“星形工具”按钮，在控制栏中设置填充为白色，描边为无，在画面中按住鼠标左键拖动，绘制出白色的星形，如图10-111所示。按快捷键Ctrl+C、Ctrl+V复制多个星形，并调整其大小，放到相应位置，如图10-112所示。

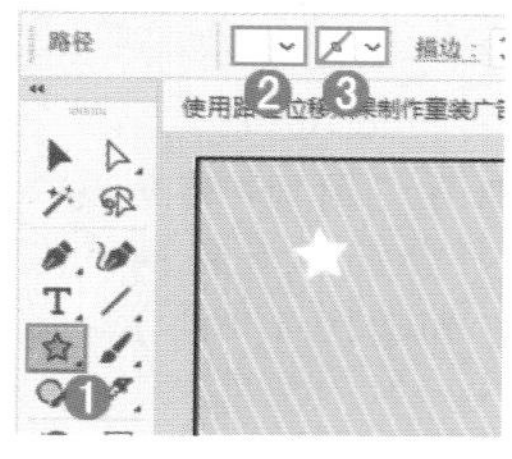

图10-111　　图10-112

步骤 08 绘制版面顶部和底部的装饰图案。单击工具箱中的“钢笔工具”按钮，在控制栏中设置填充为浅粉色，描边为无，绘制一个三角形，如图10-113所示。单击工具箱中的“矩形工具”按钮，在控制栏中设置填充为深粉色，描边为无，绘制一个稍深一些的粉色矩形，并旋转45°，如图10-114所示。

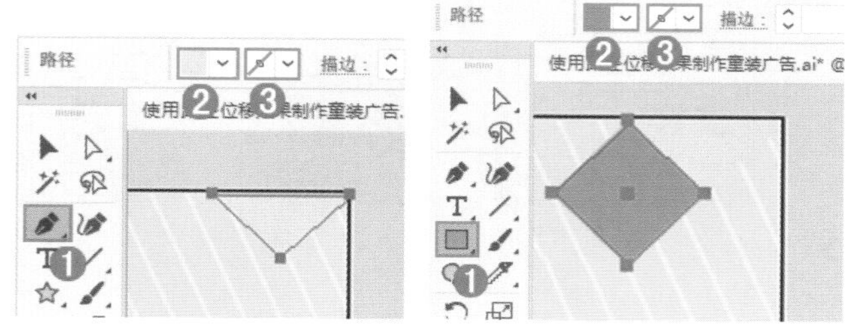

图10-113　　图10-114

步骤 09 按快捷键Ctrl+C、Ctrl+V，复制出多组该图形，并进行对齐与分布的设置，摆放在画面顶部，如图10-115所示。然后再复制一排到下面，变换方向，如图10-116所示。

图10-115　　图10-116

步骤 10 制作主题文字。单击工具箱中的“文字工具”按钮，分别输入8个文字，如图10-117所示。然后依次对每个文字进行移动、旋转或缩放等操作，如图10-118所示。

图10-117　　图10-118

步骤 11 将所有字的颜色更改为白色，并复制一组，移动到一侧以备后面使用，如图10-119所示。

图10-119

步骤 12 选中白色的字，执行“效果>路径>偏移路径”命令，在弹出的“偏移路径”对话框中设置“位移”为8mm，“连接”为“斜接”，“斜接限制”为4，单击“确定”按钮，如图10-120所示。效果如图10-121所示。

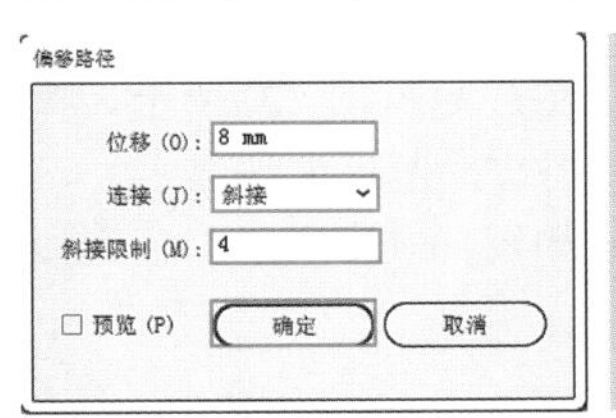

图10-120

图10-121

步骤 13 选中刚才复制的白色文字对象，再复制一组。对复制的文字颜色进行编辑，执行“窗口>渐变”命令，在弹出的“渐变”面板中设置一种黄色系的线性渐变，如图10-122所示。单击渐变缩览图，使文字出现黄色渐变效果，如图10-123所示。

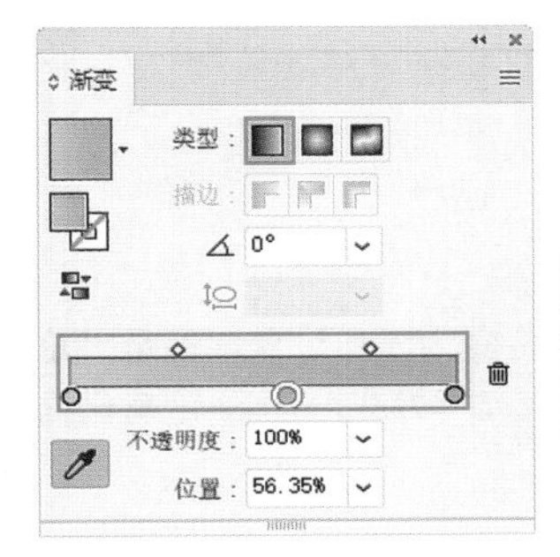

图10-122

图10-123

步骤 14 执行“效果>路径>偏移路径”命令，在弹出的“偏移路径”窗口中设置“位移”为3.5mm，“连接”为“斜接”，“斜接限制”为4，单击“确定”按钮，如图10-124所示。效果如图10-125所示。

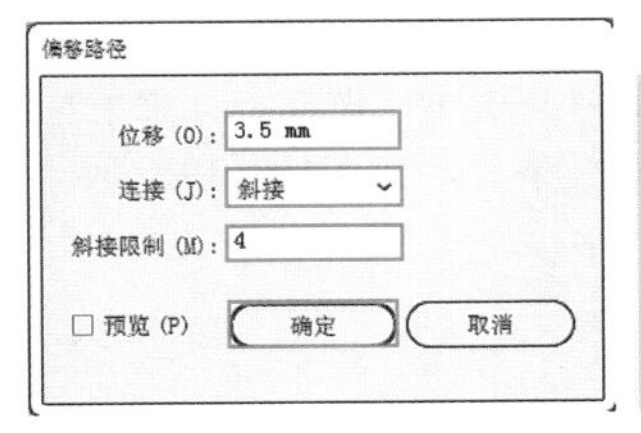

图10-124

图10-125

步骤 15 选中刚才复制的白色字体，修改数字6的颜色。执行“窗口>渐变”命令，为其设置一种粉色系的径向渐变，如图10-126所示。效果如图10-127所示。

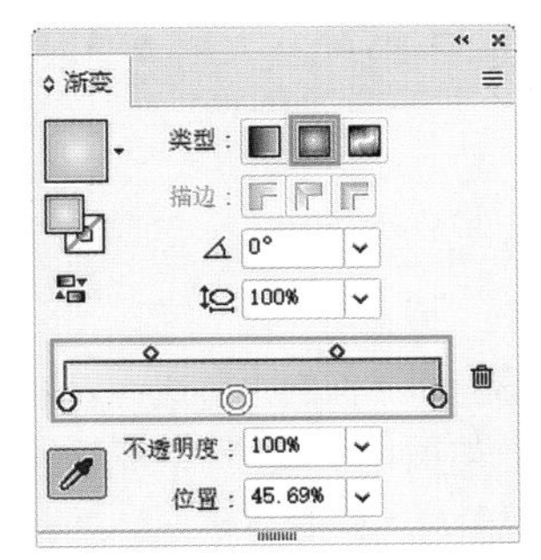

图10-126

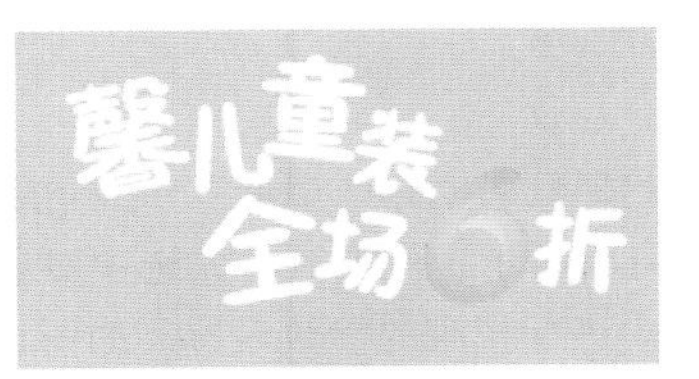

图10-127

步骤 16 选择这组白色的文字，执行“效果>风格化>投影”命令，在弹出的“投影”窗口中设置“模式”为“正片叠底”，“不透明度”为75%，“X位移”为0.1mm，“Y位移”为0.1mm，“模糊”为0.3mm，选中“颜色”单选按钮，设置为深红色，单击“确定”按钮，如图10-128所示。效果如图10-129所示。

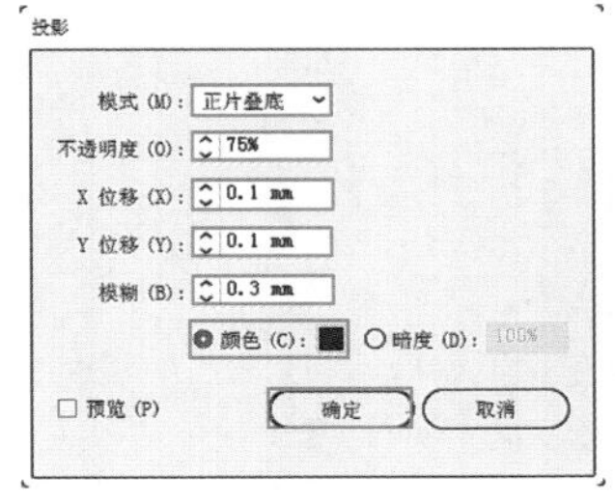

图10-128

图10-129

步骤 17 依次将黄色渐变文字以及顶部白色文字移动到白色的文字底色上，如图10-130所示。执行“文件>置入”命令，置入素材6.ai，摆放在文字右上角，如图10-131所示。

图10-130

图10-131

步骤 18 将制作好的主题文字选中，编组后移动到画板右侧。最终效果如图10-132所示。

图10-132

10.8.2 轮廓化对象

“轮廓化对象”效果可以将位图转换为矢量轮廓，接着进行描边和填充颜色。选中一个位图，如图10-133所示。执行“效果>路径>轮廓化对象”命令，随即这个位图便“消失了”（这是因为对象没有填色和描边，所以无法显示），如图10-134所示。接着可以为该对象设置填充、描边或者进行其他矢量图形可以进行的操作，如图10-135所示。效果如图10-136所示。

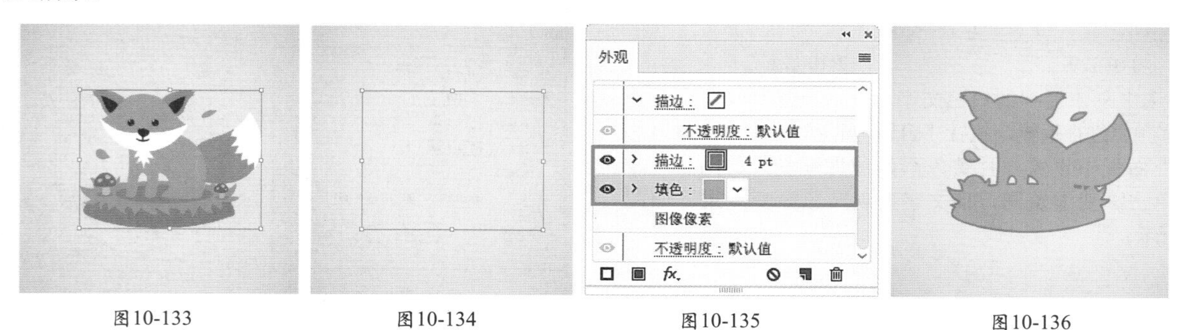

图10-133　图10-134　图10-135　图10-136

10.8.3 轮廓化描边

“轮廓化描边”效果与“对象>路径>轮廓化描边”命令效果相同，都可以将所选的描边部分转变为图形对象，但是“轮廓化描边”效果只是暂时应用于所选对象，而并非真正将对象的轮廓转换为图形。选中对象，执行“效果>路径>轮廓化描边”命令即可。

10.9 路径查找器

“路径查找器”效果与“路径查找器”面板的原理相同，不同之处在于，“效果>路径查找器”下的命令不会对原始对象产生真实的变形，而“路径查找器”面板则会对图形本身形态进行调整，被删掉的部分会彻底消失。

应用“路径查找器”效果前，首先要选中所需要的对象，右击，在弹出的快捷菜单中执行“编组”命令，如图10-137所示。然后选择该组，执行“效果>路径查找器”命令，在弹出的子菜单中执行相应的命令，如图10-138所示。例如，此处使用了“相加”命令，接下来两个对象就会产生相应的效果。同时在“外观”面板中也可以看到该效果条目，如图10-139所示。如果想要删除该效果，可以在“外观”面板中选中该效果并删除，如图10-140所示。

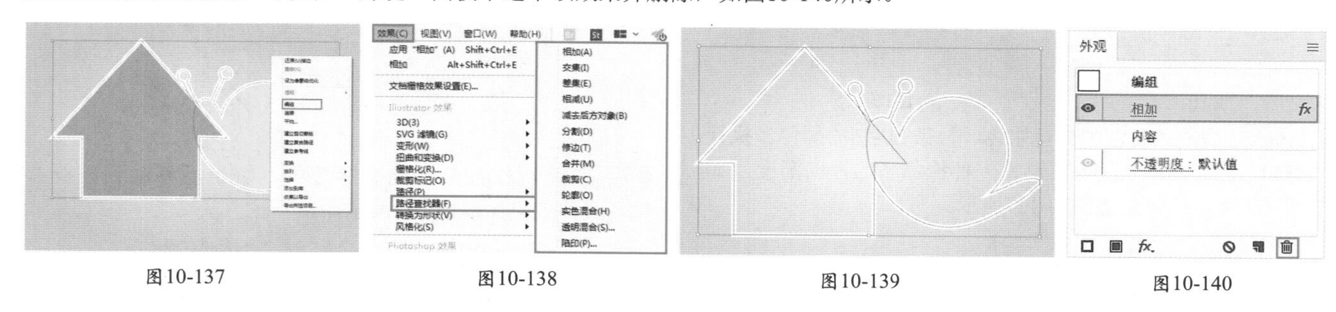

图10-137　图10-138　图10-139　图10-140

10.10 转换为形状

执行“效果>转换为形状”命令，在弹出的子菜单中可以看到3种效果，即“矩形”“圆角矩形”和“椭圆”，这些效果可以将矢量对象的形状转化为矩形、圆角矩形或者椭圆，如图10-141所示。例如，首先选中对象，如图10-142所示。然后执行“效果>转换为形状>矩形”命令，在弹出的“形状选项”窗口中进行相应的参数设置，如图10-143所示。设置完成后单击“确定”按钮，此时可以将所选的矢量对象转换为矩形对象。效果如图10-144所示。

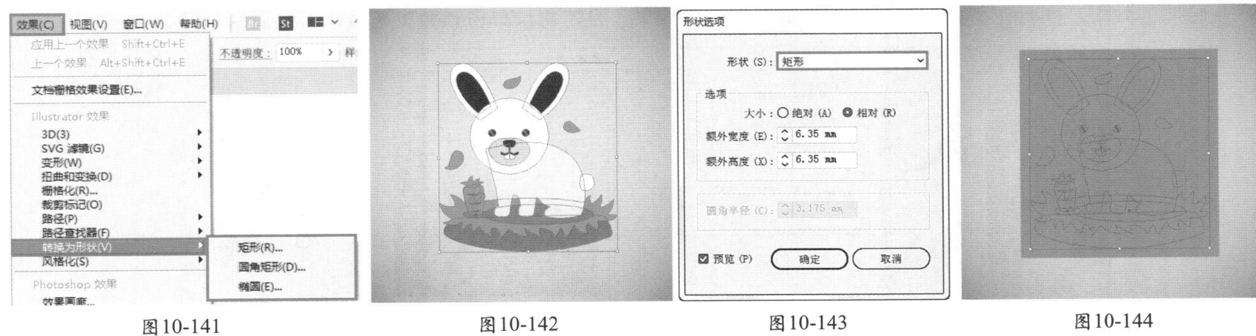

图10-141　　图10-142　　图10-143　　图10-144

- 绝对：可以在“宽度”与“高度”文本框中输入相应的数值来定义转换的矩形对象的绝对尺寸。
- 相对：可以在“额外宽度”与“额外高度”文本框中输入相应的数值来定义该对象添加或减少的尺寸。
- 额外宽度/额外高度：在该文本框中输入相应的数值来定义该对象添加或减少的尺寸。

如果执行“效果>转换为形状>圆角矩形”命令，在弹出的“形状选项”窗口中进行相应的参数设置，如图10-145所示。例如，在“圆角半径”文本框中输入相应的数值，可以定义圆角半径的尺寸。完成设置后单击“确定”按钮，该命令可以将所选的矢量对象转换为圆角矩形对象。效果如图10-146所示。

如果执行“效果>转换为形状>椭圆”命令，在弹出的“形状选项”窗口中进行相应的参数设置，如图10-147所示。单击“确定”按钮，可以将所选的矢量对象转换为椭圆对象。效果如图10-148所示。

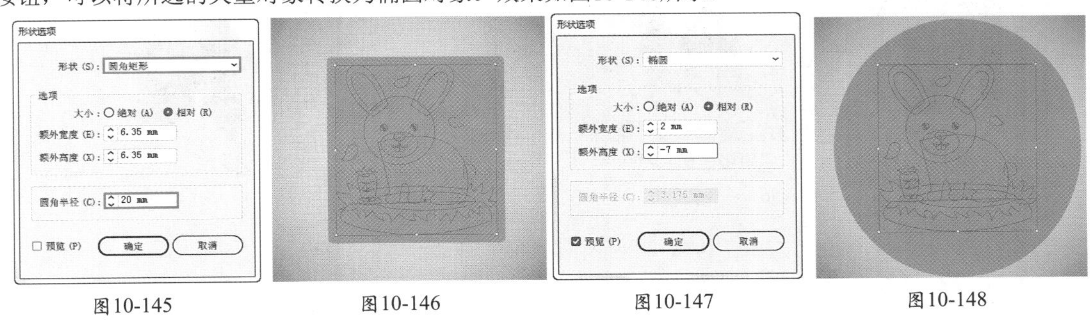

图10-145　　图10-146　　图10-147　　图10-148

10.11 风格化

执行“效果>风格化”命令，在弹出的子菜单中可以看到6种效果，即“内发光”“圆角”“外发光”“投影”“涂抹”和“羽化”，如图10-149所示。如图10-150～图10-152所示为应用了“风格化”效果的作品。

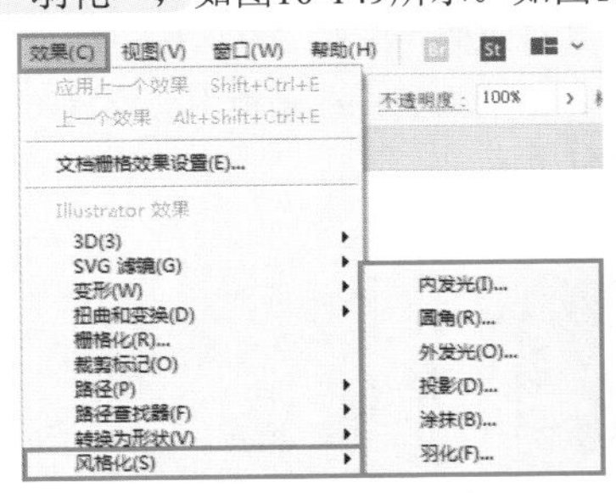

图10-149　　图10-150　　图10-151　　图10-152

重点 10.11.1 内发光

“内发光”效果通过在对象的内部添加亮调的方式实现内发光效果。首先选择对象，如图10-153所示。然后执行“效果>风格化>内发光”命令，在弹出的“内发光”窗口中对内发光的各项参数进行设置。例如，单击颜色块，可以在弹出的“拾色器”窗口中选择一种内发光颜色，如图10-154所示。设置完成后单击“确定”按钮，效果如图10-155所示。此时对象上产生相应的效果，同时在“外观”面板中也可以看到该效果条目，再次单击该效果条目，可以重新打开参数设置窗口。

图10-153

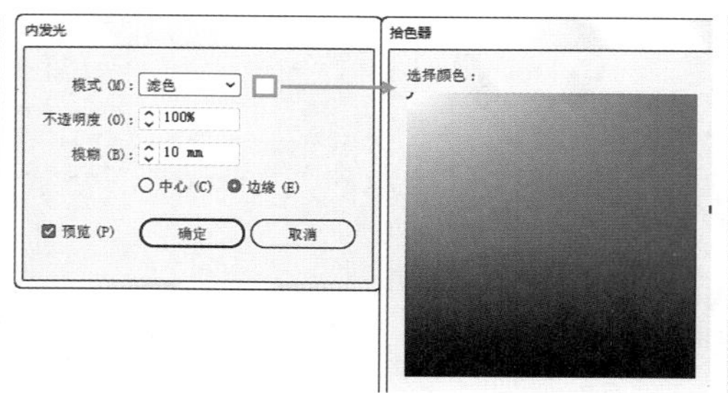

图10-154

图10-155

- 模式：用于指定发光的混合模式。
- 不透明度：在该文本框中输入相应的数值，可以指定所需发光的不透明度百分比。
- 模糊：在该文本框中输入相应的数值，可以指定要进行模糊处理之处到选区中心或选区边缘的距离，如图10-156所示。
- 中心：选中该单选按钮时，使光晕从对象中心向外发散，如图10-157所示。
- 边缘：选中该单选按钮时，将从对象边缘向内产生发光效果，如图10-158所示。

(a)模糊：10mm

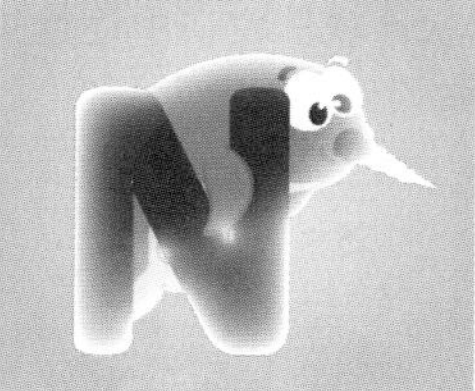

(b)模糊：20mm

图10-156

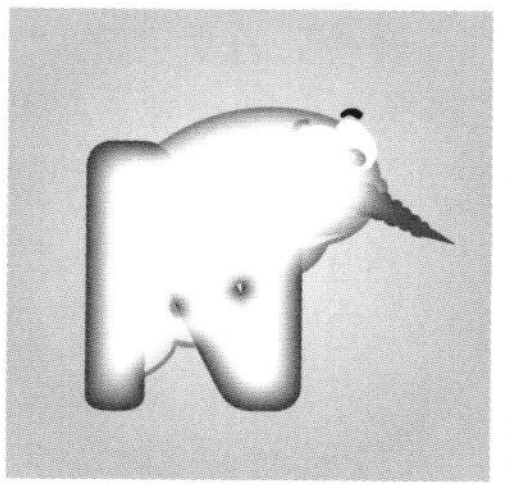

图10-157

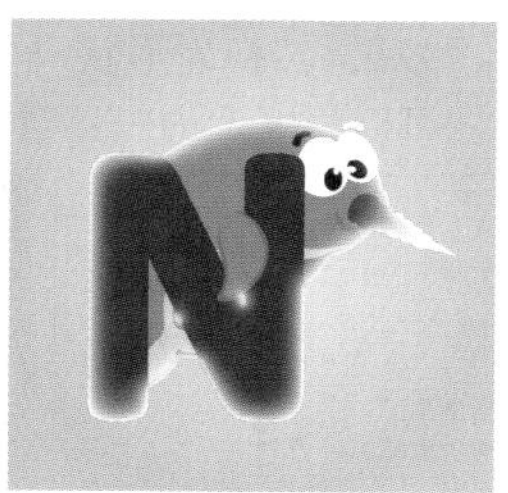

图10-158

练习实例：应用“内发光”效果制作内陷效果

文件路径	资源包\第10章\练习实例：应用“内发光”效果制作内陷效果
难易指数	★★★★★
技术掌握	“内发光”效果、“高斯模糊”效果

实例效果

本实例演示效果如图10-159所示。

扫一扫，看视频

图10-159

操作步骤

步骤 01 执行“文件>新建”命令或按快捷键Ctrl+N，创建新文档。单击工具箱中的“矩形工具”按钮，在控制栏中设置填充为蓝色，描边为无，绘制一个与画板等大的矩形，如图10-160所示。单击工具箱中的“椭圆工具”按钮，在控制栏中设置填充为红色，描边为无，在画板中央位置绘制一个红色正圆，如图10-161所示。

图10-160　　图10-161

步骤02 选中圆形对象，然后执行“效果>风格化>内发光”命令，在弹出的“内发光”窗口中设置“模式”为“正片叠底”，颜色为深红色，“不透明度”为50%，“模糊”为3mm，选中“边缘”单选按钮，勾选“预览”复选框，单击“确定”按钮，如图10-162所示。效果如图10-163所示。

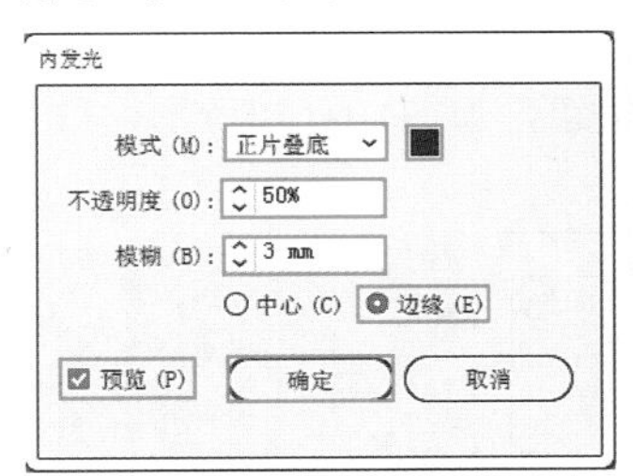

图10-162

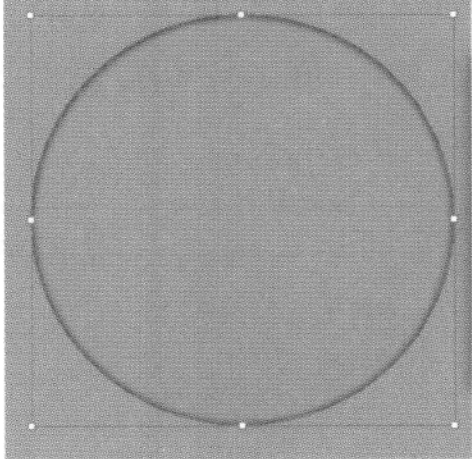
图10-163

步骤03 单击工具箱中的“钢笔工具”按钮，在控制栏中设置填充为白色，描边为无，绘制一个小象图形，如图10-164所示。

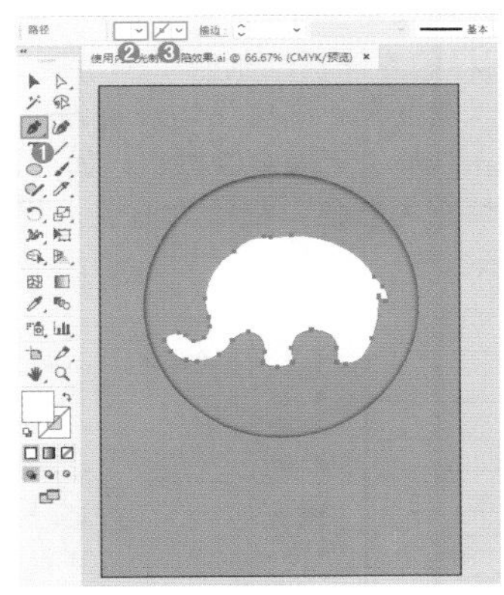
图10-164

步骤04 执行“效果>风格化>投影”命令，在弹出的“投影”窗口中设置“模式”为“正片叠底”，“不透明度”为50%，“X位移”为1mm，“Y位移”为1mm，“模糊”为1mm，选中“颜色”单选按钮，设置颜色为深红色，勾选“预览”复选框，单击“确定”按钮，如图10-165所示。

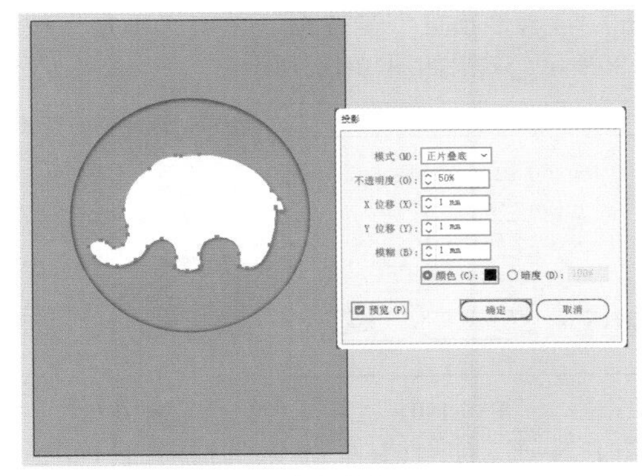
图10-165

步骤05 使用“钢笔工具”和“椭圆工具”绘制大象的眼睛和耳朵，设置填充颜色为蓝色，如图10-166所示。单击工具箱中的“椭圆工具”按钮，在控制栏中设置填充为无，描边为白色，描边粗细为2pt，绘制一个与红色圆形等大的圆形，如图10-167所示。

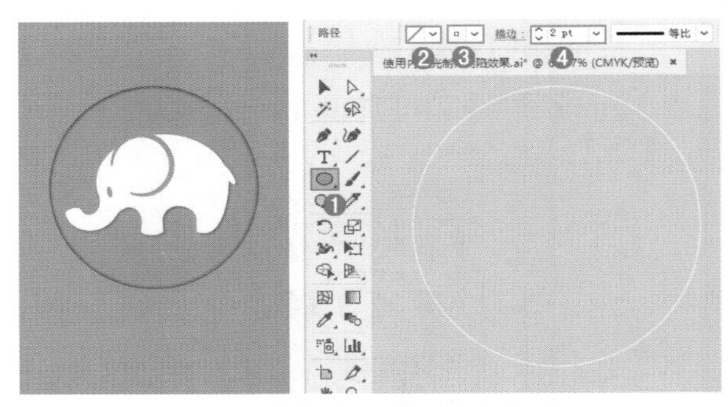
图10-166　　图10-167

步骤06 将白色圆形路径放到红色圆形边缘处，执行“效果>模糊>高斯模糊”命令，在弹出的“高斯模糊”窗口中设置“半径”为9像素，勾选“预览”复选框，单击“确定”按钮，如图10-168所示。此时白色圆环出现了虚化的光晕效果，如图10-169所示。

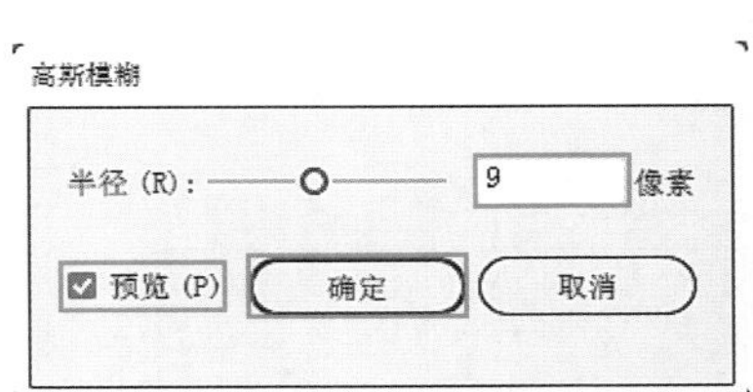

图10-168

图10-169

步骤07 单击工具箱中的“文字工具”按钮，选择合适的字体、颜色及大小，输入文字，如图10-170所示。最后使用“钢笔工具”在文字的两侧绘制两个白色的箭头图形。最终效果如图10-171所示。

图10-170

图10-171

练习实例：应用“内发光”与“投影”效果制作质感图标

扫一扫，看视频

文件路径	资源包\第10章\练习实例：应用“内发光”与“投影”效果制作质感图标
难易指数	★★★★★
技术掌握	“内发光”效果、“投影”效果

实例效果

本实例演示效果如图10-172所示。

图10-172

操作步骤

步骤01 执行“文件>新建”命令或按快捷键Ctrl+N，创建新文档。单击工具箱中的“矩形工具”按钮，在控制栏中设置填充为浅灰色，描边为无，绘制一个与画板大小相同的矩形，如图10-173所示。

图10-173

步骤02 单击工具箱中的“圆角矩形工具”按钮，在控制栏中设置填充蓝色，描边为无。单击画板空白处，在弹出的“圆角矩形”窗口中设置“宽度”为36mm，“高度”为36mm，“圆角半径”为5mm，单击“确定”按钮，如图10-174所示。效果如图10-175所示。

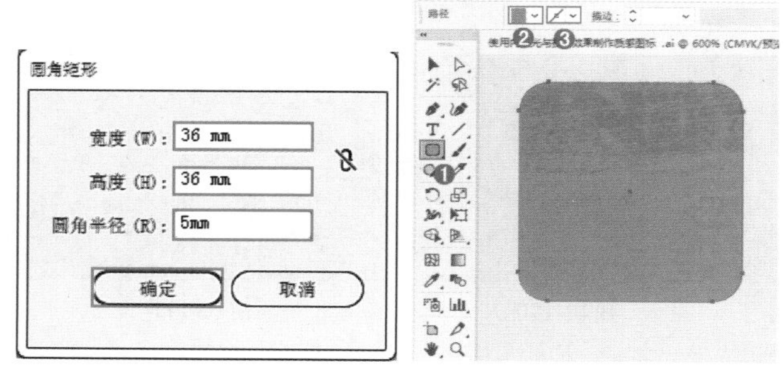

图10-174　图10-175

步骤03 执行“效果>投影”命令，在弹出的“投影”窗口中设置“模式”为“正片叠底”，“不透明度”为50%，“X位移”为0.2mm，“Y位移”为0.2mm，“模糊”为0.5mm，选中“颜色”单选按钮，设置颜色为灰色，勾选“预览”复选框，单击“确定”按钮，如图10-176所示。效果如图10-177所示。

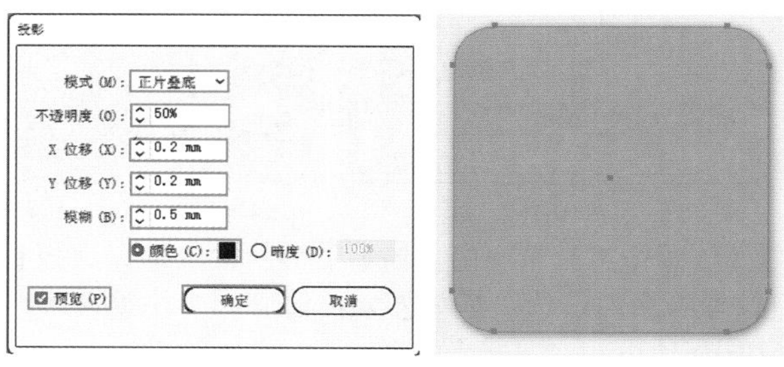

图10-176　图10-177

步骤04 使用同样的方法再绘制一个圆角矩形，在“圆角矩形”窗口中将“宽度”“高度”均设置为33mm，“圆角半径”设置为5mm，单击“确定”按钮，如图10-178所示。在控制栏中设置填充为蓝色，描边为蓝色，描边粗细为1pt，如图10-179所示。

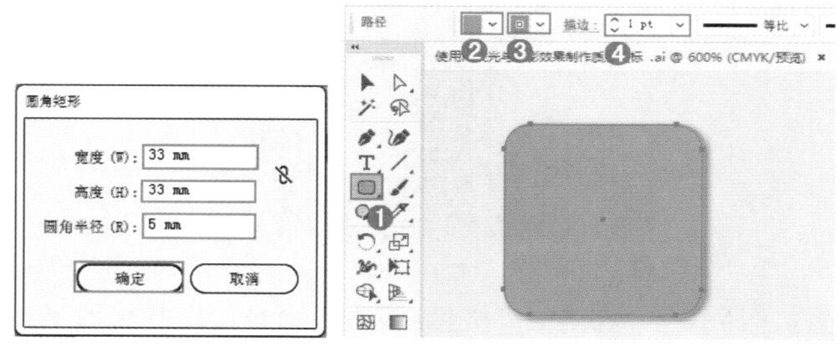

图10-178　图10-179

步骤05 添加内发光效果。执行“效果>风格化>内发光”命令，在弹出的“内发光”窗口中设置“模式”为“滤色”，“不透明度”为50%，“模糊”为3mm，选中“边缘”单选按钮，勾选“预览”复选框，单击“确定”按钮，如图10-180所示。效果如图10-181所示。

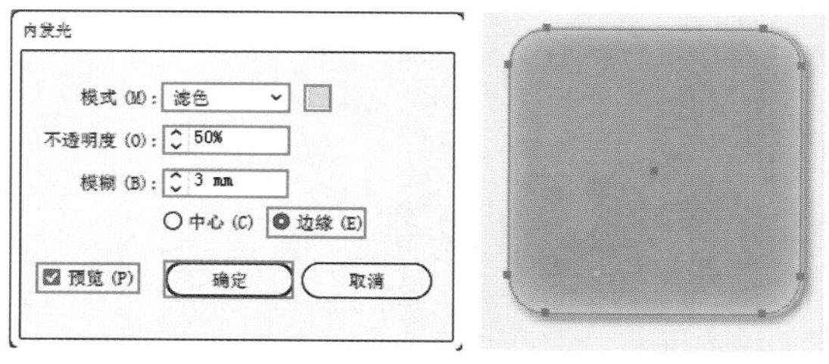

图10-180　图10-181

步骤06 执行“文件>打开”命令，打开素材1.ai，然后选中其中的所有素材图形，按快捷键Ctrl+C进行复制，如图10-182所示。回到之前工作的文档，按快捷键Ctrl+V进行粘贴，放到相应的位置，如图10-183所示。

图10-182

图10-183

步骤 07 选中电话图形，执行“效果>风格化>投影”命令，在弹出的“摄影”窗口中设置“模式”为“正片叠底”，“不透明度”为75%，“X位移”为0.2mm，“Y位移”为0.2mm，“模糊”为0.5mm，选中“颜色”单选按钮，设置颜色为深蓝绿色，勾选“预览”复选框，单击“确定”按钮，如图10-184所示。最终效果如图10-185所示。

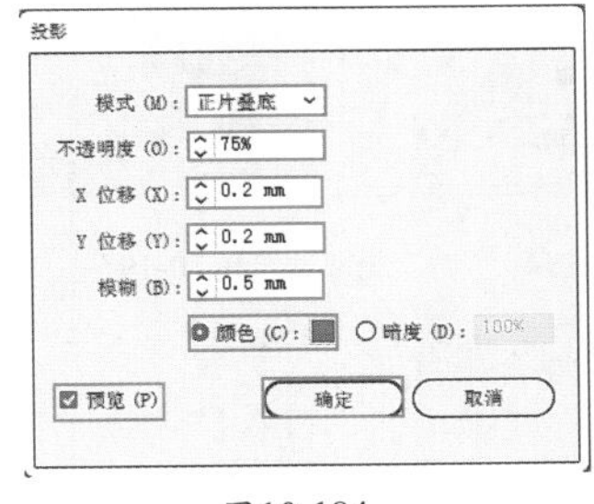

图10-184

图10-185

10.11.2 圆角

“圆角”效果可以将路径上尖角锚点转换为平滑锚点，使对象呈现出圆润效果。首先选择一个图形，如图10-186所示。然后执行“效果>风格化>圆角”命令，在弹出的“圆角”窗口中进行相应的参数设置，如图10-187所示。其中“半径”选项用于定义对尖锐角进行圆润处理的尺寸，数值越大，尖角变圆的程度越大。设置完成后单击“确定”按钮，效果如图10-188所示。

图10-186

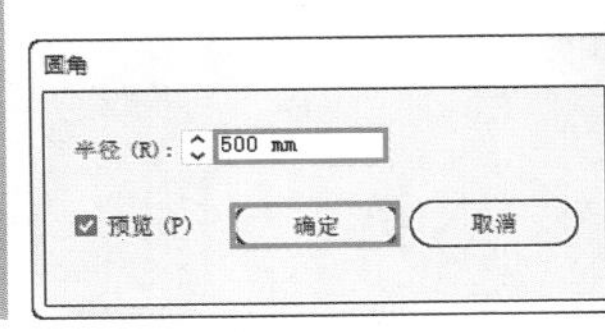

图10-187

图10-188

重点 10.11.3 外发光

“外发光”效果主要用于制作对象的外侧产生的发光效果。首先选择图形对象，如图10-189所示。然后执行“效果>风格化>外发光”命令，在弹出的“外发光”窗口中进行相应的参数设置，如图10-190所示。设置完成后单击“确定”按钮，效果如图10-191所示。

图10-189

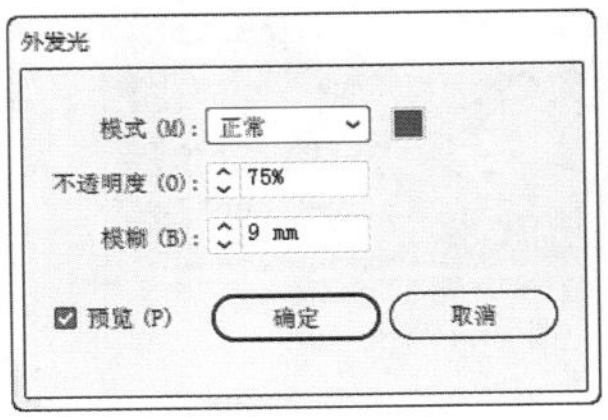

图10-190

图10-191

- 模式：用于指定发光的混合模式。
- 不透明度：在该文本框中输入相应的数值，可以指定所需发光的不透明度百分比。
- 模糊：在该文本框中输入相应的数值，可以指定要进行模糊处理之处到选区中心或选区边缘的距离，如图10-192所示。

(a)模糊：5mm

(b)模糊：35mm

图10-192

重点 10.11.4 投影

“投影”效果可以为矢量图形或者位图对象添加投影效果。首先选中对象，如图10-193所示。然后执行“效果>风格化>投影”命令，在弹出的“投影”窗口中可以进行混合模式、不透明度、阴影的位移以及模糊程度的设置，如图10-194所示。完成设置后单击“确定”按钮，效果如图10-195所示。

图10-193

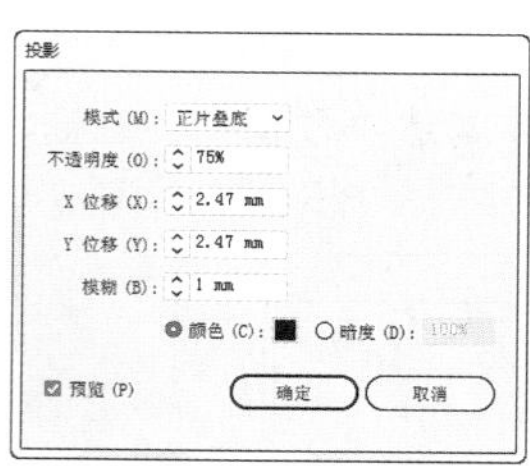

图10-194

图10-195

- 模式：用来设置投影的混合模式。
- 不透明度：用来设置投影的不透明度百分比。
- X 位移/Y 位移：用来设置投影偏离对象的距离。
- 模糊：用来设置要进行模糊处理的位置距离阴影边缘的距离，如图10-196所示。

(a)模糊：0mm

(b)模糊：5mm

图10-196

- 颜色：用来设置阴影的颜色。
- 暗度：用来设置希望为投影添加的黑色深度百分比，如图10-197所示。

(a)暗度：100%

(b)暗度：10%

图10-197

练习实例：应用“投影”效果制作 PPT 封面

文件路径	资源包\第10章\练习实例：应用“投影”效果制作PPT封面
难易指数	★★★★★
技术掌握	“投影”效果

实例效果

本实例演示效果如图10-198所示。

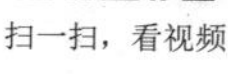

扫一扫，看视频

图10-198

操作步骤

步骤 01 执行“文件>新建”命令或按快捷键Ctrl+N，创建新文档。单击工具箱中的“矩形工具”按钮，绘制一个比画板稍小的矩形对象。保持该对象的选中状态，去除描边。效果如图10-199所示。

图10-199

步骤 02 执行“窗口>渐变”命令，在弹出的“渐变”面板中编辑一种红色系的渐变，设置“类型”为“径向”，如图10-200所示。单击渐变缩览图，为矩形添加渐变色。效果如图10-201所示。

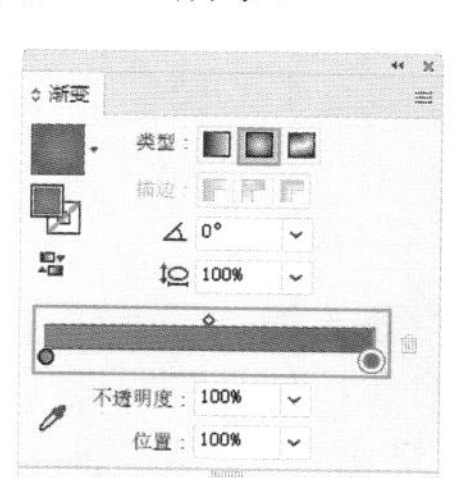

图10-200

图10-201

步骤 03 单击工具箱中的“矩形工具”按钮，在控制栏中设置填充为红色，描边为无，在画板中间区域绘制一个矩形，如图10-202所示。执行“效果>风格化>投影”命令，在弹出的“摄影”窗口中设置“模式”为“正片叠底”，“不透明度”为75%，“X位移”为0.5mm，“Y位移”为0.5mm，“模糊”为1.5mm，选中“颜色”单选按钮，设置颜色为深红色，勾选“预览”复选框，单击“确定”按钮，如图10-203所示。

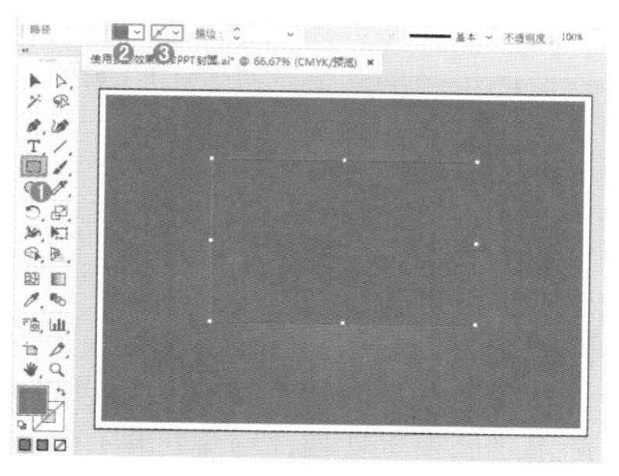

图10-202

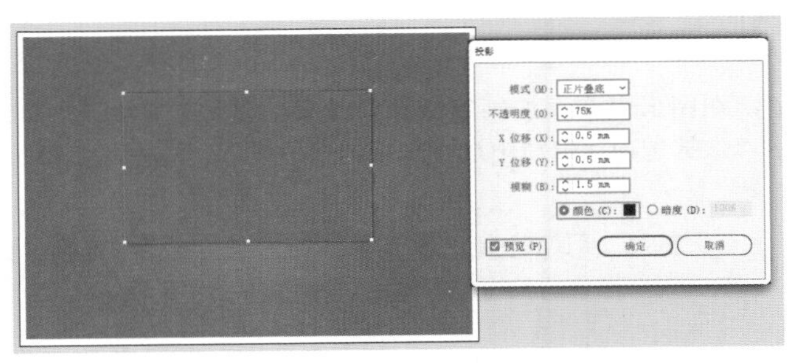

图10-203

步骤 04 单击工具箱中的“矩形工具”按钮，绘制3个矩形。将两个小的矩形放置在白色矩形上，然后框选3个矩形，如图10-204所示。执行“窗口>路径查找器”命令，在弹出的“路径查找器”面板中选择“差集”，得到一个镂空的图形，如图10-205所示。

图10-204　　图10-205

步骤 05 更改对象的颜色为白色，右击，在弹出的快捷菜单中执行“排列>后移一层”命令，将其摆放在红色矩形的后方，如图10-206所示。单击工具箱中的“星形工具”按钮，绘制一个红色的星形，如图10-207所示。

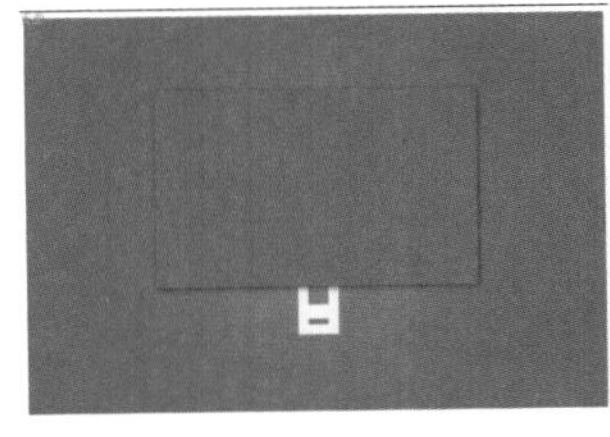

图10-206

图10-207

步骤 06 单击工具箱中的“文字工具”按钮，在控制栏中设置填充为白色，描边为无，选择一种合适的字体，设置字体大小为120pt，在画板中单击并输入一个文字，如图10-208所示。然后执行“效果>风格化>投影”命令，在弹出的“投影”窗口中设置“模式”为“正片叠底”，“不透明度”为75%，“X位移”为0.5mm，“Y位移”为0.5mm，“模糊”为1.5mm，选中“颜色”单选按钮，设置颜色为深红色，勾选“预览”复选框，单击“确定”按钮，如图10-209所示。

图10-208

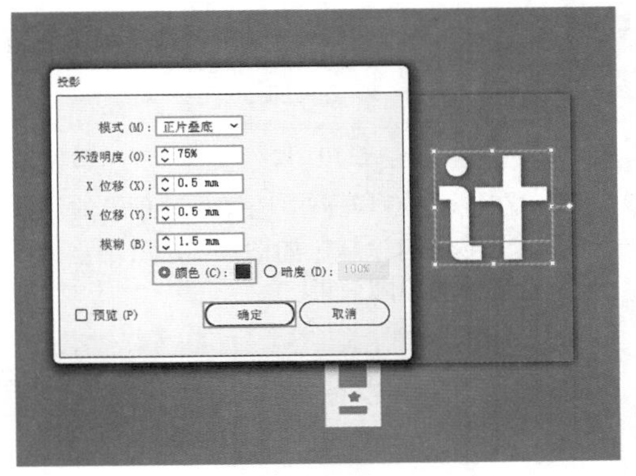

图10-209

步骤 07 使用同样的方法依次添加其他文字，并为其添加投影效果，如图10-210所示。最终效果如图10-211所示。

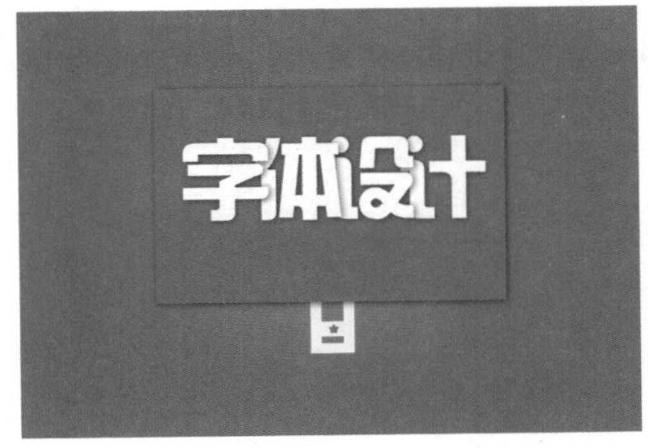

图10-210

图10-211

10.11.5 涂抹

“涂抹”效果能够在保持图形的颜色和基本形状的前提下，在图形表面添加画笔涂抹的效果。首先选中对象，如图10-212所示。然后执行“效果>风格化>涂抹”命令，在弹出的“涂抹选项”窗口中进行相应的参数设置，如图10-213所示。完成设置后单击“确定”按钮，效果如图10-214所示。

图10-212

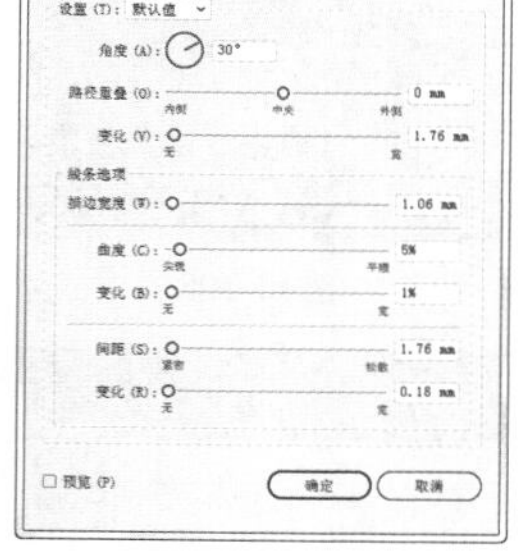
图10-213

图10-214

- 设置：在该下拉列表框中选择一种预设的涂抹效果，对所选图形快速涂抹，如图10-215所示。如图10-216所示为设置的不同效果。

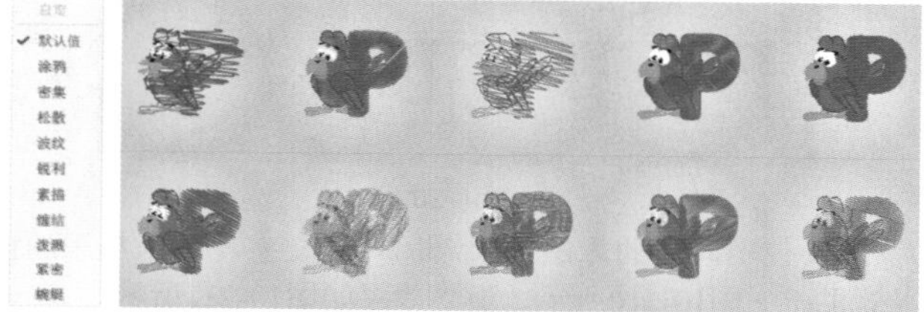
图10-215　图10-216

- 角度：可以使涂抹的笔触产生旋转，如图10-217所示。

(a)角度：0°

(b)角度：45°

图10-217

- 路径重叠：用于控制涂抹线条与对象边界的距离。负值时涂抹线条在路径边界内部，正值时涂抹线条会出现在对象外部，如图10-218所示。

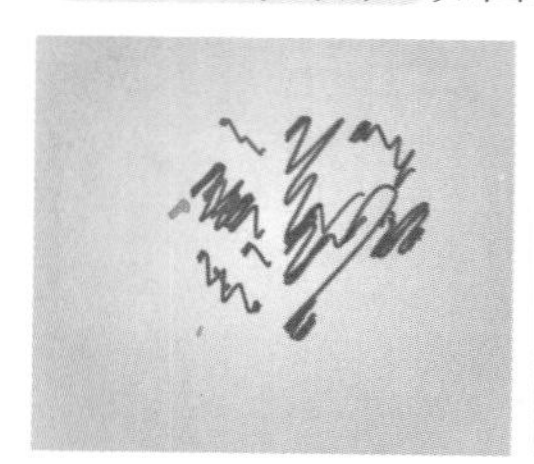
(a) 路径重叠：-30mm

(b) 路径重叠：30mm

图10-218

- 变化：用于控制涂抹线条之间的长度差异。数值越大，线条的长短差异越大，如图10-219所示。

(a) 变化：20mm

(b) 变化：50mm

图10-219

- 描边宽度：用于控制涂抹线条的宽度，如图10-220所示。

(a)描边宽度：1mm

(b)描边宽度：5mm

图10-220

- 曲度：用于控制涂抹曲线在改变方向之前的曲度，如图10-221所示。

(a)曲度：15%

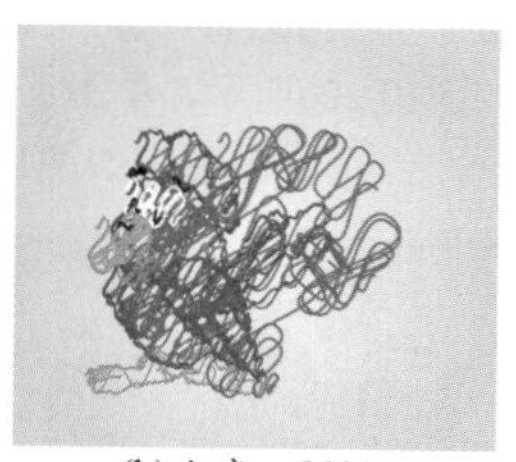
(b)曲度：90%

图10-221

- （曲度）变化：用于控制涂抹曲线彼此之间的相对曲度差异大小，如图10-222所示。

(a)变化：20%

(b)变化：80%

图10-222

- 间距：用于控制涂抹线条之间的折叠间距，如图10-223所示。

(a)间距：10mm

(b)间距：20mm

图10-223

- （间距）变化：用于控制涂抹线条之间的折叠间距差异量，如图10-224所示。

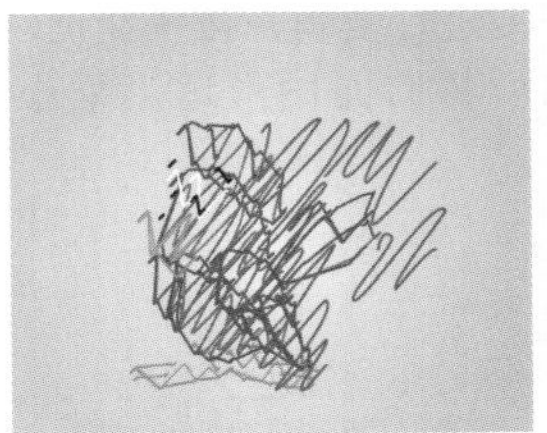
(a)变化：5mm

(b)变化：20mm

图10-224

重点 10.11.6 羽化

“羽化”效果可以使对象边缘产生羽化的不透明度渐隐效果。首先选中对象，如图10-225所示。然后执行“效果>风格化>羽化”命令，弹出“羽化”窗口，在“半径”文本框中设置羽化的强度，数值越高，羽化的强度越高，如图10-226所示。设置完成后单击“确定”按钮，效果如图10-227所示。

图10-225

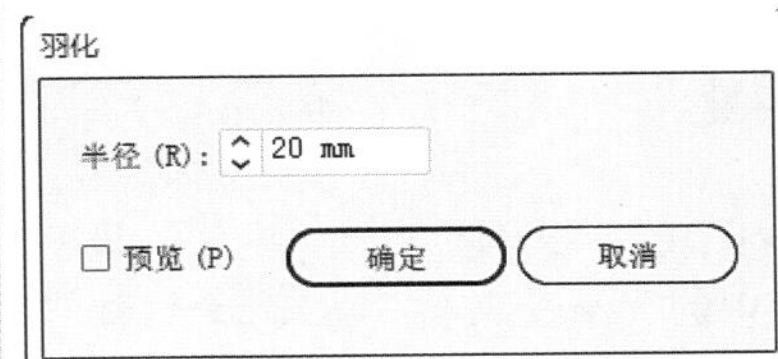

图10-226

图10-227

练习实例：应用“凸出和斜角”效果制作立体文字广告

文件路径	资源包\第10章\练习实例：应用“凸出和斜角”效果制作立体文字广告
难易指数	★★★★★
技术掌握	凸出和斜角

扫一扫，看视频

实例效果

本实例演示效果如图10-228所示。

图10-228

操作步骤

步骤 01 执行“文件>新建”命令，创建一个大小为A4、“取向”为“横向”的文档。单击工具箱中的“矩形工具”按钮，在控制栏中设置填充为青蓝色，描边为无，绘制一个与画板等大的矩形，如图10-229所示。

图10-229

步骤02 单击工具箱中的“钢笔工具”按钮，在控制栏中设置填充为绿色，描边为无，绘制一个不规则图形，如图10-230所示。按快捷键Ctrl+C进行复制，按快捷键Ctrl+F将复制的对象贴在前面，然后将前面图形适当缩小，如图10-231所示。

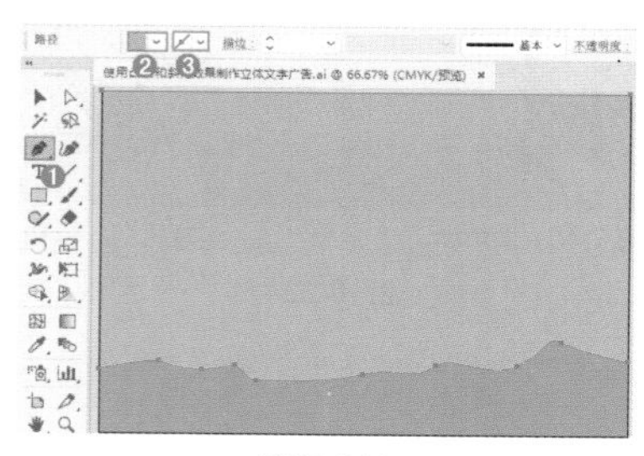

图10-230

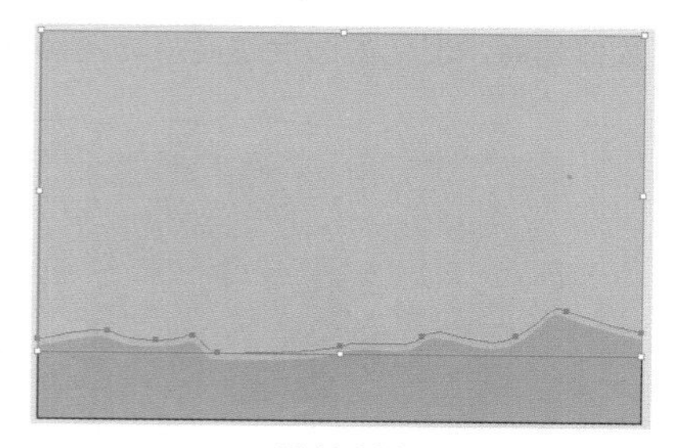

图10-231

步骤03 保持上层不规则图形的选中状态，为其填充一种绿色系的渐变，如图10-232所示。单击工具箱中的“渐变工具”按钮，调整合适的渐变角度，如图10-233所示。

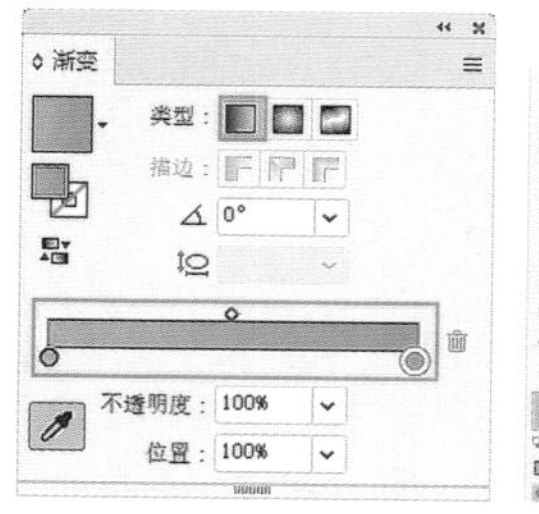

图10-232

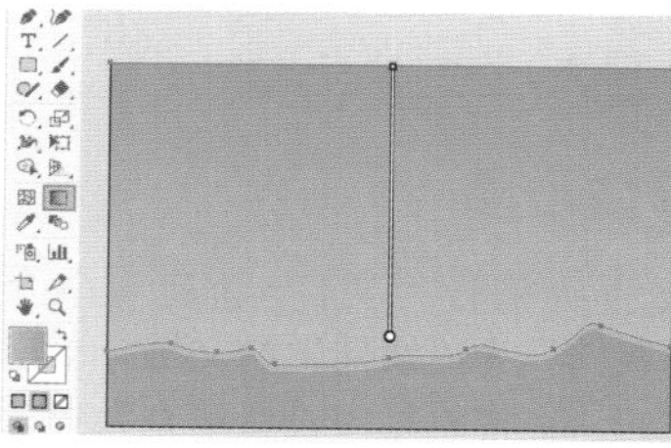

图10-233

步骤04 单击工具箱中的“椭圆工具”按钮，在控制栏中设置填充为白色，描边为无，绘制一个白色的椭圆形，如图10-234所示。选中椭圆形，按住鼠标左键的同时按住Alt键拖动，复制出3个椭圆并移动到合适位置，如图10-235所示。

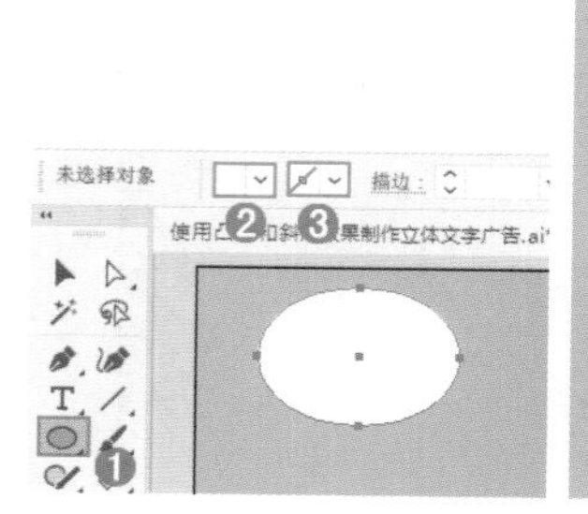

图10-234

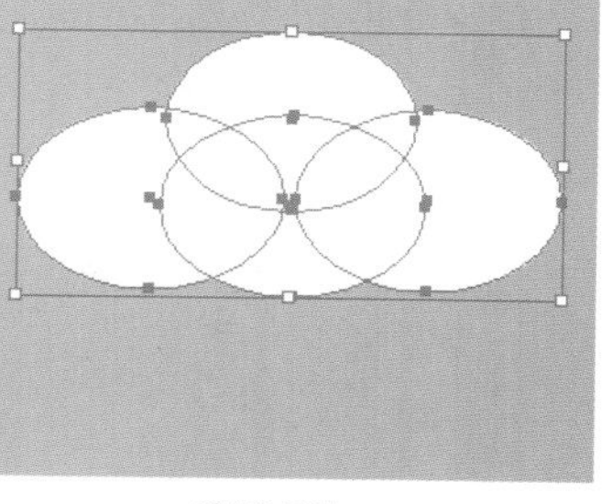

图10-235

步骤05 框选所有椭圆形，然后执行“窗口>路径查找器”命令，在弹出的“路径查找器”面板中单击“联集”按钮。图形效果如图10-236所示。

图10-236

步骤06 调整合适的大小，移动到合适的位置，如图10-237所示。选中云朵图形对象，按住鼠标左键的同时按住Alt键拖动，复制出3个云朵，并调整合适的大小及位置，如图10-238所示。

图10-237

图10-238

步骤07 执行“文件>打开”命令，打开1.ai。框选所有素材，执行“编辑>复制”命令；回到刚才的文档中，执行“编辑>粘贴”命令，将粘贴出的对象移动到合适的位置，调整合适的大小，如图10-239所示。单击工具箱中的“钢笔工具”按钮，在控制栏中设置填充为蓝色，描边为无，绘制一个四边形，如图10-240所示。

图10-239

图10-240

步骤 08 选中四边形，然后执行“效果>3D>凸出和斜角”命令，在弹出的“3D凸出和斜角选项”窗口中设置“位置”为“自定旋转”，“指定绕X轴旋转”为10°，“指定绕Y轴旋转”为0°，“指定绕Z轴旋转”为0°，“透视”为0°，“凸出厚度”为10pt，“端点”为“开启端点以建立实心外观”，“斜角”为形状001，“高度”为4pt，选择“斜角内缩”，“表面”为“塑料效果底纹”，单击“确定”按钮，如图10-241所示。效果如图10-242所示。

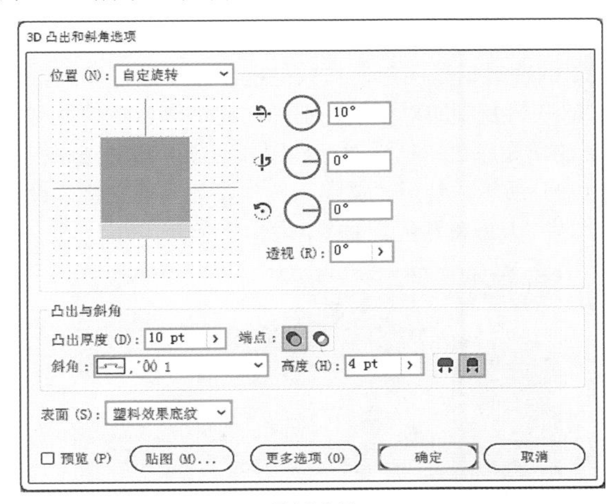

图10-241

图10-242

步骤 09 使用“椭圆工具”绘制两个正圆形，移动到相应位置，如图10-243所示。单击工具箱中的“文字工具”按钮T，设置填充为白色，描边为无，选择一种合适的字体，设置字体大小为30pt，段落对齐方式为左对齐，然后输入文字，如图10-244所示。

图10-243

图10-244

步骤 10 选中文字对象，然后双击工具箱中的“倾斜工具”按钮，在弹出的“倾斜”窗口中设置“倾斜角度”为-5°，选中“垂直”单选按钮，单击“确定”按钮，如图10-245所示。效果如图10-246所示。

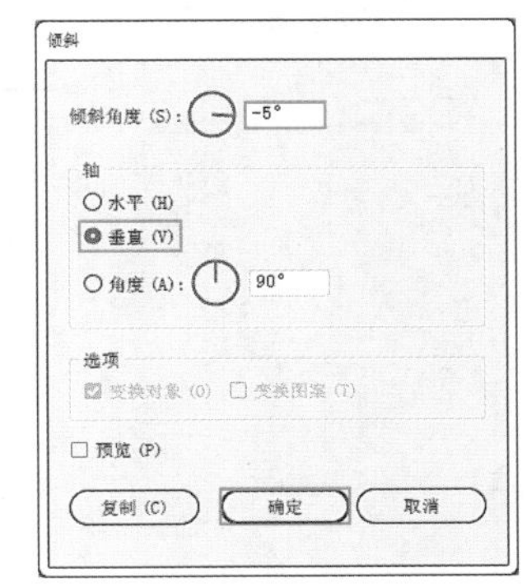

图10-245

图10-246

步骤 11 单击工具箱中的“圆角矩形工具”按钮，在控制栏中设置填充为黄色，描边为黄色，在画板中单击，在弹出的“圆角矩形”窗口中设置“宽度”为47mm，“高度”为33mm，“圆角半径”为2mm，单击“确定”按钮，如图10-247所示。效果如图10-248所示。

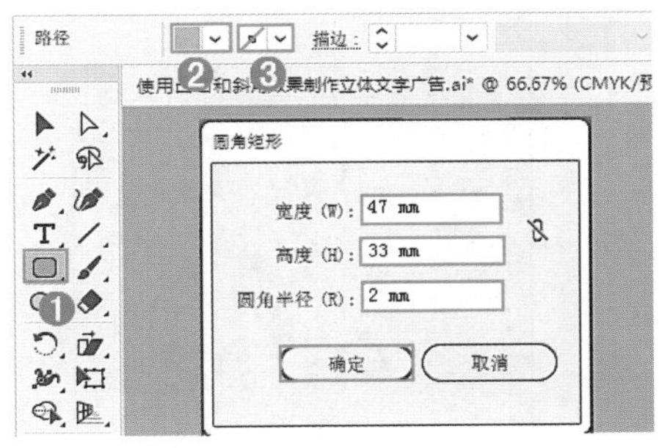

图10-247

图10-248

步骤 12 绘制对话框图形。单击工具箱中的“钢笔工具”按钮，在控制栏中设置填充为黄色，描边为无，绘制一个三角形，如图10-249所示。框选圆角矩形和三角形对象，然后执行“窗口>路径查找器”命令，在弹出的“路径查找器”面板中单击“联集”按钮。图形效果如图10-250所示。

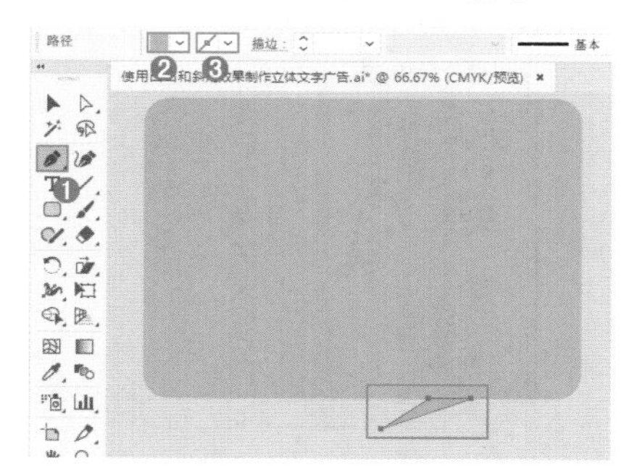

图10-249

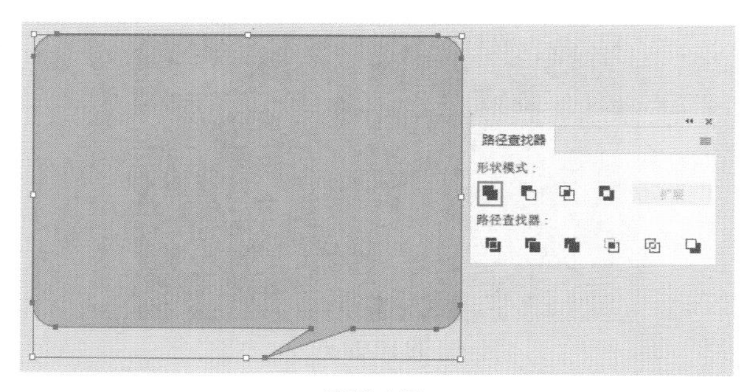

图10-250

步骤 13 选中该图形，单击工具箱中的“美工刀”按钮，在对话框外部按住鼠标左键的同时按住Shift+Alt组合键拖动至对话框另外一侧的外部，如图10-251所示。释放鼠标，得到两个独立的图形，如图10-252所示。

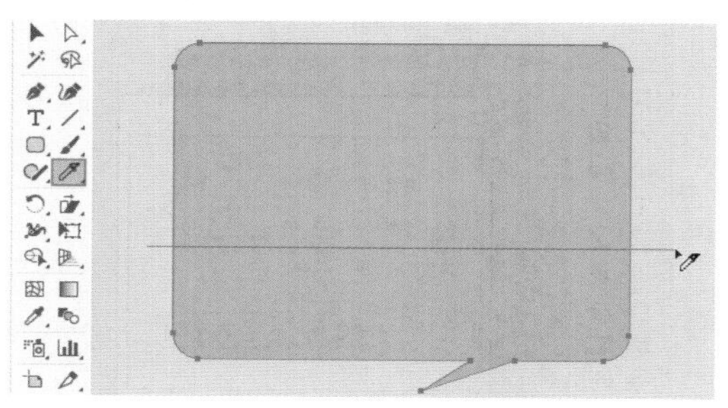

图10-251

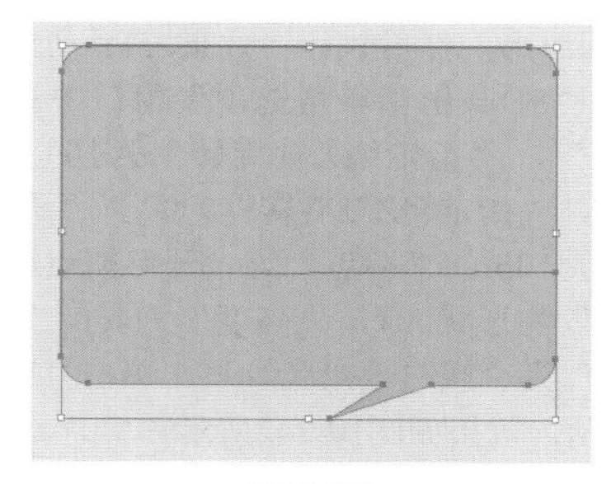

图10-252

步骤 14 框选对话框图形，按快捷键Ctrl+C进行复制，按快捷键Ctrl+F将复制的对象贴在前面；移动到合适的位置，更改合适的填充颜色；框选对话框图形对象，移动到画板中，如图10-253所示。使用“文字工具”添加其他文字，设置合适的字体、大小和颜色，如图10-254所示。

图10-253

图10-254

步骤 15 使用“文字工具”添加标题文字，设置合适的字体、大小和颜色，如图10-255所示。框选标题文字，按快捷键Ctrl+C、Ctrl+V复制一份，移动到画板外，如图10-256所示。

图10-255

图10-256

步骤 16 加选标题文字，然后执行“效果>3D>凸出和斜角”命令，在弹出的“3D凸出和斜角选项”窗口中设置“位置”为“自定旋转”，“指定绕X轴旋转”为–30°，“指定绕Y轴旋转”为0°，“指定绕Z轴旋转”为0°，“凸出厚度”为19pt，“端点”为“开启端点以建立实心外观”，“斜角”为“无”，“表面”为“塑料效果底纹”，单击“确定”按钮，如图10-257所示。效果如图10-258所示。

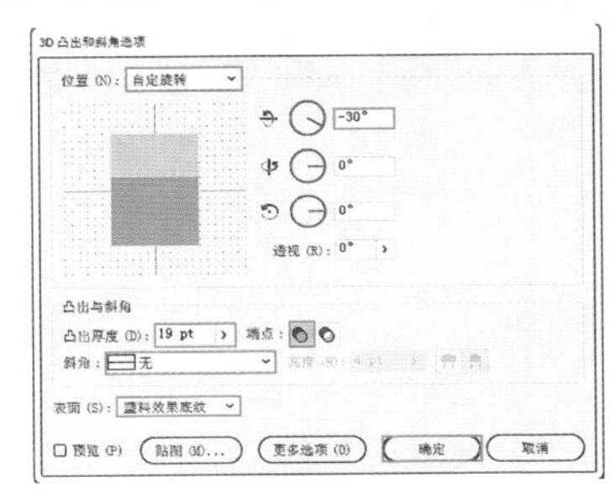

图10-257

图10-258

步骤 17 将画板外的文字移动到立体效果的文字上，如图10-259所示。框选标题文字，右击，在弹出的快捷菜单中执行“编组”命令。使用“椭圆工具”绘制一个绿色的椭圆形，如图10-260所示。

图10-259

图10-260

步骤 18 选中椭圆图形对象，执行“效果>模糊>高斯模糊”命令，在弹出的“高斯模糊”窗口中设置“半径”为99像素，单击“确定”按钮，如图10-261所示。效果如图10-262所示。

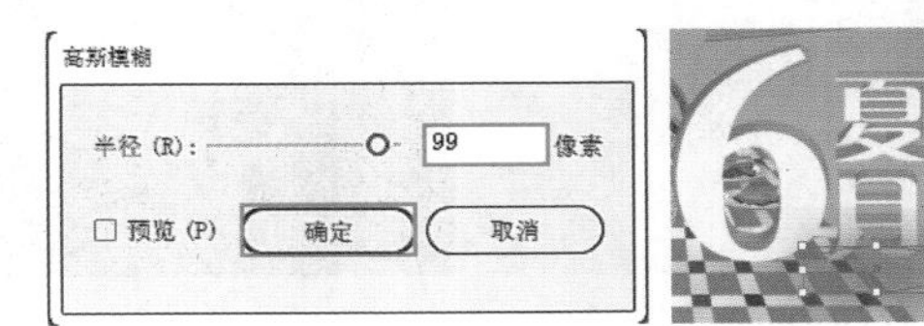

图10-261　图10-262

步骤 19 选中椭圆图形对象，执行“窗口>图层”命令，在弹出的“图层”面板中选中椭圆对象图层，按住鼠标左键拖动到文字图层下，如图10-263所示。效果如图10-264所示。

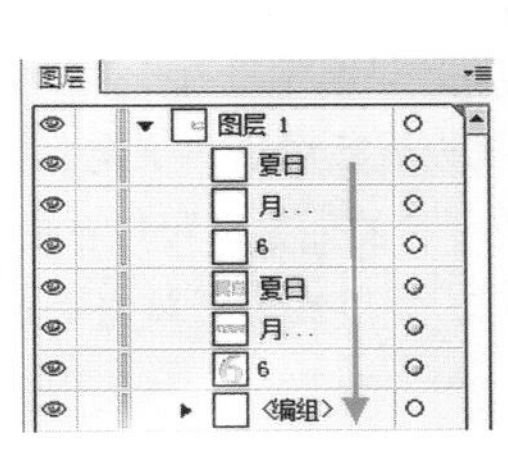

图10-263　图10-264

步骤 20 选中椭圆图形对象，按住鼠标左键的同时按住Alt键拖动，复制出另外3个椭圆图形对象，移动到合适的位置。最终效果如图10-265所示。

图10-265

10.12 应用Photoshop效果

利用“Photoshop效果”可以制作出丰富的纹理和质感效果。“Photoshop效果”与Photoshop中的滤镜非常相似，而且“效果画廊”与 Photoshop中的“滤镜库”也大致相同。Photoshop效果的使用方法非常简单，通过调整滑块就能够看到效果。具体参数解释可以在本书赠送的电子书《效果速查手册》中查看。如图10-266～图10-269所示为应用“Photoshop效果”的设计作品。

图10-266

图10-267

图10-268

图10-269

重点 10.12.1 动手练：使用效果画廊

“效果画廊”中集合了很多效果，虽然各种效果风格迥异，但其使用方法非常相似。在“效果画廊”中不仅能够添加单一效果，还可以添加多种效果，制作多种效果混合的效果。“效果画廊”既可以针对位图进行操作，也可以应用于矢量图。

（1）打开一张图片，如图10-270所示。执行“效果>效果画廊”命令，打开“效果画廊”窗口，在中间的效果列表中选择某一效果，单击即可展开。然后在该效果组中选择一种效果，单击即可为当前画面应用该效果。在右侧适当调节参数组，即可在左侧预览图中观察到效果。完成设置后单击“确定”按钮完成操作，如图10-271所示。

（2）如果要制作两种效果叠加在一起的效果，可以单击窗口右下角的“新建效果图层”按钮，然后选择合适的效果并进行相应的参数设置，如图10-272所示。完成设置后单击“确定”按钮，效果如图10-273所示。

图10-270

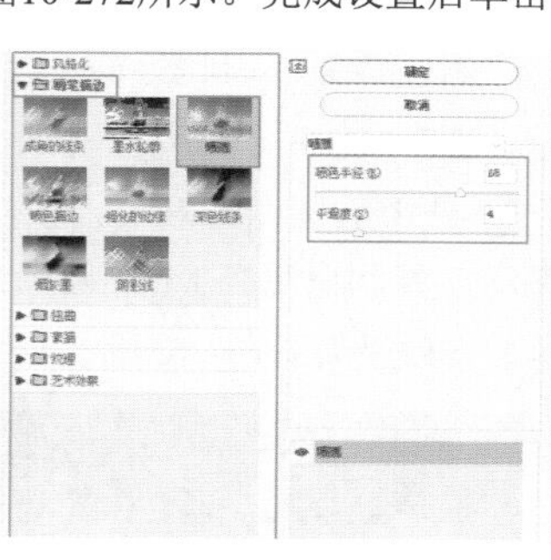

图10-271

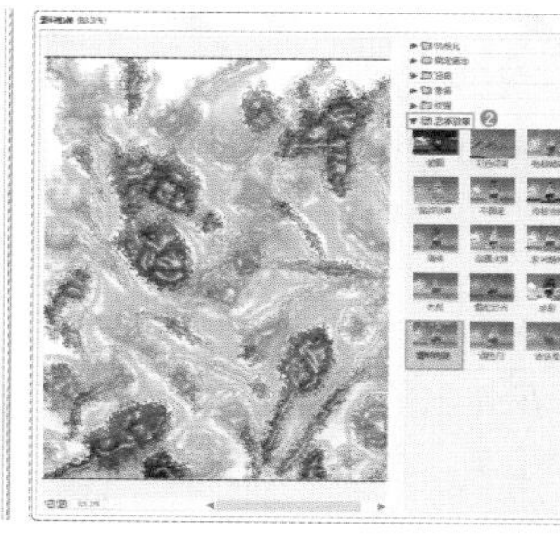

图10-272

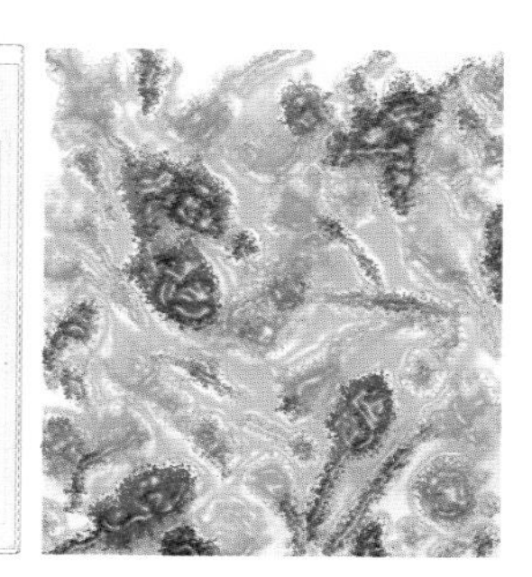

图10-273

10.12.2 像素化

执行“效果>像素化”命令，在弹出的子菜单中可以看到有4种不同风格的滤镜，如图10-274所示。应用这些滤镜，可以将图像进行分块或平面化处理，创造出独特的艺术效果。如图10-275所示为一张图片的原始效果。

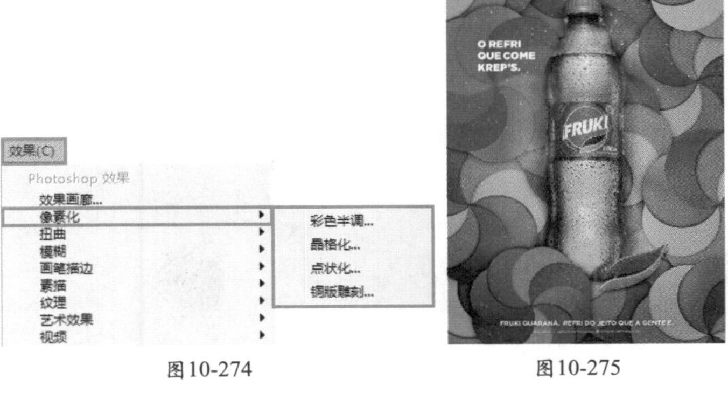

图10-274　　图10-275

- 彩色半调：可以在图像中添加网版化的效果，模拟在图像的每个通道上使用放大的半调网屏的效果。应用“彩色半调”效果后，在图像的每个颜色通道都将转化为网点，网点的大小受到图像亮度的影响，如图10-276所示。
- 晶格化：可以使图像中颜色相近的像素结块，形成多边形纯色晶格化效果，如图10-277所示。
- 点状化：可以模拟制作对象的点状色彩效果，即将图像中颜色相近的像素结合在一起，变成一个个的颜色点，并使用背景色作为颜色点之间的画布区域，如图10-278所示。
- 铜版雕刻：可以将图像用点、线条或笔画的样式转换为黑白区域的随机图案或彩色图像中完全饱和颜色的随机图案，如图10-279所示。

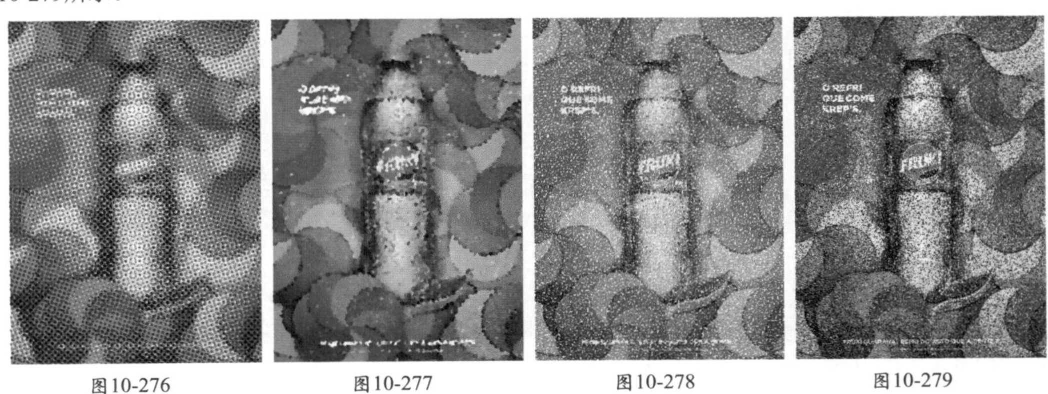

图10-276　　图10-277　　图10-278　　图10-279

10.12.3　扭曲

执行“效果>扭曲”命令，在弹出的子菜单中可以看到3种不同风格的滤镜，如图10-280所示。应用这些滤镜，可以通过更改图像纹理和质感的方式使图像产生玻璃或海洋波纹的扭曲效果。如图10-281所示为一张图片的原始效果。

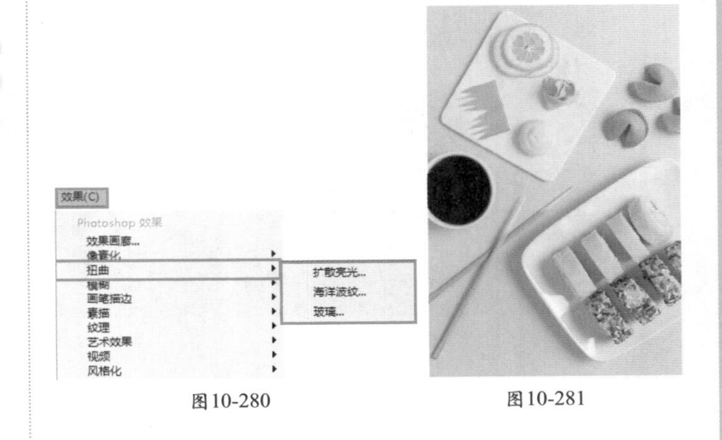

图10-280　　图10-281

- 扩散亮光：可以模拟制作朦胧和柔和的画面效果，如图10-282所示。
- 海洋波纹：通过扭曲图像像素模拟类似海面波纹的效果，如图10-283所示。
- 玻璃：通过模拟玻璃的纹理和质感对图像进行扭曲，如图10-284所示。

图10-282

图10-283

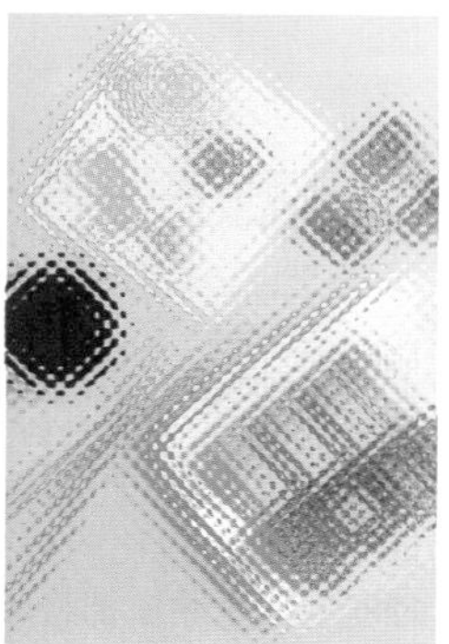
图10-284

10.12.4 模糊

执行"效果>模糊"命令，在弹出的子菜单中可以看到3种滤镜，即"径向模糊""特殊模糊"和"高斯模糊"，如图10-285所示。应用这些滤镜能够使图像内容变得柔和，淡化边界的颜色。如图10-286所示为一张图片的原始效果。

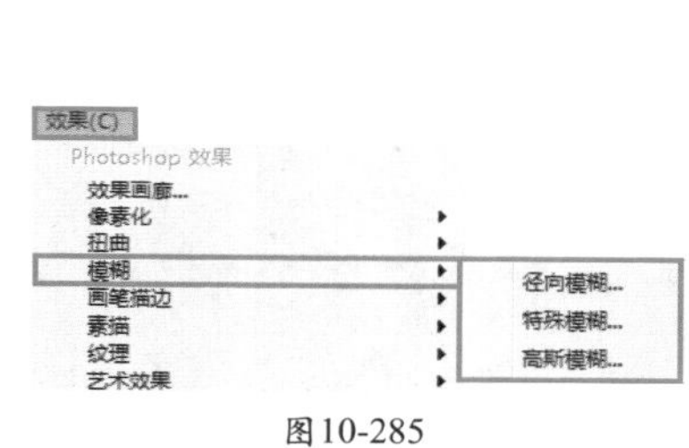

图10-285

图10-286

- 径向模糊：以指定的中心点为起始点创建旋转或缩放的模糊效果，如图10-287所示。
- 特殊模糊：可以使图像的细节颜色呈现出更加平滑的模糊效果，如图10-288所示。
- 高斯模糊：可以均匀柔和地将画面进行模糊，使画面看起来具有朦胧感，如图10-289所示。

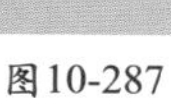
图10-287

图10-288

图10-289

练习实例：应用“高斯模糊”效果制作登录界面

文件路径	资源包\第10章\练习实例：应用“高斯模糊”效果制作登录界面
难易指数	★★★★★
技术掌握	“高斯模糊”效果

扫一扫，看视频

实例效果

本实例演示效果如图10-290所示。

图10-290

操作步骤

步骤01 执行“文件>新建”命令或按快捷键Ctrl+N，创建新文档。执行“文件>置入”命令，置入素材1.jpg，然后单击控制栏中的“嵌入”按钮，将其嵌入画板中，并调整为合适的大小，如图10-291所示。执行“效果>模糊>高斯模糊”命令，在弹出的“高斯模糊”窗口中设置“半径”为20像素，勾选“预览”复选框，单击“确定”按钮，如图10-292所示。

图10-291

图10-292

步骤02 绘制登录框。单击工具箱中的“圆角矩形工具”按钮，在控制栏中设置填充为深灰色，描边为深灰色，描边粗细为0.75pt；单击“描边”按钮，在弹出的下拉面板中设置“对齐描边”为“使描边外侧对齐”；在画板中央绘制一个圆角矩形，如图10-293所示。执行“效果>风格化>投影”命令，在弹出的“投影”窗口中设置“模式”为“正片叠底”，“不透明度”为75%，“X位移”为1mm，“Y位移”为1mm，“模糊”为0mm，选中“颜色”单选按钮，设置颜色为深灰色，勾选“预览”复选框，单击“确定”按钮，如图10-294所示。

图10-293

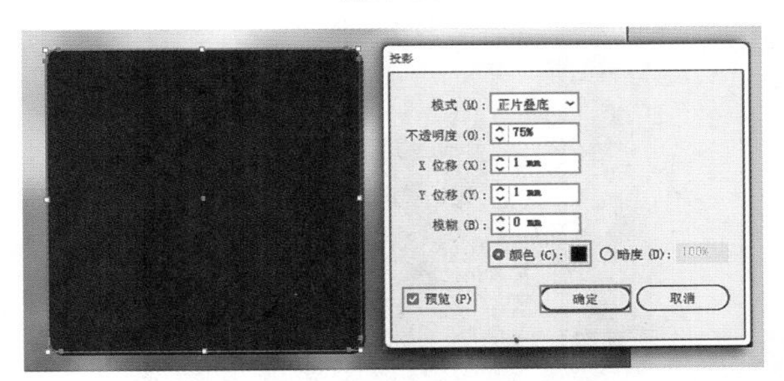

图10-294

步骤03 执行“窗口>透明度”命令，在弹出的“透明度”面板中设置“不透明度”为40%，如图10-295所示。效果如图10-296所示。

图10-295

图10-296

步骤04 单击工具箱中的“圆角矩形工具”按钮，再绘制一个圆角矩形，然后执行“窗口>透明度”命令，在弹出的“透明度”面板中设置“不透明度”为50%，如图10-297所示。效果如图10-298所示。

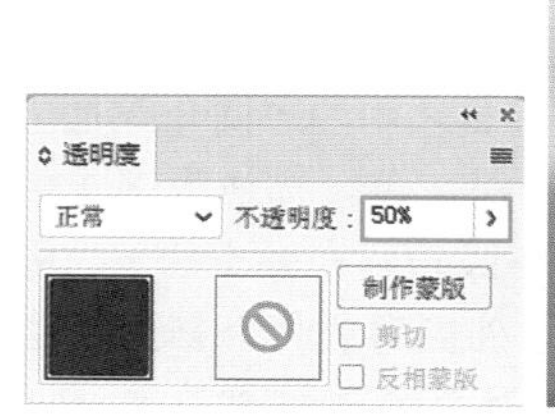

图10-297

图10-298

步骤 05 单击“圆角矩形工具”，在控制栏中设置填充为深灰色，描边为稍浅一些的灰色，“描边粗细”为1pt，在圆角矩形的上半部分绘制一个稍小的圆角矩形，如图10-299所示。按快捷键Ctrl+C和Ctrl+V复制一个，放到下方，如图10-300所示。

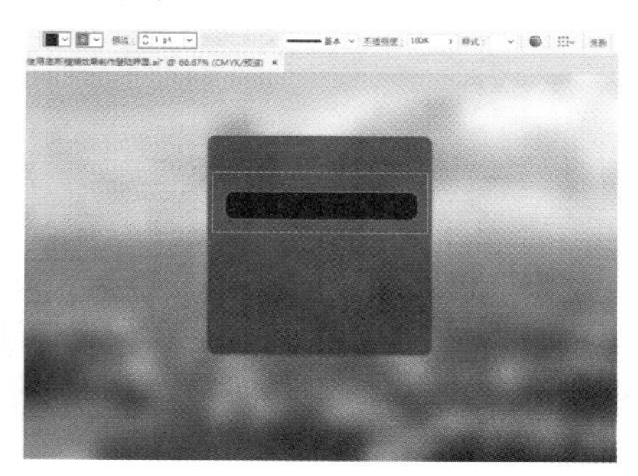

图10-299

图10-300

步骤 06 使用“钢笔工具”“圆角矩形工具”绘制其他图形，并按上述方法为其添加“内发光”效果，如图10-301所示。单击工具箱中的“椭圆工具”按钮，在控制栏中设置填充为黑色，描边为灰色，描边粗细为0.25pt，在橙色圆角矩形的右侧绘制一个小的椭圆形，如图10-302所示。

图10-301

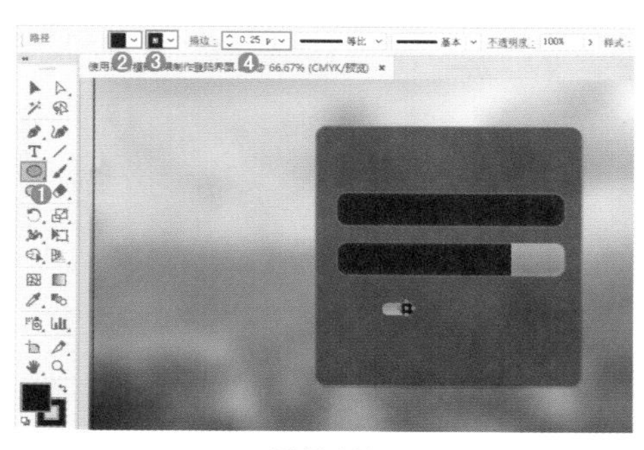

图10-302

步骤 07 使用“钢笔工具”在登录框的底部绘制一个底部带有圆角的图形，并设置合适的填充色与描边色，如图10-303所示。使用“圆角矩形工具”在底部绘制一个圆角矩形，如图10-304所示。

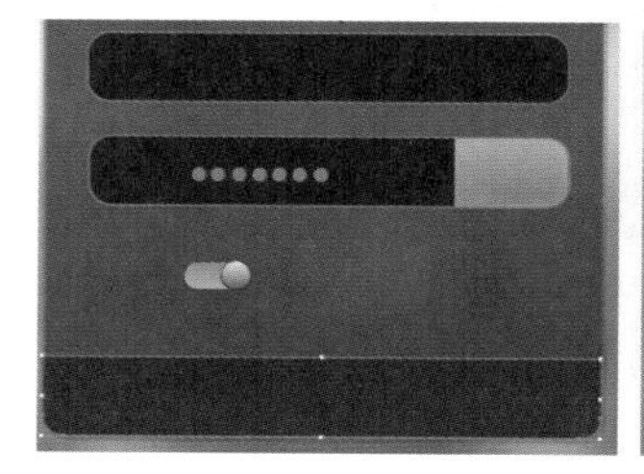

图10-303

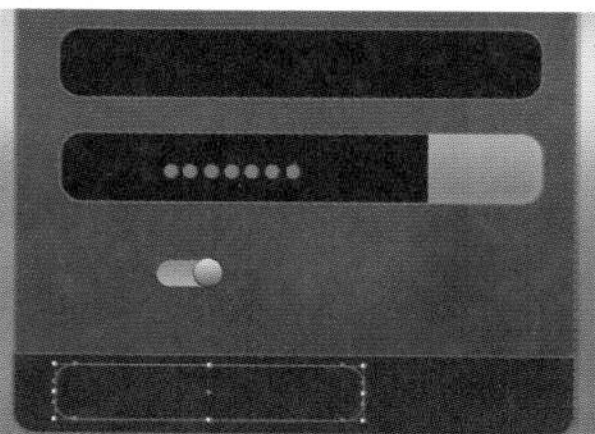

图10-304

步骤 08 选中底部的圆角矩形，然后执行“窗口>渐变”命令，在弹出的“渐变”面板中设置一种浅灰色的线性渐变，设置“类型”为“线性”，“角度”为-90°，如图10-305所示。单击渐变预览图，为圆角矩形赋予渐变色。效果如图10-306所示。

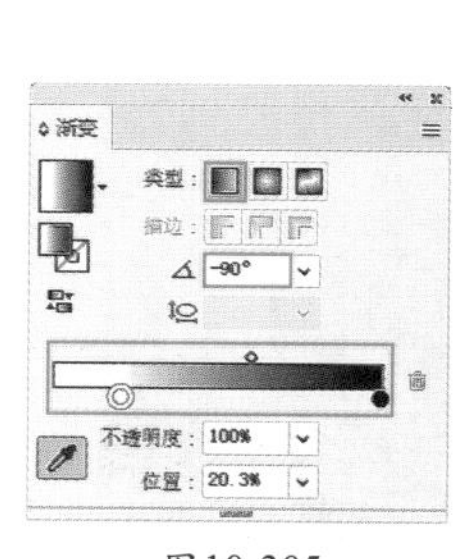

图10-305

图10-306

步骤 09 使用上述方法绘制其他图形，效果如图10-307和图10-308所示。

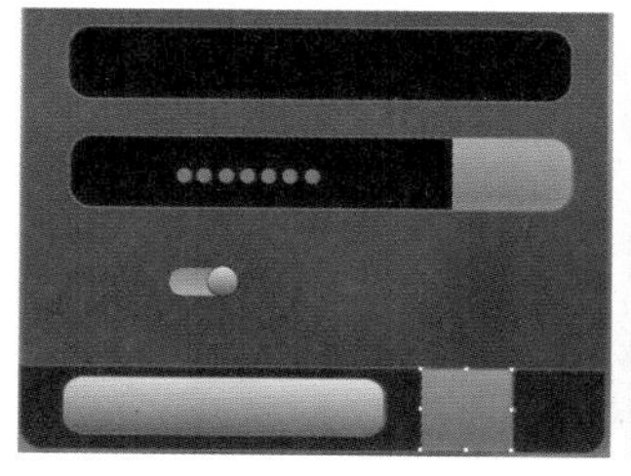

图10-307

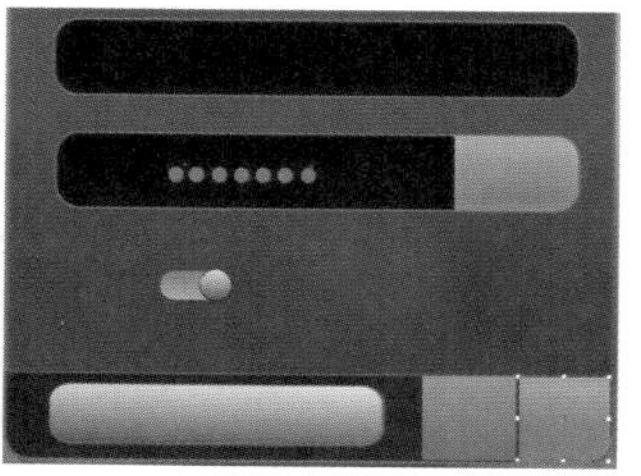

图10-308

步骤 10 执行“文件>打开”命令，打开素材2.ai，全部选中其中的素材图形，按快捷键Ctrl+C进行复制，如图10-309所示。回到刚才工作的文档中，按快捷键Ctrl+V进行粘贴，放置到相应位置，如图10-310所示。

图10-309

图10-310

步骤 11 单击工具箱中的“文字工具”按钮T，在控制栏中设置合适的字体，在登录框顶部输入文字，如图10-311所示。继续输入其他文字，设置适合的字体、大小和颜色，放置到相应位置。最终效果如图10-312所示。

图10-311

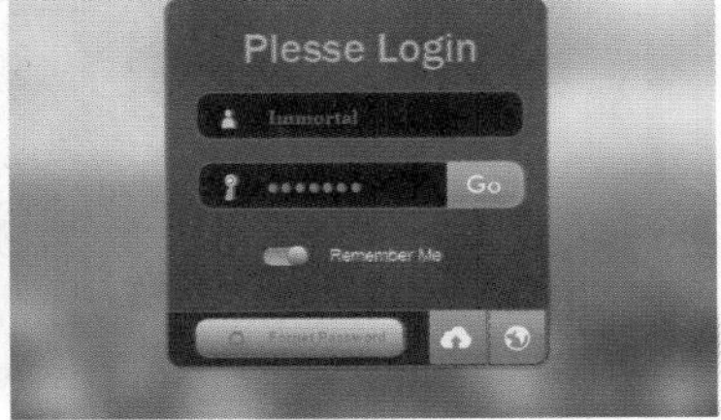

图10-312

练习实例：应用“径向模糊”效果制作极具冲击力的背景

文件路径	资源包\第10章\练习实例：应用“径向模糊”效果制作极具冲击力的背景
难易指数	★★★★★
技术掌握	“径向模糊”效果

扫一扫，看视频

实例效果

本实例演示效果如图10-313所示。

图10-313

操作步骤

步骤 01 执行“文件>新建”命令，创建一个大小为A4、“取向”为“纵向”的文档。执行“文件>置入”命令，置入素材1.jpg。调整合适的大小，单击控制栏中的“嵌入”按钮，将其嵌入画板中，如图10-314所示。

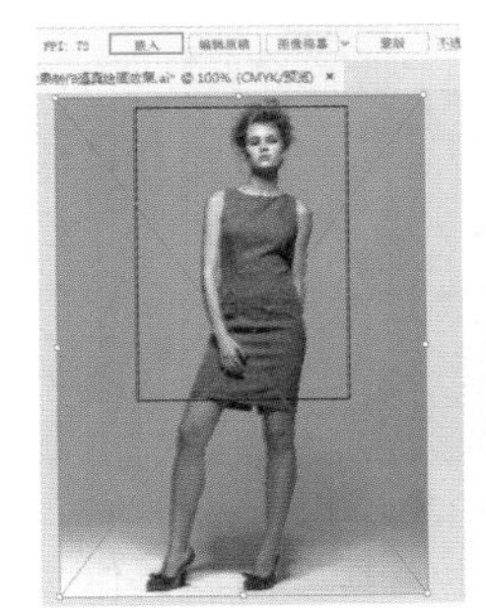

图10-314

步骤 02 单击工具箱中的“钢笔工具”按钮，在控制栏中设置填充为白色，描边为无，绘制一个不规则图形，如图10-315所示。然后框选这两个图形对象，右击，在弹出的快捷菜单中执行“建立剪切蒙版”命令，如图10-316所示。

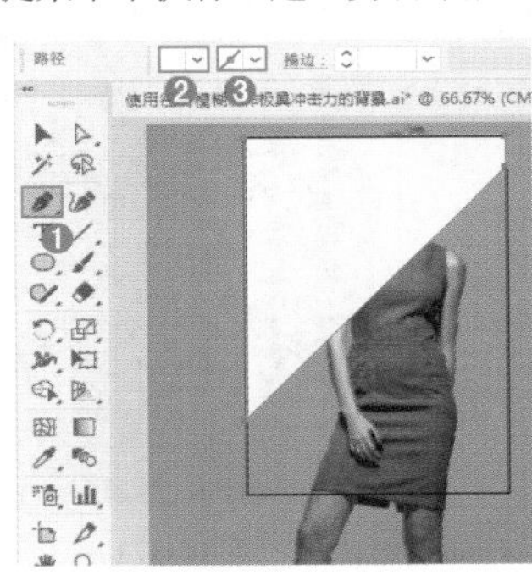

图10-315

图10-316

步骤 03 使用上述方法再次置入素材1.jpg，缩放到不同比例，如图10-317所示。单击工具箱中的“钢笔工具”按钮，在控制栏中设置填充为白色，描边为无，绘制一个不规则图形，如图10-318所示。然后框选这两个图形对象，右击，在弹出的快捷菜单中执行“建立剪切蒙版”命令，如图10-319所示。

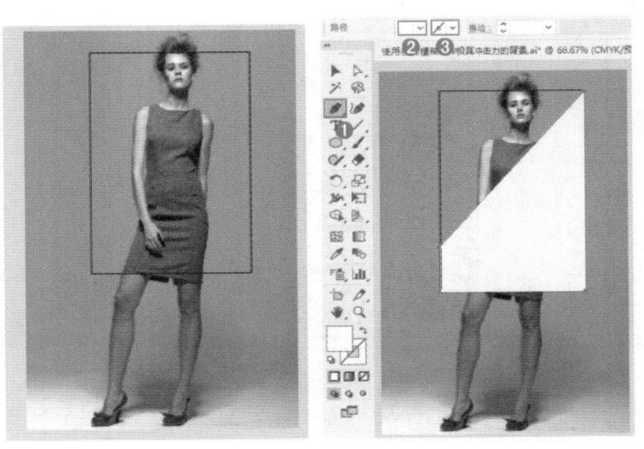

图10-317　　图10-318

图10-319

步骤04 选中上半部分的图片素材，执行“效果>模糊>径向模糊”命令，在弹出的“径向模糊”窗口中设置“数量”为100，在“模糊方法”选项组中选中“缩放”单选按钮，在“品质”选项组中选中“最好”单选按钮，单击“确定”按钮，如图10-320所示。效果如图10-321所示。

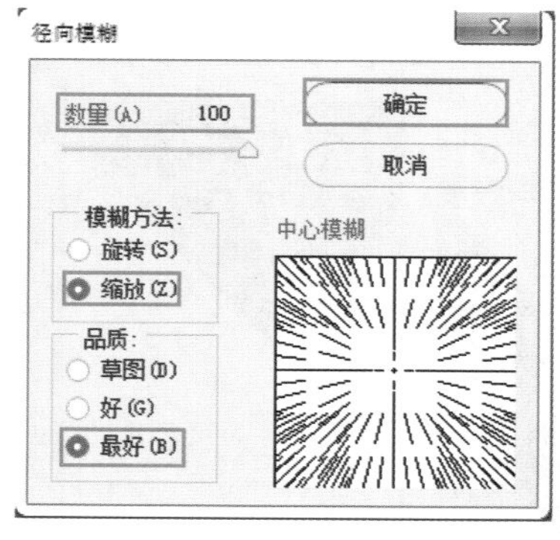

图10-320

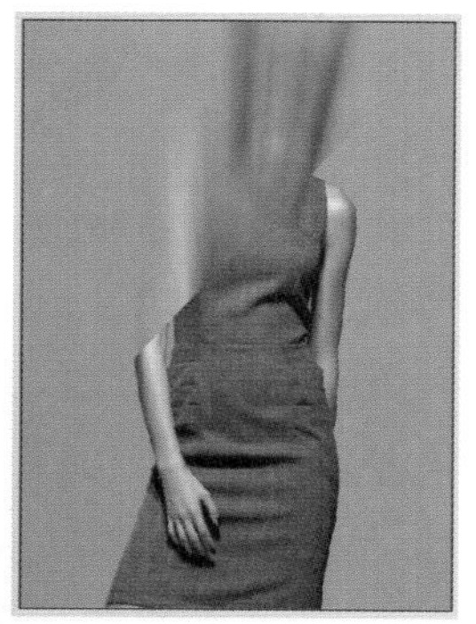

图10-321

步骤05 选中下半部分的图片素材，执行“效果>模糊>径向模糊”命令，在弹出的“径向模糊”窗口中设置“数量”为100，在“模糊方法”选项组中选中“缩放”单选按钮，在“品质”选项组中选中“最好”单选按钮，单击“确定”按钮，如图10-322所示。效果如图10-323所示。

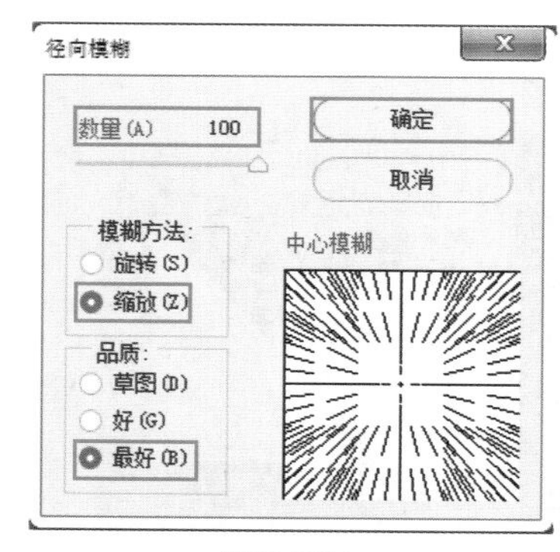

图10-322

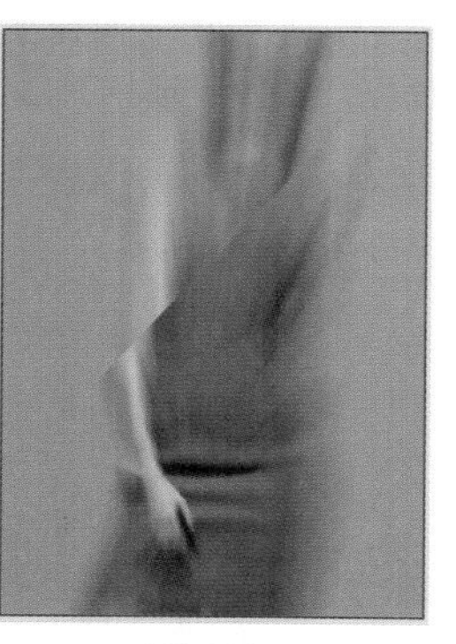

图10-323

步骤06 单击工具箱中的“矩形工具”按钮，在控制栏中设置填充为无，描边为白色，描边粗细为4pt，绘制一个矩形，如图10-324所示。单击工具箱中的“钢笔工具”按钮，在控制栏中设置填充为无，描边为灰色，描边粗细为1pt，绘制一段路径，如图10-325所示。

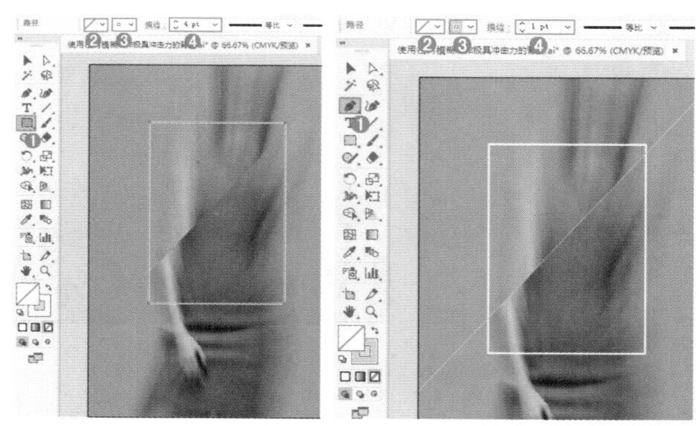

图10-324　　图10-325

步骤07 单击工具箱中的“文字工具”按钮，在控制栏中设置填充为白色，描边为无，选择一种合适的字体，设置字体大小为210pt，然后输入文字，如图10-326所示。

图10-326

步骤08 保持数字“8”的选中状态，右击，在弹出的快捷菜单中执行“创建轮廓”命令。然后单击工具箱中的“美工刀”按钮，在文字外一侧按住鼠标左键拖动到文字另外一侧，释放鼠标完成分割，如图10-327所示。接着选中上半部分，按Delete键将其删除，如图10-328所示。

图10-327

图10-328

步骤09 使用“文字工具”添加其他文字，设置合适的字体、大小和颜色。效果如图10-329所示。

图10-329

10.12.5 画笔描边

执行“效果>画笔描边”命令，在弹出的子菜单中可以看到8个滤镜，如图10-330所示。该滤镜组中的滤镜能够以不同风格的画笔笔触来表现图像的绘画效果。打开一张图片，如图10-331所示。

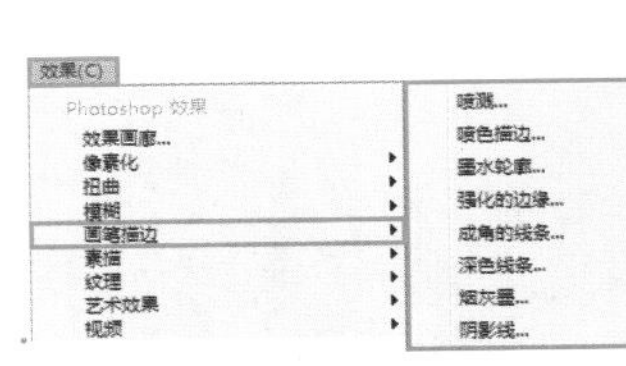

图10-330

图10-331

- 喷溅：产生类似喷溅的画面质感，如图10-332所示。
- 喷色描边：与“喷溅”效果类似，可以模拟制作出飞溅色彩的效果，如图10-333所示。

图10-332

图 10-333

- 墨水轮廓：以钢笔画的风格，用细细的线条在原始细节上绘制图像，以转换图像轮廓描边的质感，如图10-334所示。
- 强化的边缘：用于表现图像的发光效果，如图10-335所示。

图10-334

图10-335

- 成角的线条：可以制作出图像平滑的绘制效果，如图10-336所示。
- 深色线条：可以模拟制作出深色的线条画面效果，如图10-337所示。

图10-336

图 10-337

- 烟灰墨：可以模拟制作类似烟墨浸染的效果，如图10-338所示。
- 阴影线：通过创建网状质感来表现图像的绘画效果，如图10-339所示。

图10-338

图10-339

10.12.6 素描

执行“效果>素描”命令，在弹出的子菜单中可以看到14种不同风格的滤镜，如图10-340所示。该滤镜组中的滤镜通过黑、白、灰这些颜色来重绘图像，模拟出类似绘画感、图案感的特殊效果。打开一张图片，如图10-341所示。

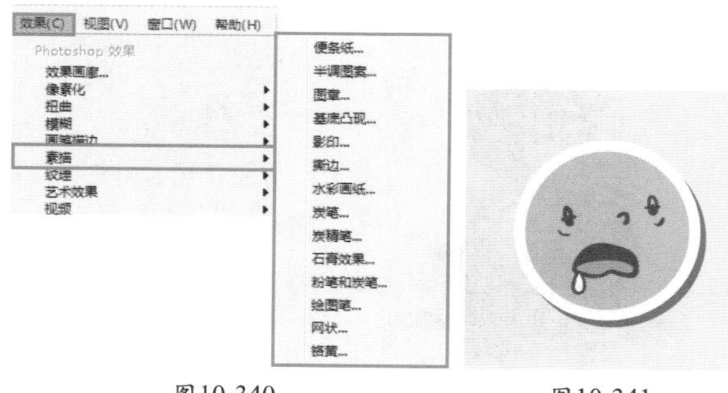

图10-340　　图10-341

- 便条纸：可以将彩色的图像模拟出灰白色的浮雕纸条效果，如图10-342所示。
- 半调图案：可以使图像呈现为黑白网点、圆形或直线的组合，如图10-343所示。
- 图章：可以模拟黑白的盖印效果，如图10-344所示。
- 基底凸现：可以模拟浮雕的雕刻状和突出光照下变化各异的表面，如图10-345所示。
- 影印：可以模拟制作黑白灰色的影印效果，如图10-346所示。

图10-342

图10-343

图10-344

图10-345

图10-346

- 撕边：可以模拟制作类似纸张撕裂的效果，如图10-347所示。
- 水彩画纸：可以模拟制作水彩画的效果，如图10-348所示。
- 炭笔：可以模拟制作黑色的炭笔绘画的纹理效果，如图10-349所示。
- 炭精笔：可以在图像上模拟出浓黑和纯白的炭精笔纹理，使图像呈现出炭精笔绘制的质感，如图10-350所示。
- 石膏效果：可以模拟制作出类似石膏的质感效果，如图10-351所示。

图10-347

图10-348

图10-349

图10-350

图10-351

- 粉笔和炭笔：可以制作粉笔和炭笔相结合的质感效果，如图10-352所示。
- 绘图笔：可以模拟制作绘图笔绘制的草图效果，如图10-353所示。
- 网状：可以使图像在阴影区域呈现为块状，在高光区域呈现为颗粒，如图10-354所示。
- 铬黄：可以模拟制作发亮金光液体的金属质感，如图10-355所示。

图10-352

图10-353

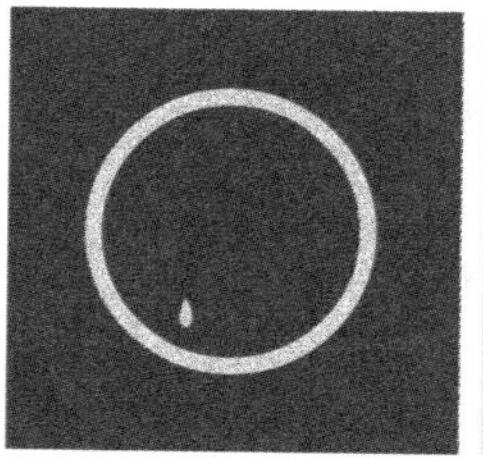

图10-354

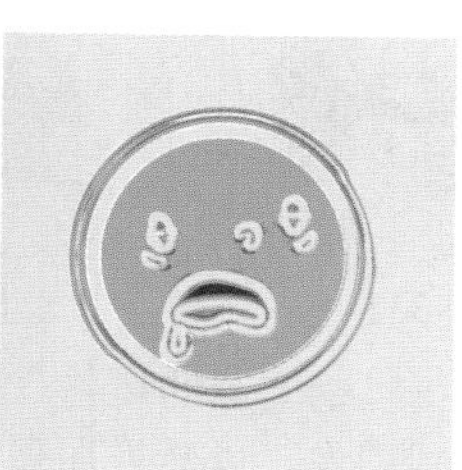

图10-355

练习实例：应用“影印”效果制作素描画

文件路径	资源包\第10章\练习实例：应用“影印”效果制作素描画
难易指数	★★★★★
技术掌握	“影印”效果

实例效果

扫一扫，看视频

本实例演示效果如图10-356所示。

图10-356

操作步骤

步骤 01 执行“文件>新建”命令，创建一个大小为A4、“取向”为“横向”的文档。执行“文件>置入”命令，置入素材1.jpg。调整合适的大小，单击控制栏中的“嵌入”按钮，将其嵌入画板中，如图10-357所示。

图10-357

步骤 02 执行“文件>置入”命令，置入素材2.jpg。调整合适的大小，单击控制栏中的“嵌入”按钮，将其嵌入画板中，如图10-358所示。

图10-358

步骤 03 保持图片素材的选中状态，然后执行“效果>素描>影印”命令，在弹出的“影印”窗口中设置“细节”为7，“暗度”为8，单击“确定”按钮，如图10-359所示。效果如图10-360所示。

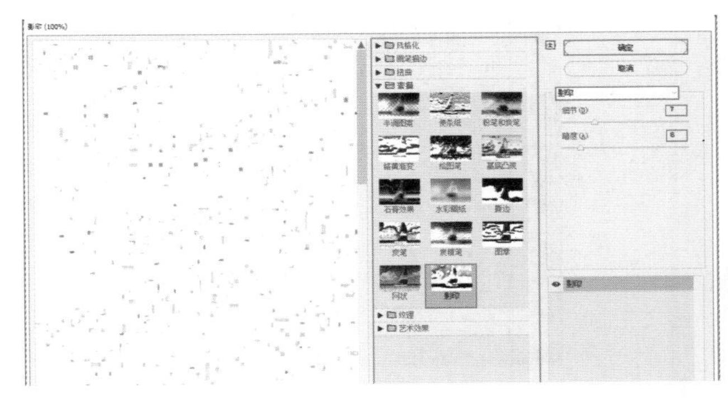

图10-359

图10-360

步骤 04 选中第二个图片素材，然后执行“窗口>透明度”命令，在弹出的“透明度”面板中设置“混合模式”为“正片叠底”，如图10-361所示。效果如图10-362所示。

图10-361

图10-362

步骤 05 单击工具箱中的“矩形工具”按钮□，在控制栏中设置填充为白色，描边为无，绘制一个矩形，如图10-363所示。加选第二个图片素材和矩形对象，右击，在弹出的快捷菜单中执行“建立剪切蒙版”命令。效果如图10-364所示。

图10-363

图10-364

10.12.7 纹理

执行“效果>纹理”命令，在弹出的子菜单中可以看到6种不同风格的滤镜，如图10-365所示。该滤镜组中的滤镜主要用来模拟常见的材质纹理效果。打开一张图片，如图10-366所示。

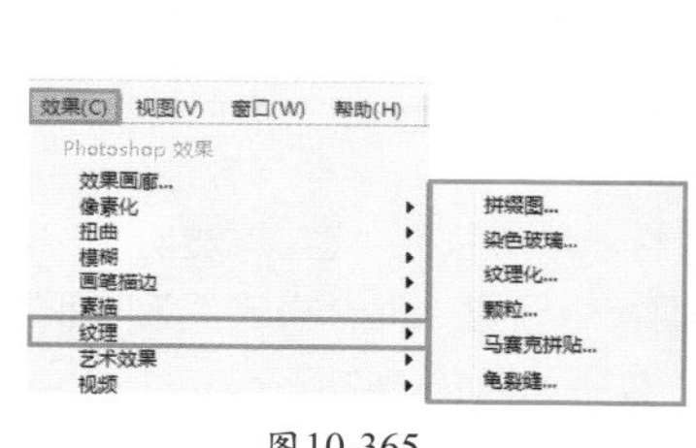

图10-365

图10-366

- 拼缀图：可以模拟制作出彩色块状拼接图的效果，如图10-367所示。
- 染色玻璃：可以将图像调整为彩色的玻璃彩块效果，如图10-368所示。
- 纹理化：可以让图像产生不同类型的纹理效果，如图10-369所示。

图10-367

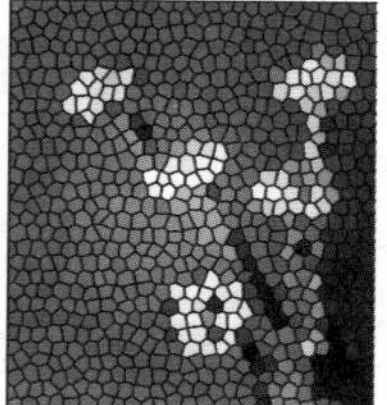

图10-368

图10-369

- 颗粒：可以为图像添加杂点颗粒效果，图像质感更加粗糙，如图10-370所示。
- 马赛克拼贴：可以模拟制作出用马赛克碎片拼贴起来的效果，如图10-371所示。
- 龟裂缝：可以模拟制作出网状龟裂的纹理效果，如图10-372所示。

图10-370

图10-371

图10-372

10.12.8 艺术效果

执行“效果>艺术效果”命令，在弹出的子菜单中可以看到15种不同风格的滤镜，如图10-373所示。该滤镜组中的滤镜主要用于制作不同风格的艺术纹理和绘画效果。如图10-374所示为图像的原始效果。

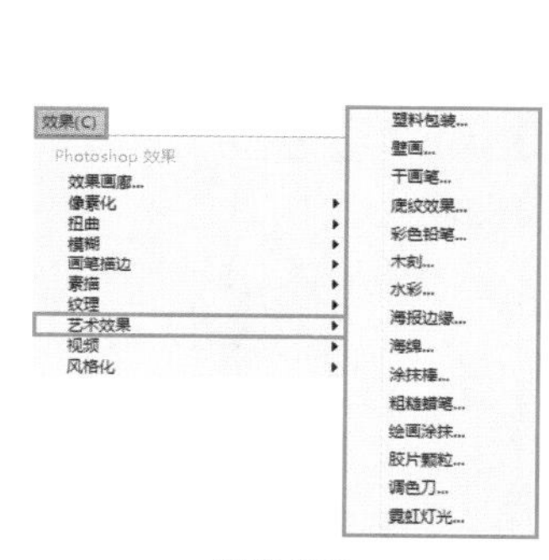

图10-373

图10-374

- 塑料包装：可以模拟塑料的反光和凸起质感，如图10-375所示。
- 壁画：可以模拟壁画的质感效果，如图10-376所示。
- 干画笔：可以模拟用干燥的画笔绘制图像边缘的效果，如图10-377所示。
- 底纹效果：可以模拟制作水浸底纹的效果，如图10-378所示。

图10-375

图10-376

图10-377

图10-378

- 彩色铅笔：可以模拟制作彩色铅笔的效果，如图10-379所示。
- 木刻：可将画面处理为木制雕刻的质感，如图10-380所示。
- 水彩：可以模拟水彩画的效果，如图10-381所示。
- 海报边缘：可以将图像海报化，并在图像的边缘添加黑色的描边以改变图像质感，如图10-382所示。

图10-379

图10-380

图10-381

图10-382

- 海绵：可以模拟制作海绵浸水的效果，如图10-383所示。
- 涂抹棒：可以使画面呈现模糊和浸染的效果，如图10-384所示。
- 粗糙蜡笔：可以模拟蜡笔的粗糙质感，如图10-385所示。
- 绘画涂抹：可以模拟油画的细腻涂抹质感，如图10-386所示。

图10-383

图10-384

图10-385

图10-386

- 胶片颗粒：可以为图像添加胶片颗粒状的杂色，如图10-387所示。
- 调色刀：可以模拟使用调色刀制作的效果，以增强图像的绘画质感，如图10-388所示。
- 霓虹灯光：可以模拟制作类似霓虹灯发光的效果，如图10-389所示。

图10-387

图10-388

图10-389

练习实例：应用“海报边缘”效果制作逼真绘画效果

文件路径	资源包\第10章\练习实例：应用“海报边缘”效果制作逼真绘画效果
难易指数	★★★★★
技术掌握	“海报边缘”效果

实例效果

扫一扫，看视频

本实例演示效果如图10-390所示。

图10-390

操作步骤

步骤 01 执行“文件>新建”命令，创建一个空白文档。执行“文件>置入”命令，置入素材1.jpg。单击控制栏中的“嵌入”按钮，将其嵌入画板中，如图10-391所示。

图10-391

步骤 02 保持图片素材的选中状态，执行“效果>艺术效果>海报边缘”命令，在弹出的“海报边缘”窗口中设置“边缘厚度”为2，“边缘强度”为1，“海报化”为2，单击“确定”按钮，如图10-392所示。效果如图10-393所示。

图10-392

图10-393

步骤03 执行“文件>置入”命令，置入素材2.png。调整到合适的大小，单击控制栏中的“嵌入”按钮，将其嵌入画板中，如图10-394所示。最终效果如图10-395所示。

图10-394

图10-395

10.12.9 风格化

“风格化”滤镜组中只有“照亮边缘”一种滤镜，该滤镜能够查找图像中色调对比明显的区域，并将该区域的颜色转换为与之相对应的补色，再将其他区域转换为黑色，从而增强这些边缘的亮度。选择一个图形对象，如图10-396所示。执行“效果>风格化>照亮边缘”命令，效果如图10-397所示。

图10-396

图10-397

综合实例：应用多种效果制作欧美风格海报

文件路径	资源包\第10章\综合实例：应用多种效果制作欧美风格海报
难易指数	★★★★★
技术掌握	“彩色半调”效果、“椭圆工具”“钢笔工具”

实例效果

本实例演示效果如图10-398所示。

扫一扫，看视频

图10-398

操作步骤

步骤01 执行“文件>新建”命令，创建一个大小为A4、“取向”为“纵向”的文档。单击工具箱中的“矩形工具”按钮，在控制栏中设置填充为灰色，描边为无，绘制一个矩形，如图10-399所示。

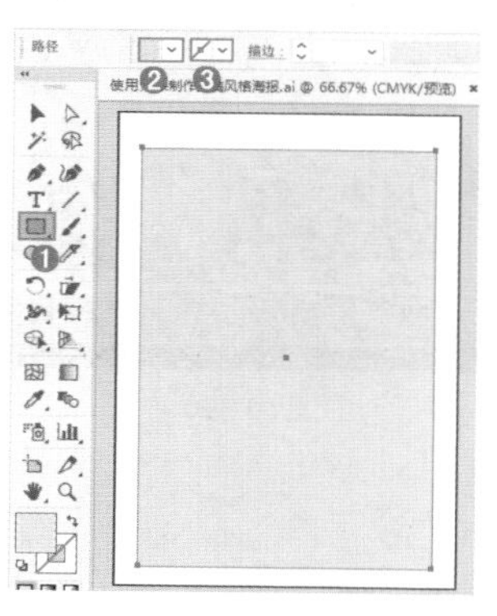

图10-399

步骤02 执行“文件>置入”命令，置入素材1.jpg。调整合适的大小，单击控制栏中的“嵌入”按钮，将其嵌入画板中，如图10-400所示。单击工具箱中的“椭圆工具”按钮，在控制栏中设置填充为白色，描边为无，按住鼠标左键的同时按住Shift键拖动，绘制一个正圆形，如图10-401所示。选中这个圆形对象，按住鼠标左键的同时按Alt键拖动，复制一个，移动到画板外部。

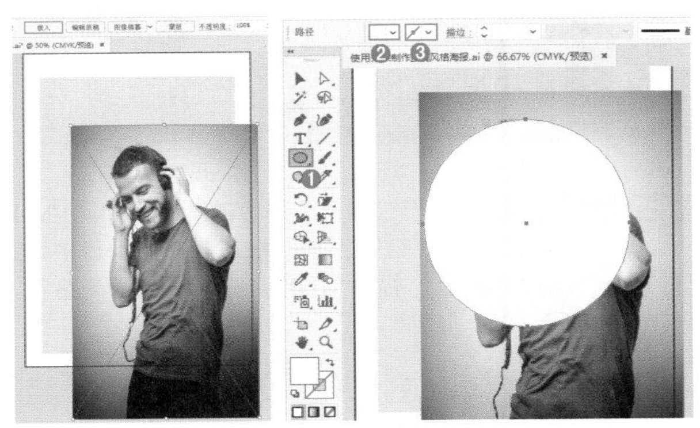

图10-400　　图10-401

步骤03 选择画板中的正圆形，然后单击工具箱中的“美工刀”按钮，在正圆形一侧按住鼠标左键的同时按住Shift+Alt组合键拖动，到正圆形另外一侧的外部松开鼠标，如图10-402所示。此时得到两个独立的图形，如图10-403所示。

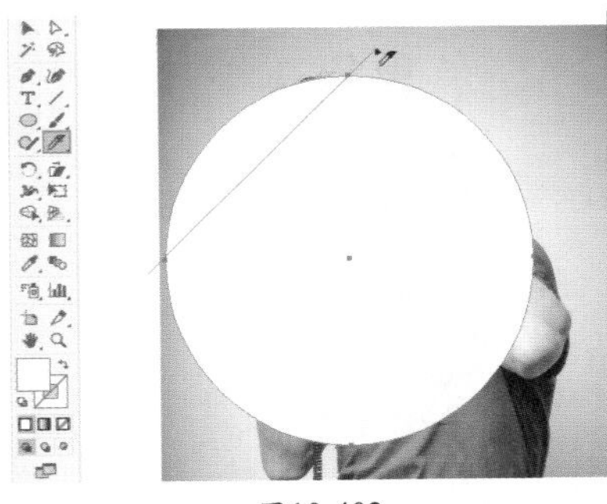

图10-402

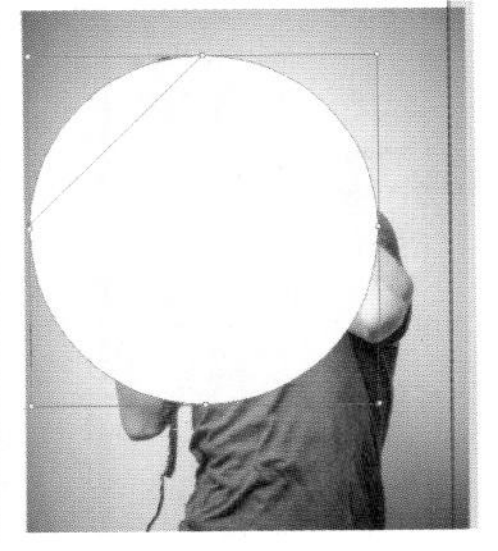

图10-403

步骤04 选择圆形的上半部分，按Delete键将其删除，如图10-404所示。框选图片素材和半圆形对象，右击，在弹出的快捷菜单中执行“建立剪切蒙版”命令，如图10-405所示。

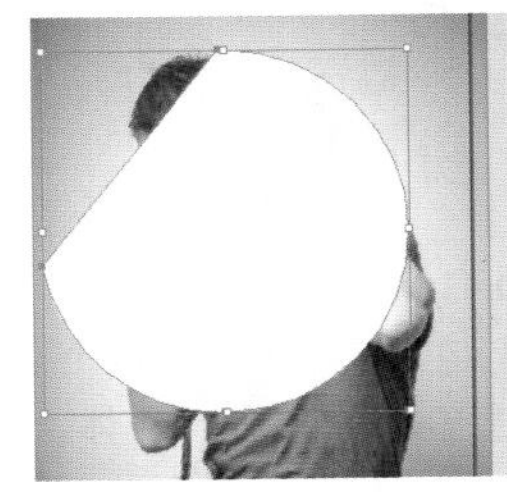

图10-404

图10-405

步骤05 选中图片素材，执行“效果>像素化>彩色半调”命令，在弹出的“彩色半调”窗口中设置“最大半径”为5，“网角(度)”的“通道1”为108、“通道2”为162、“通道3”为90、“通道4”为45，单击“确定”按钮，如图10-406所示。效果如图10-407所示。

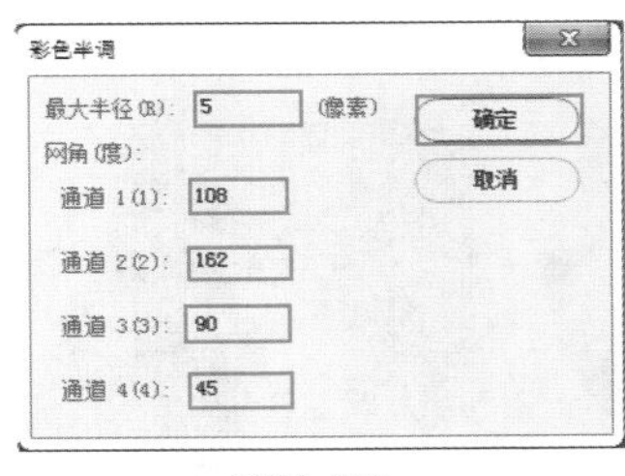

图10-406

图10-407

步骤06 单击工具箱中的“椭圆工具”按钮，在控制栏中设置填充为黄色，描边为无，按住鼠标左键的同时按住Shift键拖曳，绘制一个正圆形，如图10-408所示。

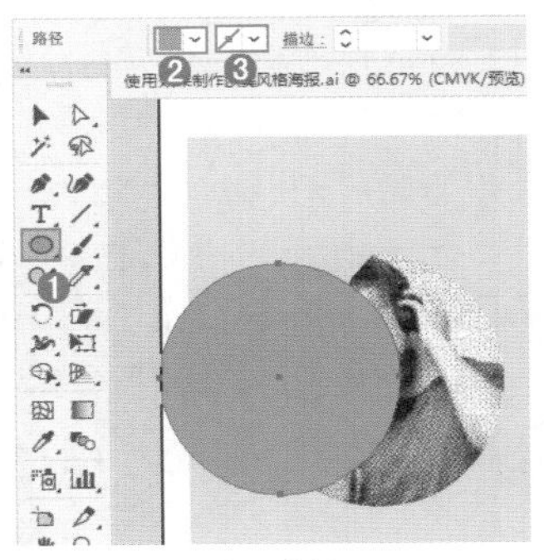

图10-408

步骤07 选择这个圆形，单击工具箱中的“美工刀”按钮，在正圆形的一侧按住鼠标左键的同时按住Shift+Alt组合键拖动至正圆形另外一侧的外部，如图10-409所示。

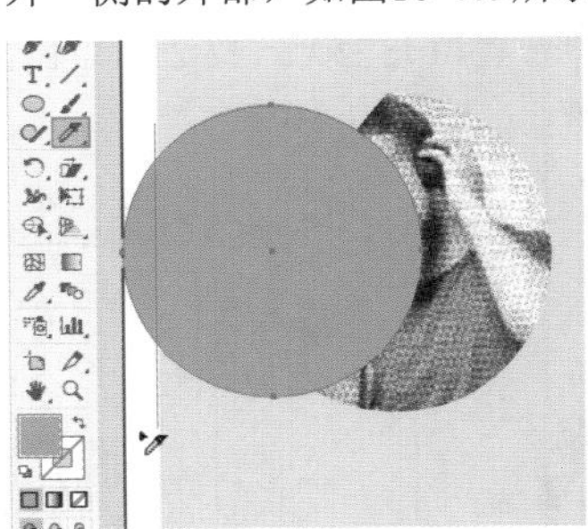

图10-409

步骤08 使用“美工刀”进行分割，如图10-410所示。

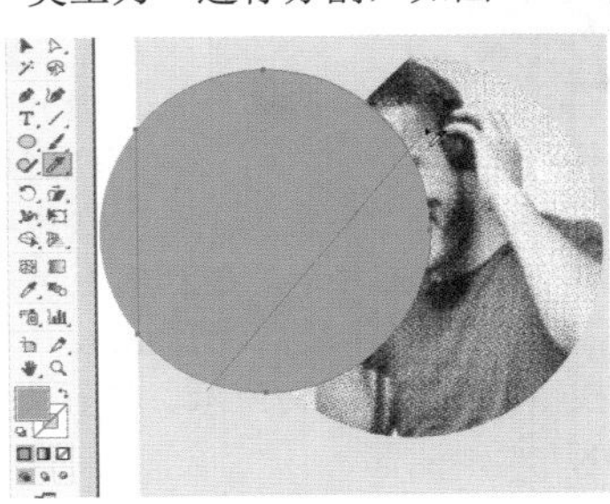

图10-410

步骤 09 释放鼠标后，得到3个独立的图形，如图10-411所示。选择圆形左右两部分，按Delete键将其删除，如图10-412所示。

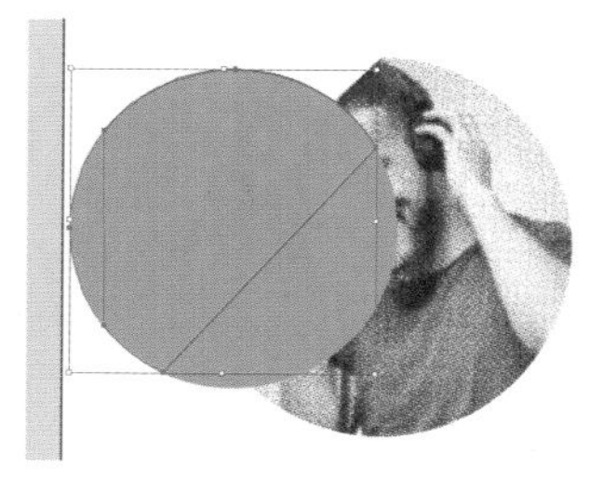

图10-411

图10-412

步骤 10 保持半圆形对象的选中状态，执行“效果>像素化>彩色半调”命令，在弹出的“彩色半调”窗口中设置“最大半径”为5，“网角度”的“通道1”为108、“通道2”为162、“通道3”为90、“通道4”为45，单击“确定”按钮，如图10-413所示。效果如图10-414所示。

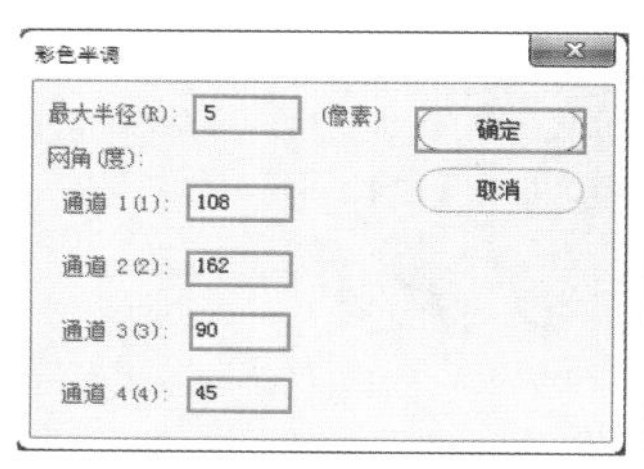

图10-413

图10-414

步骤 11 选中半圆形对象，在控制栏中设置“不透明度”为80%，如图10-415所示。单击工具箱中的“钢笔工具”按钮，在控制栏中设置填充为无，描边为黑色，描边粗细为1pt，绘制一段路径，如图10-416所示。

图10-415

图10-416

步骤 12 单击工具箱中的“多边形工具”按钮，在控制栏中设置填充为黑色，描边为无，在画板上单击，在弹出的“多边形”窗口中设置“半径”为10mm，“边数”为5，单击“确定”按钮，如图10-417所示。将五边形旋转一定角度，如图10-418所示。

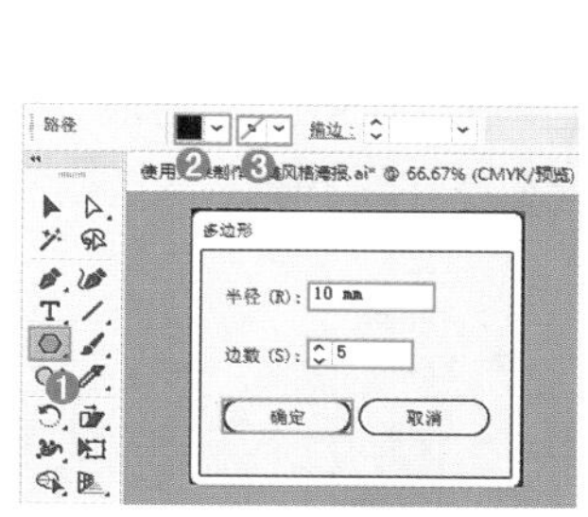

图10-417

图10-418

步骤 13 使用“椭圆工具”绘制一个黑色的圆形，如图10-419所示。单击工具箱中的“钢笔工具”按钮，在控制栏中设置填充为无，描边为黑色，描边粗细为1pt，绘制一条路径，如图10-420所示。

图10-419

图10-420

步骤 14 使用同样的方法再添加两条路径，如图10-421所示。

图10-421

步骤 15 单击工具箱中的“文字工具”按钮，在控制栏中设置填充为黑色，描边为无，选择一种合适的字体，设置字体大小为72pt。然后输入文字，如图10-422所示。使用“文字工具”添加其他文字，设置合适的字体、大小和颜色，如图10-423所示。

图10-422

图10-423

步骤 16 框选字体相同的文字，然后执行“窗口>对齐”命令，在弹出的“对齐”面板中单击“左对齐”按钮，如图10-424所示。接着单击“垂直居中分布”按钮，如图10-425所示。

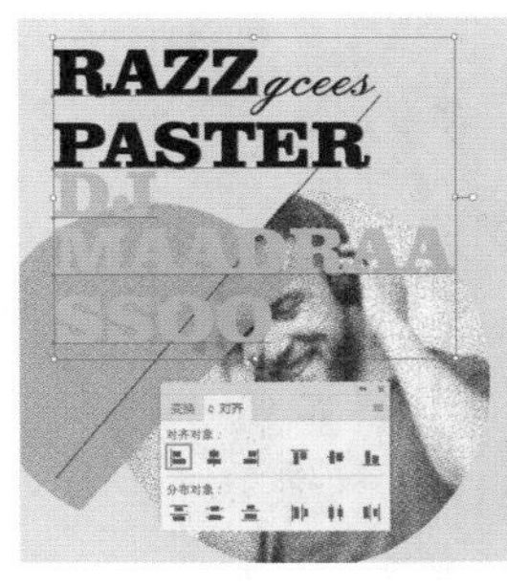

图10-424　　图10-425

步骤 17 使用“钢笔工具”绘制一条黄色的路径，如图10-426所示。使用“文字工具”添加其他文字，设置合适的字体、大小和颜色。最终效果如图10-427所示。

图10-426　　图10-427

10.13 课后练习：家具购物网站广告

文件路径	资源包\第10章\课后练习：家具购物网站广告
难易指数	★★★★★
技术掌握	“凸出和斜角”效果

实例效果

本实例演示效果如图10-428所示。

扫一扫，看视频

图10-428

10.14 模拟考试

主题：将照片处理为绘画效果。

要求：

（1）需应用到“效果”功能进行处理，效果类别不限。

（2）可结合绘画等功能对图像进行处理。

（3）可在网络搜索“特效”“转手绘”等关键词，获取更多灵感。

考查知识点：位图特效、钢笔工具。

第 11 章

图表

本章内容简介：

“图表”是一种非常直观而明确的数据展示方式，常用于企业画册、数据分析、图示设计中。在Illustrator中可以绘制柱形图、堆积柱形图、条形图、堆积条形图、折线图、面积图、散点图、饼图、雷达图。本章主要学习这些工具的使用方法。

重点知识掌握：

- 熟练掌握图表工具的使用方法
- 熟练掌握图表类型的切换以及数据的编辑方法

通过本章的学习，我能做什么？

通过本章的学习，我们可以掌握各种图表的创建方法。通过这些图表工具的使用，我们可以制作企业画册、数据分析图等带有图形化数据展示的文档。

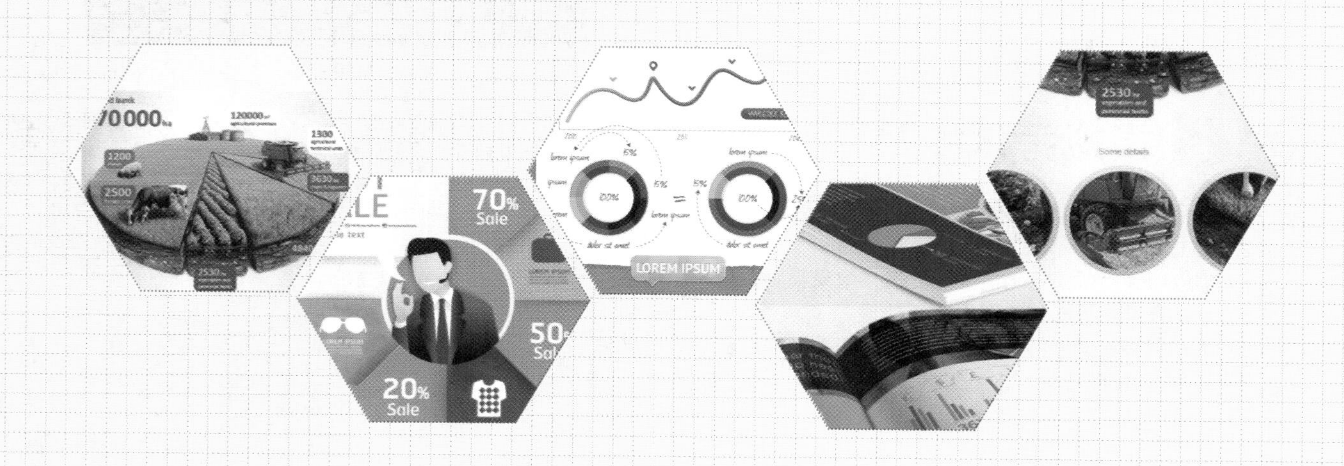

11.1 动手练：图表的创建方法

扫一扫，看视频

“图表”是一种非常直观而明确的数据展示方式，常用于企业画册、数据分析、图示设计中。Illustrator的工具箱中包含9种类型的图表工具，基本囊括了常用的图表类型，可以绘制出柱形图、堆积柱形图、条形图、堆积条形图、折线图、面积图、散点图、饼图、雷达图。虽然各种图表的展示方式不同，但其创建方法基本相同。下面以其中一个图表工具为例，简单了解一下图表的制作流程。

（1）右击“图表工具组”按钮，在弹出的工具组中可以看到多种工具。虽然工具名称不同，但其创建图表的方法大同小异，在此以“柱形图工具”为例进行讲解。首先在图表工具组中选择“柱形图工具”，如图11-1所示。接着按住鼠标左键拖动，松开鼠标后弹出图表数据窗口，如图11-2所示。

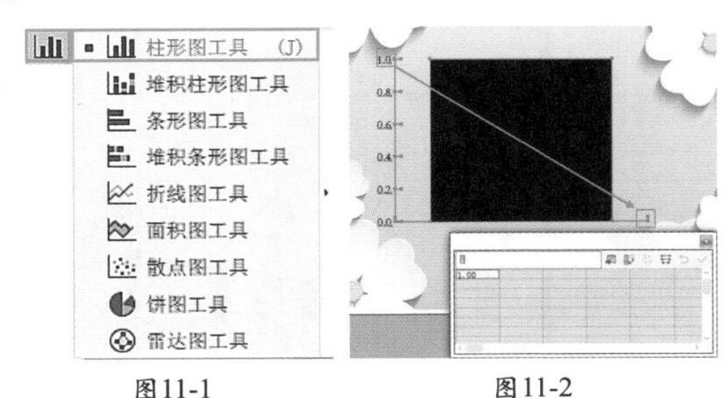

图11-1　　图11-2

提示：绘制精确大小的图表。

选择一种图表工具，在要创建图表的位置单击，在弹出的“图表”窗口中输入“宽度”和“高度”，然后单击“确定”按钮，即可得到一个尺寸精确的图表，如图11-3所示。

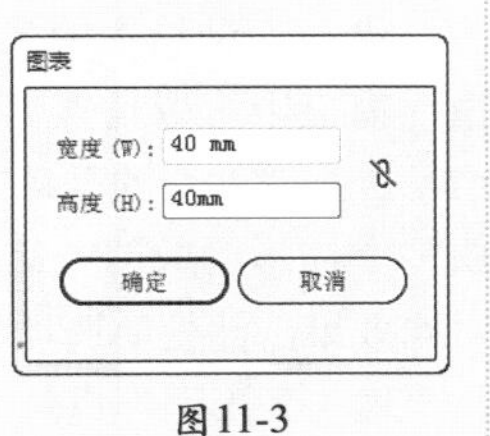

图11-3

（2）图表数据窗口用来输入图表的数据，数据的输入会直接影响到图表的效果。例如，绘制一个带有图例的图表，在左侧第一列单元格内输入“类别标签”（在此输入的文字将会显示在柱状图的下方。输入完成后，按Enter键），如图11-4所示；在第一行单元格内输入“数据组标签”（在此输入的文字将会显示在图例中），如图11-5所示。

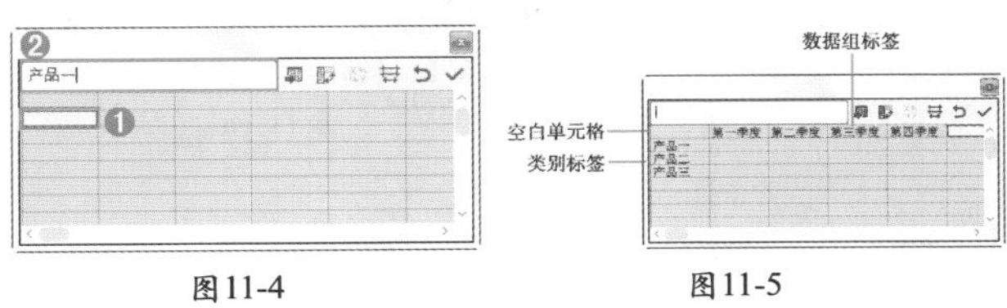

图11-4　　图11-5

提示：绘制图表的技巧。

如果不希望 Illustrator 生成图例，则无须输入数据组标签。

（3）输入数值，然后单击“应用”按钮，或者按Enter键。如果不再需要该窗口，可以单击“关闭”按钮将其关闭，否则会一直处于打开的状态，如图11-6所示。此时柱形图效果如图11-7所示。

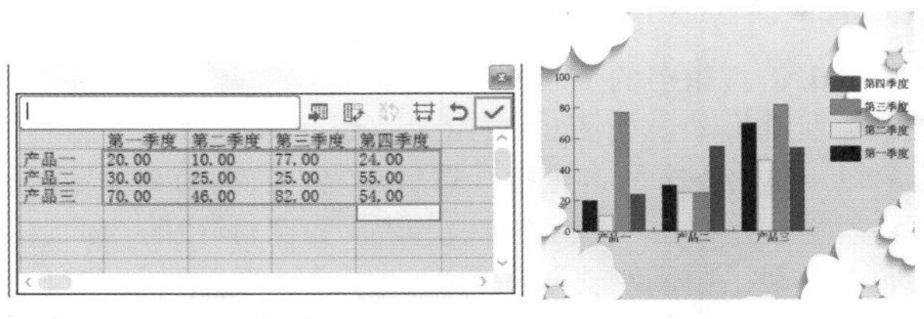

	第一季度	第二季度	第三季度	第四季度
产品一	20.00	10.00	77.00	24.00
产品二	30.00	25.00	25.00	55.00
产品三	70.00	46.00	82.00	54.00

图11-6　　图11-7

- 导入数据：图表不仅可以手动输入数值，还可以导入已有的数据文档。单击该按钮，选择所需文件即可。
- 换位行/列：单击该按钮，可以切换数据行和数据列，如图11-8和图11-9所示。

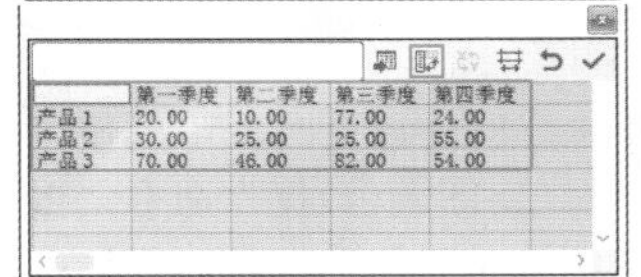

	第一季度	第二季度	第三季度	第四季度
产品 1	20.00	10.00	77.00	24.00
产品 2	30.00	25.00	25.00	55.00
产品 3	70.00	46.00	82.00	54.00

	产品 1	产品 2	产品 3
第一季度	20.00	30.00	70.00
第二季度	10.00	25.00	46.00
第三季度	77.00	25.00	82.00
第四季度	24.00	55.00	54.00

图11-8　　图11-9

- 切换X/Y：要切换散点图的X轴和Y轴，可以单击该按钮。
- 单元格样式：单击该按钮，在弹出的“单元格样式”窗口中可以对“小数位数”和“列宽度”进行设置，如图11-10所示。

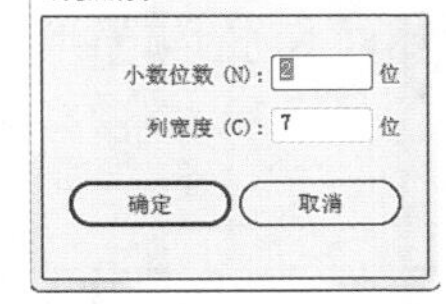

图11-10

- 恢复：单击该按钮，即可恢复到上一次数值输入状态。
- 应用：单击“应用”按钮，或者按Enter 键，以重新生成图表。

提示：重新在图表数据窗口中编辑参数。

当图表创建完成后，如果要修改图表中的数据，执行“对象 > 图表 > 数据”命令，即可重新显示图表数据窗口。

11.2 使用不同类型的图表工具

扫一扫，看视频

Illustrator的工具箱中有一个图表工具组，利用其中的工具可以创建出多种图表对象，基本能够满足日常的设计制图需要。不同的图表适用的场合不同，但是这些工具的使用方法基本相同，而且多种工具非常相似，区别仅在于是横向还是竖向。

重点 11.2.1 动手练：使用“柱形图工具”

利用“柱形图工具”创建的图表可用垂直柱形来比较数值。柱形图常用于显示某个阶段内的数据变化和对比，例如展示各季度某一种/几种产品的销量。

1. 创建简单的柱形图

单击工具箱中的“柱形图工具”按钮，在画板中按住鼠标左键拖动，如图11-11所示。松开鼠标后弹出图表数据窗口，单击下方的单元格，然后在上方白色的文字输入区域输入文字，单击“应用”按钮✓，如图11-12所示。随即画面中出现了由刚刚输入的数据构成的柱形图，如图11-13所示。

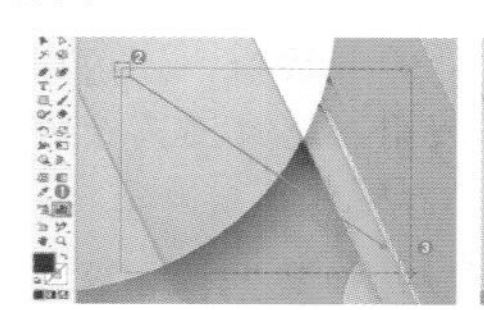

图11-11

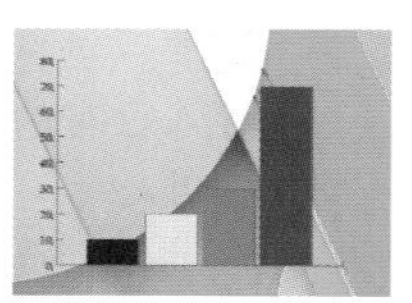

图11-12

图11-13

2. 绘制带有标签的柱形图表

（1）如果想要重新对图表的数据进行更改，可以使用“选择工具”选择图表，执行“对象>图表>数据”命令，重新打开图表数据窗口。在顶部的横向单元格（即第一行）中输入不同产品的标签，在左侧的纵向单元格（即第一列）中输入不同的时间段标签，接着输入数值，如图11-14所示。此时图表中的横轴会显示为时间，纵轴为数量，而不同的产品则以不同的颜色进行显示，如图11-15所示。

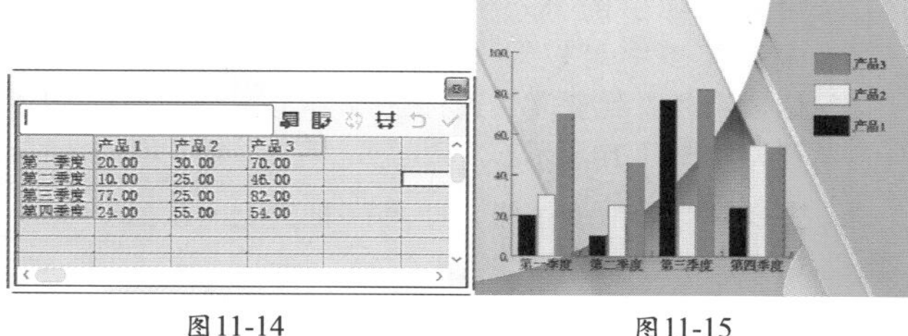

	产品1	产品2	产品3
第一季度	20.00	30.00	70.00
第二季度	10.00	25.00	46.00
第三季度	77.00	25.00	82.00
第四季度	24.00	55.00	54.00

图11-14

图11-15

（2）在选项栏中单击“换位行/列”按钮，使行、列数据对调，然后单击“应用”按钮✓，如图11-16所示。此时横轴变为不同品类的产品，每种产品则按照不同的时间段显示，如图11-17所示。

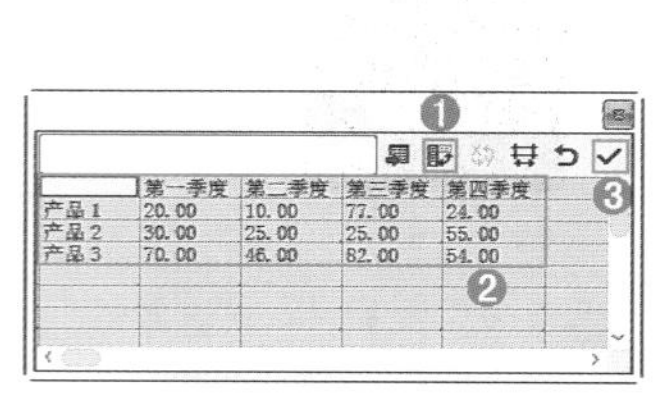

	第一季度	第二季度	第三季度	第四季度
产品1	20.00	10.00	77.00	24.00
产品2	30.00	25.00	25.00	55.00
产品3	70.00	46.00	82.00	54.00

图11-16

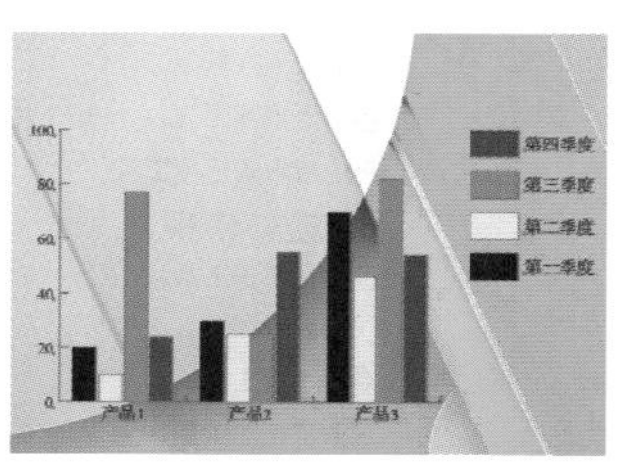

图11-17

3. 设置柱形图选项

双击工具箱中的“柱形图工具”，在弹出的“图表类型”窗口中可以设置“列宽”和“簇宽度”，如图11-18所示。“列宽”指的是每个柱形的宽度，而“簇宽度”则是指由多个柱形构成的一组图形的整体宽度。如图11-19所示为对比效果。此处的选项与“堆积柱形图”相同，“条形图”与“堆积条形图”也包含类似的选项。

图11-18

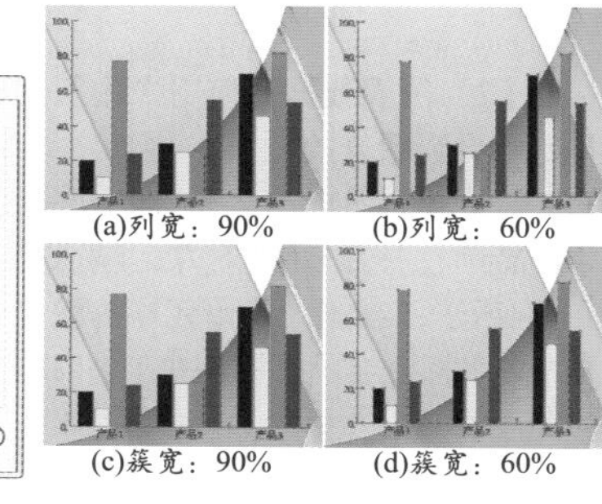

(a)列宽：90%　(b)列宽：60%

(c)簇宽：90%　(d)簇宽：60%

图11-19

11.2.2 动手练：使用“堆积柱形图工具”

利用“堆积柱形图工具”创建的图表与柱形图类似，但是堆积柱形图不是一整个矩形，而是由多个矩形堆积而成的。堆积柱形图常用于数据总体的分析，或者比较数据的比例。例如，分析各个月份的各项开支。

（1）右击“图表工具组”按钮，在弹出的工具组中单击“堆积柱形图工具”按钮，在画板中按住鼠标左键拖动，如图11-20所示。松开鼠标后，在弹出的图表数据窗口中输入数据。例如，第一行输入开支类目，第一列输入不同的月份，然后依次输入数值，单击“应用”按钮✓，如图11-21所示。

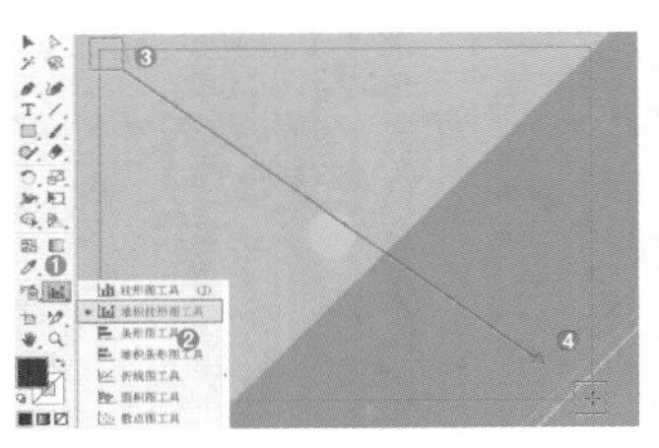

图11-20

图11-21

（2）画板中出现了由刚刚输入的数据构成的堆积柱形图，横轴显示为月份，纵轴显示为各类开支的月度支出总量，如图11-22所示。

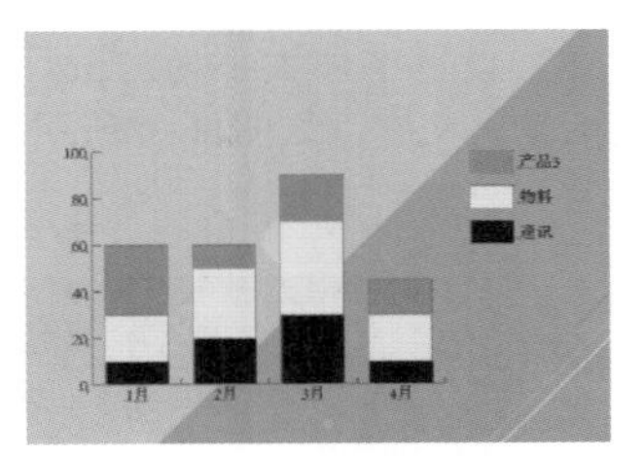

图11-22

（3）在选项栏中单击“换位行/列”按钮，使行、列数据对调，然后单击“应用”按钮✔，如图11-23所示。此时横轴变为不同的开支类目，纵轴显示各类开支的支出总量，如图11-24所示。

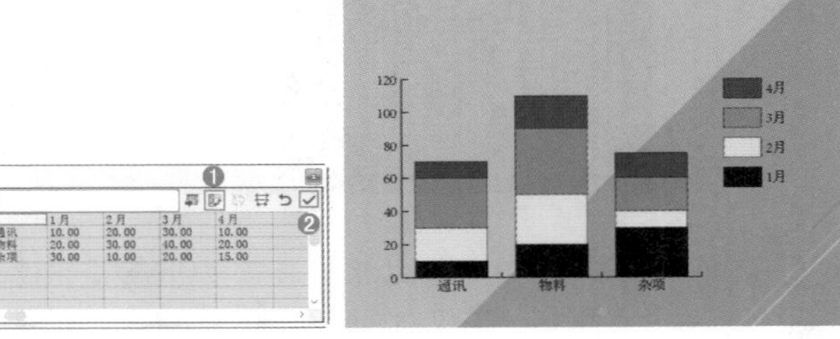

图11-23　　图11-24

练习实例：使用堆积柱形图制作企业报表

文件路径	资源包\第11章\练习实例：使用堆积柱形图制作企业报表
难易指数	★★★★★
技术掌握	“堆积柱形图工具”

实例效果

扫一扫，看视频

本实例演示效果如图11-25所示。

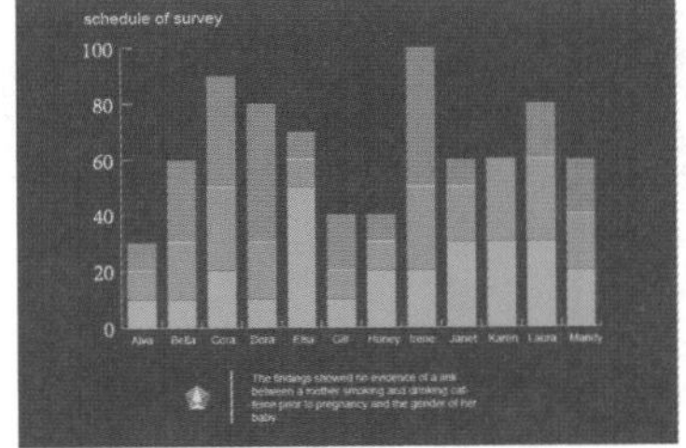

图11-25

操作步骤

步骤 01 执行“文件>新建”命令，创建一个大小为A4、“取向”为“横向”的文档，如图11-26所示。单击工具箱中的“矩形工具”按钮，在控制栏中设置填充为灰调的蓝紫色，描边为无，绘制一个与画板等大的矩形，如图11-27所示。如果界面中没有显示控制栏，可以执行“窗口>控制”命令将其显示。

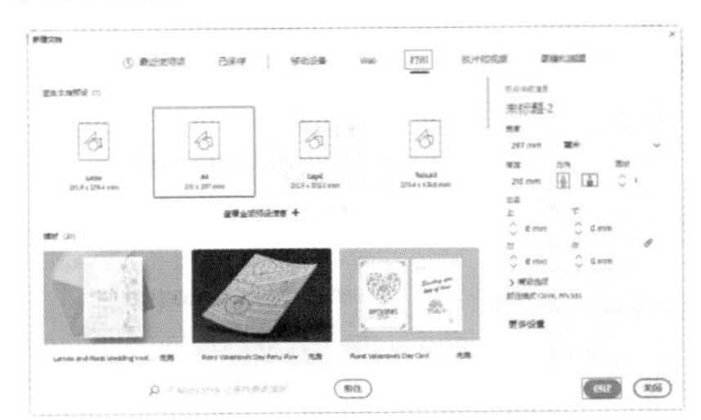

图11-26

图11-27

步骤 02 单击工具箱中的“堆积柱形图工具”按钮，在画板上按住鼠标左键拖曳，绘制出图表的范围；松开鼠标后，在弹出的图表数据窗口中依次输入数据，然后单击“应用”按钮✔，如图11-28所示。效果如图11-29所示。

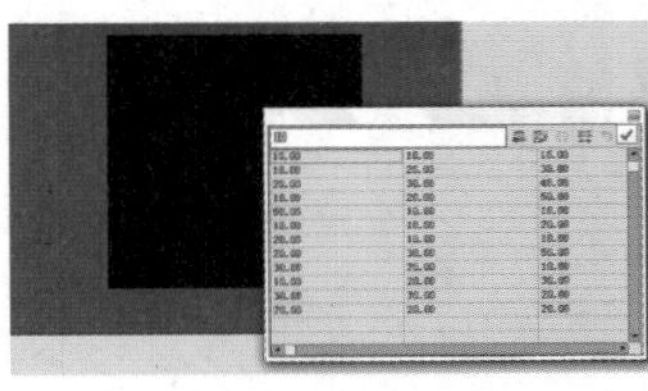

图11-28

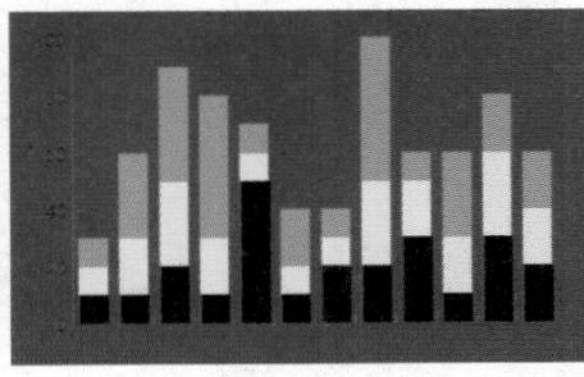

图11-29

步骤 03 选中堆积柱形图，然后在控制栏中设置描边为白色，如图11-30所示。单击工具箱中的“直接选择工具”按钮，加选灰色的矩形，在控制栏中设置填充为土红色，描边为无。效果如图11-31所示。

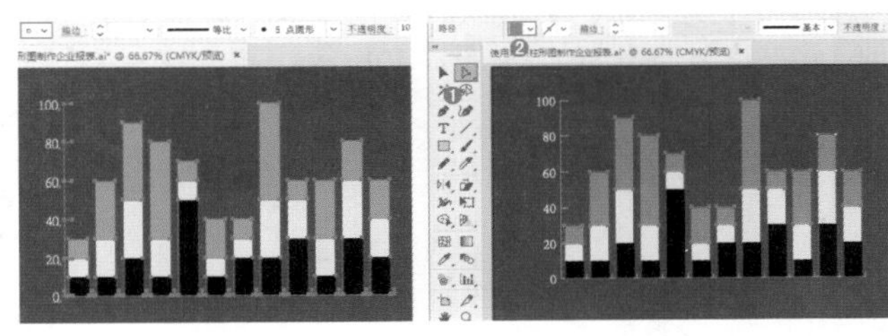

图11-30　　图11-31

步骤 04 使用上述方法将浅灰色的图形更改为蓝色，将黑色的图形更改为土黄色，如图11-32所示。

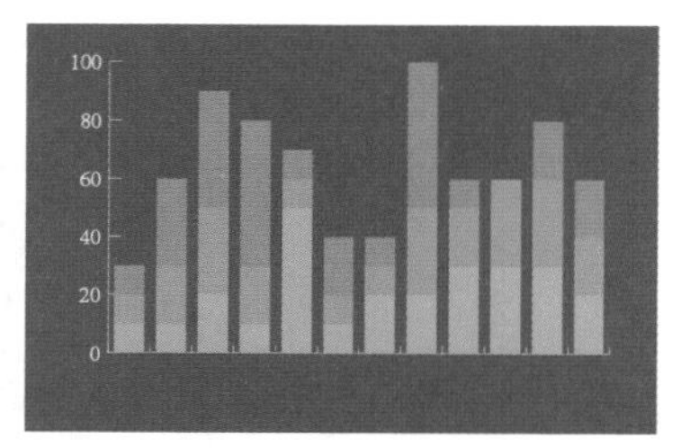

图11-32

步骤 05 单击工具箱中的“多边形工具”按钮，在控制栏中设置填充为蓝色，描边为无。在画板上单击，在弹出的“多边形”窗口中设置“半径”为5mm，“边数”为5，单击“确定”按钮，如图11-33所示。效果如图11-34所示。

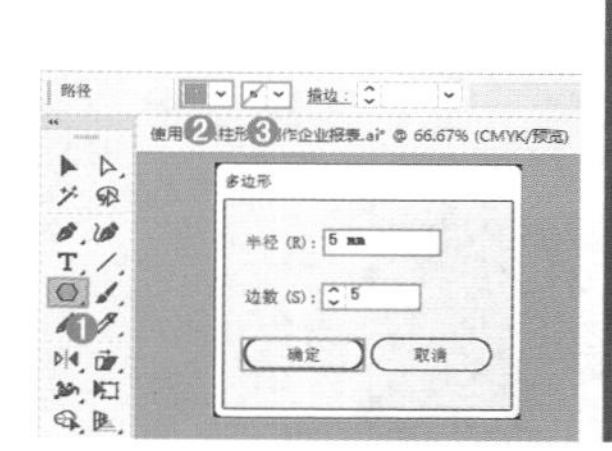

图11-33

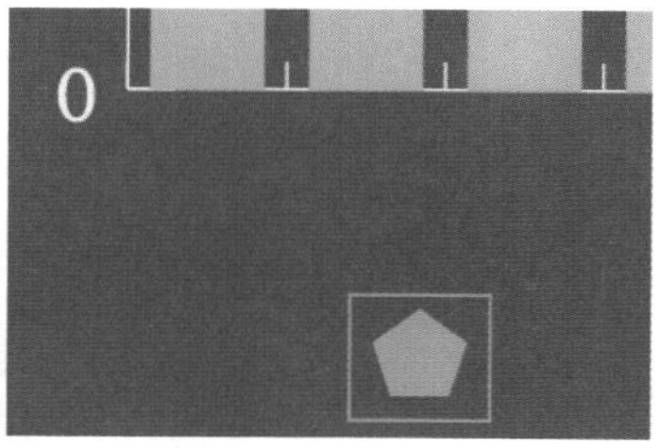

图11-34

步骤 06 选中该五边形，单击工具箱中的“美工刀”按钮，按住Alt键的同时按住鼠标左键拖动，切分五边形，如图11-35所示。使用同样的方法多次分割多边形，依次更改每个图形的填充颜色，如图11-36所示。

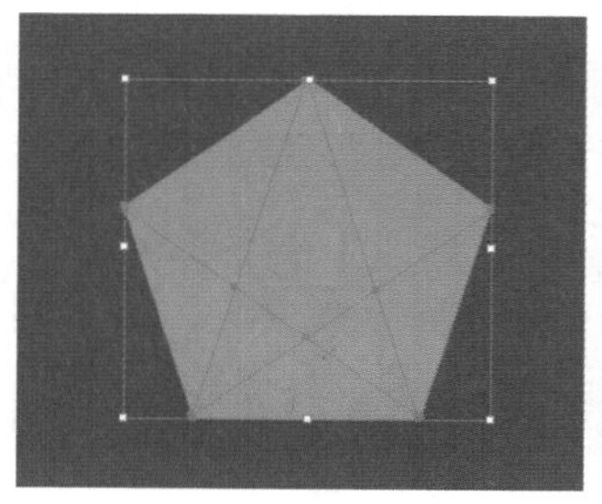

图11-35

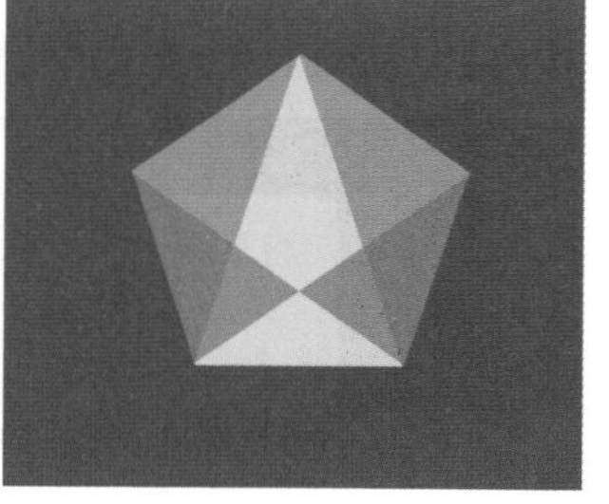

图11-36

步骤 07 单击工具箱中的“钢笔工具”按钮，在控制栏中设置填充为无，描边为白色，描边粗细为2pt，绘制一条直线路径，如图11-37所示。单击工具箱中的“文字工具”按钮，在控制栏中设置填充为白色，描边为无，选择一种合适的字体，设置字体大小为21pt，然后输入文字，如图11-38所示。

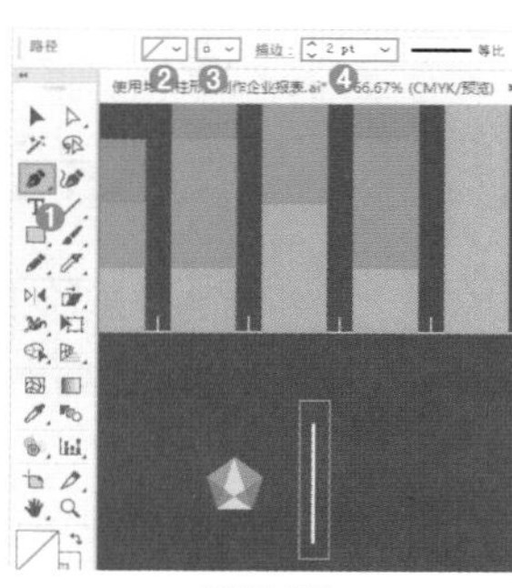

图11-37

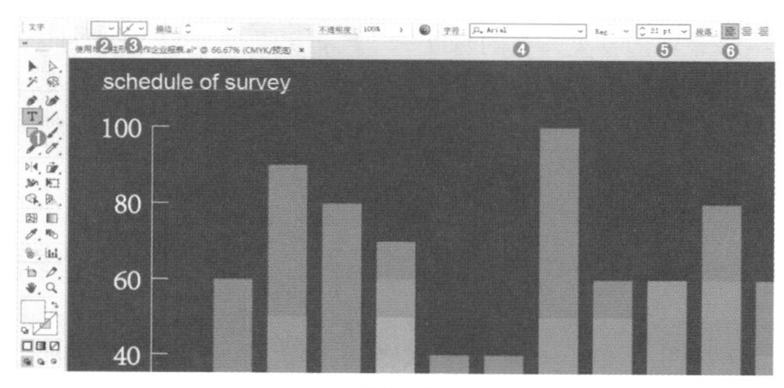

图11-38

步骤 08 使用“文字工具”添加其他文字，设置合适的字体、大小和颜色，如图11-39所示。

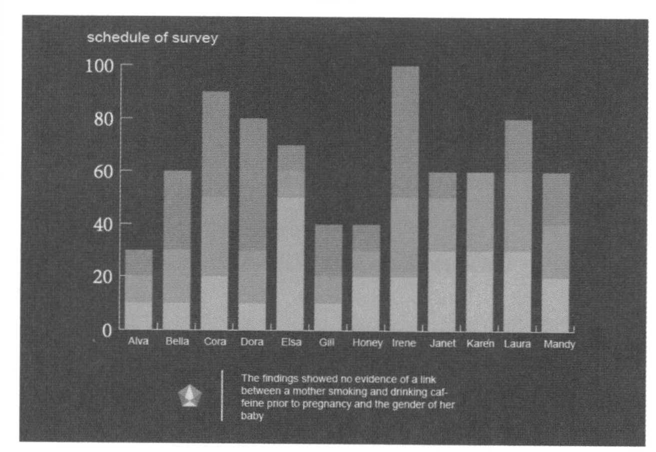

图11-39

11.2.3 使用“条形图工具”

利用“条形图工具”创建的条形图与柱形图非常相似，区别在于条形图是横向的，而柱形图是纵向的，如图11-40所示。

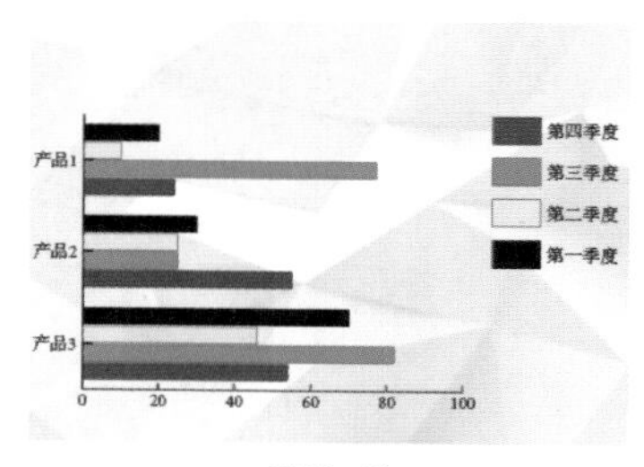

图11-40

11.2.4 使用“堆积条形图工具”

“利用堆积条形图工具”创建的堆积条形图与堆积柱形图非常相似，区别在于堆积条形图是横向的，而堆积柱形图是纵向的，如图11-41所示。

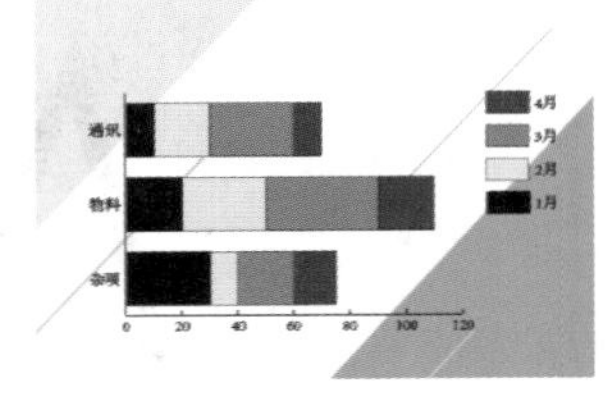

图11-41

【重点】11.2.5 动手练：使用“折线图工具”

利用“折线图工具”创建出的图表是一种用直线段将各数据点连接起来而组成的图表，以折线方式显示数据的变化趋势。折线图常用于分析数据随时间的变化趋势，也可用来分析多组数据随时间变化的相互作用和相互影响。

1. 创建折线图

（1）右击“图表工具组”按钮，在弹出的工具组中单击“折线图工具”按钮，接着在画板中按住鼠标左键拖动，如图11-42所示。松开鼠标后，在弹出的图表数据窗口中输入数据，然后单击“应用”按钮✓，如图11-43所示。

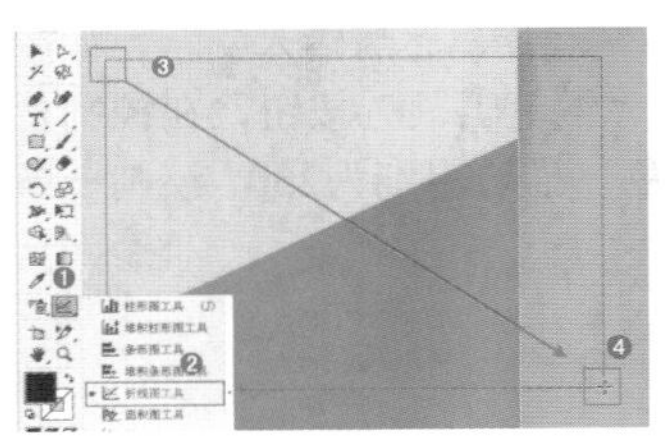

图11-42

A	10.00
B	20.00
C	46.00
D	76.00
E	87.00

图11-43

（2）画板中出现了由刚刚输入的数据构成的折线图，如图11-44所示。

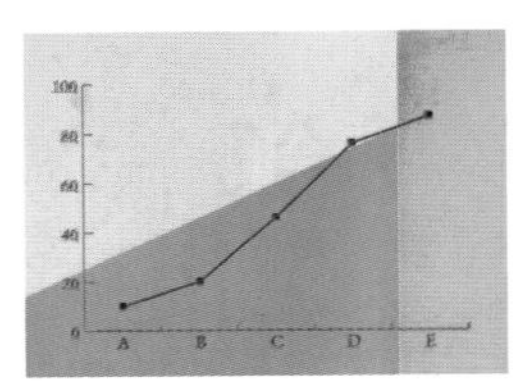

图11-44

2. 创建有多条折线的折线图

在图表数据窗口中，每一列数据代表一组折线。如果要创建有多条折线的折线图，可以继续在图表数据窗口中输入一列数据，然后单击“应用”按钮✓，如图11-45所示。效果如图11-46所示。

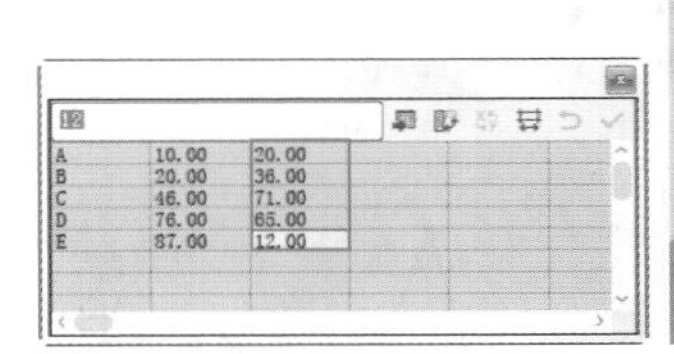

A	10.00	20.00
B	20.00	36.00
C	46.00	71.00
D	76.00	65.00
E	87.00	12.00

图11-45

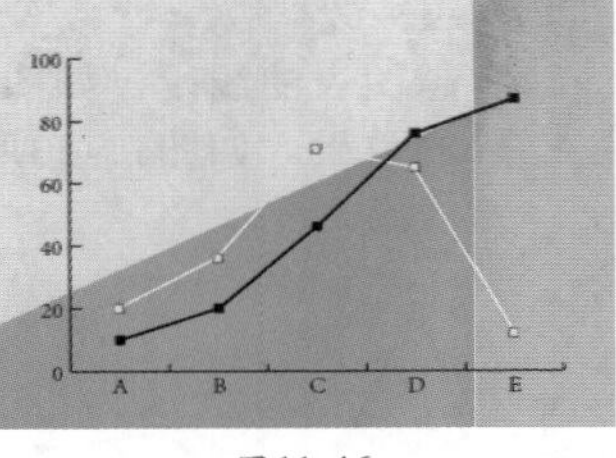

图11-46

3. 设置折线图选项

双击“折线图工具”按钮，在弹出的“图表类型”窗口中可以针对折线图的相关选项进行设置，如图11-47所示。未选中任何对象时，所作设置可以对下次绘制的图形起作用。如果选择了图表，则会更改当前图表的样式。“散点图工具”与“雷达图工具”也有相似的选项。

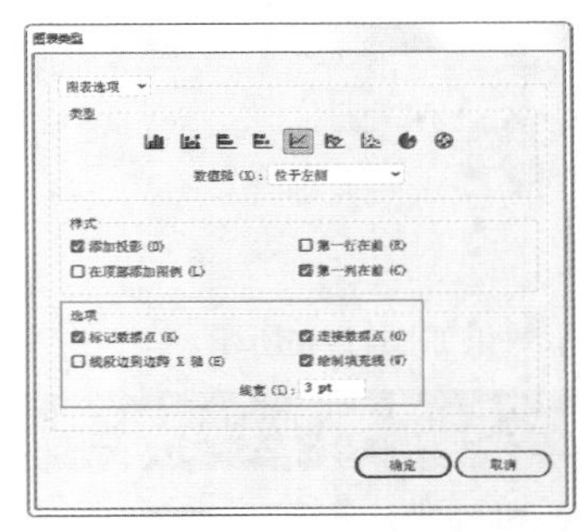

图11-47

- 标记数据点：勾选该复选框，则会在每个数据点上置入正方形标记，效果如图11-48所示。取消勾选该复选框时的效果如图11-49所示。

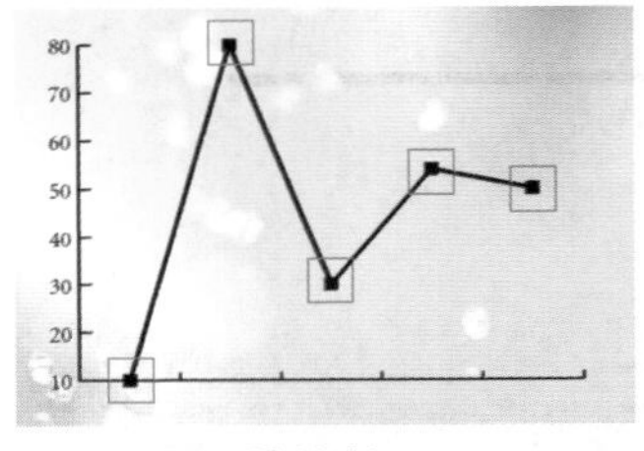

图11-48

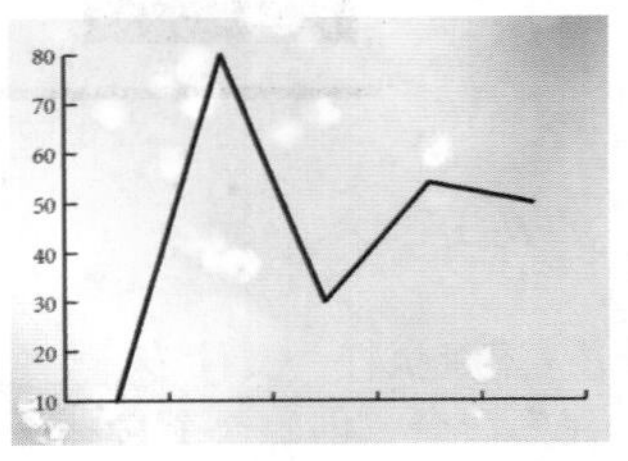

图11-49

- 连接数据点：勾选该复选框，图表上的数据点会以连接成折线的形式呈现，可以明确看出数据间的关系，如图11-50所示。取消勾选该复选框，则图表中只有数据点，如图11-51所示。

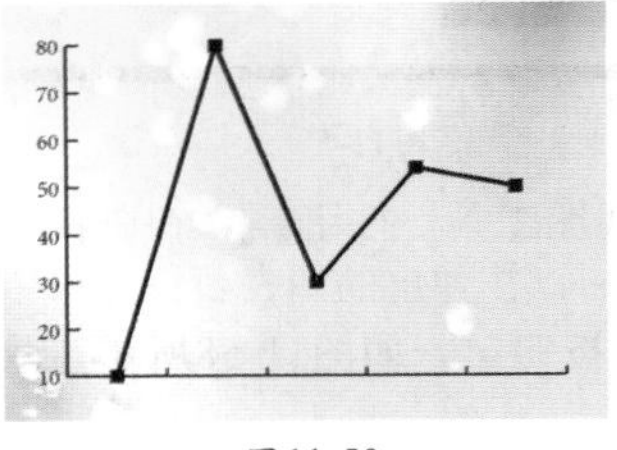

图11-50

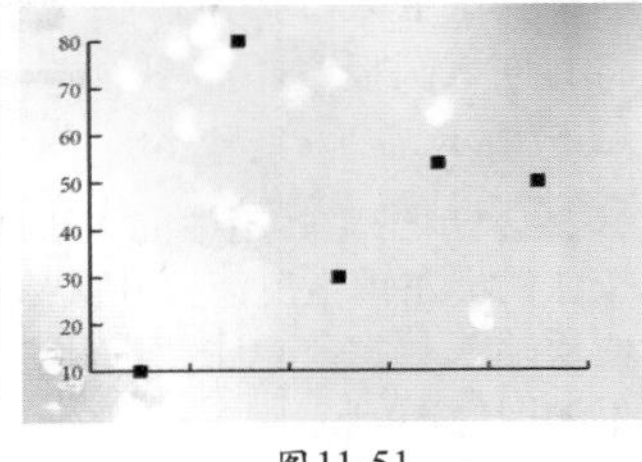

图11-51

- 线段边到边跨X轴：沿水平（X）轴从左到右绘制跨越图表的线段。如图11-52所示为勾选该复选框时的效果。如图11-53所示为取消勾选该复选框时的效果。

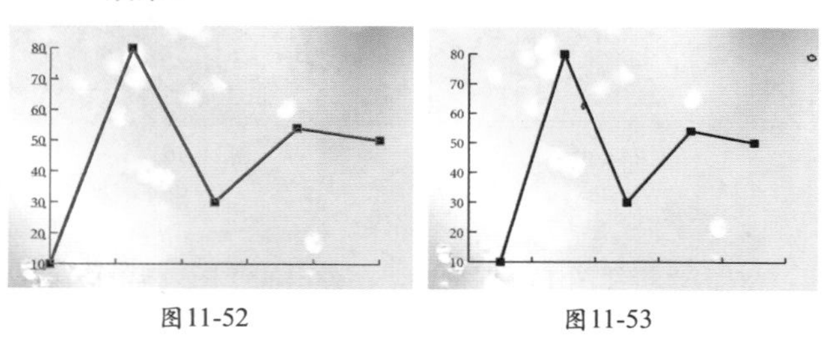

图11-52　　图11-53

- 绘制填充线：勾选该复选框，可以在下方输入“线宽”数值以调整折线段的粗细，如图11-54所示。效果如图11-55所示。只有在勾选“连接数据点”复选框时，此复选框才有效。

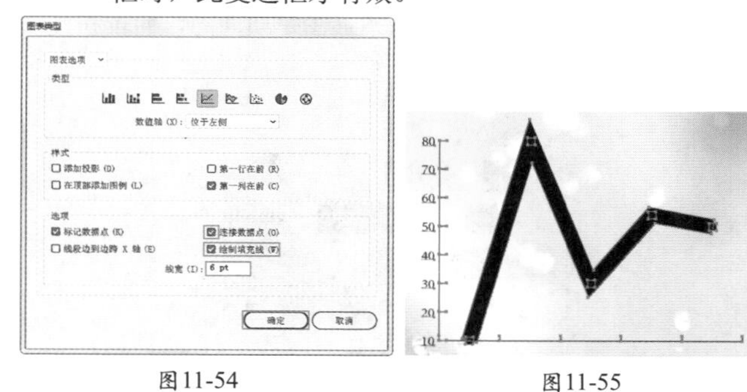

图11-54　　图11-55

练习实例：使用折线图制作数据分析表

扫一扫，看视频

文件路径	资源包\第11章\练习实例：使用折线图制作数据分析表
难易指数	★★★★★
技术掌握	“折线图工具”

实例效果

本实例演示效果如图11-56所示。

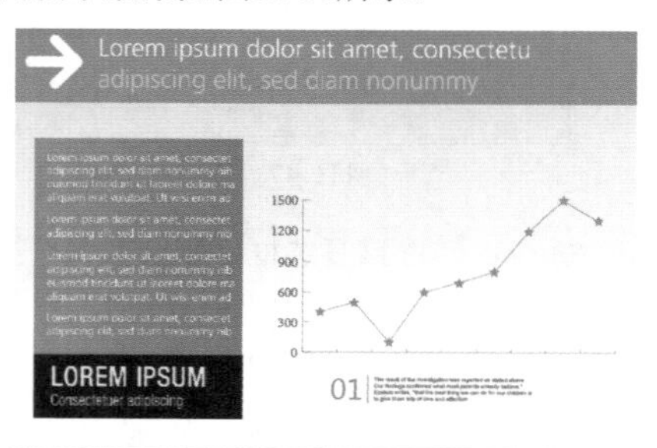

图11-56

操作步骤

步骤01 执行“文件>新建”命令，创建一个大小为A4、“取向”为“横向”的文档。执行“文件>置入”命令，置入素材1.jpg。调整合适的大小，单击控制栏中的“嵌入”按钮，将其嵌入画板中，如图11-57所示。

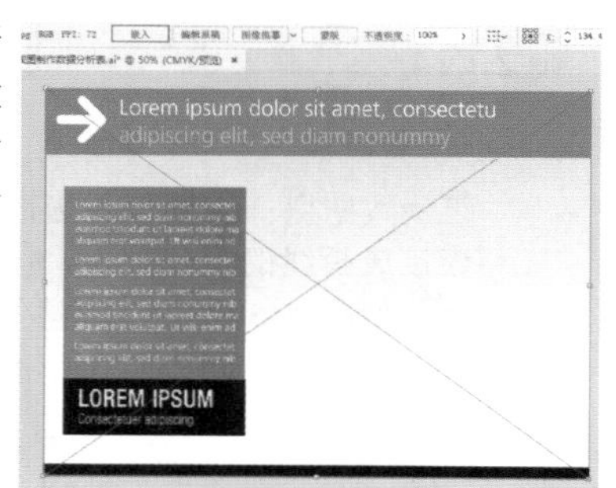

图11-57

步骤02 单击工具箱中的“折线图工具”按钮，在画板上按住鼠标左键拖曳；松开鼠标后，在弹出的图表数据窗口中依次输入数据，单击“应用”按钮✔，如图11-58所示。效果如图11-59所示。

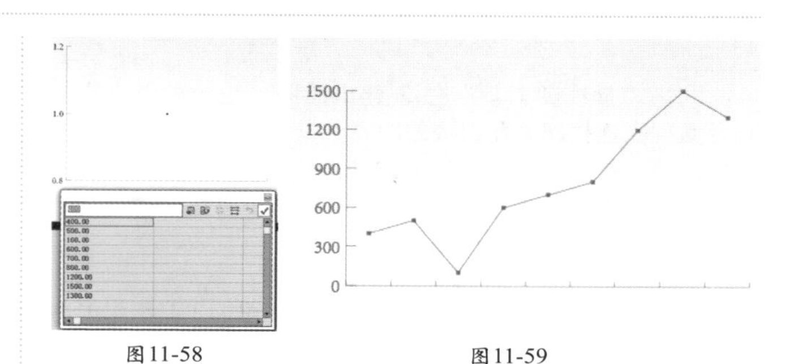

图11-58　　图11-59

步骤03 单击工具箱中的“文字工具”按钮，在控制栏中设置填充为绿色，描边为无，选择一种合适的字体，设置字体大小为60pt，段落对齐方式为左对齐，然后输入文字，如图11-60所示。单击工具箱中的“钢笔工具”按钮，在控制栏中设置填充为无，描边为灰色，描边粗细为2pt，绘制一条直线路径，如图11-61所示。

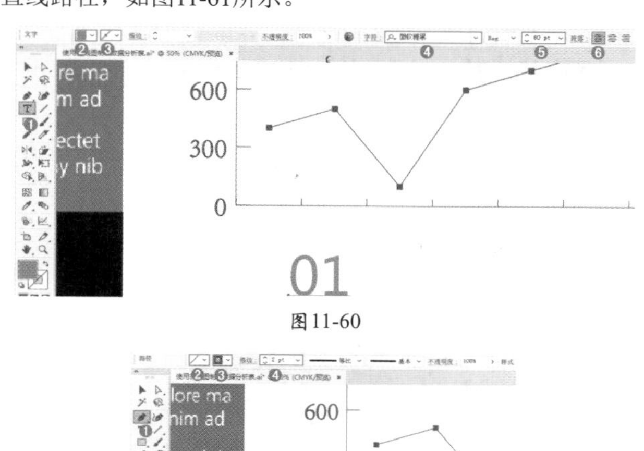

图11-60

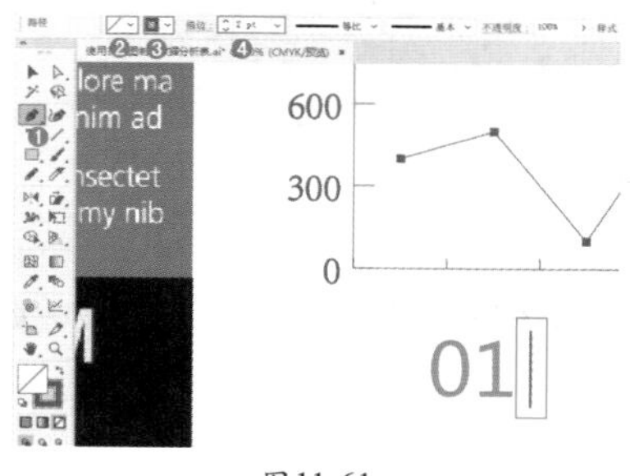

图11-61

步骤 04 单击工具箱中的“星形工具”按钮，在控制栏中设置填充为绿色，描边为无，在画板上单击，在弹出的“星形”窗口中设置“半径1”为2mm，“半径2”为4mm，“角点数”为5，单击“确定”按钮，如图11-62所示。旋转合适的角度，移动到数据点上，如图11-63所示。

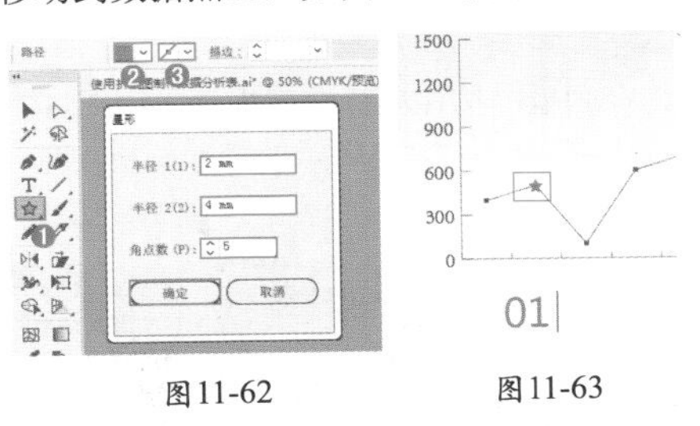

图11-62　　图11-63

步骤 05 选中星形对象，按住鼠标左键的同时按住Alt键拖动，移动复制出多个，放到相应位置，如图11-64所示。使用“文字工具”添加其他文字，设置合适的字体、大小和颜色，如图11-65所示。

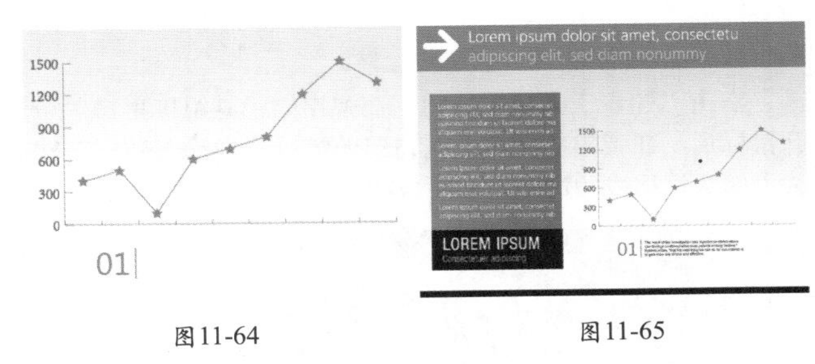

图11-64　　图11-65

11.2.6　动手练：使用“面积图工具”

利用“面积图工具”创建出的图表是以堆积面积的形式来显示多个数据序列，在图表数据窗口中每一列数据代表一组面积图。

1. 创建面积图

（1）右击“图表工具组”按钮，在弹出的工具组中单击“面积图工具”按钮，在画板中按住鼠标左键拖动，如图11-66所示。松开鼠标后，在弹出的图表数据窗口中输入数据，然后单击“应用”按钮✓，如图11-67所示。

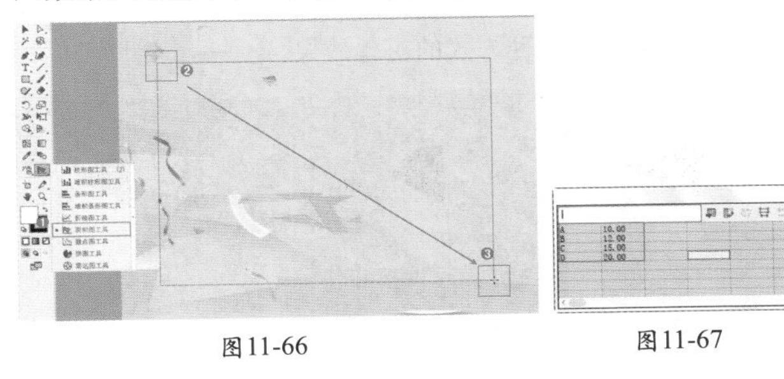

图11-66　　图11-67

（2）画板中出现了由刚刚输入的数据构成的面积图，如图11-68所示。

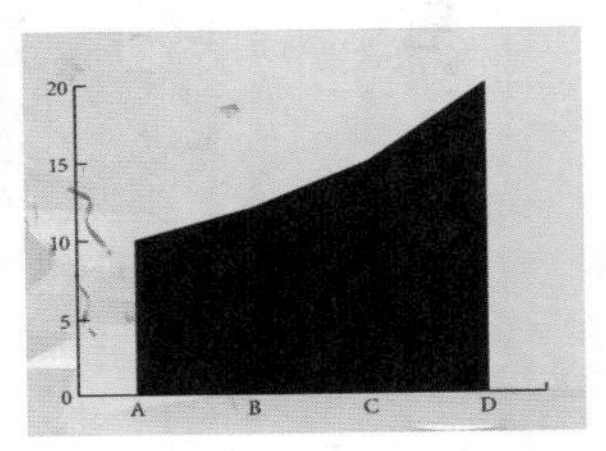

图11-68

2. 创建带有多组数据的面积图

如果要绘制带有多组数据的面积图，可以在图表数据窗口中输入多列数据，然后单击“应用”按钮，如图11-69所示。每列数据都会形成单独的面积图，图表效果如图11-70所示。

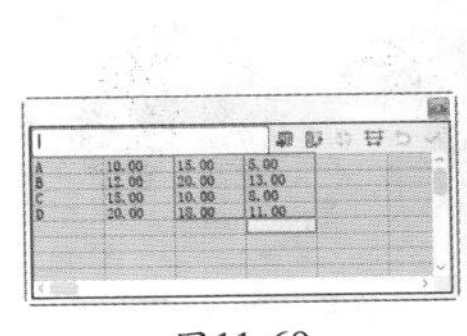

图11-69　　图11-70

11.2.7　动手练：使用“散点图工具”

利用“散点图工具”创建的图表比较特殊，它是通过横轴数值和纵轴数值定位一个数据点的位置。

右击“图表工具组”按钮，在弹出的工具组中单击“散点图工具”按钮，在画板中按住鼠标左键拖动，如图11-71所示。松开鼠标后，在弹出的图表数据窗口中输入数据（其中奇数列为纵轴坐标位置，偶数列为横轴坐标位置），然后单击“应用”按钮✓，如图11-72所示。随即画板中出现了由刚刚输入的数据构成的散点图，如图11-73所示。

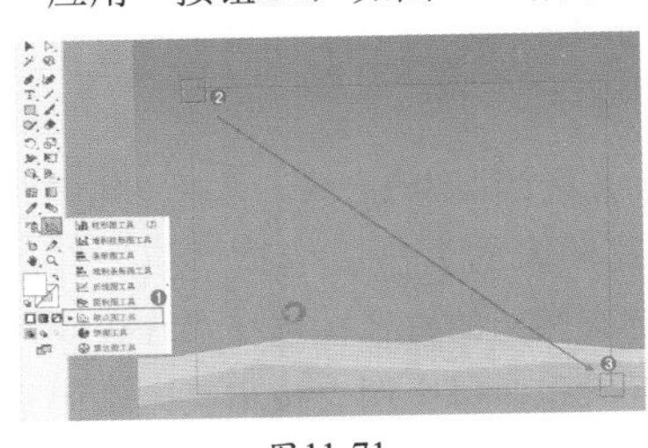

图11-71

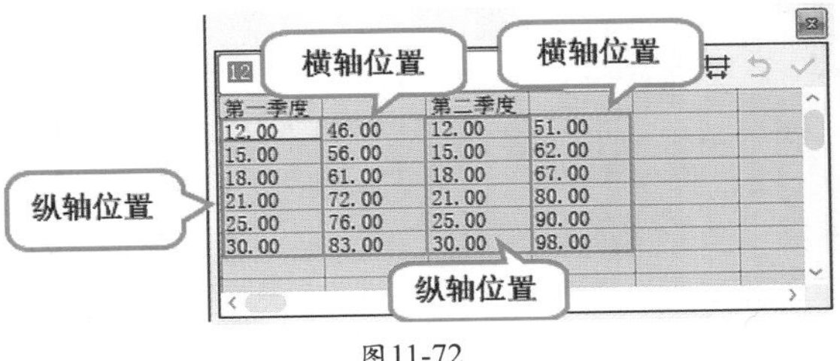

第一季度		第二季度	
12.00	46.00	12.00	51.00
15.00	56.00	15.00	62.00
18.00	61.00	18.00	67.00
21.00	72.00	21.00	80.00
25.00	76.00	25.00	90.00
30.00	83.00	30.00	98.00

图11-72

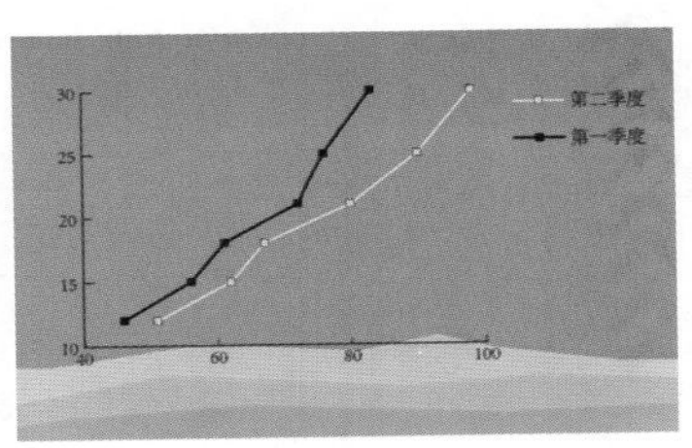

图11-73

重点 11.2.8 动手练：使用“饼图工具”

利用“饼图工具”创建出的饼图是以“饼形”扇区的形式展示数据在全部数据中所占的比例。在数据可视化操作中，饼图的应用是非常广泛的。饼图能够有效地对信息进行展示，用户可以清楚地看出各部分与总数的百分比，以及部分与部分的对比，但是无法直观地了解精确数值。

1. 创建一个饼图

右击“图表工具组”按钮，在弹出的工具组中单击“饼图工具”按钮，在画板中按住鼠标左键拖动，如图11-74所示。松开鼠标后，在弹出的图表数据窗口的第一行内输入数据，然后单击“应用”按钮✓，如图11-75所示。随即画板中出现了由刚刚输入的数据构成的饼图，如图11-76所示。

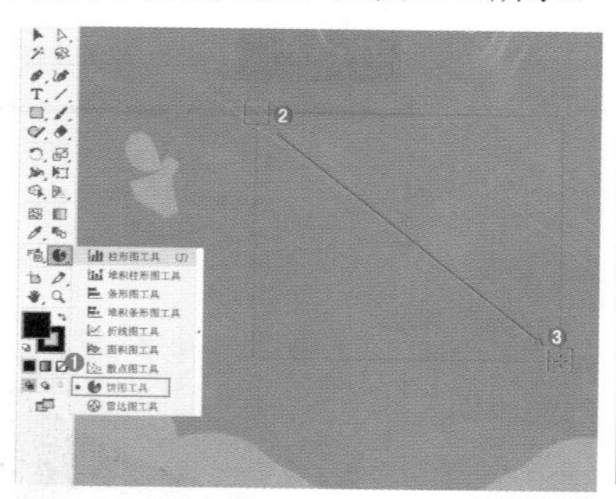

图11-74

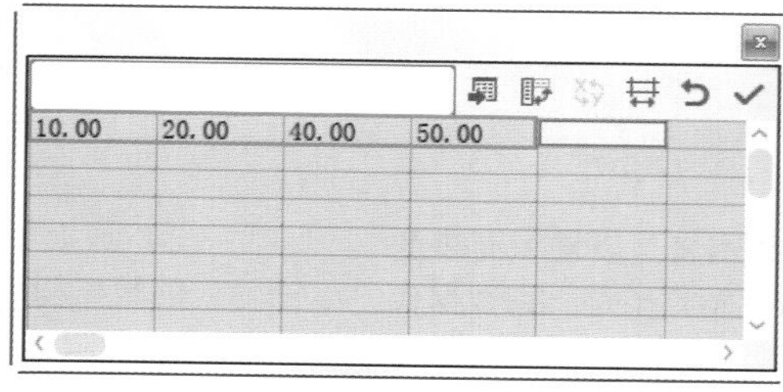

图11-75

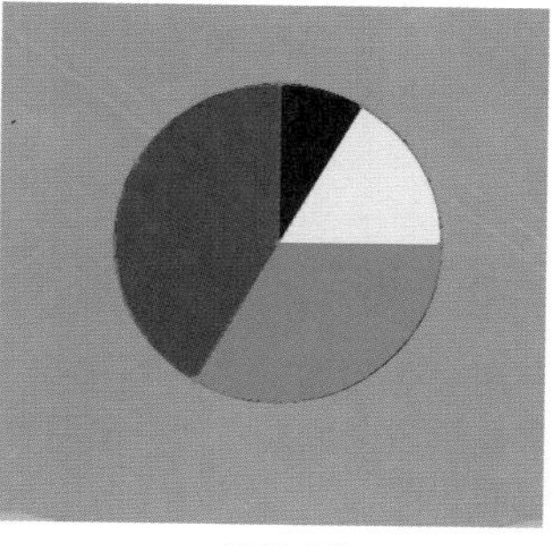

图11-76

2. 创建多个饼图

在图表数据窗口中，每一行数据代表一个饼图。若要创建多个饼图，可以分多行输入数据，然后单击“应用”按钮，如图11-77所示。3组饼图的效果如图11-78所示。

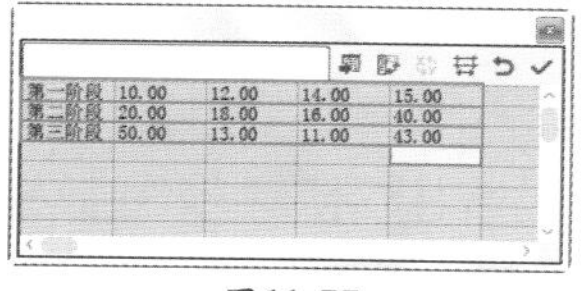

图11-77

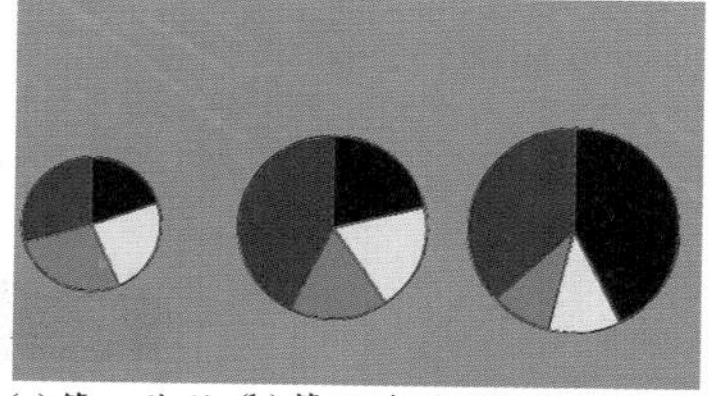

(a)第一阶段 (b)第二阶段 (c)第三阶段

图11-78

3. 设置饼图选项

双击工具箱中的“饼图工具”按钮，在弹出的“图表类型”窗口中可以设置饼图选项，如图11-79所示。

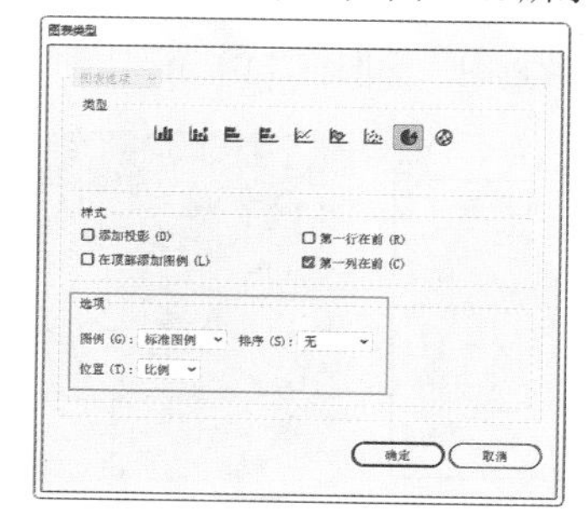

图11-79

- 图例：在该下拉列表框中选择图例的位置。默认设置为“标准图例”，即在图表外侧放置列标签；选择“楔形图例”选项，可以将标签插入对应的楔形部分中；选择“无图例”选项，则不显示图例。如图11-80所示为3种方式的对比效果。

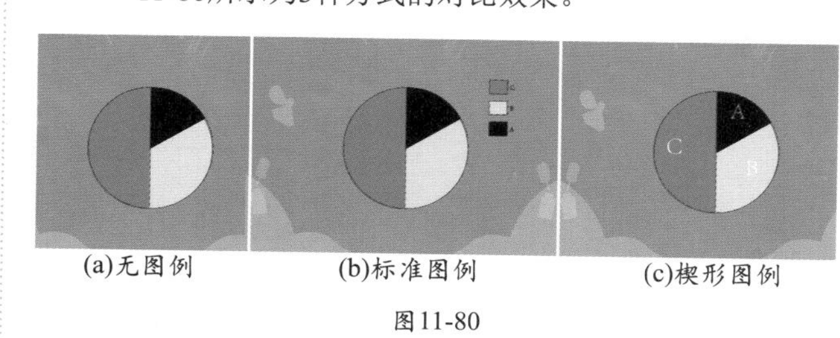

(a)无图例 (b)标准图例 (c)楔形图例

图11-80

- 排序：用于指定如何排序饼图中的每个部分。选择“全部”选项，则在饼图顶部按顺时针顺序从最大值到最小值对所选饼图的组成部分进行排序；选择“第一个”选项，可以将第一幅饼图中的最大值放置在第一个楔形中，其他则按从大到小的顺序排序；选择“无”选项，将在图表顶部以顺时针方向按输入数据的顺序排序。
- 位置：用于指定显示多个饼图的方式。选择“比例”选项，按比例调整图表的大小；选择“相等”选项，使所有饼图都有相同的直径；选择“堆积”选项，每个饼图相互堆积，每个图表按相互比例调整大小。

11.2.9 使用“雷达图工具”

利用“雷达图工具”创建出的雷达图又可称为戴布拉图、蜘蛛网图，常用于财务分析报表。

（1）右击“图表工具组”按钮，在弹出的工具组中单击“雷达图工具”按钮，在画板中按住鼠标左键拖动，如图11-81所示。松开鼠标后，在弹出的图表数据窗口中以列为单位输入数据，然后单击“应用”按钮✓，如图11-82所示。

（2）画板中出现了由刚刚输入的数据构成的雷达图，如图11-83所示。

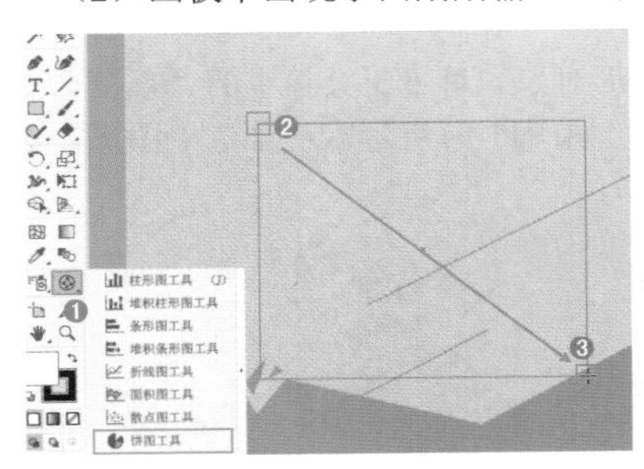

图11-81

A	B	C
20.00	15.00	10.00
30.00	20.00	12.00
40.00	30.00	40.00

图11-82

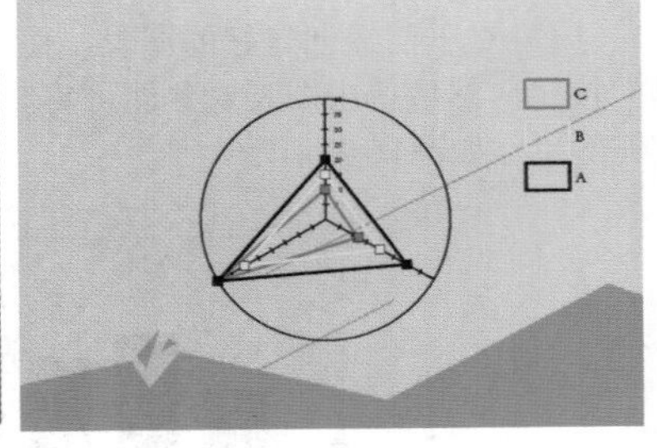

图11-83

11.3 编辑图表

【重点】11.3.1 转换图表类型

创建完成的图表对象可以在已有的图表类型之间轻松切换。选择已经创建完成的图表，如图11-84所示。执行“对象>图表>类型”命令（或者双击工具箱中的“图表工具组”按钮），弹出“图表类型”对话框。在这里不仅可以转换图表的类型，还可以进行样式的设置。例如，在“类型”选项组中单击“堆积条形图”按钮，如图11-85所示。所选图表类型发生改变，如图11-86所示。

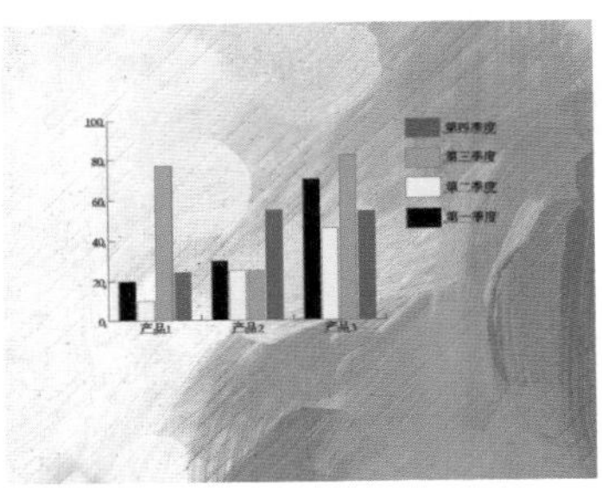

图11-84

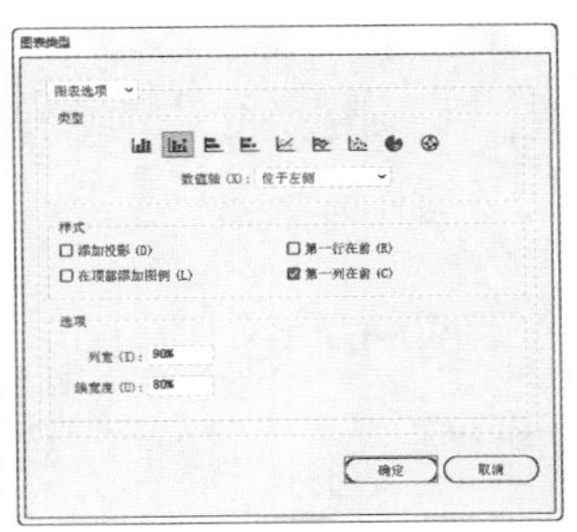

图11-85

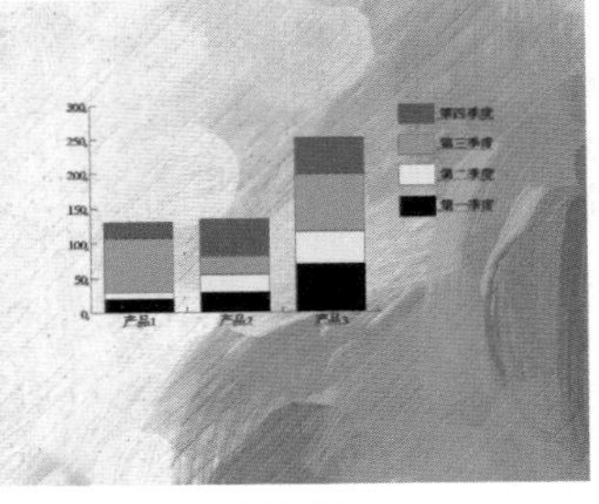

图11-86

【重点】11.3.2 编辑图表数据

对已经创建完成的图表，如果想要更改图表上的数据，可以选中图表，如图11-87所示；执行“对象>图表>数据”命令，重新打开图表数据窗口，如图11-88所示。重新更改参数后，单击“应用”按钮✓，效果如图11-89所示。

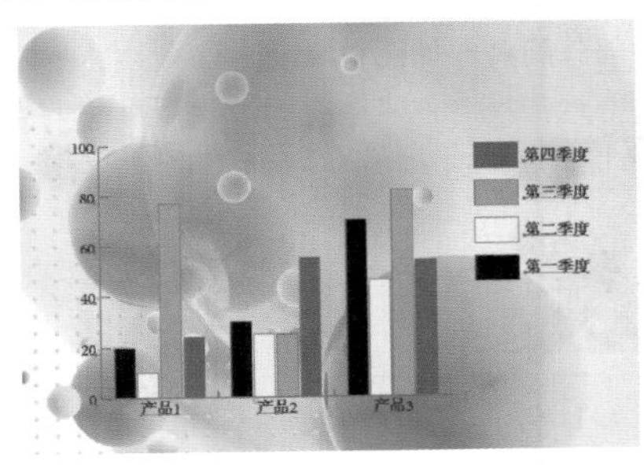

图11-87

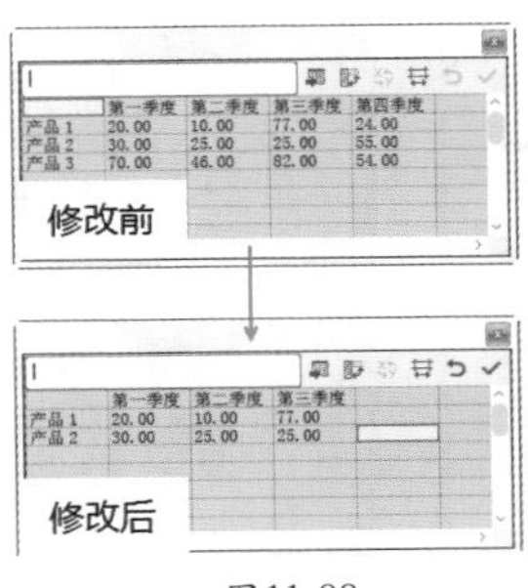

修改前

	第一季度	第二季度	第三季度	第四季度
产品1	20.00	10.00	77.00	24.00
产品2	30.00	25.00	23.00	55.00
产品3	70.00	46.00	82.00	54.00

修改后

	第一季度	第二季度	第三季度
产品1	20.00	10.00	77.00
产品2	30.00	25.00	25.00

图11-88

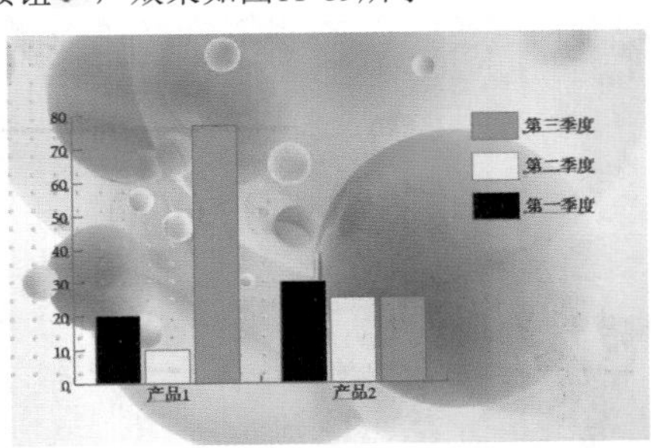

图11-89

重点 11.3.3 动手练：自定义图表效果

默认情况下创建出的图表会以深浅不同的灰色显示，由最基本的字体组成，这种效果往往不是很美观。在图表制作完成后，可以对图表的颜色进行更改，还可以对图表上的文字字体、大小、内容等方面进行更改。

需要注意的是，图表对象是具有特殊属性的编组对象。如果取消编组，那么图表的属性将不复存在，也就无法更改图表的数据。所以，想要对图表进行美化，需要在图表属性全部设置完成后使用“直接选择工具”或“编组选择工具”，在不取消图表编组的情况下选择并修改要编辑的部分。

（1）对于已经创建好的图表，使用“直接选择工具”能够选择图表中的各个图形对象。单击工具箱中的“直接选择工具”按钮，然后单击图表对象即可将其选中，如图11-90所示。接着就可以更改颜色，如图11-91所示。继续选中图形，更改填充颜色，如图11-92所示。

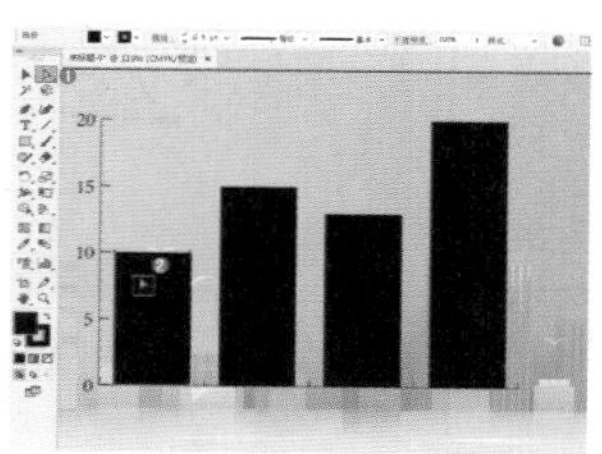
图11-90

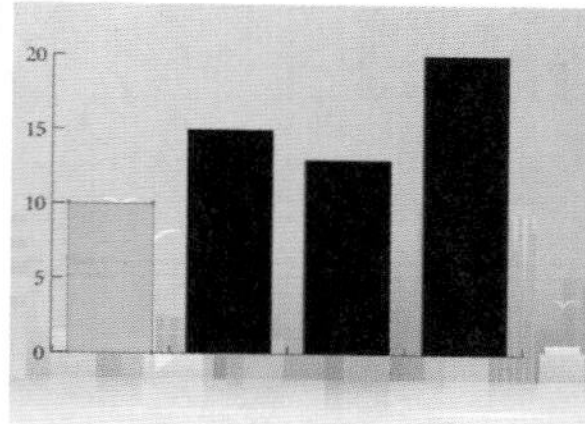
图11-91

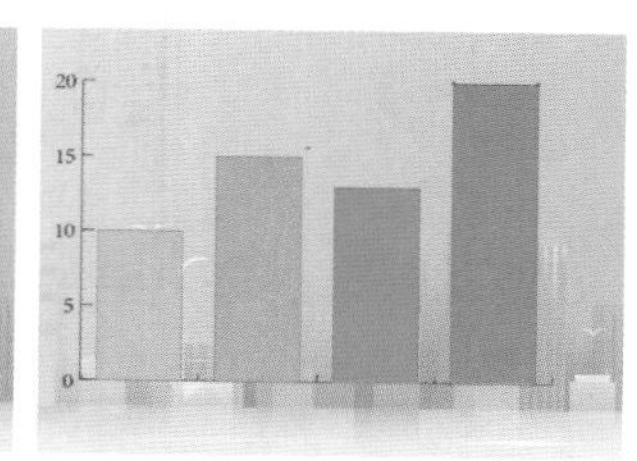
图11-92

（2）若要更改文字属性，可以选择“文字工具”T，然后在文字处插入光标，拖动并选中文字，如图11-93所示。接着可以在控制栏中更改字体、字号以及颜色，效果如图11-94所示。继续进行调整，最终效果如图11-95所示。

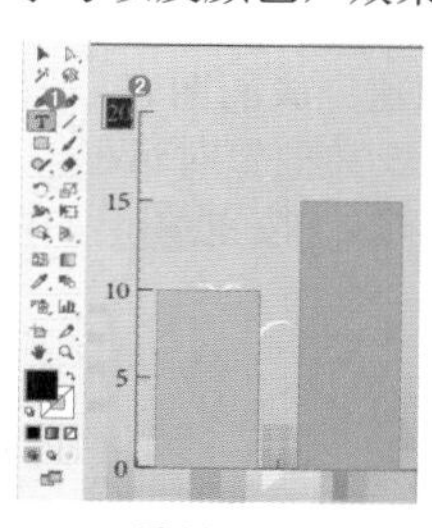
图11-93

图11-94

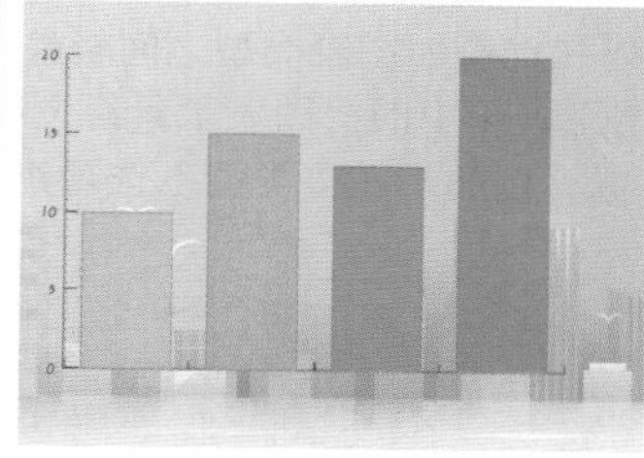
图11-95

综合实例：制作带有图表的商务画册内页

扫一扫，看视频

文件路径	资源包\第11章\综合实例：制作带有图表的商务画册内页
难易指数	★★★★★
技术掌握	“饼图工具”

实例效果

本实例演示效果如图11-96所示。

图11-96

操作步骤

步骤 01 执行“文件>新建”命令，创建一个大小为A4、“取向”为“横向”的文档。执行“文件>置入”命令，置入素材1.jpg，然后单击控制栏中的“嵌入”按钮，将其嵌入画板中，并调整为合适的大小，如图11-97所示。单击工具箱中的“矩形工具”按钮，绘制一个矩形。选中矩形和素材1.jpg，右击，在弹出的快捷菜单中执行“建立剪切蒙版”命令，使多余的部分隐藏，如图11-98所示。

图11-97

图11-98

步骤 02 单击工具箱中的“矩形工具”按钮，在控制栏中设置填充为青绿色，描边为无，绘制一个矩形，如图11-99所示。使用上述方法绘制其他的矩形，设置为不同的填充颜色，并移动到相应位置，如图11-100所示。

图11-99

图11-100

步骤03 单击工具箱中的“钢笔工具”按钮，在控制栏中设置填充为青绿色，描边为无，在页面的左上角绘制一个三角形，如图11-101所示。复制这个三角形，右击，在弹出的快捷菜单中执行“变换>镜像”命令，在弹出的“镜像”窗口中选中“垂直”单选按钮，移动到页面右上角处，如图11-102所示。

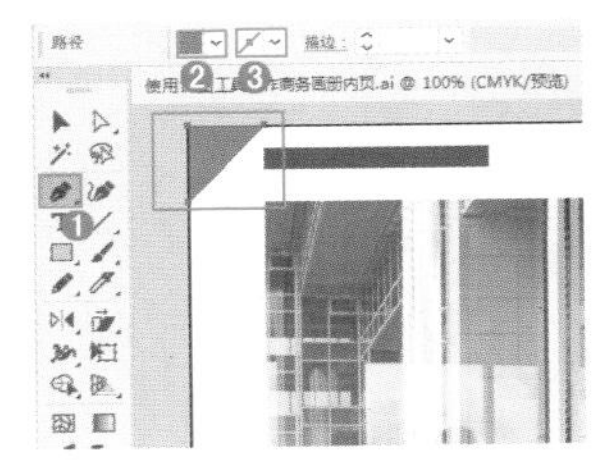

图11-101

图11-102

步骤04 单击工具箱中的“饼图工具”按钮，在右侧页面的下半部分按住鼠标左键拖动，绘制一个摆放图表的区域，如图11-103所示。释放鼠标后，在弹出的图表数据窗口中输入数据“64”“32”，然后单击“应用”按钮，如图11-104所示。

图11-103

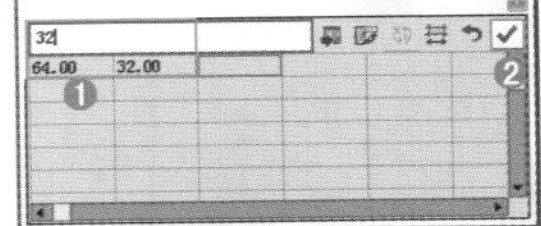

图11-104

步骤05 画板中出现了饼图，如图11-105所示。单击工具箱中的“直接选择工具”按钮，选择饼图的一个区域，在拾色器中选择合适的颜色；使用上述方法更改其他区域的颜色，如图11-106所示。

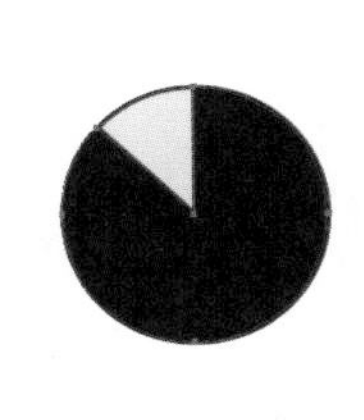

图11-105

图11-106

步骤06 使用上述方法继续绘制另外一个饼图，如图11-107所示。更改其颜色，如图11-108所示。

图11-107　　图11-108

步骤07 单击工具箱中的“文字工具”按钮，在右侧页面上方按住鼠标左键拖动，绘制出一个段落文本框；然后设置合适的字体、颜色和大小，输入文字，如图11-109所示。使用上述方法绘制另外一个段落文字，如图11-110所示。

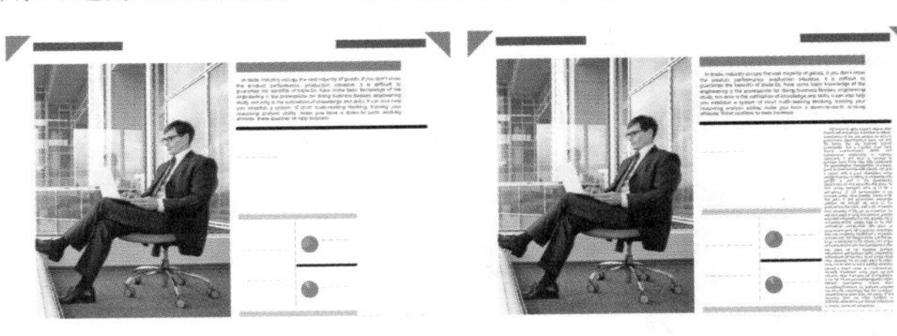

图11-109　　图11-110

步骤08 使用“文字工具”设置合适的字体、颜色和大小，在画板中合适的位置单击，输入作为标题的点文字，如图11-111所示。使用该方法添加其他点文字，最终效果如图11-112所示。

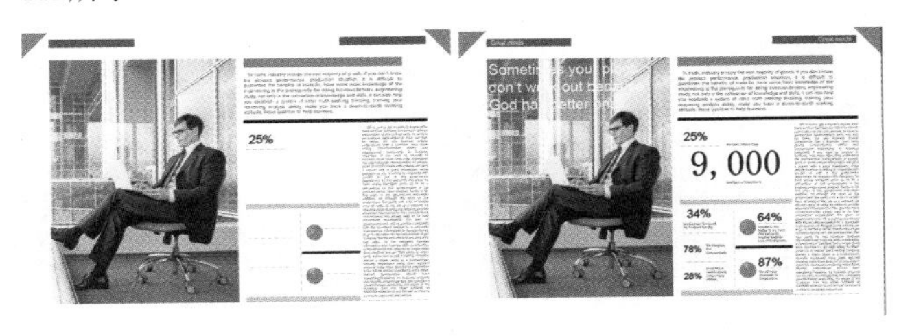

图11-111　　图11-112

11.4 课后练习：运动健身APP界面设计

扫一扫，看视频

文件路径	资源包\第11章\课后练习：运动健身APP界面设计
难易指数	★★★★★
技术要点	“饼图工具”

实例效果

本实例演示效果如图11-113所示。

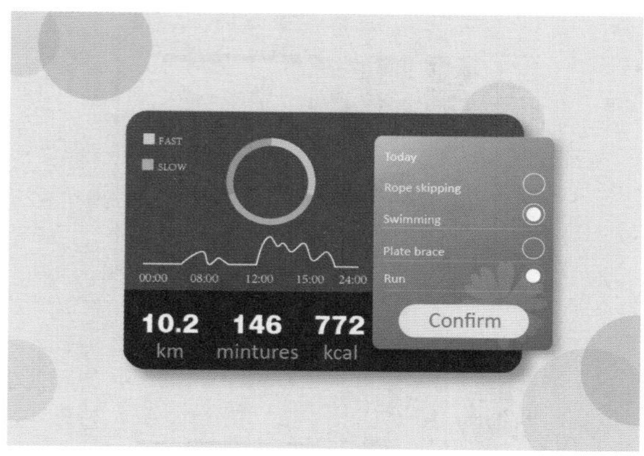

图11-113

11.5 模拟考试

主题：制作公司年度收入统计图。

要求：

（1）要求版式简约 、内容直观。

（2）使用柱形图或折线图均可。

（3）可以根据主题自行发挥创意。

（4）需要有文字说明。

考查知识点：图表工具的使用、文字工具等。

Chapter 12

第 12 章

切片与网页输出

本章内容简介：

网页设计是近年来一种比较热门的设计类型。与其他类型的平面设计不同，网页设计由于其呈现介质的不同，在设计制作的过程中需要注意一些问题，例如颜色、文件大小等。当打开一个网页时，系统会自动从服务器上下载网站页面上的图像内容，那么图像内容的大小在很大程度上便会影响网页的浏览速度。因此，在输出网页内容时就需要设置合适的输出格式以及图像压缩比率。

重点知识掌握：

- 掌握安全色的设置与使用方法
- 掌握切片的划分方法
- 掌握将网页导出为合适的格式的方法

通过本章的学习，我能做什么？

通过本章的学习，我们能够完成网页设计的后几个步骤——切片的划分与网页内容的输出。这些步骤虽然看起来与设计过程无关，但是网页输出的恰当与否在很大程度上决定了网站的浏览速度。

12.1 使用Web安全色

扫一扫，看视频

Web安全色是指在不同操作系统和不同浏览器中均能正常显示的颜色。为什么在设计网页时需要使用安全色呢？这是由于网页需要在不同的操作系统下或在不同的显示器中浏览，而不同操作系统或浏览器的颜色会有一些细微的差别，所以确保制作出的网页颜色能够在所有显示器中显示相同的效果是非常重要的，这就需要在制作网页时使用“Web安全色”，如图12-1所示。

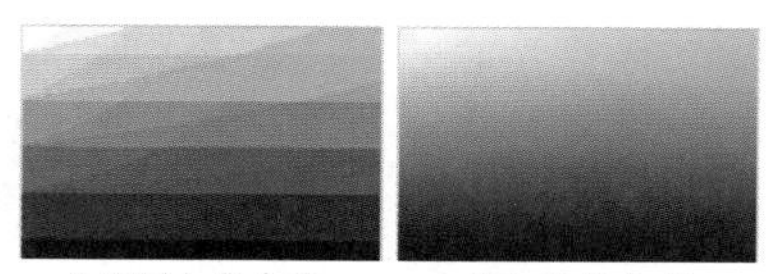
(a) Web安全色　　(b) 非安全色

图12-1

12.1.1 将非安全色转换为Web安全色

在“拾色器”窗口中选择颜色时，如果在所选颜色右侧出现警告图标，就说明当前选择的颜色不是Web安全色，如图12-2所示。单击该图标，即可将当前颜色替换为与其最接近的Web安全色，如图12-3所示。

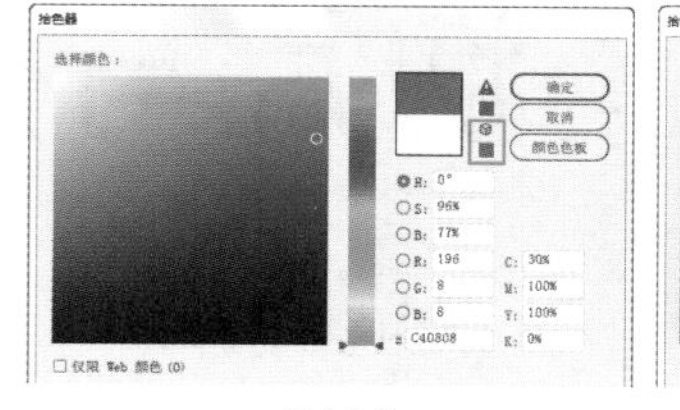
图12-2

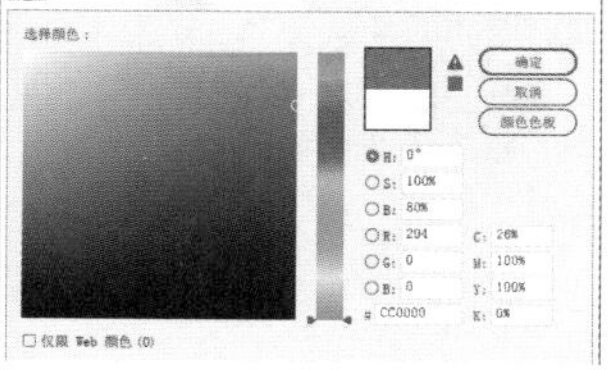
图12-3

重点 12.1.2 在Web安全色状态下工作

（1）在“拾色器”窗口中选择颜色时，勾选“仅限Web颜色”复选框，色域中的颜色明显减少，此时选择的颜色皆为Web安全色，如图12-4所示。

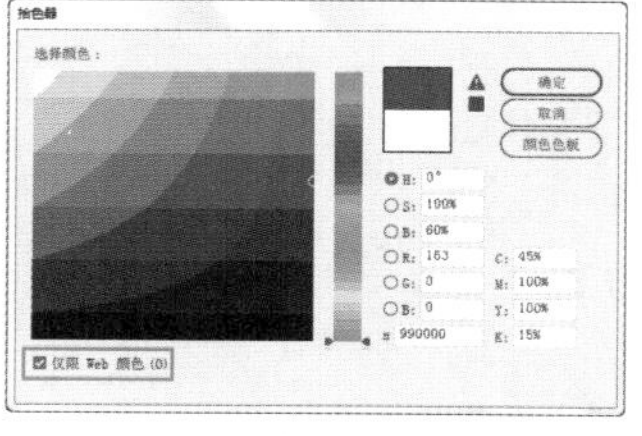
图12-4

（2）执行“窗口>颜色”命令，打开“颜色”面板，单击右上角的按钮，在弹出的菜单中执行“Web安全RGB”命令，如图12-5所示。可切换为Web安全色，效果如图12-6所示。

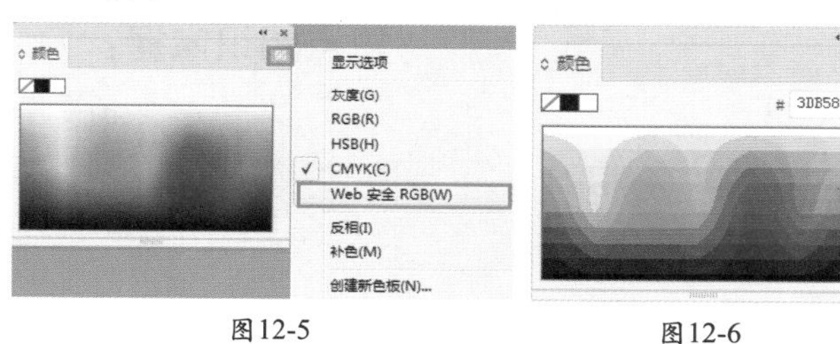

图12-5　　图12-6

12.2 切片

扫一扫，看视频

在网页设计中，页面的美化是至关重要的一个步骤。页面设计师在Illustrator中完成版面内容的编排后，并不能直接将整张网页图片传到网络上，而是需要将网页进行“切片”。“切片”是将图片转换成可编辑网页的中间环节，通过切片可以将普通图片变成Dream weaver可以编辑的网页格式，而且切片后的图片可以更快地在网络上传播。如图12-7～图12-10所示为优秀的网页设计作品。

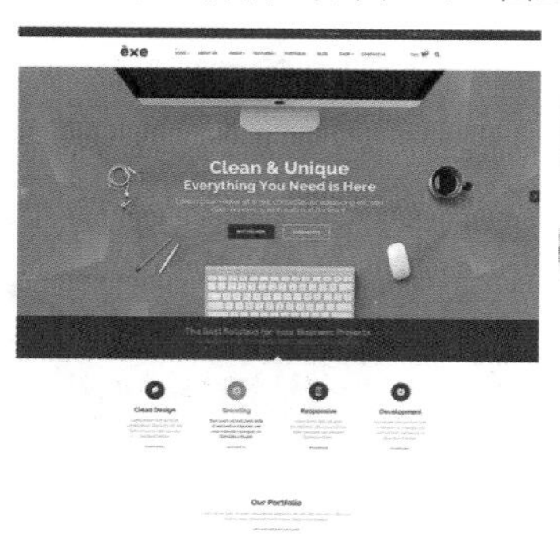

图12-7

图12-8

图12-9

图12-10

重点 12.2.1 什么是“网页切片”

“网页切片”可以简单地理解成将网页图片切分为一些小碎片的过程。为了使网页浏览更流畅，在网页制作中往往不会直接使用整张大尺寸的图片，而是将整张图片“分割”为多个部分。这就需要用到“切片”技术，即将一整张图切割成若干小块，并以表格的形式加以定位和保存。如图12-11所示为一个完整的网页设计的图片。如图12-12所示为将网页切片导出后的效果。

图12-11

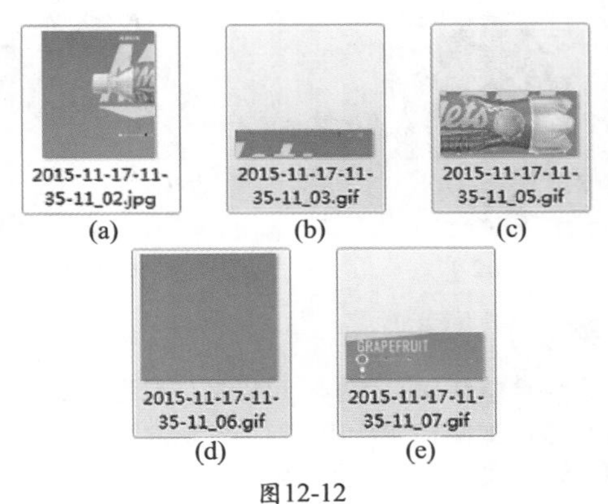

图12-12

重点 12.2.2 使用“切片工具”

1. 创建切片

单击工具箱中的“切片工具”按钮（快捷键：Shift＋K），在图像中按住鼠标左键拖动，绘制出一个矩形框（与绘制选区的方法类似），如图12-13所示。释放鼠标后就可以创建一个切片，如图12-14所示。

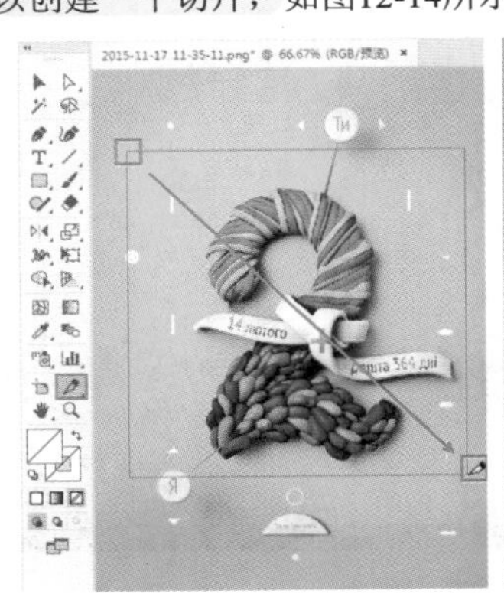

图12-13

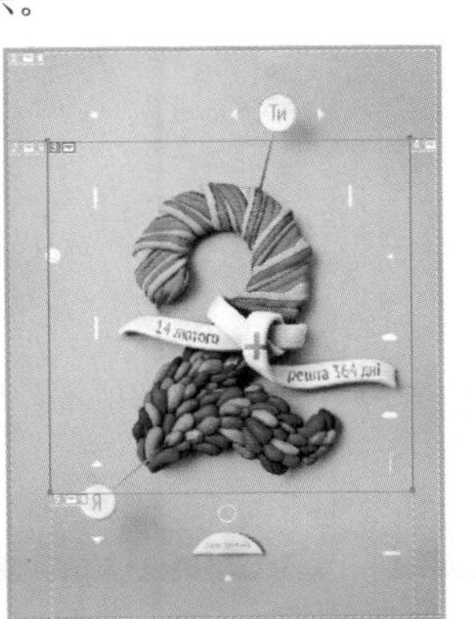

图12-14

提示：绘制切片的技巧。

“切片工具”与“矩形选框工具”有很多相似之处，使用“切片工具”创建切片时，按住 Shift 键可以创建正方形切片；按住 Alt 键可以从中心向外创建矩形切片；按住 Shift+Alt 组合键可以从中心向外创建正方形切片。

2. 选择切片

右击“切片工具组”按钮，在弹出的工具组中选择“切片选择工具”，在图像中单击即可选中切片，如图12-15所示。如果想同时选中多个切片，可以按住Shift键的同时单击其他切片，如图12-16所示。

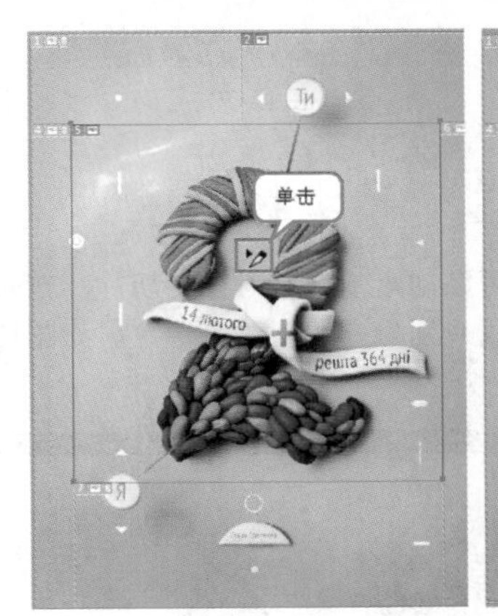

图12-15

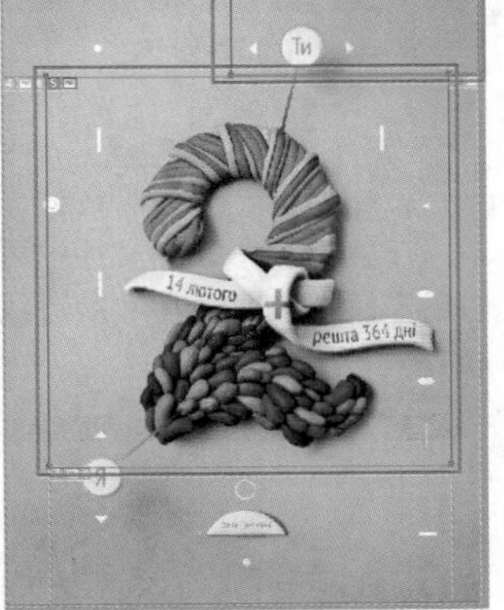

图12-16

3. 移动切片位置

如果要移动切片，使用“切片选择工具”选择切片，然后按住鼠标左键拖动即可，如图12-17和图12-18所示。

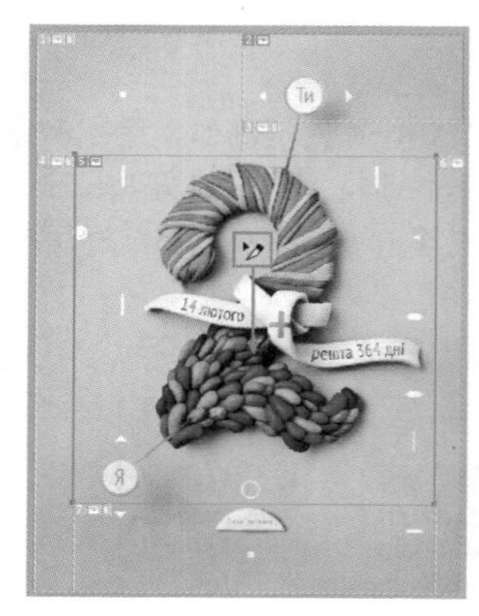

图12-17

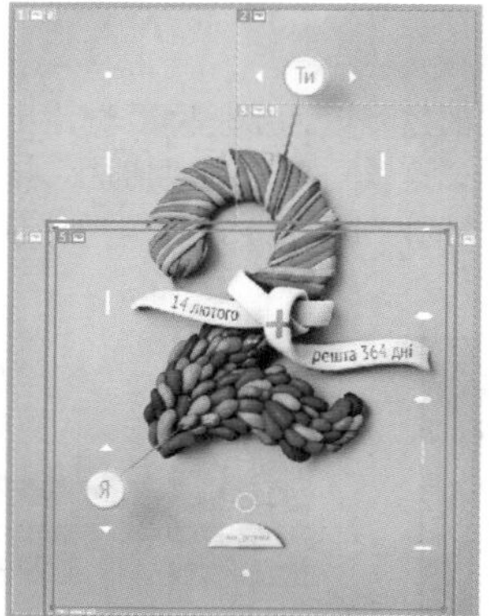

图12-18

4. 调整切片大小

如果要调整切片的大小，可以按住鼠标左键拖动切片边框进行调整，如图12-19和图12-20所示。在移动切片时按住Shift键，可以在水平、垂直或45°方向进行移动。

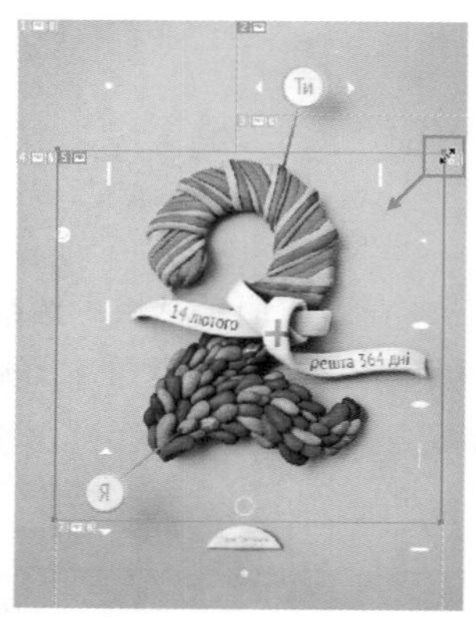

图12-19

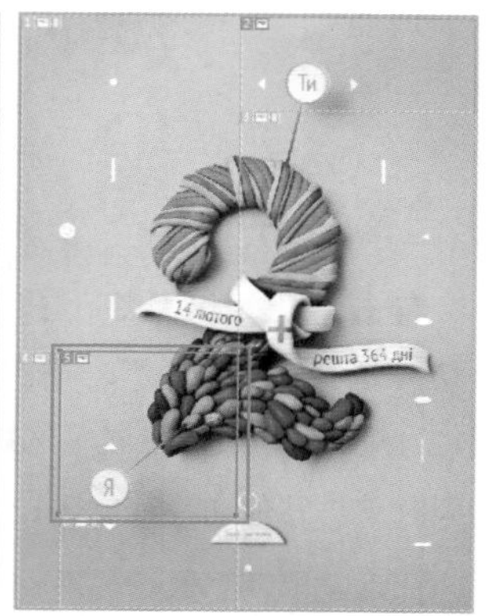

图12-20

提示：更改切片颜色。

默认情况下，切片的颜色为淡红色。若要更改切片的颜色，可以执行“编辑＞首选项＞切片”命令，在弹出的“首选项”窗口中单击颜色色块，在弹出的“颜色”窗口中选择一种合适的颜色，然后单击“确定”按钮，如图12-21所示。

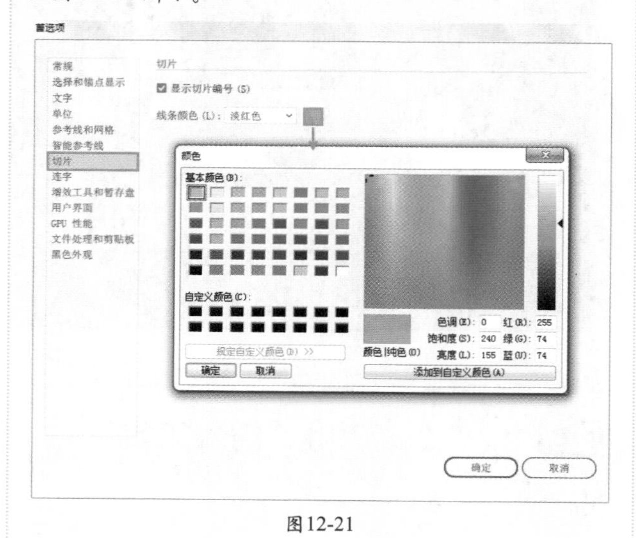

图12-21

读书笔记

12.2.3 动手练：基于参考线创建切片

在包含参考线的文件中可以创建基于参考线的切片。首先建立参考线，如图12-22所示。接着执行“对象>切片>从参考线创建”命令，即可基于参考线的划分方式创建出切片，如图12-23所示。

图12-22

图12-23

12.2.4 平均创建切片

“划分切片”命令可以沿水平方向、垂直方向或同时沿这两个方向划分切片。不论原始切片、用户切片，还是自动切片，划分后的切片总是用户切片。单击工具箱中的“切片选择工具”按钮，单击选中需要划分的切片，如图12-24所示。然后执行“对象>切片>划分切片”命令，在弹出的“划分切片”窗口中进行相应的设置，单击“确定”按钮，如图12-25所示。此时被选中的切片自动进行了划分，如图12-26所示。

图12-24

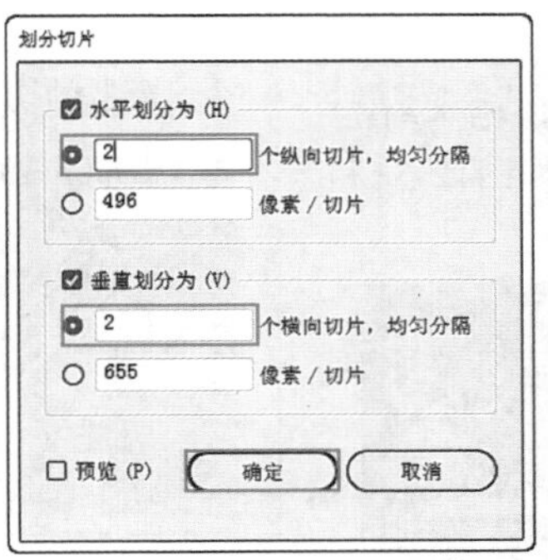

图12-25

图12-26

- 水平划分为：勾选该复选框后，可以在水平方向上划分切片。
- 垂直划分为：勾选该复选框后，可以在垂直方向上划分切片。
- 预览：在画面中预览切片的划分结果。

12.2.5 删除与释放切片

1. 删除切片

若要删除切片，使用“切片选择工具”选择一个或多个切片后，按Delete键即可，如图12-27和图12-28所示。

图12-27

图12-28

2. 释放切片

选中切片，如图12-29所示。执行“对象>切片>释放”命令，可以将切片释放为一个无填充、无描边的矩形，如图12-30所示。

图12-29

图12-30

3. 删除全部切片

若要删除所有切片，执行“对象>切片>全部删除”命令即可。

重点 12.2.6 动手练：切片的编辑操作

创建出的切片还能够进行复制、组合、删除等操作，以便得到合适的切片。

1. 复制切片

使用“切片选择工具”选择切片，然后按住Alt键的同时拖动切片，即可复制出相同的切片，如图12-31和图12-32所示。

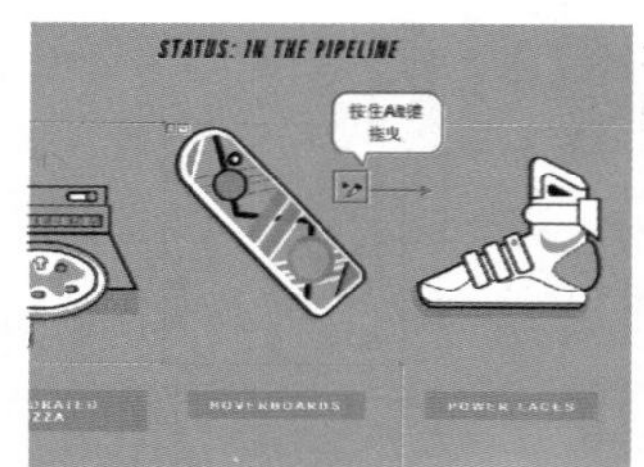

图12-31

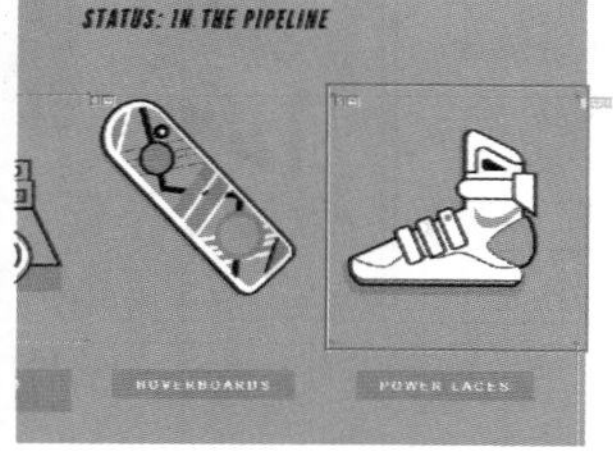

图12-32

2. 将多个切片组合为一个切片

在组合切片之前，先使用“切片选择工具”选择多个切片，如图12-33所示。然后执行“对象>切片>组合切片”命令，所选的切片即可组合为一个切片，如图12-34所示。

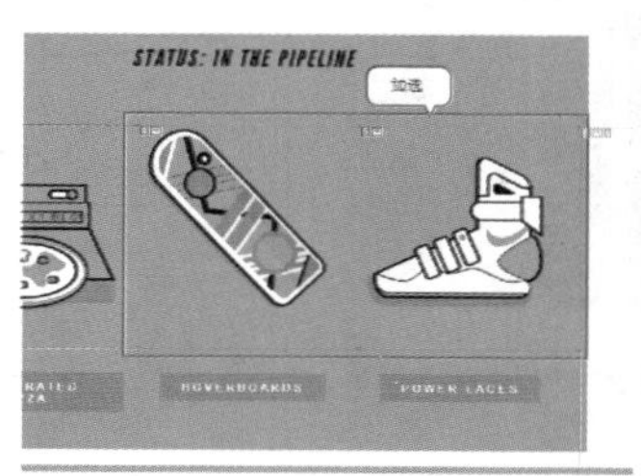

图12-33

图12-34

提示：组合切片的相关问题。

组合切片时，如果要组合的切片不相邻，或者比例、对齐方式不同，则新组合的切片可能会与其他切片重叠。

12.2.7 定义切片选项

切片选项确定了切片内容如何在生成的网页中显示、如何发挥作用。单击工具箱中的“切片选择工具”按钮，在图像中选中要进行定义的切片，然后执行“对象>切片>切片选项”命令，弹出“切片选项”窗口，如图12-35所示。

图12-35

- 切片类型：设置切片输出的类型，即在与HTML文件同时导出时，切片数据在Web中的显示方式。选择“图像”选项时，切片包含图像数据；选择“无图像”选项时，可以在切片中输入HTML文本，但无法导出图像，也无法在Web中浏览；选择“表”选项时，切片导出时将作为嵌套表写入HTML文件中。
- 名称：用来设置切片的名称。
- URL：设置切片链接的Web地址（只能用于“图像”切片），在浏览器中单击切片图像时，即可链接到这里设置的网址和目标框架。
- 目标：设置目标框架的名称。
- 信息：设置哪些信息出现在浏览器中。
- 替代文本：在此输入的字符将出现在浏览器中的该切片（“非图像”切片）位置上。
- 背景：选择一种背景色来填充透明区域或整个区域。

12.3 Web图形输出

对于网页设计师而言，在Illustrator中完成了网页制图工作后，需要对网页进行切片。创建切片后对图像进行优化可以减小图像的大小，而较小的图像可以使Web服务器更加高效地存储、传输和下载图像。接下来，需要对切分为碎片的网站页面进行导出。执行“文件>导出>存储为Web所用格式(旧版)”命令，在弹出的“存储为Web所用格式”窗口中对图像格式以及压缩比率等进行设置，然后单击“存储”按钮，如图12-36所示。在弹出的“将优化结果存储为”窗口中选择存储的位置，单击“存储”按钮。这样就能在设置的存储位置看到导出为切片的图像文件，如图12-37所示。

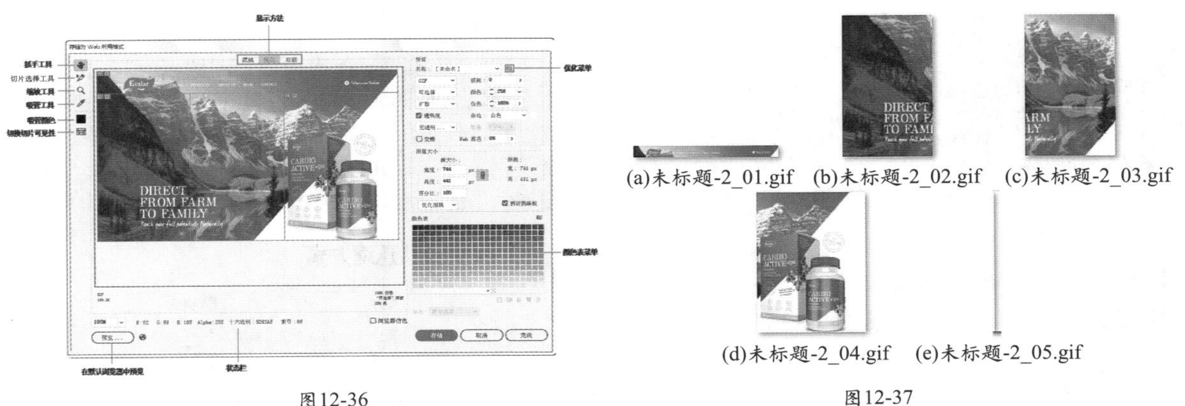

图12-36　　　　图12-37

- 显示方法：选择“原稿”选项卡，窗口中只显示没有优化的图像；选择“优化”选项卡，窗口中只显示优化的图像；选择“双联”选项卡，窗口中会显示优化前和优化后的图像。
- 缩放工具：可以放大图像显示比例，按住Alt键单击窗口则会缩小显示比例。
- 切片选择工具：当一张图片上包含多个切片时，可以使用该工具选择相应的切片，以进行优化。
- 吸管工具/吸管颜色■：使用“吸管工具”在图像上单击，可以拾取单击处的颜色，并显示在“吸管颜色”图标中。
- 切换切片可见性：激活该按钮，才能在窗口中显示出切片。
- 优化菜单：在该菜单中可以存储优化设置、设置优化文件大小等。
- 颜色表：将图像优化为GIF、PNG-8、WBMP格式时，可以在“颜色表”中对图像的颜色进行优化设置。
- 状态栏：在此显示光标所在位置图像的颜色值等信息。
- 在默认浏览器中预览：单击（预览...）按钮，可以在Web浏览器中预览优化后的图像。

重点 12.3.1　使用预设输出网页

对已经完成切片的网页执行“文件>导出>存储为Web所用格式(旧版)”命令，打开“存储为Web所用格式”窗口，在“预设”选项组中打开“名称”下拉列表框，从中选择一种内置的输出预设，然后单击“存储”按钮，如图12-38所示。在弹出的“将优化结果存储为”窗口中选择存储的位置，单击“存储”按钮，如图12-39所示。

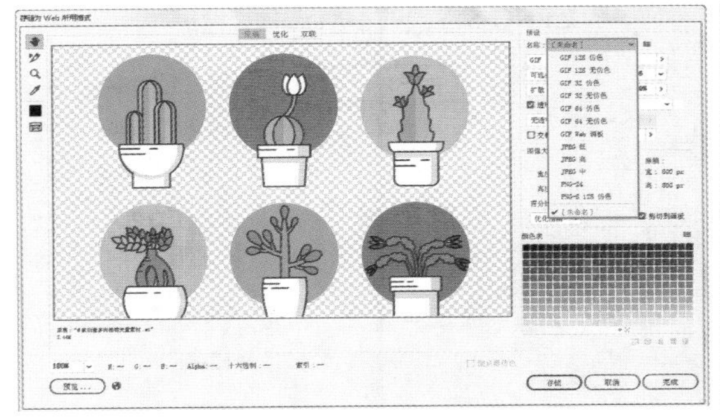

图12-38

图12-39

12.3.2　设置不同的存储格式

不同格式的图像文件，其质量与大小也不相同，合理选择优化格式，可以有效地控制图像的质量。可供选择的Web图像的优化格式包括GIF格式、JPEG格式、PNG-8格式和PNG-24格式。下面来了解一下各种格式的输出设置。

1. 优化为GIF格式

GIF格式是输出图像到网页最常用的格式。GIF格式采用LZW压缩，支持透明背景和动画，被广泛应用在网络中。GIF文件支持8位颜色，因此它可以显示多达256种颜色。如图12-40所示是GIF格式的参数选项。

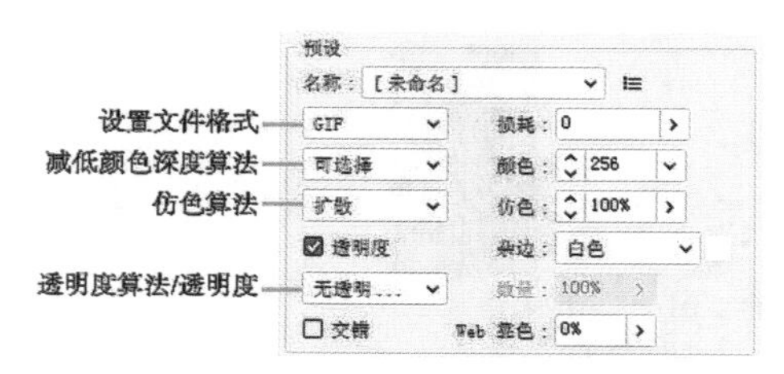

图12-40

- 设置文件格式：设置优化图像的格式。
- 减低颜色深度算法/颜色：设置用于生成颜色查找表的方法，以及在颜色查找表中使用的颜色数量。如图12-41和图12-42所示是设置“减低颜色深度算法”为“可感知性”和“灰度”时的图像对比效果。

图12-41　　图12-42

- 仿色算法/仿色：“仿色”是一种通过模拟计算机的颜色来显示提供的颜色的方法。较高的仿色百分比可以使图像生成更多的颜色和细节，但是会增加文件的大小。
- 透明度算法/透明度：用来指定透明度仿色的算法。有扩散透明度仿色、图案透明度仿色和杂色透明度仿色3种计算方法。
- 杂边：设置一种用于混合透明像素的颜色。
- 交错：当正在下载图像文件时，在浏览器中显示图像的低分辨率版本。
- Web靠色：设置将颜色转换为最接近Web颜色库等效颜色的容差级别。数值越高，转换的颜色越多。
- 损耗：扔掉一些数据来减小文件的大小。通常可以将文件减小5%~40%。设置5%~10%的“损耗”值不会对图像产生太大的影响，如果设置的“损耗”值大于10，文件虽然会变小，但是图像的质量会下降。如图12-43和图12-44所示是设置“损耗”值为50与100时的图像对比效果。

图12-43　　图12-44

2. 优化为JPEG格式

JPEG格式是一种比较成熟的图像有损压缩格式，也是当今最为常见的图像格式。虽然在将图像转换为JPEG格式的过程中经过压缩后会丢失部分数据，但人眼几乎无法分辨出差别。所以，JPEG格式既保证了图像质量，又能够实现图像大小的压缩。如图12-45所示是JPEG格式的参数选项。

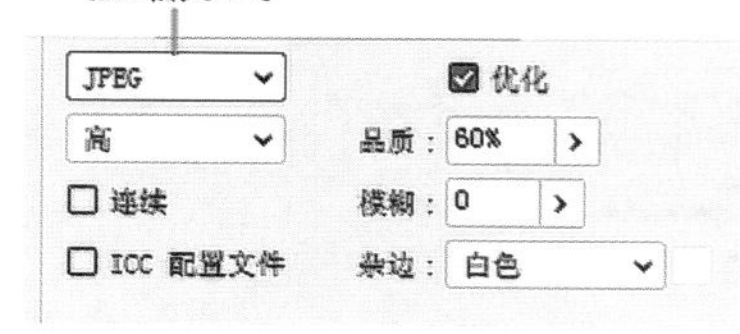

图12-45

- 压缩方式/品质：选择压缩图像的方式。后面的“品质”数值越高，图像的细节越丰富，但文件也越大。
- 连续：在Web浏览器中以渐进的方式显示图像。
- 优化：创建更小但兼容性更高的文件。
- ICC配置文件：包含基于颜色设置的ICC配置文件。
- 模糊：创建类似于“高斯模糊”滤镜的图像效果。数值越大，模糊效果越明显，但会减小图像的大小。在实际工作中，“模糊”值最好不要超过0.5。
- 杂边：为原始图像的透明像素设置一种填充颜色。

3. 优化为PNG-8格式

PNG是一种是专门为Web开发的，用于将图像压缩到Web上的文件格式。PNG格式与GIF格式不同的是，PNG格式支持244位图像并产生无锯齿状的透明背景。如图12-46所示是PNG-8格式的参数选项。

图12-46

4. 优化为PNG-24格式

PNG-24格式可以在图像中保留多达256个透明度级别，适用于压缩连续色调图像，但它生成的文件比生成JPEG格式的文件要大得多，如图12-47所示。

图12-47

综合实例：使用“切片工具”进行网页切片

文件路径	资源包\第12章\综合实例：使用“切片工具”进行网页切片
难易指数	★★★★★
技术掌握	“切片工具”“存储为Web所用格式”命令

扫一扫，看视频

实例效果

本实例演示效果如图12-48所示。

图12-48

操作步骤

步骤 01 执行“文件>打开”命令，打开素材1.jpg。选择工具箱中的“切片工具”，首先绘制标题栏部分的切片。在画面的左上角按住鼠标左键向右下角拖动，如图12-49所示。松开鼠标后得到切片，如图12-50所示。

图12-49

图12-50

步骤 02 以同样的方法依次绘制其他切片，如图12-51所示。执行“文件>导出>存储为Web所用格式(旧版)”命令，在弹出的“存储为Web所用格式”窗口中框选全部切片，设置优化格式为GIF，单击“存储”按钮，如图12-52所示。

图12-51

图12-52

步骤 03 在弹出的“将优化结果存储为”窗口中选择合适的存储位置，单击“保存”按钮，如图12-53所示。存储后的切片效果如图12-54所示。

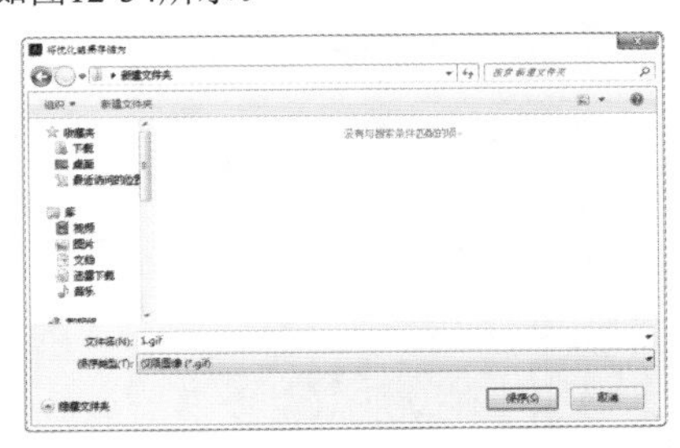

图12-53

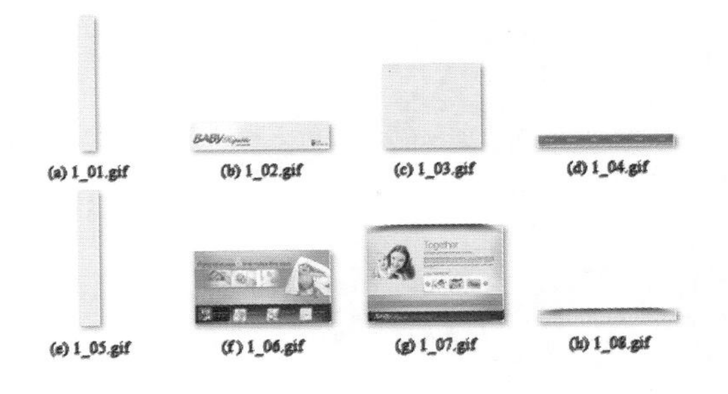

图12-54

12.4 课后练习：为复杂网页划分切片

扫一扫，看视频

文件路径	资源包\第12章\课后练习：为复杂网页划分切片
难易指数	★★★★★
技术掌握	“切片工具”“存储为Web所用格式”命令

实例效果

本实例演示效果如图12-55所示。

图12-55

12.5 模拟考试

主题：尝试设计制作一款电商网站首页。

要求：

（1）店铺类别不限，可从常见网店类别中选取，如服饰、食品、数码产品等。

（2）网店首页需要包括店招、首页广告、产品分类等基本内容。

（3）制作完成后需要对页面进行合理地切片并输出。

考查知识点：绘图工具、文字工具、素材使用、切片工具的使用、存储切片。

Chapter 13

第 13 章

综合实战

本章内容简介：

经过了前面章节的学习，我们已经掌握了Illustrator常用核心功能的使用方法。本章将综合运用Illustrator的各种功能，学习多个与行业接轨的综合实例的制作。在巩固前面所学知识的同时，为未来的实际设计工作奠定基础。

13.1 标志设计：立体感标志

扫一扫，看视频

文件路径	资源包\第13章\13.1 标志设计：立体感标志
难易指数	★★★★★
技术掌握	“路径查找器”“高斯模糊”“凸出和斜角”“外观”面板

实例效果

本实例演示效果如图13-1所示。

图13-1

操作步骤

步骤01 执行“文件>新建”命令，创建一个大小为A4、“取向”为“横向”的文档，如图13-2所示。单击工具箱中的“矩形工具”按钮，去除填充和描边，绘制一个与画板等大的矩形，并保持选中状态，如图13-3所示。

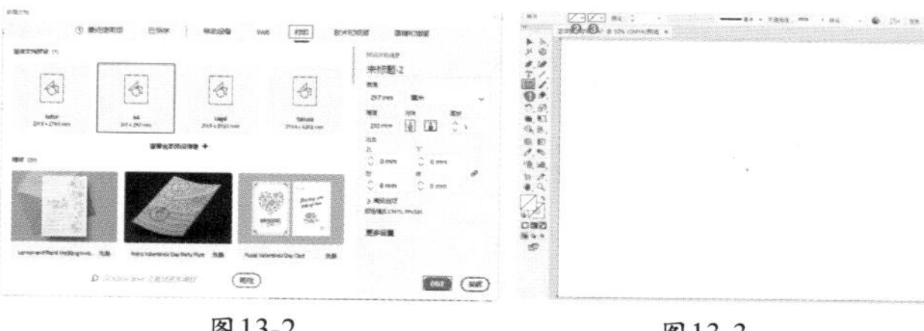

图13-2　　图13-3

步骤02 执行“窗口>渐变”命令，在弹出的“渐变”面板中设置“类型”为“线性”，编辑一种蓝色系的渐变，单击左上角的渐变缩览图，使矩形背景上出现渐变效果，如图13-4所示。单击工具箱中的“渐变工具”按钮，在矩形上按住鼠标左键拖动，调整合适的渐变角度。效果如图13-5所示。

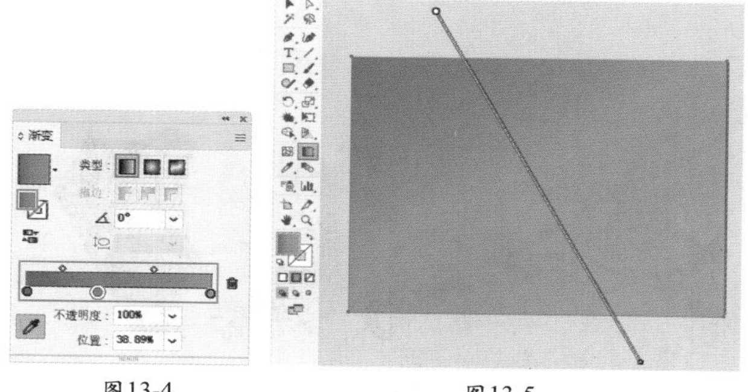

图13-4　　图13-5

步骤03 单击工具箱中的“星形工具”按钮，在控制栏中设置填充为白色，描边为无；在画板上单击，在弹出的“星形”窗口中设置“半径1”为20mm，“半径2”为80mm，“角点数”为20，单击“确定”按钮，如图13-6所示。图形效果如图13-7所示。如果界面中没有显示控制栏，可以执行“窗口>控制”命令将其显示。

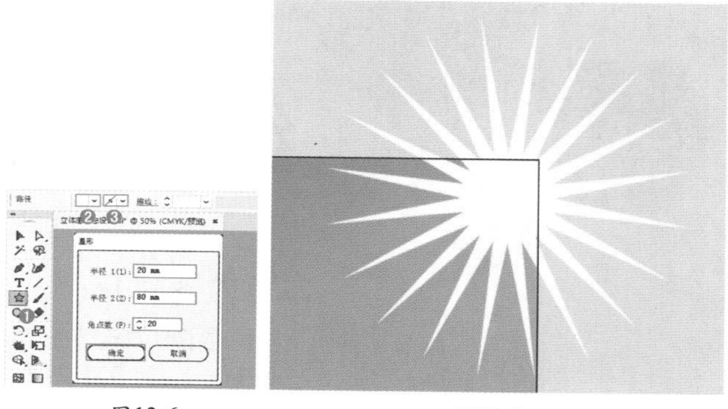

图13-6　　图13-7

步骤04 单击工具箱中的“直接选择工具”按钮，依次选择星形的顶点，按住鼠标左键拖动，如图13-8所示。选中星形对象，在控制栏中设置“不透明度”为50%，如图13-9所示。

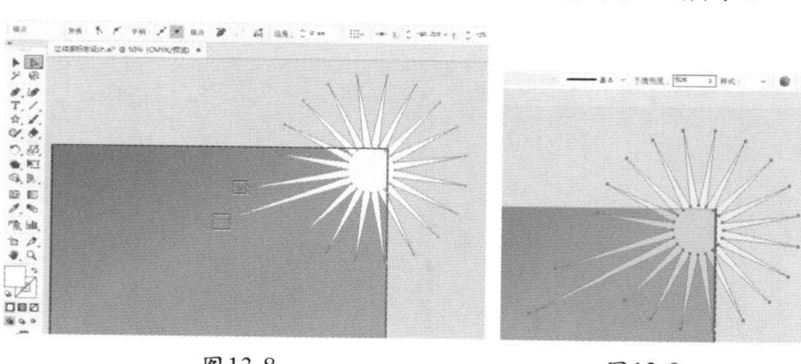

图13-8　　图13-9

步骤05 选中星形对象，执行“效果>模糊>高斯模糊”命令，在弹出的“高斯模糊”窗口中设置“半径”为30像素，单击“确定”按钮，如图13-10所示。效果如图13-11所示。

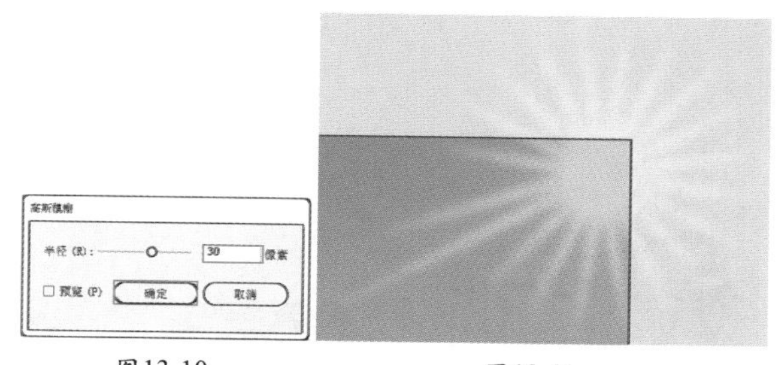

图13-10　　图13-11

步骤06 单击工具箱中的“矩形工具”按钮，在控制栏中设置填充为白色，描边为无，绘制一个矩形，如图13-12所示。单击工具箱中的“椭圆工具”按钮，在控制栏中设置填充为白色，描边为无，绘制一个正圆形，如图13-13所示。

图13-12

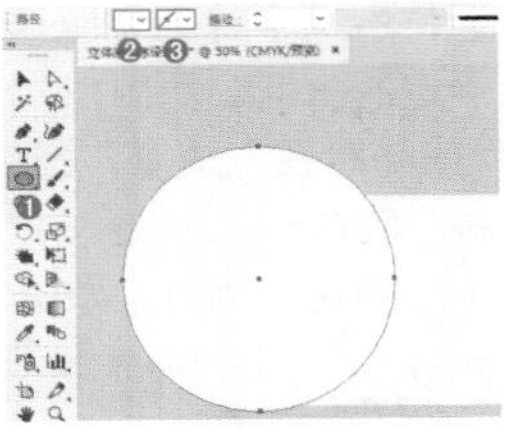

图13-13

步骤 07 使用“椭圆工具”绘制其他大小不一的圆形，如图13-14所示。框选所有圆形和矩形，执行“窗口>路径查找器”命令，在弹出的“路径查找器”面板中单击“联集”按钮，得到一个完整的云朵图形，如图13-15所示。

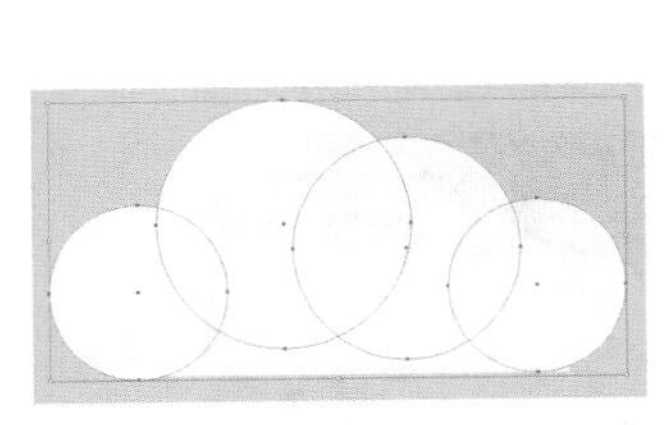

图13-14

图13-15

步骤 08 将云朵调整为合适大小，然后执行“效果>3D>凸出和斜角”命令，在弹出的“3D凸出和斜角选项”窗口中设置“位置”为“自定旋转”，“指定绕X轴旋转”为-5°，“指定绕Y轴旋转”为0°，“指定绕Z轴旋转”为0°，“凸出厚度”为50pt，“端点”为“开启端点以建立实心外观”，“斜角”为“无”，“表面”为“塑料效果底纹”，单击“确定”按钮，如图13-16所示。效果如图13-17所示。

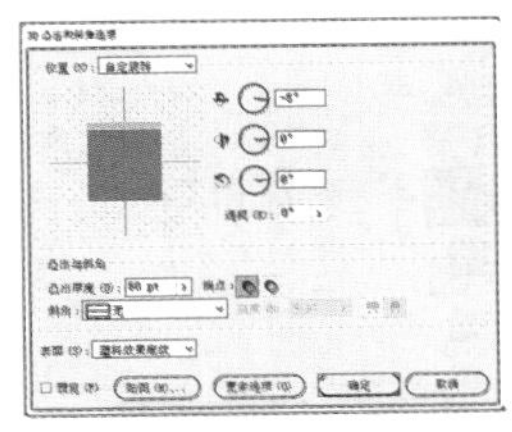

图13-16

图13-17

步骤 09 选中立体云朵对象，按快捷键Ctrl+C进行复制，按快捷键Ctrl+F将复制的对象贴在前面。执行“窗口>外观”命令，在弹出的“外观”面板中单击选中“3D凸出和斜角”一栏，然后单击“删除所选项目”按钮，如图13-18所示。更改填充颜色为蓝色系的线性渐变，然后适当向上移动，使之与之前的立体云朵产生一定的距离，如图13-19和图13-20所示。

图13-18

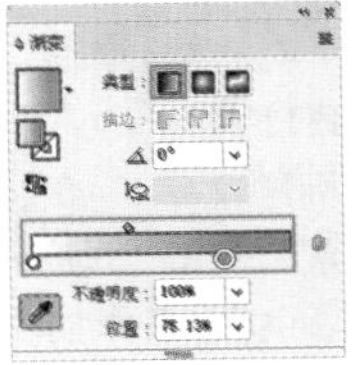

图13-19

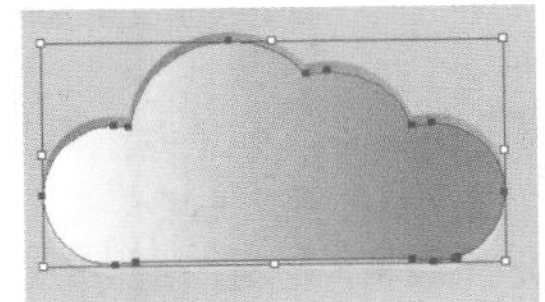

图13-20

步骤 10 单击工具箱中的“渐变工具”按钮，在上步绘制的云朵图形上按住鼠标左键拖动，调整为合适的渐变角度，如图13-21所示。加选云朵图形，按快捷键Ctrl+G进行编组。使用“选择工具”选中云朵，按住鼠标左键的同时按住Alt键拖动，移动复制出多个云朵图形，如图13-22所示。

图13-21

图13-22

步骤 11 使用“矩形工具”绘制一个与画板等大的矩形。框选所有图形，右击，在弹出的快捷菜单中执行“建立剪切蒙版”命令，此时超出画板的部分被隐藏，如图13-23所示。单击工具箱中的“钢笔工具”按钮，在控制栏中设置填充为深蓝色，描边为无，绘制一个翅膀图形，如图13-24所示。

图13-23

图13-24

步骤 12 选中翅膀图形，执行“效果>3D>凸出和斜角”命令，在弹出的“3D凸出和斜角选项”窗口中设置“位置”为“自定旋转”，“指定绕X轴旋转”为4°，“指定绕Y轴旋转”为0°，“指定绕Z轴旋转”为0°，“凸出厚度”为150pt，“端点”为“开启端点以建立实心外观”，“斜角”为“无”，“表面”为“塑料效果底纹”，单击“确定”按钮，如图13-25所示。效果如图13-26所示。

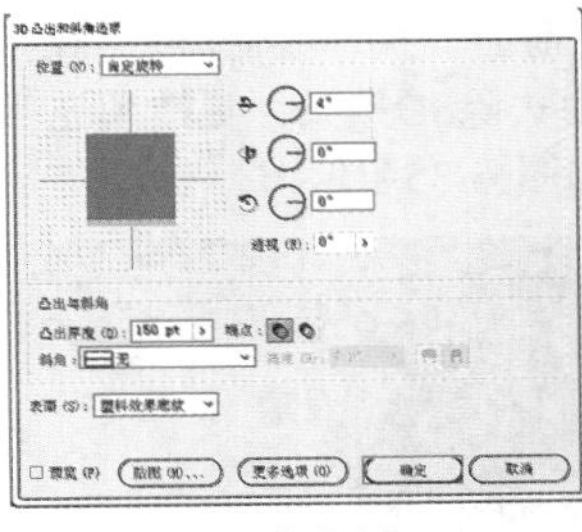

图13-25

图13-26

步骤 13 选中立体翅膀对象，按快捷键Ctrl+C进行复制，按快捷键Ctrl+F将复制的对象贴在前面。执行“窗口>外观”命令，在弹出的“外观”面板中去除3D效果，如图13-27所示。更改填充颜色为蓝色系的渐变，如图13-28所示。设置描边为深蓝色，描边粗细为1pt。效果如图13-29所示。

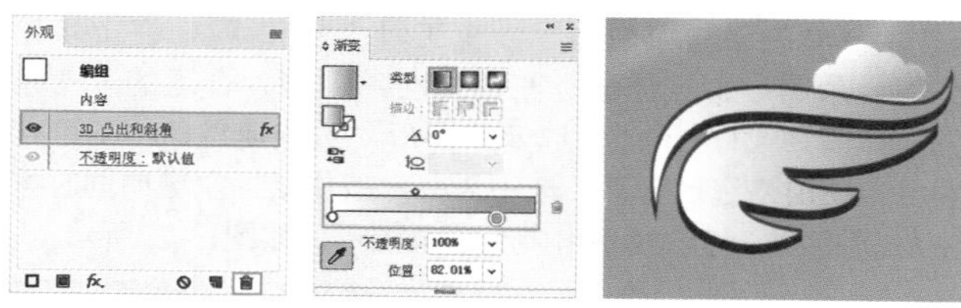

图13-27　　图13-28　　图13-29

步骤 14 复制绘制好的一侧翅膀，摆放在左侧并水平翻转，适当旋转一定的角度，如图13-30所示。单击工具箱中的“钢笔工具”按钮，在控制栏中设置填充为红色，描边为无，绘制一个心形，如图13-31所示。

图13-30

图13-31

步骤 15 选中心形对象，然后执行“效果>3D>凸出和斜角”命令，在弹出的“3D凸出和斜角选项”窗口中设置“位置”为“自定旋转”，“指定绕X轴旋转”为4°，“指定绕Y轴旋转”为0°，“指定绕Z轴旋转”为0°，“凸出厚度”为150pt，“端点”为“开启端点以建立实心外观”，“斜角”为“无”，“表面”为“塑料效果底纹”，单击“确定”按钮，如图13-32所示。效果如图13-33所示。

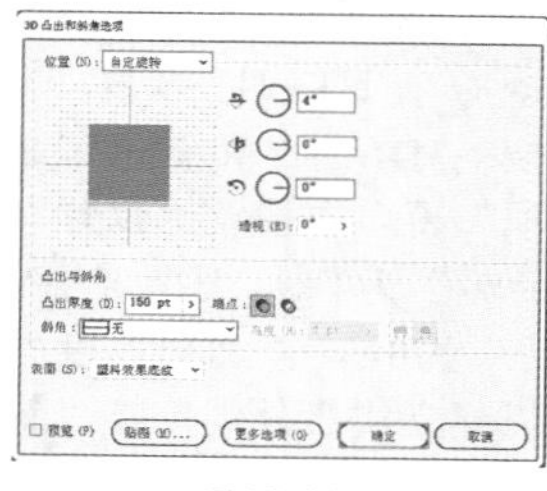

图13-32

图13-33

步骤 16 选中立体心形对象，按快捷键Ctrl+C进行复制，按快捷键Ctrl+F将复制的对象贴在前面。执行“窗口>外观”命令，在弹出的“外观”面板中去除3D效果。更改填充颜色为红色系的渐变，如图13-34和图13-35所示。

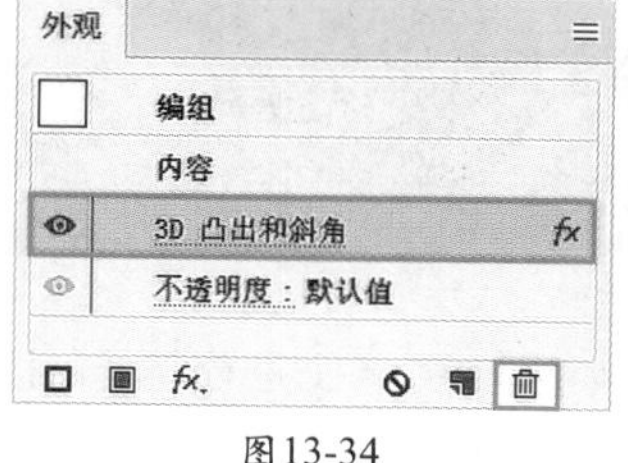

图13-34

图13-35

步骤 17 单击工具箱中的“文字工具”按钮，在控制栏中设置填充为白色，描边为无，选择一种合适的字体，设置字体大小为90pt；单击“字符”按钮，在弹出的下拉面板中设置“所选字符的字距调整”为–75；然后输入文字，并旋转一定的角度，如图13-36所示。选中文字，执行“效果>路径>偏移路径”命令，在弹出的“偏移路径”窗口中设置“位移”为6mm，“连接”为“斜接”，“斜接限制”为4，单击“确定”按钮，如图13-37所示。效果如图13-38所示。

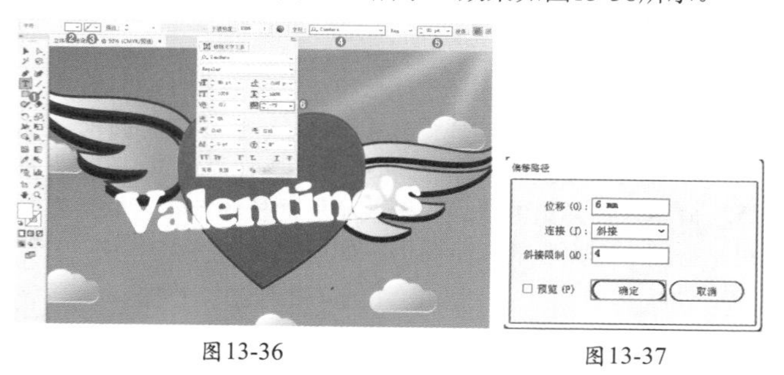

图13-36　　图13-37

图13-38

步骤 18 选中文字，按快捷键Ctrl+C进行复制，按快捷键Ctrl+F将复制的对象贴在前面。然后执行“窗口>外观”命令，在弹出的“外观”面板中去除偏移路径效果，单击底部的“添加新填色”按钮，如图13-39所示。执行“窗口>渐变”命令，编辑一种蓝色系的渐变，如图13-40和图13-41所示。

图13-39

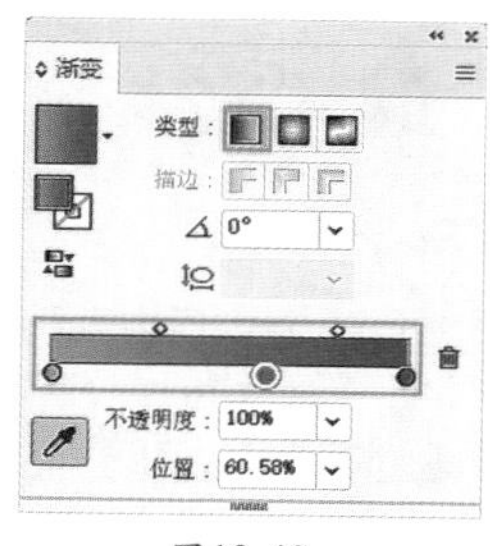

图13-40

图13-41

步骤 19 使用上述方法添加标题文字，如图13-42所示。执行“文件>打开”命令，打开素材1.ai。框选所有素材，然后执行“编辑>复制”命令；回到刚才工作的文档中，执行“编辑>粘贴”命令，将粘贴出的对象移动到合适位置，如图

13-43所示。使用“矩形工具”绘制一个矩形，填充一种蓝色的渐变。效果如图13-44所示。

图13-42

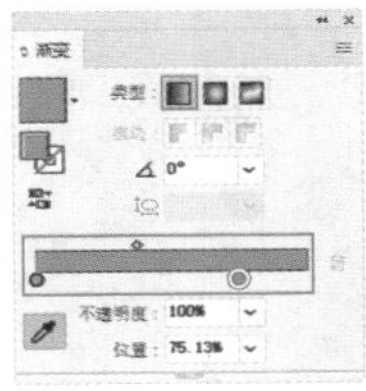
图13-43

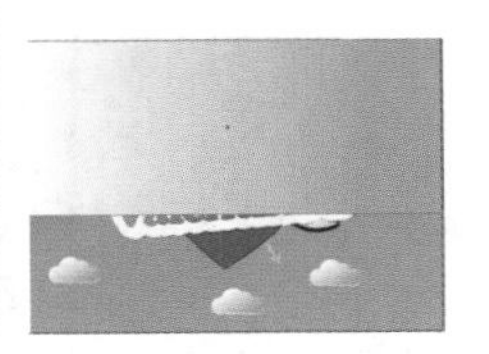
图13-44

步骤 20 单击工具箱中的“渐变工具”按钮，调整合适的大小，如图13-45所示。选中矩形，执行“效果>模糊>高斯模糊”命令，在弹出的“高斯模糊”窗口中设置“半径”为60像素，单击“确定”按钮，如图13-46所示。效果如图13-47所示。

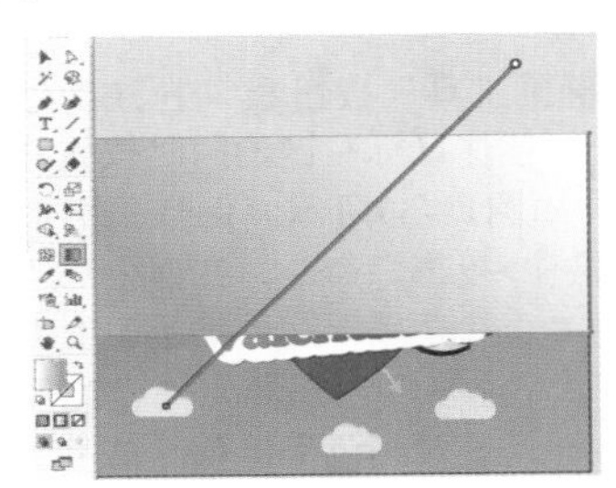
图13-45

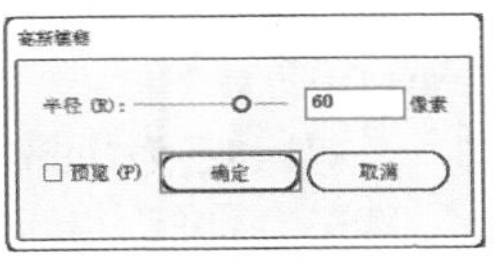

图13-46

图13-47

步骤 21 选中矩形，然后执行“窗口>透明度”命令，在弹出的“透明度”面板中设置“混合模式”为“柔光”，“不透明度”为90%，如图13-48所示。效果如图13-49所示。

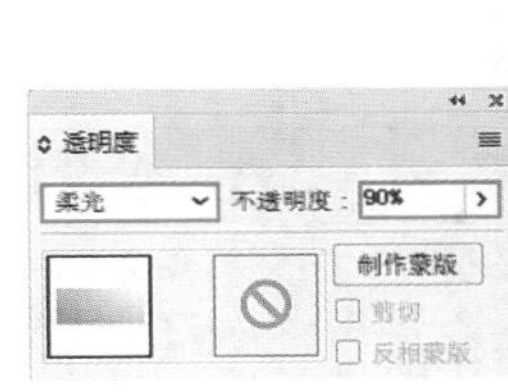

图13-48

图13-49

13.2 DM单设计：商场宣传活动DM单

文件路径	资源包\第13章\13.2 DM单设计：商场宣传活动DM单
难易指数	★★★★★
技术要点	“钢笔工具”、虚线描边的设置、“美工刀”

实例效果

本实例演示效果如图13-50所示。

扫一扫，看视频

图13-50

操作步骤

步骤 01 执行“文件>新建”命令，创建一个大小为A4、“取向”为“纵向”的文档，如图13-51所示。单击工具箱中的“矩形工具”按钮，在控制栏中设置填充为黄色，描边为无，绘制一个与画板等大的矩形，如图13-52所示。

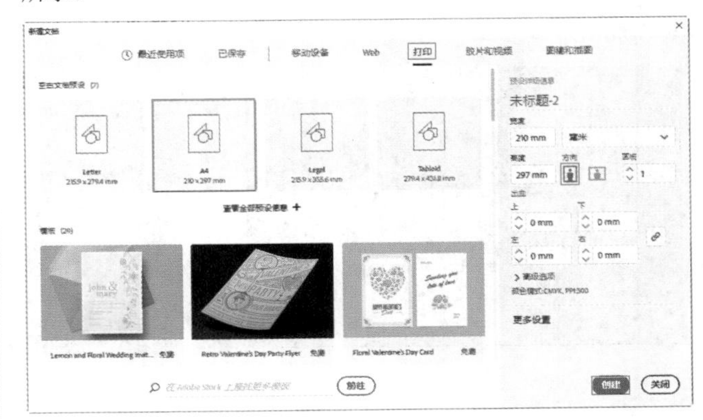
图13-51

图13-52

步骤 02 单击工具箱中的“钢笔工具”按钮，在控制栏中设置填充为无，描边为白色，描边粗细为2pt，单击“描边”按钮，在弹出的下拉面板中勾选“虚线”复选框，设置数值为12pt，绘制一段不规则路径，如图13-53所示。使用“矩形工具”绘制一个红色的矩形，如图13-54所示。

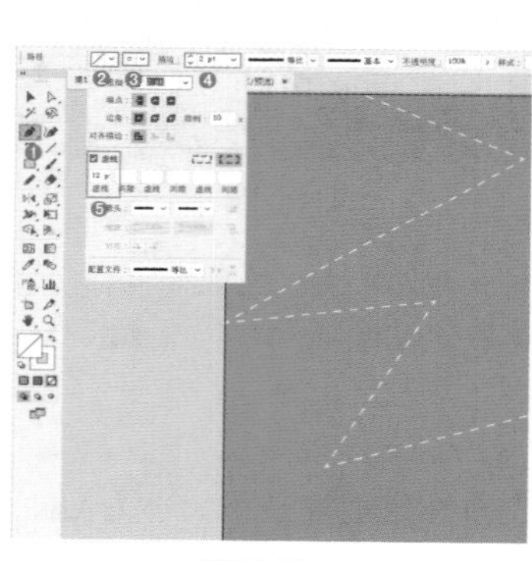

图13-53

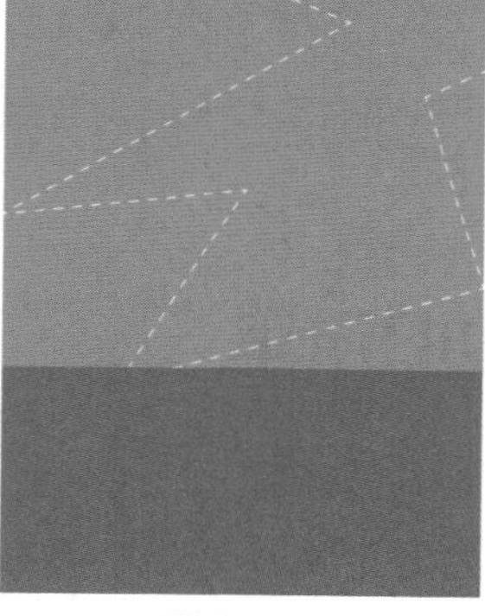

图13-54

步骤 03 选中这个红色矩形，单击工具箱中的“美工刀”按钮，从矩形外侧按住鼠标左键拖动至矩形另外一侧，释放鼠标完成分割，如图13-55所示。矩形被分为两部分，如图13-56所示。

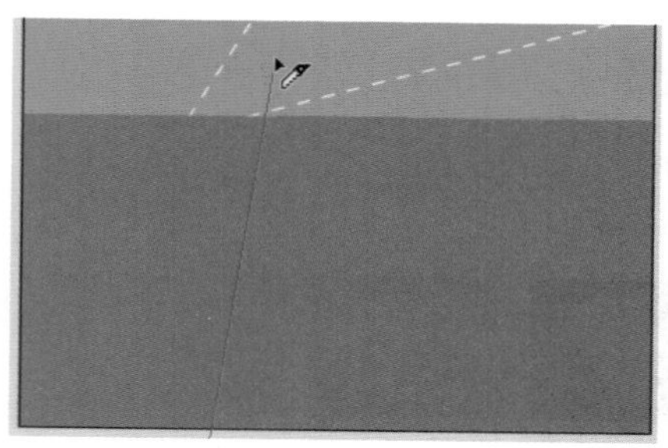

图13-55

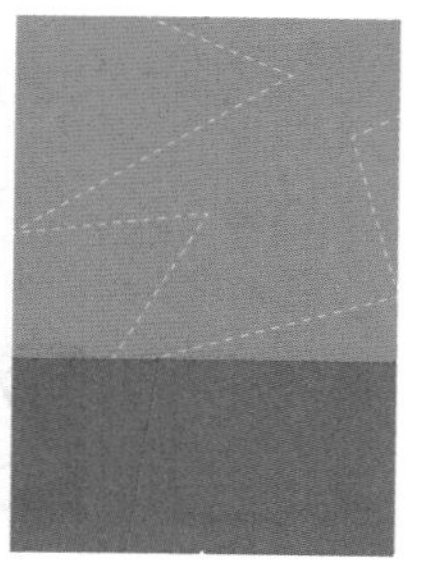

图13-56

步骤 04 使用美工刀分割矩形，并依次更改合适的颜色，如图13-57所示。执行“文件>打开”命令，打开素材1.ai。选中素材对象，执行“编辑>复制”命令；回到刚才工作的文档中，执行“编辑>粘贴”命令，将复制出的对象移动到相应位置，如图13-58所示。

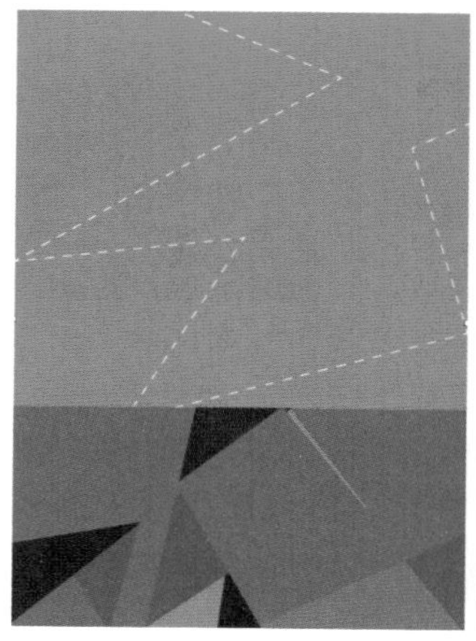

图13-57

图13-58

步骤 05 单击工具箱中的“椭圆工具”按钮，在控制栏中设置填充为白色，描边为无，按住鼠标左键的同时按住Shift键拖动，绘制一个正圆形，如图13-59所示。保持正圆形的选中状态，执行“效果>风格化>投影”命令，在弹出的“投影”窗口中设置“模式”为“正片叠底”，“不透明度”为75%，“X位移”为2mm，“Y位移”为2mm，“模糊”为2mm，选中“颜色”单选按钮，设置颜色为黑色，单击“确定”按钮，如图13-60所示。效果如图13-61所示。

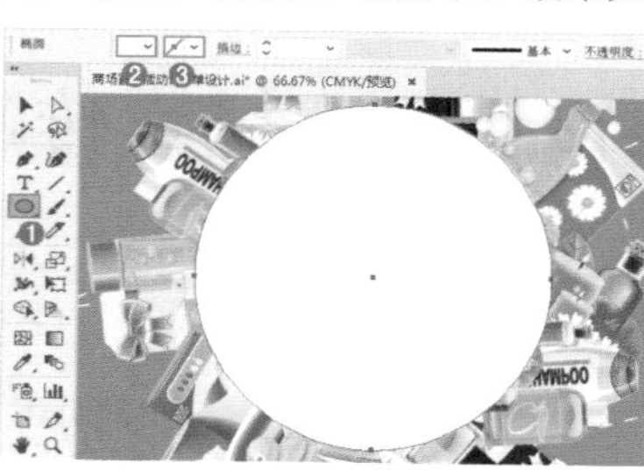

图13-59

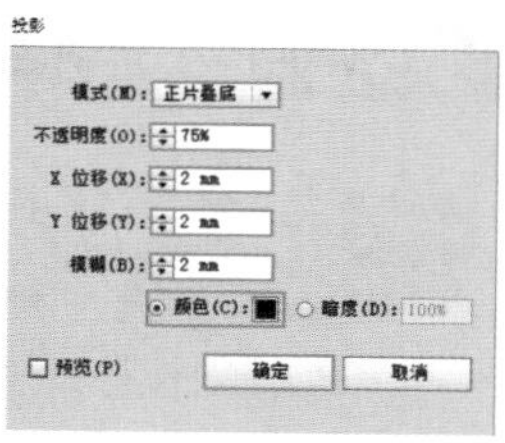

图13-60

图13-61

步骤 06 单击工具箱中的“钢笔工具”按钮，在控制栏中设置填充为红色，描边为无，绘制一个不规则图形，如图13-62所示。继续使用“钢笔工具”绘制其他不规则图形，设置合适的填充颜色，如图13-63所示。

图13-62

图13-63

步骤 07 使用“钢笔工具”绘制一个深绿色的不规则图形，如图13-64所示。按快捷键Ctrl+C进行复制，按快捷键Ctrl+F将复制的对象贴在前面。将复制得到的不规则图形向右轻移，更改填充颜色为稍浅一些的绿色，如图13-65所示。

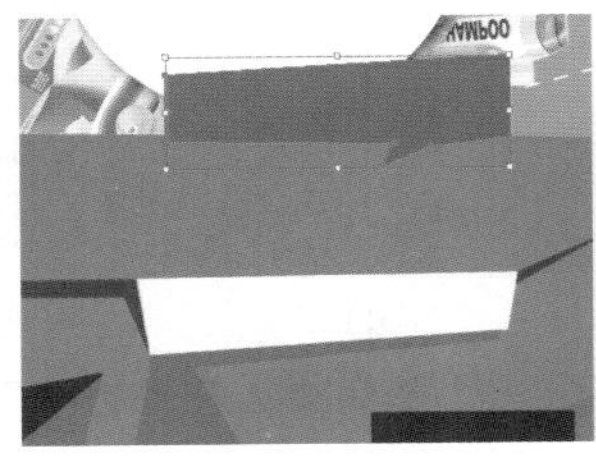

图13-64

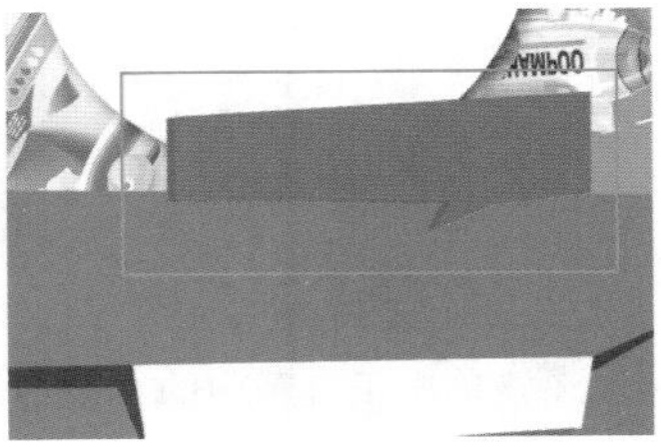

图13-65

步骤 08 单击工具箱中的“矩形工具”按钮，在控制栏中设置填充为深灰色，描边为无，绘制一个矩形，如图13-66所示。单击工具箱中的“文字工具”按钮T，在控制栏中设置填充为红色，描边为无，选择一种合适的字体，设置字体大小为80pt，然后输入文字，如图13-67所示。

图13-66

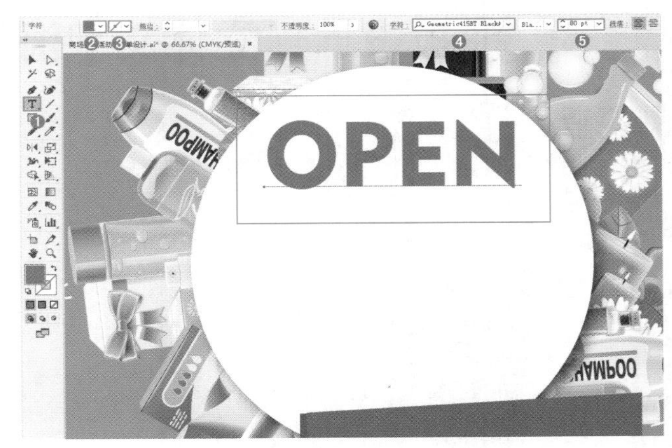

图13-67

步骤 09 使用“文字工具”添加其他文字，设置合适的字体、大小和颜色，如图13-68所示。单击工具箱中的“钢笔工具”按钮，在控制栏中设置填充为无，描边为白色，描边粗细为0.25pt；单击“描边”按钮，在弹出的下拉面板中勾选“虚线”复选框，设置数值大小为6pt；在主体文字之间绘制一条虚线路径作为文字的分隔线，如图13-69所示。

图13-68

图13-69

步骤 10 使用“钢笔工具”在“8.18”文字下方绘制另外一条虚线路径，如图13-70所示。

图13-70

13.3 海报设计：立体文字海报

扫一扫，看视频

文件路径	资源包\第13章\13.3 海报设计：立体文字海报
难易指数	★★★★★
技术要点	"符号喷枪工具"、符号、"凸出和斜角""投影""光晕工具"

实例效果

本实例演示效果如图13-71所示。

图13-71

操作步骤

步骤 01 执行"文件>新建"命令，新建一个大小为A4、"取向"为"纵向"的文档。绘制一个与板等大的矩形。保持矩形的选中状态，执行"窗口>渐变"命令，在弹出的"渐变"面板中设置"类型"为"径向"，编辑一种黄色系的渐变，如图13-72所示。效果如图13-73所示。

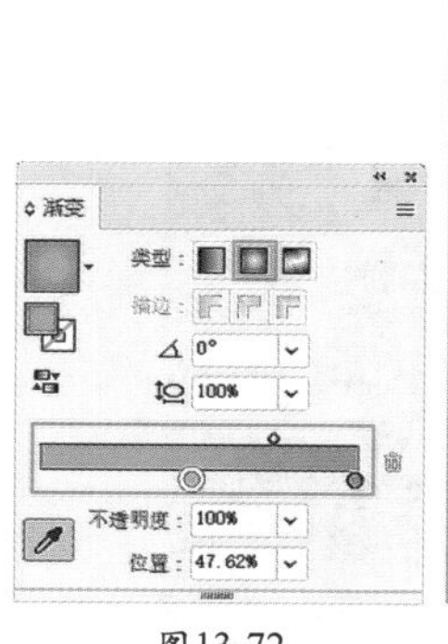

图13-72　　图13-73

步骤 02 单击工具箱中的"符号喷枪工具"按钮，执行"窗口>符号库>自然"命令，在弹出的"自然"面板中选择"蝴蝶"符号，如图13-74所示。按住鼠标左键，将其拖动到画板中，并旋转一定的角度，如图13-75所示。

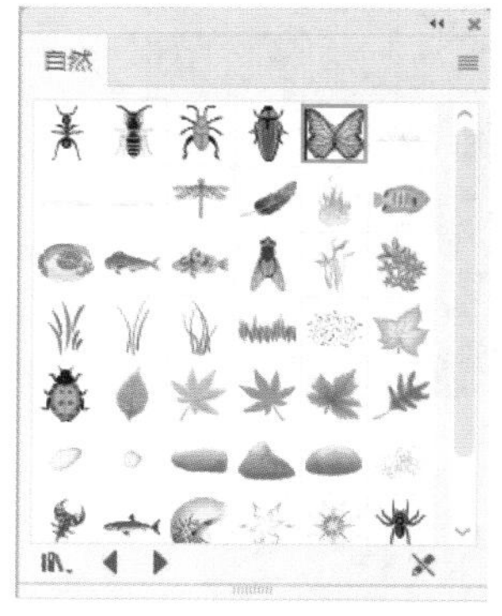

图13-74　　图13-75

步骤 03 执行"文件>打开"命令，打开素材1.ai。选中素材，执行"编辑>复制"命令，如图13-76所示。回到刚才工作的文档中，执行"编辑>粘贴"命令，将粘贴的对象移动到画板中，如图13-77所示。

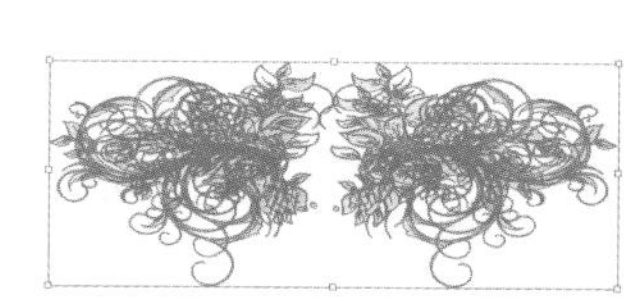

图13-76　　图13-77

步骤 04 单击工具箱中的"多边形工具"按钮，在控制栏中设置填充为无，描边为黄色，描边粗细为1pt，在画板上单击，在弹出的"多边形"窗口中设置"半径"为70mm，"边数"为5，单击"确定"按钮，如图13-78所示。图形效果如图13-79所示。

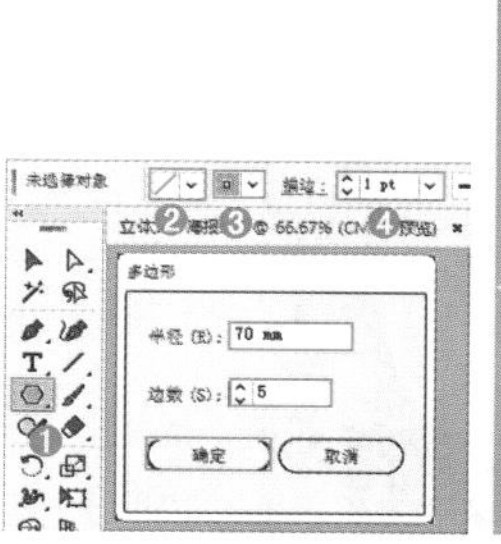

图13-78　　图13-79

步骤 05 选中多边形，单击工具箱底部的"渐变"按钮，设置该图形的填充方式为渐变。执行"窗口>渐变"命令，在弹出的"渐变"面板中设置"类型"为"线性"，编辑一种黄色系的渐变，如图13-80所示。效果如图13-81所示。

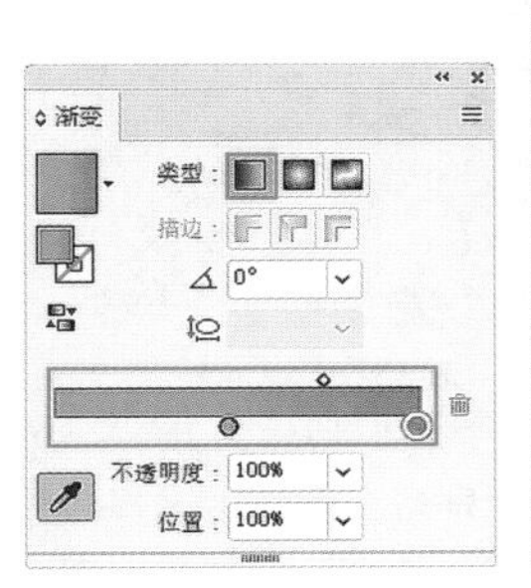

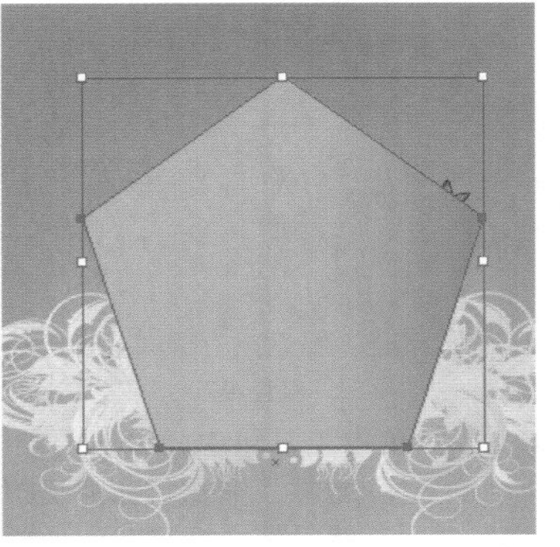

图13-80　　图13-81

步骤 06 单击工具箱中的“渐变工具”按钮，调整合适的渐变角度，如图13-82所示。

图13-82

步骤 07 选中多边形，执行“效果>风格化>投影”命令，在弹出的“投影”窗口中设置“模式”为“正片叠底”，“不透明度”为100%，“X位移”为–4mm，“Y位移”为4mm，“模糊”为4mm，选中“颜色”单选按钮，设置颜色为黄色，单击“确定”按钮，如图13-83所示。效果如图13-84所示。

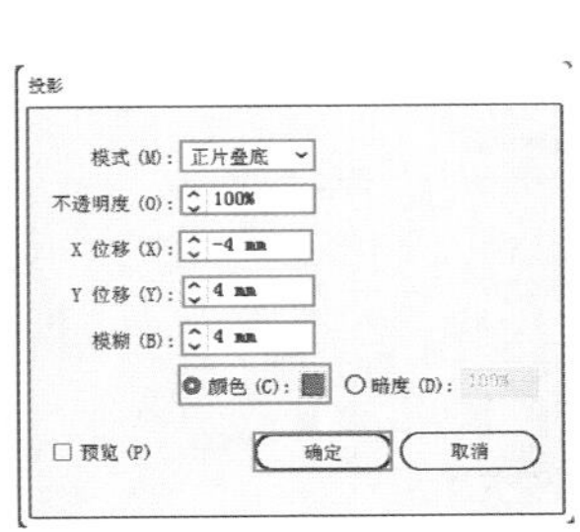

图13-83　　图13-84

步骤 08 使用上述方法再绘制一个多边形，如图13-85所示。单击工具箱中的“钢笔工具”按钮，在控制栏中设置填充为黄色，描边为无，绘制一个三角形，如图13-86所示。

图13-85　　图13-86

步骤 09 以同样的方法继续使用“钢笔工具”在五边形上绘制另外几个不同颜色的图形，如图13-87所示。

图13-87

步骤 10 单击工具箱中的“多边形工具”按钮，在控制栏中设置填充为黄色，描边为无，在画板上单击，在弹出的“多边形”窗口中设置“半径”为8mm，“边数”为6，单击“确定”按钮，如图13-88所示。效果如图13-89所示。

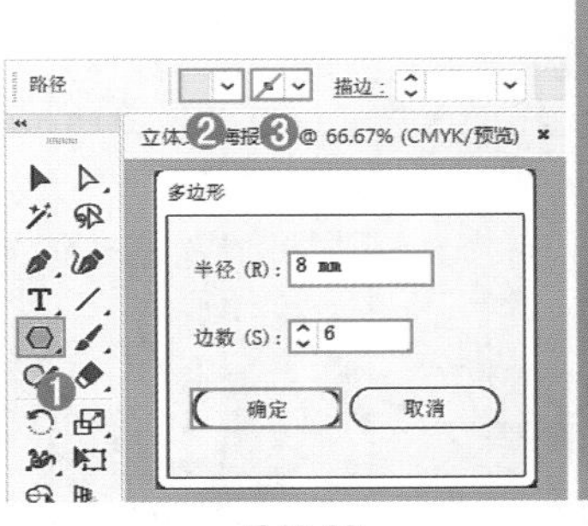

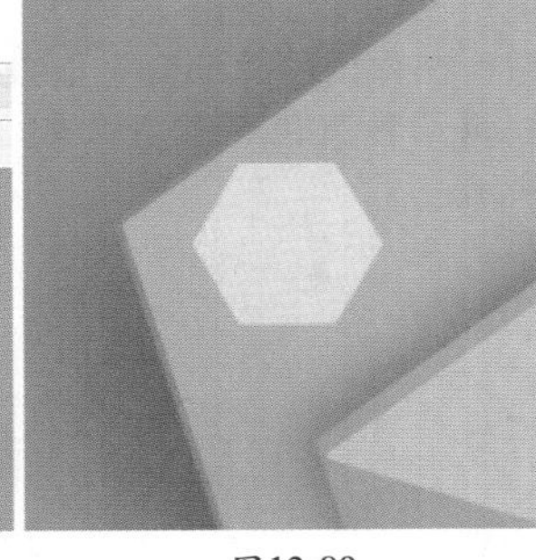

图13-88　　图13-89

步骤 11 选中多边形，执行“效果>3D>凸出和斜角”命令，在弹出的“3D凸出和斜角选项”窗口中设置“位置”为“自定旋转”，“指定绕X轴旋转”为–5°，“指定绕Y轴旋转”为180°，“指定绕Z轴旋转”为0°，“凸出厚度”为100pt，“端点”为“开启端点以建立实心外观”，“斜角”为“无”，“表面”为“塑料效果底纹”，单击“确定”按钮，如图13-90所示。效果如图13-91所示。

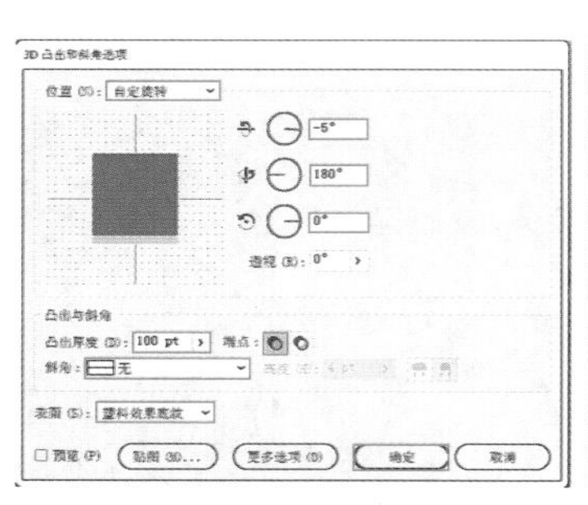

图13-90

图13-91

步骤12 选中多边形对象，执行“效果>风格化>投影”命令，在弹出的“投影”窗口中设置“模式”为“正片叠底”，“不透明度”为100%，“X位移”为-4mm，“Y位移”为4mm，“模糊”为4mm，选中“颜色”单选按钮，设置颜色为黄色，单击“确定”按钮，如图13-92所示。效果如图13-93所示。

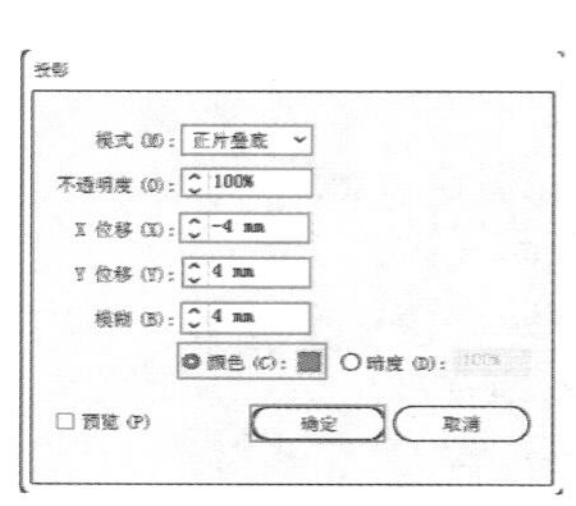

图13-92

图13-93

步骤13 选中多边形对象，按快捷键Ctrl+C进行复制，按快捷键Ctrl+F将复制的对象贴在前面。执行“窗口>外观”命令，在弹出的“外观”面板中单击选中“3D凸出和斜角”一栏，单击“删除所选项目”按钮，去除3D效果，如图13-94所示。选中多边形，单击工具箱底部的“渐变”按钮，在弹出的“渐变”面板中设置“类型”为“线性”，编辑一种黄色系渐变，如图13-95所示。效果如图13-96所示。

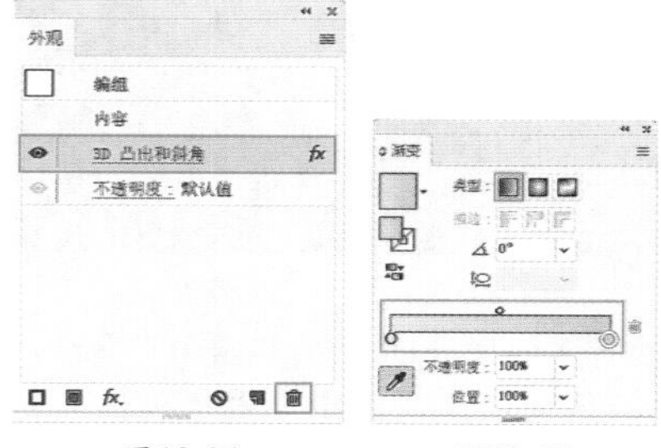

图13-94

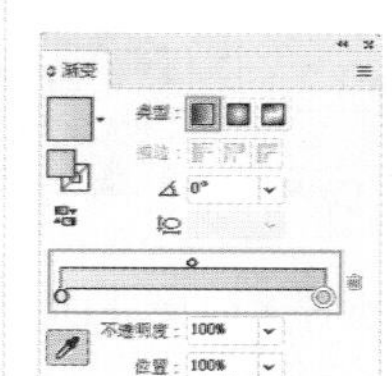

图13-95

图13-96

步骤14 单击工具箱中的“渐变工具”按钮，在多边形上按住鼠标左键拖动，调整合适的渐变角度，如图13-97所示。选中多边形对象的几个部分，按住鼠标左键的同时按住Alt键拖动，移动复制出另外两个多边形，如图13-98所示。

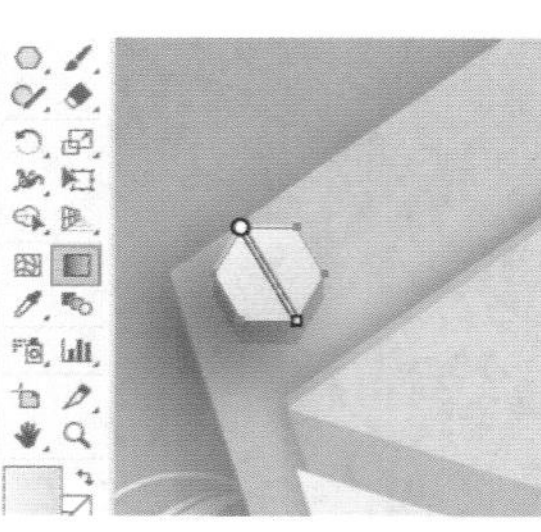

图13-97

图13-98

步骤15 单击工具箱中的“符号喷枪工具”按钮，执行“窗口>符号库>自然”命令，在弹出的“自然”面板中选择“蝴蝶”样式，然后将光标移动到画板上，多次按住鼠标左键向画面中拖曳，向画面中添加多个“蝴蝶”符号。并适当调整符号大小，如图13-99所示。选中该符号，右击，在弹出的快捷菜单中执行“断开符号链接”命令，如图13-100所示。

图13-99

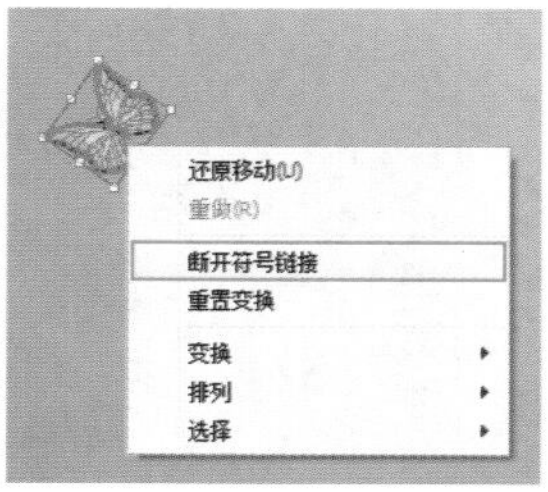

图13-100

步骤16 保持蝴蝶对象的选中状态，更改填充颜色为黄色，此时出现一个黄色的矩形，如图13-101所示。保持蝴蝶的选中状态，右击，在弹出的快捷菜单中执行“取消编组”命令。选择黄色矩形，按Delete键删除，如图13-102所示。

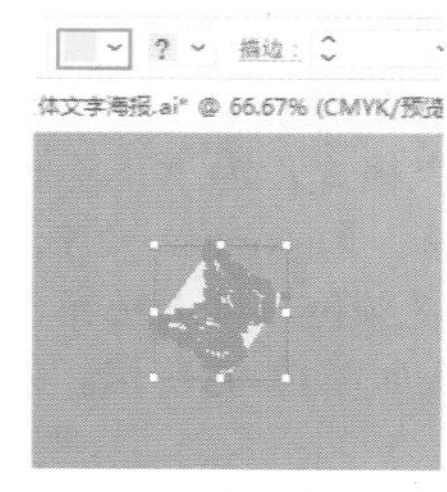

图13-101

图13-102

步骤17 选中黄色的蝴蝶，按住鼠标左键的同时按住Alt键拖动，移动复制出一个蝴蝶，并在控制栏中设置“不透明度”为60%，如图13-103所示。

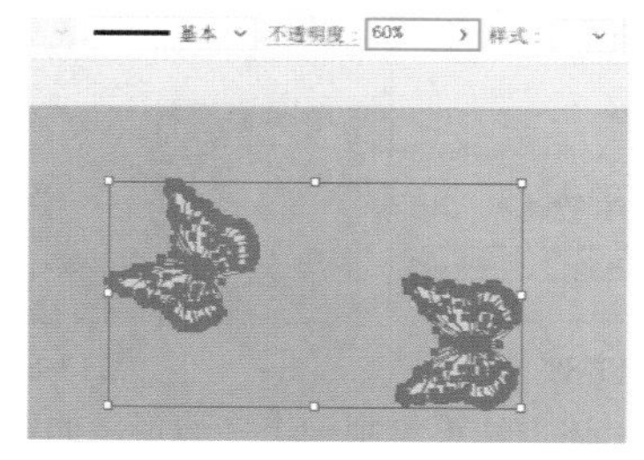

图13-103

步骤18 单击工具箱中的“符号喷枪工具”按钮，执行

“窗口>符号库>花朵”命令，在弹出的“自然”面板中选择“芙蓉”样式，如图13-104所示。然后将光标移动到画板上，单击鼠标左键添加符号，如图13-105所示。选中“芙蓉”符号，右击，在弹出的快捷菜单中执行“断开符号链接”命令；然后执行“窗口>透明度”命令，在弹出的“透明度”面板中设置“混合模式”为“正片叠底”，如图13-106所示。

图13-104

图13-105

图13-106

步骤 19 选中“芙蓉”符号，按住鼠标左键的同时按住Alt键拖动，移动复制出另外两个“芙蓉”符号，调整为合适大小，如图13-107所示。单击工具箱中的“文字工具”按钮T，在控制栏中设置填充为黄色，描边为无，选择一种合适的字体，设置字体大小为200pt，段落对齐方式为左对齐，然后输入文字，如图13-108所示。

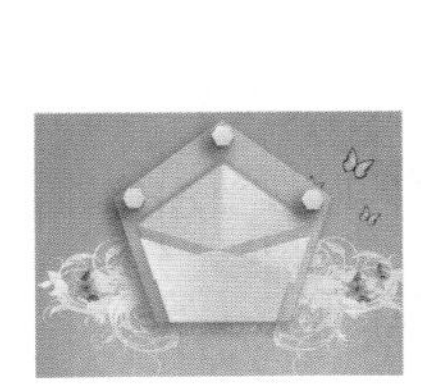

图13-107

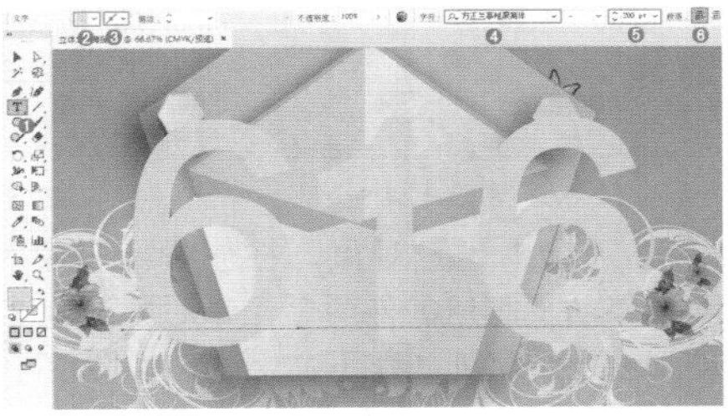

图13-108

步骤 20 选中文字，执行“效果>3D>凸出和斜角”命令，在弹出的“3D凸出和斜角选项”窗口中设置“位置”为“自定旋转”，“指定绕X轴旋转”为4°，“指定绕Y轴旋转”为0°，“指定绕Z轴旋转”为0°，“凸出厚度”为256pt，“端点”为“开启端点以建立实心外观”，“斜角”为“无”，“表面”为“塑料效果底纹”，单击“确定”按钮，如图13-109所示。效果如图13-110所示。

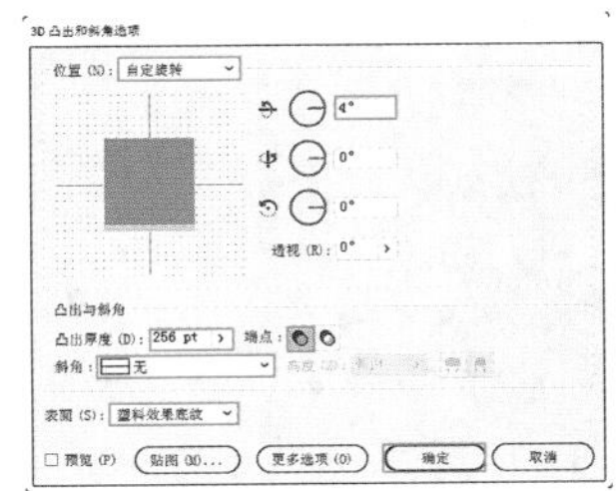

图13-109

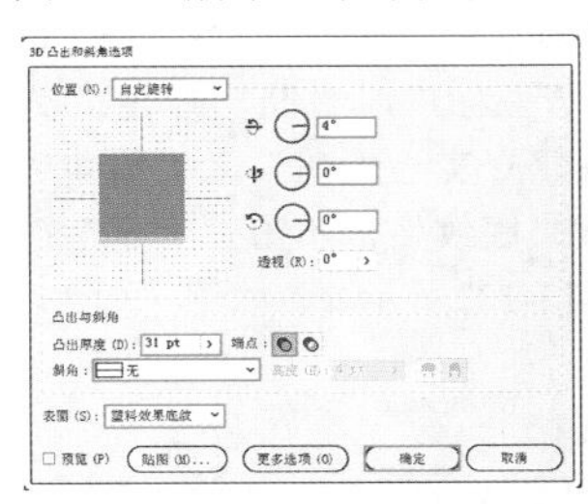

图13-110

步骤 21 选中文字对象，执行“效果>风格化>投影”命令，在弹出的“投影”窗口中设置“模式”为“正片叠底”，“不透明度”为100%，“X位移”为-4mm，“Y位移”为4mm，“模糊”为4mm，选中“颜色”单选按钮，设置颜色为黄色，单击“确定”按钮，如图13-111所示。效果如图13-112所示。

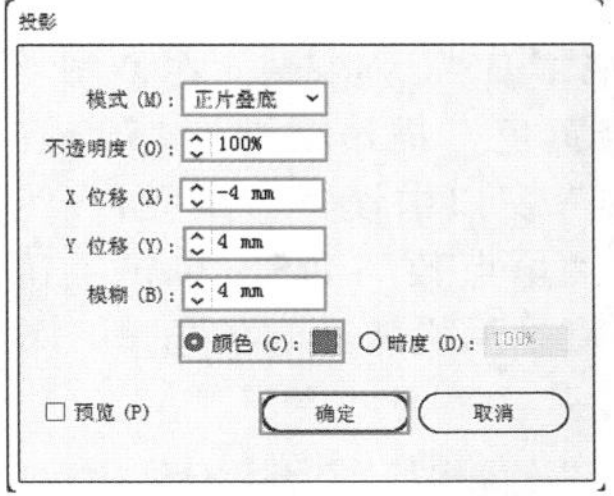

图13-111

图13-112

步骤 22 选中文字对象，按快捷键Ctrl+C进行复制，按快捷键Ctrl+F将复制的对象贴在前面。执行“窗口>外观”命令，在弹出的“外观”面板中去除3D效果，在控制栏中设置填充为橙色，描边为黄色，描边粗细为4pt，如图13-113所示。

图13-113

步骤 23 选中文字对象，按快捷键Ctrl+C进行复制，按快捷键Ctrl+F将复制的对象贴在前面，在缩放的同时按Shift+Alt组合键进行等比例缩放，将文字缩小。更改填充颜色为橙色，然后执行“效果>3D>凸出和斜角”命令，在弹出的“3D凸出和斜角选项”窗口中设置“位置”为“自定旋转”，“指定绕X轴旋转”为4°，“指定绕Y轴旋转”为0°，“指定绕Z轴旋转”为0°，“凸出厚度”为31pt，“端点”为“开启端点以建立实心外观”，“斜角”为“无”，“表面”为“塑料效果底纹”，单击“确定”按钮，如图13-114所示。效果如图13-115所示。

图13-114

图13-115

步骤 24 选中上层的文字，执行“效果>风格化>外发光”命令，在弹出的“外发光”窗口中设置“模式”为“滤色”，“颜色”为浅黄色，“不透明度”为75%，“模糊”为1.76mm，单击“确定”按钮，如图13-116所示。效果如图13-117所示。

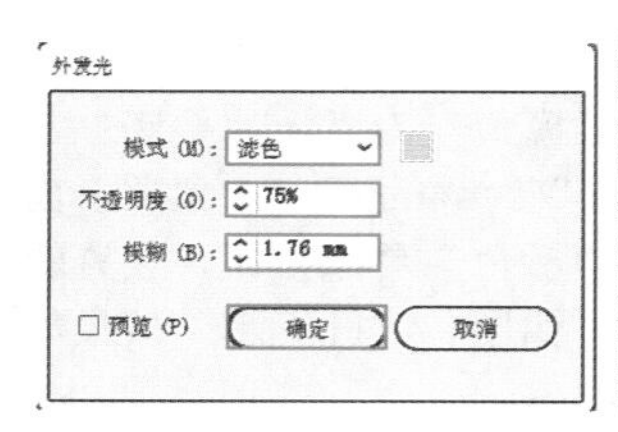

图13-116

图13-117

步骤 25 单击工具箱中的“星形工具”按钮，在控制栏中设置填充为黄色，描边为金黄色，描边粗细为4pt，在画板上单击，在弹出的“星形”窗口中设置“半径1”为9mm，“半径2”为19mm，“角点数”为5，单击“确定”按钮，如图13-118所示。将星形旋转一定的角度，效果如图13-119所示。

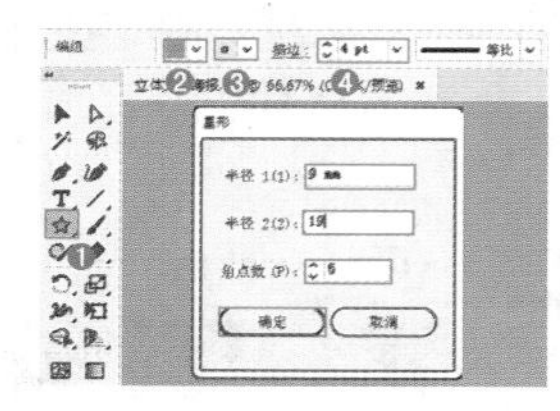

图13-118

图13-119

步骤 26 选中星形对象，按快捷键Ctrl+C进行复制，按快捷键Ctrl+F将复制的对象贴在前面；设置“填充”为黄色系的渐变；在缩放的同时按Shift+Alt组合键进行等比例缩放，将星形缩小，如图13-120所示。

图13-120

步骤 27 选中星形对象，执行“效果>3D>凸出和斜角”命令，在弹出的“3D凸出和斜角选项”窗口中设置“位置”为“自定旋转”，“指定绕X轴旋转”为4°，“指定绕Y轴旋转”为0°，“指定绕Z轴旋转”为0°，“凸出厚度”为13pt，“端点”为“开启端点以建立实心外观”，“斜角”为“无”，“表面”为“塑料效果底纹”，单击“确定”按钮，如图13-121所示。效果如图13-122所示。

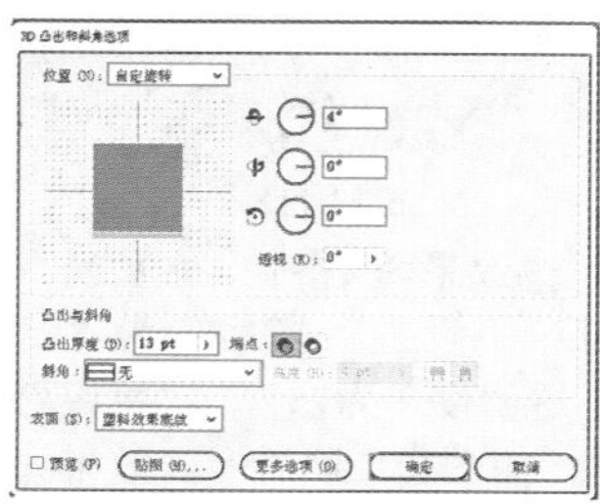

图13-121

图13-122

步骤 28 使用“文字工具”添加其他文字，使用上述方法制作相应的效果，如图13-123所示。

图13-123

步骤 29 单击工具箱中的“光晕工具”按钮，在画板上单击，弹出“光晕工具选项”窗口，在“居中”选项组中设置“直径”为20pt，“不透明度”为50%，“亮度”为30%；在“光晕”选项组中设置“增大”为20%，“模糊度”为50%；勾选“射线”复选框，设置“数量”为15，“最长”为300%，“模糊度”为100%；勾选“环形”复选框，设置“路径”为102pt，“数量”为10，“最大”为50%，“方向”为81°，单击“确定”按钮，如图13-124所示。效果如图13-125所示。

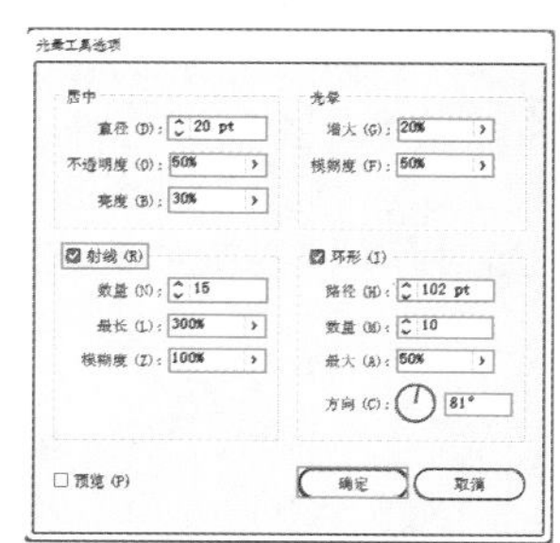

图13-124

图13-125

步骤 30 选中光晕对象，按住鼠标左键的同时按住Alt键拖动，移动复制出另外两个光晕对象；旋转一定角度，分别移动到右上文字处和左下文字处，如图13-126所示。

图13-126

13.4 菜单设计：快餐菜单设计

文件路径	资源包\第13章\13.4　菜单设计：快餐菜单设计
难易指数	★★★★★
技术掌握	“路径查找器”、剪切蒙版

扫一扫，看视频

实例效果

本实例演示效果如图13-127所示。

图13-127

操作步骤

步骤 01 执行“文件>新建”命令，新建一个大小为A4、“取向”为“纵向”的文档，如图13-128所示。执行“文件>置入”命令，置入素材1.jpg。调整为合适的大小，单击控制栏中的“嵌入”按钮，将其嵌入画板中，如图13-129所示。

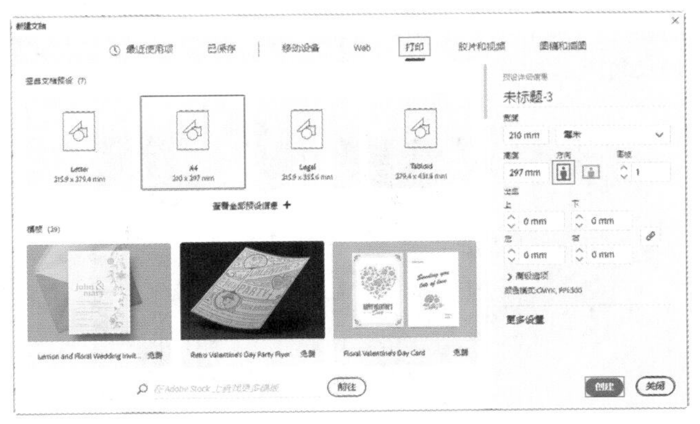

图13-128

图13-129

步骤 02 单击工具箱中的“矩形工具”按钮，在控制栏中设置填充为白色，描边为无，绘制一个矩形，如图13-130所示。选中图片素材和矩形，右击，在弹出的快捷菜单中执行“建立剪切蒙版”命令，超出白色矩形的部分被隐藏，如图13-131所示。

图13-130

图13-131

步骤 03 使用上述方法添加素材2.jpg，如图13-132所示。单击工具箱中的“矩形工具”按钮，在控制栏中设置填充为黄色，描边为无，绘制一个矩形，如图13-133所示。

图13-132　　图13-133

步骤 04 使用“矩形工具”绘制其他矩形，填充合适的颜色，如图13-134所示。然后选中画板中间的白色矩形，在控制栏中设置“不透明度”为80%，如图13-135所示。

图13-134　　图13-135

步骤 05 单击工具箱中的“椭圆工具”按钮，在控制栏中设置填充为粉色，描边为无，按住鼠标左键的同时按住Shift键拖动，绘制一个正圆形，在控制栏中设置“不透明度”为70%，如图13-136所示。继续使用“椭圆工具”绘制一个正圆形，如图13-137所示。

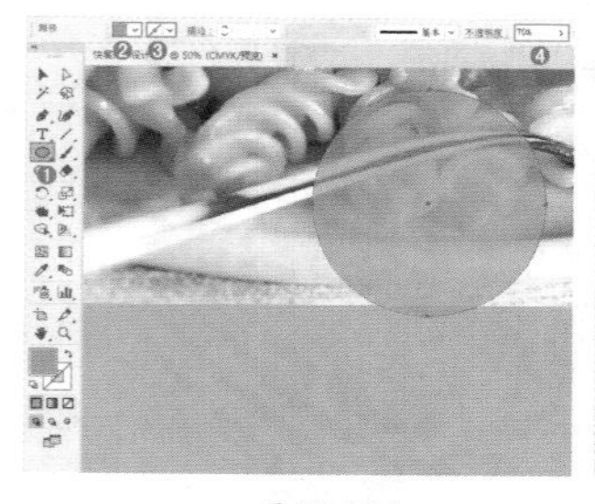

图13-136　　图13-137

步骤 06 执行“文件>置入”命令，置入素材3.jpg。调整为合适的大小，单击控制栏中的“嵌入”按钮，将其嵌入画板中，如图13-138所示。单击工具箱中的“椭圆工具”按钮，在控制栏中设置填充为白色，描边为无，绘制一个正圆形，如图13-139所示。

图13-138

图13-139

步骤 07 使用“矩形工具”绘制一个矩形，如图13-140所示。加选圆形和矩形，然后执行“窗口>路径查找器”命令，在弹出的“路径查找器”面板中单击“减去顶层”按钮，如图13-141所示。得到一个半圆，效果如图13-142所示。

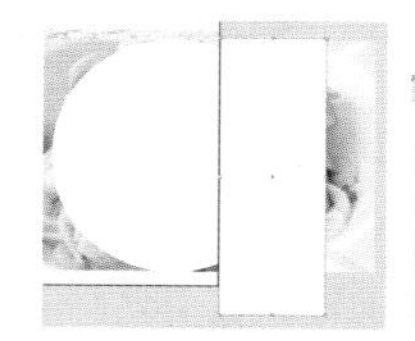

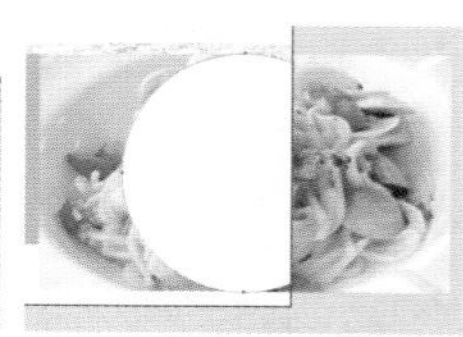

图13-140　　图13-141　　图13-142

步骤 08 复制一个白色半圆，移动到其他位置备用。接着选中图片素材和半圆形，右击，在弹出的快捷菜单中执行“建立剪切蒙版”命令，如图13-143所示。将之前绘制好的白色半圆形放在半圆图片的下方，并适当放大，如图13-144所示。

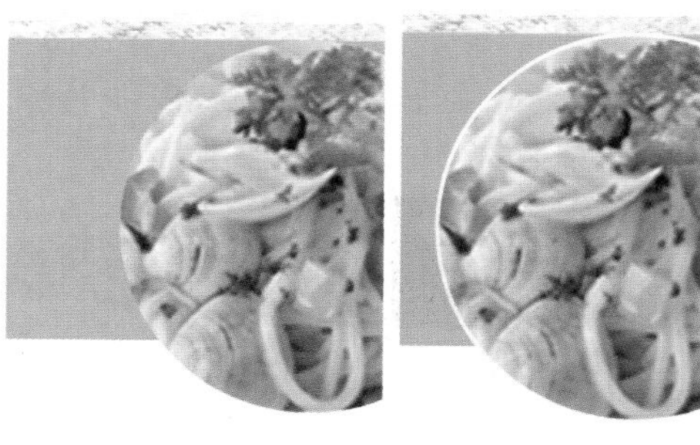

图13-143　　图13-144

步骤 09 单击工具箱中的“文字工具”按钮，在控制栏中设置填充为白色，描边为无，选择一种合适的字体，设置字体大小为55pt，段落对齐方式为左对齐，然后输入文字，如图13-145所示。继续使用“文字工具”添加其他文字，设置合适的字体、大小和颜色，如图13-146所示。

图13-145

图13-146

步骤 10 单击工具箱中的“钢笔工具”按钮，在控制栏中设置填充为无，描边为白色，描边粗细为3pt，绘制一条直线路径作为文字的分隔线，如图13-147所示。使用“椭圆工具”绘制4个大小不一的正圆形，如图13-148所示。

图13-147　　图13-148

步骤 11 单击工具箱中的“星形工具”按钮，在控制栏中设置填充为白色，描边为无，在画板上单击，在弹出的“星形”窗口中设置“半径1”为2mm，“半径2”为4mm，“角点数”为5，单击“确定”按钮，如图13-149所示。图形效果如图13-150所示。

图13-149　　图13-150

步骤 12 选中星形，按住鼠标左键的同时按住Alt键沿水平方向拖动，移动复制出一个星形，如图13-151所示。继续使用“钢笔工具”绘制其他直线路径，设置合适的描边和描边粗细，作为文字的分隔线，如图13-152所示。

图13-151　　图13-152

13.5 书籍设计：生活类书籍封面设计

扫一扫，看视频

文件路径	资源包\第13章\13.5 书籍设计：生活类书籍封面设计
难易指数	★★★★★
技术要点	“钢笔工具”“路径文字工具”和“自由变换工具”

实例效果

本实例演示效果如图13-153和图13-154所示。

图13-153

图13-154

操作步骤

步骤 01 执行“文件>新建”命令或按快捷键Ctrl+N，在弹出的“新建文档”窗口右下角单击“更多设置”按钮，如图13-155所示。在弹出的“更多设置”窗口中设置“画板数量”为3，“排列方式”为“按行排列”，“大小”为A4，“取向”为“竖向”，单击“创建文档”按钮，如图13-156所示。效果如图13-157所示。

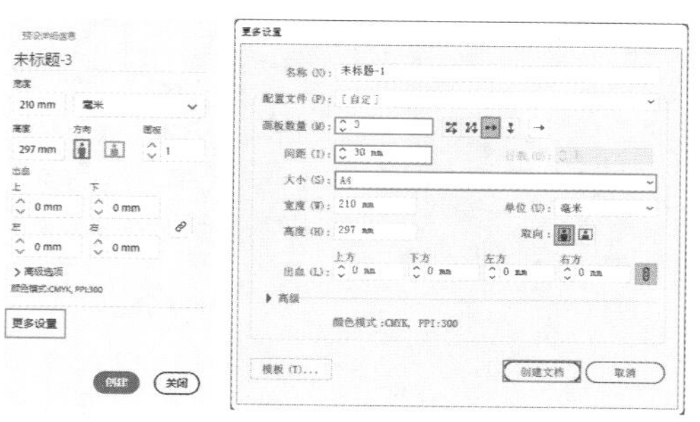

图13-155　　图13-156

图13-157

步骤 02 单击工具箱中的“画板工具”按钮，在第一个画板右上角的顶点处按住鼠标左键拖曳至第二个画板左下角的顶点处，如图13-158所示。按Esc键完成操作，这样就在两个画板中间绘制了一个画板，这个画板将用来摆放书脊内容，如图13-159所示。

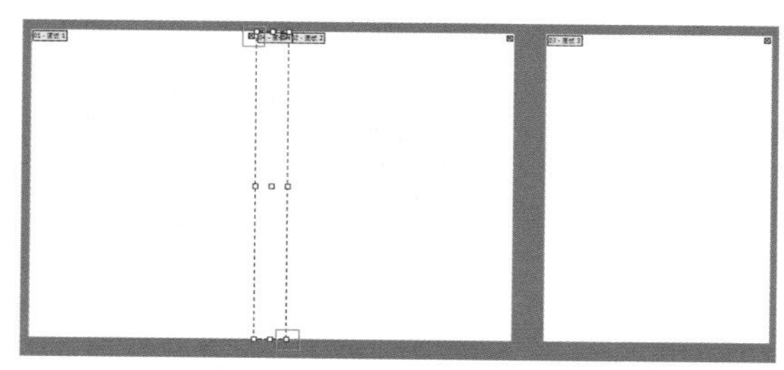

图13-158

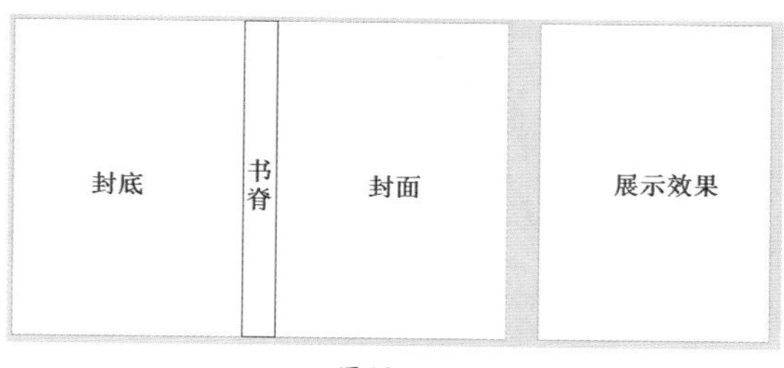

图13-159

步骤 03 单击工具箱中的“矩形工具”按钮，在控制栏中设置填充为浅灰色，描边为无，在封面画板中绘制一个矩形，如图13-160所示。使用同样的方法在封底、书脊画板中绘制浅灰色矩形作为背景色，在展示效果画板中绘制稍深一些的灰色矩形作为背景色，如图13-161所示。

图13-160

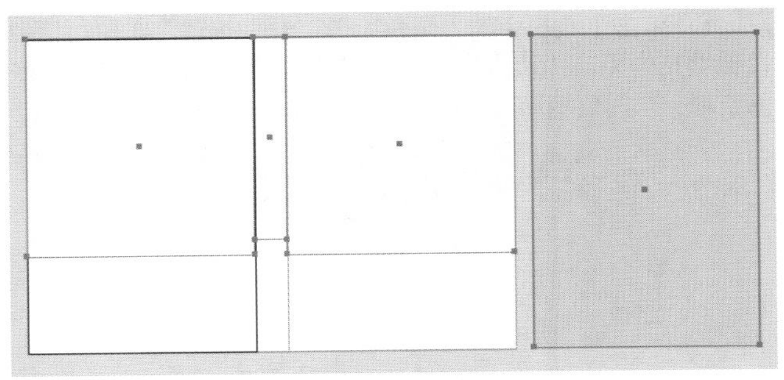

图13-161

步骤 04 单击工具箱中的“钢笔工具”按钮，在控制栏中设置填充为咖啡色，描边为无，在封面画板的下半部分绘制一个波浪图形，如图13-162所示。依次执行“编辑>复制”命令、“编辑>粘贴”命令，并移动到封底所在的画板上。然后右击，在弹出的快捷菜单中执行“变换>镜像”命令，弹出“镜像”窗口，在“轴”选项组中选中“垂直”单选按钮，单击“确定”按钮，如图13-163所示。效果如图13-164所示。

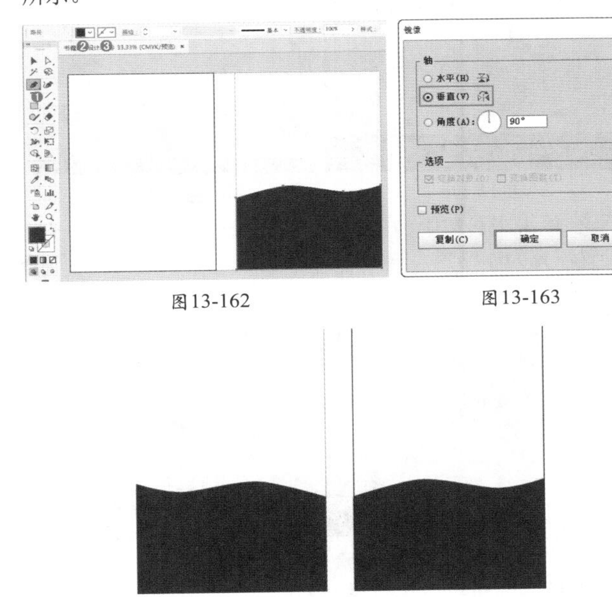

图13-162　　图13-163

图13-164

步骤 05 复制这两个咖啡色图形，然后适当向下移动，并在控制栏中设置填充为黄色，如图13-165所示。单击工具箱中的“直接选择工具”按钮，选中这两个图形底部的节点，向上移动。效果如图13-166所示。

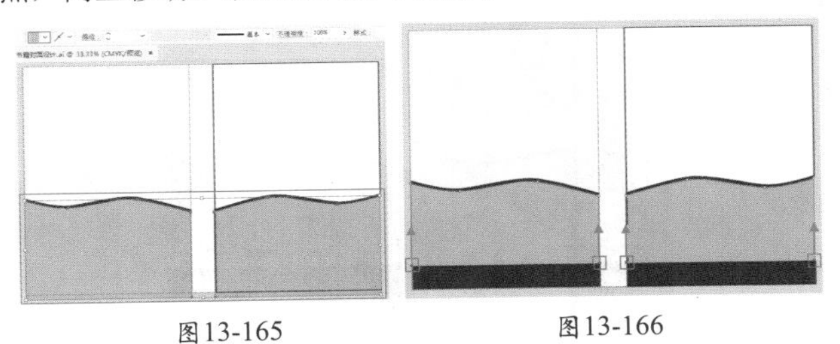

图13-165　　图13-166

步骤 06 单击工具箱中的“椭圆工具”按钮，在控制栏中设置填充为黄色，描边为无，按住鼠标左键的同时按住Shift键拖动，在封面上方绘制一个正圆形，如图13-167所示。继续使用“椭圆工具”，在控制栏中设置填充为无，描边为白色，描边粗细为1pt；单击“描边”按钮，在弹出的下拉面板中勾选“虚线”复选框，设置数值为4pt；在之前的圆形内部继续绘制一个正圆形虚线框，如图13-168所示。

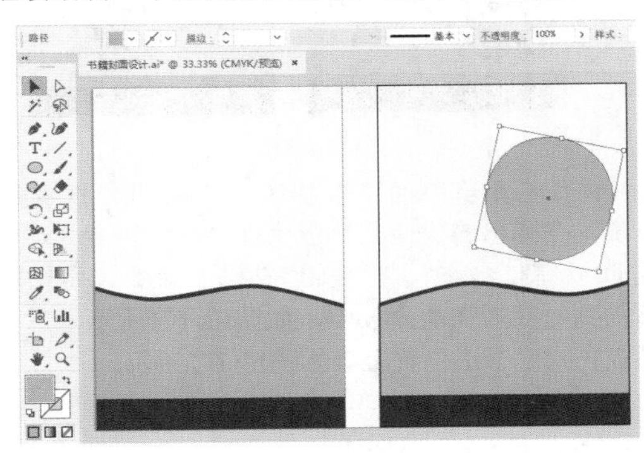

图13-167

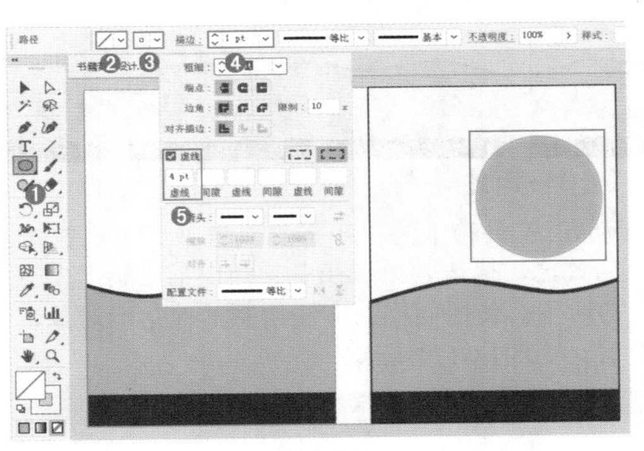

图13-168

步骤 07 单击工具箱中的“钢笔工具”按钮，在控制栏中设置填充为黄色，描边为无，在圆形左下角绘制一个三角形，如图13-169所示。继续使用“钢笔工具”，在控制栏中设置填充为无，描边为白色，描边粗细为1pt；单击“描边”按钮，在弹出的下拉面板中勾选“虚线”复选框，设置数值为4pt；在三角形内部绘制一个稍小的三角形虚线框，如图13-170所示。

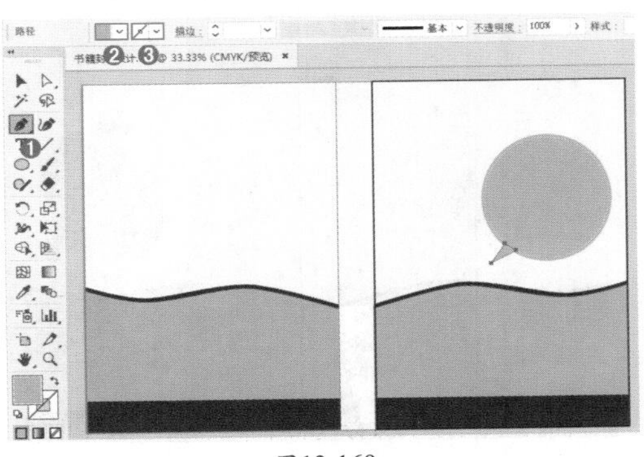

图13-169

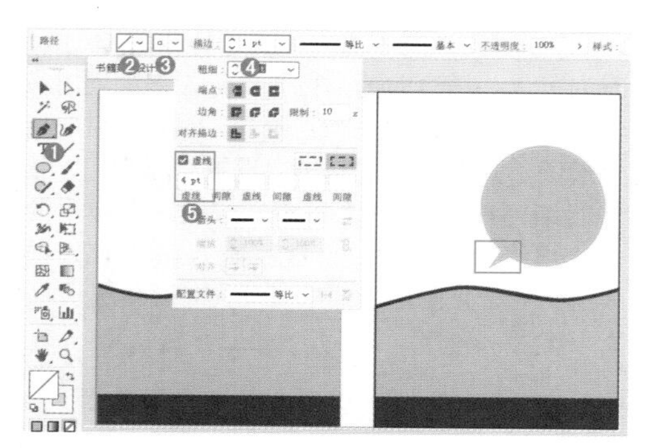

图13-170

步骤 08 单击工具箱中的“选择工具”按钮，框选气泡图形，右击，在弹出的快捷菜单中执行“编组”命令。依次执行“编辑>复制”命令、“编辑>粘贴”命令，将粘贴出的对象移动到封底所在的画板中，如图13-171所示。适当地缩放，摆放在封底合适位置上，如图13-172所示。

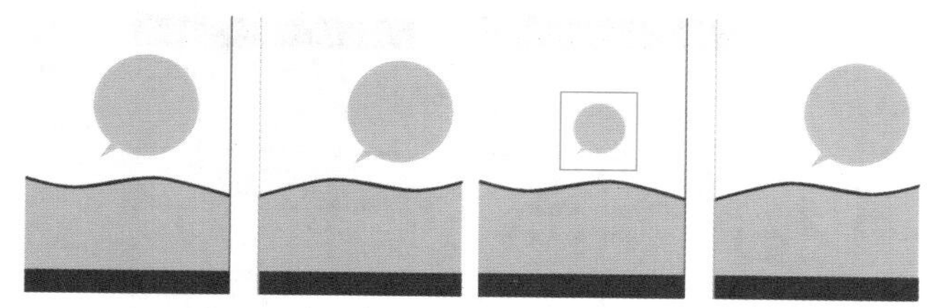

图13-171　　图13-172

步骤 09 单击工具箱中的“矩形工具”按钮，在控制栏中设置填充为黄色，描边为无，在书脊画板上绘制一个矩形，如图13-173所示。使用同样的方法绘制其他矩形对象，移动到相应位置，如图13-174所示。

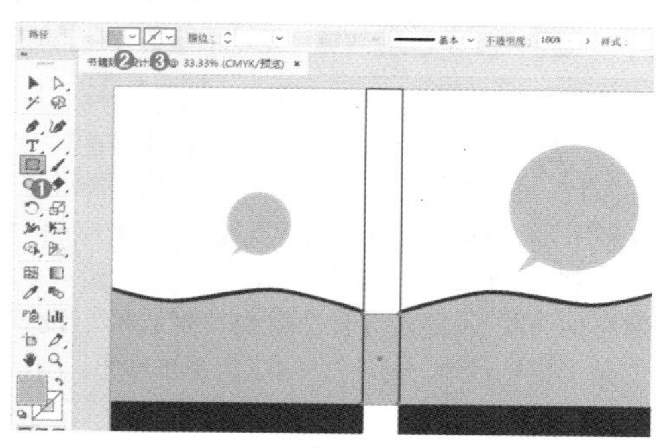

图13-173

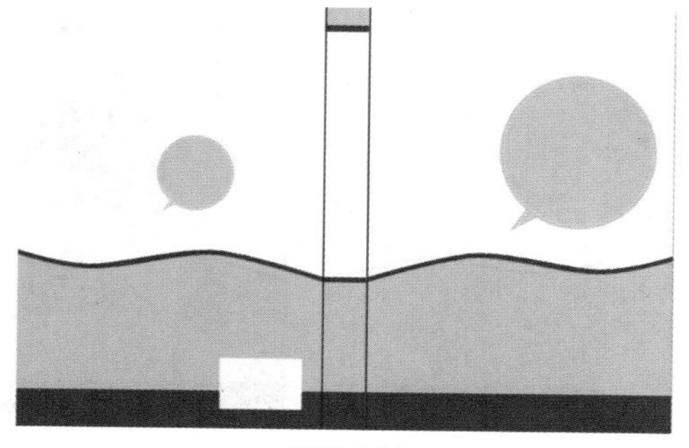

图13-174

步骤 10 单击工具箱中的“圆角矩形工具”按钮，在控制栏中设置填充为无，描边为咖啡色，描边粗细为1pt，在封面的底部绘制一个圆角矩形，如图13-175所示。

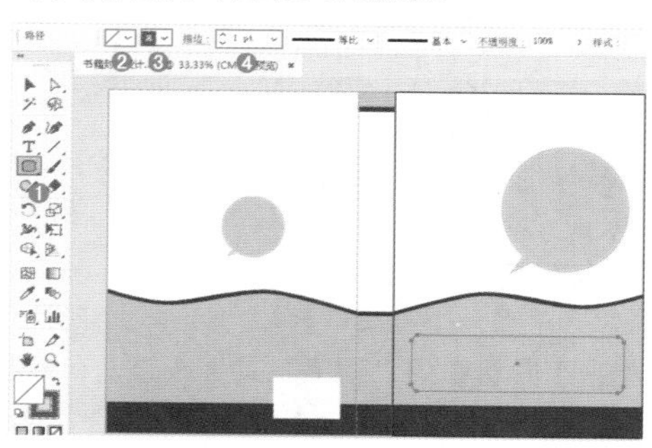

图13-175

步骤 11 保持圆角矩形的选中状态，单击工具箱中的“剪刀工具”按钮，在圆角矩形路径上单击两次，如图13-176所示。然后单击工具箱中的“选择工具”按钮，选中这段路径，按Delete键将其删除。效果如图13-177所示。

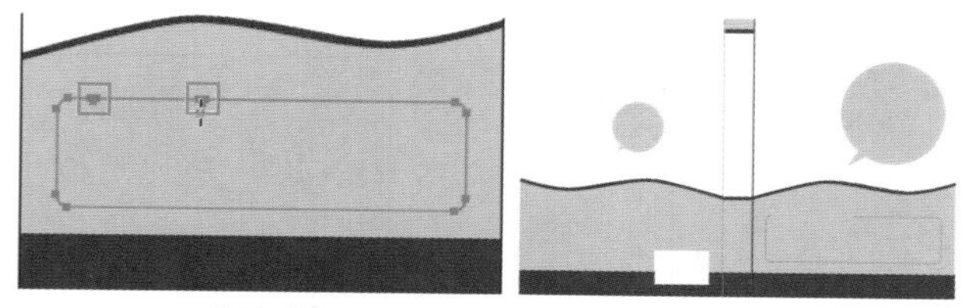

图13-176　　图13-177

步骤 12 单击工具箱中的“圆角矩形工具”按钮，在控制栏中设置填充为咖啡色，描边为无，绘制一个圆角矩形，如图13-178所示。单击工具箱中的“椭圆工具”按钮，在控制栏中设置填充为黄色，描边为无，在圆角矩形的内部绘制一个正圆形，如图13-179所示。

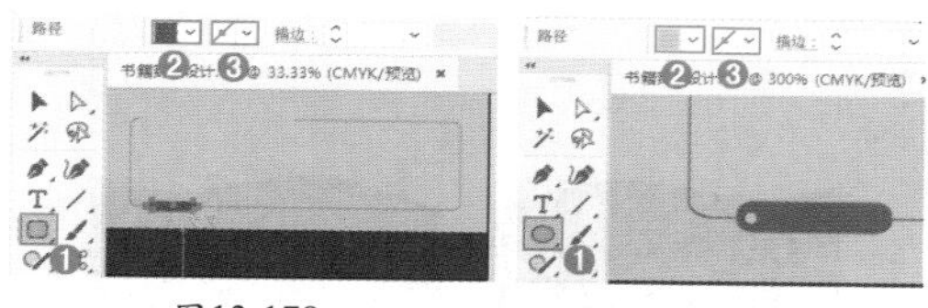

图13-178　　图13-179

步骤 13 框选圆角矩形和圆形对象，右击，在弹出的快捷菜单中执行“编组”命令，然后在选中状态下按住鼠标左键的同时按住Alt键向右移拖动，移动复制出另外3个相同的对象，如图13-180和图13-181所示。

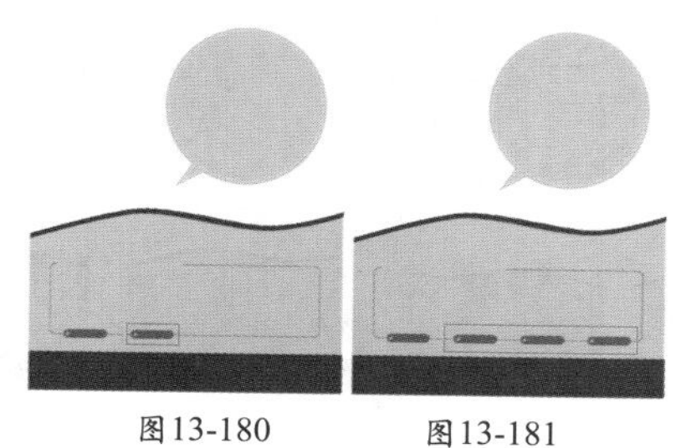

图13-180　　图13-181

步骤 14 添加素材。执行“文件>打开”命令，打开素材6.ai。框选所有素材，执行“编辑>复制”命令，如图13-182所示。回到刚才工作的文档中，执行“编辑>粘贴”命令，粘贴素材对象并调整素材到合适的大小，移动到相应位置，如图13-183所示。

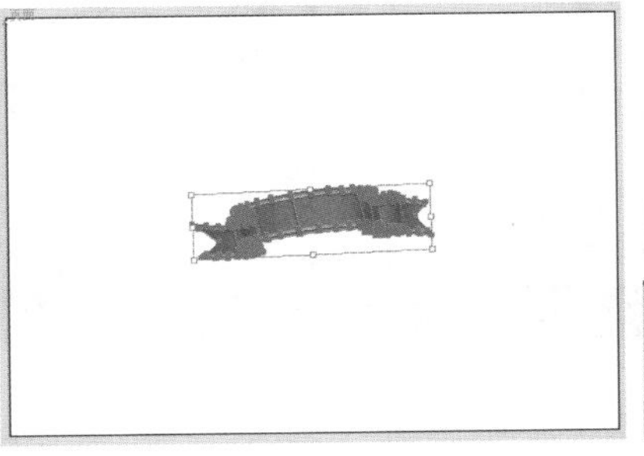

图13-182

图13-183

步骤 15 执行“文件>置入”命令，依次置入素材1.png、2.png、3.png和4.png；单击控制栏中的“嵌入”按钮，将其嵌入画板中；依次调整它们的大小，移动到封面下半部分，如图13-184所示。然后执行“文件>置入”命令，置入素材5.png；单击控制栏中的“嵌入”按钮，将其嵌入画板中；调整大小，移动到封面顶部，如图13-185所示。

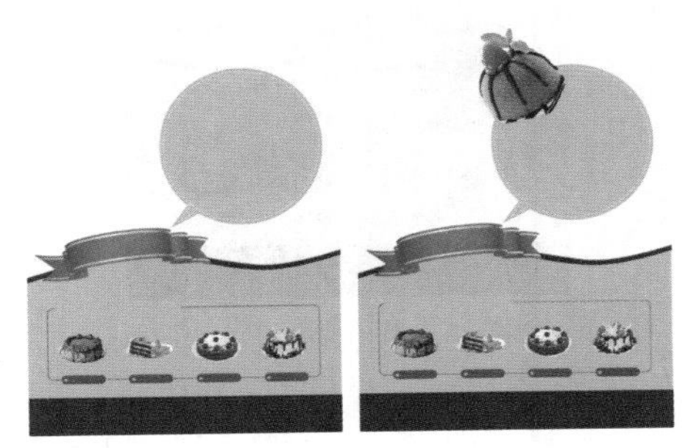

图13-184　　图13-185

步骤 16 选择素材5.png，执行“编辑>复制”命令、“编辑>粘贴”命令，复制出一个相同大小的对象；调整其角度，移动到相应位置，如图13-186所示。然后选中这两个素材对象，右击，在弹出的快捷菜单中多次执行“排列>后移一层”命令，将这两个素材摆放在黄色圆形的后方，如图13-187所示。

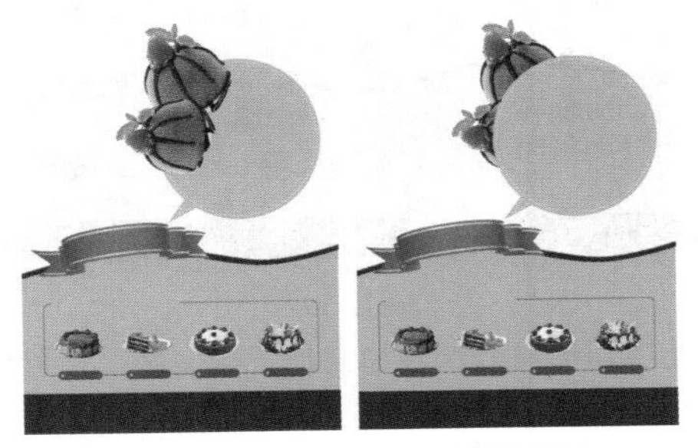

图13-186　　图13-187

步骤 17 使用同样的方法制作封底的标题装饰，如图13-188所示。单击工具箱中的“星形工具”按钮，在控制栏中设置填充为咖啡色，在封面左上角绘制一个五角星，然后向下复制出另外几个，并均匀地排列在一条直线上。选中所有星形，右击，在弹出的快捷菜单中执行“编组”命令，如图13-189所示。

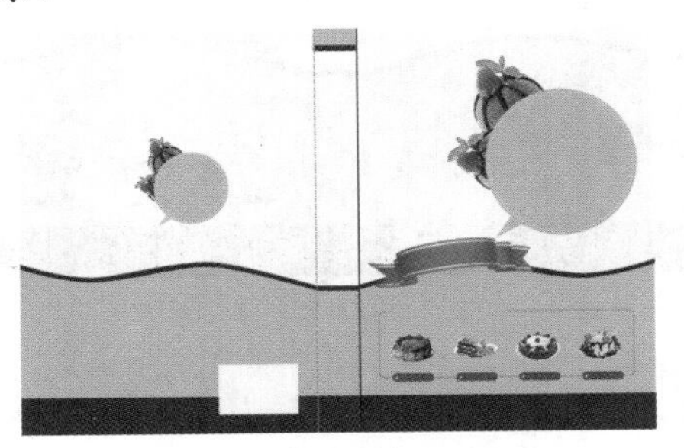

图13-188

图13-189

步骤 18 单击工具箱中的“文字工具”按钮T，在画板上按住鼠标左键拖动，绘制一个文本框；在控制栏中设置填充为黄色，描边为无，选择一种合适的字体，设置字体大小为12pt，段落对齐方式为左对齐；单击“字符”按钮，在弹出的下拉面板中设置“行距”为15pt，段落对齐方式为左对齐，输入文字，如图13-190所示。选中五角星和该段落文本，依次执行“编辑>复制”“编辑>粘贴”命令，复制一份到封底，如图13-191所示。

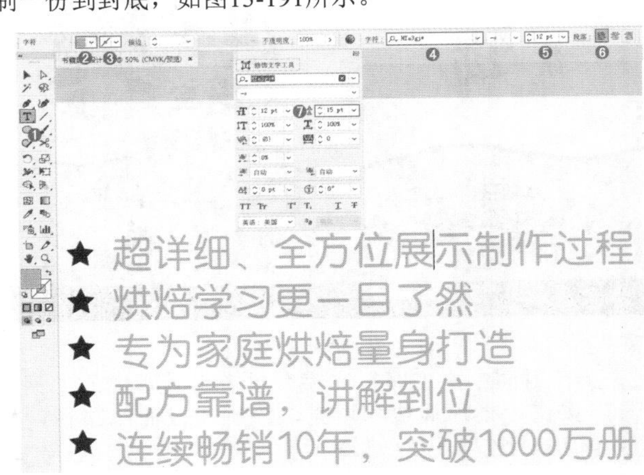

图13-190

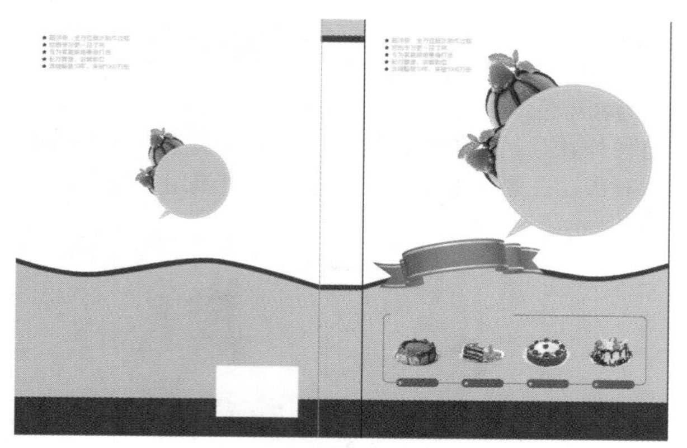

图13-191

步骤 19 添加书名。单击工具箱中的“文字工具”按钮，在控制栏中设置填充为咖啡色，描边为无，选择一种合适的字体，设置字体大小为140pt，段落对齐方式为左对齐。在封面上单击，输入一个文字，如图13-192所示。使用同样的方法添加其他单个文字，设置合适的字体、大小和颜色。复制相同的文字到封底，调整为合适的大小，然后分别添加其他文字，如图13-193所示。

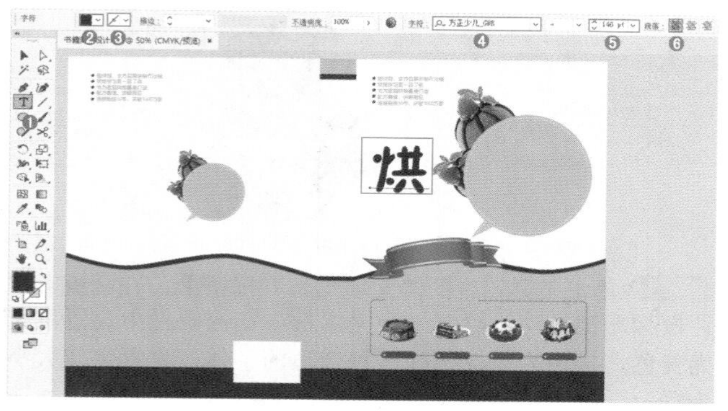

图13-192

图13-193

步骤 20 在封面上添加路径文字。单击工具箱中的“钢笔工具”按钮，去除描边和填充，绘制一段曲线路径，如图13-194所示。然后单击工具箱中的“路径文字工具”按钮，在控制栏中设置填充为咖啡色，描边为无，选择一种合适的字体，设置字体大小为12pt，段落对齐方式为左对齐。在曲线路径上单击并输入文字，效果如图13-195所示。

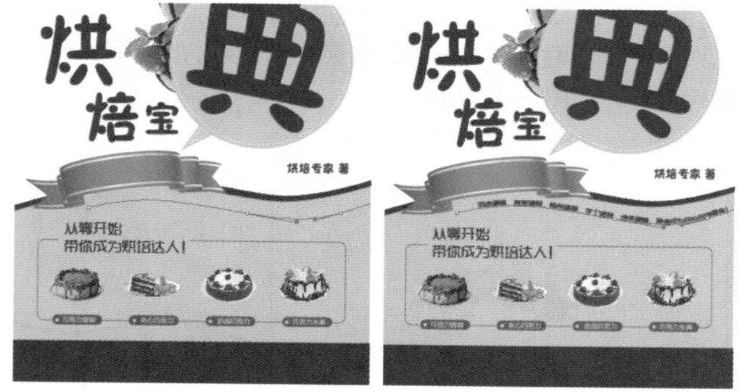

图13-194　　图13-195

步骤 21 使用同样的方法添加其他路径文字，设置合适的字体、大小和颜色，如图13-196所示。

图13-196

步骤 22 为书脊添加文字。单击工具箱中的“直排文字工具”按钮，在控制栏中设置填充为咖啡色，描边为无，选择一种合适的字体，设置字体大小为58pt，段落对齐方式为顶对齐，输入文字。效果如图13-197所示。

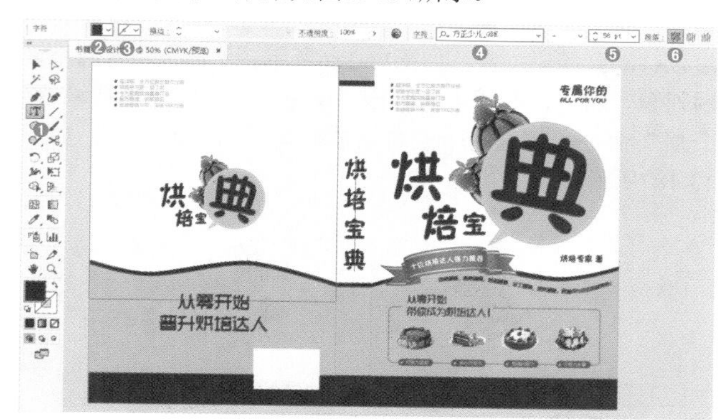

图13-197

步骤 23 使用同样的方法添加其他直排文字，设置合适的字体、大小和颜色，摆放在书脊处，如图13-198所示。此时书籍整体平面图效果如图13-199所示。

图13-198　　图13-199

步骤24 制作书籍的立体展示效果。依次对书籍封面、封底和书脊的部分进行编组操作，然后选择封面的编组，移动复制到带有灰色背景的画板中并调整到合适的大小，如图13-200所示。先对正面进行变形，单击工具箱中的“自由变换工具”按钮，再单击“自由扭曲”按钮，此时出现一个定界框，将光标放置到定界框的控制点上，按住鼠标左键拖动，移动控制点位置，使书籍封面产生变形的效果，如图13-201所示。

图13-200　　图13-201

步骤25 使用同样的方法将书脊部分复制到此画板中，按照上述方法进行变换，使书脊和封面连接在一起，如图13-202所示。单击工具箱中的“钢笔工具”按钮，在控制栏中设置填充为黑色，描边为无，绘制一个与当前书脊形态相同的图形，如图13-203所示。

步骤26 在该图形被选中的状态下执行“窗口>透明度”命令，在弹出的“透明度”面板中设置“混合模式”为“正片叠底”，“不透明度”为40%，如图13-204所示。效果如图13-205所示。

图13-202　　图13-203

图13-204　　图13-205

步骤27 将绘制完的对象移动到书脊上相应的位置，立体效果如图13-206所示。复制出另外两本立体书籍，并摆放在合适位置上。最终效果如图13-207所示。

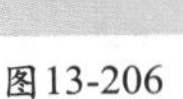

图13-206　　图13-207

13.6 杂志设计：影视杂志内页设计

文件路径	资源包\第13章\13.6　杂志设计：影视杂志内页设计
难易指数	★★★★★
技术要点	“褶皱工具”“投影”效果、画笔描边设置、“玻璃”效果

扫一扫，看视频

实例效果

本实例演示效果如图13-208所示。

图13-208

操作步骤

步骤 01 执行“文件>新建”命令，创建一个大小为A4、“取向”为“纵向”的文档。执行“文件>置入”命令，置入素材1.jpg。调整为合适的大小，移动到合适的位置，然后单击控制栏中的“嵌入”按钮，将其嵌入画板中，如图13-209所示。使用上述方法继续添加素材2.jpg，调整为合适的大小，移动到合适的位置，然后单击控制栏中的“嵌入”按钮，将其嵌入画板中，如图13-210所示。

图13-209　　图13-210

步骤 02 单击工具箱中的“矩形工具”按钮，在控制栏中设置填充为白色，描边为无，绘制一个矩形，如图13-211所示。双击工具箱中的“皱褶工具”按钮，弹出“皱褶工具选项”窗口，在“全局画笔尺寸”选项组中设置“宽度”为30mm，“高度”为30mm，强度为100%，单击“确定”按钮，如图13-212所示。

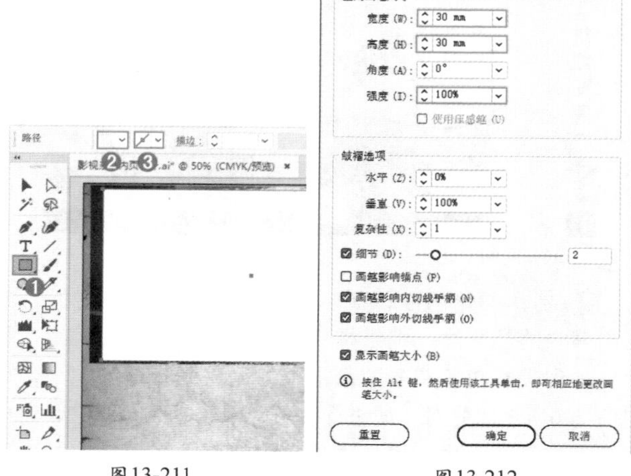

图13-211　　图13-212

步骤 03 将光标移动到矩形上，按住鼠标左键在矩形的边缘来回拖动进行变形，如图13-213所示。加选第二个图片素材和褶皱图形，然后右击，在弹出的快捷菜单中执行“建立剪切蒙版”命令。效果如图13-214所示。

图13-213

图13-214

步骤04 使用上述方法添加素材3.jpg，如图13-215所示。按照上述方法处理此素材，效果如图13-216所示。

图13-215

图13-216

步骤05 选中第三个变形后的图片素材，执行“效果>风格化>投影”命令，在弹出的“投影”窗口中设置“模式”为“正片叠底”，“不透明度”为75%，“X位移”为2mm，“Y位移”为2mm，“模糊”为2mm，选中“颜色”单选按钮，设置颜色为黑色，单击“确定”按钮，如图13-217所示。效果如图13-218所示。

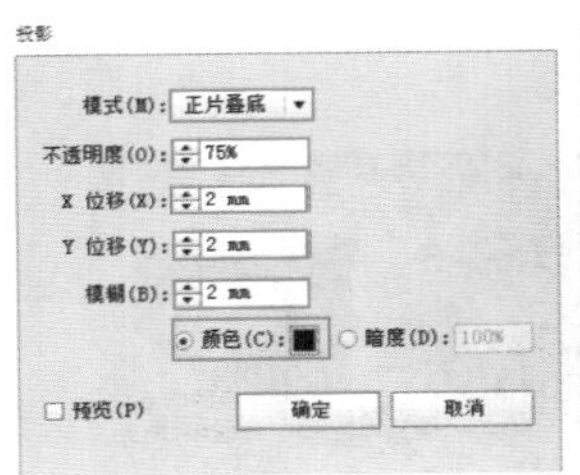

图13-217

图13-218

步骤06 单击工具箱中的“画笔工具”按钮，在控制栏中设置填充为无，描边为灰色，描边粗细为4pt，单击“画笔定义”右侧的下拉按钮，在弹出的下拉面板中单击“画笔库菜单”按钮，在弹出的菜单中执行“艺术效果>艺术效果_画笔”命令，在弹出的“艺术效果_画笔”面板中选择“干画笔-2”，在画板上按住鼠标左键拖动，绘制一条画笔路径，如图13-219和图13-220所示。

图13-219　图13-220

步骤07 选中画笔路径，右击，在弹出的快捷菜单中多次执行“排列>后移一层”命令，移动到底面背景的上层，如图13-221所示。

图13-221

步骤08 使用“画笔工具”在下方绘制一条灰色的画笔路径，如图13-222所示。使用“矩形工具”在右下方绘制一个灰色的矩形，如图13-223所示。

图13-222

图13-223

步骤09 保持矩形的选中状态，然后执行“效果>扭曲>玻璃”命令，在弹出的“玻璃”窗口中设置“扭曲度”为14，“平滑度”为2，“纹理”为“磨砂”，“缩放”为95%，单击“确定”按钮，如图13-224所示。效果如图13-225所示。

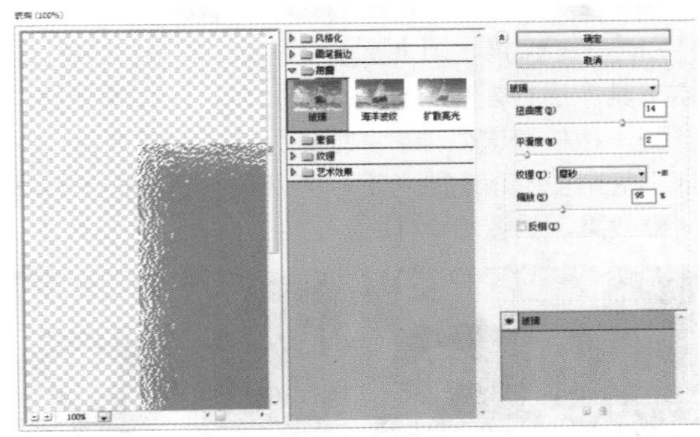

图13-224

图13-225

步骤10 执行“文件>置入”命令，置入素材3.jpg。调整为合适的大小，移动到灰色矩形上，然后单击控制栏中的“嵌入”按钮，将其嵌入画板中，如图13-226所示。

图13-226

步骤11 使用“矩形工具”绘制一个红色矩形，然后使用“皱褶工具”进行变形，如图13-227所示。使用“画笔工具”绘制一个红色的画笔图形，如图13-228所示。选中画笔图形，然后右击，在弹出的快捷菜单中多次执行“排列>后移一层”命令，移动到底面背景的上层，如图13-229所示。

图13-227

图13-228

图13-229

步骤12 使用“矩形工具”绘制一个白色矩形，同样使用“皱褶工具”进行变形，如图13-230所示。按快捷键Ctrl+C进行复制，按快捷键Ctrl+F将复制的对象贴在前面，然后将后面的不规则图形填充颜色更改为灰色，适当向下移动，呈现出阴影效果，如图13-231所示。

图13-230

图13-231

步骤13 在工具箱中选择“选择工具”，选中红色的矩形变形对象，按住鼠标左键的同时按住Alt键拖动，移动复制出一个红色矩形；然后右击，在弹出的快捷菜单中执行“排列>前移一层”命令，调整为合适的大小，如图13-232所示。选中复制出的红色矩形对象，按住鼠标左键的同时按住Alt键拖动，移动复制出另外两个红色矩形，并适当调整这两个红色矩形的大小，如图13-233所示。

图13-232

图13-233

步骤14 使用“画笔工具”绘制一个红色的画笔图形，如图13-234所示。使用“矩形工具”绘制两个灰色的矩形，移动到相应位置，如图13-235所示。

图13-234

图13-235

步骤15 执行“窗口>符号库>箭头”命令，在弹出的“箭头”面板中选择箭头18，如图13-236所示。单击工具箱中的“符号喷枪工具”按钮，添加3个箭头图案，如图13-237所示。

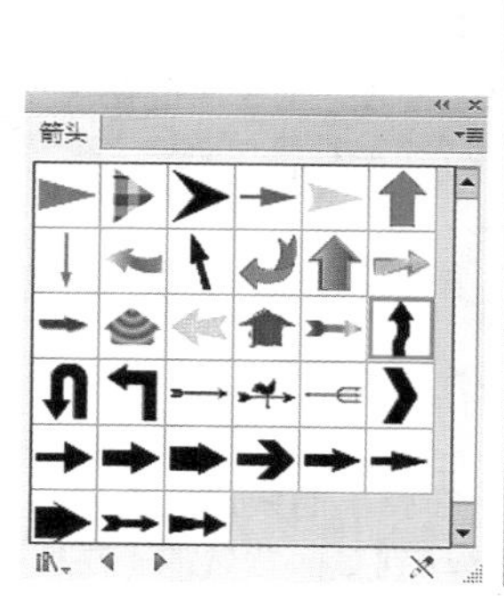

图13-236

图13-237

步骤16 单击工具箱中的"文字工具"按钮，在控制栏中设置填充为红色，描边为无，选择一种合适的字体，设置字体大小为72pt，然后输入文字，如图13-238所示。

图13-238

步骤17 单击控制栏中的"制作封套"按钮，在弹出的"变形选项"窗口中设置"样式"为"弧形"，"弯曲"为50%，单击"确定"按钮，如图13-239所示。效果如图13-240所示。

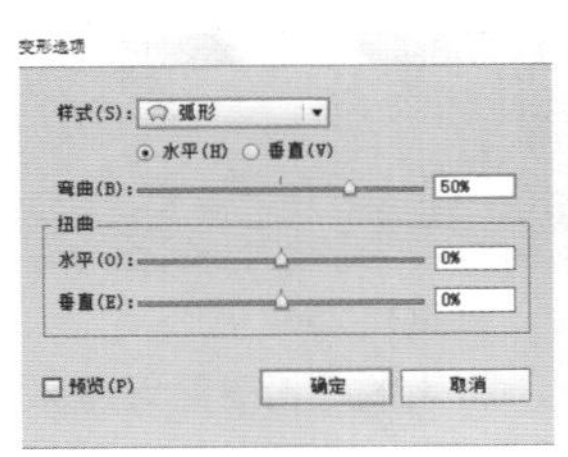

图13-239

图13-240

步骤18 选中文字，按快捷键Ctrl+C进行复制，按快捷键Ctrl+F将复制的对象贴在前面，然后将后面的不规则图形填充颜色更改为白色，移动到合适位置。保持白色文字的选中状态，执行"效果>路径>偏移路径"命令，在弹出的"偏移路径"窗口中设置"位移"为4，"连接"为"斜接"，"斜接限制"为4，单击"确定"按钮，如图13-241所示。效果如图13-242所示。

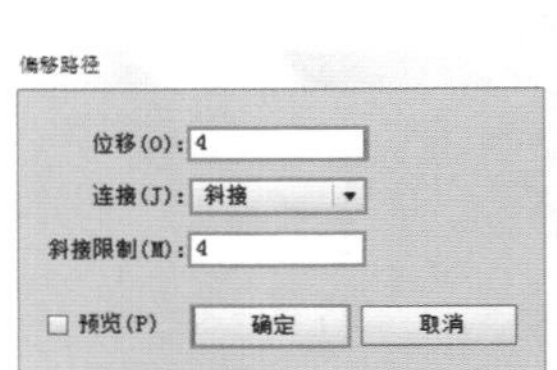

图13-241

图13-242

步骤19 使用上述方法添加其他文字，设置合适的字体、大小和颜色，如图13-243所示。使用"钢笔工具"在红色变形矩形上添加一个白色的三角形，完成本实例的制作，效果如图13-244所示。

图13-243

图13-244

13.7 包装设计：盒装牛奶包装

文件路径	资源包\第13章\13.7 包装设计：盒装牛奶包装
难易指数	★★★★★
技术掌握	画板的设置、图案填充、透明度的设置、自由变换

实例效果

本实例演示效果如图13-245所示。

扫一扫，看视频

图13-245

操作步骤

步骤01 执行"文件>新建"命令，在弹出的"新建文档"窗口中设置单位为"毫米"，"宽度"为80mm，"高度"为150mm，在"高级选项"组中设置"颜色模式"为CMYK，"光栅效果"为"高(300ppi)"，然后单击"创建"按钮，如图13-246所示。

图13-246

步骤 02 单击工具箱中的“画板工具”按钮，在控制栏中单击“新建画板”按钮，然后将光标移动到画面上，单击，即可新建画板。在控制栏中设置画板“宽度”为50mm，“高度”为150mm，如图13-247所示。使用同样的方法制作其他画板，如图13-248所示。

图13-247

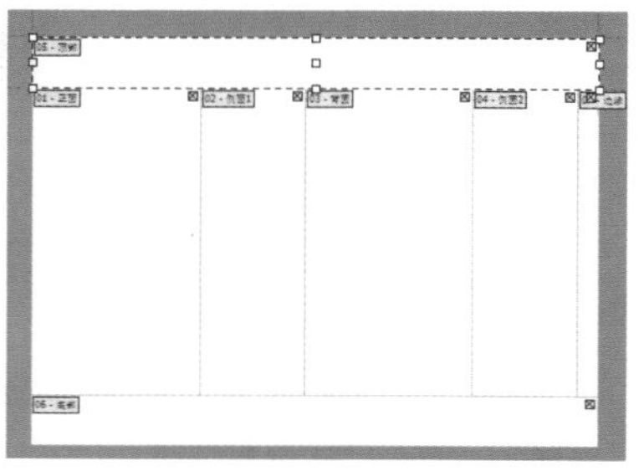
图13-248

步骤 03 单击工具箱中的“选择工具”按钮，然后回到操作画面，单击工具箱中的“矩形工具”按钮，在控制栏中设置填充为橙色，按住鼠标左键拖动，绘制出与全部画板等大的矩形，如图13-249所示。

图13-249

步骤 04 使用“选择工具”选择矩形，按快捷键Ctrl+C进行复制，按快捷键Ctrl+V进行粘贴，如图13-250所示。

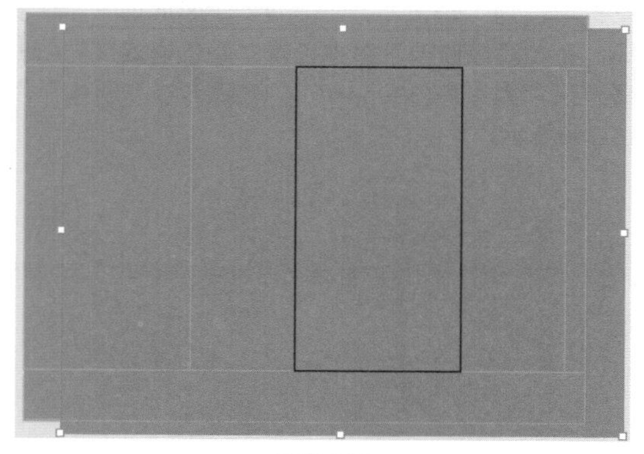
图13-250

步骤 05 选择上层矩形，执行“窗口>色板库>图案>自然_叶子”命令，打开“自然_叶子”面板，单击其中某一种图案，如图13-251所示。此时效果如图13-252所示。

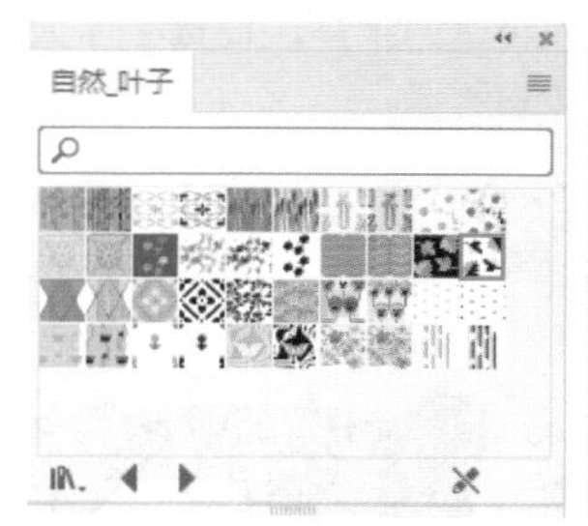

图13-251

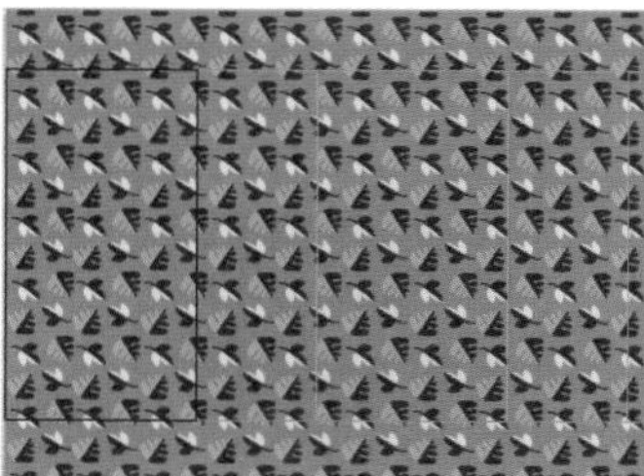
图13-252

步骤 06 选中图形，执行“窗口>透明度”命令，打开“透明度”面板，设置“混合模式”为“滤色”，“不透明度”为30%，如图13-253所示。矩形效果如图13-254所示。

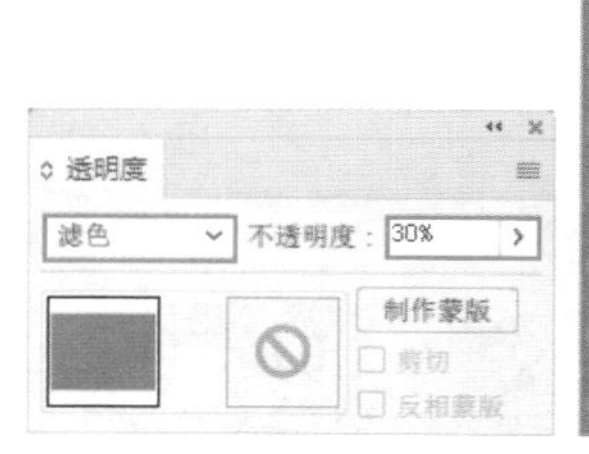

图13-253

图13-254

步骤 07 执行“文件>置入”命令，将素材1.png置入画板中，然后单击控制栏中的“嵌入”按钮，将其嵌入，如图13-255所示。将素材移动到相应位置，如图13-256所示。

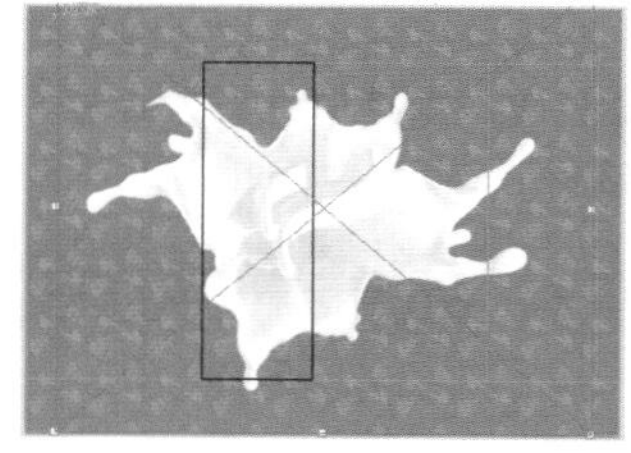
图13-255

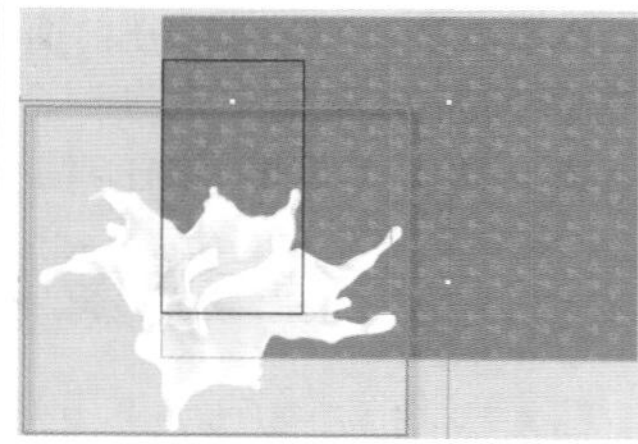
图13-256

步骤 08 在画板上绘制矩形。单击工具箱中的“矩形工具”按钮，在控制栏中设置任意填充颜色，在相应位置按住鼠标左键拖动，绘制出矩形，如图13-257所示。将矩形和素材加选，右击，在弹出的快捷菜单中执行“建立剪切蒙版”命令。效果如图13-258所示。

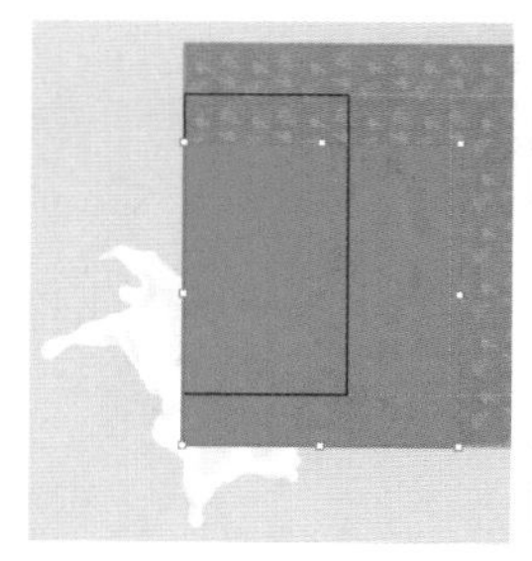
图13-257

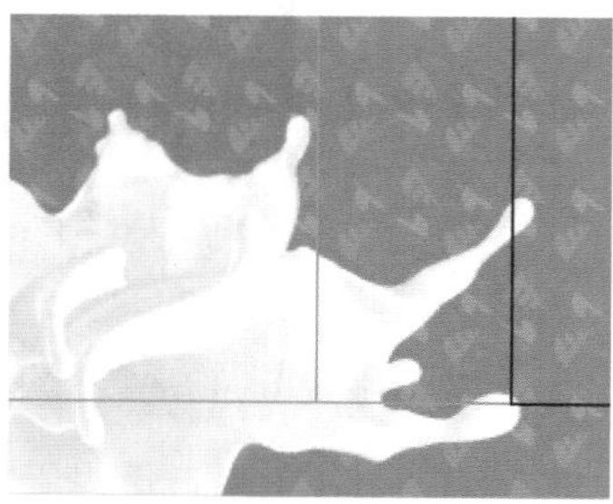
图13-258

步骤 09 使用同样的方法重复多次置入素材，并进行建立剪切蒙版操作，移动到相应位置，如图13-259所示。

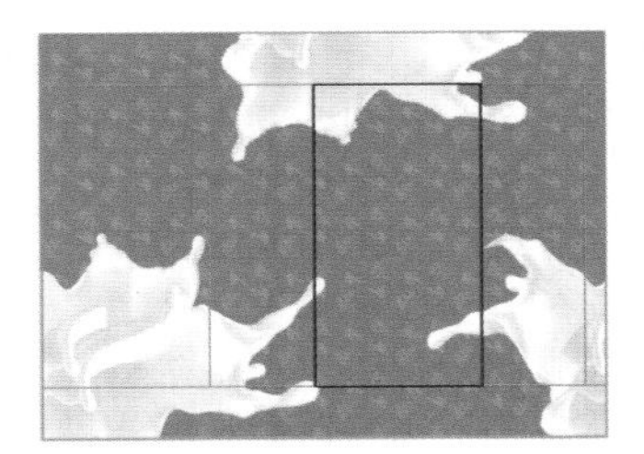

图13-259

步骤 10 在画板上绘制圆角矩形。单击工具箱中的“圆角矩形工具”按钮，在控制栏中设置填充为米色，描边为褐色，描边粗细为2pt，然后在画板中单击，在弹出的“圆角矩形”窗口中设置“圆角半径”为3mm，设置合适的宽度和高度，单击“确定”按钮，效果如图13-260所示。使用同样的方法绘制其他圆角矩形，如图13-261所示。

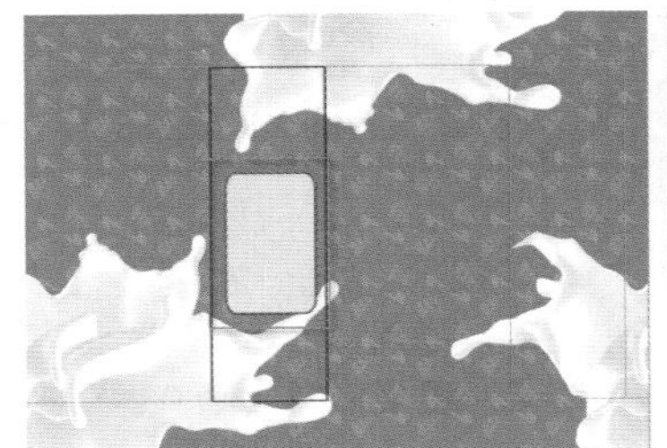

图13-260

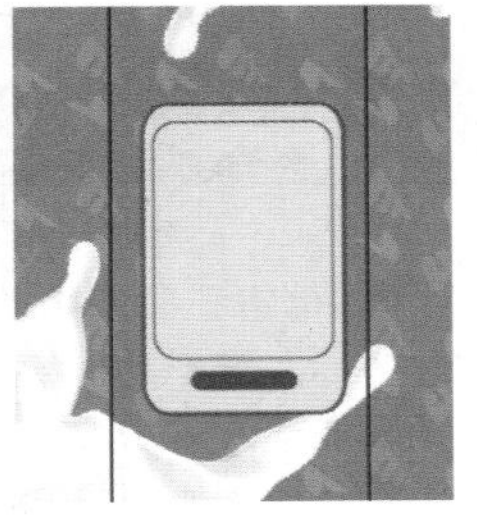

图13-261

步骤 11 单击工具箱中的“钢笔工具”按钮，在控制栏中设置填充为褐色，在相应位置绘制图形，如图13-262所示。

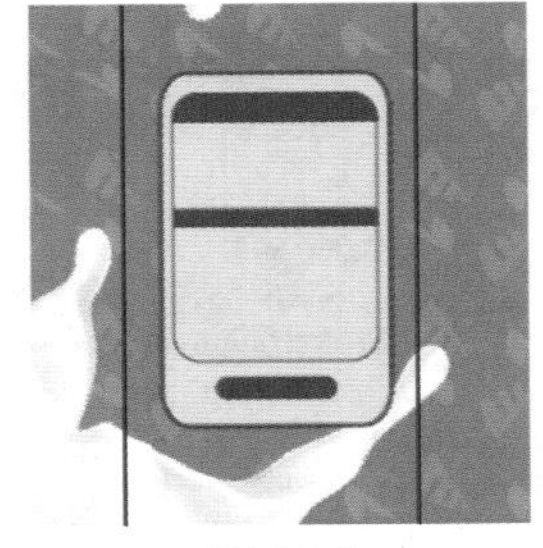

图13-262

步骤 12 在画面中输入文字。单击工具箱中的“文字工具”按钮T，在控制栏中设置合适的字体、字号，输入文字，然后修改文字的位置及颜色，如图13-263所示。继续使用“文字工具”输入其他文字，如图13-264所示。

图13-263

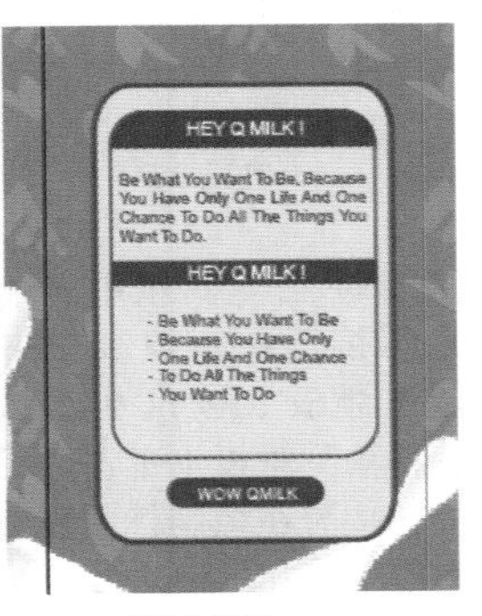

图13-264

步骤 13 单击工具箱中的“选择工具”按钮，加选矩形和文字按快捷键Ctrl+G进行编组，如图13-265所示。按快捷键Ctrl+C进行复制，按快捷键Ctrl+V进行粘贴，移动到另一个画板上，如图13-266所示。

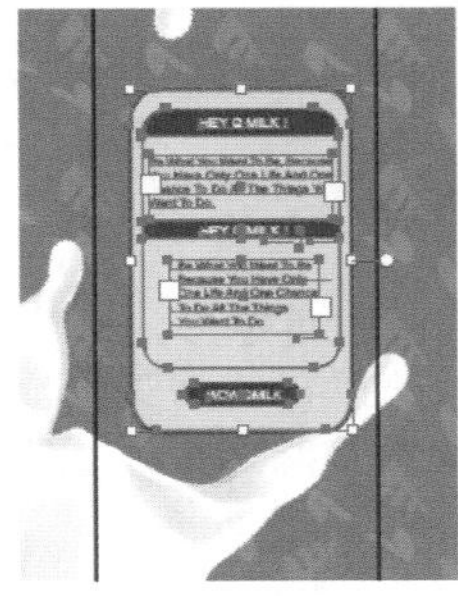

图13-265

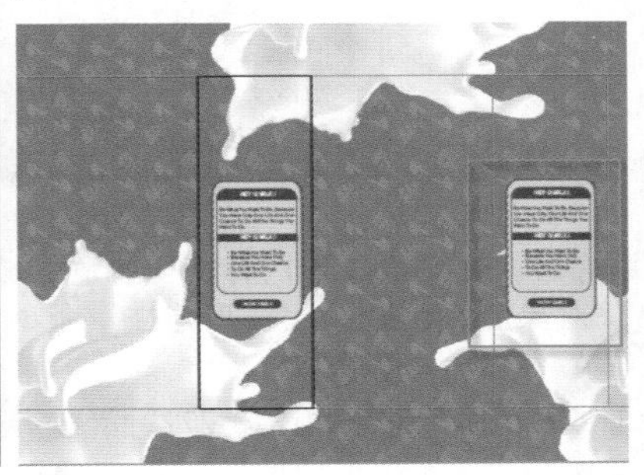

图13-266

步骤 14 单击工具箱中的“圆角矩形工具”按钮，在控制栏中设置填充为米色，描边为褐色，描边粗细为2pt，在相应位置按住鼠标左键拖动，绘制出圆角矩形，如图13-267所示。使用同样的方法在圆角矩形内输入文字，修改文字的位置及颜色，如图13-268所示。

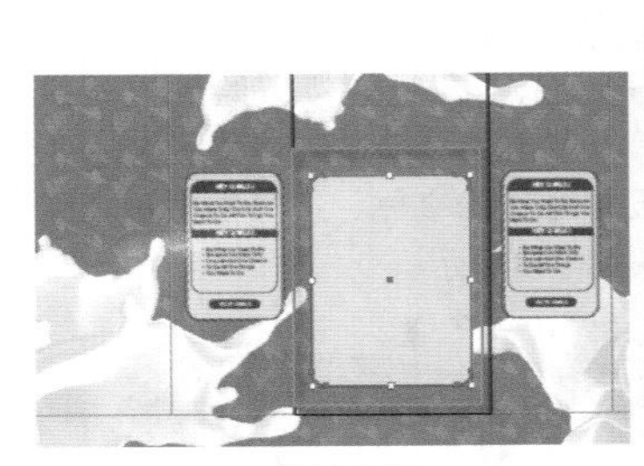

图13-267

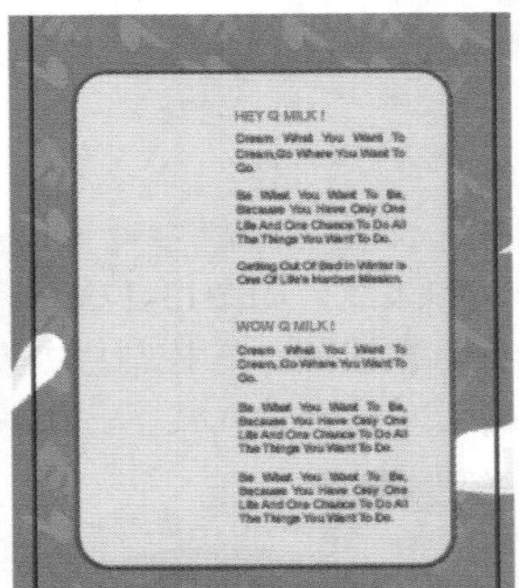

图13-268

步骤 15 执行“文件>置入”命令，将卡通素材2.ai置入画板中，然后单击控制栏中的“嵌入”按钮，将嵌入的素材移动到相应位置，如图13-269所示。

图13-269

步骤 16 单击工具箱中的“圆角矩形工具”按钮，在控制栏中设置填充为红色，描边为白色，描边粗细为3pt，然后在画面中按住鼠标左键拖动，绘制出圆角矩形，如图13-270所示。

图13-270

步骤17 对圆角矩形进行变形操作。选择圆角矩形，执行"对象>封套扭曲>用变形建立"命令，在弹出的"变形选项"窗口中设置样式为"弧形"，"弯曲"为29%，如图13-271所示。效果如图13-272所示。

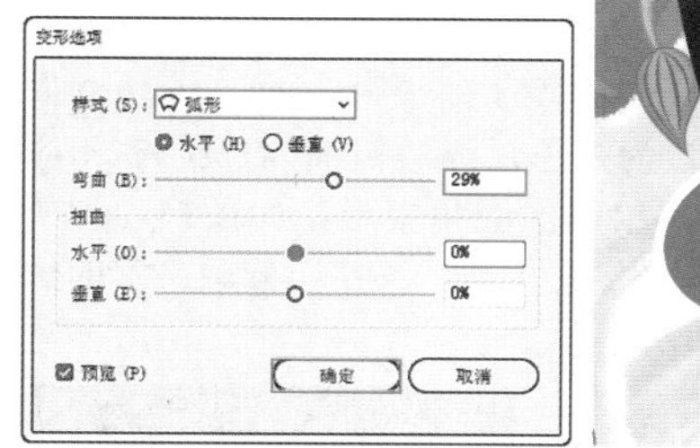

图13-271

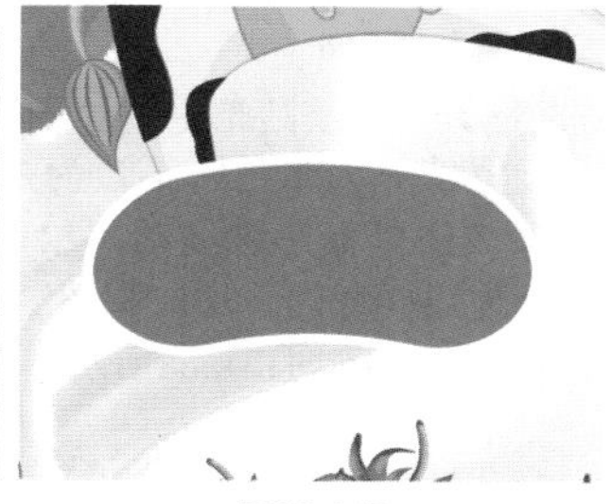

图13-272

步骤18 在路径上输入文字。单击工具箱中的"钢笔工具"按钮，在控制栏中设置填充为无，在相应位置绘制一条拱起的弧线，如图13-273所示。单击工具箱中的"路径文字工具"按钮，在控制栏中设置合适的字体、字号，然后在路径上单击并输入文字，如图13-274所示。

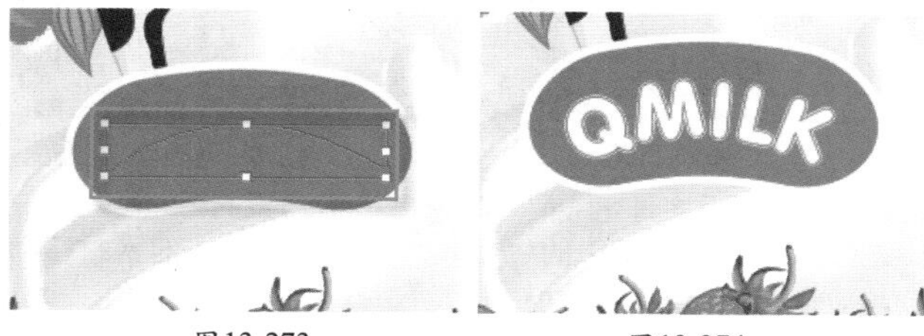

图13-273　图13-274

步骤19 同样利用"封套扭曲"功能制作出如图13-275所示的图形，并在图形上添加文字，如图13-276所示。

图13-275　图13-276

步骤20 单击工具箱中的"圆角矩形工具"按钮，在控制栏中设置填充为橘黄色，然后在第一个画板右下角按住鼠标左键拖动，绘制出圆角矩形，并在其中输入文字，如图13-277所示。

步骤21 单击工具箱中的"选择工具"按钮，框选包装的全部图形，按快捷键Ctrl+G进行编组，如图13-278所示。按快捷键Ctrl+C进行复制，按快捷键Ctrl+V进行粘贴，将复制对象移动到画板外，如图13-279所示。

图13-277

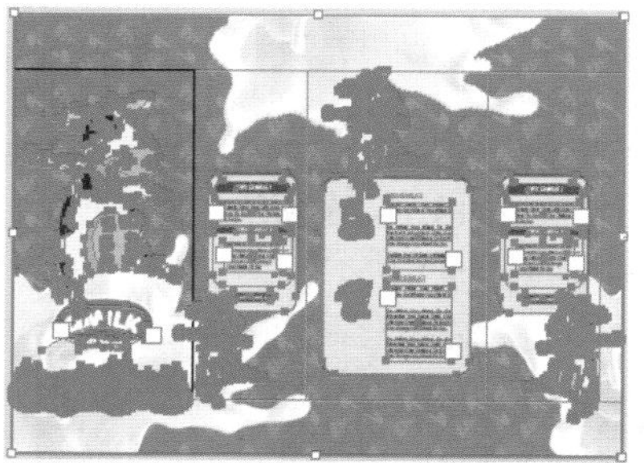

图13-278

图13-279

步骤22 单击工具箱中的"矩形工具"按钮，在一组图形上按住鼠标左键拖动，绘制出矩形，如图13-280所示。将矩形和图形加选，右击，在弹出的快捷键菜单中执行"建立剪切蒙版"命令，如图13-281所示。

图13-280

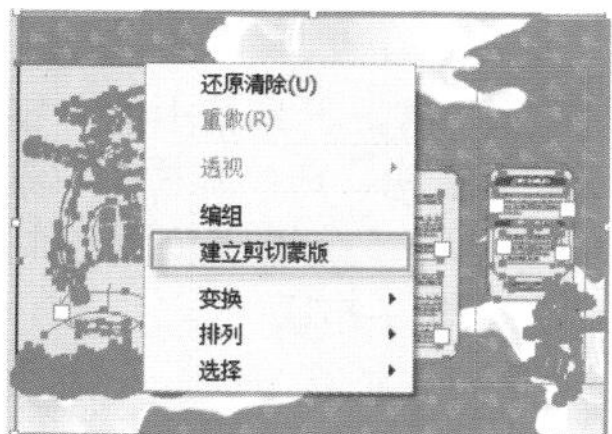

图13-281

步骤23 包装盒正面效果如图13-282所示。使用同样的方法提取出包装盒的侧面，如图13-283所示。

图13-282

图13-283

步骤24 单击工具箱中的"画板工具"按钮，在控制栏中单击"新建画板"按钮，然后将光标移动到画板上单击，出现新画板。接着在控制栏中设置画板"宽度"为300mm，"高度"为255mm。效果如图13-284所示。

图13-284

步骤 25 制作包装盒的立体效果。首先绘制一个灰色系渐变的背景。单击工具箱中的“矩形工具”按钮，绘制一个与画板等大的矩形。保持矩形对象的选中状态，单击工具箱底部的“渐变”按钮，设置该图形的填充方式为渐变。执行“窗口>渐变”命令，在弹出的“渐变”面板中设置“类型”为“径向”，编辑一种灰色系的渐变。效果如图13-285所示。

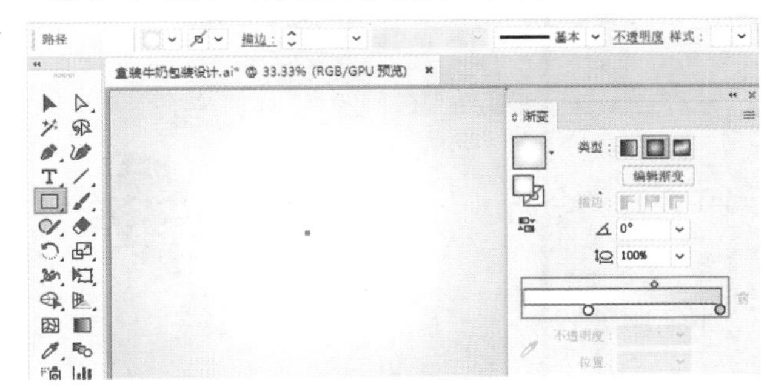

图13-285

步骤 26 将包装正面和侧面的图形移动到画板上，如图13-286所示。

图13-286

步骤 27 制作图形立体效果。单击工具箱中的“自由变换工具”按钮，单击“透视扭曲”按钮。然后将光标移动到图形对象的四角处，按住鼠标左键拖曳控制点，将其变形，如图13-287所示。使用同样的方法制作包装盒的侧面，如图13-288所示。

图13-287

图13-288

步骤 28 单击工具箱中的“钢笔工具”按钮，绘制包装盒上半部分。在工具箱底部单击“渐变”按钮，在弹出的“渐变”面板中设置“类型”为“线性”，编辑一种透明的白色渐变，如图13-289所示。单击工具箱中的“钢笔工具”按钮，在控制栏中设置填充为暗红色，在包装盒侧面部分绘制折角。效果如图13-290所示。

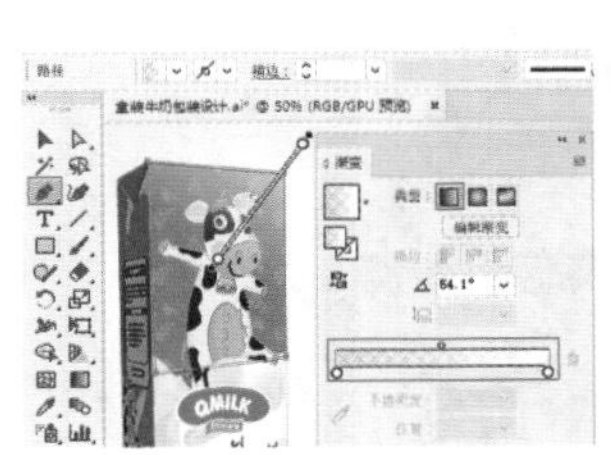

图13-289

图13-290

步骤 29 使用“钢笔工具”绘制一个与侧面相同的图形，设置颜色为暗红色，如图13-291所示。选择图形，执行“窗口>透明度”命令，打开“透明度”面板设置“混合模式”为“正片叠底”，“不透明度”为50%，如图13-292所示。效果如图13-293所示。

图13-291

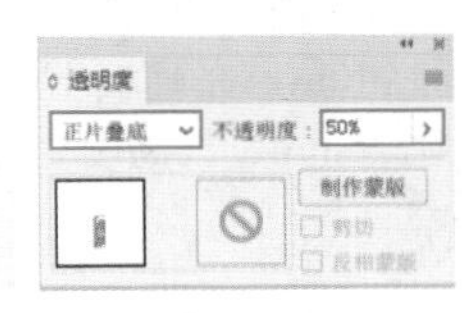

图13-292

图13-293

步骤 30 将制作好的包装盒立体效果进行复制，并适当更改颜色。最终效果如图13-294所示。

图13-294

13.8 VI设计：新能源企业VI

扫一扫，看视频

文件路径	资源包\第13章\13.8 VI设计：新能源企业VI
难易指数	★★★★★
技术要点	"矩形工具" "钢笔工具" "文字工具"

实例效果

本实例演示效果如图13-295所示。

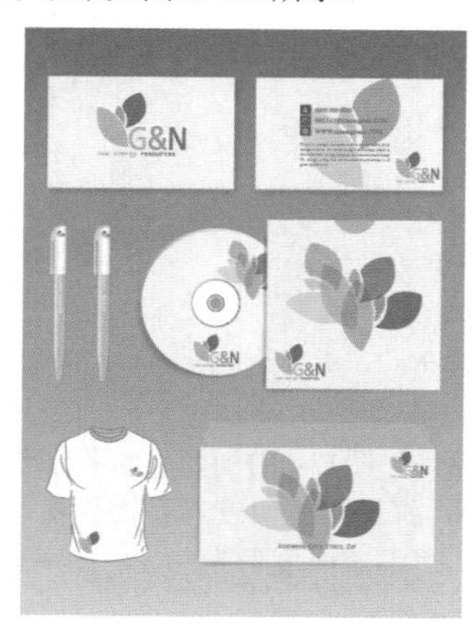

图13-295

操作步骤

步骤 01 执行"文件>新建"命令，创建一个大小为A4、"取向"为"横向"的文档，如图13-296所示。单击工具箱中的"画板工具"按钮，在画板上按住鼠标左键拖动，绘制一个"宽度"为225mm、"高度"为307mm的画板，如图13-297所示。

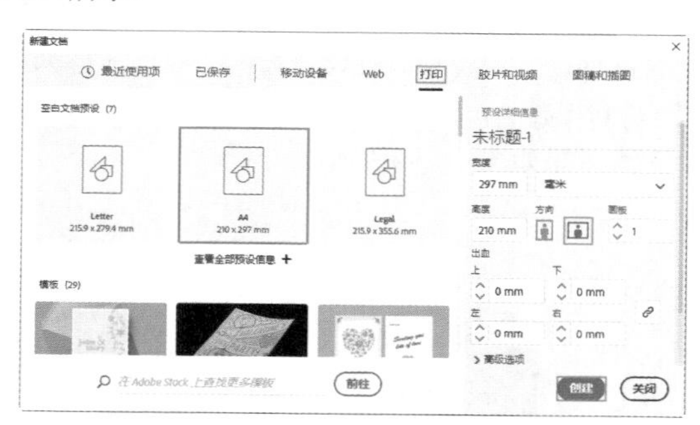

图13-296

图13-297

步骤 02 绘制图标。单击工具箱中的"钢笔工具"按钮，在控制栏中设置填充为绿色，描边为无，绘制一个树叶形状的图形，如图13-298所示。使用"钢笔工具"绘制其他曲线图形，依次填充合适的颜色，如图13-299所示。

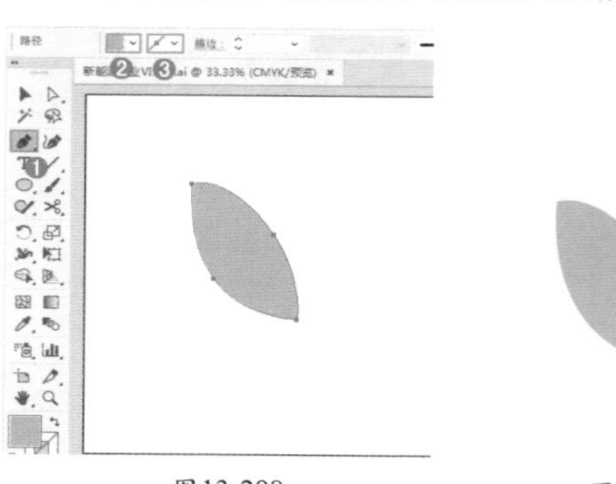

图13-298　　图13-299

步骤 03 单击工具箱中的"文字工具"按钮，在控制栏中设置填充为绿色，描边为无，选择一种合适的字体，设置字体大小为200pt，段落对齐方式为左对齐，然后输入文字，如图13-300所示。保持文字的选中状态，依次更改文字的填充颜色，如图13-301所示。

图13-300

G&N

图13-301

步骤04 使用“文字工具”添加其他文字，设置合适的字体、大小和颜色，完成VI中标志部分的制作，如图13-302所示。

图13-302

步骤05 单击工具箱中的“矩形工具”按钮，去除填充和描边，在矩形画板上绘制一个与画板等大的矩形。执行“窗口>渐变”命令，打开“渐变”面板，编辑一种灰色系的渐变，如图13-303所示。选中该矩形，单击“渐变工具”按钮，在图形上拖曳，调整合适的渐变角度，如图13-304所示。

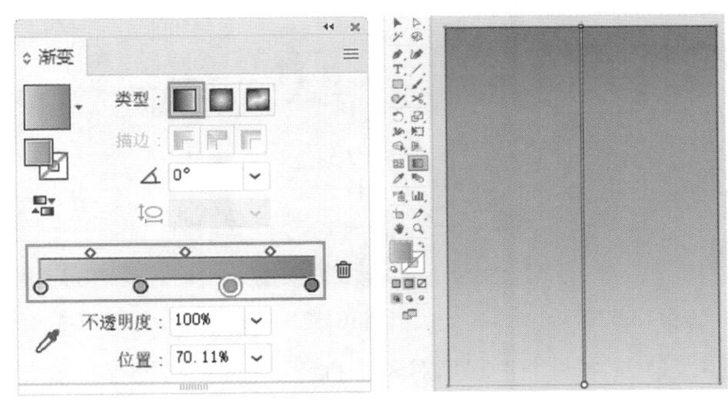

图13-303　　图13-304

步骤06 绘制卡片。使用“矩形工具”在画板上单击，在弹出的“矩形”窗口中设置“宽度”为94mm，“高度”为58mm，单击“确定”按钮，如图13-305所示。效果如图13-306所示。

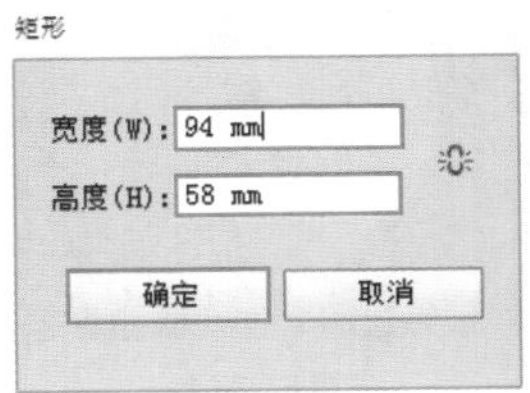

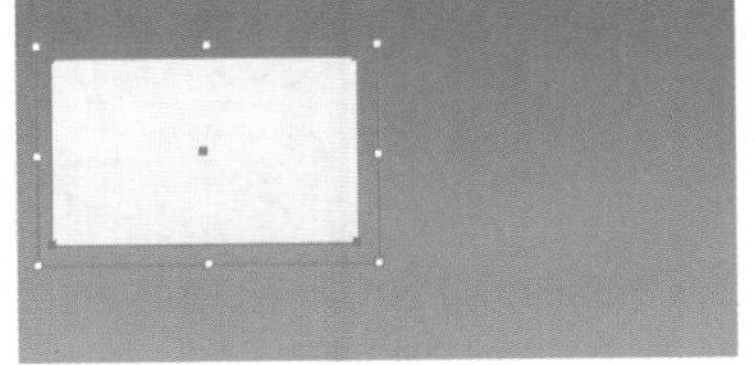

图13-305　　图13-306

步骤07 选中矩形，执行“效果>风格化>投影”命令，在弹出的“投影”窗口中设置“模式”为“正片叠底”，“不透明度”为75%，“X位移”为1mm，“Y位移”为1mm，“模糊”为1mm，选中“颜色”单选按钮，设置颜色为灰色，单击“确定”按钮，如图13-307所示。效果如图13-308所示。

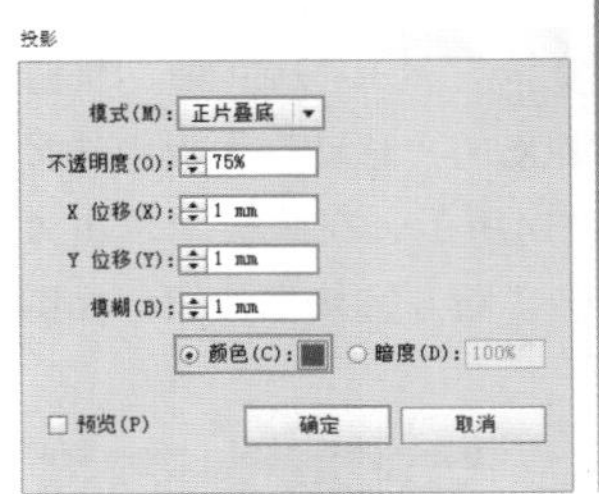

图13-307　　图13-308

步骤08 选中矩形对象，按住鼠标左键的同时按住Alt键拖动，移动复制出一个矩形，如图13-309所示。选中图标，按住鼠标左键的同时按住Alt键拖动，移动复制出一个图标到卡片矩形上，调整合适的大小，如图13-310所示。

图13-309　　图13-310

步骤09 选中标志中的图形对象，按住鼠标左键的同时按住Alt键拖动，移动复制出一个图形对象，调整合适的大小，在控制栏中设置“不透明度”为50%，如图13-311所示。再次选中图标，按住鼠标左键的同时按住Alt键拖动，移动复制出一个图标，调整合适的大小，如图13-312所示。

图13-311

图13-312

步骤 10 使用“矩形工具”绘制3个灰色的矩形，如图13-313所示。单击工具箱中的“符号喷枪工具”按钮，执行“窗口>符号库>移动”命令，在弹出的“移动”面板中选择“主用户-灰色”样式，如图13-314所示。在画板上单击添加所选符号，然后在控制栏中单击“断开链接”按钮，如图13-315所示。

图13-313

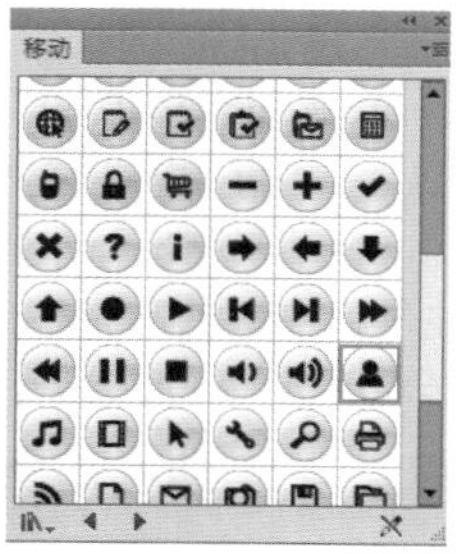

图13-314

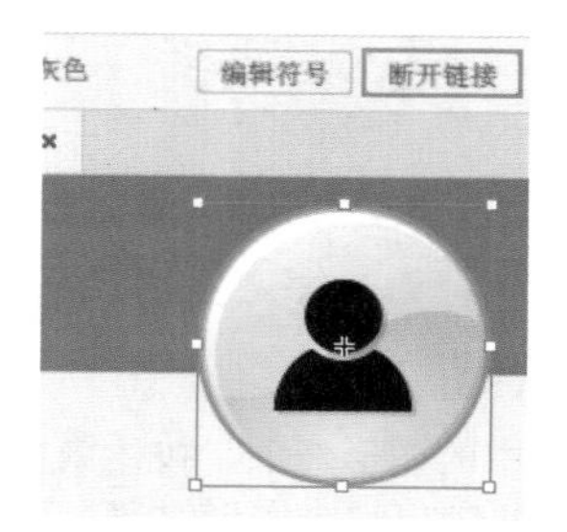

图13-315

步骤 11 按Delete键，删除除“人物剪影”外的其他图形对象，调整合适的大小，更改填充颜色为灰色，如图13-316所示。接着使用“符号喷枪工具”添加其他符号，依次进行变形，如图13-317所示。

图13-316

图13-317

步骤 12 使用“文字工具”添加文字，设置合适的字体、大小和颜色，如图13-318所示。执行“文件>打开”命令，打开素材1.ai。选中素材对象，执行“编辑>复制”命令；回到刚才工作的文档中，执行“编辑>粘贴”命令，将粘贴出的对象移动到合适位置。选中笔素材，按住鼠标左键向右移动的同时按住Alt键拖动，移动复制出一支笔，如图13-319所示。

图13-318

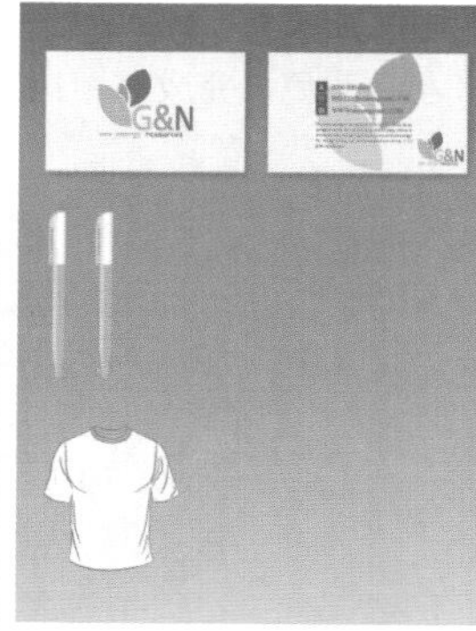

图13-319

步骤 13 使用上述方法复制标志，并更改为合适的大小，移动到各个部位，如图13-320所示。单击工具箱中的“椭圆工具”按钮，在控制栏中设置填充为白色，描边为无，按住鼠标左键的同时按住Shift键拖动，绘制一个正圆形，如图13-321所示。选中椭圆形，按快捷键Ctrl+C进行复制，按快捷键Ctrl+F将复制的对象贴在前面，在缩放的同时再按Shift+Alt组合键进行等比例缩放，如图13-322所示。

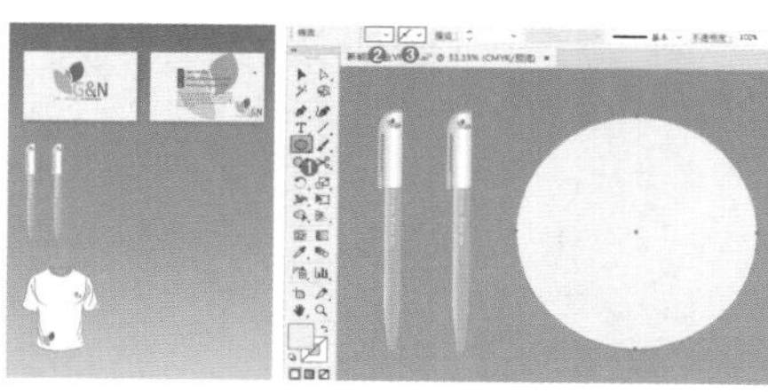

图13-320　图13-321

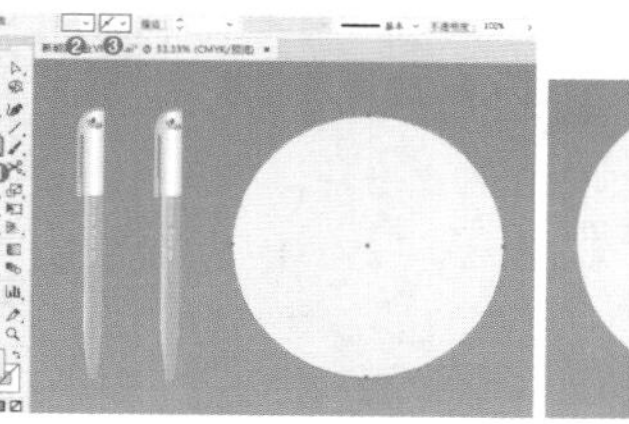

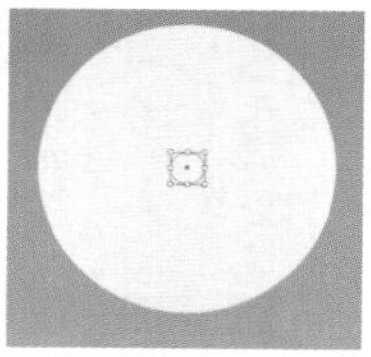

图13-322

步骤 14 选中两个正圆形对象，执行“窗口>路径查找器”命令，在弹出的“路径查找器”面板中单击“差集”按钮，如图13-323所示。使用同样的方法绘制其他圆形，填充合适的颜色，绘制出光盘，如图13-324所示。

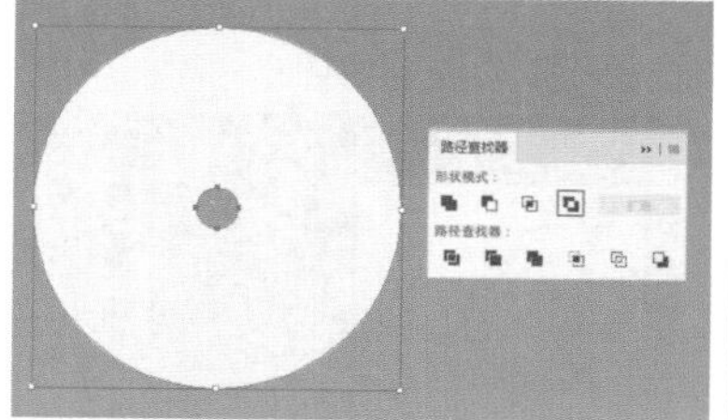

图13-323

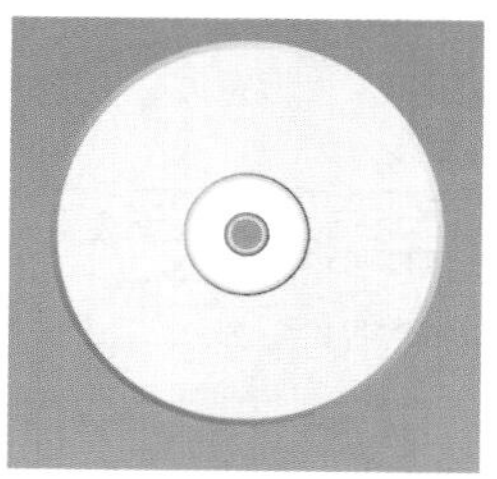

图13-324

步骤 15 选中光盘，执行“效果>风格化>投影”命令，在弹出的“投影”窗口中设置“模式”为“正片叠底”，“不透明度”为75%，“X位移”为-2mm，“Y位移”为2mm，“模糊”为2mm，选中“颜色”单选按钮，设置颜色为灰色，单击“确定”按钮，如图13-325所示。效果如图13-326所示。

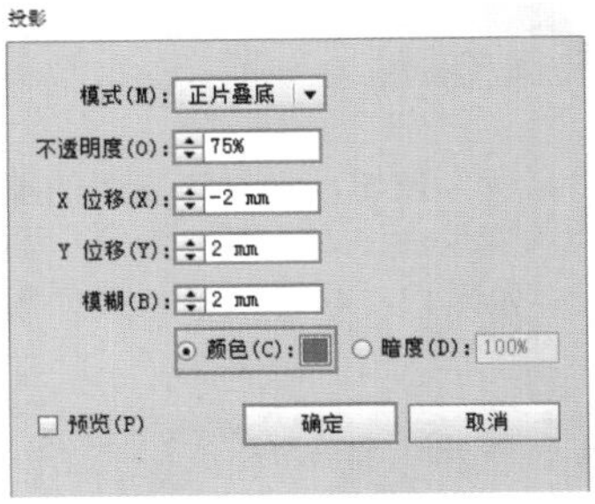

图13-325 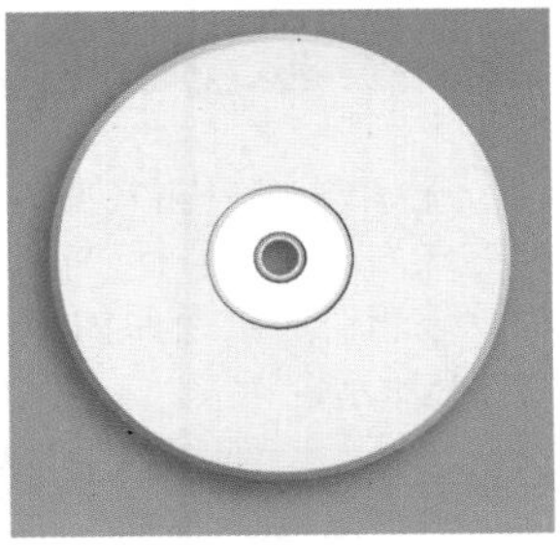　　图13-326

步骤 16 制作光盘盒。选中之前制作好的标志部分对象，复制到相应位置，如图13-327所示。单击工具箱中的“矩形工具”按钮，在控制栏中设置填充为绿色，描边为无，绘制一个矩形，如图13-328所示。

图13-327

图13-328

步骤 17 选中绿色的矩形，按快捷键Ctrl+C进行复制，按快捷键Ctrl+F将复制的对象贴在前面，更改填充颜色为白色，如图13-329所示。使用“椭圆工具”绘制一个圆形，如图13-330所示。

图13-329

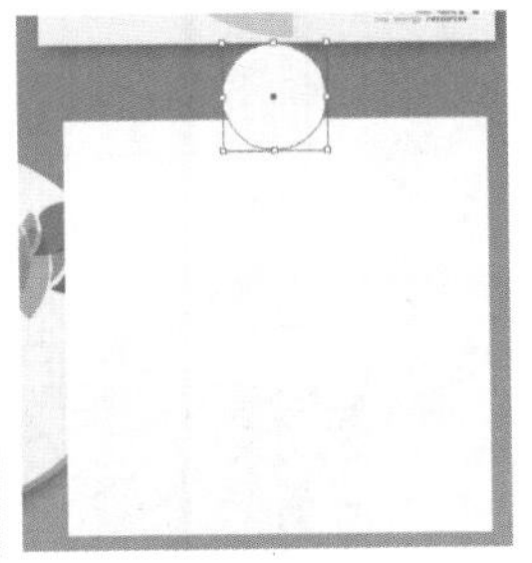

图13-330

步骤 18 选中白色矩形和圆形，执行“窗口>路径查找器”命令，在弹出的“路径查找器”面板中单击“减去顶层”按钮，如图13-331所示。选中光盘盒，添加投影效果，如图13-332所示。

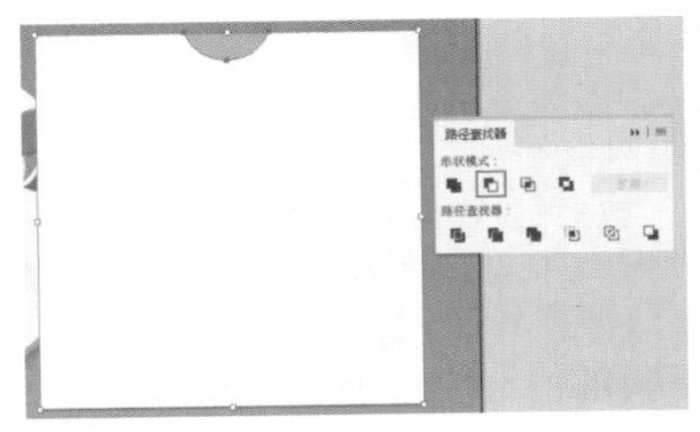

图13-331

图13-332

步骤 19 将标志以及图案元素复制到光盘盒上，如图13-333所示。

步骤 20 制作信封。使用“钢笔工具”绘制一个绿色的不规则图形，如图13-334所示。

图13-333

图13-334

步骤 21 使用“矩形工具”绘制一个白色的矩形，如图13-335所示。选中信封图形，添加投影效果，如图13-336所示。

图13-335

图13-336

步骤 22 将标志和图案复制到相应位置，如图13-337所示。使用“文字工具”添加其他文字，设置合适的字体、大小和颜色，如图13-338所示。最终效果如图13-339所示。

图13-337

图13-338

图13-339

13.9 UI设计：女包展示界面

扫一扫，看视频

文件路径	资源包\第13章\13.9 UI设计：女包展示界面
难易指数	★★★★★
技术要点	“矩形工具”“渐变面板”“文字工具”

实例效果

本实例演示效果如图13-340所示。

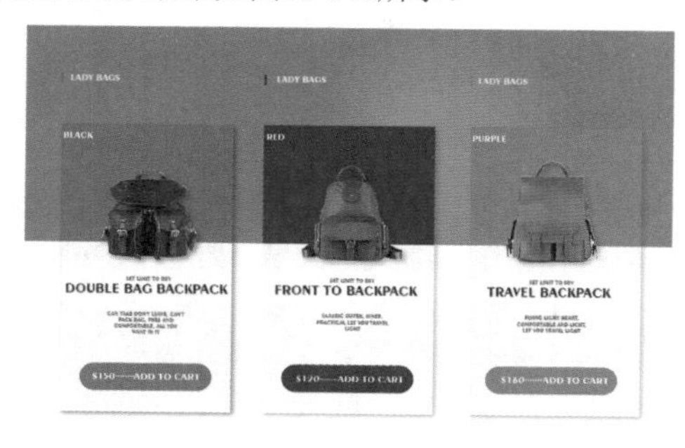

图13-340

操作步骤

步骤 01 执行“文件>新建”命令，在弹出的窗口中单击顶部的“移动设备”按钮，然后在列表中选择“iPhone 8/7/6 Plus”，接着单击“创建”按钮，如图13-341所示。此时文档效果如图13-342所示。

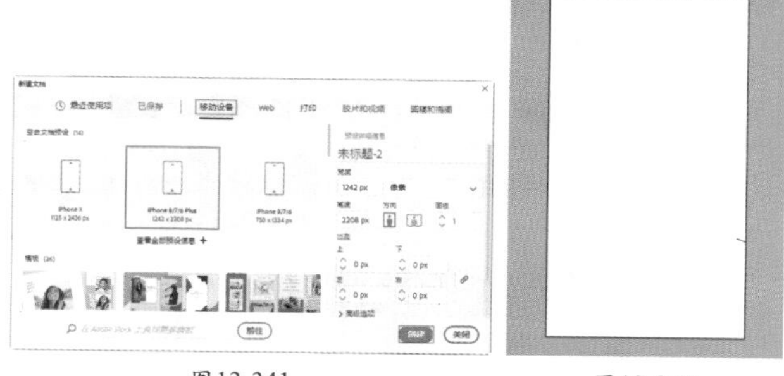

图13-341　图13-342

步骤 02 为了便于观察，首先在新建文档中绘制界面展示的背景。使用“矩形工具”在画面中绘制两个矩形，底部矩形填充为白色，接着选中上方的矩形，如图13-343所示。

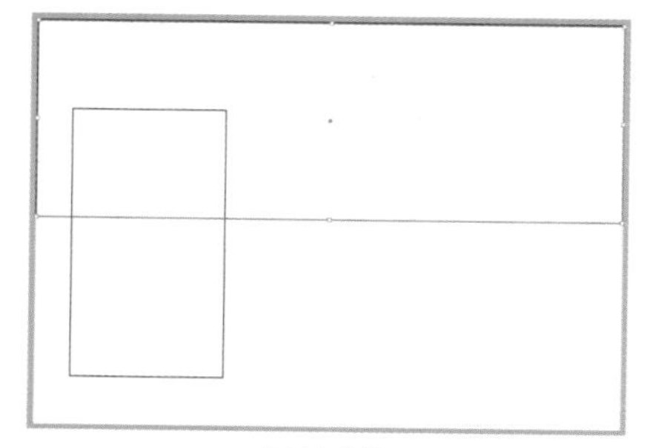

图13-343

步骤 03 单击工具箱底部的“渐变”按钮，设置该图形的填充方式为渐变。执行“窗口>渐变”命令，打开“渐变”面板，编辑一种红色系的渐变，如图13-344所示。效果如图13-345所示。

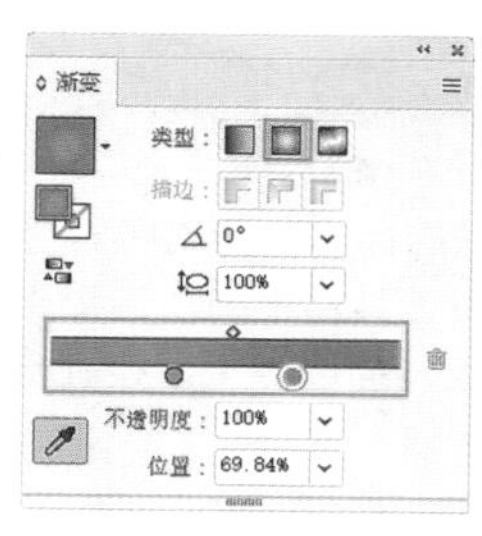

图13-344　图13-345

步骤 04 单击工具箱中的“矩形工具”按钮，在控制栏中设置填充为紫色，描边为无，绘制一个矩形，如图13-346所示。继续使用“矩形工具”在紫色矩形的下部绘制一个浅灰色的矩形，如图13-347所示。

图13-346

图13-347

步骤 05 加选两个矩形，执行“效果>风格化>投影”命令，在弹出的“投影”窗口中设置“模式”为“正片叠底”，“不透明度”为75%，“X位移”为1mm，“Y位移”为1mm，“模糊”为1mm，选中“颜色”单选按钮，设置颜色为灰色，单击“确定”按钮，如图13-348所示。

效果如图13-349所示。

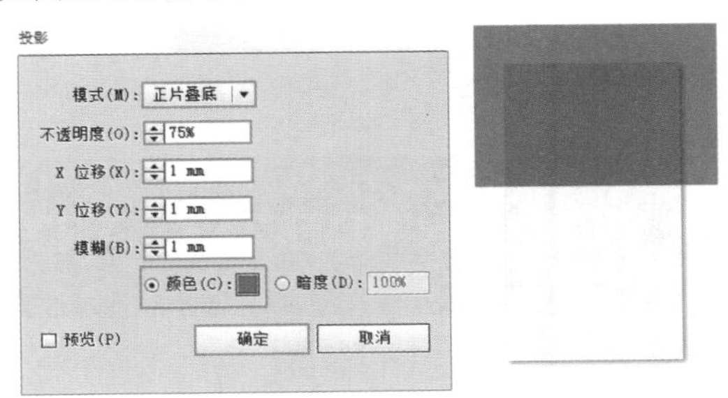

图13-348　　图13-349

步骤 06 加选两个矩形，按住鼠标左键的同时按住Alt键拖动，移动复制出两个矩形，更改合适的颜色，如图13-350所示。继续使用“矩形工具”绘制三个小矩形，依次填充合适的颜色，如图13-351所示。

图13-350　　图13-351

步骤 07 单击工具箱中的“圆角矩形工具”按钮，在控制栏中设置填充为紫色，描边为无，在画板上单击，在弹出的“圆角矩形”窗口中设置“宽度”为50mm，“高度”为12mm，“圆角半径”为5mm，单击“确定”按钮，如图13-352所示。图形效果如图13-353所示。

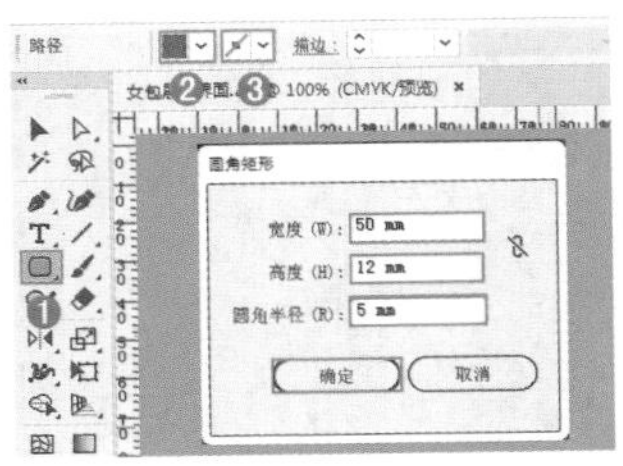

图13-352　　图13-353

步骤 08 选中圆角矩形，按住鼠标左键的同时按住Alt键拖动，移动复制出另外两个圆角矩形，依次填充合适的颜色，如图13-354所示。执行“文件>置入”命令，置入素材1.png。单击控制栏中的“嵌入”按钮，将其嵌入画板中，如图13-355所示。

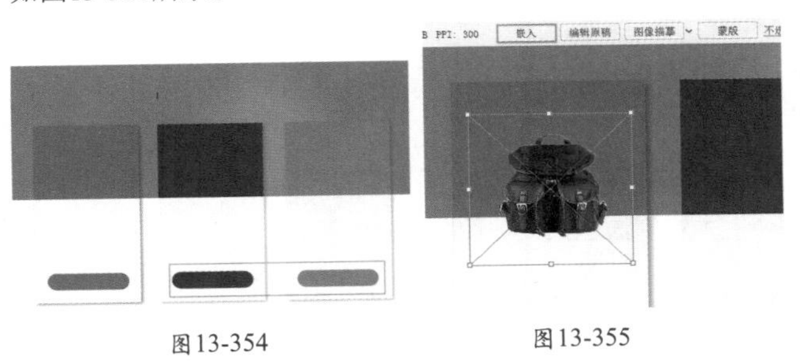

图13-354　　图13-355

步骤 09 选中图片素材，执行“效果>风格化>投影”命令，在弹出的“投影”窗口中设置“模式”为“正片叠底”，“不透明度”为75%，“X位移”为1mm，“Y位移”为1mm，“模糊”为1mm，选中“颜色”单选按钮，设置颜色为灰色，单击“确定”按钮，如图13-356所示。效果如图13-357所示。

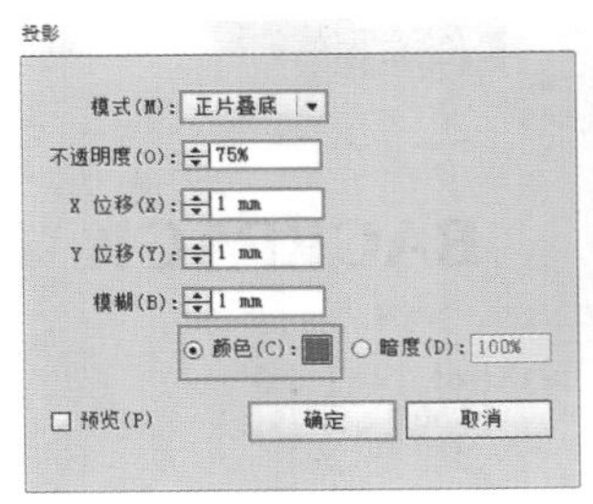

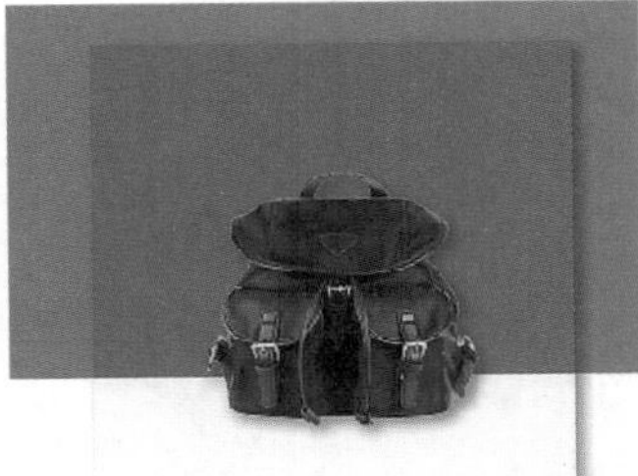

图13-356　　图13-357

步骤 10 使用上述方法添加其他素材，依次添加投影效果，如图13-358所示。单击工具箱中的“文字工具”按钮T，在控制栏中设置填充为黑色，描边为无，选择一种合适的字体，设置合适的字体大小，然后输入文字，如图13-359所示。

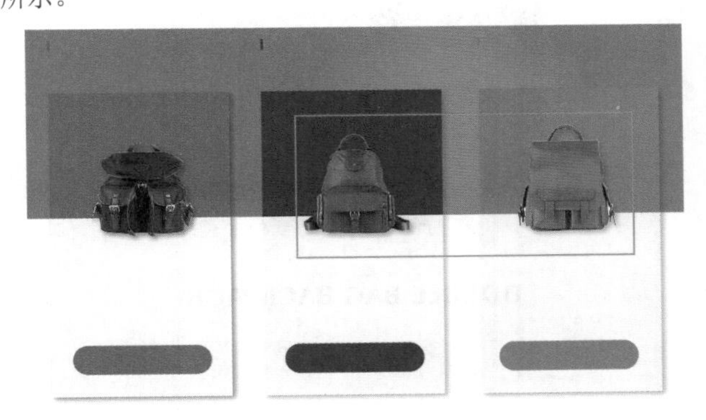

图13-358

图13-359

步骤 11 单击工具箱中的“文字工具”按钮，在文字下方按住鼠标左键拖动，绘制一个文本框；在控制栏中设置填充为灰色，描边为无，选择一种合适的字体，设置字体大小为40pt，段落对齐方式为居中对齐；单击“字符”按钮，在弹出的下拉面板中设置“行距”为45pt；然后输入文字，如图13-360所示。继续使用“文字工具”添加其他文字，设置合适的字体、大小和颜色，如图13-361所示。

图13-360

图13-361

步骤 12 单击工具箱中的“钢笔工具”按钮，在控制栏中设置填充为无，描边为白色，描边粗细为6pt，绘制一段路径作为文字的分隔线，如图13-362所示。加选第一个矩形中的文字和分隔线，按住鼠标左键的同时按住Alt键拖动，水平移动复制出两个相同的内容，移动到其他两个矩形上，更改相应的文字，如图13-363所示。

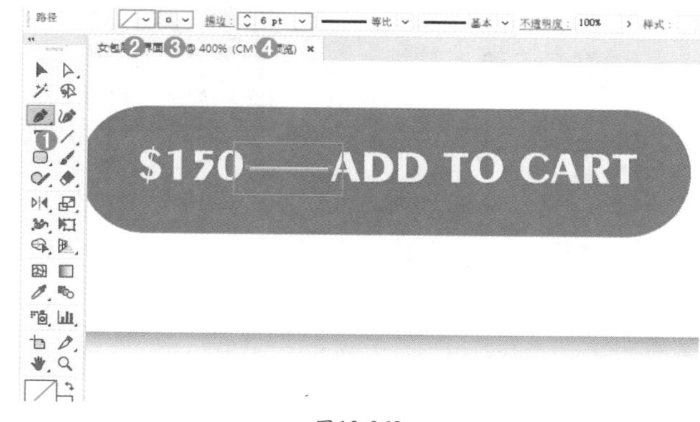

图13-362

图13-363

步骤 13 使用“文字工具”添加其他文字，设置合适的字体、大小和颜色，如图13-364所示。

图13-364

13.10 网页设计：时尚品牌官方网站首页

扫一扫，看视频

文件路径	资源包\第13章\13.10 网页设计：时尚品牌官方网站首页
难易指数	★★★★★
技术要点	“矩形工具”“渐变面板”“文字工具”

实例效果

本实例演示效果如图13-365所示。

图13-365

操作步骤

步骤 01 执行“文件>新建”命令，在弹出的“新建文档”窗口中设置单位为“像素”，“宽度”为1280，“高度”为800，画板数量为2，然后单击“创建”按钮。完成创建操作，如图13-366所示。

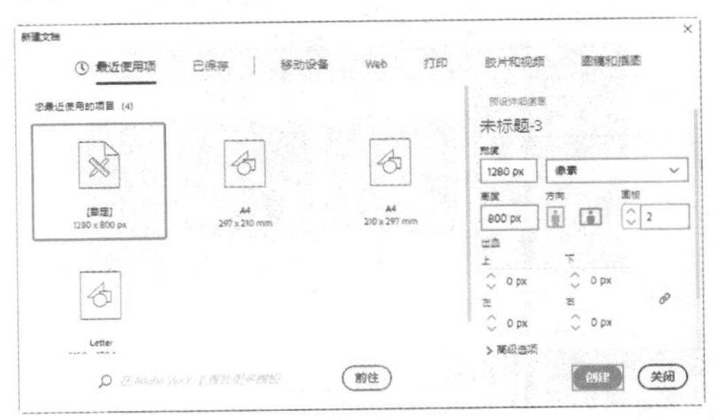

图13-366

步骤 02 选择工具箱中的“矩形工具”，在控制栏中设置填充为黑色，描边为无，然后在画板1中按住鼠标左键拖动绘制一个与画板等大的矩形，如图13-367所示。接着制作导航栏。选择工具箱中的“矩形工具”，在控制栏中设置填色为深灰色，描边为无，然后在画面左上角位置按住Shift键拖动绘制一个正方形，如图13-368所示。

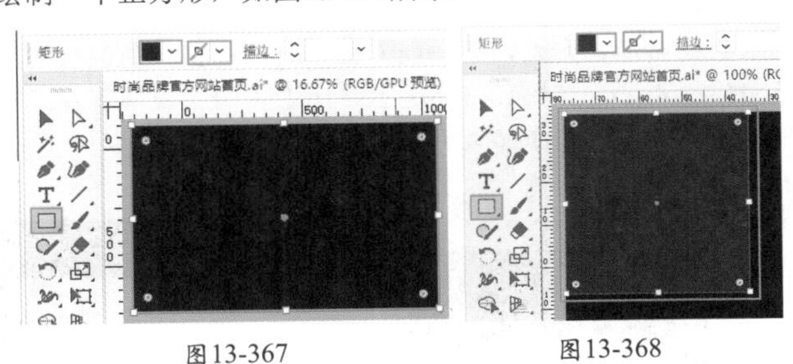

图13-367　图13-368

步骤 03 选择工具箱中的“直线段工具”，在控制栏中设置填色为无，描边为金色，描边粗细为3pt，设置完成后在灰色矩形上方按住Shift键拖动绘制一段直线，如图13-369所示。选中直线段，按住鼠标左键的同时按住Alt键向右拖动，进行水平方向的移动复制，如图13-370所示。

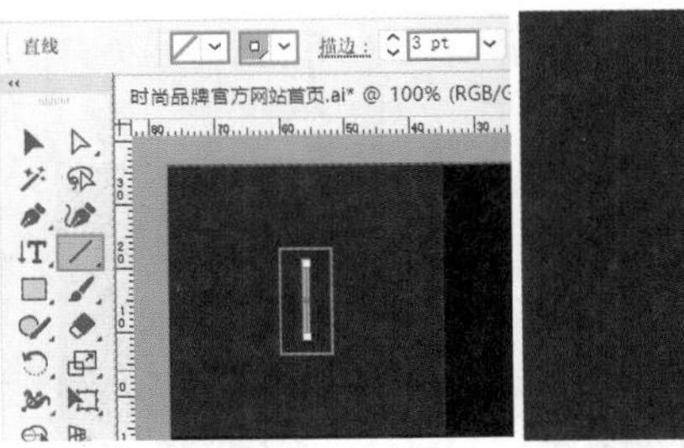

图13-369

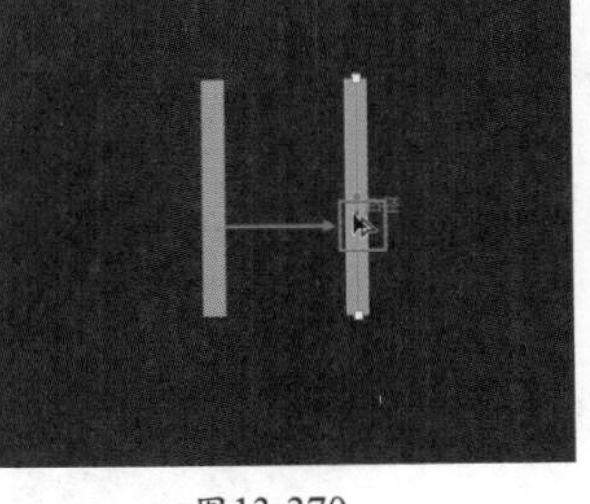

图13-370

步骤 04 选择工具箱中的“文字工具”，设置填充为浅灰色，在灰色矩形右侧位置单击插入光标，然后添加文字，如图13-371所示。继续在右侧添加导航栏的其他文字，如图13-372所示。

图13-371

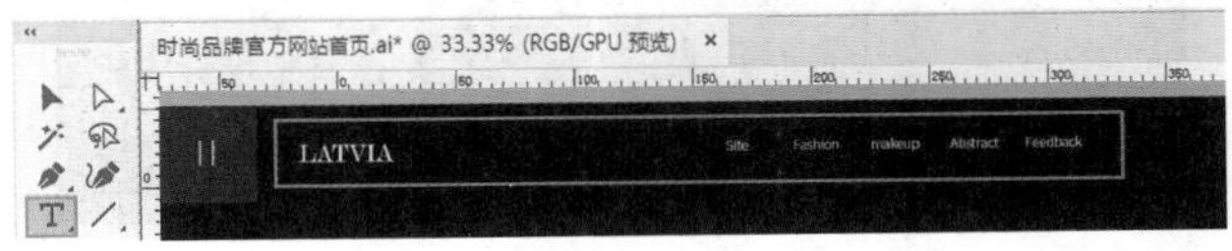

图13-372

步骤 05 选择工具箱中的“椭圆工具”，在控制栏中设置填充为金色，描边为无，然后按住Shift键的同时按住鼠标左键拖动绘制一个正圆，如图13-373所示。选中正圆，按住鼠标左键的同时按住Alt键向右拖动，进行水平方向的移动复制，如图13-374所示。

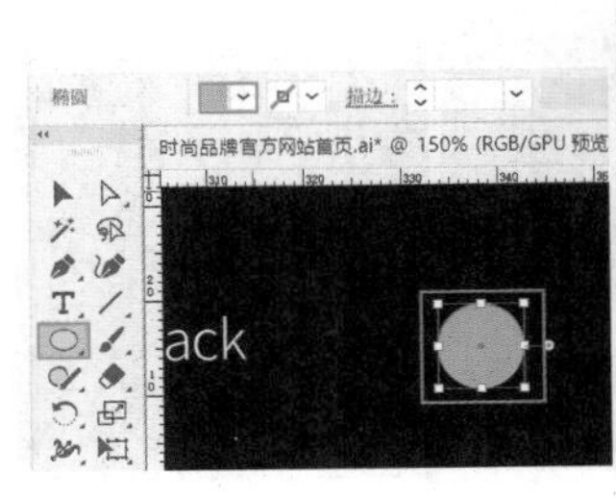

图13-373

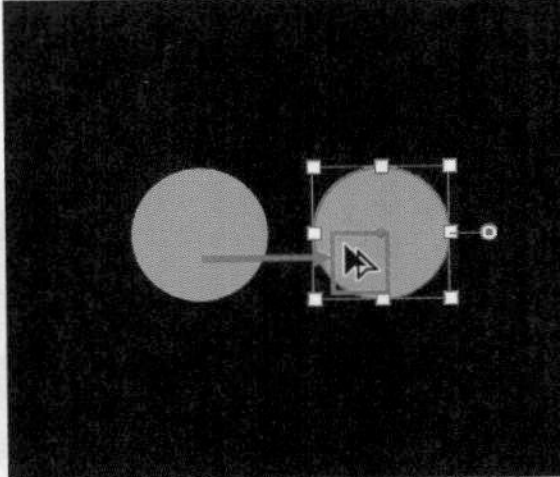

图13-374

步骤 06 选择工具箱中的“直线段工具”，在控制栏中设置描边为黑色，描边粗细为1pt，然后在画面左侧绘制一段直线作为分隔线，如图13-375所示。接下来在左侧区域的下方绘制音量调节器，首先绘制一条描边粗细为1pt的灰色直线，然后在下方绘制一条金色的直线，如图13-376所示。

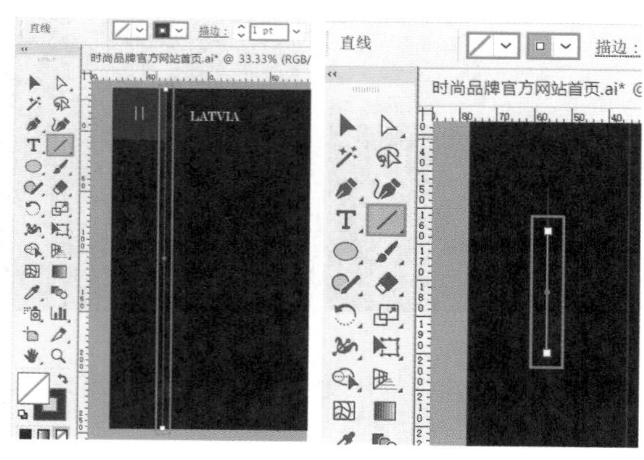

图13-375　　图13-376

步骤 07 使用“文字工具”在直线的顶部和底部添加文字，如图13-377所示。执行“文件>置入”命令将人像素材1置入文档中，并移动到合适位置上。然后单击控制栏中的“嵌入”按钮进行嵌入，如图13-378所示。

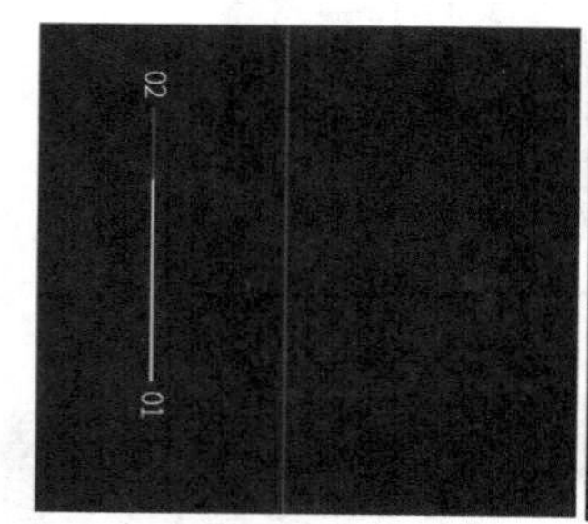

图13-377　　图13-378

步骤 08 选择工具箱中的“矩形工具”在人像上方绘制一个矩形，如图13-379所示。加选人像和上方的矩形，使用快捷键Ctrl+7创建剪切蒙版隐藏多余的内容，超出画面的部分被隐藏了，如图13-380所示。

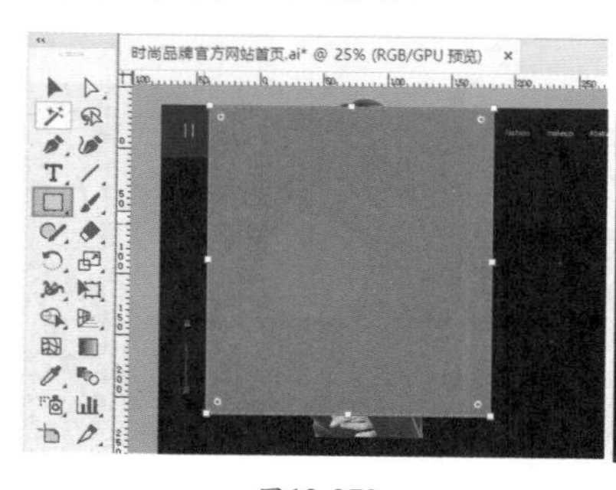

图13-379

图13-380

步骤 09 将彩色人像更改为黑白图像。首先使用矩形工具在人像上方绘制一个足够覆盖人像照片的黑色矩形，如图13-381所示。选中矩形，单击控制栏中的“不透明度”按钮，在下拉面板中设置混合模式为“色相”。效果如图13-382所示。制作完成后加选人物和上方的矩形，使用快捷键Ctrl+G进行编组。

图13-381　　图13-382

步骤 10 使用“文字工具”在人像右侧添加文字，如图13-383所示。继续使用“文字工具”在文字下方按住鼠标左键拖动绘制文本框，然后在文字框中添加文字，在窗口右侧的属性面板中设置合适的字体、字号，设置段落对齐方式为“两端对齐，末行左对齐”，如图13-384所示。

图13-383

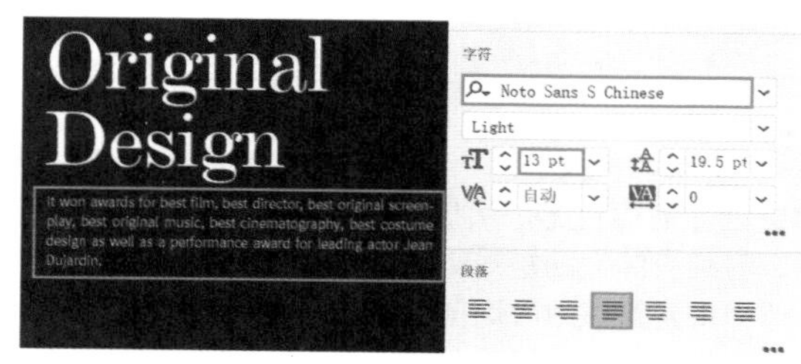

图13-384

步骤 11 选择工具箱中的“矩形工具”，在控制栏中设置填充为灰色，描边为无，然后在人物下方的位置按住鼠标左键拖动绘制矩形，如图13-385所示。接着使用“文字工具”在灰色矩形上方依次添加文字，如图13-386所示。

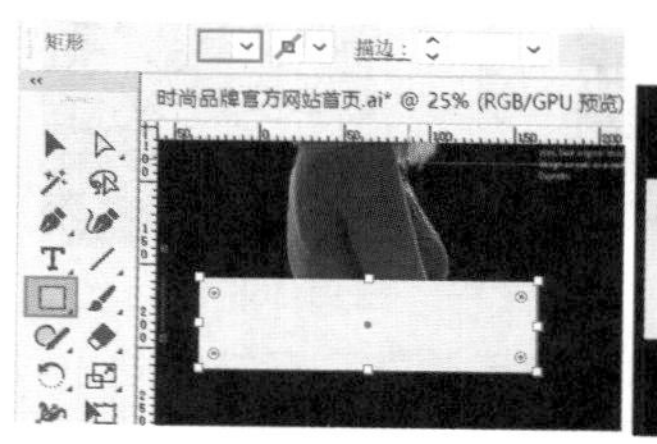

图13-385

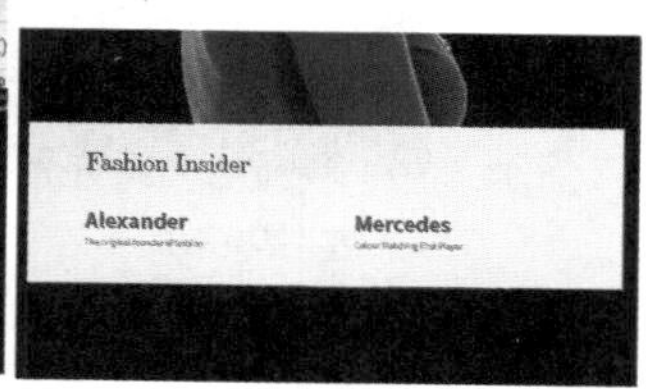

图13-386

步骤 12 使用矩形工具在浅灰色矩形右侧绘制稍高一些的矩形，并填充深灰色，如图13-387所示。接着将人像组选中，使用快捷键Ctrl+C进行复制，使用快捷键Ctrl+V进行粘贴，然后将复制的人像移动至灰色矩形的上方，适当地放大，将人像脸部移动至灰色矩形的上方，如图13-388所示。

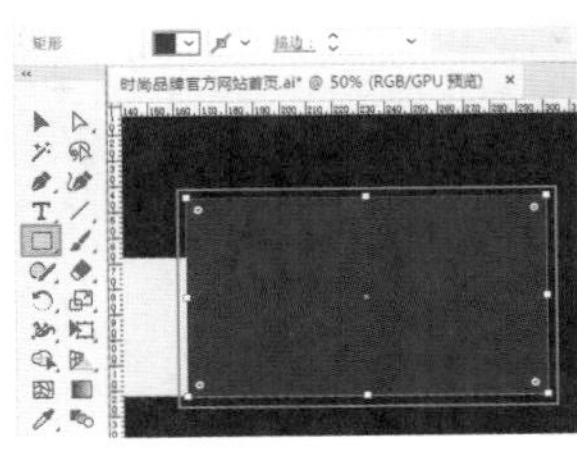

图13-387

图13-388

步骤 13 选中人像下方的灰色矩形，使用快捷键Ctrl+C进行复制，然后单击选择人像，接着使用快捷键Ctrl+F将复制对象粘贴到人像上方，如图13-389所示。选中人像及人像上方刚复制出的灰色矩形，右击，执行“建立剪切蒙版”命令，使超出灰色矩形区域的人像部分被隐藏，如图13-390所示。

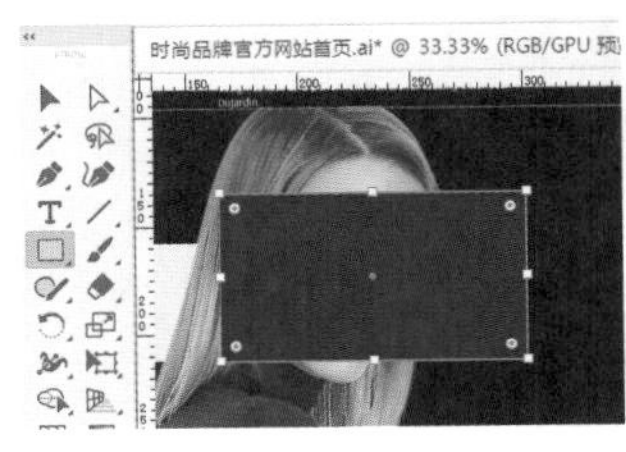

图13-389

图13-390

步骤 14 在人像右侧绘制一个矩形，填充为深灰色，如图13-391所示。选择工具箱中的“钢笔工具”，在控制栏中设置填充为无，描边为金色，描边粗细为1pt，然后在人像左侧绘制折线，如图13-392所示。

图13-391

图13-392

步骤 15 选中绘制的折线，执行“对象>变换>镜像”命令，在弹出的“镜像”窗口中勾选“垂直”单选按钮，单击“复制”按钮，如图13-393所示。接着将折线向右移动，如图13-394所示。

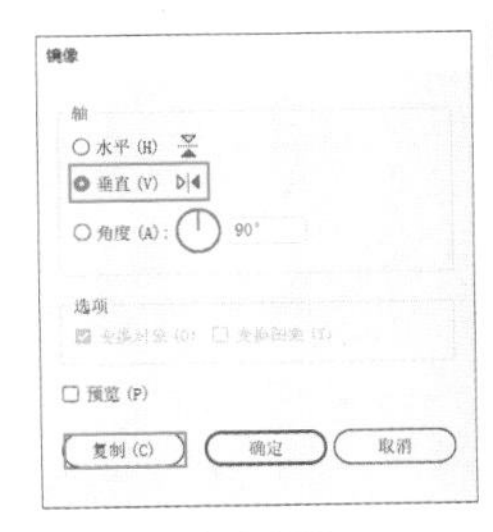

图13-393

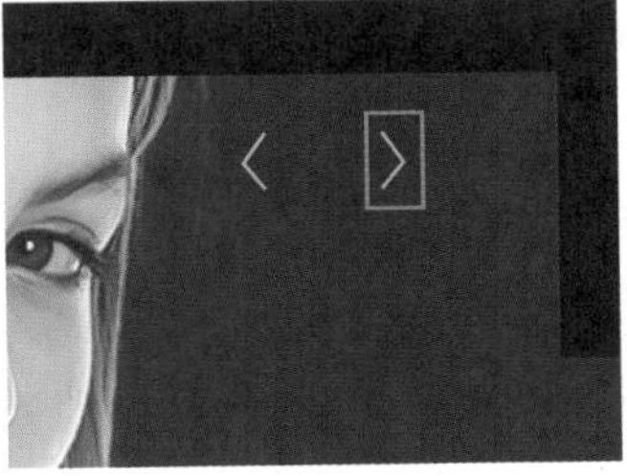

图13-394

步骤 16 在画面底部依次添加文字，网站首页效果如图13-395所示。

图13-395

步骤 17 制作网页的展示效果。执行“文件>置入”命令将素材2置入文档中，并移动到画板2中进行嵌入，如图13-396所示。框选平面图部分，使用快捷键Ctrl+C进行复制，使用快捷键Ctrl+V进行粘贴，然后缩小后移动到平面上方，如图13-397所示。

图13-396

图13-397

步骤 18 选中作为背景的黑色矩形，执行“效果>风格化>投影”命令，在弹出的“投影”窗口中设置“模式”为“正片叠底”，“不透明度”为70%，“X位移”为10mm，“Y位移”为10mm，“模糊”为10mm，“颜色”为黑色，参数设置如图13-398所示。设置完成后单击“确定”按钮，效果如图13-399所示。

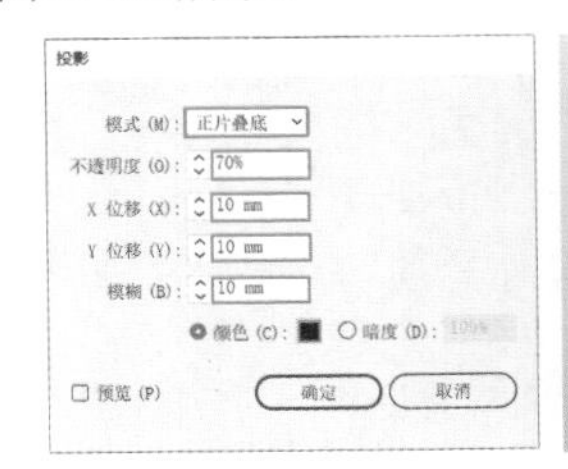

图13-398

图13-399

步骤 19 制作屏幕上的高光。选择工具箱中的“钢笔工具”，在画面左上角绘制图形。选中该图形，双击工具箱中的“渐变工具”，在弹出的渐变面板中设置渐变类型为线性，编辑一个由白色到透明的渐变，并设置合适的渐变角度，如图13-400所示。编辑完成后，最终效果如图13-401所示。

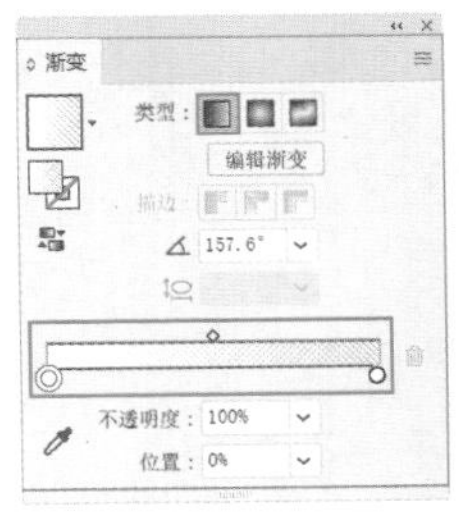

图13-400

图13-401